低压成套配电设备二次回路工程图集

（设计·施工安装·设备材料）

崔元春　主编

中国水利水电出版社
www.waterpub.com.cn

内 容 提 要

本书为《低压成套配电设备二次回路工程图集（设计·施工安装·设备材料）》（附 CAD 光盘）。全书共分六部分，第一部分低压配电设备以 RMW1、RMW2 断路器为主开关，第二部分低压配电设备以 CW1、CW2 断路器为主开关，第三部分低压配电设备以 ABB、施耐德断路器为主开关，第四部分低压配电设备以 HA 断路器为主开关，第五部分低压配电设备以 DW15 断路器为主开关，第六部分低压配电设备以 ME（DW17）断路器为主开关。本书所附 CAD 光盘包括 1754 个设计施工方案，3514 幅图；本书精选 288 个典型设计施工方案，577 幅图。光盘内容均采用 CAD 软件绘制，可直接下载、修改、使用。

本书可供供配电工程、建筑电气工程的设计、施工安装、设备材料供销、运行维护与检修人员阅读、使用，也可供大专院校相关专业的师生参考。

图书在版编目（CIP）数据

低压成套配电设备二次回路工程图集 ： 设计·施工安装·设备材料 / 崔元春主编. -- 北京 ： 中国水利水电出版社，2010.3
ISBN 978-7-5084-7281-2

Ⅰ . ①低… Ⅱ . ①崔… Ⅲ . ①低压电器：成套电器－配电设备－二次系统－图集 Ⅳ . ①TM645.2-64

中国版本图书馆CIP数据核字(2010)第035261号

书 名	**低压成套配电设备二次回路工程图集** （设计·施工安装·设备材料）
作 者	崔元春　主编
出版发行	中国水利水电出版社 （北京市海淀区玉渊潭南路 1 号 D 座　100038） 网址：www.waterpub.com.cn E-mail：sales@waterpub.com.cn 电话：（010）68367658（营销中心）
经 售	北京科水图书销售中心（零售） 电话：（010）88383994、63202643 全国各地新华书店和相关出版物销售网点
排 版	中国水利水电出版社微机排版中心
印 刷	北京市地矿印刷厂
规 格	297mm×210mm　横 16 开　39.25 印张　1215 千字
版 次	2010 年 3 月第 1 版　2010 年 3 月第 1 次印刷
印 数	0001—2500 册
定 价	**298.00 元**（附光盘 1 张）

凡购买我社图书，如有缺页、倒页、脱页的，本社营销中心负责调换

前　言

随着社会科学技术的迅速发展，电力和建筑行业也在发生着日新月异的变化。为适应社会快速发展的要求，电气安装工程也日趋复杂，其在变配电设备制造施工中的地位更是举足轻重。与此同时，对从事电力和建筑电气工程设计、施工安装、设备材料供销、运行维护与检修人员的素质要求也越来越高。我国变配电开关设备的生产企业，在二次控制系统方面，五花八门，缺乏统一的标准。因此，大部分设计、施工安装、设备材料供销、运行维护与检修人员早已期盼着能有一部完整的、统一的、标准的二次回路安装工程设计方案，以确保变配电系统安全、可靠地运行。

为了帮助和满足从业人员和有关专业学生尽快适应新设计、新技术、新工艺的要求，使其在工程实践中不断提高自身素质和工作效率，也给这些技术人员创建一个最有效的实践平台，为国家和生产企业创造更高的经济效益和社会效益，作者特编写《低压成套配电设备二次回路工程图集》（设计·施工安装·设备材料）一书。

编制本图集的指导原则有以下几点：

（1）满足常用和较高标准的0.69kV、50Hz及以下的低压配电系统工程和电动机控制工程的技术要求，广泛用于大、中、小型变电站（所）和所有电动机控制的场所，本图集所选方案以0.4kV配电系统为例。

（2）本图集吸收了近几年较为成熟的科研成果，尽量反映新技术、新材料和元器件的发展状况，以期在本行业技术进步方面起到促进作用。

（3）鉴于电力、建筑工业化发展、工厂化设备配件制品日益增多，有必要反映工厂化设备配件制品和元器件的可靠性，为设计选用提供信息和方便。为此，在每个方案设备表中备注栏列有该产品生产厂家名称。

（4）本图集努力做到技术先进、产品材料选用适当、方案齐全、设计选用方便，完全可以满足各地区的配电技术和电控技术的要求。

（5）本图集内容丰富，设计方案齐全并完全符合国家现行有关标准和兼顾国际IEC标准的要求，生产出的产品运行安全可靠、性能稳定。

（6）本图集在表现形式上力求直观明了，在结构上力求做到标准规范，二次控制回路简单实用。完全采用一、二次原理图和施工接线图来表现产品的结构配置和产品特点。

（7）本图集配有全部内容的CAD光盘，设计人员可在图集上查找、下载你所需要的施工方案，直观快捷。将光盘内容下载到电脑中，按你所选的方案图号在文件中调出后，先把标题栏中的配置说明和图中与用户无关的施工说明删除，再将生产企业名称和用户单位（企业）或该工程项目名称以及有关事项填入标题栏中，如有其他要求和注意事项可填写在图样中的空闲位置。出图后经过审核无误后，报请该工程项目的设计部门审核（如有不同要求，可作以修改）确认，即可投入生产。

本图集是我国前所未有的第一部新、奇、特优秀作品，是从事电力和建筑电气行业设计、施工安装、设备材料供销、运行维护与检修等人员及电气爱好者早就梦寐以求的最理想的工具书。对提高技术水平和自身素质，也会有很大的帮助或指导作用。

由于本图集内容太多，总计1754个设计施工方案，3514幅图，如果全部以书面形式出版，成本增大，书价较高，读者难以接受。为此，本书全部内容以光盘形式体现，再从中选取一部分典型方案（共计288个设计施工方案，计577幅图）以书面形式出版，这样，既减少成本又降低了书价，所有读者都能接受。从内容上讲，毫无影响读者的收益。需要哪个方案，可从光盘目录中找到，或打开光盘参照光盘目录查找更详细的设计施工方案。本书目录编号没有按顺序排列，而是与光盘目录编号相对应，这样直接对号，方便查找。本图集的单、双电源进线开关设备设计方案应与中国水利水电出版社出版的《低压成套馈电及控制设备二次回路工程图集》（设计·施工安装·设备材料）一书的设计方案配套选用。

本图集共分六部分：

其中第一部分，以RMW系列断路器为主开关的设计施工方案，交、直流操作，单、双电源受电及馈电柜，抽屉式和固定式，有计量和无计量，全部带防雷装置，共计456个设计施工方案，总计913幅图，从中选取36个典型方案，共72幅图。

其中第二部分，以CW系列断路器为主开关的设计施工方案，交、直流操作，部分带通信功能，单、双电源受电及馈电柜，抽屉式和固定式，有计量和无计量，全部带防雷装置，共计570个设计施工方案，总计1141幅图，从中选取127个典型方案，共254幅图。

其中第三部分，以ABB-F系列和施耐德-MW系列断路器为主开关的设计施工方案，交、直流操作，单、双电源受电及馈电柜，抽屉式和固定式，有计量和无计量，全部带防雷装置，共计304个设计施工方案，总计609幅图，从中选取47个典型方案，共94幅图。

其中第四部分，以HA系列断路器为主开关的设计施工方案，交、直流操作，单、双电源受电及馈电柜，抽屉式和固定式，有计量和无计量，全部带防雷装置，共计152个设计施工方案，总计305幅图，从中选取23个典型方案，共46幅图。

其中第五部分，以DW15断路器为主开关的设计施工方案，交、直流操作，单、双电源受电及馈电柜，抽屉式和固定式，有计量和无计量，全部带防雷装置，共计120个设计施工方案，总计241幅图，从中选取33个典型方案，共66幅图。

其中第六部分，以ME（DW17）断路器为主开关的设计施工方案，交、直流操作，单、双电源受电及馈电柜，抽屉式和固定式，有计量和无计量，全部带防雷装置，共计152个设计施工方案，总计305幅图，从中选取22个典型方案，共44幅图。

凡从事电气成套开关设备和电控设备的生产企业，可根据用户需求，选用对应的设计方案直接打印出图样，便可投入生产，不必重新设计绘制生产用图。如果选用其他型号的断路器只需将断路器的引出端子号改动一下即可，或有其他特殊要求时，便可作适当的修改即可。使用快捷方便，省时省力，成本低，效益高。

本图集由崔元春主编。参加本书编写工作人员还有：崔连秀（副主编）、张宏彦（副主编）、周海英（副主编）、冷化新、初春、张丽、张鹏罡、王立新、曲宏伟、梁艳、王松岩、初宝仁、于福荣、崔连华、潘瑞辉、孙敬东、都业国、孟令辉、张晓东、万志太、方向申、郭宏海、赵长勇、栾相东、迟文仲、仲维斌、莫金辉、莫树森、黄金东、朱晓东、金昌辉、金美华、姜德华、白明、刘涛、万莹、霍云、邢志艳、邵清英、赵世民。

本图集在编制过程中得到各地有关设计院、施工单位和技术监督部门不少专家的指导和支持，并参加了技术设计审查，提出了宝贵意见，在此一并致谢。

因本图集纯系作者多年来对电气安装工程的经验总结与积累，许多方面尚需完善，不妥之处欢迎读者不吝赐教。

作者

2010年1月

本图集和所附光盘使用说明

本图集的图号说明

QB/T . D (J、Z、T) 08 □□□ . 01~n Y (J)

| 企业统一标准 | 低压配电设备 | 交流操作 | 直流操作 | 通信型配电设备 | 2009年编制 | 结构及柜型代号见注1 | 功能及操作形式见注2 | 设备配置及排列见注3 | 表示二次接线图 | 表示二次原理图 |

■ 代号详细说明：

注1：a. 交流操作部分：01（03）为主开关采用 RMW1 智能型万能式断路器（以下简称断路器）；02（04）为 RMW2 断路器；05（08）为 CW1 断路器；06（09）为 200~1600A CW2 断路器；07（10）为 630~6300A CW2 断路器；11 为通信型 CW1 断路器；12 为 200~1600A CW2 断路器；13 为 630~6300A CW2 断路器；14（15）为 HA 断路器；16（17)为 ABB-F 断路器；18（19）为施耐德-MW 断路器；（27）为 DW15 断路器；（ ）括号内数字代表固定式配电柜。

b. 直流操作部分：01（03）为主开关采用 RMW1 智能型万能式断路器（以下简称断路器）；02（04）为 RMW2 断路器；05（07）为 CW1 断路器；06（08）为 CW2 断路器；09 为通信型 CW1 断路器；10 为通信型 CW2 断路器；11（12）为 HA 断路器；13（14）为 ABB-F 断路器；15（16）为施耐德-MW 断路器；（17）为 DW15 断路器；（ ）括号内数字代表固定式配电柜。

c. 交直流操作部分：20（21）为 ME 断路器快速操作；22（23）为 ME 断路器释能操作；24、25（26）为 DW15 断路器；28（29）为馈电柜用的各类塑壳断路器；（30）为补偿柜用的 QSA 隔离开关熔断器组；（31）为电控

设备用的各类塑壳断路器；（32）为平面布置图；（38）为一次系统图。（ ）括号内数字代表固定式配电柜或电控柜。

注2：a. 交流操作部分(RMW1、RMW2 断路器)：01 为双电源分别供电，互为备用，手动操作；02 为双电源分别供电，互为备用，手、自动操作；03 为双电源一路供电，互为备用，手动操作；04 为双电源一路供电，互为备用，手、自动操作；05 为单电源供电，手动操作；06 为单电源供电，手、自动操作；07 为馈电柜，手动操作；08 为馈电柜，手、自动操作。

b. 交流操作部分（CW1、CW2、F、MW、HA、ME 断路器）：01 为双电源分别供电，互为备用，手、自动操作；02 为双电源一路供电，互为备用，手、自动操作；03 为单电源供电，手自动操作；04 为馈电柜，手、自动操作。

c. 直流操作部分：01 为双电源分别供电，互为备用，手、自动操作；02 为双电源一路供电，互为备用，手、自动操作；03 为单电源供电，手自动操作；04 为馈电柜，手、自动操作。

d. 交直流操作部分（DW15 断路器）：01 为单电源供电，手、自动操作；02 为馈电柜，手、自动操作；03 为双电源供电，互为备用，手、自动操作。电控设备的此位代号详见对应方案代号。

注3：a. 双电源分别供电：01、02 为三相四线制有功、无功计量；03、04 为三相四线制有功计量；05、06 为 3TA 无计量；07 为 3TA 分段联络柜；08、09 为三相三线制有功、无功计量；10、11 为三相三线制有功计量；12、13 为 2TA 无计量；14 为 2TA 分段联络柜。

b. 双电源一路供电：01、02 为三相四线制有功、无功计量；03、04 为三相四线制有功计量；05、06 为 3TA 无计量；07、08 为三相三线制有功、无功计量；09、10 为三相三线制有功计量；11、12 为 2TA 无计量。

c. 单电源和馈电柜：01 为三相四线制有功、无功计量；02 为三相三线制有功、无功计量；03 为三相四线制有功计量；04 为三相三线制有功计量；05 为 3TA 无计量；06 为 2TA 无计量。

d. 交直流操作部分（DW15 断路器）：01、02 为三相四线制有功、无功计量；03、04 为三相四线制有功计量；05、06 为 3TA、2TA 无计量；07、08 为三相三线制有功、无功计量；09、10 为三相三线制有功计量；11、12 为 3TA、2TA 无计量；电控柜的此位代号详见对应方案代号。

光盘的使用说明

本图集配有包含全部内容的光盘，光盘包含两个文件夹，文件夹名称与图集目录相同，按照图集目录打开相对应的文件，进入AutoCAD格式的文件。AutoCAD格式的文件名称与图集的详细目录相同，按照图集的详细目录打开同名称的AutoCAD文件即可按图号找到与你所选的图集内容相对应的电子文件。

设计人员可在图集上查找所需要的施工方案。将光盘内容下载到电脑中，用AutoCAD打开，按上述方法调出电子文件，先将标题栏中的配置说明和在图样中与用户无关的施工说明及光盘页码删除，再将生产企业名称和用户（企业）名称项填入标题栏中，如有其他要求和注意事项可填写在图样中的空闲位置，或对二次控制方式有不同的要求，可加以修改。出图后经过审核无误后，报请该工程项目的设计部门审核（如有不同要求，可以修改）确认，即可投入生产。

元、器件及柜型的选用说明

1. 本图集各种方案中标定（选用）的元、器件，是经过多年的应用，证明其性能安全可靠，元、器件的生产厂家也都是知名企业，产品价格也比较适中。

2. 如果用户有特殊或不同的要求，可以改用与本方案相对应的其他产品。改用的元、器件如果引出端子号与本方案不同，要进行修改。

3. 本图集各种配电柜的设计方案，适用于所有柜型的安装。各种类型的配电柜仅是安装方式有所不同，而电气控制系统完全相同。本图集的抽屉式配电柜以GCK型为例，固定式配电柜以GGD型为例。

4. 电控设备所选用的箱（柜）体，设计方案中给定的外形尺寸，仅供参考，选用时要根据所选用的元、器件的体积大小（因各生产家的产品体积略有不同）或用户要求适当作以调整。

主开关的型号说明

本图集各种方案中标定（选用）的元件型号，只是标定主要项，要了解详细标定，请参照该产品的生产厂家选型样本。其他功能项目自行确定。

上海人民电器厂产品

RM W 1（2）- □/□P- □A/220V
上海人民电器｜万能式断路器｜设计代号｜断路器壳架等级｜极数代码｜额定电流｜二次控制电压

上海精益电器厂产品

H A □- □/□P- □A/220V
上海精益电器｜万能式断路器｜设计代号｜断路器壳架等级｜极数代码｜额定电流｜二次控制电压

江苏常熟开关制造公司产品

C W 1（2）- □/□P- □A/220V
原常熟开关厂｜万能式断路器｜设计代号｜断路器框架等级｜极数代码｜额定电流｜二次控制电压

ABB公司产品

F □- □/□P- □A/220V
空气开关｜系列开关设计代号｜开关框架等级｜极数代码｜额定电流｜二次控制电压

上海人民电器厂产品

DW（X）15（C）- □/ □A/220V
低压万能式断路器｜限流型断路器｜设计代号｜抽为固定式，无此代号｜断路器壳架等级｜额定电流｜二次控制电压

施耐德电气公司产品

M W □- □/□P- □A/220V
施耐德电气开关电器｜万能式电器代号｜系列设计代号｜断路器壳架等｜极数代码｜额定电流｜二次控制电压

上海人民电器厂产品

ME－□/□P－□A/220V

- ME：万能式断路器
- □：断路器壳架等级额定电流
- □P：极数代码
- □A：额定电流
- 220V：二次控制电压

江苏常熟开关制造公司产品

CM1(2)－□□ZP/□□－□A

- C：原常熟开关厂
- M：塑料外壳式断路器
- 1(2)：设计代号
- □：壳架等级额定电流
- □：短路分断能力级别
- Z：转动手柄操作
- P：电动操作
- □：极数代码
- □：脱扣方式及附件代号
- □A：额定电流

国内有多家电器厂生产

HD13BX－□/31

- HD：单投刀开关
- 13：中央正面杠杆操作式
- B：特殊派生代号
- X：旋转操作
- □：额定电流
- 3：极数代码
- 1：带灭弧装置

上海人民电器厂产品

RMM1(2)－□□ZP/□□－□A

- RM：上海人民电器
- M：塑料外壳式断路器
- 1(2)：设计代号
- □：壳架等级额定电流
- □：短路分断能力级别
- Z：转动手柄操作
- P：电动操作
- □：极数代码
- □：脱扣方式及附件代号
- □A：额定电流

注：其他厂家生产的塑壳断路器的型号与江苏常熟和上海人民的产品型号基本相同。其他元、器件的型号，请参见各有关方案中的设备表所示。

配电设备安装工程施工说明及竣工验收规范

电气装置安装工程　低压电器施工及验收规范

（GB 50254）

一　般　规　定

■ 低压电器安装前的检查，应符合下列要求：

一、设备铭牌、型号、规格，应与被控线路或设计相符。

二、外壳、漆层、手柄，应无损伤或变形。

三、内部仪表、灭弧罩、瓷件、胶木电器，应无裂纹痕。

四、螺丝应拧紧。

五、具有主触头的低压电器，触头的接触应紧密，采用 0.05mm×10mm 的塞尺检查，接触两侧的压力应均匀。

六、附件应齐全、完好。

■ 低压电器的安装高度，应符合设计要求。当设计无规定时，应符合下列要求：

一、落地安装的低压电器，其底部宜高出地面 50～100mm。

二、操作手柄转轴中心与地面的距离，宜为 1200～1500mm；侧面操作的手柄与建筑物或设备的距离，不宜小于 200mm。

■ 低压电器的固定，应符合下列要求：

一、低压电器根据其不同的结构，可采用支架、金属板、绝缘板固定在安装梁上或底板上，金属板、绝缘板应平整，板厚应符合设计要求；当采用卡轨支撑安装时，卡轨应与低压电器匹配，并用固定夹或固定螺栓与壁板紧密固定，严禁使用变形或不合格的卡轨。

二、紧固件应采用镀锌制品，螺栓规格应选配适当，电器的固定应牢固、平稳。

三、有防震要求的电器应增加减震装置；其紧固螺栓应采取防松措施。

四、固定低压电器时，不得使电器内部受额外应力。

■ 电器的外部接线，应符合下列要求：

一、接线应按接线端头标志进行。

二、接线应排列整齐、清晰、美观、导线绝缘应良好、无损伤。

三、电源侧进线应接在进线端，即固定触头接线端；负荷侧出线应接在出线端，即可动触头接线端。

四、电器的接线应采用铜质或有电镀金属防锈层的螺栓和螺钉，连接时应拧紧，且应有防松装置。

五、外部接线不得使电器内部受到额外应力。

六、母线与电器连接时，接触面应符合现行国家标准《电气装置安装工程　母线装置施工及验收规范》的有关规定。连接处不同相的母线最小电气间隙，应符合下表的规定：

不同相的母线最小电气间隙

额定电压（V）	额定电压（V）
U≤500	10
500<U≤1200	14

■ 成排或集中安装的低压电器应排列整齐；器件间的距离，应符合设计要求，并应便于操作及维护。

■ 电器的金属外壳、框架的接零或接地，应符合现行国家标准《电气装置安装工程　接地装置施工及验收规范》的有关规定。

■ 低压电器绝缘电阻的测量，应符合下列规定：

一、测量应在下列部位进行，对额定工作电压不同的电器，应分别进行测量。

1. 主触头在断开位置时，同极的进线端及出线端之间。

2. 主触头在闭合位置时，不同极的带电部件之间、触头与线圈之间以及主电路与同它不直接连接的控制和辅助电路（包括线圈）之间。

3. 主电路、控制电路、辅助电路等带电部件与金属支架之间。

二、测量绝缘电阻所用兆欧表的等级及所测量的绝缘电阻值，应符合现行国家标准《电气装置安装工程　电气设备交接试验标准》的有关规定。

■ 低压电器的试验，应符合现行国家标准《电气装置安装工程　电气设备交接试验标准》的有关规定。

低 压 断 路 器

■ 低压断路器安装前的检查，应符合下列要求：

一、衔铁工作面上的油污应擦净。

二、触头闭合、断开过程中，可动部分与灭弧室的零件不应有卡阻现象。

三、各触头的接触平面应平整；开合顺序、动静触头分闸距离等，应符合设计要求或产品技术的规定。

四、受潮的灭弧室，安装前应烘干，烘干时应监测温度。

■ 低压断路器的安装，应符合下列要求：

一、低压断路器的安装，应符合产品技术文件的规定；当无明确规定时，宜垂直安装，其倾斜度不应大于5°。

二、低压断路器与熔断器配合使用时，熔断器应安装在电源侧。

三、低压断路器操动机构的安装，应符合下列要求：

1. 操作手柄或传动杠杆的开、合位置应正确；操作力不应大于产品的规定值。

2. 电动操动机构接线应正确；在合闸过程中，开关不应跳跃；开关合闸后，限制电动机或电磁铁通电时间的联锁装置应及时动作；电动机或电磁铁通电时间不应超过产品的规定时间。

3. 开关辅助触点动作应正确可靠，接触应良好。

4. 抽屉式断路器的工作、试验、隔离三个位置的定位应明显，并应符合产品技术文件的规定。

5. 抽屉式断路器空载时进行抽、拉数次应无卡阻，机械联锁应可靠。

■ 低压断路器的接线，应符合下列要求：

一、裸露在箱体外部且易触及的导线端子，应加绝缘保护。

二、有半导体脱扣装置的低压断路器，其接线应符合相序要求，脱扣装置的动作应可靠。

低压隔离开关、刀开关、转换开关及熔断器组合电器

■ 隔离开关与刀开关的安装，应符合下列要求：

一、开关应垂直安装。

二、可动触头与固定触头的接触应良好；大电流的触头或刀片宜涂复合脂。

三、安装杠杆操作机构时，应调节杠杆长度，使操作到位且灵活；开关辅助接点指示应正确。

四、开关的动触头与两侧压板距离应调整均匀，合闸后接触面应压紧，刀片与静触头中心线应在同一平面，且刀片不应摆动。

■ 转换开关安装后，其手柄位置指示应与相应的接触片位置相对应；定位机构应可靠；所有的触头在任何接通位置上应接触良好。

■ 带熔断器或灭弧装置的负荷开关接线完毕后，检查熔断器应无损伤，灭弧栅应完好，且固定可靠；电弧通道应畅通，灭弧触头各相分闸应一致。

漏电保护器及消防电气设备

■ 漏电保护器的安装、调整试验应符合下列要求：

一、按漏电保护器产品标志进行电源侧和负荷侧接线。

二、带有短路保护功能的漏电保护器安装时，应确保有足够的灭弧距离。

三、在特殊环境中使用的漏电保护器，应采取防腐、防潮或防热等措施。

四、电流型漏电保护安装后，除应检查接线无误外，还应通过试验按钮检查其动作性能，并应满足要求。

■ 火灾探测器、手动火灾报警按钮、火灾报警控制器、消防控制设备等的安装，应按现行国家标准《火灾自动报警系统施工及验收规范》执行。

低压接触器及电动机起动器

■ 低压接触器及电动机起动器安装前的检查，应符合下列要求：

一、衔铁表面无锈斑、油垢；接触面应平整、清洁。可动部分应灵活无卡阻；灭弧罩之间应有间隙；灭弧线圈绕向应正确。

二、触头的接触应紧密，固定主触头的触头杆应固定可靠。

三、当带有常闭触头的接触器与磁力起动器闭合时，应先断开常闭触头，后接通主触头；当断开时应先断开主触头，后接通常闭触头，且三相主触头的动作应一致，其误差应符合产品技术文件的要求。

四、电磁起动器热元件的规格应与电动机的保护特性相匹配；热继电器的电流调节指示位置应调整在电动机的额定电流值上，并应按设计要求进行定值校验。

■ 低压接触器和电动机起动器安装完毕后，应进行下列检查：

一、接线应正确。

二、在主触头不带电的情况下，起动线圈间断通电，主触头动作正

常，衔铁吸合后应无异常响声。

■ 可逆起动器或接触器，电气连锁装置和机械连锁装置的动作均应正确、可靠。

■ 星、三角起动器的检查、调整、应符合下列要求：

一、起动器的接线应正确；电动机定子绕组正常工作应为三角形接线。

二、手动操作的星、三角起动器，应在电动机转速接近运行转速时进行切换；自动转换的起动器应按电动机负荷要求正确调节延时装置。

■ 自耦减压起动器的安装、调整，应符合下列要求：

一、自耦变压器应垂直安装。

二、油浸式自耦变压器的油面不得低于标定的油面线。

三、减压抽头在 65%～80% 额定电压下，应按负荷要求进行调整；起动时间不得超过自耦减压起动允许的起动时间。

■ 手动操作的起动器，触头压力应符合产品技术文件的规定，操作应灵活。

■ 接触器或起动器均应进行通断检查；用于重要设备的接触器或起动器尚应检查其起动值，并应符合产品技术文件的规定。

■ 变阻式起动器的变阻器安装后，应检查其电阻切换程序、触头压力、灭弧装置及起动值，并应符合设计要求或产品技术文件的规定。

继 电 器 及 按 钮

■ 继电器安装前后的检查，应符合下列要求：

一、可动部分动作应灵活、可靠。

二、表面污垢和铁心表面防锈剂应清除干净。

■ 按钮的安装应符合下列要求：

一、按钮之间的距离宜为 50～80mm，按钮箱之间的距离宜为 50～100mm，当倾斜安装时，其与水平的倾角不宜小于 30°。

二、按钮操作应灵活、可靠、无卡阻。

三、集中在一起安装的按钮应有编号或不同的识别标志，"紧急"按

钮应有明显标志，并设保护罩。

电阻器及频敏变阻器

- 电阻器的电阻元件，应位于垂直面上。电阻器垂直安装不应超过四箱；当超过四箱时应另列一组。有特殊要求的电阻器，其安装方式应符合设计规定。电阻器底部与地面间，应留有间隙，并不应小于 150mm。
- 电阻器的接线，应符合下列要求：
  一、电阻器与电阻元件的连接应采用铜或钢的裸导体，接触应可靠。
  二、电阻器引出线夹板或螺栓应设置与设备接线图相应的标志。
  三、多层叠装的电阻箱的引出导线，应采用支架固定，并不妨碍电阻元件的更换。
- 电阻器内部不应有断路或短路；其直流电阻值的误差应符合产品技术文件的规定。
- 频敏变阻器的调整，应符合下列要求：
  一、频敏变阻器的极性和接线应正确。
  二、频敏变阻器的抽头和气隙调整，应使电动机起动特性符合机械装置的要求。
  三、频敏变阻器配合电动机进行调整过程中，连续起动数次及总的起动时间，应符合产品技术文件的规定。

电 熔 器

- 电熔器及熔体的容量，应符合设计要求，并核对所保护电气设备的容量与熔体容量相匹配；对后备保护、限流、自复、半导体器件保护等有专用功能的熔断器，严禁替代。
- 熔断器安装位置及相互间距离，应便于更换熔体。
- 有熔断器指示器的熔断器，其指示器应装在便于观察的一侧。

- 瓷质熔断器在金属底板上安装时，其底座应垫软绝缘衬垫。
- 安装具有几种规格的熔断器，应在底座旁标明规格。
- 有触及带电部分危险的熔断器，应配齐绝缘抓手。
- 带有接线标志的熔断器，电源线应按标志进行接线。
- 螺旋式熔断器的安装，其底座严禁松动，电源应接在熔心引出的端子上。

工 程 交 接 验 收

- 工程交接验收时，应符合下列要求：
  一、电器的型号、规格符合设计要求。
  二、电器的外观检查完好，绝缘器件无裂纹，安装方式符合产品技术文件的要求。
  三、电器安装牢固、平整，符合设计及产品技术文件的要求。
  四、电器的接零、接地可靠。
  五、电器的连接线排列整齐、美观。
  六、绝缘电阻值符合要求。
  七、活动部件动作灵活、可靠，联锁传动装置动作正确。
  八、标志齐全完好、字迹清晰。
- 通电后，应符合下列要求：
  一、操作时动作应灵活、可靠。
  二、电磁器件应无异常响声。
  三、线圈及接线端子的温度不应超过规定。
  四、触头压力、接触电阻不应超过规定。
- 验收时，应提交下列资料和文件：
  一、变更设计的证明文件。
  二、制造厂提供的产品说明书、合格证件及竣工图纸等技术文件。
  三、安装技术记录。
  四、调整试验记录。
  五、根据合同提供的备品、备件清单。

电气装置安装工程　盘、柜及二次回路接线施工及验收规范

（GB 50171）

总　则

■ 本规定适用于各类配电盘、保护盘、控制盘、屏、台、箱和成套柜等及其二次回路接线安装工程的施工和验收。

■ 盘、柜装置及二次回路接线的安装工程应按已批准的设计进行施工。

■ 盘、柜等在搬运和安装时应采取防振、防潮、防止框架变形和漆面受损等安全措施，必要时可将装置性设备和易损元件拆下单独包装运输。当产品有特殊要求时，尚应符合产品技术文件的规定。

■ 盘、柜应存放在室内或能避雨、雪、风、沙的干燥场所。对有特殊保管要求的装置性设备和电气元件，应按规定保管。

■ 采用的设备和器材，必须是符合国家现行技术标准的合格产品，并有合格证件。设备应有铭牌。

■ 设备和器材到达现场后，应在规定期限内作验收检查，并应符合下列要求：

一、包装及密封良好。

二、开箱检查型号、规格符合设计要求，设备无损伤，附件、备件齐全。

三、产品的技术文件齐全。

四、按本规范要求外观检查合格。

■ 施工中的安全技术措施，应符合本规范和国家现行有关安全技术标准及产品技术文件的规定。

■ 与盘、柜装置及二次回路接线安装工程有关的建筑工程施工，应符合下列要求：

一、与盘、柜装置及二次回路接线安装工程的有关建筑物、构筑物的建筑工程质量，应符合国家现行的建筑工程及验收规范中的有关规定。当设备或设计有特殊要求时，应满足其要求。

二、设备安装前建筑工程应具备下列条件：

1. 屋顶、楼板施工完毕，不得渗漏。

2. 结束室内地面工作，室内沟道无积水、杂物。

3. 预埋件及预留孔符合设计要求，预埋件应牢固。

4. 门窗安装完毕。

5. 进行装饰工作时有可能损坏已安装设备或设备安装后不能再进行施工的装饰工作全部结束。

三、对有特殊要求的设备，安装调试前建筑工程应具备下列条件：

1. 所有装饰工作完毕，清扫干净。

2. 装有空调或通风装置等特殊设施的，应安装完毕，投入运行。

■ 设备安装用的紧固件，应用镀锌制品，并宜采用标准件。

■ 盘、柜上模拟母线的标志颜色应符合下表模拟母线的标志颜色的规定：

模拟母线的标志颜色

电压（kV）	颜色	电压（kV）	颜色	电压（kV）	颜色
交流 0.23	深灰	交流 13.8～20	浅绿	交流 220	紫
交流 0.40	黄褐	交流 35	浅黄	交流 330	白
交流 3	深绿	交流 60	橙黄	交流 500	淡黄
交流 6	深蓝	交流 110	朱红	直流 0.22	褐
交流 10	绛红	交流 154	天蓝	直流 500	深紫

注　1. 模拟母线宽度宜为 6～12mm。

　　2. 设备的模拟涂色时应与相同电压等级的母线颜色一致。

　　3. 本表不适用于弱电屏以及流程模拟的屏台。

- 二次回路接线施工完毕在测试绝缘时，应有防止弱电设备损坏的安全技术措施。
- 安装调试完毕后，建筑物中的预留孔洞及电缆管口应做好封堵。
- 盘、柜的施工及验收，除按本规范规定执行外，尚应符合国家现行的有关标准规范的规定。

盘、柜 的 安 装

- 盘、柜基础型钢安装允许偏差的规定见下表：

基础型钢安装的允许偏差

项　　目	允许偏差（mm）		备　　注
	每　米	全　长	
直线度	<1	<5	
平面度	<1	<5	环形布置按设计要求
位置误差及平行度	—	<5	

- 基础型钢安装后，其顶部宜高出抹平面10mm；手车式成套柜按产品技术要求执行。基础型钢应有明显的可靠接地。
- 盘、柜安装在振动场所，应按设计要求采取防震措施。
- 盘、柜及盘、柜内设备与各构件间连接应牢固。主控制盘、继电保护盘和自动装置盘等不宜与基础型钢焊死。
- 盘、柜单独或成列安装时，其垂直度、水平偏差以及盘、柜面偏差和盘、柜间接缝的允许偏差应符合下表的规定。

盘、柜 的 安 装

项　　目		允许偏差（mm）
垂直度（每米）		<1.5
水平偏差	相邻两盘顶部	<2
	成列盘顶部	<5
盘面偏差	相邻两盘边	<1
	成列盘面	<5
盘间接缝		<2

模拟母线应对齐，其误差不应超过视差范围，并应完整，安装牢固。
- 端子箱安装应牢固，封闭良好，并应能防潮、防尘。安装的位置应便于检查；成列安装时，应排列整齐。
- 盘、柜、台、箱的接地应牢固良好。装有电器的可开启的门，应以裸铜软线与接地的金属构架可靠地连接。成套柜应装有供检修用的接地装置。
- 成套柜的安装应符合下列要求：
  一、机械闭锁、电气闭锁应动作准确、可靠。
  二、动触头与静触头的中心线应一致，触头接触紧密。
  三、二次回路辅助开关的切换触点应动作准确，接触可靠。
  四、柜内照明齐全。
- 抽出式配电柜的安装尚应符合下列要求：
  一、抽屉推拉应灵活轻便，无卡阻、碰撞现象，抽屉应能互换。
  二、抽屉的机械联锁装置应动作正确可靠，断路器分闸后，隔离触头才能分开。
  三、抽屉与柜体间的二次回路连接插件应接触良好。
  四、抽屉与柜体间的接触及柜体、柜架的接地应良好。
- 手车式柜的安装尚应符合下列要求：
  一、检查防止电气误操作的"五防"装置齐全，并动作灵活可靠。
  二、手车推拉应灵活轻便，无卡阻、碰撞现象，相同型号的手车应能互换。
  三、手车推入工作位置后，动触头顶部与静触头底部的间隙应符合产品要求。
  四、手车和柜体间的二次回路连接插件应接触良好。
  五、安全隔离板应开启灵活，随手车的进出而相应动作。
  六、柜内控制电缆的位置不应妨碍手车的进出，并应牢固。
  七、手车与柜体间的接地触头应接触紧密，当手车推入柜内时，其接地触头应比主触头先接触，拉出时接地触头比主触头后断开。
- 盘、柜的漆层应完整、无损伤。固定电器的支架等应刷漆。安装于同一室内且经常监视的盘、柜，其盘面颜色宜和谐一致。

盘、柜上的电器安装

■ 电器的安装应符合下列要求：

一、电器元件质量良好，型号、规格应符合设计要求，外观应完好，且附件齐全，排列整齐，固定牢固，密封良好。

二、各电器应能单独拆装更换，而不应影响其他电器及导线束的固定。

三、发热元件宜安装在散热良好的地方；两个发热元件之间的连线应采用耐热导线或裸铜线套瓷管。

四、熔断器的熔体规格、断路器的整定值应符合设计要求。

五、切换压板应接触良好，相邻压板间应有足够安全距离，切换时不应碰及相邻的压板；对于一端带电的切换压板，应使在压板断开情况下，活动端不带电。

六、信号回路的信号灯、光字牌、电铃、电笛、事故电钟等应显示准确，工作可靠。

七、盘上装有装置性设备或其他有接地要求的电器，其外壳应可靠接地。

八、带有照明的封闭式盘、柜应保证照明完好。

■ 端子排的安装应符合下列要求：

一、端子排应无损坏，固定牢固，绝缘良好。

二、端子应有序号，端子排应便于更换且接线方便；离地高度宜大于350mm。

三、回路电压超过400V者，端子板应有足够的绝缘，并涂以红色标志。

四、强、弱电端子宜分开布置；当有困难时，应有明显标志，并设空端子隔开或设加强绝缘隔板。

五、正、负电源之间以及经常电的正电源与合闸或跳闸回路之间，宜以一个空端子隔开。

六、电流回路应经过试验端子，其他需断开的回路宜经特殊端子或试验端子。试验端子应接触良好。

七、潮湿环境宜采用防潮端子。

八、接线端子应与导线截面匹配，不应使用小端子配大截面导线。

■ 二次回路的连接件均采用铜质制品；绝缘件应采用自熄性阻燃材料。

■ 盘、柜的正面及背面各电器、端子牌等应标明编号、名称、用途及操作位置，其标明的字迹应清晰、工整，且不易脱色。

■ 盘、柜上的小母线应采用直径不小于 6mm 的铜棒或铜管，小母线两侧应有标明其代号或名称的绝缘标志牌，字迹应清晰、工整，且不易脱色。

■ 二次回路的电气间隙和爬电距离应符合下列要求：

一、盘、柜内两导体间，导电体与裸露的不带电的导体间应符合下表允许最小电气间隙及爬电距离的要求。

允许最小电气间隙及爬电距离

额定电压（V）	额定工作电流（A）			
	≤60	>60	≤60	>60
	电气间隙（mm）		爬电距离（mm）	
≤60	3.0	5.0	3.0	5.0
60＜U≤300	5.0	6.0	6.0	8.0
300＜U≤500	8.0	10.0	10.0	12.0

二、屏顶上小母线不同相或不同极的裸露载流部分之间，裸露载流部分与未经绝缘的金属体之间，电气间隙不得小于12mm；爬电距离不得小于20mm。

二 次 回 路 接 线

■ 二次回路接线应符合下列要求：

一、按图施工，接线正确。

二、导线与元件间采用螺栓连接、插接、焊接或压接等，均应牢固可靠。

三、盘、柜内导线不应有接头，导线芯线应无损伤。

四、电缆芯线和所配导线的端部均应标明其回路编号，编号应正确，字迹清晰且不易脱色。

五、配线应整齐、清晰、美观，导线绝缘应良好，无损伤。

六、每个接线端子的每侧接线宜为1根，不得超过2根。对于插接式端
　　子，不同截面积的2根导线不得接在同一端子上；对于螺栓连接端
　　子，当接2根导线时，中间应加平垫片。

七、二次回路接地应设专用螺栓。

■ 盘、柜内的配线电流回路应采用电压不低于 500V 的铜芯绝缘导线，
其截面积不应小于 2.5mm²；其他回路截面不应小于 1.5mm²；对电子
元件回路、弱电回路采用锡焊连接时，在满足载流量和电压降及有足
够机械强度的情况下，可采用不小于 0.5mm²截面积的绝缘导线。

■ 用于连接门上的电器、控制台板等可动部分的导线尚应符合下列要求：

一、应采用多股软导线，敷长度应有适当裕度。

二、线束应有外套塑料管等加强绝缘层。

三、与电器连接时，端部应绞紧，并应加终端附件或搪锡，不得松散、
　　断股。

四、在可动部位两端应用卡子固定。

■ 引入盘、柜内的电缆及其芯线应符合下列要求：

一、引入盘、柜的电缆应排列整齐、编号清晰、避免交叉，并应固定
　　牢固，不得使所接的端子排受到机械应力。

二、铠装电缆在进入盘、柜后，应将钢带切断，切断处的端部应扎紧，
　　并将钢带接地。

三、使用静态保护、控制等逻辑回路的控制电缆，应采用屏蔽电缆。
　　其屏蔽层应按设计要求的接地方式予以接地。

四、橡胶绝缘的芯线应用外套绝缘管保护。

五、盘、柜内的电缆芯线，应接垂直或水平有规律地配置，不得任意
　　歪斜交叉连接。备用芯线长度应留有适当裕量。

六、强、弱电回路不应使用同一根电缆，并应分别成束分开排列。

■ 直流回路中具有水银触点的电器，电源正极应接到水银侧触点的一端。
在油污环境中，应采用耐油的绝缘导线。在日光直射环境中，橡胶或
塑料绝缘导线应采取防护措施。

工 程 交 接 验 收

■ 在验收时应按下列要求进行检查：

一、盘、柜的固定及接地应可靠，盘、柜漆层应完好、清洁整齐。

二、盘、柜内所装电器元件应齐全完好，安装位置正确，固定牢固。

三、所有二次回路接线应准确、连接可靠、标志齐全清晰、绝缘符合
　　要求。

四、手车或抽屉式开关柜在推入或拉出时应灵活，机械闭锁可靠；照
　　明装置齐全。

五、柜内一次设备的安装质量验收要求应符合国家现行有关标准、规
　　范的规定。

六、用于热带地区的盘、柜应具有防潮、抗霉和耐热性能，按国家现
　　行标准《热带电工产品通用技术》要求验收。

七、盘、柜及电缆管道安装完后，应做好封堵。可能结冰的地区还应
　　有防止管内积水结冰的措施。

■ 在验收时，应提交下列资料和文件：

一、工程竣工图。

二、制造厂提供的产品说明书、调试大纲、试验方法、试验记录、合
　　格证件及安装图样等技术文件。

三、变更设计的证明文件。

四、根据合同提供的备品、备件清单。

五、安装技术记录。

六、调整试验记录。

■ 在验收时，应提交下列资料和文件：

一、变更设计的证明文件。

二、制造厂提供的产品说明书、试验记录、合格证件及安装图样等技
　　术文件。

三、安装技术记录。

四、备品、备件清单。

电气图常用图形符号

图形符号	说明	IEC	图形符号	说明	IEC
	单极开关（机械式开点）	=		接触器（常闭触点）	=
	单极开关（机械式闭点）	=		先断后合的转换触点	=
	多极开关单线表示	=		剩余电流保护断路器	=
	两极开关多线表示	=		断路器	=
	三极开关多线表示	=		隔离开关	=
	接触器（常开触点）	=		手动操作开关一般符号	=
	热继电器，动断触点	=		当操作器件被吸合时延时闭合的动合（常开）触点	=
	热继电器，动合触点	=		当操作器件被释放时延时断开的常开（动合）触点	=

图 形 符 号	说 明	IEC	图 形 符 号	说 明	IEC
	熔断器式开关	二		当操作器件被释放时延时闭合的常闭（动断）触点	二
	熔断器式隔离开关	二		当操作器件被吸合时延时断开的常闭（动断）触点	二
	具有动合触点但无自动复位的旋转开关	二		液位控制器（常开）液位控制器（常闭）	二
	按钮（常开）	二		压力控制器（常开）压力控制器（常闭）	二
	位置开关　行程开关限位开关　动合触点	二		插座（内孔的）或插座的一个极	二
	位置开关　行程开关限位开关　动断触点	二		插头（凸头的）或插头的一个极	二
	热敏开关　动合触点注：θ可用动作温度代替	二		插头和插座（凸头和内孔的）	二
	气敏开关，动合触点注：P可用动作瓦斯代替	二		双电源自动转换开关	二
	常开（动合）触点注：本符号也可以用作开关一般符号	二		UPS 电源	二
	常闭（动断）触点注：本符号也可以用作开关一般符号	二		变换器，一般符号	二

图形符号	说明	IEC	图形符号	说明	IEC
	双绕组变压器 （单相电压互感器）	二		在一个铁芯上具有两个二次绕组的电流互感器	二
	三绕组变压器 （三相电压互感器）	二		具有两个铁芯和两个二次绕组的电流互感器	二
	自耦变压器	二		操作器件一般符号	二
	电抗器，扼流圈	二		电阻器一般符号	二
	电流互感器，脉冲变压器	二		带滑动触点的电位器	二
	熔断器一般符号	二		电流—时间转换器	二
	指示仪表 （*号必须按照规定予以代替）	二	Hz	频率表	二
V	电压表	二	θ	温度计，高温计	二
A	电流表	二	M 3~	三相绕组式转子感应电动机	二
W	有功功率表		M 3~	三相鼠笼式感应电动机	二

图形符号	说明	IEC	图形符号	说明	IEC
var	有功功率表	二	M	交直流电动机	二
cosφ	功率因数表	二	8	电风扇	二
	导线、导线组、电路线路、母线一般符号	二		保护接地	二
	三根导线	二		电缆终端头	二
	避雷器（电涌保护器）	二		端子一般符号（可拆卸的端子）	二
	接地一般符号	二	Ah	安培小时计	二
	接机壳或接底板	二	Wh	电能表（瓦时计）	二
	击穿保险	二	varh	无功电能表	二
	接地开关	二		信号继电器机械保持的常开（动合）触点	二
	带电显示器	二	SP	远传压力表	
	零序电流互感器	二		电位器	二

图 形 符 号	说 明	IEC	图 形 符 号	说 明	IEC
	电喇叭或扬声器	二		操作转换开关： 定位的 LW5（12）-16D0724/3 型转换开关部分触点图形符号。 — 表示手柄操作位置； · 表示手柄转向此位置时触点闭合	二
	电铃	二		操作转换开关： 定位的 LW5（12）-16D401/2（1）型转换开关部分触点图形符号。 — 表示手柄操作位置； · 表示手柄转向此位置时触点闭合	二
* *	控制和指示设备 （*号必须按照规定予以代替）	二		电压转换开关 LW12-16DYH3/F3 型转换开关触点图形符号	二
	桥式全波整流器	二		热继电器的驱动器件	二
	二极管一般符号	二		电动机保护器	二
	连接导线	二		加热器	二
	导线不连接	二		指示灯	二
	两只单相电压互感器组成的 V-V 连接符号			传感器	二
	三只单相电压互感器组成的星-星连接符号			电容器一般符号	二

电气图常用文字代号

设 备 名 称	文 字 代 号	设 备 名 称	文 字 代 号
发电机	G	电位器	RW
电动机	M	电抗器	L
电力变压器	TM	电容器	C
控制电源变压器	TC	开关	Q
电流互感器	TA	隔离开关	QS
零序电流互感器	TAN	控制开关	SA
电压互感器	TV	断路器	QF
熔断器	FU	避雷器	F
接触器	KM	按钮	SB
调节器	A	旋钮	SW
继电器	K	分励脱扣器	F
电流继电器	KA	欠电压脱扣器	Q
电压继电器	KV	合闸电磁铁	X
时间继电器	KT	储能电动机	M
控制继电器	KC	接线柱	X
中间继电器	KA	端子板（排）	XT
信号继电器	KS	连接片	XB
闪光继电器	KFR	插座	XS
热继电器（热元件）	KH	插头	XP
温度继电器	KTE	电流表	PA

设 备 名 称	文 字 代 号	设 备 名 称	文 字 代 号
零序电流继电器	KAZ	电压表	PV
零序电压继电器	KVZ	有功功率表	PW
频敏变阻器	RF	无功功率表	PR
电阻器	R	电能表	PJ
有功电能表	PJ	加热器	EE
无功电能表	PJR	电风扇	EV
频率表	PF	温湿度控制器	BH
功率因数表	PPF	综合微机保护装置	ZWB
照明灯	EL	接线盒	XH
指示灯	HL	带电显示器	DX
红色指示灯	HLR	击穿保险	FB
绿色指示灯	HLG	电能计量柜	AM
蓝色指示灯	HLB	高压开关柜	AH
黄色指示灯	HLY	交流配电屏（柜）	AA
白色指示灯	HLW	直流配电屏（柜）	AD
母线	W	电力配电柜	AP
电压小母线	WV	应急电力配电箱	APE
控制小母线	WC	照明配电箱	AL
合闸小母线	WCL	应急照明配电箱	ALE
信号小母线	WS	电源自动切换箱（柜）	AT
事故音响小母线	WFS	并联电容屏柜（柜、箱）	ACC
预告音响小母线	WPS	控制箱（柜、屏）	AC
闪光小母线	WF	信号箱（屏）	AS

设 备 名 称	文 字 代 号	设 备 名 称	文 字 代 号	
直流母线	WB	接线端子箱	AXT	
中性线	N	保护屏	AE	
保护接地	PE	电能表箱	AW	
保护接地与中性线共用	PEN	插座箱	AX	
发热器件	EH	中央信号屏	ACS	
电铃	HA	供电条件常用的文字符号		
扬声器（电喇叭）	HA	名　称	标注的文字符号	单 位 符 号
电流-时间转换器	KCT	系统标称电压	U_n	V
变频器	UP	设备的额定电压	U_r	V
电流变换器	BC	设备的额定电流	I_r	A
电压变换器	BU	设备的额定频率	f	Hz
压力变送器	BP	设备的安装功率	P_n	kW
流量变送器	BL	计算有功功率	P	kW
电动机保护器	KP	计算无功功率	Q	kvar
液位传感器	SL	计算视在功率	S	kVA
压力传感器	SP	额定视在功率	S_r	kVA
远传压力表	SP	计算电流	I_c	A
位置传感器	SQ	起动电流	I_{st}	A
温度传感器	ST	尖峰电流	I_p	A
控制变压器	TC	整定电流	I_s	A
配电变压器	TD	稳态短路电流	I_k	kA
		功率因数	$\cos\varphi$	
		阻抗电压	U_{kr}	%

母线和导线的颜色标识及排列方式					小母线常用的文字符号及回路标号		
类 别		垂直排列	水平排列	前后排列	颜色	二次小母线名称	文字符号	回路标号

类 别		垂直排列	水平排列	前后排列	颜色	二次小母线名称	文字符号	回路标号
交流	A相	上	左	远	黄色	交流回路控制电源	U相-WCu	1
	B相	中	中	中	绿色	交流回路控制电源	W相-WCw	2
	C相	下	右	近	红色	交流回路工作电源	U相-WCu1	1或101
	中性线	最下	最右	最近	淡蓝色	交流回路工作电源	W相-WCw1	2或102
	中性保护线	最下	最右	最近	黄绿双色	直流回路控制电源	WC+	1
直流	正极	上	左	远	红色	直流回路控制电源	WC-	2
	负极	下	右	近	蓝色	交、直流回路电压小母线	U相-WVu	U630
	中性线	最下	最右	最近	紫色	交、直流回路电压小母线	V相-WVv	V630（V600）
	接地线	最下	最右	最近	紫底黑条	交、直流回路电压小母线	W相-WVw	W630

注：母线相序颜色可以贯穿母线全长，也可在母线明显位置用圆形或垂直于母线的条形色标加以区别。

交、直流回路中性（零）线	N	N600
交、直流二次电流测量回路线	U相	U411
交、直流二次电流测量回路线	V相	V411

开关电器操作机构的操作方向及指示

交、直流二次电流测量回路线	W相	W411

操作器件名称	运动方式	运动方向及相互位置		交、直流二次电流保护回路线	U相	U421
		合闸时	分闸时	交、直流二次电流保护回路线	V相	V421
手柄、手轮或单双臂杠杆	转动	顺时针	逆时针	交、直流二次电流保护回路线	W相	W421
手柄或杠杆	线性运动	向上↑	向下↓			
两个上、下排列的按钮	按	上面	下面	注：电压小母线括号内（V600）的标号，适用于（TV）二次侧V相接地回路中。		
两个水平排列的按钮	按	右面	左面			

	设 备 名 称	文 字 说 明	设备特定接线端子的标记和特定导线端的识别		
			导 体 名 称	字母数字符号	
				设备端子标记	导线线端的识别
信号灯功能颜色标记	事故跳闸危险	红色			
	异常报警指示	黄色			
	开关闭合状态	红色（白色）	第一相	U	L1
	开关断开状态	绿色	第二相	V	L2
	电动机起动过程	蓝色	第三相	W	L3
	储能完毕指示	白色（绿色）	中性线	N	N
按钮功能颜色标记	正常分闸或停止	黑色（绿色）			
	正常合闸或起动	白色（红色）	保护接地线	PE	PE
	事故紧急操作	红色			
	储能按钮	白色	中性和保护接地共用线	PEN	PEN
	复归按钮	黑色			
母线或导线颜色标记	交流系统电源相序L1相	黄色	正 极	C	L+
	交流系统电源相序L2相	绿色	负 极	D	L−
	交流系统电源相序L3相	红色	中间线	M	M
	交流系统设备端相序U相	黄色	保护导体	PE	PE
	交流系统设备端相序V相	绿色	不接地的保护导体	PU	PU
	交流系统设备端相序W相	红色	保护中性导体	—	PEN
	交流系统中性线（N线）	黑色	接地导体	E	E
	交流系统接地线（PE）	黄/绿双色	低噪声接地导体	TE	TE
	直流系统正电源（＋）	红色	接机壳、接机架	MM	MM
	直流系统负电源（－）	蓝色	等电位连接	CC	CC

交系统电源导线流 / 直系统电源导线流

目 录

第三部分　低压配电设备
（ABB、施耐德断路器为主开关）

第四部分　低压配电设备（HA断路器为主开关）

低压成套配电设备二次回路工程图集
（设计·施工安装·设备材料）

所附光盘总目录

第三部分　低压配电设备
（ABB、施耐德断路器为主开关）

第一部分　低压配电设备
（RMW1、RMW2 断路器为主开关）

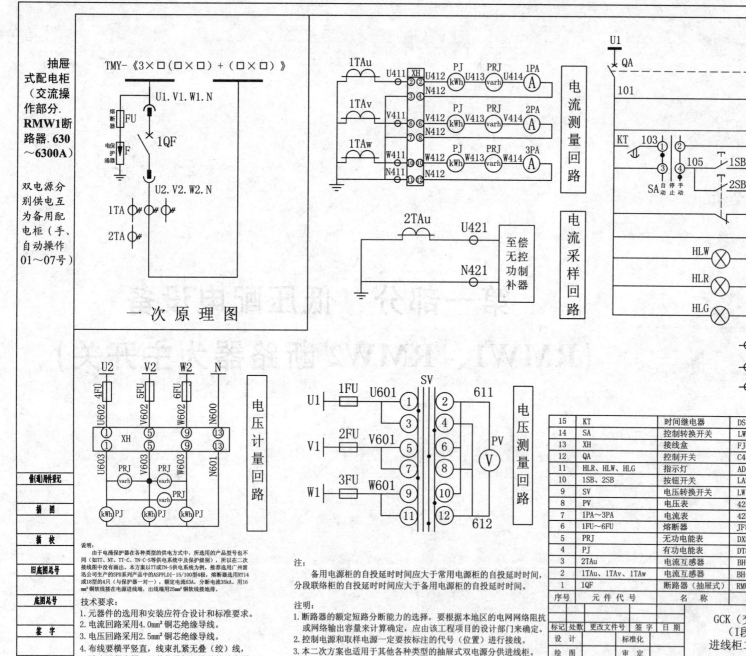

抽屉式配电柜（交流操作部分. RMW1断路器. 630～6300A）

双电源分别供电互为备用配电柜（手、自动操作01～07号）

TMY-《3×□(□×□)+(□×□)》

熔断器 FU
电涌保护器 F
1QF
U1.V1.W1.N
U2.V2.W2.N
1TA
2TA

一次原理图

1TAu U411 XH U412 PJ(kWh) U413 PRJ(varh) U414 1PA(A)
1TAv V411 V412 PJ(kWh) V413 PRJ(varh) V414 2PA(A)
1TAw W411 W412 PJ(kWh) W413 PRJ(varh) W414 3PA(A)
N411 N412

电流测量回路

2TAu U421 至偿无控功制补器
N421

电流采样回路

U2 V2 W2 N
4FU 5FU 6FU
U602 V602 W602 N600
XH
U603 V603 W603 N601
PRJ(varh) PRJ(varh) PRJ(varh)
kWh PJ   kWh PJ   kWh PJ

电压计量回路

1FU U601 SV 611
U1 2FU V601
V1 3FU W601
W1 612
PV(V)

电压测量回路

U1 QA N
101 KT 102
1QF
KT 103 105 1SB 107
SA 自停手 动止动 2SB 109
111
HLW 104
HLR 106
HLG 108

控制电源
控制开关
自投延时继电器
处理单元
自动合闸
手动合闸
手动分闸
欠电压脱扣器
储能回路
储能指示
合闸指示
分闸指示
引出辅助触点
备用触点

说明：
由于电涌保护器在各种类型的供电方式中，所选用的产品型号也不同（如TT、NT、TT-C、TN-C-S等供电系统及保护级别），所以在二次接线图中没有画出。本方案以TT或TN-S供电系统为例，推荐选用广州雷迅公司生产的SPD系列产品的ASPFLDI-15/100型4极，熔断器选用RT14或18型的4只（与保护器一对一），额定电流63A，分断电流35kA，用16mm²铜软线接在电源进线端，出线端用25mm²铜软接地接排。

技术要求：
1. 元器件的选用和安装应符合设计和标准要求。
2. 电流回路采用4.0mm²铜芯绝缘导线。
3. 电压回路采用2.5mm²铜芯绝缘导线。
4. 布线要横平竖直，线束扎紧无叠（绞）线，端头压紧牢固，元件代号标识清楚粘贴牢固。
5. 如果本柜要与其他柜实现机械联锁，请选用程序锁。

注：
备用电源柜的自投延时时间应大于常用电源柜的自投延时时间，分段联络柜的自投延时时间应大于备用电源柜的自投延时时间。

注明：
1. 断路器的额定短路分断能力的选择，要根据本地区的电网网络阻抗或网络输出容量来计算确定，应由该工程项目的设计部门来确定。
2. 控制电源和取样电源一定要按标注的代号（位置）进行接线。
3. 本二次方案也适用于其他各种类型的抽屉式双电源分供进线柜。
4. 负荷故障跳闸时，首先将SA转至手动位置，待故障排除后，手动恢复正常供电。

15	KT	时间继电器	DS-37C/220V（凸出式板前接线）	1	苏州继电器厂
14	SA	控制转换开关	LW12-16D0401	1	
13	XH	接线盒	FJ6/DFY1	1	乐清海燕公司
12	QA	控制开关	C45N-32/2P-10A	1	
11	HLR、HLW、HLG	指示灯	AD16-22/41-220V	3	
10	1SB、2SB	按钮开关	LA23-11	2	
9	SV	电压转换开关	LW12-16DHY3/3	1	
8	PV	电压表	42L6-V 0～450V	1	
7	1PA～3PA	电流表	42L6-A □/5A	3	
6	1FU～6FU	熔断器	JF5-2.5RD/6A	6	
5	PRJ	无功电能表	DX862-2/3×380V	1	
4	PJ	有功电能表	DT862-2/3×220/380V	1	
3	2TAu	电流互感器	BH-0.66 □/5A	1	
2	1TAu、1TAv、1TAw	电流互感器	BH-0.66 □/5A	3	
1	1QF	断路器（抽屉式）	RMW1-□/□P-□A/220V	1	上海人民电器厂
序号	元件代号	名称	型号规格	数量	备注

备(通)用件登记
描 图
描 校
旧底图总号
底图总号
签 字
日 期

标记 处数 更改文件号 签字 日期
设 计　标准化
绘 图　审 定
审 核　批 准
工 艺　日 期

GCK（交流操作）（I段母线）进线柜二次原理图

进线+计量（有功、无功、三相四线制）+3TA、断路器（RMW1）双电源自动或手动互为备用，正常时，两段母线分别供电，如果一路有故障时，另一路电源承担全部负荷。

QB/T.DJ080102.01Y

图样标记　数量　重量　比例
1:1
共 2 张　第 1 张

光盘页码：1-30

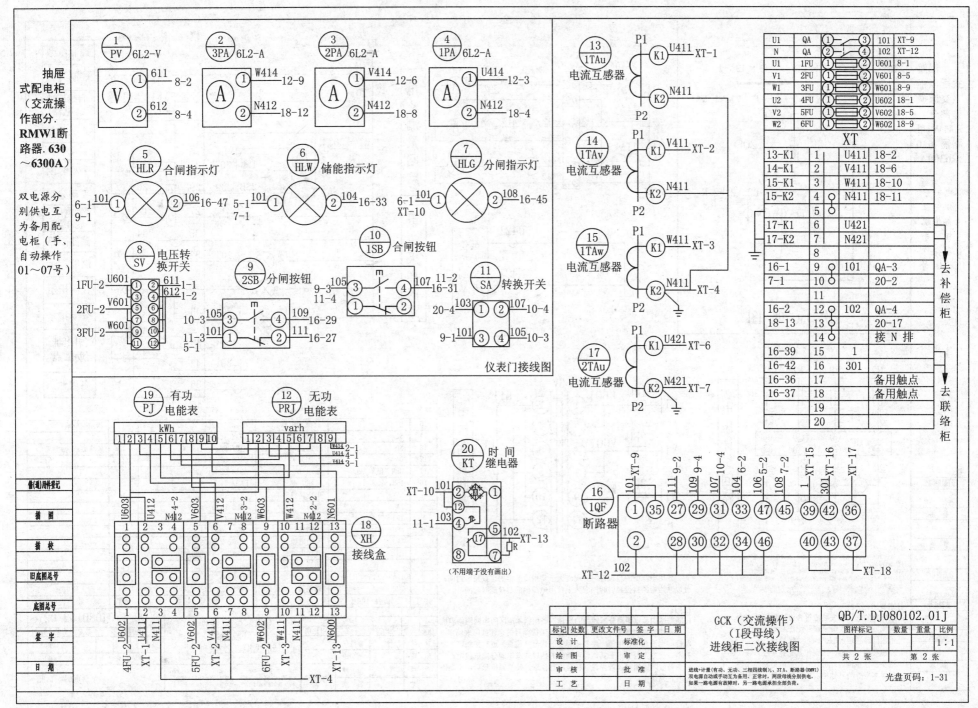

仪表门接线图

GCK（交流操作）
（I段母线）
进线柜二次接线图

QB/T.DJ080102.01J

共 2 张　　第 2 张

光盘页码：1-31

3

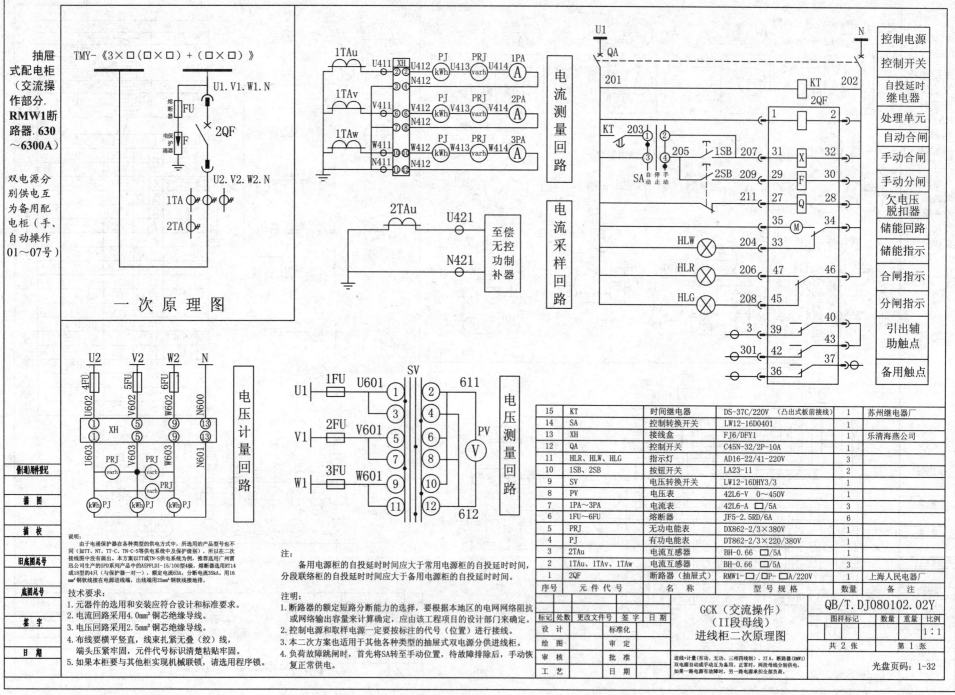

抽屉式配电柜（交流操作部分. RMW1断路器. 630～6300A）

双电源分别供电互为备用配电柜（手、自动操作01～07号）

TMY-《3×□(□×□)+(□×□)》

一次原理图

电流测量回路

电流采样回路

至偿无控功制补器

电压计量回路

电压测量回路

控制电源				
控制开关				
自投延时继电器				
处理单元				
自动合闸				
手动合闸				
手动分闸				
欠电压脱扣器				
储能回路				
储能指示				
合闸指示				
分闸指示				
引出辅助触点				
备用触点				

说明：
由于电涌保护器在各种类型的供电方式中，所选用的产品型号也不同（如TT、NT、TT-C、TN-C-S等供电系统中及保护级别），所以在二次接线图中没有画出。本方案以TT或TN-S供电系统为例，推荐选用广州雷迅公司生产的SPD系列产品ASPFLDI-15/100型4极，熔断器选用RT14或18型的4只（与保护器一对一），额定电流63A，熔断电流35kA，用16mm²铜软线接在电源进线端，出线端用25mm²铜软线接地。

技术要求：
1. 元器件的选用和安装应符合设计和标准要求。
2. 电流回路采用4.0mm²铜芯绝缘导线。
3. 电压回路采用2.5mm²铜芯绝缘导线。
4. 布线要横平竖直，线束扎紧无叠（绞）线，端头压紧牢固，元件代号标识清楚粘贴牢固。
5. 如果本柜要与其他柜实现机械联锁，请选用程序锁。

注：
备用电源柜的自投延时时间应大于常用电源柜的自投延时时间，分段联络柜的自投延时时间应大于备用电源柜的自投延时时间。

注：
1. 断路器的额定短路分断能力的选择，要根据本地区的电网网络阻抗或网络输出容量来计算确定，应由该工程项目的设计部门来确定。
2. 控制电源和取样电源一定要按标注的代号（位置）进行接线。
3. 本二次方案也适用于其他各种类型的抽屉式双电源分供进线柜。
4. 负荷故障跳闸时，首先将SA转至手动位置，待故障排除后，手动恢复正常供电。

15	KT	时间继电器	DS-37C/220V（凸出式板前接线）	1	苏州继电器厂
14	SA	控制转换开关	LW12-16D0401	1	
13	XH	接线盒	FJ6/DFY1	1	乐清海燕公司
12	QA	控制开关	C45N-32/2P-10A	1	
11	HLR、HLW、HLG	指示灯	AD16-22/41-220V	3	
10	1SB、2SB	按钮开关	LA23-11	2	
9	SV	电压转换开关	LW12-16DHY3/3	1	
8	PV	电压表	42L6-V 0～450V	1	
7	1PA～3PA	电流表	42L6-A □/5A	3	
6	1FU～6FU	熔断器	JF5-2.5RD/6A	6	
5	PRJ	无功电能表	DX862-2/3×380V	1	
4	PJ	有功电能表	DT862-2/3×220/380V	1	
3	2TAu	电流互感器	BH-0.66 □/5A	1	
2	1TAu、1TAv、1TAw	电流互感器	BH-0.66 □/5A	3	
1	2QF	断路器（抽屉式）	RMW1-□/□P-□A/220V	1	上海人民电器厂
序号	元件代号	名称	型号规格	数量	备注

标记	处数	更改文件号	签字	日期		GCK（交流操作）（II段母线）进线柜二次原理图	QB/T.DJ080102.02Y			
设计			标准化				图样标记	数量	重量	比例
绘图			审定							1:1
审核			批准			进线+计量（有功、无功、三相四线制）、3TA、断路器（RMW1）双电源自动或手动互为备用、正常时，两段母线分别供电，如果一路电源有故障时，另一路电源承担全部负荷。	共2张		第1张	
工艺			日期						光盘页码：1-32	

普(通)用件登记

描图

描校

旧底图总号

底图总号

签字

日期

4

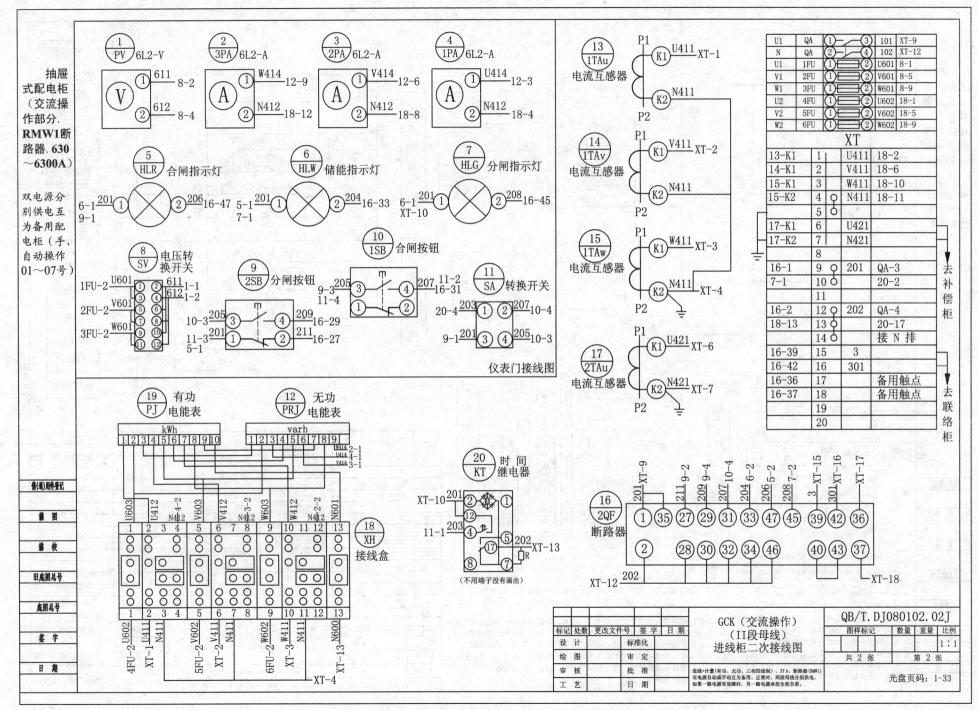

仪表门接线图

GCK（交流操作）
（II段母线）
进线柜二次接线图

QB/T.DJ080102.02J

共 2 张　　　第 2 张

1:1

进线+计量（有功、无功、三相四线制）、3TA、断路器（RMW1）
双电源自动或手动互为备用、正常时，两段母线分别供电，
如果一路电源有故障时，另一路电源承担全部负荷。

光盘页码：1-33

5

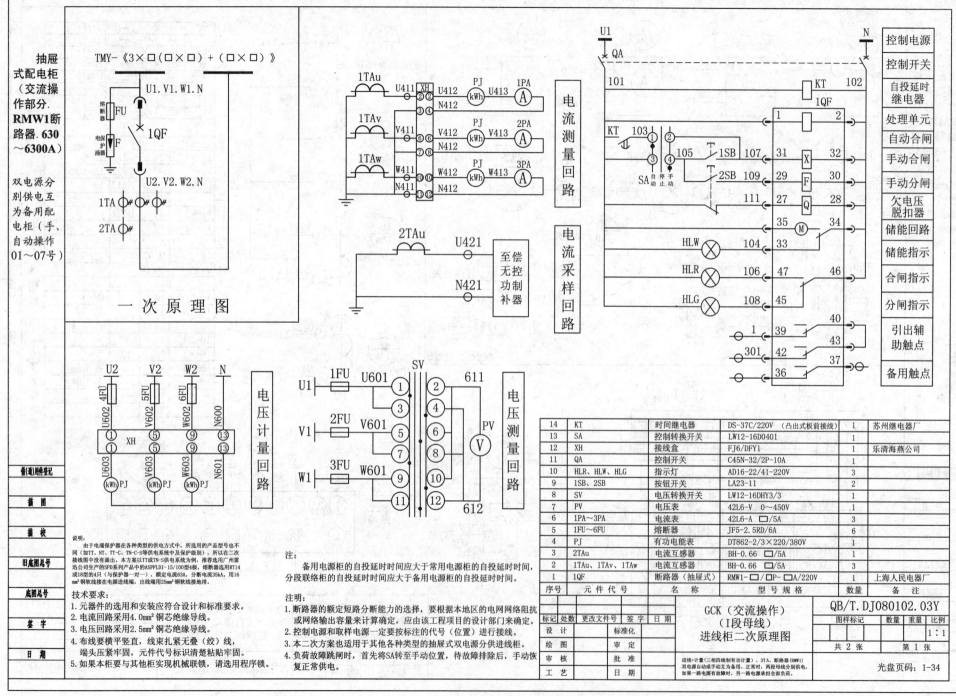

一次原理图

电流测量回路

电流采样回路

电压计量回路

电压测量回路

抽屉式配电柜（交流操作部分. RMW1断路器. 630～6300A）

双电源分别供电互为备用配电柜（手、自动操作01～07号）

说明：
由于电涌保护器在各种类型的供电方式中，所选用的产品型号也不同（如TT、NT、TT-C、TN-C-S等供电系统中及保护级别），所以在二次接线图中没有画出。本方案以TT或TN-S供电系统为例，推荐选用广州雷迅公司生产的SPD系列产品中的ASPFLD1-15/100型4极，熔断器选用RT14或18型的4只（与保护器一对一），额定电流63A，分断电流35kA。用16 mm²铜软线接在电源进线端，出线端用25mm²铜软线接地排。

技术要求：
1. 元器件的选用和安装应符合设计和标准要求。
2. 电流回路采用4.0mm²铜芯绝缘导线。
3. 电压回路采用2.5mm²铜芯绝缘导线。
4. 布线要横平竖直，线束扎紧无叠（绞）线，端头压紧牢固，元件代号标识清楚贴牢固。
5. 如果本柜要与其他柜实现机械联锁，请选用程序锁。

注：
备用电源柜的自投延时时间应大于常用电源柜的自投延时时间，分段联络柜的自投延时时间应大于备用电源柜的自投延时时间。

注明：
1. 断路器的额定短路分断能力的选择，要根据本地区的电网网络阻抗或网络输出容量来计算确定，应由该工程项目的设计部门来确定。
2. 控制电源和取样电源一定要按标注的代号（位置）进行接线。
3. 本二次方案也适用于其他各种类型的抽屉式双电源分供进线柜。
4. 负荷故障跳闸时，首先将SA转至手动位置，待故障排除后，手动恢复正常供电。

右侧标签（上到下）：
控制电源 / 控制开关 / 自投延时继电器 / 处理单元 / 自动合闸 / 手动合闸 / 手动分闸 / 欠电压脱扣器 / 储能回路 / 储能指示 / 合闸指示 / 分闸指示 / 引出辅助触点 / 备用触点

14	KT	时间继电器	DS-37C/220V（凸出式板前接线）	1	苏州继电器厂
13	SA	控制转换开关	LW12-16D0401	1	
12	XH	接线盒	FJ6/DFY1	1	乐清海燕公司
11	QA	控制开关	C45N-32/2P-10A	1	
10	HLR、HLW、HLG	指示灯	AD16-22/41-220V	3	
9	1SB、2SB	按钮开关	LA23-11	2	
8	SV	电压转换开关	LW12-16DHY3/3	1	
7	PV	电压表	42L6-V 0～450V	1	
6	1PA～3PA	电流表	42L6-A □/5A	3	
5	1FU～6FU	熔断器	JF5-2.5RD/6A	6	
4	PJ	有功电能表	DT862-2/3×220/380V		
3	2TAu	电流互感器	BH-0.66 □/5A		
2	1TAu、1TAv、1TAw	电流互感器	BH-0.66 □/5A	3	
1	1QF	断路器（抽屉式）	RMW1-□/□P-□A/220V	1	上海人民电器厂
序号	元件代号	名 称	型 号 规 格	数量	备 注

左侧表格：
信（通）用件登记		
描 图		
描 校		
旧底图总号		
底图总号		
签 字		
日 期		

GCK（交流操作）（I段母线）进线柜二次原理图

标记	处数	更改文件号	签字	日期		QB/T.DJ080102.03Y
设 计		标准化			图样标记	数量	重量	比例
绘 图		审 定						1:1
审 核		批 准			共 2 张	第 1 张
工 艺		日 期				

进线+计量（三相四线制有功计量）、3TA、断路器（RMW1）
双电源自动或手动分供为备用、正常时，两段母线分别供电，如果一路电源有故障时，另一路电源承担全部负荷。

光盘页码：1-34

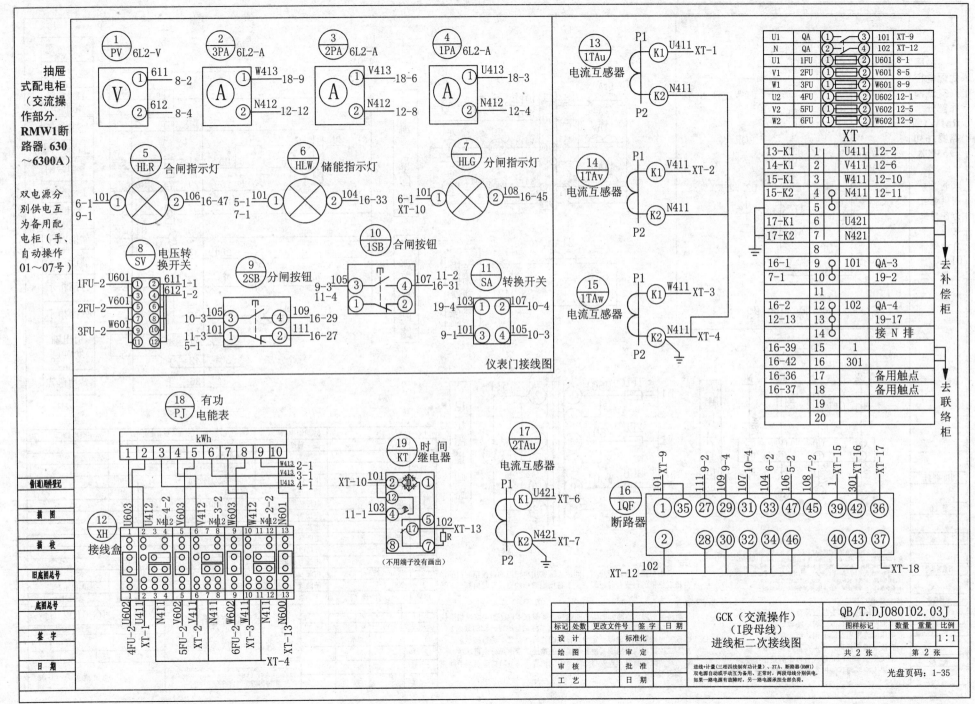

抽屉式配电柜（交流操作部分. RMW1断路器. 630～6300A）

双电源分别供电互为备用配电柜（手、自动操作01～07号）

仪表门接线图

U1	QA	① — ③	101	XT-9
N	QA	② — ④	102	XT-12
U1	1FU	①　②	U601	8-1
V1	2FU	①　②	V601	8-5
W1	3FU	①　②	W601	8-9
U2	4FU	①　②	U602	12-1
V2	5FU	①　②	V602	12-5
W2	6FU	①　②	W602	12-9

XT

13-K1	1	U411	12-2
14-K1	2	V411	12-6
15-K1	3	W411	12-10
15-K2	4	N411	12-11
	5		
17-K1	6	U421	
17-K2	7	N421	
	8		
16-1	9	101	QA-3
7-1	10		19-2
	11		
16-2	12	102	QA-4
12-13	13		19-17
	14	接 N 排	
16-39	15	1	
16-42	16	301	
16-36	17	备用触点	
16-37	18	备用触点	
	19		
	20		

去补偿柜
去联络柜

有功电能表

接线盒

时间继电器（不用端子没有画出）

电流互感器

断路器

| 标记 | 处数 | 更改文件号 | 签字 | 日期 |

设 计		标准化	
绘 图		审 定	
审 核		批 准	
工 艺		日 期	

GCK（交流操作）（I段母线）进线柜二次接线图

QB/T.DJ080102.03J

图样标记　数量　重量　比例　1:1

共 2 张　　第 2 张

进线+计量(三相四线制有功计量)、3TA、断路器(RMW1)
双电源自动或手动互为备用，正常时，两段母线分别供电，
如果一路电源有故障时，另一路电源承担全部负荷。

光盘页码：1-35

7

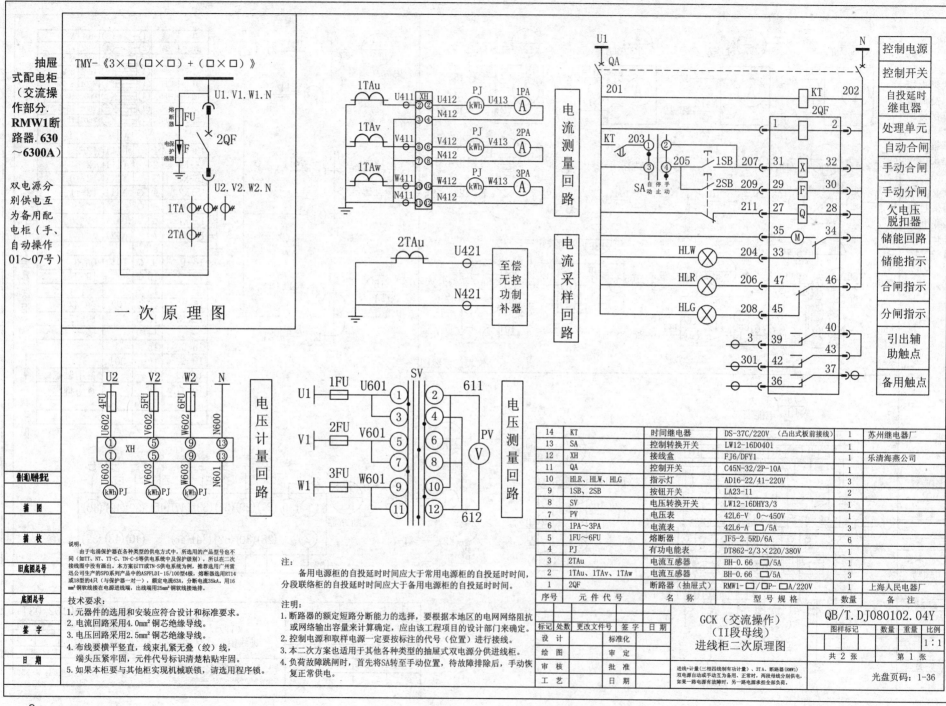

抽屉式配电柜（交流操作部分. RMW1断路器.630～6300A）

双电源分别供电互为备用配电柜（手、自动操作01～07号）

TMY-《3×□(□×□)+(□×□)》

U1.V1.W1.N

熔断器 FU

2QF

电保护涌器 F

U2.V2.W2.N

1TA

2TA

一次原理图

U2　V2　W2　N

4FU　5FU　6FU

U602　V602　W602　N600

XH

U603　V603　W603　N601

kWh PJ　kWh PJ　kWh PJ

电压计量回路

说明：
由于电涌保护器在各种类型的供电方式中，所选用的产品型号也不同（如IT、NT、TT-C、TN-C-S等供电系统中及保护级别），所以在二次接线图中没有画出。本方案以TT或TN-S供电为例，推荐选用广州雷迅公司生产的SPD系列产品中的ASPFLDI-15/100型4极，熔断器选用RT14或18型的4只（与保护器一对一），额定电流63A，分断电流35kA，用16mm²铜软线接在电源进线端，出线端用25mm²铜软线接地保护。

技术要求：
1. 元器件的选用和安装应符合设计和标准要求。
2. 电流回路采用4.0mm²铜芯绝缘导线。
3. 电压回路采用2.5mm²铜芯绝缘导线。
4. 布线要横平竖直，线束扎紧无叠（绞）线，端头压紧牢固，元件代号标识清楚粘贴牢固。
5. 如果本柜要与其他柜实现机械联锁，请选用程序锁。

1TAu　U411　XH　U412　PJ　U413　1PA
　　　　　　　②　②　kWh
1TAv　V411　③　④　V412　PJ　V413　2PA
　　　　　　　⑥　⑥　kWh
1TAw　W411　⑦　⑧　W412　PJ　W413　3PA
　　　　　　　⑩　⑩　kWh
　　　　N411　⑪　⑫　N412

电流测量回路

2TAu　U421

N421

至偿无控功制补器

电流采样回路

SV
1FU　U601　①　②　611
V1　2FU　V601　⑤　⑥　PV
　　　　　　　⑦　⑧　V
W1　3FU　W601　⑨　⑩
　　　　　　　⑪　⑫　612

电压测量回路

注：
备用电源柜的自投延时时间应大于常用电源柜的自投延时时间，分段联络柜的自投延时时间应大于备用电源柜的自投延时时间。

注明：
1. 断路器的额定短路分断能力的选择，要根据本地区的电网网络阻抗或网络输出容量来计算确定，应由该工程项目的设计部门来确定。
2. 控制电源和取样电源一定要按标注的代号（位置）进行接线。
3. 本二次方案也适用于其他各种类型的抽屉式双电源供电进线柜。
4. 负荷故障跳闸时，首先将SA转至手动位置，待故障排除后，手动恢复正常供电。

U1　QA　N

201　KT　202

2QF

KT　203　205　1SB　207　31　X　32
SA　自停手动　止动　2SB　209　29　F　30
211　27　Q　28
35　M　34
HLW　204　33
HLR　206　47　46
HLG　208　45
3　39　40
301　42　43
36　37

控制电源
控制开关
自投延时继电器
处理单元
自动合闸
手动合闸
手动分闸
欠电压脱扣器
储能回路
储能指示
合闸指示
分闸指示
引出辅助触点
备用触点

14	KT	时间继电器	DS-37C/220V （凸出式板前接线）	1	苏州继电器厂
13	SA	控制转换开关	LW12-16D0401	1	
12	XH	接线盒	FJ6/DFY1	1	乐清海燕公司
11	QA	控制开关	C45N-32/2P-10A	1	
10	HLR、HLW、HLG	指示灯	AD16-22/41-220V	3	
9	1SB、2SB	按钮开关	LA23-11	2	
8	SV	电压转换开关	LW12-16DHY3/3	1	
7	PV	电压表	42L6-V 0～450V	1	
6	1PA～3PA	电流表	42L6-A □/5A	3	
5	1FU～6FU	熔断器	JF5-2.5RD/6A	6	
4	PJ	有功电能表	DT862-2/3×220/380V		
3	2TAu	电流互感器	BH-0.66 □/5A	1	
2	1TAu、1TAv、1TAw	电流互感器	BH-0.66 □/5A	3	
1	2QF	断路器（抽屉式）	RMW1-□/□P-□A/220V	1	上海人民电器厂
序号	元件代号	名　称	型号规格	数量	备　注

标记	处数	更改文件号	签字	日期	
设 计			标准化		
绘 图			审 定		
审 核			批 准		
工 艺			日 期		

GCK（交流操作）
（II段母线）
进线柜二次原理图

QB/T.DJ080102.04Y

图样标记	数量	重量	比例
			1:1
共 2 张		第 1 张	

进线+计量（三相四线制有功计量）、3TA、断路器（RMW1）
双电源自动或手动互为备用、正常时，两段母线分段供电。
如果一路电源有故障时，另一路电源承担全部负荷。

光盘页码：1-36

8

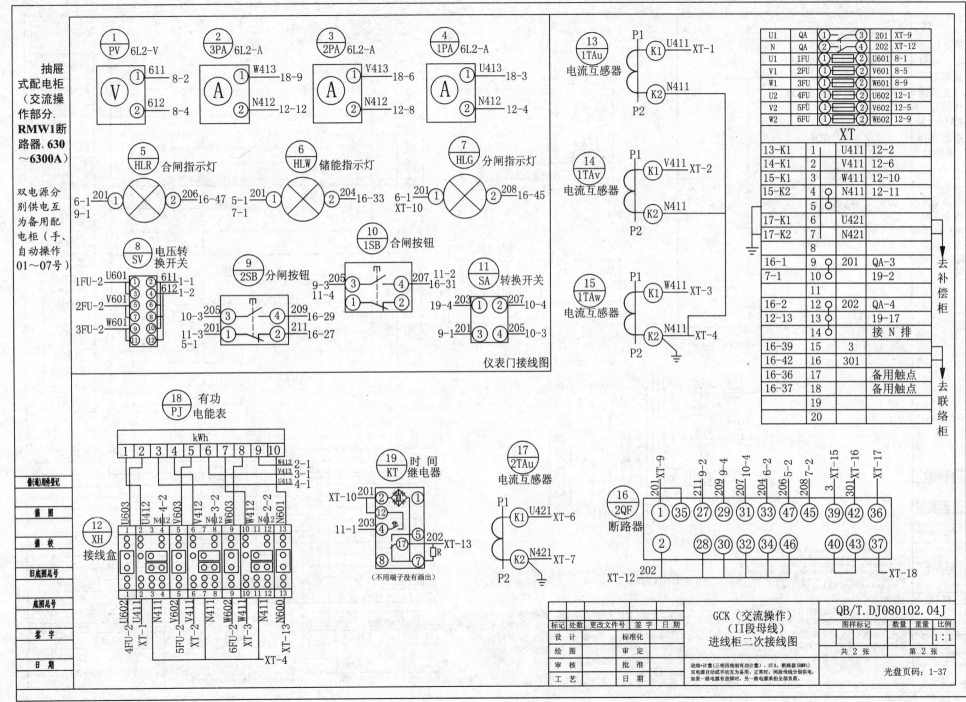

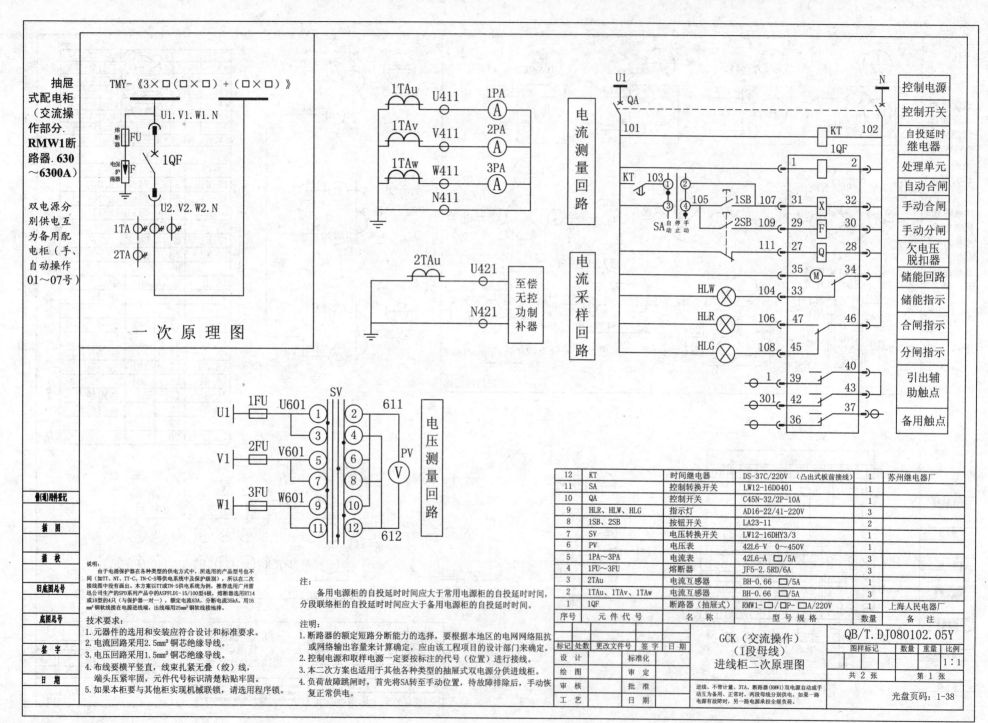

抽屉式配电柜（交流操作部分.RMW1断路器.630～6300A）

双电源分别供电互为备用配电柜（手、自动操作01～07号）

TMY-《3×□(□×□)+(□×□)》

一次原理图

电流测量回路

电流采样回路

电压测量回路

至偿无控功率补偿器

控制电源
控制开关
自投延时继电器
处理单元
自动合闸
手动合闸
手动分闸
欠电压脱扣器
储能回路
储能指示
合闸指示
分闸指示
引出辅助触点
备用触点

说明：
由于电涌保护器在各种类型的供电方式中，所选用的产品型号也不同（如TT、NT、TT-C、TN-C-S等供电系统中及保护级别），所以在二次接线图中没有画出。本方案以TT或TN-S供电系统为例，推荐选用广州雷迅公司生产的SPD系列产品中的ASPFLD1-15/100型4极，熔断器用RT14或18型的4只（与保护器一对一），额定电流63A，分断电流35kA。用16mm²铜软线接在电源进线端，出线端用25mm²铜软线接地排。

技术要求：
1. 元器件的选用和安装应符合设计和标准要求。
2. 电流回路采用2.5mm²铜芯绝缘导线。
3. 电压回路采用1.5mm²铜芯绝缘导线。
4. 布线要横平竖直，线束扎紧无叠(绞)线，端头压紧牢固，元件代号标识清楚粘贴牢固。
5. 如果本柜要与其他柜实现机械联锁，请选用程序锁。

注：
备用电源柜的自投延时时间应大于常用电源柜的自投延时时间，分段联络柜的自投延时时间应大于备用电源柜的自投延时时间。

注明：
1. 断路器的额定短路分断能力的选择，要根据本地区的电网网络阻抗或网络输出容量来计算确定，应由该工程项目的设计部门来确定。
2. 控制电源和取样电源一定要按标注的代号（位置）进行接线。
3. 本二次方案也适用于其他各种类型的抽屉式双电源分供进线柜。
4. 负荷故障跳闸时，首先将SA转至手动位置，待故障排除后，手动恢复正常供电。

序号	元件代号	名 称	型号规格	数量	备 注
12	KT	时间继电器	DS-37C/220V（凸出式板前接线）	1	苏州继电器厂
11	SA	控制转换开关	LW12-16D0401	1	
10	QA	控制开关	C45N-32/2P-10A	1	
9	HLR、HLW、HLG	指示灯	AD16-22/41-220V	3	
8	1SB、2SB	按钮开关	LA23-11	2	
7	SV	电压转换开关	LW12-16DHY3/3	1	
6	PV	电压表	42L6-V 0～450V	1	
5	1PA～3PA	电流表	42L6-A □/5A	3	
4	1FU～3FU	熔断器	JF5-2.5RD/6A	3	
2	2TAu	电流互感器	BH-0.66 □/5A	1	
2	1TAu、1TAv、1TAw	电流互感器	BH-0.66 □/5A	3	
1	1QF	断路器（抽屉式）	RMW1-□/□P-□A/220V	1	上海人民电器厂

借(通)用件登记			
描 图			
描 校			
旧底图总号			
底图总号			
签 字			
日 期			

		标记	处数	更改文件号	签 字	日 期	GCK（交流操作）（I段母线）进线柜二次原理图	图样标记	数量 重量 比例
		设 计			标准化				1:1
		绘 图			审 定				
		审 核			批 准			共 2 张 第 1 张	
		工 艺			日 期				

QB/T.DJ080102.05Y

进线、不带计量、3TA、断路器（RMW1）双电源自动或手动互为备用，正常时，两段母线分别供电，如果某一路电源有故障时，另一路电源承担全部负荷。

光盘页码：1-38

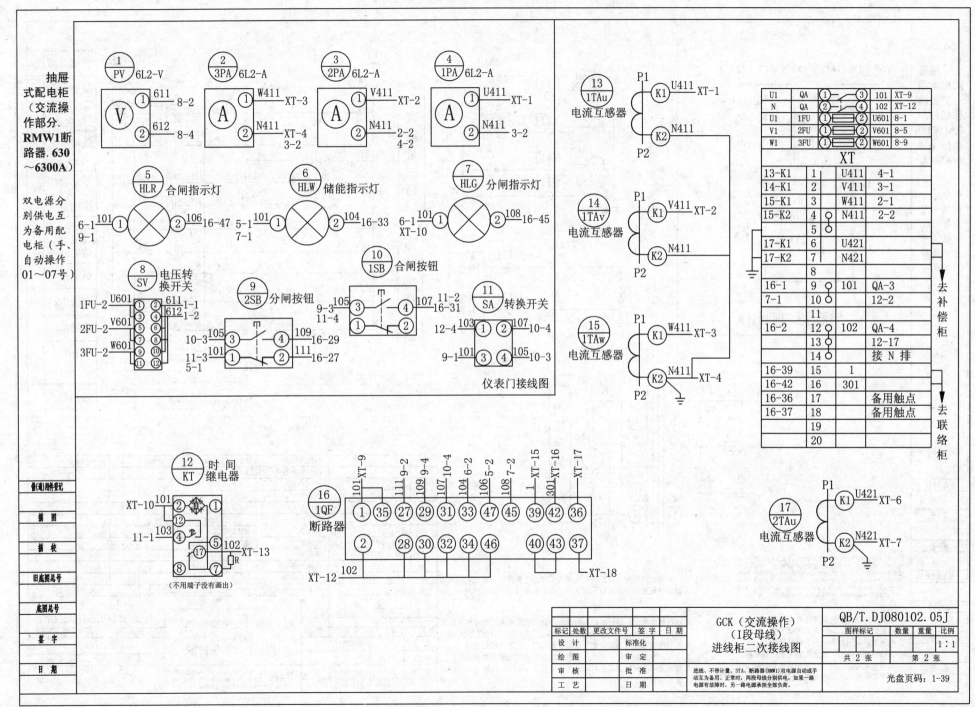

抽屉式配电柜（交流操作部分.RMW1断路器.630～6300A）

双电源分别供电互为备用配电柜（手、自动操作01～07号）

① PV 6L2-V
② 3PA 6L2-A
③ 2PA 6L2-A
④ 1PA 6L2-A

V ①611 8-2 ②612 8-4
A ①W411 XT-3 ②N411 XT-4 3-2
A ①V411 XT-2 ②N411 2-2 4-2
A ①U411 XT-1 ②N411 3-2

⑤ HLR 合闸指示灯
6-1 9-1 101 ①⊗②106 16-47

⑥ HLW 储能指示灯
5-1 7-1 101 ①⊗②104 16-33

⑦ HLG 分闸指示灯
6-1 XT-10 101 ①⊗②108 16-45

⑧ SV 电压转换开关
1FU-2 U601 ①②611 1-1 1-2
2FU-2 V601 ⑤⑥612 1-2
3FU-2 W601 ⑦⑧⑨⑩⑪⑫

⑨ 2SB 分闸按钮
9-3 11-4 105 ③④107 11-2 16-31
10-3 11-3 105 101 ③④① 109 16-29 111 16-27
5-1

⑩ 1SB 合闸按钮
9-3 11-4 105 ③④107 16-31
①②

⑪ SA 转换开关
12-4 103 ①②107 10-4
9-1 101 ③④105 10-3

仪表门接线图

⑬ 1TAu 电流互感器
P1 K1 U411 XT-1
K2 N411 P2

⑭ 1TAv 电流互感器
P1 K1 V411 XT-2
K2 N411 P2

⑮ 1TAw 电流互感器
P1 K1 W411 XT-3
K2 N411 XT-4 P2

XT

U1	QA	①	③	101	XT-9
N	QA	②	④	102	XT-12
U1	1FU	①	②	U601	8-1
V1	2FU	①	②	V601	8-5
W1	3FU	①	②	W601	8-9

13-K1	1	U411	4-1
14-K1	2	V411	3-1
15-K1	3	W411	2-1
15-K2	4	N411	2-2
	5		
17-K1	6	U421	
17-K2	7	N421	
	8		
16-1	9	101	QA-3
7-1	10		12-2
	11		
16-2	12	102	QA-4
	13		12-17
	14		接N排
16-39	15	1	
16-42	16	301	
16-36	17	备用触点	
16-37	18	备用触点	
	19		
	20		

去补偿柜
去联络柜

⑫ KT 时间继电器
XT-10 101 ②①
11-1 103 ④⑫ ⑤102 XT-13
⑰ ⑧⑦ R
（不用端子没有画出）

⑯ 1QF 断路器
101 XT-9 111 9-2 109 9-4 107 10-4 104 6-2 106 5-2 108 7-2 1 XT-15 301 XT-16 XT-17
①35 ②27 ②29 ③31 ③33 ④47 ④45 ③39 ④42 ③36
② ②28 ③30 ③32 ③34 ④46 ④40 ④43 ③37
XT-12 102 XT-18

⑰ 2TAu 电流互感器
P1 K1 U421 XT-6
K2 N421 XT-7 P2

GCK（交流操作）（I段母线）进线柜二次接线图

QB/T.DJ080102.05J

标记	处数	更改文件号	签字	日期
设计			标准化	
绘图			审定	
审核			批准	
工艺			日期	

图样标记	数量	重量	比例
			1:1

共 2 张　第 2 张

进线、不带计量、3TA、断路器（RMW1）双电源自动或手动互为备用、正常时，两段母线分别供电，如果一路电源有故障时，另一路电源承担全部负荷。

光盘页码：1-39

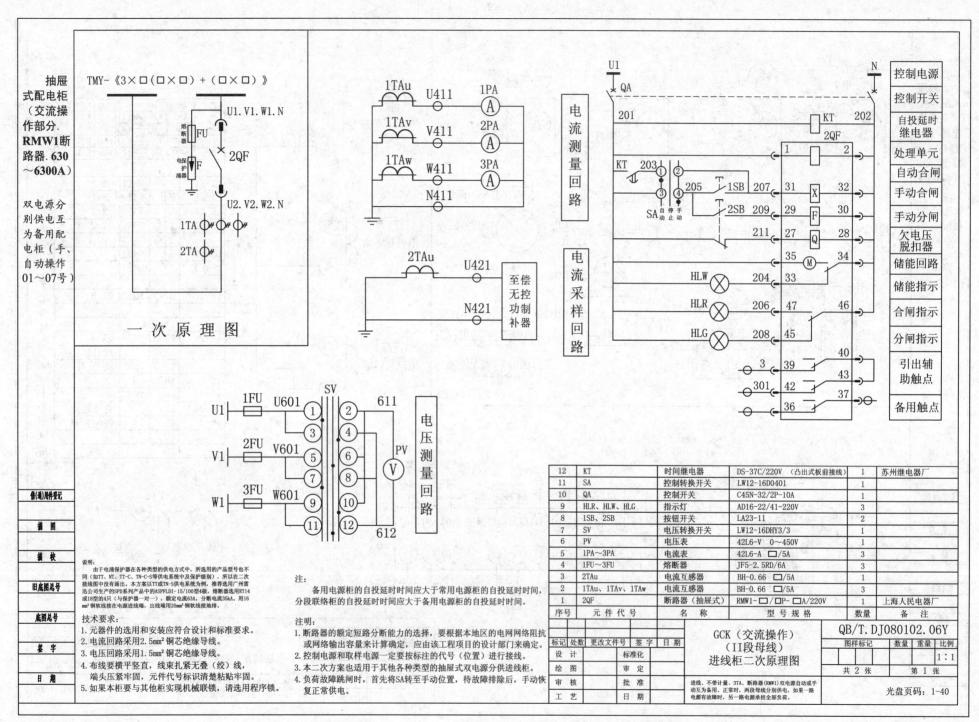

抽屉式配电柜（交流操作部分. RMW1断路器. 630～6300A）

双电源分别供电互为备用配电柜（手、自动操作01～07号）

TMY-《3×□(□×□)+(□×□)》

熔断器 FU
电涌保护器 F
2QF
U1.V1.W1.N
U2.V2.W2.N
1TA
2TA

一 次 原 理 图

1TAu U411 1PA (A)
1TAv V411 2PA (A)
1TAw W411 3PA (A)
N411

电流测量回路

2TAu U421
N421
至偿无控功制补器

电流采样回路

U1 QA N
201 KT 202
2QF
KT 203 1 2 205 1SB 207 1 2 X 31 32
SA 自停手 3 4 2SB 209 F 29 30
动止 211 Q 27 28
HLW 204 M 35 34
33
HLR 206 47 46
HLG 208 45
3 39 40
301 42 43
36 37

控制电源
控制开关
自投延时继电器
处理单元
自动合闸
手动合闸
手动分闸
欠电压脱扣器
储能回路
储能指示
合闸指示
分闸指示
引出辅助触点
备用触点

SV
U1 1FU U601 1 2 611
3 4
V1 2FU V601 5 6 PV (V)
7 8
W1 3FU W601 9 10
11 12 612

电压测量回路

说明：由于电涌保护器在各种类型的供电方式中，所选用的产品型号也不同（如TT、NT、TT-C、TN-C-S等供电系统中及保护级别），所以在二次接线图中没有画出。本方案以TT或TN-S供电系统为例，推荐选用广州雷迅公司生产的SPD系列产品中的ASPPLDI-15/100型4极，熔断器选用RT14或18型的4只（与保护器一对一），额定电流63A，分断电流35kA。用16mm²铜软线接在电源进线端，出线端用25mm²铜软线接地排。

技术要求：
1. 元器件的选用和安装应符合设计和标准要求。
2. 电流回路采用2.5mm²铜芯绝缘导线。
3. 电压回路采用1.5mm²铜芯绝缘导线。
4. 布线要横平竖直，线束扎紧无叠（绞）线，端头压紧牢固，元件代号标识清楚粘贴牢固。
5. 如果本柜要与其他柜实现机械联锁，请选用程序锁。

注：
备用电源柜的自投延时时间应大于常用电源柜的自投延时时间，分段联络柜的自投延时时间应大于备用电源柜的自投延时时间。

注明：
1. 断路器的额定短路分断能力的选择，要根据本地区的电网网络阻抗或网络输出容量来计算确定，应由该工程项目的设计部门来确定。
2. 控制电源和取样电源一定要按标注的代号（位置）进行接线。
3. 本二次方案也适用于其他各种类型的抽屉式双电源分供进线柜。
4. 负荷故障跳闸时，首先将SA转至手动位置，待故障排除后，手动恢复正常供电。

12	KT	时间继电器	DS-37C/220V（凸出式板前接线）	1	苏州继电器厂
11	SA	控制转换开关	LW12-16D0401	1	
10	QA	控制开关	C45N-32/2P-10A	1	
9	HLR、HLW、HLG	指示灯	AD16-22/41-220V	3	
8	1SB、2SB	按钮开关	LA23-11	2	
7	SV	电压转换开关	LW12-16DHY3/3	1	
6	PV	电压表	42L6-V 0～450V	1	
5	1PA～3PA	电流表	42L6-A □/5A	3	
4	1FU～3FU	熔断器	JF5-2.5RD/6A	3	
3	2TAu	电流互感器	BH-0.66 □/5A	1	
2	1TAu、1TAv、1TAw	电流互感器	BH-0.66 □/5A	3	
1	2QF	断路器（抽屉式）	RMW1-□/□P-□A/220V	1	上海人民电器厂
序号	元件代号	名　称	型号规格	数量	备　注

GCK（交流操作）（II段母线）进线柜二次原理图

QB/T.DJ080102.06Y

图样标记 数量 重量 比例
1:1

标记 处数 更改文件号 签字 日期
设计　　　　标准化
绘图　　　　审定
审核　　　　批准
工艺　　　　日期

共 2 张　　第 1 张

进线、不带计量、3TA、断路器（RMW1）双电源自动或手动互为备用，正常时，两段母线分别供电，如果一路电源有故障时，另一路电源承担全部负荷。

光盘码码：1-40

曾(通)用件登记
描 图
描 校
旧底图总号
底图总号
签 字
日 期

12

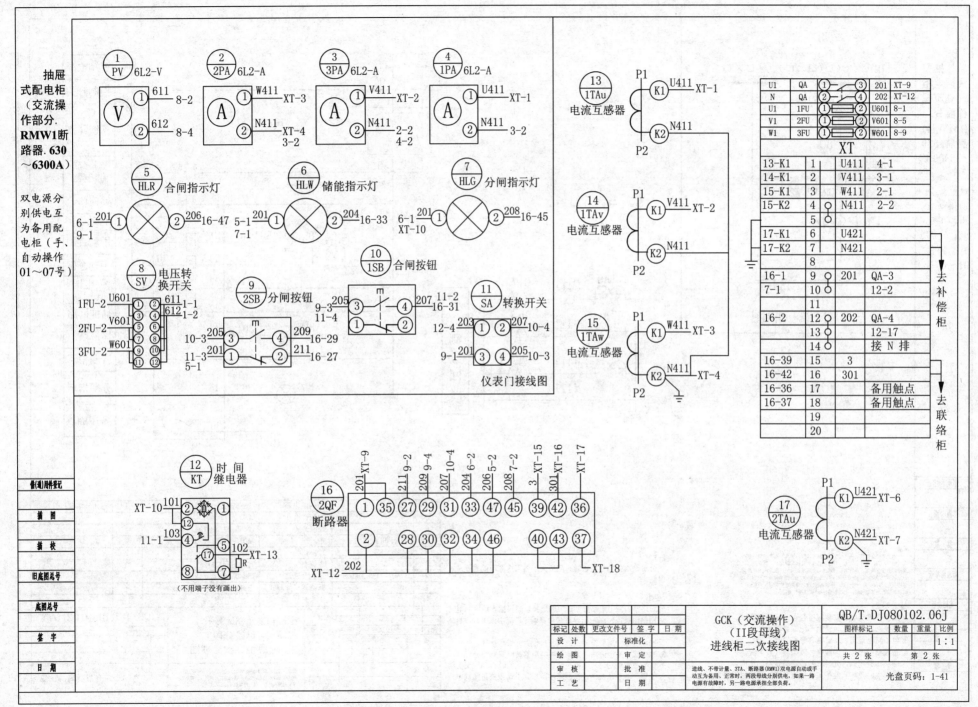

抽屉式配电柜（交流操作部分.RMW1断路器.630～6300A）

双电源分别供电互为备用配电柜（手、自动操作01～07号）

仪表门接线图

GCK（交流操作）（II段母线）进线柜二次接线图

QB/T.DJ080102.06J

	处数	更改文件号	签字	日期		图样标记	数量	重量	比例
标记									1:1
设计		标准化							
绘图		审定				共 2 张		第 2 张	
审核		批准							
工艺		日期				光盘页码：1-41			

进线、不带计量、3TA、断路器(RMW1)双电源自动或手动互为备用、正常时、两段母线分别供电，如果一路电源有故障时，另一路电源承担全部负荷。

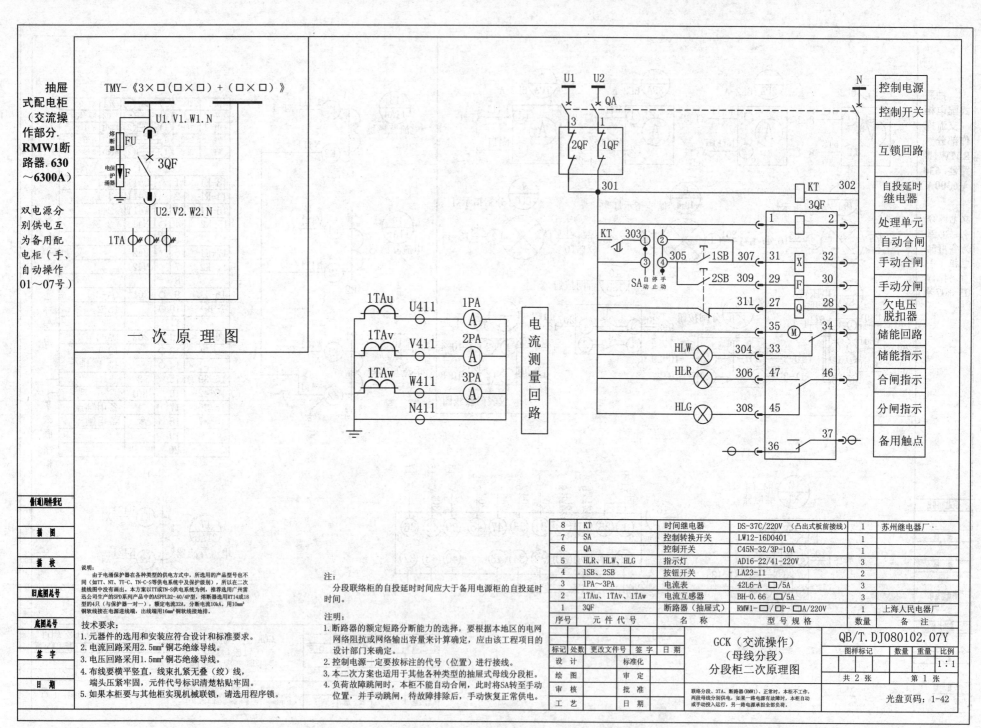

抽屉式配电柜（交流操作部分. RMW1断路器. 630～6300A）

双电源分别供电互为备用配电柜（手、自动操作01～07号）

TMY-《3×□(□×□)+(□×□)》

一次原理图

电流测量回路

				控制电源
				控制开关
				互锁回路
				自投延时继电器
				处理单元
				自动合闸
				手动合闸
				手动分闸
				欠电压脱扣器
				储能回路
				储能指示
				合闸指示
				分闸指示
				备用触点

修（造）用部更记

描 图

描 校

旧底图总号

底图总号

签 字

日 期

说明：
由于电涌保护器在各种类型的供电方式中，所选用的产品型号也不同（如TT、NT、TT-C、TN-C-S等供电系统中及保护级别），所以在二次接线图中没有画出。本方案以TT或TN-S供电系统为例，推荐选用广州雷迅公司生产的SPD系列产品中的ASPFLD2-40/4P型，熔断器选用RT14或18型的4只（与保护器一对一），额定电流32A，分断电流10kA。用10mm³铜软线接在电源进线端，出线端用16mm³铜软线接地排。

技术要求：
1. 元器件的选用和安装应符合设计和标准要求。
2. 电流回路采用2.5mm²铜芯绝缘导线。
3. 电压回路采用1.5mm²铜芯绝缘导线。
4. 布线要横平竖直，线束扎紧无叠（绞）线，端头压紧牢固，元件代号标识清楚粘贴牢固。
5. 如果本柜要与其他柜实现机械联锁，请选用程序锁。

注：
分段联络柜的自投延时时间应大于备用电源柜的自投延时时间。

注明：
1. 断路器的额定短路分断能力的选择，要根据本地区的电网网络阻抗或网络输出容量来计算确定，应由该工程项目的设计部门来确定。
2. 控制电源一定要按标注的代号（位置）进行接线。
3. 本二次方案也适用于其他各种类型的抽屉式母线分段柜。
4. 负荷故障跳闸时，本柜不能自动合闸，此时将SA转至手动位置，并手动跳闸，待故障排除后，手动恢复正常供电。

8	KT	时间继电器	DS-37C/220V（凸出式板前接线）	1	苏州继电器厂·
7	SA	控制转换开关	LW12-16D0401	1	
6	QA	控制开关	C45N-32/3P-10A	1	
5	HLR、HLW、HLG	指示灯	AD16-22/41-220V	3	
4	1SB、2SB	按钮开关	LA23-11	2	
3	1PA～3PA	电流表	42L6-A □/5A	3	
2	1TAu、1TAv、1TAw	电流互感器	BH-0.66 □/5A	3	
1	3QF	断路器（抽屉式）	RMW1-□/□P-□A/220V	1	上海人民电器厂
序号	元件代号	名 称	型号规格	数量	备 注

标记	处数	更改文件号	签字	日期
设 计		标准化		
绘 图		审 定		
审 核		批 准		
工 艺		日 期		

GCK（交流操作）
（母线分段）
分段柜二次原理图

QB/T.DJ080102.07Y

| 图样标记 | 数量 | 重量 | 比例 |
| | | | 1:1 |

共 2 张　　第 1 张

联络分段、3TA、断路器（RMW1）、正常时，本柜不工作，两段母线分别供电。如果一路电源有故障时，本柜自动或手动投入运行，另一路电源承担全部负荷。

光盘页码：1-42

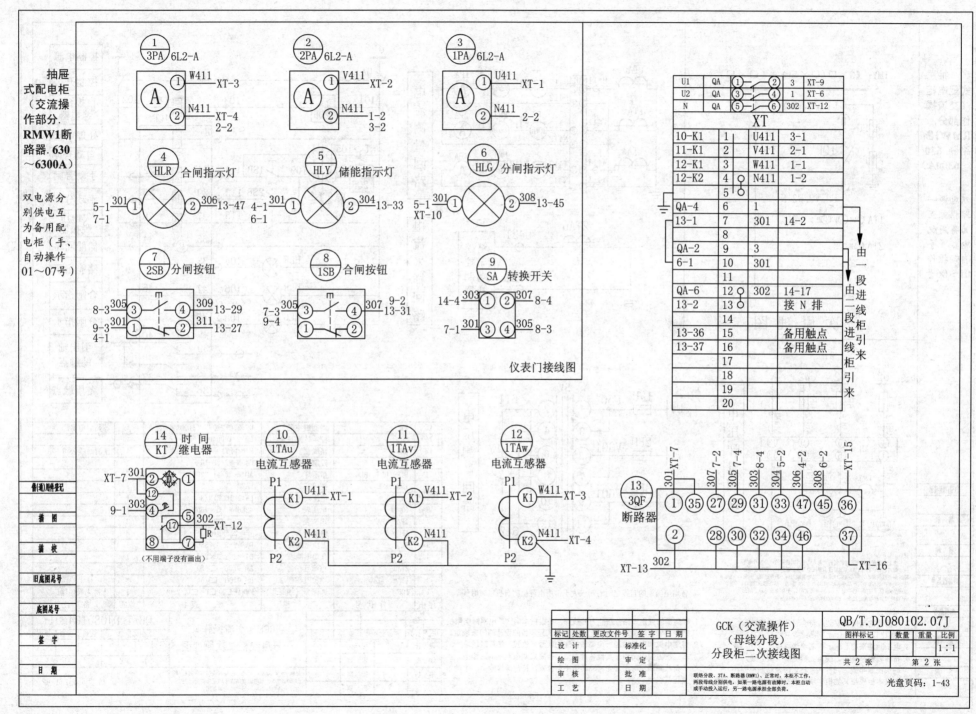

抽屉式配电柜（交流操作部分. RMW1断路器. 630～6300A）

双电源分别供电互为备用配电柜（手、自动操作01～07号）

仪表门接线图

① 3PA 6L2-A	② 2PA 6L2-A	③ 1PA 6L2-A
A ① W411 XT-3 ② N411 XT-4 2-2	A ① V411 XT-2 ② N411 1-2 3-2	A ① U411 XT-1 ② N411 2-2

④ HLR 合闸指示灯	⑤ HLY 储能指示灯	⑥ HLG 分闸指示灯
5-1 7-1 ① 301 ② 306 13-47	4-1 6-1 ① 301 ② 304 13-33	5-1 XT-10 ① 301 ② 308 13-45

⑦ 2SB 分闸按钮	⑧ 1SB 合闸按钮	⑨ SA 转换开关
8-3 ③ 305 ④ 309 13-29 / 9-3 4-1 ① 301 ② 311 13-27	7-3 9-4 ③ 305 ④ 307 9-2 / ① ② 13-31	14-4 ① 303 ② 307 8-4 / 7-1 ③ 301 ④ 305 8-3

U1	QA	① — ②	3	XT-9
U2	QA	③ — ④	1	XT-6
N	QA	⑤ — ⑥	302	XT-12

XT

		XT		
10-K1	1		U411	3-1
11-K1	2		V411	2-1
12-K1	3		W411	1-1
12-K2	4		N411	1-2
	5			
QA-4	6		1	
13-1	7		301	14-2
	8			
QA-2	9		3	
6-1	10		301	
	11			
QA-6	12		302	14-17
13-2	13		接 N 排	
	14			
13-36	15		备用触点	
13-37	16		备用触点	
	17			
	18			
	19			
	20			

由一段进线柜引来
由二段进线柜引来

⑭ KT 时间继电器	⑩ 1TAu 电流互感器	⑪ 1TAv 电流互感器	⑫ 1TAw 电流互感器
XT-7 301 ② 12 / 9-1 303 ④ ⑤ 302 XT-12 / ⑰ R ⑧ ⑦	P1 K1 U411 XT-1 / K2 N411 P2	P1 K1 V411 XT-2 / K2 N411 P2	P1 K1 W411 XT-3 / K2 N411 XT-4 P2

（不用端子没有画出）

⑬ 3QF 断路器

301 XT-7	307 7-2	305 7-4	303 8-4	304 5-2	306 4-2	308 6-2	XT-15
① 35	27	29	31	33	47	45	36
② 28	30	32	34	46			37

XT-13 302   XT-16

标记	处数	更改文件号	签字	日期		GCK（交流操作）（母线分段）分段柜二次接线图	QB/T.DJ080102.07J
设 计			标准化				图样标记 / 数量 / 重量 / 比例 1:1
绘 图			审 定				
审 核			批 准				共 2 张 第 2 张
工 艺			日 期			联络分段、3TA、断路器(RMW1)，正常时，本柜不工作，两段母线分别供电，如果一路电源有故障时，本柜自动或手动投入运行，另一路电源承担全部负荷。	光盘页码：1-43

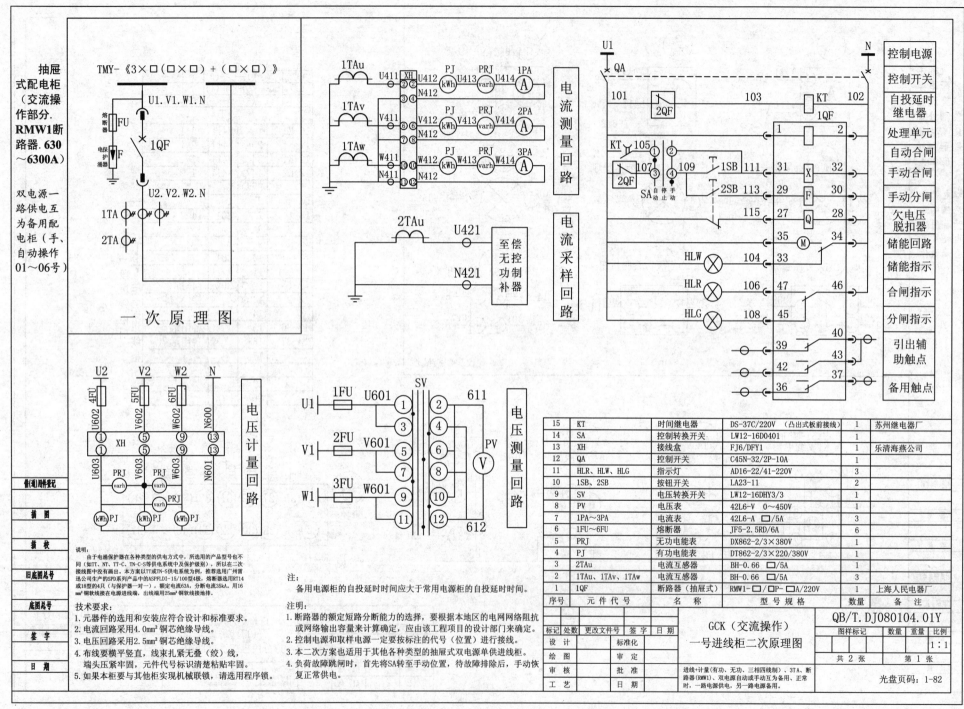

抽屉式配电柜（交流操作部分.RMW1断路器.630～6300A）

双电源一路供电互为备用配电柜（手、自动操作01～06号）

TMY-《3×□（□×□）+（□×□）》

一 次 原 理 图

电流测量回路

电流采样回路

电压计量回路

电压测量回路

	控制电源
	控制开关
	自投延时继电器
	处理单元
	自动合闸
	手动合闸
	手动分闸
	欠电压脱扣器
	储能回路
	储能指示
	合闸指示
	分闸指示
	引出辅助触点
	备用触点

说明：
由于电涌保护器在各种类型的供电方式中，所选用的产品型号也不同（如TN、NT、TT-C、TN-C-S等供电系统中及保护级别），所以在本二次接线图中没有画出。本方案以TT或TN-S供电系统为例，推荐选用广州雷迅公司生产的SPD系列产品中的ASPFLDI-15/100型4极，熔断器选用RT14或18型的4只（与保护器一对一），额定电流63A，分断电流35kA，用16mm²铜软线接在电源进线端，出线端25mm²铜软线接地排。

技术要求：
1. 元器件的选用和安装应符合设计和标准要求。
2. 电流回路采用4.0mm²铜芯绝缘导线。
3. 电压回路采用2.5mm²铜芯绝缘导线。
4. 布线要横平竖直，线束扎紧不叠（绞）线，端头压紧牢固，元件代号标识清楚粘贴牢固。
5. 如果本柜要与其他柜实现机械联锁，请选用程序锁。

注：
备用电源柜的自投延时时间应大于常用电源柜的自投延时时间。

注明：
1. 断路器的额定短路分断能力的选择，要根据本地区的电网网络阻抗或网络输出容量来计算确定，应由该工程项目的设计单位来确定。
2. 控制电源和取样电源一定要按标注的代号（位置）进行接线。
3. 本二次方案也适用于其他各种类型的抽屉式双电源单供进线柜。
4. 负荷故障跳闸时，首先将SA转至手动位置，待故障排除后，手动恢复正常供电。

15	KT	时间继电器	DS-37C/220V（凸出式板前接线）	1	苏州继电器厂
14	SA	控制转换开关	LW12-16D0401	1	
13	XH	接线盒	FJ6/DFY1	1	乐清海燕公司
12	QA	控制开关	C45N-32/2P-10A	1	
11	HLR、HLW、HLG	指示灯	AD16-22/41-220V	3	
10	1SB、2SB	按钮开关	LA23-11	2	
9	SV	电压转换开关	LW12-16DHY3/3	1	
8	PV	电压表	42L6-V 0～450V	1	
7	1PA～3PA	电流表	42L6-A □/5A	3	
6	1FU～6FU	熔断器	JF5-2.5RD/6A	6	
5	PRJ	无功电能表	DX862-2/3×380V	1	
4	PJ	有功电能表	DT862-2/3×220/380V	1	
3	2TAu	电流互感器	BH-0.66 □/5A	1	
2	1TAu、1TAv、1TAw	电流互感器	BH-0.66 □/5A	3	
1	1QF	断路器（抽屉式）	RMW1-□/□P-□A/220V	1	上海人民电器厂
序号	元件代号	名称	型号规格	数量	备注

GCK（交流操作）一号进线柜二次原理图

QB/T.DJ080104.01Y

进线+计量（有功、无功、三相四线制）、3TA、断路器（RMW1）、双电源自动或手动为备用、正常时，一路电源供电，另一路电源备用。

光盘页码：1-82

共 2 张　第 1 张

比例 1:1

16

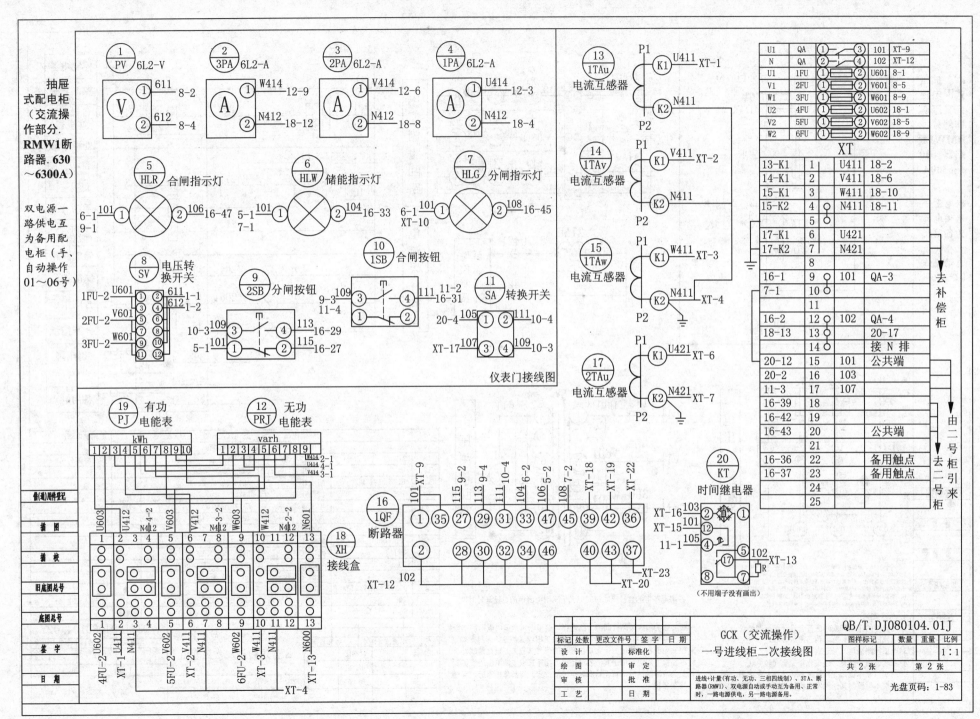

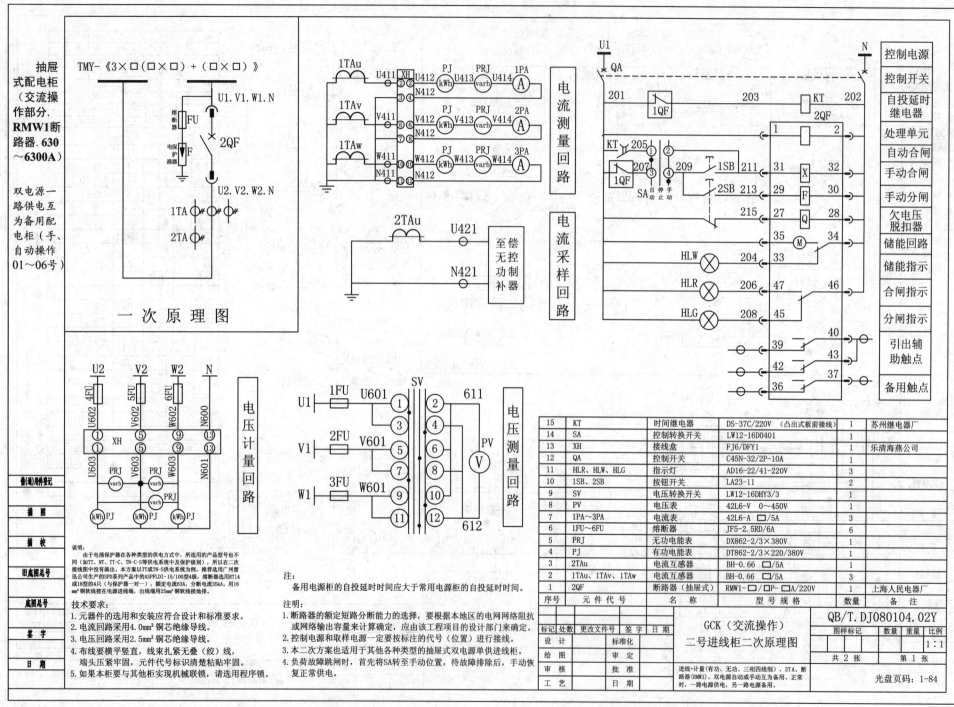

抽屉式配电柜（交流操作部分. RMW1断路器. 630～6300A）

双电源一路供电互为备用配电柜（手、自动操作01～06号）

TMY-《3×□（□×□）+（□×□）》

一次原理图

电流测量回路

电流采样回路

电压计量回路

电压测量回路

15	KT	时间继电器	DS-37C/220V（凸出式板前接线）	1	苏州继电器厂	
14	SA	控制转换开关	LW12-16D0401	1		
13	XH	接线盒	FJ6/DFY1	1	乐清海燕公司	
12	QA	控制开关	C45N-32/2P-10A	1		
11	HLR、HLW、HLG	指示灯	AD16-22/41-220V	3		
10	1SB、2SB	按钮开关	LA23-11	2		
9	SV	电压转换开关	LW12-16DHY3/3	1		
8	PV	电压表	42L6-V 0～450V	1		
7	1PA～3PA	电流表	42L6-A □/5A	3		
6	1FU～6FU	熔断器	JF5-2.5RD/6A	6		
5	PRJ	无功电能表	DX862-2/3×380V	1		
4	PJ	有功电能表	DT862-2/3×220/380V	1		
3	2TAu	电流互感器	BH-0.66 □/5A	1		
2	1TAu、1TAv、1TAw	电流互感器	BH-0.66 □/5A	3		
1	2QF	断路器（抽屉式）	RMW1-□/P-□A/220V	1	上海人民电器厂	
序号	元件代号	名 称	型 号 规 格	数量	备 注	

说明：
由于电涌保护器在各种类型的供电方式中，所选用的产品型号也不同（如ITT、NT、TT-C、TN-C-S等供电系统中及保护级别），所以在二次接线图中没有画出。本方案以IT或TN-S供电系统为例，推荐选用广州雷迅公司生产的SPD系列产品中的ASPFLDI-15/100I4极，熔断器选用RT14或18型的4只（与保护器一对一），额定电流63A，分断电流35kA。用16mm²铜软线接在电源进线端，出线端用25mm²铜软线接地排。

技术要求：
1. 元器件的选用和安装应符合设计和标准要求。
2. 电流回路采用4.0mm²铜芯绝缘导线。
3. 电压回路采用2.5mm²铜芯绝缘导线。
4. 布线要横平竖直，线束扎紧不叠（绞）线，端头压紧牢固，元件代号标识清楚粘贴牢固。
5. 如果本柜要与其他柜实现机械联锁，请选用程序锁。

注：
备用电源柜的自投延时时间应大于常用电源柜的自投延时时间。

注明：
1. 断路器的额定短路分断能力的选择，要根据本地区的电网网络阻抗或网络输出容量来计算确定，应由该工程项目的设计部门来确定。
2. 控制电源和取样电源一定要按标注的代号（位置）进行接线。
3. 本二次方案也适用于其他各种类型的抽屉式双电源单供进线柜。
4. 负荷故障跳闸时，首先将SA转至手动位置，待故障排除后，手动恢复正常供电。

描 图		标准化	
描 校		审 定	
旧底图总号			
底图总号			
签 字			
日 期			

借（通）用件登记

标记	处数	更改文件号	签 字	日 期
设 计		标准化		
绘 图		审 定		
审 核		批 准		
工 艺		日 期		

GCK（交流操作）二号进线柜二次原理图

QB/T.DJ080104.02Y

图样标记	数量	重量	比例
			1：1

共 2 张　　第 1 张

进线+计量（有功、无功、三相四线制）、3TA、断路器（RMW1）、双电源自动或手动互为备用、正常时，一路电源供电，另一路电源备用。

光盘页码：1-84

18

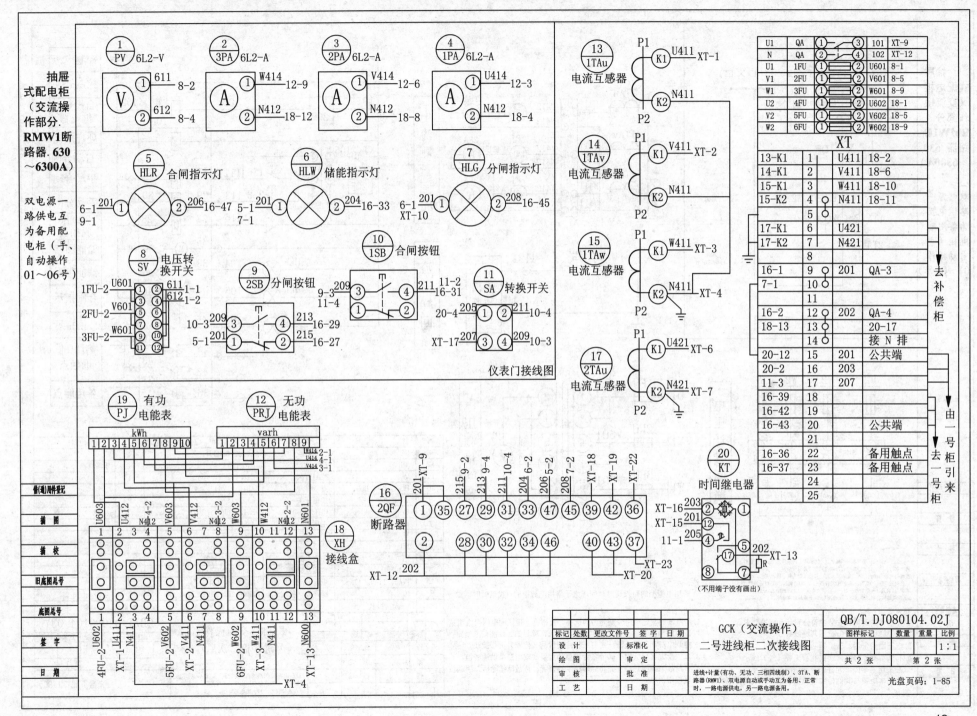

抽屉式配电柜（交流操作部分. RMW1断路器. 630~6300A）

双电源一路供电互为备用配电柜（手、自动操作01~06号）

① PV	6L2-V
② 3PA	6L2-A
③ 2PA	6L2-A
④ 1PA	6L2-A

V ① 611 8-2 ② 612 8-4
A ① W414 12-9 ② N412 18-12
A ① V414 12-6 ② N412 18-8
A ① U414 12-3 ② N412 18-4

⑤ HLR 合闸指示灯
⑥ HLW 储能指示灯
⑦ HLG 分闸指示灯

6-1 9-1 ①201 206② 16-47
5-1 7-1 ①201 204② 16-33
6-1 XT-10 ①201 208② 16-45

⑧ SV 电压转换开关
⑨ 2SB 分闸按钮
⑩ 1SB 合闸按钮
⑪ SA 转换开关

1FU-2 U601 2FU-2 V601 3FU-2 W601
① 611 1-1 ② 612 1-2

9-3 209 ③④ 211 11-2
11-4 ③④ 16-31
① ②

10-3 209 ③④ 213 16-29
5-1 201 ① ② 215 16-27

20-4 205 ①② 211 10-4
XT-17 207 ③④ 209 10-3

仪表门接线图

⑬ 1TAu 电流互感器 P1 K1 U411 XT-1 K2 N411 P2
⑭ 1TAv 电流互感器 P1 K1 V411 XT-2 K2 N411 P2
⑮ 1TAw 电流互感器 P1 K1 W411 XT-3 K2 N411 XT-4 P2
⑰ 2TAu 电流互感器 P1 K1 U421 XT-6 K2 N421 XT-7 P2

U1	QA	① ③	101	XT-9
N	QA	① ④	102	XT-12
U1	1FU	① ②	U601	8-1
V1	2FU	① ②	V601	8-5
W1	3FU	① ②	W601	8-9
U2	4FU	① ②	U602	18-1
V2	5FU	① ②	V602	18-5
W2	6FU	① ②	W602	18-9

XT

13-K1	1	U411	18-2
14-K1	2	V411	18-6
15-K1	3	W411	18-10
15-K2	4	N411	18-11
	5		
17-K1	6	U421	
17-K2	7	N421	
	8		
16-1	9	201	QA-3
7-1	10		
	11		
16-2	12	202	QA-4
18-13	13		20-17
	14		接 N 排
20-12	15	201	公共端
20-2	16	203	
11-3	17	207	
16-39	18		
16-42	19		
16-43	20		公共端
	21		
16-36	22		备用触点
16-37	23		备用触点
	24		
	25		

去补偿柜
由一号柜引来
去一号柜

⑲ PJ 有功电能表
⑫ PRJ 无功电能表

kWh ①②③④⑤⑥⑦⑧⑨⑩
W414 2-1
U414 4-1
V414 3-1
varh ①②③④⑤⑥⑦⑧⑨

⑯ 2QF 断路器
⑳ KT 时间继电器
⑱ XH 接线盒

201 XT-9, 215 9-2, 213 9-4, 211 10-4, 204 6-2, 206 5-2, 208 7-2, XT-18, XT-19, XT-22

① 35 27 29 31 33 47 45 39 42 36
② 28 30 32 34 46 40 43 37

XT-12 202
XT-23
XT-20

XT-16 203 ② ①
XT-15 201 12
11-1 205 ④ ③ ⑤ 202 XT-13
⑧ ⑦ R
17
（不用端子没有画出）

U603 U412 N412 V603 V412 N412 W603 W412 N412 N601
① ② ③ ④ ⑤ ⑥ ⑦ ⑧ ⑨ ⑩ ⑪ ⑫ ⑬
U602 U411 N411 V602 V411 N411 W602 W411 N411 N600
4FU-2 XT-1 5FU-2 XT-2 6FU-2 XT-3 XT-13
XT-4

借(通)用件登记		
描 图		
描 校		
旧底图总号		
底图总号		
签 字		
日 期		

标记	处数	更改文件号	签字	日期		GCK（交流操作）二号进线柜二次接线图	QB/T.DJ080104.02J			
设 计			标准化				图样标记	数量	重量	比例
绘 图			审 定							1:1
审 核			批 准			进线+计量（有功、无功、三相四线制）、3TA、断路器(RMW1)、双电源自动或手动互为备用、正常时，一路电源供电，另一路电源备用。	共 2 张	第 2 张		
工 艺			日 期				光盘页码：1-85			

19

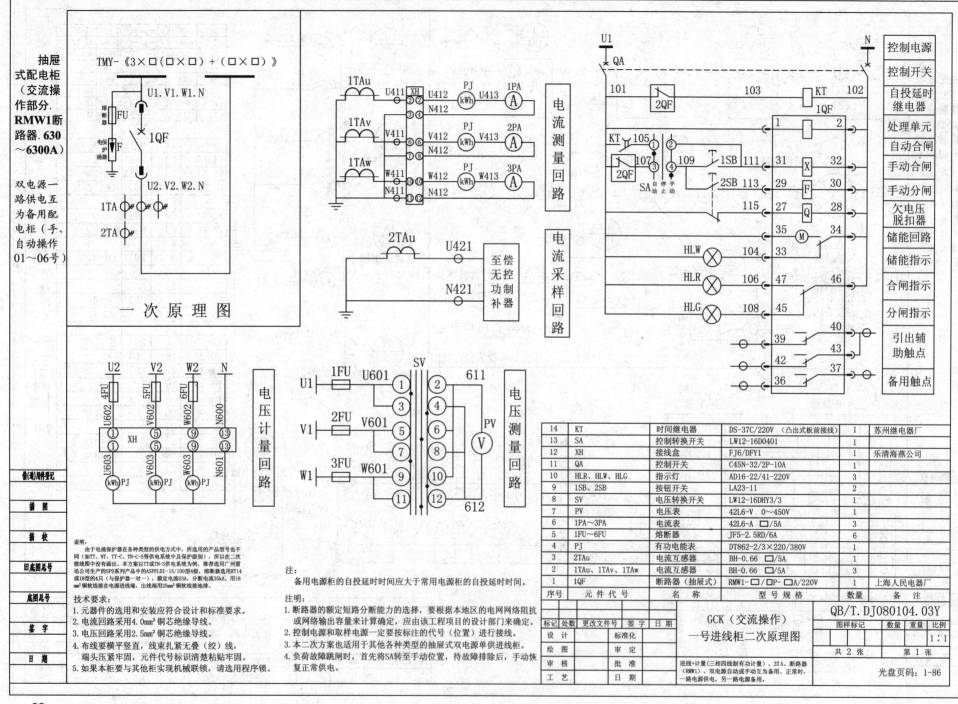

抽屉式配电柜（交流操作部分．RMW1断路器．630~6300A）

双电源一路供电互为备用配电柜（手、自动操作01~06号）

TMY-《3×□(□×□)+(□×□)》

一次原理图

电流测量回路

电流采样回路

电压计量回路

电压测量回路

控制电源			
控制开关			
自投延时继电器			
处理单元			
自动合闸			
手动合闸			
手动分闸			
欠电压脱扣器			
储能回路			
储能指示			
合闸指示			
分闸指示			
引出辅助触点			
备用触点			

说明：
由于电涌保护器在各种类型的供电方式中，所选用的产品型号也不同（如TT、NT、TT-C、TN-C-S等供电系统中及保护级别），所以在二次接线图中没有画出。本方案以TT或TN-S供电系统为例，推荐选用广州雷迅公司生产的SPD系列产品中的ASPFLDI-15/100型4级，熔断器选用RT14或18型的4只（与保护器一对一），额定电流63A，分断电流35kA。用16 mm²铜软线接在电源进线端，出线端25mm²铜软线接地排。

技术要求：
1. 元件的选用和安装应符合设计和标准要求。
2. 电流回路采用4.0mm²铜芯绝缘导线。
3. 电压回路采用2.5mm²铜芯绝缘导线。
4. 布线要横平竖直，线束扎紧无叠（绞）线，端头压紧牢固，元件代号标识清楚粘贴牢固。
5. 如果本柜要与其他柜实现机械联锁，请选用程序锁。

注：
备用电源柜的自投延时时间应大于常用电源柜的自投延时时间。

注明：
1. 断路器的额定短路分断能力的选择，要根据本地区的电网网络阻抗或网络输出容量来计算确定，应由该工程项目的设计部门来确定。
2. 控制电源和取样电源一定要按所注的代号（位置）进行接线。
3. 本二次方案也适用于其他各种类型的抽屉式双电源单供进线柜。
4. 负荷故障跳闸时，首先将SA转至手动位置，待故障排除后，手动恢复正常供电。

14	KT	时间继电器	DS-37C/220V（凸出式前板接线）	1	苏州继电器厂
13	SA	控制转换开关	LW12-16D0401	1	
12	XH	接线盒	FJ6/DFY1	1	乐清海燕公司
11	QA	控制开关	C45N-32/2P-10A	1	
10	HLR、HLW、HLG	指示灯	AD16-22/41-220V	3	
9	1SB、2SB	按钮开关	LA23-11	2	
8	SV	电压转换开关	LW12-16DHY3/3	1	
7	PV	电压表	42L6-V 0~450V	1	
6	1PA~3PA	电流表	42L6-A □/5A	3	
5	1FU~6FU	熔断器	JF5-2.5RD/6A	6	
4	PJ	有功电能表	DT862-2/3×220/380V	1	
3	2TAu	电流互感器	BH-0.66 □/5A	1	
2	1TAu、1TAv、1TAw	电流互感器	BH-0.66 □/5A	3	
1	1QF	断路器（抽屉式）	RMW1-□/□P-□A/220V	1	上海人民电器厂
序号	元件代号	名　称	型　号　规　格	数量	备　注

备（通）用附件记		标记	处数	更改文件号	签字	日期	GCK（交流操作）一号进线柜二次原理图	图样标记		数量	重量	比例
描　图		设　计			标准化							1:1
描　校		绘　图			审　定			共 2 张			第 1 张	
旧底图总号		审　核			批　准		进线+计量（三相四线制有功计量）、3TA、断路器（RMW1）、双电源自动或手动互为备用、正常时，一路电源供电，另一路电源互为备用。					
底图总号		工　艺			日　期							
签　字												
日　期							QB/T.DJ080104.03Y					光盘页码：1-86

20

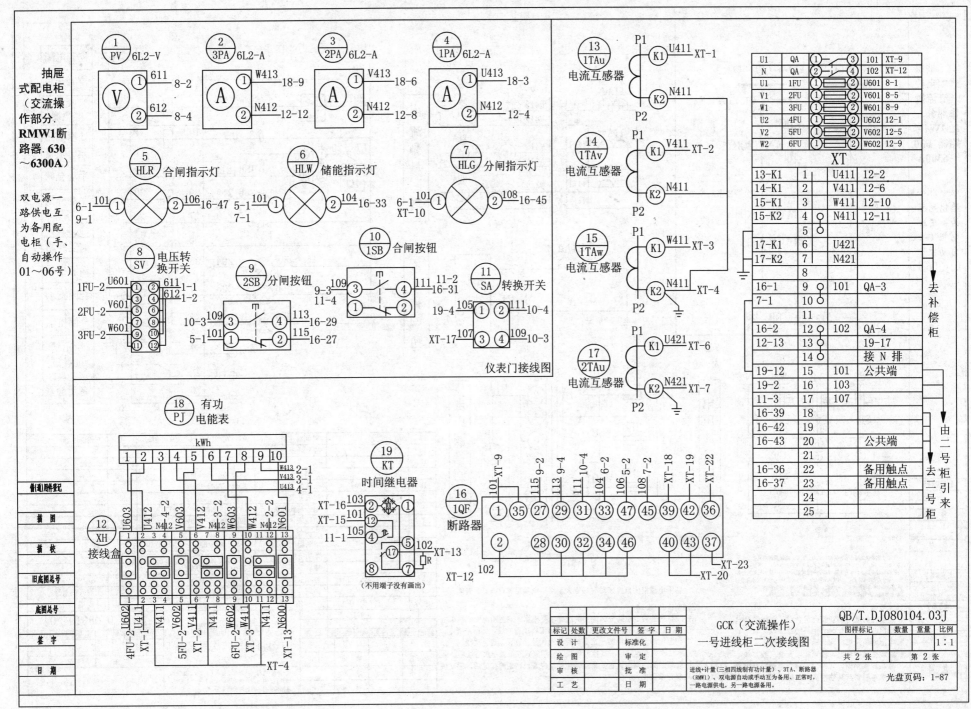

抽屉式配电柜（交流操作部分. RMW1断路器. 630~6300A）

双电源一路供电互为备用配电柜（手、自动操作01~06号）

仪表门接线图

XT

13-K1	1	U411	12-2
14-K1	2	V411	12-6
15-K1	3	W411	12-10
15-K2	4	N411	12-11
	5		
17-K1	6	U421	
17-K2	7	N421	
	8		
16-1	9	101	QA-3
7-1	10		
	11		
16-2	12	102	QA-4
12-13	13		19-17
	14		接N排
19-12	15	101	公共端
19-2	16	103	
11-3	17	107	
16-39	18		
16-42	19		
16-43	20		公共端
	21		
16-36	22		备用触点
16-37	23		备用触点
	24		
	25		

去补偿柜

由二号柜引来

去二号柜

（不用端子没有画出）

		GCK（交流操作）一号进线柜二次接线图	QB/T.DJ080104.03J
标记	处数	更改文件号	签字	日期		图样标记	数量	重量	比例
设计			标准化						1:1
绘图			审定					
审核			批准		进线+计量（三相四线制有功计量）、3TA、断路器（RMW1）、双电源自动或手动互为备用、正常时，一路电源供电，另一路电源备用。	共 2 张	第 2 张
工艺			日期				光盘页码：1-87

21

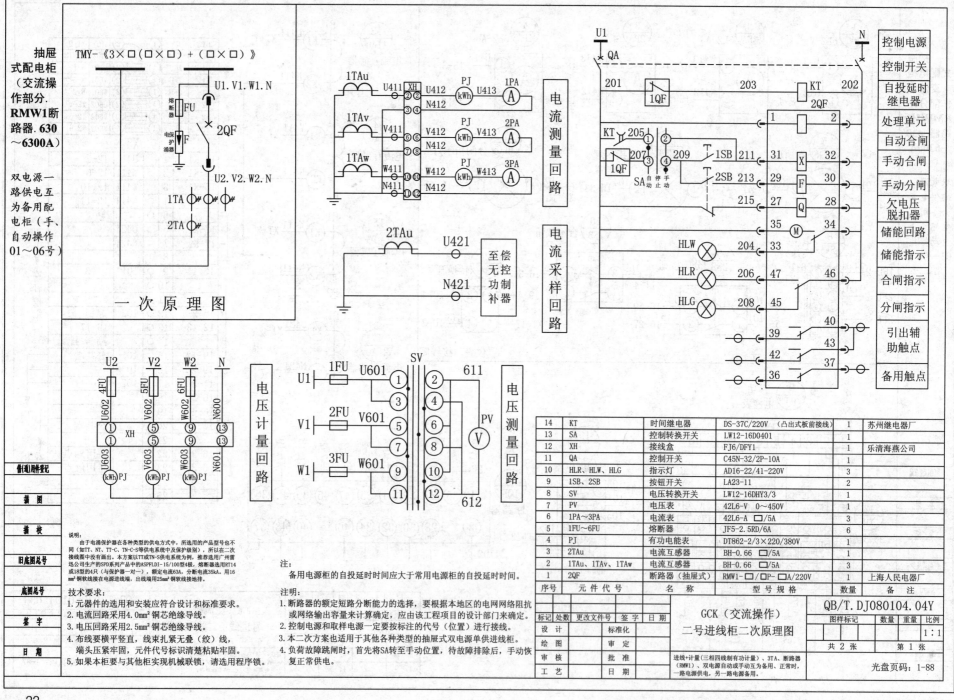

抽屉式配电柜（交流操作部分.RMW1断路器.630～6300A）

双电源一路供电互为备用配电柜（手、自动操作01～06号）

一次原理图

TMY-《3×□(□×□)+(□×□)》

U1.V1.W1.N

熔断器 FU
电涌保护器 F
2QF

U2.V2.W2.N

1TA
2TA

U2 V2 W2 N
4FU 5FU 6FU
U602 V602 W602 N600
XH
U603 V603 W603 N601

电压计量回路

1TAu U411 XH U412 PJ U413 1PA
N412 kWh (A)
1TAv V411 V412 PJ V413 2PA
N412 kWh (A)
1TAw W411 W412 PJ W413 3PA
N411 N412 kWh (A)

电流测量回路

2TAu U421 至偿无控功率补器
N421

电流采样回路

1FU U601 SV 611
U1
2FU V601
V1
3FU W601 PV
W1 (V)
612

电压测量回路

注：
备用电源柜的自投延时时间应大于常用电源柜的自投延时时间。

U1 QA N

201 1QF 203 KT 202
2QF
KT 205 1 2 1 2
207 1QF 209 1SB 211 31 X 32
SA 自停手 2SB 213 29 F 30
动 止 动 215 27 Q 28
35 M 34
HLW 204 33
HLR 206 47 46
HLG 208 45
39 40
42 43
36 37

控制电源
控制开关
自投延时继电器
处理单元
自动合闸
手动合闸
手动分闸
欠电压脱扣器
储能回路
储能指示
合闸指示
分闸指示
引出辅助触点
备用触点

说明：
由于电涌保护器在各种类型的供电方式中，所选用的产品型号也不同（如TT、NT、TT-C、TN-C-S等供电系统中及保护级别），所以在二次接线图中没有画出。本方案以TT或TN-S供电系统为例，推荐选用广州雷迅公司生产的SPD系列产品中的ASPFLDI-15/100D型4级，熔断器选用RT14或18型的4只（与保护器一对一），额定电流63A，分断电流35kA，用16 mm² 铜绞线接在电源进线端，出线端用25mm² 铜软线接地排。

注：
1.断路器的额定短路分断能力的选择，要根据本地区的电网网络阻抗或网络输出容量来计算确定，应由该工程项目的设计部门来确定。
2.控制电源和取样电源一定要按标注的代号（位置）进行接线。
3.本二次方案也适用于其他各种类型的抽屉式双电源单供进线柜。
4.负荷故障跳闸时，首先将SA转至手动位置，待故障排除后，手动恢复正常供电。

技术要求：
1.元器件的选用和安装应符合设计和标准要求。
2.电流回路采用4.0mm²铜芯绝缘导线。
3.电压回路采用2.5mm²铜芯绝缘导线。
4.布线要横平竖直，束线扎紧无叠（绞）线，端头压紧牢固，元件代号标识清楚粘贴牢固。
5.如果本柜要与其他柜实现机械联锁，请选用程序锁。

14	KT	时间继电器	DS-37C/220V（凸出式板前接线）	1	苏州继电器厂
13	SA	控制转换开关	LW12-16D0401	1	
12	XH	接线盒	FJ6/DFY1	1	乐清海燕公司
11	QA	控制开关	C45N-32/2P-10A	1	
10	HLR、HLW、HLG	指示灯	AD16-22/41-220V	3	
9	1SB、2SB	按钮开关	LA23-11	2	
8	SV	电压转换开关	LW12-16DHY3/3	1	
7	PV	电压表	42L6-V 0～450V	1	
6	1PA～3PA	电流表	42L6-A □/5A	3	
5	1FU～6FU	熔断器	JF5-2.5RD/6A	6	
4	PJ	有功电能表	DT862-2/3×220/380V	1	
3	2TAu	电流互感器	BH-0.66 □/5A	1	
2	1TAu、1TAv、1TAw	电流互感器	BH-0.66 □/5A	3	
1	2QF	断路器（抽屉式）	RMW1-□/□P-□A/220V	1	上海人民电器厂
序号	元件代号	名 称	型 号 规 格	数量	备 注

标记	处数	更改文件号	签 字	日期
设 计		标准化		
绘 图		审 定		
审 核		批 准		
工 艺		日 期		

GCK（交流操作）二号进线柜二次原理图

QB/T.DJ080104.04Y

图样标记 数量 重量 比例
1:1
共 2 张 第 1 张

进线+计量（三相四线制有功计量）、3TA、断路器（RMW1）、双电源自动或手动互为备用、正常时，一路电源供电，另一路电源备用。

光盘页码：1-88

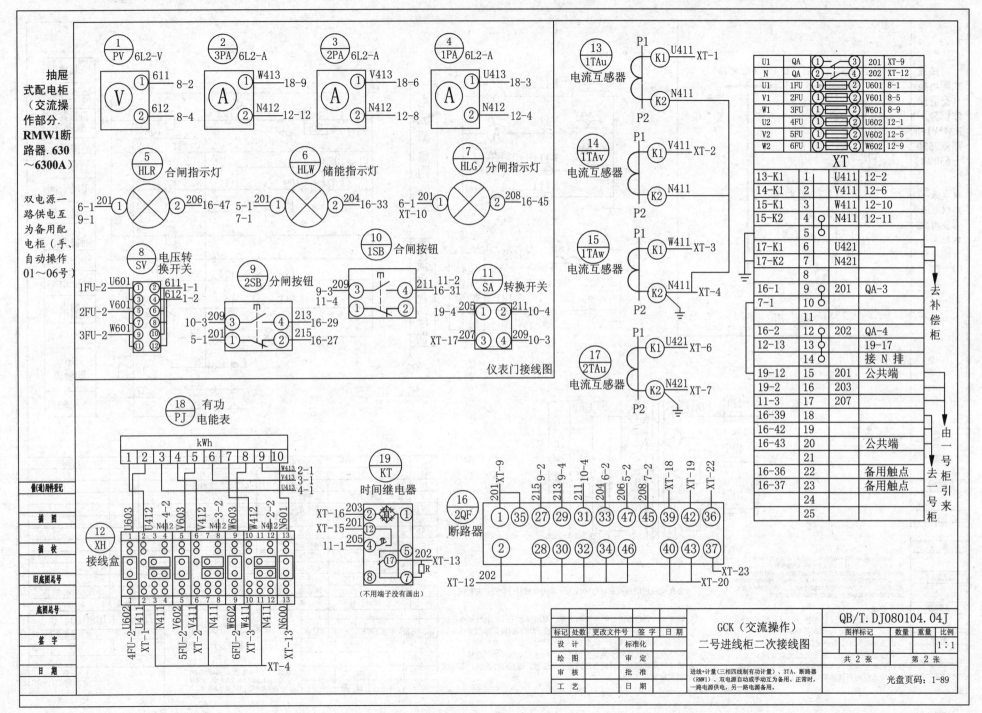

抽屉式配电柜（交流操作部分. RMW1断路器. 630～6300A）

双电源一路供电互为备用配电柜（手、自动操作01～06号）

仪表门接线图

GCK（交流操作）
二号进线柜二次接线图

QB/T.DJ080104.04J

共 2 张　第 2 张

光盘页码：1-89

进线+计量（三相四线制有功计量）、3TA、断路器（RMW1）、双电源自动或手动互为备用、正常时、一路电源供电，另一路电源备用。

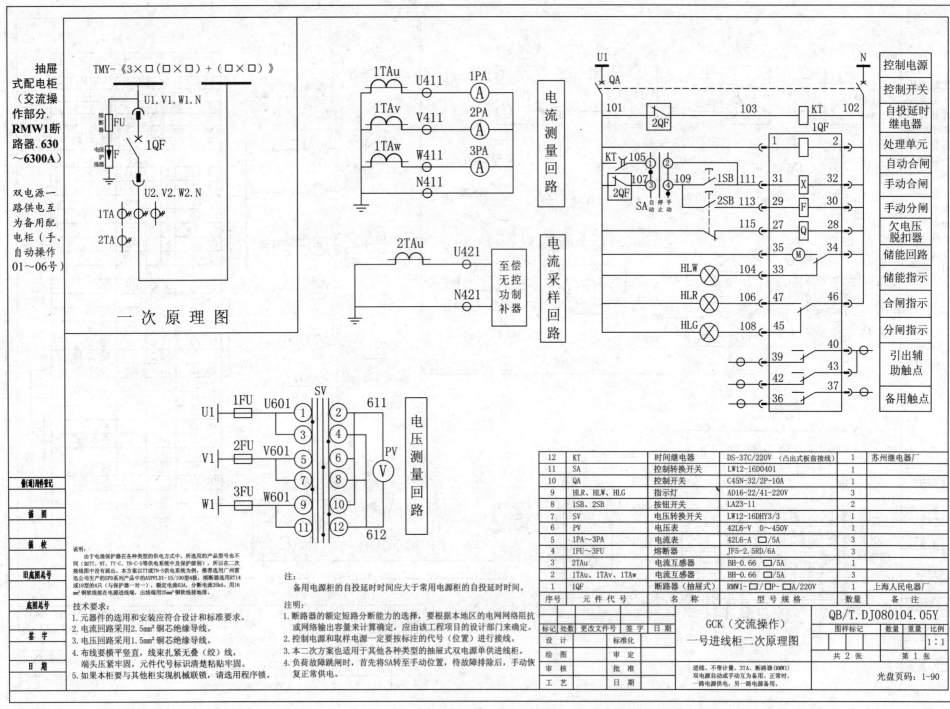

抽屉式配电柜（交流操作部分.RMW1断路器.630～6300A）

双电源一路供电互为备用配电柜（手、自动操作01～06号）

TMY-《3×□（□×□）+（□×□）》

U1.V1.W1.N

熔断器 FU
电保护涌器 F
1QF

U2.V2.W2.N

1TA
2TA

一 次 原 理 图

1TAu U411 1PA
1TAv V411 2PA
1TAw W411 3PA
N411

电流测量回路

2TAu U421
N421 至偿无控功制补器

电流采样回路

U1 QA N
101 2QF 103 KT 102
1QF

KT 105 1 2
107 3 4 1SB 111 31 X 32
2QF   29 F 30
SA 自动停止手动
2SB 113
115 27 Q 28
35 M 34
HLW 104 33
HLR 106 47 46
HLG 108 45
39 40
43
42 37
36

控制电源
控制开关
自投延时继电器
处理单元
自动合闸
手动合闸
手动分闸
欠电压脱扣器
储能回路
储能指示
合闸指示
分闸指示
引出辅助触点
备用触点

SV
U1 1FU U601 1 2 611
3 4
V1 2FU V601 5 6 PV
7 8
W1 3FU W601 9 10
11 12 612

电压测量回路

说明：
由于电涌保护器在各种类型的供电方式中，所选用的产品型号也不同（如TT、NT、TT-C、TN-C-S等供电系统中及保护级别），所以在二次接线图中没有画出。本方案以TT或TN-S供电系统为例，推荐选用广州雷迅公司生产的SPD系列产品中的ASPFLDI-15/100型4极，熔断器选用RT14或18型的4只（与保护器——对应），额定电流63A，分断电流35kA。用16mm²铜软接在电源进线端，出线端用25mm²铜软线接地排。

技术要求：
1. 元器件的选用和安装应符合设计和标准要求。
2. 电流回路采用2.5mm²铜芯绝缘导线。
3. 电压回路采用1.5mm²铜芯绝缘导线。
4. 布线要横平竖直，线束扎紧无叠（绞）线，端头压紧牢固，元件代号标识清楚粘贴牢固。
5. 如果本柜要与其他柜实现机械联锁，请选用程序锁。

注：
备用电源柜的自投延时时间应大于常用电源柜的自投延时时间。

注明：
1. 断路器的额定短路分断能力的选择，要根据本地区的电网网络阻抗或网络输出容量来计算确定，应由该工程项目的设计部门来确定。
2. 控制电源和取样电源一定要按标注的代号（位置）进行接线。
3. 本二次方案也适用于其他各种类型的抽屉式双电源单供进线柜。
4. 负荷故障跳闸时，首先将SA转至手动位置，待故障排除后，手动恢复正常供电。

12	KT	时间继电器	DS-37C/220V（凸出式板前接线）	1	苏州继电器厂
11	SA	控制转换开关	LW12-16D0401	1	
10	QA	控制开关	C45N-32/2P-10A	1	
9	HLR、HLW、HLG	指示灯	AD16-22/41-220V	3	
8	1SB、2SB	按钮开关	LA23-11	2	
7	SV	电压转换开关	LW12-16DHY3/3	1	
6	PV	电压表	42L6-V 0～450V	1	
5	1PA～3PA	电流表	42L6-A □/5A	3	
4	1FU～3FU	熔断器	JF5-2.5RD/6A	3	
3	2TAu	电流互感器	BH-0.66 □/5A	1	
2	1TAu、1TAv、1TAw	电流互感器	BH-0.66 □/5A	3	
1	1QF	断路器（抽屉式）	RMW1-□/□P-□A/220V	1	上海人民电器厂
序号	元件代号	名 称	型 号 规 格	数量	备 注

GCK（交流操作）一号进线柜二次原理图

标记	处数	更改文件号	签字	日期				
设 计		标准化			图样标记	数量	重量	比例
绘 图		审 定						1:1
审 核		批 准			共 2 张		第 1 张	
工 艺		日 期						

QB/T.DJ080104.05Y

进线、不带计量、3TA、断路器（RMW1）双电源自动或手动互为备用、正常时，一路电源供电，另一路电源备用。

光盘页码：1-90

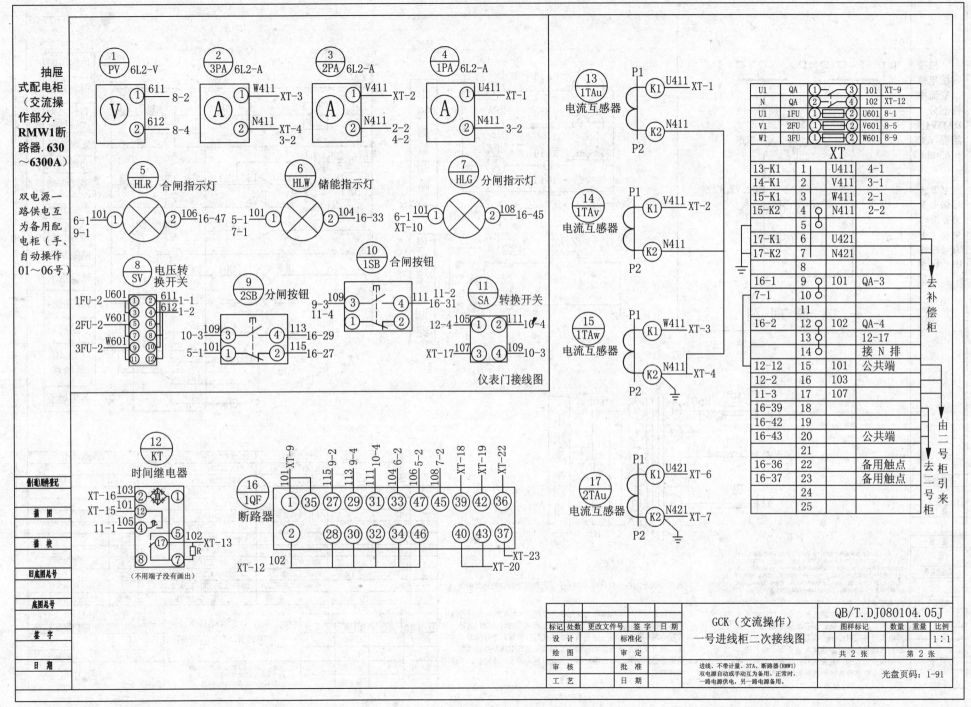

抽屉式配电柜（交流操作部分.RMW1断路器.630～6300A）

双电源一路供电互为备用配电柜（手、自动操作01～06号）

仪表门接线图

U1	QA	①	③	101	XT-9	
N	QA	②	④	102	XT-12	
U1	1FU	①	②	U601	8-1	
V1	2FU	①	②	V601	8-5	
W1	3FU	①	②	W601	8-9	

XT

13-K1	1		U411	4-1
14-K1	2		V411	3-1
15-K1	3		W411	2-1
15-K2	4		N411	2-2
	5			
17-K1	6		U421	
17-K2	7		N421	
	8			
16-1	9		101	QA-3
7-1	10			
	11			
16-2	12		102	QA-4
	13			12-17
	14			接N排
12-12	15		101	公共端
12-2	16		103	
11-3	17		107	
16-39	18			
16-42	19			
16-43	20			公共端
	21			
16-36	22			备用触点
16-37	23			备用触点
	24			
	25			

电流互感器

时间继电器

断路器

（不用端子没有画出）

标记	处数	更改文件号	签字	日期		GCK（交流操作）一号进线柜二次接线图	QB/T.DJ080104.05J			
							图样标记	数量	重量	比例
设 计		标准化								1:1
绘 图		审 定					共 2 张		第 2 张	
审 核		批 准			进线、不带计量、3TA、断路器(RMW1)双电源自动或手动互为备用、正常时，一路电源供电，另一路电源备用。					
工 艺		日 期					光盘页码：1-91			

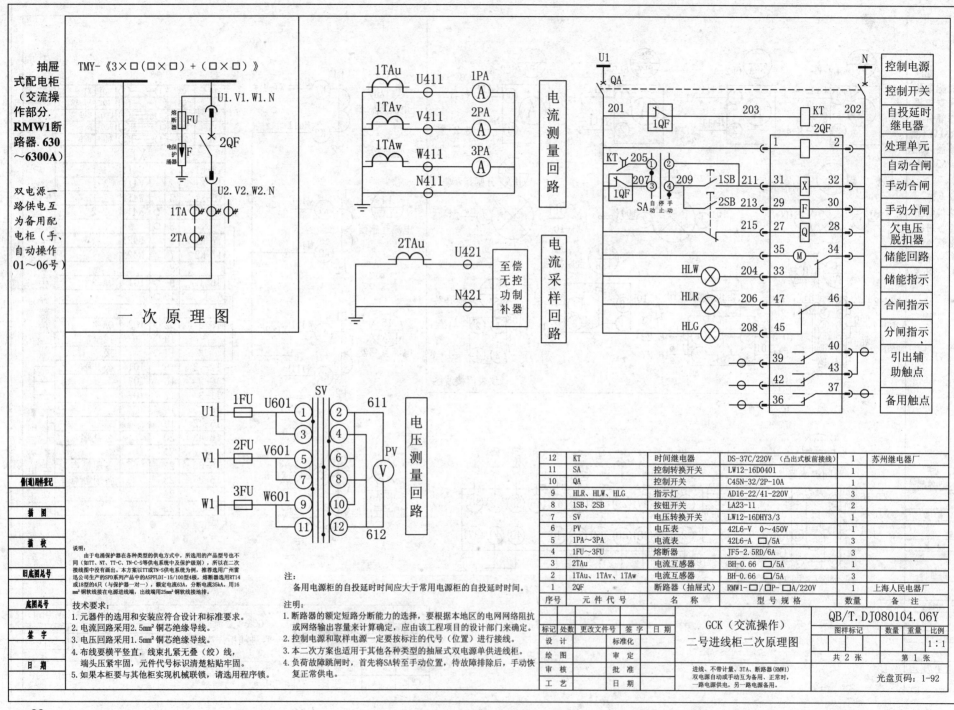

抽屉式配电柜（交流操作部分. RMW1断路器. 630～6300A）

双电源一路供电互为备用配电柜（手、自动操作01～06号）

TMY-《3×□(□×□)+(□×□)》

一次原理图

U1.V1.W1.N
熔断器 FU
电保护涌器 F
2QF
U2.V2.W2.N
1TA
2TA

电流测量回路
1TAu U411 1PA (A)
1TAv V411 2PA (A)
1TAw W411 3PA (A)
N411

电流采样回路
2TAu U421 至无控功率补偿器
N421

电压测量回路
U1 1FU U601 ① ② 611 SV
V1 2FU V601 ⑤ ⑥
⑦ ⑧ PV (V)
W1 3FU W601 ⑨ ⑩
⑪ ⑫ 612

控制电源
控制开关
自投延时继电器
处理单元
自动合闸
手动合闸
手动分闸
欠电压脱扣器
储能回路
储能指示
合闸指示
分闸指示
引出辅助触点
备用触点

U1 QA N
201 1QF 203 KT 202
2QF
1 2
KT 205 ① ②
207 ③ ④ 209 1SB 211 31 X 32
1QF SA 自停手 2SB 213 29 F 30
动 止 动 215 27 Q 28
35 M 34
HLW 204 33
HLR 206 47 46
HLG 208 45
39 40
42 43
36 37

说明：
由于电涌保护器在各种类型的供电方式中，所选用的产品型号也不同（如TT、NT、TT-C、TN-C-S等供电系统中及保护级别），所以在二次接线图中没有画出。本方案以TT或TN-S供电系统为例，推荐选用广州雷迅公司生产的SPD系列产品中的ASPFLDI-15/100型4极，熔断器选用RT14或18型的4只（与保护器一对一），额定电流63A，分断电流35kA。用16mm²铜软线接在电源进线端，出线端用25mm²铜软线接地排。

技术要求：
1. 元器件的选用和安装应符合设计和标准要求。
2. 电流回路采用2.5mm²铜芯绝缘导线。
3. 电压回路采用1.5mm²铜芯绝缘导线。
4. 布线要横平竖直，线束扎紧无叠（绞）线，端头紧密牢固，元件代号标识清楚粘贴牢固。
5. 如果本柜要与其他柜实现机械联锁，请选用程序锁。

注：
备用电源柜的自投延时时间应大于常用电源柜的自投延时时间。

注明：
1. 断路器的额定短路分断能力的选择，要根据本地区的电网网络阻抗或网络输出容量来计算确定，应由该工程项目的设计部门来确定。
2. 控制电源和取样电源一定要按标注的代号（位置）进行接线。
3. 本二次方案也适用于其他各种类型的抽屉式双电源单供进线柜。
4. 负荷故障跳闸时，首先将SA转至手动位置，待故障排除后，手动恢复正常供电。

12	KT	时间继电器	DS-37C/220V（凸出式板前接线）	1	苏州继电器厂
11	SA	控制转换开关	LW12-16D0401	1	
10	QA	控制开关	C45N-32/2P-10A	1	
9	HLR、HLW、HLG	指示灯	AD16-22/41-220V	3	
8	1SB、2SB	按钮开关	LA23-11	2	
7	SV	电压转换开关	LW12-16DHY3/3	1	
6	PV	电压表	42L6-V 0～450V	1	
5	1PA～3PA	电流表	42L6-A □/5A	3	
4	1FU～3FU	熔断器	JF5-2.5RD/6A	3	
3	2TAu	电流互感器	BH-0.66 □/5A	1	
2	1TAu、1TAv、1TAw	电流互感器	BH-0.66 □/5A	3	
1	2QF	断路器（抽屉式）	RMW1-□/□P-□A/220V	1	上海人民电器厂
序号	元件代号	名 称	型号规格	数量	备 注

旧(通)用件登记						GCK（交流操作）		QB/T.DJ080104.06Y		
描 图						二号进线柜二次原理图		图样标记	数量	重量	比例
描 校											1:1
旧底图总号		标记	处数	更改文件号	签字	日期				
		设 计		标准化			共 2 张	第 1 张
底图总号		绘 图		审 定				
签 字		审 核		批 准			进线、不带计量、3TA、断路器(RMW1)	光盘页码：1-92
日 期		工 艺		日 期			双电源自动或手动互为备用、正常时、一路电源供电，另一路电源备用。	

26

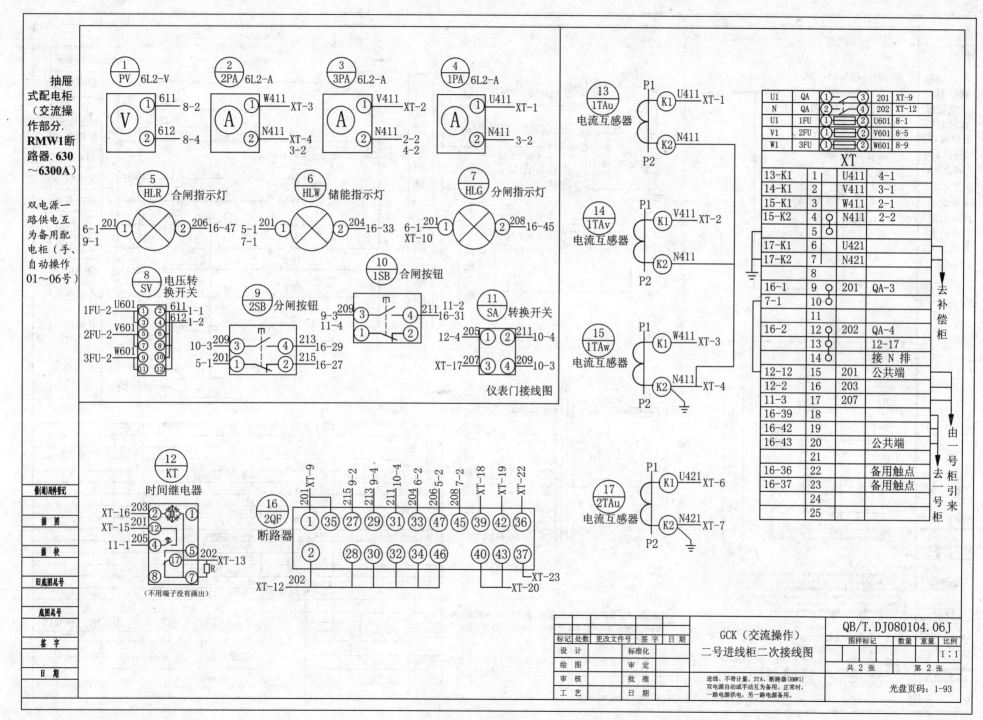

GCK（交流操作）二号进线柜二次接线图

QB/T.DJ080104.06J

共 2 张　第 2 张

比例 1:1

进线、不带计量、3TA、断路器(RMW1)
双电源自动或手动互为备用、正常时、
一路电源供电，另一路电源备用。

光盘页码：1-93

27

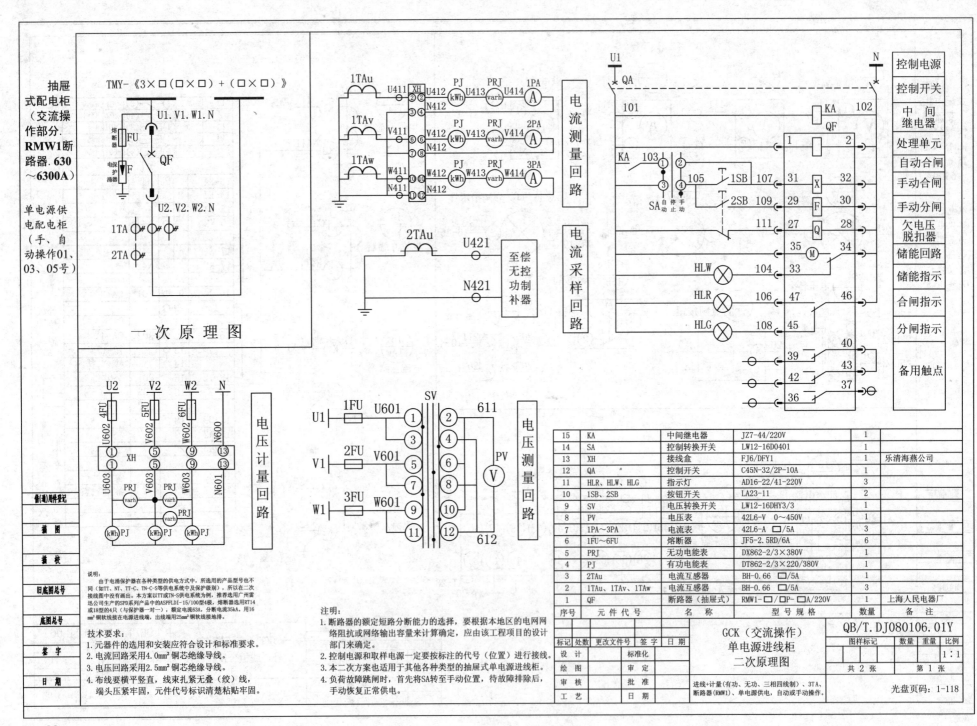

抽屉式配电柜（交流操作部分. RMW1断路器. 630～6300A）

单电源供电配电柜（手、自动操作01、03、05号）

TMY-《3×□（□×□）+（□×□）》

U1.V1.W1.N

熔断器 FU
电保护涌器 F
QF

U2.V2.W2.N

1TA
2TA

一次原理图

1TAu U411 XH U412 PJ(kWh) U413 PRJ(varh) U414 1PA(A)
1TAv V411   V412 PJ(kWh) V413 PRJ(varh) V414 2PA(A)
1TAw W411   W412 PJ(kWh) W413 PRJ(varh) W414 3PA(A)

电流测量回路

2TAu U421 至偿无控功制补器
N421

电流采样回路

U1 QA
101 KA 102

KA 103
SA 自动停止手动 105 1SB 107
2SB 109
111

HLW 104
HLR 106
HLG 108

QF
1 2
31 X 32
29 F 30
27 Q 28
35 M 34
33
47 46
45
39 40
43
42
36 37

控制电源
控制开关
中间继电器
处理单元
自动合闸
手动合闸
手动分闸
欠电压脱扣器
储能回路
储能指示
合闸指示
分闸指示

备用触点

U2 V2 W2 N
4FU 5FU 6FU
U602 V602 W602 N600
XH
U603 V603 W603 N601
PRJ(varh) PRJ(varh)
PRJ(varh)
kWh PJ kWh PJ kWh PJ

电压计量回路

U1 1FU U601 SV 611
V1 2FU V601   PV(V)
W1 3FU W601   612

电压测量回路

15	KA	中间继电器	JZ7-44/220V	1	
14	SA	控制转换开关	LW12-16D0401	1	
13	XH	接线盒	FJ6/DFY1	1	乐清海燕公司
12	QA	控制开关	C45N-32/2P-10A	1	
11	HLR、HLW、HLG	指示灯	AD16-22/41-220V	3	
10	1SB、2SB	按钮开关	LA23-11	2	
9	SV	电压转换开关	LW12-16DHY3/3	1	
8	PV	电压表	42L6-V 0～450V	1	
7	1PA～3PA	电流表	42L6-A □/5A	3	
6	1FU～6FU	熔断器	JF5-2.5RD/6A	6	
5	PRJ	无功电能表	DX862-2/3×380V	1	
4	PJ	有功电能表	DT862-2/3×220/380V	1	
3	2TAu	电流互感器	BH-0.66 □/5A	1	
2	1TAu、1TAv、1TAw	电流互感器	BH-0.66 □/5A	3	
1	QF	断路器（抽屉式）	RMW1-□/□P-□A/220V	1	上海人民电器厂
序号	元件代号	名 称	型号规格	数量	备 注

说明：由于电源保护器在各种类型的供电方式中所选用的产品型号也不同（如TT、NT、TT-C、TN-C-S等供电系统中及级别），所以在二次接线图中没有画出。本方案以IT或TN-S供电系统为例，推荐选用广州雷迅公司生产的SPD系列产品中的ASPFLDI-15/100共4级，熔断器选用RT14或18型的4只（与保护器一对一），额定电流63A，分断电流35kA，用16mm²铜软线接在电源进线端，出线端用25mm²铜软线接地排。

技术要求：
1. 元器件的选用和安装应符合设计和标准要求。
2. 电流回路采用4.0mm²铜芯绝缘导线。
3. 电压回路采用2.5mm²铜芯绝缘导线。
4. 布线要横平竖直，线束扎紧无叠（绞）线，端头压紧牢固，元件代号标识清楚粘贴牢固。

注明：
1. 断路器的额定短路分断能力的选择，要根据本地区的电网网络阻抗或网络输出容量来计算确定，应由该工程项目的设计部门来确定。
2. 控制电源和取样电源一定要按标注的代号（位置）进行接线。
3. 本二次方案也适用于其他各种类型的抽屉式单电源进线柜。
4. 负荷故障跳闸时，首先将SA转至手动位置，待故障排除后，手动恢复正常供电。

	借（通）用件登记						
	描 图						
	描 校						
	旧底图总号						
	底图总号						
	签 字						
	日 期						

	标记	处数	更改文件号	签 字	日 期		
设 计			标准化				
绘 图			审 定				
审 核			批 准				
工 艺			日 期				

GCK（交流操作）单电源进线柜二次原理图

QB/T.DJ080106.01Y

图样标记	数量	重量	比例
			1:1
共 2 张		第 1 张	

进线+计量（有功、无功、三相四线制）、3TA、断路器（RMW1）、单电源供电、自动或手动操作。

光盘页码：1-118

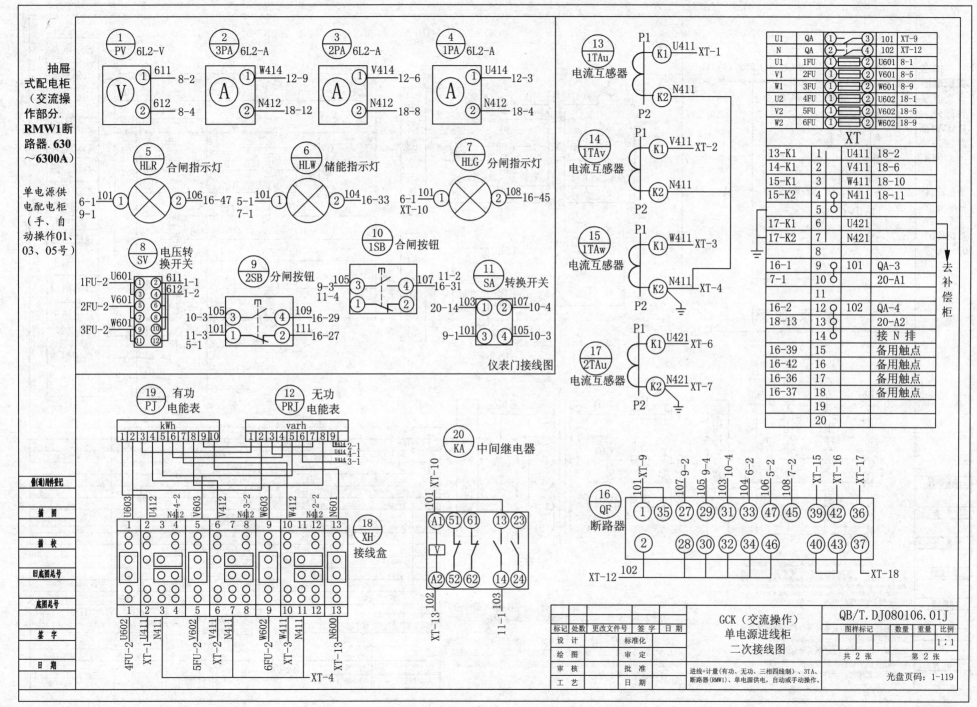

抽屉式配电柜（交流操作部分. RMW1断路器.630～6300A）

单电源供电配电柜（手、自动操作01、03、05号）

①PV 6L2-V
②3PA 6L2-A
③2PA 6L2-A
④1PA 6L2-A
⑤HLR 合闸指示灯
⑥HLW 储能指示灯
⑦HLG 分闸指示灯
⑧SV 电压转换开关
⑨2SB 分闸按钮
⑩1SB 合闸按钮
⑪SA 转换开关

仪表门接线图

⑬1TAu 电流互感器
⑭1TAv 电流互感器
⑮1TAw 电流互感器
⑰2TAu 电流互感器

⑲PJ 有功电能表
⑫PRJ 无功电能表
⑳KA 中间继电器
⑱XH 接线盒
⑯QF 断路器

U1	QA	①	③	101	XT-9
N	QA	②	④	102	XT-12
U1	1FU	①	②	U601	8-1
V1	2FU	①	②	V601	8-5
W1	3FU	①	②	W601	8-9
U2	4FU	①	②	U602	18-1
V2	5FU	①	②	V602	18-5
W2	6FU	①	②	W602	18-9

XT

13-K1	1	U411	18-2
14-K1	2	V411	18-6
15-K1	3	W411	18-10
15-K2	4	N411	18-11
	5		
17-K1	6	U421	
17-K2	7	N421	
	8		
16-1	9	101	QA-3
7-1	10		20-A1
	11		
16-2	12	102	QA-4
18-13	13		20-A2
	14		接N排
16-39	15		备用触点
16-42	16		备用触点
16-36	17		备用触点
16-37	18		备用触点
	19		
	20		

去补偿柜

GCK（交流操作）单电源进线柜二次接线图

QB/T.DJ080106.01J

图样标记　数量　重量　比例
1:1
共 2 张　第 2 张

进线+计量(有功、无功、三相四线制)、3TA、断路器(RMW1)、单电源供电、自动或手动操作.

光盘页码：1-119

标记	处数	更改文件号	签字	日期
设计		标准化		
绘图		审定		
审核		批准		
工艺		日期		

29

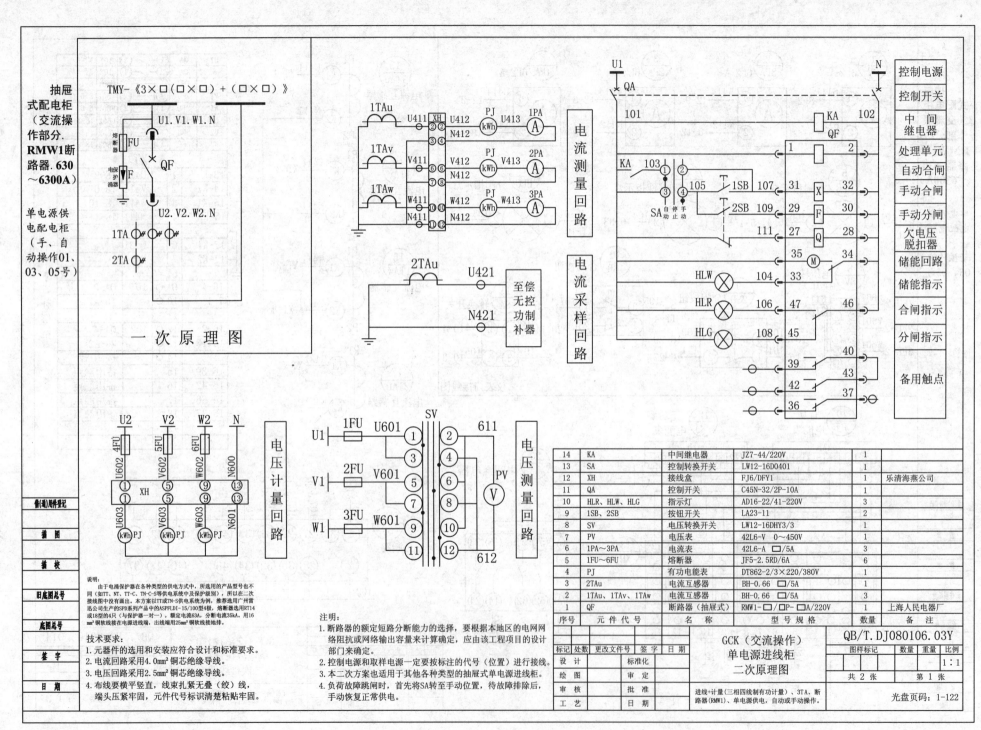

抽屉式配电柜（交流操作部分. RMW1断路器. 630～6300A）

单电源供电配电柜（手、自动操作01、03、05号）

TMY-《3×□(□×□)+(□×□)》

一次原理图

电流测量回路

电流采样回路

电压计量回路

电压测量回路

控制电源
控制开关
中 间继电器
处理单元
自动合闸
手动合闸
手动分闸
欠电压脱扣器
储能回路
储能指示
合闸指示
分闸指示
备用触点

	鲁(通)用件登记	
描 图	
描 校	
旧底图总号	
底图总号	
签 字	
日 期	

说明：
由于电涌保护器在各种类型的供电方式中，所选用的产品型号也不同（如TT、NT、TT-C、TN-C-S等供电系统中及保护级别），所以在此二次接线图中没有画出。本方案以TT和TN-S供电系统为例，推荐选用广州雷迅公司生产的SPD系列产品中的ASPFLD1-15/100型4级，熔断器选用RT14或18型的4只（与保护器一对一），额定电流63A，分断电流35kA，用16mm²铜软线接在电源进线端，出线端用25mm²铜软线接地排。

技术要求：
1. 元器件的选用和安装应符合设计和标准要求。
2. 电流回路采用4.0mm²铜芯绝缘导线。
3. 电压回路采用2.5mm²铜芯绝缘导线。
4. 布线要横平竖直，线束扎紧无叠（绞）线，端头压紧牢固，元件代号标识清楚粘贴牢固。

注明：
1. 断路器的额定短路分断能力的选择，要根据本地区的电网网络阻抗或网络输出容量来计算确定，应由该工程项目的设计部门来确定。
2. 控制电源和取样电源一定要按标注的代号（位置）进行接线。
3. 本二次方案也适用于其他各种类型的抽屉式单电源进线柜。
4. 负荷故障跳闸时，首先将SA转至手动位置，待故障排除后，手动恢复正常供电。

14	KA	中间继电器	JZ7-44/220V	1	
13	SA	控制转换开关	LW12-16D0401	1	
12	XH	接线盒	FJ6/DFY1	1	乐清海燕公司
11	QA	控制开关	C45N-32/2P-10A	1	
10	HLR、HLW、HLG	指示灯	AD16-22/41-220V	3	
9	1SB、2SB	按钮开关	LA23-11	2	
8	SV	电压转换开关	LW12-16DHY3/3	1	
7	PV	电压表	42L6-V 0～450V	1	
6	1PA～3PA	电流表	42L6-A □/5A	3	
5	1FU～6FU	熔断器	JF5-2.5RD/6A	6	
4	PJ	有功电能表	DT862-2/3×220/380V	1	
3	2TAu	电流互感器	BH-0.66 □/5A	1	
2	1TAu、1TAv、1TAw	电流互感器	BH-0.66 □/5A	3	
1	QF	断路器（抽屉式）	RMW1-□/□P-□A/220V	1	上海人民电器厂
序号	元件代号	名 称	型 号 规 格	数量	备 注

QB/T.DJ080106.03Y

标记	处数	更改文件号	签字	日期		GCK（交流操作）	图样标记	数量	重量	比例
设 计			标准化			单电源进线柜				1:1
绘 图			审 定			二次原理图				
审 核			批 准			进线+计量（三相四线制有功计量）、3TA、断路器（RMW1）、单电源供电，自动或手动操作。	共 2 张		第 1 张	
工 艺			日 期				光盘页码：1-122			

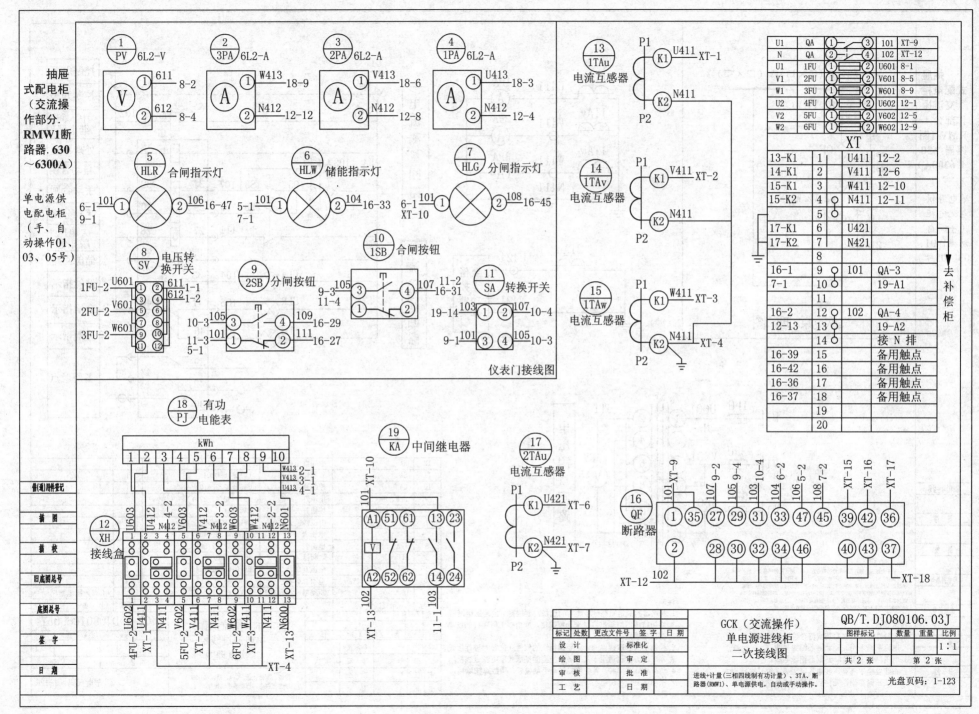

仪表门接线图

GCK（交流操作）
单电源进线柜
二次接线图

QB/T.DJ080106.03J

进线+计量（三相四线制有功计量）、3TA、断路器(RMW1)、单电源供电，自动或手动操作。

光盘页码：1-123

31

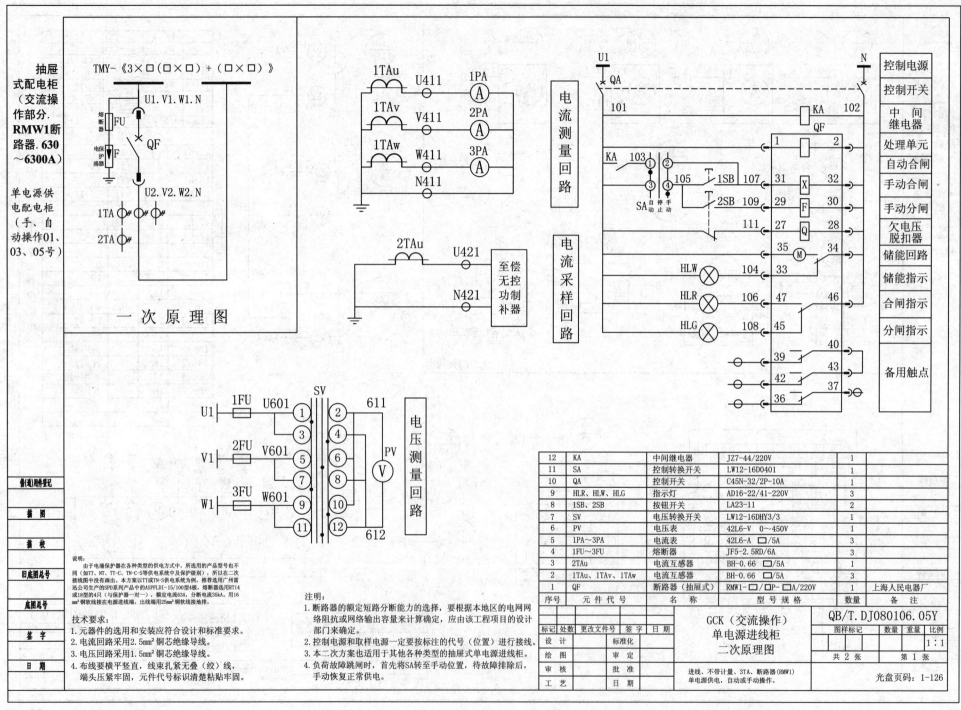

抽屉式配电柜（交流操作部分. RMW1断路器. 630~6300A）

单电源供电配电柜（手、自动操作01、03、05号）

TMY-《3×□(□×□)+(□×□)》

U1.V1.W1.N

熔断器 FU

电保护涌器 F

QF

U2.V2.W2.N

1TA

2TA

一 次 原 理 图

1TAu U411 1PA (A)

1TAv V411 2PA (A)

1TAw W411 3PA (A)

N411 (A)

电流测量回路

2TAu U421 至偿无控功制补器

N421

电流采样回路

U1 QA N

101 KA 102

KA 103 105 1SB 107

SA 自停手 动止动 2SB 109

111

HLW 104

HLR 106

HLG 108

QF
1 2
31 X 32
29 F 30
27 Q 28
35 M 34
33
47 46
45
40
39 43
42
37
36

控制电源
控制开关
中间继电器
处理单元
自动合闸
手动合闸
手动分闸
欠电压脱扣器
储能回路
储能指示
合闸指示
分闸指示
备用触点

U1 1FU U601 SV 611

V1 2FU V601

W1 3FU W601

PV (V)

612

电压测量回路

说明：
由于电涌保护器在各种类型的供电方式中，所选用的产品型号也不同（如TT、NT、TT-C、TN-C-S等供电系统及保护级别），所以在二次接线图中没有画出。本方案以TT或TN-S供电系统为例，推荐选用广州雷迅公司生产的SPD系列产品中的ASPFLD1-15/100型4级，熔断器选用RT14或18型的4只（与保护器一对一），额定电流63A，分断电流35kA，用16mm²铜芯线接在电源进线端，出线端用25mm²铜软线接地排。

技术要求：
1. 元器件的选用和安装应符合设计和标准要求。
2. 电流回路采用2.5mm²铜芯绝缘导线。
3. 电压回路采用1.5mm²铜芯绝缘导线。
4. 布线要横平竖直，线束扎紧无叠（绞）线，端头压紧牢固，元件代号标识清楚粘贴牢固。

注明：
1. 断路器的额定短路分断能力的选择，要根据本地区的电网网络阻抗或网络输出容量来计算确定，应由该工程项目的设计部门来确定。
2. 控制电源和取样电源一定要按标注的代号（位置）进行接线。
3. 本二次方案也适用于其他各种类型的抽屉式单电源进线柜。
4. 负荷故障跳闸时，首先将SA转至手动位置，待故障排除后，手动恢复正常供电。

12	KA	中间继电器	JZ7-44/220V	1	
11	SA	控制转换开关	LW12-16D0401	1	
10	QA	控制开关	C45N-32/2P-10A	1	
9	HLR、HLW、HLG	指示灯	AD16-22/41-220V	3	
8	1SB、2SB	按钮开关	LA23-11	2	
7	SV	电压转换开关	LW12-16DHY3/3	1	
6	PV	电压表	42L6-V 0~450V	1	
5	1PA~3PA	电流表	42L6-A □/5A	3	
4	1FU~3FU	熔断器	JF5-2.5RD/6A	3	
3	2TAu	电流互感器	BH-0.66 □/5A	1	
2	1TAu、1TAv、1TAw	电流互感器	BH-0.66 □/5A	3	
1	QF	断路器（抽屉式）	RMW1-□/□P-□A/220V	1	上海人民电器厂
序号	元件代号	名 称	型 号 规 格	数量	备 注

借(通)用件登记			
描 图			
描 校			
旧底图总号			
底图总号			
签 字			
日 期			

标记	处数	更改文件号	签字	日期
设 计		标准化		
绘 图		审 定		
审 核		批 准		
工 艺		日 期		

GCK（交流操作）单电源进线柜二次原理图

QB/T.DJ080106.05Y

图样标记 数量 重量 比例 1:1

共 2 张　第 1 张

进线、不带计量、3TA、断路器(RMW1)
单电源供电，自动或手动操作。

光盘页码：1-126

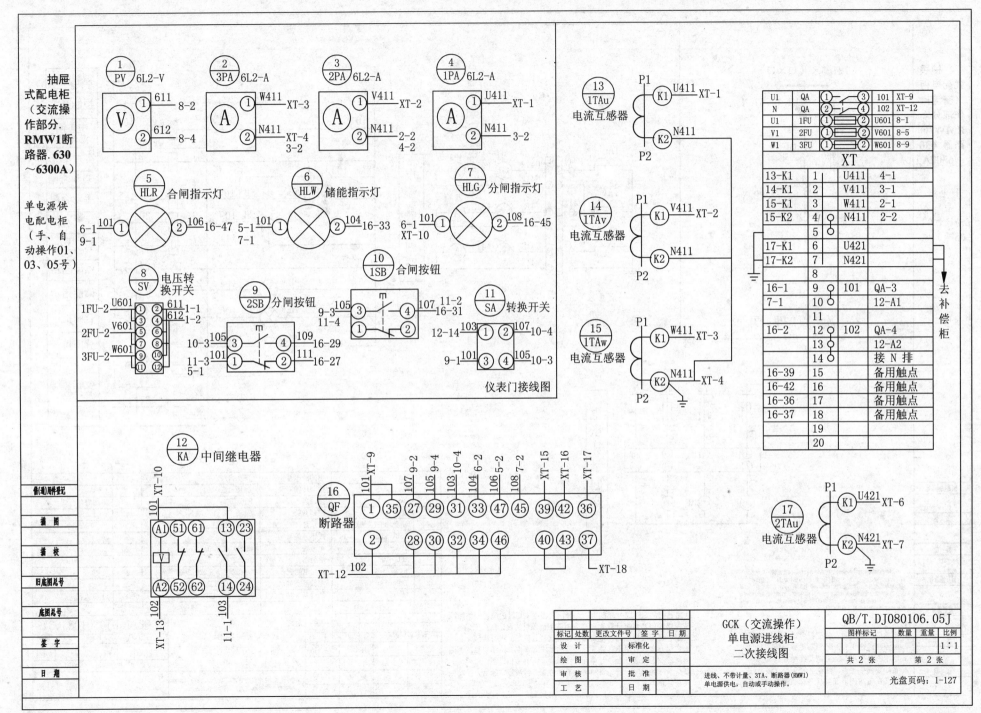

抽屉式配电柜（交流操作部分.RMW1断路器.630～6300A）

单电源供电配电柜（手、自动操作01、03、05号）

① PV 6L2-V	② 3PA 6L2-A	③ 2PA 6L2-A	④ 1PA 6L2-A
① 611 8-2 ② 612 8-4	① W411 XT-3 ② N411 XT-4 3-2	① V411 XT-2 ② N411 2-2 4-2	① U411 XT-1 ② N411 3-2

⑤ HLR 合闸指示灯 ⑥ HLW 储能指示灯 ⑦ HLG 分闸指示灯

6-1 101 ① ② 106 16-47
9-1

5-1 101 ① ② 104 16-33
7-1

6-1 101 ② 108 16-45
XT-10

⑧ SV 电压转换开关

1FU-2 U601 ① ② 611 1-1
612 1-2

2FU-2 V601

3FU-2 W601

10-3 105 ③ ④ 109 16-29

11-3 101 ① ② 111 16-27
5-1

⑨ 2SB 分闸按钮

9-3 105 ③ ④ 107 11-2
11-4 16-31

⑩ 1SB 合闸按钮

12-14 103 ① ② 107 10-4

9-1 101 ③ ④ 105 10-3

⑪ SA 转换开关

仪表门接线图

⑬ 1TAu 电流互感器 P1 K1 U411 XT-1 K2 N411 P2

⑭ 1TAv 电流互感器 P1 K1 V411 XT-2 K2 N411 P2

⑮ 1TAw 电流互感器 P1 K1 W411 XT-3 K2 N411 XT-4 P2

U1	QA	① ③	101	XT-9
N	QA	② ④	102	XT-12
U1	1FU	① ②	U601	8-1
V1	2FU	① ②	V601	8-5
W1	3FU	① ②	W601	8-9

XT			
13-K1	1	U411	4-1
14-K1	2	V411	3-1
15-K1	3	W411	2-1
15-K2	4	N411	2-2
	5		
17-K1	6	U421	
17-K2	7	N421	
	8		
16-1	9	101	QA-3
7-1	10		12-A1
	11		
16-2	12	102	QA-4
	13		12-A2
	14		接 N 排
16-39	15	备用触点	
16-42	16	备用触点	
16-36	17	备用触点	
16-37	18	备用触点	
	19		
	20		

去补偿柜

⑫ KA 中间继电器

101 XT-10

(A1) (51) (61) (13) (23)
(V)
(A2) (52) (62) (14) (24)

XT-13 102   11-1 103

⑯ QF 断路器

101 XT-9 107 9-2 105 9-4 103 10-4 104 6-2 106 5-2 108 7-2 XT-15 XT-16 XT-17

① 35 27 29 31 33 47 45 39 42 36

② 28 30 32 34 46 40 43 37

XT-12 102   XT-18

⑰ 2TAu 电流互感器 P1 K1 U421 XT-6 K2 N421 XT-7 P2

GCK（交流操作）单电源进线柜二次接线图

QB/T.DJ080106.05J

标记	处数	更改文件号	签字	日期
设 计		标准化		
绘 图		审 定		
审 核		批 准		
工 艺		日 期		

图样标记		数量	重量	比例
				1:1
共 2 张			第 2 张	

进线、不带计量、3TA、断路器(RMW1)
单电源供电，自动或手动操作。

光盘页码：1-127

左侧表格：
借(通)用件登记	
描 图	
描 校	
旧底图总号	
底图总号	
签 字	
日 期	

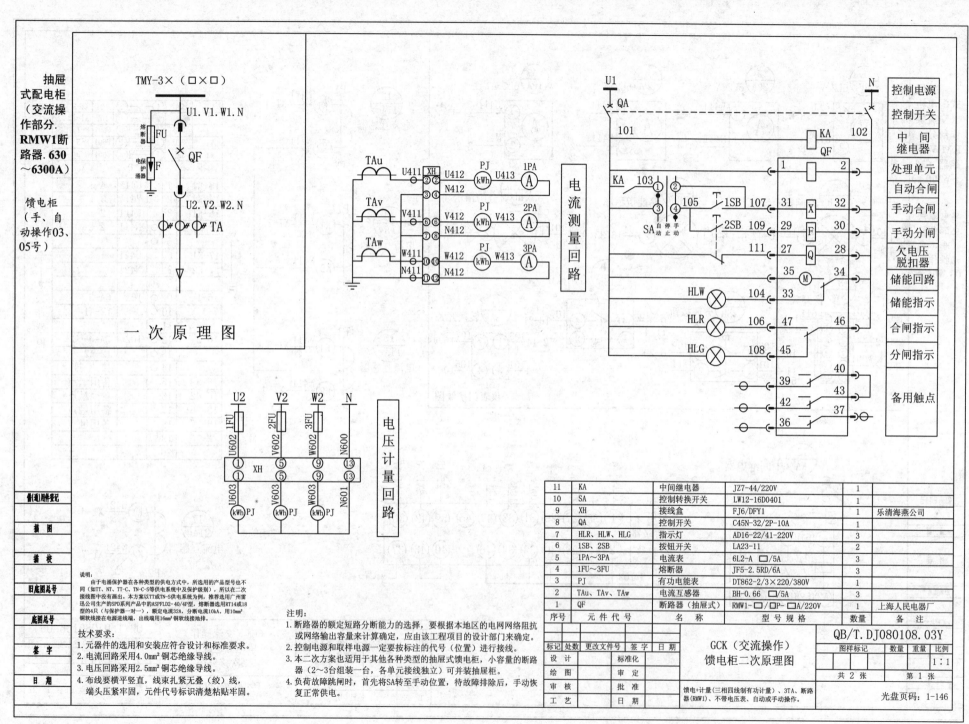

抽屉式配电柜（交流操作部分. RMW1断路器. 630～6300A）

馈电柜（手、自动操作03、05号）

TMY-3×（□×□）

U1.V1.W1.N

熔断器 FU

电涌保护器 F

QF

U2.V2.W2.N

TA

一次原理图

电压计量回路

U2 V2 W2 N

1FU 2FU 3FU

U602 V602 W602 N600

XH

U603 V603 W603 N601

kWh PJ kWh PJ kWh PJ

TAu U411 XH U412 PJ kWh U413 1PA Ⓐ
N412

TAv V411 V412 PJ kWh V413 2PA Ⓐ
N412

TAw W411 W412 PJ kWh W413 3PA Ⓐ
N411 N412

电流测量回路

U1 QA N

101 KA 102

KA 103 SA 自停手 动 止 动 105 1SB 107
2SB 109
111

HLW 104
HLR 106
HLG 108

QF
1 2
31 X 32
29 F 30
27 Q 28
35 M 34
33
47 46
45
39 40
42 43
36 37

| 控制电源 |
| 控制开关 |
| 中间继电器 |
| 处理单元 |
| 自动合闸 |
| 手动合闸 |
| 手动分闸 |
| 欠电压脱扣器 |
| 储能回路 |
| 储能指示 |
| 合闸指示 |
| 分闸指示 |
| 备用触点 |

说明：
由于电涌保护器在各种类型的供电方式中，所选用的产品型号也不同（如TT、NT、TT-C、TN-C-S等供电系统中及保护级别），所以此二次接线图中没有画出。本方案以TT或TN-S供电系统为例，推荐选用广州雷迅公司生产的SPD系列产品中的ASPFLD2-40/4P型，熔断器选用RT14或18型的只（与保护器一对一），额定电流32A，分断电流10kA。用10mm²铜软线接在电源进线端，出线端用16mm²铜软线接地排。

技术要求：
1. 元器件的选用和安装应符合设计和标准要求。
2. 电流回路采用4.0mm²铜芯绝缘导线。
3. 电压回路采用2.5mm²铜芯绝缘导线。
4. 布线要横平竖直，线束扎紧无叠（绞）线，端头压紧牢固，元件代号标识清楚粘贴牢固。

注明：
1. 断路器的额定短路分断能力的选择，要根据本地区的电网网络阻抗或网络输出容量来计算确定，应由该工程项目的设计部门来确定。
2. 控制电源和取样电源一定要按标注的代号（位置）进行接线。
3. 本二次方案也适用于其他各种类型的抽屉式馈电柜，小容量的断路器（2～3台组装一台，各单元接线独立）可并装抽屉柜。
4. 负荷故障跳闸时，首先将SA转至手动位置，待故障排除后，手动恢复正常供电。

11	KA	中间继电器	JZ7-44/220V	1	
10	SA	控制转换开关	LW12-16D0401	1	
9	XH	接线盒	FJ6/DFY1	1	乐清海燕公司
8	QA	控制开关	C45N-32/2P-10A	1	
7	HLR、HLW、HLG	指示灯	AD16-22/41-220V	3	
6	1SB、2SB	按钮开关	LA23-11	2	
5	1PA～3PA	电流表	6L2-A □/5A	3	
4	1FU～3FU	熔断器	JF5-2.5RD/6A	3	
3	PJ	有功电能表	DT862-2/3×220/380V	1	
2	TAu、TAv、TAw	电流互感器	BH-0.66 □/5A	3	
1	QF	断路器（抽屉式）	RMW1-□/□P-□A/220V	1	上海人民电器厂
序号	元件代号	名 称	型 号 规 格	数量	备 注

借（通）用件登记		
描 图		
描 校		
旧底图总号		
底图总号		
签 字		
日 期		

标记	处数	更改文件号	签字	日期
设 计			标准化	
绘 图			审 定	
审 核			批 准	
工 艺			日 期	

GCK（交流操作）馈电柜二次原理图

QB/T.DJ080108.03Y

| 图样标记 | 数量 | 重量 | 比例 |
| | | | 1:1 |

共 2 张　　第 1 张

馈电+计量（三相四线制有功计量）、3TA、断路器（RMW1）、不带电压表、自动或手动操作。

光盘页码：1-146

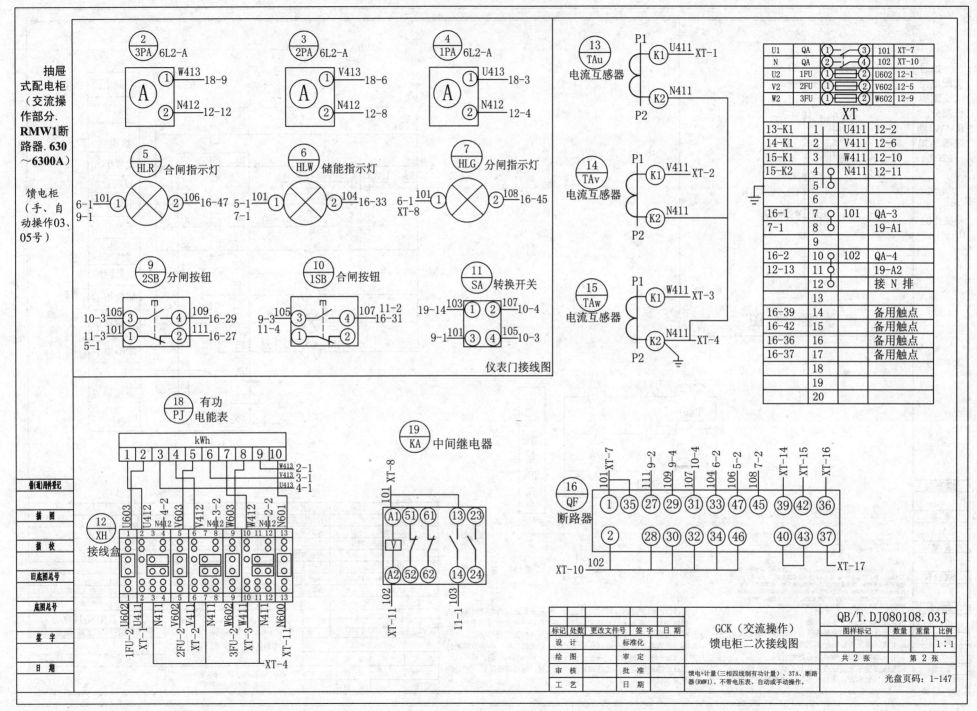

抽屉式配电柜（交流操作部分. RMW1断路器. 630～6300A）

馈电柜（手、自动操作03、05号）

② 3PA 6L2-A

Ⓐ ① W413 18-9 ② N412 12-12

③ 2PA 6L2-A

Ⓐ ① V413 18-6 ② N412 12-8

④ 1PA 6L2-A

Ⓐ ① U413 18-3 ② N412 12-4

⑤ HLR 合闸指示灯
6-1 9-1 ① 101 ⊗ ② 106 16-47

⑥ HLW 储能指示灯
5-1 7-1 ① 101 ⊗ ② 104 16-33

⑦ HLG 分闸指示灯
6-1 XT-8 ① 101 ⊗ ② 108 16-45

⑨ 2SB 分闸按钮
10-3 ③ 105 ④ 109 16-29
11-3 5-1 ① 101 ② 111 16-27

⑩ 1SB 合闸按钮
9-3 ③ 105 ④ 107 11-2 16-31
11-4 ① 101 ②

⑪ SA 转换开关
19-14 ① 103 ② 107 10-4
9-1 ③ 101 ④ 105 10-3

⑬ TAu 电流互感器
P1 K1 U411 XT-1
P2 K2 N411

⑭ TAv 电流互感器
P1 K1 V411 XT-2
P2 K2 N411

⑮ TAw 电流互感器
P1 K1 W411 XT-3
P2 K2 N411 XT-4

仪表门接线图

U1	QA	① ③	101	XT-7
N	QA	① ②	102	XT-10
U2	1FU	① ②	U602	12-1
V2	2FU	① ②	V602	12-5
W2	3FU	① ②	W602	12-9

XT

13-K1	1	U411	12-2
14-K1	2	V411	12-6
15-K1	3	W411	12-10
15-K2	4	N411	12-11
	5		
	6		
16-1	7	101	QA-3
7-1	8		19-A1
	9		
16-2	10	102	QA-4
12-13	11		19-A2
	12		接 N 排
	13		
16-39	14		备用触点
16-42	15		备用触点
16-36	16		备用触点
16-37	17		备用触点
	18		
	19		
	20		

⑱ PJ 有功电能表

kWh
1	2	3	4	5	6	7	8	9	10

W413 2-1
V413 3-1
U413 4-1

⑫ XH 接线盒

U603 U412 4-2 N412 V603 V412 3-2 N412 W603 W412 2-2 N601

1FU-2 U602 U411 XT-1 N411 2FU-2 V602 V411 XT-2 N411 3FU-2 W602 W411 XT-3 N411 XT-11 N600 XT-4

⑲ KA 中间继电器

101 XT-8
A1 51 61 13 23
V
A2 52 62 14 24
102 XT-11 11-1 103

⑯ QF 断路器

101 XT-7 111 9-2 109 9-4 107 10-4 104 6-2 106 5-2 108 7-2 XT-14 XT-15 XT-16

① 35 27 29 31 33 47 45 39 42 36
② 28 30 32 34 46 40 43 37

XT-10 102 XT-17

QB/T.DJ080108.03J

标记	处数	更改文件号	签字	日期
设计			标准化	
绘图			审定	
审核			批准	
工艺			日期	

GCK（交流操作）馈电柜二次接线图

图样标记		数量	重量	比例
				1:1
共 2 张			第 2 张	

馈电+计量(三相四线制有功计量)、3TA、断路器(RMW1)、不带电压表、自动或手动操作。

光盘页码：1-147

备(通)用件登记
描图
描校
旧底图总号
底图总号
签字
日期

35

抽屉式配电柜（交流操作部分.RMW1断路器.630～6300A）

TMY-3×（□×□）

熔断器 FU

电保护涌器 F

U1.V1.W1.N

QF

U2.-V2.W2.N

TA

一 次 原 理 图

馈电柜（手、自动操作03、05号）

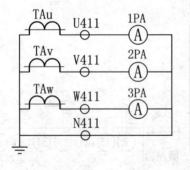

TAu U411 1PA Ⓐ

TAv V411 2PA Ⓐ

TAw W411 3PA Ⓐ

N411

电流测量回路

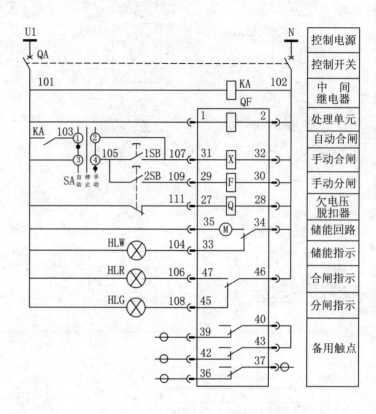

	名称
	控制电源
	控制开关
	中间继电器
	处理单元
	自动合闸
	手动合闸
	手动分闸
	欠电压脱扣器
	储能回路
	储能指示
	合闸指示
	分闸指示
	备用触点

说明：
由于电涌保护器在各种类型的供电方式中，所选用的产品型号也不同（如TT、NT、TT-C、TN-C-S等供电系统中及保护级别），所以在二次接线图中没有画出。本方案以TT或TN-S供电系统为例，推荐选用广州雷迅公司生产的SPD系列产品中的ASPFLD2-40/4P型，熔断器选用RT14或18型的4只（与保护器一对一），额定电流32A，分断电流10kA，用10mm²铜软线接在电源进线端，出线端用16mm²铜软线接地排。

技术要求：
1. 元器件的选用和安装应符合设计和标准要求。
2. 电流回路采用2.5mm²铜芯绝缘导线。
3. 电压回路采用1.5mm²铜芯绝缘导线。
4. 布线要横平竖直，线束扎紧无叠（绞）线，端头压紧牢固，元件代号标识清楚粘贴牢固。

注明：
1. 断路器的额定短路分断能力的选择，要根据本地区的电网网络阻抗或网络输出容量来计算确定，应由该工程项目的设计部门来确定。
2. 控制电源和取样电源一定要按标注的代号（位置）进行接线。
3. 本二次方案也适用于其他各种类型的抽屉式馈电柜，小容量的断路器（2～3台组装一台，各单元接线独立）可并装抽屉柜。
4. 负荷故障跳闸时，首先将SA转至手动位置，待故障排除后，手动恢复正常供电。

8	KA	中间继电器	JZ7-44/220V	1	
7	SA	控制转换开关	LW12-16D0401	1	
6	QA	控制开关	C45N-32/2P-10A	1	
5	HLR、HLW、HLG	指示灯	AD16-22/41-220V	3	
4	1SB、2SB	按钮开关	LA23-11	1	
3	1PA～3PA	电流表	6L2-A □/5A	3	
2	TAu、TAv、TAw	电流互感器	BH-0.66 □/5A	3	
1	QF	断路器（抽屉式）	RMW1-□/□P-□A/220V	1	上海人民电器厂
序号	元件代号	名称	型号规格	数量	备注

QB/T.DJ080108.05Y

GCK（交流操作）馈电柜二次原理图

图样标记	数量	重量	比例
			1:1

共 2 张　　第 1 张

馈电、不带计量、3TA、断路器（RMW1）不带电压表、自动或手动操作。

光盘页码：1-150

设 计		标准化	
绘 图		审 定	
审 核		批 准	
工 艺		日 期	

标记	处数	更改文件号	签字	日期

备(通)用件登记
描 图
描 校
旧底图总号
底图总号
签 字
日 期

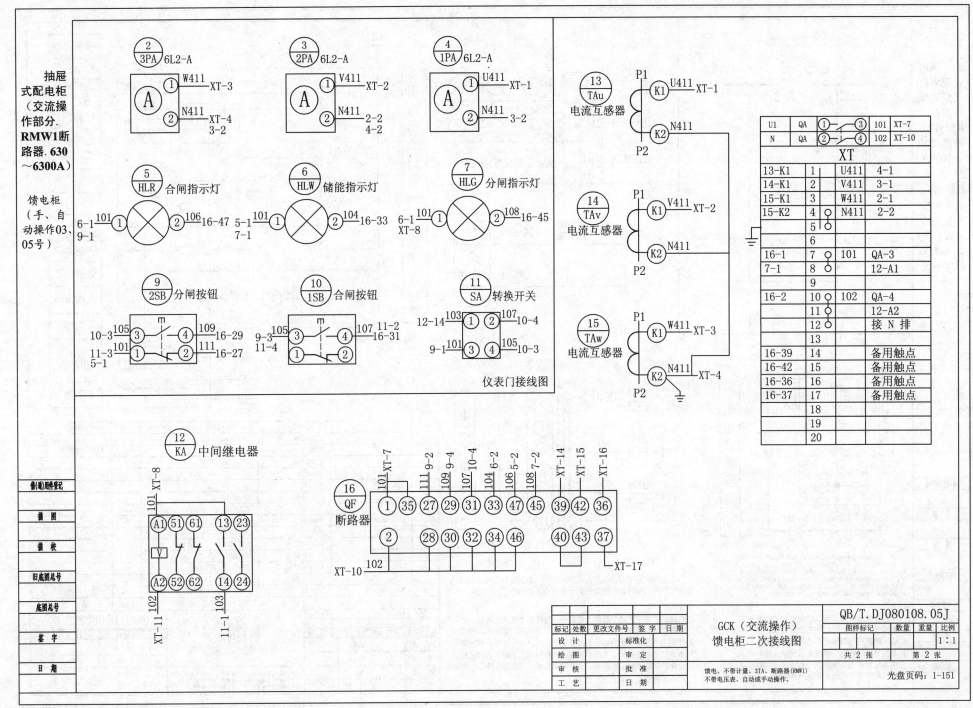

抽屉式配电柜（交流操作部分，RMW1断路器．630～6300A）

馈电柜（手、自动操作03、05号）

2 3PA	6L2-A
3 2PA	6L2-A
4 1PA	6L2-A

A — ① W411 — XT-3
A — ② N411 — XT-4 3-2

A — ① V411 — XT-2
A — ② N411 — 2-2 4-2

A — ① U411 — XT-1
A — ② N411 — 3-2

5 HLR 合闸指示灯
6 HLW 储能指示灯
7 HLG 分闸指示灯

6-1 101 ① ② 106 16-47
9-1

5-1 101 ① ② 104 16-33
7-1

6-1 101 ① ② 108 16-45
XT-8

9 2SB 分闸按钮
10 1SB 合闸按钮
11 SA 转换开关

10-3 105 ③ ④ 109 16-29
11-3 101 ① ② 111 16-27
5-1

9-3 105 ③ ④ 107 16-31
11-4 101 ① ②

12-14 103 ① ② 107 10-4
9-1 101 ③ ④ 105 10-3

仪表门接线图

13 TAu 电流互感器
P1 K1 U411 XT-1
K2 N411 P2

14 TAv 电流互感器
P1 K1 V411 XT-2
K2 N411 P2

15 TAw 电流互感器
P1 K1 W411 XT-3
K2 N411 XT-4 P2

| U1 | QA | ① — ③ | 101 | XT-7 |
| N | QA | ② — ④ | 102 | XT-10 |

XT

13-K1	1	U411	4-1
14-K1	2	V411	3-1
15-K1	3	W411	2-1
15-K2	4	N411	2-2
	5		
	6		
16-1	7	101	QA-3
7-1	8		12-A1
	9		
16-2	10	102	QA-4
	11		12-A2
	12		接 N 排
	13		
16-39	14		备用触点
16-42	15		备用触点
16-36	16		备用触点
16-37	17		备用触点
	18		
	19		
	20		

12 KA 中间继电器

101 XT-8
A1 51 61 13 23
V
A2 52 62 14 24
102 XT-11
103 11-1

16 QF 断路器

101 XT-7
111 9-2
109 9-4
107 10-4
104 6-2
106 5-2
108 7-2
XT-14
XT-15
XT-16

① 35 27 29 31 33 47 45 39 42 36
② 28 30 32 34 46 40 43 37

XT-10 102
XT-17

备(通)用件登记
描 图
描 校
旧底图总号
底图总号
签 字
日 期

标记	处数	更改文件号	签字	日期
设 计			标准化	
绘 图			审 定	
审 核			批 准	
工 艺			日 期	

GCK（交流操作）
馈电柜二次接线图

馈电、不带计量、3TA、断路器(RMW1)
不带电压表、自动或手动操作。

QB/T.DJ080108.05J

| 图样标记 | 数量 | 重量 | 比例 |
| | | | 1:1 |

共 2 张　　　第 2 张

光盘页码：1-151

37

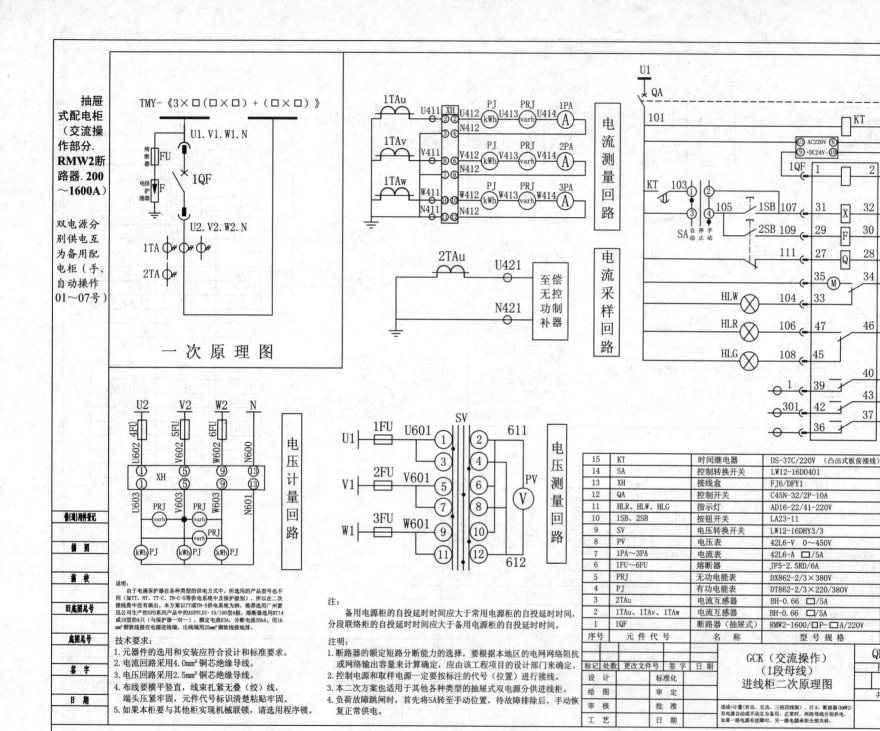

抽屉式配电柜（交流操作部分.RMW2断路器.200～1600A）

双电源分别供电互为备用配电柜（手、自动操作01～07号）

一 次 原 理 图

TMY-《3×□(□×□)+(□×□)》

电流测量回路

电流采样回路

电压计量回路

电压测量回路

控制电源
控制开关
自投延时继电器
电源模块
处理单元
自动合闸
手动合闸
手动分闸
欠电压脱扣器
储能回路
储能指示
合闸指示
分闸指示
引出辅助触点
备用触点

15	KT	时间继电器	DS-37C/220V（凸出式板前接线）	1	苏州继电器厂
14	SA	控制转换开关	LW12-16D0401	1	
13	XH	接线盒	FJ6/DFY1	1	乐清海燕公司
12	QA	控制开关	C45N-32/2P-10A	1	
11	HLR、HLW、HLG	指示灯	AD16-22/41-220V	3	
10	1SB、2SB	按钮开关	LA23-11	2	
9	SV	电压转换开关	LW12-16DHY3/3	1	
8	PV	电压表	42L6-V 0～450V	1	
7	1PA～3PA	电流表	42L6-A □/5A	3	
6	1FU～6FU	熔断器	JF5-2.5RD/6A	6	
5	PRJ	无功电能表	DX862-2/3×380V	1	
4	PJ	有功电能表	DT862-2/3×220/380V	1	
3	2TAu	电流互感器	BH-0.66 □/5A	1	
2	1TAu、1TAv、1TAw	电流互感器	BH-0.66 □/5A	3	
1	1QF	断路器（抽屉式）	RMW2-1600/□P-□A/220V	1	上海人民电器厂
序号	元件代号	名 称	型 号 规 格	数量	备 注

说明：
由于电涌保护器在各种类型的供电方式中，所选用的产品型号也不同（如TT、NT、TT-C、TN-C-S等供电系统中及保护级别），所以在二次接线图中没有画出。本方案以TT或TN-S供电系统为例，推荐选用广州雷迅公司生产的SPD系列产品一为ASPFLDI-15/100型4极，熔断器选用RT14或18型的4只（与保护器一对一），额定电流63A，分断电流35kA，用16㎜²铜软线接在电源进线端，出线端用25㎜²铜软线接地排。

技术要求：
1. 元器件的选用和安装应符合设计和标准要求。
2. 电流回路采用4.0㎜²铜芯绝缘导线。
3. 电压回路采用2.5㎜²铜芯绝缘导线。
4. 布线要横平竖直，线束扎紧无叠（绞）线，端头压紧牢固，元件代号标识清楚粘贴牢固。
5. 如果本柜要与其他柜实现机械联锁，请选用程序锁。

注：
备用电源柜的自投延时时间应大于常用电源柜的自投延时时间，分段联络柜的自投延时时间应大于备用电源柜的自投延时时间。

注用：
1. 断路器的额定短路分断能力的选择，要根据本地区的电网网络阻抗或网络输出容量来计算确定，应由该工程项目的设计部门来确定。
2. 控制电源和取样电源一定要按标注的代号（位置）进行接线。
3. 本二次方案也适用于其他各种类型的抽屉式双电源分供进线柜。
4. 负荷故障跳闸时，首先将SA转至手动位置，待故障排除后，手动恢复正常供电。

曾(通)用件登记					GCK（交流操作）（I段母线）进线柜二次原理图		QB/T.DJ080202.01Y		
描 图							图样标记	数量	重量	比例
描 校										1:1
旧底图总号										
底图总号	标记	处数	更改文件号	签字	日期				
	设 计		标准化						
签 字	绘 图		审 定			共 2 张	第 1 张		
	审 核		批 准						
日 期	工 艺		日 期			进线+计量（有功、无功、三相四线制）、3TA、断路器（RMW2）双电源自动或手动互为备用、正常时，两段母线分别供电，如果一路电源故障时，另一路电源承担全部负荷。	光盘页码：1-182

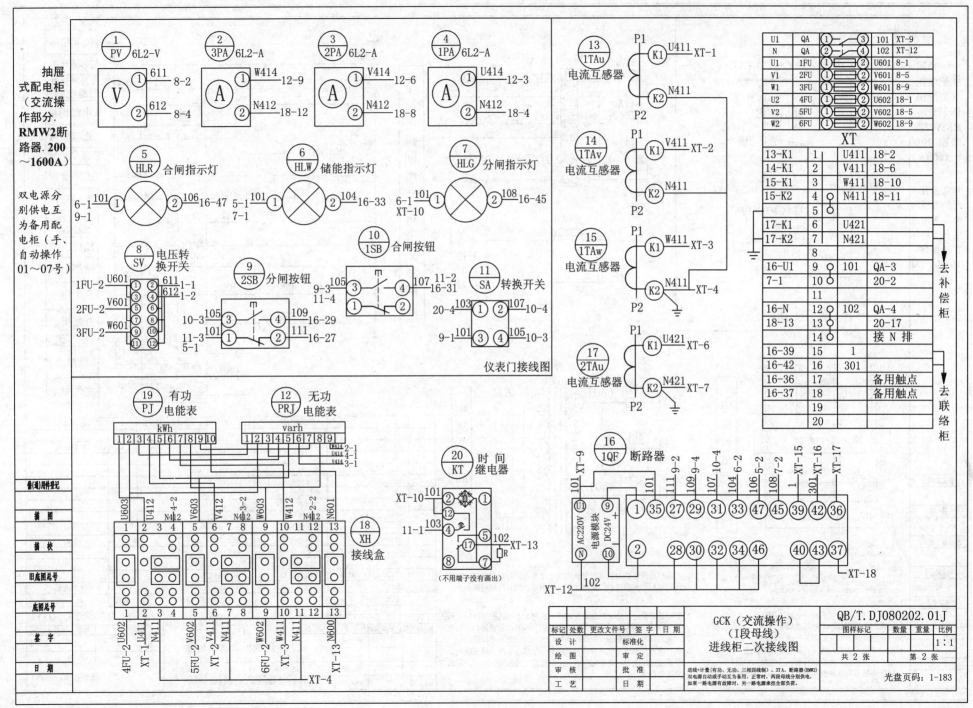

抽屉式配电柜（交流操作部分. RMW2断路器. 200～1600A）

双电源分别供电互为备用配电柜（手、自动操作01～07号）

仪表门接线图

GCK（交流操作）（I段母线）进线柜二次接线图

QB/T.DJ080202.01J

图样标记　　数量　重量　比例
1:1

共 2 张　　第 2 张

进线+计量（有功、无功、三相四线制）、3TA、断路器（RMW2）
双电源自动或手动互为备用、正常时，两段母线分别供电，
如果一路电源有故障时，另一路电源承担全部负荷。

光盘页码：1-183

标记　处数　更改文件号　签字　日期
设 计
绘 图
审 核
工 艺
标准化
审 定
批 准
日 期

备(通)用件登记
描 图
描 校
旧底图总号
底图总号
签 字
日 期

39

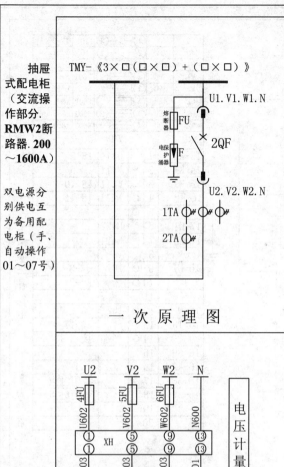

抽屉式配电柜（交流操作部分，RMW2断路器．200～1600A）

双电源分别供电互为备用配电柜（手、自动操作01～07号）

TMY-《3×□(□×□)+(□×□)》

一 次 原 理 图

U1.V1.W1.N
熔断器 FU
电保护涌器 F
2QF
U2.V2.W2.N
1TA
2TA

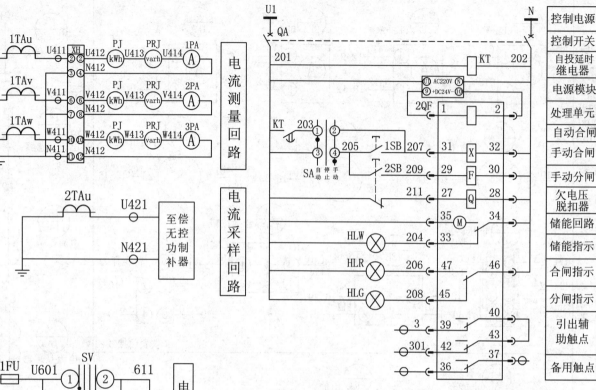

控制电源
控制开关
自投延时继电器
电源模块
处理单元
自动合闸
手动合闸
手动分闸
欠电压脱扣器
储能回路
储能指示
合闸指示
分闸指示
引出辅助触点
备用触点

电流测量回路

电流采样回路

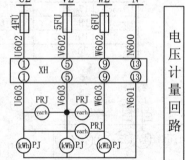

电压计量回路

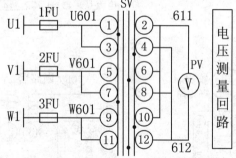

电压测量回路

15	KT	时间继电器	DS-37C/220V（凸出式板前接线）	1	苏州继电器厂
14	SA	控制转换开关	LW12-16D0401	1	
13	XH	接线盒	FJ6/DFY1	1	乐清海燕公司
12	QA	控制开关	C45N-32/2P-10A	1	
11	HLR、HLW、HLG	指示灯	AD16-22/41-220V	3	
10	1SB、2SB	按钮开关	LA23-11	2	
9	SV	电压转换开关	LW12-16DHY3/3	1	
8	PV	电压表	42L6-V 0～450V	1	
7	1PA～3PA	电流表	42L6-A □/5A	3	
6	1FU～6FU	熔断器	JF5-2.5RD/6A	6	
5	PRJ	无功电能表	DX862-2/3×380V	1	
4	PJ	有功电能表	DT862-2/3×220/380V	1	
3	2TAu	电流互感器	BH-0.66 □/5A	1	
2	1TAu、1TAv、1TAw	电流互感器	BH-0.66 □/5A	3	
1	2QF	断路器（抽屉式）	RMW2-1600/□P-□A/220V	1	上海人民电器厂
序号	元件代号	名 称	型 号 规 格	数量	备 注

说明：
由于电涌保护器在各种类型的供电方式中，所选用的产品型号也不同（如TT、NT、TT-C、TN-C-S等供电系统及保护级别），所以在二次接线图中没有画出。本方案以TT或TN-S供电系统为例，推荐选用广州雷迅公司生产的SPD系列产品中的ASPFLDI-15/100型4极，分断电流选用RT14或18型的4只（与保护器一对一），额定电流63A，分断电流35kA。用16mm²铜软线接在电源进线端，出线端用25mm²铜软线接地排。

技术要求：
1. 元器件的选用和安装应符合设计和标准要求。
2. 电流回路采用4.0mm²铜芯绝缘导线。
3. 电压回路采用2.5mm²铜芯绝缘导线。
4. 布线要横平竖直，线束扎紧无叠（绞）线，端头压紧牢固，元件代号标识清楚粘贴牢固。
5. 如果本柜要与其他柜实现机械联锁，请选用程序锁。

注：
备用电源柜的自投延时时间应大于常用电源柜的自投延时时间，分段联络柜的自投延时时间应大于备用电源柜的自投延时时间。

注明：
1. 断路器的额定短路分断能力的选择，要根据本地区的电网网络阻抗或网络输出容量来计算确定，应由该工程项目的设计部门来确定。
2. 控制电源和取样电源一定要按标注的代号（位置）进行接线。
3. 本二次方案也适用于其他各种类型的抽屉式双电源分供进线柜。
4. 负荷故障跳闸时，首先将SA转至手动位置，待故障排除后，手动恢复正常供电。

标记	处数	更改文件号	签字	日期	GCK（交流操作）（II段母线）进线柜二次原理图	图样标记	数量	重量	比例
设 计		标准化							1:1
绘 图		审 定				共 2 张		第 1 张	
审 核		批 准			进线+计量（有功、无功、三相四线制）、3TA、断路器（RMW2）双电源自动或手动互为备用，正常时，两段母线分别供电，如果一路电源有故障时，另一路电源承担全部负荷。	光盘页码：1-184			
工 艺		日 期							

QB/T.DJ080202.02Y

图(通)用件登记 描 图 描 校 旧底图总号 底图总号 签 字 日 期

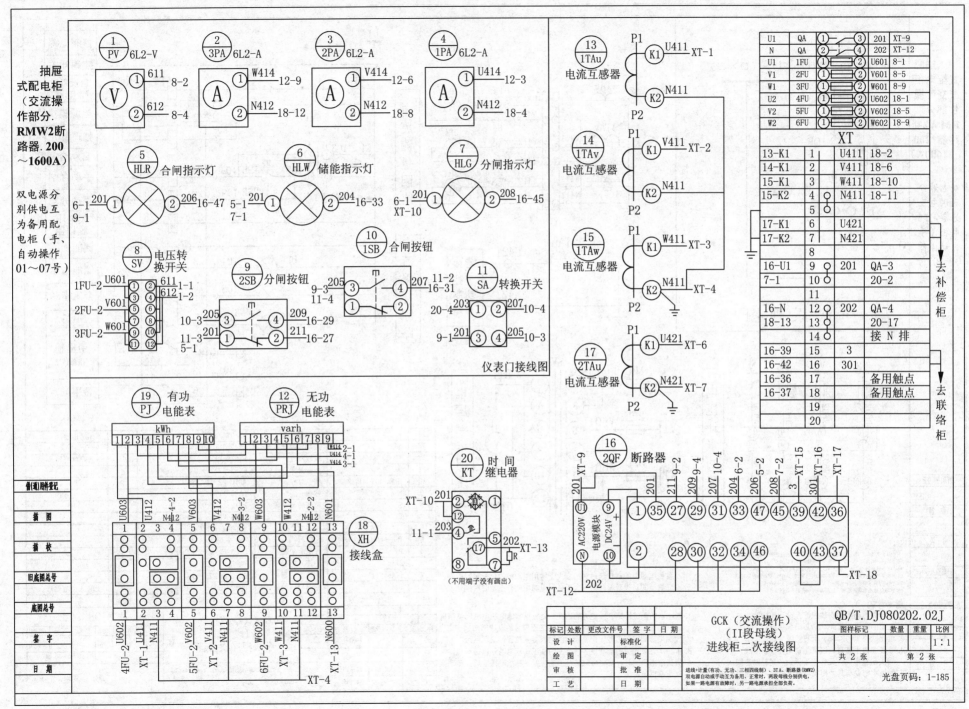

GCK(交流操作)
(II段母线)
进线柜二次接线图

QB/T.DJ080202.02J

进线+计量(有功、无功、三相四线制)、3TA、断路器(RMW2)
双电源自动或手动互为备用、正常时,两段母线分别供电,
如果一路电源有故障时,另一路电源承担全部负荷。

共 2 张   第 2 张
1:1

光盘页码:1-185

41

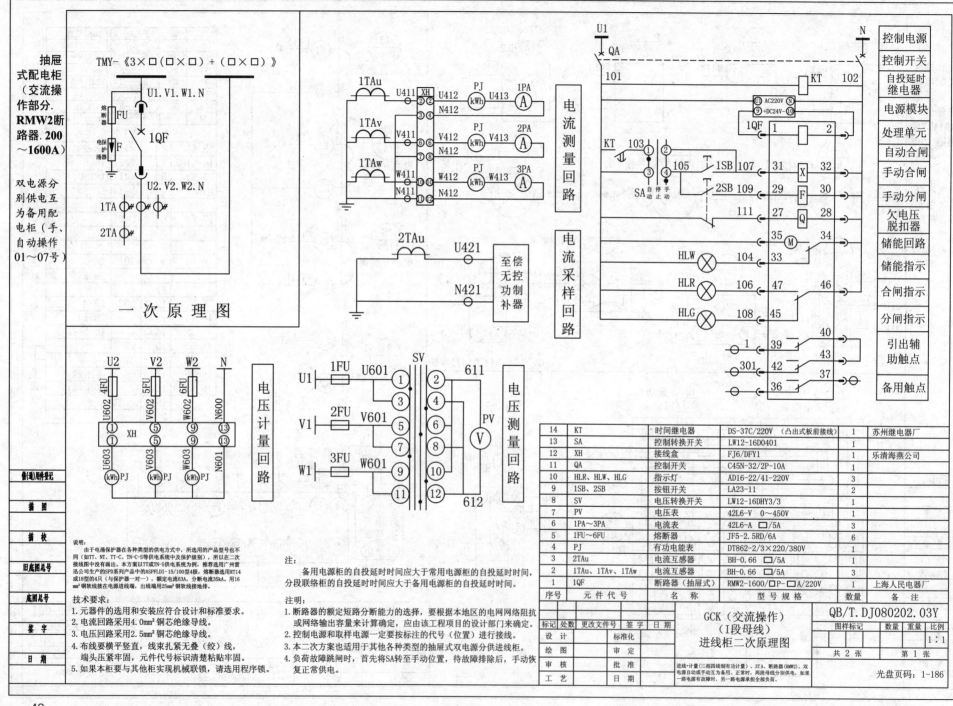

抽屉
式配电柜
(交流操
作部分.
RMW2断
路器.200
～1600A)

双电源分
别供电互
为备用配
电柜(手、
自动操作
01～07号)

TMY-《3×□(□×□)+(□×□)》

U1.V1.W1.N

熔断器 FU

电保护涌器 F

1QF

U2.V2.W2.N

1TA

2TA

一次原理图

U2 V2 W2 N

4FU 5FU 6FU

U602 V602 W602 N600

XH

U603 V603 W603 N601

kWh PJ kWh PJ kWh PJ

电压计量回路

1TAu U411 XH U412 PJ U413 1PA
                    kWh   A
      N412

1TAv V411 V412 PJ V413 2PA
                   kWh   A
      N412

1TAw W411 W412 PJ W413 3PA
                   kWh   A
      N411 N412

电流测量回路

2TAu U421

N421

至偿无控功制补器

电流采样回路

U1 1FU U601 ① SV ② 611

V1 2FU V601 ⑤   ④

W1 3FU W601 ⑨   ⑧

         ⑪   ⑫ 612

PV V

电压测量回路

U1   N

QA

101   KT 102

KT 103   1QF 1   2

SA 自动 停止 手动 1SB 107 31 X 32

2SB 109 29 F 30

111 27 Q 28

35 M 34

HLW 104 33

HLR 106 47 46

HLG 108 45

1 39 40

301 42 43

36 37

U AC220V
⑨ DC24V ⑩

控制电源
控制开关
自投延时继电器
电源模块
处理单元
自动合闸
手动合闸
手动分闸
欠电压脱扣器
储能回路
储能指示
合闸指示
分闸指示
引出辅助触点
备用触点

14	KT	时间继电器	DS-37C/220V (凸出式板前接线)	1	苏州继电器厂
13	SA	控制转换开关	LW12-16D0401	1	
12	XH	接线盒	FJ6/DFY1	1	乐清海燕公司
11	QA	控制开关	C45N-32/2P-10A	1	
10	HLR、HLW、HLG	指示灯	AD16-22/41-220V	3	
9	1SB、2SB	按钮开关	LA23-11	2	
8	SV	电压转换开关	LW12-16DHY3/3	1	
7	PV	电压表	42L6-V 0～450V	1	
6	1PA～3PA	电流表	42L6-A □/5A	3	
5	1FU～6FU	熔断器	JF5-2.5RD/6A	6	
4	PJ	有功电能表	DT862-2/3×220/380V	1	
3	2TAu	电流互感器	BH-0.66 □/5A	1	
2	1TAu、1TAv、1TAw	电流互感器	BH-0.66 □/5A	3	
1	1QF	断路器(抽屉式)	RMW2-1600/□P-□A/220V	1	上海人民电器厂
序号	元件代号	名 称	型 号 规 格	数量	备 注

说明:
由于电涌保护器在各种类型的供电方式中,所选用的产品型号也不同(如TT、NT、TT-C、TN-C-S等供电系统中及保护级别),所以在二次接线图中没有画出来。本方案以TT或TN-S供电系统为例,推荐选用广州雷迅公司生产的SPD系列产品中的ASPFLDI-15/100型4极,熔断器选用RT14或18型的4只(与保护器一对一),额定电流63A,分断电流35kA,用16 mm²铜软线接在电源进线端,出线端用25mm²铜软线接地排。

技术要求:
1. 元器件的选用和安装应符合设计和标准要求。
2. 电流回路采用4.0mm²铜芯绝缘导线。
3. 电压回路采用2.5mm²铜芯绝缘导线。
4. 布线要横平竖直,束线扎紧无叠(绞)线,端头压紧牢固,元件代号标识清楚粘贴牢固。
5. 如果本柜要与其他柜实现机械联锁,请选用程序锁。

注:
备用电源柜的自投延时时间应大于常用电源柜的自投延时时间,分段联络柜的自投延时时间应大于备用电源柜的自投延时时间。

注明:
1. 断路器的额定短路分断能力的选择,要根据本地区的电网网络阻抗或网络输出容量来计算确定,应由该工程项目的设计部门来确定。
2. 控制电源和取样电源一定要按标注的代号(位置)进行接线。
3. 本二次方案也适用于其他各类型的抽屉式双电源分供进线柜。
4. 负荷故障跳闸时,首先将SA转至手动位置,待故障排除后,手动恢复正常供电。

QB/T.DJ080202.03Y

GCK(交流操作)
(I段母线)
进线柜二次原理图

图样标记 数量 重量 比例
1:1
共2张 第1张

光盘页码:1-186

备(遗)图册登记
描 图
描 校
旧底图总号
底图总号
签 字
日 期

标记 处数 更改文件号 签字 日期
设 计   标准化
绘 图   审 定
审 核   批 准
工 艺   日 期

进线+计量(三相四线制有功计量)、3TA、断路器(RMW2)、双电源自动或手动互为各用。正常时,两段线自动分别供电,如果一路电源有故障时,另一路电源承担全部负荷。

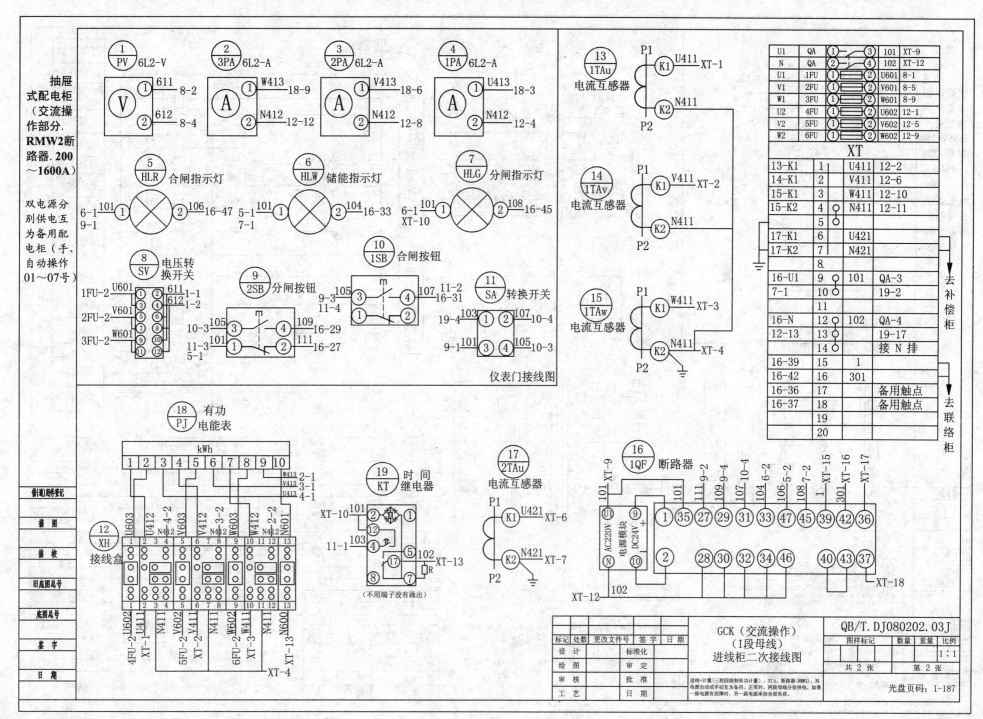

抽屉式配电柜（交流操作部分. RMW2断路器. 200~1600A）

双电源分别供电互为备用配电柜（手、自动操作01~07号）

仪表门接线图

GCK（交流操作）（I段母线）进线柜二次接线图

QB/T.DJ080202.03J

图样标记 | 数量 | 重量 | 比例 1:1

共 2 张   第 2 张

光盘页码：1-187

43

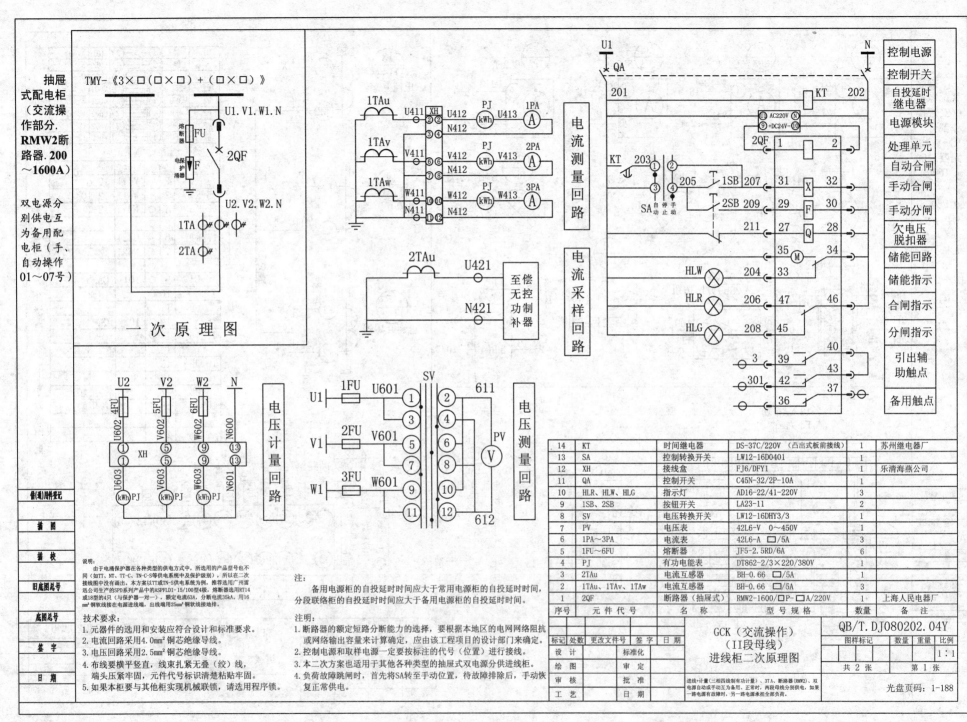

抽屉式配电柜（交流操作部分.RMW2断路器.200～1600A）

双电源分别供电互为备用配电柜（手、自动操作01～07号）

TMY-《3×□(□×□)+(□×□)》

一次原理图

电流测量回路
电流采样回路

电压计量回路

电压测量回路

控制电源
控制开关
自投延时继电器
电源模块
处理单元
自动合闸
手动合闸
手动分闸
欠电压脱扣器
储能回路
储能指示
合闸指示
分闸指示
引出辅助触点
备用触点

说明：
由于电涌保护器在各种类型的供电方式中，所选用的产品型号也不同（如TT、NT、TT-C、TN-C-S等供电系统以及保护级别），所以在二次接线图中没有画出。本方案以TT或TN-S供电系统为例，推荐选用广州雷讯公司生产的SPD系列产品中的ASPFLDI-15/100(4极)，熔断器选用RT14或18型的4只（与保护器一对一），额定电流63A，分断电流35kA。用16㎜²铜软线接在电源进线端，出线端用25㎜²铜软线接地排上。

技术要求：
1. 元器件的选用和安装应符合设计和标准要求。
2. 电流回路采用4.0mm²铜芯绝缘导线。
3. 电压回路采用2.5mm²铜芯绝缘导线。
4. 布线要横平竖直，束线扎紧无叠（绞）线，端头压紧牢固，元件代号标识清楚粘贴牢固。
5. 如果本柜要与其他柜实现机械联锁，请选用程序锁。

注：
备用电源柜的自投延时时间应大于常用电源柜的自投延时时间，分段联络柜的自投延时时间应大于备用电源柜的自投延时时间。

注明：
1. 断路器的额定短路分断能力的选择，要根据本地区的电网网络阻抗或网络输出容量来计算确定，应由该工程项目的设计部门来确定。
2. 控制电源和取样电源一定要按标注的代号（位置）进行接线。
3. 本二次方案也适用于其他各种类型的抽屉式双电源分供进线柜。
4. 负荷故障跳闸时，首先将SA转至手动位置，待故障排除后，手动恢复正常供电。

14	KT	时间继电器	DS-37C/220V（凸出式板前接线）	1	苏州继电器厂
13	SA	控制转换开关	LW12-16D0401	1	
12	XH	接线盒	FJ6/DFY1	1	乐清海燕公司
11	QA	控制开关	C45N-32/2P-10A	1	
10	HLR、HLW、HLG	指示灯	AD16-22/41-220V	3	
9	1SB、2SB	按钮开关	LA23-11	2	
8	SV	电压转换开关	LW12-16DHY3/3	1	
7	PV	电压表	42L6-V 0～450V	1	
6	1PA～3PA	电流表	42L6-A □/5A	3	
5	1FU～6FU	熔断器	JF5-2.5RD/6A	6	
4	PJ	有功电能表	DT862-2/3×220/380V	1	
3	2TAu	电流互感器	BH-0.66 □/5A	1	
2	1TAu、1TAv、1TAw	电流互感器	BH-0.66 □/5A	3	
1	2QF	断路器（抽屉式）	RMW2-1600/□P-□A/220V	1	上海人民电器厂
序号	元件代号	名称	型号规格	数量	备注

借(通)用标记						
描图						
描校						
旧底图总号						
底图号						
签字						
日期						

					GCK（交流操作）（II段母线）进线柜二次原理图	QB/T.DJ080202.04Y			
标记	处数	更改文件号	签字	日期		图样标记	数量	重量	比例
设计			标准化						1:1
绘图			审定						
审核			批准			共2张		第1张	
工艺			日期		进线+计量（三相四线制有功计量）、3TA、断路器(RMW2)、双电源自动或手动互为备用、正常时，两段母线分别供电，如果一路电源有故障时，另一路电源承担全部负荷。	光盘页码：1-188

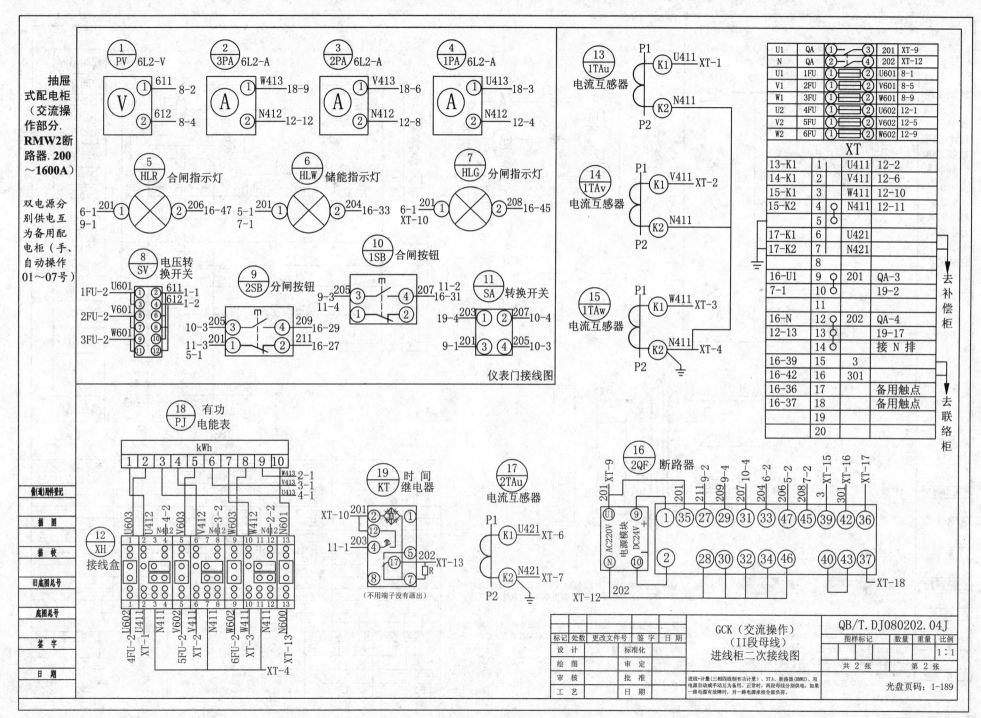

仪表门接线图

GCK（交流操作）
（II段母线）
进线柜二次接线图

QB/T.DJ080202.04J

标记	处数	更改文件号	签字	日期
设 计		标准化		
绘 图		审 定		
审 核		批 准		
工 艺		日 期		

进线+计量(三相四线制有功计量)、3TA、断路器(RMW2)、双电源自动或手动互为备用、正常时，两段母线分别供电，如果一路电源有故障时，另一路电源承担全部负荷。

图样标记　数量　重量　比例 1:1
共 2 张　　第 2 张
光盘页码：1-189

45

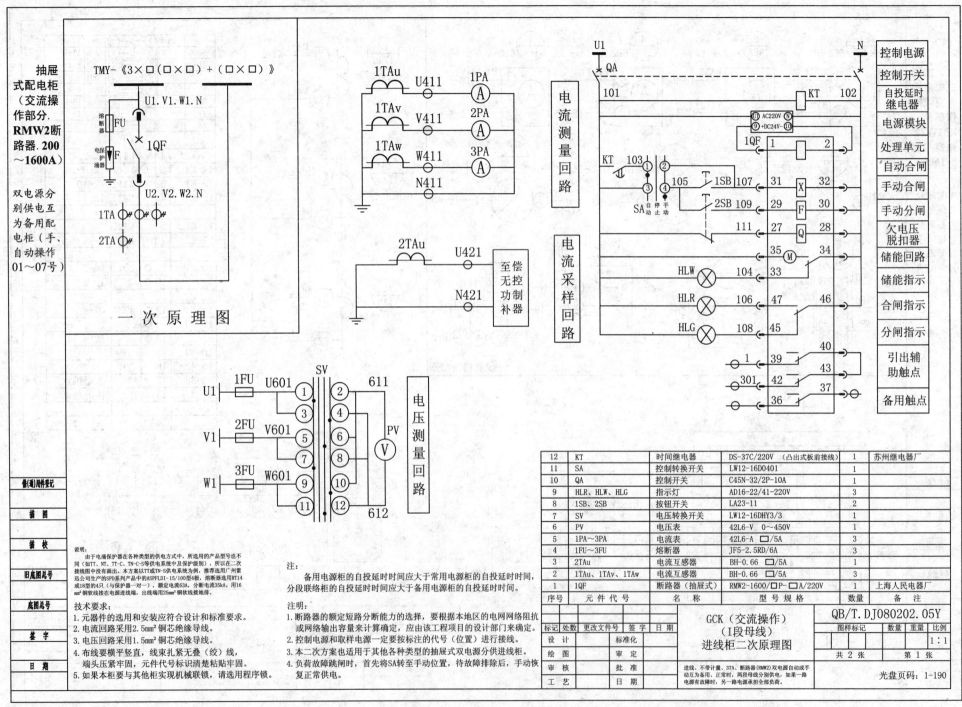

抽屉式配电柜（交流操作部分.RMW2断路器.200～1600A）

双电源分别供电互为备用配电柜（手、自动操作01～07号）

TMY-《3×□(□×□)+(□×□)》

U1.V1.W1.N

熔断器 FU

电涌保护器 F 1QF

U2.V2.W2.N

1TA

2TA

一次原理图

1TAu U411 1PA Ⓐ

1TAv V411 2PA Ⓐ

1TAw W411 3PA Ⓐ

N411

电流测量回路

2TAu U421

N421

至偿无控功制补器

电流采样回路

SV

U1 1FU U601 ①②611

③④

V1 2FU V601 ⑤⑥ PV Ⓥ

⑦⑧

W1 3FU W601 ⑨⑩

⑪⑫612

电压测量回路

U1 QA N

101 KT 102

① AC220V Ⓝ
⑨ +DC24V— ⑩

1QF 1 2

KT 103 ①②105 1SB 107 X 31 32

③④ 2SB 109 F 29 30

111 Q 27 28

M 35 34

HLW ⊗ 104 33

HLR ⊗ 106 47 46

HLG ⊗ 108 45

SA 自投 停止 手动

1 39 40

301 42 43

36 37

控制电源
控制开关
自投延时继电器
电源模块
处理单元
自动合闸
手动合闸
手动分闸
欠电压脱扣器
储能回路
储能指示
合闸指示
分闸指示
引出辅助触点
备用触点

说明：
由于电涌保护器在各种类型的供电方式中，所选用的产品型号也不同（如IT、NT、TT-C、TN-C-S等供电系统中及保护级别），所以在此二次接线图中没有画出。本方案以TT或TN-S供电系统为例，推荐选用广州雷迅公司生产的SPD系列产品IT的ASPFLDI-15/100型4极，熔断器选用RT14或18型的4只（与保护器一对一），额定电流63A，分断电流35kA。用16mm²铜软线接在电源进线端，出线端用25mm²铜软线接地排。

技术要求：
1. 元器件的选用和安装应符合设计和标准要求。
2. 电流回路采用2.5mm²铜芯绝缘导线。
3. 电压回路采用1.5mm²铜芯绝缘导线。
4. 布线要横平竖直，线束扎紧无叠（绞）线，端头压紧牢固，元件代号标识清楚粘贴牢固。
5. 如果本柜要与其他柜实现机械联锁，请选用程序锁。

注：
备用电源柜的自投延时时间应大于常用电源柜的自投延时时间，分段联络柜的自投延时时间应大于备用电源柜的自投延时时间。

注明：
1. 断路器的额定短路分断能力的选择，要根据本地区的电网网络阻抗或网络输出容量来计算确定，应由该工程项目的设计部门来确定。
2. 控制电源和取样电源一定要按标注的代号（位置）进行接线。
3. 本二次方案也适用于其他各种类型的抽屉式双电源分供进线柜。
4. 负荷故障跳闸时，首先将SA转至手动位置，待故障排除后，手动恢复正常供电。

12	KT	时间继电器	DS-37C/220V（凸出式板前接线）	1	苏州继电器厂
11	SA	控制转换开关	LW12-16D0401	1	
10	QA	控制开关	C45N-32/2P-10A	1	
9	HLR、HLW、HLG	指示灯	AD16-22/41-220V	3	
8	1SB、2SB	按钮开关	LA23-11	2	
7	SV	电压转换开关	LW12-16DHY3/3	1	
6	PV	电压表	42L6-V 0～450V	1	
5	1PA～3PA	电流表	42L6-A □/5A	3	
4	1FU～3FU	熔断器	JF5-2.5RD/6A	3	
3	2TAu	电流互感器	BH-0.66 □/5A	1	
2	1TAu、1TAv、1TAw	电流互感器	BH-0.66 □/5A	3	
1	1QF	断路器（抽屉式）	RMW2-1600/□P-□A/220V	1	上海人民电器厂
序号	元件代号	名　称	型号规格	数量	备　注

标记	处数	更改文件号	签字	日期			
设　计			标准化				
绘　图			审　定				
审　核			批　准				
工　艺			日　期				

GCK（交流操作）（I段母线）进线柜二次原理图

QB/T.DJ080202.05Y

图样标记　数量　重量　比例　1:1

共2张　　第1张

进线、不带计量、3TA、断路器（RMW2）双电源自动或手动互为备用。正常时，双母线分别供电各负荷，如果一路电源有故障时，另一路电源承担全部负荷。

光盘页码：1-190

旧底图总号
底图总号

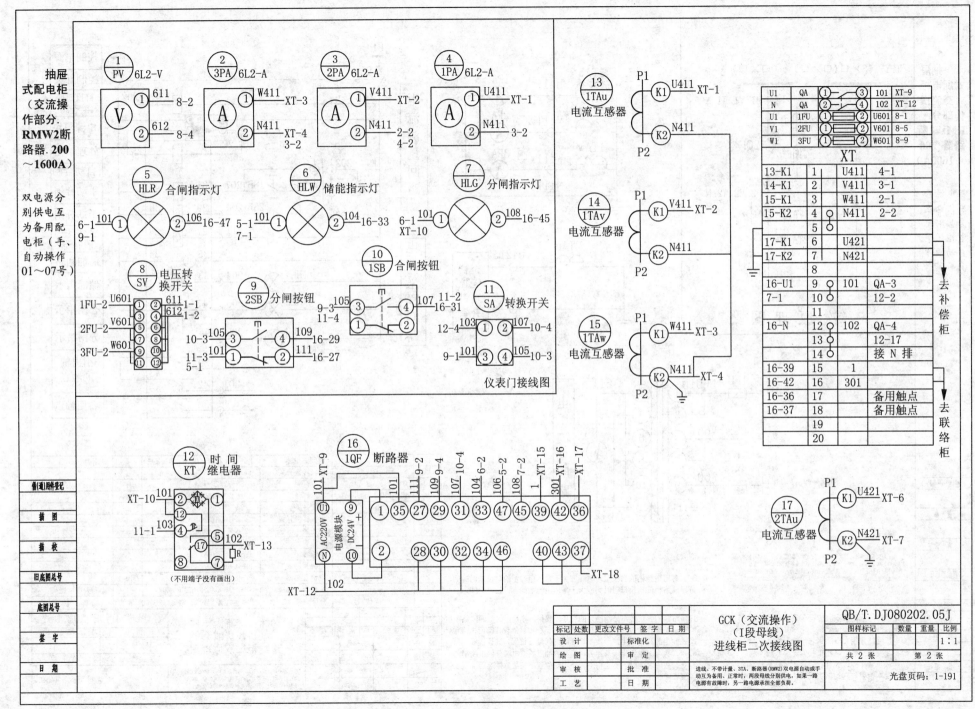

抽屉式配电柜（交流操作部分.RMW2断路器.200～1600A）

双电源分别供电互为备用配电柜（手、自动操作01～07号）

① PV	6L2-V
② 3PA	6L2-A
③ 2PA	6L2-A
④ 1PA	6L2-A

⑤ HLR 合闸指示灯
⑥ HLW 储能指示灯
⑦ HLG 分闸指示灯

⑧ SV 电压转换开关
⑨ 2SB 分闸按钮
⑩ 1SB 合闸按钮
⑪ SA 转换开关

仪表门接线图

⑬ 1TAu 电流互感器
⑭ 1TAv 电流互感器
⑮ 1TAw 电流互感器
⑰ 2TAu 电流互感器

U1	QA	① ③	101	XT-9
N	QA	② ④	102	XT-12
U1	1FU	①		U601	8-1
V1	2FU	①		V601	8-5
W1	3FU	①		W601	8-9

XT

13-K1	1	U411	4-1
14-K1	2	V411	3-1
15-K1	3	W411	2-1
15-K2	4	N411	2-2
	5		
17-K1	6	U421	
17-K2	7	N421	
	8		
16-U1	9	101	QA-3
7-1	10		12-2
	11		
16-N	12	102	QA-4
	13		12-17
	14		接 N 排
16-39	15	1	
16-42	16	301	
16-36	17	备用触点	
16-37	18	备用触点	
	19		
	20		

去补偿柜
去联络柜

⑫ KT 时间继电器
（不用端子没有画出）

⑯ 1QF 断路器
AC220V 电源模块 DC24V

GCK（交流操作）（I段母线）进线柜二次接线图
QB/T.DJ080202.05J
图样标记　数量　重量　比例 1:1
共 2 张　第 2 张
光盘页码：1-191

标记	处数	更改文件号	签字	日期
设 计			标准化	
绘 图			审 定	
审 核			批 准	
工 艺			日 期	

进线、不带计量、3TA、断路器(RMW2)双电源自动或手动互为备用、正常时，两段母线分别供电，如果一路电源有故障时，另一路电源承担全部负荷。

借(通)用单位

描 图
描 校
旧底图总号
底图总号
鉴 字
日 期

47

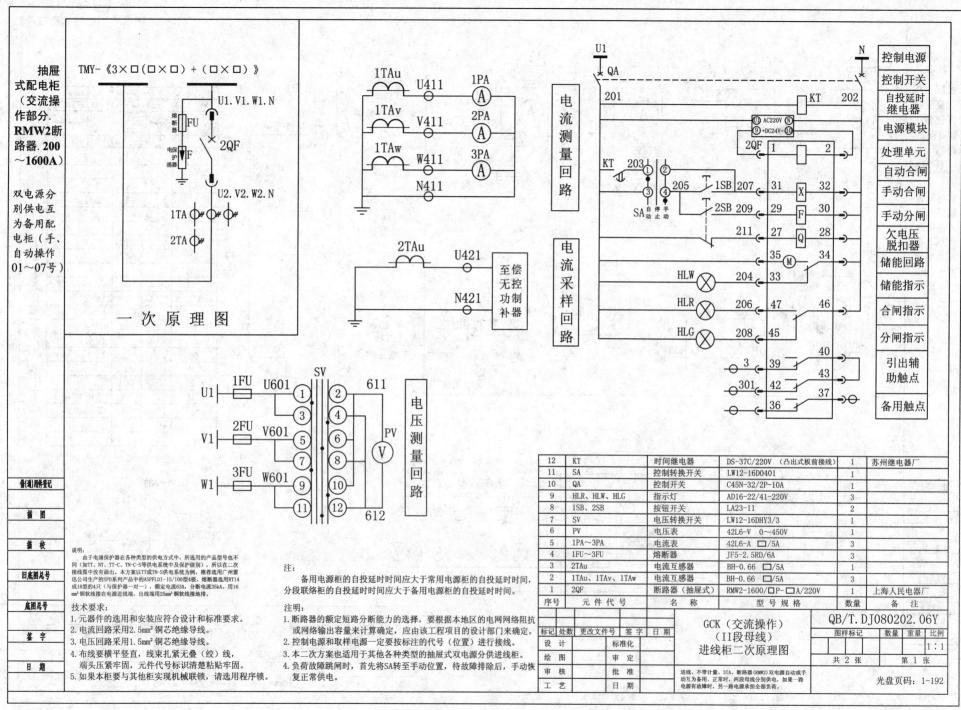

抽屉式配电柜（交流操作部分.RMW2断路器.200～1600A）

双电源分别供电互为备用配电柜（手、自动操作01～07号）

TMY-《3×□(□×□)+(□×□)》

熔断器 FU

电保护涌器 F

2QF

U1.V1.W1.N

U2.V2.W2.N

1TA

2TA

一次原理图

1TAu U411 1PA Ⓐ
1TAv V411 2PA Ⓐ
1TAw W411 3PA Ⓐ
N411

电流测量回路

2TAu U421
N421
至偿无控功率补偿器

电流采样回路

SV

U1 1FU U601 ① ② 611
③ ④
V1 2FU V601 ⑤ ⑥ PV Ⓥ
⑦ ⑧
W1 3FU W601 ⑨ ⑩
⑪ ⑫ 612

电压测量回路

控制电源
控制开关
自投延时继电器
电源模块
处理单元
自动合闸
手动合闸
手动分闸
欠电压脱扣器
储能回路
储能指示
合闸指示
分闸指示
引出辅助触点
备用触点

U1 QA N
201 KT 202
① AC220V ⑧
⑨ +DC24V ⑩
2QF 1 2
KT 203 ①②
③④ 205 1SB 207 31 X 32
SA 自动停止手 2SB 209 29 F 30
211 27 Q 28
35 M 34
HLW ⊗ 204 33
HLR ⊗ 206 47 46
HLG ⊗ 208 45
40
3 39
301 42 43
36 37

说明：
由于电涌保护器在各种类型的供电方式中，所选用的产品型号也不同（如TT、NT、TT-C、TN-C-S等供电系统中及保护级别），所以在二次接线图中没有画出。本方案以TT或TN-S供电系统为例，推荐选用广州雷迅公司生产的SPD系列产品中的ASPFLDI-15/100型4级，熔断器选用RT14或18型的4只（保护器一对一），额定电流63A，分断电流35kA，用16mm²铜软线接在电源进线端，出线端用25mm²铜软线接地排。

技术要求：
1.元器件的选用和安装应符合设计和标准要求。
2.电流回路采用2.5mm²铜芯绝缘导线。
3.电压回路采用1.5mm²铜芯绝缘导线。
4.布线要横平竖直，线束扎紧无叠（绞）线，端头压紧牢固，元件代号标识清楚粘贴牢固。
5.如果本柜要与其他柜实现机械联锁，请选用程序锁。

注：
备用电源柜的自投延时时间应大于常用电源柜的自投延时时间，分段联络柜的自投延时时间应大于备用电源柜的自投延时时间。

注明：
1.断路器的额定短路分断能力的选择，要根据本地区的电网网络阻抗或网络输出容量来计算确定，应由该工程项目的设计部门来确定。
2.控制电源和取样电源一定要按标注的代号（位置）进行接线。
3.本二次方案也适用于其他各种类型的抽屉式双电源分供进线柜。
4.负荷故障跳闸时，首先将SA转至手动位置，待故障排除后，手动恢复正常供电。

12	KT	时间继电器	DS-37C/220V（凸出式板前接线）	1	苏州继电器厂
11	SA	控制转换开关	LW12-16D0401	1	
10	QA	控制开关	C45N-32/2P-10A	1	
9	HLR、HLW、HLG	指示灯	AD16-22/41-220V	3	
8	1SB、2SB	按钮开关	LA23-11	2	
7	SV	电压转换开关	LW12-16DHY3/3	1	
6	PV	电压表	42L6-V 0～450V	1	
5	1PA～3PA	电流表	42L6-A □/5A	3	
4	1FU～3FU	熔断器	JF5-2.5RD/6A	3	
3	2TAu	电流互感器	BH-0.66 □/5A	1	
2	1TAu、1TAv、1TAw	电流互感器	BH-0.66 □/5A	3	
1	2QF	断路器（抽屉式）	RMW2-1600/□P-□A/220V	1	上海人民电器厂
序号	元件代号	名 称	型 号 规 格	数量	备 注

备(通)用件登记

描 图
描 校
旧底图总号
底图总号
签 字
日 期

标记	处数	更改文件号	签字	日期
设 计		标准化		
绘 图		审 定		
审 核		批 准		
工 艺		日 期		

GCK（交流操作）
（II段母线）
进线柜二次原理图

QB/T.DJ080202.06Y

图样标记		数量	重量	比例
				1:1
共 2 张			第 1 张	

进线、不带计量、3TA、断路器（RMW2）双电源自动或手动互为备用、正常时，两段母线分别供电，如果一路电源有故障时，另一路电源承担全部负荷。

光盘页码：1-192

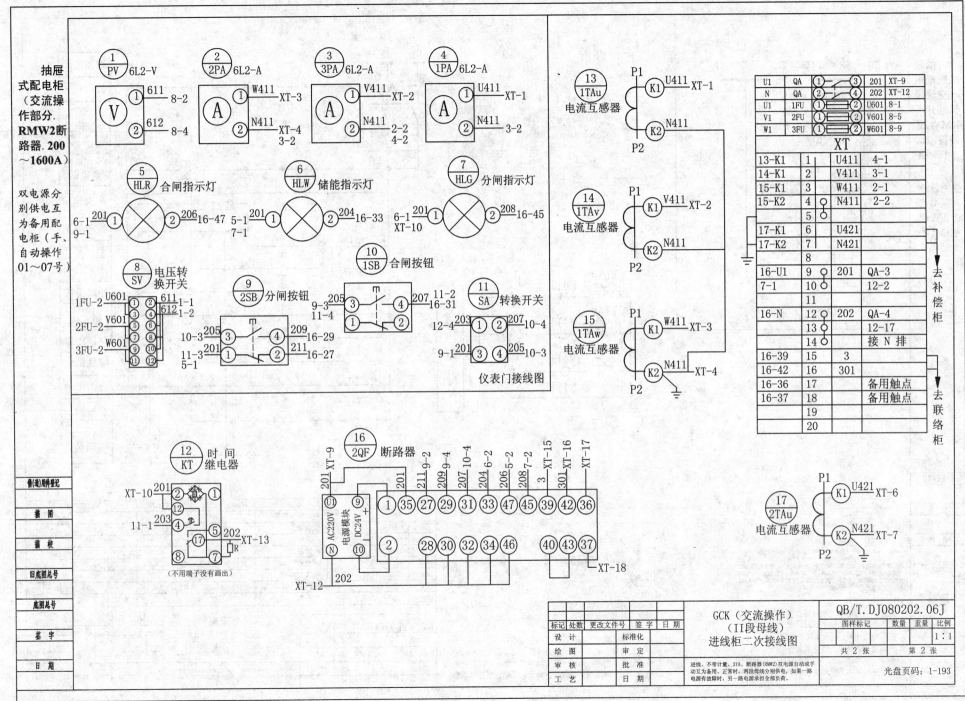

仪表门接线图

进线柜二次接线图

GCK（交流操作）
（II段母线）

QB/T.DJ080202.06J

标记	处数	更改文件号	签字	日期		图样标记		数量	重量	比例
设 计			标准化							1:1
绘 图			审 定			共 2 张			第 2 张	
审 核			批 准							
工 艺			日 期			光盘页码：1-193				

进线、不带计量、3TA、断路器(RMW2)双电源自动或手动互为备用、正常时，两段母线分别供电，如果一路电源有故障时，另一路电源承担全部负荷。

49

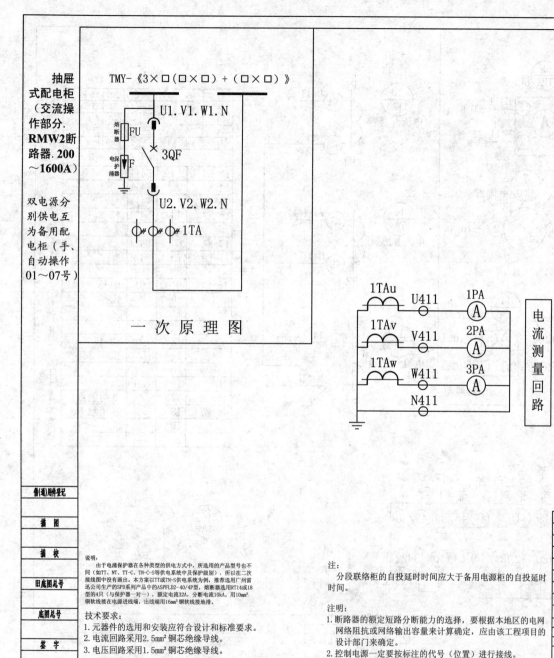

抽屉式配电柜（交流操作部分.RMW2断路器.200~1600A）

双电源分别供电互为备用配电柜（手、自动操作01~07号）

TMY-《3×□(□×□)+(□×□)》

熔断器 FU
电涌保护器 F
3QF
U1.V1.W1.N
U2.V2.W2.N
1TA

一 次 原 理 图

1TAu U411 1PA (A)
1TAv V411 2PA (A)
1TAw W411 3PA (A)
N411

电流测量回路

U1 U2 QA N
3 1
2QF 1QF
301 KT 302
① AC220V N
⑨ +DC24V ⑩
3QF
1 2
KT 303 ① ②
③ ④ 305 1SB 307 31 X 32
SA 自动 停止 手动 2SB 309 29 F 30
311 27 Q 28
35 M 34
HLW 304 33
HLR 306 47 46
HLG 308 45
36 37

控制电源
控制开关
互锁回路
自投延时继电器
电源模块
处理单元
自动合闸
手动合闸
手动分闸
欠电压脱扣器
储能回路
储能指示
合闸指示
分闸指示
备用触点

说明：
由于电涌保护器在各种类型的供电方式中，所选用的产品型号也不同（如TT、NT、TT-C、TN-C-S等供电系统及保护级别），所以在二次接线图中没有画出。本方案以TT或TN-S供电系统为例，推荐选用广州雷迅公司生产的SPD系列产品中的ASPFLD2-40/4P型，熔断器选用RT14或18型的4只（与保护器一一对应），额定电流32A，分断电流10kA。用10mm²铜软线接在电源进线端，出线端用16mm²铜软线接地排。

技术要求：
1.元器件的选用和安装应符合设计和标准要求。
2.电流回路采用2.5mm²铜芯绝缘导线。
3.电压回路采用1.5mm²铜芯绝缘导线。
4.布线要横平竖直，线束扎紧无叠（绞）线，端头压紧牢固，元件代号标识清楚粘贴牢固。
5.如果本柜要与其他柜实现机械联锁，请选用程序锁。

注：
分段联络柜的自投延时时间应大于备用电源柜的自投延时时间。

注明：
1.断路器的额定短路分断能力的选择，要根据本地区的电网网络阻抗或网络输出容量来计算确定，应由该工程项目的设计部门来确定。
2.控制电源一定要按标注的代号（位置）进行接线。
3.本二次方案也适用于其他各种类型的抽屉式母线分段柜。
4.负荷故障跳闸时，本柜不能自动合闸，此时将SA转至手动位置，并手动跳闸，待故障排除后，手动恢复正常供电。

8	KT	时间继电器	DS-37C/220V（凸出式板前接线）	1	苏州继电器厂
7	SA	控制转换开关	LW12-16D0401	1	
6	QA	控制开关	C45N-32/3P-10A	1	
5	HLR、HLW、HLG	指示灯	AD16-22/41-220V	3	
4	1SB、2SB	按钮开关	LA23-11	2	
3	1PA~3PA	电流表	42L6-A □/5A	3	
2	1TAu、1TAv、1TAw	电流互感器	BH-0.66 □/5A	3	
1	3QF	断路器（抽屉式）	RMW2-1600/□P-□A/220V		上海人民电器厂
序号	元件代号	名　称	型号规格	数量	备注

标记	处数	更改文件号	签字	日期	GCK（交流操作）（母线分段）分段柜二次原理图		QB/T.DJ080202.07Y
设 计			标准化			图样标记	数量 重量 比例
绘 图			审 定				1:1
审 核			批 准			共 2 张	第 1 张
工 艺			日 期		联络分段、3TA、断路器(RMW2)，正常时，本柜不工作，两段母线分别供电。如果一路电源有故障时，本柜自动或手动投入运行，另一路电源承担全部负荷。	光盘页码：1-194

备(通)用零件登记
描 图
描 校
旧底图总号
底图总号
签 字
日 期

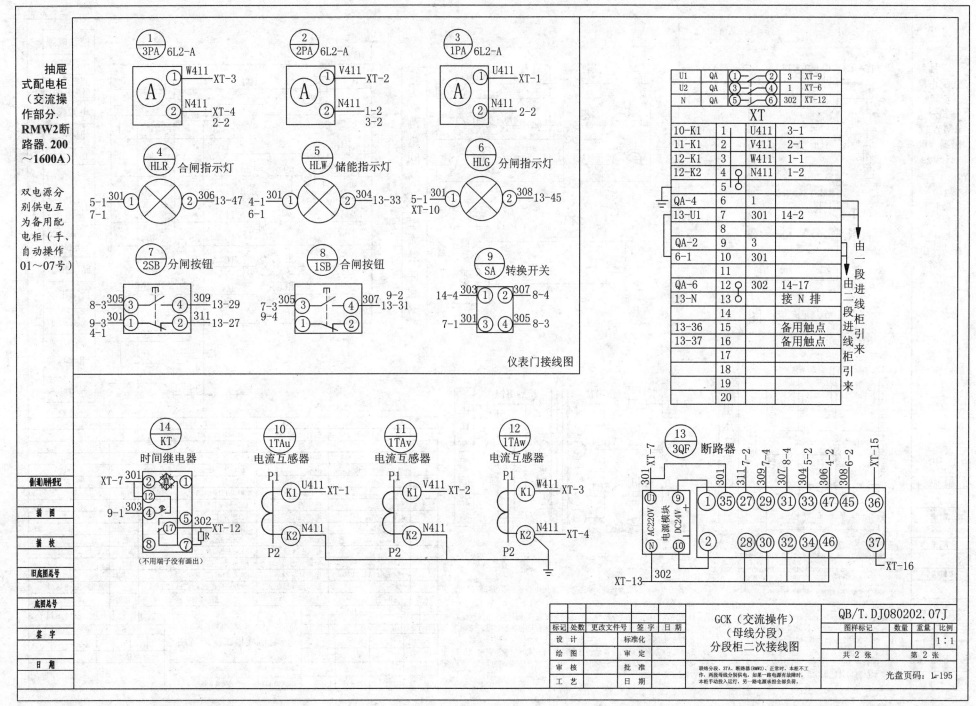

抽屉式配电柜（交流操作部分.RMW2断路器.200～1600A）

双电源分别供电互为备用配电柜（手、自动操作01～07号）

仪表门接线图

U1	QA	① ②	3	XT-9
U2	QA	③ ④	1	XT-6
N	QA	⑤ ⑥	302	XT-12

XT

10-K1	1	U411	3-1
11-K1	2	V411	2-1
12-K1	3	W411	1-1
12-K2	4	N411	1-2
	5		
QA-4	6	1	
13-U1	7	301	14-2
	8		
QA-2	9	3	
6-1	10	301	
	11		
QA-6	12	302	14-17
13-N	13	接 N 排	
	14		
13-36	15	备用触点	
13-37	16	备用触点	
	17		
	18		
	19		
	20		

由一段进线柜引来
由二段进线柜引来

① 3PA 6L2-A
A ① W411 XT-3
② N411 XT-4 2-2

② 2PA 6L2-A
A ① V411 XT-2
② N411 1-2 3-2

③ 1PA 6L2-A
A ① U411 XT-1
② N411 2-2

④ HLR 合闸指示灯
5-1 301 ① ② 306 13-47
7-1

⑤ HLW 储能指示灯
4-1 301 ① ② 304 13-33
6-1

⑥ HLG 分闸指示灯
5-1 301 ① ② 308 13-45
XT-10

⑦ 2SB 分闸按钮
8-3 305 ③ ④ 309 13-29
9-3 301 ① ② 311 13-27
4-1

⑧ 1SB 合闸按钮
7-3 305 ③ ④ 307 9-2
9-4 ① ② 13-31

⑨ SA 转换开关
14-4 303 ① ② 307 8-4
7-1 301 ③ ④ 305 8-3

⑭ KT 时间继电器
XT-7 301 ② ①
9-1 303 ④
⑫ ⑤ 302 XT-12
⑧ ⑦ R
（不用端子没有画出）

⑩ 1TAu 电流互感器
P1 K1 U411 XT-1
P2 K2 N411

⑪ 1TAv 电流互感器
P1 K1 V411 XT-2
P2 K2 N411

⑫ 1TAw 电流互感器
P1 K1 W411 XT-3
P2 K2 N411 XT-4

⑬ 3QF 断路器
XT-7 301 311 7-2 309 7-4 307 8-4 304 5-2 306 4-2 308 6-2 XT-15
AC220V U1 9 + ① 35 27 29 31 33 47 45 36
电源模块 DC24V
N 电源模块 10 ② 28 30 32 34 46 37
XT-13 302 XT-16

标记 处数 更改文件号 签字 日期
设计 标准化
绘图 审定
审核 批准
工艺 日期

GCK（交流操作）（母线分段）分段柜二次接线图

QB/T.DJ080202.07J

图样标记 数量 重量 比例 1:1

共 2 张 第 2 张

光盘页码：L-195

联络分段、3TA、断路器(RMW2)、正常时，本柜不工作，两段母线分别供电，如果一路电源有故障时，本柜手动投入运行，另一路电源承担全部负荷。

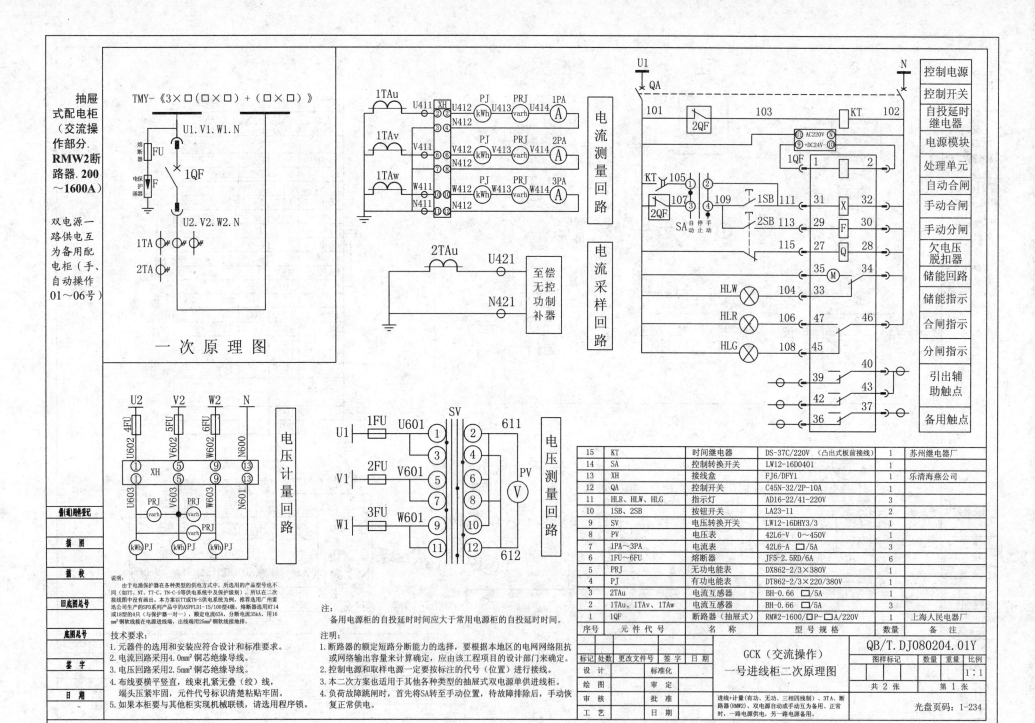

抽屉式配电柜（交流操作部分.RMW2断路器.200～1600A）

双电源一路供电互为备用配电柜（手、自动操作01～06号）

TMY-《3×□(□×□)+(□×□)》

U1.V1.W1.N

熔断器 FU
电保护涌器 F
1QF

U2.V2.W2.N

1TA
2TA

一次原理图

1TAu U411 XH U412 PJ(kWh) U413 PRJ(varh) U414 1PA(A)
N412
1TAv V411 V412 PJ(kWh) V413 PRJ(varh) V414 2PA(A)
N412
1TAw W411 W412 PJ(kWh) W413 PRJ(varh) W414 3PA(A)
N411 N412

电流测量回路

2TAu U421 至偿无控功制补器
N421

电流采样回路

U1 N
QA
101 2QF 103 KT 102
U1 AC220V N
DC24V
1QF 1 2
KT 105
107 2QF 109 1SB 111 31 X 32
SA 自停手 动止动 2SB 113 29 F 30
115 27 Q 28
35 M 34
HLW 104 33
HLR 106 46
HLG 108 45
40 39
42 43
37 36

控制电源
控制开关
自投延时继电器
电源模块
处理单元
自动合闸
手动合闸
手动分闸
欠电压脱扣器
储能回路
储能指示
合闸指示
分闸指示
引出辅助触点
备用触点

U2 V2 W2 N
4FU 5FU 6FU N600
U602 V602 W602
XH
U603 V603 W603 N601
PRJ(varh) PRJ(varh) PRJ(varh)
kWh(PJ) kWh(PJ) kWh(PJ)

电压计量回路

U1 1FU U601 SV 611
V1 2FU V601 PV(V)
W1 3FU W601
612

电压测量回路

说明：
由于电源保护器在各种类型的供电方式中，所选用的产品型号也不同（如TT、NT、TT-C、TN-C-S等供电系统中及保护级别），所以在二次接线图中没有画出。本方案以TT或TN-S供电系统为例，推荐选用广州雷迅公司生产的SPD系列产品中的ASPFLDI-15/100型4极，熔断器选用RT14或18型的4只（与保护器一对一），额定电流63A，分断电流35kA，用16mm²铜软线接在电源进线端，出线端用25mm²铜软线接地排。

技术要求：
1. 元器件的选用和安装应符合设计和标准要求。
2. 电流回路采用4.0mm²铜芯绝缘导线。
3. 电压回路采用2.5mm²铜芯绝缘导线。
4. 布线要横平竖直，电束无叠(绞)线，端头压紧牢固，元件代号标识清楚粘贴牢固。
5. 如果本柜要与其他柜实现机械联锁，请选用程序锁。

注：
备用电源柜的自投延时时间应大于常用电源柜的自投延时时间。

注明：
1. 断路器的额定短路分断能力的选择，要根据本地区的电网网络阻抗或网络输出容量来计算确定，应由该工程项目的设计部门来确定。
2. 控制电源和取样电源一定要按标注的代号（位置）进行接线。
3. 本二次方案也适用于其他各种类型的抽屉式双电源单供进线柜。
4. 负荷故障跳闸时，首先将SA转至手动位置，待故障排除后，手动恢复正常供电。

备(通)用件登记
描图
描校
旧底图总号
底图总号
签字
日期

15	KT	时间继电器	DS-37C/220V （凸出式板前接线）	1	苏州继电器厂
14	SA	控制转换开关	LW12-16D0401	1	
13	XH	接线盒	FJ6/DFY1	1	乐清海燕公司
12	QA	控制开关	C45N-32/2P-10A	1	
11	HLR、HLW、HLG	指示灯	AD16-22/41-220V	3	
10	1SB、2SB	按钮开关	LA23-11	2	
9	SV	电压转换开关	LW12-16DHY3/3	1	
8	PV	电压表	42L6-V 0～450V	1	
7	1PA～3PA	电流表	42L6-A □/5A	3	
6	1FU～6FU	熔断器	JF5-2.5RD/6A	6	
5	PRJ	无功电能表	DX862-2/3×380V	1	
4	PJ	有功电能表	DT862-2/3×220/380V	1	
3	2TAu	电流互感器	BH-0.66 □/5A	1	
2	1TAu、1TAv、1TAw	电流互感器	BH-0.66 □/5A	3	
1	1QF	断路器（抽屉式）	RMW2-1600/□P-□A/220V	1	上海人民电器厂
序号	元件代号	名 称	型 号 规 格	数量	备 注

标记	处数	更改文件号	签字	日期			
设 计			标准化				
绘 图			审 定				
审 核			批 准				
工 艺			日 期				

GCK（交流操作）一号进线柜二次原理图

QB/T.DJ080204.01Y

图样标记 | 数量 | 重量 | 比例
| | | | 1:1
共2张 第1张

进线+计量（有功、无功、三相四线制）、3TA、断路器(RMW2)、双电源自动或手动互为备用、正常时，一路电源供电，另一路电源备用。

光盘页码：1-234

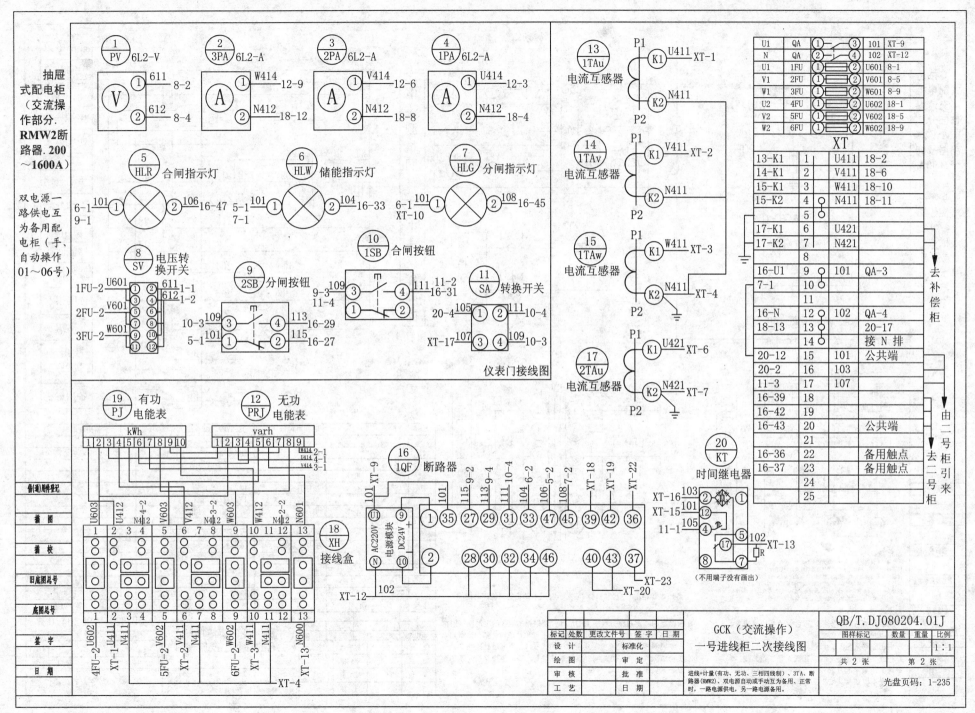

抽屉式配电柜（交流操作部分．RMW2断路器．200～1600A）

双电源一路供电互为备用配电柜（手、自动操作01～06号）

仪表门接线图

GCK（交流操作）一号进线柜二次接线图

QB/T.DJ080204.01J

进线+计量（有功、无功、三相四线制）、3TA、断路器（RMW2）、双电源自动或或手动互为备用、正常时，一路电源供电，另一路电源备用。

光盘页码：1-235

共 2 张　第 2 张

53

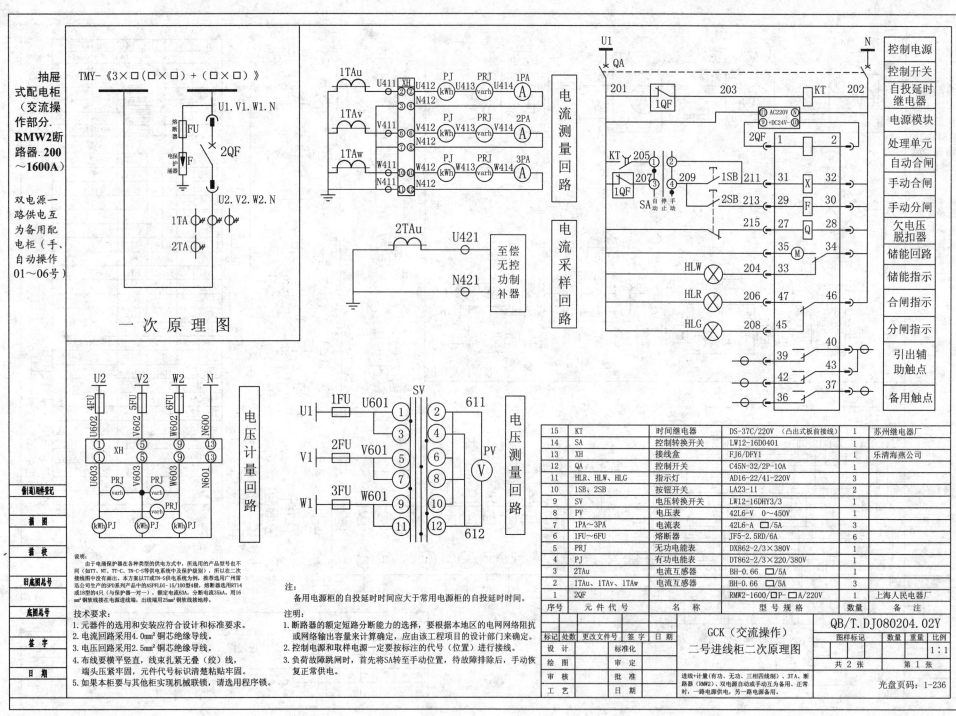

抽屉式配电柜（交流操作部分. RMW2断路器. 200～1600A）

双电源一路供电互为备用配电柜（手、自动操作01～06号）

一次原理图

TMY-《3×□(□×□)+(□×□)》

熔断器 FU
电保护涌器 F
2QF

U1.V1.W1.N
U2.V2.W2.N

1TA
2TA

电流测量回路

2TAu
U421
N421
至偿无控功制补器

电流采样回路

控制电源
控制开关
自投延时继电器
电源模块
处理单元
自动合闸
手动合闸
手动分闸
欠电压脱扣器
储能回路
储能指示
合闸指示
分闸指示
引出辅助触点
备用触点

电压计量回路

U2 V2 W2 N
4FU 5FU 6FU
U602 V602 W602 N600
XH
U603 V603 W603 N601
PRJ varh PRJ varh PRJ varh
kWh PJ kWh PJ kWh PJ

电压测量回路

U1 1FU U601
V1 2FU V601
W1 3FU W601
SV
611
PV V
612

说明：
由于电涌保护器在各种类型的供电方式中，所选用的产品型号也不同（如TT、NT、TT-C、TN-C-S等供电系统中及保护级别），所以在二次接线图中没有画出。本方案以TT或TN-S供电系统为例，所选用广州雷迅公司生产的SPD系列产品中的ASPPLDI-15/100型4级，熔断器选用RT14或18型的4只（与保护器一对一），额定电流63A，分断电流35kA。用16mm²铜软线接在电源进线端，出线端用25mm²铜软线接地排。

技术要求：
1. 元器件的选用和安装应符合设计和标准要求。
2. 电流回路采用4.0mm²铜芯绝缘导线。
3. 电压回路采用2.5mm²铜芯绝缘导线。
4. 布线要横平竖直，线束扎紧无叠（绞）线，端头压紧牢固，元件代号标识清楚粘贴牢固。
5. 如果本柜要与其他柜实现机械联锁，请选用程序锁。

注：
备用电源柜的自投延时时间应大于常用电源柜的自投延时时间。

注明：
1. 断路器的额定短路分断能力的选择，要根据本地区的电网网络阻抗或网络输出容量来计算确定，应由该工程项目的设计部门来确定。
2. 控制电源和取样电源一定要按标注的代号（位置）进行接线。
3. 负荷故障跳闸时，首先将SA转至手动位置，待故障排除后，手动恢复正常供电。

15	KT	时间继电器	DS-37C/220V（凸出式板前接线）	1	苏州继电器厂
14	SA	控制转换开关	LW12-16D0401	1	
13	XH	接线盒	FJ6/DFY1	1	乐清海燕公司
12	QA	控制开关	C45N-32/2P-10A	1	
11	HLR、HLW、HLG	指示灯	AD16-22/41-220V	3	
10	1SB、2SB	按钮开关	LA23-11	2	
9	SV	电压转换开关	LW12-16DHY3/3	1	
8	PV	电压表	42L6-V 0～450V	1	
7	1PA～3PA	电流表	42L6-A □/5A	3	
6	1FU～6FU	熔断器	JF5-2.5RD/6A	6	
5	PRJ	无功电能表	DX862-2/3×380V	1	
4	PJ	有功电能表	DT862-2/3×220/380V	1	
3	2TAu	电流互感器	BH-0.66 □/5A	1	
2	1TAu、1TAv、1TAw	电流互感器	BH-0.66 □/5A	3	
1	2QF		RMW2-1600/□P-□A/220V	1	上海人民电器厂
序号	元件代号	名称	型号规格	数量	备注

标记	处数	更改文件号	签字	日期	GCK（交流操作）二号进线柜二次原理图			QB/T.DJ080204.02Y
设计						图样标记	数量 重量 比例	
绘图			标准化					1:1
审核			审定			共2张	第1张	
			批准		进线+计量（有功、无功、三相四线制）、3TA、断路器（RMW2）、双电源自动或手动互为备用、正常时，一路电源供电，另一路电源备用。			光盘页码：1-236
工艺								

备图样登记 / 描图 / 描校 / 旧底图总号 / 底图总号 / 签字 / 日期

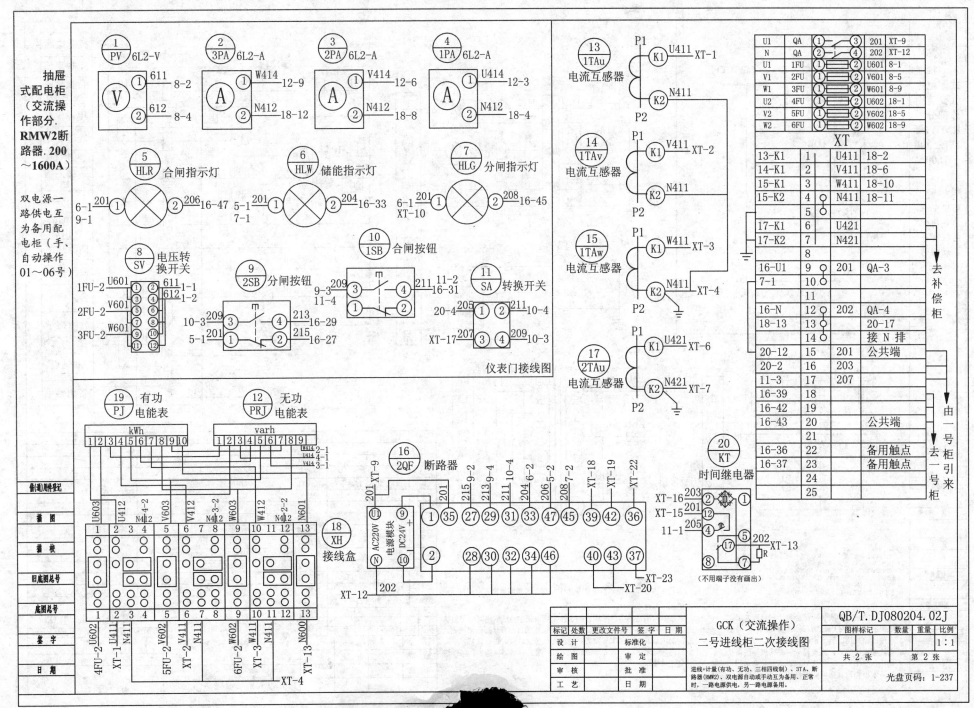

仪表门接线图

GCK（交流操作）
二号进线柜二次接线图

QB/T.DJ080204.02J

共 2 张　　第 2 张

1:1

进线+计量（有功、无功、三相四线制）、3TA、断路器（RMW2）、双电源自动或手动互为备用、正常时，一路电源供电，另一路电源备用。

光盘页码：1-237

55

抽屉式配电柜（交流操作部分. RMW2断路器. 200～1600A）

双电源一路供电互为备用配电柜（手、自动操作01～06号）

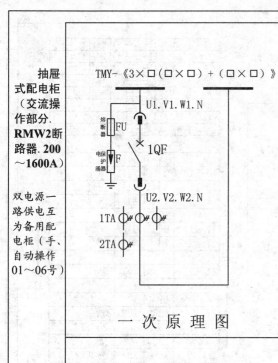

TMY-《3×□(□×□)+(□×□)》

熔断器 FU
电涌保护器 F
1QF

U1.V1.W1.N
U2.V2.W2.N

1TA
2TA

一次原理图

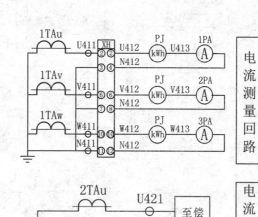

1TAu U411 XH U412 PJ(kWh) U413 1PA(A)
N412
1TAv V411 V412 PJ(kWh) V413 2PA(A)
N412
1TAw W411 W412 PJ(kWh) W413 3PA(A)
N411 N412

电流测量回路

2TAu U421
N421
至偿无控功率补器

电流采样回路

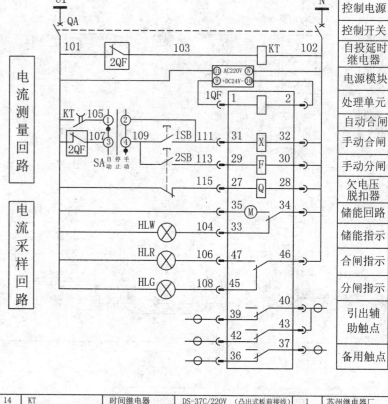

U1 QA N
101 2QF 103 KT 102
① AC220V Ⓝ
① DC24V ⊖
1QF 1 2
KT 105
2QF 107 109 1SB 111 31 X 32
SA 自停手动止动
2SB 113 29 F 30
115 27 Q 28
35 M 34
HLW 104 33
HLR 106 37 46
HLG 108 45
39 40
42 43
36 37

控制电源
控制开关
自投延时继电器
电源模块
处理单元
自动合闸
手动合闸
手动分闸
欠电压脱扣器
储能回路
储能指示
合闸指示
分闸指示
引出辅助触点
备用触点

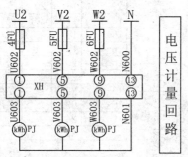

U2 V2 W2 N
4FU 5FU 6FU
U602 V602 W602 N600
XH
U603 V603 W603 N601
(kWh)PJ (kWh)PJ (kWh)PJ

电压计量回路

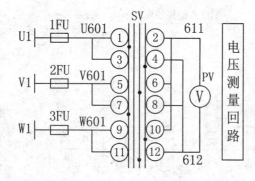

SV
1FU U601 611
U1
2FU V601 PV(V)
V1
3FU W601
W1
612

电压测量回路

备(通)用附件登记
描 图
描 校
旧底图总号
底图总号
签 字
日 期

说明：
由于电涌保护器在各种类型的供电方式中，所选用的产品型号也不同（如TT、NT、TT-C、TN-C-S等供电系统中及保护级别），所以在二次接线图中没有标出。本方案以TT或TN-S供电系统为例，推荐选用广州雷迅公司生产的SPD系列产品中的ASPPLDI-15/100型4极，熔断器选用RT14或18型的4只（与保护器一对一），额定电流63A，分断电流35kA，用16mm²铜软线接在电源进线端，出线端用25mm²铜软线接地排。

技术要求：
1. 元器件的选用和安装应符合设计和标准要求。
2. 电流回路采用4.0mm²铜芯绝缘导线。
3. 电压回路采用2.5mm²铜芯绝缘导线。
4. 布线要横平竖直，线束扎紧无叠（绞）线，端头压紧牢固，元件代号标识清楚粘贴牢固。
5. 如果本柜要与其他柜实现机械联锁，请选用程序锁。

注：
备用电源柜的自投延时时间应大于常用电源柜的自投延时时间。

注明：
1. 断路器的额定短路分断能力的选择，要根据本地区的电网网络阻抗或网络输出容量来计算确定，应由该工程项目的设计部门来确定。
2. 控制电源和取样电源一定要按标注的代号（位置）进行接线。
3. 负荷故障跳闸时，首先将SA转至手动位置，待故障排除后，手动恢复正常供电。

14	KT	时间继电器	DS-37C/220V（凸出式板前接线）	1	苏州继电器厂
13	SA	控制转换开关	LW12-16D0401	1	
12	XH	接线盒	FJ6/DFY1	1	乐清海燕公司
11	QA	控制开关	C45N-32/2P-10A	1	
10	HLR、HLW、HLG	指示灯	AD16-22/41-220V	3	
9	1SB、2SB	按钮开关	LA23-11	2	
8	SV	电压转换开关	LW12-16DHY3/3	1	
7	PV	电压表	42L6-V 0～450V	1	
6	1PA～3PA	电流表	42L6-A □/5A	3	
5	1FU～6FU	熔断器	JF5-2.5RD/6A	6	
4	PJ	有功电能表	DT862-2/3×220/380V	1	
3	2TAu	电流互感器	BH-0.66 □/5A	1	
2	1TAu、1TAv、1TAw	电流互感器	BH-0.66 □/5A	3	
1	1QF	断路器	RMW2-1600/□P-□A/220V	1	上海人民电器厂
序号	元件代号	名 称	型号规格	数量	备 注

标记	处数	更改文件号	签 字	日 期	GCK（交流操作） 一号进线柜二次原理图	图样标记	数量	重量	比例
设 计		标准化							1:1
绘 图		审 定				共 2 张		第 1 张	
审 核		批 准			进线+计量（三相四线制有功计量）、3TA、断路器（RMW2）、双电源自动或手动互为备用。正常时，一路电源供电，另一路电源备用。	光盘页码：1-238			
工 艺									

QB/T.DJ080204.03Y

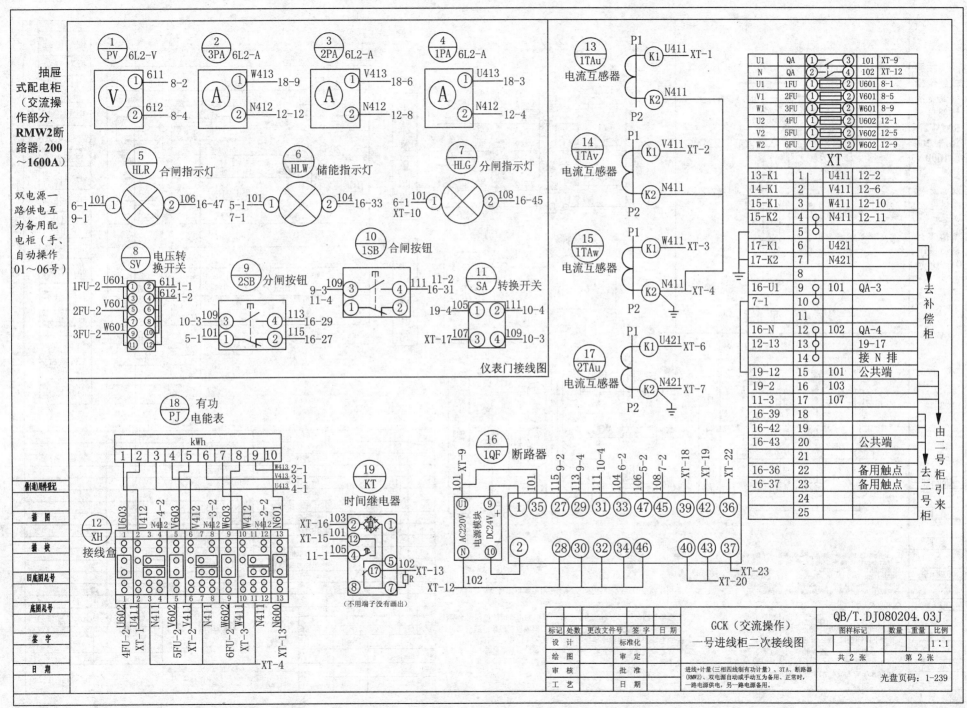

仪表门接线图

GCK（交流操作）
一号进线柜二次接线图

QB/T.DJ080204.03J

进线+计量（三相四线制有功计量）、3TA、断路器
（RMW2）、双电源自动或手动互为备用、正常时，
一路电源供电，另一路电源备用。

共 2 张　　第 2 张

光盘页码：1-239

57

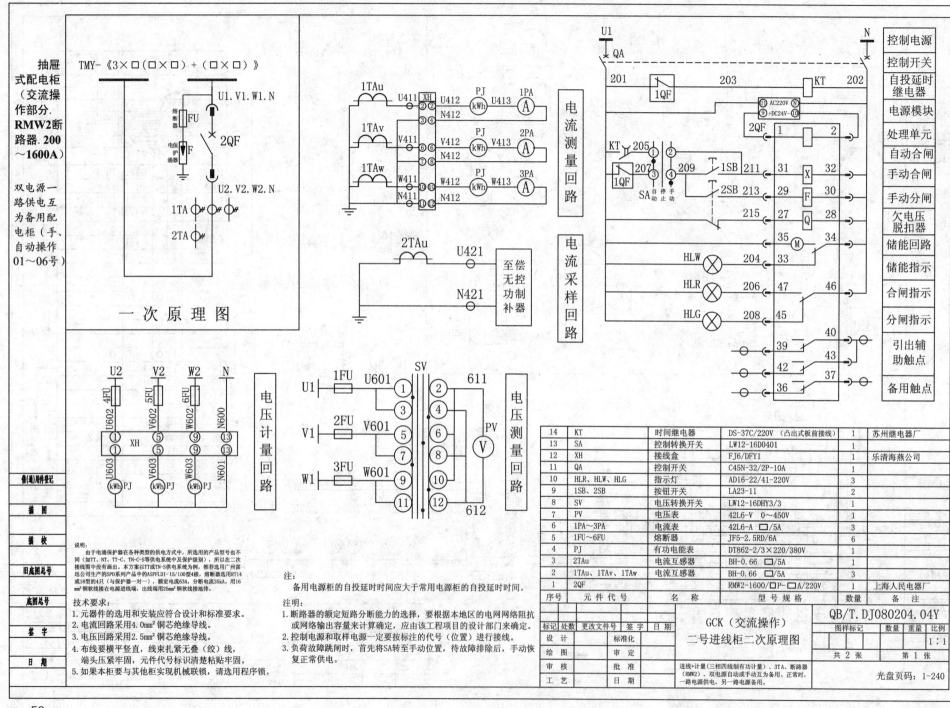

一 次 原 理 图

抽屉式配电柜（交流操作部分. RMW2断路器. 200～1600A）

双电源一路供电互为备用配电柜（手、自动操作01～06号）

TMY-《3×□(□×□)+(□×□)》

电流测量回路

电流采样回路

电压计量回路

电压测量回路

至偿无控功功补器

控制电源
控制开关
自投延时继电器
电源模块
处理单元
自动合闸
手动合闸
手动分闸
欠电压脱扣器
储能回路
储能指示
合闸指示
分闸指示
引出辅助触点
备用触点

说明：
由于电涌保护器在各种类型的供电方式中，所选用的产品型号也不同（如TT、NT、TT-C、TN-C-S等供电系统中及保护级别），所以在二次接线图中没有画出。本方案以TT或TN-S供电系统为例，推荐选用广州雷迅公司生产的SPD系列产品中的ASPFLDI-15/100型4级，熔断器选用RT14或18型的4只（与保护器一对一），额定电流63A，分断电流35kA，用16mm²铜软线接在电源进线端，出线端用25mm²铜软线接地排开。

技术要求：
1. 元器件的选用和安装应符合设计和标准要求。
2. 电流回路采用4.0mm²铜芯绝缘导线。
3. 电压回路采用2.5mm²铜芯绝缘导线。
4. 布线要横平竖直，线束扎紧无叠（绞）线，端头压紧牢固，元件代号标识清楚粘贴牢固。
5. 如果本柜要与其他柜实现机械联锁，请选用程序锁。

注：
备用电源柜的自投延时时间应大于常用电源柜的自投延时时间。

注明：
1. 断路器的额定短路分断能力的选择，要根据本地区的电网网络阻抗或网络输出容量来计算确定，应由该工程项目的设计部门来确定。
2. 控制电源和采样电源一定要按标注的代号（位置）进行接线。
3. 负荷故障跳闸时，首先将SA转到手动位置，待故障排除后，手动恢复正常供电。

序号	元件代号	名 称	型 号 规 格	数量	备 注
14	KT	时间继电器	DS-37C/220V（凸出式板前接线）	1	苏州继电器厂
13	SA	控制转换开关	LW12-16D0401	1	
12	XH	接线盒	FJ6/DFY1	1	乐清海燕公司
11	QA	控制开关	C45N-32/2P-10A	1	
10	HLR、HLW、HLG	指示灯	AD16-22/41-220V	3	
9	1SB、2SB	按钮开关	LA23-11	2	
8	SV	电压转换开关	LW12-16DHY3/3	1	
7	PV	电压表	42L6-V 0～450V	1	
6	1PA～3PA	电流表	42L6-A □/5A	3	
5	1FU～6FU	熔断器	JF5-2.5RD/6A	6	
4	PJ	有功电能表	DT862-2/3×220/380V	3	
3	2TAu	电流互感器	BH-0.66 □/5A	1	
2	1TAu、1TAv、1TAw	电流互感器	BH-0.66 □/5A	3	
1	2QF		RMW2-1600/□P-□A/220V	1	上海人民电器厂
序号	元件代号	名 称	型 号 规 格	数量	备 注

GCK（交流操作）
二号进线柜二次原理图

QB/T.DJ080204.04Y

标记	处数	更改文件号	签字	日期	图样标记		数量	重量	比例
设 计		标准化							1:1
绘 图		审 定							
审 核		批 准			共 2 张			第 1 张	
工 艺		日 期							

进线+计量（三相四线制有功计量）、3TA、断路器（RMW2）、双电源自动或手动互为备用、正常时，一路电源供电，另一路电源备用。

光盘页码：1-240

借（通）用件标记
描 图
描 校
旧底图总号
底图总号
签 字
日 期

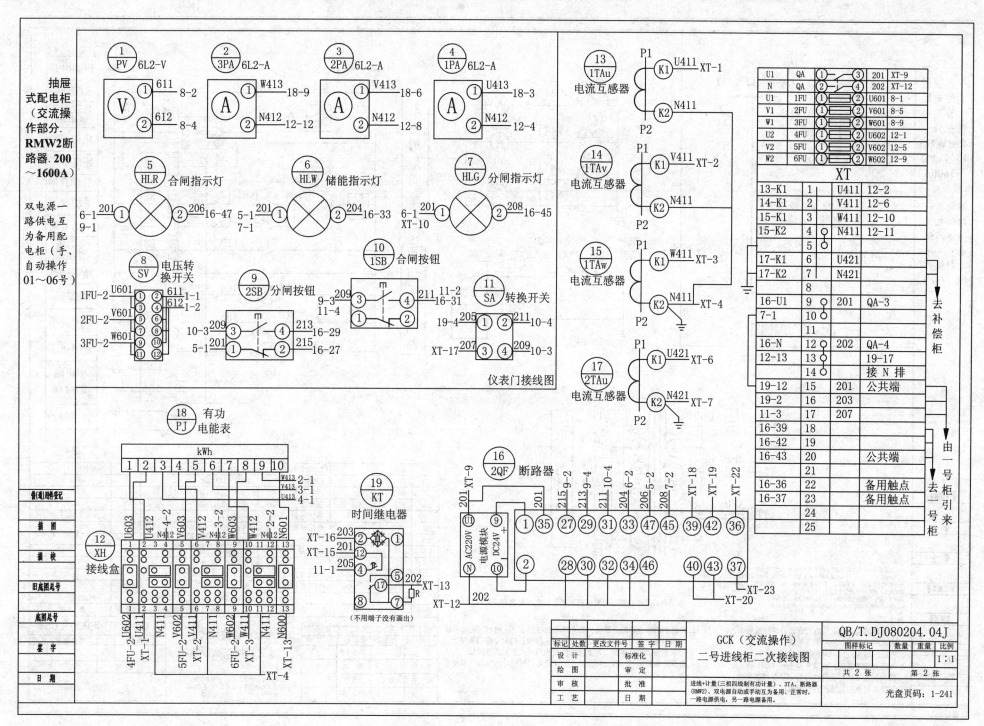

二号进线柜二次接线图

QB/T.DJ080204.04J

GCK（交流操作）

共 2 张　　第 2 张

光盘页码：1-241

59

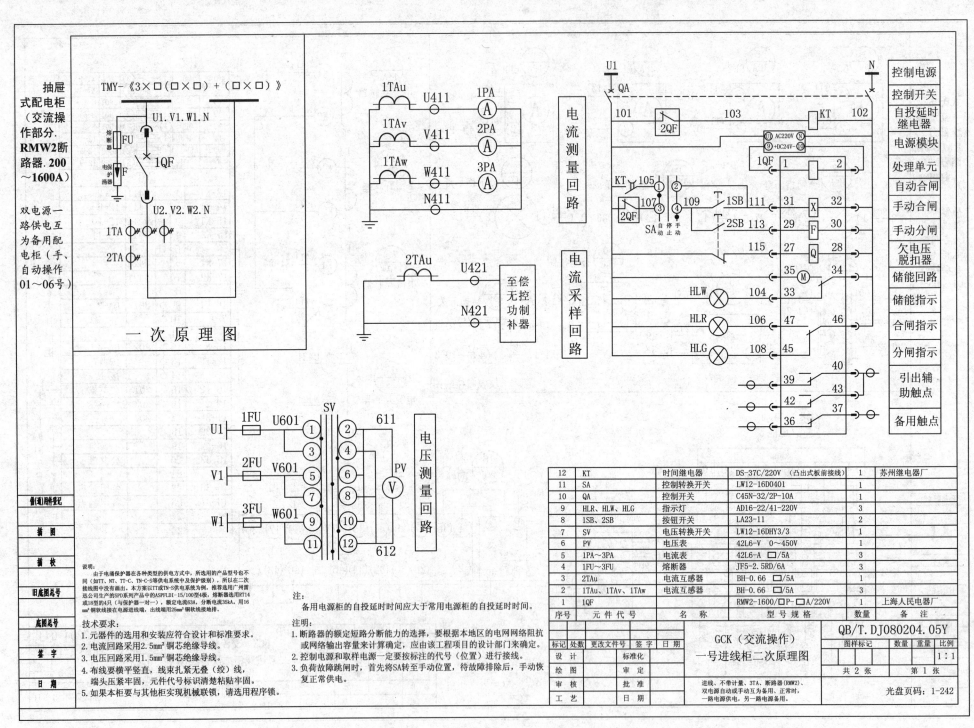

一次原理图

电流测量回路

电流采样回路

电压测量回路

光盘页码：1-242

12	KT	时间继电器	DS-37C/220V（凸出式板前接线）	1	苏州继电器厂
11	SA	控制转换开关	LW12-16D0401	1	
10	QA	控制开关	C45N-32/2P-10A	1	
9	HLR、HLW、HLG	指示灯	AD16-22/41-220V	3	
8	1SB、2SB	按钮开关	LA23-11	2	
7	SV	电压转换开关	LW12-16DHY3/3	1	
6	PV	电压表	42L6-V 0～450V	1	
5	1PA～3PA	电流表	42L6-A □/5A	3	
4	1FU～3FU	熔断器	JF5-2.5RD/6A	3	
3	2TAu	电流互感器	BH-0.66 □/5A	1	
2	1TAu、1TAv、1TAw	电流互感器	BH-0.66 □/5A	3	
1	1QF		RMW2-1600/□P-□A/220V	1	上海人民电器厂
序号	元件代号	名　称	型号规格	数量	备　注

说明：
由于电涌保护器在各种类型的供电方式中，所选用的产品型号也不同（如TT、NT、TT-C、TN-C-S等供电系统中及保护级别），所以在二次接线图中没有画出。本方案以IT或TN-S供电系统为例，推荐选用广州雷迅公司生产的SPD系列产品中的ASPFLDI-15/100型4极，熔断器选用RT14或18型的4只（与保护器一对一），额定电流63A，分断电流35kA。用16mm²铜软线接在电源进线端，出线端用25mm²铜软线接地排。

技术要求：
1. 元器件的选用和安装应符合设计和标准要求。
2. 电流回路采用2.5mm²铜芯绝缘导线。
3. 电压回路采用1.5mm²铜芯绝缘导线。
4. 布线要横平竖直，线束扎紧无叠（绞）线，端头压紧牢固，元件代号标识清楚粘贴牢固。
5. 如果本柜要与其他柜实现机械联锁，请选用程序锁。

注：
备用电源柜的自投延时时间应大于常用电源柜的自投延时时间。

注明：
1. 断路器的额定短路分断能力的选择，要根据本地区的电网网络阻抗或网络输出容量来计算确定，应由该工程项目的设计部门来确定。
2. 控制电源和取样电源一定要按标注的代号（位置）进行接线。
3. 负荷故障跳闸时，首先将SA转至手动位置，待故障排除后，手动恢复正常供电。

抽屉式配电柜（交流操作部分，RMW2断路器，200～1600A）

双电源一路供电互为备用配电柜（手、自动操作01～06号）

GCK（交流操作）						图样标记	数量	重量	比例
一号进线柜二次原理图			QB/T.DJ080204.05Y						1:1
标记	处数	更改文件号	签字	日期					
设　计			标准化				共 2 张		第 1 张
绘　图			审　定						
审　核			批　准			进线、不带计量、3TA、断路器(RMW2)、			
工　艺			日　期			双电源自动或手动互为备用、正常时，一路电源供电，另一路电源备用。			

备（通）用件登记
描　图
描　校
旧底图总号
底图总号
签　字
日　期

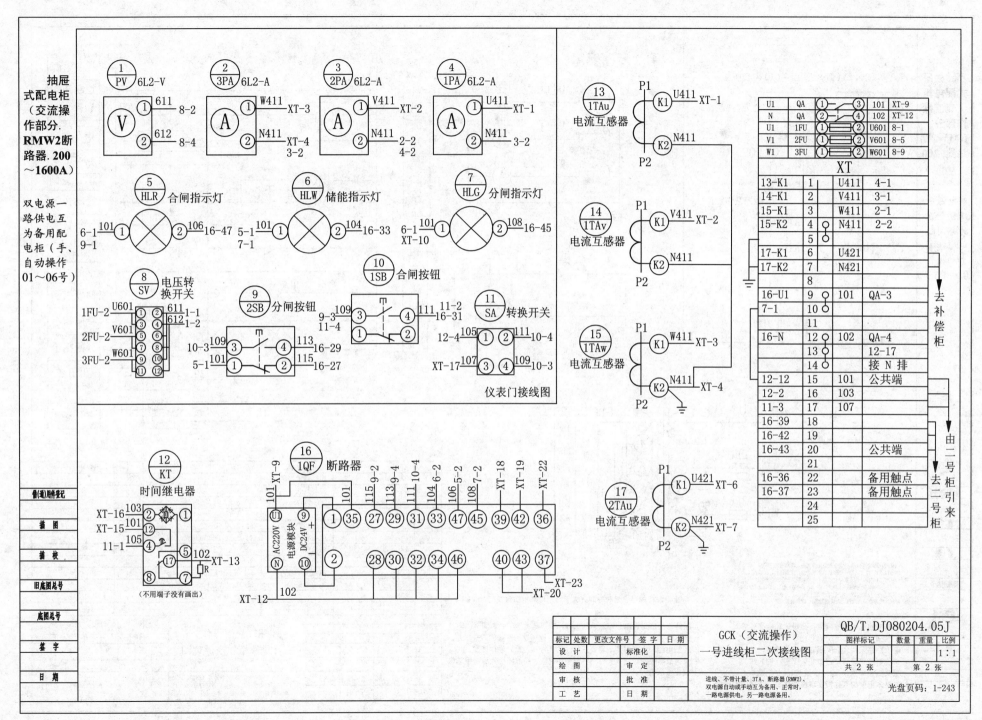

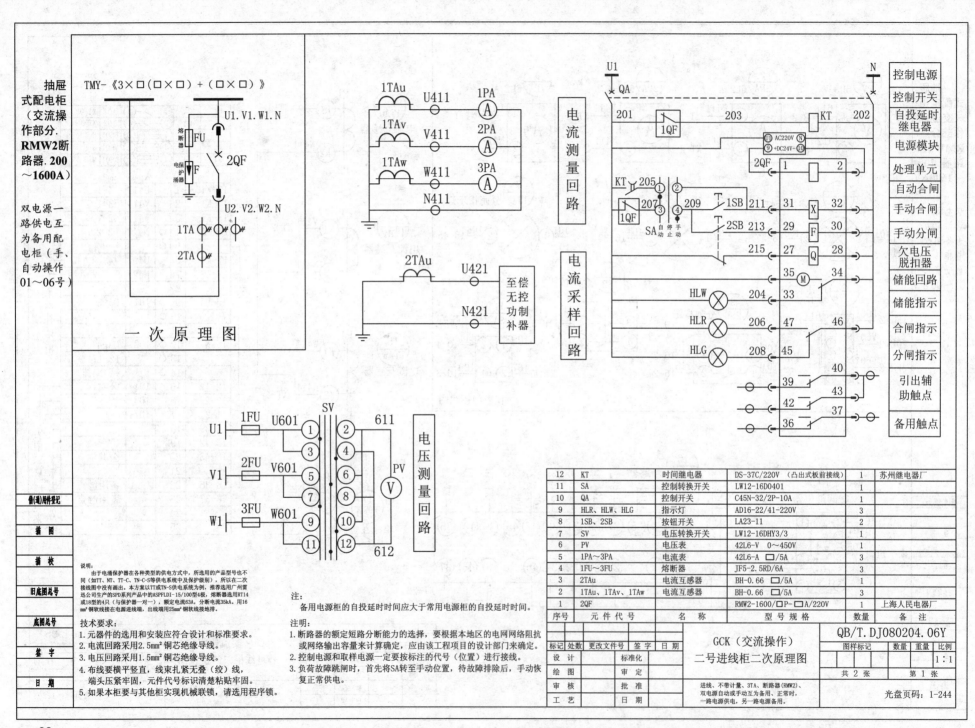

抽屉式配电柜（交流操作部分. RMW2断路器. 200～1600A）

双电源一路供电互为备用配电柜（手、自动操作01～06号）

TMY-《3×□（□×□）+（□×□）》

U1.V1.W1.N

熔断器 FU

电保护涌器 F 2QF

U2.V2.W2.N

1TA

2TA

一次原理图

2TAu U421 至偿无控功制补器 N421

1TAu U411 1PA Ⓐ
1TAv V411 2PA Ⓐ
1TAw W411 3PA Ⓐ
N411

电流测量回路

电流采样回路

U1 1FU U601 ① SV ② 611
② ④
V1 2FU V601 ⑤ ⑥ PV Ⓥ
⑦ ⑧
W1 3FU W601 ⑨ ⑩
⑪ ⑫ 612

电压测量回路

U1 QA N
201 203 KT 202
1QF
Ⓤ AC220V Ⓝ
⑨ +DC24V ⑩
2QF 1 2
KT 205 ① ②
1QF 207 ③ ④ 209 1SB 211 31 X 32
SA 自停手 2SB 213 29 F 30
215 27 Q 28
35 Ⓜ 34
HLW ⊗ 204 33
HLR ⊗ 206 47 46
HLG ⊗ 208 45
40
39 43
42
37
36

控制电源
控制开关
自投延时继电器
电源模块
处理单元
自动合闸
手动合闸
手动分闸
欠电压脱扣器
储能回路
储能指示
合闸指示
分闸指示
引出辅助触点
备用触点

说明：
　由于电涌保护器在各种类型的供电方式中，所选用的产品型号也不同（如TT、NT、TT-C、TN-C-S等供电系统中及保护级别），所以在二次接线图中没有画出来。本方案以TT或TN-S供电系统为例，推荐选用广州雷迅公司生产的SPD系列产品中的ASPFLDI-15/100型4极，熔断器选用RT14或18型的4只（与保护器一对一），额定电流63A，分断电流35kA。用16 mm²铜软线接在电源进线端，出线端用25mm²铜软线接地排。

技术要求：
1. 元器件的选用和安装应符合设计和标准要求。
2. 电流回路采用2.5mm²铜芯绝缘导线。
3. 电压回路采用1.5mm²铜芯绝缘导线。
4. 布线要横平竖直，线束扎紧无叠（绞）线，端头压紧牢固，元件代号标识清楚粘贴牢固。
5. 如果本柜要与其他柜实现机械联锁，请选用程序锁。

注：
备用电源柜的自投延时时间应大于常用电源柜的自投延时时间。

注明：
1. 断路器的额定短路分断能力的选择，要根据本地区的电网网络阻抗或网络输出容量来计算确定，应由该工程项目的设计部门来确定。
2. 控制电源和取样电源一定要按标注的代号（位置）进行接线。
3. 负荷故障跳闸时，首先将SA转至手动位置，待故障排除后，手动恢复正常供电。

12	KT	时间继电器	DS-37C/220V（凸出式板前接线）	1	苏州继电器厂
11	SA	控制转换开关	LW12-16D0401	1	
10	QA	控制开关	C45N-32/2P-10A	1	
9	HLR、HLW、HLG	指示灯	AD16-22/41-220V	3	
8	1SB、2SB	按钮开关	LA23-11	2	
7	SV	电压转换开关	LW12-16DHY3/3	1	
6	PV	电压表	42L6-V 0～450V	1	
5	1PA～3PA	电流表	42L6-A □/5A	3	
4	1FU～3FU	熔断器	JF5-2.5RD/6A	3	
3	2TAu	电流互感器	BH-0.66 □/5A	1	
2	1TAu、1TAv、1TAw	电流互感器	BH-0.66 □/5A	3	
1	2QF		RMW2-1600/□P-□A/220V	1	上海人民电器厂
序号	元件代号	名　称	型号规格	数量	备　注

标记	处数	更改文件号	签 字	日 期	
设 计		标准化			GCK（交流操作）二号进线柜二次原理图
绘 图		审 定			
审 核		批 准			进线、不带计量、3TA、断路器(RMW2)、双电源自动或手动互为备用、正常时，一路电源供电，另一路电源备用。
工 艺		日 期			

QB/T.DJ080204.06Y

图样标记　数量　重量　比例　1:1

共 2 张　　第 1 张

光盘页码：1-244

备（通）用件登记
插　图
插　校
旧底图总号
底图总号
签　字
日　期

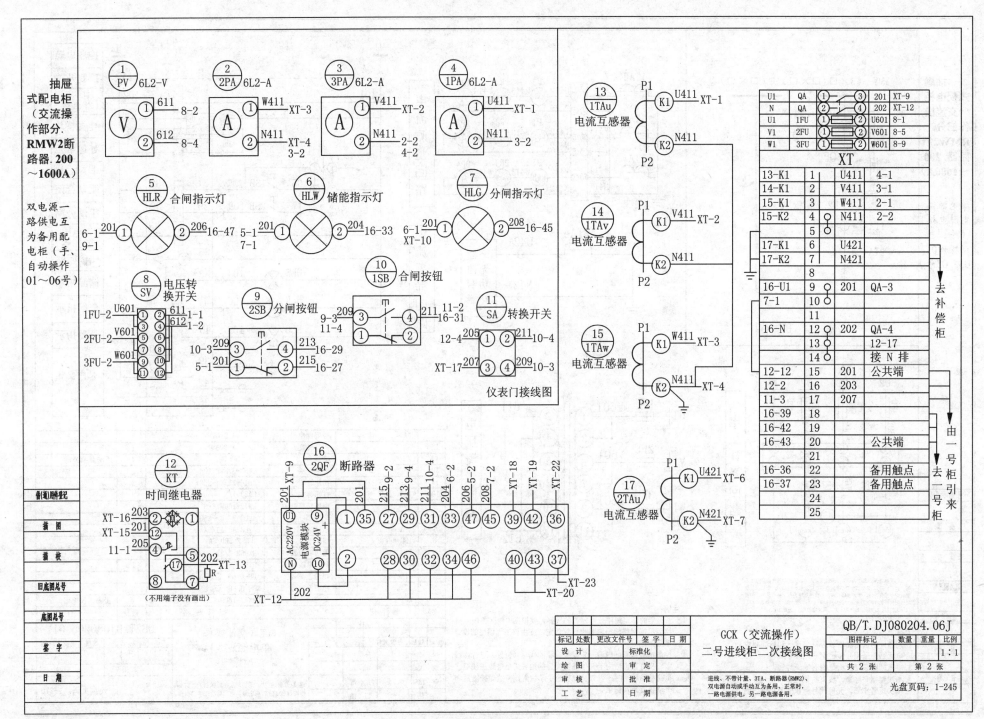

抽屉式配电柜（交流操作部分．RMW2断路器．200～1600A）

双电源一路供电互为备用配电柜（手、自动操作01～06号）

			XT		
U1	QA	① ③	201	XT-9	
N	QA	② ④	202	XT-12	
U1	1FU	① ③	U601	8-1	
V1	2FU	① ③	V601	8-5	
W1	3FU	① ③	W601	8-9	

XT				
13-K1	1	U411	4-1	
14-K1	2	V411	3-1	
15-K1	3	W411	2-1	
15-K2	4	N411	2-2	
	5			
17-K1	6	U421		
17-K2	7	N421		
	8			
16-U1	9	201	QA-3	
7-1	10			
	11			
16-N	12	202	QA-4	
	13		12-17	
	14		接N排	
12-12	15	201	公共端	
12-2	16	203		
11-3	17	207		
16-39	18			
16-42	19			
16-43	20		公共端	
	21			
16-36	22		备用触点	
16-37	23		备用触点	
	24			
	25			

去补偿柜
由一号柜引来
去一号柜

① PV 6L2-V ① 611 8-2 ② 612 8-4
② 2PA 6L2-A ① W411 XT-3 ② N411 XT-4 3-2
③ 3PA 6L2-A ① V411 XT-2 ② N411 2-2 4-2
④ 1PA 6L2-A ① U411 XT-1 ② N411 3-2

⑤ HLR 合闸指示灯 6-1 9-1 201 ① ② 206 16-47
⑥ HLW 储能指示灯 5-1 7-1 201 ① ② 204 16-33
⑦ HLG 分闸指示灯 6-1 XT-10 201 ① ② 208 16-45

⑧ SV 电压转换开关
1FU-2 U601 ① ② 611/612 1-1 1-2
2FU-2 V601
3FU-2 W601

⑨ 2SB 分闸按钮 10-3 209 ③ ④ 213 16-29 5-1 201 ① ② 215 16-27
⑩ 1SB 合闸按钮 9-3 11-4 209 ③ ④ 211 11-2 16-31 ① ②
⑪ SA 转换开关 12-4 205 ① ② 211 10-4 XT-17 207 ③ ④ 209 10-3

仪表门接线图

⑬ 1TAu 电流互感器 P1 K1 U411 XT-1 K2 N411 P2
⑭ 1TAv 电流互感器 P1 K1 V411 XT-2 K2 N411 P2
⑮ 1TAw 电流互感器 P1 K1 W411 XT-3 K2 N411 XT-4 P2
⑰ 2TAu 电流互感器 P1 K1 U421 XT-6 K2 N421 XT-7 P2

⑫ KT 时间继电器
XT-16 203 ② ①
XT-15 201 ⑫
11-1 205 ④ ⑤ 202 XT-13 R
⑰ ⑧ ⑦
(不用端子没有画出)

⑯ 2QF 断路器
XT-9 201 201 215 9-2 213 9-4 211 10-4 204 6-2 206 5-2 208 7-2 XT-18 XT-19 XT-22
AC220V U1 9 ① ㉟ ㉗ ㉙ ㉛ ㉝ ㊼ ㊺ ㊴ ㊷ ㊱
电源模块 DC24V +
N ⑩ ② ㉘ ㉚ ㉜ ㉞ ㊻ ㊵ ㊸ ㊲
XT-23
XT-20
XT-12 202

GCK（交流操作）
二号进线柜二次接线图

QB/T.DJ080204.06J

标记	处数	更改文件号	签字	日期
设计		标准化		
绘图		审定		
审核		批准		
工艺		日期		

图样标记	数量	重量	比例
			1:1
共 2 张		第 2 张	

进线、不带计量、3TA、断路器(RMW2)、双电源自动或手动互为备用，正常时，一路电源供电，另一路电源备用。

光盘页码：1-245

备（通）用标记 描图 描校 旧底图总号 底图总号 签字 日期

63

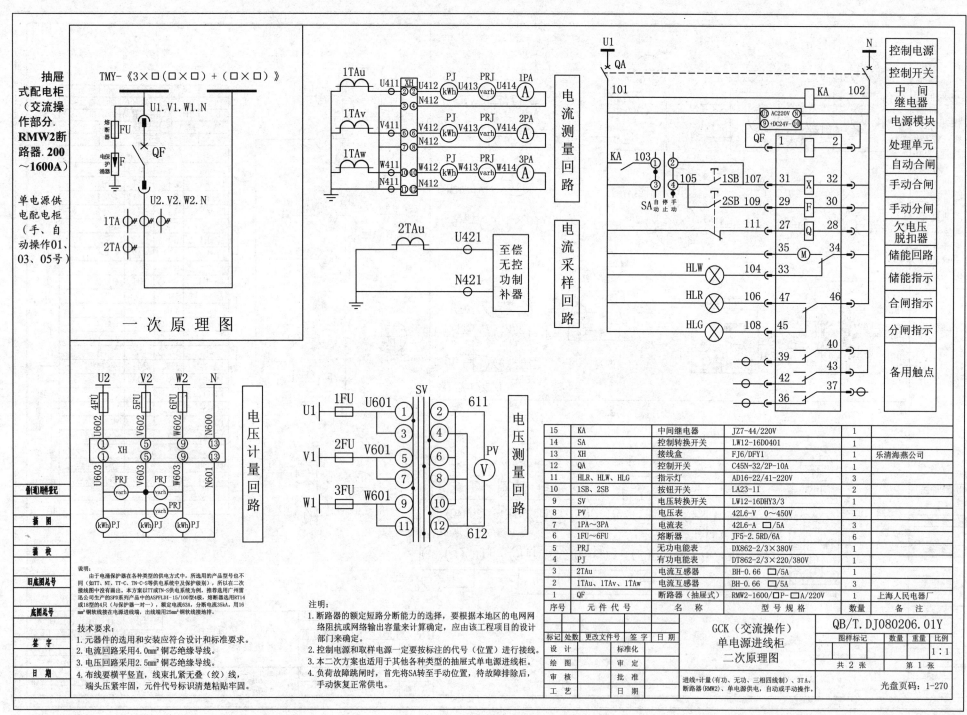

抽屉式配电柜（交流操作部分. RMW2断路器. 200~1600A）

单电源供电配电柜（手、自动操作01、03、05号）

TMY-《3×□(□×□)+(□×□)》

U1.V1.W1.N

熔断器 FU
电保护涌器 F
QF

U2.V2.W2.N

一次原理图

电流测量回路

电流采样回路

至偿无控功制补器

控制电源
控制开关
中间继电器
电源模块
处理单元
自动合闸
手动合闸
手动分闸
欠电压脱扣器
储能回路
储能指示
合闸指示
分闸指示

备用触点

电压计量回路

电压测量回路

说明：
由于电涌保护器在各种类型的供电方式中，所选用的产品型号也不同（如TT、NT、TT-C、TN-C-S等供电系统中及保护级别），所以在二次接线图中没有画出。本方案以TT或TN-S供电系统为例，推荐选用广州雷迅公司生产的SPD系列产品的ASPFLDI-15/100型4极，熔断器选用RT14或18型的18型（与保护器一对一），额定电流63A，分断电流35kA，用16 mm²铜软线接在电源进线端，出线端用25mm²铜软线接地排。

技术要求：
1. 元器件的选用和安装应符合设计和标准要求。
2. 电流回路采用4.0mm²铜芯绝缘导线。
3. 电压回路采用2.5mm²铜芯绝缘导线。
4. 布线要横平竖直，线束扎紧无叠（绞）线，端头压紧牢固，元件代号标识清楚粘贴牢固。

注明：
1. 断路器的额定短路分断能力的选择，要根据本地区的电网网络阻抗或网络输出容量来计算确定，应由该工程项目的设计部门来确定。
2. 控制电源和取样电源一定要按标注的代号（位置）进行接线。
3. 本二次方案也适用于其他各种类型的抽屉式单电源进线柜。
4. 负荷故障跳闸时，首先将SA转至手动位置，待故障排除后，手动恢复正常供电。

15	KA	中间继电器	JZ7-44/220V	1	
14	SA	控制转换开关	LW12-16D0401	1	
13	XH	接线盒	FJ6/DFY1	1	乐清海燕公司
12	QA	控制开关	C45N-32/2P-10A	1	
11	HLR、HLW、HLG	指示灯	AD16-22/41-220V	3	
10	1SB、2SB	按钮开关	LA23-11	2	
9	SV	电压转换开关	LW12-16DHY3/3	1	
8	PV	电压表	42L6-V 0~450V	1	
7	1PA~3PA	电流表	42L6-A □/5A	3	
6	1FU~6FU	熔断器	JF5-2.5RD/6A	6	
5	PRJ	无功电能表	DX862-2/3×380V	1	
4	PJ	有功电能表	DT862-2/3×220/380V	1	
3	2TAu	电流互感器	BH-0.66 □/5A	1	
2	1TAu、1TAv、1TAw	电流互感器	BH-0.66 □/5A	3	
1	QF	断路器（抽屉式）	RMW2-1600/□P-□A/220V	1	上海人民电器厂
序号	元件代号	名 称	型 号 规 格	数量	备 注

旧（道）图件登记				
描 图				
描 校				
旧底图总号				
底图总号				
签 字				
日 期				

标记	处数	更改文件号	签 字	日 期			
设 计		标准化			图样标记	数量 重量	比例
绘 图		审 定					1:1
审 核		批 准			共 2 张		第 1 张
工 艺		日 期					

GCK（交流操作）
单电源进线柜
二次原理图

QB/T.DJ080206.01Y

进线+计量（有功、无功、三相四线制）、3TA、断路器（RMW2）、单电源供电，自动或手动操作。

光盘页码：1-270

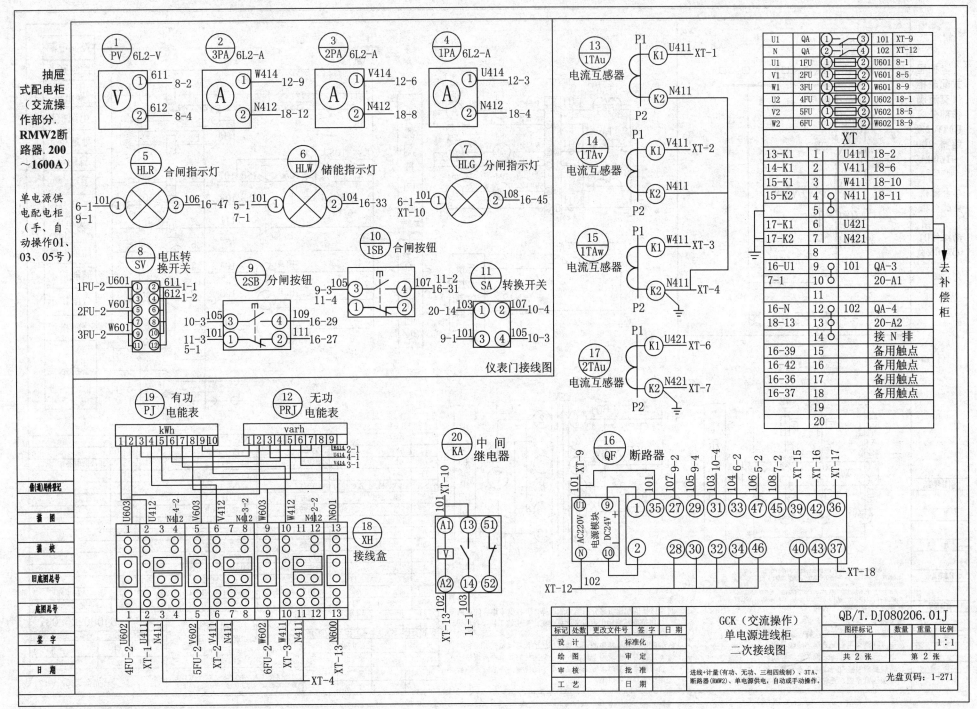

仪表门接线图

GCK（交流操作）
单电源进线柜
二次接线图

QB/T.DJ080206.01J

进线+计量（有功、无功、三相四线制）、3TA、断路器(RMW2)、单电源供电，自动或手动操作。

共 2 张　第 2 张

光盘页码：1-271

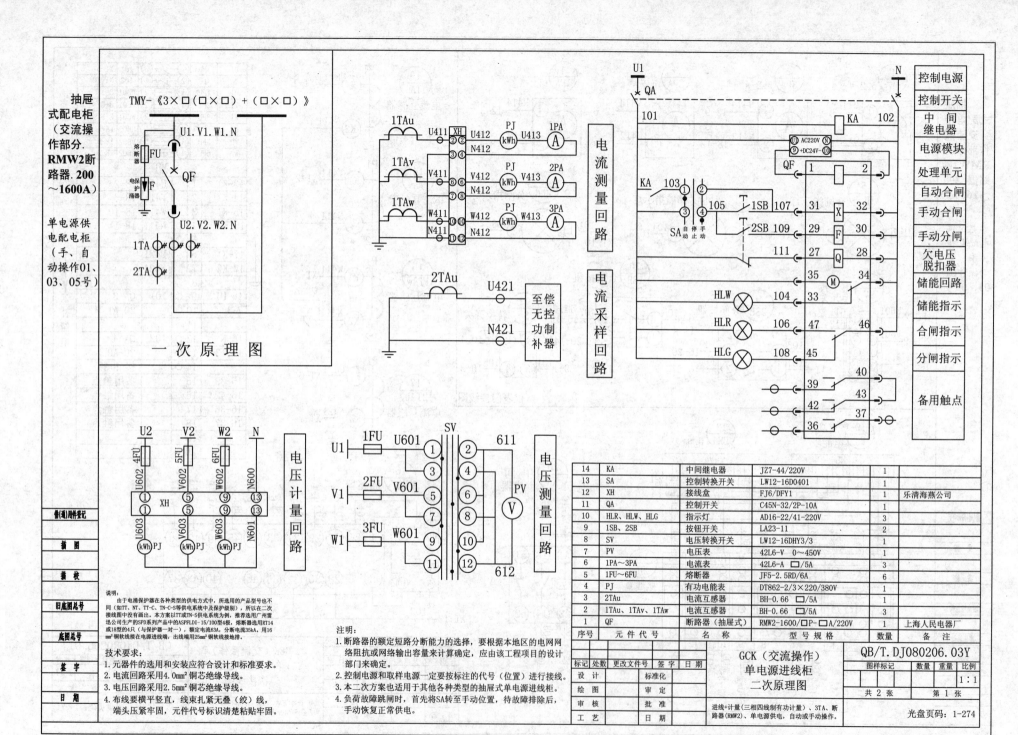

抽屉式配电柜（交流操作部分.RMW2断路器.200～1600A）

单电源供电配电柜（手、自动操作01、03、05号）

TMY-《3×□（□×□）+（□×□）》

一次原理图

电压计量回路

电压测量回路

电流测量回路

电流采样回路

至偿无控功率补偿器

控制电源
控制开关
中间继电器
电源模块
处理单元
自动合闸
手动合闸
手动分闸
欠电压脱扣器
储能回路
储能指示
合闸指示
分闸指示
备用触点

说明：
由于电涌保护器在各种类型的供电方式中，所选用的产品型号也不同（如TT、NT、TT-C、TN-C-S等供电系统中及保护级别），所以在一次接线图中没有画出。本方案以TT或TN-S供电系统为例，推荐选用广州雷迅公司生产的SPD系列产品中的ASPFLDI-15/100型4级，熔断器选用RT14或18型的4只（与保护器一对一），额定电流63A，分断电流35kA，用16mm²铜软线在电源进线端，出线端用25mm²铜软线接地排。

技术要求：
1. 元器件的选用和安装应符合设计和标准要求。
2. 电流回路采用4.0mm²铜芯绝缘导线。
3. 电压回路采用2.5mm²铜芯绝缘导线。
4. 布线要横平竖直，线束扎紧无叠（绞）线，端头压紧牢固，元件代号标识清楚粘贴牢固。

注明：
1. 断路器的额定短路分断能力的选择，要根据本地区的电网网络阻抗或网络输出容量来计算确定，应由该工程项目的设计部门来确定。
2. 控制电源和取样电源一定要按标注的代号（位置）进行接线。
3. 本二次方案也适用于其他各种类型的抽屉式单电源进线柜。
4. 负荷故障跳闸时，首先将SA转至手动位置，待故障排除后，手动恢复正常供电。

14	KA	中间继电器	JZ7-44/220V	1	
13	SA	控制转换开关	LW12-16D0401	1	
12	XH	接线盒	FJ6/DFY1	1	乐清海燕公司
11	QA	控制开关	C45N-32/2P-10A	1	
10	HLR、HLW、HLG	指示灯	AD16-22/41-220V	3	
9	1SB、2SB	按钮开关	LA23-11	2	
8	SV	电压转换开关	LW12-16DHY3/3	1	
7	PV	电压表	42L6-V 0～450V	1	
6	1PA～3PA	电流表	42L6-A □/5A	3	
5	1FU～6FU	熔断器	JF5-2.5RD/6A	6	
4	PJ	有功电能表	DT862-2/3×220/380V	1	
3	2TAu	电流互感器	BH-0.66 □/5A	1	
2	1TAu、1TAv、1TAw	电流互感器	BH-0.66 □/5A	1	
1	QF	断路器（抽屉式）	RMW2-1600/□ P-□A/220V	1	上海人民电器厂
序号	元件代号	名称	型号规格	数量	备注

备(通)用附件登记			
描 图			
描 校			
旧底图总号			
底图总号			
签 字			
日 期			

标记	处数	更改文件号	签字	日期
设 计		标准化		
绘 图		审 定		
审 核		批 准		
工 艺		日 期		

GCK（交流操作）
单电源进线柜
二次原理图

QB/T.DJ080206.03Y

图样标记		数量	重量	比例
				1:1
共 2 张			第 1 张	

进线+计量（三相四线制有功计量）、3TA、断路器（RMW2）、单电源供电，自动或手动操作。

光盘页码：1-274

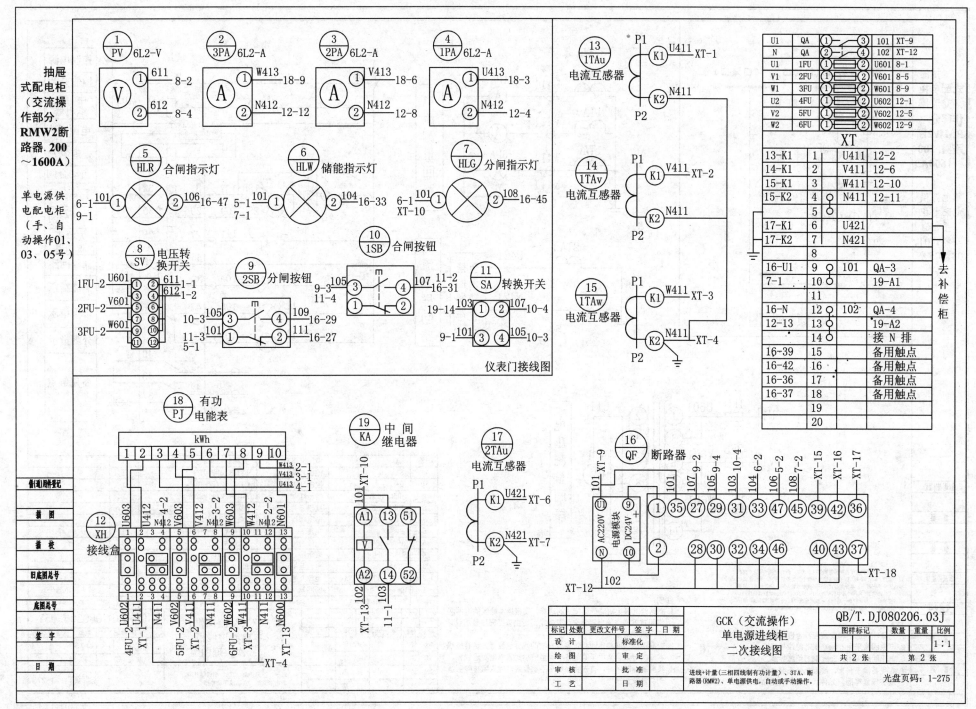

仪表门接线图

XT

U1	QA	①	③	101	XT-9
N	QA	②	④	102	XT-12
U1	1FU	①	②	U601	8-1
V1	2FU	①	②	V601	8-5
W1	3FU	①	②	W601	8-9
U2	4FU	①	②	U602	12-1
V2	5FU	①	②	V602	12-5
W2	6FU	①	②	W602	12-9

13-K1	1		U411	12-2
14-K1	2		V411	12-6
15-K1	3		W411	12-10
15-K2	4		N411	12-11
	5			
17-K1	6		U421	
17-K2	7		N421	
	8			
16-U1	9		101	QA-3
7-1	10			19-A1
	11			
16-N	12		102	QA-4
12-13	13			19-A2
	14			接 N 排
16-39	15			备用触点
16-42	16			备用触点
16-36	17			备用触点
16-37	18			备用触点
	19			
	20			

去补偿柜

QB/T.DJ080206.03J

GCK（交流操作）
单电源进线柜
二次接线图

标记	处数	更改文件号	签 字	日 期		图样标记		数量	重量	比例
设 计			标准化							1:1
绘 图			审 定							
审 核			批 准			共 2 张			第 2 张	
工 艺			日 期							

进线+计量(三相四线制有功计量)、3TA、断
路器(RMW2)、单电源供电,自动或手动操作。

光盘页码:1-275

67

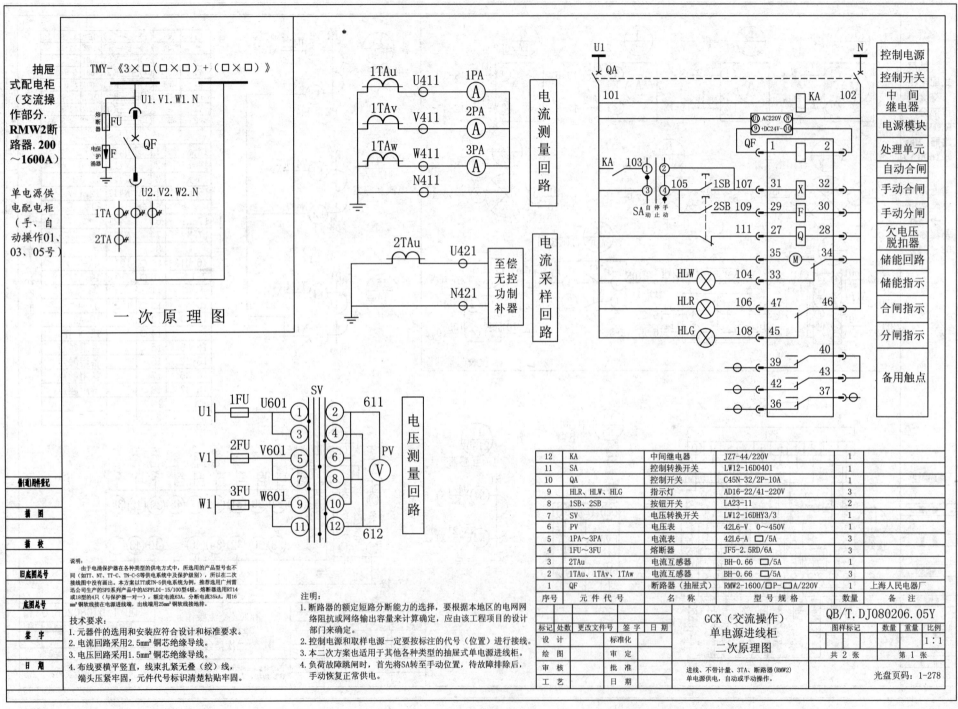

抽屉式配电柜（交流操作部分.RMW2断路器.200～1600A）

单电源供电配电柜（手、自动操作01、03、05号）

TMY-《3×□（□×□）+（□×□）》

U1.V1.W1.N

熔断器 FU
电涌保护器 F QF

U2.V2.W2.N

1TA
2TA

一次原理图

电流测量回路

1TAu U411 1PA (A)
1TAv V411 2PA (A)
1TAw W411 3PA (A)
N411

电流采样回路

2TAu U421 至偿无控功率补偿器
N421

电压测量回路

U1 1FU U601 SV 611
V1 2FU V601
W1 3FU W601
612
PV (V)

控制电源
控制开关
中间继电器
电源模块
处理单元
自动合闸
手动合闸
手动分闸
欠电压脱扣器
储能回路
储能指示
合闸指示
分闸指示
备用触点

U1 QA N
101 KA 102
① AC220V ⑪
⑨ +DC24V- ⑩
QF 1 2
KA 103 ① ②
SA 自停手动 105 1SB 107 31 X 32
动止手 2SB 109 29 F 30
111 27 Q 28
35 (M) 34
HLW 104 33
HLR 106 47 46
HLG 108 45
39 40
43
42
36 37

说明：
由于电涌保护器在各种类型的供电方式中，所选用的产品型号也不同（如TT、NT、TT-C、TN-C-S等供电系统中及保护级别），所以在二次接线图中有画出。本方案以TT或TN-S供电系统为例，推荐选用广州雷迅公司生产的SPD系列产品中的ASPFLDI-15/100型4极，熔断器选用RT14或18型的4只（与保护器一对一），额定电流63A，分断电流35kA。用16 mm²铜软线接在电源进线端，出线端用25mm²铜软线接地排。

技术要求：
1. 元器件的选用和安装应符合设计和标准要求。
2. 电流回路采用2.5mm²铜芯绝缘导线。
3. 电压回路采用1.5mm²铜芯绝缘导线。
4. 布线要横平竖直，线束扎紧无叠（绞）线，端头压紧牢固，元件代号标识清楚粘贴牢固。

注明：
1. 断路器的额定短路分断能力的选择，要根据本地区的电网网络阻抗或网络输出容量来计算确定，应由该工程项目的设计部门来确定。
2. 控制电源和取样电源一定要按标注的代号（位置）进行接线。
3. 本二次方案也适用于其他各种类型的抽屉式单电源进线柜。
4. 负荷故障跳闸时，首先将SA转至手动位置，待故障排除后，手动恢复正常供电。

12	KA	中间继电器	JZ7-44/220V	1	
11	SA	控制转换开关	LW12-16D0401	1	
10	QA	控制开关	C45N-32/2P-10A	1	
9	HLR、HLW、HLG	指示灯	AD16-22/41-220V	3	
8	1SB、2SB	按钮开关	LA23-11	2	
7	SV	电压转换开关	LW12-16DHY3/3	1	
6	PV	电压表	42L6-V 0～450V	1	
5	1PA～3PA	电流表	42L6-A □/5A	3	
4	1FU～3FU	熔断器	JF5-2.5RD/6A	3	
3	2TAu	电流互感器	BH-0.66 □/5A	1	
2	1TAu、1TAv、1TAw	电流互感器	BH-0.66 □/5A	3	
1	QF	断路器（抽屉式）	RMW2-1600/□P-□A/220V	1	上海人民电器厂
序号	元件代号	名称	型号规格	数量	备注

备（预）附件登记
插图
插校
旧底图总号
底图总号
签字
日期

					GCK（交流操作）单电源进线柜二次原理图	QB/T.DJ080206.05Y
标记	处数	更改文件号	签字	日期		图样标记 / 数量 / 重量 / 比例
设计			标准化			1:1
绘图			审定			
审核			批准		进线、不带计量、3TA、断路器（RMW2）单电源供电，自动或手动操作。	共2张 第1张
工艺			日期			光盘页码：1-278

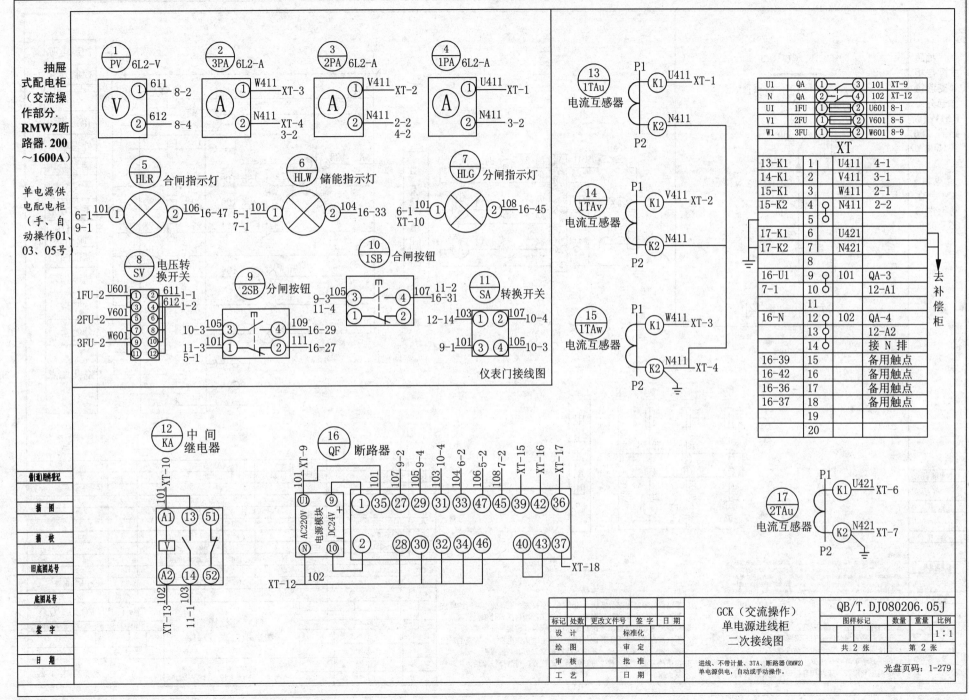

仪表门接线图

XT			
U1	QA	①—③	101	XT-9
N	QA	②—④	102	XT-12
U1	1FU	①—②	U601	8-1
V1	2FU	①—②	V601	8-5
W1	3FU	①—②	W601	8-9

XT			
13-K1	1	U411	4-1
14-K1	2	V411	3-1
15-K1	3	W411	2-1
15-K2	4	N411	2-2
	5		
17-K1	6	U421	
17-K2	7	N421	
	8		
16-U1	9	101	QA-3
7-1	10		12-A1
	11		
16-N	12	102	QA-4
	13		12-A2
	14		接 N 排
16-39	15		备用触点
16-42	16		备用触点
16-36	17		备用触点
16-37	18		备用触点
	19		
	20		

去补偿柜

	GCK（交流操作）单电源进线柜二次接线图	QB/T.DJ080206.05J

进线、不带计量、3TA、断路器(RMW2)
单电源供电，自动或手动操作。

共 2 张　　第 2 张

光盘页码：1-279

抽屉式配电柜（交流操作部分. RMW2断路器. 200～1600A）

馈电柜（手、自动操作03、05号）

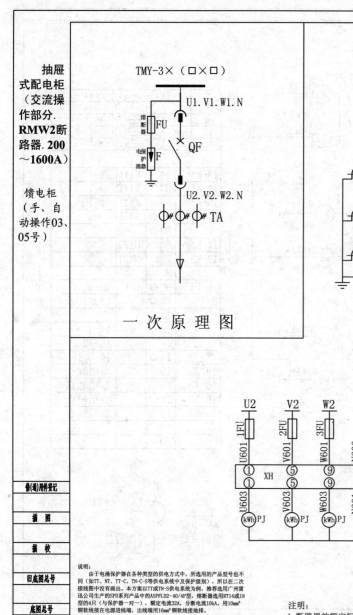

TMY-3×（□×□）

FU 熔断器
F 电保护涌器
QF

U1.V1.W1.N

U2.V2.W2.N

TA

一 次 原 理 图

TAu U411 XH U412 PJ U413 1PA
N412 kWh A

TAv V411 V412 PJ V413 2PA
N412 kWh A

TAw W411 W412 PJ W413 3PA
N411 kWh A
N412

电流测量回路

U2 V2 W2 N
U601 1FU V601 2FU W601 3FU N600

XH

U603 V603 W603 N601

kWh PJ kWh PJ kWh PJ

电压计量回路

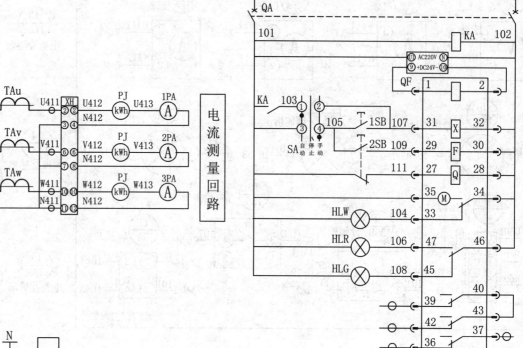

馈电柜二次原理图

控制电源
控制开关
中间继电器
电源模块
处理单元
自动合闸
手动合闸
手动分闸
欠电压脱扣器
储能回路
储能指示
合闸指示
分闸指示
备用触点

说明：
由于电涌保护器在各种类型的供电方式中，所选用的产品型号也不同（如TT、NT、TT-C、TN-C-S等供电系统中及保护级别），所以在二次接线图中没有画出。本方案以TT或TN-S供电系统为例，推荐选用广州雷迅公司生产的SPD系列产品中的ASPFLD2-40/4P型，熔断器选用RT14或18型的4只（与保护器一对一），额定电流32A，分断电流10kA。用10mm²铜软线接在电源进线端，出线端用16mm²铜软线接地排。

技术要求：
1. 元器件的选用和安装应符合设计和标准要求。
2. 电流回路采用4.0mm²铜芯绝缘导线。
3. 电压回路采用2.5mm²铜芯绝缘导线。
4. 布线要横平竖直，线束扎紧无叠（绞）线，端头压紧牢固，元件代号标识清楚粘贴牢固。

注明：
1. 断路器的额定短路分断能力的选择，要根据本地区的电网网络阻抗或网络输出容量来计算确定，应由该工程项目的设计部门来确定。
2. 控制电源和取样电源一定要按标注的代号（位置）进行接线。
3. 本二次方案也适用于其他各种类型的抽屉式馈电柜，小容量的断路器（2～3台组装一台，各单元接线独立）可并装抽屉柜。
4. 负荷故障跳闸时，首先将SA转至手动位置，待故障排除后，手动恢复正常供电。

序号	元件代号	名 称	型 号 规 格	数量	备 注
11	KA	中间继电器	JZ7-44/220V	1	
10	SA	控制转换开关	LW12-16D0401	1	
9	XH	接线盒	FJ6/DFY1	1	乐清海燕公司
8	QA	控制开关	C45N-32/2P-10A	1	
7	HLR、HLW、HLG	指示灯	AD16-22/41-220V	3	
6	1SB、2SB	按钮开关	LA23-11	2	
5	1PA～3PA	电流表	6L2-A □/5A	3	
4	1FU～3FU	熔断器	JF5-2.5RD/6A	3	
3	PJ	有功电能表	DT862-2/3×220/380V	1	
2	TAu、TAv、TAw	电流互感器	BH-0.66 □/5A	3	
1	QF	断路器（抽屉式）	RMW2-1600/□P-□A/220V	1	上海人民电器厂

标记	处数	更改文件号	签字	日期	GCK（交流操作）馈电柜二次原理图	图样标记	数量	重量	比例
设 计		标准化							1：1
绘 图		审 定				共 2 张		第 1 张	
审 核		批 准			馈电+计量（三相四线制有功计量）、断路器				
工 艺		日 期			（RMW2）、3TA、不带电压表、自动或手动操作。				

QB/T.DJ080208.03Y

光盘页码：1-298

（普通）附件登记 / 描 图 / 描 校 / 旧底图总号 / 底图总号 / 签 字 / 日 期

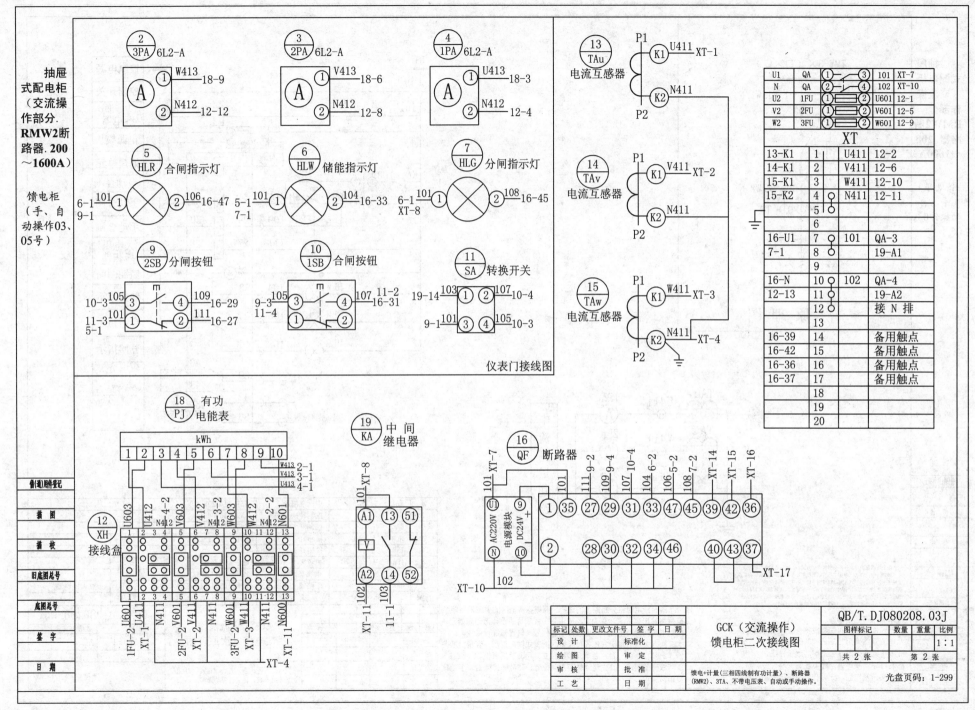

仪表门接线图

GCK（交流操作）
馈电柜二次接线图

QB/T.DJ080208.03J

馈电+计量（三相四线制有功计量）、断路器
（RMW2）、3TA、不带电压表、自动或手动操作。

光盘页码：1-299

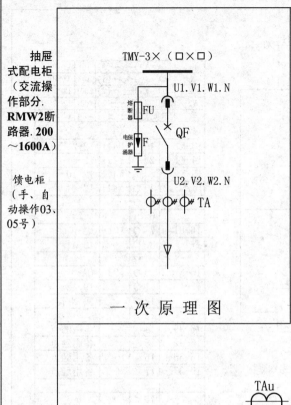

抽屉式配电柜（交流操作部分.RMW2断路器.200～1600A)

馈电柜（手、自动操作03、05号)

一 次 原 理 图

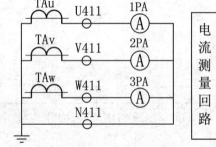

电 流 测 量 回 路

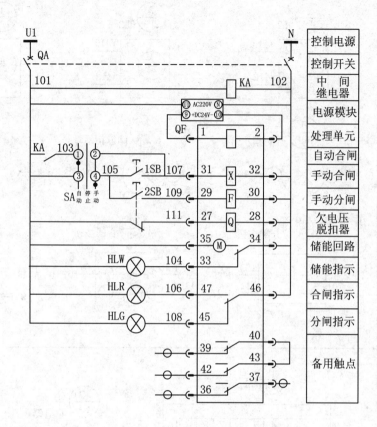

		控制电源
		控制开关
		中间继电器
		电源模块
		处理单元
		自动合闸
		手动合闸
		手动分闸
		欠电压脱扣器
		储能回路
		储能指示
		合闸指示
		分闸指示
		备用触点

说明：
由于电涌保护器在各种类型的供电方式中，所选用的产品型号也不同（如TT、NT、TT-C、TN-C-S等供电系统中及保护级别)，所以在二次接线图中没有画出。本方案以TT或TN-S供电系统为例，推荐选用广州雷迅公司生产的SPD系列产品中的ASPFLD2-40/4P型，熔断器选用RT14或18型的4只（与保护器一对一），额定电流32A，分断电流10kA，用10mm²铜软线接在电源进线端，出线端用16mm²铜软线接地排。

技术要求：
1. 元器件的选用和安装应符合设计和标准要求。
2. 电流回路采用2.5mm²铜芯绝缘导线。
3. 电压回路采用1.5mm²铜芯绝缘导线。
4. 布线要横平竖直，束线扎紧无叠（绞）线，端头压紧牢固，元件代号标识清楚粘贴牢固。

注明：
1. 断路器的额定短路分断能力的选择，要根据本地区的电网网络阻抗或网络输出容量来计算确定，应由该工程项目的设计部门来确定。
2. 控制电源和取样电源一定要按标注的代号（位置）进行接线。
3. 本二次方案也适用于其他各种类型的抽屉式馈电柜，小容量的断路器（2～3台组装一台，各单元接线独立）可并装抽屉柜。
4. 负荷故障跳闸时，首先将SA转至手动位置，待故障排除后，手动恢复正常供电。

8	KA	中间继电器	JZ7-44/220V	1	
7	SA	控制转换开关	LW12-16D0401	1	
6	QA	控制开关	C45N-32/2P-10A	1	
5	HLR、HLW、HLG	指示灯	AD16-22/41-220V	3	
4	1SB、2SB	按钮开关	LA23-11	2	
3	1PA～3PA	电流表	6L2-A □/5A	3	
2	TAu、TAv、TAw	电流互感器	BH-0.66 □/5A	3	
1	QF	断路器（抽屉式)	RMW2-1600/□P-□A/220V	1	上海人民电器厂
序号	元件代号	名 称	型 号 规 格	数量	备 注

		标记	处数	更改文件号	签字	日期			
设计		标准化						QB/T.DJ080208.05Y	

GCK（交流操作)馈电柜二次原理图

图样标记	数量	重量	比例
			1:1

设计		标准化	
绘图		审定	
审核		批准	
工艺		日期	

共 2 张　第 1 张

馈电、不带计量、3TA、断路器（RMW2)
不带电压表、自动或手动操作。

光盘页码：1-302

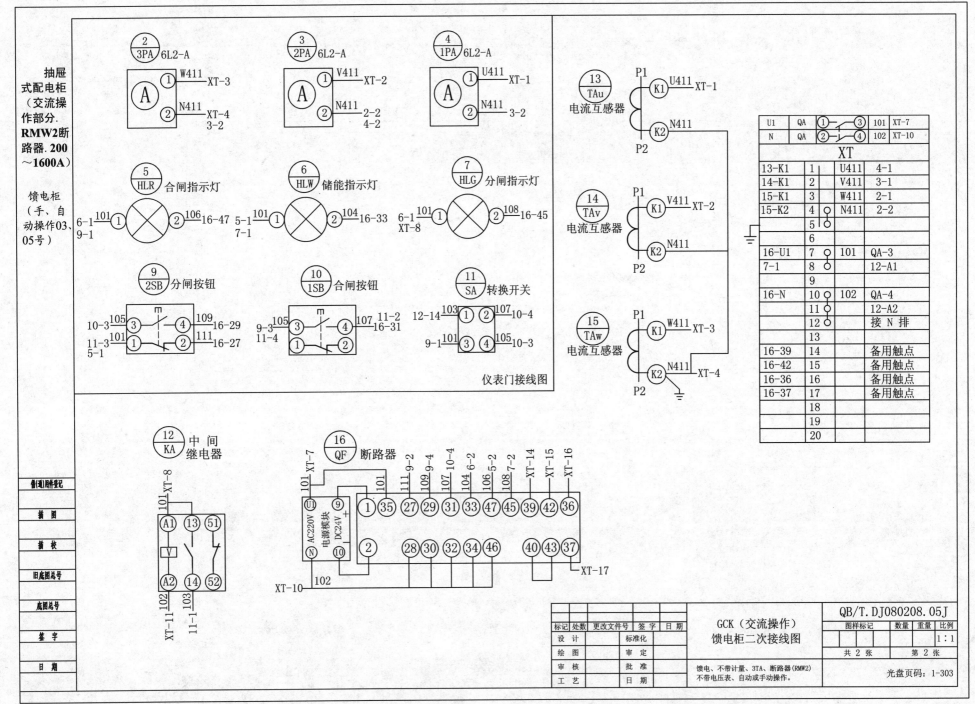

抽屉式配电柜（交流操作部分. RMW2断路器. 200～1600A）

馈电柜（手、自动操作03、05号）

仪表门接线图

电流互感器

电流互感器

电流互感器

| U1 | QA | ① ③ | 101 | XT-7 |
| N | QA | ② ④ | 102 | XT-10 |

XT

13-K1	1	U411	4-1
14-K1	2	V411	3-1
15-K1	3	W411	2-1
15-K2	4	N411	2-2
	5		
	6		
16-U1	7	101	QA-3
7-1	8		12-A1
	9		
16-N	10	102	QA-4
	11		12-A2
	12		接 N 排
	13		
16-39	14		备用触点
16-42	15		备用触点
16-36	16		备用触点
16-37	17		备用触点
	18		
	19		
	20		

中间继电器

断路器

电源模块

QB/T.DJ080208.05J

GCK（交流操作）馈电柜二次接线图

标记	处数	更改文件号	签字	日期		图样标记	数量	重量	比例
设 计			标准化						1:1
绘 图			审 定			共 2 张		第 2 张	
审 核			批 准						
工 艺			日 期						

馈电、不带计量、3TA、断路器(RMW2) 不带电压表、自动或手动操作。

光盘页码：1-303

73

第二部分　低压配电设备
（CW1、CW2 断路器为主开关）

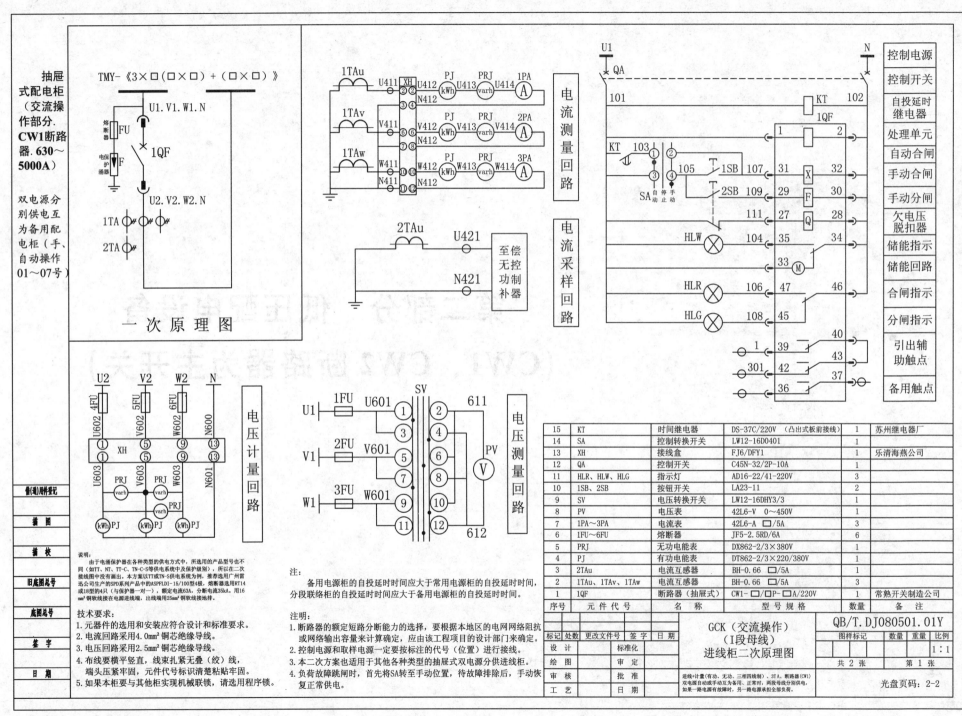

抽屉式配电柜（交流操作部分. CW1断路器. 630～5000A）

双电源分别供电互为备用配电柜（手、自动操作01～07号）

TMY-《3×□(□×□)+(□×□)》

U1.V1.W1.N

FU 熔断器

F 电保护涌器

1QF

U2.V2.W2.N

1TA

2TA

一次原理图

电流测量回路

电流采样回路

至偿无控功制补器

控制电源
控制开关
自投延时继电器
处理单元
自动合闸
手动合闸
手动分闸
欠电压脱扣器
储能指示
储能回路
合闸指示
分闸指示
引出辅助触点
备用触点

KT
1QF
SA 自停手
1SB
2SB
HLW
HLR
HLG

电压计量回路

电压测量回路

说明：
由于电涌保护器在各种类型的供电方式中，所选用的产品型号也不同（如IT、NT、TT-C、TN-C-S等供电系统中及保护级别），所以在二次接线图中没有画出来。本方案以TT或TN-S供电系统为例，推荐选用广州雷迅公司生产的SPD系列产品中的ASPFLDI-15/100型4联，熔断器选用RT14或18型的4只（与保护器一对一），额定电流63A，分断电流35kA。用16mm²铜软线接在电源进线端，出线端用25mm²铜软线接地排。

技术要求：
1. 元器件的选用和安装应符合设计和标准要求。
2. 电流回路采用4.0mm²铜芯绝缘导线。
3. 电压回路采用2.5mm²铜芯绝缘导线。
4. 布线要横平竖直，线束扎紧无叠（绞）线，端头压紧牢固，元件代号标识清楚粘贴牢固。
5. 如果本电柜要与其他柜实现机械联锁，请选用程序锁。

注：
备用电源柜的自投延时时间应大于常用电源柜的自投延时时间，分段联络柜的自投延时时间应大于备用电源柜的自投延时时间。

注明：
1. 断路器的额定短路分断能力的选择，要根据本地区的电网网络阻抗或网络输出容量来计算确定，应由该工程项目的设计部门来确定。
2. 控制电源和取样电源一定要按标注的代号（位置）进行接线。
3. 本二次方案也适用于其他各种类型的抽屉式双电源分供进线柜。
4. 负荷故障跳闸时，首先将SA转至手动位置，待故障排除后，手动恢复正常供电。

序号	元件代号	名 称	型号规格	数量	备 注
15	KT	时间继电器	DS-37C/220V （凸出式板前接线）	1	苏州继电器厂
14	SA	控制转换开关	LW12-16D0401	1	
13	XH	接线盒	FJ6/DFY1	1	乐清海燕公司
12	QA	控制开关	C45N-32/2P-10A	1	
11	HLR、HLW、HLG	指示灯	AD16-22/41-220V	3	
10	1SB、2SB	按钮开关	LA23-11	2	
9	SV	电压转换开关	LW12-16DHY3/3	1	
8	PV	电压表	42L6-V 0～450V	1	
7	1PA～3PA	电流表	42L6-A □/5A	3	
6	1FU～6FU	熔断器	JF5-2.5RD/6A	6	
5	PRJ	无功电能表	DX862-2/3×380V	1	
4	PJ	有功电能表	DT862-2/3×220/380V	1	
3	2TAu	电流互感器	BH-0.66 □/5A	1	
2	1TAu、1TAv、1TAw	电流互感器	BH-0.66 □/5A	3	
1	1QF	断路器（抽屉式）	CW1-□/□P-□A/220V	1	常熟开关制造公司

GCK（交流操作）（I段母线）进线柜二次原理图

QB/T.DJ080501.01Y

图样标记	数量	重量	比例
			1:1

进线+计量（有功、无功、三相四线制）、3TA、断路器（CW1）双电源自动或手动互为备用、正常时，两段母线分别供电，如果一路电源有故障时，另一路电源承担全部负荷。

共 2 张　　第 1 张

光盘页码：2-2

管(道)附件栏记		
描 图		
描 校		
旧底图总号		
底图总号		
签 字		
日 期		

标记	处数	更改文件号	签字	日期		
设 计			标准化			
绘 图			审 定			
审 核			批 准			
工 艺			日 期			

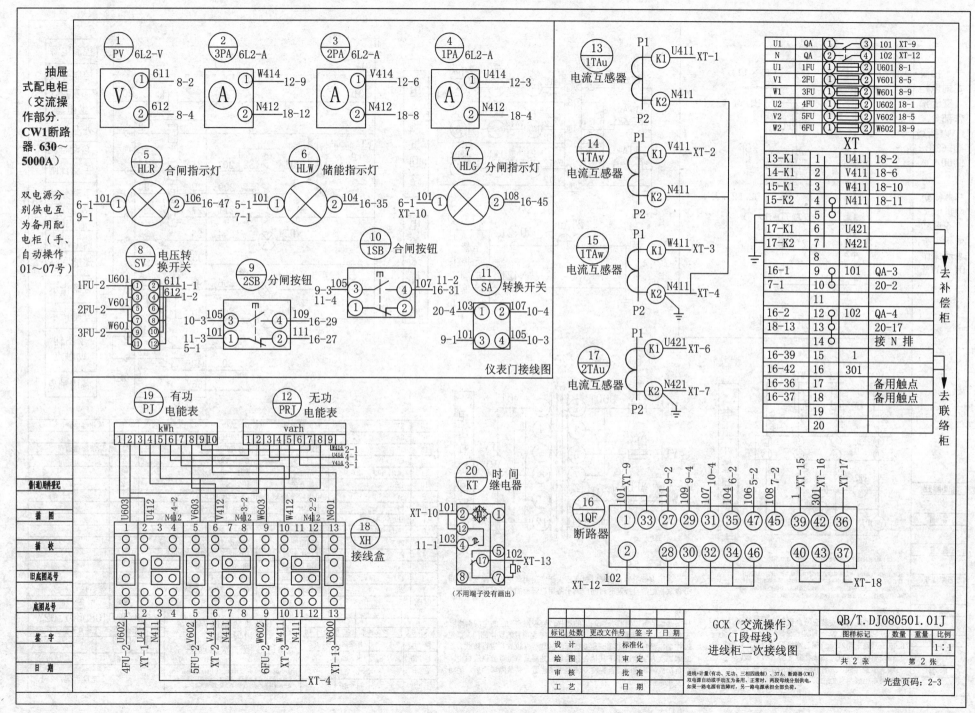

GCK（交流操作）（Ⅰ段母线）进线柜二次接线图

QB/T.DJ080501.01J

共 2 张　第 2 张

光盘页码：2-3

75

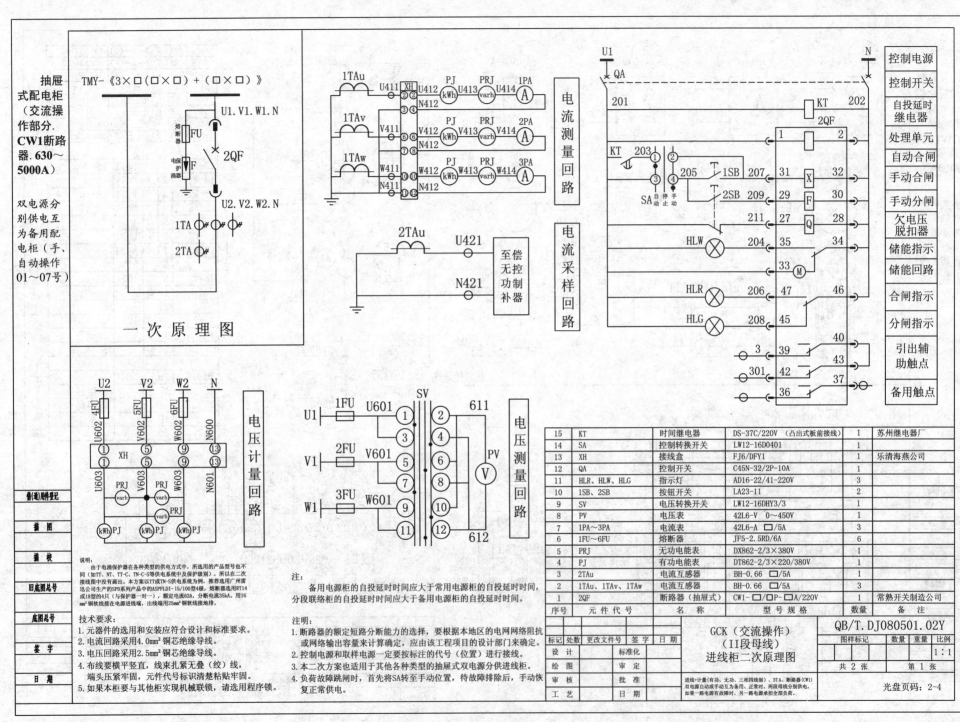

抽屉式配电柜（交流操作部分.CW1断路器.630～5000A）

双电源分别供电互为备用配电柜（手、自动操作01～07号）

TMY-《3×□(□×□)+(□×□)》

熔断器 FU
电保护涌器 F
2QF
U1.V1.W1.N
U2.V2.W2.N
1TA
2TA

一次原理图

1TAu U411 XH U412 PJ(kWh) U413 PRJ(varh) U414 1PA(A)
1TAv V411 V412 PJ(kWh) V413 PRJ(varh) V414 2PA(A)
1TAw W411 W412 PJ(kWh) W413 PRJ(varh) W414 3PA(A)
N411 N412

电流测量回路

2TAu U421 / N421 至偿无控功制补器

电流采样回路

U1 QA N
201 KT 202 2QF
KT 203 SA 自停手动止动 205 1SB 207 31 X 32
2SB 209 29 F 30
211 27 Q 28
HLW 204 35 34
33 M
HLR 206 47 46
HLG 208 45
3 39 40
301 42 43
36 37

控制电源
控制开关
自投延时继电器
处理单元
自动合闸
手动合闸
手动分闸
欠电压脱扣器
储能指示
储能回路
合闸指示
分闸指示
引出辅助触点
备用触点

U2 V2 W2 N
4FU U602 5FU V602 6FU W602 N600
① XH ⑤ ⑨ ⑬
① ⑤ ⑨ ⑬
U603 PRJ(varh) V603 PRJ(varh) W603 PRJ(varh) N601
PRJ(varh)
kWh PJ kWh PJ kWh PJ

电压计量回路

U1 1FU U601 ① SV ② 611
③ ④
V1 2FU V601 ⑤ ⑥ PV(V)
⑦ ⑧
W1 3FU W601 ⑨ ⑩
⑪ ⑫ 612

电压测量回路

说明：
由于电涌保护器在各种类型的供电方式中，所选用的产品型号也不同（如IT、NT、TT-C、TN-C-S等供电系统中及保护级别），所以本二次接线图中没有画出。本方案以TT或TN-S供电系统为例。推荐选用广州雷迅公司生产的SPD系列产品中的ASPFLDI-15/100型4极，熔断器选用RT14或18型的4只（与保护器一对一），额定电流63A，分断电流35kA。用16mm²铜软线连接在电源进线端，出线端用25mm²铜软线做接地排。

技术要求：
1.元器件的选用和安装应符合设计和标准要求。
2.电流回路采用4.0mm²铜芯绝缘导线。
3.电压回路采用2.5mm²铜芯绝缘导线。
4.布线要横平竖直，线束扎紧无叠（绞）线，端头压紧牢固，元件代号标识清楚粘贴牢固。
5.如果本柜要与其他柜实现机械联锁，请选用程序锁。

注：
备用电源柜的自投延时时间应大于常用电源柜的自投延时时间，分段联络柜的自投延时时间应大于备用电源柜的自投延时时间。

注明：
1.断路器的额定短路分断能力的选择，要根据本地区的电网网络阻抗或网络输出容量来计算确定，应由该工程项目的设计部门来确定。
2.控制电源和取样电源一定要按标注的代号（位置）进行接线。
3.本二次方案也适用于其他各种类型的抽屉式双电源分供进线柜。
4.负荷故障跳闸时，首先将SA转至手动位置，待故障排除后，手动恢复正常供电。

15	KT	时间继电器	DS-37C/220V （凸出式板前接线）	1	苏州继电器厂
14	SA	控制转换开关	LW12-16D0401	1	
13	XH	接线盒	FJ6/DFY1	1	乐清海燕公司
12	QA	控制开关	C45N-32/2P-10A	1	
11	HLR、HLW、HLG	指示灯	AD16-22/41-220V	3	
10	1SB、2SB	按钮开关	LA23-11	2	
9	SV	电压转换开关	LW12-16DHY3/3	1	
8	PV	电压表	42L6-V 0～450V	1	
7	1PA～3PA	电流表	42L6-A □/5A	3	
6	1FU~6FU	熔断器	JF5-2.5RD/6A	6	
5	PRJ	无功电能表	DX862-2/3×380V	1	
4	PJ	有功电能表	DT862-2/3×220/380V	1	
3	2TAu	电流互感器	BH-0.66 □/5A	1	
2	1TAu、1TAv、1TAw	电流互感器	BH-0.66 □/5A	3	
1	2QF	断路器（抽屉式）	CW1-□/□P-□A/220V	1	常熟开关制造公司
序号	元件代号	名 称	型号规格	数量	备 注

标记	处数	更改文件号	签字	日期		
设 计			标准化		GCK（交流操作）（II段母线）进线柜二次原理图	QB/T.DJ080501.02Y
绘 图			审 定			
审 核			批 准			
工 艺			日 期			

图样标记 数量 重量 比例 1:1
共 2 张 第 1 张
光盘页码：2-4

进线+计量（有功、无功、三相四线制）、3TA、断路器（CW1）
双电源自动或手动互为备用、正常时，两段母线分别供电，如果一路电源有故障时，另一路电源承担全部负荷。

（省）配附件登记
描 图
描 校
旧底图总号
底图总号
签 字
日 期

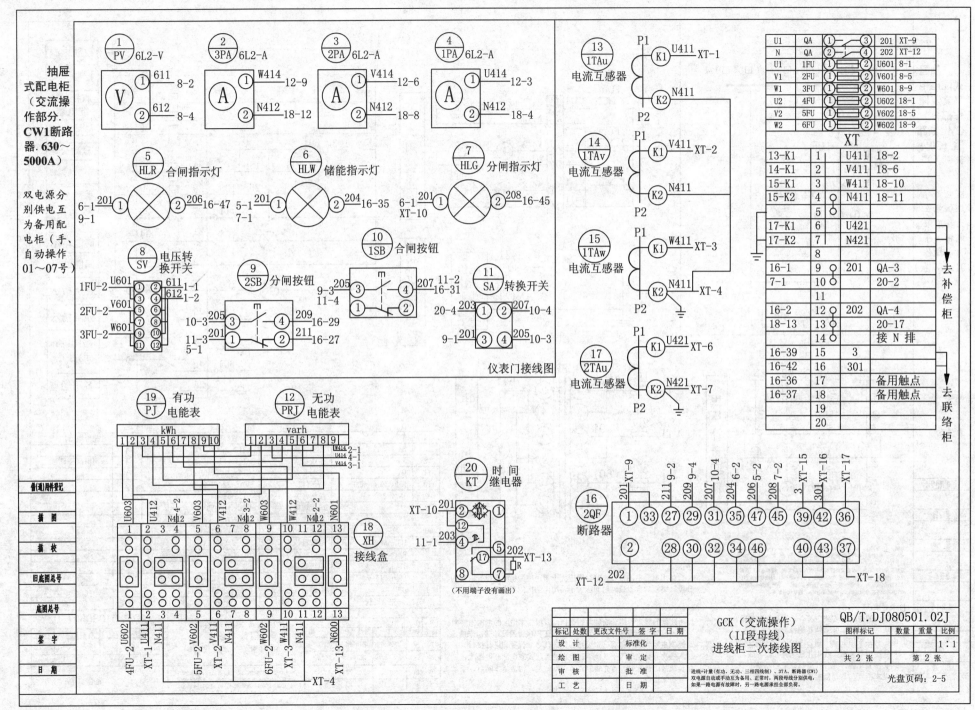

GCK（交流操作）
（II段母线）
进线柜二次接线图

QB/T.DJ080501.02J

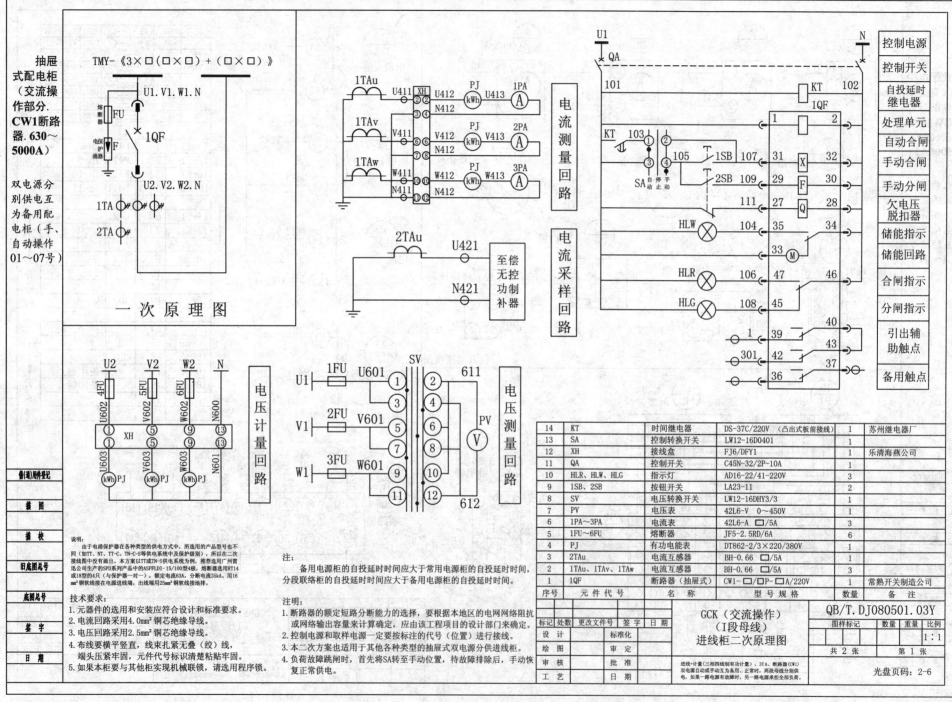

抽屉式配电柜（交流操作部分. CW1断路器.630～5000A）

双电源分别供电互为备用配电柜（手、自动操作01～07号）

TMY-《3×□(□×□)＋(□×□)》

U1.V1.W1.N

熔断器 FU
电保护涌器 F
1QF
U2.V2.W2.N

1TA
2TA

一 次 原 理 图

1TAu U411 XH U412 PJ U413 1PA
        N412 (kWh)   (A)
1TAv V411   V412 PJ V413 2PA
        N412 (kWh)   (A)
1TAw W411   W412 PJ W413 3PA
        N411   N412 (kWh)   (A)
        N411   N412

电流测量回路

2TAu U421
        至偿无控功制补器
        N421

电流采样回路

U2 V2 W2 N
4FU 5FU 6FU
U602 V602 W602 N600
① ① ⑤ ⑨ ⑬
XH
① ⑤ ⑨ ⑬
U603 V603 W603 N601
(kWh)PJ (kWh)PJ (kWh)PJ

电压计量回路

1FU U601 SV 2 611
U1 ①   ②
    ③   ④
2FU V601 ⑤   ⑥ PV
V1 ⑦   ⑧ (V)
3FU W601 ⑨   ⑩
W1 ⑪   ⑫ 612

电压测量回路

U1
QA
N
101
KT 102
1QF
KT 103
SA 自 停 手 动 止 动
1SB 107 31 X 32
2SB 109 29 F 30
111 27 Q 28
HLW 104 35 34
33 (M)
HLR 106 47 46
HLG 108 45
1 39 40
301 42 43
36 37

控制电源
控制开关
自投延时继电器
处理单元
自动合闸
手动合闸
手动分闸
欠电压脱扣器
储能指示
储能回路
合闸指示
分闸指示
引出辅助触点
备用触点

说明：
由于电涌保护器在各种类型的供电方式中，所选用的产品型号也不同（如TT、NT、TT-C、TN-C-S等供电系统中及保护级别），所以此二次接线图中没有画出。本方案以TT或TN-S供电系统为例，推荐选用广州雷迅公司生产的SPD系列产品中的ASPFLDI-15/100型模块，熔断器选用RT14或18型的4只（与保护器一对一），额定电流63A，分断电流35kA。用16mm²铜质线接在电源进线端，出线端用25mm²铜软线接地排。

技术要求：
1. 元器件的选用和安装应符合设计和标准要求。
2. 电流回路采用4.0mm²铜芯绝缘导线。
3. 电压回路采用2.5mm²铜芯绝缘导线。
4. 布线要横平竖直，线束扎紧无叠（绞）线，端头压紧牢固，元件代号标识请清楚粘贴牢固。
5. 如果本柜要与其他柜实现机械联锁，请选用程序锁。

注：
备用电源柜的自投延时时间应大于常用电源柜的自投延时时间，分段联络柜的自投延时时间应大于备用电源柜的自投延时时间。

注明：
1. 断路器的额定短路分断能力的选择，要根据本地区的电网网络阻抗或网络输出容量来计算确定，应由该工程项目的设计部门来确定。
2. 控制电源和取样电源一定要按标注的代号（位置）进行接线。
3. 本二次方案也适用于其他各种类型的抽屉式双电源分供进线柜。
4. 负荷故障跳闸时，首先将SA转至手动位置，待故障排除后，手动恢复正常供电。

14	KT	时间继电器	DS-37C/220V（凸出式板前接线）	1	苏州继电器厂
13	SA	控制转换开关	LW12-16D0401	1	
12	XH	接线盒	FJ6/DFY1	1	乐清海燕公司
11	QA	控制开关	C45N-32/2P-10A	1	
10	HLR、HLW、HLG	指示灯	AD16-22/41-220V	3	
9	1SB、2SB	按钮开关	LA23-11	2	
8	SV	电压转换开关	LW12-16DHY3/3	1	
7	PV	电压表	42L6-V 0～450V	1	
6	1PA～3PA	电流表	42L6-A □/5A	3	
5	1FU～6FU	熔断器	JF5-2.5RD/6A	6	
4	PJ	有功电能表	DT862-2/3×220/380V	1	
3	2TAu	电流互感器	BH-0.66 □/5A	1	
2	1TAu、1TAv、1TAw	电流互感器	BH-0.66 □/5A	3	
1	1QF	断路器（抽屉式）	CW1-□/□P-□A/220V	1	常熟开关制造公司
序号	元件代号	名　称	型 号 规 格	数量	备　注

		更改文件号	签字	日期		GCK（交流操作）（I段母线）进线柜二次原理图	QB/T.DJ080501.03Y			
标记	处数						图样标记	数量	重量	比例
设　计		标准化								1:1
绘　图		审　定					共 2 张		第 1 张	
审　核		批　准								
工　艺		日　期				进线+计量（三相四线制有功计量）、3TA、断路器（CW1）双电源自动或手动互为备用、正常时，双电源母线分别供电，如果一路电源有故障时，另一路电源承担全部负荷。	光盘页码：2-6			

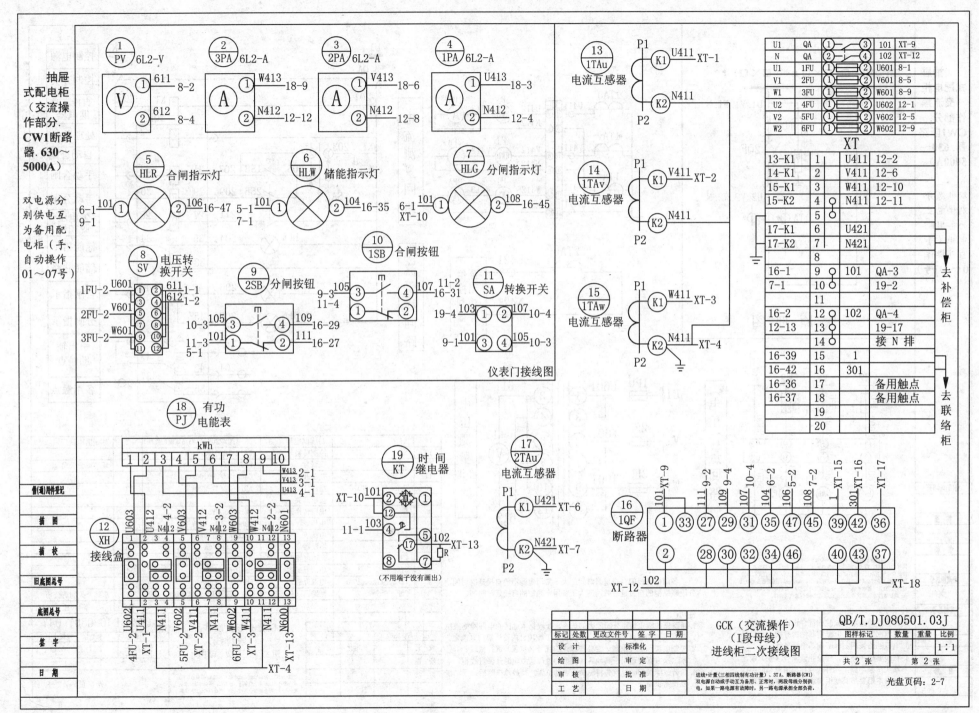

仪表门接线图

抽屉式配电柜（交流操作部分. CW1断路器. 630～5000A）

双电源分别供电互为备用配电柜（手、自动操作01～07号）

U1	QA	1	3	101	XT-9	
N	QA	2	4	102	XT-12	
U1	1FU	1	2	U601	8-1	
V1	2FU	1	2	V601	8-5	
W1	3FU	1	2	W601	8-9	
U2	4FU	1	2	U602	12-1	
V2	5FU	1	2	V602	12-5	
W2	6FU	1	2	W602	12-9	

XT

13-K1	1	U411	12-2
14-K1	2	V411	12-6
15-K1	3	W411	12-10
15-K2	4	N411	12-11
	5		
17-K1	6	U421	
17-K2	7	N421	
	8		
16-1	9	101	QA-3
7-1	10		19-2
	11		
16-2	12	102	QA-4
12-13	13		19-17
	14		接N排
16-39	15	1	
16-42	16	301	
16-36	17	备用触点	
16-37	18	备用触点	
	19		
	20		

去补偿柜
去联络柜

GCK（交流操作）（I段母线）进线柜二次接线图

QB/T.DJ080501.03J

进线+计量（三相四线制有功计量）、3TA、断路器（CW1）
双电源自动或手动互为备用、正常时，两段母线分别供电，如果一路电源有故障时，另一路电源承担全部负荷。

共 2 张　　第 2 张

光盘页码：2-7

79

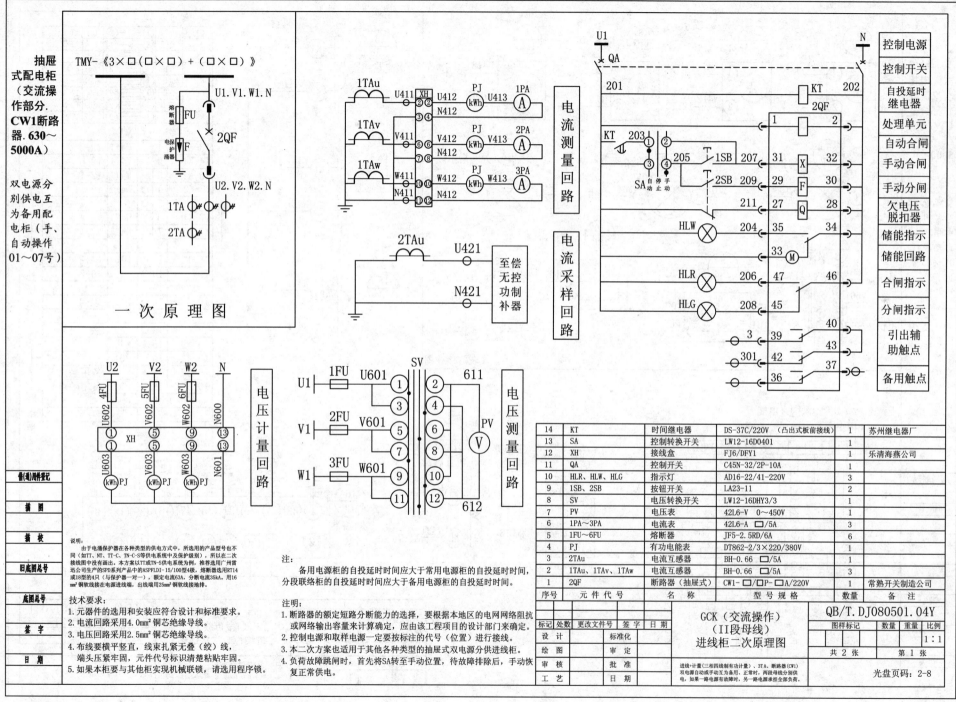

抽屉式配电柜（交流操作部分.CW1断路器.630～5000A）

双电源分别供电互为备用配电柜（手、自动操作01～07号）

TMY-《3×□(□×□)+(□×□)》

熔断器 FU
电保护涌器 F
U1.V1.W1.N
2QF
U2.V2.W2.N
1TA
2TA

一次原理图

1TAu U411 XH U412 PJ U413 1PA kWh
1TAv V411 V412 PJ V413 2PA kWh
1TAw W411 W412 PJ W413 3PA kWh
电流测量回路

2TAu U421 至偿无控功制补器 N421
电流采样回路

U2 V2 W2 N
4FU 5FU 6FU
U602 V602 W602 N600
XH
U603 V603 W603 N601
kWh PJ kWh PJ kWh PJ
电压计量回路

U1 1FU U601 ① ② 611 SV
V1 2FU V601 ③ ④ ⑤ ⑥ PV V
⑦ ⑧
W1 3FU W601 ⑨ ⑩
⑪ ⑫ 612
电压测量回路

U1 QA N
201 KT 202
KT 203 ① ② 205 1SB 207 2QF
SA 自停手 动止动 ③ ④ 2SB 209 31 X 32
211 29 F 30
HLW 204 27 Q 28
HLR 206 35 34
HLG 208 33 M
47 46
45
3 39 40
301 42 43
36 37

控制电源
控制开关
自投延时继电器
处理单元
自动合闸
手动合闸
手动分闸
欠电压脱扣器
储能指示
储能回路
合闸指示
分闸指示
引出辅助触点
备用触点

说明：
由于电涌保护器在各种类型的供电方式中，所选用的产品型号也不同（如TT、NT、TT-C、TN-C-S等供电系统中有保护级别），所以在二次接线图中没有画出。本方案以TT或TN-S供电系统为例，推荐选用广州雷迅公司生产的SPD系列产品中的ASPFLDI-15/100型4极，熔断器选用RT14或18型的4只（与保护器一对一），额定电流63A，分断电流35kA。用16㎜²铜软线接在电源进线端，出线端用25㎜²铜软线接地排接。

技术要求：
1. 元器件的选用和安装应符合设计和标准要求。
2. 电流回路采用4.0㎜²铜芯绝缘导线。
3. 电压回路采用2.5㎜²铜芯绝缘导线。
4. 布线要横平竖直，线束扎紧无叠（绞）线，端头压紧牢固，元件代号标识清楚粘贴牢固。
5. 如果本柜要与其他柜实现机械联锁，请选用程序锁。

注：
备用电源柜的自投延时时间应大于常用电源柜的自投延时时间，分段联络柜的自投延时时间应大于备用电源柜的自投延时时间。

注明：
1. 断路器的额定短路分断能力的选择，要根据本地区的电网网络阻抗或网络输出容量来计算确定，应由该工程项目的设计部门来确定。
2. 控制电源和取样电源一定要按标注的代号（位置）进行接线。
3. 本二次方案也适用于其他各种类型的抽屉式双电源分供进线柜。
4. 负荷故障跳闸时，首先将SA转至手动位置，待故障排除后，手动恢复正常供电。

14	KT	时间继电器	DS-37C/220V（凸出式板前接线）	1	苏州继电器厂
13	SA	控制转换开关	LW12-16D0401	1	
12	XH	接线盒	FJ6/DFY1	1	乐清海燕公司
11	QA	控制开关	C45N-32/2P-10A	1	
10	HLR、HLW、HLG	指示灯	AD16-22/41-220V	3	
9	1SB、2SB	按钮开关	LA23-11	2	
8	SV	电压转换开关	LW12-16DHY3/3	1	
7	PV	电压表	42L6-V 0～450V	1	
6	1PA～3PA	电流表	42L6-A □/5A	3	
5	1FU～6FU	熔断器	JF5-2.5RD/6A	6	
4	PJ	有功电能表	DT862-2/3×220/380V	1	
3	2TAu	电流互感器	BH-0.66 □/5A	1	
2	1TAu、1TAv、1TAw	电流互感器	BH-0.66 □/5A	3	
1	2QF	断路器（抽屉式）	CW1-□/□P-□A/220V	1	常熟开关制造公司
序号	元件代号	名 称	型 号 规 格	数量	备 注

GCK（交流操作）（II段母线）进线柜二次原理图

QB/T.DJ080501.04Y

图样标记　数量　重量　比例

1:1

共 2 张　第 1 张

进线+计量（三相四线制有功计量）、3TA、断路器（CW1）双电源自动或手动互为备用、正常时，两段母线分别供电，如果一路电源有故障时，另一路电源承担全部负荷。

光盘页码：2-8

80

图（底）例存纪
描　图
描　校
日底图总号
底图总号
签　字
日　期

标记　处数　更改文件号　签字　日期
设　计
绘　图　标准化
审　定
审　核　批　准
工　艺　日　期

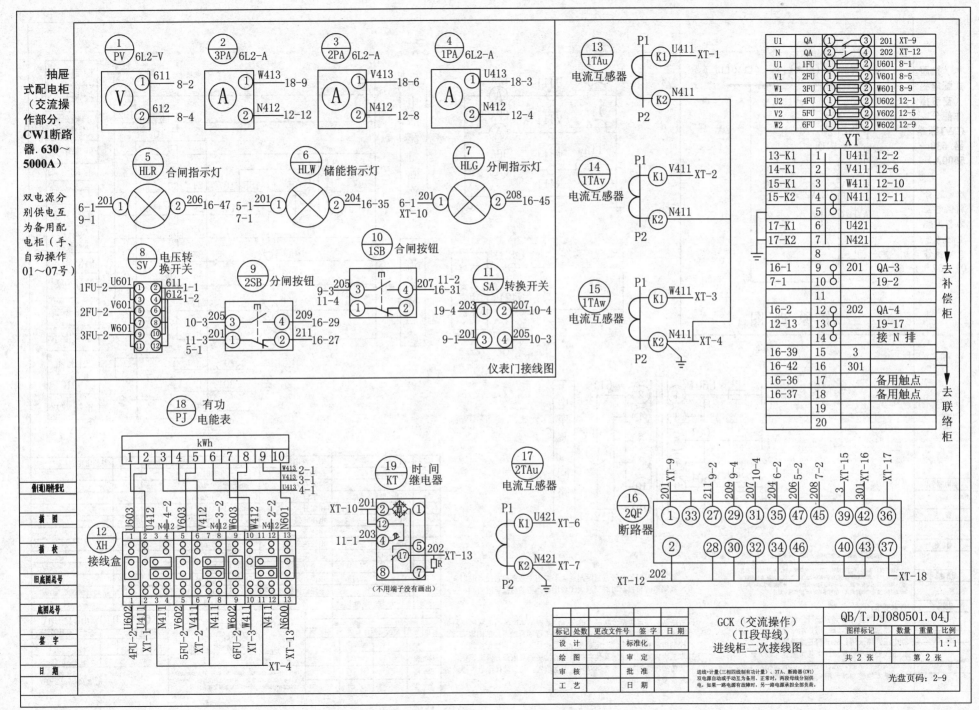

抽屉式配电柜（交流操作部分．CW1断路器．630～5000A）

双电源分别供电互为备用配电柜（手、自动操作01～07号）

仪表门接线图

GCK（交流操作）（II段母线）进线柜二次接线图

QB/T.DJ080501.04J

进线+计量(三相四线制有功计量)、3TA、断路器(CW1)
双电源自动或手动互为备用，正常时，两段母线分别供电，如果一路电源有故障时，另一路电源承担全部负荷。

光盘页码：2-9

共 2 张　　第 2 张

比例 1:1

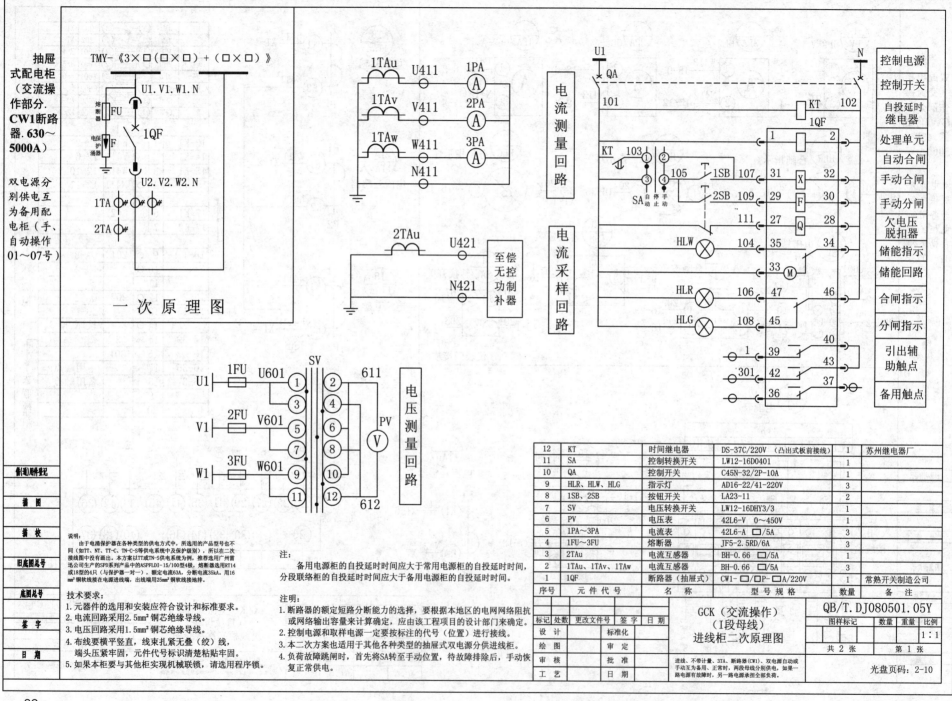

抽屉式配电柜（交流操作部分.CW1断路器.630～5000A）

双电源分别供电互为备用配电柜（手、自动操作01～07号）

TMY-《3×□(□×□)+(□×□)》

一次原理图

电流测量回路

电流采样回路

电压测量回路

控制电源
控制开关
自投延时继电器
处理单元
自动合闸
手动合闸
手动分闸
欠电压脱扣器
储能指示
储能回路
合闸指示
分闸指示
引出辅助触点
备用触点

说明：
由于电涌保护器在各种类型的供电方式中，所选用的产品型号也不同（如TT、NT、TT-C、TN-C-S等供电系统中及保护级别），所以在二次接线图中没有画出。本方案以TT或TN-S供电系统为例，推荐选用广州雷迅公司生产的SPD系列产品中的ASPFLD1-15/100型4极，熔断器选用RT14或18型的4只（与保护器一对一），额定电流63A，分断电流35kA。用16mm²铜软线接在电源进线端，出线端用25mm²铜软线接地排。

技术要求：
1. 元器件的选用和安装应符合设计和标准要求。
2. 电流回路采用2.5mm²铜芯绝缘导线。
3. 电压回路采用1.5mm²铜芯绝缘导线。
4. 布线要横平竖直，线束扎紧无叠（绞）线，端头紧紧牢固，元件代号标识清楚粘贴牢固。
5. 如果本柜要与其他柜实现机械联锁，请选用程序锁。

注：
备用电源柜的自投延时时间应大于常用电源柜的自投延时时间，分段联络柜的自投延时时间应大于备用电源柜的自投延时时间。

注明：
1. 断路器的额定短路分断能力的选择，要根据本地区的电网网络阻抗或网络输出容量来计算确定，应由该工程项目的设计部门来确定。
2. 控制电源和取样电源一定要按标注的代号（位置）进行接线。
3. 本二次方案也适用于其他各种类型的抽屉式双电源供电进线柜。
4. 负荷故障跳闸时，首先将SA转至手动位置，待故障排除后，手动恢复正常供电。

12	KT	时间继电器	DS-37C/220V （凸出式板前接线）	1	苏州继电器厂
11	SA	控制转换开关	LW12-16D0401	1	
10	QA	控制开关	C45N-32/2P-10A	1	
9	HLR、HLW、HLG	指示灯	AD16-22/41-220V	3	
8	1SB、2SB	按钮开关	LA23-11	2	
7	SV	电压转换开关	LW12-16DHY3/3	1	
6	PV	电压表	42L6-V 0～450V	1	
5	1PA～3PA	电流表	42L6-A □/5A	3	
4	1FU～3FU	熔断器	JF5-2.5RD/6A	3	
3	2TAu	电流互感器	BH-0.66 □/5A	1	
2	1TAu、1TAv、1TAw	电流互感器	BH-0.66 □/5A	3	
1	1QF	断路器（抽屉式）	CW1-□/□P-□A/220V	1	常熟开关制造公司
序号	元件代号	名称	型号规格	数量	备注

修(通)图附标记		
描 图		
描 校		
旧底图总号		
底图总号		
签 字		
日 期		

GCK（交流操作）（I段母线）进线柜二次原理图

QB/T.DJ080501.05Y

标记	处数	更改文件号	签字	日期
设 计		标准化		
绘 图		审 定		
审 核		批 准		
工 艺		日 期		

图样标记		数量	重量	比例
				1:1
共 2 张			第 1 张	

进线、不带计量、3TA、断路器（CW1）、双电源自动或手动切换为备用、正常时，两段母线分别供电，如果一路电源有故障时，另一路电源承担全部负荷。

光盘页码：2-10

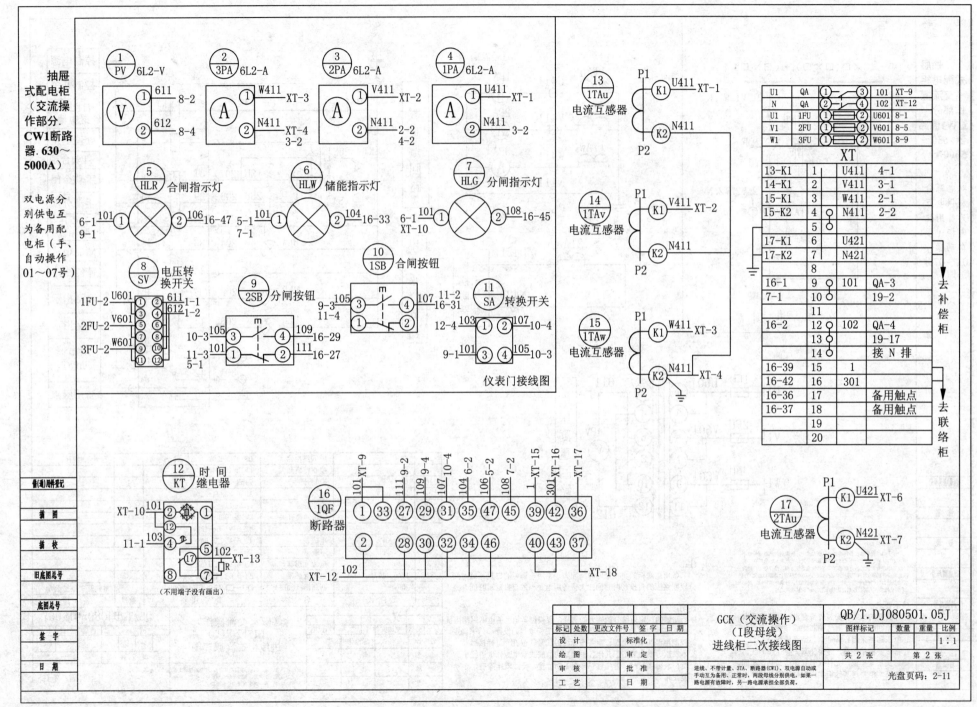

GCK（交流操作）（I段母线）进线柜二次接线图

QB/T.DJ080501.05J

共 2 张　第 2 张

光盘页码：2-11

83

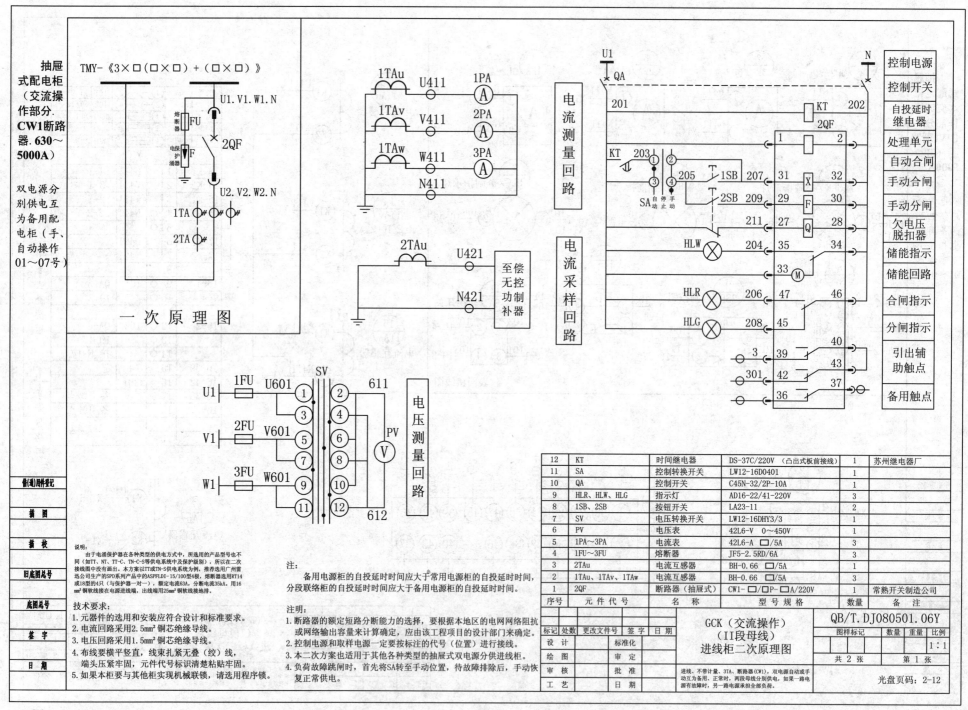

抽屉式配电柜（交流操作部分.CW1断路器.630～5000A）

双电源分别供电互为备用配电柜（手、自动操作01～07号）

TMY-《3×□(□×□)+(□×□)》

一次原理图

电流测量回路

电流采样回路

至偿无控功率制补器

电压测量回路

控制电源
控制开关
自投延时继电器
处理单元
自动合闸
手动合闸
手动分闸
欠电压脱扣器
储能指示
储能回路
合闸指示
分闸指示
引出辅助触点
备用触点

说明：
由于电涌保护器在各种类型的供电方式中，所选用的产品型号也不同（如TT、NT、TT-C、TN-C-S等供电系统中及保护级别），所以在二次接线图中没有画出。本方案以TT或TN-S供电系统为例，推荐选用广州雷迅公司生产的SPD系列产品中的ASPFLDI-15/100型4极，熔断器选用RT14或18型的4只（与保护器一对一），额定电流63A，分断电流35kA，用16mm²铜软线接在电源进线端，出线端用25mm²铜软线接地排。

技术要求：
1. 元器件的选用和安装应符合设计和标准要求。
2. 电流回路采用2.5mm²铜芯绝缘导线。
3. 电压回路采用1.5mm²铜芯绝缘导线。
4. 布线要横平竖直，线束扎紧无叠（绞）线，端头压紧牢固，元件代号标识清楚粘贴牢固。
5. 如果本柜要与其他柜实现机械联锁，请选用程序锁。

注：
备用电源柜的自投延时时间应大于常用电源柜的自投延时时间，分段联络柜的自投延时时间应大于备用电源柜的自投延时时间。

注明：
1. 断路器的额定短路分断能力的选择，要根据本地区的电网网络阻抗或网络输出容量来计算确定，应由该工程项目的设计部门确定。
2. 控制电源和取样电源一定要按标注的代号（位置）进行接线。
3. 本二次方案也适用于其他各种类型的抽屉式双电源分供进线柜。
4. 负荷故障跳闸时，首先将SA转至手动位置，待故障排除后，手动恢复正常供电。

12	KT	时间继电器	DS-37C/220V（凸出式板前接线）	1	苏州继电器厂
11	SA	控制转换开关	LW12-16D0401	1	
10	QA	控制开关	C45N-32/2P-10A	1	
9	HLR、HLW、HLG	指示灯	AD16-22/41-220V	3	
8	1SB、2SB	按钮开关	LA23-11	2	
7	SV	电压转换开关	LW12-16DHY3/3	1	
6	PV	电压表	42L6-V 0～450V	1	
5	1PA～3PA	电流表	42L6-A □/5A	3	
4	1FU～3FU	熔断器	JF5-2.5RD/6A	3	
3	2TAu	电流互感器	BH-0.66 □/5A	1	
2	1TAu、1TAv、1TAw	电流互感器	BH-0.66 □/5A	3	
1	2QF	断路器（抽屉式）	CW1-□/□P-□A/220V	1	常熟开关制造公司
序号	元件代号	名称	型号规格	数量	备注

GCK（交流操作）（II段母线）进线柜二次原理图

QB/T.DJ080501.06Y

	标记	处数	更改文件号	签字	日期	图样标记	数量	重量	比例
设计			标准化						1:1
绘图			审定						
审核			批准			共 2 张	第 1 张		
工艺			日期						

进线、不带计量、3TA、断路器（CW1），双电源自动或手动互为备用、正常时，两段母线分别供电，如果一路电源有故障时，另一路电源承担全部负荷。

光盘页码：2-12

标记
描图
描校
旧底图总号
底图总号
签字
日期

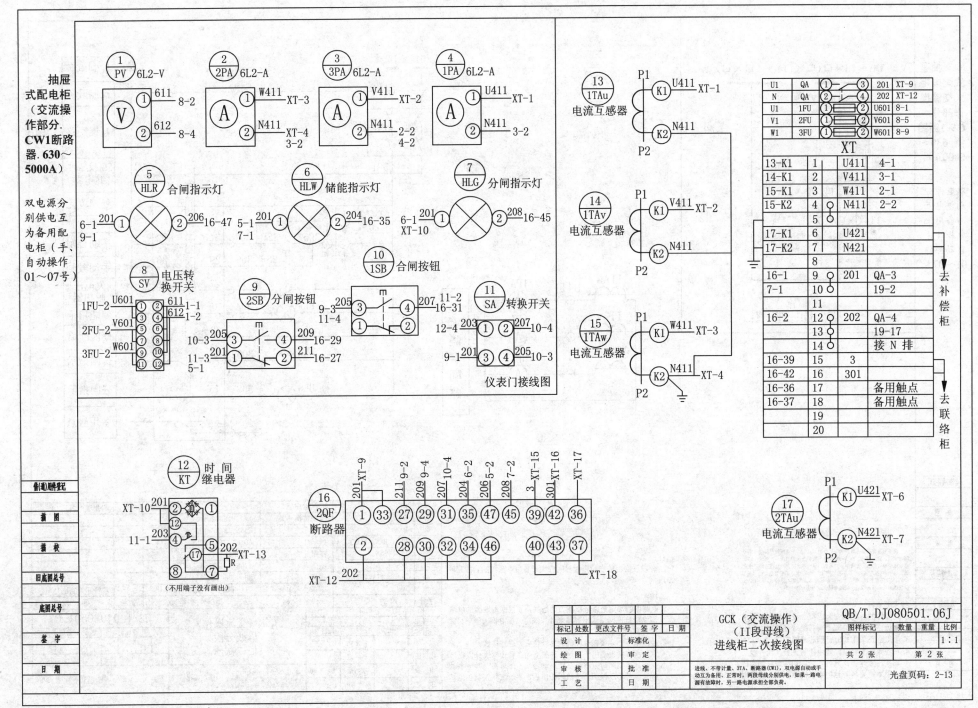

抽屉式配电柜（交流操作部分. CW1断路器. 630～5000A）

双电源分别供电互为备用配电柜（手、自动操作01～07号）

仪表门接线图

不用端子没有画出

U1	QA	① — ③	201	XT-9
N	QA	② — ④	202	XT-12
U1	1FU	① — ②	U601	8-1
V1	2FU	① — ②	V601	8-5
W1	3FU	① — ②	W601	8-9

XT

13-K1	1	U411	4-1
14-K1	2	V411	3-1
15-K1	3	W411	2-1
15-K2	4	N411	2-2
	5		
17-K1	6	U421	
17-K2	7	N421	
	8		
16-1	9	201	QA-3
7-1	10		19-2
	11		
16-2	12	202	QA-4
	13		19-17
	14		接 N 排
16-39	15	3	
16-42	16	301	
16-36	17	备用触点	
16-37	18	备用触点	
	19		
	20		

去补偿柜

去联络柜

GCK（交流操作）（II段母线）进线柜二次接线图

QB/T.DJ080501.06J

标记	处数	更改文件号	签字	日期
设 计			标准化	
绘 图			审 定	
审 核			批 准	
工 艺			日 期	

图样标记	数量	重量	比例
			1:1

共 2 张　　　第 2 张

进线、不带计量、3TA、断路器(CW1)，双电源自动或手动互为备用、正常时，两段母线分别供电，如果一路电源有故障时，另一路电源承担全部负荷。

光盘页码：2-13

85

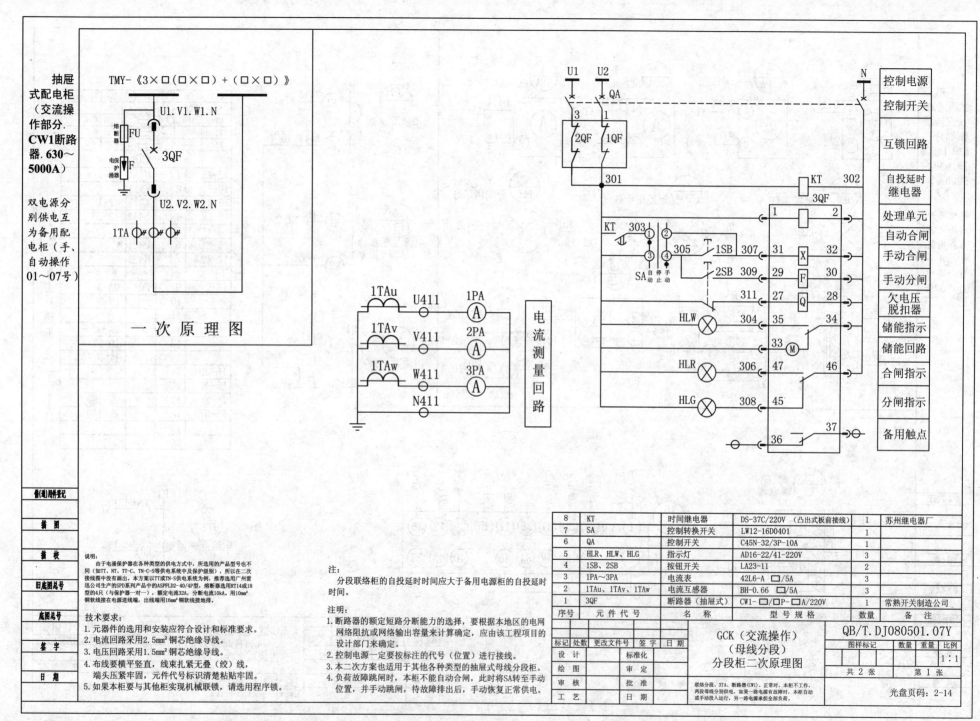

抽屉式配电柜（交流操作部分. CW1断路器.630~5000A）

双电源分别供电互为备用配电柜（手、自动操作01~07号）

TMY-《3×□(□×□)+（□×□）》

U1.V1.W1.N
熔断器 FU
电保护涌器 F
3QF
U2.V2.W2.N
1TA

一 次 原 理 图

1TAu U411 1PA (A)
1TAv V411 2PA (A)
1TAw W411 3PA (A)
N411

电流测量回路

U1 U2 N QA
3 1
2QF 1QF
301 KT 302
3QF
KT 303
305 1SB 307
SA 自动 停止 手动
2SB 309
311
HLW 304
HLR 306
HLG 308
36 37

	控制电源
1 2	控制开关
	互锁回路
	自投延时继电器
	处理单元
31 32	自动合闸 X
29 30	手动合闸 F
27 28	手动分闸 Q
35 34	欠电压脱扣器
33 M	储能指示
47 46	储能回路
45	合闸指示
	分闸指示
	备用触点

说明：
由于电涌保护器在各种类型的供电方式中，所选用的产品型号也不同（如TT、NT、TT-C、TN-C-S等供电系统中及保护级别），所以二次接线图中没有画出。本方案以TT或TN-S供电系统为例，推荐选用广州雷迅公司生产的SPD系列产品中的ASPFLD2-40/4P型，熔断器选用RT14或18型的4只（与保护器一对一），额定电流32A，分断电流10kA。用10mm²铜软线接在电源进线端，出线端用16mm²铜软线接地排。

技术要求：
1.元器件的选用和安装应符合设计和标准要求。
2.电流回路采用2.5mm²铜芯绝缘导线。
3.电压回路采用1.5mm²铜芯绝缘导线。
4.布线要横平竖直，线束扎紧无叠（绞）线，端头压紧牢固，元件代号标识清楚粘贴牢固。
5.如果本柜要与其他柜实现机械联锁，请选用程序锁。

注：
分段联络柜的自投延时时间应大于备用电源柜的自投延时时间。

注明：
1、断路器的额定短路分断能力的选择，要根据本地区的电网网络阻抗或网络输出容量来计算确定，应由该工程项目的设计部门来确定。
2、控制电源一定要按标注的代号（位置）进行接线。
3、本二次方案也适用于其他各种类型的抽屉式母线分段柜。
4、负荷故障跳闸时，本柜不能自动合闸，此时将SA转至手动位置，并手动跳闸，待故障排出后，手动恢复正常供电。

8	KT	时间继电器	DS-37C/220V（凸出式板前接线）	1	苏州继电器厂
7	SA	控制转换开关	LW12-16D0401	1	
6	QA	控制开关	C45N-32/3P-10A	1	
5	HLR、HLW、HLG	指示灯	AD16-22/41-220V	3	
4	1SB、2SB	按钮开关	LA23-11	2	
3	1PA~3PA	电流表	42L6-A □/5A	3	
2	1TAu、1TAv、1TAw	电流互感器	BH-0.66 □/5A	3	
1	3QF	断路器（抽屉式）	CW1-□/□P-□A/220V	1	常熟开关制造公司
序号	元件代号	名 称	型 号 规 格	数量	备 注

标记	处数	更改文件号	签字	日期
设 计			标准化	
绘 图			审 定	
审 核			批 准	
工 艺			日 期	

GCK（交流操作）
（母线分段）
分段柜二次原理图

QB/T.DJ080501.07Y

图样标记		数量	重量	比例
				1:1
共 2 张		第 1 张		

联络分段、3TA、断路器(CW1)、正常时，本柜不工作，两段母线分别供电，但是，某一路母线有故障时，如果本柜自动或手动投入运行，另一路电源承担全部负荷。

光盘页码：2-14

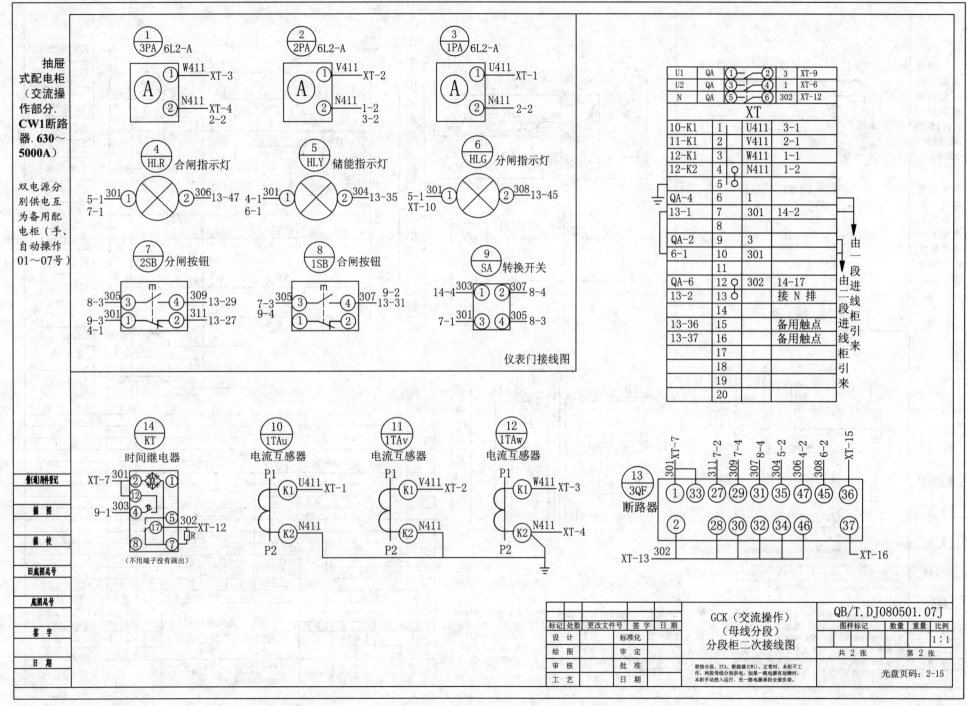

抽屉式配电柜（交流操作部分.CW1断路器.630~5000A）

双电源分别供电互为备用配电柜（手、自动操作01~07号）

| ① 3PA 6L2-A | ② 2PA 6L2-A | ③ 1PA 6L2-A |

① W411 XT-3
② N411 XT-4 2-2

② V411 XT-2
② N411 1-2 3-2

① U411 XT-1
② N411 2-2

④ HLR 合闸指示灯
5-1 7-1 301 ① 306 13-47

⑤ HLY 储能指示灯
4-1 6-1 301 ① 304 13-35

⑥ HLG 分闸指示灯
5-1 XT-10 301 ① 308 13-45

⑦ 2SB 分闸按钮
8-3 305 ③ ④ 309 13-29
9-3 4-1 301 ① ② 311 13-27

⑧ 1SB 合闸按钮
7-3 9-4 305 ③ ④ 307 9-2 13-31
① ②

⑨ SA 转换开关
14-4 ① ② 307 8-4
7-1 301 ③ ④ 305 8-3

仪表门接线图

U1	QA	① ②	3	XT-9
U2	QA	③ ④	1	XT-6
N	QA	⑤ ⑥	302	XT-12

XT			
10-K1	1	U411	3-1
11-K1	2	V411	2-1
12-K1	3	W411	1-1
12-K2	4	N411	1-2
	5		
QA-4	6	1	
13-1	7	301	14-2
	8		
QA-2	9	3	
6-1	10	301	
	11		
QA-6	12	302	14-17
13-2	13		接 N 排
	14		
13-36	15		备用触点
13-37	16		备用触点
	17		
	18		
	19		
	20		

由一段进线柜引来
由二段进线柜引来

⑭ KT 时间继电器
XT-7 301 ②
⑫
9-1 303 ④
⑰ 302 R XT-12
⑧ ⑦
（不用端子没有画出）

⑩ 1TAu 电流互感器
P1 K1 U411 XT-1
P2 K2 N411 XT-4

⑪ 1TAv 电流互感器
P1 K1 V411 XT-2
P2 K2 N411

⑫ 1TAw 电流互感器
P1 K1 W411 XT-3
P2 K2 N411

⑬ 3QF 断路器
301 XT-7 311 7-2 309 7-4 307 8-4 304 5-2 306 4-2 308 6-2 XT-15
① ㉝ ㉗ ㉙ ㉛ ㉟ ㊼ ㊺ ㊱
② ㉘ ㉚ ㉜ ㉞ ㊻ ㊲
XT-13 302 XT-16

GCK（交流操作）（母线分段）分段柜二次接线图

QB/T.DJ080501.07J

标记	处数	更改文件号	签字	日期
设计			标准化	
绘图			审定	
审核			批准	
工艺			日期	

图样标记 | 数量 | 重量 | 比例 1:1
共 2 张 | 第 2 张

联络分段，3TA、断路器（CW1）、正常时，本柜不工作，两段母线分别供电，如果一路电源有故障时，本柜手动投入运行，另一路电源承担全部负荷。

光盘页码：2-15

僧(进)件登记
描 图
描 校
旧底图总号
底图总号
签 字
日 期

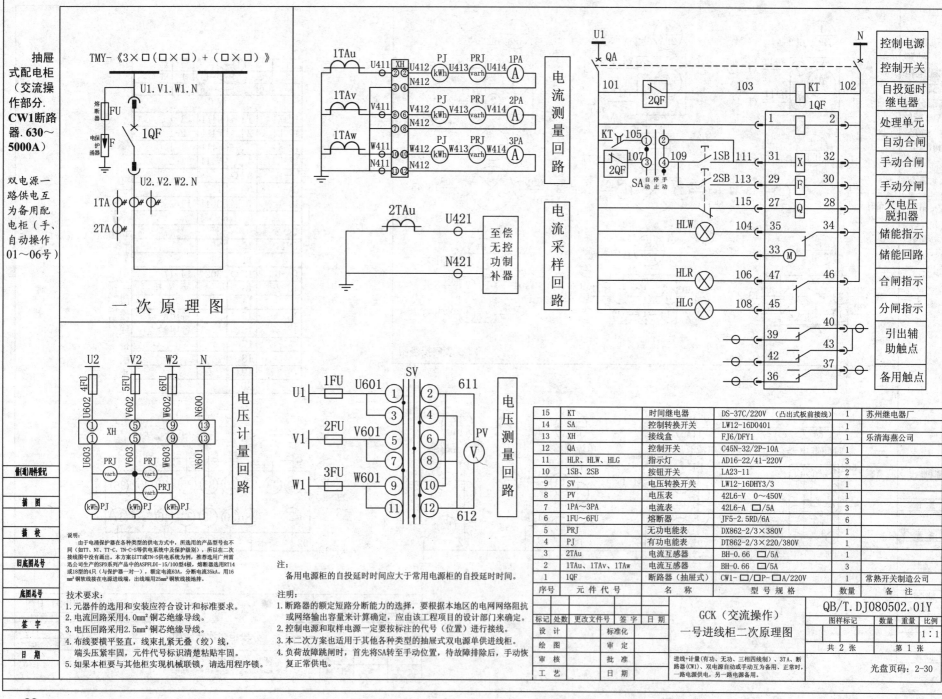

抽屉式配电柜（交流操作部分.CW1断路器.630~5000A）

双电源一路供电互为备用配电柜（手、自动操作01~06号）

TMY-《3×□(□×□)+(□×□)》

一次原理图

电压计量回路

电压测量回路

电流测量回路

电流采样回路

至偿无控功制补器

控制电源
控制开关
自投延时继电器
处理单元
自动合闸
手动合闸
手动分闸
欠电压脱扣器
储能指示
储能回路
合闸指示
分闸指示
引出辅助触点
备用触点

15	KT	时间继电器	DS-37C/220V（凸出式板前接线）	1	苏州继电器厂
14	SA	控制转换开关	LW12-16D0401	1	
13	XH	接线盒	FJ6/DFY1	1	乐清海燕公司
12	QA	控制开关	C45N-32/2P-10A	1	
11	HLR、HLW、HLG	指示灯	AD16-22/41-220V	3	
10	1SB、2SB	按钮开关	LA23-11		
9	SV	电压转换开关	LW12-16DHY3/3	1	
8	PV	电压表	42L6-V 0~450V	1	
7	1PA~3PA	电流表	42L6-A □/5A	3	
6	1FU~6FU	熔断器	JF5-2.5RD/6A	6	
5	PRJ	无功电能表	DX862-2/3×380V		
4	PJ	有功电能表	DT862-2/3×220/380V		
3	2TAu	电流互感器	BH-0.66 □/5A		
2	1TAu、1TAv、1TAw	电流互感器	BH-0.66 □/5A	3	
1	1QF	断路器（抽屉式）	CW1-□/□P-□A/220V	1	常熟开关制造公司
序号	元件代号	名 称	型 号 规 格	数量	备 注

说明：
由于电涌保护器在各种类型的供电方式中，所选用的产品型号也不同（如TT、NT、TT-C、TN-C-S等供电系统中及保护级别），所以本二次接线图中没有画出。本方案以TT或TN-S供电系统为例，推荐选用广州雷迅公司生产的SPD系列产品中的ASPFLDI-15/100型4极，熔断器选用RT14或18型的4只（与保护器一对一），额定电流63A，分断电流35kA，用16mm²铜软线接在电源进线端，出线端用25mm²铜软线接地墙。

技术要求：
1.器件的选用和安装应符合设计和标准要求。
2.电流回路采用4.0mm²铜芯绝缘导线。
3.电压回路采用2.5mm²铜芯绝缘导线。
4.布线要横平竖直，线束扎紧无叠（绞）线，端头压紧牢固，元件代号标识清楚粘贴牢固。
5.如果本柜要与其他柜实现机械联锁，请选用程序锁。

注：
备用电源柜的自投延时时间应大于常用电源柜的自投延时时间。

注明：
1.断路器的额定短路分断能力的选择，要根据本地区的电网网络阻抗或网络输出容量来计算确定，应由该工程项目的设计部门来确定。
2.控制电源和取样电源一定要按标注的代号（位置）进行接线。
3.本二次方案也适用于其他各种类型的抽屉式双电源单供进线柜。
4.负荷故障跳闸时，首先将SA转至手动位置，待故障排除后，手动恢复正常供电。

卷（迎）用件登记							
描 图							
描 校							
旧底图总号							
底图总号							
签 字							
日 期							

标记	处数	更改文件号	签 字	日期		GCK（交流操作）一号进线柜二次原理图	QB/T.DJ080502.01Y	
设 计			标准化				图样标记	数量 重量 比例
绘 图			审 定					1:1
审 核			批 准			进线+计量(有功、无功、三相四线制)、3TA、断路器(CW1)、双电源自动或手动互为备用，正常时，一路电源供电，另一路电源备用。	共 2 张 第 1 张	
工 艺			日 期				光盘页码：2-30	

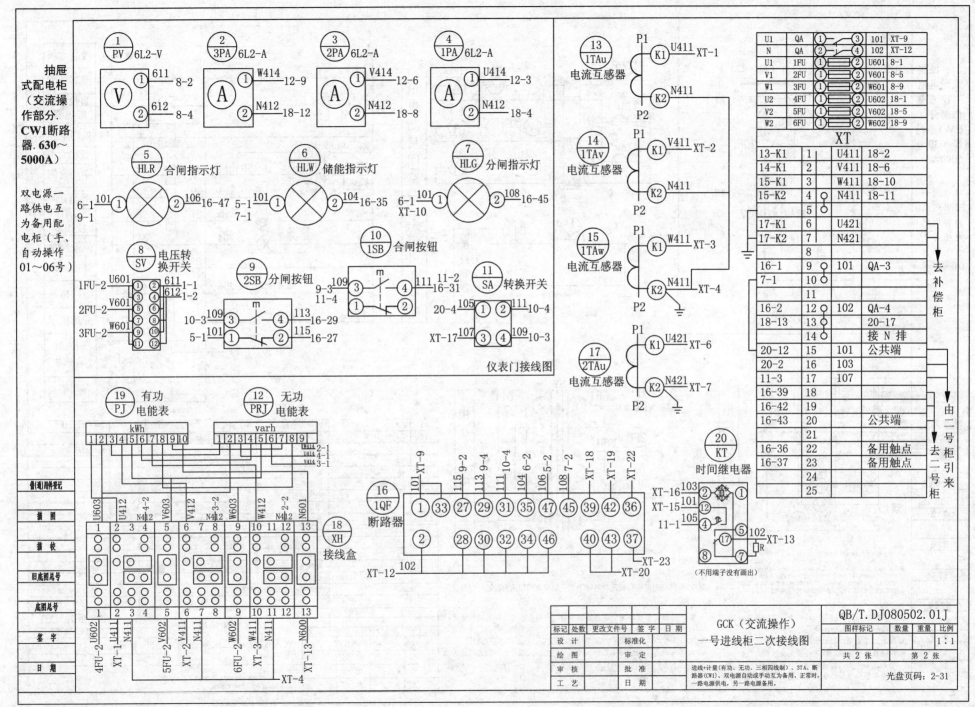

抽屉式配电柜（交流操作部分. CW1断路器. 630～5000A）

双电源一路供电互为备用配电柜（手、自动操作01～06号）

仪表门接线图

GCK（交流操作）一号进线柜二次接线图

QB/T.DJ080502.01J

进线+计量（有功、无功、三相四线制）、3TA、断路器（CW1）、双电源自动或或手动互为备用，正常时，一路电源供电，另一路电源备用。

共 2 张　第 2 张

比例 1:1

光盘页码：2-31

89

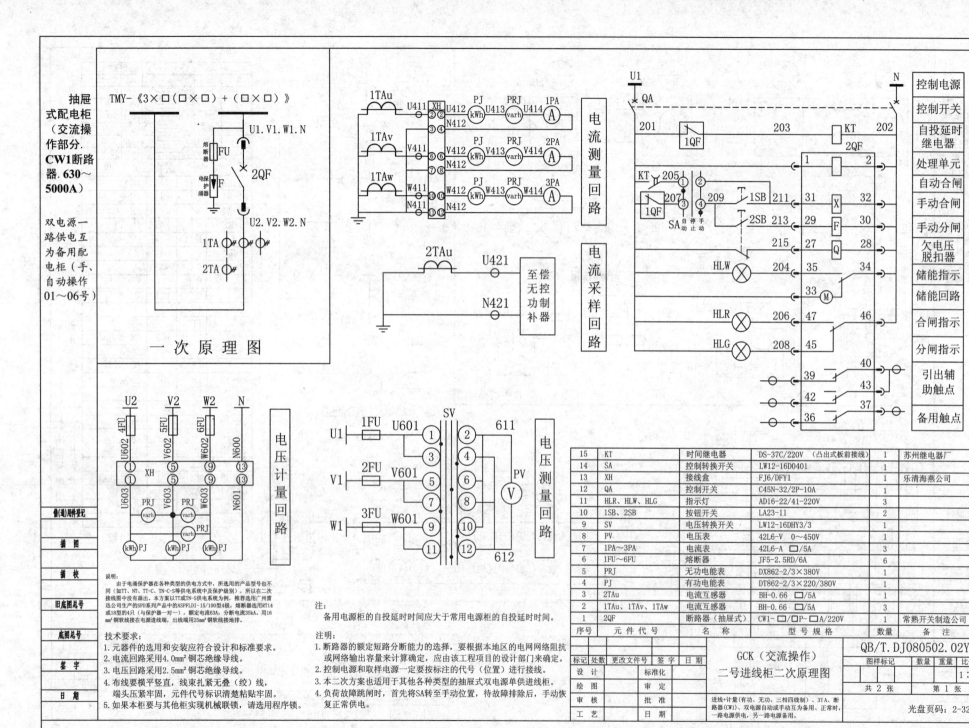

抽屉式配电柜（交流操作部分.CW1断路器.630～5000A）

双电源一路供电互为备用配电柜（手、自动操作01～06号）

TMY-《3×□(□×□)+(□×□)》

一次原理图

熔断器 FU
电保护涌器 F
2QF

U1.V1.W1.N
U2.V2.W2.N

1TA
2TA

电流测量回路

电流采样回路

至偿无控功制器补器

电压计量回路

电压测量回路

控制电源
控制开关
自投延时继电器
处理单元
自动合闸
手动合闸
手动分闸
欠电压脱扣器
储能指示
储能回路
合闸指示
分闸指示
引出辅助触点
备用触点

说明：
由于电涌保护器在各种类型的供电方式中，所选用的产品型号也不同（如TT、NT、TT-C、TN-C-S等供电系统中及保护级别），所以本二次接线图中没有画出。本方案以TT或TN-S供电系统为例，推荐选用广州雷迅公司生产的SPD系列产品中的ASPFLD1-15/100型4极，分断器选用KT14或18型的4只（与保护器一对一），额定电流63A，分断电流35kA，用16mm²铜软线接在电源进线端，出线端用25mm²铜软线接地排。

技术要求：
1. 元器件的选用和安装应符合设计和标准要求。
2. 电流回路采用4.0mm²铜芯绝缘导线。
3. 电压回路采用2.5mm²铜芯绝缘导线。
4. 布线要横平竖直，线束扎紧无叠（绞）线，端头压紧牢固，元件代号标识清楚粘贴牢固。
5. 如果本柜要与其他柜实现机械联锁，请选用程序锁。

注：
备用电源柜的自投延时时间应大于常用电源柜的自投延时时间。

注明：
1. 断路器的额定短路分断能力的选择，要根据本地区的电网网络阻抗或网络输出容量来计算确定，应由该工程项目的设计部门来确定。
2. 控制电源和取样电源一定要按标注的代号（位置）进行接线。
3. 本二次方案也适用于其他各种类型的抽屉式双电源单供进线柜。
4. 负荷故障跳闸时，首先将SA转至手动位置，待故障排除后，手动恢复正常供电。

15	KT	时间继电器	DS-37C/220V（凸出式板前接线）	1	苏州继电器厂
14	SA	控制转换开关	LW12-16D0401	1	
13	XH	接线盒	FJ6/DFY1	1	乐清海燕公司
12	QA	控制开关	C45N-32/2P-10A	1	
11	HLR、HLW、HLG	指示灯	AD16-22/41-220V	3	
10	1SB、2SB	按钮开关	LA23-11	2	
9	SV	电压转换开关	LW12-16DHY3/3	1	
8	PV	电压表	42L6-V 0～450V	1	
7	1PA～3PA	电流表	42L6-A □/5A	3	
6	1FU～6FU	熔断器	JF5-2.5RD/6A	6	
5	PRJ	无功电能表	DX862-2/3×380V	1	
4	PJ	有功电能表	DT862-2/3×220/380V	1	
3	2TAu	电流互感器	BH-0.66 □/5A	1	
2	2TAu、1TAv、1TAw	电流互感器	BH-0.66 □/5A	3	
1	2QF	断路器（抽屉式）	CW1-□/□P-□A/220V	1	常熟开关制造公司
序号	元件代号	名称	型号规格	数量	备注

GCK（交流操作）二号进线柜二次原理图

QB/T.DJ080502.02Y

图样标记　数量　重量　比例
1:1

共2张　第1张

进线+计量（有功、无功、三相四线制）、3TA、断路器（CW1）、双电源自动或手动互为备用、正常时，一路电源供电，另一路电源备用。

光盘页码：2-32

设计　标准化
绘图　审定
审核　批准
工艺　日期

标记　处数　更改文件号　签字　日期

普(通)用件登记
描图
描校
旧底图总号
底图总号
签字
日期

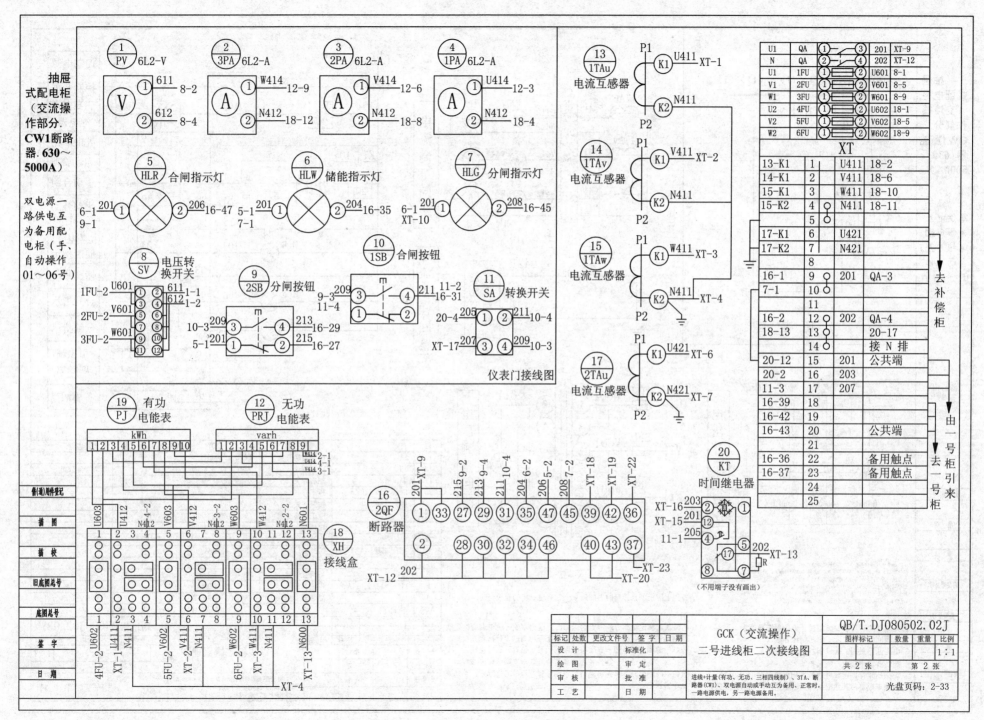

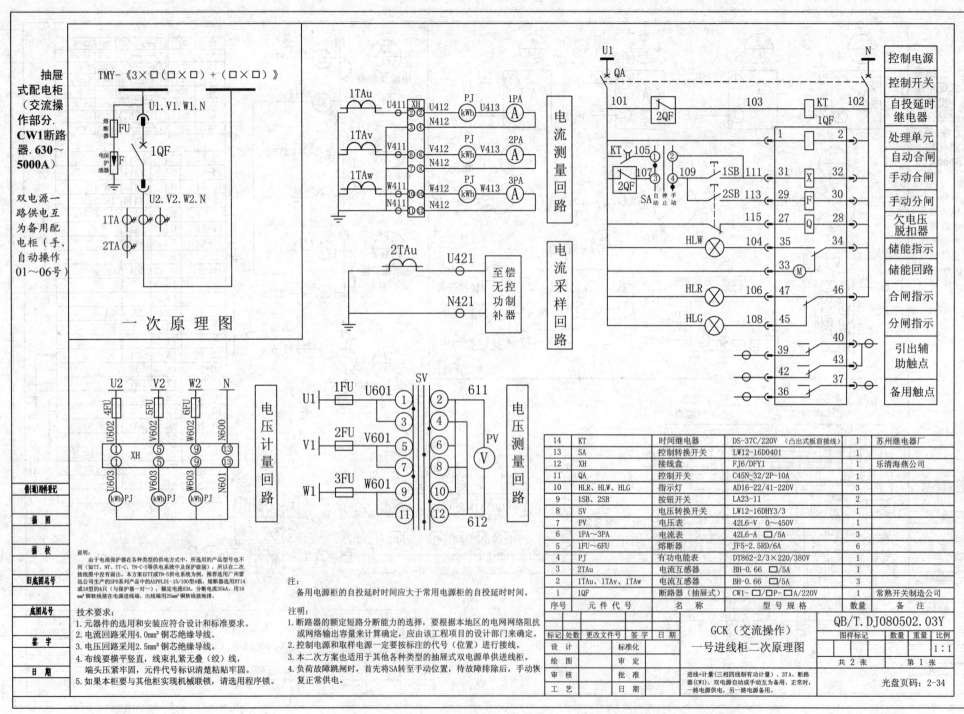

抽屉式配电柜（交流操作部分．CW1断路器．630～5000A）

双电源一路供电互为备用配电柜（手、自动操作01～06号）

TMY-《3×□(□×□)+(□×□)》

U1.V1.W1.N

熔断器 FU

电涌保护器 F

1QF

U2.V2.W2.N

1TA

2TA

一次原理图

电流测量回路

1TAu U411 XH U412 PJ kWh U413 1PA A

1TAv V411 V412 PJ kWh V413 2PA A

1TAw W411 W412 PJ kWh W413 3PA A

N411 N412

电流采样回路

2TAu U421 至偿无控功率补器

N421

控制电源 U1 N

控制开关 QA

自投延时继电器

处理单元

自动合闸

手动合闸

手动分闸

欠电压脱扣器

储能指示

储能回路

合闸指示

分闸指示

引出辅助触点

备用触点

101 2QF 103 KT 102 1QF

KT 105 ① ② 107 ③ ④ 109 1SB 111 1 2 31 X 32 29 F 30 27 Q 28 35 34 33 M 47 46 45 39 40 43 42 37 36

2QF SA 自动 停 手动 止 1SB 113 2SB 115

HLW 104

HLR 106

HLG 108

电压计量回路

U2 V2 W2 N

4FU 5FU 6FU

U602 V602 W602 N600

① ⑤ ⑨ ⑬ XH

U603 V603 W603 N601

kWh PJ kWh PJ kWh PJ

电压测量回路

1FU U601 SV 611

U1 ① ②

③ ④

2FU V601 ⑤ ⑥

V1 ⑦ ⑧ PV V

3FU W601 ⑨ ⑩

W1 ⑪ ⑫ 612

说明：
由于电涌保护器在各种类型的供电方式中，所选用的产品型号也不同（如TT、NT、TT-C、TN-C-S等供电系统中及保护级别，所以在二次接线图中没有画出。本方案以TT或TN-S供电系统为例，推荐选用广州雷迅公司生产的SPD系列产品中的ASPFLD1-15/100型4极，熔断器选用RT14或18型的4只（与保护器一对一），额定电流63A，分断电流35kA，用16mm²铜软线接在电源进线端，出线端用25mm²铜软线接地排。

技术要求：
1. 元器件的选用和安装应符合设计和标准要求。
2. 电流回路采用4.0mm²铜芯绝缘导线。
3. 电压回路采用2.5mm²铜芯绝缘导线。
4. 布线要横平竖直，线束扎紧无叠（绞）线，端头压紧牢固，元件代号标识清楚粘贴牢固。
5. 如果本柜要与其他柜实现机械联锁，请选用程序锁。

注：
备用电源柜的自投延时时间应大于常用电源柜的自投延时时间。

注明：
1. 断路器的额定短路分断能力的选择，要根据本地区的电网网络阻抗或网络输出容量来计算确定，应由该工程项目的设计部门来确定。
2. 控制电源和取样电源一定要按标注的代号（位置）进行接线。
3. 本二次方案也适用于其他各种类型的抽屉式双电源单供进线柜。
4. 负荷故障跳闸时，首先将SA转至手动位置，待故障排除后，手动恢复正常供电。

14	KT	时间继电器	DS-37C/220V（凸出式板前接线）	1	苏州继电器厂
13	SA	控制转换开关	LW12-16D0401	1	
12	XH	接线盒	FJ6/DFY1	1	乐清海燕公司
11	QA	控制开关	C45N-32/2P-10A	1	
10	HLR、HLW、HLG	指示灯	AD16-22/41-220V	3	
9	1SB、2SB	按钮开关	LA23-11	2	
8	SV	电压转换开关	LW12-16DHY3/3	1	
7	PV	电压表	42L6-V 0～450V	1	
6	1PA～3PA	电流表	42L6-A □/5A	3	
5	1FU～6FU	熔断器	JF5-2.5RD/6A	6	
4	PJ	有功电能表	DT862-2/3×220/380V	1	
3	2TAu	电流互感器	BH-0.66 □/5A	1	
2	1TAu、1TAv、1TAw	电流互感器	BH-0.66 □/5A	3	
1	1QF	断路器（抽屉式）	CW1-□/□P-□A/220V	1	常熟开关制造公司
序号	元件代号	名称	型号规格	数量	备注

借(通)用件登记					
描 图					
描 校					
旧底图总号					
底图总号					
签 字					
日 期					

GCK（交流操作）一号进线柜二次原理图

QB/T.DJ080502.03Y

标记	处数	更改文件号	签字	日期
设 计		标准化		
绘 图		审 定		
审 核		批 准		
工 艺		日 期		

图样标记 | 数量 | 重量 | 比例
| | | 1:1 |

共 2 张 | 第 1 张

进线+计量（三相四线制有功计量）、3TA、断路器（CW1）、双电源自动或手动互为备用、正常时，一路电源供电，另一路电源备用。

光盘页码：2-34

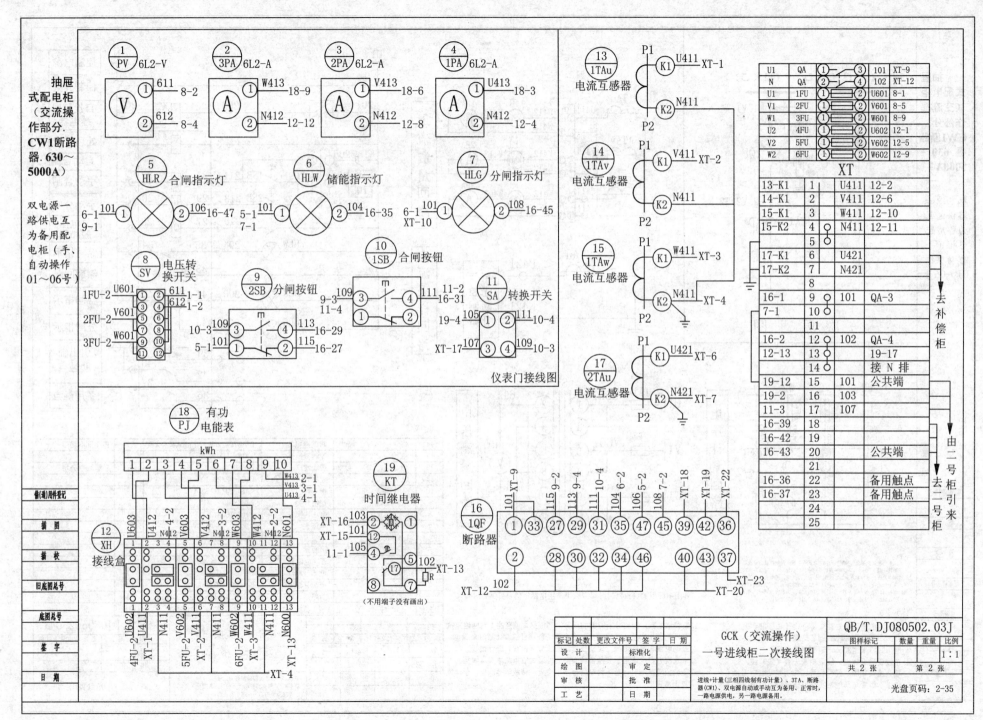

抽屉式配电柜（交流操作部分．CW1断路器．630～5000A）

双电源一路供电互为备用配电柜（手、自动操作01～06号）

① PV 6L2-V
② 3PA 6L2-A
③ 2PA 6L2-A
④ 1PA 6L2-A

⑤ HLR 合闸指示灯
⑥ HLW 储能指示灯
⑦ HLG 分闸指示灯

⑧ SV 电压转换开关
⑨ 2SB 分闸按钮
⑩ 1SB 合闸按钮
⑪ SA 转换开关

仪表门接线图

⑬ 1TAu 电流互感器
⑭ 1TAv 电流互感器
⑮ 1TAw 电流互感器
⑰ 2TAu 电流互感器

U1	QA	①	③	101	XT-9
N	QA	②	④	102	XT-12
U1	1FU	①	②	U601	8-1
V1	2FU	①	②	V601	8-5
W1	3FU	①	②	W601	8-9
U2	4FU	①	②	U602	12-1
V2	5FU	①	②	V602	12-5
W2	6FU	①	②	W602	12-9

XT

13-K1	1	U411	12-2
14-K1	2	V411	12-6
15-K1	3	W411	12-10
15-K2	4	N411	12-11
	5		
17-K1	6	U421	
17-K2	7	N421	
	8		
16-1	9	101	QA-3
7-1	10		
	11		
16-2	12	102	QA-4
12-13	13		19-17
	14		接 N 排
19-12	15	101	公共端
19-2	16	103	
11-3	17	107	
16-39	18		
16-42	19		
16-43	20		公共端
	21		
16-36	22		备用触点
16-37	23		备用触点
	24		
	25		

去补偿柜

由二号柜引来

去二号柜

⑱ PJ 有功电能表 kWh

⑫ XH 接线盒

⑲ KT 时间继电器
（不用端子没有画出）

⑯ 1QF 断路器

GCK（交流操作）一号进线柜二次接线图

QB/T.DJ080502.03J

标记	处数	更改文件号	签字	日期
设 计		标准化		
绘 图		审 定		
审 核		批 准		
工 艺		日 期		

进线+计量(三相四线制有功计量)、3TA、断路器(CW1)、双电源自动或手动互为备用，正常时，一路电源供电，另一路电源备用。

图样标记	数量	重量	比例
			1:1

共 2 张　第 2 张

光盘页码：2-35

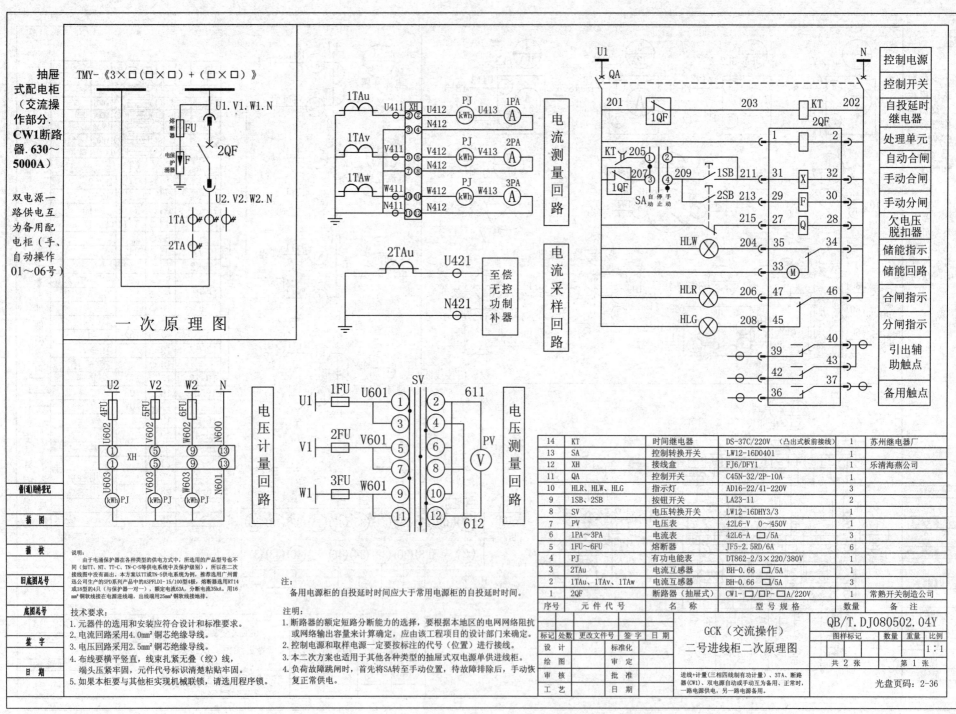

抽屉式配电柜（交流操作部分. CW1断路器. 630~5000A）

双电源一路供电互为备用配电柜（手、自动操作01~06号）

TMY-《3×□(□×□)+(□×□)》

一次原理图

电流测量回路

电流采样回路

电压计量回路

电压测量回路

至偿无控功制补器

	控制电源
	控制开关
	自投延时继电器
	处理单元
	自动合闸
	手动合闸
	手动分闸
	欠电压脱扣器
	储能指示
	储能回路
	合闸指示
	分闸指示
	引出辅助触点
	备用触点

说明：
由于电涌保护器在各种类型的供电方式中，所选用的产品型号也不同（如TT、NT、TT-C、TN-C-S等供电系统中及保护级别），所以在二次接线图中没有画出。本方案以IT或TN-S供电系统为例，推荐选用广州雷迅公司生产的SPD系列产品中的ASPFLD1-15/100型4级，熔断器选用RT14或18型的4只（与保护器一对一），额定电流63A，分断电流35kA，用16mm²铜软线接在电源进线端，出线端用25mm²铜软线接地排。

注：
备用电源柜的自投延时时间应大于常用电源柜的自投延时时间。

技术要求：
1. 元器件的选用和安装应符合设计和标准要求。
2. 电流回路采用4.0mm²铜芯绝缘导线。
3. 电压回路采用2.5mm²铜芯绝缘导线。
4. 布线要横平竖直，线束扎紧无叠（绞）线，端头压紧牢固，元件代号标识清楚粘贴牢固。
5. 如果本柜要与其他柜实现机械联锁，请选用程序锁。

注明：
1. 断路器的额定短路分断能力的选择，要根据本地区的电网网络阻抗或网络输出容量来计算确定，应由该工程项目的设计部门来确定。
2. 控制电源和取样电源一定要按标注的代号（位置）进行接线。
3. 本二次方案也适用于其他各种类型的抽屉式双电源单供进线柜。
4. 负荷故障跳闸时，首先将SA转至手动位置，待故障排除后，手动恢复正常供电。

14	KT	时间继电器	DS-37C/220V（凸出式板前接线）	1	苏州继电器厂
13	SA	控制转换开关	LW12-16D0401	1	
12	XH	接线盒	FJ6/DFY1	1	乐清海燕公司
11	QA	控制开关	C45N-32/2P-10A	1	
10	HLR、HLW、HLG	指示灯	AD16-22/41-220V	3	
9	1SB、2SB	按钮开关	LA23-11	2	
8	SV	电压转换开关	LW12-16DHY3/3	1	
7	PV	电压表	42L6-V 0~450V	1	
6	1PA~3PA	电流表	42L6-A □/5A	3	
5	1FU~6FU	熔断器	JF5-2.5RD/6A	6	
4	PJ	有功电能表	DT862-2/3×220/380V	1	
3	2TAu	电流互感器	BH-0.66 □/5A	1	
2	1TAu、1TAv、1TAw	电流互感器	BH-0.66 □/5A	3	
1	2QF	断路器（抽屉式）	CW1-□/□P-□A/220V	1	常熟开关制造公司
序号	元件代号	名称	型号规格	数量	备注

备(通)用件登记
描 图
描 校
旧底图总号
底图总号
签 字
日 期

标记	处数	更改文件号	签字	日期
设计			标准化	
绘图			审定	
审核			批准	
工艺			日期	

GCK（交流操作）
二号进线柜二次原理图

QB/T.DJ080502.04Y

图样标记		数量	重量	比例
				1:1

共 2 张   第 1 张

进线+计量（三相四线制有功计量）、3TA、断路器（CW1）、双电源自动或手动互为备用、正常时，一路电源供电，另一路电源备用。

光盘页码：2-36

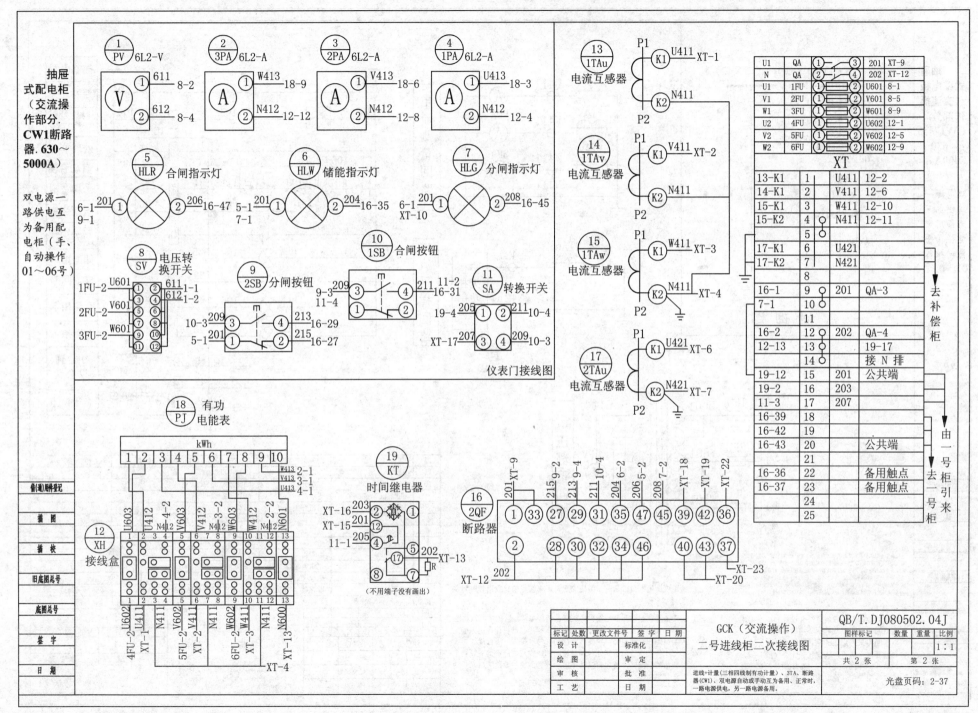

仪表门接线图

GCK（交流操作）
二号进线柜二次接线图

QB/T.DJ080502.04J

共 2 张　第 2 张

光盘页码：2-37

进线+计量(三相四线制有功计量)、3TA、断路器(CW1)、双电源自动或手动互为备用、正常时，一路电源供电，另一路电源备用。

抽屉式配电柜（交流操作部分.CW1断路器.630～5000A）

双电源一路供电互为备用配电柜（手、自动操作01～06号）

95

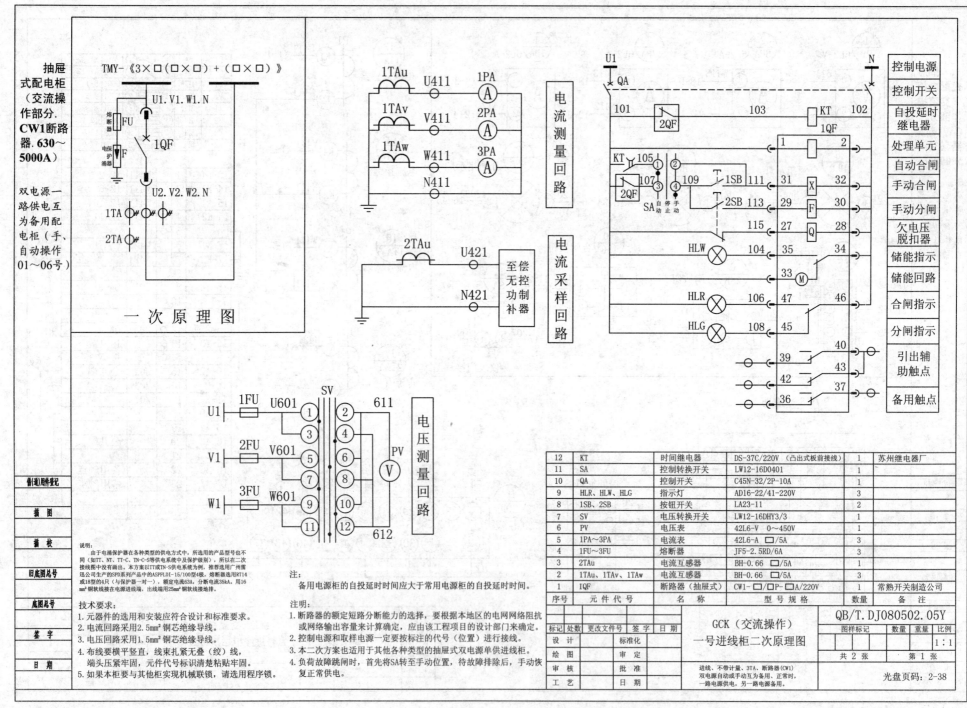

抽屉式配电柜（交流操作部分.CW1断路器.630～5000A）

双电源一路供电互为备用配电柜（手、自动操作01～06号）

TMY-《3×□（□×□）+（□×□）》

U1.V1.W1.N

熔断器 FU

电保护涌器 F

1QF

U2.V2.W2.N

1TA

2TA

一次原理图

1TAu U411 1PA (A)
1TAv V411 2PA (A)
1TAw W411 3PA (A)
N411

电流测量回路

2TAu U421 至偿无控功制补器

N421

电流采样回路

电压测量回路

U1 1FU U601 SV 611
V1 2FU V601
W1 3FU W601 612

SV (1)(3)(5)(7)(9)(11) (2)(4)(6)(8)(10)(12) PV (V)

电压测量回路

U1 QA N

101 2QF 103 KT 102 1QF

1 2

KT 105 ① ②
2QF 107 ③ ④ 109 1SB 111 31 X 32

SA 自动 停 手动 止 2SB 113 29 F 30

115 27 Q 28

HLW ⊗ 104 35 34

33 M

HLR ⊗ 106 47 46

45

HLG ⊗ 108 45

39 40

42 43

37

36

控制电源
控制开关
自投延时继电器
处理单元
自动合闸
手动合闸
手动分闸
欠电压脱扣器
储能指示
储能回路
合闸指示
分闸指示
引出辅助触点
备用触点

说明：
由于电涌保护器在各种类型的供电方式中，所选用的产品型号也不同（如TT、NT、TT-C、TN-C-S等供电系统中及保护级别），所以在二次接线图中没有画出。本方案以TT或TN-S供电系统为例，推荐选用广州雷迅公司生产的SPD系列产品中的ASPFLDI-15/100型8极，熔断器选用RT14或18型的4只（与保护器一对一），额定电流63A，分断电流35kA，用16mm²铜线压紧连接在电源进线端，出线端用25mm²铜软线接地排焊接。

技术要求：
1. 元器件的选用和安装应符合设计和标准要求。
2. 电流回路采用2.5mm²铜芯绝缘导线。
3. 电压回路采用1.5mm²铜芯绝缘导线。
4. 布线要横平竖直，线束压紧无叠（绞）线，端头压紧固，元件代号标识清楚粘贴牢固。
5. 如果本柜要与其他柜实现机械联锁，请选用程序锁。

注：
备用电源柜的自投延时时间应大于常用电源柜的自投延时时间。

注明：
1. 断路器的额定短路分断能力的选择，要根据本地区的电网网络阻抗或网络输出容量来计算确定，应由该工程项目的设计部门来确定。
2. 控制电源和采样电源一定要按标注的代号（位置）进行接线。
3. 本二次方案也适用于其他各种类型的抽屉式双电源单供进线柜。
4. 负荷故障跳闸时，首先将SA转至手动位置，待故障排除后，手动恢复正常供电。

12	KT	时间继电器	DS-37C/220V（凸出式板前接线）	1	苏州继电器厂
11	SA	控制转换开关	LW12-16D0401	1	
10	QA	控制开关	C45N-32/2P-10A	1	
9	HLR、HLW、HLG	指示灯	AD16-22/41-220V	3	
8	1SB、2SB	按钮开关	LA23-11	2	
7	SV	电压转换开关	LW12-16DHY3/3	1	
6	PV	电压表	42L6-V 0～450V	1	
5	1PA～3PA	电流表	42L6-A □/5A	3	
4	1FU～3FU	熔断器	JF5-2.5RD/6A	3	
3	2TAu	电流互感器	BH-0.66 □/5A	1	
2	1TAu、1TAv、1TAw	电流互感器	BH-0.66 □/5A	3	
1	1QF	断路器（抽屉式）	CW1-□/□P-□A/220V	1	常熟开关制造公司
序号	元件代号	名 称	型 号 规 格	数量	备 注

GCK（交流操作）一号进线柜二次原理图

QB/T.DJ080502.05Y

图样标记 数量 重量 比例 1:1

共 2 张 第 1 张

进线、不带计量、3TA、断路器（CW1）双电源自动或手动互为备用，正常时，一路电源供电，另一路电源备用。

光盘页码：2-38

借（通）用件登记
描 图
描 校
旧底图总号
底图总号
签 字
日 期

标记 处数 更改文件号 签字 日期
设 计 标准化
绘 图 审 定
审 核 批 准
工 艺 日 期

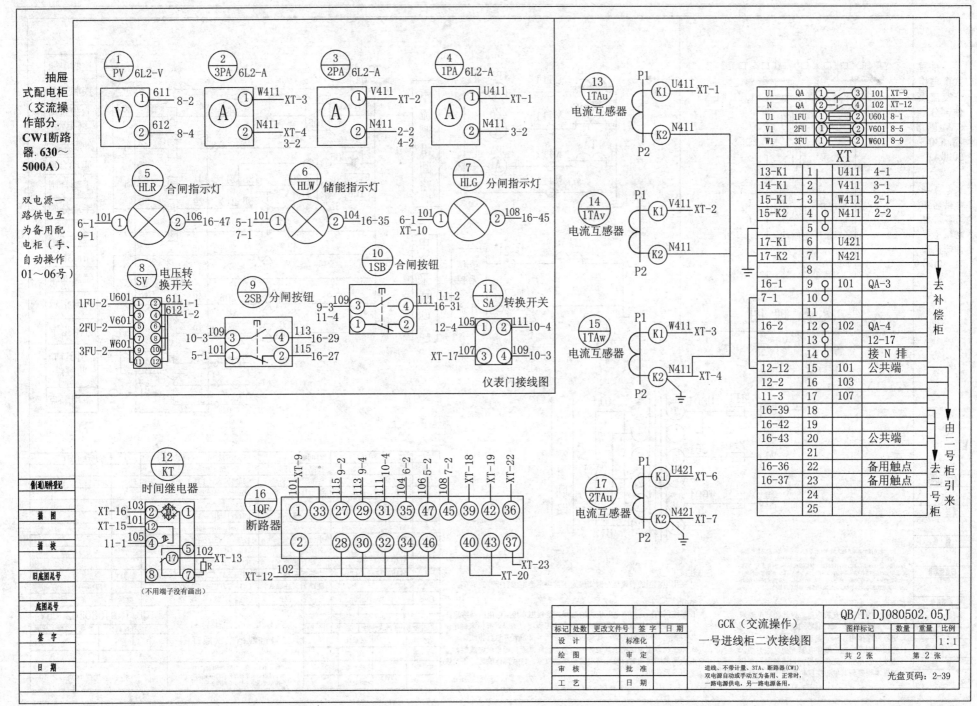

仪表门接线图

GCK（交流操作）
一号进线柜二次接线图

QB/T.DJ080502.05J

标记	处数	更改文件号	签字	日期
设 计			标准化	
绘 图			审 定	
审 核			批 准	
工 艺			日 期	

进线、不带计量、3TA、断路器（CW1）
双电源自动或手动互为备用，正常时，
一路电源供电，另一路电源备用。

共 2 张　　　第 2 张

光盘页码：2-39

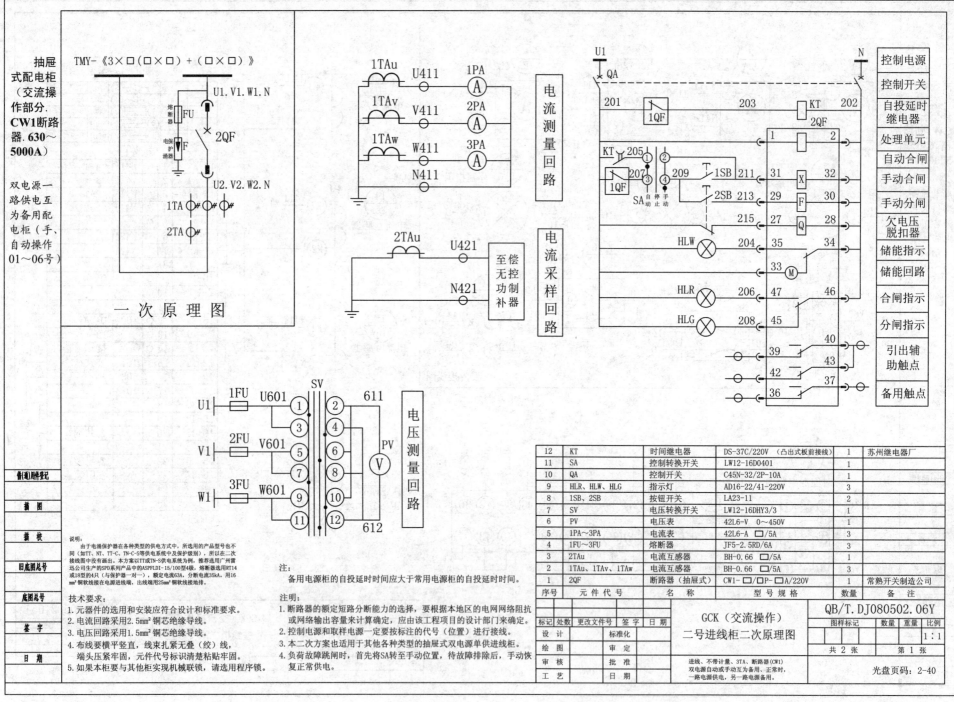

抽屉式配电柜（交流操作部分.CW1断路器.630~5000A）

双电源一路供电互为备用配电柜（手、自动操作01~06号）

TMY-《3×□(□×□)+(□×□)》

U1.V1.W1.N

熔断器 FU
电保护涌器 F
2QF

U2.V2.W2.N

1TA
2TA

一次原理图

1TAu U411 1PA (A)
1TAv V411 2PA (A)
1TAw W411 3PA (A)
N411

电流测量回路

2TAu U421
N421
至偿无控功制补器

电流采样回路

SV
U1 1FU U601 ① ② 611
V1 2FU V601 ⑤ ⑥ PV (V)
W1 3FU W601 ⑨ ⑩
⑪ ⑫ 612

电压测量回路

U1 QA N
201 203 KT 202
1QF 2QF
KT 205 ① ②
207 ③ ④ 209 1SB 211 1 2
1QF SA 自动 停止 手动 2SB 213 31 X 32
215 29 F 30
HLW 27 Q 28
204 35 34
33 (M)
HLR 206 47 46
HLG 208 45
208
39 40
42 43
36 37

控制电源
控制开关
自投延时继电器
处理单元
自动合闸
手动合闸
手动分闸
欠电压脱扣器
储能指示
储能回路
合闸指示
分闸指示
引出辅助触点
备用触点

说明：由于电涌保护器在各种类型的供电方式中，所选用的产品型号也不同（如TT、NT、TT-C、TN-C-S等供电系统中及保护级别），所以在二次接线图中没有画出。本方案以TT或TN-S供电系统为例，推荐选用广州雷迅公司生产的SPD系列产品中的ASPFLDI-15/100型4极，熔断器选用RT14或18型的4只（与保护器一对一），额定电流63A，分断电流35kA，用16mm²铜软线接在电源进线端，出线端用25mm²铜软线接地排。

技术要求：
1. 元器件的选用和安装应符合设计和标准要求。
2. 电流回路采用2.5mm²铜芯绝缘导线。
3. 电压回路采用1.5mm²铜芯绝缘导线。
4. 布线要横平竖直，线束扎紧无叠（绞）线，端头压紧牢固，元件代号标识清楚粘贴牢固。
5. 如果本柜要与其他柜实现机械联锁，请选用程序锁。

注：
备用电源柜的自投延时时间应大于常用电源柜的自投延时时间。

注明：
1. 断路器的额定短路分断能力的选择，要根据本地区的电网网络阻抗或网络输出容量来计算确定，应由该工程项目的设计部门来确定。
2. 控制电源和取样电源一定要按标注的代号（位置）进行接线。
3. 本二次方案也适用于其他各种类型的抽屉式双电源单供进线柜。
4. 负荷故障跳闸时，首先将SA转至手动位置，待故障排除后，手动恢复正常供电。

12	KT	时间继电器	DS-37C/220V（凸出式板前接线）	1	苏州继电器厂
11	SA	控制转换开关	LW12-16D0401	1	
10	QA	控制开关	C45N-32/2P-10A	1	
9	HLR、HLW、HLG	指示灯	AD16-22/41-220V	3	
8	1SB、2SB	按钮开关	LA23-11	2	
7	SV	电压转换开关	LW12-16DHY3/3	1	
6	PV	电压表	42L6-V 0~450V	1	
5	1PA~3PA	电流表	42L6-A □/5A	3	
4	1FU~3FU	熔断器	JF5-2.5RD/6A	3	
3	2TAu	电流互感器	BH-0.66 □/5A	1	
2	1TAu、1TAv、1TAw	电流互感器	BH-0.66 □/5A	3	
1	2QF	断路器（抽屉式）	CW1-□/□P-□A/220V	1	常熟开关制造公司
序号	元件代号	名 称	型 号 规 格	数量	备 注

		更改文件号	签字	日期			GCK（交流操作）	图样标记	数量	重量	比例
标记	处数					二号进线柜二次原理图				
设 计		标准化							1:1
绘 图		审 定				进线、不带计量、3TA、断路器（CW1）双电源自动或手动互为备用、正常时，一路电源供电，另一路电源备用。	共 2 张	第 1 张
审 核		批 准						
工 艺		日 期					光盘页码：2-40

备注登记
描 图
描 校
旧底图总号
底图总号
签 字
日 期

QB/T.DJ080502.06Y

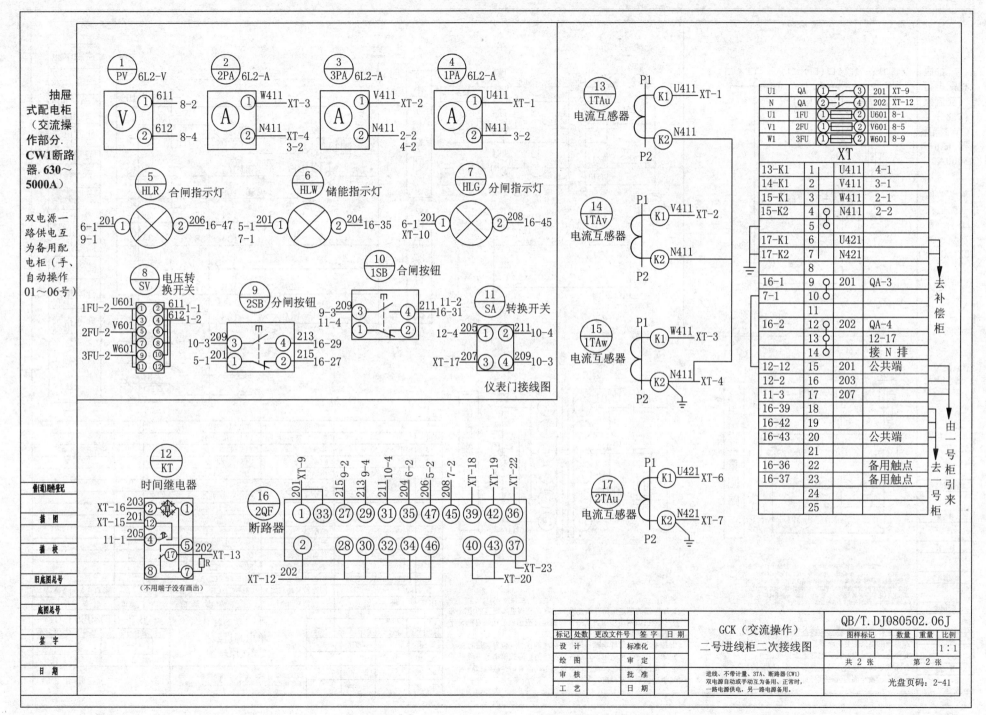

抽屉式配电柜（交流操作部分.CW1断路器.630～5000A）

双电源一路供电互为备用配电柜（手、自动操作01～06号）

| 1 PV 6L2-V | 2 2PA 6L2-A | 3 3PA 6L2-A | 4 1PA 6L2-A |

仪表门接线图

5 HLR 合闸指示灯
6 HLW 储能指示灯
7 HLG 分闸指示灯

8 SV 电压转换开关
9 2SB 分闸按钮
10 1SB 合闸按钮
11 SA 转换开关

12 KT 时间继电器
16 2QF 断路器

13 1TAu 电流互感器
14 1TAv 电流互感器
15 1TAw 电流互感器
17 2TAu 电流互感器

U1	QA	① ③	201	XT-9
N	QA	② ④	202	XT-12
U1	1FU	① ②	U601	8-1
V1	2FU	① ②	V601	8-5
W1	3FU	① ②	W601	8-9

XT

13-K1	1	U411	4-1
14-K1	2	V411	3-1
15-K1	3	W411	2-1
15-K2	4	N411	2-2
	5		
17-K1	6	U421	
17-K2	7	N421	
	8		
16-1	9	201	QA-3
7-1	10		
	11		
16-2	12	202	QA-4
	13		12-17
	14		接 N 排
12-12	15	201	公共端
12-2	16	203	
11-3	17	207	
16-39	18		
16-42	19		
16-43	20		公共端
	21		
16-36	22		备用触点
16-37	23		备用触点
	24		
	25		

去补偿柜
由一号柜引来
去一号柜

(不用端子没有画出)

标记	处数	更改文件号	签字	日期		GCK（交流操作）二号进线柜二次接线图	图样标记	数量	重量	比例
设 计			标准化							1:1
绘 图			审 定				共 2 张		第 2 张	
审 核			批 准			进线、不带计量、3TA、断路器(CW1)				
工 艺			日 期			双电源自动或手动互为备用、正常时，一路电源供电，另一路电源备用。		光盘页码：2-41		

QB/T.DJ080502.06J

99

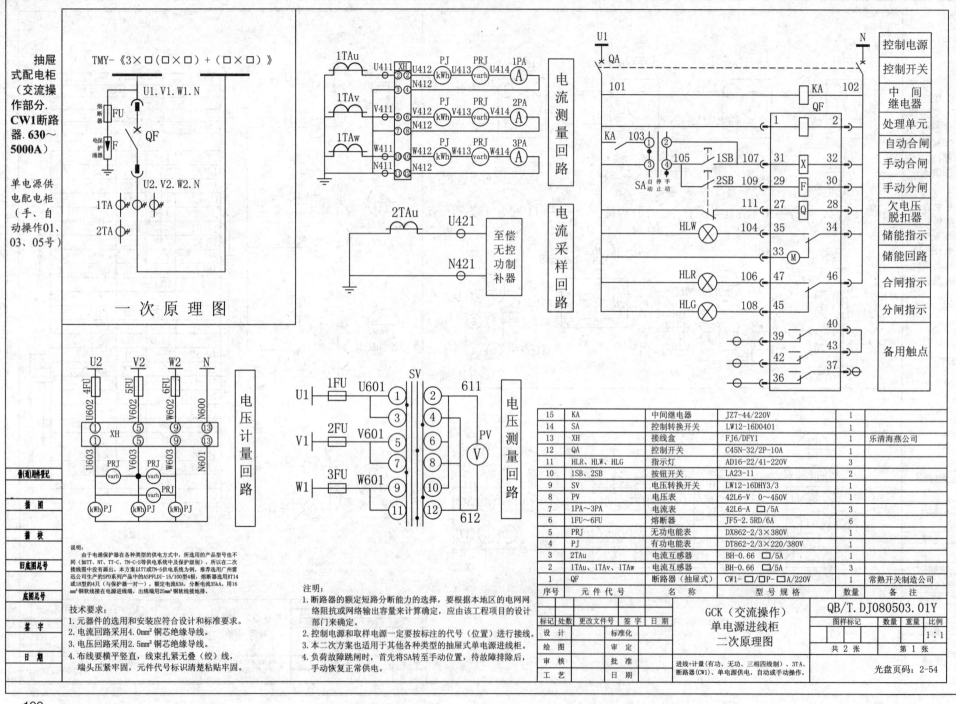

抽屉式配电柜（交流操作部分.CW1断路器.630～5000A）

单电源供电配电柜（手、自动操作01、03、05号）

TMY-《3×□(□×□)+(□×□)》

一次原理图

电流测量回路

电流采样回路

电压计量回路

电压测量回路

控制电源
控制开关
中间继电器
处理单元
自动合闸
手动合闸
手动分闸
欠电压脱扣器
储能指示
储能回路
合闸指示
分闸指示

备用触点

说明：
由于电涌保护器在各种类型的供电方式中，所选用的产品型号也不同（如TT、NT、TT-C、TN-C-S等供电系统中及保护级别），所以本二次接线图中没有画出。本方案以TT或TN-S供电系统为例，推荐选用广州雷迅公司生产的SPD系列产品中的ASPFLD1-15/100型4极，熔断器选用RT14或18型的4只（与保护器一对一），额定电流63A，分断电流35kA，用16mm²铜软线接在电源进线端，出线端用25mm²铜软线接地排。

技术要求：
1. 元器件的选用和安装应符合设计和标准要求。
2. 电流回路采用4.0mm²铜芯绝缘导线。
3. 电压回路采用2.5mm²铜芯绝缘导线。
4. 布线要横平竖直，线束扎紧无叠（绞）线，端头压紧牢固，元件代号标识清楚粘贴牢固。

注明：
1. 断路器的额定短路分断能力的选择，要根据本地区的电网网络阻抗或网络输出容量来计算确定，应由该工程项目的设计部门来确定。
2. 控制电源和取样电源一定要按标注的代号（位置）进行接线。
3. 本二次方案也适用于其他各种类型的抽屉式单电源进线柜。
4. 负荷故障跳闸时，首先将SA转至手动位置，待故障排除后，手动恢复正常供电。

15	KA	中间继电器	JZ7-44/220V	1	
14	SA	控制转换开关	LW12-16D0401	1	
13	XH	接线盒	FJ6/DFY1	1	乐清海燕公司
12	QA	控制开关	C45N-32/2P-10A	1	
11	HLR、HLW、HLG	指示灯	AD16-22/41-220V	3	
10	1SB、2SB	按钮开关	LA23-11	2	
9	SV	电压转换开关	LW12-16DHY3/3	1	
8	PV	电压表	42L6-V 0～450V	1	
7	1PA～3PA	电流表	42L6-A □/5A	3	
6	1FU～6FU	熔断器	JF5-2.5RD/6A	6	
5	PRJ	无功电能表	DX862-2/3×380V	1	
4	PJ	有功电能表	DT862-2/3×220/380V	1	
3	2TAu	电流互感器	BH-0.66 □/5A	1	
2	1TAu、1TAv、1TAw	电流互感器	BH-0.66 □/5A	3	
1	QF	断路器（抽屉式）	CW1-□/□P-□A/220V	1	常熟开关制造公司
序号	元件代号	名　称	型号规格	数量	备注

GCK（交流操作）单电源进线柜二次原理图

QB/T.DJ080503.01Y

标记	处数	更改文件号	签字	日期	图样标记		数量	重量	比例
设　计			标准化						1:1
绘　图			审　定				共 2 张		第 1 张
审　核			批　准		进线+计量（有功、无功、三相四线制）、3TA、断路器(CW1)、单电源供电，自动或手动操作。				
工　艺			日　期					光盘页码：2-54	

备（通）用件登记
描　图
描　校
旧底图总号
底图总号
签　字
日　期

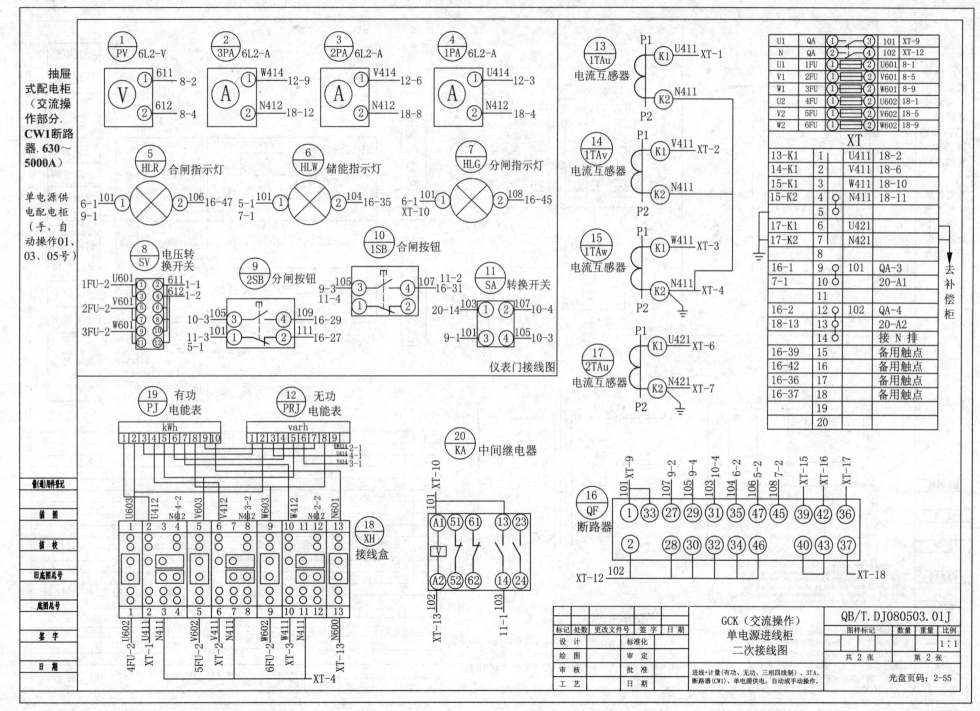

GCK（交流操作）
单电源进线柜
二次接线图

QB/T.DJ080503.01J

进线+计量（有功、无功、三相四线制）、3TA、断路器（CW1）、单电源供电，自动或手动操作。

共 2 张　第 2 张

光盘页码：2-55

101

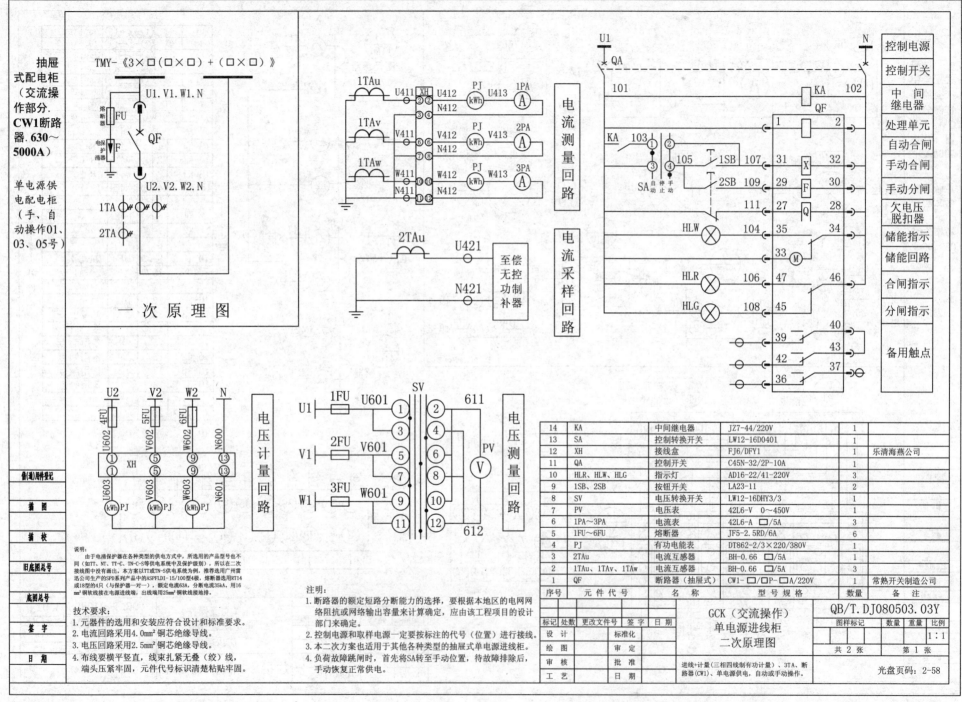

一次原理图

抽屉式配电柜（交流操作部分.CW1断路器.630～5000A）

单电源供电配电柜（手、自动操作01、03、05号）

TMY-《3×□(□×□)+(□×□)》

U1.V1.W1.N

熔断器 FU
电保护涌器 F
QF
U2.V2.W2.N
1TA
2TA

电流测量回路
电流采样回路

1TAu U411 XH U412 PJ U413 1PA A
N412 kWh
1TAv V411 V412 PJ V413 2PA A
N412 kWh
1TAw W411 W412 PJ W413 3PA A
N411 N412 kWh

2TAu U421 至偿无控功制补器
N421

电压计量回路

U2 V2 W2 N
4FU 5FU 6FU
U602 V602 W602 N600
XH
U603 V603 W603 N601
kWh PJ kWh PJ kWh PJ

电压测量回路

U1 1FU U601 611 SV 2
3 4
V1 2FU V601 5 6 PV
7 8 V
W1 3FU W601 9 10
11 612

控制电源 控制开关 中间继电器 处理单元 自动合闸 手动合闸 手动分闸 欠电压脱扣器 储能指示 储能回路 合闸指示 分闸指示 备用触点

U1 QA N
101 KA 102 QF
1 2
KA 103 105 1SB 107 31 X 32
SA 自动 停止 手动 2SB 109 29 F 30
111 27 Q 28
HLW 104 35 34
33 M
HLR 106 47 46
HLG 108 45
39 40
43
42
36 37

14	KA	中间继电器	JZ7-44/220V	1	
13	SA	控制转换开关	LW12-16D0401	1	
12	XH	接线盒	FJ6/DFY1	1	乐清海燕公司
11	QA	控制开关	C45N-32/2P-10A	1	
10	HLR、HLW、HLG	指示灯	AD16-22/41-220V	3	
9	1SB、2SB	按钮开关	LA23-11	2	
8	SV	电压转换开关	LW12-16DHY3/3	1	
7	PV	电压表	42L6-V 0～450V	1	
6	1PA～3PA	电流表	42L6-A □/5A	3	
5	1FU～6FU	熔断器	JF5-2.5RD/6A	6	
4	PJ	有功电能表	DT862-2/3×220/380V	1	
3	2TAu	电流互感器	BH-0.66 □/5A	1	
2	1TAu、1TAv、1TAw	电流互感器	BH-0.66 □/5A	3	
1	QF	断路器（抽屉式）	CW1-□/□P-□A/220V	1	常熟开关制造公司
序号	元件代号	名 称	型 号 规 格	数量	备 注

说明：
由于电涌保护器在各种类型的供电方式中，所选用的产品型号也不同（如TT、NT、TT-C、TN-C-S等供电系统中及保护级别），所以在二次接线图中没有画出。本方案以TT或TN-S供电系统为例。推荐选用广州雷迅公司生产的SPD系列产品中的ASPFLDI-15/100型4极，熔断器选用RT14或18型的4只（与保护器一对一），额定电流63A，分断电流35kA，用16 mm²铜软线接在电源进线端，出线端用25mm²铜软线接地排。

技术要求：
1. 元器件的选用和安装应符合设计和标准要求。
2. 电流回路采用4.0mm²铜芯绝缘导线。
3. 电压回路采用2.5mm²铜芯绝缘导线。
4. 布线要横平竖直，束线扎紧不叠（绞）线，端头压紧牢固，元件代号标识清楚粘贴牢固。

注明：
1. 断路器的额定短路分断能力的选择，要根据本地区的电网网络阻抗或网络输出容量来计算确定，应由该工程项目的设计部门来确定。
2. 控制电源和取样电源一定要按标注的代号（位置）进行接线。
3. 本二次方案也适用于其他各种类型的抽屉式单电源进线柜。
4. 负荷故障跳闸时，首先将SA转至手动位置，待故障排除后，手动恢复正常供电。

借(通)用件登记				
描 图				
描 校				
旧底图总号				
底图总号				
签 字				
日 期				

标记	处数	更改文件号	签字	日期
设 计		标准化		
绘 图		审 定		
审 核		批 准		
工 艺		日 期		

GCK（交流操作）
单电源进线柜
二次原理图

QB/T.DJ080503.03Y

图样标记	数量	重量	比例
			1:1
共 2 张		第 1 张	

进线+计量（三相四线制有功计量）、3TA、断路器（CW1）、单电源供电，自动或手动操作。

光盘页码：2-58

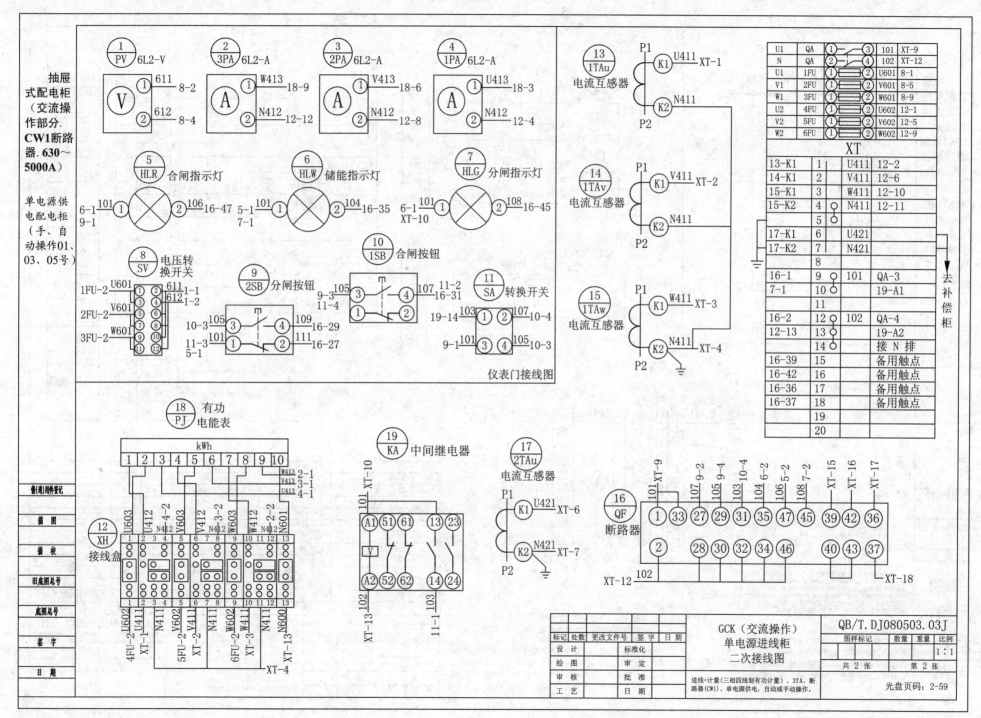

仪表门接线图

GCK（交流操作）
单电源进线柜
二次接线图

QB/T.DJ080503.03J

进线+计量（三相四线制有功计量）、3TA、断路器（CW1）、单电源供电，自动或手动操作。

光盘页码：2-59

共 2 张　第 2 张

比例 1:1

103

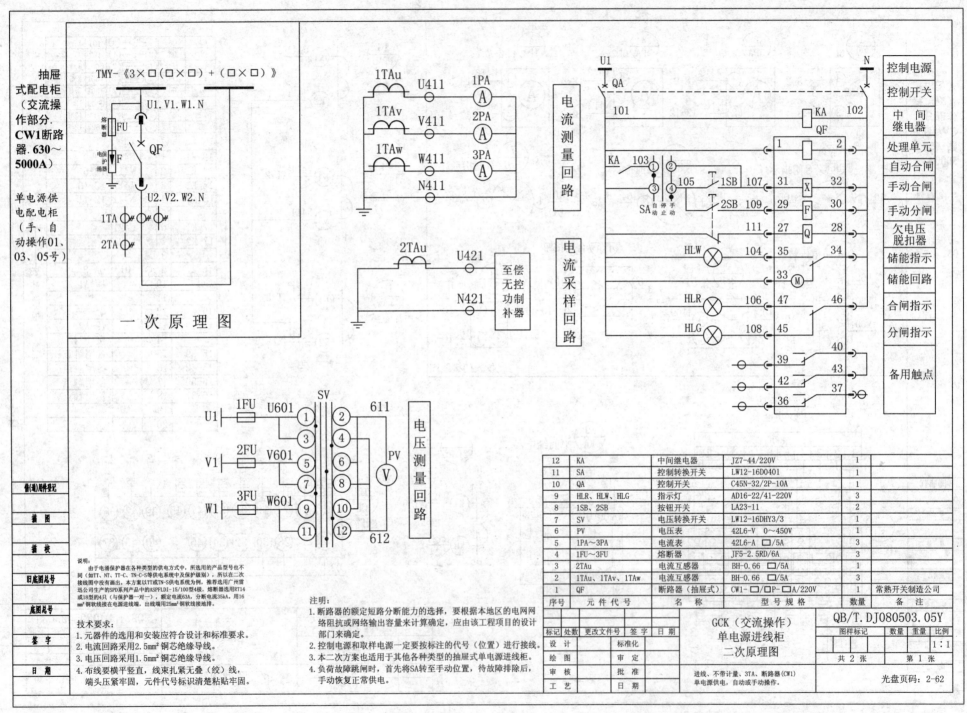

抽屉式配电柜（交流操作部分，CW1断路器，630～5000A）

单电源供电配电柜（手、自动操作01、03、05号）

TMY-《3×□(□×□)+(□×□)》

一次原理图

U1.V1.W1.N

熔断器 FU

电涌保护器 F

QF

U2.V2.W2.N

1TA

2TA

1TAu U411 1PA Ⓐ

1TAv V411 2PA Ⓐ

1TAw W411 3PA Ⓐ

N411

电流测量回路

2TAu U421 至偿无控功率补偿器

N421

电流采样回路

U1 QA N

101 KA 102

QF

KA 103

SA 自动 停止 手动 105 1SB 107 31 X 32

2SB 109 29 F 30

111 27 Q 28

HLW 104 35 34

33 Ⓜ

HLR 106 47 46

HLG 108 45

40 39

42 43

36 37

控制电源
控制开关
中间继电器
处理单元
自动合闸
手动合闸
手动分闸
欠电压脱扣器
储能指示
储能回路
合闸指示
分闸指示
备用触点

1FU U601 SV 611

U1 1 2

3 4

V1 2FU V601 5 6 PV Ⓥ

7 8

W1 3FU W601 9 10

11 12 612

电压测量回路

说明：由于电涌保护器在各种类型的供电方式中，所选用的产品型号也不同（如TT、NT、TT-C、TN-C-S等供电系统中及保护级别），所以在二次接线图中没有画出。本方案以TT或TN-S供电系统为例，推荐选用广州雷迅公司生产的SPD系列产品中的ASPFLDI-15/100型四级，熔断器选用RT14或18型的4只（与保护器一对一），额定电流63A，分断电流35kA，用16mm²铜软线接在电源进线端，出线端用25mm²铜软线接地排。

技术要求：
1.元器件的选用和安装应符合设计和标准要求。
2.电流回路采用2.5mm²铜芯绝缘导线。
3.电压回路采用1.5mm²铜芯绝缘导线。
4.布线要横平竖直，束线扎紧无叠（绞）线，端头压紧牢固，元件代号标识清楚粘贴牢固。

注明：
1.断路器的额定短路分断能力的选择，要根据本地区的电网网络阻抗或网络输出容量来计算确定，应由该工程项目的设计部门来确定。
2.控制电源和取样电源一定要按标注的代号（位置）进行接线。
3.本二次方案也适用于其他各种类型的抽屉式单电源进线柜。
4.负荷故障跳闸时，首先将SA转至手动位置，待故障排除后，手动恢复正常供电。

12	KA	中间继电器	JZ7-44/220V	1	
11	SA	控制转换开关	LW12-16D0401	1	
10	QA	控制开关	C45N-32/2P-10A	1	
9	HLR、HLW、HLG	指示灯	AD16-22/41-220V	3	
8	1SB、2SB	按钮开关	LA23-11	2	
7	SV	电压转换开关	LW12-16DHY3/3	1	
6	PV	电压表	42L6-V 0～450V	1	
5	1PA～3PA	电流表	42L6-A □/5A	3	
4	1FU～3FU	熔断器	JF5-2.5RD/6A	3	
3	2TAu	电流互感器	BH-0.66 □/5A	1	
2	1TAu、1TAv、1TAw	电流互感器	BH-0.66 □/5A	3	
1	QF	断路器（抽屉式）	CW1-□/□P-□A/220V	1	常熟开关制造公司
序号	元件代号	名称	型号规格	数量	备注

GCK（交流操作）单电源进线柜二次原理图

QB/T.DJ080503.05Y

进线、不带计量、3TA、断路器（CW1）单电源供电，自动或手动操作。

光盘页码：2-62

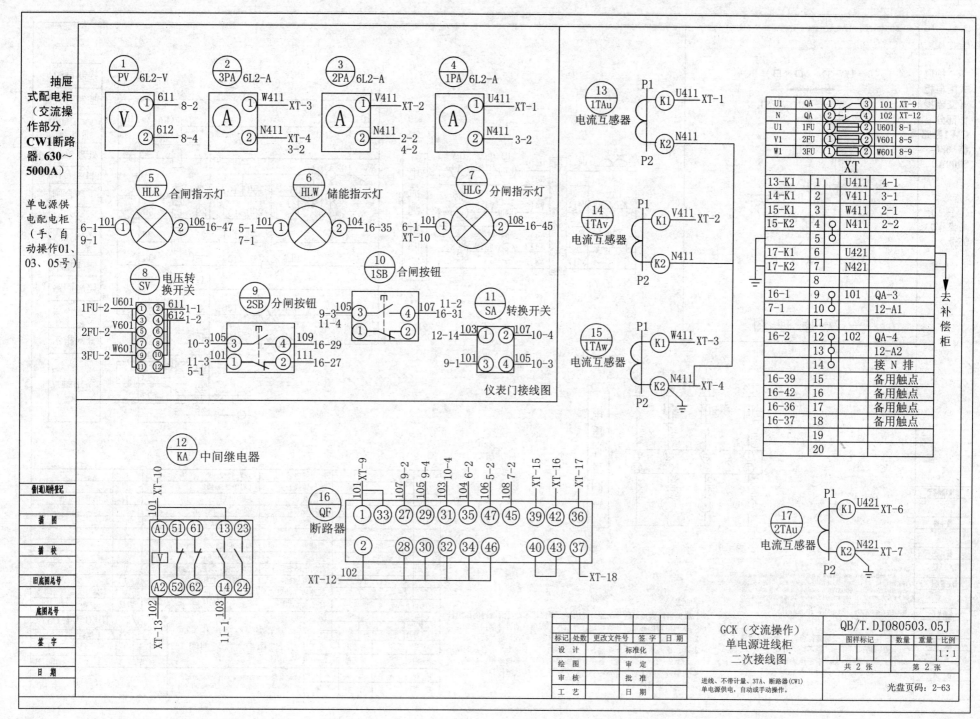

抽屉式配电柜（交流操作部分. CW1断路器. 630~5000A）

单电源供电配电柜（手、自动操作01、03、05号）

U1	QA	①	③	101	XT-9	
N	QA	②	④	102	XT-12	
U1	1FU	①	②	U601	8-1	
V1	2FU	①	②	V601	8-5	
W1	3FU	①	②	W601	8-9	

XT

13-K1	1		U411	4-1
14-K1	2		V411	3-1
15-K1	3		W411	2-1
15-K2	4		N411	2-2
	5			
17-K1	6		U421	
17-K2	7		N421	
	8			
16-1	9		101	QA-3
7-1	10			12-A1
	11			
16-2	12		102	QA-4
	13			12-A2
	14			接 N 排
16-39	15		备用触点	
16-42	16		备用触点	
16-36	17		备用触点	
16-37	18		备用触点	
	19			
	20			

去补偿柜

仪表门接线图

标记	处数	更改文件号	签字	日期			
设 计			标准化				
绘 图			审 定				
审 核			批 准				
工 艺			日 期				

GCK（交流操作）单电源进线柜二次接线图

QB/T.DJ080503.05J

图样标记 | 数量 | 重量 | 比例 1:1

共 2 张　第 2 张

进线、不带计量、3TA、断路器(CW1)
单电源供电，自动或手动操作。

光盘页码：2-63

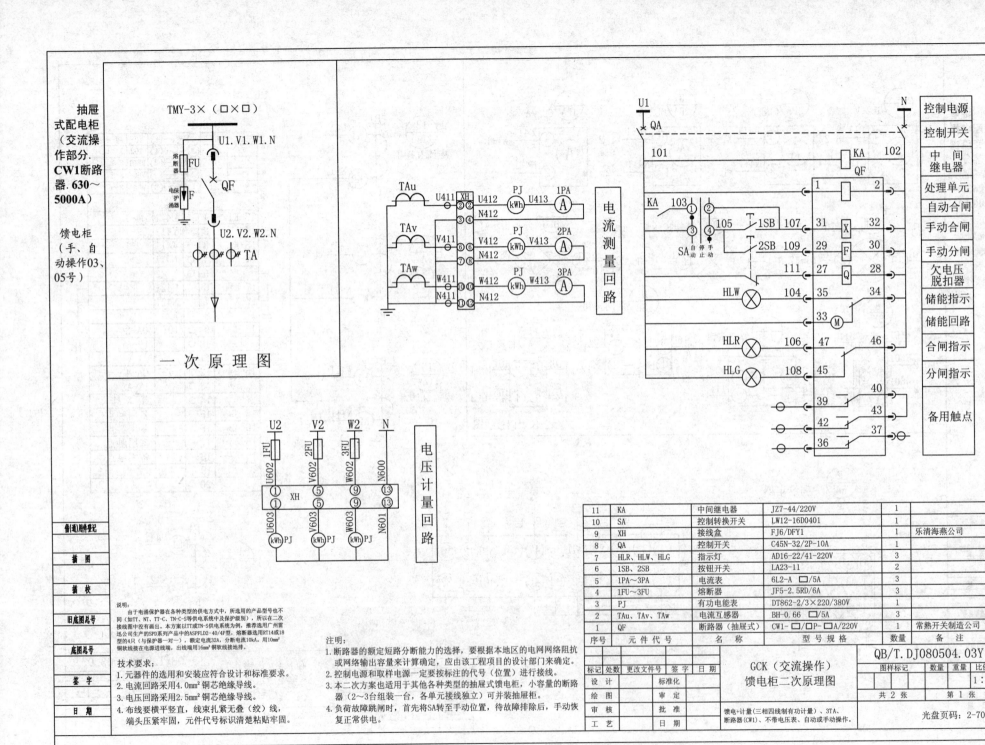

抽屉式配电柜（交流操作部分.CW1断路器.630~5000A）

馈电柜（手、自动操作03、05号）

一次原理图

TMY-3×（□×□）

U1.V1.W1.N

熔断器 FU
电保护涌器 F
QF

U2.V2.W2.N
TA

U2 V2 W2 N

U602 1FU V602 2FU W602 3FU N600
① XH ⑤ ⑨ ⑬
① ⑤ ⑨ ⑬
U603 V603 W603 N601

kWh PJ kWh PJ kWh PJ

电压计量回路

TAu U411 XH U412 PJ U413 1PA
②② kWh A
④④ N412
TAv V411 V412 PJ V413 2PA
⑥⑥ kWh A
⑧⑧ N412
TAw W411 W412 PJ W413 3PA
⑩⑩ kWh A
⑫⑫ N412
N411 N412

电流测量回路

U1 QA N
101 KA 102
QF
KA 103 1 2
SA 自动 停止 手动 105 1SB 107 31 X 32
2SB 109 29 F 30
111 27 Q 28
HLW 104 35 34
33 M
HLR 106 47 46
HLG 108 45
39 40
42 43
36 37

控制电源
控制开关
中间继电器
处理单元
自动合闸
手动合闸
手动分闸
欠电压脱扣器
储能指示
储能回路
合闸指示
分闸指示
备用触点

11	KA	中间继电器	JZ7-44/220V	1	
10	SA	控制转换开关	LW12-16D0401	1	
9	XH	接线盒	FJ6/DFY1	1	乐清海燕公司
8	QA	控制开关	C45N-32/2P-10A	1	
7	HLR、HLW、HLG	指示灯	AD16-22/41-220V	3	
6	1SB、2SB	按钮开关	LA23-11	2	
5	1PA~3PA	电流表	6L2-A □/5A	3	
4	1FU~3FU	熔断器	JF5-2.5RD/6A	3	
3	PJ	有功电能表	DT862-2/3×220/380V	1	
2	TAu、TAv、TAw	电流互感器	BH-0.66 □/5A	3	
1	QF	断路器（抽屉式）	CW1- □/□P- □A/220V	1	常熟开关制造公司
序号	元件代号	名　称	型号规格	数量	备　注

说明：由于电涌保护器在各种类型的供电方式中，所选用的产品型号也不同（如TT、NT、TT-C、TN-C-S等供电系统中及保护级别），所以在二次接线图中没有画出。本方案以TT或TN-S供电系统为例，推荐选用广州雷迅公司生产的SPD系列产品中的ASPFLD2-40/4P型，熔断器选用RT14或18型的4只（与保护器一对一），额定电流32A，分断电流10kA，用10mm²铜软线接在电源进线端，出线端用16mm²铜软线接地排。

技术要求：
1. 元器件的选用和安装应符合设计和标准要求。
2. 电流回路采用4.0mm²铜芯绝缘导线。
3. 电压回路采用2.5mm²铜芯绝缘导线。
4. 布线要横平竖直，线束扎紧无叠（绞）线，端头压紧牢固，元件代号标识清楚粘贴牢固。

注明：
1. 断路器的额定短路分断能力的选择，要根据本地区的电网网络阻抗或网络输出容量来计算确定，应由该工程项目的设计部门来确定。
2. 控制电源和取样电源一定要按标注的代号（位置）进行接线。
3. 本二次方案也适用于其他各种类型的抽屉式馈电柜，小容量的断路器（2~3台组装一台，各单元接线独立）可并装抽屉柜。
4. 负荷故障跳闸时，首先将SA转至手动位置，待故障排除后，手动恢复正常供电。

曾(通)用附件登记					
描 图					
描 校					
旧底图总号					
底图总号					
签 字					
日 期					

标记	处数	更改文件号	签 字	日 期	
设 计		标准化			
绘 图		审 定			
审 核		批 准			
工 艺		日 期			

GCK（交流操作）馈电柜二次原理图

QB/T.DJ080504.03Y

图样标记 | 数量 | 重量 | 比例 1:1
共 2 张　第 1 张

馈电+计量(三相四线制有功计量)、3TA、断路器(CW1)、不带电压表、自动或手动操作。

光盘页码：2-70

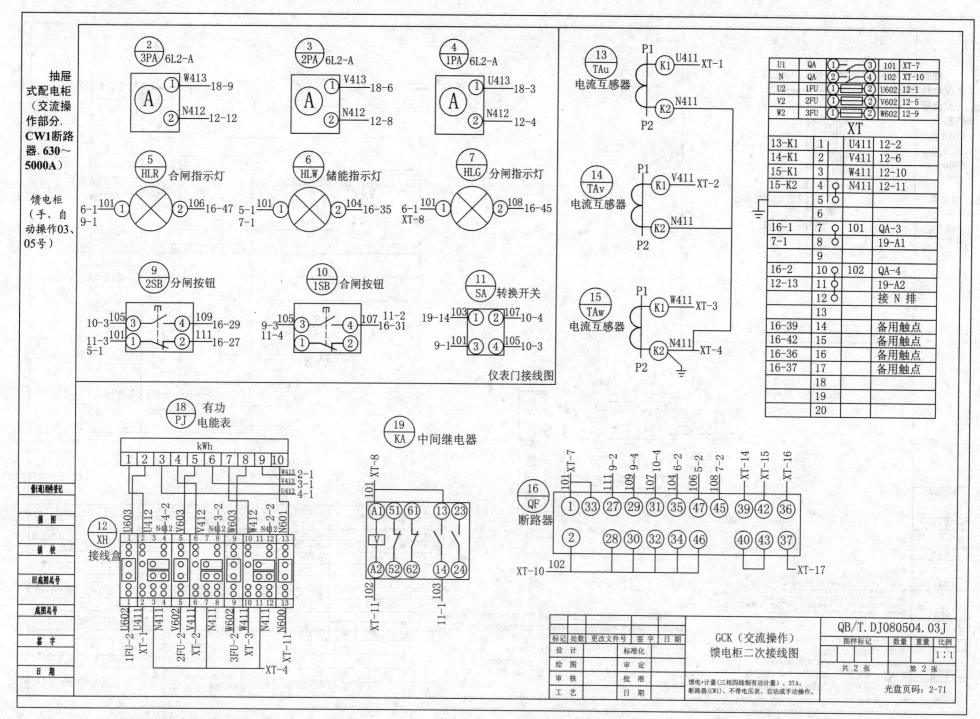

仪表门接线图

GCK（交流操作）
馈电柜二次接线图

QB/T.DJ080504.03J

馈电+计量（三相四线制有功计量）、3TA、
断路器（CW1）、不带电压表、自动或手动操作。

光盘页码：2-71

共 2 张　　第 2 张

1:1

107

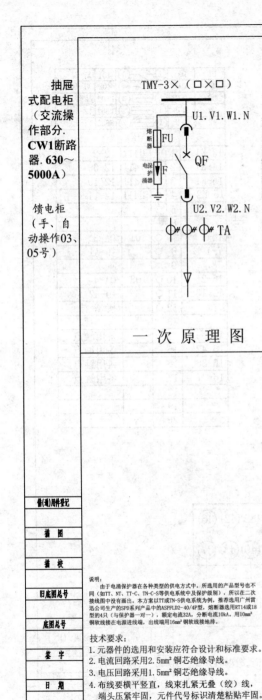

抽屉式配电柜（交流操作部分.CW1断路器.630~5000A）

馈电柜（手、自动操作03、05号）

TMY-3×（□×□）

U1.V1.W1.N

熔断器 FU

电保护涌器 F

QF

U2.V2.W2.N

TA

一次原理图

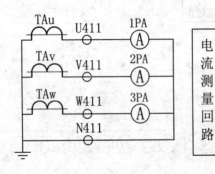

TAu U411 1PA (A)

TAv V411 2PA (A)

TAw W411 3PA (A)

N411

电流测量回路

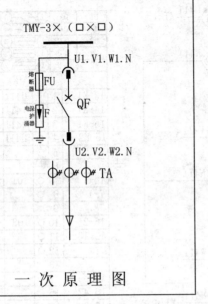

			控制电源
101	KA	102	控制开关
	QF		中间继电器
	1	2	处理单元
KA 103 ① ② 105 1SB 107	31 X 32		自动合闸
SA 自停手动止动 2SB 109	29 F 30		手动合闸
111	27 Q 28		手动分闸
HLW 104	35 34		欠电压脱扣器
	33 M		储能指示
HLR 106	47 46		储能回路
HLG 108	45		合闸指示
	40 39	43	分闸指示
	42 37 36		备用触点

说明：
由于电涌保护器在各种类型的供电方式中，所选用的产品型号也不同（如TT、NT、TT-C、TN-C-S等供电系统中及保护级别），所以在二次接线图中没有画出。本方案以TT或TN-S供电系统为例，推荐选用广州雷迅公司生产的SPD系列产品中的ASPFLD2-40/4P型，熔断器选用RT14或18型的4只（与保护器一对一），额定电流32A，分断电流10kA，用10mm²铜软线接在电源进线端，出线端用16mm²铜软线接地排。

技术要求：
1. 元器件的选用和安装应符合设计和标准要求。
2. 电流回路采用2.5mm²铜芯绝缘导线。
3. 电压回路采用1.5mm²铜芯绝缘导线。
4. 布线要横平竖直，线束扎紧无叠（绞）线，端头压紧牢固，元件代号标识清楚粘贴牢固。

注明：
1. 断路器的额定短路分断能力的选择，要根据本地区的电网网络阻抗或网络输出容量来计算确定，应由该工程项目的设计部门来确定。
2. 控制电源和取样电源一定要按标注的代号（位置）进行接线。
3. 本二次方案也适用于其他各种类型的抽屉式馈电柜，小容量的断路器（2~3台组装一台，各单元接线独立）可并装抽屉柜。
4. 负荷故障跳闸时，首先将SA转至手动位置，待故障排除后，手动恢复正常供电。

8	KA	中间继电器	JZ7-44/220V	1	
7	SA	控制转换开关	LW12-16D0401	1	
6	QA	控制开关	C45N-32/2P-10A	1	
5	HLR、HLW、HLG	指示灯	AD16-22/41-220V	3	
4	1SB、2SB	按钮开关	LA23-11	2	
3	1PA~3PA	电流表	6L2-A □/5A	3	
2	TAu、TAv、TAw	电流互感器	BH-0.66 □/5A	3	
1	QF	断路器（抽屉式）	CW1-□/□P-□A/220V	1	常熟开关制造公司
序号	元件代号	名 称	型 号 规 格	数量	备 注

借(通)用件登记	
描 图	
描 校	
旧底图总号	
底图总号	
签 字	
日 期	

标记	处数	更改文件号	签字	日期
设计		标准化		
绘图		审定		
审核		批准		
工艺		日期		

GCK（交流操作）馈电柜二次原理图

馈电、不带计量、3TA、断路器（CW1）不带电压表、自动或手动操作。

QB/T.DJ080504.05Y

图样标记	数量	重量	比例
			1:1

共 2 张　　第 1 张

光盘页码：2-74

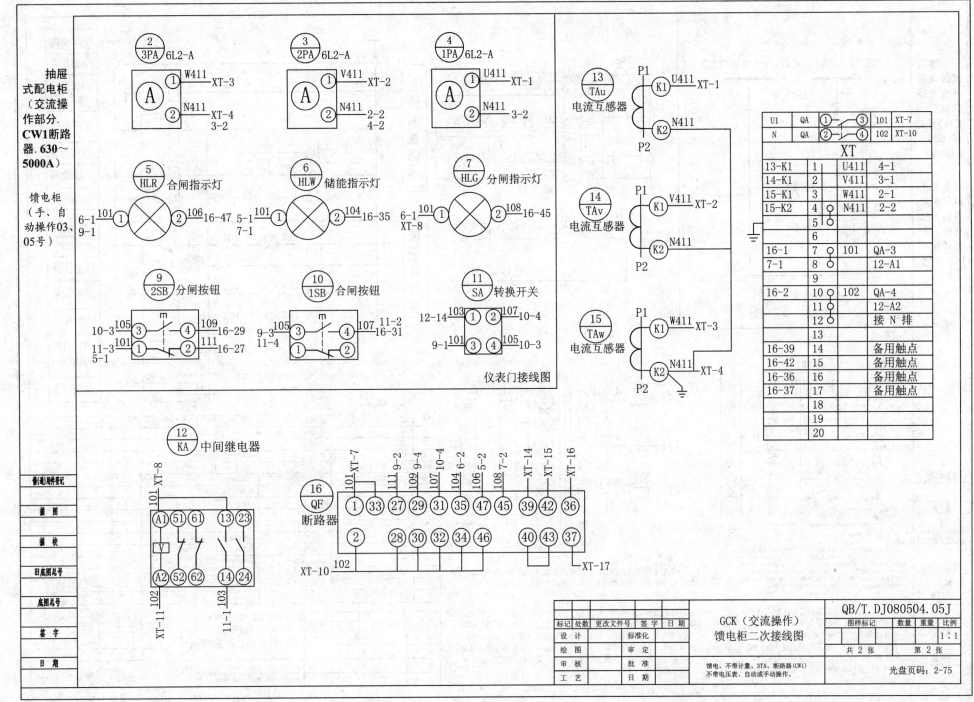

抽屉式配电柜（交流操作部分. CW1断路器. 630～5000A）

馈电柜（手、自动操作03、05号）

② 3PA	6L2-A
A	① W411 ─ XT-3
	② N411 ─ XT-4 3-2

③ 2PA	6L2-A
A	① V411 ─ XT-2
	② N411 ─ 2-2 4-2

④ 1PA	6L2-A
A	① U411 ─ XT-1
	② N411 ─ 3-2

⑬ TAu 电流互感器
P1 — K1 — U411 XT-1
P2 — K2 — N411

⑤ HLR 合闸指示灯
6-1 101 ① ② 106 16-47
9-1

⑥ HLW 储能指示灯
5-1 101 ① ② 104 16-35
7-1

⑦ HLG 分闸指示灯
6-1 101 ① ② 108 16-45
XT-8

⑭ TAv 电流互感器
P1 — K1 — V411 XT-2
P2 — K2 — N411

⑨ 2SB 分闸按钮
10-3 105 ③ ④ 109 16-29
11-3 101 ① ② 111 16-27
5-1

⑩ 1SB 合闸按钮
9-3 105 ③ ④ 107 11-2
11-4 101 ① ② 16-31

⑪ SA 转换开关
12-14 103 ① ② 107 10-4
9-1 101 ③ ④ 105 10-3

⑮ TAw 电流互感器
P1 — K1 — W411 XT-3
P2 — K2 — N411 XT-4

仪表门接线图

U1	QA	① ─ ③	101	XT-7
N	QA	② ─ ④	102	XT-10

XT

13-K1	1	U411	4-1
14-K1	2	V411	3-1
15-K1	3	W411	2-1
15-K2	4	N411	2-2
	5		
	6		
16-1	7	101	QA-3
7-1	8		12-A1
	9		
16-2	10	102	QA-4
	11		12-A2
	12	接 N 排	
	13		
16-39	14	备用触点	
16-42	15	备用触点	
16-36	16	备用触点	
16-37	17	备用触点	
	18		
	19		
	20		

⑫ KA 中间继电器
101 XT-8
(A1) (51) (61) (13) (23)
V
(A2) (52) (62) (14) (24)
102 XT-11   103 11-1

⑯ QF 断路器
101 XT-7 111 9-2 109 9-4 107 10-4 104 6-2 106 5-2 108 7-2 XT-14 XT-15 XT-16
(1)(33)(27)(29)(31)(35)(47)(45)(39)(42)(36)
(2)(28)(30)(32)(34)(46)(40)(43)(37)
XT-10 102   XT-17

借(通)用附件登记
描 图
描 校
旧底图总号
底图总号
签 字
日 期

标记	处数	更改文件号	签字	日期
设 计		标准化		
绘 图		审 定		
审 核		批 准		
工 艺		日 期		

GCK（交流操作）馈电柜二次接线图

馈电、不带计量、3TA、断路器(CW1)
不带电压表、自动或手动操作。

QB/T.DJ080504.05J

图样标记	数量	重量	比例
			1:1
共 2 张		第 2 张	

光盘页码：2-75

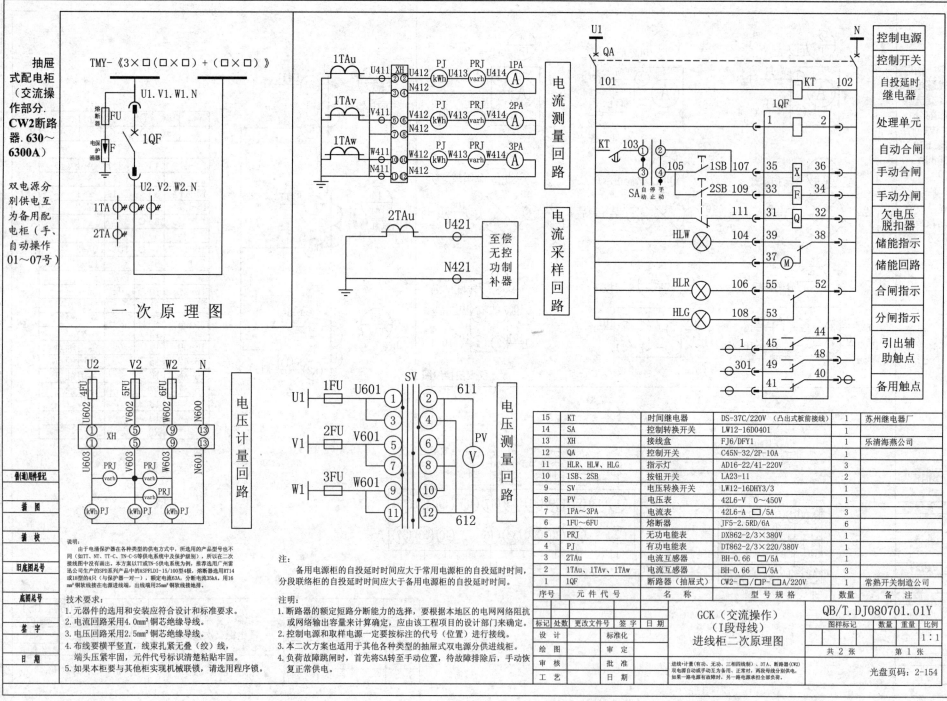

抽屉式配电柜（交流操作部分. CW2断路器. 630～6300A）

双电源分别供电互为备用配电柜（手、自动操作01～07号）

TMY-《3×□(□×□)+(□×□)》

一次原理图

电流测量回路

电流采样回路

电压计量回路

电压测量回路

		控制电源		
		控制开关		
		自投延时继电器		
		处理单元		
		自动合闸		
		手动合闸		
		手动分闸		
		欠电压脱扣器		
		储能指示		
		储能回路		
		合闸指示		
		分闸指示		
		引出辅助触点		
		备用触点		

说明：
由于电涌保护器在各种类型的供电方式中，所选用的产品型号也不同（如IT、NT、TT-C、TN-C-S等供电系统中分及保护级别），所以在二次接线图中没有画出。本方案以TT或TN-S供电系统为例，推荐选用广州雷迅公司生产的SPD系列产品中的ASPFLD1-15/100型4极，熔断器选用RT14或18型的4只（与保护器一对一），额定电流63A，分断电流35kA。用16mm²铜软线接在电源进线端，出线端用25mm²铜软线接地排。

技术要求：
1. 元器件的选用和安装应符合设计和标准要求。
2. 电流回路采用4.0mm²铜芯绝缘导线。
3. 电压回路采用2.5mm²铜芯绝缘导线。
4. 布线要横平竖直，线束扎紧无叠（绞）线，端头压紧牢固，元件代号标识清楚粘贴牢固。
5. 如果本柜要与其他柜实现机械联锁，请选用程序锁。

注：
备用电源柜的自投延时时间应大于常用电源柜的自投延时时间，分段联络柜的自投延时时间应大于备用电源柜的自投延时时间。

注明：
1. 断路器的额定短路分断能力的选择，要根据本地区的电网网络阻抗或网络输出容量来计算确定，应由该工程项目的设计部门来确定。
2. 控制电源和取样电源一定要按标注的代号（位置）进行接线。
3. 本二次方案也适用于其他各种类型的抽屉式双电源分供进线柜。
4. 负荷故障跳闸时，首先将SA转至手动位置，待故障排除后，手动恢复正常供电。

15	KT	时间继电器	DS-37C/220V（凸出式板前接线）	1	苏州继电器厂
14	SA	控制转换开关	LW12-16D0401	1	
13	XH	接线盒	FJ6/DFY1	1	乐清海燕公司
12	QA	控制开关	C45N-32/2P-10A	1	
11	HLR、HLW、HLG	指示灯	AD16-22/41-220V	3	
10	1SB、2SB	按钮开关	LA23-11	2	
9	SV	电压转换开关	LW12-16DHY3/3	1	
8	PV	电压表	42L6-V 0～450V	1	
7	1PA～3PA	电流表	42L6-A □/5A	3	
6	1FU～6FU	熔断器	JF5-2.5RD/6A	6	
5	PRJ	无功电能表	DX862-2/3×380V	1	
4	PJ	有功电能表	DT862-2/3×220/380V	1	
3	2TAu	电流互感器	BH-0.66 □/5A	1	
2	1TAu、1TAv、1TAw	电流互感器	BH-0.66 □/5A	3	
1	1QF	断路器（抽屉式）	CW2-□/□P-□A/220V	1	常熟开关制造公司
序号	元件代号	名 称	型 号 规 格	数量	备 注

会(通)用种标记						
描 图			标记 处数	更改文件号	签 字	日 期
描 校			设 计		标准化	
旧底图总号			绘 图		审 定	
底图总号			审 核		批 准	
签 字			工 艺			
日 期						

GCK（交流操作）（I段母线）进线柜二次原理图

QB/T.DJ080701.01Y

图样标记	数量	重量	比例
			1:1
共 2 张		第 1 张	

进线+计量（有功、无功、三相四线制）、3TA、断路器（CW2）双电源自动或手动互为备用、正常时，两段母线分别供电，如果一路电源有故障时，另一路电源承担全部负荷。

光盘页码：2-154

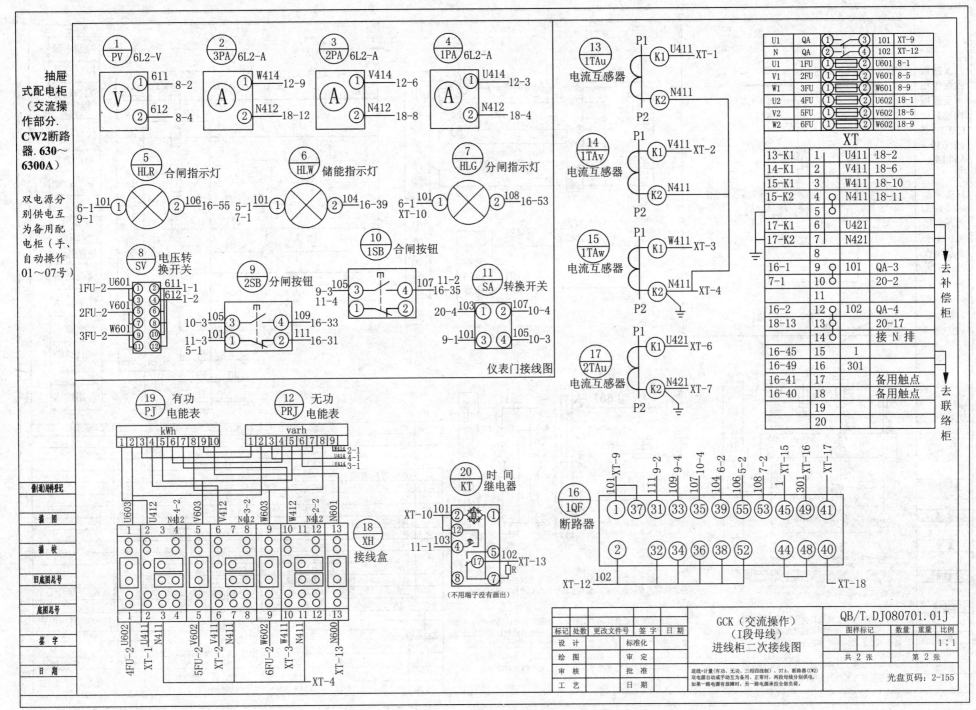

抽屉式配电柜（交流操作部分. CW2断路器. 630～6300A）

双电源分别供电互为备用配电柜（手、自动操作01～07号）

仪表门接线图

GCK（交流操作）（I段母线）进线柜二次接线图

QB/T.DJ080701.01J

共 2 张　第 2 张

进线+计量（有功、无功、三相四线制）、3TA、断路器（CW2）双电源自动或手动互为备用、正常时，两段母线分别供电，如果一路电源有故障时，另一路电源承担全部负载。

光盘页码：2-155

111

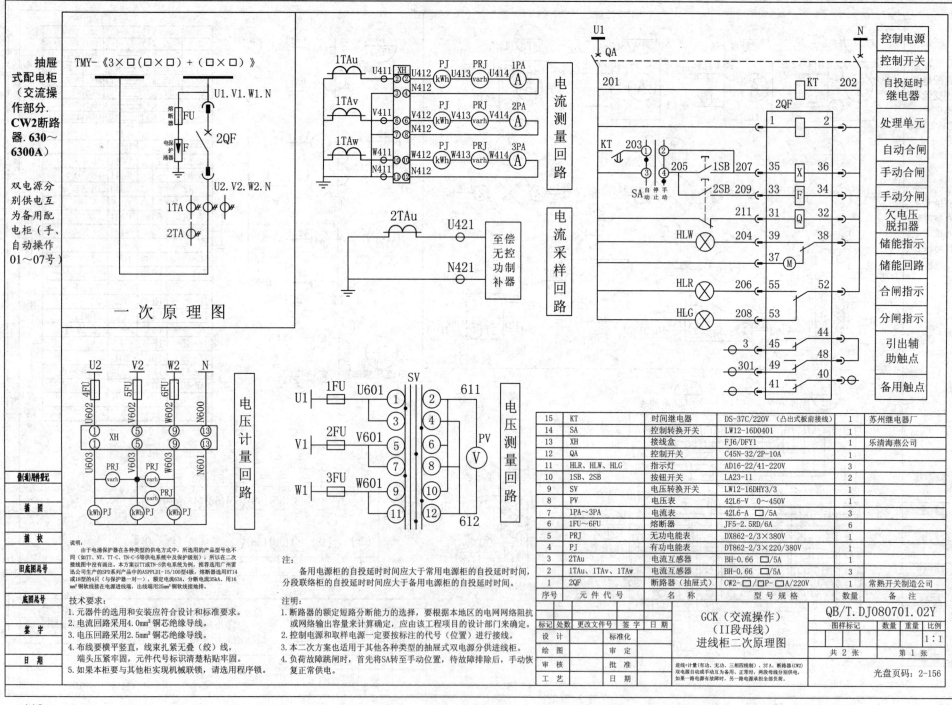

抽屉式配电柜（交流操作部分. CW2断路器. 630～6300A）

双电源分别供电互为备用配电柜（手、自动操作01～07号）

TMY-《3×□(□×□)+(□×□)》

熔断器 FU
电保护涌器 F
2QF

U1.V1.W1.N

U2.V2.W2.N

1TA
2TA

一次原理图

电流测量回路

1TAu U411 XH U412 PJ(kWh) U413 PRJ(varh) U414 1PA(A)
N412
1TAv V411 V412 PJ(kWh) V413 PRJ(varh) V414 2PA(A)
N412
1TAw W411 W412 PJ(kWh) W413 PRJ(varh) W414 3PA(A)
N411 N412

电流采样回路

2TAu U421 至偿无控功制率补器
N421

电压计量回路

U2 V2 W2 N
4FU 5FU 6FU N600
U602 V602 W602
XH
U603 V603 W603 N601
PRJ(varh) PRJ(varh)
PRJ(varh)
kWh PJ kWh PJ kWh PJ

电压测量回路

SV
1FU U601 611
U1 2
3 4
2FU V601
V1 5 6
7 8
3FU W601
W1 9 10
11 12
612
PV(V)

说明:
由于电涌保护器在各种类型的供电方式中，所选用的产品型号也不同（如TT、NT、TT-C、TN-C-S等供电系统中及别级别），所以在二次接线图中没有画出。本方案以TT或TN-S供电系统为例，推荐选用广州雷迅公司生产的SPD系列产品中的ASPFLDI-15/100型4极，熔断器选用RT14或18型的4只（与保护器一对一），额定电流63A，分断电流35kA，用16mm²铜软线接在电源进线端，出线端用25mm²铜软线接地排。

技术要求:
1. 元器件的选用和安装应符合设计和标准要求。
2. 电流回路采用4.0mm²铜芯绝缘导线。
3. 电压回路采用2.5mm²铜芯绝缘导线。
4. 布线要横平竖直，线束扎紧无疙（绞）线，端头代号标识清楚粘贴牢固。
5. 如果本柜要与其他柜实现机械联锁，请选用程序锁。

注明:
1. 断路器的额定短路分断能力的选择，要根据本地区的电网网络阻抗或网络输出容量来计算确定，应由该工程项目的设计部门来确定。
2. 控制电源和取样电源一定要按标注的代号（位置）进行接线。
3. 本二次方案也适用于其他各种类型的抽屉式双电源分供进线柜。
4. 负荷故障跳闸时，首先将SA转至手动位置，待故障排除后，手动恢复正常供电。

注:
备用电源柜的自投延时时间应大于常用电源柜的自投延时时间，分段联络柜的自投延时时间应大于备用电源柜的自投延时时间。

控制电源
控制开关
自投延时继电器
处理单元
自动合闸
手动合闸
手动分闸
欠电压脱扣器
储能指示
储能回路
合闸指示
分闸指示
引出辅助触点
备用触点

U1 QA N
201 KT 202
2QF
KT 203 1 2
SA 自停手 动止 动 205 1SB 207 35 X 36
2SB 209 33 F 34
211 31 Q 32
HLW 204 39 38
37 M
HLR 206 55 52
HLG 208 53
3 45 44
301 49 48
41 40

15	KT	时间继电器	DS-37C/220V（凸出式板前接线）	1	苏州继电器厂
14	SA	控制转换开关	LW12-16D0401	1	
13	XH	接线盒	FJ6/DFY1	1	乐清海燕公司
12	QA	控制开关	C45N-32/2P-10A	1	
11	HLR、HLW、HLG	指示灯	AD16-22/41-220V	3	
10	1SB、2SB	按钮开关	LA23-11	2	
9	SV	电压转换开关	LW12-16DHY3/3	1	
8	PV	电压表	42L6-V 0～450V	1	
7	1PA～3PA	电流表	42L6-A □/5A	3	
6	1FU～6FU	熔断器	JF5-2.5RD/6A	6	
5	PRJ	无功电能表	DX862-2/3×380V	1	
4	PJ	有功电能表	DT862-2/3×220/380V	1	
3	2TAu	电流互感器	BH-0.66 □/5A	1	
2	1TAu、1TAv、1TAw	电流互感器	BH-0.66 □/5A	3	
1	2QF	断路器（抽屉式）	CW2-□/□P-□A/220V	1	常熟开关制造公司
序号	元件代号	名 称	型 号 规 格	数量	备 注

备(调)用附件登记							
描 图							
描 校							
旧底图总号							
底图总号							
签 字							
日 期							

标记	处数	更改文件号	签字	日期		
设 计		标准化				
绘 图		审 定				
审 核		批 准				
工 艺		日 期				

GCK（交流操作）（II段母线）进线柜二次原理图

QB/T.DJ080701.02Y

图样标记		数量	重量	比例
				1:1
共 2 张			第 1 张	

进线+计量（有功、无功、三相四线制）、3TA、断路器（CW2）
双电源自动或手动互为备用、正常时，两段母线分别供电，
如果一路电源有故障时，另一路电源承担全部负荷。

光盘页码：2-156

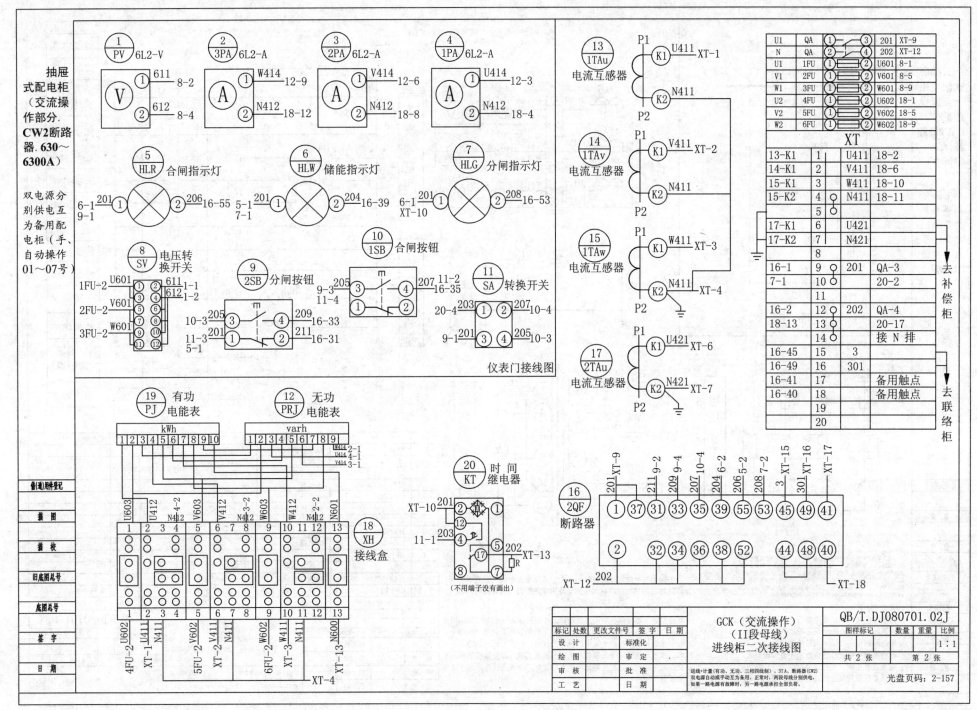

仪表门接线图

GCK（交流操作）
（II段母线）
进线柜二次接线图

QB/T.DJ080701.02J

共 2 张   第 2 张

光盘页码：2-157

113

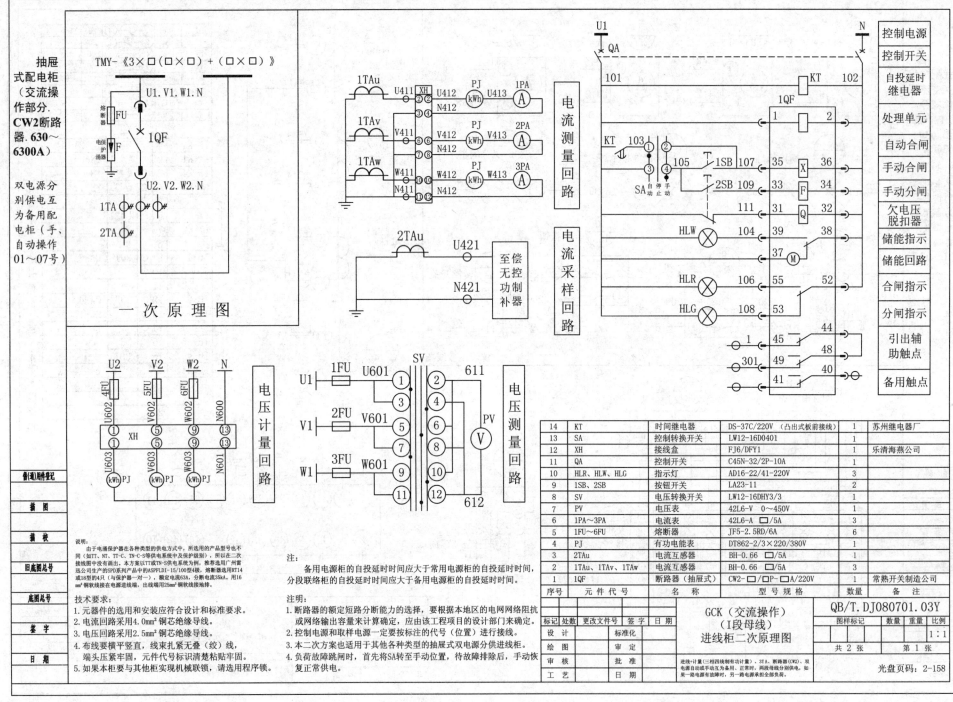

抽屉式配电柜（交流操作部分.CW2断路器.630～6300A）

双电源分别供电互为备用配电柜（手、自动操作01～07号）

TMY-《3×□（□×□）+（□×□）》

一次原理图

电流测量回路

电流采样回路

电压计量回路

电压测量回路

控制电源				
控制开关				
自投延时继电器				
处理单元				
自动合闸				
手动合闸				
手动分闸				
欠电压脱扣器				
储能指示				
储能回路				
合闸指示				
分闸指示				
引出辅助触点				
备用触点				

说明：
由于电涌保护器在各种类型的供电方式中，所选用的产品型号也不同（如TT、NT、TT-C、TN-C-S等供电系统中及保护级别），所以在二次接线图中没有画出。本方案以TT或TN-S供电系统为例，推荐选用广州雷迅公司生产的SPD系列产品中的ASPFLDI-15/100型4板，熔断器选用RT14或18型的4只（与保护器一对一），额定电流63A，分断电流35kA，用16mm²铜软线接在电源进线端，出线端用25mm²铜软线接地排。

技术要求：
1. 元器件的选用和安装应符合设计和标准要求。
2. 电流回路采用4.0mm²铜芯绝缘导线。
3. 电压回路采用2.5mm²铜芯绝缘导线。
4. 布线要横平竖直，线束扎紧无叠（绞）线，端头压紧牢固，元件代号标识清楚粘贴牢固。
5. 如果本柜要与其他柜实现机械联锁，请选用程序锁。

注：
备用电源柜的自投延时时间应大于常用电源柜的自投延时时间，分段联络柜的自投延时时间应大于备用电源柜的自投延时时间。

注明：
1. 断路器的额定短路分断能力的选择，要根据本地区的电网网络阻抗或网络输出容量来计算确定，应由该工程项目的设计部门来确定。
2. 控制电源和取样电源一定要按标注的代号（位置）进行接线。
3. 本二次方案也适用于其他各种类型的抽屉式双电源分供进线柜。
4. 负荷故障跳闸时，首先将SA转至手动位置，待故障排除后，手动恢复正常供电。

序号	元件代号	名称	型号规格	数量	备注
14	KT	时间继电器	DS-37C/220V（凸出式板前接线）	1	苏州继电器厂
13	SA	控制转换开关	LW12-16D0401	1	
12	XH	接线盒	FJ6/DFY1	1	乐清海燕公司
11	QA	控制开关	C45N-32/2P-10A	1	
10	HLR、HLW、HLG	指示灯	AD16-22/41-220V	3	
9	1SB、2SB	按钮开关	LA23-11	1	
8	SV	电压转换开关	LW12-16DHY3/3	1	
7	PV	电压表	42L6-V 0～450V	1	
6	1PA～3PA	电流表	42L6-A □/5A	3	
5	1FU～6FU	熔断器	JF5-2.5RD/6A	6	
4	PJ	有功电能表	DT862-2/3×220/380V	1	
3	2TAu	电流互感器	BH-0.66 □/5A	1	
2	1TAu、1TAv、1TAw	电流互感器	BH-0.66 □/5A	3	
1	1QF	断路器（抽屉式）	CW2-□/□P-□A/220V	1	常熟开关制造公司

GCK（交流操作）（I段母线）进线柜二次原理图

图样标记		数量	重量	比例
				1:1
共 2 张			第 1 张	

标记	处数	更改文件号	签字	日期
设 计		标准化		
绘 图		审 定		
审 核		批 准		
工 艺		日 期		

进线+计量（三相四线制有功计量）、3TA、断路器（CW2）、双电源自动切换手动为备用、正常时，两段母线分供电，如果一路电源有故障时，另一路电源承担全部负荷。

QB/T.DJ080701.03Y

光盘页码：2-158

储（通）用件登记

描 图

描 校

旧底图总号

底图总号

签 字

日 期

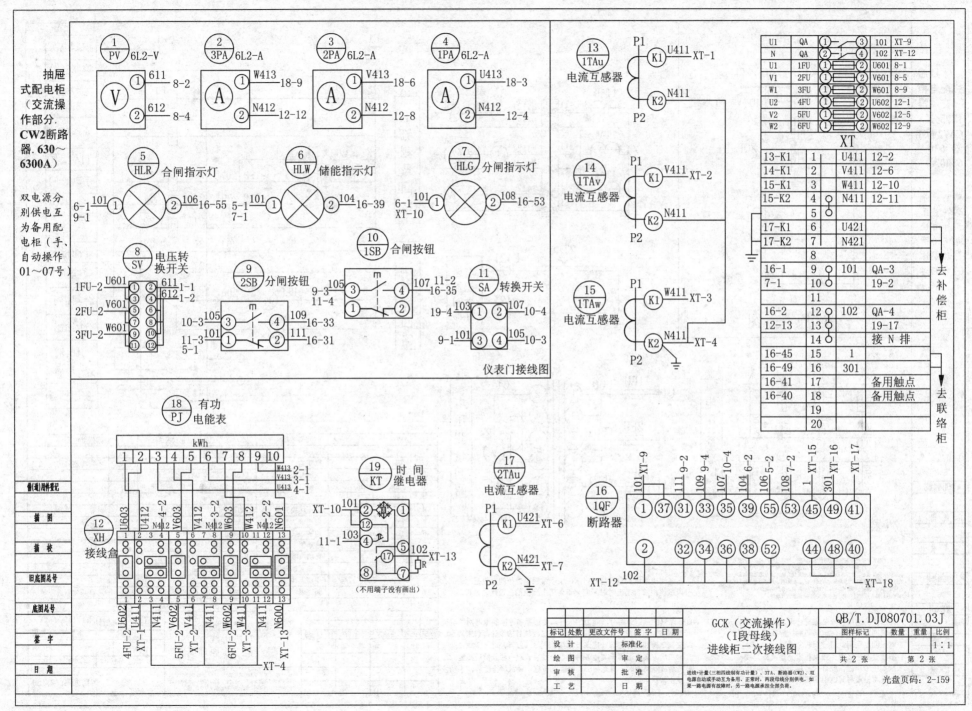

抽屉式配电柜（交流操作部分.CW2断路器.630～6300A）

双电源分别供电互为备用配电柜（手、自动操作01～07号）

仪表门接线图

GCK（交流操作）（I段母线）进线柜二次接线图

QB/T.DJ080701.03J

共 2 张　第 2 张

进线+计量（三相四线制有功计量）、3TA、断路器（CW2）、双电源自动或手动互为备用、正常时、两段母线分别供电，如果一路电源有故障时，另一路电源承担全部负荷。

光盘页码：2-159

115

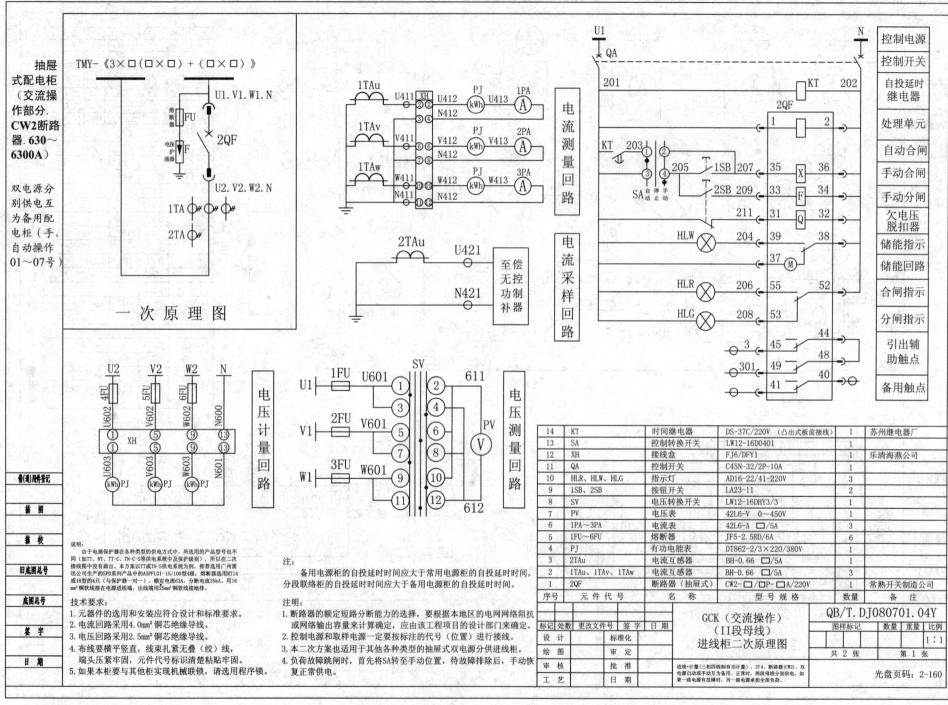

抽屉式配电柜（交流操作部分.CW2断路器.630~6300A）

双电源分别供电互为备用配电柜（手、自动操作01~07号）

TMY-《3×口(口×口)+(口×口)》

一次原理图

电流测量回路

电流采样回路

电压计量回路

电压测量回路

控制电源				
控制开关				
自投延时继电器				
处理单元				
自动合闸				
手动合闸				
手动分闸				
欠电压脱扣器				
储能指示				
储能回路				
合闸指示				
分闸指示				
引出辅助触点				
备用触点				

说明：
由于电涌保护器在各种类型的供电方式中，所选用的产品型号也不同（如TT、NT、TT-C、TN-C-S等供电系统中及保护级别），所以二次接线图中没有画出。本方案以TT或TN-S供电系统为例，推荐选用广州雷迅公司生产的SPD系列产品如ASPFLD1-15/100型4极，熔断器选用RT14或18型的4只（与保护器一对一），额定电流63A，分断电流35kA。用16mm²铜软线接在电源进线端，出线端用25mm²铜软线接地排。

技术要求：
1. 元器件的选用和安装应符合设计和标准要求。
2. 电流回路采用4.0mm²铜芯绝缘导线。
3. 电压回路采用2.5mm²铜芯绝缘导线。
4. 布线要横平竖直，线束扎紧无叠（绞）线，端头压紧牢固，元件代号标识清楚粘贴牢固。
5. 如果本柜要与其他柜实现机械联锁，请选用程序锁。

注：
备用电源柜的自投延时时间应大于常用电源柜的自投延时时间，分段联络柜的自投延时时间应大于备用电源柜的自投延时时间。

注明：
1. 断路器的额定短路分断能力的选择，要根据本地区的电网网络阻抗或网络输出容量来计算确定，应由该工程项目的设计部门来确定。
2. 控制电源和取样电源一定要按标注的代号（位置）进行接线。
3. 本二次方案也适用于其他各种类型的抽屉式双电源分供进线柜。
4. 负荷故障跳闸时，首先将SA转至手动位置，待故障排除后，手动恢复正常供电。

14	KT	时间继电器	DS-37C/220V（凸出式板前接线）	1	苏州继电器厂
13	SA	控制转换开关	LW12-16D0401	1	
12	XH	接线盒	FJ6/DFY1	1	乐清海燕公司
11	QA	控制开关	C45N-32/2P-10A	1	
10	HLR、HLW、HLG	指示灯	AD16-22/41-220V	3	
9	1SB、2SB	按钮开关	LA23-11	2	
8	SV	电压转换开关	LW12-16DHY3/3	1	
7	PV	电压表	42L6-V 0~450V	1	
6	1PA~3PA	电流表	42L6-A 口/5A	3	
5	1FU~6FU	熔断器	JF5-2.5RD/6A	6	
4	PJ	有功电能表	DT862-2/3×220/380V	1	
3	2TAu	电流互感器	BH-0.66 口/5A	1	
2	1TAu、1TAv、1TAw	电流互感器	BH-0.66 口/5A	3	
1	2QF	断路器（抽屉式）	CW2-口/口P-口A/220V	1	常熟开关制造公司
序号	元件代号	名　称	型号规格	数量	备　注

标记	处数	更改文件号	签字	日期		GCK（交流操作）（II段母线）进线柜二次原理图
设　计		标准化				
绘　图		审　定				
审　核		批　准				
工　艺		日　期				

QB/T.DJ080701.04Y

图样标记　数量　重量　比例　1:1

共 2 张　　第 1 张

进线+计量（三相四线制有功计量）、3TA、断路器（CW2）、双电源自动或手动互为备用、正常时，两段母线分别供电，如果一路电源有故障时，另一路电源承担全部负荷。

光盘页码：2-160

备（通）用件标记
描　图
描　校
旧底图总号
底图总号
签　字
日　期

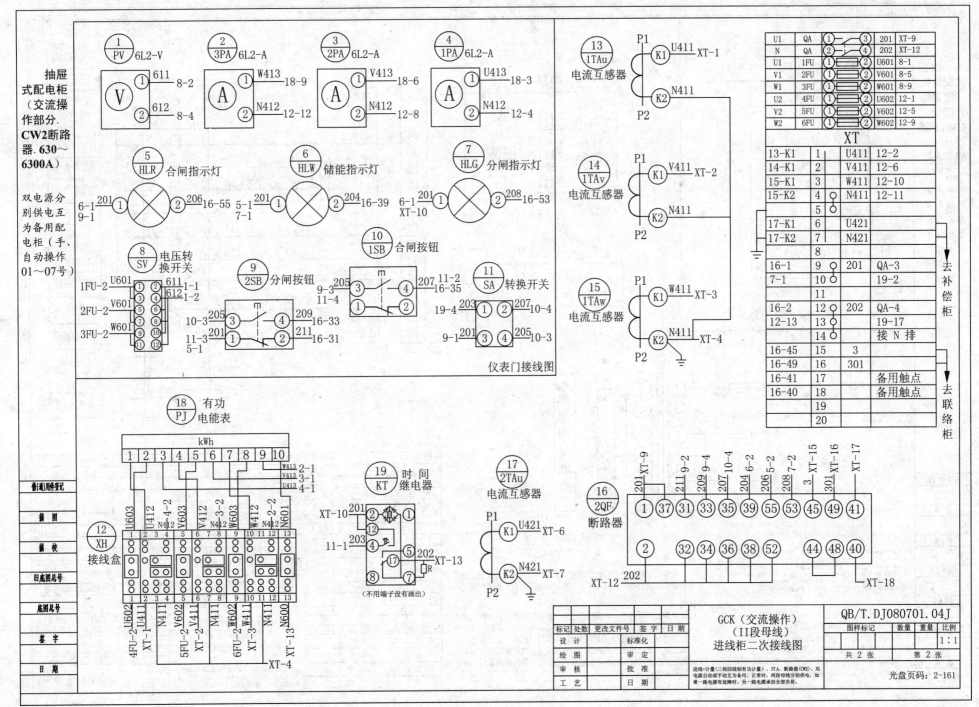

仪表门接线图

GCK（交流操作）
（II段母线）
进线柜二次接线图

QB/T.DJ080701.04J

共 2 张　　第 2 张

比例 1:1

光盘页码：2-161

117

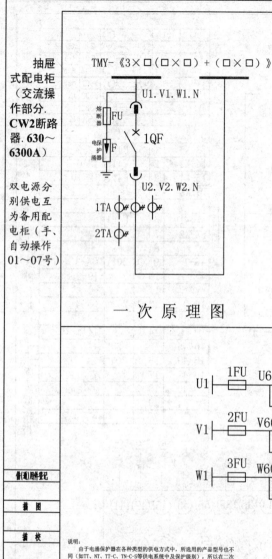

抽屉式配电柜（交流操作部分.CW2断路器.630~6300A）

双电源分别供电互为备用配电柜（手、自动操作01~07号）

TMY-《3×□(□×□)+(□×□)》

一次原理图

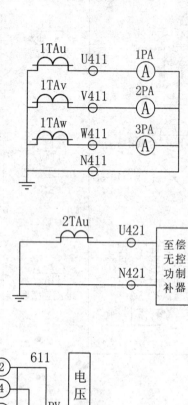

电流测量回路

电流采样回路

至偿无控功率补偿器

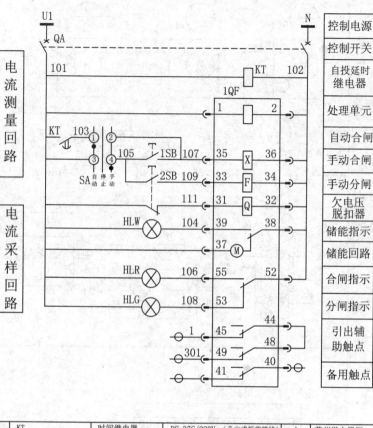

电压测量回路

控制电源
控制开关
自投延时继电器
处理单元
自动合闸
手动合闸
手动分闸
欠电压脱扣器
储能指示
储能回路
合闸指示
分闸指示
引出辅助触点
备用触点

说明：
由于电涌保护器在各种类型的供电方式中，所选用的产品型号也不同（如TT、NT、TT-C、TN-C-S等供电系统中及保护级别），所以在二次接线图中没有画出。本方案以TT或TN-S供电系统为例，推荐选用广州雷迅公司生产的SPD系列产品中的ASPFLDI-15/100型4级，熔断器选用RT14和18型的4只（与保护器一对一），额定电流63A，分断电流35kA。用16 mm²铜软线接在电源进线端，出线端用25mm²铜软线接地排。

技术要求：
1. 元器件的选用和安装应符合设计和标准要求。
2. 电流回路采用2.5mm²铜芯绝缘导线。
3. 电压采用1.5mm²铜芯绝缘导线。
4. 布线要横平竖直，线束扎紧无叠(绞)线，端头压紧牢固，元件代号标识清洁粘贴牢固。
5. 如果本柜要与其他柜实现机械联锁，请选用程序锁。

注：
备用电源柜的自投延时时间应大于常用电源柜的自投延时时间，分段联络柜的自投延时时间应大于备用电源柜的自投延时时间。

注明：
1. 断路器的额定短路分断能力的选择，要根据本地区的电网网络阻抗或网络输出容量来计算确定，应由该工程项目的设计部门来确定。
2. 控制电源和取样电源一定要按标注的代号(位置)进行接线。
3. 本二次方案也适用于其他各种类型的抽屉式双电源分供进线柜。
4. 负荷故障跳闸时，首先将SA转至手动位置，待故障排除后，手动恢复正常供电。

序号	元件代号	名称	型号规格	数量	备注
12	KT	时间继电器	DS-37C/220V (凸出式板前接线)	1	苏州继电器厂
11	SA	控制转换开关	LW12-16D0401	1	
10	QA	控制开关	C45N-32/2P-10A	1	
9	HLR、HLW、HLG	指示灯	AD16-22/41-220V	3	
8	1SB、2SB	按钮开关	LA23-11	2	
7	SV	电压转换开关	LW12-16DHY3/3	1	
6	PV	电压表	42L6-V 0~450V	1	
5	1PA~3PA	电流表	42L6-A □/5A	3	
4	1FU~3FU	熔断器	JF5-2.5RD/6A	3	
3	2TAu	电流互感器	BH-0.66 □/5A	1	
2	1TAu、1TAv、1TAw	电流互感器	BH-0.66 □/5A	3	
1	1QF	断路器(抽屉式)	CW2-□/□P-□A/220V	1	常熟开关制造公司

GCK（交流操作）（I段母线）进线柜二次原理图

QB/T.DJ080701.05Y

标记	处数	更改文件号	签字	日期		图样标记	数量	重量	比例
设 计			标准化						1:1
绘 图			审 定			共 2 张		第 1 张	
审 核			批 准						
工 艺			日 期						

进线、不带计量、3TA、断路器(CW2)双电源自动或手动互为备用、正常时，两段母线分别供电，如果一路电源有故障时，另一路电源承担全部负荷。

光盘页码：2-162

（左侧边栏）
备(进)用件标记
描 图
描 校
旧底图总号
底图总号
签 字
日 期

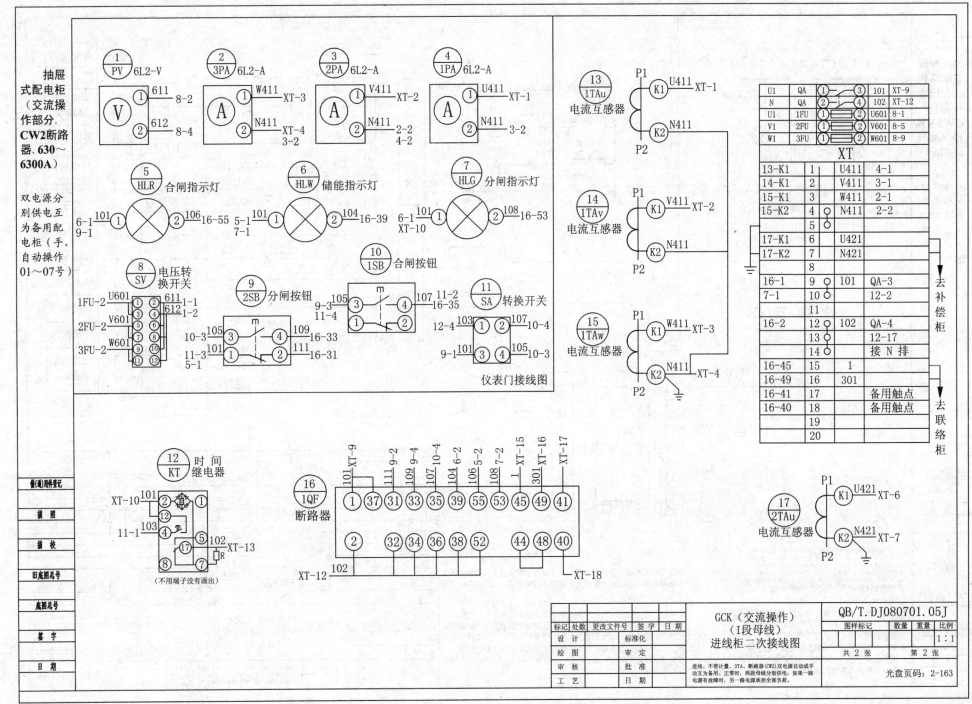

抽屉式配电柜（交流操作部分．CW2断路器．630～6300A）

双电源分别供电互为备用配电柜（手、自动操作01～07号）

仪表门接线图

GCK（交流操作）
（I段母线）
进线柜二次接线图

QB/T.DJ080701.05J

进线、不带计量、3TA、断路器（CW2）双电源自动或手动互为备用、正常时，两段母线分别供电，如果一路电源有故障时，另一路电源承担全部负荷。

标记	处数	更改文件号	签字	日期
设 计		标准化		
绘 图		审 定		
审 核		批 准		
工 艺		日 期		

图样标记	数量	重量	比例
			1:1
共 2 张		第 2 张	

光盘页码：2-163

119

抽屉式配电柜（交流操作部分. CW2断路器. 630~6300A）

双电源分别供电互为备用配电柜（手、自动操作01~07号）

TMY-《3×□(□×□)+(□×□)》

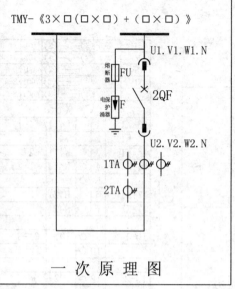

熔断器 FU
电涌保护器 F
2QF

U1.V1.W1.N
U2.V2.W2.N
1TA
2TA

一 次 原 理 图

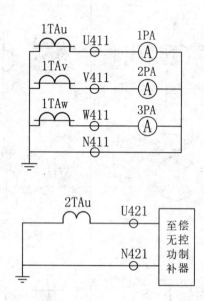

1TAu U411 1PA (A)
1TAv V411 2PA (A)
1TAw W411 3PA (A)
N411

电流测量回路

2TAu U421 至偿无控功率补偿器
N421

电流采样回路

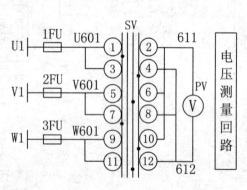

SV
U1 1FU U601 611
V1 2FU V601 PV (V)
W1 3FU W601 612

电压测量回路

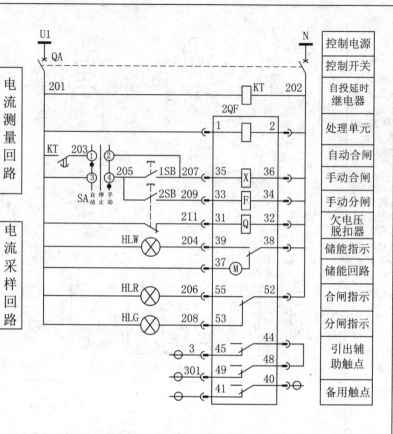

U1 QA N
控制电源
控制开关
自投延时继电器
处理单元
自动合闸
手动合闸
手动分闸
欠电压脱扣器
储能指示
储能回路
合闸指示
分闸指示
引出辅助触点
备用触点

201 KT 202
2QF
KT 203 205 1SB 207 35 X 36
SA 自停手动止动 2SB 209 33 F 34
211 31 Q 32
HLW 204 39 38
37 (M)
HLR 206 55 52
HLG 208 53
3 45 44
301 49 48
41 40

说明：
由于电涌保护器在各种类型的供电方式中，所选用的产品型号也不同（如TT、NT、TT-C、TN-C-S等供电系统中及保护级别），所以在二次接线图中没有画出。本方案以以TT或TN-S供电系统为例，推荐选用广州雷迅公司生产的SPD系列产品中的ASPFLDI-15/100型4极，熔断器选用RT14或18型的4只（与保护器一对一），额定电流63A，分断电流35kA，用16 mm² 铜软线接在电源进线端，出线端用25mm² 铜软线接地排。

技术要求：
1. 元器件的选用和安装应符合设计和标准要求。
2. 电流回路采用2.5mm²铜芯绝缘导线。
3. 电压回路采用1.5mm²铜芯绝缘导线。
4. 布线要横平竖直，线束扎紧无叠（绞）线，端头压紧牢固，元件代号标识清楚粘贴牢固。
5. 如果本柜要与其他柜实现机械联锁，请选用程序锁。

注：
备用电源柜的自投延时时间应大于常用电源柜的自投延时时间，分段联络柜的自投延时时间应大于备用电源柜的自投延时时间。

注明：
1. 断路器的额定短路分断能力的选择，要根据本地区的电网网络阻抗或网络输出容量来计算确定，应由该工程项目的设计部门来确定。
2. 控制电源和取样电源一定要按标注的代号（位置）进行接线。
3. 本二次方案也适用于其他各种类型的抽屉式双电源分供进线柜。
4. 负荷故障跳闸时，首先将SA转至手动位置，待故障排除后，手动恢复正常供电。

序号	元件代号	名 称	型 号 规 格	数量	备 注
12	KT	时间继电器	DS-37C/220V （凸出式板前接线）	1	苏州继电器厂
11	SA	控制转换开关	LW12-16D0401	1	
10	QA	控制开关	C45N-32/2P-10A	1	
9	HLR、HLW、HLG	指示灯	AD16-22/41-220V	3	
8	1SB、2SB	按钮开关	LA23-11	2	
7	SV	电压转换开关	LW12-16DHY3/3	1	
6	PV	电压表	42L6-V 0~450V	1	
5	1PA~3PA	电流表	42L6-A □/5A	3	
4	1FU~3FU	熔断器	JF5-2.5RD/6A	3	
3	2TAu	电流互感器	BH-0.66 □/5A	1	
2	1TAu、1TAv、1TAw	电流互感器	BH-0.66 □/5A	3	
1	2QF	断路器（抽屉式）	CW2-□/□P-□A/220V	1	常熟开关制造公司

GCK（交流操作）（II段母线）进线柜二次原理图

QB/T.DJ080701.06Y

标记	处数	更改文件号	签字	日期	图样标记		数量	重量	比例
设 计			标准化						1:1
绘 图			审 定						
审 核			批 准					共 2 张	第 1 张
工 艺			日 期						

进线、不带计量、3TA、断路器（CW2）双电源自动或手动互为备用、正常时，两段母线分别供电，如果一路电源有故障时，另一路电源承担全部负荷。

光盘页码：2-164

备（通）用件登记
描 图
描 校
旧底图总号
底图总号
签 字
日 期

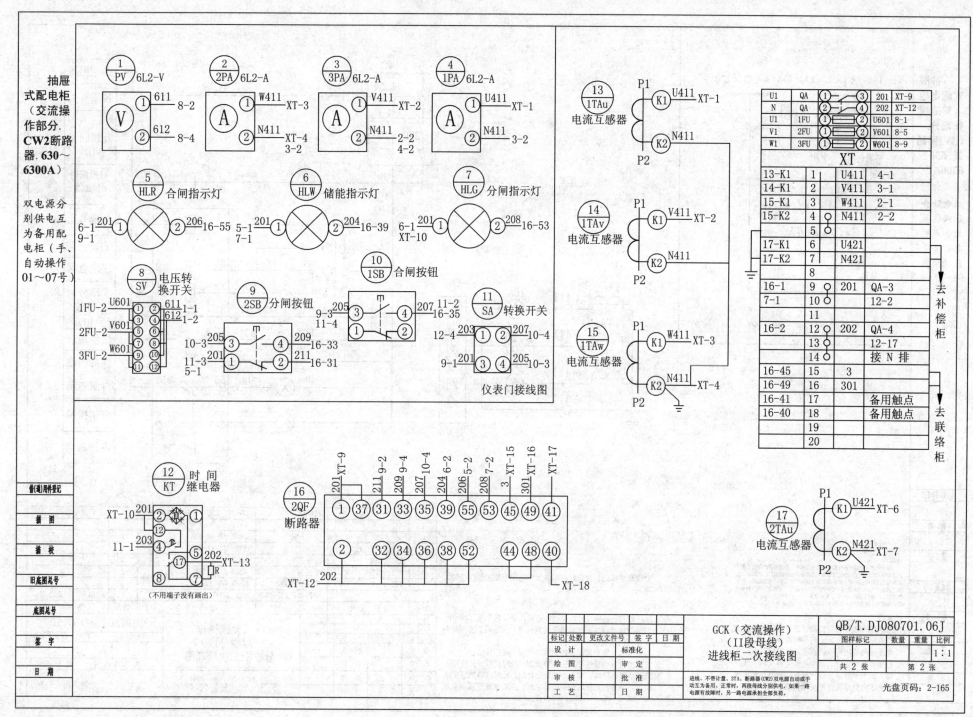

抽屉式配电柜（交流操作部分. CW2断路器. 630～6300A）

双电源分别供电互为备用配电柜（手、自动操作 01～07号）

① PV 6L2-V
611 8-2
612 8-4

② 2PA 6L2-A
W411 XT-3
N411 XT-4 / 3-2

③ 3PA 6L2-A
V411 XT-2
N411 2-2 / 4-2

④ 1PA 6L2-A
U411 XT-1
N411 3-2

⑤ HLR 合闸指示灯
6-1 / 9-1 201
206 16-55

⑥ HLW 储能指示灯
5-1 / 7-1 201
204 16-39

⑦ HLG 分闸指示灯
6-1 XT-10 201
208 16-53

⑧ SV 电压转换开关
1FU-2 U601 611 1-1 / 612 1-2
2FU-2 V601
3FU-2 W601

⑨ 2SB 分闸按钮
9-3 / 11-4 205 207 11-2 / 16-35
10-3 205 209 16-33
11-3 / 5-1 201 211 16-31

⑩ 1SB 合闸按钮

⑪ SA 转换开关
12-4 203 207 10-4
9-1 201 205 10-3

仪表门接线图

⑬ 1TAu 电流互感器
P1 — K1 U411 XT-1 — P2 K2 N411

⑭ 1TAv 电流互感器
P1 — K1 V411 XT-2 — P2 K2 N411

⑮ 1TAw 电流互感器
P1 — K1 W411 XT-3 — P2 K2 N411 XT-4

U1	QA	① ③	201	XT-9
N	QA	② ④	202	XT-12
U1	1FU	① ②	U601	8-1
V1	2FU	① ②	V601	8-5
W1	3FU	① ②	W601	8-9

XT

13-K1	1	U411	4-1
14-K1	2	V411	3-1
15-K1	3	W411	2-1
15-K2	4	N411	2-2
	5		
17-K1	6	U421	
17-K2	7	N421	
	8		
16-1	9	201	QA-3
7-1	10		12-2
	11		
16-2	12	202	QA-4
	13		12-17
	14		接 N 排
16-45	15	3	
16-49	16	301	
16-41	17	备用触点	
16-40	18	备用触点	
	19		
	20		

去补偿柜
去联络柜

⑫ KT 时间继电器
XT-10 201 ②①
12
11-1 203 ④
17
202 XT-13 ⑧⑦ R
（不用端子没有画出）

⑯ 2QF 断路器
201 XT-9 / 211 9-2 / 209 9-4 / 207 10-4 / 204 6-2 / 206 5-2 / 208 7-2 / 3 XT-15 / 301 XT-16 / XT-17
① 37 31 33 35 39 55 53 45 49 41
② 32 34 36 38 52 44 48 40
XT-12 202 XT-18

⑰ 2TAu 电流互感器
P1 — K1 U421 XT-6 — P2 K2 N421 XT-7

GCK（交流操作）（Ⅱ段母线）进线柜二次接线图

QB/T.DJ080701.06J

| 图样标记 | 数量 | 重量 | 比例 |
| | | | 1:1 |

共 2 张　　第 2 张

进线、不带计量、3TA、断路器(CW2)双电源自动或手动互为备用、正常时、两段母线分别供电，如果一路电源有故障时，另一路电源承担全部负荷。

光盘页码：2-165

121

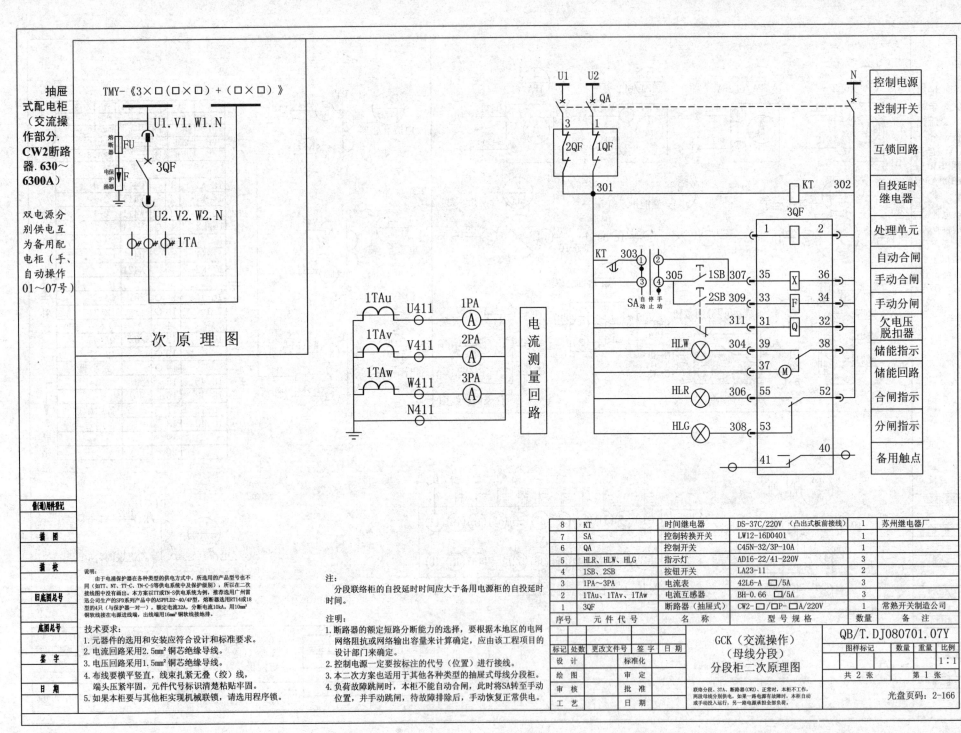

抽屉式配电柜（交流操作部分.CW2断路器.630～6300A）

双电源分别供电互为备用配电柜（手、自动操作01～07号）

TMY-《3×□(□×□)+(□×□)》

熔断器 FU

U1.V1.W1.N

3QF

电涌保护器 F

U2.V2.W2.N

1TA

一 次 原 理 图

1TAu U411 1PA (A)

1TAv V411 2PA (A)

1TAw W411 3PA (A)

N411

电流测量回路

			控制电源
			控制开关
			互锁回路
			自投延时继电器
			处理单元
			自动合闸
			手动合闸
			手动分闸
			欠电压脱扣器
			储能指示
			储能回路
			合闸指示
			分闸指示
			备用触点

U1 U2 QA N

2QF 1QF

301

KT 302

3QF

KT 303
SA 自停手
自动 止动 手动
305 1SB 307 35 X 36
2SB 309 33 F 34
311 31 Q 32
HLW 304 39 38
37 M
HLR 306 55 52
HLG 308 53
41 40

说明：
由于电涌保护器在各种类型的供电方式中，所选用的产品型号也不同（如TT、NT、TT-C、TN-C-S等供电系统中及保护级别），所以在二次接线图中没有画出。本方案以TT或TN-S供电系统为例，推荐选用广州雷迅公司生产的SPD系列产品中的ASPFLD2-40/4P型，熔断器选用RT14或18型的4只（与保护器一对一），额定电流32A，分断电流10kA，用10mm²铜软线接在电源进线端，出线端用16mm²铜软线接地排。

技术要求：
1. 元器件的选用和安装应符合设计和标准要求。
2. 电流回路采用2.5mm²铜芯绝缘导线。
3. 电压回路采用1.5mm²铜芯绝缘导线。
4. 布线要横平竖直，线束扎紧无叠(绞)线，端头压紧牢固，元件代号标识清楚粘贴牢固。
5. 如果本柜要与其他柜实现机械联锁，请选用程序锁。

注：
分段联络柜的自投延时时间应大于备用电源柜的自投延时时间。

注明：
1. 断路器的额定短路分断能力的选择，要根据本地区的电网网络阻抗或网络输出容量来计算确定，应由该工程项目的设计部门来确定。
2. 控制电源一定要按标注的代号(位置)进行接线。
3. 本二次方案也适用于其他各种类型的抽屉式母线分段柜。
4. 负荷故障跳闸时，本柜不能自动合闸，此时将SA转至手动位置，并手动跳闸，待故障排除后，手动恢复正常供电。

8	KT	时间继电器	DS-37C/220V（凸出式板前接线）	1	苏州继电器厂
7	SA	控制转换开关	LW12-16D0401	1	
6	QA	控制开关	C45N-32/3P-10A	1	
5	HLR、HLW、HLG	指示灯	AD16-22/41-220V	3	
4	1SB、2SB	按钮开关	LA23-11	2	
3	1PA～3PA	电流表	42L6-A □/5A	3	
2	1TAu、1TAv、1TAw	电流互感器	BH-0.66 □/5A	3	
1	3QF	断路器（抽屉式）	CW2-□/□P-□A/220V	1	常熟开关制造公司
序号	元件代号	名 称	型号规格	数量	备 注

GCK（交流操作）
（母线分段）
分段柜二次原理图

QB/T.DJ080701.07Y

共 2 张　第 1 张

联络分段、3TA、断路器(CW2)、正常时，本柜不工作，两段母线分别供电，如果一路母线有故障时，本柜自动或手动投入运行，另一路电源承担全部负荷。

光盘页码：2-166

比例 1:1

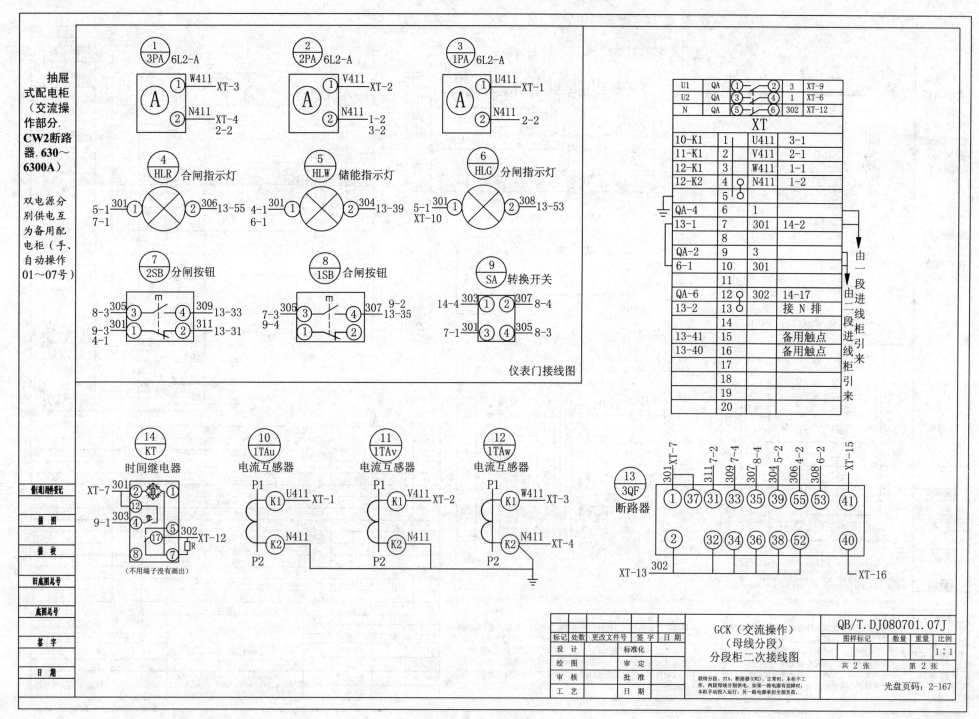

仪表门接线图

分段柜二次接线图

GCK（交流操作）
（母线分段）
分段柜二次接线图

QB/T.DJ080701.07J

123

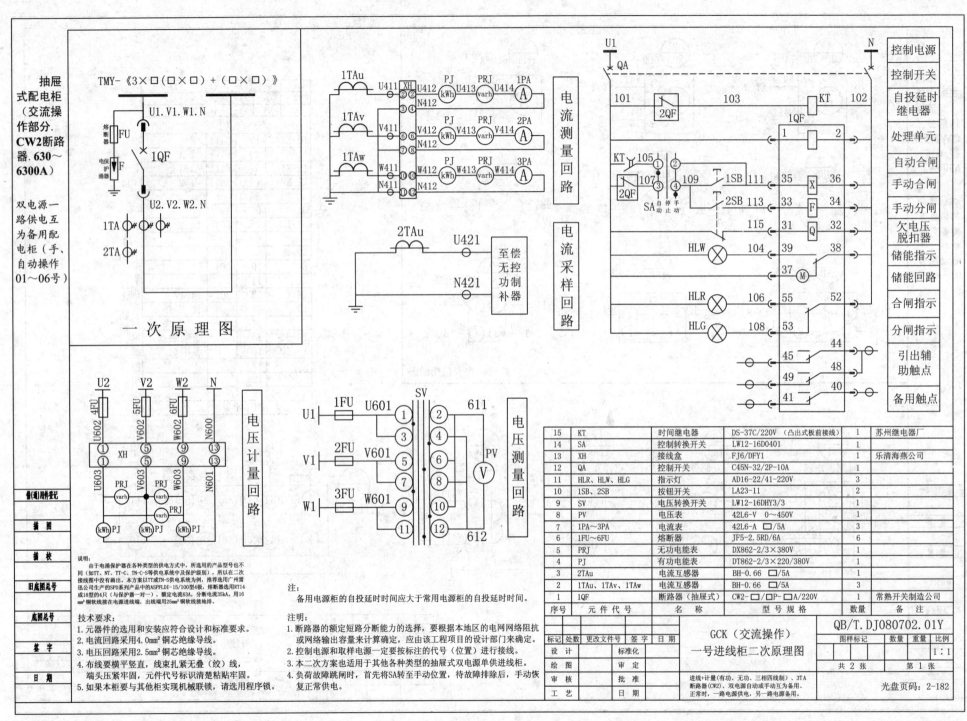

抽屉式配电柜（交流操作部分.CW2断路器.630~6300A）

双电源一路供电互为备用配电柜（手、自动操作01~06号）

TMY-《3×□(□×□)+(□×□)》

U1.V1.W1.N
熔断器 FU
电涌保护器 F
1QF
U2.V2.W2.N
1TA
2TA

一次原理图

U2 V2 W2 N
4FU 5FU 6FU
U602 V602 W602 N600
XH
U603 V603 W603 N601
PRJ varh PRJ varh PRJ varh
kWh PJ kWh PJ kWh PJ

电压计量回路

1TAu U411 XH U412 PJ(kWh) U413 PRJ(varh) U414 1PA
1TAv V411 V412 PJ(kWh) V413 PRJ(varh) V414 2PA
1TAw W411 W412 PJ(kWh) W413 PRJ(varh) W414 3PA

电流测量回路

2TAu U421 / N421 至偿无控功制补器

电流采样回路

1FU U601 SV 611
2FU V601 PV
3FU W601 612

电压测量回路

U1 QA N
控制电源 控制开关
101 2QF 103 KT 102 自投延时继电器
1QF
KT 105 处理单元
2QF 107 109 1SB 111 X 36 自动合闸
SA 自停手动 2SB 113 F 34 手动合闸
115 Q 32 手动分闸
HLW 104 欠电压脱扣器
M 储能指示
HLR 106 储能回路
HLG 108 合闸指示
分闸指示
引出辅助触点
备用触点

说明：
由于电涌保护器在各种类型的供电方式中，所选用的产品型号也不同（如TT、NT、TT-C、TN-C-S等供电系统中及保护级别），所以在二次接线图中没有画出。本方案以TT或TN-S供电系统为例，推荐选用广州雷迅公司生产的SPD系列产品中的ASPFLDI-15/100型4极，熔断器选用RT14或18型的4只（与保护器一对一），额定电流63A，分断电流35kA。用16mm²铜软线接在电源进线端，出线端用25mm²铜软线接地排。

技术要求：
1. 元器件的选用和安装应符合设计和标准要求。
2. 电流回路采用4.0mm²铜芯绝缘导线。
3. 电压回路采用2.5mm²铜芯绝缘导线。
4. 布线要横平竖直，线束扎紧无叠（绞）线，端头压紧牢固，元件代号标识清楚粘贴牢固。
5. 如果本柜要与其他柜实现机械联锁，请选用程序锁。

注：
备用电源柜的自投延时时间应大于常用电源柜的自投延时时间。

注明：
1. 断路器的额定短路分断能力的选择，要根据本地区的电网网络阻抗或网络输出容量来计算确定，应由该工程项目的设计部门来确定。
2. 控制电源和取样电源一定要按标注的代号（位置）进行接线。
3. 本二次方案也适用于其他各种类型的抽屉式双电源单供进线柜。
4. 负荷故障跳闸时，首先将SA转至手动位置，待故障排除后，手动恢复正常供电。

15	KT	时间继电器	DS-37C/220V（凸出式板前接线）	1	苏州继电器厂
14	SA	控制转换开关	LW12-16D0401	1	
13	XH	接线盒	FJ6/DFY1	1	乐清海燕公司
12	QA	控制开关	C45N-32/2P-10A	1	
11	HLR、HLW、HLG	指示灯	AD16-22/41-220V	3	
10	1SB、2SB	按钮开关	LA23-11	2	
9	SV	电压转换开关	LW12-16DHY3/3	1	
8	PV	电压表	42L6-V 0~450V	1	
7	1PA~3PA	电流表	42L6-A □/5A	3	
6	1FU~6FU	熔断器	JF5-2.5RD/6A	6	
5	PRJ	无功电能表	DX862-2/3×380V	1	
4	PJ	有功电能表	DT862-2/3×220/380V	1	
3	2TAu	电流互感器	BH-0.66 □/5A	1	
2	1TAu、1TAv、1TAw	电流互感器	BH-0.66 □/5A	3	
1	1QF	断路器（抽屉式）	CW2-□/□P-□A/220V	1	常熟开关制造公司
序号	元件代号	名 称	型 号 规 格	数量	备 注

GCK（交流操作）一号进线柜二次原理图

QB/T.DJ080702.01Y

进线+计量（有功、无功、三相四线制）、3TA断路器（CW2）、双电源自动或手动互为备用，正常时，一路电源供电，另一路电源备用。

光盘页码：2-182

共2张 第1张 比例 1:1

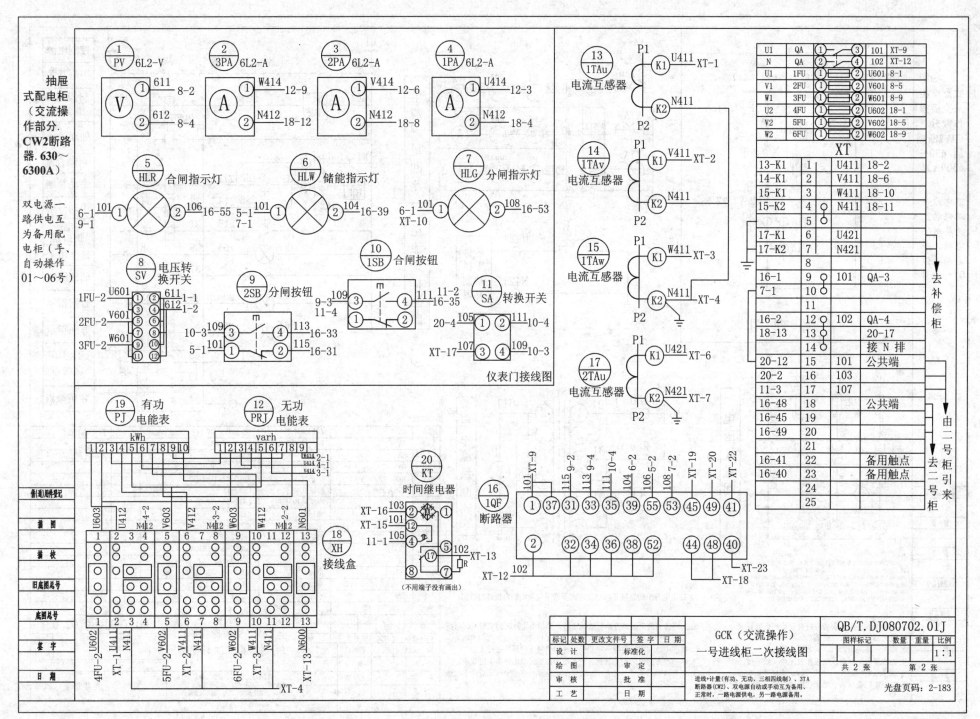

GCK（交流操作）
一号进线柜二次接线图

QB/T.DJ080702.01J

共 2 张　第 2 张

光盘页码：2-183

125

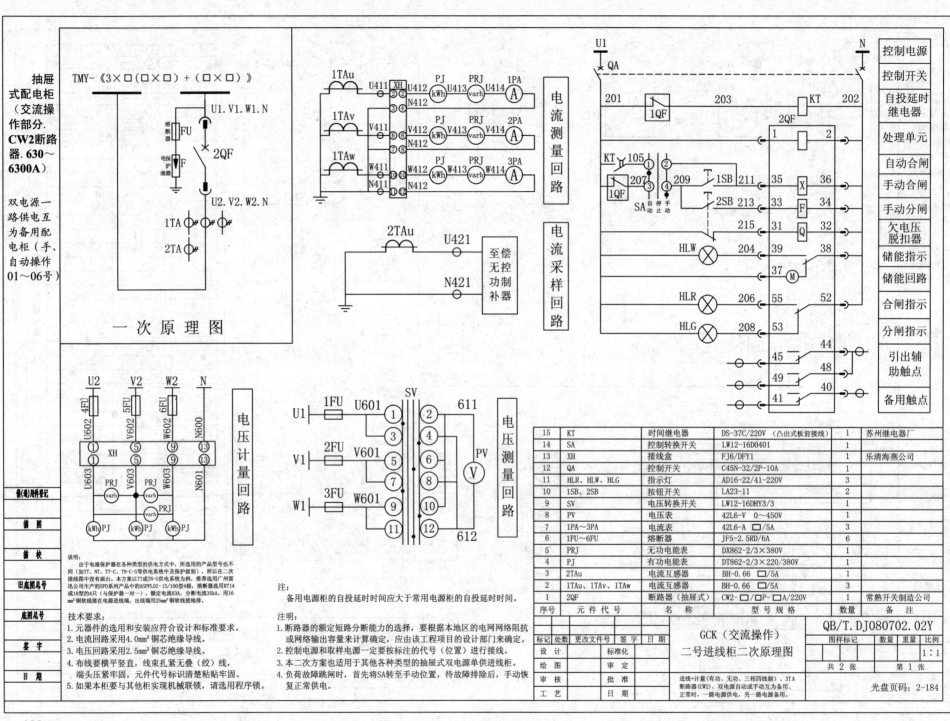

抽屉式配电柜（交流操作部分.CW2断路器.630～6300A）

双电源一路供电互为备用配电柜（手、自动操作01～06号）

TMY-《3×□(□×□)+(□×□)》

U1.V1.W1.N

熔断器 FU

电保护涌器 F

2QF

U2.V2.W2.N

1TA

2TA

一次原理图

电流测量回路

1TAu U411 XH U412 PJ(kWh) U413 PRJ(varh) U414 1PA(A)
N412

1TAv V411 V412 PJ(kWh) V413 PRJ(varh) V414 2PA(A)
N412

1TAw W411 W412 PJ(kWh) W413 PRJ(varh) W414 3PA(A)
N411 N412

电流采样回路

2TAu U421 至偿无控功制补器
N421

电压计量回路

U2 V2 W2 N
4FU 5FU 6FU
U602 V602 W602 N600
XH
U603 V603 W603 N601
PRJ(varh) PRJ(varh) PRJ
kWh PJ kWh PJ kWh PJ

电压测量回路

SV
U1 1FU U601 ① ② 611
V1 2FU V601 ③ ④ PV(V)
W1 3FU W601 ⑤ ⑥
⑦ ⑧
⑨ ⑩
⑪ ⑫ 612

U1 QA

201 1QF 203 KT 202

2QF

1 2

KT 105 ① ②
207 ③ ④ 209 1SB 211 35 X 36
1QF SA 自停手 2SB 213 33 F 34
自动止动

215 31 Q 32

HLW 204 39 38

37 M

HLR 206 55 52

HLG 208 53

45 44
49 48
41 40

控制电源
控制开关
自投延时继电器
处理单元
自动合闸
手动合闸
手动分闸
欠电压脱扣器
储能指示
储能回路
合闸指示
分闸指示
引出辅助触点
备用触点

15	KT	时间继电器	DS-37C/220V（凸出式板前接线）	1	苏州继电器厂
14	SA	控制转换开关	LW12-16D0401	1	
13	XH	接线盒	FJ6/DFY1	1	乐清海燕公司
12	QA	控制开关	C45N-32/2P-10A	1	
11	HLR、HLW、HLG	指示灯	AD16-22/41-220V	3	
10	1SB、2SB	按钮开关	LA23-11	2	
9	SV	电压转换开关	LW12-16DHY3/3	1	
8	PV	电压表	42L6-V 0～450V	1	
7	1PA～3PA	电流表	42L6-A □/5A	3	
6	1FU～6FU	熔断器	JF5-2.5RD/6A	6	
5	PRJ	无功电能表	DX862-2/3×380V	1	
4	PJ	有功电能表	DT862-2/3×220/380V	1	
3	2TAu	电流互感器	BH-0.66 □/5A	1	
2	2TAu、1TAv、1TAw	电流互感器	BH-0.66 □/5A	3	
1	2QF	断路器（抽屉式）	CW2-□/□P-□A/220V	1	常熟开关制造公司
序号	元件代号	名称	型号规格	数量	备注

说明：
由于电涌保护器在各种类型的供电方式中，所选用的产品型号也不同（如TT、NT、TT-C、TN-C-S等供电系统中及保护级别），所以在二次接线图中没有画出。本方案以TT或TN-S供电系统为例，推荐选用广州雷迅公司生产的SPD系列产品中的ASPFLDI-15/100型4极，熔断器选用RT14或18型的4只（与保护器一对一），额定电流63A，分断电流35kA。用16mm²铜软线接在电源进线端，出线端用25mm²铜软线接地排地。

技术要求：
1. 元器件的选用和安装应符合设计和标准要求。
2. 电流回路采用4.0mm²铜芯绝缘导线。
3. 电压回路采用2.5mm²铜芯绝缘导线。
4. 布线要横平竖直，线束扎紧无叠（绞）线，端头压紧牢固，元件代号标识清楚粘贴牢固。
5. 如果本柜要与其他柜实现机械联锁，请选用程序锁。

注：
备用电源柜的自投延时时间应大于常用电源柜的自投延时时间。

注明：
1. 断路器的额定短路分断能力的选择，要根据本地区的电网网络阻抗或网络输出容量来计算确定，应由该工程项目的设计部门来确定。
2. 控制电源和取样电源一定要按标注的代号（位置）进行接线。
3. 本二次方案也适用于其他各种类型的抽屉式双电源单母进线柜。
4. 负荷故障跳闸时，首先将SA转至手动位置，待故障排除后，手动恢复正常供电。

标记	处数	更改文件号	签字	日期	GCK（交流操作）二号进线柜二次原理图		图样标记	数量	重量	比例
设 计		标准化								1:1
绘 图		审 定								
审 核		批 准			进线+计量（有功、无功、三相四线制）、3TA断路器（CW2）、双电源自动或手动互为备用、正常时，一路电源供电，另一路电源备用。		共 2 张		第 1 张	
工 艺										光盘页码：2-184

QB/T.DJ080702.02Y

旧标图总号 / 底图总号 / 签 字 / 日 期 / 捕图 / 捕校

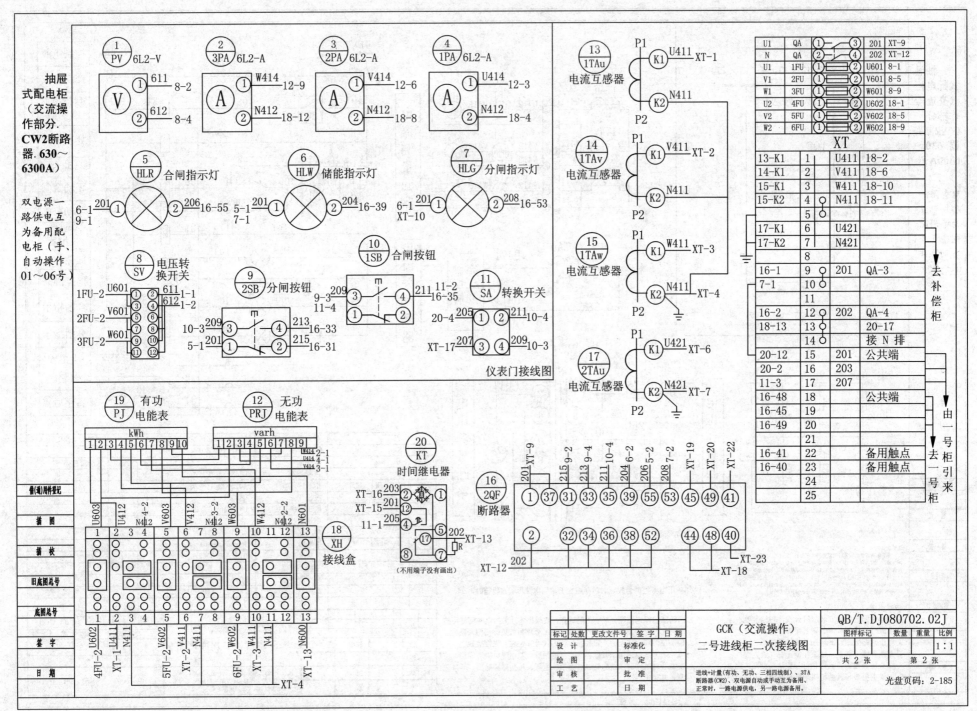

抽屉式配电柜（交流操作部分.CW2断路器.630~6300A）

双电源一路供电互为备用配电柜（手、自动操作01~06号）

仪表门接线图

U1	QA	①	③	201	XT-9	
N	QA	②	④	202	XT-12	
U1	1FU	①	②	U601	8-1	
V1	2FU	①	②	V601	8-5	
W1	3FU	①	②	W601	8-9	
U2	4FU	①	②	U602	18-1	
V2	5FU	①	②	V602	18-5	
W2	6FU	①	②	W602	18-9	

XT

13-K1	1	U411	18-2		
14-K1	2	V411	18-6		
15-K1	3	W411	18-10		
15-K2	4	N411	18-11		
	5				
17-K1	6	U421			
17-K2	7	N421			
	8				
16-1	9	201	QA-3		
7-1	10				
	11				
16-2	12	202	QA-4		
18-13	13		20-17		
	14		接N排		
20-12	15	201	公共端		
20-2	16	203			
11-3	17	207			
16-48	18		公共端		
16-45	19				
16-49	20				
	21				
16-41	22		备用触点		
16-40	23		备用触点		
	24				
	25				

GCK（交流操作）二号进线柜二次接线图

QB/T.DJ080702.02J

标记	处数	更改文件号	签字	日期
设计		标准化		
绘图		审定		
审核		批准		
工艺		日期		

进线+计量（有功、无功、三相四线制）、3TA断路器(CW2)、双电源自动或手动互为备用、正常时，一路电源供电，另一路电源备用。

图样标记　数量　重量　比例　1:1

共2张　第2张

光盘页码：2-185

127

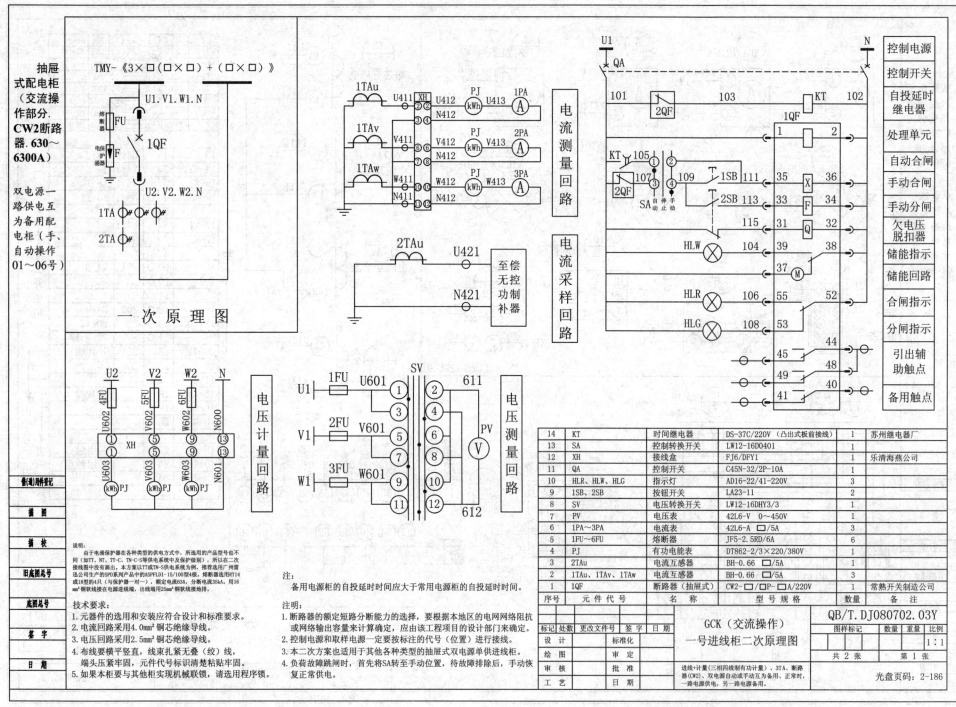

抽屉式配电柜（交流操作部分.CW2断路器.630～6300A）

双电源一路供电互为备用配电柜（手、自动操作01～06号）

TMY-《3×□(□×□)+(□×□)》

一次原理图

电流测量回路

电流采样回路

电压计量回路

电压测量回路

控制电源
控制开关
自投延时继电器
处理单元
自动合闸
手动合闸
手动分闸
欠电压脱扣器
储能指示
储能回路
合闸指示
分闸指示
引出辅助触点
备用触点

说明：
由于电涌保护器在各种类型的供电方式中，所选用的产品型号也不同（如TT、NT、TT-C、TN-C-S等供电系统中及接地级别），所以在二次接线图中没有画出。本方案以TT或TN-S供电系统为例，推荐选用广州雷迅公司生产的SPD系列产品中的ASPFLDI-15/100型4板，熔断器选用RT14或18型的4只（与保护器一对一），额定电流63A，分断电流35kA。用16mm²铜软线接在电源进线端，出线端用25mm²铜软线接地排。

技术要求：
1. 元器件的选用和安装应符合设计和标准要求。
2. 电流回路采用4.0mm²铜芯绝缘导线。
3. 电压回路采用2.5mm²铜芯绝缘导线。
4. 布线要横平竖直，线束扎紧无叠（绞）线，端头压紧牢固，元件代号标识清楚粘贴牢固。
5. 如果本柜要与其他柜实现机械联锁，请选用程序锁。

注：
备用电源柜的自投延时时间应大于常用电源柜的自投延时时间。

注明：
1. 断路器的额定短路分断能力的选择，要根据本地区的电网网络阻抗或网络输出容量来计算确定，应由该工程项目的设计部门来确定。
2. 控制电源和取样电源一定要按标注的代号（位置）进行接线。
3. 本二次方案也适用于其他各种类型的抽屉式双电源单供进线柜。
4. 负荷故障跳闸时，首先将SA转至手动位置，待故障排除后，手动恢复正常供电。

14	KT	时间继电器	DS-37C/220V（凸出式板前接线）	1	苏州继电器厂
13	SA	控制转换开关	LW12-16D0401	1	
12	XH	接线盒	FJ6/DFY1	1	乐清海燕公司
11	QA	控制开关	C45N-32/2P-10A	1	
10	HLR、HLW、HLG	指示灯	AD16-22/41-220V	3	
9	1SB、2SB	按钮开关	LA23-11	2	
8	SV	电压转换开关	LW12-16DHY3/3	1	
7	PV	电压表	42L6-V 0～450V	1	
6	1PA～3PA	电流表	42L6-A □/5A	3	
5	1FU～6FU	熔断器	JF5-2.5RD/6A	6	
4	PJ	有功电能表	DT862-2/3×220/380V	1	
3	2TAu	电流互感器	BH-0.66 □/5A	1	
2	1TAu、1TAv、1TAw	电流互感器	BH-0.66 □/5A	3	
1	1QF	断路器（抽屉式）	CW2-□/□P-□A/220V	1	常熟开关制造公司
序号	元件代号	名 称	型 号 规 格	数量	备 注

备（通）用件标记
描 图
描 校
旧底图总号
底图总号
签 字
日 期

标记	处数	更改文件号	签 字	日期			GCK（交流操作）一号进线柜二次原理图	图样标记		数量	重量	比例
设 计		标准化										1:1
绘 图		审 定						共 2 张		第 1 张		
审 核		批 准				进线+计量（三相四线制有功计量）、3TA、断路器（CW2）、双电源自动或手动互为备用、正常时，一路供电，另一路电源备用。					光盘页码：2-186	
工 艺		日 期										

QB/T.DJ080702.03Y

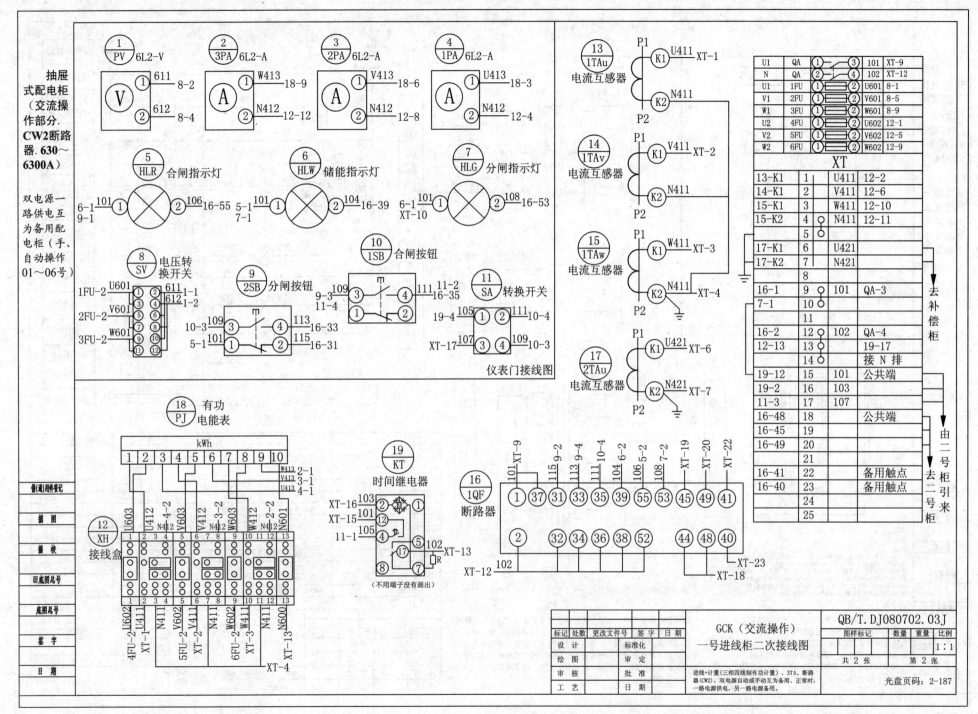

抽屉式配电柜（交流操作部分.CW2断路器.630~6300A）

双电源一路供电互为备用配电柜（手、自动操作01~06号）

① PV 6L2-V	② 3PA 6L2-A	③ 2PA 6L2-A	④ 1PA 6L2-A

① V 611 8-2 / 612 8-4
② A W413 18-9 / N412 12-12
③ A V413 18-6 / N412 12-8
④ A U413 18-3 / N412 12-4

⑤ HLR 合闸指示灯
6-1 9-1 101 ① 106 16-55

⑥ HLW 储能指示灯
5-1 7-1 101 ① 104 16-39

⑦ HLG 分闸指示灯
6-1 XT-10 101 ① 108 16-53

⑧ SV 电压转换开关
1FU-2 U601 611 1-1
V601 612 1-2
2FU-2
3FU-2 W601

⑨ 2SB 分闸按钮
109 113
10-3 ③ ④ 16-33
5-1 101 ① ② 115 16-31

⑩ 1SB 合闸按钮
109 111
9-3 11-4 ③ ④ 11-2 16-35
① ②

⑪ SA 转换开关
19-4 105 ① ② 111 10-4
XT-17 107 ③ ④ 109 10-3

仪表门接线图

⑬ 1TAu 电流互感器
P1 K1 U411 XT-1
K2 N411
P2

⑭ 1TAv 电流互感器
P1 K1 V411 XT-2
K2 N411
P2

⑮ 1TAw 电流互感器
P1 K1 W411 XT-3
K2 N411 XT-4
P2

⑰ 2TAu 电流互感器
P1 K1 U421 XT-6
K2 N421 XT-7
P2

U1	QA	① ─ ③	101	XT-9
N	QA	② ─ ④	102	XT-12
U1	1FU	① ②	U601	8-1
V1	2FU	① ②	V601	8-5
W1	3FU	① ②	W601	8-9
U2	4FU	① ②	U602	12-1
V2	5FU	① ②	V602	12-5
W2	6FU	① ②	W602	12-9

XT

13-K1	1	U411	12-2
14-K1	2	V411	12-6
15-K1	3	W411	12-10
15-K2	4	N411	12-11
	5		
17-K1	6	U421	
17-K2	7	N421	
	8		
16-1	9	101	QA-3
7-1	10		
	11		
16-2	12	102	QA-4
12-13	13		19-17
	14		接N排
19-12	15	101	公共端
19-2	16	103	
11-3	17	107	
16-48	18		公共端
16-45	19		
16-49	20		
	21		
16-41	22		备用触点
16-40	23		备用触点
	24		
	25		

去补偿柜
由二号柜引来
去二号柜

⑱ PJ 有功电能表

kWh
1	2	3	4	5	6	7	8	9	10
W413 2-1
V413 3-1
U413 4-1

⑫ XH 接线盒
U603 U412 N412 V603 V412 N412 W603 W412 N412 N601
4-2 3-2 2-2
| 1 | 2 | 3 | 4 | 5 | 6 | 7 | 8 | 9 | 10 | 11 | 12 | 13 |

U602 U411 N411 V602 V411 N411 W602 W411 N411 N600
4FU-2 XT-1 5FU-2 XT-2 6FU-2 XT-3 XT-13
XT-4

⑲ KT 时间继电器
XT-16 103 ②
XT-15 101 ⑫
11-1 105 ④ ⑤ 102 XT-13
⑰ R
⑧ ⑦ XT-13
（不用端子没有画出）

⑯ 1QF 断路器
XT-9 101 / 115 9-2 / 113 9-4 / 111 10-4 / 104 6-2 / 106 5-2 / 108 7-2 / XT-19 / XT-20 / XT-22
① 37 / 31 / 33 / 35 / 39 / 55 / 53 / 45 / 49 / 41
② 32 / 34 / 36 / 38 / 52 / 44 / 48 / 40
XT-12 102 / XT-23 / XT-18

标记	处数	更改文件号	签字	日期		
设计				标准化		
绘图				审定		
审核				批准		
工艺				日期		

GCK（交流操作）一号进线柜二次接线图

进线+计量（三相四线制有功计量）、3TA、断路器（CW2）、双电源自动或手动互为备用、正常时，一路电源供电，另一路电源备用。

QB/T.DJ080702.03J

图样标记	数量	重量	比例
			1:1

共2张　第2张

光盘页码：2-187

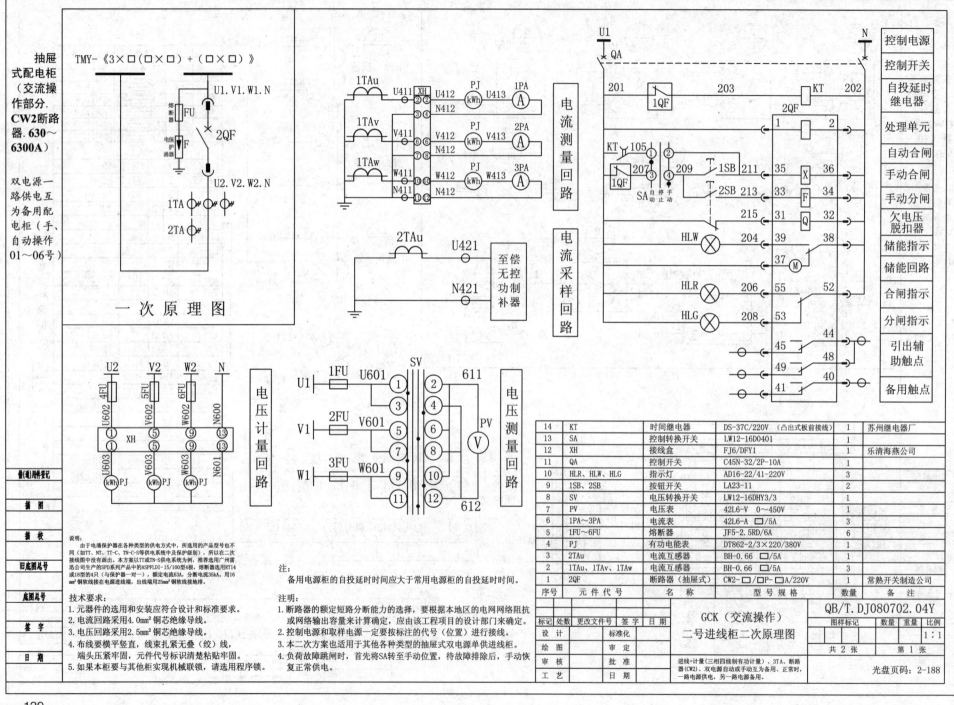

抽屉式配电柜（交流操作部分. CW2断路器. 630～6300A）

双电源一路供电互为备用配电柜（手、自动操作01～06号）

TMY-《3×□(□×□)+(□×□)》

U1.V1.W1.N

熔断器 FU

电保护涌器 F

2QF

U2.V2.W2.N

1TA

2TA

一次原理图

1TAu U411 XH U412 PJ kWh U413 1PA (A)
N412

1TAv V411 XH V412 PJ kWh V413 2PA (A)
N412

1TAw W411 XH W412 PJ kWh W413 3PA (A)
N411 N412

电流测量回路

2TAu U421 至偿无控功制补器

N421

电流采样回路

U1 QA N

控制电源
控制开关
自投延时继电器
处理单元
自动合闸
手动合闸
手动分闸
欠电压脱扣器
储能指示
储能回路
合闸指示
分闸指示
引出辅助触点
备用触点

201 203 KT 202

1QF 2QF

1 2

KT 105 ① ② 207 ③ ④ 209 1SB 211 35 X 36

SA 自动 停止 手动 2SB 213 33 F 34

215 31 Q 32

HLW 204 39 38

37 (M)

HLR 206 55 52

HLG 208 53

44
45

48
49

40
41

U2 V2 W2 N

4FU 5FU 6FU

U602 V602 W602 N600

① ⑤ ⑨ ⑬ XH

① ⑤ ⑨ ⑬

U603 V603 W603 N601

kWh PJ kWh PJ kWh PJ

电压计量回路

SV

1FU U601 611

U1 ① ②

③ ④

2FU V601

V1 ⑤ ⑥ PV

⑦ ⑧ (V)

3FU W601

W1 ⑨ ⑩

⑪ ⑫

612

电压测量回路

说明：
由于电涌保护器在各种类型的供电方式中，所选用的产品型号也不同（如TT、NT、TT-C、TN-C-S等供电系统中保护级别），所以在二次接线图中没有画出。本方案以TT或TN-S供电系统为例，推荐选用广州雷迅公司生产的SPD系列产品中的ASPFLDI-15/100型4级，熔断选用RT14或18型的4只（与保护器一对一），额定电流63A，分断电流35kA，用16mm²铜软线接在电源进线端，出线端用25mm²铜软线接地排。

技术要求：
1. 元器件的选用和安装应符合设计和标准要求。
2. 电流回路采用4.0mm²铜芯绝缘导线。
3. 电压回路采用2.5mm²铜芯绝缘导线。
4. 布线要横平竖直，线束扎紧无叠（绞）线，端头铝紧牢固，元件代号标识清楚粘贴牢固。
5. 如果本柜要与其他柜实现机械联锁，请选用程序锁。

注：
备用电源柜的自投延时时间应大于常用电源柜的自投延时时间。

注明：
1. 断路器的额定短路分断能力的选择，要根据本地区的电网网络阻抗或网络输出容量来计算确定，应由该工程项目的设计部门来确定。
2. 控制电源和取样电源一定要按标注的代号（位置）进行接线。
3. 本二次方案也适用于其他各种类型的抽屉式双电源单供进线柜。
4. 负荷故障跳闸时，首先将SA转至手动位置，待故障排除后，手动恢复正常供电。

14	KT	时间继电器	DS-37C/220V （凸出式板前接线）	1	苏州继电器厂
13	SA	控制转换开关	LW12-16D0401	1	
12	XH	接线盒	FJ6/DFY1	1	乐清海燕公司
11	QA	控制开关	C45N-32/2P-10A	1	
10	HLR、HLW、HLG	指示灯	AD16-22/41-220V	3	
9	1SB、2SB	按钮开关	LA23-11	2	
8	SV	电压转换开关	LW12-16DHY3/3	1	
7	PV	电压表	42L6-V 0～450V	1	
6	1PA～3PA	电流表	42L6-A □/5A	3	
5	1FU～6FU	熔断器	JF5-2.5RD/6A	6	
4	PJ	有功电能表	DT862-2/3×220/380V	1	
3	2TAu	电流互感器	BH-0.66 □/5A	1	
2	1TAu、1TAv、1TAw	电流互感器	BH-0.66 □/5A	3	
1	2QF	断路器（抽屉式）	CW2-□/□P-□A/220V	1	常熟开关制造公司
序号	元件代号	名称	型号规格	数量	备注

标记	处数	更改文件号	签字	日期		
设计			标准化		QB/T.DJ080702.04Y	
绘图			审定		图样标记 数量 重量 比例 1:1	
审核			批准		**GCK（交流操作）二号进线柜二次原理图** 共2张 第1张	
工艺			日期		进线+计量（三相四线制有功计量）、3TA、断路器（CW2）、双电源自动或手动互为备用、正常时，一路电源供电，另一路电源备用。 光盘页码：2-188	

备（追）图样登记
描图
描校
旧底图总号
底图总号
签字
日期

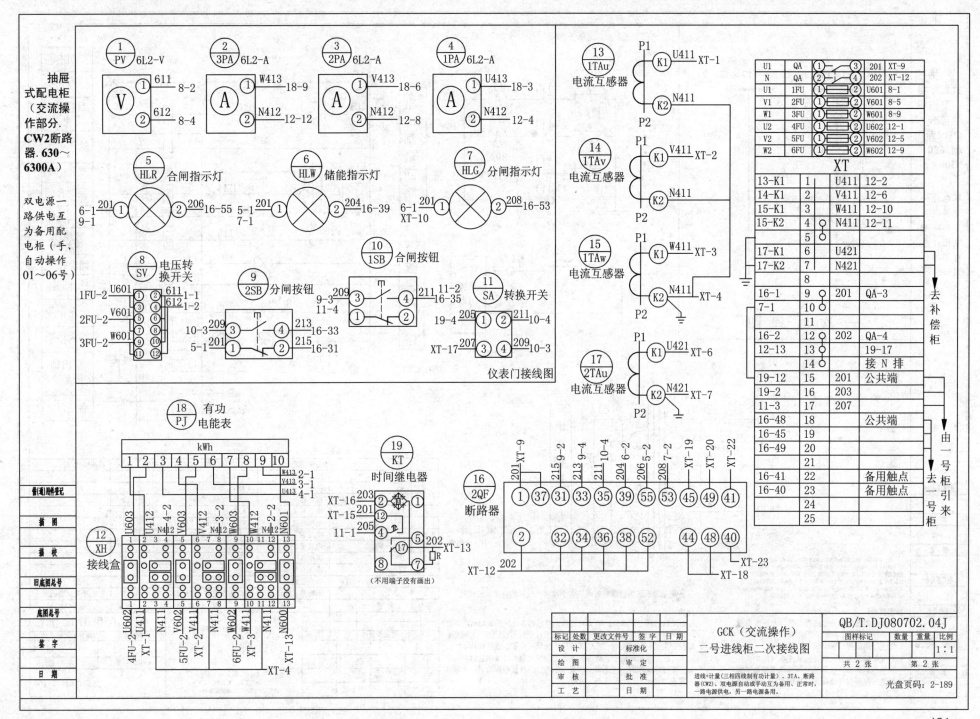

抽屉式配电柜（交流操作部分. CW2断路器. 630～6300A）

双电源一路供电互为备用配电柜（手、自动操作01～06号）

仪表门接线图

二号进线柜二次接线图

GCK（交流操作）

QB/T.DJ080702.04J

共 2 张　　第 2 张

比例 1:1

进线+计量(三相四线制有功计量)、3TA、断路器(CW2)、双电源自动或手动互为备用、正常时、一路电源供电，另一路电源备用。

光盘页码：2-189

131

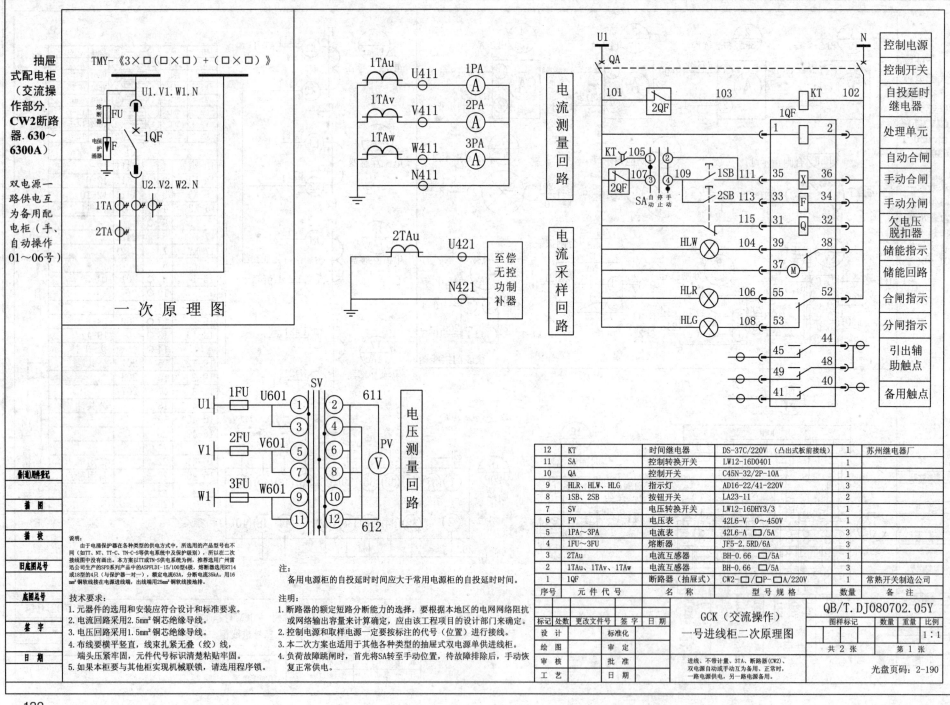

抽屉式配电柜（交流操作部分. CW2断路器. 630～6300A）

双电源一路供电互为备用配电柜（手、自动操作01～06号）

TMY-《3×□(□×□)+(□×□)》

一 次 原 理 图

电流测量回路

电流采样回路

电压测量回路

控制电源
控制开关
自投延时继电器
处理单元
自动合闸
手动合闸
手动分闸
欠电压脱扣器
储能指示
储能回路
合闸指示
分闸指示
引出辅助触点
备用触点

说明：
由于电涌保护器在各种类型的供电方式中，所选用的产品型号也不同（如TT、NT、TT-C、TN-C-S等供电系统中及保护级别），所以在二次接线图中没有画出。本方案以TT或TN-S供电系统为例，推荐选用广州雷迅公司生产的SPD系列产品中的ASPFLDI-15/100型4极，熔断器选用RT14或18型的4只（与保护器一对一），额定电流63A，分断电流35kA，用16mm²铜软线接在电源进线端，出线端用25mm²铜软线接地排。

技术要求：
1. 元器件的选用和安装应符合设计和标准要求。
2. 电流回路采用2.5mm²铜芯绝缘导线。
3. 电压回路采用1.5mm²铜芯绝缘导线。
4. 布线要横平竖直，线束扎紧无叠（绞）线，端头压接牢固，元件代号标识清楚粘贴牢固。
5. 如果本柜要与其他柜实现机械联锁，请选用程序锁。

注：
备用电源柜的自投延时时间应大于常用电源柜的自投延时时间。

注明：
1. 断路器的额定短路分断能力的选择，要根据本地区的电网网络阻抗或网络输出容量来计算确定，应由该工程项目的设计部门来确定。
2. 控制电源和取样电源一定要按标注的代号（位置）进行接线。
3. 本二次方案也适用于其他各种类型的抽屉式双电源单供进线柜。
4. 负荷故障跳闸时，首先将SA转至手动位置，待故障排除后，手动恢复正常供电。

12	KT	时间继电器	DS-37C/220V（凸出式板前接线）	1	苏州继电器厂
11	SA	控制转换开关	LW12-16D0401	1	
10	QA	控制开关	C45N-32/2P-10A	1	
9	HLR、HLW、HLG	指示灯	AD16-22/41-220V	3	
8	1SB、2SB	按钮开关	LA23-11	2	
7	SV	电压转换开关	LW12-16DHY3/3	1	
6	PV	电压表	42L6-V 0～450V	1	
5	1PA～3PA	电流表	42L6-A □/5A	3	
4	1FU～3FU	熔断器	JF5-2.5RD/6A	3	
3	2TAu	电流互感器	BH-0.66 □/5A	1	
2	1TAu、1TAv、1TAw	电流互感器	BH-0.66 □/5A	3	
1	1QF	断路器（抽屉式）	CW2-□/□P-□A/220V	1	常熟开关制造公司
序号	元件代号	名 称	型 号 规 格	数量	备 注

标记	处数	更改文件号	签 字	日期		
设 计			标准化			
绘 图			审 定			
审 核			批 准			
工 艺			日 期			

GCK（交流操作）
一号进线柜二次原理图

图样标记	数量	重量	比例
			1:1

进线、不带计量、3TA、断路器（CW2）双电源自动或手动互为备用，正常时，一路电源供电，另一路电源备用。

共 2 张　第 1 张

QB/T.DJ080702.05Y

光盘页码：2-190

备(通)用消费记
描 图
描 校
旧底图总号
底图总号
签 字
日 期

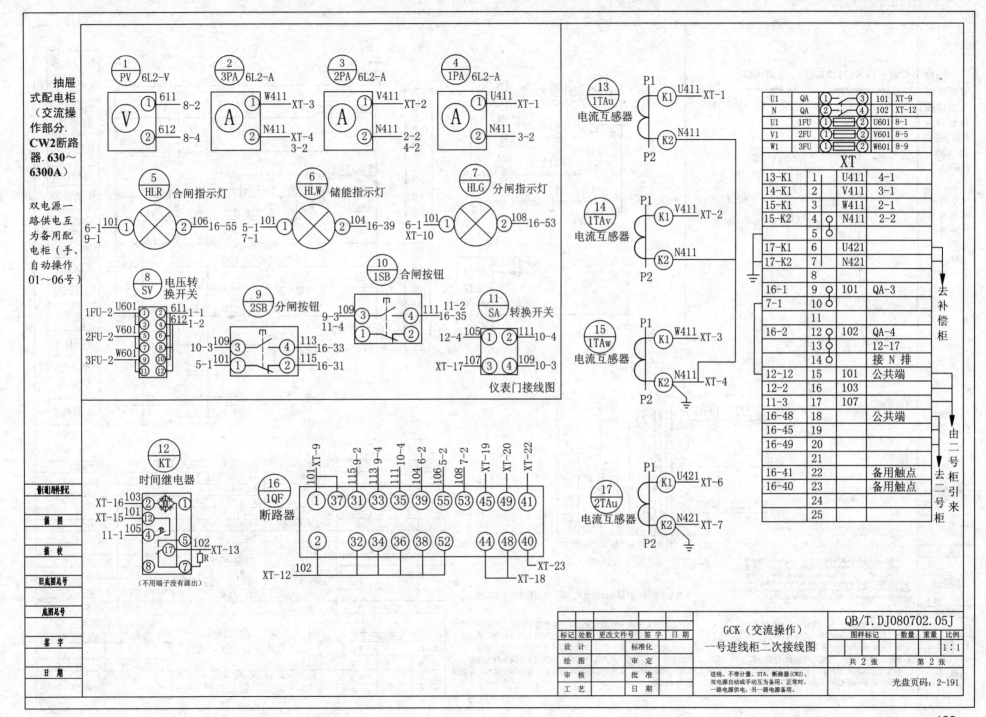

抽屉式配电柜（交流操作部分. CW2断路器. 630～6300A）

双电源一路供电互为备用配电柜（手、自动操作01～06号）

① PV 6L2-V
② 3PA 6L2-A
③ 2PA 6L2-A
④ 1PA 6L2-A
⑤ HLR 合闸指示灯
⑥ HLW 储能指示灯
⑦ HLG 分闸指示灯
⑧ SV 电压转换开关
⑨ 2SB 分闸按钮
⑩ 1SB 合闸按钮
⑪ SA 转换开关
⑫ KT 时间继电器
⑬ 1TAu 电流互感器
⑭ 1TAv 电流互感器
⑮ 1TAw 电流互感器
⑯ 1QF 断路器
⑰ 2TAu 电流互感器

仪表门接线图

（不用端子没有画出）

U1	QA	①	③	101	XT-9
N	QA	②	④	102	XT-12
U1	1FU	①	②	U601	8-1
V1	2FU	①	②	V601	8-5
W1	3FU	①	②	W601	8-9

XT

13-K1	1	U411	4-1
14-K1	2	V411	3-1
15-K1	3	W411	2-1
15-K2	4	N411	2-2
	5		
17-K1	6	U421	
17-K2	7	N421	
	8		
16-1	9	101	QA-3
7-1	10		
	11		
16-2	12	102	QA-4
	13		12-17
	14		接 N 排
12-12	15	101	公共端
12-2	16	103	
11-3	17	107	
16-48	18		公共端
16-45	19		
16-49	20		
	21		
16-41	22		备用触点
16-40	23		备用触点
	24		
	25		

去补偿柜

由二号柜引来

去二号柜

| GCK（交流操作） | QB/T. DJ080702.05J |
| 一号进线柜二次接线图 | |

进线、不带计量、3TA、断路器（CW2）、双电源自动或手动互为备用、正常时、一路电源供电，另一路电源备用。

标准化 审定 批准

共 2 张　第 2 张

光盘页码：2-191

133

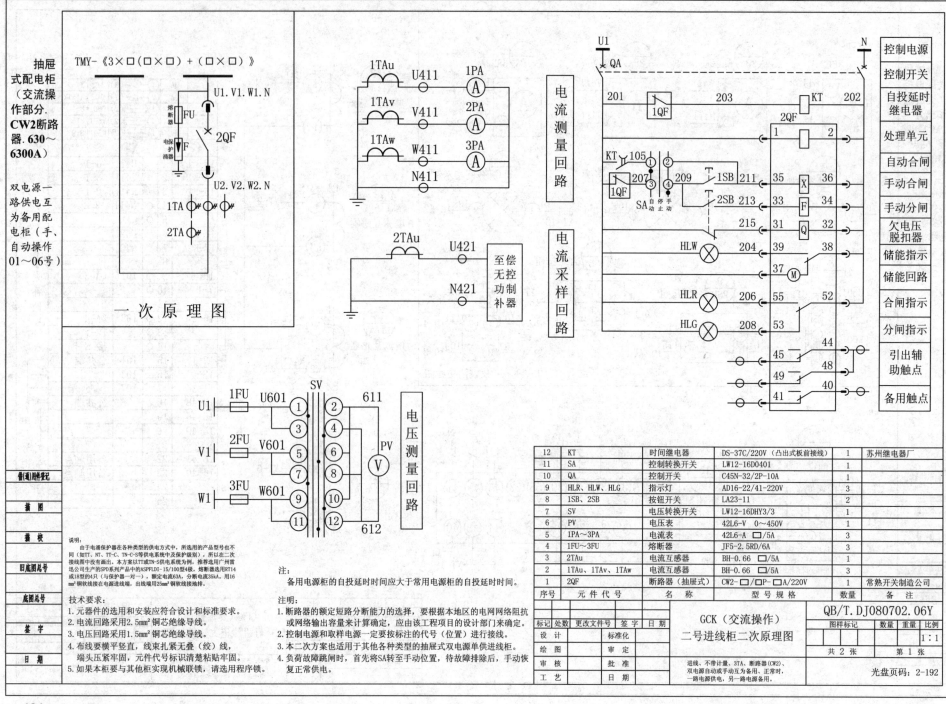

抽屉式配电柜（交流操作部分. CW2断路器. 630~6300A）

双电源一路供电互为备用配电柜（手、自动操作01~06号）

TMY-《3×□(□×□)+(□×□)》

U1. V1. W1. N

熔断器 FU

2QF

电保护涌器 F

U2. V2. W2. N

1TA #
2TA #

一次原理图

1TAu U411 1PA (A)
1TAv V411 2PA (A)
1TAw W411 3PA (A)
N411

电流测量回路

2TAu U421 至偿无控功制补器
N421

电流采样回路

U1 QA
N

201 1QF 203 KT 202

2QF

KT 105 1 2
207 3 4 1SB 211 35 X 36
1QF SA 自停手动止动 2SB 213 33 F 34
215 31 Q 32
HLW ⊗ 204 39 38
37 M
HLR ⊗ 206 55 52
HLG ⊗ 208 53
45 44
48
49
41 40

控制电源
控制开关
自投延时继电器
处理单元
自动合闸
手动合闸
手动分闸
欠电压脱扣器
储能指示
储能回路
合闸指示
分闸指示
引出辅助触点
备用触点

SV
U1 1FU U601 1 2 611
3 4
V1 2FU V601 5 6 PV (V)
7 8
W1 3FU W601 9 10
11 612

电压测量回路

说明：
由于电涌保护器在各种类型的供电方式中，所选用的产品型号也不同（如TT、NT、TT-C、TN-C-S等供电系统中及保护级别），所以在二次接线图中没有画出。本方案以TT或TN-S供电系统为例，推荐选用广州雷迅公司生产的SPD系列产品中的ASPFLDI-15/100型4极，熔断器选用RT14或18型的4只（与保护器一对一），额定电流63A，分断电流35kA，用16mm²铜软线接在电源进线端，出线端用25mm²铜软线接地排。

技术要求：
1. 元器件的选用和安装应符合设计和标准要求。
2. 电流回路采用2.5mm²铜芯绝缘导线。
3. 电压回路采用1.5mm²铜芯绝缘导线。
4. 布线要横平竖直，线束扎紧无叠（绞）线，端头压紧牢固，元件代号标识清楚粘贴牢固。
5. 如果本柜要与其他柜实现机械联锁，请选用程序锁。

注：
备用电源柜的自投延时时间应大于常用电源柜的自投延时时间。

注明：
1. 断路器的额定短路分断能力的选择，要根据本地区的电网网络阻抗或网络输出容量来计算确定，应由该工程项目的设计部门来确定。
2. 控制电源和取样电源一定要按标注的代号（位置）进行接线。
3. 本二次方案也适用于其他各种类型的抽屉式双电源单供进线柜。
4. 负荷故障跳闸时，首先将SA转至手动位置，待故障排除后，手动恢复正常供电。

12	KT	时间继电器	DS-37C/220V（凸出式板前接线）	1	苏州继电器厂
11	SA	控制转换开关	LW12-16D0401	1	
10	QA	控制开关	C45N-32/2P-10A	1	
9	HLR、HLW、HLG	指示灯	AD16-22/41-220V	3	
8	1SB、2SB	按钮开关	LA23-11	2	
7	SV	电压转换开关	LW12-16DHY3/3	1	
6	PV	电压表	42L6-V 0~450V	1	
5	1PA~3PA	电流表	42L6-A □/5A	3	
4	1FU~3FU	熔断器	JF5-2.5RD/6A	3	
3	2TAu	电流互感器	BH-0.66 □/5A	1	
2	1TAu、1TAv、1TAw	电流互感器	BH-0.66 □/5A	3	
1	2QF	断路器（抽屉式）	CW2-□/□P-□A/220V	1	常熟开关制造公司
序号	元件代号	名 称	型号规格	数量	备 注

GCK（交流操作）二号进线柜二次原理图

QB/T.DJ080702.06Y

标记	处数	更改文件号	签 字	日 期		图样标记	数量	重量	比例
设 计		标准化							1:1
绘 图		审 定							
审 核		批 准			进线、不带计量、3TA、断路器(CW2)、双电源自动或手动为备用、正常时，一路电源供电，另一路电源备用。	共 2 张		第 1 张	
工 艺		日 期				光盘页码：2-192			

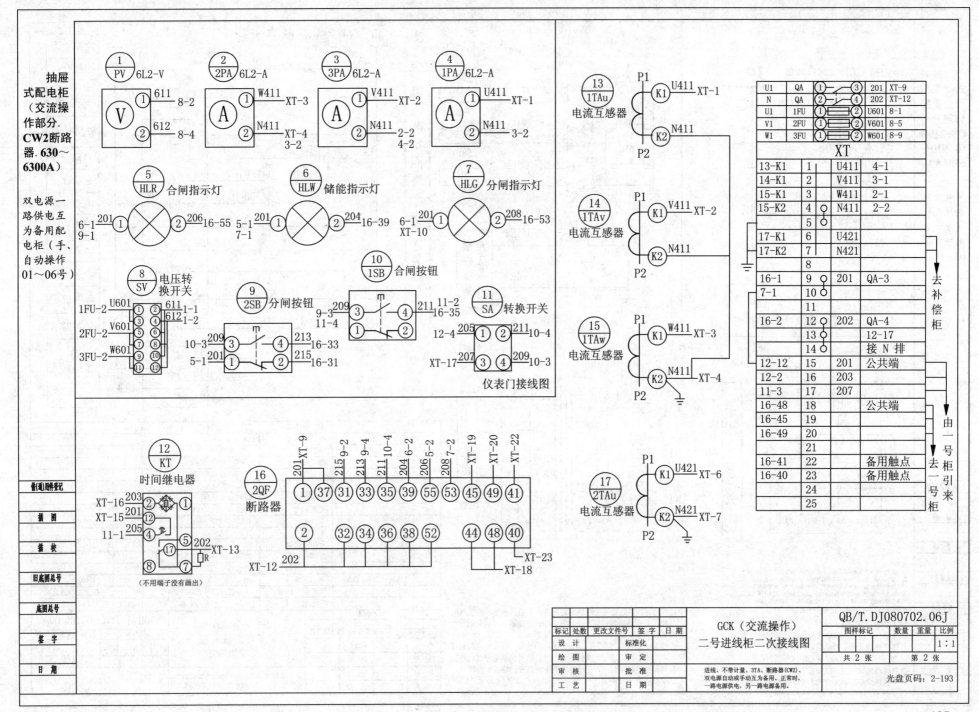

抽屉式配电柜（交流操作部分. CW2断路器. 630~6300A）

双电源一路供电互为备用配电柜（手、自动操作01~06号）

① PV	6L2-V
② 2PA	6L2-A
③ 3PA	6L2-A
④ 1PA	6L2-A

⑤ HLR 合闸指示灯
⑥ HLW 储能指示灯
⑦ HLG 分闸指示灯

⑧ SV 电压转换开关
⑨ 2SB 分闸按钮
⑩ 1SB 合闸按钮
⑪ SA 转换开关

仪表门接线图

⑫ KT 时间继电器
（不用端子没有画出）

⑯ 2QF 断路器

⑬ 1TAu 电流互感器
⑭ 1TAv 电流互感器
⑮ 1TAw 电流互感器
⑰ 2TAu 电流互感器

U1	QA	①	③	201	XT-9
N	QA	②	④	202	XT-12
U1	1FU	①	②	U601	8-1
V1	2FU	①	②	V601	8-5
W1	3FU	①	②	W601	8-9

XT

13-K1	1	U411	4-1
14-K1	2	V411	3-1
15-K1	3	W411	2-1
15-K2	4	N411	2-2
	5		
17-K1	6	U421	
17-K2	7	N421	
	8		
16-1	9	201	QA-3
7-1	10		
	11		
16-2	12	202	QA-4
	13		12-17
	14		接N排
12-12	15	201	公共端
12-2	16	203	
11-3	17	207	
16-48	18		公共端
16-45	19		
16-49	20		
	21		
16-41	22		备用触点
16-40	23		备用触点
	24		
	25		

去补偿柜
由一号柜引来
去一号柜

标记、处数、更改文件号、签字、日期
设计
绘图
审核
工艺

标准化
审定
批准
日期

GCK（交流操作）
二号进线柜二次接线图

进线、不带计量、3TA、断路器(CW2)、双电源自动或手动互为备用、正常时、一路电源供电，另一路电源备用。

QB/T.DJ080702.06J

| 图样标记 | 数量 | 重量 | 比例 |
| | | | 1:1 |

共 2 张　第 2 张

光盘页码：2-193

135

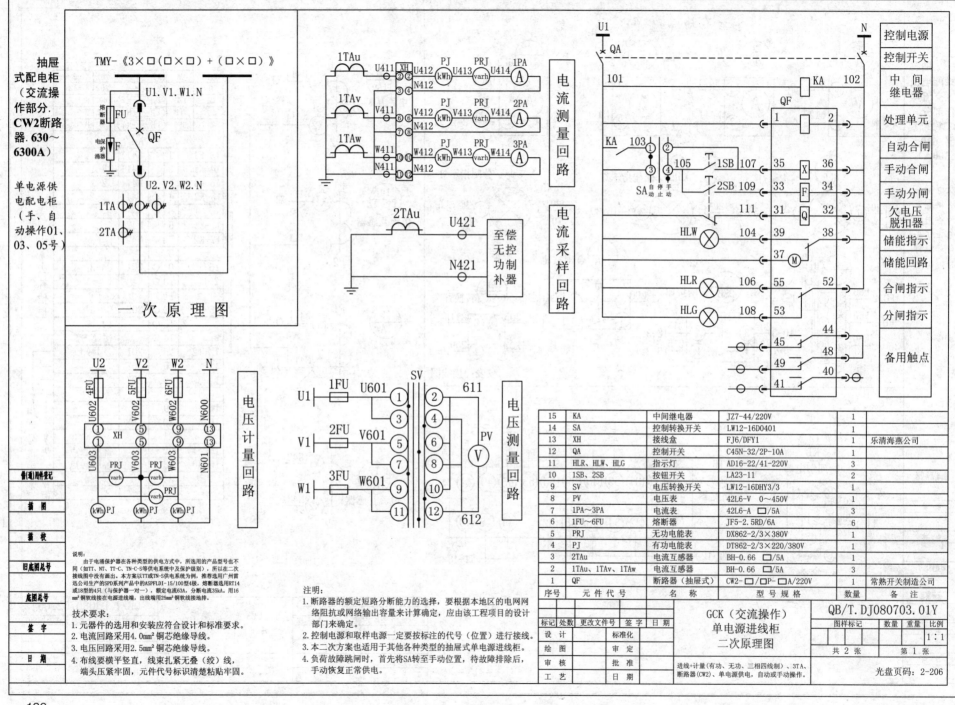

抽屉式配电柜（交流操作部分.CW2断路器.630~6300A）

单电源供电配电柜（手、自动操作01、03、05号）

TMY-《3×□(□×□)+(□×□)》

U1.V1.W1.N

熔断器 FU

电压保护涌器 F

QF

U2.V2.W2.N

1TA

2TA

一次原理图

1TAu U411 XH U412 PJ(kWh) U413 PRJ(varh) U414 1PA(A)
1TAv V411 V412 PJ(kWh) V413 PRJ(varh) V414 2PA(A)
1TAw W411 W412 PJ(kWh) W413 PRJ(varh) W414 3PA(A)

电流测量回路

2TAu U421 / N421 至偿无控功制补器

电流采样回路

电压计量回路

U2 4FU U602 / V2 5FU V602 / W2 6FU W602 / N N600
U603 XH V603 W603 N601
PRJ(varh) PRJ(varh) PRJ(varh)
kWh PJ kWh PJ kWh PJ

SV

1FU U601 611
2FU V601
3FU W601
PV(V)
612

电压测量回路

U1 QA N
101 KA 102
QF
1 2
KA 103 105 1SB 107 35 X 36
SA 自动停手动止 2SB 109 33 F 34
111 31 Q 32
HLW 104 39 38
37 M
HLR 106 55 52
53
HLG 108
44 45
48
49
40 41

控制电源
控制开关
中间继电器
处理单元
自动合闸
手动合闸
手动分闸
欠电压脱扣器
储能指示
储能回路
合闸指示
分闸指示

备用触点

说明：由于电涌保护器在各种类型的供电方式中，所选用的产品型号也不同（如TT、NT、TT-C、TN-C-S等供电系统中及保护级别），所以在二次接线图中没有画出。本方案以TT或TN-S供电系统为例，推荐选用广州雷讯公司生产的SPD系列产品中的ASPFLDI-15/100型4极，熔断器选用RT14或18型的4只（与保护器一对一），额定电流63A，分断电流35kA。用16mm²铜软线接在电源进线端，出线端用25mm²铜软线接地排。

技术要求：
1. 元器件的选用和安装应符合设计和标准要求。
2. 电流回路采用4.0mm²铜芯绝缘导线。
3. 电压回路采用2.5mm²铜芯绝缘导线。
4. 布线要横平竖直，线束扎紧无叠（绞）线，端头压紧牢固，元件代号标识清楚粘贴牢固。

注明：
1. 断路器的额定短路分断能力的选择，要根据本地区的电网网络阻抗或网络输出容量来计算确定，应由该工程项目的设计部门来确定。
2. 控制电源和取样电源一定要按标注的代号（位置）进行接线。
3. 本二次方案也适用于其他各种类型的抽屉式单电源进线柜。
4. 负荷故障跳闸时，首先将SA转至手动位置，待故障排除后，手动恢复正常供电。

15	KA	中间继电器	JZ7-44/220V	1	
14	SA	控制转换开关	LW12-16D0401	1	
13	XH	接线盒	FJ6/DFY1	1	乐清海燕公司
12	QA	控制开关	C45N-32/2P-10A	1	
11	HLR、HLW、HLG	指示灯	AD16-22/41-220V	3	
10	1SB、2SB	按钮开关	LA23-11	2	
9	SV	电压转换开关	LW12-16DHY3/3	1	
8	PV	电压表	42L6-V 0~450V	1	
7	1PA~3PA	电流表	42L6-A □/5A	3	
6	1FU~6FU	熔断器	JF5-2.5RD/6A	6	
5	PRJ	无功电能表	DX862-2/3×380V	1	
4	PJ	有功电能表	DT862-2/3×220/380V	1	
3	2TAu	电流互感器	BH-0.66 □/5A	1	
2	1TAu、1TAv、1TAw	电流互感器	BH-0.66 □/5A	3	
1	QF	断路器（抽屉式）	CW2-□/□P-□A/220V	1	常熟开关制造公司
序号	元件代号	名　称	型号规格	数量	备　注

GCK（交流操作）单电源进线柜二次原理图

QB/T.DJ080703.01Y

| 图样标记 | 数量 | 重量 | 比例 |
| | | | 1:1 |

标记	处数	更改文件号	签字	日期			共 2 张	第 1 张
设　计		标准化						
绘　图		审　定			进线+计量（有功、无功、三相四线制）、3TA、断路器（CW2）、单电源供电，自动或手动操作。			
审　核		批　准						
工　艺		日　期				光盘页码: 2-206		

借(通)用件登记
描　图
描　校
旧底图总号
底图总号
签　字
日　期

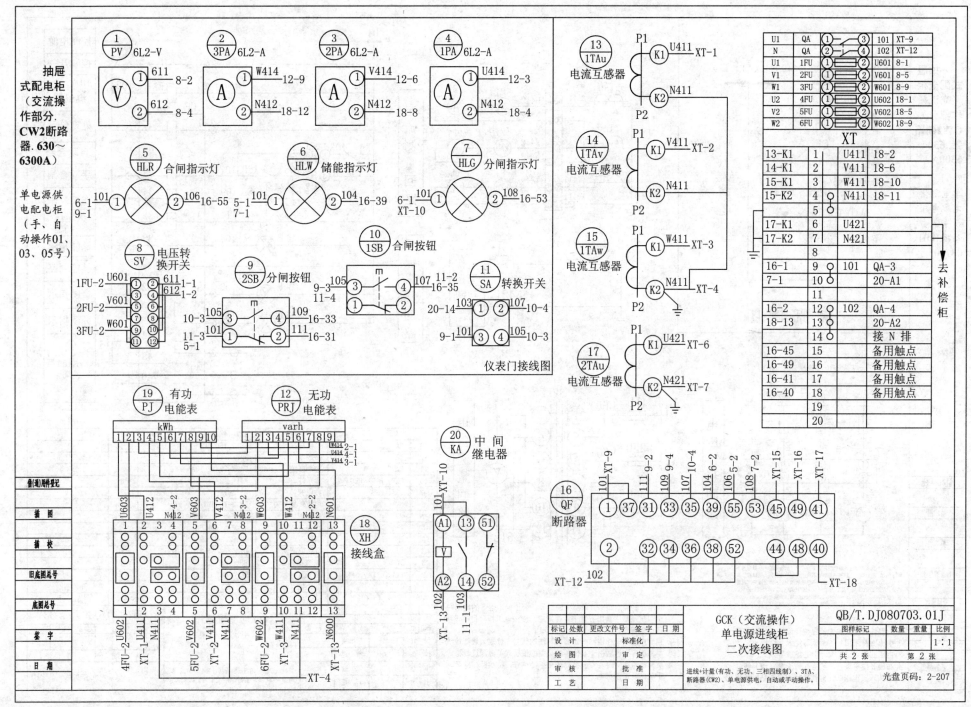

仪表门接线图

GCK（交流操作）
单电源进线柜
二次接线图

QB/T.DJ080703.01J

进线+计量(有功、无功、三相四线制)、3TA、
断路器(CW2)、单电源供电，自动或手动操作。

光盘页码：2-207

137

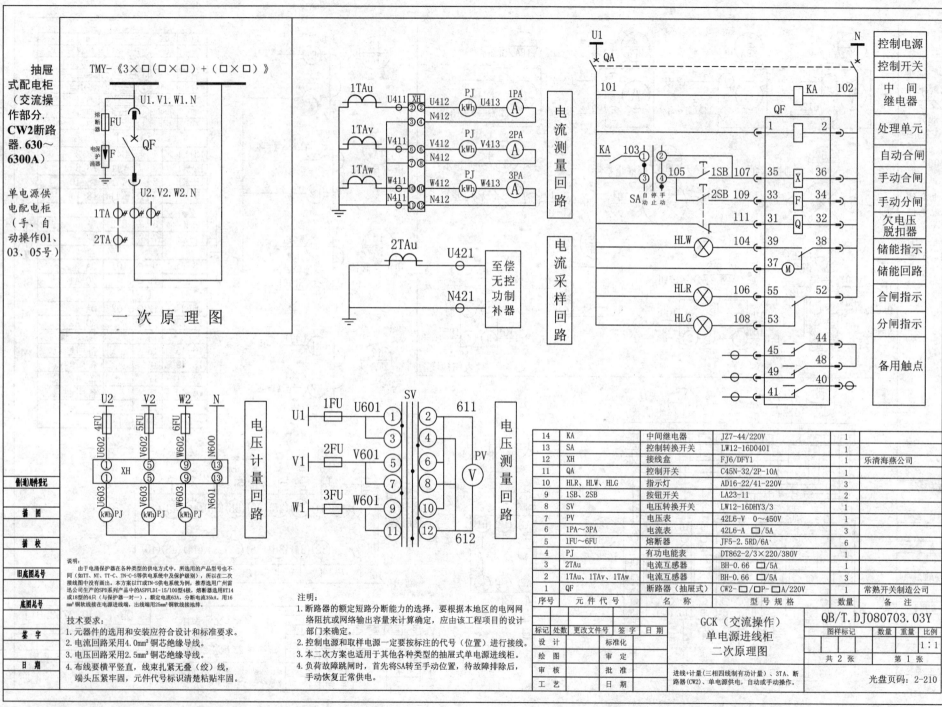

一次原理图

TMY-《3×□(□×□)+(□×□)》

抽屉式配电柜（交流操作部分.CW2断路器.630～6300A）

单电源供电配电柜（手、自动操作01、03、05号）

电流测量回路

电流采样回路

电压计量回路

电压测量回路

控制电源
控制开关
中间继电器
处理单元
自动合闸
手动合闸
手动分闸
欠电压脱扣器
储能指示
储能回路
合闸指示
分闸指示
备用触点

说明：
由于电涌保护器在各种类型的供电方式中，所选用的产品型号也不同（如TT、NT、TT-C、TN-C-S等供电系统中及保护级别），所以在二次接线图中没有画出。本方案以TT或TN-S供电系统为例，推荐选用广州雷迅公司生产的SPD系列产品中的ASPFLDI-15/100型4板，熔断器选用RT14或18型的4只（与保护器一对一），额定电流63A，分断电流35kA。用16 mm²铜软线接在电源进线端，出线端用25mm²铜软线接地排。

技术要求：
1. 元器件的选用和安装应符合设计和标准要求。
2. 电流回路采用4.0mm²铜芯绝缘导线。
3. 电压回路采用2.5mm²铜芯绝缘导线。
4. 布线要横平竖直，线束扎紧无叠（绞）线，端头压紧牢固，元件代号标识清楚粘贴牢固。

注明：
1. 断路器的额定短路分断能力的选择，要根据本地区的电网网络阻抗或网络输出容量来计算确定，应由该工程项目的设计部门来确定。
2. 控制电源和取样电源一定要按标注的代号（位置）进行接线。
3. 本二次方案也适用于其他各种类型的抽屉式单电源进线柜。
4. 负荷故障跳闸时，首先将SA转至手动位置，待故障排除后，手动恢复正常供电。

14	KA	中间继电器	JZ7-44/220V	1	
13	SA	控制转换开关	LW12-16D0401	1	
12	XH	接线盒	FJ6/DFY1	1	乐清海燕公司
11	QA	控制开关	C45N-32/2P-10A	1	
10	HLR、HLW、HLG	指示灯	AD16-22/41-220V	3	
9	1SB、2SB	按钮开关	LA23-11	2	
8	SV	电压转换开关	LW12-16DHY3/3	1	
7	PV	电压表	42L6-V 0～450V	1	
6	1PA～3PA	电流表	42L6-A □/5A	3	
5	1FU～6FU	熔断器	JF5-2.5RD/6A	6	
4	PJ	有功电能表	DT862-2/3×220/380V	1	
3	2TAu	电流互感器	BH-0.66 □/5A	1	
2	1TAu、1TAv、1TAw	电流互感器	BH-0.66 □/5A	1	
1	QF	断路器（抽屉式）	CW2-□/□P-□A/220V	1	常熟开关制造公司
序号	元件代号	名称	型号规格	数量	备注

标记	处数	更改文件号	签字	日期			
设计			标准化				
绘图			审定		GCK（交流操作）单电源进线柜二次原理图		
审核			批准				
工艺			日期		进线+计量（三相四线制有功计量）、3TA、断路器（CW2）、单电源供电，自动或手动操作。		

QB/T.DJ080703.03Y

图样标记	数量	重量	比例
			1:1
共 2 张		第 1 张	

光盘页码：2-210

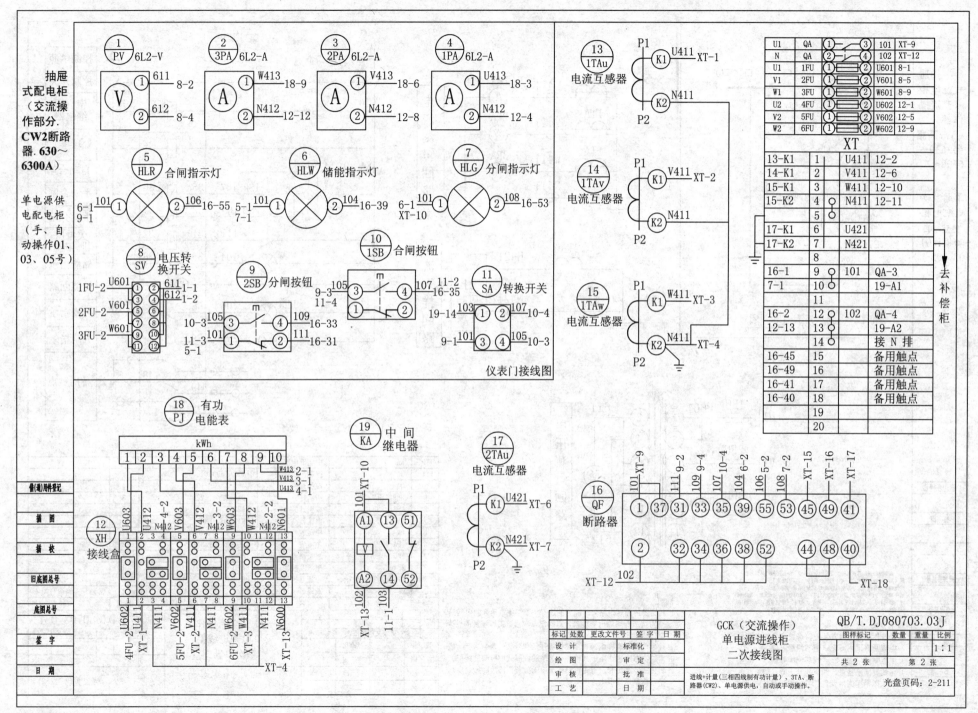

单电源进线柜二次接线图

GCK（交流操作）单电源进线柜二次接线图

QB/T.DJ080703.03J

光盘页码：2-211

139

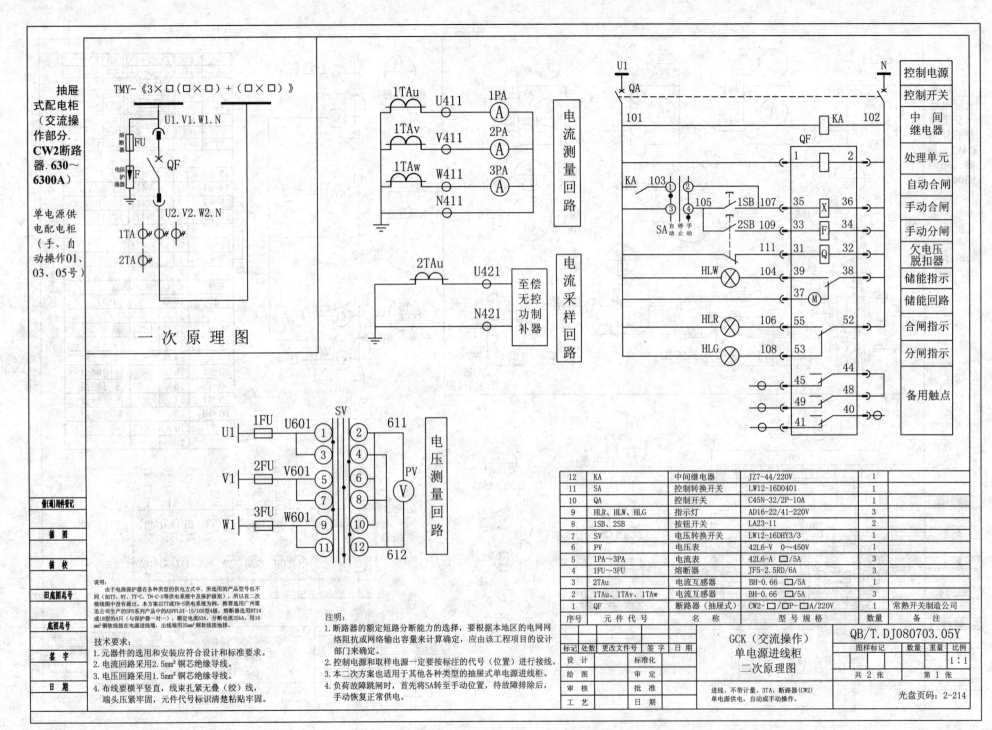

一次原理图

电流测量回路

电流采样回路

电压测量回路

抽屉式配电柜（交流操作部分.CW2断路器.630～6300A）

单电源供电配电柜（手、自动操作01、03、05号）

TMY-《3×□（□×□）+（□×□）》

至偿无控功率补器

说明：
由于电涌保护器在各种类型的供电方式中，所选用的产品型号也不同（如TT、NT、TT-C、TN-C-S等供电系统中及保护级别），所以在二次接线图中没有画出本方案以TT或TN-S供电系统为例，推荐选用广州雷迅公司生产的SPD系列产品中的ASPFLDI-15/100型N极，熔断器选用RT14或18型的4只（与保护器一对一），额定电流63A，分断电流35KA。用16mm²铜软线接在电源进线端，出线端用25mm²铜软线接地排接。

技术要求：
1. 元器件的选用和安装应符合设计和标准要求。
2. 电流回路采用2.5mm²铜芯绝缘导线。
3. 电压回路采用1.5mm²铜芯绝缘导线。
4. 布线要横平竖直，线束扎紧无叠（绞）线，端头压紧牢固，元件代号标识清楚粘贴牢固。

注明：
1. 断路器的额定短路分断能力的选择，要根据本地区的电网网络阻抗或网络输出容量来计算确定，应由该工程项目的设计部门来确定。
2. 控制电源和取样电源一定要按标注的代号（位置）进行接线。
3. 本二次方案也适用于其他各种类型的抽屉式单电源进线柜。
4. 负荷故障跳闸时，首先将SA转至手动位置，待故障排除后，手动恢复正常供电。

		控制电源
		控制开关
		中间继电器
		处理单元
		自动合闸
		手动合闸
		手动分闸
		欠电压脱扣器
		储能指示
		储能回路
		合闸指示
		分闸指示
		备用触点

12	KA	中间继电器	JZ7-44/220V	1	
11	SA	控制转换开关	LW12-16D0401	1	
10	QA	控制开关	C45N-32/2P-10A	1	
9	HLR、HLW、HLG	指示灯	AD16-22/41-220V	3	
8	1SB、2SB	按钮开关	LA23-11	2	
7	SV	电压转换开关	LW12-16DHY3/3	1	
6	PV	电压表	42L6-V 0～450V	1	
5	1PA～3PA	电流表	42L6-A □/5A	3	
4	1FU～3FU	熔断器	JF5-2.5RD/6A	3	
3	2TAu	电流互感器	BH-0.66 □/5A	1	
2	1TAu、1TAv、1TAw	电流互感器	BH-0.66 □/5A	3	
1	QF	断路器（抽屉式）	CW2-□/□P-□A/220V	1	常熟开关制造公司
序号	元件代号	名 称	型 号 规 格	数量	备 注

旧（通）用附记							
描 图							
描 校							
旧底图总号							
底图总号							
签 字							
日 期							

GCK（交流操作）单电源进线柜二次原理图

标记	处数	更改文件号	签字	日期			QB/T.DJ080703.05Y
设 计		标准化			图样标记	数量	重量	比例
绘 图		审 定						1:1
审 核		批 准			共 2 张	第 1 张
工 艺		日 期				

进线、不带计量、3TA、断路器（CW2）单电源供电，自动或手动操作。

光盘页码：2-214

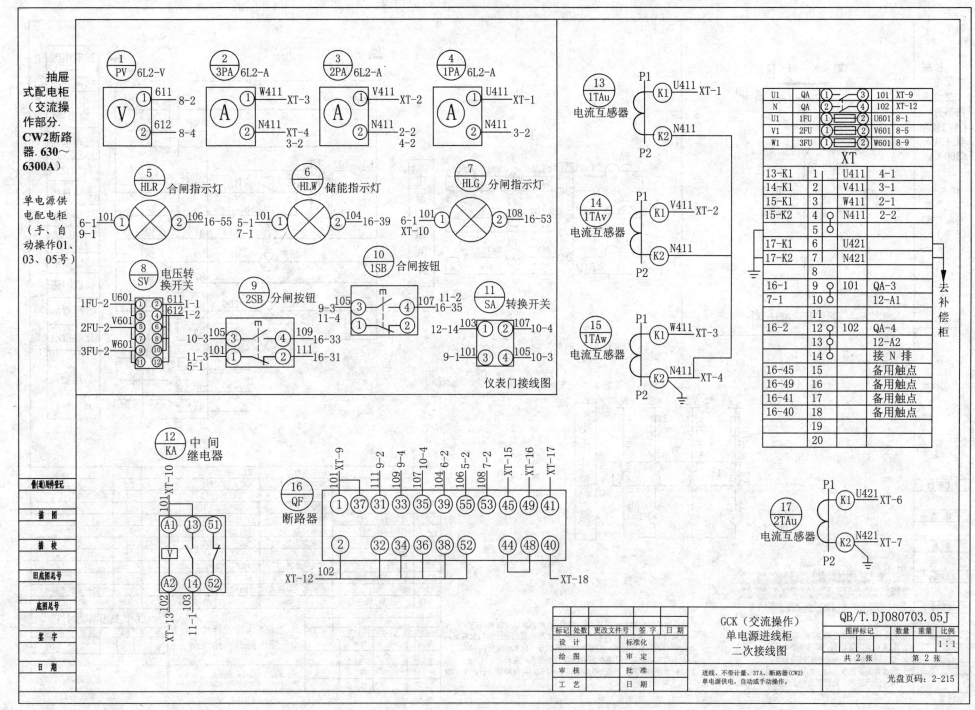

抽屉式配电柜（交流操作部分. CW2断路器.630～6300A）

单电源供电配电柜（手、自动操作01、03、05号）

| ① PV / 6L2-V | ② 3PA / 6L2-A | ③ 2PA / 6L2-A | ④ 1PA / 6L2-A |

仪表门接线图

| ⑤ HLR 合闸指示灯 | ⑥ HLW 储能指示灯 | ⑦ HLG 分闸指示灯 |

⑧ SV 电压转换开关
⑨ 2SB 分闸按钮
⑩ 1SB 合闸按钮
⑪ SA 转换开关

⑫ KA 中间继电器

⑬ 1TAu 电流互感器
⑭ 1TAv 电流互感器
⑮ 1TAw 电流互感器
⑰ 2TAu 电流互感器

⑯ QF 断路器

去补偿柜

U1	QA	① ③	101	XT-9
N	QA	② ④	102	XT-12
U1	1FU	① ②	U601	8-1
V1	2FU	① ②	V601	8-5
W1	3FU	① ②	W601	8-9

XT

13-K1	1	U411	4-1
14-K1	2	V411	3-1
15-K1	3	W411	2-1
15-K2	4	N411	2-2
	5		
17-K1	6	U421	
17-K2	7	N421	
	8		
16-1	9	101	QA-3
7-1	10		12-A1
	11		
16-2	12	102	QA-4
	13		12-A2
	14		接N排
16-45	15	备用触点	
16-49	16	备用触点	
16-41	17	备用触点	
16-40	18	备用触点	
	19		
	20		

标记	处数	更改文件号	签字	日期		GCK（交流操作）单电源进线柜二次接线图	QB/T.DJ080703.05J
设 计			标准化				图样标记 / 数量 / 重量 / 比例
绘 图			审 定				1:1
审 核			批 准				共 2 张 / 第 2 张
工 艺			日 期			进线、不带计量、3TA、断路器(CW2)单电源供电，自动或手动操作。	光盘页码：2-215

首(通)用件登记
描 图
描 校
旧底图总号
底图总号
签 字
日 期

141

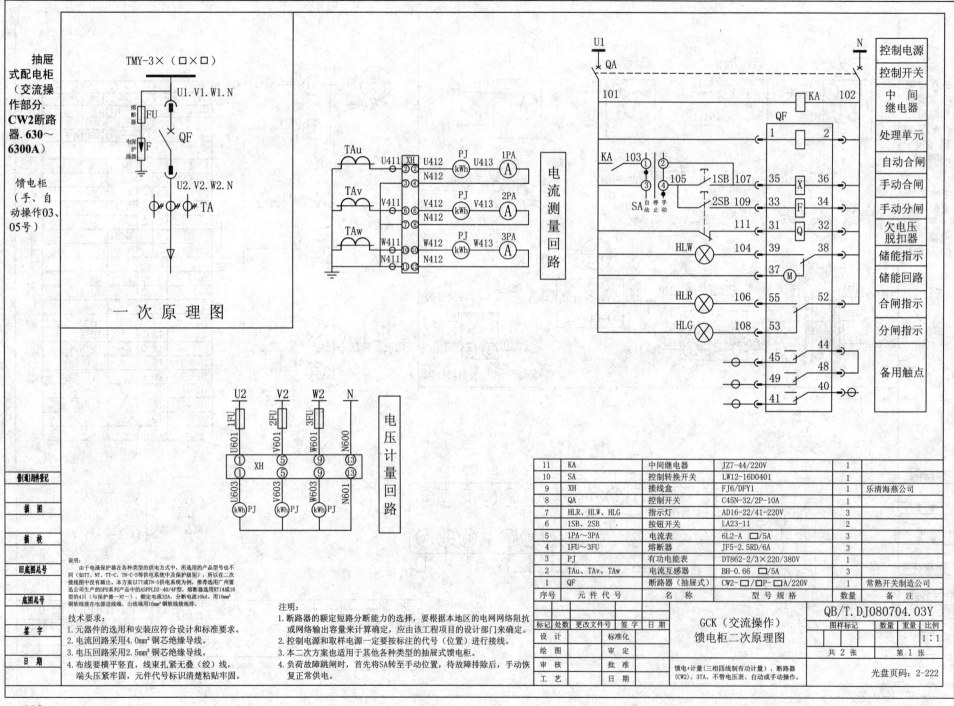

抽屉式配电柜（交流操作部分.CW2断路器.630～6300A）

馈电柜（手、自动操作03、05号）

TMY-3×（□×□）

U1.V1.W1.N

熔断器 FU

电保护涌器 F / QF

U2.V2.W2.N

TA

一次原理图

TAu U411 U412 PJ U413 1PA
XH kWh A
N412

TAv V411 V412 PJ V413 2PA
kWh A
N412

TAw W411 W412 PJ W413 3PA
kWh A
N411 N412

电流测量回路

U2 V2 W2 N
1FU 2FU 3FU
U601 V601 W601 N600
XH
U603 V603 W603 N601
kWh PJ kWh PJ kWh PJ

电压计量回路

U1 QA N

101 KA 102

QF

KA 103

SA 自停手
自动 止动

1 2
35 36 X
33 34 F
31 32 Q

HLW 104 39 38
37 M

HLR 106 55 52

HLG 108 53

44
45 48
49
41 40

控制电源
控制开关
中间继电器
处理单元
自动合闸
手动合闸
手动分闸
欠电压脱扣器
储能指示
储能回路
合闸指示
分闸指示
备用触点

说明：由于电涌保护器在各种类型的供电方式中，所选用的产品型号也不同（如TT、NT、TT-C、TN-C-S等供电系统中及保护级别），所以在二次接线图中没有画出。本方案以TT或TN-S供电系统为例，推荐选用广州雷迅公司生产的SPD系列产品中的ASPFLD2-40/4P型，熔断器选用RT14或18型的4只（与保护器一对一），额定电流32A，分断电流10kA。用10mm²铜软线接在电源进线端，出线端用16mm²铜软线接地排。

技术要求：
1. 元器件的选用和安装应符合设计和标准要求。
2. 电流回路采用4.0mm²铜芯绝缘导线。
3. 电压回路采用2.5mm²铜芯绝缘导线。
4. 布线要横平竖直，线束扎紧无叠（绞）线，端头压紧牢固，元件代号标识清楚粘贴牢固。

注明：
1. 断路器的额定短路分断能力的选择，要根据本地区的电网网络阻抗或网络输出容量来计算确定，应由该工程项目的设计部门来确定。
2. 控制电源和取样电源一定要按标注的代号（位置）进行接线。
3. 本二次方案也适用于其他各种类型的抽屉式馈电柜。
4. 负荷故障跳闸时，首先将SA转至手动位置，待故障排除后，手动恢复正常供电。

11	KA	中间继电器	JZ7-44/220V	1	
10	SA	控制转换开关	LW12-16D0401	1	
9	XH	接线盒	FJ6/DFY1	1	乐清海燕公司
8	QA	控制开关	C45N-32/2P-10A	1	
7	HLR、HLW、HLG	指示灯	AD16-22/41-220V	3	
6	1SB、2SB	按钮开关	LA23-11	2	
5	1PA～3PA	电流表	6L2-A □/5A	3	
4	1FU～3FU	熔断器	JF5-2.5RD/6A	3	
3	PJ	有功电能表	DT862-2/3×220/380V	1	
2	TAu、TAv、TAw	电流互感器	BH-0.66 □/5A	3	
1	QF	断路器（抽屉式）	CW2-□/□P-□A/220V	1	常熟开关制造公司
序号	元件代号	名 称	型 号 规 格	数量	备 注

标记	处数	更改文件号	签字	日期		
设 计		标准化			
绘 图		审 定			
审 核		批 准			
工 艺		日 期			

GCK（交流操作）馈电柜二次原理图

QB/T.DJ080704.03Y

图样标记	数量	重量	比例
			1:1
共 2 张		第 1 张	

馈电＋计量（三相四线制有功计量）、断路器（CW2）、3TA、不带电压表、自动或手动操作。

光盘页码：2-222

备注栏：审定记、描图、描校、旧底图总号、底图总号、签字、日期

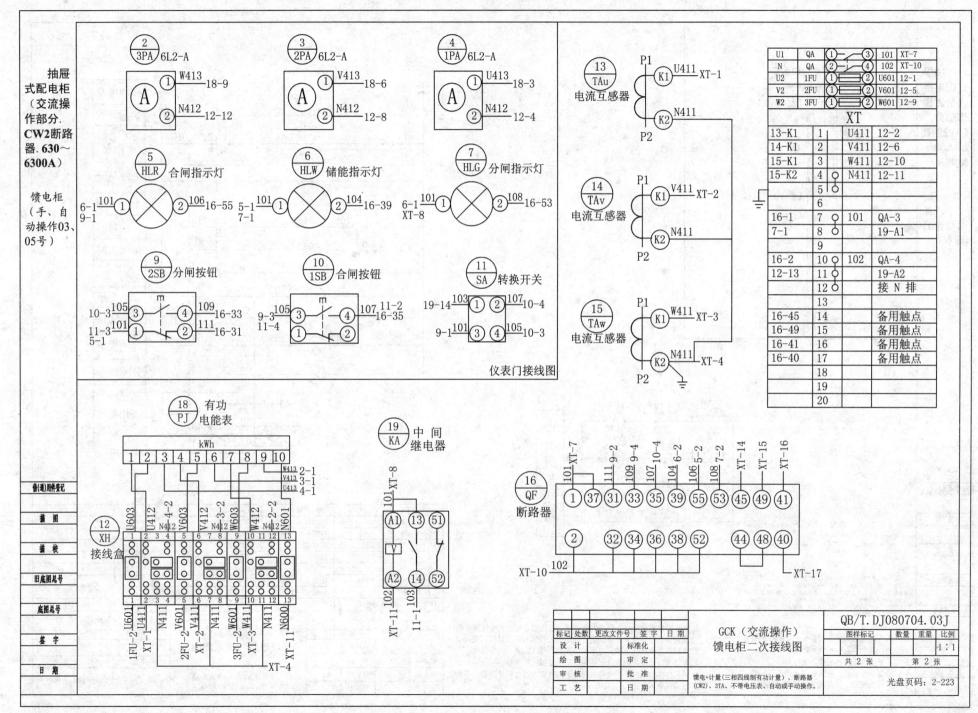

仪表门接线图

GCK（交流操作）
馈电柜二次接线图

QB/T.DJ080704.03J

馈电+计量(三相四线制有功计量)、断路器
(CW2)、3TA、不带电压表、自动或手动操作。

共 2 张　　第 2 张

光盘页码：2-223

143

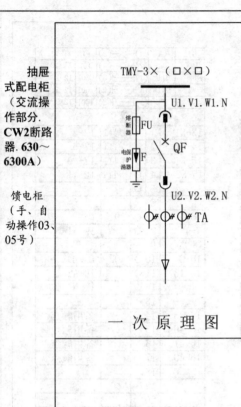

抽屉式配电柜（交流操作部分. CW2断路器. 630～6300A）

馈电柜（手、自动操作03、05号）

一次原理图

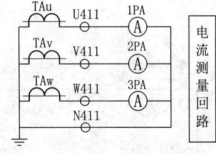

电流测量回路

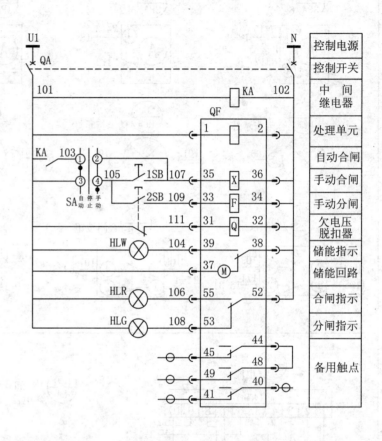

	控制电源
	控制开关
	中间继电器
	处理单元
	自动合闸
	手动合闸
	手动分闸
	欠电压脱扣器
	储能指示
	储能回路
	合闸指示
	分闸指示
	备用触点

说明：
由于电涌保护器在各种类型的供电方式中，所选用的产品型号也不同（如TT、NT、TT-C、TN-C-S等供电系统中及保护级别），所以在二次接线图中没有画出。本方案以TT或TN-S供电系统为例，推荐选用广州雷迅公司生产的SPD系列产品中的ASPFLD2-40/4P型，熔断器选用RT14或18型的4只（与保护器一对一），额定电流32A，分断电流10kA。用10mm²铜软线接在电源进线端，出线端用16mm²铜软线接地排。

技术要求：
1. 元器件的选用和安装应符合设计和标准要求。
2. 电流回路采用2.5mm²铜芯绝缘导线。
3. 电压回路采用1.5mm²铜芯绝缘导线。
4. 布线要横平竖直，线束扎紧无叠（绞）线，端头压紧牢固，元件代号标识清楚粘贴牢固。

注明：
1. 断路器的额定短路分断能力的选择，要根据本地区的电网网络阻抗或网络输出容量来计算确定，应由该工程项目的设计部门来确定。
2. 控制电源和取样电源一定要按标注的代号（位置）进行接线。
3. 本二次方案也适用于其他各种类型的抽屉式馈电柜。
4. 负荷故障跳闸时，首先将SA转至手动位置，待故障排除后，手动恢复正常供电。

8	KA	中间继电器	JZ7-44/220V	1	
7	SA	控制转换开关	LW12-16D0401	1	
6	QA	控制开关	C45N-32/2P-10A	1	
5	HLR、HLW、HLG	指示灯	AD16-22/41-220V	3	
4	1SB、2SB	按钮开关	LA23-11	2	
3	1PA～3PA	电流表	6L2-A □/5A	3	
2	TAu、TAv、TAw	电流互感器	BH-0.66 □/5A	3	
1	QF	断路器（抽屉式）	CW2-□/□P-□A/220V	1	常熟开关制造公司
序号	元件代号	名 称	型 号 规 格	数量	备 注

QB/T.DJ080704.05Y

标记	处数	更改文件号	签字	日期	图样标记	数量 重量 比例
设 计		标准化			GCK（交流操作）馈电柜二次原理图	1:1
绘 图		审 定				共 2 张 第 1 张
审 核		批 准			馈电、不带计量、3TA、断路器（CW2）不带电压表、自动或手动操作。	
工 艺		日 期				光盘页码：2-226

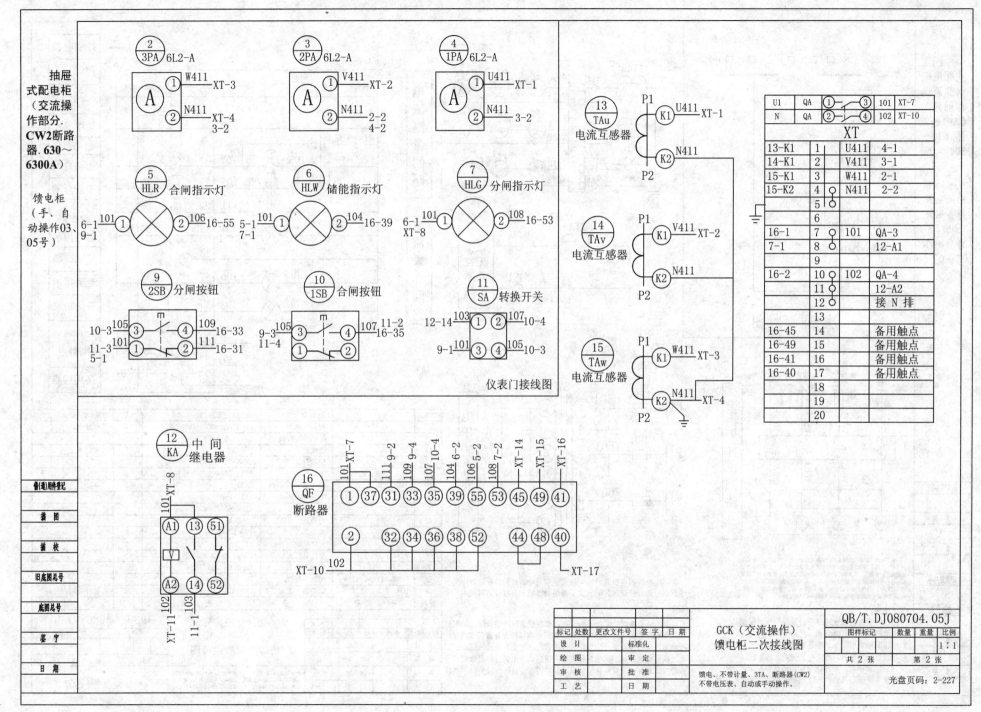

抽屉式配电柜（交流操作部分.CW2断路器.630～6300A）

馈电柜（手、自动操作03、05号）

② 3PA 6L2-A	③ 2PA 6L2-A	④ 1PA 6L2-A
A	A	A

W411 XT-3
N411 XT-4 / 3-2

V411 XT-2
N411 2-2 / 4-2

U411 XT-1
N411 3-2

⑤ HLR 合闸指示灯
⑥ HLW 储能指示灯
⑦ HLG 分闸指示灯

6-1 / 9-1 101 ① ⊗ ② 106 16-55
5-1 / 7-1 101 ① ⊗ ② 104 16-39
6-1 XT-8 101 ① ⊗ ② 108 16-53

⑨ 2SB 分闸按钮
⑩ 1SB 合闸按钮
⑪ SA 转换开关

10-3 105 ③ ④ 109 16-33
11-3 / 5-1 101 ① ② 111 16-31

9-3 105 ③ ④ 107 11-2
11-4 101 ① ② 16-35

12-14 103 ① ② 107 10-4
9-1 101 ③ ④ 105 10-3

仪表门接线图

⑬ TAu 电流互感器
P1 — K1 U411 XT-1 — K2 N411 — P2

⑭ TAv 电流互感器
P1 — K1 V411 XT-2 — K2 N411 — P2

⑮ TAw 电流互感器
P1 — K1 W411 XT-3 — K2 N411 XT-4 — P2

U1	QA	① — ③	101	XT-7
N	QA	② — ④	102	XT-10

XT

13-K1	1	U411	4-1	
14-K1	2	V411	3-1	
15-K1	3	W411	2-1	
15-K2	4	N411	2-2	
	5			
	6			
16-1	7	101	QA-3	
7-1	8		12-A1	
	9			
16-2	10	102	QA-4	
	11		12-A2	
	12		接N排	
	13			
16-45	14	备用触点		
16-49	15	备用触点		
16-41	16	备用触点		
16-40	17	备用触点		
	18			
	19			
	20			

⑫ KA 中间继电器

101 XT-8
A1 ⑬ ⑤①
V
A2 ⑭ ⑤②
XT-11 102 103
11-1

⑯ QF 断路器

XT-7 101 / 111 9-2 / 109 9-4 / 107 10-4 / 104 6-2 / 106 5-2 / 108 7-2 / XT-14 / XT-15 / XT-16
① ㉝ ㉛ ㉝ ㉟ ㊴ ㊺ ㊼ ㊺ ㊾ ㊶
② ㉜ ㉞ ㊱ ㊳ ㊼
XT-10 102
XT-17

标记	处数	更改文件号	签字	日期
设 计		标准化		
绘 图		审 定		
审 核		批 准		
工 艺		日 期		

GCK（交流操作）
馈电柜二次接线图

馈电、不带计量、3TA、断路器(CW2)
不带电压表、自动或手动操作。

QB/T.DJ080704.05J

图样标记	数量	重量	比例
			1:1

共 2 张　　　　第 2 张

光盘页码：2-227

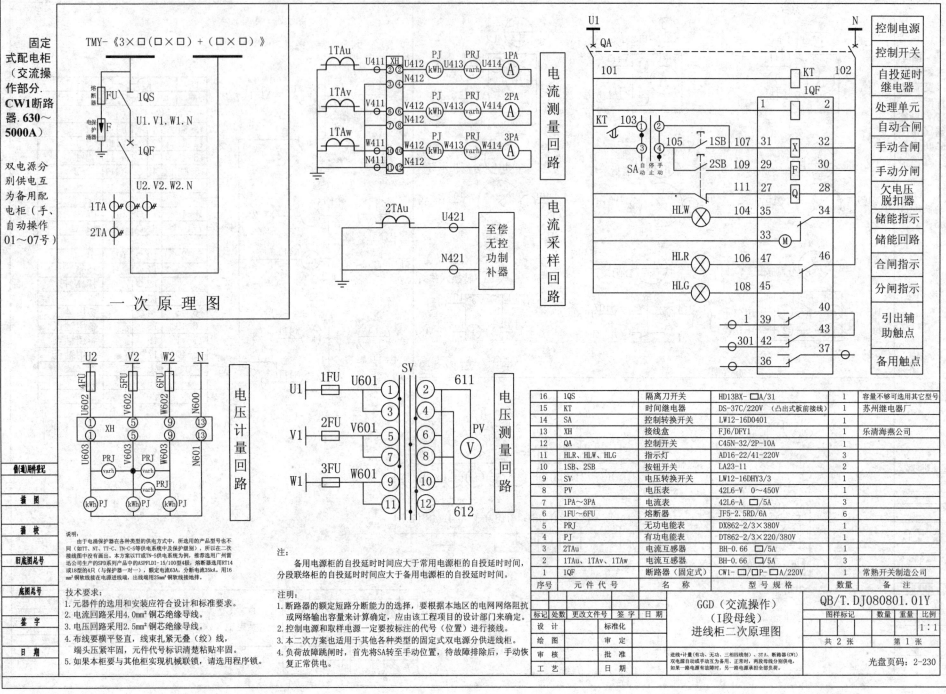

固定式配电柜（交流操作部分. CW1断路器. 630～5000A）

双电源分别供电互为备用配电柜（手、自动操作 01～07号）

TMY-《3×□(□×□)+(□×□)》

一次原理图

电流测量回路

电流采样回路

电压计量回路

电压测量回路

		控制电源
		控制开关
		自投延时继电器
		处理单元
		自动合闸
		手动合闸
		手动分闸
		欠电压脱扣器
		储能指示
		储能回路
		合闸指示
		分闸指示
		引出辅助触点
		备用触点

至偿无控功率补器

说明：
由于电涌保护器在各种类型的供电方式中，所选用的产品型号也不同（如TT、NT、TT-C、TN-C-S等供电系统中的保护级别），所以在二次接线图中没有画出。本方案以TT或TN-S供电系统为例，推荐选用广州雷迅公司生产的SPD系列产品中的ASPFLDI-15/100型4级，熔断器选用RT14或18型的4只（与保护器一对一），额定电流63A，分断电流35kA，用16㎡铜软线接在电源进线端，出线端用25㎡铜软线接地排。

技术要求：
1. 元器件的选用和安装应符合设计和标准要求。
2. 电流回路采用4.0mm²铜芯绝缘导线。
3. 电压回路采用2.5mm²铜芯绝缘导线。
4. 布线要横平竖直，线束扎紧无叠（绞）线，端头压紧牢靠，元件代号标识清楚粘贴牢固。
5. 如果本柜要与其他柜实现机械联锁，请选用程序锁。

注：
备用电源柜的自投延时时间应大于常用电源柜的自投延时时间，分段联络柜的自投延时时间应大于备用电源柜的自投延时时间。

注明：
1. 断路器的额定短路分断能力的选择，要根据本地区的电网网络阻抗或网络输出容量来计算确定，应由该工程项目的设计部门来确定。
2. 控制电源和取样电源一定要按标注的代号（位置）进行接线。
3. 本二次方案也适用于其他各种类型的固定式双电源分供进线柜。
4. 负荷故障跳闸时，首先将SA转至手动位置，待故障排除后，手动恢复正常供电。

16	1QS	隔离刀开关	HD13BX-□A/31	1	容量不够可选用其它型号
15	KT	时间继电器	DS-37C/220V （凸出式板前接线）	1	苏州继电器厂
14	SA	控制转换开关	LW12-16D0401	1	
13	XH	接线盒	FJ6/DFY1	1	乐清海燕公司
12	QA	控制开关	C45N-32/2P-10A	1	
11	HLR、HLW、HLG	指示灯	AD16-22/41-220V	3	
10	1SB、2SB	按钮开关	LA23-11	2	
9	SV	电压转换开关	LW12-16DHY3/3	1	
8	PV	电压表	42L6-V 0～450V	1	
7	1PA～3PA	电流表	42L6-A □/5A	3	
6	1FU～6FU	熔断器	JF5-2.5RD/6A	6	
5	PRJ	无功电能表	DX862-2/3×380V	1	
4	PJ	有功电能表	DT862-2/3×220/380V	1	
3	2TAu	电流互感器	BH-0.66 □/5A	1	
2	1TAu、1TAv、1TAw	电流互感器	BH-0.66 □/5A	3	
1	1QF	断路器（固定式）	CW1-□/□P-□A/220V	1	常熟开关制造公司
序号	元件代号	名称	型号规格	数量	备注

GGD（交流操作）（I段母线）进线柜二次原理图

QB/T.DJ080801.01Y

进线+计量（有功、无功、三相四线制）、3TA、断路器（CW1）双电源自动或手动互为备用。正常时，两段母线分别供电，如果一路电源有故障时，另一路电源承担全部负荷。

共 2 张　第 1 张

1:1

光盘页码：2-230

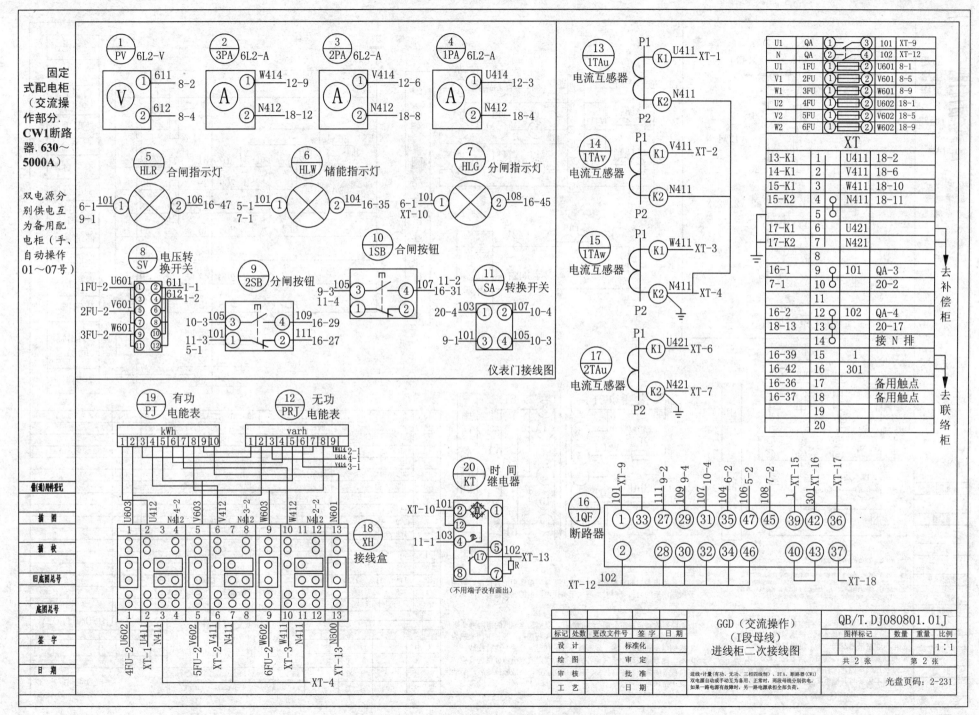

固定式配电柜（交流操作部分.CW1断路器.630～5000A）

双电源分别供电互为备用配电柜（手、自动操作01～07号）

1 PV	6L2-V
2 3PA	6L2-A
3 2PA	6L2-A
4 1PA	6L2-A

V 611 8-2 / 612 8-4

A W414 12-9 / N412 18-12

A V414 12-6 / N412 18-8

A U414 12-3 / N412 18-4

5 HLR 合闸指示灯
6-1 101 1 / 2 106 16-47
9-1

6 HLW 储能指示灯
5-1 101 1 / 2 104 16-35
7-1

7 HLG 分闸指示灯
6-1 101 1 / 2 108 16-45
XT-10

8 SV 电压转换开关
1FU-2 U601
2FU-2 V601
3FU-2 W601
611 1-1
612 1-2

9 2SB 分闸按钮
10-3 105 3 / 4 109 16-29
11-3 101 1 / 2 111 16-27
5-1

10 1SB 合闸按钮
9-3 105 3 / 4 107 11-2
11-4 16-31
1 / 2
20-4 103 1 / 2 107 10-4
9-1 101 3 / 4 105 10-3

11 SA 转换开关

仪表门接线图

13 1TAu 电流互感器
P1 K1 U411 XT-1 / K2 N411 P2

14 1TAv 电流互感器
P1 K1 V411 XT-2 / K2 N411 P2

15 1TAw 电流互感器
P1 K1 W411 XT-3 / K2 N411 XT-4 P2

17 2TAu 电流互感器
P1 K1 U421 XT-6 / K2 N421 XT-7 P2

19 PJ 有功电能表 kWh
12 PRJ 无功电能表 varh

U603 U412 N412 V603 V412 N412 W603 W412 N412 N601
1 2 3 4 5 6 7 8 9 10 11 12 13

4-2
3-2
2-2

4FU-2 U602 / XT-1 U411 / N411
5FU-2 V602 / XT-2 V411 / N411
6FU-2 W602 / XT-3 W411 / N411
XT-13 N500

18 XH 接线盒

XT-4

20 KT 时间继电器
XT-10 101 / 11-1 103 / XT-13 102
（不用端子没有画出）

16 1QF 断路器
101 XT-9 / 111 9-2 / 109 9-4 / 107 10-4 / 104 6-2 / 106 5-2 / 108 7-2 / 1 XT-15 / 301 XT-16 / XT-17

1 33 27 29 31 35 47 45 39 42 36
2 28 30 32 34 46 40 43 37

XT-12 102
XT-18

U1	QA	1 3	101	XT-9
N	QA	2 4	102	XT-12
U1	1FU	1 2	U601	8-1
V1	2FU	1 2	V601	8-5
W1	3FU	1 2	W601	8-9
U2	4FU	1 2	U602	18-1
V2	5FU	1 2	V602	18-5
W2	6FU	1 2	W602	18-9

XT

13-K1	1	U411	18-2
14-K1	2	V411	18-6
15-K1	3	W411	18-10
15-K2	4	N411	18-11
	5		
17-K1	6	U421	
17-K2	7	N421	
	8		
16-1	9	101	QA-3
7-1	10		20-2
	11		
16-2	12	102	QA-4
18-13	13		20-17
	14		接 N 排
16-39	15	1	
16-42	16	301	
16-36	17		备用触点
16-37	18		备用触点
	19		
	20		

去补偿柜
去联络柜

标记	处数	更改文件号	签字	日期		GGD（交流操作）（I段母线）进线柜二次接线图	QB/T.DJ080801.01J	
设 计		标准化					图样标记	数量	重量	比例
绘 图		审 定								1:1
审 核		批 准					共 2 张	第 2 张
工 艺		日 期			进线+计量（有功、无功、三相四线制）、3TA、断路器（CW1）双电源自动或手动互为备用。正常时、两段母线分别供电，如果一路电源有故障时，另一路电源承担全部负荷。		光盘页码：2-231

标记 说明
描 图
描 校
旧底图总号
底图总号
签 字
日 期

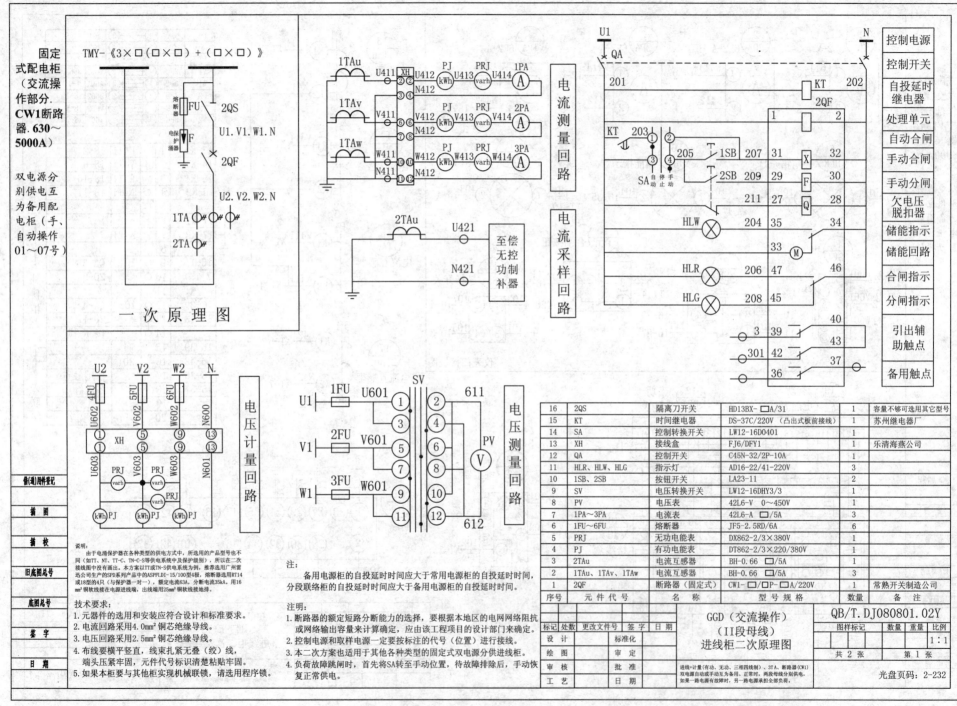

固定式配电柜（交流操作部分. CW1断路器. 630～5000A）

双电源分别供电互为备用配电柜（手、自动操作01～07号）

TMY-《3×□(□×□)+(□×□)》

熔断器 FU   2QS
电涌保护器 F
U1. V1. W1. N
2QF
1TA
2TA
U2. V2. W2. N

一次原理图

电流测量回路
电流采样回路
电压测量回路
电压计量回路

U2 V2 W2 N.
4FU 5FU 6FU
U602 V602 W602 N600
XH
U603 V603 W603 N601
PRJ varh PRJ varh
PRJ varh
kWh PJ kWh PJ kWh PJ

1TAu U411 XH U412 PJ kWh U413 PRJ varh U414 1PA A
N412
1TAv V411 V412 PJ kWh V413 PRJ varh V414 2PA A
N412
1TAw W411 W412 PJ kWh W413 PRJ varh W414 3PA A
N411 N412

2TAu U421 至偿无控功补偿器
N421

1FU U601 SV 611
2FU V601 PV
3FU W601 612

U1 QA N
201 KT 202
2QF
KT 203 205 1SB 207 31 32 X
SA 自动 停止 手动 2SB 209 29 30 F
211 27 28 Q
HLW 204 35 34 M
33
HLR 206 47 46
HLG 208 45
3 39 40
301 42 43
36 37

控制电源
控制开关
自投延时继电器
处理单元
自动合闸
手动合闸
手动分闸
欠电压脱扣器
储能指示
储能回路
合闸指示
分闸指示
引出辅助触点
备用触点

说明：
由于电涌保护器在各种类型的供电方式中，所选用的产品型号也不同（如TT、NT、TT-C、TN-C-S等供电系统及保护级别），所以在二次接线图中没有画出。本方案以TT或TN-S供电系统为例，推荐选用广州雷迅公司生产的SPD系列产品中的ASPPLDI-15/100型M4板，熔断器选用RT14或18型的4只（与保护器一对一），额定电流63A，分断电流35kA，用16mm²铜软线接在电源进线端，出线端用25mm²铜软线接地排。

技术要求：
1. 元器件的选用和安装应符合设计和标准要求。
2. 电流回路采用4.0mm²铜芯绝缘导线。
3. 电压回路采用2.5mm²铜芯绝缘导线。
4. 布线要横平竖直，线束扎紧无叠（绞）线，端头压紧牢固，元件代号标识清楚粘贴牢固。
5. 如果本柜要与其他柜实现机械联锁，请选用程序锁。

注：
备用电源柜的自投延时时间应大于常用电源柜的自投延时时间，分段联络柜的自投延时时间应大于备用电源柜的自投延时时间。

注明：
1. 断路器的额定短路分断能力的选择，要根据本地区的电网网络阻抗或网络输出容量来计算确定，应由该工程项目的设计部门来确定。
2. 控制电源和取样电源一定要按标注的代号（位置）进行接线。
3. 本二次方案也适用于其他各种类型的固定式双电源分供进线柜。
4. 负荷故障跳闸时，首先将SA转至手动位置，待故障排除后，手动恢复正常供电。

16	2QS	隔离刀开关	HD13BX-□A/31	1	容量不够可选用其它型号
15	KT	时间继电器	DS-37C/220V（凸出式板前接线）	1	苏州继电器厂
14	SA	控制转换开关	LW12-16D0401	1	
13	XH	接线盒	FJ6/DFY1	1	乐清海燕公司
12	QA	控制开关	C45N-32/2P-10A	1	
11	HLR、HLW、HLG	指示灯	AD16-22/41-220V	3	
10	1SB、2SB	按钮开关	LA23-11	2	
9	SV	电压转换开关	LW12-16DHY3/3	1	
8	PV	电压表	42L6-V 0～450V	1	
7	1PA～3PA	电流表	42L6-A □/5A	3	
6	1FU～6FU	熔断器	JF5-2.5RD/6A	6	
5	PRJ	无功电能表	DX862-2/3×380V	1	
4	PJ	有功电能表	DT862-2/3×220/380V	1	
3	2TAu	电流互感器	BH-0.66 □/5A	1	
2	1TAu、1TAv、1TAw	电流互感器	BH-0.66 □/5A	3	
1	2QF	断路器（固定式）	CW1-□/P-□A/220V	1	常熟开关制造公司
序号	元件代号	名 称	型 号 规 格	数量	备 注

标记	处数	更改文件号	签字	日期			
设 计		标准化					
绘 图		审 定					
审 核		批 准					
工 艺		日 期					

GGD（交流操作）（II段母线）进线柜二次原理图

QB/T. DJ080801.02Y

图样标记 | 数量 | 重量 | 比例
| | | 1:1

共 2 张   第 1 张

进线+计量（有功、无功、三相四线制）、3TA、断路器（CW1）双电源自动或手动互为各用，正常时，两段母线分别供电，如果一路电源有故障时，另一路电源承担全部负荷。

光盘页码：2-232

备（通）用件登记 描 图 描 校 旧底图总号 底图总号 签 字 日 期

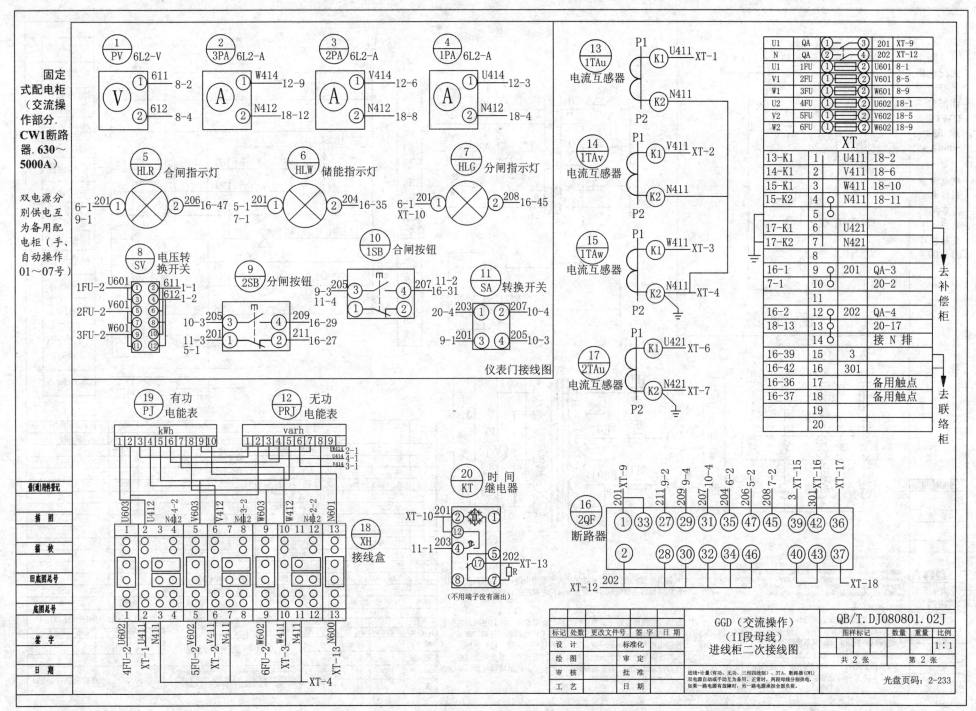

固定式配电柜（交流操作部分. CW1断路器. 630～5000A）

双电源分别供电互为备用配电柜（手、自动操作01～07号）

仪表门接线图

XT
U1	QA	① ③	201	XT-9
N	QA	② ④	202	XT-12
U1	1FU	① ②	U601	8-1
V1	2FU	① ②	V601	8-5
W1	3FU	① ②	W601	8-9
U2	4FU	① ②	U602	18-1
V2	5FU	① ②	V602	18-5
W2	6FU	① ②	W602	18-9

XT		
13-K1	1	U411	18-2
14-K1	2	V411	18-6
15-K1	3	W411	18-10
15-K2	4	N411	18-11
	5		
17-K1	6	U421	
17-K2	7	N421	
	8		
16-1	9	201	QA-3
7-1	10		20-2
	11		
16-2	12	202	QA-4
18-13	13		20-17
	14		接 N 排
16-39	15	3	
16-42	16	301	
16-36	17		备用触点
16-37	18		备用触点
	19		
	20		

去补偿柜
去联络柜

	标记	处数	更改文件号	签字	日期
设 计			标准化		
绘 图			审 定		
审 核			批 准		
工 艺			日 期		

GGD（交流操作）（II段母线）进线柜二次接线图

QB/T.DJ080801.02J

图样标记		数量	重量	比例
				1:1
共 2 张			第 2 张	

进线计量(有功、无功、三相四线制)、3TA、断路器(CW1)
双电源自动或手动互为备用，正常时，两段母线分别供电，如果一路电源有故障时，另一路电源承担全部负荷。

光盘页码：2-233

149

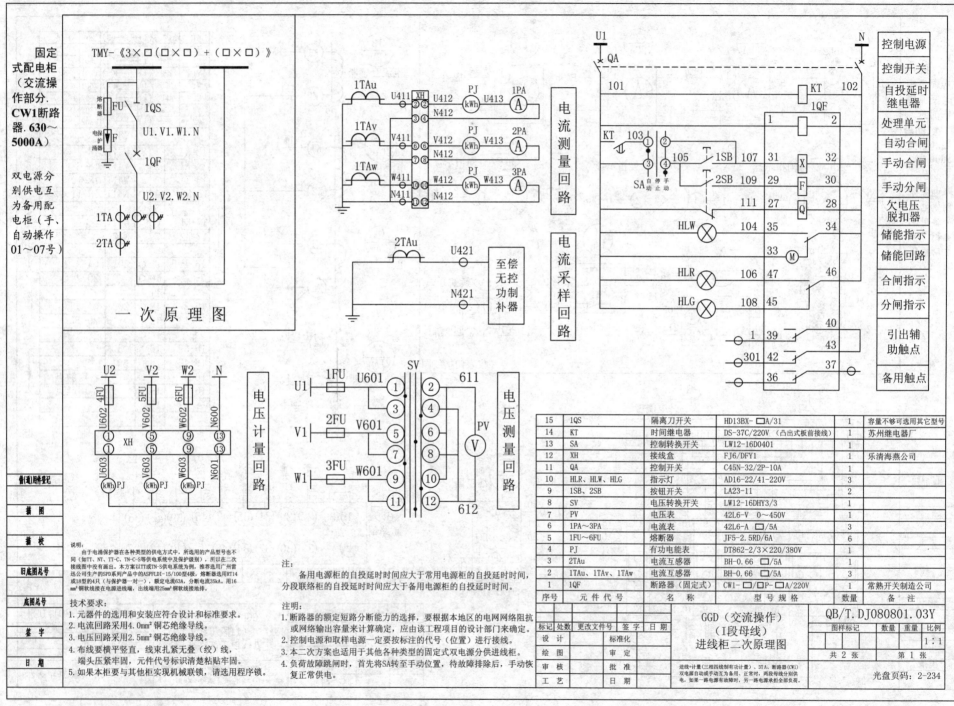

固定式配电柜（交流操作部分.CW1断路器.630～5000A）

双电源分别供电互为备用配电柜（手、自动操作01～07号）

TMY-《3×□(□×□) + (□×□)》

一次原理图

电流测量回路
电流采样回路
电压测量回路
电压计量回路

说明：
由于电涌保护器在各种类型的供电方式中，所选用的产品型号也不同（如TT、NT、TT-C、TN-C-S等供电系统或及保护级别），所以此二次接线图中没有画出。本方案以TT或TN-S供电系统为例，推荐选用广州雷迅公司生产的SPD系列的ASPFLDI-15/100型4极，熔断器选用RT14或18型的4只（与保护器一对一），额定电流63A，分断电流35kA。用16mm²铜软线接在电源进线端，出线端用25mm²铜软线接地墙。

技术要求：
1. 元器件的选用和安装应符合设计和标准要求。
2. 电流回路采用4.0mm²铜芯绝缘导线。
3. 电压回路采用2.5mm²铜芯绝缘导线。
4. 布线要横平竖直，线束扎紧无叠（绞）线，端头压紧牢固，元件代号标识清楚粘贴牢固。
5. 如本柜要与其他柜实现机械联锁，请选用程序锁。

注：
备用电源柜的自投延时时间应大于常用电源柜的自投延时时间，分段联络柜的自投延时时间应大于备用电源柜的自投延时时间。

注明：
1. 断路器的额定短路分断能力的选择，要根据本地区的电网网络阻抗或网络输出容量来计算确定，应由该工程项目的设计部门来确定。
2. 控制电源和取样电源一定要按标注的代号（位置）进行接线。
3. 本二次方案也适用于其他各种类型的固定式双电源分供进线柜。
4. 负荷故障跳闸时，首先将SA转至手动位置，待故障排除后，手动恢复正常供电。

控制电源
控制开关
自投延时继电器
处理单元
自动合闸
手动合闸
手动分闸
欠电压脱扣器
储能指示
储能回路
合闸指示
分闸指示
引出辅助触点
备用触点

15	1QS	隔离刀开关	HD13BX-□A/31	1	容量不够可选用其它型号
14	KT	时间继电器	DS-37C/220V（凸出式板前接线）	1	苏州继电器厂
13	SA	控制转换开关	LW12-16D0401	1	
12	XH	接线盒	FJ6/DFY1	1	乐清海燕公司
11	QA	控制开关	C45N-32/2P-10A	1	
10	HLR、HLW、HLG	指示灯	AD16-22/41-220V	3	
9	1SB、2SB	按钮	LA23-11	2	
8	SV	电压转换开关	LW12-16DHY3/3	1	
7	PV	电压表	42L6-V 0～450V	1	
6	1PA～3PA	电流表	42L6-A □/5A	3	
5	1FU～6FU	熔断器	JF5-2.5RD/6A	6	
4	PJ	有功电能表	DT862-2/3×220/380V	1	
3	2TAu	电流互感器	BH-0.66 □/5A	1	
2	1TAu、1TAv、1TAw	电流互感器	BH-0.66 □/5A	3	
1	1QF	断路器（固定式）	CW1-□/□P-□A/220V	1	常熟开关制造公司
序号	元件代号	名称	型号规格	数量	备注

备（通）用附登记
描 图
描 校
旧底图总号
底图总号
签 字
日 期

设 计 标准化
绘 图 审 定
审 核 批 准
工 艺 日 期

GGD（交流操作）
（I段母线）
进线柜二次原理图

QB/T.DJ080801.03Y

图样标记　数量　重量　比例
1:1
共 2 张　第 1 张

进线+计量（三相四线制有功计量）、3TA、断路器（CW1）
双电源自动或手动互为备用，正常时，两段母线分别供电，如果一路电源有故障时，另一路电源承担全部负荷。

光盘页码：2-234

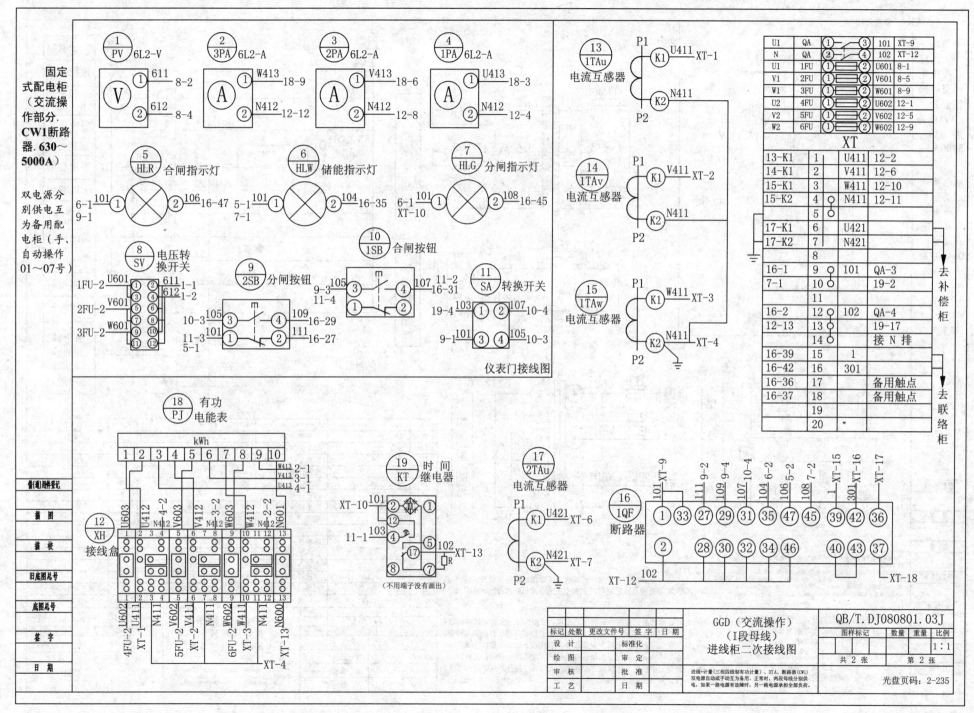

固定式配电柜（交流操作部分. CW1断路器. 630～5000A）

双电源分别供电互为备用配电柜（手、自动操作01～07号）

① PV 6L2-V
② 3PA 6L2-A
③ 2PA 6L2-A
④ 1PA 6L2-A

⑤ HLR 合闸指示灯
⑥ HLW 储能指示灯
⑦ HLG 分闸指示灯

⑧ SV 电压转换开关
⑨ 2SB 分闸按钮
⑩ 1SB 合闸按钮
⑪ SA 转换开关

仪表门接线图

⑬ 1TAu 电流互感器
⑭ 1TAv 电流互感器
⑮ 1TAw 电流互感器

⑱ PJ 有功电能表

kWh

⑫ XH 接线盒

⑲ KT 时间继电器

（不用端子没有画出）

⑰ 2TAu 电流互感器

⑯ 1QF 断路器

XT

U1	QA			101	XT-9
N	QA			102	XT-12
U1	1FU	1	2	U601	8-1
V1	2FU	1	2	V601	8-5
W1	3FU	1	2	W601	8-9
U2	4FU	1	2	U602	12-1
V2	5FU	1	2	V602	12-5
W2	6FU	1	2	W602	12-9

XT

13-K1	1	U411	12-2
14-K1	2	V411	12-6
15-K1	3	W411	12-10
15-K2	4	N411	12-11
	5		
17-K1	6	U421	
17-K2	7	N421	
	8		
16-1	9	101	QA-3
7-1	10		19-2
	11		
16-2	12	102	QA-4
12-13	13		19-17
	14		接 N 排
16-39	15	1	
16-42	16	301	
16-36	17		备用触点
16-37	18		备用触点
	19		
	20		

去补偿柜
去联络柜

	标记	处数	更改文件号	签字	日期
设 计			标准化		
绘 图			审 定		
审 核			批 准		
工 艺			日 期		

GGD（交流操作）（I段母线）进线柜二次接线图

进线+计量(三相四线制有功计量)、3TA、断路器(CW1) 双电源自动或手动互为备用、正常时，两段母线分段供电，如果一路电源有故障时，另一路电源承担全部负荷。

QB/T.DJ080801.03J

图样标记		数量	重量	比例
				1:1
共 2 张		第 2 张		

光盘页码：2-235

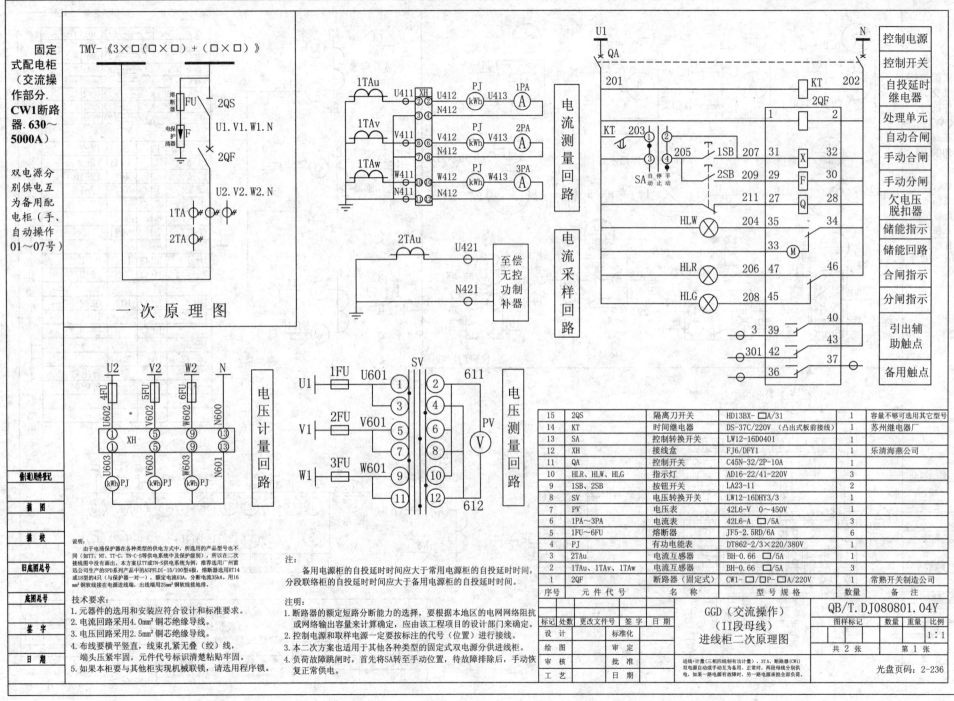

固定式配电柜（交流操作部分.CW1断路器.630～5000A）

双电源分别供电互为备用配电柜（手、自动操作01～07号）

TMY-《3×□（□×□）+（□×□）》

一次原理图

电流测量回路

电流采样回路

电压计量回路

电压测量回路

至偿无控功补器

	控制电源			
	控制开关			
	自投延时继电器			
	处理单元			
	自动合闸			
	手动合闸			
	手动分闸			
	欠电压脱扣器			
	储能指示			
	储能回路			
	合闸指示			
	分闸指示			
	引出辅助触点			
	备用触点			

说明：
由于电涌保护器在各种类型的供电方式中，所选用的产品型号也不同（如TT、NT、TT-C、TN-C-S等供电系统中及接地级别），所以在二次接线图中没有画出。本方案以TT或TN-S供电系统为例，推荐选用广州雷迅公司生产的ASPFLDI-15/100型4极，熔断器选用RT14或18型的4只（与保护器一对一），额定电流63A，分断电流35kA，用16 mm²铜软线接在电源进线端，出线端用25mm²铜软线接地线。

技术要求：
1. 元器件的选用和安装应符合设计和标准要求。
2. 电流回路采用4.0mm²铜芯绝缘导线。
3. 电压回路采用2.5mm²铜芯绝缘导线。
4. 布线要横平竖直，线束扎紧无叠（绞）线，端头压紧牢固，元件代号标识清楚粘贴牢固。
5. 如果本柜要与其他柜实现机械联锁，请选用程序锁。

注：
备用电源柜的自投延时时间应大于常用电源柜的自投延时时间，分段联络柜的自投延时时间应大于备用电源柜的自投延时时间。

注明：
1. 断路器的额定短路分断能力的选择，要根据本地区的电网网络阻抗或网络输出容量来计算确定，应由该工程项目的设计部门来确定。
2. 控制电源和取样电源一定要按标注的代号（位置）进行接线。
3. 本二次方案也适用于其他各种类型的固定式双电源分供进线柜。
4. 负荷故障跳闸时，首先将SA转至手动位置，待故障排除后，手动恢复正常供电。

15	2QS	隔离刀开关	HD13BX-□A/31	1	容量不够可选用其它型号
14	KT	时间继电器	DS-37C/220V（凸出式板前接线）	1	苏州继电器厂
13	SA	控制转换开关	LW12-16D0401	1	
12	XH	接线盒	FJ6/DFY1	1	乐清海燕公司
11	QA	控制开关	C45N-32/2P-10A	1	
10	HLR、HLW、HLG	指示灯	AD16-22/41-220V	3	
9	1SB、2SB	按钮开关	LA23-11	2	
8	SV	电压转换开关	LW12-16DHY3/3	1	
7	PV	电压表	42L6-V 0～450V	1	
6	1PA～3PA	电流表	42L6-A □/5A	3	
5	1FU～6FU	熔断器	JF5-2.5RD/6A	6	
4	PJ	有功电能表	DT862-2/3×220/380V	1	
3	2TAu	电流互感器	BH-0.66 □/5A	1	
2	1TAu、1TAv、1TAw	电流互感器	BH-0.66 □/5A	3	
1	2QF	断路器（固定式）	CW1-□/□P-□A/220V	1	常熟开关制造公司
序号	元件代号	名 称	型 号 规 格	数量	备 注

GGD（交流操作）（II段母线）进线柜二次原理图

QB/T.DJ080801.04Y

标记	处数	更改文件号	签字	日期		图样标记		数量	重量	比例
设 计			标准化							1:1
绘 图			审 定							
审 核			批 准			共 2 张			第 1 张	
工 艺			日 期							

进线+计量（三相四线制有功计量）、3TA、断路器（CW1）双电源自动或手动互为备用、正常时、两段母线分别供电，如果一路电源有故障时，另一路电源承担全部负荷。

光盘页码：2-236

备（通）用件登记
描 图
描 校
旧底图总号
底图总号
签 字
日 期

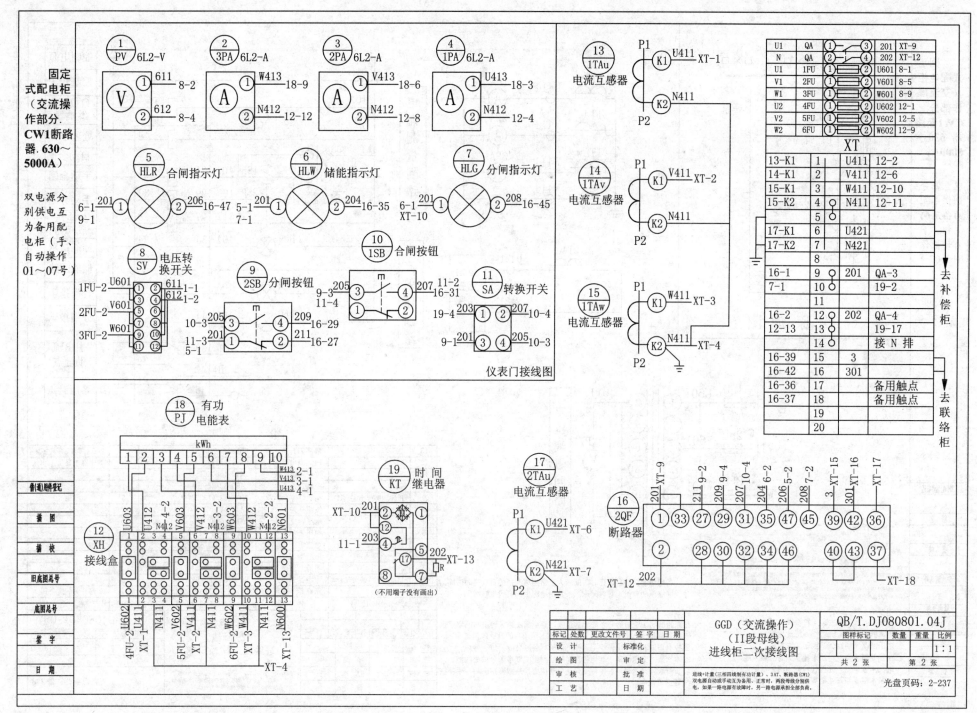

固定式配电柜（交流操作部分. CW1断路器. 630～5000A）

双电源分别供电互为备用配电柜（手、自动操作01～07号）

① PV 6L2-V	② 3PA 6L2-A	③ 2PA 6L2-A	④ 1PA 6L2-A
① 611 8-2 ② 612 8-4	① W413 18-9 ② N412 12-12	① V413 18-6 ② N412 12-8	① U413 18-3 ② N412 12-4

⑤ HLR 合闸指示灯 6-1 9-1 201 ① ② 206 16-47

⑥ HLW 储能指示灯 5-1 7-1 201 ① ② 204 16-35

⑦ HLG 分闸指示灯 6-1 XT-10 201 ① ② 208 16-45

⑧ SV 电压转换开关

1FU-2 U601 ① ② ③ 611 1-1
2FU-2 V601 ④ ⑤ ⑥ 612 1-2
3FU-2 W601 ⑦ ⑧
⑨ ⑩
⑪ ⑫

⑨ 2SB 分闸按钮
9-3 205 ③ ④ 207 11-2 16-31
11-4 ① ② 16-29
10-3 205 ③ ④ 209 16-29
11-3 201 ① ② 211 16-27
5-1

⑩ 1SB 合闸按钮
19-4 203 ① ② 207 10-4
9-1 201 ③ ④ 205 10-3

⑪ SA 转换开关

仪表门接线图

⑬ 1TAu 电流互感器 P1 K1 U411 XT-1 K2 N411 P2

⑭ 1TAv 电流互感器 P1 K1 V411 XT-2 K2 N411 P2

⑮ 1TAw 电流互感器 P1 K1 W411 XT-3 K2 N411 XT-4 P2

U1	QA	① ③	201	XT-9
N	QA	② ④	202	XT-12
U1	1FU	① ②	U601	8-1
V1	2FU	① ②	V601	8-5
W1	3FU	① ②	W601	8-9
U2	4FU	① ②	U602	12-1
V2	5FU	① ②	V602	12-5
W2	6FU	① ②	W602	12-9

XT

13-K1	1	U411	12-2		
14-K1	2	V411	12-6		
15-K1	3	W411	12-10		
15-K2	4	N411	12-11		
	5				
17-K1	6	U421			
17-K2	7	N421			
	8				
16-1	9	201	QA-3		
7-1	10		19-2		
	11				
16-2	12	202	QA-4		
12-13	13		19-17		
	14	接 N 排			
16-39	15	3			
16-42	16	301			
16-36	17	备用触点			
16-37	18	备用触点			
	19				
	20				

去补偿柜
去联络柜

⑱ PJ 有功电能表

kWh
1 2 3 4 5 6 7 8 9 10
W413 2-1
V413 3-1
U413 4-1

U603 U412 N412 V603 V412 N412 W603 W412 N412 N601
4-2 3-2 2-2
4FU-2 U602 XT-1 U411 N411 5FU-2 V602 XT-2 V411 N411 6FU-2 W602 XT-3 W411 N411 N600 XT-13

⑫ XH 接线盒
1 2 3 4 5 6 7 8 9 10 11 12 13

XT-4

⑲ KT 时间继电器
XT-10 201 ② ①
11-1 203 ④ ⑫
⑰ 202 XT-13 R
⑧ ⑦
（不用端子没有画出）

⑰ 2TAu 电流互感器
P1 K1 U421 XT-6 K2 N421 XT-7 P2

⑯ 2QF 断路器
201 XT-9 211 9-2 209 9-4 207 10-4 204 6-2 206 5-2 208 7-2 3 XT-15 301 XT-16 XT-17
① ㉝ ㉗ ㉙ ㉛ ㉟ ㊼ ㊺ ㊴ ㊷ ㊱
② ㉘ ㉚ ㉜ ㉞ ㊻ ㊵ ㊸ ㊲
202 XT-12 XT-18

标记	处数	更改文件号	签字	日期	GGD（交流操作）（II段母线）进线柜二次接线图		QB/T.DJ080801.04J	
设 计		标准化				图样标记	数量	重量	比例
绘 图		审 定						1:1
审 核		批 准				共 2 张	第 2 张
工 艺		日 期				光盘页码：2-237

进线+计量（三相四线制有功计量）、3AT、断路器（CW1）双电源自动或手动互为备用，正常时，两母线分别供电，如果一路电源有故障时，另一母电源承担全部负荷。

替（遗）旧图样登记
描 图
描 校
旧底图总号
底图总号
签 字
日 期

153

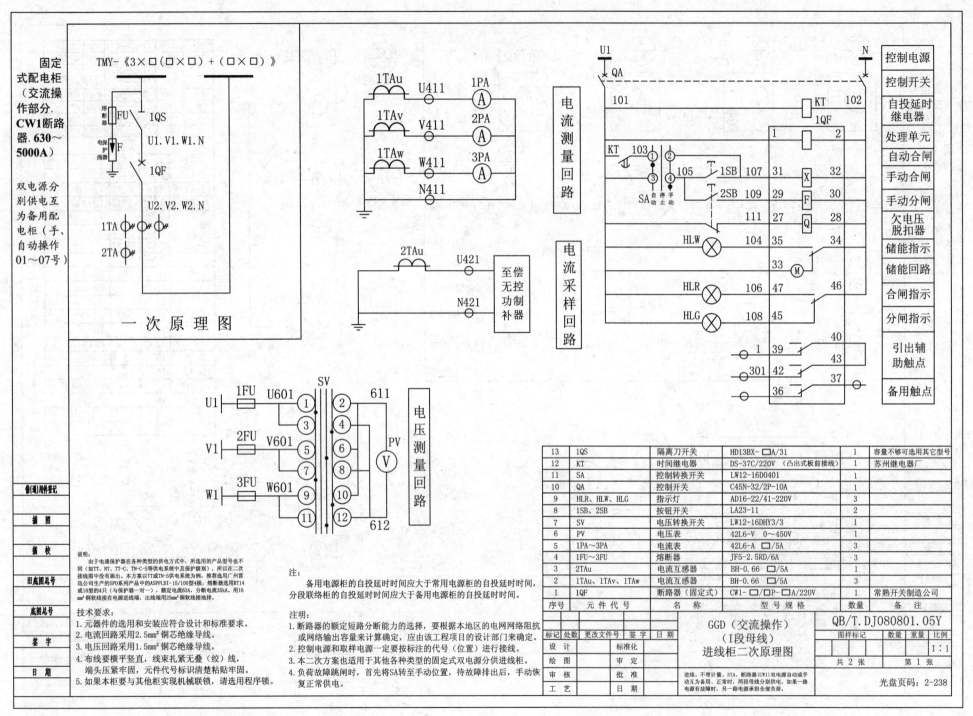

固定式配电柜（交流操作部分. CW1断路器.630～5000A）

双电源分别供电互为备用配电柜（手、自动操作01～07号）

TMY-《3×□(□×□)+(□×□)》

熔断器 FU 1QS
U1.V1.W1.N
电保护涌器 F
1QF
U2.V2.W2.N
1TA
2TA

一 次 原 理 图

1TAu U411 1PA Ⓐ
1TAv V411 2PA Ⓐ
1TAw W411 3PA Ⓐ
N411

电流测量回路

2TAu U421
N421
至偿无控功制补器

电流采样回路

U1 1FU U601
V1 2FU V601
W1 3FU W601
SV
611
PV Ⓥ
612

电压测量回路

U1 QA N
101
KT 102
1QF
KT 103
105 1SB 107
SA 自停手动止动
2SB 109
111
HLW 104
HLR 106
HLG 108

控制电源
控制开关
自投延时继电器
处理单元
自动合闸
手动合闸
手动分闸
欠电压脱扣器
储能指示
储能回路
合闸指示
分闸指示
引出辅助触点
备用触点

说明：
由于电涌保护器在各种类型的供电方式中，所选用的产品型号也不同（如TT、NT、TT-C、TN-C-S等供电系统中及保护级别），所以本二次接线图中没有画出。本方案以TT或TN-S供电系统为例，推荐选用广州雷迅公司生产的SPD系列产品中的ASPFLDI-15/100型4极，熔断器选用RT14或18型的4只（与保护器一对一），额定电流63A，分断电流35kA。用16mm²铜软线接在电源进线端，出线端用25mm²铜软线接地排。

技术要求：
1. 元器件的选用和安装应符合设计和标准要求。
2. 电流回路采用2.5mm²铜芯绝缘导线。
3. 电压回路采用1.5mm²铜芯绝缘导线。
4. 布线要横平竖直，线束扎紧无叠（绞）线，端头压紧牢固，元件代号标识清楚粘贴牢固。
5. 如果本柜要与其他柜实现机械联锁，请选用程序锁。

注：
备用电源柜的自投延时时间应大于常用电源柜的自投延时时间，分段联络柜的自投延时时间应大于备用电源柜的自投延时时间。

注明：
1. 断路器的额定短路分断能力的选择，要根据本地区的电网网络阻抗或网络输出容量来计算确定，应由该工程项目的设计部门来确定。
2. 控制电源和取样回路一定要按标注的代号（位置）进行接线。
3. 本二次方案也适用于其他各种类型的固定式双电源分供进线柜。
4. 负荷故障跳闸时，首先将SA转至手动位置，待故障排除后，手动恢复正常供电。

13	1QS	隔离刀开关	HD13BX-□A/31	1	容量不够可选用其它型号
12	KT	时间继电器	DS-37C/220V（凸出式板前接线）	1	苏州继电器厂
11	SA	控制转换开关	LW12-16D0401	1	
10	QA	控制开关	C45N-32/2P-10A	1	
9	HLR、HLW、HLG	指示灯	AD16-22/41-220V	3	
8	1SB、2SB	按钮开关	LA23-11	2	
7	SV	电压转换开关	LW12-16DHY3/3	1	
6	PV	电压表	42L6-V 0～450V	1	
5	1PA～3PA	电流表	42L6-A □/5A	3	
4	1FU～3FU	熔断器	JF5-2.5RD/6A	3	
3	2TAu	电流互感器	BH-0.66 □/5A	1	
2	1TAu、1TAv、1TAw	电流互感器	BH-0.66 □/5A	3	
1	1QF	断路器（固定式）	CW1-□/□P-□A/220V	1	常熟开关制造公司
序号	元件代号	名 称	型 号 规 格	数量	备 注

借(通)用件登记			
描 图			
描 校			
旧底图总号			
底图总号			
签 字			
日 期			

		标记	处数	更改文件号	签 字	日 期	
设 计		标准化					GGD（交流操作）（I段母线）进线柜二次原理图
绘 图		审 定					
审 核		批 准					
工 艺		日 期					

QB/T.DJ080801.05Y

图样标记	数量	重量	比例
			1:1

共 2 张　　第 1 张

进线、不带计量、3TA、断路器（CW1）双电源自动或手动互为备用。正常时，两段母线分别供电，如果一路电源有故障时，另一路电源承担全部负荷。

光盘页码：2-238

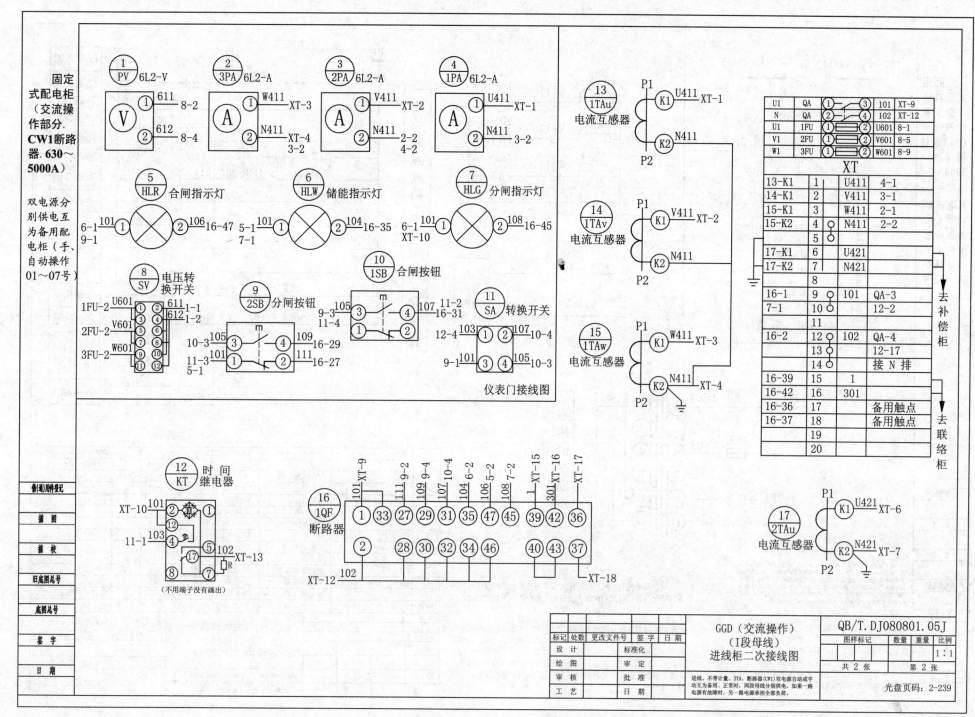

固定式配电柜（交流操作部分.CW1断路器.630～5000A）

双电源分别供电互为备用配电柜（手、自动操作01～07号）

仪表门接线图

XT

U1	QA	① ③	101	XT-9
N	QA	② ④	102	XT-12
U1	1FU	① ②	U601	8-1
V1	2FU	① ②	V601	8-5
W1	3FU	① ②	W601	8-9

13-K1	1	U411	4-1
14-K1	2	V411	3-1
15-K1	3	W411	2-1
15-K2	4	N411	2-2
	5		
17-K1	6	U421	
17-K2	7	N421	
	8		
16-1	9	101	QA-3
7-1	10		12-2
	11		
16-2	12	102	QA-4
	13		12-17
	14		接 N 排
16-39	15	1	
16-42	16	301	
16-36	17	备用触点	
16-37	18	备用触点	
	19		
	20		

去补偿柜

去联络柜

（不用端子没有画出）

标记	处数	更改文件号	签字	日期
设 计			标准化	
绘 图			审 定	
审 核			批 准	
工 艺			日 期	

GGD（交流操作）（I段母线）进线柜二次接线图

QB/T.DJ080801.05J

图样标记	数量	重量	比例
			1:1

共 2 张　　第 2 张

进线、不带计量、3TA、断路器(CW1)双电源自动或手动互为备用、正常时，两段母线分别供电，如果一路电源有故障时，另一路电源承担全部负荷。

光盘页码：2-239

借(通)用件登记

描 图

描 校

旧底图总号

底图总号

鉴 字

日 期

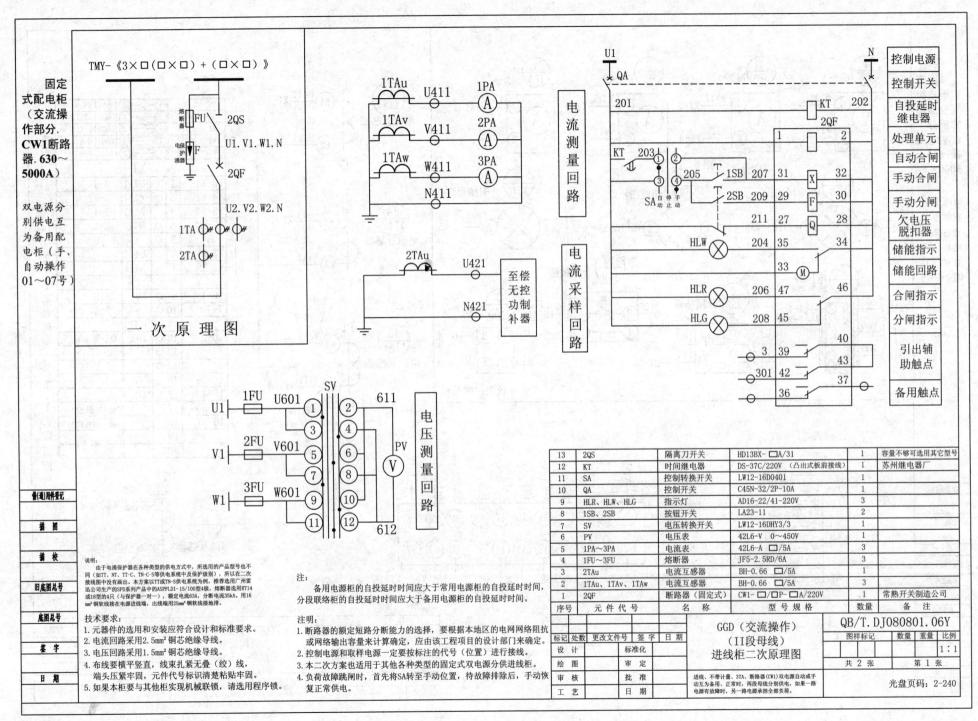

固定式配电柜（交流操作部分. CW1断路器. 630～5000A）

双电源分别供电互为备用配电柜（手、自动操作01～07号）

TMY-《3×□(□×□)+(□×□)》

一 次 原 理 图

1TAu U411 1PA (A)
1TAv V411 2PA (A)
1TAw W411 3PA (A)
N411

2TAu U421 至偿无控功制补器
N421

电流测量回路

电流采样回路

电压测量回路

控制电源
控制开关
自投延时继电器
处理单元
自动合闸
手动合闸
手动分闸
欠电压脱扣器
储能指示
储能回路
合闸指示
分闸指示
引出辅助触点
备用触点

说明：
由于电涌保护器在各种类型的供电方式中，所选用的产品型号也不同（如TT、NT、TT-C、TN-C-S等供电系统中及保护级别），所以在二次接线图中没有画出。本方案以TT或TN-S供电系统为例，推荐选用广州雷迅公司生产的SPD系列产品中的ASPPLD1-15/100型4极，熔断器选用RT14或18型的4只（与保护器一对一），额定电流63A，分断电流35kA。用16 mm² 铜软线接在电源进线端，出线端用25mm² 铜软线连接地排。

技术要求：
1. 元器件的选用和安装应符合设计和标准要求。
2. 电流回路采用2.5mm² 铜芯绝缘导线。
3. 电压回路采用1.5mm² 铜芯绝缘导线。
4. 布线要横平竖直，线束扎紧无叠（绞）线，端头压紧牢固，元件代号标识清楚粘贴牢固。
5. 如果本柜要与其他柜实现机械联锁，请选用程序锁。

注：
备用电源柜的自投延时时间应大于常用电源柜的自投延时时间，分段联络柜的自投延时时间应大于备用电源柜的自投延时时间。

注明：
1. 断路器的额定短路分断能力的选择，要根据本地区的电网网络阻抗或网络输出容量来计算确定，应由该工程项目的设计部门来确定。
2. 控制电源和取样电源一定按标注的代号（位置）进行接线。
3. 本二次方案也适用于其他各种类型的固定式双电源分进线柜。
4. 负荷故障跳闸时，首先将SA转至手动位置，待故障排除后，手动恢复正常供电。

13	2QS	隔离刀开关	HD13BX-□A/31	1	容量不够可选用其它型号
12	KT	时间继电器	DS-37C/220V（凸出式板前接线）	1	苏州继电器厂
11	SA	控制转换开关	LW12-16D0401	1	
10	QA	控制开关	C45N-32/2P-10A	1	
9	HLR、HLW、HLG	指示灯	AD16-22/41-220V	3	
8	1SB、2SB	按钮开关	LA23-11	2	
7	SV	电压转换开关	LW12-16DHY3/3	1	
6	PV	电压表	42L6-V 0～450V	1	
5	1PA～3PA	电流表	42L6-A □/5A	3	
4	1FU～3FU	熔断器	JF5-2.5RD/6A	3	
3	2TAu	电流互感器	BH-0.66 □/5A	1	
2	1TAu、1TAv、1TAw	电流互感器	BH-0.66 □/5A	3	
1	2QF	断路器（固定式）	CW1-□/□P-□A/220V	1	常熟开关制造公司
序号	元件代号	名 称	型 号 规 格	数量	备 注

				GGD（交流操作）		QB/T.DJ080801.06Y			
标记	处数	更改文件号	签字	日期	（II段母线）进线柜二次原理图	图样标记	数量	重量	比例
设 计		标准化							1:1
绘 图		审 定				共 2 张		第 1 张	
审 核		批 准			进线、不带计量、3TA、断路器（CW1）双电源自动或手动互为备用、正常时，两段母线分别供电，如果一路电源有故障时，另一路电源承担全部负荷。	光盘页码：2-240			
工 艺		日 期							

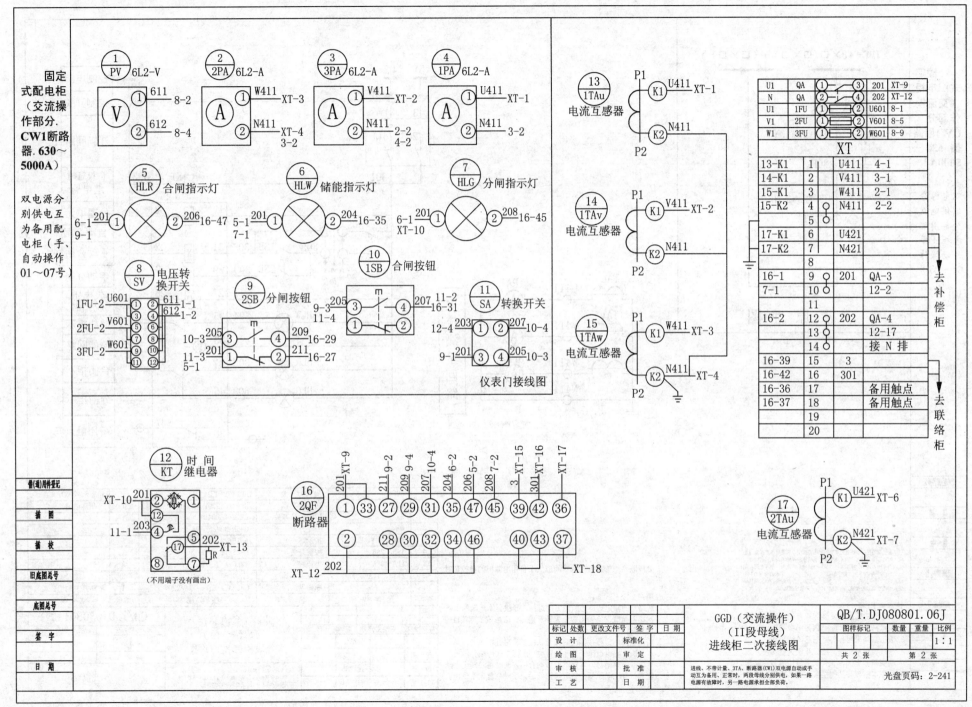

固定式配电柜（交流操作部分. CW1断路器. 630～5000A）

双电源分别供电互为备用配电柜（手、自动操作01～07号）

① PV 6L2-V
② 2PA 6L2-A
③ 3PA 6L2-A
④ 1PA 6L2-A

⑤ HLR 合闸指示灯
⑥ HLW 储能指示灯
⑦ HLG 分闸指示灯

⑧ SV 电压转换开关
⑨ 2SB 分闸按钮
⑩ 1SB 合闸按钮
⑪ SA 转换开关

仪表门接线图

⑫ KT 时间继电器
（不用端子没有画出）

⑯ 2QF 断路器

⑬ 1TAu 电流互感器
⑭ 1TAv 电流互感器
⑮ 1TAw 电流互感器
⑰ 2TAu 电流互感器

XT

U1	QA	① ③	201	XT-9
N	QA	② ④	202	XT-12
U1	1FU	① ②	U601	8-1
V1	2FU	① ②	V601	8-5
W1	3FU	① ②	W601	8-9

13-K1	1	U411	4-1
14-K1	2	V411	3-1
15-K1	3	W411	2-1
15-K2	4	N411	2-2
	5		
17-K1	6	U421	
17-K2	7	N421	
	8		
16-1	9	201	QA-3
7-1	10		12-2
	11		
16-2	12	202	QA-4
	13		12-17
	14		接 N 排
16-39	15	3	
16-42	16	301	
16-36	17	备用触点	
16-37	18	备用触点	
	19		
	20		

去补偿柜
去联络柜

标记	处数	更改文件号	签字	日期		
设 计			标准化			
绘 图			审 定			
审 核			批 准			
工 艺			日 期			

GGD（交流操作）（II段母线）进线柜二次接线图

QB/T.DJ080801.06J

图样标记		数量	重量	比例
				1:1

共 2 张　第 2 张

进线、不带计量、3TA、断路器（CW1）双电源自动或手动互为备用、正常时，两段母线分别供电，如果一路电源有故障时，另一路电源承担全部负荷。

光盘页码：2-241

157

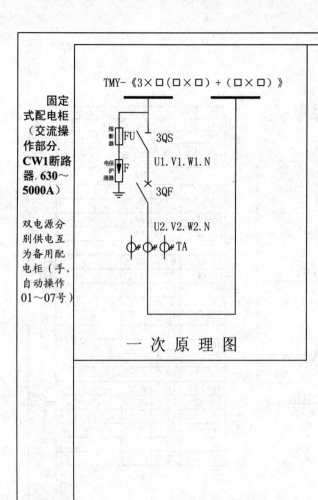

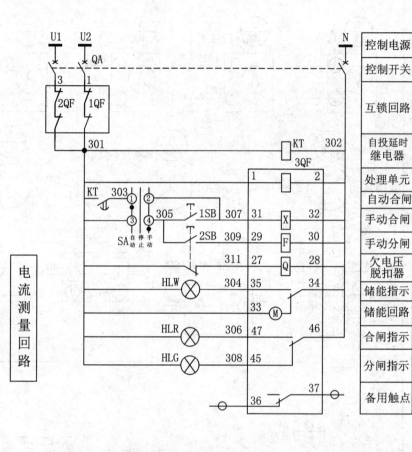

固定式配电柜（交流操作部分.CW1断路器. 630～5000A）

双电源分别供电互为备用配电柜（手、自动操作01～07号）

TMY-《3×□(□×□)+(□×□)》

熔断器 FU 3QS
U1.V1.W1.N
电涌保护器 F
3QF
U2.V2.W2.N
TA

一次原理图

TAu U411 1PA (A)
TAv V411 2PA (A)
TAw W411 3PA (A)
N411

电流测量回路

U1 U2 N
QA

控制电源
控制开关

3 1
2QF 1QF

互锁回路

301
KT 302
3QF

自投延时继电器

1 2

KT 303
① ②
305 1SB 307 31 X 32
③ ④
SA 自停手 2SB 309 29 F 30
动止动

处理单元
自动合闸
手动合闸
手动分闸

311 27 Q 28

欠电压脱扣器

HLW 304 35 34
33 M

储能指示
储能回路

HLR 306 47 46

合闸指示

HLG 308 45

分闸指示

36 37

备用触点

说明：
由于电涌保护器在各种类型的供电方式中，所选用的产品型号也不同（如TT、NT、TT-C、TN-C-S等供电系统中及保护级别），所以在二次接线图中没有画出。本方案以TT或TN-S供电系统为例，推荐选用广州雷迅公司生产的SPD系列产品中的ASPFLD2-40/4P型，熔断器选用RT14或18型的4只（与保护器一对一），额定电流32A，分断电流10kA。用10mm²铜软线接在电源进线端，出线端用16mm²铜软线接地排。

技术要求：
1. 元器件的选用和安装应符合设计和标准要求。
2. 电流回路采用2.5mm²铜芯绝缘导线。
3. 电压回路采用1.5mm²铜芯绝缘导线。
4. 布线要横平竖直，线束扎紧无叠（绞）线，端头压紧牢固，元件代号标识清楚粘贴牢固。
5. 如果本柜要与其他柜实现机械联锁，请选用程序锁。

注：
分段联络柜的自投延时时间应大于备用电源柜的自投延时时间。

注明：
1. 断路器的额定短路分断能力的选择，要根据本地区的电网网络阻抗或网络输出容量来计算确定，应由该工程项目的设计部门来确定。
2. 控制电源一定要按标注的代号（位置）进行接线。
3. 本二次方案也适用于其他各种类型的固定式母线分段柜。
4. 负荷故障跳闸时，本柜不能自动合闸，此时将SA转至手动位置，并手动跳闸，待故障排除后，手动恢复正常供电。

9	3QS	隔离刀开关	HD13BX-□A/31	1	容量不够可选用其它型号
8	KT	时间继电器	DS-37C/220V（凸出式板前接线）	1	苏州继电器厂
7	SA	控制转换开关	LW12-16D0401	1	
6	QA	控制开关	C45N-32/3P-10A	1	
5	HLR、HLW、HLG	指示灯	AD16-22/41-220V	3	
4	1SB、2SB	按钮开关	LA23-11	2	
3	1PA～3PA	电流表	42L6-A □/5A	3	
2	1TAu、1TAv、1TAw	电流互感器	BH-0.66 □/5A	3	
1	3QF	断路器（固定式）	CW1-□/□P-□A/220V	1	常熟开关制造公司
序号	元件代号	名 称	型 号 规 格	数量	备 注

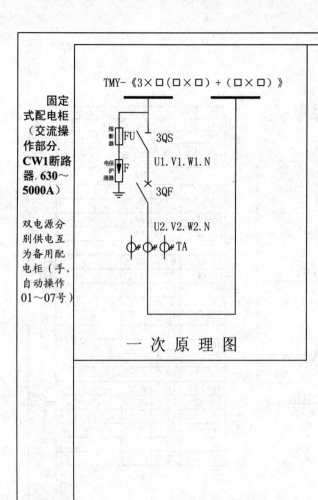

鲁（通）JD附注登记		
描 图		
描 校		
旧底图总号		
底图总号		
签 字		
日 期		

GGD（交流操作）（母线分段）分段柜二次原理图

QB/T.DJ080801.07Y

图样标记	数量	重量	比例
			1:1

标记	处数	更改文件号	签字	日期	
设 计		标准化			
绘 图		审 定			
审 核		批 准			
工 艺		日 期			

共 2 张　第 1 张

联络分段、3TA、断路器（CW1）、正常时，本柜不工作，两段母线分别供电，如果一路电源有故障时，本柜自动或手动投入运行，另一路电源承担全部负荷。

光盘页码：2-242

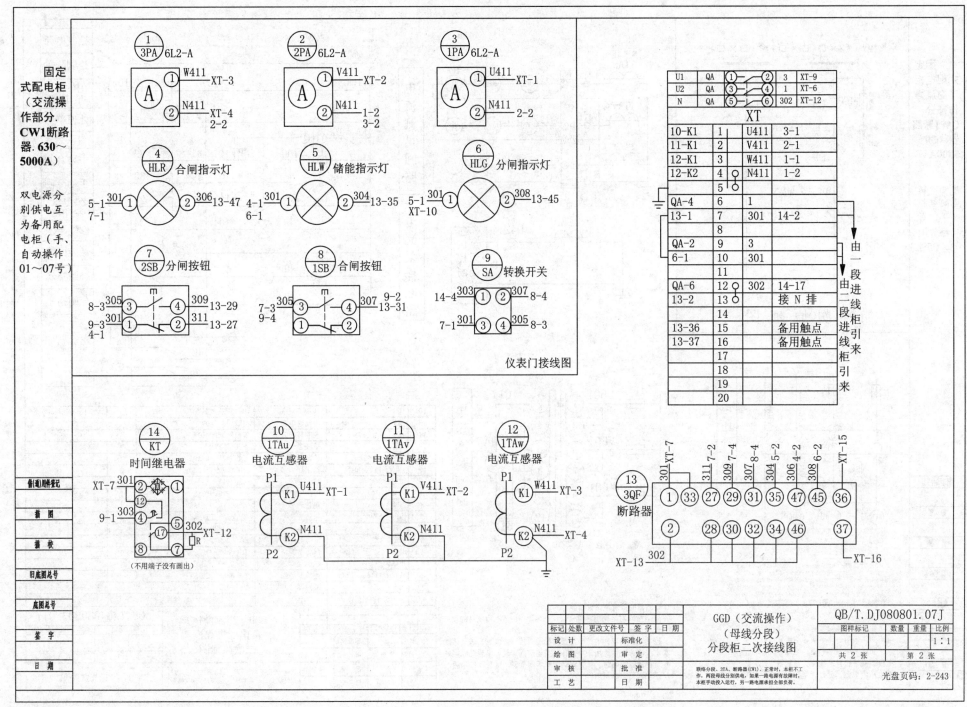

固定式配电柜（交流操作部分.CW1断路器.630～5000A）

双电源分别供电互为备用配电柜（手、自动操作01～07号）

① 3PA	6L2-A
② 2PA	6L2-A
③ 1PA	6L2-A

① A ① W411 XT-3
② N411 XT-4 2-2

② A ① V411 XT-2
② N411 1-2 3-2

③ A ① U411 XT-1
② N411 2-2

④ HLR 合闸指示灯
5-1 7-1 ① 301 ② 306 13-47

⑤ HLW 储能指示灯
4-1 6-1 ① 301 ② 304 13-35

⑥ HLG 分闸指示灯
5-1 XT-10 ① 301 ② 308 13-45

⑦ 2SB 分闸按钮
8-3 ③ 305 ④ 309 13-29
9-3 4-1 ① 301 ② 311 13-27

⑧ 1SB 合闸按钮
7-3 9-4 ③ 305 ④ 307 9-2 13-31
① 301 ②

⑨ SA 转换开关
14-4 303 ① ② 307 8-4
7-1 301 ③ ④ 305 8-3

仪表门接线图

U1	QA	① — ②	3	XT-9
U2	QA	③ — ④	1	XT-6
N	QA	⑤ — ⑥	302	XT-12

XT

10-K1	1	U411	3-1
11-K1	2	V411	2-1
12-K1	3	W411	1-1
12-K2	4	N411	1-2
	5		
QA-4	6	1	
13-1	7	301	14-2
	8		
QA-2	9	3	
6-1	10	301	
	11		
QA-6	12	302	14-17
13-2	13		接 N 排
	14		
13-36	15		备用触点
13-37	16		备用触点
	17		
	18		
	19		
	20		

由一段进线柜引来
由一段进线柜引来

⑭ KT 时间继电器
XT-7 301 ② ①
⑫
9-1 303 ④
⑤ 302 XT-12
⑰ R
⑧ ⑦
（不用端子没有画出）

⑩ 1TAu 电流互感器
P1 K1 U411 XT-1
K2 N411
P2

⑪ 1TAv 电流互感器
P1 K1 V411 XT-2
K2 N411
P2

⑫ 1TAw 电流互感器
P1 K1 W411 XT-3
K2 N411 XT-4
P2

⑬ 3QF 断路器
301 XT-7 311 7-2 309 7-4 307 8-4 304 5-2 306 4-2 308 6-2 XT-15
① 33 27 29 31 35 47 45 36
② 28 30 32 34 46 37
XT-13 302 XT-16

GGD（交流操作）（母线分段）分段柜二次接线图

QB/T.DJ080801.07J

1:1

共 2 张　　第 2 张

联络分段、3TA、断路器(CW1)。正常时，本柜不工作，两段母线分别供电。如果一路母线有故障时，本柜手动投入运行，另一路电源承担全部负荷。

光盘页码：2-243

标记 处数 更改文件号 签 字 日 期
设 计　标准化
绘 图　审 定
审 核　批 准
工 艺　日 期

备(遥)用件登记
描 图
描 校
旧底图总号
底图总号
签 字
日 期

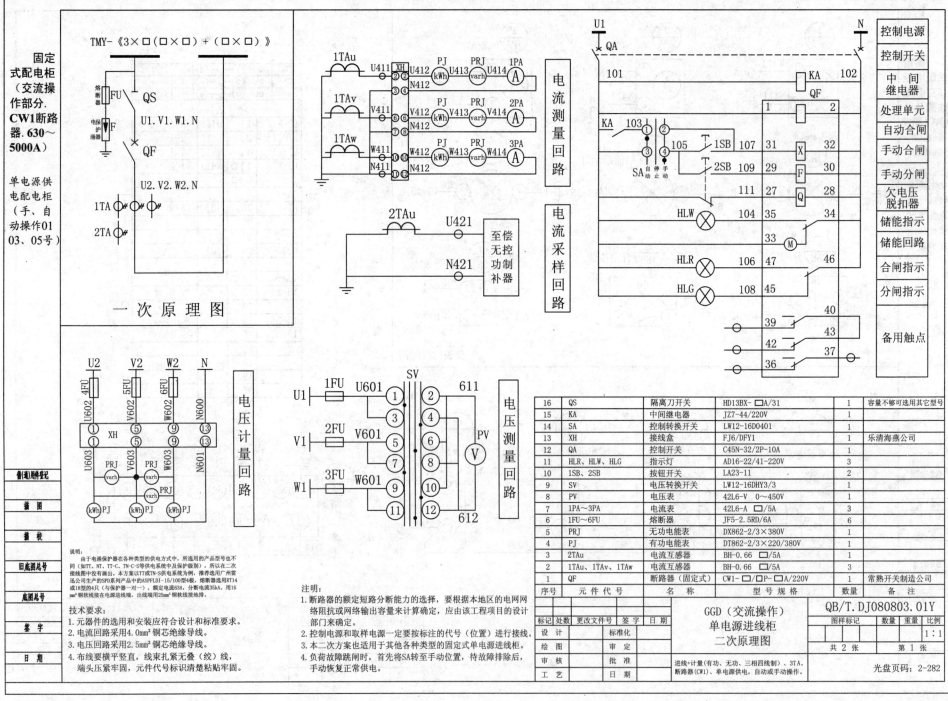

固定式配电柜（交流操作部分，CW1断路器，630～5000A）

单电源供电配电柜（手、自动操作01、03、05号）

TMY-《3×□(□×□)+(□×□)》

一次原理图

说明：
由于电涌保护器在各种类型的供电方式中，所选用的产品型号也不同（如TT、NT、TT-C、TN-C-S等供电系统中及保护级别），所以在二次接线图中没有画出。本方案以TT或TN-S供电系统为例，推荐选用广州雷迅公司生产的SPD系列产品中的ASPFLDI-15/100型4极，熔断器选用RT14或18型的4只（与保护器一对一），额定电流63A，分断电流35kA。用16mm²铜软线接在电源进线端，出线端用25mm²铜软线接地排。

技术要求：
1. 元器件的选用和安装应符合设计和标准要求。
2. 电流回路采用4.0mm²铜芯绝缘导线。
3. 电压回路采用2.5mm²铜芯绝缘导线。
4. 布线要横平竖直，线束扎紧无叠（绞）线，端头压紧牢固，元件代号标识清楚粘贴牢固。

电流测量回路

电流采样回路

电压计量回路

电压测量回路

注明：
1. 断路器的额定短路分断能力的选择，要根据本地区的电网网络阻抗或网络输出容量来计算确定，应由该工程项目的设计部门来确定。
2. 控制电源和取样电源一定要按标注的代号（位置）进行接线。
3. 本二次方案也适用于其他各种类型的固定式单电源进线柜。
4. 负荷故障跳闸时，首先将SA转至手动位置，待故障排除后，手动恢复正常供电。

控制电源
控制开关
中间继电器
处理单元
自动合闸
手动合闸
手动分闸
欠电压脱扣器
储能指示
储能回路
合闸指示
分闸指示

备用触点

16	QS	隔离刀开关	HD13BX-□A/31	1	容量不够可选用其它型号
15	KA	中间继电器	JZ7-44/220V	1	
14	SA	控制转换开关	LW12-16D0401	1	
13	XH	接线盒	FJ6/DFY1	1	乐清海燕公司
12	QA	控制开关	C45N-32/2P-10A	1	
11	HLR、HLW、HLG	指示灯	AD16-22/41-220V	3	
10	1SB、2SB	按钮开关	LA23-11	2	
9	SV	电压转换开关	LW12-16DHY3/3	1	
8	PV	电压表	42L6-V 0～450V	1	
7	1PA～3PA	电流表	42L6-A □/5A	3	
6	1FU～6FU	熔断器	JF5-2.5RD/6A	6	
5	PRJ	无功电能表	DX862-2/3×380V	1	
4	PJ	有功电能表	DT862-2/3×220/380V	1	
3	2TAu	电流互感器	BH-0.66 □/5A	1	
2	1TAu、1TAv、1TAw	电流互感器	BH-0.66 □/5A	3	
1	QF	断路器（固定式）	CW1-□/□P-□A/220V	1	常熟开关制造公司
序号	元件代号	名称	型号规格	数量	备注

GGD（交流操作）单电源进线柜二次原理图

QB/T.DJ080803.01Y

图样标记　数量　重量　比例
　　　　　　　　　　　1:1

共2张　　第1张

进线+计量（有功、无功、三相四线制）、3TA、断路器(CW1)、单电源供电，自动或手动操作。

光盘页码：2-282

借（通）用件登记
描图
描校
旧底图总号
底图总号
签字
日期
设计　标准化
绘图　审定
审核　批准
工艺　日期

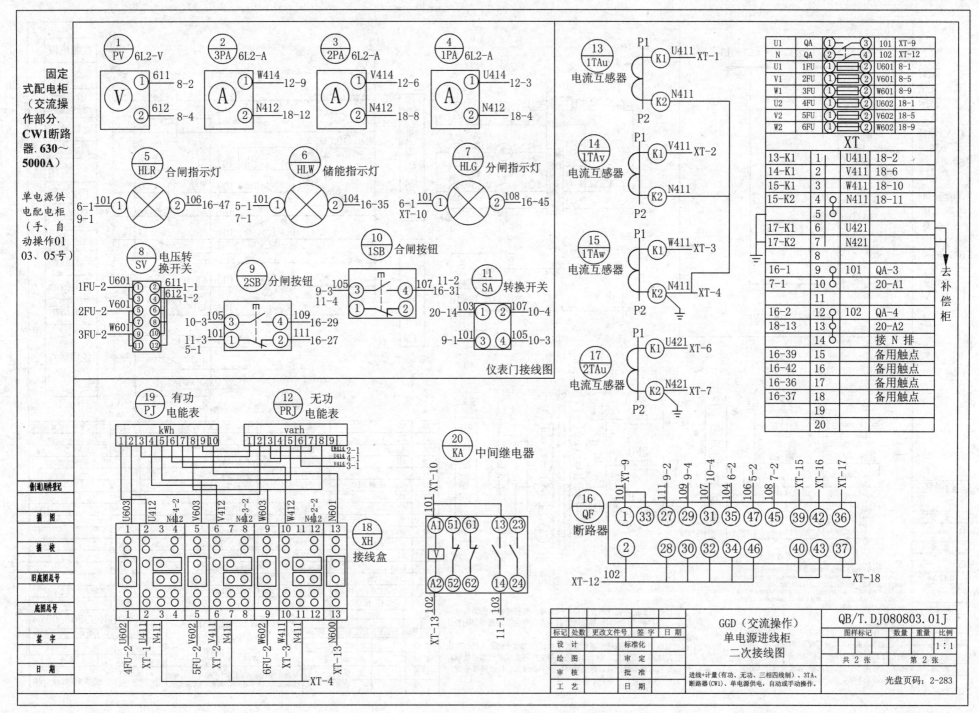

固定式配电柜（交流操作部分．CW1断路器．630～5000A）

单电源供电配电柜（手、自动操作01、03、05号）

仪表门接线图

U1	QA	① — ③	101	XT-9
N	QA	② — ④	102	XT-12
U1	1FU	① ②	U601	8-1
V1	2FU	① ②	V601	8-5
W1	3FU	① ②	W601	8-9
U2	4FU	① ②	U602	18-1
V2	5FU	① ②	V602	18-5
W2	6FU	① ②	W602	18-9

XT

	XT			
13-K1	1	U411	18-2
14-K1	2	V411	18-6
15-K1	3	W411	18-10
15-K2	4	N411	18-11
	5		
17-K1	6	U421	
17-K2	7	N421	
	8		
16-1	9	101	QA-3
7-1	10		20-A1
	11		
16-2	12	102	QA-4
18-13	13		20-A2
	14		接 N 排
16-39	15		备用触点
16-42	16		备用触点
16-36	17		备用触点
16-37	18		备用触点
	19		
	20		

去补偿柜

GGD（交流操作）单电源进线柜二次接线图

QB/T.DJ080803.01J

标记	处数	更改文件号	签字	日期
设 计		标准化		
绘 图		审 定		
审 核		批 准		
工 艺		日 期		

图样标记	数量	重量	比例
			1:1
共 2 张		第 2 张	

进线+计量（有功、无功、三相四线制）、3TA、断路器（CW1）、单电源供电，自动或手动操作。

光盘页码：2-283

161

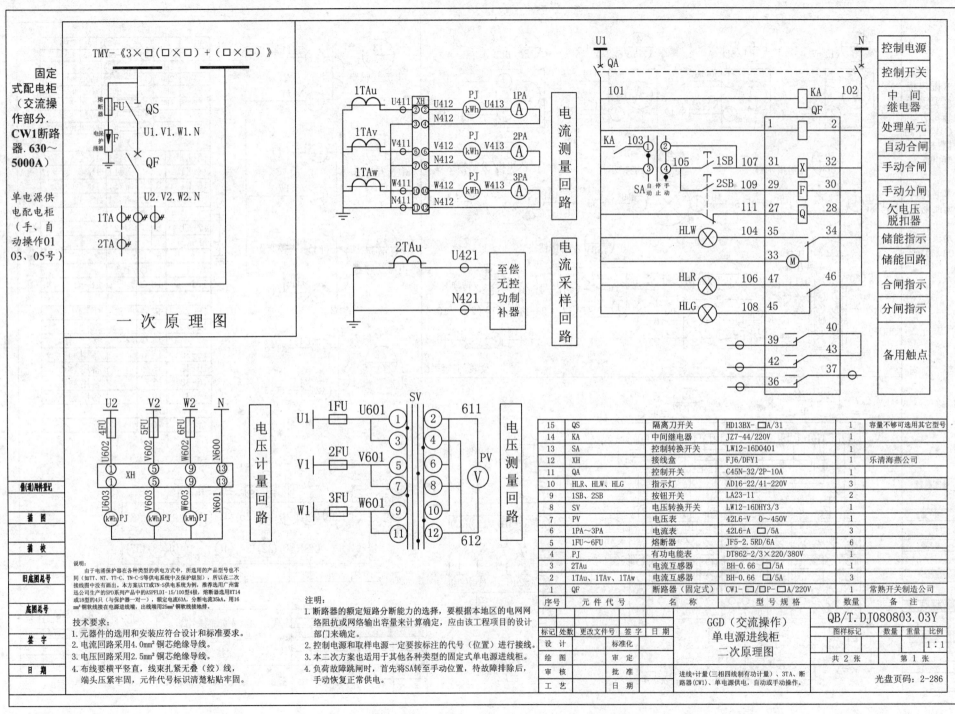

固定式配电柜（交流操作部分. CW1断路器. 630～5000A）

单电源供电配电柜（手、自动操作01 03、05号）

TMY-《3×□（□×□）+（□×□）》

一次原理图

电流测量回路

电流采样回路

至偿无控功制补器

电压计量回路

电压测量回路

控制电源
控制开关
中间继电器
处理单元
自动合闸
手动合闸
手动分闸
欠电压脱扣器
储能指示
储能回路
合闸指示
分闸指示

备用触点

说明：
　由于电涌保护器在各种类型的供电方式中，所选用的产品型号也不同（如TT、NT、TT-C、TN-C-S等供电系统中及保护级别），所以在二次接线图中没有画出。本方案以TT或TN-S供电系统为例，推荐选用广州雷迅公司生产的SPD系列产品中的ASPFLDI-15/100型4级，熔断器选用RT14或18型的4只（与保护器一对一），额定电流63A，分断电流35kA，用16 mm²铜软线接在电源进线端，出线端用25mm²铜软线接地排。

技术要求：
1. 元器件的选用和安装应符合设计和标准要求。
2. 电流回路采用4.0mm²铜芯绝缘导线。
3. 电压回路采用2.5mm²铜芯绝缘导线。
4. 布线要横平竖直，线束扎紧无叠（绞）线，端头压紧牢固，元件代号标识清楚粘贴牢固。

注明：
1. 断路器的额定短路分断能力的选择，要根据本地区的电网网络阻抗或网络输出容量来计算确定，应由该工程项目的设计部门来确定。
2. 控制电源和采样电源一定要按标注的代号（位置）进行接线。
3. 本二次方案也适用于其他各种类型的固定式单电源进线柜。
4. 负荷故障跳闸时，首先将SA转至手动位置，待故障排除后，手动恢复正常供电。

15	QS	隔离刀开关	HD13BX-□A/31	1	容量不够可选用其它型号
14	KA	中间继电器	JZ7-44/220V	1	
13	SA	控制转换开关	LW12-16D0401	1	
12	XH	接线盒	FJ6/DFY1	1	乐清海燕公司
11	QA	控制开关	C45N-32/2P-10A	1	
10	HLR、HLW、HLG	指示灯	AD16-22/41-220V	3	
9	1SB、2SB	按钮开关	LA23-11	2	
8	SV	电压转换开关	LW12-16DHY3/3	1	
7	PV	电压表	42L6-V　0～450V	1	
6	1PA～3PA	电流表	42L6-A □/5A	3	
5	1FU～6FU	熔断器	JF5-2.5RD/6A	6	
4	PJ	有功电能表	DT862-2/3×220/380V	1	
3	2TAu	电流互感器	BH-0.66 □/5A	1	
2	1TAu、1TAv、1TAw	电流互感器	BH-0.66 □/5A	3	
1	QF	断路器（固定式）	CW1-□/□P-□A/220V	1	常熟开关制造公司
序号	元件代号	名　称	型号规格	数量	备　注

(借)通用件登记				图样标记	数量 重量 比例
描　图					1:1
描　校					
旧底图总号	标记 处数 更改文件号 签字 日期	GGD（交流操作）单电源进线柜二次原理图	QB/T.DJ080803.03Y		
底图总号	设计　　标准化			共 2 张	第 1 张
签　字	绘图　　审定		进线+计量（三相四线制有功计量）、3TA、断路器（CW1）、单电源供电，自动或手动操作。		光盘页码：2-286
日　期	审核　　批准 工艺　　日期				

162

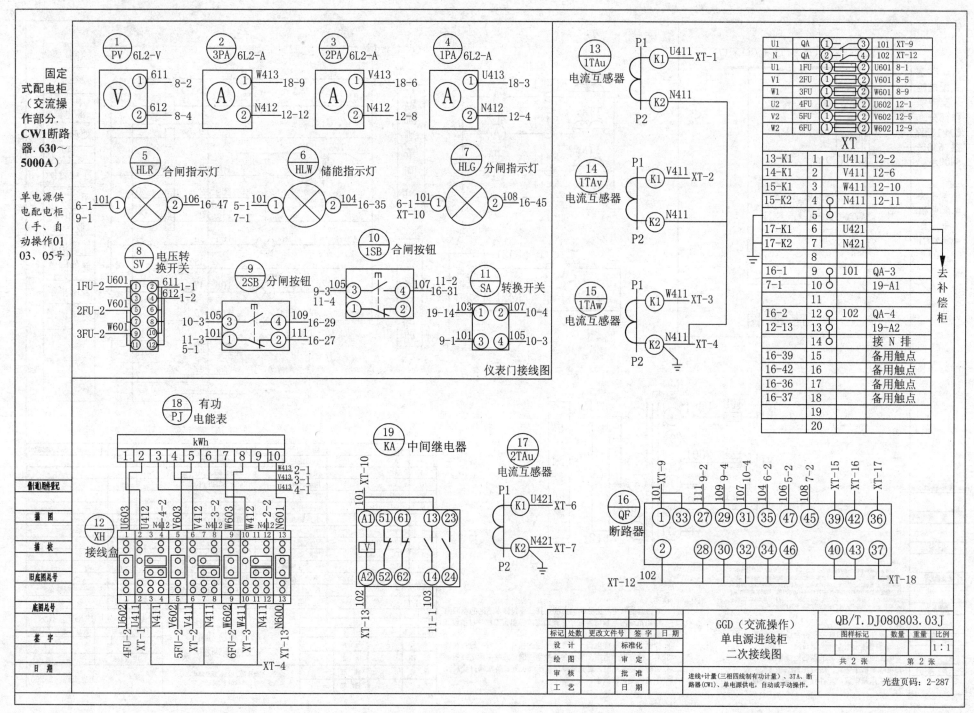

固定式配电柜（交流操作部分．CW1断路器．630～5000A）

单电源供电配电柜（手、自动操作01、03、05号）

仪表门接线图

U1	QA	① ③	101	XT-9
N	QA	② ④	102	XT-12
U1	1FU	① ②	U601	8-1
V1	2FU	① ②	V601	8-5
W1	3FU	① ②	W601	8-9
U2	4FU	① ②	U602	12-1
V2	5FU	① ②	V602	12-5
W2	6FU	① ②	W602	12-9

XT

13-K1	1	U411	12-2
14-K1	2	V411	12-6
15-K1	3	W411	12-10
15-K2	4	N411	12-11
	5		
17-K1	6	U421	
17-K2	7	N421	
	8		
16-1	9	101	QA-3
7-1	10		19-A1
	11		
16-2	12	102	QA-4
12-13	13		19-A2
	14	接 N 排	
16-39	15	备用触点	
16-42	16	备用触点	
16-36	17	备用触点	
16-37	18	备用触点	
	19		
	20		

去补偿柜

标记	处数	更改文件号	签 字	日 期
设 计			标准化	
绘 图			审 定	
审 核			批 准	
工 艺			日 期	

GGD（交流操作）单电源进线柜二次接线图

QB/T.DJ080803.03J

图样标记	数量	重量	比例
			1:1

共 2 张　第 2 张

进线+计量(三相四线制有功计量)、3TA、断路器(CW1)、单电源供电，自动或手动操作．

光盘页码：2-287

163

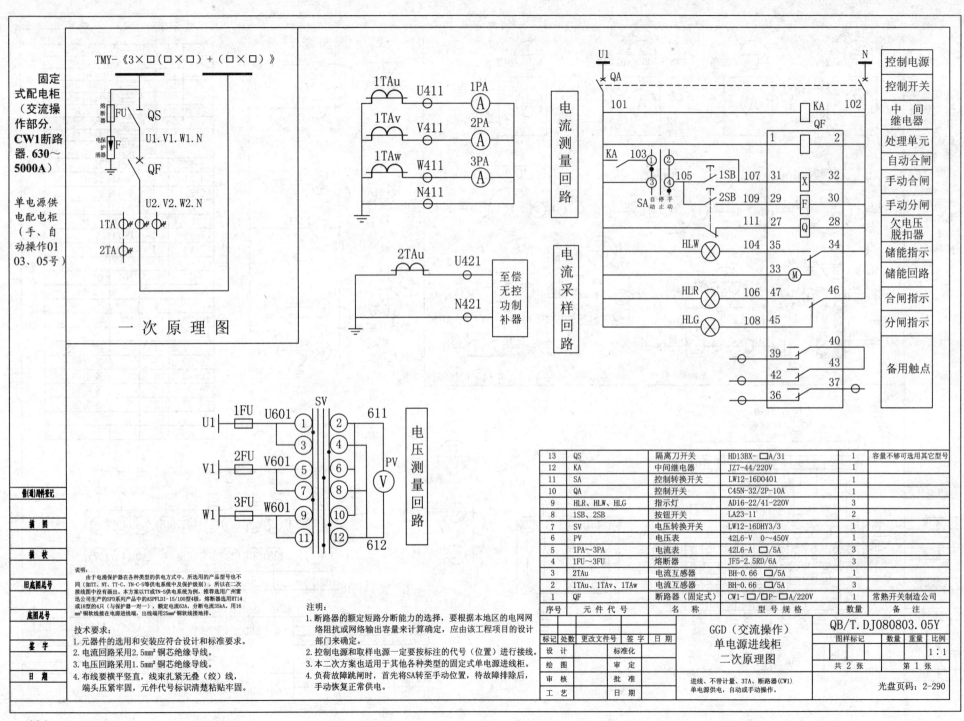

固定式配电柜（交流操作部分.CW1断路器.630～5000A）

单电源供电配电柜（手、自动操作0103、05号）

TMY-《3×□（□×□）+（□×□）》

一次原理图

电流测量回路

电流采样回路

电压测量回路

控制电源
控制开关
中间继电器
处理单元
自动合闸
手动合闸
手动分闸
欠电压脱扣器
储能指示
储能回路
合闸指示
分闸指示

备用触点

说明：
由于电涌保护器在各种类型的供电方式中，所选用的产品型号也不同（如TT、NT、TT-C、TN-C-S等供电系统中及保护级别），所以在二次接线图中没有画出。本方案以TT或TN-S供电系统为例，推荐选用广州雷迅公司生产的SPD系列产品中的ASPFLDI-15/100型4极，熔断器选用RT14或18型的4只（与保护器一对一），额定电流63A，分断电流35kA，用16mm²铜软线接在电源进线端，出线端用25mm²铜软线接地排。

技术要求：
1. 元器件的选用和安装应符合设计和标准要求。
2. 电流回路采用2.5mm²铜芯绝缘导线。
3. 电压回路采用1.5mm²铜芯绝缘导线。
4. 布线要横平竖直，线束扎紧无叠（绞）线，端头压紧牢固，元件代号标识清楚粘贴牢固。

注明：
1. 断路器的额定短路分断能力的选择，要根据本地区的电网网络阻抗或网络输出容量来计算确定，应由该工程项目的设计部门来确定。
2. 控制电源和采样电源一定要按标注的代号（位置）进行接线。
3. 本二次方案也适用于其他各种类型的固定式单电源进线柜。
4. 负荷故障跳闸时，首先将SA转至手动位置，待故障排除后，手动恢复正常供电。

13	QS	隔离刀开关	HD13BX-□A/31	1	容量不够可选用其它型号
12	KA	中间继电器	JZ7-44/220V	1	
11	SA	控制转换开关	LW12-16D0401	1	
10	QA	控制开关	C45N-32/2P-10A	1	
9	HLR、HLW、HLG	指示灯	AD16-22/41-220V	3	
8	1SB、2SB	按钮开关	LA23-11	2	
7	SV	电压转换开关	LW12-16DHY3/3	1	
6	PV	电压表	42L6-V 0～450V	1	
5	1PA～3PA	电流表	42L6-A □/5A	3	
4	1FU～3FU	熔断器	JF5-2.5RD/6A	3	
3	2TAu	电流互感器	BH-0.66 □/5A	1	
2	1TAu、1TAv、1TAw	电流互感器	BH-0.66 □/5A	3	
1	QF	断路器（固定式）	CW1-□/□P-□A/220V	1	常熟开关制造公司
序号	元件代号	名 称	型号规格	数量	备 注

标记	处数	更改文件号	签字	日期			GGD（交流操作）单电源进线柜二次原理图	QB/T.DJ080803.05Y		
设 计			标准化					图样标记	数量	重量	比例
绘 图			审 定								1:1
审 核			批 准					共2张	第1张
工 艺			日 期			进线、不带计量、3TA、断路器（CW1）单电源供电，自动或手动操作。	光盘页码：2-290

借(通)用件登记

描 图

描 校

旧底图总号

底图总号

签 字

日 期

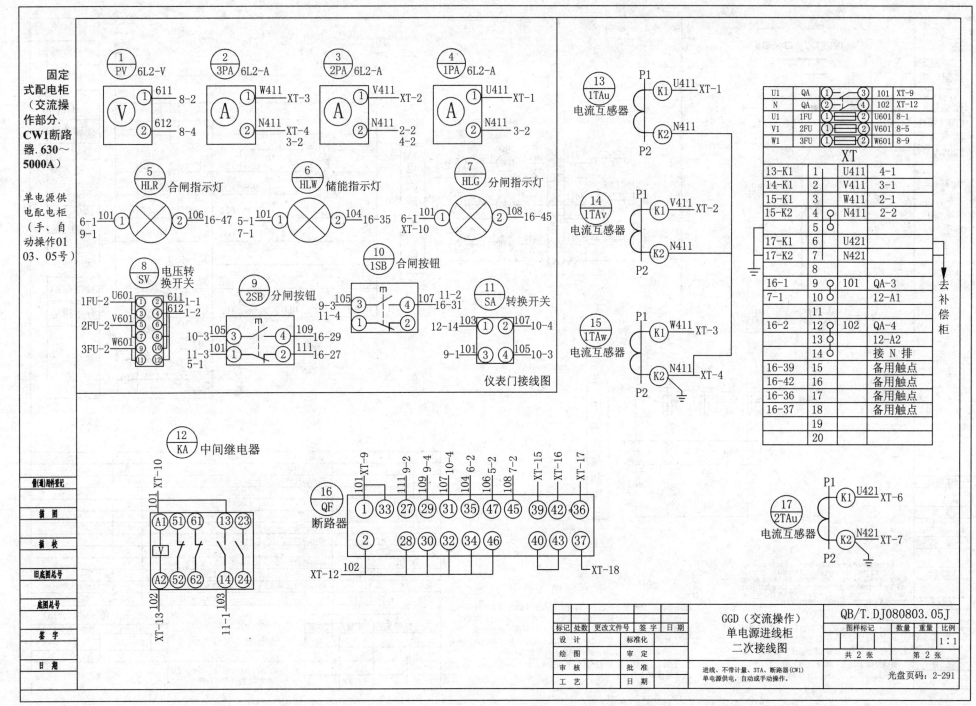

固定式配电柜（交流操作部分．CW1断路器．630～5000A）

单电源供电配电柜（手、自动操作01、03、05号）

1	PV	6L2-V
2	3PA	6L2-A
3	2PA	6L2-A
4	1PA	6L2-A

5 HLR 合闸指示灯
6 HLW 储能指示灯
7 HLG 分闸指示灯

8 SV 电压转换开关
9 2SB 分闸按钮
10 1SB 合闸按钮
11 SA 转换开关

仪表门接线图

12 KA 中间继电器

16 QF 断路器

13 1TAu 电流互感器
14 1TAv 电流互感器
15 1TAw 电流互感器
17 2TAu 电流互感器

去补偿柜

U1	QA	1	3	101	XT-9
N	QA	2	4	102	XT-12
U1	1FU	1	2	U601	8-1
V1	2FU	1	2	V601	8-5
W1	3FU	1	2	W601	8-9

XT

13-K1	1	U411	4-1
14-K1	2	V411	3-1
15-K1	3	W411	2-1
15-K2	4	N411	2-2
	5		
17-K1	6	U421	
17-K2	7	N421	
	8		
16-1	9	101	QA-3
7-1	10		12-A1
	11		
16-2	12	102	QA-4
	13		12-A2
	14		接 N 排
16-39	15		备用触点
16-42	16		备用触点
16-36	17		备用触点
16-37	18		备用触点
	19		
	20		

| 备(通)用附注记 |
| 描 图 |
| 描 校 |
| 旧底图总号 |
| 底图总号 |
| 签 字 |
| 日 期 |

标记	处数	更改文件号	签 字	日 期
设 计			标准化	
绘 图			审 定	
审 核			批 准	
工 艺			日 期	

进线、不带计量、3TA、断路器（CW1）
单电源供电，自动或手动操作．

GGD（交流操作）
单电源进线柜
二次接线图

QB/T.DJ080803.05J

图样标记 ｜ 数量 ｜ 重量 ｜ 比例
1：1
共 2 张 ｜ 第 2 张

光盘页码：2-291

165

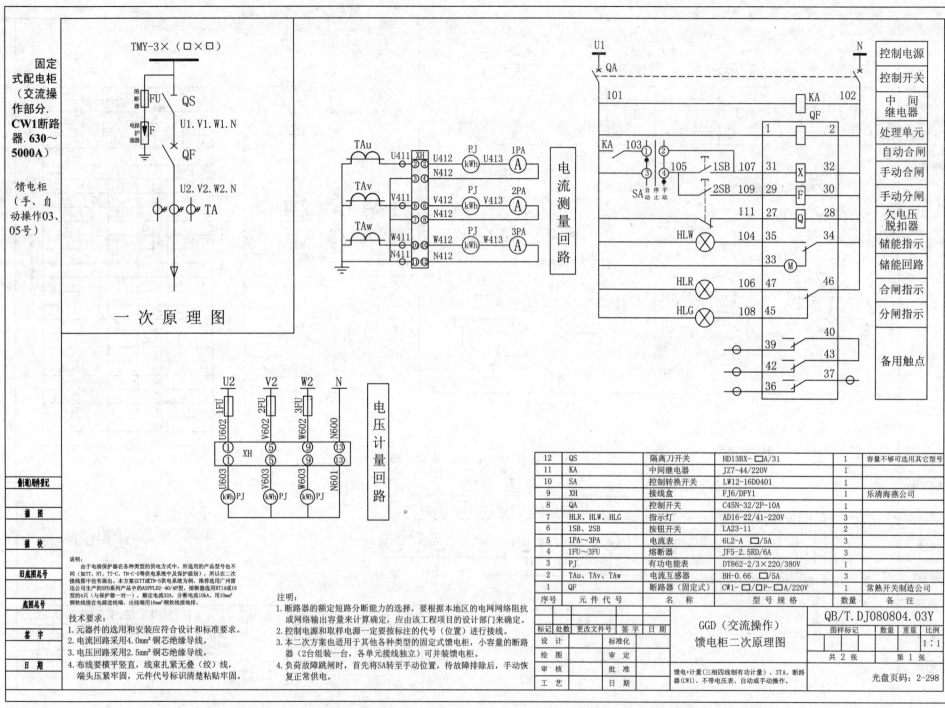

固定式配电柜（交流操作部分.CW1断路器.630～5000A）

馈电柜（手、自动操作03、05号）

TMY-3×（□×□）

熔断器 FU QS

电保护器 F

U1.V1.W1.N

QF

U2.V2.W2.N

TA

一 次 原 理 图

U2 V2 W2 N

U602 1FU V602 2FU W602 3FU N600

① ① ⑤ ⑤ ⑨ ⑨ ⑬ ⑬

XH

U603 V603 W603 N601

kWh PJ kWh PJ kWh PJ

电压计量回路

TAu U411 XH U412 PJ U413 1PA
②② kWh A
④③

TAv V411 V412 PJ V413 2PA
⑥⑤ kWh A
⑧⑦
N412

TAw W411 W412 PJ W413 3PA
⑩⑨ kWh A
⑫⑪
N411 N412

电流测量回路

U1 N

QA

101 KA 102
QF
1 2

KA 103 ① ②
105 1SB 107 31 X 32
SA 自停手 ③ ④
动止动 2SB 109 29 F 30
111 27 Q 28

HLW 104 35 34
33 M
HLR 106 47 46
HLG 108 45

40
39 43
42
37
36

控制电源
控制开关
中间继电器
处理单元
自动合闸
手动合闸
手动分闸
欠电压脱扣器
储能指示
储能回路
合闸指示
分闸指示
备用触点

12	QS	隔离刀开关	HD13BX-□A/31	1	容量不够可选用其它型号
11	KA	中间继电器	JZ7-44/220V	1	
10	SA	控制转换开关	LW12-16D0401	1	
9	XH	接线盒	FJ6/DFY1	1	乐清海燕公司
8	QA	控制开关	C45N-32/2P-10A	1	
7	HLR、HLW、HLG	指示灯	AD16-22/41-220V	3	
6	1SB、2SB	按钮开关	LA23-11	2	
5	1PA～3PA	电流表	6L2-A □/5A	3	
4	1FU～3FU	熔断器	JF5-2.5RD/6A	3	
3	PJ	有功电能表	DT862-2/3×220/380V	1	
2	TAu、TAv、TAw	电流互感器	BH-0.66 □/5A	3	
1	QF	断路器（固定式）	CW1-□/□P-□A/220V	1	常熟开关制造公司
序号	元件代号	名 称	型 号 规 格	数量	备 注

旧底图总号
底图总号
图(通)用件登记
描 图
描 校
签 字
日 期

说明：
由于电涌保护器在各种类型的供电方式中，所选用的产品型号也不同（如TT、NT、TT-C、TN-C-S等供电系统中及保护级别），所以在二次接线图中没有画出。本方案以TT或TN-S供电系统为例，推荐选用广州雷迅公司生产的SPD系列产品中的ASPFLD2-40/4P型，熔断器选用RT14或18型的4只（与保护器一对一），额定电流32A，分断电流10kA。用10mm²铜软线接在电源进线端，出线端用16mm²铜软线接地排。

技术要求：
1. 元器件的选用和安装应符合设计和标准要求。
2. 电流回路采用4.0mm²铜芯绝缘导线。
3. 电压回路采用2.5mm²铜芯绝缘导线。
4. 布线要横平竖直，线束扎紧无叠（绞）线，端头压紧牢固，元件代号标识清楚粘贴牢固。

注明：
1. 断路器的额定短路分断能力的选择，要根据本地区的电网网络阻抗或网络输出容量来计算确定，应由该工程项目的设计部门来确定。
2. 控制电源和取样电源一定要按标注的代号（位置）进行接线。
3. 本二次方案也适用于其他各种类型的固定式馈电柜，小容量的断路器（2台组装一台，各单元接线独立）可并装馈电柜。
4. 负荷故障跳闸时，首先将SA转至手动位置，待故障排除后，手动恢复正常供电。

标记	处数	更改文件号	签字	日期
设 计		标准化		
绘 图		审 定		
审 核		批 准		
工 艺		日 期		

GGD（交流操作）
馈电柜二次原理图

QB/T.DJ080804.03Y

图样标记	数量	重量	比例
			1:1
共 2 张		第 1 张	

馈电+计量（三相四线制有功计量）、3TA、断路器（CW1）、不带电压表、自动或手动操作。

光盘页码：2-298

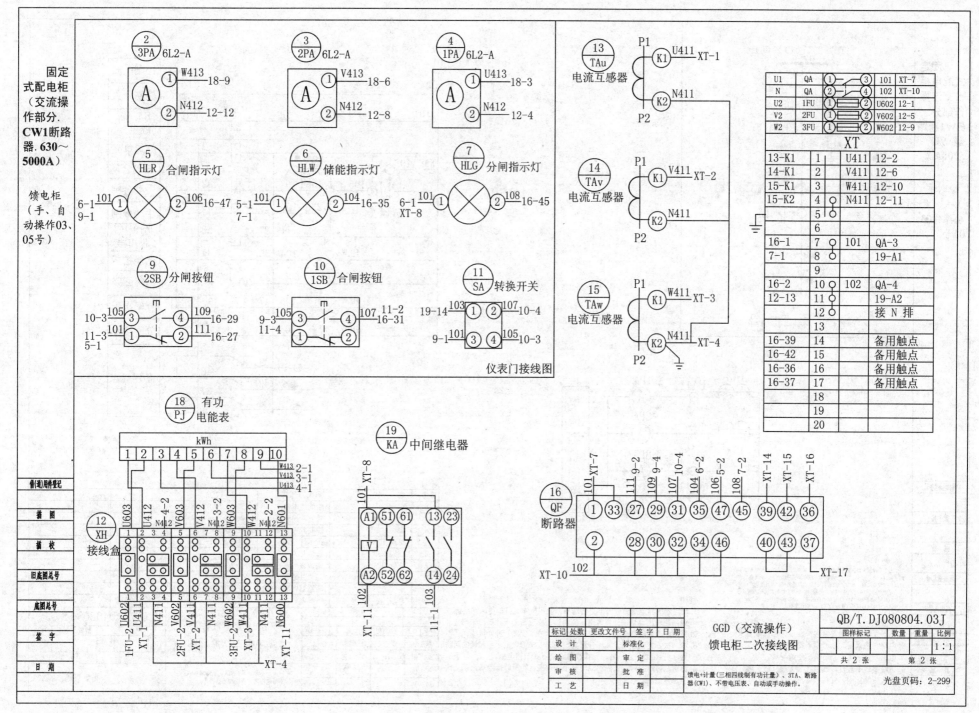

固定式配电柜（交流操作部分.CW1断路器.630～5000A）

馈电柜（手、自动操作03、05号）

仪表门接线图

U1	QA	① ③	101	XT-7
N	QA	② ④	102	XT-10
U2	1FU	① ②	U602	12-1
V2	2FU	① ②	V602	12-5
W2	3FU	① ②	W602	12-9

XT

13-K1	1	U411	12-2
14-K1	2	V411	12-6
15-K1	3	W411	12-10
15-K2	4	N411	12-11
	5		
	6		
16-1	7	101	QA-3
7-1	8		19-A1
	9		
16-2	10	102	QA-4
12-13	11		19-A2
	12		接 N 排
	13		
16-39	14		备用触点
16-42	15		备用触点
16-36	16		备用触点
16-37	17		备用触点
	18		
	19		
	20		

QB/T.DJ080804.03J

GGD（交流操作）馈电柜二次接线图

标记	处数	更改文件号	签字	日期				图样标记	数量	重量	比例
设 计		标准化									1:1
绘 图		审 定						共 2 张		第 2 张	
审 核		批 准									
工 艺		日 期									

馈电+计量(三相四线制有功计量)、3TA、断路器(CW1)、不带电压表、自动或手动操作。

光盘页码：2-299

167

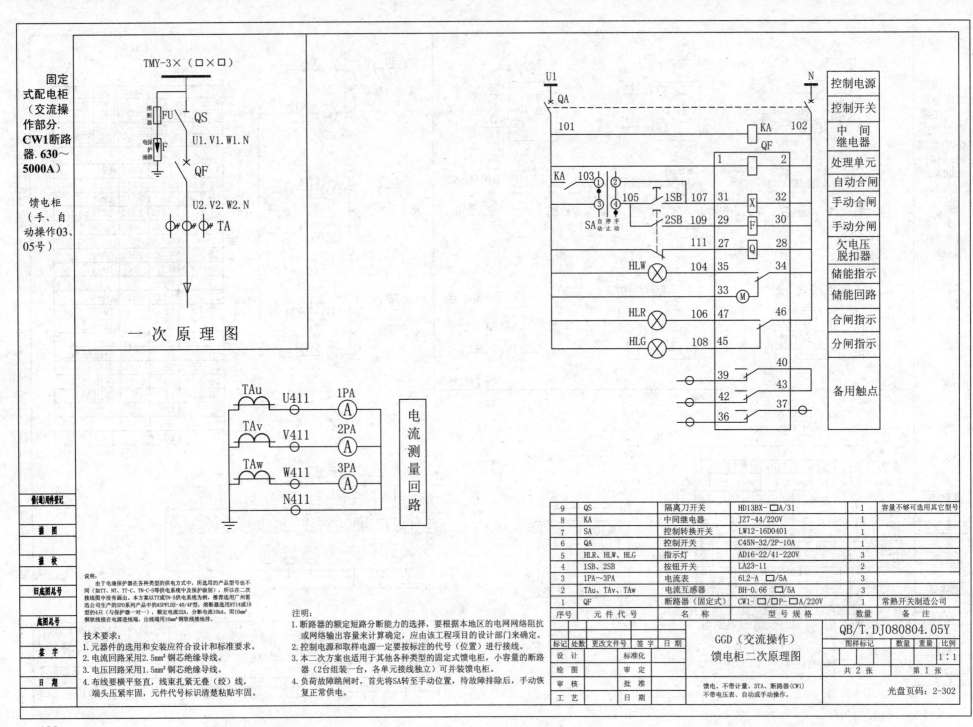

固定式配电柜（交流操作部分.CW1断路器.630～5000A）

馈电柜（手、自动操作03、05号）

TMY-3×（□×□）

一 次 原 理 图

FU 熔断器
F 电涌护器

QS
U1.V1.W1.N
QF
U2.V2.W2.N
TA

TAu U411 1PA A
TAv V411 2PA A
TAw W411 3PA A
N411

电流测量回路

U1　　　　　　　　　　　　　　N
QA
101　　　　　　　　　　　　KA　102
　　　　　　　　　　QF
KA 103　　　1　　　2
　　　105　1SB 107　31　X　32
SA 自停手　2SB 109　29　F　30
　动止动　111　27　Q　28
HLW 104　35　　　34
　　　33　M
HLR 106　47　　　46
HLG 108　45
　　　39　　40
　　　42　　43
　　　36　　37

| 控制电源 |
| 控制开关 |
| 中间继电器 |
| 处理单元 |
| 自动合闸 |
| 手动合闸 |
| 手动分闸 |
| 欠电压脱扣器 |
| 储能指示 |
| 储能回路 |
| 合闸指示 |
| 分闸指示 |
| 备用触点 |

说明：
由于电涌保护器在各种类型的供电方式中，所选用的产品型号也不同（如TT、NT、TT-C、TN-C-S等供电系统中及保护级别），所以以二次接线图中没有画出。本方案以TT或TN-S供电系统为例。推荐选用广州雷迅公司生产的SPD系列产品中的ASPFLD2-40/4P型，熔断器选用RT14或18型的4只（与保护器一对一），额定电流32A，分断电流10kA，用10mm²铜软线接在电源进线端，出线端用16mm²铜软线接地排。

技术要求：
1. 元器件的选用和安装应符合设计和标准要求。
2. 电流回路采用2.5mm²铜芯绝缘导线。
3. 电压回路采用1.5mm²铜芯绝缘导线。
4. 布线要横平竖直，线束扎紧无叠（绞）线，端头压紧牢固，元件代号标识清楚粘贴牢固。

注明：
1. 断路器的额定短路分断能力的选择，要根据本地区的电网网络阻抗或网络输出容量来计算确定，应由该工程项目的设计部门来确定。
2. 控制电源和取样电源一定要按标注的代号（位置）进行接线。
3. 本二次方案也适用于其它各种类型的固定式馈电柜，小容量的断路器（2台组装一台，各单元接线独立）可并装馈电柜。
4. 负荷故障跳闸时，首先将SA转至手动位置，待故障排除后，手动恢复正常供电。

9	QS	隔离刀开关	HD13BX-□A/31	1	容量不够可选用其它型号
8	KA	中间继电器	JZ7-44/220V	1	
7	SA	控制转换开关	LW12-16D0401	1	
6	QA	控制开关	C45N-32/2P-10A	1	
5	HLR、HLW、HLG	指示灯	AD16-22/41-220V	3	
4	1SB、2SB	按钮开关	LA23-11	2	
3	1PA～3PA	电流表	6L2-A □/5A	3	
2	TAu、TAv、TAw	电流互感器	BH-0.66 □/5A	3	
1	QF	断路器（固定式）	CW1-□/□P-□A/220V	1	常熟开关制造公司
序号	元件代号	名 称	型 号 规 格	数量	备 注

标记	处数	更改文件号	签字	日期			
设 计		标准化			GGD（交流操作）馈电柜二次原理图	图样标记	数量	重量	比例
绘 图		审 定							1:1
审 核		批 准			馈电、不带计量、3TA、断路器（CW1）不带电压表、自动或手动操作。	共 2 张	第 1 张
工 艺		日 期				光盘页码：2-302

QB/T.DJ080804.05Y

借（通）用件登记
描　图
描　校
旧底图总号
底图总号
签　字
日　期

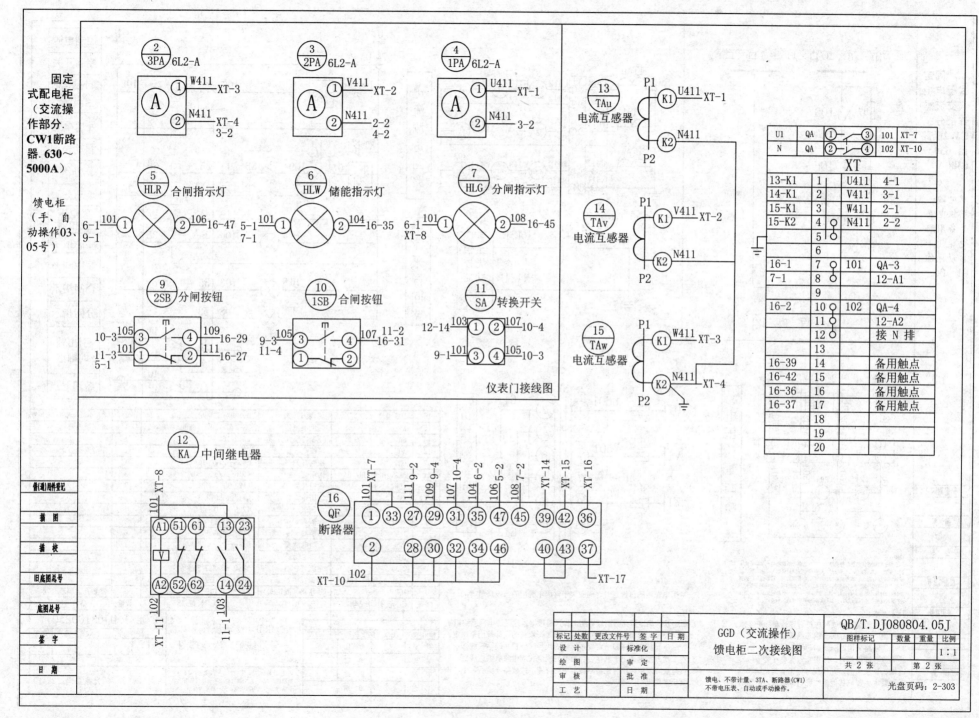

固定式配电柜（交流操作部分. CW1断路器. 630～5000A）

馈电柜（手、自动操作03、05号）

仪表门接线图

U1	QA	① — ③	101	XT-7	
N	QA	② — ④	102	XT-10	

XT

13-K1	1	U411	4-1
14-K1	2	V411	3-1
15-K1	3	W411	2-1
15-K2	4	N411	2-2
	5		
	6		
16-1	7	101	QA-3
7-1	8		12-A1
	9		
16-2	10	102	QA-4
	11		12-A2
	12		接 N 排
	13		
16-39	14		备用触点
16-42	15		备用触点
16-36	16		备用触点
16-37	17		备用触点
	18		
	19		
	20		

曾(通)用附登记	
描 图	
描 校	
旧底图总号	
底图总号	
签 字	
日 期	

标记	处数	更改文件号	签 字	日 期
设 计		标准化		
绘 图		审 定		
审 核		批 准		
工 艺		日 期		

GGD（交流操作）
馈电柜二次接线图

馈电、不带计量、3TA、断路器(CW1)
不带电压表、自动或手动操作。

QB/T.DJ080804.05J

图样标记	数量	重量	比例
			1:1
共 2 张		第 2 张	

光盘页码：2-303

169

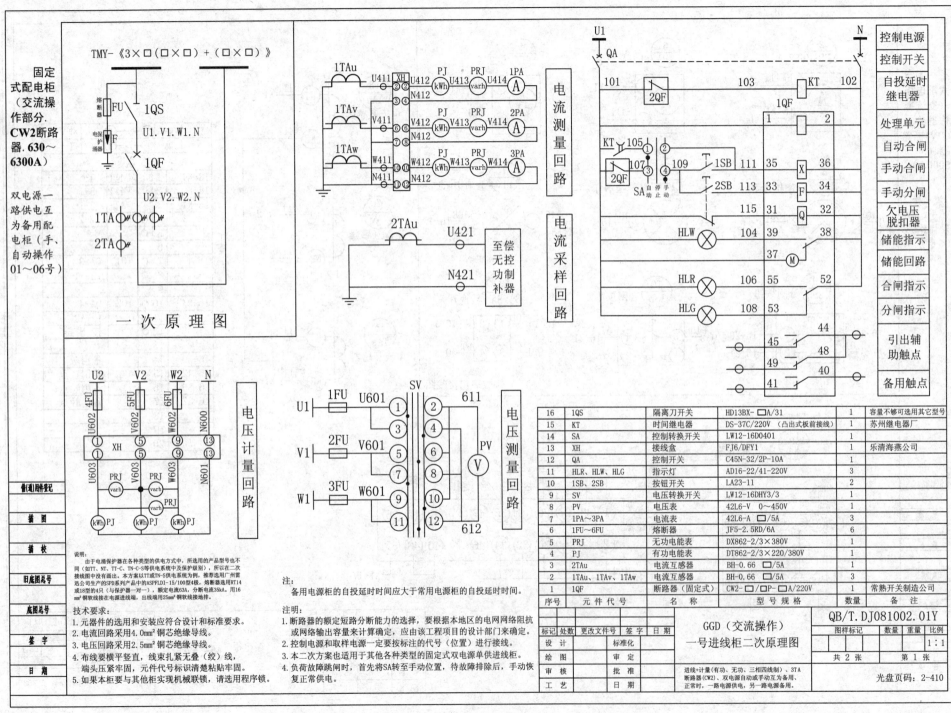

固定式配电柜（交流操作部分.CW2断路器.630~6300A）

双电源一路供电互为备用配电柜（手、自动操作01~06号）

TMY-《3×□(□×□)+(□×□)》

熔断器 FU 1QS
电保护涌器 F
U1.V1.W1.N
1QF
U2.V2.W2.N
1TA
2TA

一次原理图

电流测量回路

1TAu U411 XH U412 PJ(kWh) U413 PRJ(varh) U414 1PA(A)
N412
1TAv V411 V412 PJ(kWh) V413 PRJ(varh) V414 2PA(A)
N412
1TAw W411 W412 PJ(kWh) W413 PRJ(varh) W414 3PA(A)
N411 N412

电流采样回路

2TAu U421 至偿无控功制补器
N421

U2 V2 W2 N
4FU U602 5FU V602 6FU W602 N600
① XH ⑤ ⑨ ⑬
① ⑤ ⑨ ⑬
U603 V603 W603 N601
PRJ(varh) PRJ(varh)
PRJ(varh)
kWh PJ kWh PJ kWh PJ

电压计量回路

SV
U1 1FU U601 ① ② 611
③ ④
V1 2FU V601 ⑤ ⑥ PV(V)
⑦ ⑧
W1 3FU W601 ⑨ ⑩
⑪ ⑫ 612

电压测量回路

说明：由于电涌保护器在各种类型的供电方式中，所选用的产品型号也不同（如TT、NT、TT-C、TN-C-S等供电系统中及保护级别），所以在二次接线图中没有画出。本方案以TT或TN-S供电系统为例，推荐选用广州雷迅公司生产的SPD系列产品中的ASPFLDI-15/100型4极，熔断器选用RT14或18型的4只（与保护器一对一），额定电流63A，分断电流35kA，用16mm²铜软线线接在电源进线端上，出线端用25mm²铜软线接地线。

技术要求：
1. 元器件的选用和安装应符合设计和标准要求。
2. 电流回路采用4.0mm²铜芯绝缘导线。
3. 电压回路采用2.5mm²铜芯绝缘导线。
4. 布线要横平竖直，线束扎紧无叠（绞）线，端头压紧牢固，元件代号标识清楚粘贴牢固。
5. 如果本柜要与其他柜实现机械联锁，请选用程序锁。

注：
备用电源柜的自投延时时间应大于常用电源柜的自投延时时间。

注明：
1. 断路器的额定短路分断能力的选择，要根据本地区的电网网络阻抗或网络输出容量来计算确定，应由该工程项目的设计部门来确定。
2. 控制电源和取样电源一定要按标注的代号（位置）进行接线。
3. 本二次方案也适用于其他各种类型的固定式双电源单供进线柜。
4. 负荷故障跳闸时，首先将SA转至手动位置，待故障排除后，手动恢复正常供电。

控制电源
控制开关
自投延时继电器
处理单元
自动合闸
手动合闸
手动分闸
欠电压脱扣器
储能指示
储能回路
合闸指示
分闸指示
引出辅助触点
备用触点

U1 N QA
101 2QF 103 KT 102
1QF
1 2
KT 105 ① ②
2QF 107 ③ 109 1SB 111 35 X 36
④ 停 手
SA 自动 止动 2SB 113 33 F 34
115 31 Q 32
HLW 104 39 38
37 M
HLR 106 55 52
HLG 108 53
44
45 48
49
40
41

16	1QS	隔离刀开关	HD13BX-□A/31	1	容量不够可选用其它型号
15	KT	时间继电器	DS-37C/220V（凸出式板前接线）	1	苏州继电器厂
14	SA	控制转换开关	LW12-16D0401	1	
13	XH	接线盒	FJ6/DFY1	1	乐清海燕公司
12	QA	控制开关	C45N-32/2P-10A	1	
11	HLR、HLW、HLG	指示灯	AD16-22/41-220V	3	
10	1SB、2SB	按钮开关	LA23-11	2	
9	SV	电压转换开关	LW12-16DHY3/3	1	
8	PV	电压表	42L6-V 0~450V	1	
7	1PA~3PA	电流表	42L6-A □/5A	3	
6	1FU~6FU	熔断器	JF5-2.5RD/6A	6	
5	PRJ	无功电能表	DX862-2/3×380V	1	
4	PJ	有功电能表	DT862-2/3×220/380V	1	
3	2TAu	电流互感器	BH-0.66 □/5A	1	
2	1TAu、1TAv、1TAw	电流互感器	BH-0.66 □/5A	3	
1	1QF	断路器（固定式）	CW2-□/□P-□A/220V	1	常熟开关制造公司
序号	元件代号	名 称	型 号 规 格	数量	备 注

存(通)用件登记				
描 图				
描 校				
旧底图总号				
底图总号				
签 字				
日 期				

		更改文件号	签字	日期
标记	处数			
设 计		标准化		
绘 图		审 定		
审 核		批 准		
工 艺		日 期		

GGD（交流操作）
一号进线柜二次原理图

进线+计量（有功、无功、三相四线制）、3TA断路器（CW2）、双电源自动或手动互为备用、正常时，一路电源供电，另一路电源备用。

QB/T.DJ081002.01Y

图样标记	数量	重量	比例
			1:1

共 2 张　第 1 张

光盘页码：2-410

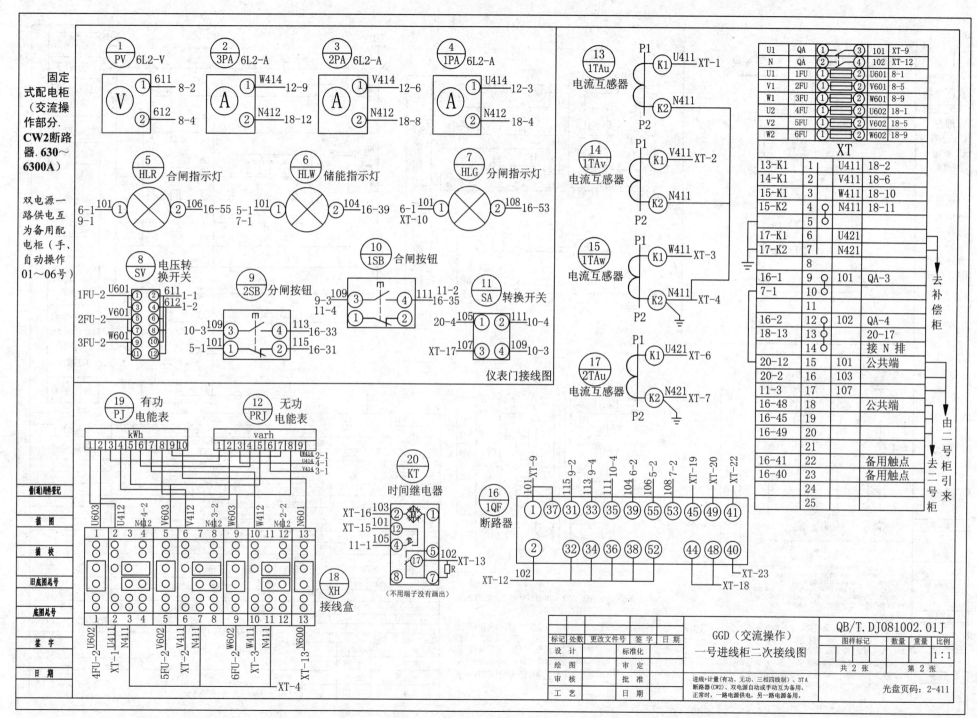

固定式配电柜（交流操作部分.CW2断路器.630～6300A）

双电源一路供电互为备用配电柜（手、自动操作01～06号）

仪表门接线图

1 PV	6L2-V
2 3PA	6L2-A
3 2PA	6L2-A
4 1PA	6L2-A

5 HLR 合闸指示灯
6 HLW 储能指示灯
7 HLG 分闸指示灯

8 SV 电压转换开关
9 2SB 分闸按钮
10 1SB 合闸按钮
11 SA 转换开关

13 1TAu 电流互感器
14 1TAv 电流互感器
15 1TAw 电流互感器
17 2TAu 电流互感器

19 PJ 有功电能表 kWh
12 PRJ 无功电能表 varh

20 KT 时间继电器
（不用端子没有画出）

16 1QF 断路器

18 XH 接线盒

XT

U1	QA	① — ③	101	XT-9
N	QA	② — ④	102	XT-12
U1	1FU	①—②	U601	8-1
V1	2FU	①—②	V601	8-5
W1	3FU	①—②	W601	8-9
U2	4FU	①—②	U602	18-1
V2	5FU	①—②	V602	18-5
W2	6FU	①—②	W602	18-9

13-K1	1	U411	18-2
14-K1	2	V411	18-6
15-K1	3	W411	18-10
15-K2	4	N411	18-11
	5		
17-K1	6	U421	
17-K2	7	N421	
	8		
16-1	9	101	QA-3
7-1	10		
	11		
16-2	12	102	QA-4
18-13	13		20-17
	14		接N排
20-12	15	101	公共端
20-2	16	103	
11-3	17	107	
16-48	18		公共端
16-45	19		
16-49	20		
	21		
16-41	22		备用触点
16-40	23		备用触点
	24		
	25		

去补偿柜　由二号柜引来　去二号柜

标记	处数	更改文件号	签字	日期
设　计		标准化		
绘　图		审　定		
审　核		批　准		
工　艺		日　期		

GGD（交流操作）
一号进线柜二次接线图

QB/T.DJ081002.01J

| 图样标记 | 数量 | 重量 | 比例 |
| | | | 1:1 |

共 2 张　　第 2 张

进线+计量(有功、无功、三相四线制)、3TA断路器(CW2)、双电源自动或手动互为备用，正常时，一路电源供电，另一路电源备用。

光盘页码：2-411

171

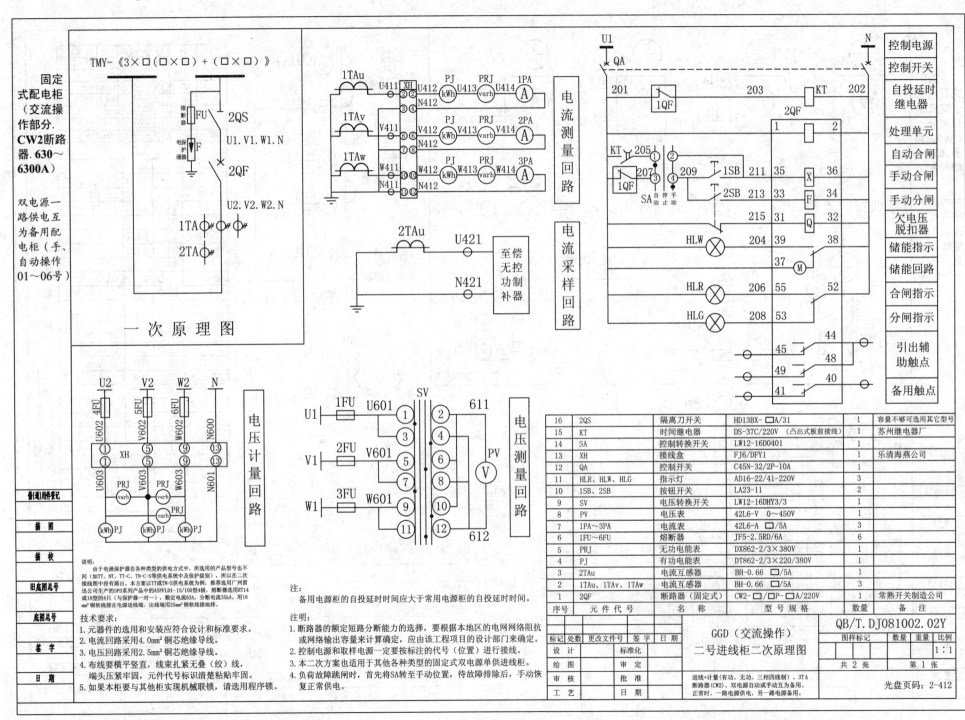

固定式配电柜（交流操作部分.CW2断路器.630~6300A）

双电源一路供电互为备用配电柜（手、自动操作01~06号）

TMY-《3×□(□×□)+(□×□)》

一次原理图

U1.V1.W1.N

U2.V2.W2.N

电流测量回路

电流采样回路

至偿无控功率补器

电压计量回路

电压测量回路

| | | 控制电源 |
| 控制开关 |
| 自投延时继电器 |
| 处理单元 |
| 自动合闸 |
| 手动合闸 |
| 手动分闸 |
| 欠电压脱扣器 |
| 储能指示 |
| 储能回路 |
| 合闸指示 |
| 分闸指示 |
| 引出辅助触点 |
| 备用触点 |

16	2QS	隔离刀开关	HD13BX-□A/31	1	容量不够可选用其它型号
15	KT	时间继电器	DS-37C/220V（凸出式板前接线）	1	苏州继电器厂
14	SA	控制转换开关	LW12-16D0401	1	
13	XH	接线盒	FJ6/DFY1	1	乐清海燕公司
12	QA	控制开关	C45N-32/2P-10A	1	
11	HLR、HLW、HLG	指示灯	AD16-22/41-220V	3	
10	1SB、2SB	按钮开关	LA23-11	2	
9	SV	电压转换开关	LW12-16DHY3/3	1	
8	PV	电压表	42L6-V 0~450V	1	
7	1PA~3PA	电流表	42L6-A □/5A	3	
6	1FU~6FU	熔断器	JF5-2.5RD/6A	6	
5	PRJ	无功电能表	DX862-2/3×380V	1	
4	PJ	有功电能表	DT862-2/3×220/380V	1	
3	2TAu	电流互感器	BH-0.66 □/5A	1	
2	1TAu、1TAv、1TAw	电流互感器	BH-0.66 □/5A	3	
1	2QF	断路器（固定式）	CW2-□/□P-□A/220V	1	常熟开关制造公司
序号	元件代号	名称	型号规格	数量	备注

说明：
由于电涌保护器在各种类型的供电方式中，所选用的产品型号也不同（如TT、NT、TT-C、TN-C-S等供电系统中及保护级别），所以在二次接线图中没有画出，本方案以TT或TN-S供电系统为例，推荐选用广州雷迅公司生产的SPD系列产品中的ASPFLD1-15/100型4极，熔断器选用RT14或18型的4只（与保护器一对一），额定电流63A，分断电流35kA，用16㎡铜软线接在电源进线端，出线端用25㎡铜软线接地。

技术要求：
1. 元器件的选用和安装应符合设计和标准要求。
2. 电流回路采用4.0㎡铜芯绝缘导线。
3. 电压回路采用2.5㎡铜芯绝缘导线。
4. 布线要横平竖直，线束扎紧无叠（绞）线，端头紧牢固，元件代号标识清楚粘贴牢固。
5. 如果本柜要与其它柜实现机械联锁，请选用程序锁。

注：
备用电源柜的自投延时时间应大于常用电源柜的自投延时时间。

注明：
1. 断路器的额定短路分断能力的选择，要根据本地区的电网网络阻抗或网络输出容量来计算确定，应由该工程项目的设计部门来确定。
2. 控制电源和取样电源一定要按标注的代号（位置）进行接线。
3. 本二次方案也适用于其它各种类型的固定式双电源单供进线柜。
4. 负荷故障跳闸时，首先将SA转至手动位置，待故障排除后，手动恢复正常供电。

					QB/T.DJ081002.02Y
借（通）用件登记					
描 图					
描 校					
旧底图总号					
底图总号					
签 字					
日 期					

标记	处数	更改文件号	签字	日期
设 计			标准化	
绘 图			审 定	
审 核			批 准	
工 艺			日 期	

GGD（交流操作）
二号进线柜二次原理图

进线+计量（有功、无功、三相四线制）、3TA断路器（CW2）、双电源自动或手动为备用、正常时，一路电源供电，另一路电源备用。

图样标记	数量	重量	比例
			1:1
共 2 张		第 1 张	

光盘页码：2-412

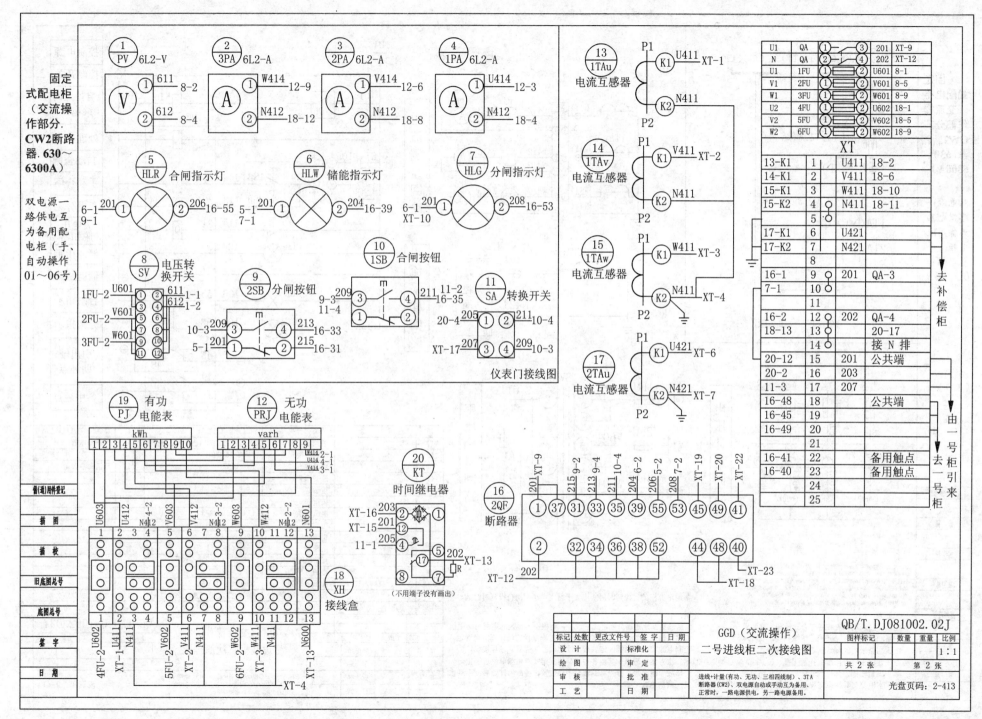

固定式配电柜（交流操作部分. CW2断路器. 630~6300A）

双电源一路供电互为备用配电柜（手、自动操作01~06号）

仪表门接线图

XT

U1	QA		201	XT-9
N	QA		202	XT-12
U1	1FU		U601	8-1
V1	2FU		V601	8-5
W1	3FU		W601	8-9
U2	4FU		U602	18-1
V2	5FU		V602	18-5
W2	6FU		W602	18-9

13-K1	1		U411	18-2
14-K1	2		V411	18-6
15-K1	3		W411	18-10
15-K2	4		N411	18-11
	5			
17-K1	6		U421	
17-K2	7		N421	
	8			
16-1	9		201	QA-3
7-1	10			
	11			
16-2	12		202	QA-4
18-13	13			20-17
	14			接 N 排
20-12	15		201	公共端
20-2	16		203	
11-3	17		207	
16-48	18			公共端
16-45	19			
16-49	20			
	21			
16-41	22			备用触点
16-40	23			备用触点
	24			
	25			

去补偿柜
由一号柜引来
去一号柜

有功电能表 PJ (kWh) 19

无功电能表 PRJ (varh) 12

时间继电器 KT 20 （不用端子没有画出）

接线盒 XH 18

断路器 2QF 16

| 标记 | 处数 | 更改文件号 | 签字 | 日期 |

GGD（交流操作）
二号进线柜二次接线图

QB/T.DJ081002.02J

设计		标准化	
绘图		审定	
审核		批准	
工艺		日期	

图样标记 数量 重量 比例 1:1

共 2 张   第 2 张

进线+计量(有功、无功、三相四线制)、3TA断路器(CW2)、双电源自动或手动互为备用、正常时、一路电源供电，另一路电源备用。

光盘页码：2-413

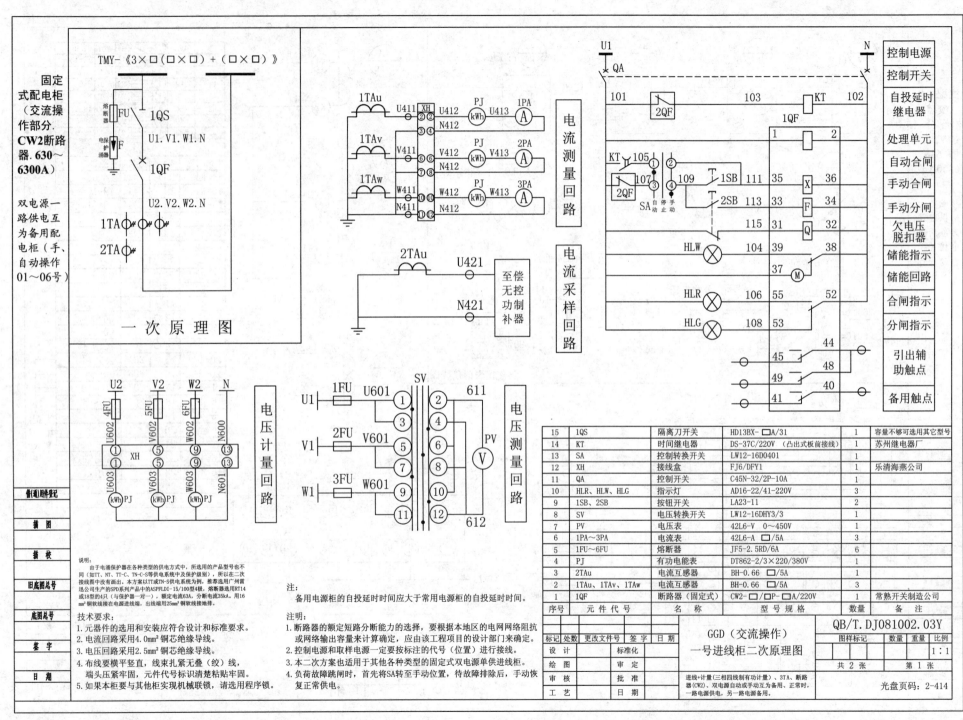

固定式配电柜（交流操作部分. CW2断路器. 630～6300A）

双电源一路供电互为备用配电柜（手、自动操作01～06号）

TMY-《3×□(□×□)+(□×□)》

一 次 原 理 图

电流测量回路

电流采样回路

电压计量回路

电压测量回路

至偿无控功制补器

| 控制电源 |
| 控制开关 |
| 自投延时继电器 |
| 处理单元 |
| 自动合闸 |
| 手动合闸 |
| 手动分闸 |
| 欠电压脱扣器 |
| 储能指示 |
| 储能回路 |
| 合闸指示 |
| 分闸指示 |
| 引出辅助触点 |
| 备用触点 |

说明：
由于电涌保护器在各种类型的供电方式中，所选用的产品型号也不同（如TT、NT、TT-C、TN-C-S等供电系统中及保护级别），所以本二次接线图中没有画出。本方案以TT或TN-S供电系统为例，推荐选用广州雷迅公司生产的SPD系列产品中的ASPFLDI-15/100型等4档，熔断器选用RT14或18型的4只（与保护器一对一），额定电流63A，分断电流35kA，用16 mm²铜软线接在电源进线端，出线端用25mm²铜软线接地排。

技术要求：
1. 元器件的选用和安装应符合设计和标准要求。
2. 电流回路采用4.0mm²铜芯绝缘导线。
3. 电压回路采用2.5mm²铜芯绝缘导线。
4. 布线要横平竖直，线束扎紧无叠（绞）线，端头压紧牢固，元件代号标识清楚粘贴牢固。
5. 如果本柜要与其它柜实现机械联锁，请选用程序锁。

注：
备用电源柜的自投延时时间应大于常用电源柜的自投延时时间。

注明：
1. 断路器的额定短路分断能力的选择，要根据本地区的电网网络阻抗或网络输出容量来计算确定，应由该工程项目的设计部门来确定。
2. 控制电源和取样电源一定要按标注的代号（位置）进行接线。
3. 本二次方案也适用于其他各种类型的固定式双电源单母进线柜。
4. 负荷故障跳闸时，首先将SA转至手动位置，待故障排除后，手动恢复正常供电。

15	1QS	隔离刀开关	HD13BX-□A/31	1	容量不够可选用其它型号
14	KT	时间继电器	DS-37C/220V（凸出式板前接线）	1	苏州继电器厂
13	SA	控制转换开关	LW12-16D0401	1	
12	XH	接线盒	FJ6/DFY1	1	乐清海燕公司
11	QA	控制开关	C45N-32/2P-10A	1	
10	HLR、HLW、HLG	指示灯	AD16-22/41-220V	3	
9	1SB、2SB	按钮开关	LA23-11	2	
8	SV	电压转换开关	LW12-16DHY3/3	1	
7	PV	电压表	42L6-V 0～450V	1	
6	1PA～3PA	电流表	42L6-A □/5A	3	
5	1FU～6FU	熔断器	JF5-2.5RD/6A	6	
4	PJ	有功电能表	DT862-2/3×220/380V	1	
3	2TAu	电流互感器	BH-0.66 □/5A	1	
2	1TAu、1TAv、1TAw	电流互感器	BH-0.66 □/5A	3	
1	1QF	断路器（固定式）	CW2-□/□P-□A/220V	1	常熟开关制造公司
序号	元件代号	名 称	型号规格	数量	备 注

GGD（交流操作）一号进线柜二次原理图

QB/T.DJ081002.03Y

备（通）用件登记					
描 图					
描 校					
旧底图总号					
底图总号					
签 字					
日 期					

标记	处数	更改文件号	签字	日期
设 计		标准化		
绘 图		审 定		
审 核		批 准		
工 艺		日 期		

图样标记　数量　重量　比例
1:1

共 2 张　第 1 张

进线+计量（三相四线制有功计量）、3TA、断路器（CW2）、双电源自动或手动互为备用，正常时，一路电源供电，另一路电源备用。

光盘页码：2-414

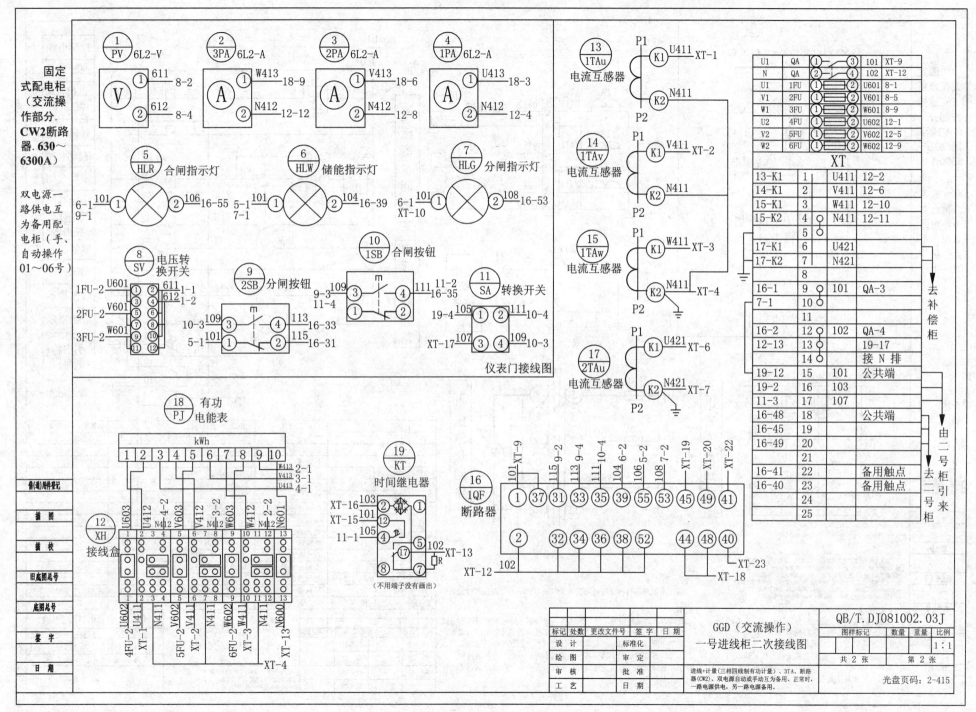

固定式配电柜（交流操作部分. CW2断路器. 630~6300A）

双电源一路供电互为备用配电柜（手、自动操作01~06号）

1 PV	6L2-V
2 3PA	6L2-A
3 2PA	6L2-A
4 1PA	6L2-A

V 611 8-2 / 612 8-4
A W413 18-9 / N412 12-12
A V413 18-6 / N412 12-8
A U413 18-3 / N412 12-4

5 HLR 合闸指示灯
6 HLW 储能指示灯
7 HLG 分闸指示灯

6-1 9-1 101 1 ⊗ 2 106 16-55
5-1 7-1 101 1 ⊗ 2 104 16-39
6-1 XT-10 101 1 ⊗ 2 108 16-53

8 SV 电压转换开关
9 2SB 分闸按钮
10 1SB 合闸按钮
11 SA 转换开关

1FU-2 U601 611/612 1-1 1-2
2FU-2 V601
3FU-2 W601

10-3 109 3—4 113 16-33
5-1 101 1—2 115 16-31

9-3 109 3—4 111 11-2 16-35
11-4 1—2

19-4 105 1 2 111 10-4
XT-17 107 3 4 109 10-3

仪表门接线图

13 1TAu 电流互感器 P1 K1 U411 XT-1 / K2 N411 P2
14 1TAv 电流互感器 P1 K1 V411 XT-2 / K2 N411 P2
15 1TAw 电流互感器 P1 K1 W411 XT-3 / K2 N411 XT-4 P2
17 2TAu 电流互感器 P1 K1 U421 XT-6 / K2 N421 XT-7 P2

U1	QA	① ③	101	XT-9
N	QA	② ④	102	XT-12
U1	1FU	① ②	U601	8-1
V1	2FU	① ②	V601	8-5
W1	3FU	① ②	W601	8-9
U2	4FU	① ②	U602	12-1
V2	5FU	① ②	V602	12-5
W2	6FU	① ②	W602	12-9

XT

13-K1	1	U411	12-2
14-K1	2	V411	12-6
15-K1	3	W411	12-10
15-K2	4	N411	12-11
	5		
17-K1	6	U421	
17-K2	7	N421	
	8		
16-1	9	101	QA-3
7-1	10		
	11		
16-2	12	102	QA-4
12-13	13		19-17
	14		接 N 排
19-12	15	101	公共端
19-2	16	103	
11-3	17	107	
16-48	18		公共端
16-45	19		
16-49	20		
	21		
16-41	22		备用触点
16-40	23		备用触点
	24		
	25		

去补偿柜
由二号柜引来
去二号柜

18 PJ 有功电能表

kWh
1 2 3 4 5 6 7 8 9 10
W413 2-1
V413 3-1
U413 4-1

12 XH 接线盒
U603 U412 4-2 V603 V412 3-2 W603 W412 2-2 N601
1 2 3 4 5 6 7 8 9 10 11 12 13
N412 N412 N412

4FU-2 U602 XT-1 U411 N411 5FU-2 V602 XT-2 V411 N411 6FU-2 W602 XT-3 W411 N411 XT-13 N600
XT-4

19 KT 时间继电器
XT-16 103 2 1
XT-15 101 12
11-1 105 4 17 5 102 XT-13 R
8 7
（不用端子没有画出）

16 1QF 断路器
101 XT-9 115 9-2 113 9-4 111 10-4 104 6-2 106 5-2 108 7-2 XT-19 XT-20 XT-22
1 37 31 33 35 39 55 53 45 49 41
2 32 34 36 38 52 44 48 40
102
XT-12 XT-23 XT-18

标记	处数	更改文件号	签字	日期
设 计		标准化		
绘 图		审 定		
审 核		批 准		
工 艺		日 期		

GGD（交流操作）
一号进线柜二次接线图

进线+计量（三相四线制有功计量）、3TA、断路器（CW2）、双电源自动或手动互为备用、正常时、一路电源供电，另一路电源备用。

QB/T.DJ081002.03J

| 图样标记 | 数量 | 重量 | 比例 |
| | | | 1:1 |

共 2 张   第 2 张

光盘页码：2-415

标记（更改）修改记
描 图
描 校
旧底图总号
底图总号
签 字
日 期

175

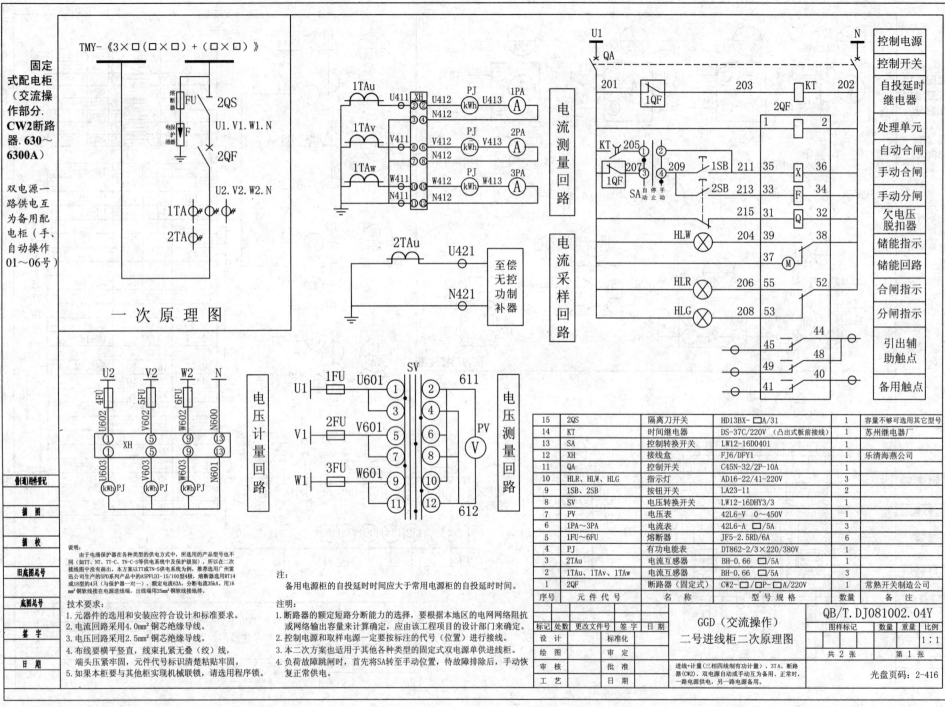

固定式配电柜（交流操作部分.CW2断路器.630～6300A）

双电源一路供电互为备用配电柜（手、自动操作01～06号）

一 次 原 理 图

TMY-《3×□(□×□)+(□×□)》

电流测量回路

电流采样回路

电压计量回路

电压测量回路

控制电源
控制开关
自投延时继电器
处理单元
自动合闸
手动合闸
手动分闸
欠电压脱扣器
储能指示
储能回路
合闸指示
分闸指示
引出辅助触点
备用触点

说明：
由于电涌保护器在各种类型的供电方式中，所选用的产品型号也不同（如TT、NT、TT-C、TN-C-S等供电系统中及保护级别），所以在二次接线图中没有画出。本方案以TT或TN-S供电系统为例，推荐选用广州雷迅公司生产的SPD系列产品中的ASPFLDI-15/100型4板，熔断器选用RT14或18型的4只（与保护器一对一），额定电流63A，分断电流35kA，用16mm²铜软线接在电源进线端，出线端用25mm²铜软线接地排。

技术要求：
1. 元器件的选用和安装应符合设计和标准要求。
2. 电流回路采用4.0mm²铜芯绝缘导线。
3. 电压回路采用2.5mm²铜芯绝缘导线。
4. 布线要横平竖直，线束扎紧无叠（绞）线，端头压紧牢固，元件代号标识清楚粘贴牢固。
5. 如果本柜要与其他柜实现机械联锁，请选用程序锁。

注：
备用电源柜的自投延时时间应大于常用电源柜的自投延时时间。

注明：
1. 断路器的额定短路分断能力的选择，要根据本地区的电网网络阻抗或网络输出容量来计算确定，应由该工程项目的设计部门来确定。
2. 控制电源和取样电源一定要按标注的代号（位置）进行接线。
3. 本二次方案也适用于其他各种类型的固定式双电源单供进线柜。
4. 负荷故障跳闸时，首先将SA转至手动位置，待故障排除后，手动恢复正常供电。

15	2QS	隔离刀开关	HD13BX-□A/31	1	容量不够可选用其它型号
14	KT	时间继电器	DS-37C/220V（凸出式板前接线）	1	苏州继电器厂
13	SA	控制转换开关	LW12-16D0401	1	
12	XH	接线盒	FJ6/DFY1	1	乐清海燕公司
11	QA	控制开关	C45N-32/2P-10A	1	
10	HLR、HLW、HLG	指示灯	AD16-22/41-220V	3	
9	1SB、2SB	按钮开关	LA23-11	2	
8	SV	电压转换开关	LW12-16DHY3/3	1	
7	PV	电压表	42L6-V 0～450V	1	
6	1PA～3PA	电流表	42L6-A □/5A	3	
5	1FU～6FU	熔断器	JF5-2.5RD/6A	6	
4	PJ	有功电能表	DT862-2/3×220/380V	1	
3	2TAu	电流互感器	BH-0.66 □/5A	1	
2	1TAu、1TAv、1TAw	电流互感器	BH-0.66 □/5A	3	
1	2QF	断路器（固定式）	CW2-□/□P-□A/220V	1	常熟开关制造公司
序号	元件代号	名　称	型 号 规 格	数量	备　注

		GGD（交流操作）二号进线柜二次原理图		QB/T.DJ081002.04Y

图样标记　数量　重量　比例 1:1

标记	处数	更改文件号	签字	日期	
设　计		标准化			
绘　图		审　定			共 2 张　第 1 张
审　核		批　准			
工　艺		日　期			

进线+计量（三相四线制有功计量）、3TA、断路器（CW2）、双电源自动或手动互为备用、正常时，一路电源供电，另一路电源备用。

光盘页码：2-416

会（通）用附图栏
描　图
描　校
旧底图总号
底图总号
签　字
日　期

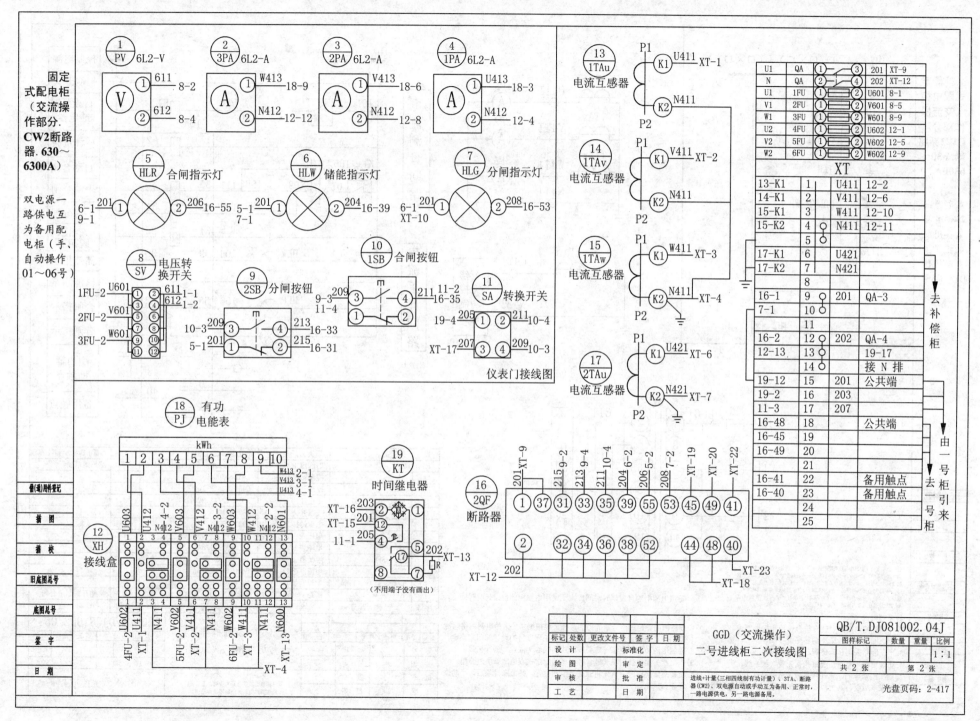

固定式配电柜（交流操作部分. CW2断路器. 630～6300A）

双电源一路供电互为备用配电柜（手、自动操作01～06号）

仪表门接线图

| 13 1TAu 电流互感器 | 14 1TAv 电流互感器 | 15 1TAw 电流互感器 | 17 2TAu 电流互感器 |

U1	QA	① ③	201	XT-9
N	QA	② ④	202	XT-12
U1	1FU	① ②	U601	8-1
V1	2FU	① ②	V601	8-5
W1	3FU	① ②	W601	8-9
U2	4FU	① ②	U602	12-1
V2	5FU	① ②	V602	12-5
W2	6FU	① ②	W602	12-9

XT

13-K1	1	U411	12-2
14-K1	2	V411	12-6
15-K1	3	W411	12-10
15-K2	4	N411	12-11
	5		
17-K1	6	U421	
17-K2	7	N421	
	8		
16-1	9	201	QA-3
7-1	10		
	11		
16-2	12	202	QA-4
12-13	13		19-17
	14		接 N 排
19-12	15	201	公共端
19-2	16	203	
11-3	17	207	
16-48	18		公共端
16-45	19		
16-49	20		
	21		
16-41	22		备用触点
16-40	23		备用触点
	24		
	25		

去补偿柜

由一号柜引来

去一号柜

18 PJ 有功电能表

16 2QF 断路器

19 KT 时间继电器
(不用端子没有画出)

12 XH 接线盒

| | GGD（交流操作）二号进线柜二次接线图 | | QB/T.DJ081002.04J |

标记	处数	更改文件号	签字	日期
设 计		标准化		
绘 图		审 定		
审 核		批 准		
工 艺		日 期		

图样标记 | 数量 | 重量 | 比例
1:1

共 2 张　第 2 张

进线+计量(三相四线制有功计量)、3TA、断路器(CW2)、双电源自动或手动互为备用、正常时,一路电源供电,另一路电源备用。

光盘页码:2-417

177

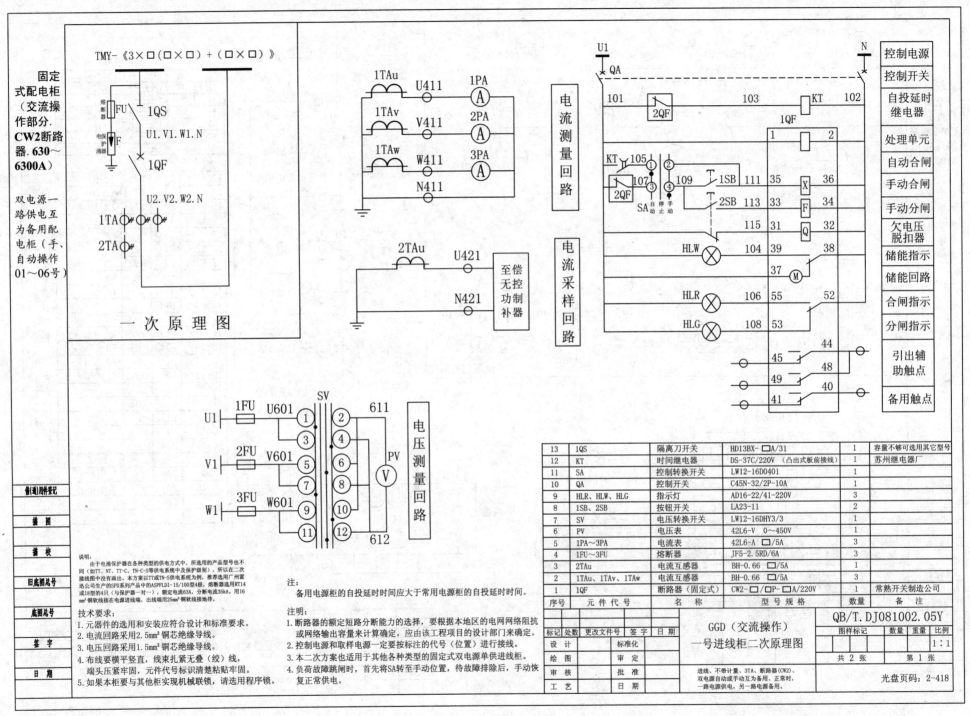

固定式配电柜（交流操作部分.CW2断路器.630~6300A）

双电源一路供电互为备用配电柜（手、自动操作01~06号）

TMY-《3×□（□×□）+（□×□）》

一次原理图

电流测量回路

电流采样回路

电压测量回路

至偿无控功率补器

控制电源
控制开关
自投延时继电器
处理单元
自动合闸
手动合闸
手动分闸
欠电压脱扣器
储能指示
储能回路
合闸指示
分闸指示
引出辅助触点
备用触点

13	1QS	隔离刀开关	HD13BX-□A/31	1	容量不够可选用其它型号
12	KT	时间继电器	DS-37C/220V （凸出式板前接线）	1	苏州继电器厂
11	SA	控制转换开关	LW12-16D0401	1	
10	QA	控制开关	C45N-32/2P-10A	1	
9	HLR、HLW、HLG	指示灯	AD16-22/41-220V	3	
8	1SB、2SB	按钮开关	LA23-11	2	
7	SV	电压转换开关	LW12-16DHY3/3	1	
6	PV	电压表	42L6-V 0~450V	1	
5	1PA~3PA	电流表	42L6-A □/5A	3	
4	1FU~3FU	熔断器	JF5-2.5RD/6A	3	
3	2TAu	电流互感器	BH-0.66 □/5A	1	
2	1TAu、1TAv、1TAw	电流互感器	BH-0.66 □/5A	3	
1	1QF	断路器（固定式）	CW2-□/□P-□A/220V	1	常熟开关制造公司
序号	元件代号	名 称	型 号 规 格	数量	备 注

说明：
由于电涌保护器在各种类型的供电方式中，所选用的产品型号也不同（如TT、NT、TT-C、TN-C-S等供电系统中及保护级别），所以在二次接线图中没有画出。本方案以TT或TN-S供电系统为例，推荐选用广州雷迅公司生产的SPD系列产品中的ASPFLD1-15/100型4极，熔断器选用RT14或18型的4只（与保护器一对一），额定电流63A，分断电流35kA。用16mm²铜软线接在电源进线端，出线端用25mm²铜软线接地排。

注：
备用电源柜的自投延时时间应大于常用电源柜的自投延时时间。

注明：
1. 断路器的额定短路分断能力的选择，要根据本地区的电网网络阻抗或网络输出容量来计算确定，应由该工程项目的设计部门来确定。
2. 控制电源和取样电源一定要按标注的代号（位置）进行接线。
3. 本二次方案也适用于其他各种类型的固定式双电源单供进线柜。
4. 负荷故障跳闸时，首先将SA转至手动位置，待故障排除后，手动恢复正常供电。

技术要求：
1. 元器件的选用和安装应符合设计和标准要求。
2. 电流回路采用2.5mm²铜芯绝缘导线。
3. 电压回路采用1.5mm²铜芯绝缘导线。
4. 布线要横平竖直，线束扎紧无叠（绞）线，端头压紧牢固，元件代号标识清楚粘贴牢固。
5. 如果本柜要与其他柜实现机械联锁，请选用程序锁。

备（通）用件登记
描 图
描 校
旧底图总号
底图总号
签 字
日 期

					GGD（交流操作）一号进线柜二次原理图		QB/T.DJ081002.05Y			
标记	处数	更改文件号	签字	日期			图样标记	数量	重量	比例
设 计			标准化							1:1
绘 图			审 定							
审 核			批 准		进线、不带计量、3TA、断路器（CW2）、双电源自动或手动互为备用，正常时，一路电源供电，另一路电源备用。		共 2 张		第 1 张	
工 艺			日 期					光盘页码：2-418		

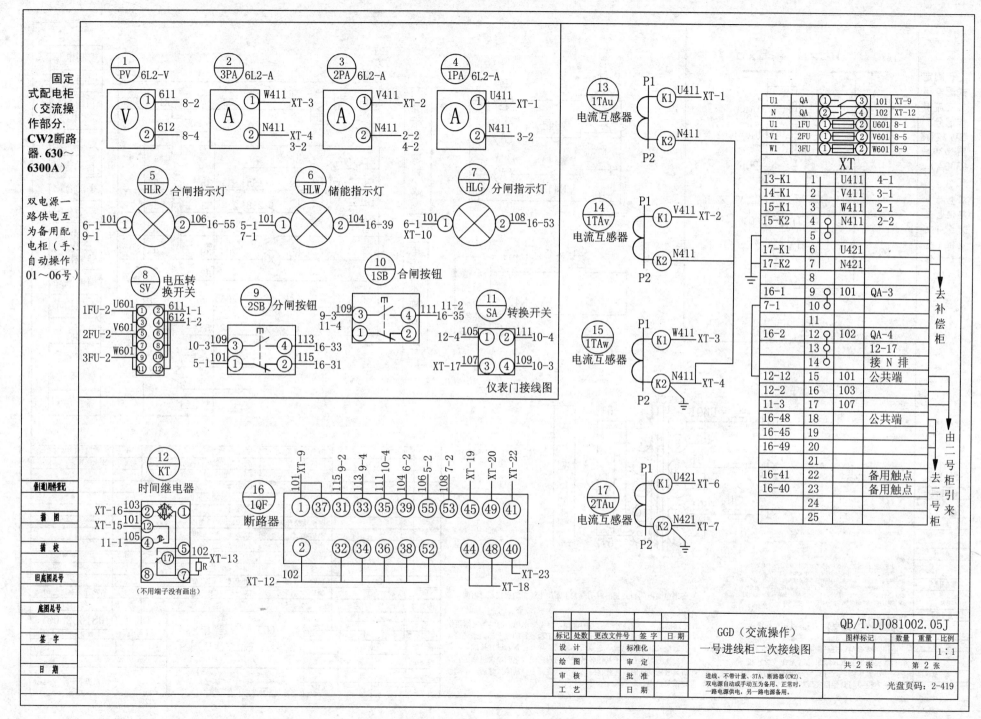

固定式配电柜（交流操作部分. CW2断路器. 630～6300A）

双电源一路供电互为备用配电柜（手、自动操作01～06号）

仪表门接线图

U1	QA	①	③	101	XT-9		
N	QA	②	④	102	XT-12		
U1	1FU	① ②		U601	8-1		
V1	2FU	① ②		V601	8-5		
W1	3FU	① ②		W601	8-9		

XT

13-K1	1		U411	4-1
14-K1	2		V411	3-1
15-K1	3		W411	2-1
15-K2	4	○	N411	2-2
	5			
17-K1	6		U421	
17-K2	7		N421	
	8			
16-1	9	○	101	QA-3
7-1	10	○		
	11			
16-2	12	○	102	QA-4
	13			12-17
	14	○		接 N 排
12-12	15		101	公共端
12-2	16		103	
11-3	17		107	
16-48	18			公共端
16-45	19			
16-49	20			
	21			
16-41	22			备用触点
16-40	23			备用触点
	24			
	25			

去补偿柜

由二号柜引来

去二号柜

（不用端子没有画出）

标记	处数	更改文件号	签字	日 期
设 计		标准化		
绘 图		审 定		
审 核		批 准		
工 艺		日 期		

GGD（交流操作）
一号进线柜二次接线图

进线、不带计量、3TA、断路器（CW2）、双电源自动或手动互为备用、正常时、一路电源供电，另一路电源备用。

QB/T. DJ081002.05J

图样标记	数量	重量	比例
			1:1

共 2 张   第 2 张

光盘页码：2-419

179

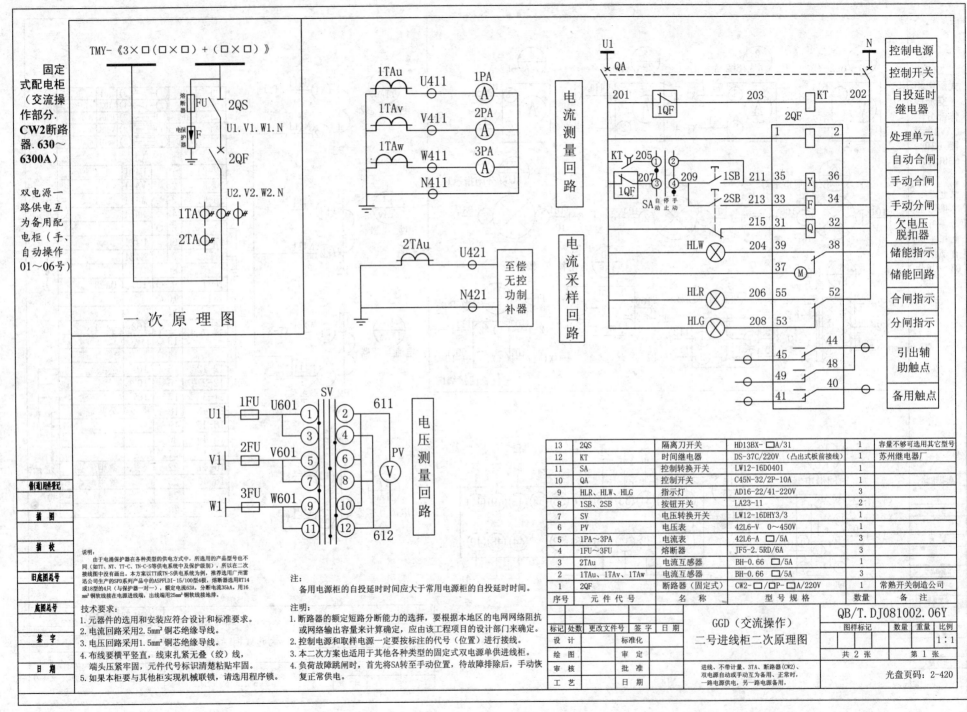

固定式配电柜（交流操作部分. CW2断路器. 630～6300A）

双电源一路供电互为备用配电柜（手、自动操作01～06号）

TMY-《3×□(□×□)+(□×□)》

一次原理图

说明：
由于电涌保护器在各种类型的供电方式中，所选用的产品型号也不同（如TT、NT、TT-C、TN-C-S等供电系统中及保护级别），所以本二次接线图中没有画出。本方案以TT或TN-S供电系统为例，推荐选用广州雷迅公司生产的SPD系列产品中的ASPFLDI-15/100型4极，断路器选用RT14或18型的4只（与保护器一对一），额定电流63A，分断电流35kA。用16mm²铜软线接在电源进线端，出线端用25mm²铜软线接地排。

电流测量回路

电流采样回路

至偿无控功制补器

电压测量回路

注：
备用电源柜的自投延时时间应大于常用电源柜的自投延时时间。

注明：
1. 断路器的额定短路分断能力的选择，要根据本地区的电网网络阻抗或网络输出容量来计算确定，应由该工程项目的设计部门来确定。
2. 控制电源和取样电源一定要按标注的代号（位置）进行接线。
3. 本二次方案也适用于其他各种类型的固定式双电源单供进线柜。
4. 负荷故障跳闸时，首先将SA转至手动位置，待故障排除后，手动恢复正常供电。

技术要求：
1. 元器件的选用和安装应符合设计和标准要求。
2. 电流回路采用2.5mm²铜芯绝缘导线。
3. 电压回路采用1.5mm²铜芯绝缘导线。
4. 布线要横平竖直，线束扎紧无叠（绞）线，端头压紧牢固，元件代号标识清楚粘贴牢固。
5. 如果本柜要与其他柜实现机械联锁，请选用程序锁。

控制电源
控制开关
自投延时继电器
处理单元
自动合闸
手动合闸
手动分闸
欠电压脱扣器
储能指示
储能回路
合闸指示
分闸指示
引出辅助触点
备用触点

13	2QS	隔离刀开关	HD13BX-□A/31	1	容量不够可选用其它型号
12	KT	时间继电器	DS-37C/220V（凸出式板前接线）	1	苏州继电器厂
11	SA	控制转换开关	LW12-16D0401	1	
10	QA	控制开关	C45N-32/2P-10A	1	
9	HLR、HLW、HLG	指示灯	AD16-22/41-220V	3	
8	1SB、2SB	按钮开关	LA23-11	2	
7	SV	电压转换开关	LW12-16DHY3/3	1	
6	PV	电压表	42L6-V 0～450V	1	
5	1PA～3PA	电流表	42L6-A □/5A	3	
4	1FU～3FU	熔断器	JF5-2.5RD/6A	3	
3	2TAu	电流互感器	BH-0.66 □/5A	1	
2	1TAu、1TAv、1TAw	电流互感器	BH-0.66 □/5A	3	
1	2QF	断路器（固定式）	CW2-□/□P-□A/220V	1	常熟开关制造公司
序号	元件代号	名称	型号规格	数量	备注

							QB/T.DJ081002.06Y
标记	处数	更改文件号	签字	日期	GGD（交流操作）二号进线柜二次原理图	图样标记	数量 重量 比例
设计			标准化				1:1
绘图			审定			共2张	第1张
审核			批准		进线、不带计量、3TA、断路器（CW2）、双电源自动或手动为备用。正常时，一路电源供电，另一路电源备用。		
工艺			日期			光盘页码：2-420	

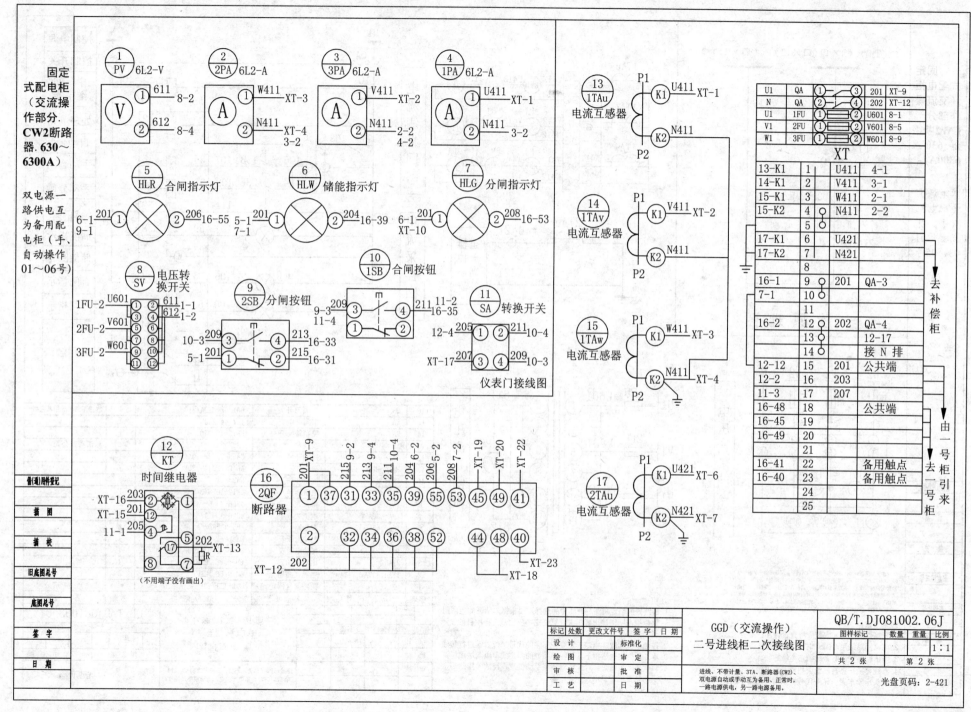

固定式配电柜（交流操作部分.CW2断路器.630～6300A）

双电源一路供电互为备用配电柜（手、自动操作01～06号）

1 PV	6L2-V
2 2PA	6L2-A
3 3PA	6L2-A
4 1PA	6L2-A

5 HLR 合闸指示灯
6 HLW 储能指示灯
7 HLG 分闸指示灯

8 SV 电压转换开关
9 2SB 分闸按钮
10 1SB 合闸按钮
11 SA 转换开关

仪表门接线图

12 KT 时间继电器

（不用端子没有画出）

16 2QF 断路器

13 1TAu 电流互感器
14 1TAv 电流互感器
15 1TAw 电流互感器
17 2TAu 电流互感器

U1	QA	1	3	201	XT-9
N	QA	2	4	202	XT-12
U1	1FU	1	2	U601	8-1
V1	2FU	1	2	V601	8-5
W1	3FU	1	2	W601	8-9

XT

13-K1	1		U411	4-1
14-K1	2		V411	3-1
15-K1	3		W411	2-1
15-K2	4		N411	2-2
	5			
17-K1	6		U421	
17-K2	7		N421	
	8			
16-1	9		201	QA-3
7-1	10			
	11			
16-2	12		202	QA-4
	13			12-17
	14			接 N 排
12-12	15		201	公共端
12-2	16		203	
11-3	17		207	
16-48	18			公共端
16-45	19			
16-49	20			
	21			
16-41	22			备用触点
16-40	23			备用触点
	24			
	25			

去补偿柜
由一号柜引来
去一号柜

标记	处数	更改文件号	签字	日期
设 计			标准化	
绘 图			审 定	
审 核			批 准	
工 艺			日 期	

GGD（交流操作）二号进线柜二次接线图

QB/T.DJ081002.06J

图样标记	数量	重量	比例
			1:1
共 2 张		第 2 张	

进线、不带计量、3TA、断路器(CW2)、双电源自动或手动互为备用、正常时、一路电源供电，另一路电源备用。

光盘页码：2-421

管(道)附件记
描 图
描 校
旧底图总号
底图总号
签 字
日 期

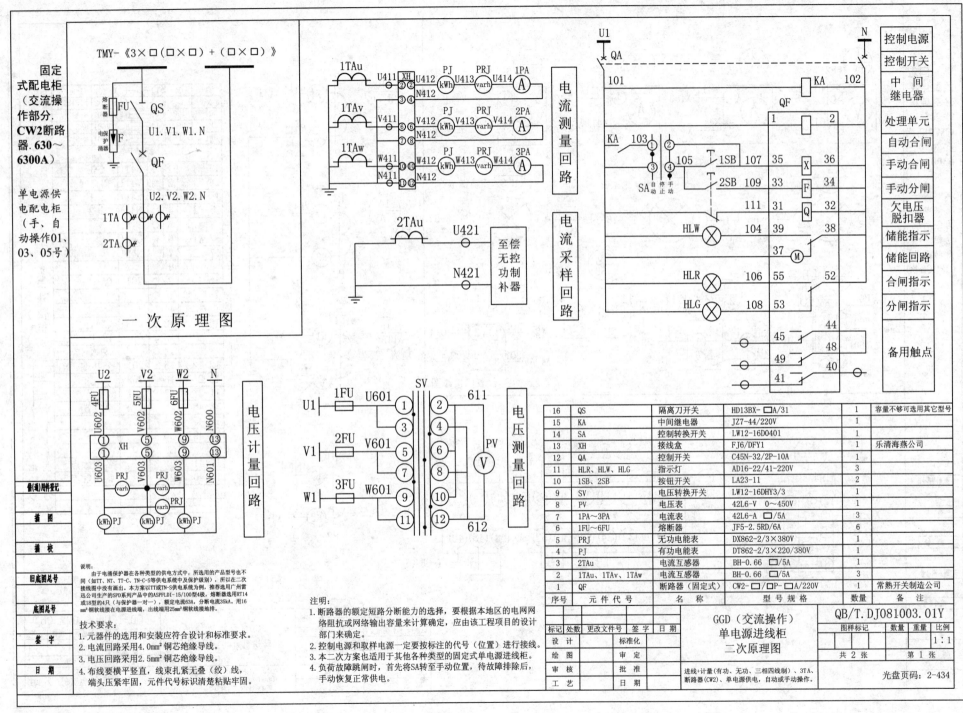

固定式配电柜（交流操作部分. CW2断路器. 630～6300A）

单电源供电配电柜（手、自动操作01、03、05号）

TMY-《3×□(□×□)+(□×□)》

一次原理图

电流测量回路

电流采样回路

至偿无控功制补器

控制电源
控制开关
中间继电器
处理单元
自动合闸
手动合闸
手动分闸
欠电压脱扣器
储能指示
储能回路
合闸指示
分闸指示

备用触点

电压计量回路

电压测量回路

说明：
由于电涌保护器在各种类型的供电方式中，所选用的产品型号也不同（如TT、NT、TT-C、TN-C-S等供电系统中及保护级别），在此二次接线图中没有画出。本方案以TT或TN-S供电系统为例，推荐选用广州雷迅公司生产的SPD系列产品中的ASPFLDI-15/100型4极，熔断器选用RT14或18型的4只（与保护器一对一），额定电流63A，分断电流35kA，用16mm²铜软线接在电源进线端，出线端用25mm²铜软线接地排。

技术要求：
1. 元器件的选用和安装应符合设计和标准要求。
2. 电流回路采用4.0mm²铜芯绝缘导线。
3. 电压回路采用2.5mm²铜芯绝缘导线。
4. 布线要横平竖直，线束扎紧无叠（绞）线，端头压紧牢固，元件代号标识清楚粘贴牢固。

注明：
1. 断路器的额定短路分断能力的选择，要根据本地区的电网网络阻抗或网络输出容量来计算确定，应由该工程项目的设计部门来确定。
2. 控制电源和取样电源一定要按标注的代号（位置）进行接线。
3. 本二次方案也适用于其他各种类型的固定式单电源进线柜。
4. 负荷故障跳闸时，首先将SA转至手动位置，待故障排除后，手动恢复正常供电。

16	QS	隔离刀开关	HD13BX-□A/31	1	容量不够可选用其它型号
15	KA	中间继电器	JZ7-44/220V	1	
14	SA	控制转换开关	LW12-16D0401	1	
13	XH	接线盒	FJ6/DFY1	1	乐清海燕公司
12	QA	控制开关	C45N-32/2P-10A	1	
11	HLR、HLW、HLG	指示灯	AD16-22/41-220V	3	
10	1SB、2SB	按钮开关	LA23-11	2	
9	SV	电压转换开关	LW12-16DHY3/3	1	
8	PV	电压表	42L6-V 0～450V	1	
7	1PA～3PA	电流表	42L6-A □/5A	3	
6	1FU～6FU	熔断器	JF5-2.5RD/6A	6	
5	PRJ	无功电能表	DX862-2/3×380V	1	
4	PJ	有功电能表	DT862-2/3×220/380V	1	
3	2TAu	电流互感器	BH-0.66 □/5A	1	
2	1TAu、1TAv、1TAw	电流互感器	BH-0.66 □/5A	3	
1	QF	断路器（固定式）	CW2-□/□P-□A/220V	1	常熟开关制造公司
序号	元件代号	名 称	型 号 规 格	数量	备 注

借(通)用件登记				GGD（交流操作）单电源进线柜二次原理图		QB/T.DJ081003.01Y

		更改文件号	签字	日期		图样标记	数量	重量	比例
标记	处数								1:1
描 图	设 计		标准化						
描 校	绘 图		审 定			共 2 张		第 1 张	
旧底图总号	审 核		批 准						
底图总号	工 艺		日 期		进线+计量(有功、无功、三相四线制)、3TA、断路器(CW2)、单电源供电，自动或手动操作。			光盘页码：2-434	
签 字									
日 期									

182

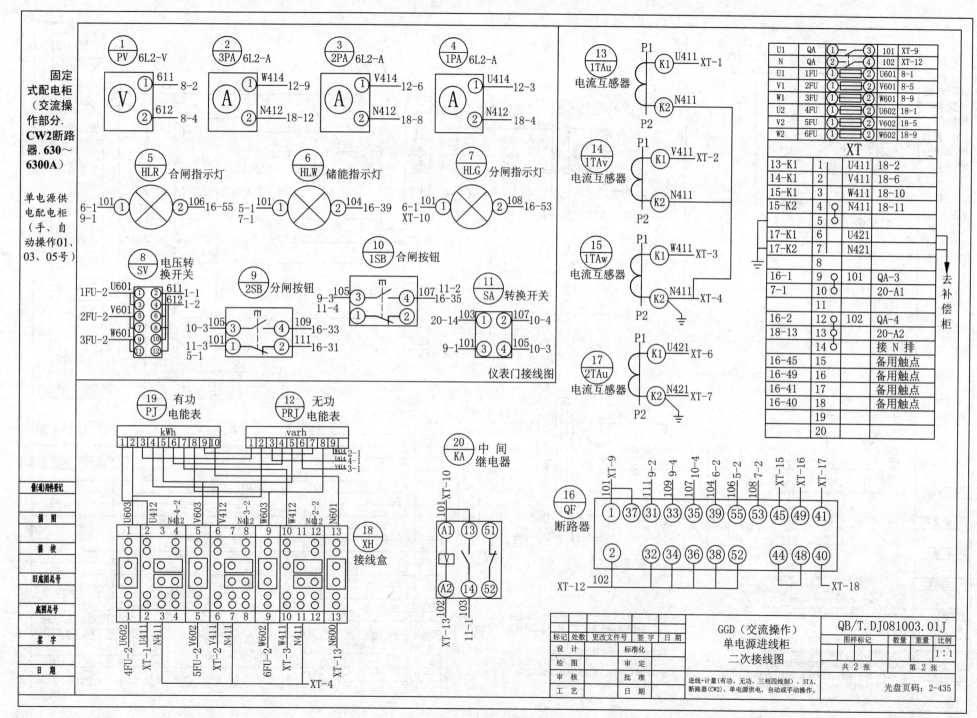

固定式配电柜（交流操作部分.CW2断路器.630～6300A）

单电源供电配电柜（手、自动操作01、03、05号）

仪表门接线图

U1	QA	① ③	101	XT-9
N	QA	② ④	102	XT-12
U1	1FU	① ②	U601	8-1
V1	2FU	① ②	V601	8-5
W1	3FU	① ②	W601	8-9
U2	4FU	① ②	U602	18-1
V2	5FU	① ②	V602	18-5
W2	6FU	① ②	W602	18-9

XT

13-K1	1	U411	18-2
14-K1	2	V411	18-6
15-K1	3	W411	18-10
15-K2	4	N411	18-11
	5		
17-K1	6	U421	
17-K2	7	N421	
	8		
16-1	9	101	QA-3
7-1	10		20-A1
	11		
16-2	12	102	QA-4
18-13	13		20-A2
	14		接 N 排
16-45	15		备用触点
16-49	16		备用触点
16-41	17		备用触点
16-40	18		备用触点
	19		
	20		

去补偿柜

| | | GGD（交流操作）单电源进线柜二次接线图 | QB/T.DJ081003.01J |

进线+计量（有功、无功、三相四线制）、3TA、断路器（CW2）、单电源供电、自动或手动操作。

共 2 张　第 2 张

光盘页码：2-435

183

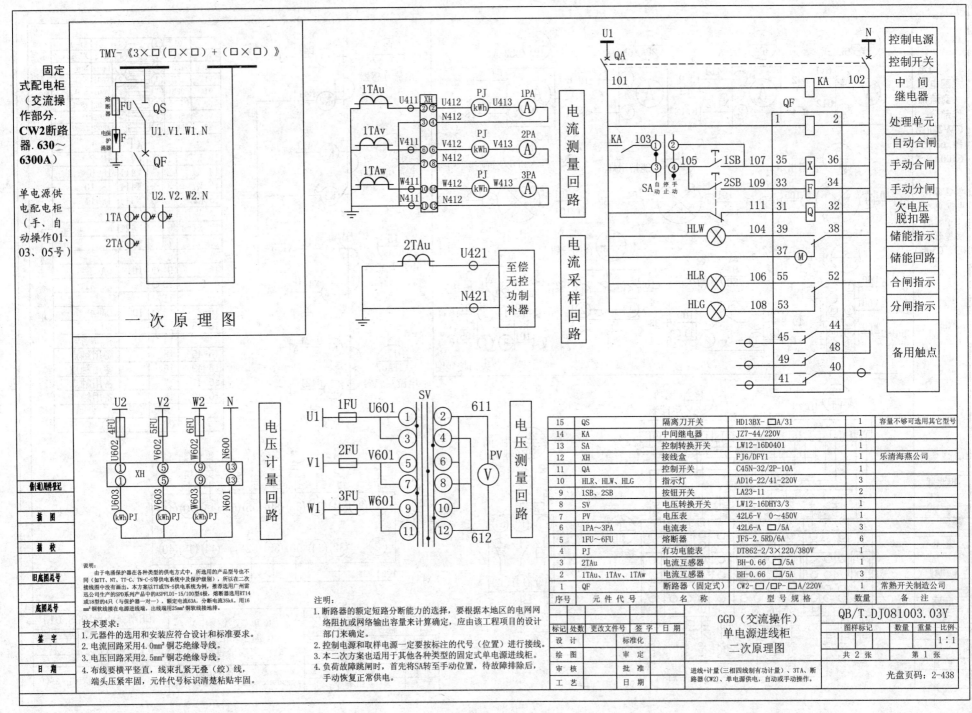

固定式配电柜（交流操作部分.CW2断路器.630～6300A）

单电源供电配电柜（手、自动操作01、03、05号）

TMY-《3×□(□×□)+(□×□)》

熔断器 FU QS
电保护器 F U1.V1.W1.N
QF
U2.V2.W2.N
1TA
2TA

一次原理图

电流测量回路
电流采样回路

2TAu U421
至偿无控功率补器
N421

控制电源
控制开关
中间继电器
处理单元
自动合闸
手动合闸
手动分闸
欠电压脱扣器
储能指示
储能回路
合闸指示
分闸指示
备用触点

U2 V2 W2 N
4FU 5FU 6FU
U602 V602 W602 N600
XH
U603 V603 W603 N601
kWh PJ kWh PJ kWh PJ

电压计量回路

U1 1FU U601 SV 611
V1 2FU V601 PV
W1 3FU W601 612

电压测量回路

说明：
由于电涌保护器在各种类型的供电方式中，所选用的产品型号也不同（如TT、NT、TT-C、TN-C-S等供电系统中及保护级别），以下仅在二次接线图中投有画出。本方案以TT或TN-S供电系统为例，推荐选用在广州雷迅公司生产的SPD系列产品中的ASPFLDI-15/100型4极，熔断器选用RT14或18型的4只（与保护器一对一），额定电流63A，分断电流35kA，用16mm²铜软线接在电源进线端，出线端用25mm²铜软线接地埋。

技术要求：
1. 元器件的选用和安装应符合设计和标准要求。
2. 电流回路采用4.0mm²铜芯绝缘导线。
3. 电压回路采用2.5mm²铜芯绝缘导线。
4. 布线要横平竖直，线束扎紧无叠（绞）线，端头压紧牢固，元件代号标识清楚粘贴牢固。

注明：
1. 断路器的额定短路分断能力的选择，要根据本地区的电网网络阻抗或网络输出容量来计算确定，应由该工程项目的设计部门来确定。
2. 控制电源和取样电源一定要按标注的代号（位置）进行接线。
3. 本二次方案也适用于其他各种类型的固定式单电源进线柜。
4. 负荷故障跳闸时，首先将SA转至手动位置，待故障排除后，手动恢复正常供电。

15	QS	隔离刀开关	HD13BX-□A/31	1	容量不够可选用其它型号
14	KA	中间继电器	JZ7-44/220V	1	
13	SA	控制转换开关	LW12-16D0401	1	
12	XH	接线盒	FJ6/DFY1	1	乐清海燕公司
11	QA	控制开关	C45N-32/2P-10A	1	
10	HLR、HLW、HLG	指示灯	AD16-22/41-220V	3	
9	1SB、2SB	按钮开关	LA23-11	2	
8	SV	电压转换开关	LW12-16DHY3/3	1	
7	PV	电压表	42L6-V 0～450V	1	
6	1PA～3PA	电流表	42L6-A □/5A	3	
5	1FU～6FU	熔断器	JF5-2.5RD/6A	6	
4	PJ	有功电能表	DT862-2/3×220/380V	1	
3	2TAu	电流互感器	BH-0.66 □/5A	1	
2	1TAu、1TAv、1TAw	电流互感器	BH-0.66 □/5A	3	
1	QF	断路器（固定式）	CW2-□/□P-□A/220V	1	常熟开关制造公司
序号	元件代号	名称	型号规格	数量	备注

GGD（交流操作）
单电源进线柜
二次原理图

QB/T.DJ081003.03Y

进线+计量（三相四线制有功计量）、3TA、断路器（CW2）、单电源供电，自动或手动操作。

图样标记		数量	重量	比例
				1:1
共 2 张		第 1 张		

光盘页码：2-438

备(通)附件登记
描 图
描 校
旧底图总号
底图总号
签 字
日 期

标记	处数	更改文件号	签字	日期
设 计		标准化		
绘 图		审 定		
审 核		批 准		
工 艺		日 期		

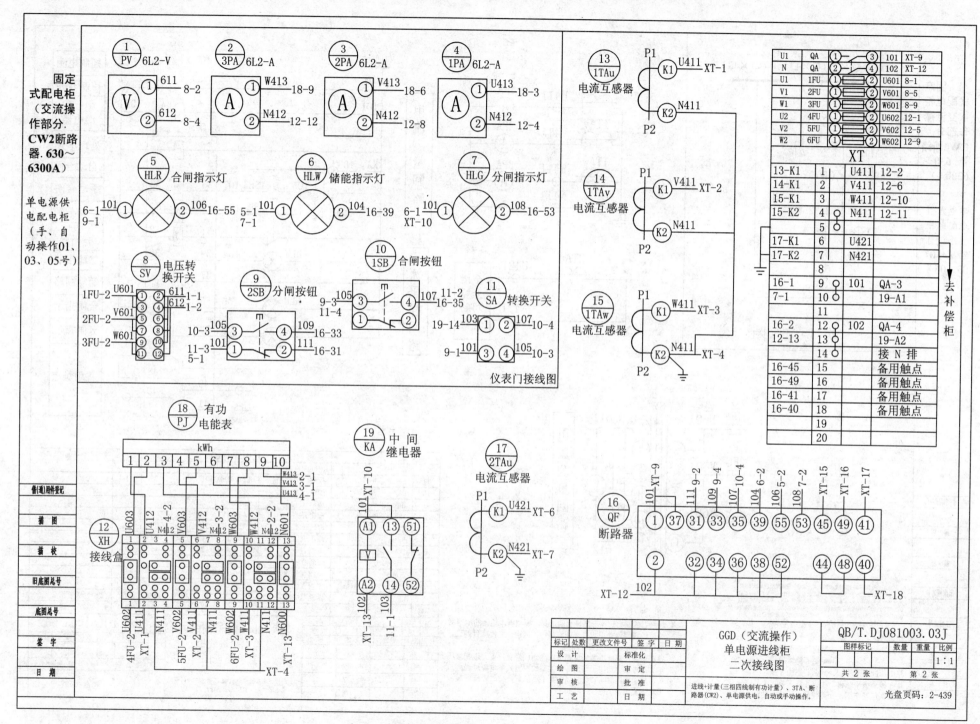

固定式配电柜（交流操作部分.CW2断路器.630～6300A）

单电源供电配电柜（手、自动操作01、03、05号）

仪表门接线图

GGD（交流操作）
单电源进线柜
二次接线图

QB/T.DJ081003.03J

标记	处数	更改文件号	签字	日期
设计			标准化	
绘图			审定	
审核			批准	
工艺			日期	

图样标记 | 数量 | 重量 | 比例 1:1

共 2 张　　第 2 张

进线+计量(三相四线制有功计量)、3TA、断路器(CW2)、单电源供电，自动或手动操作。

光盘页码：2-439

185

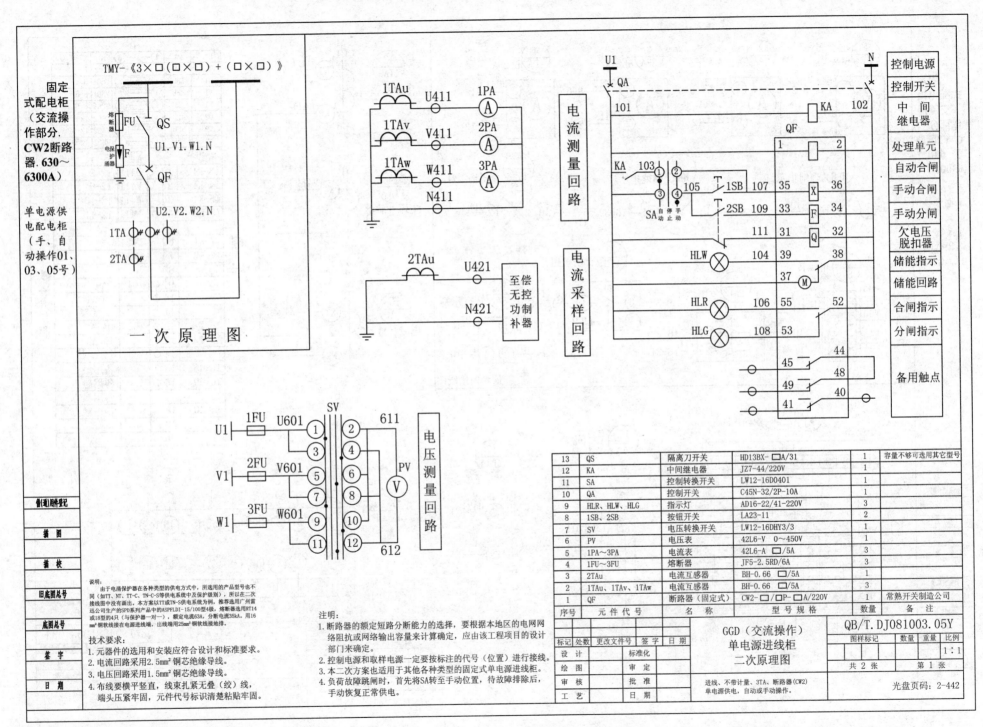

固定式配电柜（交流操作部分. CW2断路器. 630～6300A）

单电源供电配电柜（手、自动操作01、03、05号）

TMY-《3×□（□×□）+（□×□）》

熔断器 FU
电保护涌器 F
QS
U1.V1.W1.N
QF
U2.V2.W2.N
1TA
2TA

一次原理图

1TAu U411 1PA Ⓐ
1TAv V411 2PA Ⓐ
1TAw W411 3PA Ⓐ
N411

电流测量回路

2TAu U421 至偿无控功率补器
N421

电流采样回路

SV
U1 1FU U601 ① ② 611
③ ④
V1 2FU V601 ⑤ ⑥ PV Ⓥ
⑦ ⑧
W1 3FU W601 ⑨ ⑩
⑪ ⑫ 612

电压测量回路

U1 QA N
控制电源
101 KA 102 控制开关
中间继电器
QF
1 2 处理单元
KA 103 ① ② 自动合闸
105 1SB 107 35 X 36 手动合闸
SA 自停手 2SB 109 33 F 34 手动分闸
动止动 111 31 Q 32 欠电压脱扣器
HLW 104 39 38 储能指示
37 Ⓜ 储能回路
HLR 106 55 52 合闸指示
HLG 108 53 分闸指示
44
45 48
49
41 40
备用触点

说明：由于电涌保护器在各种类型的供电方式中，所选用的产品型号也不同（如TT、NT、TT-C、TN-C-S等供电系统中及保护级别），所以在二次接线图中没有画出。本方案以TT或TN-S供电系统为例，推荐选用广州雷迅公司生产的SPD系列产品中的ASPFLDI-15/100型4极，熔断器选用RT14或18型的4只（与保护器一对一），额定电流63A，分断电流35kA，用16mm²铜软线接在电源进线端，出线端用25mm²铜软线接线排。

技术要求：
1. 元器件的选用和安装应符合设计和标准要求。
2. 电流回路采用2.5mm²铜芯绝缘导线。
3. 电压回路采用1.5mm²铜芯绝缘导线。
4. 布线要横平竖直，线束扎紧无叠（绞）线，端头压紧牢固，元件代号标识清楚粘贴牢固。

注明：
1. 断路器的额定短路分断能力的选择，要根据本地区的电网网络阻抗或网络输出容量来计算确定，应由该工程项目的设计部门来确定。
2. 控制电源和取样电源一定要按标注的代号（位置）进行接线。
3. 本二次方案也适用于其他各种类型的固定式单电源进线柜。
4. 负荷故障跳闸时，首先将SA转至手动位置，待故障排除后，手动恢复正常供电。

13	QS	隔离刀开关	HD13BX-□A/31	1	容量不够可选用其它型号
12	KA	中间继电器	JZ7-44/220V	1	
11	SA	控制转换开关	LW12-16D0401	1	
10	QA	控制开关	C45N-32/2P-10A	1	
9	HLR、HLW、HLG	指示灯	AD16-22/41-220V	3	
8	1SB、2SB	按钮开关	LA23-11	2	
7	SV	电压转换开关	LW12-16DHY3/3	1	
6	PV	电压表	42L6-V 0～450V	1	
5	1PA～3PA	电流表	42L6-A □/5A	3	
4	1FU～3FU	熔断器	JF5-2.5RD/6A	3	
3	2TAu	电流互感器	BH-0.66 □/5A	1	
2	1TAu、1TAv、1TAw	电流互感器	BH-0.66 □/5A	3	
1	QF	断路器（固定式）	CW2-□/□P-□A/220V	1	常熟开关制造公司
序号	元件代号	名称	型号规格	数量	备注

标记	处数	更改文件号	签字	日期	GGD（交流操作）单电源进线柜二次原理图	QB/T.DJ081003.05Y
设计			标准化			
绘图			审定			图样标记 数量 重量 比例 1:1
审核			批准			共2张 第1张
工艺			日期		进线、不带计量、3TA、断路器（CW2）单电源供电、自动或手动操作。	光盘页码：2-442

借（通）用件登记
描图
描校
旧底图总号
底图总号
签字
日期

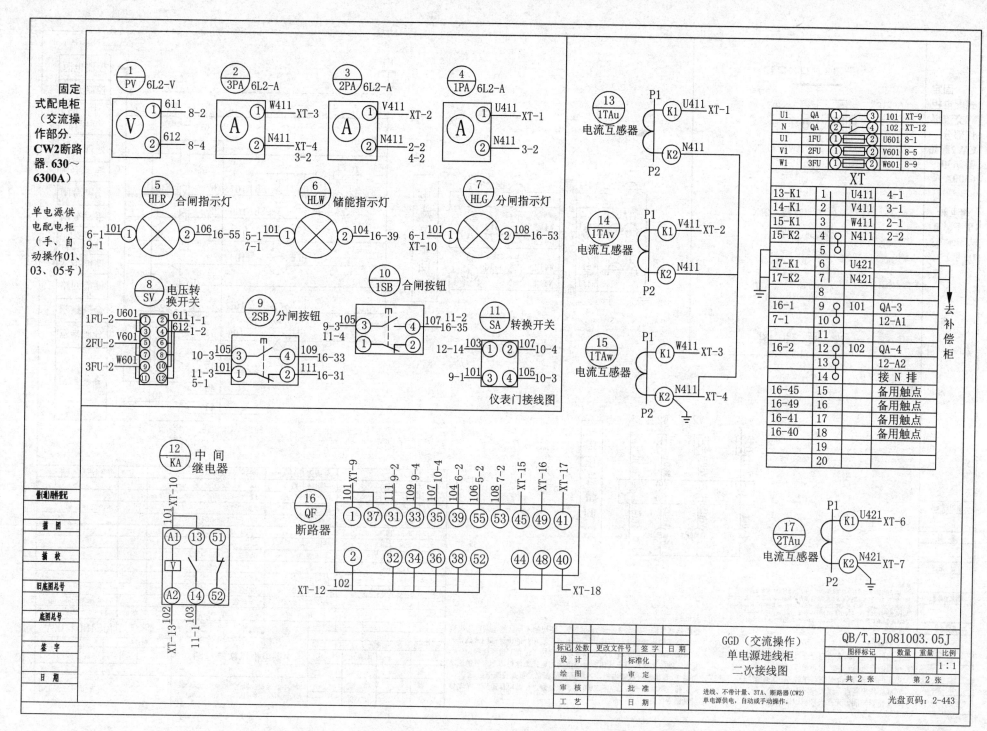

固定式配电柜（交流操作部分. CW2断路器.630～6300A）

单电源供电配电柜（手、自动操作01、03、05号）

① PV 6L2-V		
V	① 611	8-2
	② 612	8-4

② 3PA 6L2-A		
A	① W411	XT-3
	② N411	XT-4 3-2

③ 2PA 6L2-A		
A	① V411	XT-2
	② N411	2-2 4-2

④ 1PA 6L2-A		
A	① U411	XT-1
	② N411	3-2

⑤ HLR 合闸指示灯
6-1 9-1 101 ① ② 106 16-55

⑥ HLW 储能指示灯
5-1 7-1 101 ① ② 104 16-39

⑦ HLG 分闸指示灯
6-1 XT-10 101 ① ② 108 16-53

⑧ SV 电压转换开关
1FU-2 U601 ①② 611 1-1
2FU-2 V601 ③④⑤⑥ 612 1-2
3FU-2 W601 ⑦⑧⑨⑩⑪⑫

⑨ 2SB 分闸按钮
9-3 105 ③ ④ 107 11-2
11-4 101 ① ② 111 16-35
10-3 105 ③ ④ 109 16-33
11-3 101 ① ② 111 16-31
5-1

⑩ 1SB 合闸按钮

⑪ SA 转换开关
12-14 103 ① ② 107 10-4
9-1 101 ③ ④ 105 10-3

仪表门接线图

⑬ 1TAu 电流互感器
K1 U411 XT-1
K2 N411
P1 P2

⑭ 1TAv 电流互感器
K1 V411 XT-2
K2 N411
P1 P2

⑮ 1TAw 电流互感器
K1 W411 XT-3
K2 N411 XT-4
P1 P2

U1	QA	① ③	101	XT-9
N	QA	② ④	102	XT-12
U1	1FU	① ②	U601	8-1
V1	2FU	① ②	V601	8-5
W1	3FU	① ②	W601	8-9

XT

13-K1	1	U411	4-1
14-K1	2	V411	3-1
15-K1	3	W411	2-1
15-K2	4	N411	2-2
	5		
17-K1	6	U421	
17-K2	7	N421	
	8		
16-1	9	101	QA-3
7-1	10		12-A1
	11		
16-2	12	102	QA-4
	13		12-A2
	14		接 N 排
16-45	15		备用触点
16-49	16		备用触点
16-41	17		备用触点
16-40	18		备用触点
	19		
	20		

去补偿柜

⑫ KA 中间继电器
XT-10 101
101 XT-13 102
11-1 103
A1 ① 13 51
V
A2 ② 14 52

⑯ QF 断路器
101 XT-9 111 9-2 109 9-4 107 10-4 104 6-2 106 5-2 108 7-2 XT-15 XT-16 XT-17
① 37 31 33 35 39 55 53 45 49 41
② 32 34 36 38 52 44 48 40
XT-12 102 XT-18

⑰ 2TAu 电流互感器
K1 U421 XT-6
K2 N421 XT-7
P1 P2

标记	处数	更改文件号	签字	日期
设 计		标准化		
绘 图		审 定		
审 核		批 准		
工 艺		日 期		

GGD（交流操作）
单电源进线柜
二次接线图

QB/T.DJ081003.05J

图样标记	数量	重量	比例
			1:1
共 2 张		第 2 张	

进线、不带计量、3TA、断路器(CW2)
单电源供电，自动或手动操作。

光盘页码：2-443

备(通)用件登记
描 图
描 校
旧底图总号
底图总号
签 字
日 期

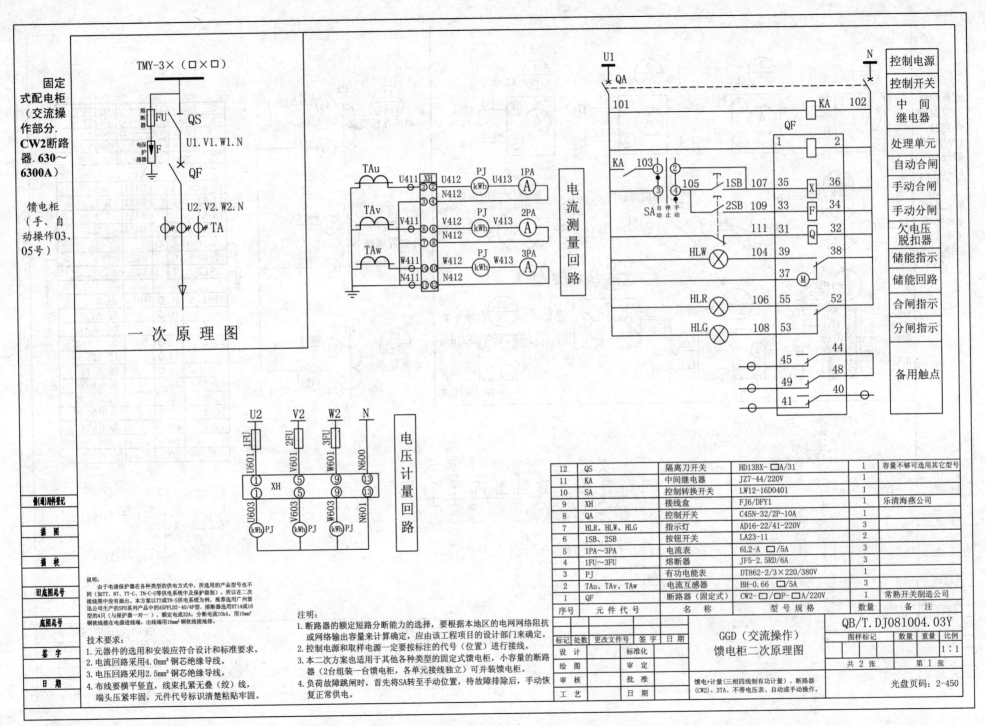

固定式配电柜（交流操作部分.CW2断路器.630~6300A）

馈电柜（手、自动操作03、05号）

TMY-3×（□×□）

熔断器 FU QS

电涌保护器 F

U1.V1.W1.N

QF

U2.V2.W2.N

TA

一次原理图

TAu U411 XH U412 PJ U413 1PA (A) kWh N412

TAv V411 V412 PJ V413 2PA (A) kWh N412

TAw W411 W412 PJ W413 3PA (A) kWh N411 N412

电流测量回路

U2 V2 W2 N

1FU 2FU 3FU

U601 V601 W601 N600

XH ① ⑤ ⑨ ⑬

U603 V603 W603 N601

(kWh)PJ (kWh)PJ (kWh)PJ

电压计量回路

U1 QA N

101 KA 102

QF 1 2

KA 103 ① ② 105 1SB 107 35 X 36
③ ④
SA 自停手 2SB 109 33 F 34
动止动
111 31 Q 32

HLW 104 39 38
37 M
HLR 106 55 52
HLG 108 53

44
45 48
49
40
41

控制电源
控制开关
中间继电器
处理单元
自动合闸
手动合闸
手动分闸
欠电压脱扣器
储能指示
储能回路
合闸指示
分闸指示

备用触点

馈电柜二次原理图

12	QS	隔离刀开关	HD13BX- □A/31	1	容量不够可选用其它型号
11	KA	中间继电器	JZ7-44/220V	1	
10	SA	控制转换开关	LW12-16D0401	1	
9	XH	接线盒	FJ6/DFY1	1	乐清海燕公司
8	QA	控制开关	C45N-32/2P-10A	1	
7	HLR、HLW、HLG	指示灯	AD16-22/41-220V	3	
6	1SB、2SB	按钮开关	LA23-11	2	
5	1PA～3PA	电流表	6L2-A □/5A	3	
4	1FU～3FU	熔断器	JF5-2.5RD/6A	3	
3	PJ	有功电能表	DT862-2/3×220/380V	1	
2	TAu、TAv、TAw	电流互感器	BH-0.66 □/5A	3	
1	QF	断路器（固定式）	CW2- □/□P- □A/220V	1	常熟开关制造公司
序号	元 件 代 号	名 称	型 号 规 格	数量	备 注

说明：由于电涌保护器在各种类型的供电方式中，所选用的产品型号也不同（如TT、NT、TT-C、TN-C-S等供电系统中及保护级别），所以在此二次接线图中没有画出。本方案以TT或TN-S供电系统为例，推荐选用广州雷迅公司生产的SPD系列产品中的ASPFLD2-40/4P型，熔断器选用RT14或18型的4只（与保护器一对一），额定电流32A，分断电流10kA，用10mm²铜软线接在电源进线端，出线端用16mm²铜软线接地排。

注明：
1. 断路器的额定短路分断能力的选择，要根据本地区的电网网络阻抗或网络输出容量来计算确定，应由该工程项目的设计部门来确定。
2. 控制电源和取样电源一定要按标注的代号（位置）进行接线。
3. 本二次方案也适用于其他各种类型的固定式馈电柜，小容量的断路器（2台组装一台馈电柜，各单元接线独立）可并装馈电柜。
4. 负荷故障跳闸时，首先将SA转至手动位置，待故障排除后，手动恢复正常供电。

技术要求：
1. 元器件的选用和安装应符合设计和标准要求。
2. 电流回路采用4.0mm²铜芯绝缘导线。
3. 电压回路采用2.5mm²铜芯绝缘导线。
4. 布线要横平竖直，线束扎紧无叠（绞）线，端头压紧牢固，元件代号标识清楚粘贴牢固。

GGD（交流操作）馈电柜二次原理图

QB/T.DJ081004.03Y

标记	处数	更改文件号	签字	日期
设 计			标准化	
绘 图			审 定	
审 核			批 准	
工 艺			日 期	

馈电+计量（三相四线制有功计量）、断路器（CW2）、3TA、不带电压表、自动或手动操作。

图样标记 数量 重量 比例 1:1
共 2 张 第 1 张
光盘页码：2-450

借（通）用件登记
描 图
描 校
旧底图总号
底图总号
签 字
日 期

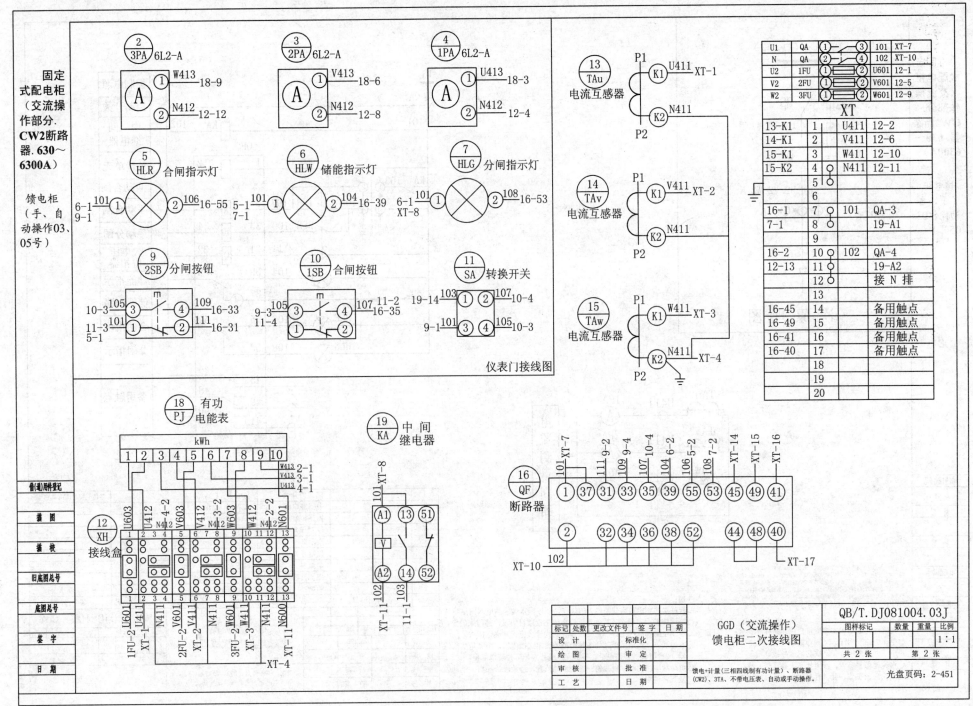

固定式配电柜（交流操作部分.CW2断路器.630～6300A）

馈电柜（手、自动操作03、05号）

② 3PA 6L2-A
① W413 18-9
② N412 12-12

③ 2PA 6L2-A
① V413 18-6
② N412 12-8

④ 1PA 6L2-A
① U413 18-3
② N412 12-4

⑤ HLR 合闸指示灯
6-1 9-1 101 ① ② 106 16-55

⑥ HLW 储能指示灯
5-1 7-1 101 ① ② 104 16-39

⑦ HLG 分闸指示灯
6-1 XT-8 101 ① ② 108 16-53

⑨ 2SB 分闸按钮
10-3 105 ③ m ④ 109 16-33
11-3 5-1 101 ① ② 111 16-31

⑩ 1SB 合闸按钮
9-3 105 ③ m ④ 107 11-2 16-35
11-4 101 ① ② 16-35

⑪ SA 转换开关
19-14 103 ① ② 107 10-4
9-1 101 ③ ④ 105 10-3

仪表门接线图

⑬ TAu 电流互感器
P1 K1 U411 XT-1
P2 K2 N411

⑭ TAv 电流互感器
P1 K1 V411 XT-2
P2 K2 N411

⑮ TAw 电流互感器
P1 K1 W411 XT-3
P2 K2 N411 XT-4

U1	QA	① ③	101	XT-7
N	QA	④	102	XT-10
U2	1FU	① ②	U601	12-1
V2	2FU	① ②	V601	12-5
W2	3FU	① ②	W601	12-9

XT

13-K1	1		U411	12-2
14-K1	2		V411	12-6
15-K1	3		W411	12-10
15-K2	4	○	N411	12-11
	5			
	6			
16-1	7	○	101	QA-3
7-1	8	○		19-A1
	9			
16-2	10	○	102	QA-4
12-13	11	○		19-A2
	12	○	接 N 排
	13			
16-45	14		备用触点
16-49	15		备用触点
16-41	16		备用触点
16-40	17		备用触点
	18			
	19			
	20			

⑱ PJ 有功电能表
kWh
1 2 3 4 5 6 7 8 9 10
W413 2-1
V413 3-1
U413 4-1

⑫ XH 接线盒
U603 U412 4-2 V603 V412 3-2 W603 W412 2-2 N601
1 2 3 4 5 6 7 8 9 10 11 12 13
1FU-2 U601 XT-1 N411 U411 2FU-2 V601 XT-2 N411 V411 3FU-2 W601 XT-3 N411 W411 N411 N600 XT-11 XT-4

⑲ KA 中间继电器
101 XT-8
A1 13 51
V
A2 14 52
XT-11 102
11-1 103

⑯ QF 断路器
101 XT-7
111 9-2
109 9-4
107 10-4
104 6-2
106 5-2
108 7-2
XT-14
XT-15
XT-16
① 37 31 33 35 39 55 53 45 49 41
② 32 34 36 38 52 44 48 40
XT-10 102
XT-17

QB/T.DJ081004.03J

标记	处数	更改文件号	签字	日期
设 计		标准化		
绘 图		审 定		
审 核		批 准		
工 艺		日 期		

GGD（交流操作）
馈电柜二次接线图

图样标记　数量　重量　比例
1:1
共 2 张　第 2 张

馈电+计量(三相四线制有功计量)、断路器(CW2)、3TA、不带电压表、自动或手动操作。

光盘页码：2-451

标记 描图 校核 旧底图总号 底图总号 签字 日期

189

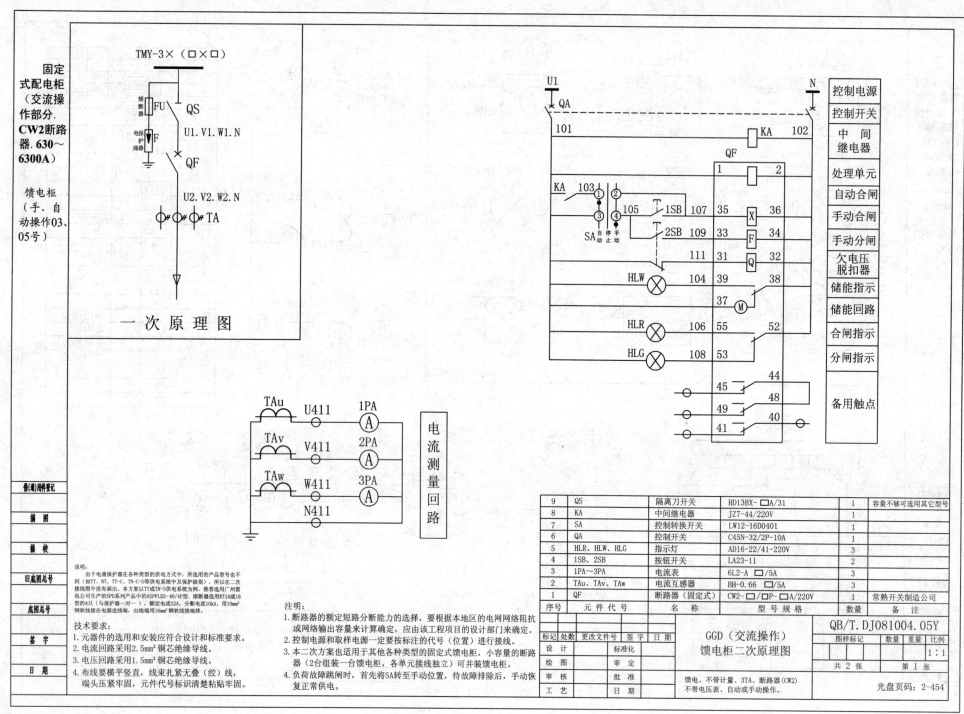

固定式配电柜（交流操作部分.CW2断路器.630～6300A）

馈电柜（手、自动操作03、05号）

TMY-3×（□×□）

熔断器 FU　QS
电保护涌 F
U1.V1.W1.N
QF
U2.V2.W2.N
TA

一次原理图

TAu　U411　1PA Ⓐ
TAv　V411　2PA Ⓐ
TAw　W411　3PA Ⓐ
N411

电流测量回路

U1　QA
101　　　KA　102
QF
KA　103　　　1　　2
　　　105　1SB　107　35　X　36
SA 自停手动止动　2SB　109　33　F　34
　　111　31　Q　32
HLW　104　39　　38
　　37　Ⓜ
HLR　106　55　　52
HLG　108　53
45　44
48
49
41　40

| 控制电源 |
| 控制开关 |
| 中 间继电器 |
| 处理单元 |
| 自动合闸 |
| 手动合闸 |
| 手动分闸 |
| 欠电压脱扣器 |
| 储能指示 |
| 储能回路 |
| 合闸指示 |
| 分闸指示 |
| 备用触点 |

说明：由于电涌保护器在各种类型的供电方式中，所选用的产品型号也不同（如TT、NT、TT-C、TN-C-S等供电系统中及保护级别），所以在二次接线图中没有画出。本方案以TT或TN-S供电系统为例，推荐选用广州雷迅公司生产的ASPD系列产品中的ASPFLD2-40/4P型，熔断器选用RT14或518型的4只（与保护器一对一），额定电流32A，分断电流10kA，用10mm²铜软线接在电源进线端，出线端用16mm²铜软线接地排。

技术要求：
1. 元器件的选用和安装应符合设计和标准要求。
2. 电流回路采用2.5mm²铜芯绝缘导线。
3. 电压回路采用1.5mm²铜芯绝缘导线。
4. 布线要横平竖直，线束扎紧无叠（绞）线，端头压紧牢固，元件代号标识清楚粘贴牢固。

注明：
1. 断路器的额定短路分断能力的选择，要根据本地区的电网网络阻抗或网络输出容量来计算确定，应由该工程项目的设计部门来确定。
2. 控制电源和取样电源一定要按标注的代号（位置）进行接线。
3. 本二次方案也适用于其他各种类型的固定式馈电柜，小容量的断路器（2台组装一台馈电柜，各单元接线独立）可并装馈电柜。
4. 负荷故障跳闸时，首先将SA转至手动位置，待故障排除后，手动恢复正常供电。

9	QS	隔离刀开关	HD13BX-□A/31	1	容量不够可选用其它型号
8	KA	中间继电器	JZ7-44/220V	1	
7	SA	控制转换开关	LW12-16D0401	1	
6	QA	控制开关	C45N-32/2P-10A	1	
5	HLR、HLW、HLG	指示灯	AD16-22/41-220V	3	
4	1SB、2SB	按钮开关	LA23-11	2	
3	1PA～3PA	电流表	6L2-A □/5A	3	
2	TAu、TAv、TAw	电流互感器	BH-0.66 □/5A	3	
1	QF	断路器（固定式）	CW2-□/□P-□A/220V	1	常熟开关制造公司
序号	元件代号	名 称	型号规格	数量	备 注

借（通）用件登记
描　图
描　校
旧底图总号
底图总号
签　字
日　期

标记 处数 更改文件号 签字 日期
设计　　　标准化
绘图　　　审定
审核　　　批准
工艺　　　日期

QB/T.DJ081004.05Y

GGD（交流操作）馈电柜二次原理图

图样标记　数量　重量　比例
1:1
共2张　第1张

馈电、不带计量、3TA、断路器(CW2)不带电压表、自动或手动操作。

光盘页码：2-454

190

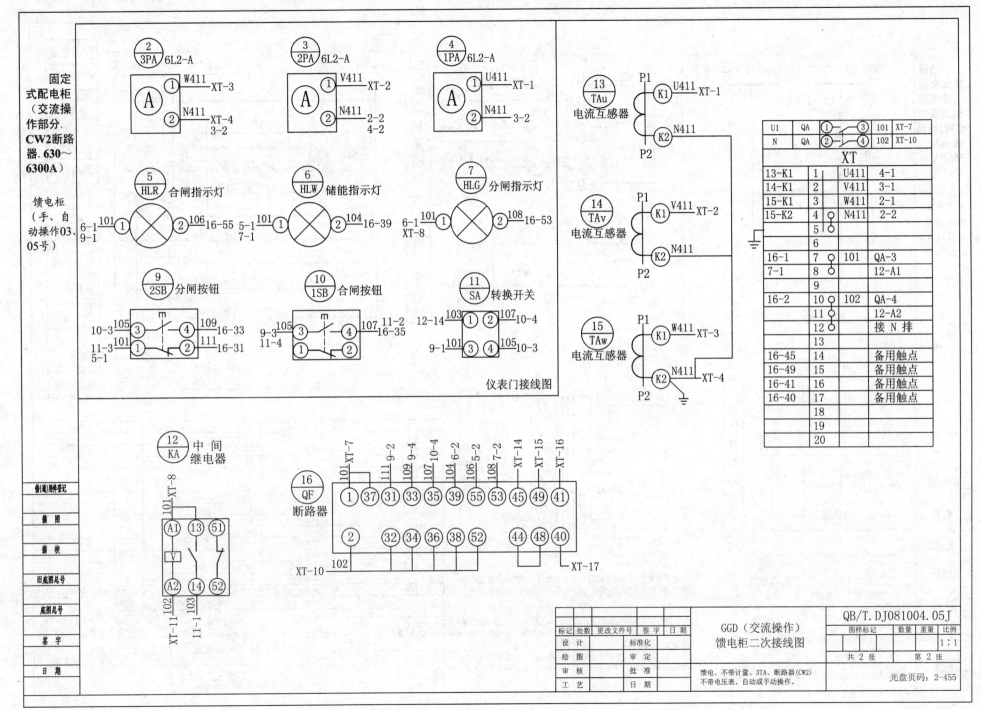

固定式配电柜（交流操作部分.CW2断路器.630～6300A）

馈电柜（手、自动操作03、05号）

② 3PA 6L2-A

③ 2PA 6L2-A

④ 1PA 6L2-A

⑤ HLR 合闸指示灯

⑥ HLW 储能指示灯

⑦ HLG 分闸指示灯

⑨ 2SB 分闸按钮

⑩ 1SB 合闸按钮

⑪ SA 转换开关

仪表门接线图

⑬ TAu 电流互感器

⑭ TAv 电流互感器

⑮ TAw 电流互感器

⑫ KA 中间继电器

⑯ QF 断路器

| U1 | QA | ① — ③ | 101 | XT-7 |
| N | QA | ② — ④ | 102 | XT-10 |

XT

13-K1	1		U411	4-1
14-K1	2		V411	3-1
15-K1	3		W411	2-1
15-K2	4		N411	2-2
	5			
	6			
16-1	7		101	QA-3
7-1	8			12-A1
	9			
16-2	10		102	QA-4
	11			12-A2
	12			接N排
	13			
16-45	14			备用触点
16-49	15			备用触点
16-41	16			备用触点
16-40	17			备用触点
	18			
	19			
	20			

QB/T.DJ081004.05J

GGD（交流操作）
馈电柜二次接线图

馈电、不带计量、3TA、断路器(CW2)
不带电压表、自动或手动操作。

图样标记　数量　重量　比例
1:1
共 2 张　第 2 张

光盘页码：2-455

标记	处数	更改文件号	签字	日期
设 计		标准化		
绘 图		审 定		
审 核		批 准		
工 艺		日 期		

借(通)用件登记
描 图
描 校
旧底图总号
底图总号
签 字
日 期

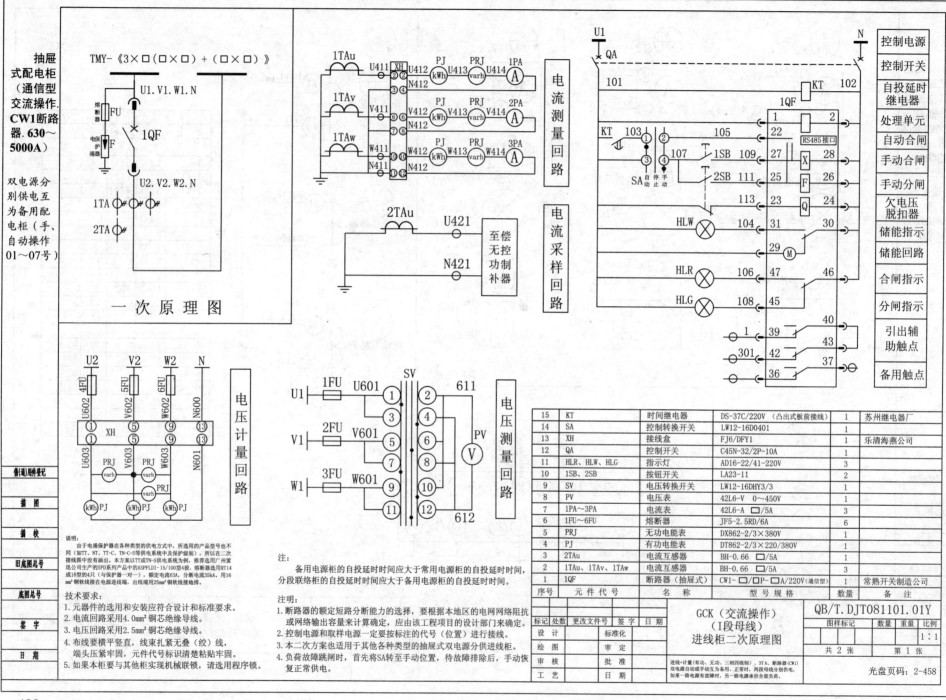

抽屉式配电柜（通信型交流操作．CW1断路器．630～5000A）

双电源分别供电互为备用配电柜（手、自动操作01～07号）

一次原理图

TMY-《3×□(□×□)+(□×□)》

电流测量回路

电流采样回路

电压计量回路

电压测量回路

说明：
由于电涌保护器在各种类型的供电方式中，所选用的产品型号也不同（如TT、NT、TT-C、TN-C-S等供电系统及保护级别），所以在二次接线图中没有画出。本方案以TT或TN-S供电系统为例，推荐选用广州雷迅公司生产的SPD系列产品中的ASPFLDI-15/100型4极，熔断器选用RT14或18型的4只（与保护器一对一），额定电流63A，分断电流35kA。用16mm²铜阻软线接在电源进线端，出线用25mm²铜软线接地排。

技术要求：
1. 元器件的选用和安装应符合设计和标准要求。
2. 电流回路采用4.0mm²铜芯绝缘线。
3. 电压回路采用2.5mm²铜芯绝缘线。
4. 布线要横平竖直，线束扎紧无叠（绞）线，端头压紧牢固，元件代号标识清楚粘贴牢固。
5. 如果本柜要与其他柜实现机械联锁，请选用程序锁。

注：
备用电源柜的自投延时时间应大于常用电源柜的自投延时时间，分段联络柜的自投延时时间应大于备用电源柜的自投延时时间。

注明：
1. 断路器的额定短路分断能力的选择，要根据本地区的电网网络阻抗或网络输出容量来计算确定，应由该工程项目的设计部门来确定。
2. 控制电源和取样电源一定要按标注的代号（位置）进行接线。
3. 本二次方案也适用于其他各种类型的抽屉式双电源分供进线柜。
4. 负荷故障跳闸时，首先将SA转至手动位置，待故障排除后，手动恢复正常供电。

15	KT	时间继电器	DS-37C/220V（凸出式板前接线）	1	苏州继电器厂
14	SA	控制转换开关	LW12-16D0401	1	
13	XH	接线盒	FJ6/DFY1	1	乐清海燕公司
12	QA	控制开关	C45N-32/2P-10A	1	
11	HLR、HLW、HLG	指示灯	AD16-22/41-220V	3	
10	1SB、2SB	按钮开关	LA23-11	2	
9	SV	电压转换开关	LW12-16DHY3/3	1	
8	PV	电压表	42L6-V　0～450V	1	
7	1PA～3PA	电流表	42L6-A　□/5A	3	
6	1FU～6FU	熔断器	JF5-2.5RD/6A	6	
5	PRJ	无功电能表	DX862-2/3×380V		
4	PJ	有功电能表	DT862-2/3×220/380V		
3	2TAu	电流互感器	BH-0.66　□/5A	1	
2	1TAu、1TAv、1TAw	电流互感器	BH-0.66　□/5A	3	
1	1QF	断路器（抽屉式）	CW1-□/□P-□A/220V（通信型）	1	常熟开关制造公司
序号	元件代号	名　称	型　号　规　格	数量	备　注

GCK（交流操作）（I段母线）进线柜二次原理图

进线+计量（有功、无功、三相四线制）、3TA、断路器（CW1）双电源自动或手动互为备用、正常时，两段母线分别供电。如果一路电源有故障时，另一路电源承担全部负荷。

QB/T.DJT081101.01Y

共 2 张　　第 1 张

光盘页码：2-458

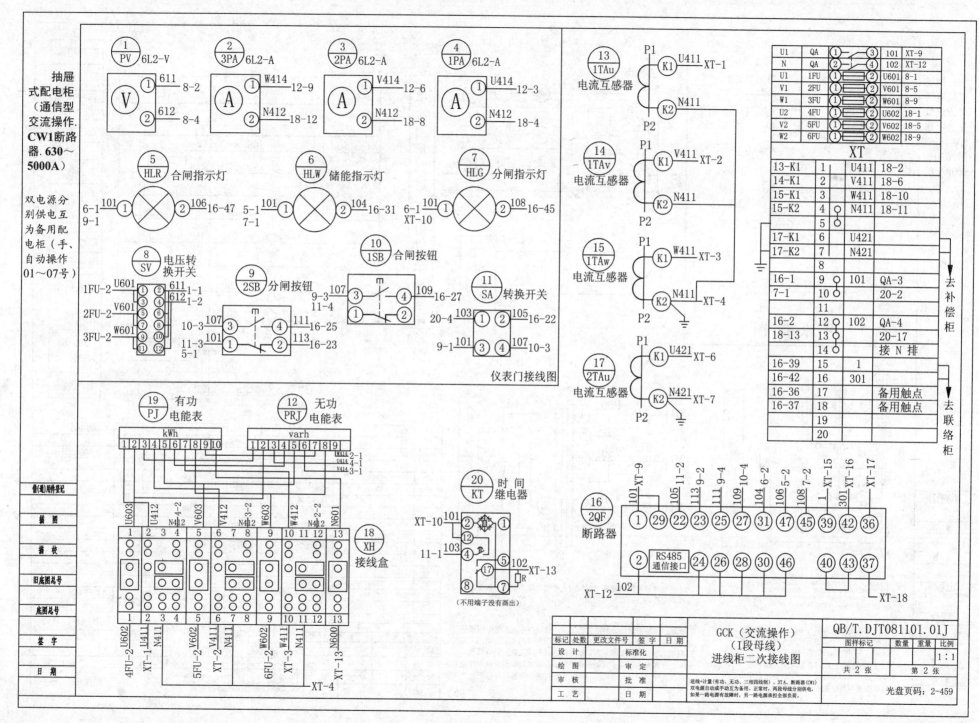

抽屉式配电柜（通信型交流操作. CW1断路器. 630～5000A）

双电源分别供电互为备用配电柜（手、自动操作01～07号）

1 PV	6L2-V
2 3PA	6L2-A
3 2PA	6L2-A
4 1PA	6L2-A

5 HLR 合闸指示灯
6 HLW 储能指示灯
7 HLG 分闸指示灯

8 SV 电压转换开关
9 2SB 分闸按钮
10 1SB 合闸按钮
11 SA 转换开关

仪表门接线图

13 1TAu 电流互感器
14 1TAv 电流互感器
15 1TAw 电流互感器
17 2TAu 电流互感器

U1	QA	① ③	101	XT-9
N	QA	② ④	102	XT-12
U1	1FU	① ②	U601	8-1
V1	2FU	① ②	V601	8-5
W1	3FU	① ②	W601	8-9
U2	4FU	① ②	U602	18-1
V2	5FU	① ②	V602	18-5
W2	6FU	① ②	W602	18-9

XT

13-K1	1	U411	18-2
14-K1	2	V411	18-6
15-K1	3	W411	18-10
15-K2	4	N411	18-11
	5		
17-K1	6	U421	
17-K2	7	N421	
	8		
16-1	9	101	QA-3
7-1	10		20-2
	11		
16-2	12	102	QA-4
18-13	13		20-17
	14		接N排
16-39	15	1	
16-42	16	301	
16-36	17		备用触点
16-37	18		备用触点
	19		
	20		

去补偿柜
去联络柜

19 PJ 有功电能表
12 PRJ 无功电能表

18 XH 接线盒

20 KT 时间继电器

（不用端子没有画出）

16 2QF 断路器
2 RS485通信接口

GCK（交流操作）（I段母线）进线柜二次接线图

QB/T.DJT081101.01J

标记	处数	更改文件号	签字	日期		图样标记		数量	重量	比例
设 计			标准化							1:1
绘 图			审 定							
审 核			批 准			共 2 张		第 2 张		
工 艺			日 期							

进线+计量（有功、无功、三相四线制）、3TA、断路器（CW1）双电源自动或手动互为备用、正常时、两段母线分别供电。如果一路电源有故障时、另一路电源承担全部负荷。

光盘页码：2-459

193

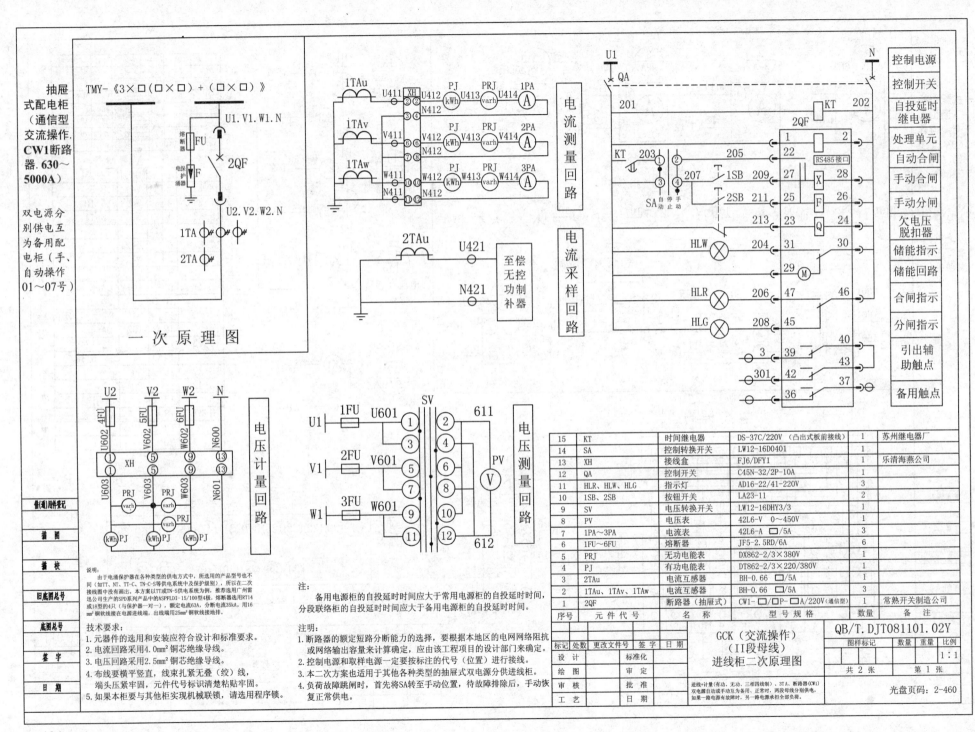

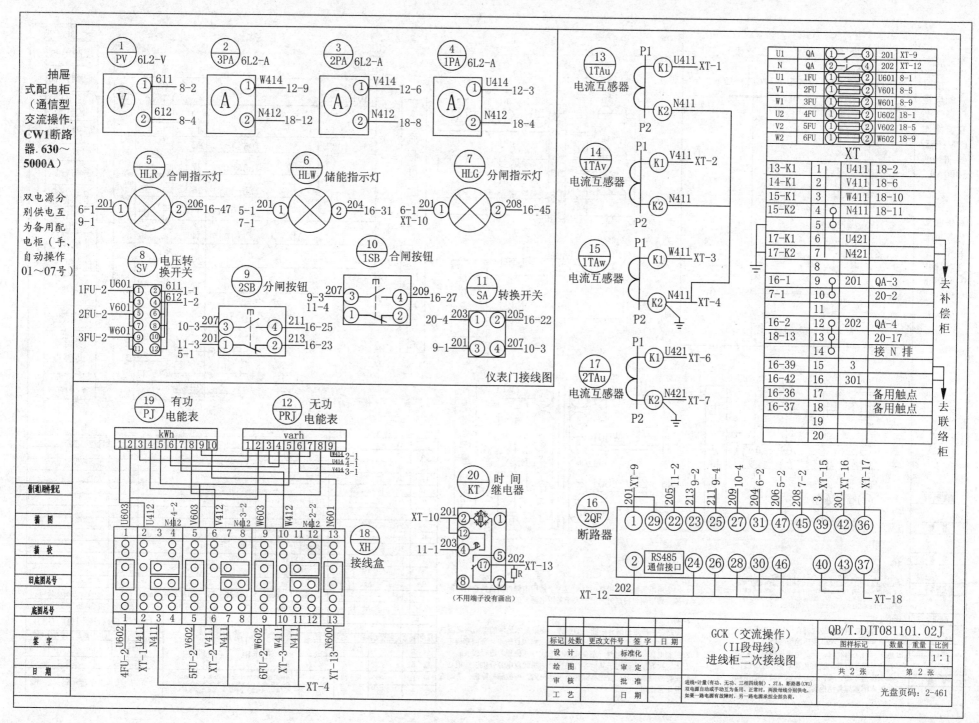

仪表门接线图

GCK（交流操作）
（II段母线）
进线柜二次接线图

QB/T.DJT081101.02J

共 2 张 第 2 张

光盘页码：2-461

195

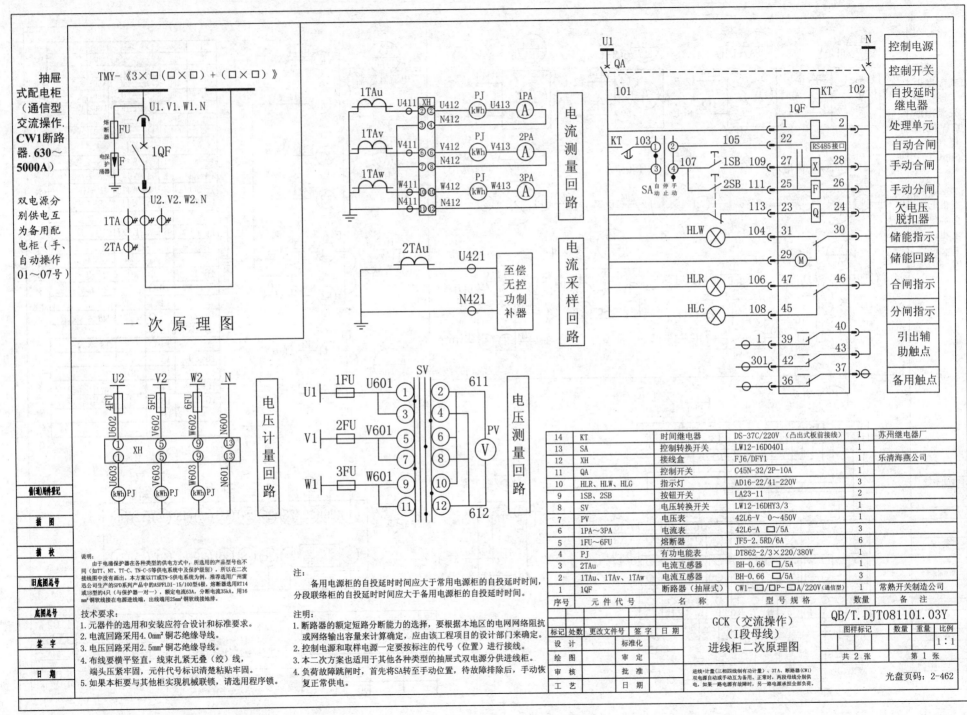

抽屉式配电柜（通信型交流操作.CW1断路器.630～5000A）

双电源分别供电互为备用配电柜（手、自动操作01～07号）

TMY-《3×□(□×□)+(□×□)》

U1.V1.W1.N

熔断器 FU
电保护器 F
1QF

U2.V2.W2.N

1TA
2TA

一次原理图

1TAu U411 XH U412 PJ U413 1PA
N412 kWh
1TAv V411 V412 PJ V413 2PA
N412 kWh
1TAw W411 W412 PJ W413 3PA
N411 N412 kWh

电流测量回路

2TAu U421
N421
至偿无控功率补偿器

电流采样回路

U2 V2 W2 N
4FU 5FU 6FU
U602 V602 W602 N600
XH
U603 V603 W603 N601
kWh PJ kWh PJ kWh PJ

电压计量回路

U1 1FU U601
V1 2FU V601
W1 3FU W601
SV 611 612 PV V

电压测量回路

U1 QA N
101
KT 102
1QF
KT 103 105
SA 自动 停止 手动
107 1SB 109
111 2SB
113
HLW 104
HLR 106
HLG 108
301
36

控制电源
控制开关
自投延时继电器
处理单元
自动合闸
手动合闸
手动分闸
欠电压脱扣器
储能指示
储能回路
合闸指示
分闸指示
引出辅助触点
备用触点

RS485接口

14	KT	时间继电器	DS-37C/220V（凸出式板前接线）	1	苏州继电器厂
13	SA	控制转换开关	LW12-16D0401	1	
12	XH	接线盒	FJ6/DFY1	1	乐清海燕公司
11	QA	控制开关	C45N-32/2P-10A	1	
10	HLR、HLW、HLG	指示灯	AD16-22/41-220V	3	
9	1SB、2SB	按钮开关	LA23-11	2	
8	SV	电压转换开关	LW12-16DHY3/3	1	
7	PV	电压表	42L6-V 0～450V	1	
6	1PA～3PA	电流表	42L6-A □/5A	3	
5	1FU～6FU	熔断器	JF5-2.5RD/6A	6	
4	PJ	有功电能表	DT862-2/3×220/380V	1	
3	2TAu	电流互感器	BH-0.66 □/5A	1	
2	1TAu、1TAv、1TAw	电流互感器	BH-0.66 □/5A	3	
1	1QF	断路器（抽屉式）	CW1-□/□P-□A/220V（通信型）	1	常熟开关制造公司
序号	元件代号	名称	型号规格	数量	备注

说明：
由于电涌保护器在各种类型的供电方式中，所选用的产品型号也不同（如TT、NT、TT-C、TN-C-S等供电系统中及保护级别），所以在二次接线中没有画出来。本方案以TT或TN-S供电系统为例，推荐选用广州雷迅公司生产的SPD系列产品中的ASPPLD1-15/100型4极，熔断器选用RT14或18型的4只（与保护器配一对一），额定电流63A，分断电流35kA，用16mm²铜软线接在电源进线端，出线端用25mm²铜软线接地排。

注：
备用电源柜的自投延时时间应大于常用电源柜的自投延时时间，分段联络柜的自投延时时间应大于备用电源柜的自投延时时间。

技术要求：
1. 元器件的选用和安装应符合设计和标准要求。
2. 电流回路采用4.0mm²铜芯绝缘导线。
3. 电压回路采用2.5mm²铜芯绝缘导线。
4. 布线要横平竖直，线束扎紧无叠（绞）线，端头扎紧牢固，元件代号标识清楚粘贴牢固。
5. 如果本柜要与其他柜实现机械联锁，请选用程序锁。

注明：
1. 断路器的额定短路分断能力的选择，要根据本地区的电网网络阻抗或网络输出容量来计算确定，应由该工程项目的设计部门来确定。
2. 控制电源和取样电源一定要按标注的代号（位置）进行接线。
3. 本二次方案也适用于其他各种类型的抽屉式双电源分供进线柜。
4. 负荷故障跳闸时，首先将SA转至手动位置，待故障排除后，手动恢复正常供电。

信(通)网件登记
描　图
描　校
旧底图总号
底图总号
签　字
日　期

标记	处数	更改文件号	签字	日期	
设　计			标准化		
绘　图			审　定		
审　核			批　准		
工　艺			日　期		

GCK（交流操作）（I段母线）进线柜二次原理图

QB/T.DJT081101.03Y

图样标记 ｜ 数量 ｜ 重量 ｜ 比例 1:1
共 2 张 第 1 张

进线+计量（三相四线制有功计量）、3TA、断路器（CW1）双电源自动或手动互为备用，正常时，两段母线分别供电，如果一路电源有故障时，另一路电源承担全部负荷。

光盘页码：2-462

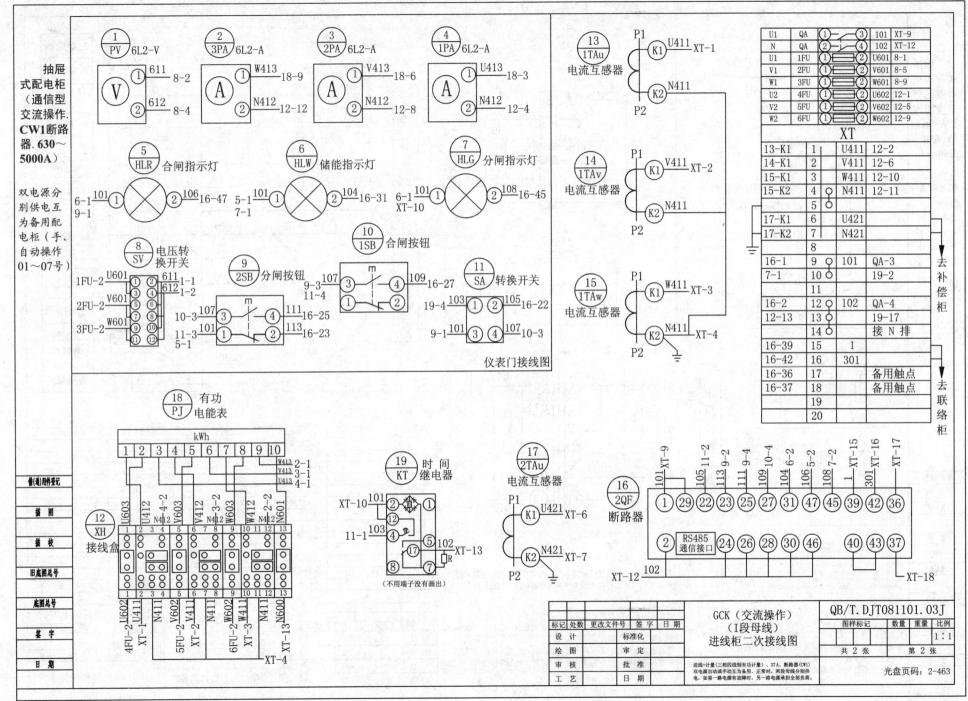

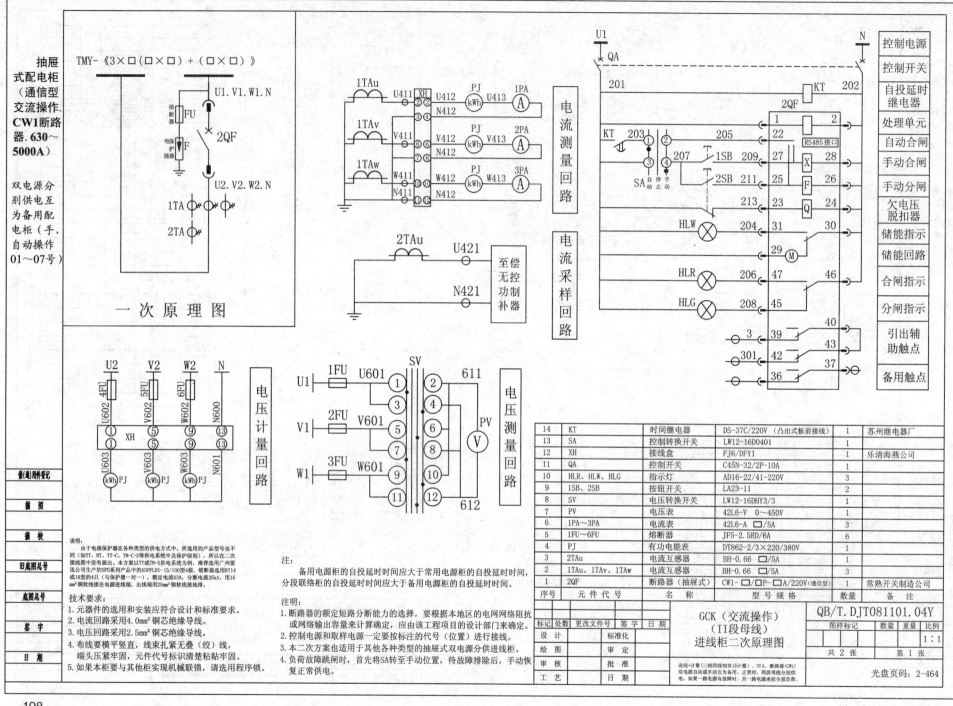

抽屉式配电柜（通信型交流操作. CW1断路器. 630～5000A）

双电源分别供电互为备用配电柜（手、自动操作 01～07号）

TMY-《3×□（□×□）+（□×□）》

一次原理图

电流测量回路

电流采样回路

电压计量回路

电压测量回路

	控制电源
	控制开关
	自投延时继电器
	处理单元
	自动合闸
	手动合闸
	手动分闸
	欠电压脱扣器
	储能指示
	储能回路
	合闸指示
	分闸指示
	引出辅助触点
	备用触点

说明：
由于电涌保护器在各种类型的供电方式中，所选用的产品型号也不同（如TT、NT、TT-C、TN-C-S等供电系统中保护级别），所以本二次接线图中没有画出。本方案以TT或TN-S供电系统为例，推荐选用广州雷迅公司生产的SPD系列产品中的ASPFLDI-15/100型C级，熔断器选用RT14或18型的4只（与保护器配一对），额定电流63A，分断电流35kA。用16mm²铜软线接在电源进线端，出线端用25mm²铜软线接地排。

技术要求：
1. 元器件的选用和安装应符合设计和标准要求。
2. 电流回路采用4.0mm²铜芯绝缘导线。
3. 电压回路采用2.5mm²铜芯绝缘导线。
4. 布线要横平竖直，线束扎紧无叠（绞）线，端头压紧牢靠，元件代号标识清楚粘贴牢固。
5. 如果本柜要与其他柜实现机械联锁，请选用程序锁。

注：
备用电源柜的自投延时时间应大于常用电源柜的自投延时时间，分段联络柜的自投延时时间应大于备用电源柜的自投延时时间。

注明：
1. 断路器的额定短路分断能力的选择，要根据本地区的电网网络阻抗或网络输出容量来计算确定，应由该工程项目的设计部门来确定。
2. 控制电源和取样电源一定要按标注的代号（位置）进行接线。
3. 本二次方案也适用于其他各种类型的抽屉式双电源分供进线柜。
4. 负荷故障跳闸时，首先将SA转至手动位置，待故障排除后，手动恢复正常供电。

14	KT	时间继电器	DS-37C/220V（凸出式板前接线）	1	苏州继电器厂
13	SA	控制转换开关	LW12-16D0401	1	
12	XH	接线盒	FJ6/DFY1	1	乐清海燕公司
11	QA	控制开关	C45N-32/2P-10A	1	
10	HLR、HLW、HLG	指示灯	AD16-22/41-220V	3	
9	1SB、2SB	按钮开关	LA23-11	2	
8	SV	电压转换开关	LW12-16DHY3/3	1	
7	PV	电压表	42L6-V 0～450V	1	
6	1PA～3PA	电流表	42L6-A □/5A	3	
5	1FU～6FU	熔断器	JF5-2.5RD/6A	6	
4	PJ	有功电能表	DT862-2/3×220/380V	1	
3	2TAu	电流互感器	BH-0.66 □/5A	1	
2	1TAu、1TAv、1TAw	电流互感器	BH-0.66 □/5A	3	
1	2QF	断路器（抽屉式）	CW1-□/□P-□A/220V（通信型）	1	常熟开关制造公司
序号	元件代号	名 称	型 号 规 格	数量	备 注

标记	处数	更改文件号	签字	日期		
设 计			标准化		GCK（交流操作）（II段母线）进线柜二次原理图	
绘 图			审 定			
审 核			批 准			
工 艺			日 期			

QB/T.DJT081101.04Y

图样标记	数量	重量	比例
			1:1
共 2 张		第 1 张	

进线+计量（三相四线制有功计量）、3TA、断路器（CW1）双电源通过手动互为备用、正常时，两段母线分别供电，如果一路电源有故障时，另一路电源承担全部负荷。

光盘页码：2-464

备（通）用件登记

描 图
描 校
旧底图总号
底图总号
签 字
日 期

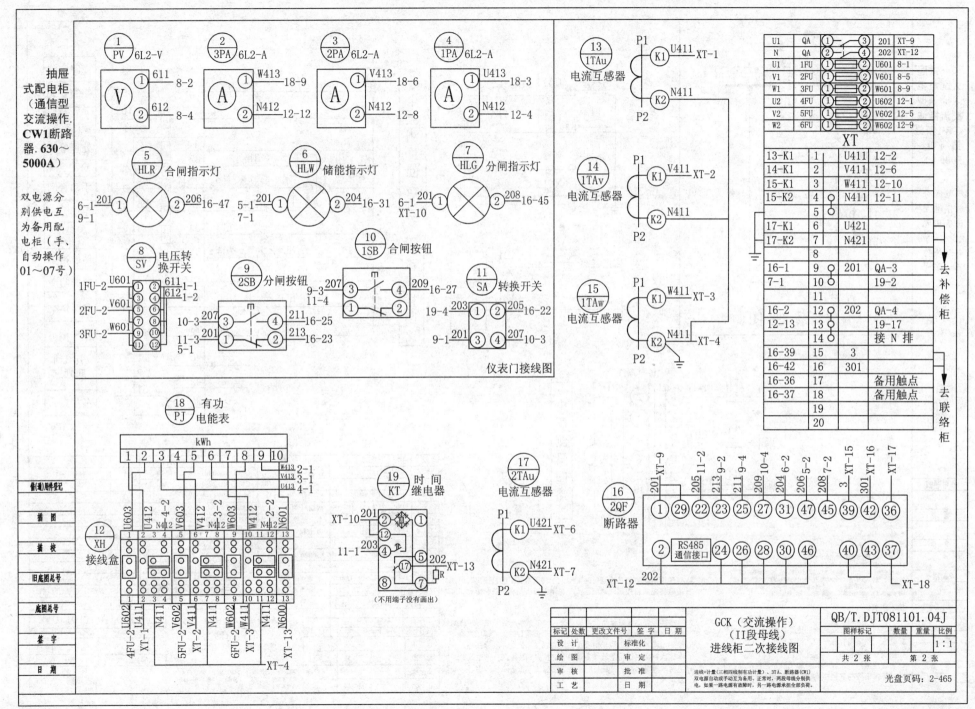

抽屉式配电柜（通信型交流操作.CW1断路器.630~5000A）

双电源分别供电互为备用配电柜（手、自动操作01~07号）

① PV 6L2-V
② 3PA 6L2-A
③ 2PA 6L2-A
④ 1PA 6L2-A

⑤ HLR 合闸指示灯
⑥ HLW 储能指示灯
⑦ HLG 分闸指示灯

⑧ SV 电压转换开关
⑨ 2SB 分闸按钮
⑩ 1SB 合闸按钮
⑪ SA 转换开关

仪表门接线图

⑬ 1TAu 电流互感器
⑭ 1TAv 电流互感器
⑮ 1TAw 电流互感器

XT

U1	QA	① ③	201	XT-9
N	QA	② ④	202	XT-12
U1	1FU	① ②	U601	8-1
V1	2FU	① ②	V601	8-5
W1	3FU	① ②	W601	8-9
U2	4FU	① ②	U602	12-1
V2	5FU	① ②	V602	12-5
W2	6FU	① ②	W602	12-9

13-K1	1	U411	12-2
14-K1	2	V411	12-6
15-K1	3	W411	12-10
15-K2	4	N411	12-11
	5		
17-K1	6	U421	
17-K2	7	N421	
	8		
16-1	9	201	QA-3
7-1	10		19-2
	11		
16-2	12	202	QA-4
12-13	13		19-17
	14		接N排
16-39	15	3	
16-42	16	301	
16-36	17	备用触点	
16-37	18	备用触点	
	19		
	20		

去补偿柜
去联络柜

⑱ PJ 有功电能表 kWh

⑫ XH 接线盒

⑲ KT 时间继电器
（不用端子没有画出）

⑰ 2TAu 电流互感器

⑯ 2QF 断路器
RS485通信接口

GCK（交流操作）（II段母线）进线柜二次接线图

QB/T.DJT081101.04J

标记	处数	更改文件号	签字	日期			
设 计			标准化		图样标记	数量	重量	比例
绘 图			审 定				1:1
审 核			批 准		共 2 张	第 2 张
工 艺			日 期		光盘页码：2-465

进线+计量（三相四线制有功计量）、3TA、断路器（CW1）
双电源自动或手动互为备用、正常时，两段母线分别供电，如果一路电源有故障时，另一路电源承担全部负荷。

199

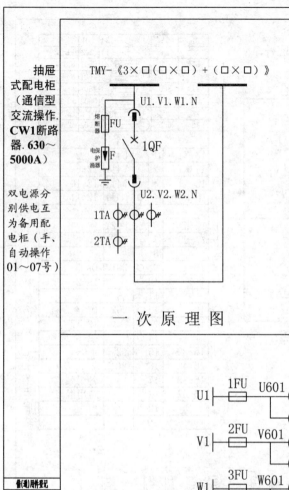

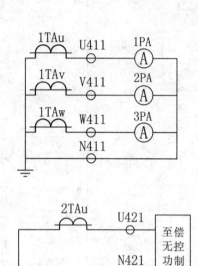

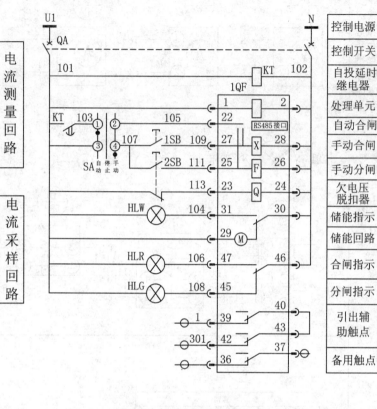

抽屉式配电柜（通信型交流操作. CW1断路器. 630～5000A）

双电源分别供电互为备用配电柜（手、自动操作01～07号）

TMY-《3×□(□×□)+(□×□)》

U1.V1.W1.N

熔断器 FU
电保护涌器 F
1QF
U2.V2.W2.N
1TA
2TA

一次原理图

1TAu U411 1PA (A)
1TAv V411 2PA (A)
1TAw W411 3PA (A)
N411

电流测量回路

2TAu U421 至偿无控功制补器
N421

电流采样回路

U1 1FU U601 SV 611
V1 2FU V601 612
W1 3FU W601 PV (V)

电压测量回路

控制电源
控制开关
自投延时继电器
处理单元
自动合闸
手动合闸
手动分闸
欠电压脱扣器
储能指示
储能回路
合闸指示
分闸指示
引出辅助触点
备用触点

U1 QA N
101 KT 102
1QF
1 2
KT 103 105 22 X 28
SA 自停手 动止动 107 1SB 109 27 F 26
2SB 111 25 Q
113 23 24
HLW 104 31 30
29 (M)
HLR 106 47 46
HLG 108 45
1 39 40
301 42 43
36 37
RS485接口

说明：
由于电涌保护器在各种类型的供电方式中，所选用的产品型号也不同（如TT、NT、TT-C、TN-C-S等供电系统中及保护级别），所以在二次接线图中没有画出。本方案以TT或TN-S供电系统为例，推荐选用广州雷迅公司生产的SPD系列产品中的ASPFLDI-15/100型4级，熔断器选用RT14或18型的4只（与保护器一对一），额定电流63A，分断电流35kA，用16 mm²铜软线接在电源进线端，出线端用25mm²铜软线接地埋。

技术要求：
1. 元器件的选用和安装应符合设计和标准要求。
2. 电流回路采用2.5mm²铜芯绝缘导线。
3. 电压回路采用1.5mm²铜芯绝缘导线。
4. 布线要横平竖直，线束扎紧无叠（绞）线，端头压紧牢固，元件代号标识清楚粘贴牢固。
5. 如果本柜要与其他柜实现机械联锁，请选用程序锁。

注：
备用电源柜的自投延时时间应大于常用电源柜的自投延时时间，分段联络柜的自投延时时间大于备用电源柜的自投延时时间。

注明：
1. 断路器的额定短路分断能力的选择，要根据本地区的电网网络阻抗或网络输出容量来计算确定，应由该工程项目的设计部门来确定。
2. 控制电源和取样电源一定要按标注的代号（位置）进行接线。
3. 本二次方案也适用于其他各种类型的抽屉式双电源分供进线柜。
4. 负荷故障跳闸时，首先将SA转至手动位置，待故障排除后，手动恢复正常供电。

12	KT	时间继电器	DS-37C/220V（凸出式板前接线）	1	苏州继电器厂
11	SA	控制转换开关	LW12-16D0401	1	
10	QA	控制开关	C45N-32/2P-10A	1	
9	HLR、HLW、HLG	指示灯	AD16-22/41-220V	3	
8	1SB、2SB	按钮开关	LA23-11	2	
7	SV	电压转换开关	LW12-16DHY3/3	1	
6	PV	电压表	42L6-V 0～450V	1	
5	1PA～3PA	电流表	42L6-A □/5A	3	
4	1FU～3FU	熔断器	JF5-2.5RD/6A	3	
3	2TAu	电流互感器	BH-0.66 □/5A	1	
2	1TAu、1TAv、1TAw	电流互感器	BH-0.66 □/5A	3	
1	1QF	断路器（抽屉式）	CW1-□/P-□A/220V（通信型）	1	常熟开关制造公司
序号	元件代号	名 称	型 号 规 格	数量	备 注

QB/T.DJT081101.05Y

GCK（交流操作）（I段母线）进线柜二次原理图

标记	处数	更改文件号	签字	日期
设 计		标准化		
绘 图		审 定		
审 核		批 准		
工 艺		日 期		

图样标记 | 数量 | 重量 | 比例
1:1
共 2 张 | 第 1 张

进线、不带计量、3TA、断路器（CW1）、双电源自动或手动互为备用，正常时，两段母线分别供电，如果一路电源有故障时，另一路电源承担全部负荷。

光盘页码：2-466

备(通)用件登记
描 图
描 校
旧底图总号
底图总号
签 字
日 期

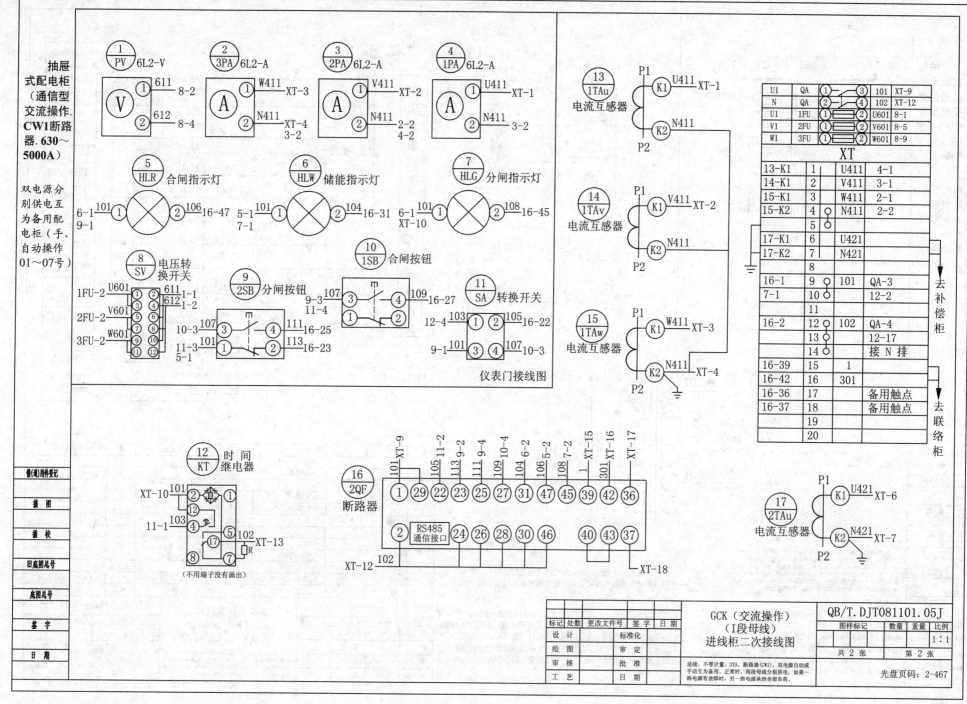

抽屉式配电柜（通信型交流操作.CW1断路器.630～5000A）

双电源分别供电互为备用配电柜（手、自动操作01～07号）

仪表门接线图

GCK（交流操作）
（I段母线）
进线柜二次接线图

QB/T.DJT081101.05J

U1	QA	①	③	101	XT-9
N	QA	②	④	102	XT-12
U1	1FU	①	②	U601	8-1
V1	2FU	①	②	V601	8-5
W1	3FU	①	②	W601	8-9

XT

13-K1	1	U411	4-1
14-K1	2	V411	3-1
15-K1	3	W411	2-1
15-K2	4	N411	2-2
	5		
17-K1	6	U421	
17-K2	7	N421	
	8		
16-1	9	101	QA-3
7-1	10		12-2
	11		
16-2	12	102	QA-4
	13		12-17
	14		接 N 排
16-39	15	1	
16-42	16	301	
16-36	17	备用触点	
16-37	18	备用触点	
	19		
	20		

去补偿柜
去联络柜

1 PV 6L2-V
2 3PA 6L2-A
3 2PA 6L2-A
4 1PA 6L2-A

5 HLR 合闸指示灯
6 HLW 储能指示灯
7 HLG 分闸指示灯

8 SV 电压转换开关
9 2SB 分闸按钮
10 1SB 合闸按钮
11 SA 转换开关

12 KT 时间继电器
16 2QF 断路器
RS485通信接口
（不用端子没有画出）

13 1TAu 电流互感器
14 1TAv 电流互感器
15 1TAw 电流互感器
17 2TAu 电流互感器

标记	处数	更改文件号	签字	日期
设 计		标准化		
绘 图		审 定		
审 核		批 准		
工 艺		日 期		

图样标记 / 数量 / 重量 / 比例 1:1
共 2 张   第 2 张

进线、不带计量、3TA、断路器（CW1）、双电源自动或手动互为备用，正常时，两段母线分别供电，如果一路电源有故障时，另一路电源承担全部负荷。

光盘页码：2-467

201

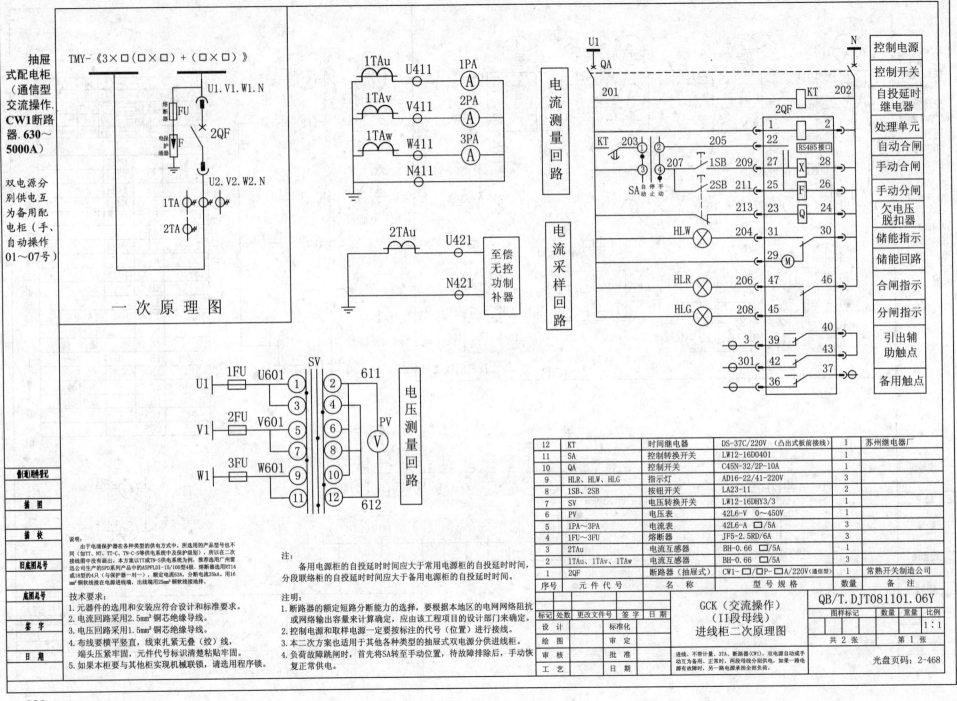

抽屉式配电柜（通信型.交流操作.CW1断路器.630～5000A）

双电源分别供电互为备用配电柜（手、自动操作01～07号）

TMY-《3×□(□×□)+(□×□)》

一次原理图

电流测量回路

电流采样回路

电压测量回路

控制电源
控制开关
自投延时继电器
处理单元
自动合闸
手动合闸
手动分闸
欠电压脱扣器
储能指示
储能回路
合闸指示
分闸指示
引出辅助触点
备用触点

说明：
由于电涌保护器在各种类型的供电方式中，所选用的产品型号也不同（如TT、NT、TT-C、TN-C-S等供电系统中及保护级别），所以在二次接线图中没有画出。本方案以TT或TN-S供电系统为例，推荐选用广州雷迅公司生产的SPD系列产品中的ASPFLDI-15/100型4极，熔断器选用RT14或18型的4只（与保护器一对一），额定电流63A，分断电流35kA，用16mm²铜软线接在电源进线端，出线端用25mm²铜软线接地排。

技术要求：
1. 元器件的选用和安装应符合设计和标准要求。
2. 电流回路采用2.5mm²铜芯绝缘导线。
3. 电压回路采用1.5mm²铜芯绝缘导线。
4. 布线要横平竖直，线束扎紧无叠（绞）线，端头压紧牢固，元件代号标识清楚粘贴牢固。
5. 如果本柜要与其他柜实现机械联锁，请选用程序锁。

注：
备用电源柜的自投延时时间应大于常用电源柜的自投延时时间，分段联络柜的自投延时时间应大于备用电源柜的自投延时时间。

注明：
1. 断路器的额定短路分断能力的选择，要根据本地区的电网网络阻抗或网络输出容量来计算确定，应由该工程项目的设计部门来确定。
2. 控制电源和取样电源一定要按标注的代号（位置）进行接线。
3. 本二次方案也适用于其他各种类型的抽屉式双电源分供进线柜。
4. 负荷故障跳闸时，首先将SA转至手动位置，待故障排除后，手动恢复正常供电。

序号	元件代号	名称	型号规格	数量	备注
12	KT	时间继电器	DS-37C/220V（凸出式板前接线）	1	苏州继电器厂
11	SA	控制转换开关	LW12-16D0401	1	
10	QA	控制开关	C45N-32/2P-10A	1	
9	HLR、HLW、HLG	指示灯	AD16-22/41-220V	3	
8	1SB、2SB	按钮开关	LA23-11	2	
7	SV	电压转换开关	LW12-16DHY3/3	1	
6	PV	电压表	42L6-V 0～450V	1	
5	1PA～3PA	电流表	42L6-A □/5A	3	
4	1FU～3FU	熔断器	JF5-2.5RD/6A	3	
3	2TAu	电流互感器	BH-0.66 □/5A	1	
2	1TAu、1TAv、1TAw	电流互感器	BH-0.66 □/5A	3	
1	2QF	断路器（抽屉式）	CW1-□/□P-□A/220V（通信型）	1	常熟开关制造公司

GCK（交流操作）（II段母线）进线柜二次原理图

QB/T.DJT081101.06Y

进线、不带计量、3TA、断路器（CW1），双电源自动或手动互为备用，正常时，两段母线分别供电，如果一路电源有故障时，另一路电源承担全部负荷。

比例 1:1

共2张　第1张

光盘页码：2-468

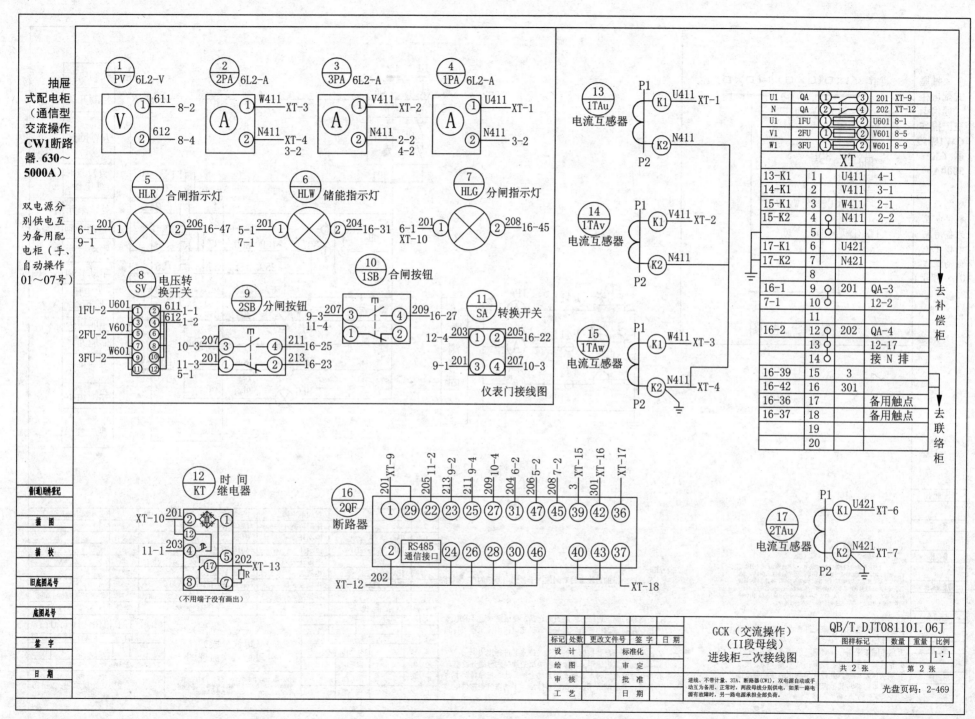

抽屉式配电柜（通信型交流操作.CW1断路器.630～5000A）

双电源分别供电互为备用配电柜（手、自动操作 01～07号）

① PV 6L2-V	② 2PA 6L2-A	③ 3PA 6L2-A	④ 1PA 6L2-A
V ① 611 8-2 ② 612 8-4	A ① W411 XT-3 ② N411 XT-4 3-2	A ① V411 XT-2 ② N411 2-2 4-2	A ① U411 XT-1 ② N411 3-2

⑤ HLR 合闸指示灯   6-1 9-1 201 ① ⊗ ② 206 16-47

⑥ HLW 储能指示灯   5-1 7-1 201 ① ⊗ ② 204 16-31

⑦ HLG 分闸指示灯   6-1 XT-10 201 ① ⊗ ② 208 16-45

⑧ SV 电压转换开关

1FU-2 U601 611 ①②612 1-1 1-2
2FU-2 V601 ③④⑤⑥ 10-3 207 ③④ 211 16-25
3FU-2 W601 ⑦⑧ 11-3 201 ①② 213 16-23
⑨⑩⑪⑫ 11-3 5-1

⑨ 2SB 分闸按钮   9-3 11-4 207 ③ ④ 209 16-27 ①②

⑩ 1SB 合闸按钮

⑪ SA 转换开关   12-4 203 ① ② 205 16-22   9-1 201 ③ ④ 207 10-3

仪表门接线图

⑬ 1TAu 电流互感器   P1 K1 U411 XT-1 K2 N411 P2

⑭ 1TAv 电流互感器   P1 K1 V411 XT-2 K2 N411 P2

⑮ 1TAw 电流互感器   P1 K1 W411 XT-3 K2 N411 XT-4 P2

U1	QA	①	③	201	XT-9
N	QA	②	④	202	XT-12
U1	1FU	①	②	U601	8-1
V1	2FU	①	②	V601	8-5
W1	3FU	①	②	W601	8-9

XT

13-K1	1	U411	4-1
14-K1	2	V411	3-1
15-K1	3	W411	2-1
15-K2	4	N411	2-2
	5		
17-K1	6	U421	
17-K2	7	N421	
	8		
16-1	9	201	QA-3
7-1	10		12-2
	11		
16-2	12	202	QA-4
	13		12-17
	14		接 N 排
16-39	15	3	
16-42	16	301	
16-36	17	备用触点	
16-37	18	备用触点	
	19		
	20		

去补偿柜
去联络柜

⑫ KT 时间继电器

XT-10 201 ② ◇ ① 12 11-1 203 ④ ⑤ 202 XT-13 ⑰ ⑧ ⑦ R

（不用端子没有画出）

⑯ 2QF 断路器

201 XT-9, 205 11-2, 213 9-2, 211 9-4, 209 10-4, 204 6-2, 206 5-2, 208 7-2, 3 XT-15, 301 XT-16, XT-17

① 29 22 23 25 27 31 47 45 39 42 36
② RS485 通信接口 24 26 28 30 46 40 43 37
XT-12 202   XT-18

⑰ 2TAu 电流互感器   P1 K1 U421 XT-6 K2 N421 XT-7 P2

槽(通)用件登记			
描 图			
描 校			
旧底图总号			
底图总号			
签 字			
日 期			

标记	处数	更改文件号	签字	日期
设 计			标准化	
绘 图			审 定	
审 核			批 准	
工 艺			日 期	

GCK（交流操作）（II段母线）进线柜二次接线图

进线、不带计量、3TA、断路器(CW1)，双电源自动或手动互为备用、正常时，两段母线分别供电，如果一路电源有故障时，另一路电源承担全部负荷。

QB/T.DJT081101.06J

图样标记	数量	重量	比例
			1:1

共 2 张   第 2 张

光盘页码：2-469

203

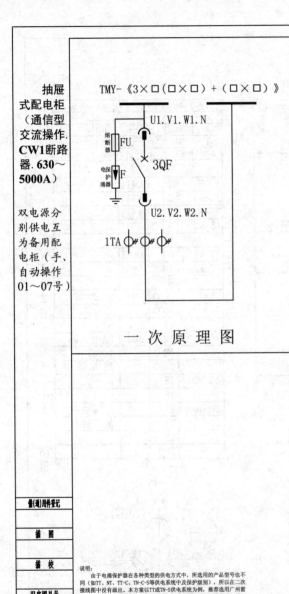

抽屉式配电柜（通信型交流操作，CW1断路器，630～5000A）

双电源分别供电互为备用配电柜（手、自动操作01～07号）

TMY-《3×□（□×□）+（□×□）》

FU 熔断器
F 电保护涌器
3QF
U1.V1.W1.N
U2.V2.W2.N
1TA

一次原理图

1TAu U411 1PA (A)
1TAv V411 2PA (A)
1TAw W411 3PA (A)
N411

电流测量回路

U1 U2 N
QA
2QF 1QF
301
3QF
KT 302
KT 303 305
307 1SB 309
SA 自动停止手动
2SB 311
313
HLW 304
HLR 306
HLG 308
RS485接口
X F Q
M
36 37

控制电源
控制开关
互锁回路
自投延时继电器
处理单元
自动合闸
手动合闸
手动分闸
欠电压脱扣器
储能指示
储能回路
合闸指示
分闸指示
备用触点

说明：
由于电涌保护器在各种类型的供电方式中，所选用的产品型号也不同（如TT、NT、TT-C、TN-C-S等供电系统及保护级别），所以在二次接线图中没有画出。本方案以TT或TN-S供电系统为例，推荐选用广州雷迅公司生产的SPD系列产品中的ASPFLD2-40/4P型，熔断器选用RT14或18型的4只（与保护器一对一），额定电流32A，分断电流10kA。用10mm²铜软线接在电源进线端，出线端用16mm²铜软线接地排。

技术要求：
1. 元器件的选用和安装应符合设计和标准要求。
2. 电流回路采用2.5mm²铜芯绝缘导线。
3. 电压回路采用1.5mm²铜芯绝缘导线。
4. 布线要横平竖直，线束扎紧无叠（绞）线，端头压紧牢固，元件代号标识清楚粘贴牢固。
5. 如果本柜要与其他柜实现机械联锁，请选用程序锁。

注：
分段联络柜的自投延时时间应大于备用电源柜的自投延时时间。

注明：
1. 断路器的额定短路分断能力的选择，要根据本地区的电网网络阻抗或网络输出容量来计算确定，应由该工程项目的设计部门来确定。
2. 控制电源一定要按标注的代号（位置）进行接线。
3. 本二次方案也适用于其他各种类型的抽屉式母线分段柜。
4. 负荷故障跳闸时，本柜不能自动合闸，此时将SA转至手动位置，并手动跳闸，待故障排除后，手动恢复正常供电。

8	KT	时间继电器	DS-37C/220V（凸出式板前接线）	1	苏州继电器厂
7	SA	控制转换开关	LW12-16D0401	1	
6	QA	控制开关	C45N-32/3P-10A	1	
5	HLR、HLW、HLG	指示灯	AD16-22/41-220V	3	
4	1SB、2SB	按钮开关	LA23-11	2	
3	1PA～3PA	电流表	42L6-A □/5A	3	
2	1TAu、1TAv、1TAw	电流互感器	BH-0.66 □/5A	3	
1	3QF	断路器（抽屉式）	CW1-□/□P-□A/220V（通信型）	1	常熟开关制造公司
序号	元件代号	名称	型号规格	数量	备注

QB/T.DJT081101.07Y

标记	处数	更改文件号	签字	日期
设计			标准化	
绘图			审定	
审核			批准	
工艺			日期	

GCK（交流操作）（母线分段）分段柜二次原理图

比例 1:1
共 2 张 第 1 张

联络分段、3TA、断路器（CW1）、正常时，本柜不工作，两段母线分别供电，如果一路母线有故障时，本柜自动或手动投入运行，另一路电源承担全部负荷。

光盘页码：2-470

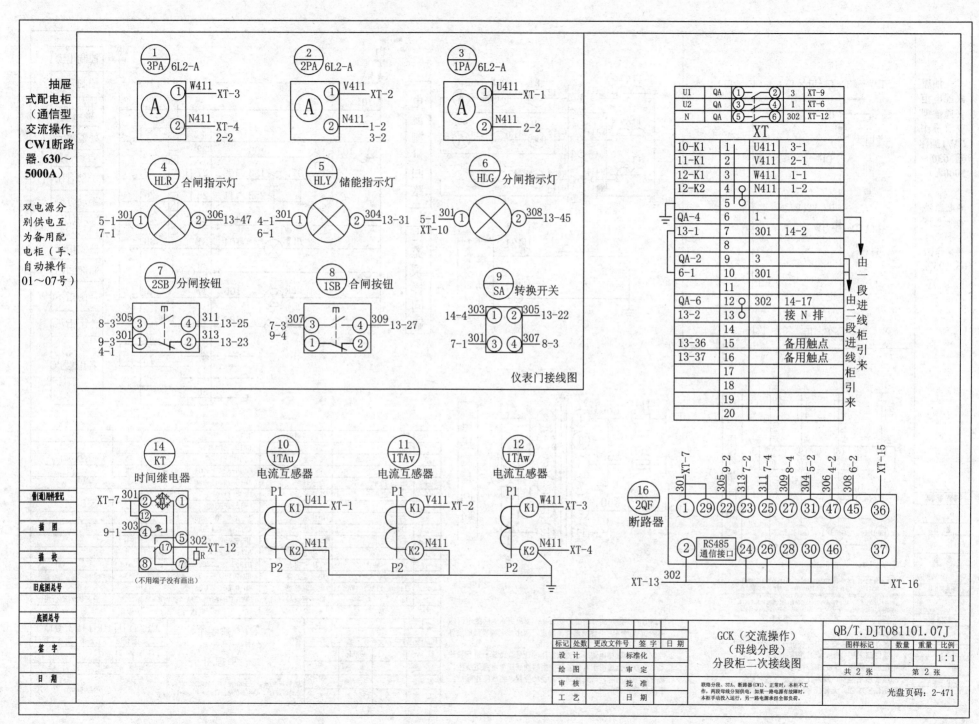

仪表门接线图

GCK（交流操作）
（母线分段）
分段柜二次接线图

QB/T.DJT081101.07J

标记	处数	更改文件号	签 字	日 期
设 计			标准化	
绘 图			审 定	
审 核			批 准	
工 艺			日 期	

联络分段、3TA、断路器(CW1)、正常时，本柜不工
作，两段母线分别供电，如果一路电源有故障时，
本柜手动投入运行，另一路电源承担全部负荷。

图样标记　数量　重量　比例
1:1
共 2 张　　第 2 张

光盘页码：2-471

205

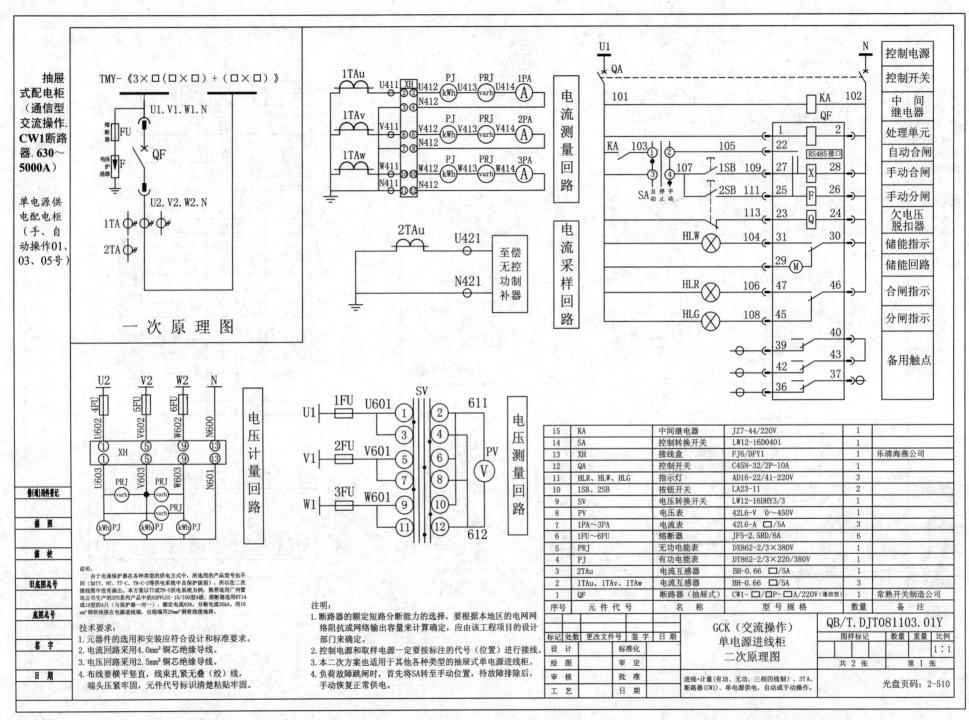

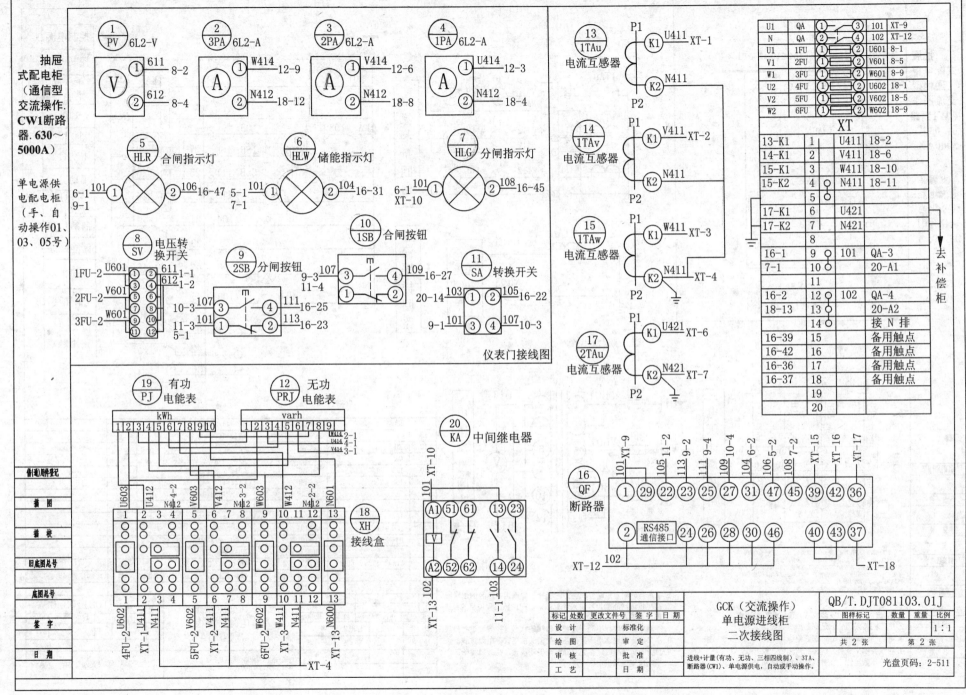

抽屉式配电柜（通信型交流操作,CW1断路器.630～5000A）

单电源供电配电柜（手、自动操作01、03、05号）

仪表门接线图

GCK（交流操作）单电源进线柜二次接线图

QB/T.DJT081103.01J

进线+计量(有功、无功、三相四线制)、3TA、断路器(CW1)、单电源供电,自动或手动操作。

共2张　第2张

光盘页码:2-511

207

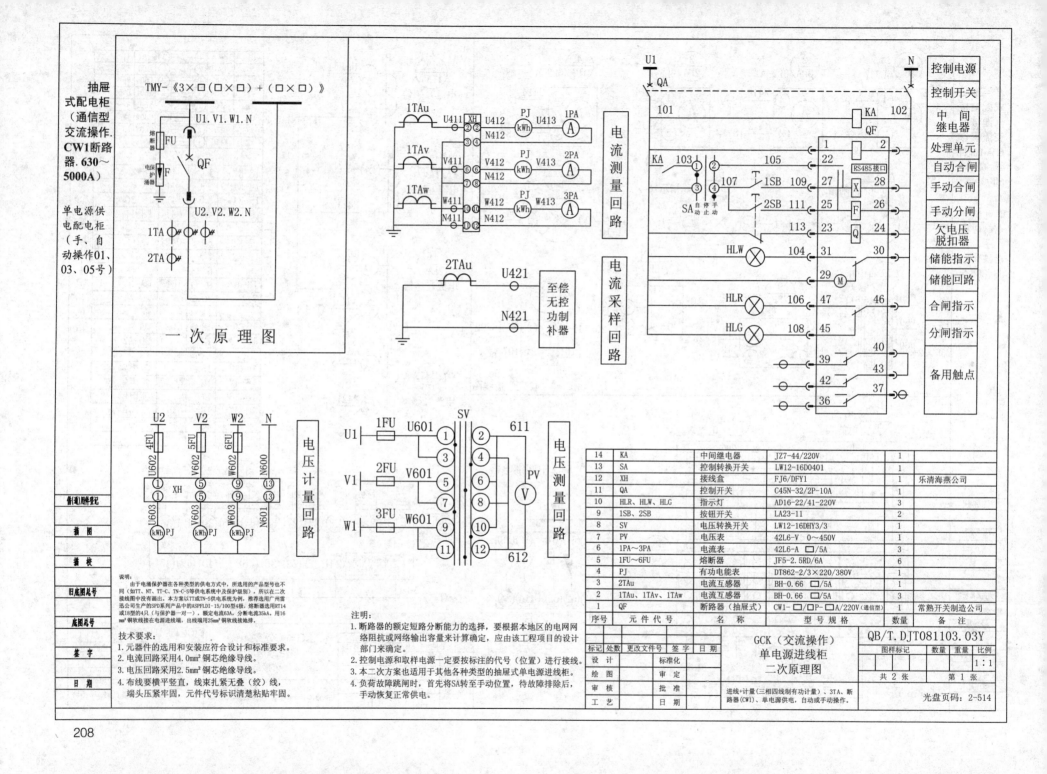

抽屉式配电柜（通信型交流操作.CW1断路器.630～5000A）

单电源供电配电柜（手、自动操作01、03、05号）

TMY-《3×□(□×□)+(□×□)》

一次原理图

U1.V1.W1.N
熔断器 FU
电保护涌器 F
QF
U2.V2.W2.N
1TA
2TA

电流测量回路

电流采样回路

1TAu U411 XH U412 PJ U413 1PA
N412 kWh
1TAv V411 V412 PJ V413 2PA
N412 kWh
1TAw W411 W412 PJ W413 3PA
N411 N412 kWh

2TAu U421 至偿无控功制补器
N421

控制电源
控制开关
中间继电器
处理单元
自动合闸
手动合闸
手动分闸
欠电压脱扣器
储能指示
储能回路
合闸指示
分闸指示
备用触点

U1 QA
101 KA 102
KA 103 105 QF
107 1SB 109 1 2
SA 自停手 动止动 113 22
2SB 111 27 RS485接口 X 28
25 F 26
HLW 104 23 Q 24
31 30
29 M
HLR 106 47 46
HLG 108 45
40
39 43
42
37
36

电压计量回路

U2 V2 W2 N
4FU 5FU 6FU
U602 V602 W602 N600
XH
U603 V603 W603 N601
kWh PJ kWh PJ kWh PJ

电压测量回路

SV
1FU U601 1 2 611
U1
3 4
2FU V601 5 6 PV
V1 7 8 V
3FU W601 9 10
W1 11 12 612

说明：
由于电涌保护器在各种类型的供电方式中，所选用的产品型号也不同（如TT、NT、TT-C、TN-C-S等供电系统中及保护级别），所以在二次接线图中没有画出。本方案以TT或TN-S供电系统为例，推荐选用广州雷迅公司生产的SPD系列产品中的ASPFLDI-15/100型4级，熔断器选用RT14或18型的4只（与保护器一对一），额定电流63A，分断电流35kA，用16㎜²铜软线接在电源进线端，出线端用25㎜²铜软线接地排。

技术要求：
1. 元器件的选用和安装应符合设计和标准要求。
2. 电流回路采用4.0mm²铜芯绝缘导线。
3. 电压回路采用2.5mm²铜芯绝缘导线。
4. 布线要横平竖直，线束扎督无叠（绞）线，端头压紧牢固，元件代号标识清楚粘贴牢固。

注明：
1. 断路器的额定短路分断能力的选择，要根据本地区的电网网络阻抗或网络输出容量来计算确定，应由该工程项目的设计部门来确定。
2. 控制电源和采样电源一定要按标注的代号（位置）进行接线。
3. 本二次方案也适用于其他各种类型的抽屉式单电源进线柜。
4. 负荷故障跳闸时，首先将SA转至手动位置，待故障排除后，手动恢复正常供电。

备(通)照件记

插 图

描 校

旧底图总号

底图总号

鉴 字

日 期

14	KA	中间继电器	JZ7-44/220V	1	
13	SA	控制转换开关	LW12-16D0401	1	
12	XH	接线盒	FJ6/DFY1	1	乐清海燕公司
11	QA	控制开关	C45N-32/2P-10A	1	
10	HLR、HLW、HLG	指示灯	AD16-22/41-220V	3	
9	1SB、2SB	按钮开关	LA23-11	2	
8	SV	电压转换开关	LW12-16DHY3/3	1	
7	PV	电压表	42L6-V 0～450V	1	
6	1PA～3PA	电流表	42L6-A □/5A	3	
5	1FU～6FU	熔断器	JF5-2.5RD/6A	6	
4	PJ	有功电能表	DT862-2/3×220/380V	1	
3	2TAu	电流互感器	BH-0.66 □/5A	1	
2	1TAu、1TAv、1TAw	电流互感器	BH-0.66 □/5A	3	
1	QF	断路器（抽屉式）	CW1-□/□P-□A/220V（通信型）	1	常熟开关制造公司
序号	元件代号	名 称	型号规格	数量	备 注

		更改文件号	签 字	日 期		GCK（交流操作）单电源进线柜二次原理图	QB/T.DJT081103.03Y
标记	处数						图样标记 数量 重量 比例
设 计		标准化					1:1
绘 图		审 定					
审 核		批 准				共 2 张 第 1 张	
工 艺						进线+计量（三相四线制有功计量）、3TA、断路器(CW1)、单电源供电，自动或手动操作。	光盘页码：2-514

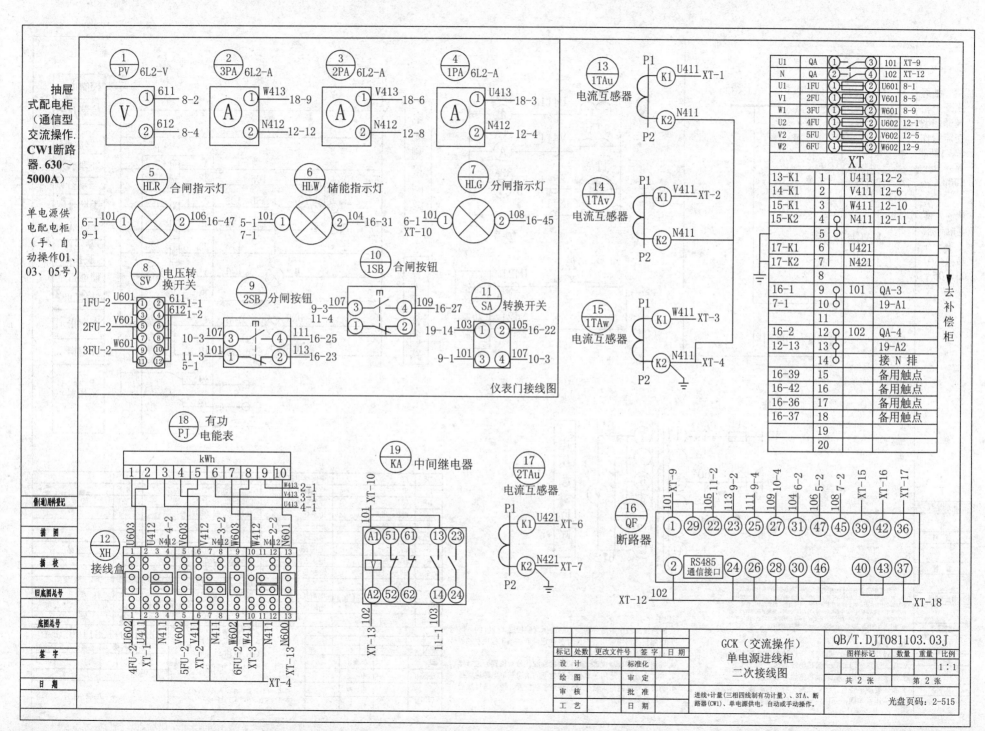

仪表门接线图

GCK（交流操作）
单电源进线柜
二次接线图

QB/T.DJT081103.03J

进线+计量（三相四线制有功计量）、3TA、断路器(CW1)、单电源供电，自动或手动操作。

光盘页码：2-515

共 2 张　　第 2 张

1:1

抽屉式配电柜（通信型交流操作.CW1断路器.630～5000A）

单电源供电配电柜（手、自动操作01、03、05号）

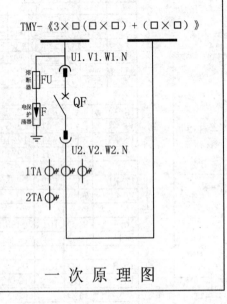

TMY-《3×□(□×□)＋(□×□)》

熔断器 FU

电保护涌器 F

QF

U1.V1.W1.N

U2.V2.W2.N

1TA

2TA

一次原理图

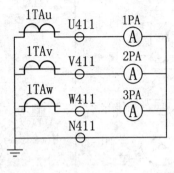

1TAu U411 1PA (A)
1TAv V411 2PA (A)
1TAw W411 3PA (A)
      N411

电流测量回路

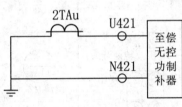

2TAu U421 至偿无控功制补器
      N421

电流采样回路

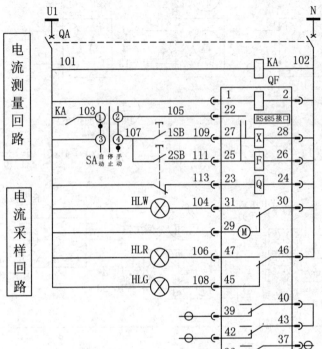

电压测量回路

SV

U1 1FU U601 ①② 611
V1 2FU V601 ③④⑤⑥ PV (V)
W1 3FU W601 ⑦⑧⑨⑩⑪⑫ 612

二次原理图相关

控制电源
控制开关
中间继电器
处理单元
自动合闸
手动合闸
手动分闸
欠电压脱扣器
储能指示
储能回路
合闸指示
分闸指示
备用触点

说明：由于电涌保护器在各种类型的供电方式中，所选用的产品型号也不同（如TT、NT、TT-C、TN-C-S等供电系统及保护级别），所以在二次接线图中没有画出。本方案以TT或TN-S供电系统为例，推荐选用广州雷迅公司生产的SPD系列产品中的ASPFLDI-15/100型4极，熔断器选用RT14或18型的4只（与保护器一对一），额定电流63A，分断电流35kA，用16mm²铜软线接在电源进线端，出线端用25mm²铜软线接地排。

技术要求：
1.元器件的选用和安装应符合设计和标准要求。
2.电流回路采用2.5mm²铜芯绝缘导线。
3.电压回路采用1.5mm²铜芯绝缘导线。
4.布线要横平竖直，线束扎紧无叠(绞)线，端头压紧牢固，元件代号标识清楚粘贴牢固。

注明：
1.断路器的额定短路分断能力的选择，要根据本地区的电网网络阻抗或网络输出容量来计算确定，应由该工程项目的设计部门来确定。
2.控制电源和取样电源一定要按标注的代号（位置）进行接线。
3.本二次方案也适用于其他各种类型的抽屉式单电源进线柜。
4.负荷故障跳闸时，首先将SA转至手动位置，待故障排除后，手动恢复正常供电。

12	KA	中间继电器	JZ7-44/220V	1	
11	SA	控制转换开关	LW12-16D0401	1	
10	QA	控制开关	C45N-32/2P-10A	1	
9	HLR、HLW、HLG	指示灯	AD16-22/41-220V	3	
8	1SB、2SB	按钮开关	LA23-11	2	
7	SV	电压转换开关	LW12-16DHY3/3	1	
6	PV	电压表	42L6-V 0～450V	1	
5	1PA～3PA	电流表	42L6-A □/5A	3	
4	1FU～3FU	熔断器	JF5-2.5RD/6A	3	
3	2TAu	电流互感器	BH-0.66 □/5A	1	
2	1TAu、1TAv、1TAw	电流互感器	BH-0.66 □/5A	3	
1	QF	断路器（抽屉式）	CW1-□/□P-□A/220V（通信型）	1	常熟开关制造公司
序号	元件代号	名　称	型　号　规　格	数量	备　注

标记	处数	更改文件号	签字	日期	GCK（交流操作）单电源进线柜二次原理图	QB/T.DJT081103.05Y		
设 计		标准化				图样标记	数量	重量	比例
绘 图		审 定							1:1
审 核		批 准			进线、不带计量、3TA、断路器(CW1)单电源供电，自动或手动操作。	共 2 张	第 1 张	
工 艺		日 期				光盘页码：2-518		

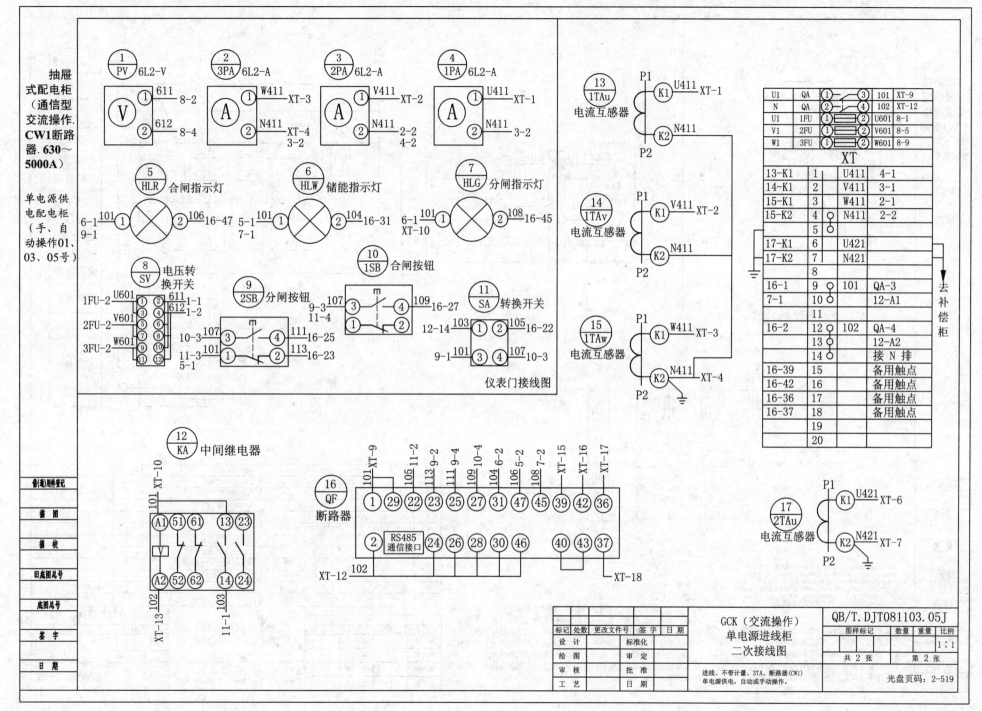

抽屉式配电柜（通信型交流操作.CW1断路器.630~5000A）

单电源供电配电柜（手、自动操作01、03、05号）

仪表门接线图

GCK（交流操作）单电源进线柜二次接线图

进线、不带计量、3TA、断路器（CW1）单电源供电，自动或手动操作。

QB/T.DJT081103.05J

图样标记	数量	重量	比例
			1:1

共 2 张　　第 2 张

光盘页码：2-519

211

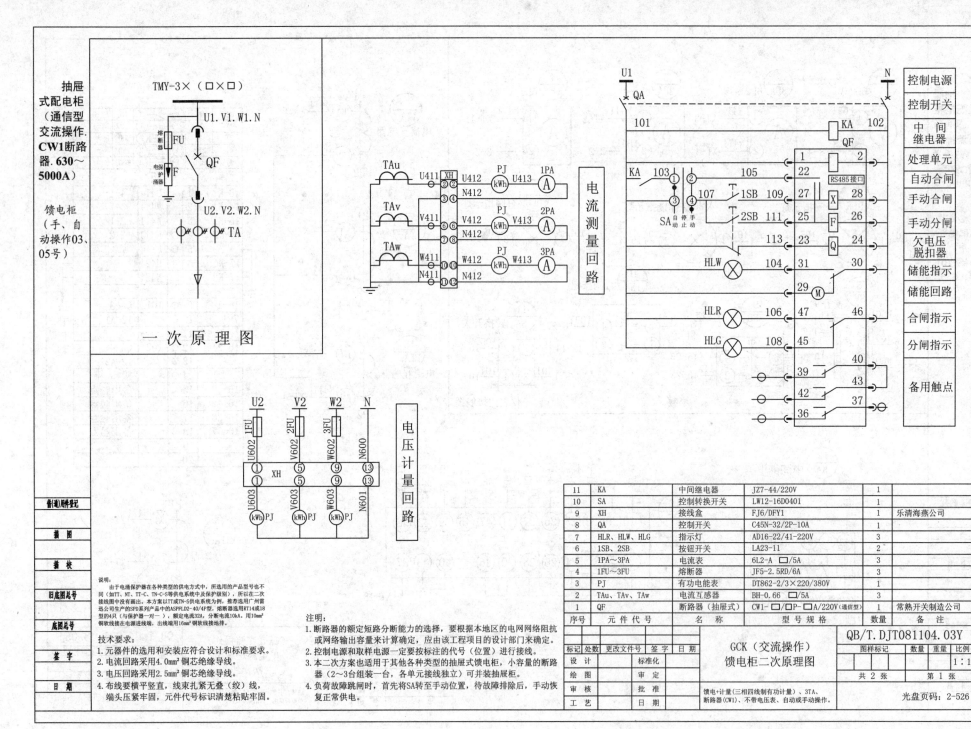

抽屉式配电柜（通信型交流操作. CW1断路器.630～5000A）

馈电柜（手、自动操作03、05号）

一次原理图

TMY-3×（□×□）

U1.V1.W1.N

熔断器 FU
电涌保护器 F
QF

U2.V2.W2.N

TA

电流测量回路

TAu U411 XH U412 PJ kWh U413 1PA
N412

TAv V411 V412 PJ kWh V413 2PA
N412

TAw W411 W412 PJ kWh W413 3PA
N411 N412

电压计量回路

U2 V2 W2 N
1FU 2FU 3FU
U602 V602 W602 N600

XH

U603 V603 W603 N601

kWh PJ kWh PJ kWh PJ

U1 QA N

101 KA 102
QF

KA 103 105
107 1SB 109
SA 自动 停止 手动
2SB 111
113

HLW 104
HLR 106
HLG 108

RS485接口

	控制电源
	控制开关
	中 间继电器
	处理单元
	自动合闸
	手动合闸
	手动分闸
	欠电压脱扣器
	储能指示
	储能回路
	合闸指示
	分闸指示
	备用触点

说明：
由于电涌保护器在各种类型的供电方式中，所选用的产品型号也不同（如IT、NT、TT-C、TN-C-S等供电系统中及保护级别），所以在本二次接线图中没有画出。本方案以TT或TN-S供电系统为例，推荐选用广州雷迅公司生产的SPD系列产品中的ASPFLD2-40/4P型，熔断器选用RT14或18型的4只（与保护器一对一），额定电流32A，分断电流10kA。用10mm²铜软线接在电源进线端，出线端用16mm²铜软线接地接。

技术要求：
1. 元器件的选用和安装应符合设计和标准要求。
2. 电流回路采用4.0mm²铜芯绝缘导线。
3. 电压回路采用2.5mm²铜芯绝缘导线。
4. 布线要横平竖直，线束扎紧无叠（绞）线，端头压紧牢固，元件代号标识清楚粘贴牢固。

注明：
1. 断路器的额定短路分断能力的选择，要根据本地区的电网网络阻抗或网络输出容量来计算确定，应由该工程项目的设计部门来确定。
2. 控制电源和取样电源一定要按标注的代号（位置）进行接线。
3. 本二次方案也适用于其他各种类型的抽屉式馈电柜，小容量的断路器（2～3台组装一台，各单元接线独立）可并装抽屉柜。
4. 负荷故障跳闸时，首先将SA转至手动位置，待故障排除后，手动恢复正常供电。

11	KA	中间继电器	JZ7-44/220V	1	
10	SA	控制转换开关	LW12-16D0401	1	
9	XH	接线盒	FJ6/DFY1	1	乐清海燕公司
8	QA	控制开关	C45N-32/2P-10A	1	
7	HLR、HLW、HLG	指示灯	AD16-22/41-220V	3	
6	1SB、2SB	按钮开关	LA23-11	2	
5	1PA～3PA	电流表	6L2-A □/5A	3	
4	1FU～3FU	熔断器	JF5-2.5RD/6A	3	
3	PJ	有功电能表	DT862-2/3×220/380V	1	
2	TAu、TAv、TAw	电流互感器	BH-0.66 □/5A	3	
1	QF	断路器（抽屉式）	CW1-□/□P-□A/220V（通信型）	1	常熟开关制造公司
序号	元件代号	名 称	型 号 规 格	数量	备 注

标记	处数	更改文件号	签 字	日期	
设 计			标准化		
绘 图			审 定		
审 核			批 准		
工 艺			日 期		

QB/T.DJT081104.03Y

GCK（交流操作）馈电柜二次原理图

图样标记		数量	重量	比例
				1:1
共 2 张		第 1 张	

馈电+计量（三相四线制有功计量）、3TA、断路器(CW1)-不带电压表、自动或手动操作。

光盘页码：2-526

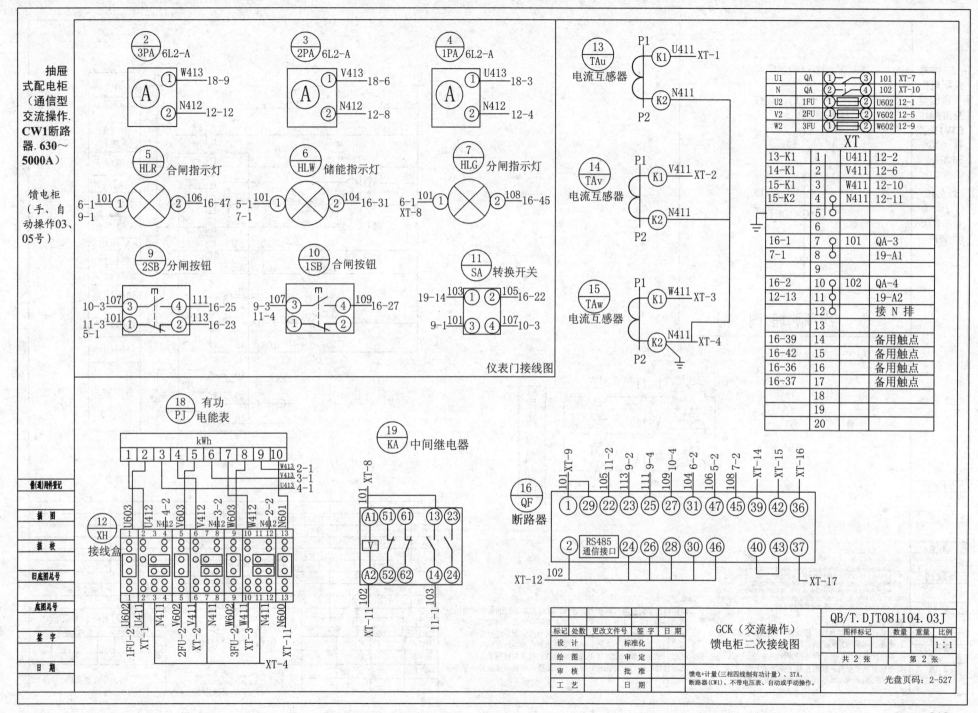

抽屉式配电柜（通信型交流操作．CW1断路器．630～5000A）

馈电柜（手、自动操作03、05号）

仪表门接线图

XT

U1	QA	①	③	101	XT-7
N	QA	②	④	102	XT-10
U2	1FU	①	②	U602	12-1
V2	2FU	①	②	V602	12-5
W2	3FU	①	②	W602	12-9

13-K1	1	U411	12-2
14-K1	2	V411	12-6
15-K1	3	W411	12-10
15-K2	4	N411	12-11
	5		
	6		
16-1	7	101	QA-3
7-1	8		19-A1
	9		
16-2	10	102	QA-4
12-13	11		19-A2
	12		接 N 排
	13		
16-39	14		备用触点
16-42	15		备用触点
16-36	16		备用触点
16-37	17		备用触点
	18		
	19		
	20		

GCK（交流操作）馈电柜二次接线图

标记	处数	更改文件号	签 字	日期
设 计			标准化	
绘 图			审 定	
审 核			批 准	
工 艺			日 期	

QB/T.DJT081104.03J

图样标记			数量	重量	比例
					1:1

共 2 张　　第 2 张

馈电+计量(三相四线制有功计量)、3TA、断路器(CW1)、不带电压表、自动或手动操作。

光盘页码：2-527

213

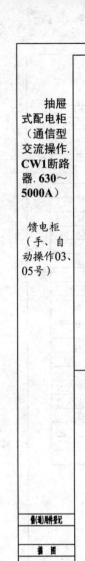
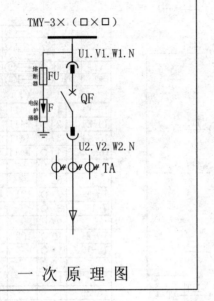

一次原理图

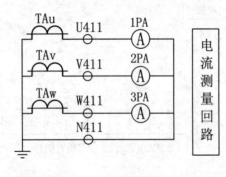

电流测量回路

	控制电源
	控制开关
	中　间继电器
	处理单元
	自动合闸
	手动合闸
	手动分闸
	欠电压脱扣器
	储能指示
	储能回路
	合闸指示
	分闸指示
	备用触点

说明：
由于电涌保护器在各种类型的供电方式中，所选用的产品型号也不同（如TT、NT、TT-C、TN-C-S等供电系统中及保护级别），所以在二次接线图中没有画出。本方案以TT或TN-S供电系统为例，推荐选用广州雷迅公司生产的SPD系列产品中的ASPFLD2-40/4P型，熔断器选用RT14或18型的4只（与保护器一对一），额定电流32A，分断电流10kA，用10mm²铜软线接在电源进线端，出线端用16mm²铜软线接地排。

技术要求：
1. 元器件的选用和安装应符合设计和标准要求。
2. 电流回路采用2.5mm²铜芯绝缘导线。
3. 电压回路采用1.5mm²铜芯绝缘导线。
4. 布线要横平竖直，线束扎紧无叠（绞）线，端头压紧牢固，元件代号标识清楚粘贴牢固。

注明：
1. 断路器的额定短路分断能力的选择，要根据本地区的电网网络阻抗或网络输出容量来计算确定，应由该工程项目的设计部门来确定。
2. 控制电源和取样电源一定要按标注的代号（位置）进行接线。
3. 本二次方案也适用于其他各种类型的抽屉式馈电柜，小容量的断路器（2～3台组装一台，各单元接线独立）可并装抽屉柜。
4. 负荷故障跳闸时，首先将SA转至手动位置，待故障排除后，手动恢复正常供电。

8	KA	中间继电器	JZ7-44/220V	1	
7	SA	控制转换开关	LW12-16D0401	1	
6	QA	控制开关	C45N-32/2P-10A	1	
5	HLR、HLW、HLG	指示灯	AD16-22/41-220V	3	
4	1SB、2SB	按钮开关	LA23-11	2	
3	1PA～3PA	电流表	6L2-A □/5A	3	
2	TAu、TAv、TAw	电流互感器	BH-0.66 □/5A	3	
1	QF	断路器（抽屉式）	CW1- □/□P- □A/220V（通信型）	1	常熟开关制造公司
序号	元件代号	名　称	型号规格	数量	备　注

标记	处数	更改文件号	签字	日期	GCK（交流操作） 馈电柜二次原理图		QB/T.DJT081104.05Y		
设计			标准化			图样标记	数量	重量	比例
绘图			审定						1:1
审核			批准		馈电、不带计量、3TA、断路器（CW1） 不带电压表、自动或手动操作。	共 2 张		第 1 张	
工艺			日期			光盘页码：2-530			

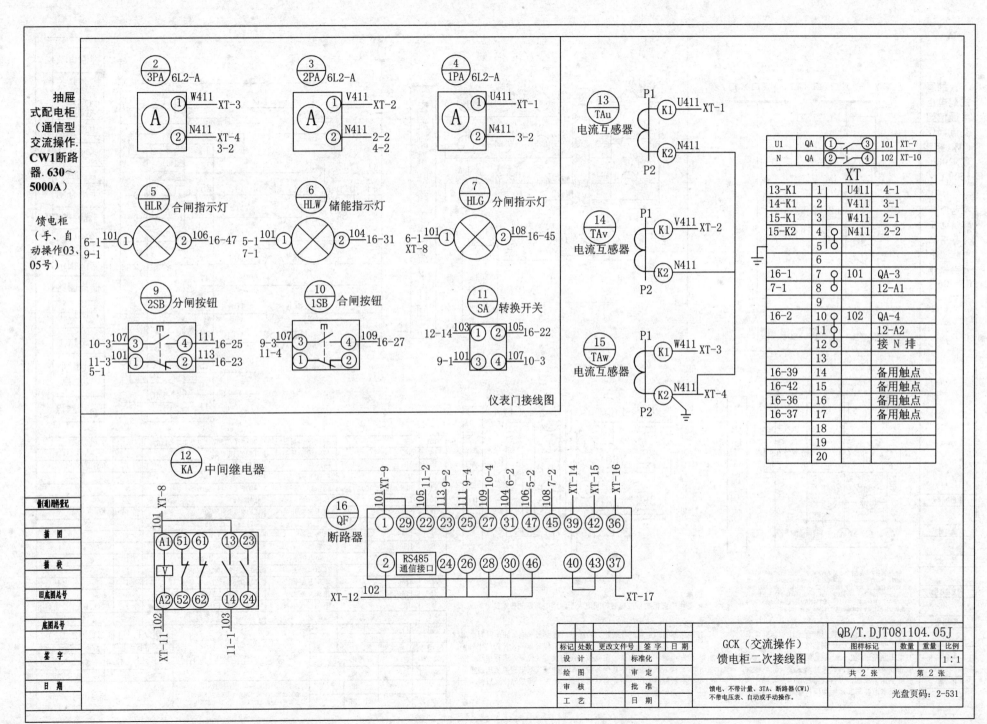

抽屉式配电柜（通信型交流操作.CW1断路器.630～5000A）

馈电柜（手、自动操作03、05号）

2 3PA 6L2-A
3 2PA 6L2-A
4 1PA 6L2-A

① W411 XT-3
② N411 XT-4 3-2

① V411 XT-2
② N411 2-2 4-2

① U411 XT-1
② N411 3-2

5 HLR 合闸指示灯
6 HLW 储能指示灯
7 HLG 分闸指示灯

6-1 101 ① ② 106 16-47
9-1
5-1 101 ① ② 104 16-31
7-1
6-1 101 ① ② 108 16-45
XT-8

9 2SB 分闸按钮
10 1SB 合闸按钮
11 SA 转换开关

10-3 107 ③ ④ 111 16-25
11-3 101 ① ② 113 16-23
5-1

9-3 107 ③ ④ 109 16-27
11-4 ① ②

12-14 103 ① ② 105 16-22
9-1 101 ③ ④ 107 10-3

仪表门接线图

13 TAu 电流互感器
P1 K1 U411 XT-1
K2 N411 P2

14 TAv 电流互感器
P1 K1 V411 XT-2
K2 N411 P2

15 TAw 电流互感器
P1 K1 W411 XT-3
K2 N411 XT-4 P2

U1	QA	① — ③	101	XT-7
N	QA	② — ④	102	XT-10

XT

13-K1	1		U411	4-1
14-K1	2		V411	3-1
15-K1	3		W411	2-1
15-K2	4	○	N411	2-2
	5	○		
	6			
16-1	7	○	101	QA-3
7-1	8	○		12-A1
	9			
16-2	10	○	102	QA-4
	11	○		12-A2
	12	○		接 N 排
	13			
16-39	14		备用触点	
16-42	15		备用触点	
16-36	16		备用触点	
16-37	17		备用触点	
	18			
	19			
	20			

12 KA 中间继电器

XT-8 101
A1 51 61 13 23
V
A2 52 62 14 24
XT-11 102
XT-11 11-1 103

16 QF 断路器

101 XT-9
105 11-2
113 9-2
111 9-4
109 10-4
104 6-2
106 5-2
108 7-2
XT-14
XT-15
XT-16

① 29 22 23 25 27 31 47 45 39 42 36
② RS485 通信接口 24 26 28 30 46 40 43 37

XT-12 102
XT-17

QB/T.DJT081104.05J

GCK（交流操作）
馈电柜二次接线图

馈电、不带计量、3TA、断路器(CW1)
不带电压表、自动或手动操作。

标记	处数	更改文件号	签字	日期		图样标记	数量	重量	比例
设 计			标准化						1:1
绘 图			审 定			共 2 张		第 2 张	
审 核			批 准						
工 艺			日 期			光盘页码：2-531			

档(通)用件登记
描 图
描 校
旧底图总号
底图总号
签 字
日 期

215

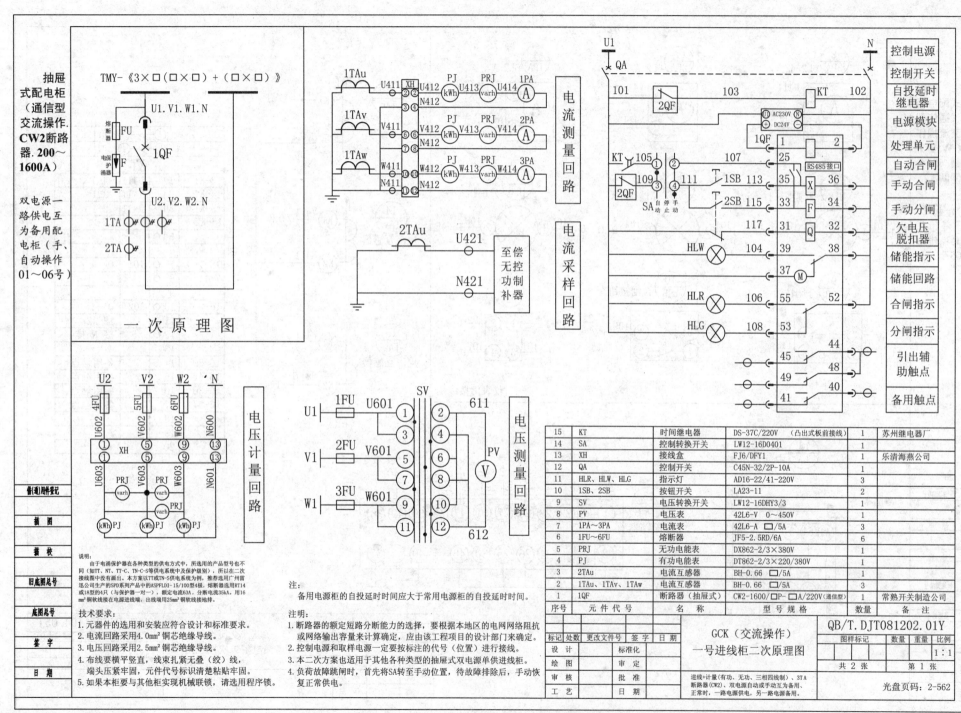

抽屉式配电柜（通信型交流操作. CW2断路器. 200～1600A）

双电源一路供电互为备用配电柜（手、自动操作01～06号）

TMY-《3×□(□×□)＋(□×□)》

一次原理图

电流测量回路

电流采样回路

电压计量回路

电压测量回路

至偿无控功制补器

控制电源
控制开关
自投延时继电器
电源模块
处理单元
自动合闸
手动合闸
手动分闸
欠电压脱扣器
储能指示
储能回路
合闸指示
分闸指示
引出辅助触点
备用触点

说明：由于电涌保护器在各种类型的供电方式中，所选用的产品型号也不同（如IT、NT、TT-C、TN-C-S等供电系统中及保护级别），所以本二次接线图中没有画出。本方案以TT或TN-S供电系统为主，推荐选用广州雷迅公司生产的SPD系列产品中的ASPFLDI-15/100型4极，熔断器选用RT14或18型的4只（与电源进线一对一），额定电流63A，分断电流35kA。用16 mm²铜软线接在电源进线端，出线端用25mm²铜软线接地排。

技术要求：
1. 元器件的选用和安装应符合设计和标准要求。
2. 电流回路采用4.0mm²铜芯绝缘导线。
3. 电压回路采用2.5mm²铜芯绝缘导线。
4. 布线要横平竖直，线束扎紧无叠（绞）线，端头压紧牢靠，元件代号标识清楚粘贴牢固。
5. 如果本柜要与其他柜实现机械联锁，请选用程序锁。

注：
备用电源柜的自投延时时间应大于常用电源柜的自投延时时间。

注明：
1. 断路器的额定短路分断能力的选择，要根据本地区的电网网络阻抗或网络输出容量来计算确定，应由该工程项目的设计部门来确定。
2. 控制电源和取样电源一定要按标注的代号（位置）进行接线。
3. 本二次方案也适用于其他各种类型的抽屉式双电源单供进线柜。
4. 负荷故障跳闸时，首先将SA转至手动位置，待故障排除后，手动恢复正常供电。

15	KT	时间继电器	DS-37C/220V （凸出式板前接线）	1	苏州继电器厂
14	SA	控制转换开关	LW12-16D0401	1	
13	XH	接线盒	FJ6/DFY1	1	乐清海燕公司
12	QA	控制开关	C45N-32/2P-10A	1	
11	HLR、HLW、HLG	指示灯	AD16-22/41-220V	3	
10	1SB、2SB	按钮开关	LA23-11	2	
9	SV	电压转换开关	LW12-16DHY3/3	1	
8	PV	电压表	42L6-V 0～450V	1	
7	1PA～3PA	电流表	42L6-A □/5A	3	
6	1FU～6FU	熔断器	JF5-2.5RD/6A	6	
5	PRJ	无功电能表	DX862-2/3×380V	1	
4	PJ	有功电能表	DT862-2/3×220/380V	1	
3	2TAu	电流互感器	BH-0.66 □/5A	1	
2	1TAu、1TAv、1TAw	电流互感器	BH-0.66 □/5A	3	
1	1QF	断路器（抽屉式）	CW2-1600/□P-□A/220V（通信型）	1	常熟开关制造公司
序号	元件代号	名 称	型 号 规 格	数量	备 注

借(通)用件登记				
描 图				
描 校				
旧底图总号				
底图总号				
签 字				
日 期				

标记	处数	更改文件号	签 字	日 期
设 计			标准化	
绘 图			审 定	
审 核			批 准	
工 艺			日 期	

GCK（交流操作）
一号进线柜二次原理图

QB/T.DJT081202.01Y

| 图样标记 | | 数量 | 重量 | 比例 |
| | | | | 1:1 |

共 2 张　　第 1 张

进线+计量（有功、无功、三相四线制）、3TA断路器（CW2）、双电源自动或手动互为备用、正常时，一路电源供电，另一路电源备用。

光盘页码：2-562

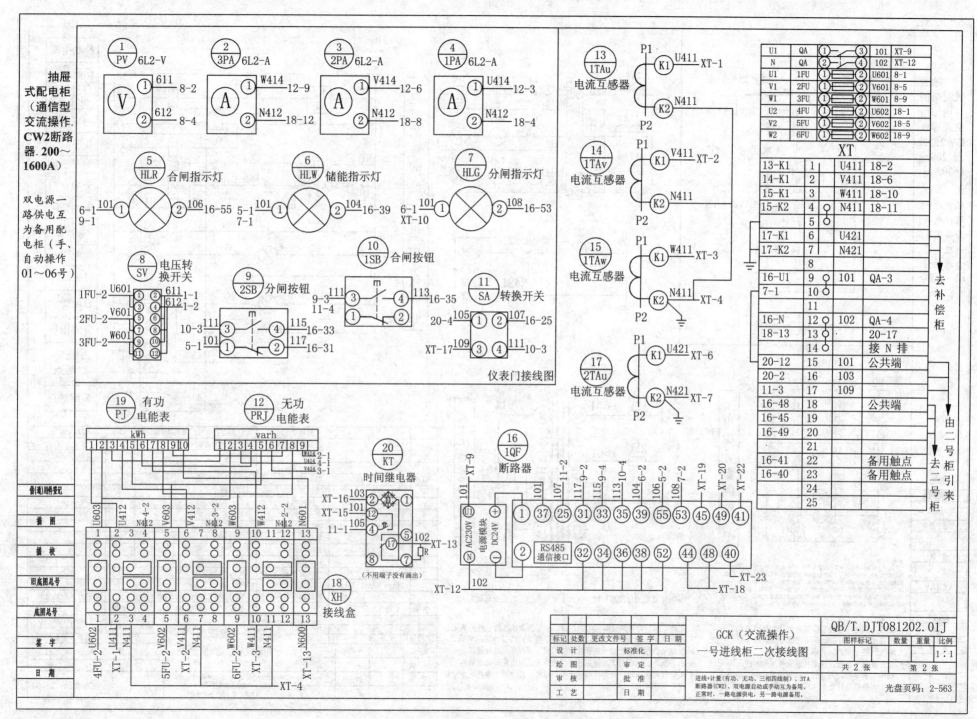

抽屉式配电柜（通信型交流操作.CW2断路器.200~1600A）

双电源一路供电互为备用配电柜（手、自动操作01~06号）

U1	QA	①	③	101	XT-9
N	QA	②	④	102	XT-12
U1	1FU	①	②	U601	8-1
V1	2FU	①	②	V601	8-5
W1	3FU	①	②	W601	8-9
U2	4FU	①	②	U602	18-1
V2	5FU	①	②	V602	18-5
W2	6FU	①	②	W602	18-9

XT

13-K1	1	U411	18-2
14-K1	2	V411	18-6
15-K1	3	W411	18-10
15-K2	4	N411	18-11
	5		
17-K1	6	U421	
17-K2	7	N421	
	8		
16-U1	9	101	QA-3
7-1	10		
	11		
16-N	12	102	QA-4
18-13	13		20-17
	14		接 N 排
20-12	15	101	公共端
20-2	16	103	
11-3	17	109	
16-48	18		公共端
16-45	19		
16-49	20		
.	21		
16-41	22		备用触点
16-40	23		备用触点
	24		
	25		

去补偿柜

由二号柜引来

去二号柜

仪表门接线图

（不用端子没有画出）

| | GCK（交流操作）一号进线柜二次接线图 | | QB/T.DJT081202.01J |

标记	处数	更改文件号	签字	日期
设 计		标准化		
绘 图		审 定		
审 核		批 准		
工 艺		日 期		

进线+计量（有功、无功、三相四线制）、3TA断路器（CW2）、双电源自动或手动互为备用，正常时，一路电源供电，另一路电源备用。

图样标记	数量	重量	比例
			1:1

共 2 张　　第 2 张

光盘页码：2-563

217

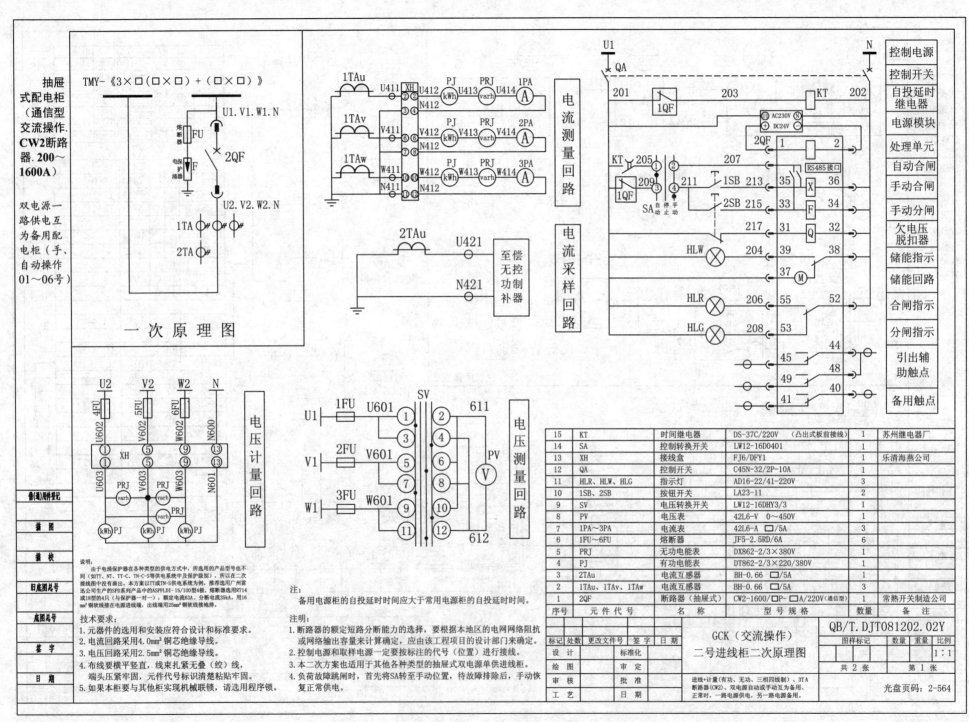

抽屉式配电柜（通信型交流操作，CW2断路器，200～1600A）

双电源一路供电互为备用配电柜（手、自动操作 01～06号）

TMY-《3×□(□×□)+(□×□)》

一次原理图

电流测量回路

电流采样回路

至偿无控功率补器

电压计量回路

电压测量回路

控制电源
控制开关
自投延时继电器
电源模块
处理单元
自动合闸
手动合闸
手动分闸
欠电压脱扣器
储能指示
储能回路
合闸指示
分闸指示
引出辅助触点
备用触点

说明：
由于电涌保护器在各种类型的供电方式中，所选用的产品型号也不同（如TT、NT、TT-C、TN-C-S等供电系统中及保护级别），所以该二次接线图中没有画出。本方案以TT或TN-S供电系统为例，推荐选用广州雷迅公司生产的SPD系列产品中的ASPFLDI-15/100型板，熔断器选用RT14或18型的4只（与保护器配一对一），额定电流63A，分断电流35kA，用16㎡铜软线接在电源进线端，出线端用25㎡铜软线接地排。

技术要求：
1. 元器件的选用和安装应符合设计和标准要求。
2. 电流回路采用4.0㎡铜芯绝缘导线。
3. 电压回路采用2.5㎡铜芯绝缘导线。
4. 布线要横平竖直，线束扎捆无叠（绞）线，端头压紧牢固，元件代号标识清楚粘贴牢固。
5. 如果本柜要与其他柜实现机械联锁，请选用程序锁。

注：
备用电源柜的自投延时时间应大于常用电源柜的自投延时时间。

注明：
1. 断路器的额定短路分断能力的选择，要根据本地区的电网网络阻抗或网络输出容量来计算确定，应由该工程项目的设计部门来确定。
2. 控制电源和取样电源一定要按标注的代号（位置）进行接线。
3. 本二次方案也适用于其他各种类型的抽屉式双电源单别进线柜。
4. 负荷故障跳闸时，首先将SA转至手动位置，待故障排除后，手动恢复正常供电。

15	KT	时间继电器	DS-37C/220V （凸出式板前接线）	1	苏州继电器厂
14	SA	控制转换开关	LW12-16D0401	1	
13	XH	接线盒	FJ6/DFY1	1	乐清海燕公司
12	QA	控制开关	C45N-32/2P-10A	1	
11	HLR、HLW、HLG	指示灯	AD16-22/41-220V	3	
10	1SB、2SB	按钮开关	LA23-11	2	
9	SV	电压转换开关	LW12-16DHY3/3	1	
8	PV	电压表	42L6-V 0～450V	1	
7	1PA～3PA	电流表	42L6-A □/5A	3	
6	1FU～6FU	熔断器	JF5-2.5RD/6A	6	
5	2TAu	电流互感器	BH-0.66 □/5A	1	
4	PRJ	无功电能表	DX862-2/3×380V	1	
3	PJ	有功电能表	DT862-2/3×220/380V	1	
2	1TAu、1TAv、1TAw	电流互感器	BH-0.66 □/5A	3	
1	2QF	断路器（抽屉式）	CW2-1600/□P-□A/220V（通信型）	1	常熟开关制造公司
序号	元件代号	名 称	型号规格	数量	备 注

备(通)附件登记
描 图
描 校
旧底图总号
底图总号
签 字
日 期

标记　处数　更改文件号　签字　日期
设 计
绘 图　　标准化
审 核　　审 定
工 艺　　批 准
日 期

GCK（交流操作）
二号进线柜二次原理图

QB/T.DJT081202.02Y

图样标记　数量　重量　比例
1:1
共 2 张　第 1 张

进线+计量（有功、无功、三相四线制）、3TA断路器（CW2）、双电源自动或手动互为备用、正常时，一路电源供电，另一路电源备用。

光盘页码：2-564

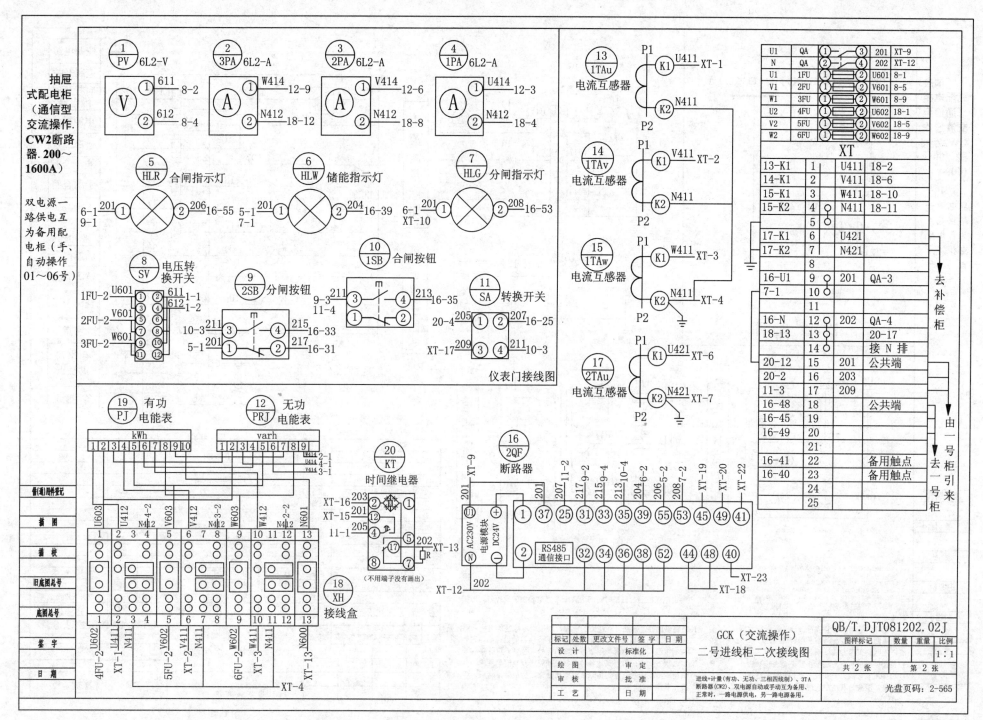

抽屉式配电柜（通信型交流操作.CW2断路器.200～1600A）

双电源一路供电互为备用配电柜（手、自动操作01～06号）

仪表门接线图

U1	QA	① ─── ③	201	XT-9
N	QA	② ─── ④	202	XT-12
U1	1FU	① ─ ②	U601	8-1
V1	2FU	① ─ ②	V601	8-5
W1	3FU	① ─ ②	W601	8-9
U2	4FU	① ─ ②	U602	18-1
V2	5FU	① ─ ②	V602	18-5
W2	6FU	① ─ ②	W602	18-9

XT

13-K1	1	U411	18-2
14-K1	2	V411	18-6
15-K1	3	W411	18-10
15-K2	4	N411	18-11
	5		
17-K1	6	U421	
17-K2	7	N421	
	8		
16-U1	9	201	QA-3
7-1	10		
	11		
16-N	12	202	QA-4
18-13	13		20-17
	14		接N排
20-12	15	201	公共端
20-2	16	203	
11-3	17	209	
16-48	18		公共端
16-45	19		
16-49	20		
	21		
16-41	22		备用触点
16-40	23		备用触点
	24		
	25		

去补偿柜
由一号柜引来
去一号柜

GCK（交流操作）二号进线柜二次接线图

QB/T.DJT081202.02J

标记	处数	更改文件号	签字	日期
设计			标准化	
绘图			审定	
审核			批准	
工艺			日期	

进线+计量（有功、无功、三相四线制）、3TA断路器（CW2）、双电源自动或手动互为备用、正常时，一路电源供电，另一路电源备用。

图样标记　数量　重量　比例　1:1
共 2 张　第 2 张
光盘页码：2-565

219

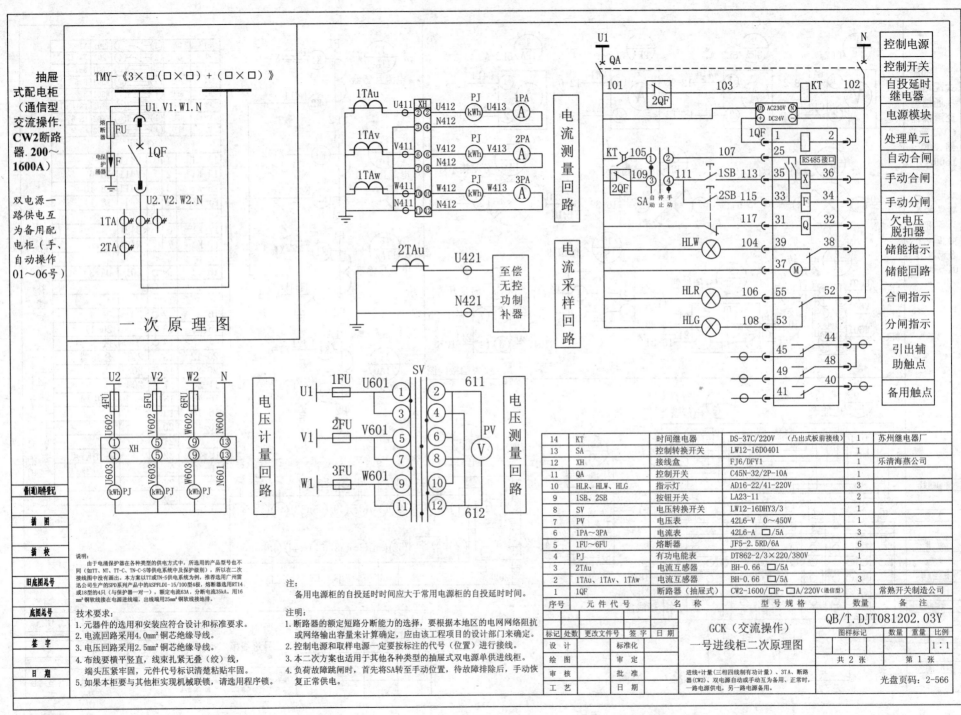

抽屉式配电柜（通信型交流操作.CW2断路器.200~1600A）

双电源一路供电互为备用配电柜（手、自动操作01~06号）

TMY-《3×□(□×□)+(□×□)》

U1.V1.W1.N

熔断器 FU

电保护器 F

1QF

U2.V2.W2.N

1TA
2TA

一次原理图

1TAu U411 XH U412 PJ U413 1PA (kWh) (A)
N412
1TAv V411 V412 PJ V413 2PA (kWh) (A)
N412
1TAw W411 W412 PJ W413 3PA (kWh) (A)
N411 N412

电流测量回路

2TAu U421
N421

至偿无控功制补器

电流采样回路

U1 QA

101 2QF 103 KT 102

AC230V N
DC24V

1QF 1 2

KT 105 107 25 RS485接口
109 111 1SB 113 35 X 36
2QF SA 自投停手动 2SB 115 33 F 34
117 31 Q 32
HLW 104 39 38
37 M
HLR 106 55 52
HLG 108 53

44 45
48 49
40 41

控制电源
控制开关
自投延时继电器
电源模块
处理单元
自动合闸
手动合闸
手动分闸
欠电压脱扣器
储能指示
储能回路
合闸指示
分闸指示
引出辅助触点
备用触点

U2 V2 W2 N
4FU 5FU 6FU
U602 V602 W602 N600
① ⑤ ⑨ ⑬ XH
① ⑤ ⑨ ⑬
U603 V603 W603 N601
kWh PJ kWh PJ kWh PJ

电压计量回路

SV
U1 1FU U601 ① ② 611
③ ④
V1 2FU V601 ⑤ ⑥ PV (V)
⑦ ⑧
W1 3FU W601 ⑨ ⑩
⑪ ⑫ 612

电压测量回路

说明：由于电涌保护器在各种类型的供电方式中，所选用的产品型号也不同（如TT、NT、TT-C、TN-C-S等供电系统中及保护级别），所以在二次接线图中没有画出。本方案以TT或TN-S供电系统为例，推荐选用广州雷迅公司生产的SPD系列产品中的ASPFLDI-15/100型4级，熔断器选用RT14或18型的4只（与保护器一对一），额定电流63A，分断电流35kA，用16mm²铜软线接在电源进线端，出线端用25mm²铜软线接地排。

技术要求：
1. 元器件的选用和安装应符合设计和标准要求。
2. 电流回路采用4.0mm²铜芯绝缘导线。
3. 电压回路采用2.5mm²铜芯绝缘导线。
4. 布线要横平竖直，线束扎紧无叠（绞）线，端头压紧牢固，元件代号标识清楚粘贴牢固。
5. 如果本柜要与其他柜实现机械联锁，请选用程序锁。

注：
备用电源柜的自投延时时间应大于常用电源柜的自投延时时间。

注明：
1. 断路器的额定短路分断能力的选择，要根据本地区的电网网络阻抗或网络输出容量来计算确定，应由该工程项目的设计部门来确定。
2. 控制电源和取样电源一定要按标注的代号（位置）进行接线。
3. 本二次方案也适用于其他各种类型的抽屉式双电源单供进线柜。
4. 负荷故障跳闸时，首先将SA转至手动位置，待故障排除后，手动恢复正常供电。

14	KT	时间继电器	DS-37C/220V（凸出式板前接线）	1	苏州继电器厂
13	SA	控制转换开关	LW12-16D0401	1	
12	XH	接线盒	FJ6/DFY1	1	乐清海燕公司
11	QA	控制开关	C45N-32/2P-10A	1	
10	HLR、HLW、HLG	指示灯	AD16-22/41-220V	3	
9	1SB、2SB	按钮开关	LA23-11	2	
8	SV	电压转换开关	LW12-16DHY3/3	1	
7	PV	电压表	42L6-V 0~450V	1	
6	1PA~3PA	电流表	42L6-A □/5A	3	
5	1FU~6FU	熔断器	JF5-2.5RD/6A	6	
4	PJ	有功电能表	DT862-2/3×220/380V	1	
3	2TAu	电流互感器	BH-0.66 □/5A	1	
2	1TAu、1TAv、1TAw	电流互感器	BH-0.66 □/5A	3	
1	1QF	断路器（抽屉式）	CW2-1600/□P-□A/220V（通信型）	1	常熟开关制造公司
序号	元件代号	名 称	型 号 规 格	数量	备 注

备（通）用件登记
描 图
描 校
旧底图总号
底图总号
签 字
日 期

		更改文件号	签字	日期				
标记	处数				GCK（交流操作）一号进线柜二次原理图			QB/T.DJT081202.03Y
设 计		标准化						图样标记 / 数量 / 重量 / 比例
绘 图		审 定						1:1
审 核		批 准			进线+计量（三相四线制有功计量）、3TA、断路器（CW2）、双电源自动或手动互为备用、正常时，一路电源供电，另一路电源备用。			共 2 张 / 第 1 张
工 艺		日 期						光盘页码：2-566

220

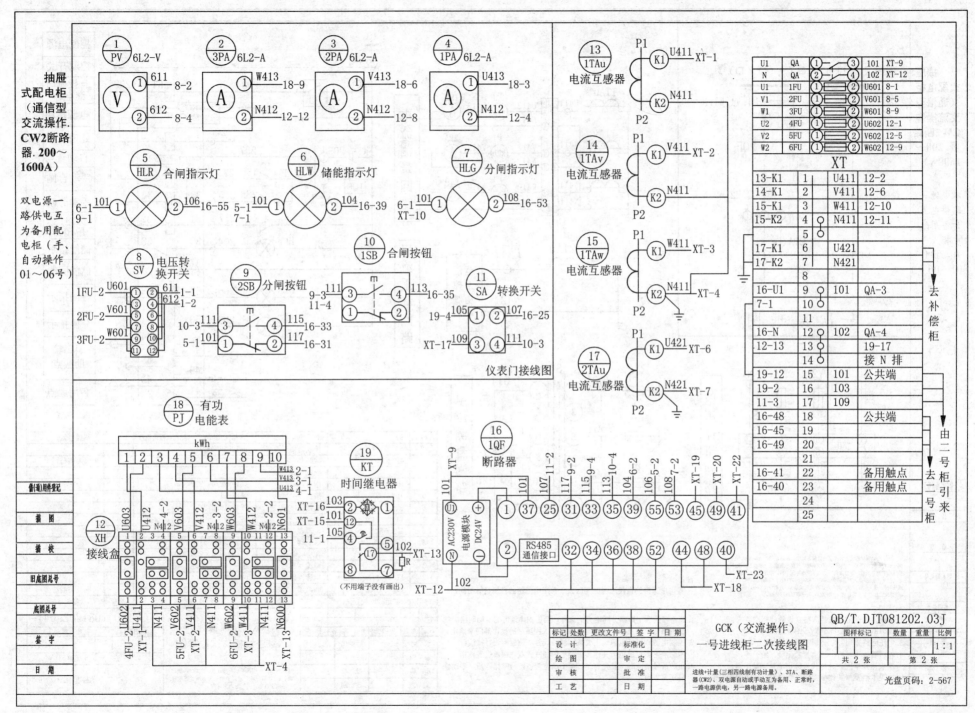

仪表门接线图

抽屉式配电柜（通信型交流操作.CW2断路器.200～1600A）

双电源一路供电互为备用配电柜（手、自动操作01～06号）

标记	处数	更改文件号	签字	日期		GCK（交流操作）	QB/T.DJT081202.03J		
设 计		标准化				一号进线柜二次接线图	图样标记	数量	重量	比例
绘 图		审 定								1:1
审 核		批 准			进线+计量(三相四线制有功计量)、3TA、断路器(CW2)、双电源自动或手动互为备用、正常时、一路电源供电，另一路电源备用。		共 2 张	第 2 张
工 艺		日 期					光盘页码：2-567

221

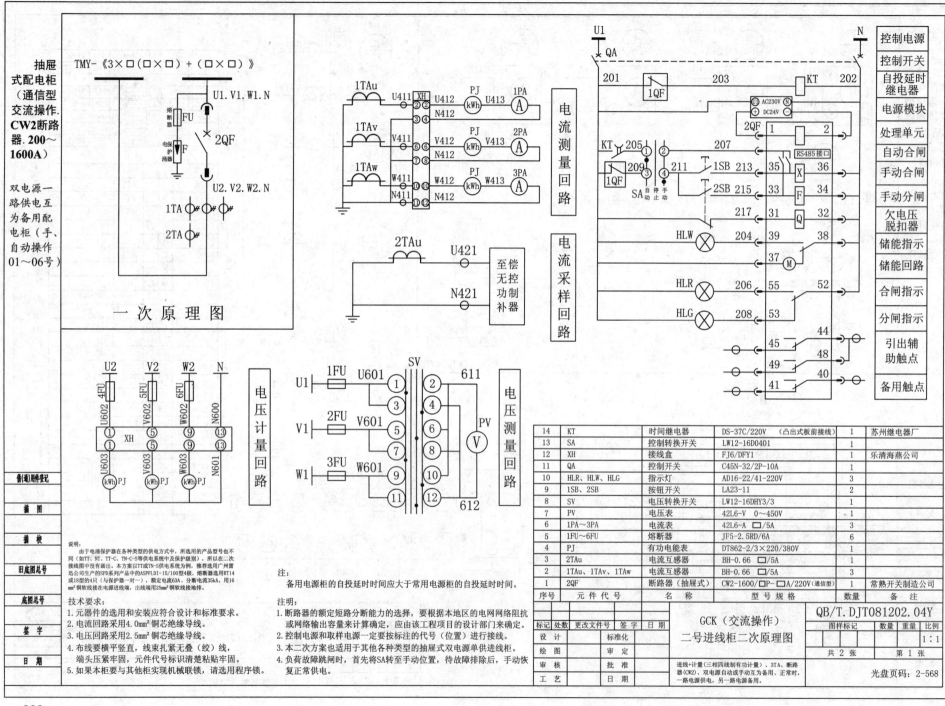

抽屉式配电柜（通信型交流操作.CW2断路器.200~1600A）

双电源一路供电互为备用配电柜（手、自动操作01~06号）

TMY-《3×□(□×□)+(□×□)》

一次原理图

电流测量回路

电流采样回路

至偿无控功率补偿器

控制电源
控制开关
自投延时继电器
电源模块
处理单元
自动合闸
手动合闸
手动分闸
欠电压脱扣器
储能指示
储能回路
合闸指示
分闸指示
引出辅助触点
备用触点

电压计量回路

电压测量回路

说明：
由于电涌保护器在各种类型的供电方式中，所选用的产品型号也不同（如TT、NT、TT-C、TN-C-S等供电系统中及保护级别），所以在二次接线图中没有画出。本方案以TT或TN-S供电系统为例，推荐选用广州雷迅公司生产的SPD系列产品中的ASPPLDI-15/100型4极，熔断器选用RT14或18型的4只（与保护器一对一），额定电流63A，分断电流35kA，用16mm²铜软压线做电源进线端，出线端用25mm²铜软线接地排。

技术要求：
1. 元器件的选用和安装应符合设计和标准要求。
2. 电流回路采用4.0mm²铜芯绝缘导线。
3. 电压回路采用2.5mm²铜芯绝缘导线。
4. 布线要横平竖直，线束扎紧无叠（绞）线，端头压紧牢固，元件代号标识清楚粘贴牢固。
5. 如果本柜要与其他柜实现机械联锁，请选用程序锁。

注：
备用电源柜的自投延时时间应大于常用电源柜的自投延时时间。

注明：
1. 断路器的额定短路分断能力的选择，要根据本地区的电网网络阻抗或网络输出容量来计算确定，应由该工程项目的设计部门来确定。
2. 控制电源和取样电源一定要按标注的代号（位置）进行接线。
3. 本二次方案也适用于其他各种类型的抽屉式双电源单供进线柜。
4. 负荷故障跳闸时，首先将SA转至手动位置，待故障排除后，手动恢复正常供电。

14	KT	时间继电器	DS-37C/220V （凸出式板前接线）	1	苏州继电器厂
13	SA	控制转换开关	LW12-16D0401	1	
12	XH	接线盒	FJ6/DFY1	1	乐清海燕公司
11	QA	控制开关	C45N-32/2P-10A	1	
10	HLR、HLW、HLG	指示灯	AD16-22/41-220V	3	
9	1SB、2SB	按钮开关	LA23-11	2	
8	SV	电压转换开关	LW12-16DHY3/3	1	
7	PV	电压表	42L6-V 0~450V	1	
6	1PA~3PA	电流表	42L6-A □/5A	3	
5	1FU~6FU	熔断器	JF5-2.5RD/6A	6	
4	PJ	有功电能表	DT862-2/3×220/380V	1	
3	2TAu	电流互感器	BH-0.66 □/5A	1	
2	1TAu、1TAv、1TAw	电流互感器	BH-0.66 □/5A	3	
1	2QF	断路器（抽屉式）	CW2-1600/□P-□A/220V(通信型)	1	常熟开关制造公司
序号	元件代号	名称	型号规格	数量	备注

				QB/T.DJT081202.04Y			
标记	处数	更改文件号	签字	日期	GCK（交流操作）二号进线柜二次原理图	图样标记	数量	重量	比例
设计		标准化							1:1
绘图		审定			进线+计量(三相四线制有功计量)、3TA、断路器(CW2)、双电源自动或手动互为备用、正常时，一路电源供电，另一路电源备用。	共2张	第1张
审核		批准					
工艺		日期				光盘页码：2-568

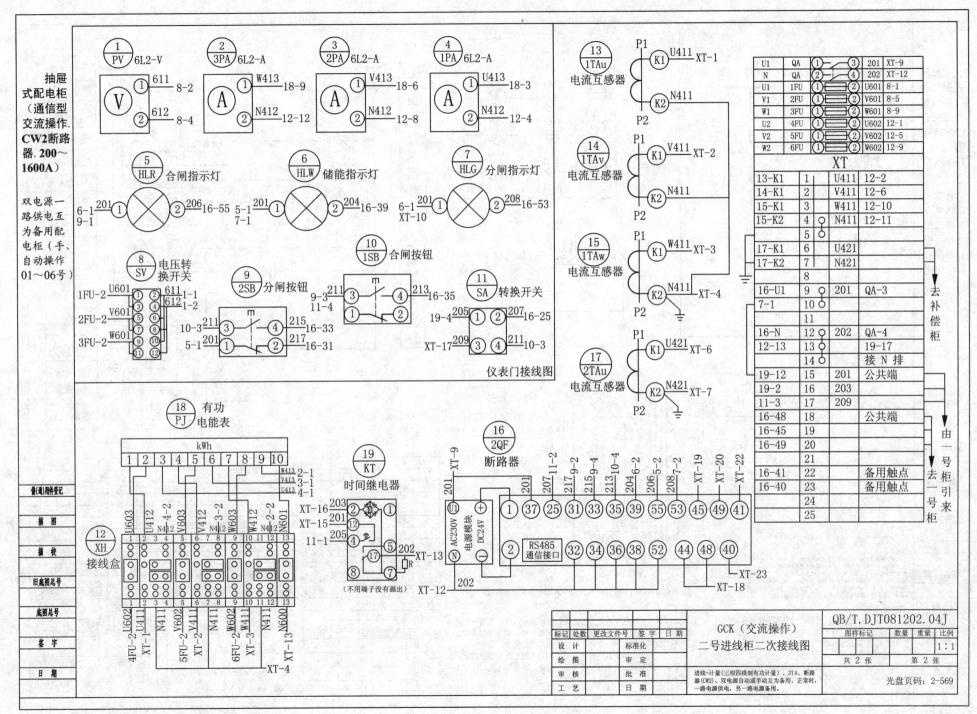

抽屉式配电柜（通信型交流操作. CW2断路器. 200～1600A）

双电源一路供电互为备用配电柜（手、自动操作01～06号）

仪表门接线图

GCK（交流操作）
二号进线柜二次接线图

进线+计量（三相四线制有功计量）、3TA、断路器（CW2）、双电源自动或手动互为备用、正常时，一路电源供电，另一路电源备用。

QB/T. DJT081202.04J

标记	处数	更改文件号	签字	日期
设 计		标准化		
绘 图		审 定		
审 核		批 准		
工 艺		日 期		

图样标记　数量　重量　比例　1:1
共 2 张　第 2 张

光盘页码：2-569

223

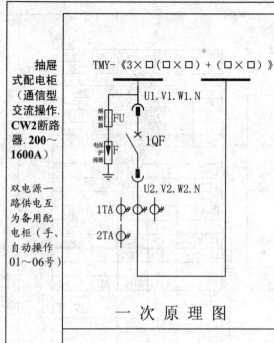

抽屉式配电柜（通信型交流操作. CW2断路器. 200～1600A）

双电源一路供电互为备用配电柜（手、自动操作01～06号）

TMY-《3×□(□×□)＋(□×□)》

熔断器 FU
电保护涌器 F
1QF

U1.V1.W1.N
U2.V2.W2.N

1TA
2TA

一次原理图

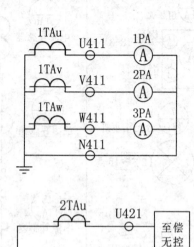

1TAu U411 1PA Ⓐ
1TAv V411 2PA Ⓐ
1TAw W411 3PA Ⓐ
N411

电流测量回路

2TAu U421
N421
至偿无控功率补偿器

电流采样回路

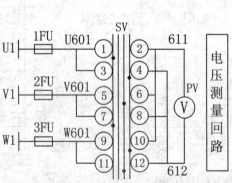

1FU U601 SV 611
2FU V601 PV Ⓥ
3FU W601 612
U1
V1
W1

电压测量回路

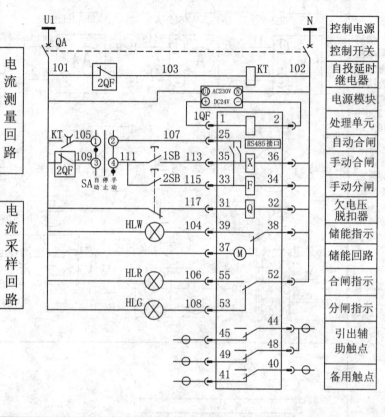

U1 QA N
101 103 KT 102
2QF
AC230V / DC24V
1QF 1 2
KT 105 107 25
109 111 1SB 113 35 36 RS485接口 X
2QF 115 33 34 F
SA 自停手动止手 117 31 32 Q
HLW 104 39 38
37 Ⓜ
HLR 106 55 52
HLG 108 53
45 44
49 48
41 40

控制电源
控制开关
自投延时继电器
电源模块
处理单元
自动合闸
手动合闸
手动分闸
欠电压脱扣器
储能指示
储能回路
合闸指示
分闸指示
引出辅助触点
备用触点

说明：
由于电涌保护器在各种类型的供电方式中，所选用的产品型号也不同（如TT、NT、TT-C、TN-C-S等供电系统中及保护级别），所以在二次接线图中没有画出。本方案以TT或TN-S供电系统为例，推荐选用广州雷迅公司生产的SPD系列产品中的ASPFLDI-15/100型4级，熔断器选用RT14或18型标识清楚粘贴牢固。额定电流63A，分断电流35kA，用16 mm²铜软线作为保护器一对一），额定电流63A，分断电流35kA，用16 mm²铜软线作为保护器接地排。出线端用25mm²铜软线接地排。

技术要求：
1. 元器件的选用和安装应符合设计和标准要求。
2. 电流回路采用2.5mm²铜芯绝缘导线。
3. 电压回路采用1.5mm²铜芯绝缘导线。
4. 布线要横平竖直，线束扎紧无叠（绞）线，端头压紧牢固，元件代号标识清楚粘贴牢固。
5. 如果本柜要与其他柜实现机械联锁，请选用程序锁。

注：
备用电源柜的自投延时时间应大于常用电源柜的自投延时时间。

注明：
1. 断路器的额定短路分断能力的选择，要根据本地区的电网网络阻抗或网络输出容量来计算确定，应由该工程项目的设计部门来确定。
2. 控制电源和取样电源一定要按标注的代号（位置）进行接线。
3. 本二次方案也适用于其他各种类型的抽屉式双电源单供进线柜。
4. 负荷故障跳闸时，首先将SA转至手动位置，待故障排除后，手动恢复正常供电。

12	KT	时间继电器	DS-37C/220V （凸出式板前接线）	1	苏州继电器厂
11	SA	控制转换开关	LW12-16D0401	1	
10	QA	控制开关	C45N-32/2P-10A	1	
9	HLR、HLW、HLG	指示灯	AD16-22/41-220V	3	
8	1SB、2SB	按钮开关	LA23-11	2	
7	SV	电压转换开关	LW12-16DHY3/3	1	
6	PV	电压表	42L6-V 0～450V	1	
5	1PA～3PA	电流表	42L6-A □/5A	3	
4	1FU～3FU	熔断器	JF5-2.5RD/6A	3	
3	2TAu	电流互感器	BH-0.66 □/5A	1	
2	1TAu、1TAv、1TAw	电流互感器	BH-0.66 □/5A	3	
1	1QF	断路器（抽屉式）	CW2-1600/□P-□A/220V（通信型）	1	常熟开关制造公司
序号	元件代号	名 称	型号规格	数量	备 注

QB/T.DJT081202.05Y

标记	处数	更改文件号	签字	日期	GCK（交流操作）一号进线柜二次原理图	图样标记	数量	重量	比例
设 计		标准化							1:1
绘 图		审 定				共 2 张		第 1 张	
审 核		批 准			进线、不带计量、3TA、断路器（CW2）、双电源自动或手动互为备用，正常时，一路电源供电，另一路电源备用。				
工 艺		日 期				光盘页码：2-570			

备（通）用件登记
描 图
描 校
旧底图总号
底图总号
签 字
日 期

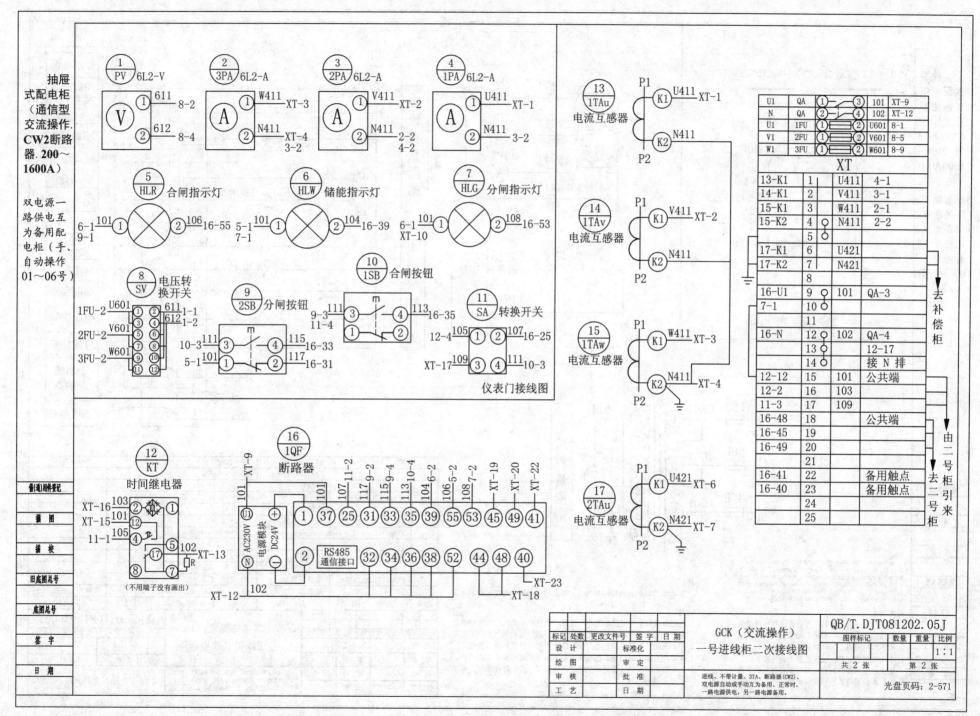

抽屉式配电柜（通信型交流操作.CW2断路器.200～1600A）

双电源一路供电互为备用配电柜（手、自动操作01～06号）

仪表门接线图

GCK（交流操作）
一号进线柜二次接线图

QB/T.DJT081202.05J

进线、不带计量、3TA、断路器(CW2)、双电源自动或手动互为备用、正常时，一路电源供电，另一路电源备用。

共 2 张　　第 2 张

光盘页码：2-571

225

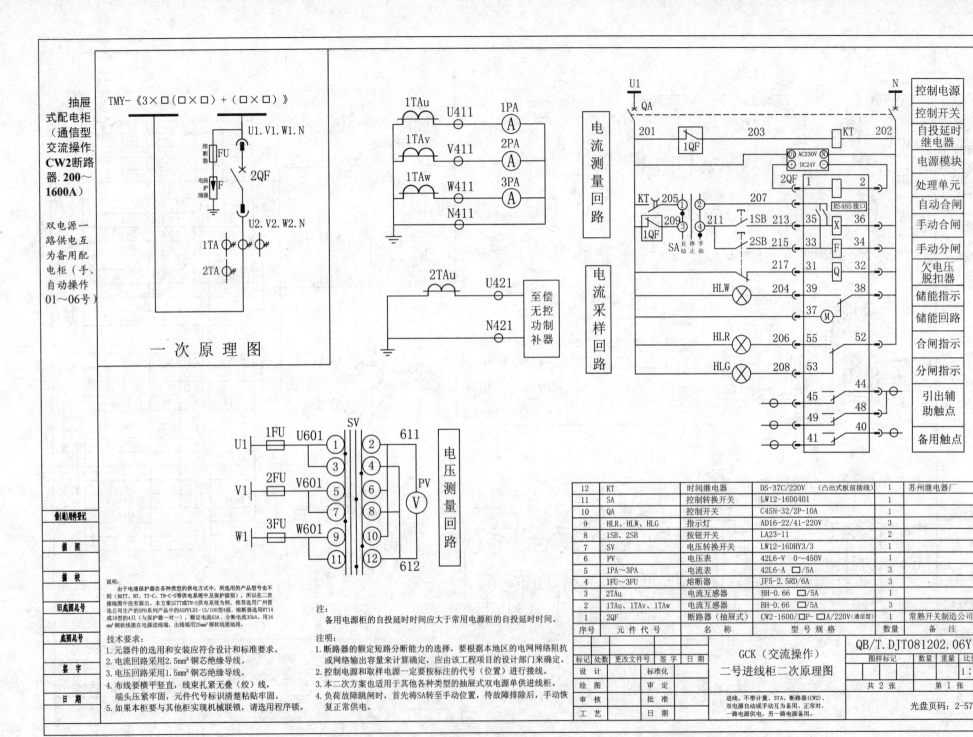

抽屉式配电柜（通信型交流操作, CW2断路器, 200～1600A）

双电源一路供电互为备用配电柜（手、自动操作01～06号）

TMY-《3×□(□×□)+(□×□)》

一次原理图

电流测量回路

电流采样回路

电压测量回路

12	KT	时间继电器	DS-37C/220V （凸出式板前接线）	1	苏州继电器厂
11	SA	控制转换开关	LW12-16D0401	1	
10	QA	控制开关	C45N-32/2P-10A	1	
9	HLR、HLW、HLG	指示灯	AD16-22/41-220V	3	
8	1SB、2SB	按钮开关	LA23-11	2	
7	SV	电压转换开关	LW12-16DHY3/3	1	
6	PV	电压表	42L6-V 0～450V	1	
5	1PA～3PA	电流表	42L6-A □/5A	3	
4	1FU～3FU	熔断器	JF5-2.5RD/6A	3	
3	2TAu	电流互感器	BH-0.66 □/5A	1	
2	1TAu、1TAv、1TAw	电流互感器	BH-0.66 □/5A	3	
1	2QF	断路器（抽屉式）	CW2-1600/□P-□A/220V（通信型）	1	常熟开关制造公司
序号	元件代号	名称	型号规格	数量	备注

控制电源
控制开关
自投延时继电器
电源模块
处理单元
自动合闸
手动合闸
手动分闸
欠电压脱扣器
储能指示
储能回路
合闸指示
分闸指示
引出辅助触点
备用触点

说明：
由于电涌保护器在各种类型的供电方式中，所选用的产品型号也不同（如TT、NT、TT-C、TN-C-S等供电系统中及保护级别），所以在二次接线图中没有画出。本方案以TT或TN-S供电系统为例，推荐选用广州雷迅公司生产的SPD系列产品中的ASPFLDI-15/100型4级，熔断器选用RT14或18型的4只（与保护器一对一），额定电流63A，分断电流35kA，用16 mm²铜软线接在电源进线端，出线端用25mm²铜软线做接地排。

技术要求：
1. 元器件的选用和安装应符合设计和标准要求。
2. 电流回路采用2.5mm²铜芯绝缘导线。
3. 电压回路采用1.5mm²铜芯绝缘导线。
4. 布线要横平竖直，线束扎紧无叠（绞）线，端头压紧牢固，元件代号标识清楚粘贴牢固。
5. 如果本柜要与其他柜实现机械联锁，请选用程序锁。

注：
备用电源柜的自投延时时间应大于常用电源柜的自投延时时间。

注明：
1. 断路器的额定短路分断能力的选择，要根据本地区的电网网络阻抗或网络输出容量来计算确定，应由该工程项目的设计部门来确定。
2. 控制电源和取样电源一定要按标注的代号（位置）进行接线。
3. 本二次方案也适用于其他各种类型的抽屉式双电源单供进线柜。
4. 负荷故障跳闸时，首先将SA转至手动位置，待故障排除后，手动恢复正常供电。

QB/T.DJT081202.06Y

GCK（交流操作）
二号进线柜二次原理图

进线、不带计量、3TA、断路器（CW2）、双电源自动或手动互为备用，正常时，一路电源供电，另一路电源备用。

光盘页码：2-572

标记	处数	更改文件号	签字	日期		图样标记	数量	重量	比例
设计			标准化						1:1
绘图			审定						
审核			批准			共 2 张		第 1 张	
工艺			日期						

鲁(通)用件登记
描图
描校
旧底图总号
底图总号
签字
日期

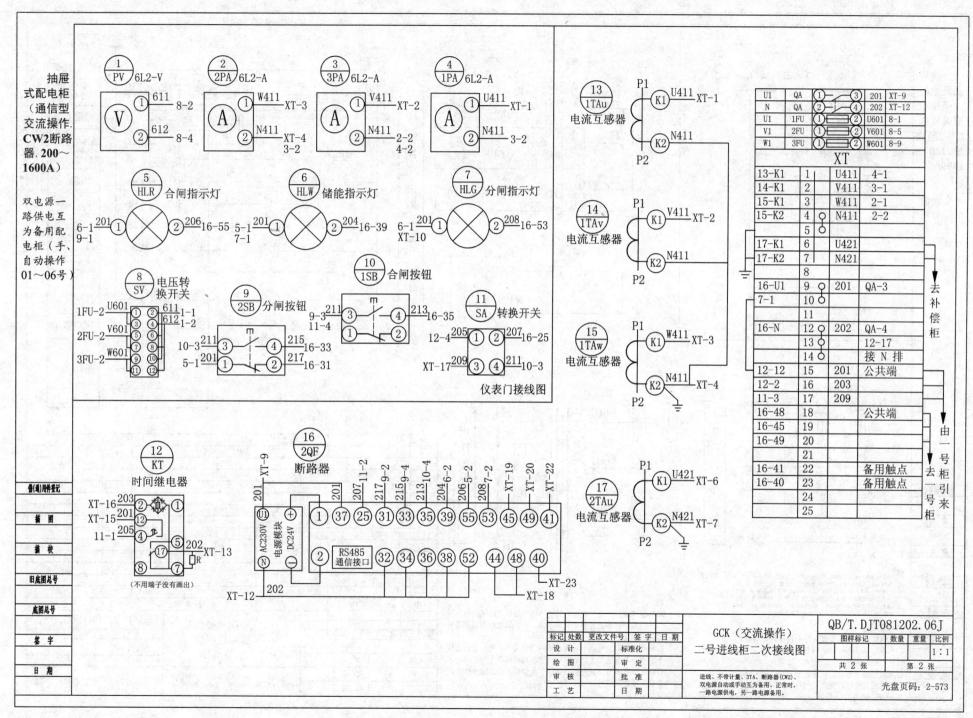

抽屉式配电柜（通信型交流操作.CW2断路器.200~1600A）

双电源一路供电互为备用配电柜（手、自动操作01~06号）

1 PV	6L2-V
2 2PA	6L2-A
3 3PA	6L2-A
4 1PA	6L2-A

5 HLR 合闸指示灯
6 HLW 储能指示灯
7 HLG 分闸指示灯

8 SV 电压转换开关
9 2SB 分闸按钮
10 1SB 合闸按钮
11 SA 转换开关

仪表门接线图

12 KT 时间继电器
（不用端子没有画出）

16 2QF 断路器
RS485通信接口
电源模块 DC24V
AC230V

13 1TAu 电流互感器
14 1TAv 电流互感器
15 1TAw 电流互感器
17 2TAu 电流互感器

U1	QA	① ③	201	XT-9
N	QA	② ④	202	XT-12
U1	1FU	① ②	U601	8-1
V1	2FU	① ②	V601	8-5
W1	3FU	① ②	W601	8-9

XT

13-K1	1	U411	4-1
14-K1	2	V411	3-1
15-K1	3	W411	2-1
15-K2	4	N411	2-2
	5		
17-K1	6	U421	
17-K2	7	N421	
	8		
16-U1	9	201	QA-3
7-1	10		
	11		
16-N	12	202	QA-4
	13		12-17
	14		接N排
12-12	15	201	公共端
12-12	16	203	
11-3	17	209	
16-48	18		公共端
16-45	19		
16-49	20		
	21		
16-41	22		备用触点
16-40	23		备用触点
	24		
	25		

去补偿柜
由一号柜引来
去一号柜

标记	处数	更改文件号	签字	日期
设计		标准化		
绘图		审定		
审核		批准		
工艺		日期		

GCK（交流操作）
二号进线柜二次接线图

QB/T.DJT081202.06J

| 图样标记 | 数量 | 重量 | 比例 1:1 |

共2张　第2张

光盘页码：2-573

进线、不带计量、3TA、断路器(CW2)、双电源自动或手动互为备用、正常时、一路电源供电，另一路电源备用。

备(通)用登记
描图
描校
旧底图总号
底图总号
签字
日期

227

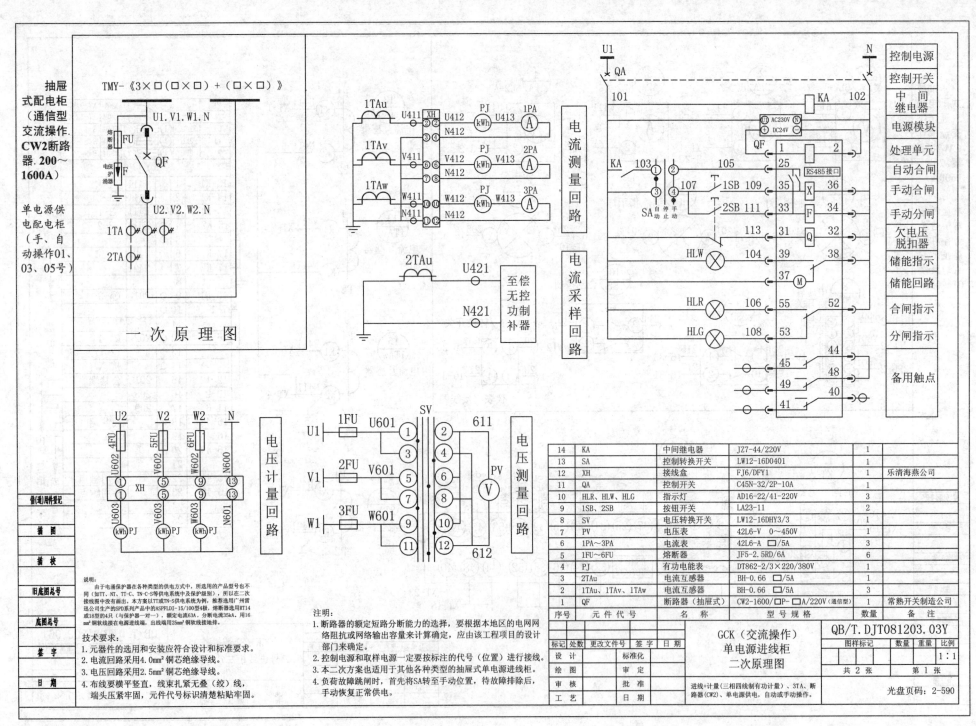

抽屉式配电柜（通信型交流操作.CW2断路器.200～1600A）

单电源供电配电柜（手、自动操作01、03、05号）

TMY-《3×□(□×□)+(□×□)》

U1.V1.W1.N

熔断器 FU
电涌保护器 F
QF

U2.V2.W2.N

1TA
2TA

一次原理图

电流测量回路

电流采样回路

1TAu U411 XH U412 PJ U413 1PA (A) kWh
1TAv V411 V412 PJ V413 2PA (A) kWh
1TAw W411 W412 PJ W413 3PA (A) kWh

2TAu U421
N421
至偿无控功制补器

控制电源
控制开关
中间继电器
电源模块
处理单元
自动合闸
手动合闸
手动分闸
欠电压脱扣器
储能指示
储能回路
合闸指示
分闸指示
备用触点

U1 QA N
101 KA 102
AC230V DC24V
QF 1 2
KA 103 105 25
107 1SB 109 35 X 36
SA 自动 停 手动 2SB 111 33 F 34
113 31 Q 32
HLW 104 39 38
37 M
HLR 106 55 52
HLG 108 53
45 44
48
49 40
41

RS485接口

电压计量回路

U2 V2 W2 N
4FU 5FU 6FU
U602 V602 W602 N600
① XH ⑤ ⑨ ⑬
① ⑤ ⑨ ⑬
U603 V603 W603 N601
kWh PJ kWh PJ kWh PJ

电压测量回路

SV
1FU U601 ①②611
U1
③④
2FU V601 ⑤⑥ PV (V)
V1 ⑦⑧
3FU W601 ⑨⑩
W1 ⑪⑫612

说明：
由于电涌保护器在各种类型的供电方式中，所选用的产品型号也不同（如TT、NT、TT-C、TN-C-S等供电系统中及保护级别），所以在二次接线图中没有画出来。本方案以TT或TN-S供电系统为例，推荐选用广州雷迅公司生产的SPD系列产品中的ASPFLDI-15/100型4极，熔断器选用RT14或18型的4只（与保护器一对一），额定电流63A，分断电流35kA，用16mm²铜软线接在电源进线端，出线端用25mm²铜软线接地排。

技术要求：
1.元器件的选用和安装应符合设计和标准要求。
2.电流回路采用4.0mm²铜芯绝缘导线。
3.电压回路采用2.5mm²铜芯绝缘导线。
4.布线要横平竖直，线束扎紧无叠（绞）线，端头压紧牢固，元件代号标识清楚粘贴牢固。

注明：
1.断路器的额定短路分断能力的选择，要根据本地区的电网网络阻抗或网络输出容量来计算确定，应由该工程项目的设计部门审定。
2.控制电源和取样电源一定要按标注的代号（位置）进行接线。
3.本二次方案也适用于其他各种类型的抽屉式单电源进线柜。
4.负荷故障跳闸时，首先将SA转至手动位置，待故障排除后，手动恢复正常供电。

14	KA	中间继电器	JZ7-44/220V	1	
13	SA	控制转换开关	LW12-16D0401	1	
12	XH	接线盒	FJ6/DFY1	1	乐清海燕公司
11	QA	控制开关	C45N-32/2P-10A	1	
10	HLR、HLW、HLG	指示灯	AD16-22/41-220V	3	
9	1SB、2SB	按钮开关	LA23-11	2	
8	SV	电压转换开关	LW12-16DHY3/3	1	
7	PV	电压表	42L6-V 0～450V	1	
6	1PA～3PA	电流表	42L6-A □/5A	3	
5	1FU～6FU	熔断器	JF5-2.5RD/6A	6	
4	PJ	有功电能表	DT862-2/3×220/380V	1	
3	2TAu	电流互感器	BH-0.66 □/5A	1	
2	1TAu、1TAv、1TAw	电流互感器	BH-0.66 □/5A	3	
1	QF	断路器（抽屉式）	CW2-1600/□P-□A/220V（通信型）	1	常熟开关制造公司
序号	元件代号	名称	型号规格	数量	备注

备(通)用件登记						
横图						
描校						
旧底图总号						
底图总号						
签字						
日期						

标记	处数	更改文件号	签字	日期		
设计			标准化			GCK（交流操作）单电源进线柜二次原理图
绘图			审定			
审核			批准			
工艺			日期			

QB/T.DJT081203.03Y

| 图样标记 | 数量 | 重量 | 比例 |
| 1:1 |
| 共2张 | | 第1张 |

进线+计量（三相四线制有功计量）、3TA、断路器（CW2）、单电源供电，自动或手动操作。

光盘页码：2-590

228

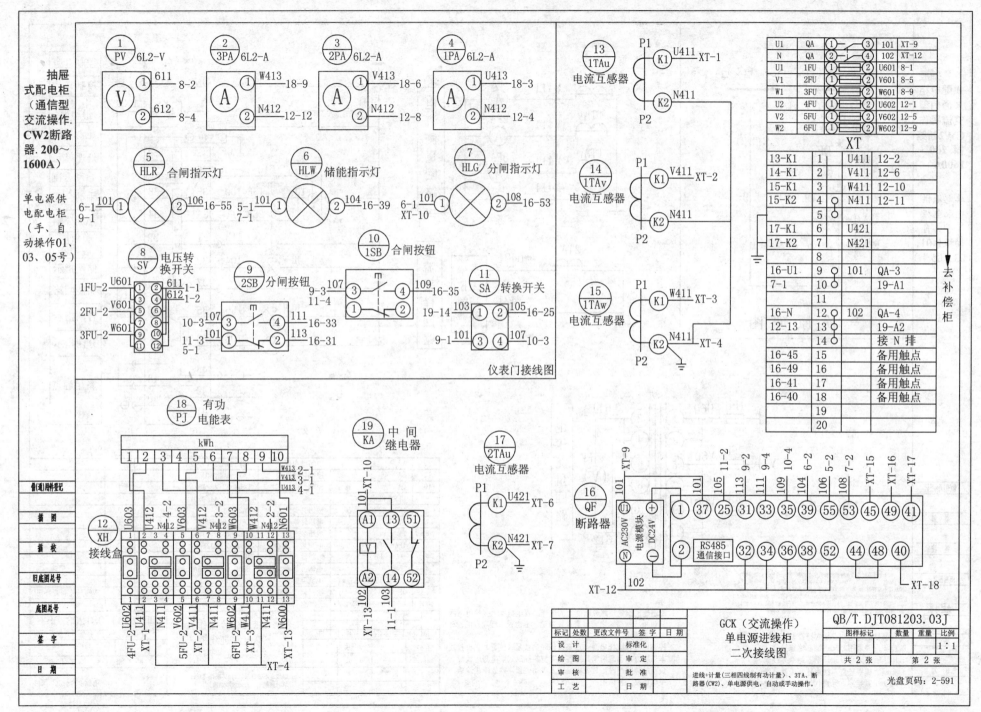

仪表门接线图

GCK（交流操作）
单电源进线柜
二次接线图

QB/T.DJT081203.03J

进线+计量(三相四线制有功计量)、3TA、断路器(CW2)、单电源供电，自动或手动操作。

光盘页码：2-591

229

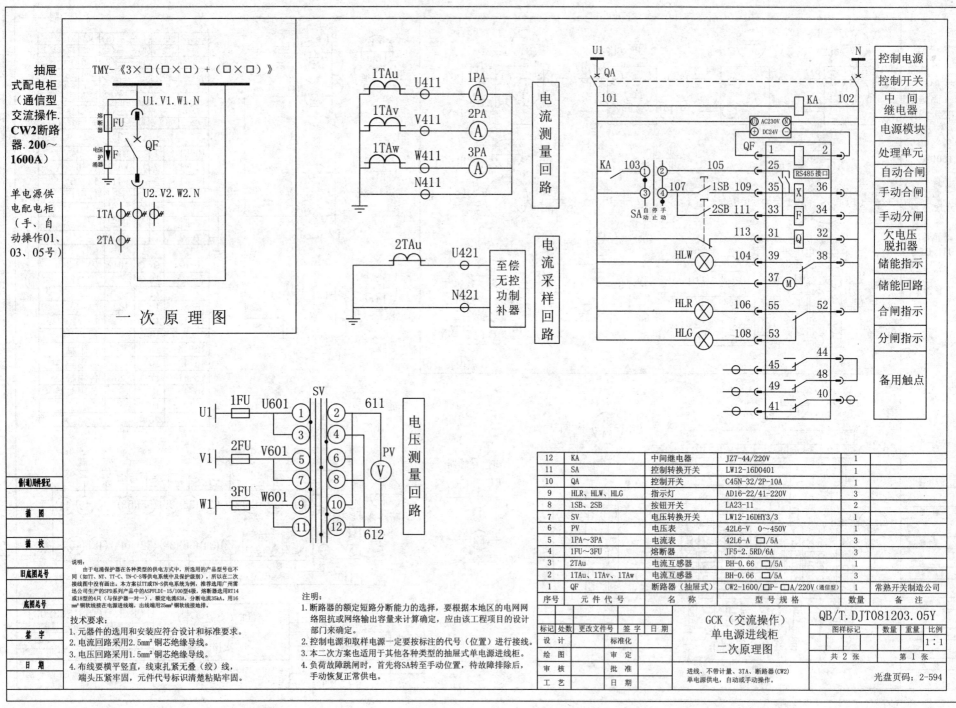

抽屉式配电柜（通信型交流操作.CW2断路器.200～1600A）

单电源供电配电柜（手、自动操作01、03、05号）

TMY-《3×□（□×□）+（□×□）》

U1.V1.W1.N

FU 熔断器
电涌保护器 F
QF

U2.V2.W2.N

1TA
2TA

一次原理图

1TAu U411 1PA Ⓐ
1TAv V411 2PA Ⓐ
1TAw W411 3PA Ⓐ
N411

电流测量回路

2TAu U421 至偿无控功制补器
N421

电流采样回路

SV
U1 1FU U601 ① ② 611
③ ④
V1 2FU V601 ⑤ ⑥ PV Ⓥ
⑦ ⑧
W1 3FU W601 ⑨ ⑩
⑪ ⑫ 612

电压测量回路

U1   N
QA

101   KA   102

AC230V N
DC24V
QF 1 2
KA 103 105 25
RS485接口
107 1SB 109 35 X 36
SA 自动停止手动 2SB 111 33 F 34
113 31 Q 32
HLW ⊗ 104 39 38
37 M
HLR ⊗ 106 55 52
HLG ⊗ 108 53
45 44
49 48
41 40

控制电源
控制开关
中间继电器
电源模块
处理单元
自动合闸
手动合闸
手动分闸
欠电压脱扣器
储能指示
储能回路
合闸指示
分闸指示
备用触点

12	KA	中间继电器	JZ7-44/220V	1	
11	SA	控制转换开关	LW12-16D0401	1	
10	QA	控制开关	C45N-32/2P-10A	1	
9	HLR、HLW、HLG	指示灯	AD16-22/41-220V	3	
8	1SB、2SB	按钮开关	LA23-11	2	
7	SV	电压转换开关	LW12-16DHY3/3	1	
6	PV	电压表	42L6-V 0～450V	1	
5	1PA～3PA	电流表	42L6-A □/5A	3	
4	1FU～3FU	熔断器	JF5-2.5RD/6A	3	
3	2TAu	电流互感器	BH-0.66 □/5A	1	
2	1TAu、1TAv、1TAw	电流互感器	BH-0.66 □/5A	3	
1	QF	断路器（抽屉式）	CW2-1600/□P-□A/220V（通信型）	1	常熟开关制造公司
序号	元件代号	名 称	型 号 规 格	数量	备 注

说明：
由于电涌保护器在各种类型的供电方式中，所选用的产品型号也不同（如TT、NT、TT-C、TN-C-S等供电系统中及保护级别），所以在二次接线图中没有画出。本方案以TT或TN-S供电系统为例，推荐选用广州常迅公司生产的SPD系列产品中的ASPFLDI-15/100型4级，熔断器选用RT14或18型的4只（与保护器一对一），额定电流63A，分断电流35kA。用16mm²铜软线接在电源进线端，出线用25mm²铜软线接地排。

技术要求：
1. 元器件的选用和安装应符合设计和标准要求。
2. 电流回路采用2.5mm²铜芯绝缘导线。
3. 电压回路采用1.5mm²铜芯绝缘导线。
4. 布线要横平竖直，线束扎整无叠（绞）线，端头压紧牢固，元件代号标识清楚粘贴牢固。

注明：
1. 断路器的额定短路分断能力的选择，要根据本地区的电网网络阻抗或网络输出容量来计算确定，应由该工程项目的设计部门来确定。
2. 控制电源和取样电源一定要按标注的代号（位置）进行接线。
3. 本二次方案也适用于其他各种类型的抽屉式单电源进线柜。
4. 负荷故障跳闸时，首先将SA转至手动位置，待故障排除后，手动恢复正常供电。

备(通)用附件记					
描 图					
描 校					
旧底图总号					
底图总号					
签 字					
日 期					

标记	处数	更改文件号	签 字	日 期	
设 计		标准化			
绘 图		审 定			
审 核		批 准			
工 艺		日 期			

GCK（交流操作）
单电源进线柜
二次原理图

进线、不带计量、3TA、断路器（CW2）
单电源供电，自动或手动操作。

QB/T.DJT081203.05Y

图样标记	数量	重量	比例
			1:1
共 2 张		第 1 张	

光盘页码：2-594

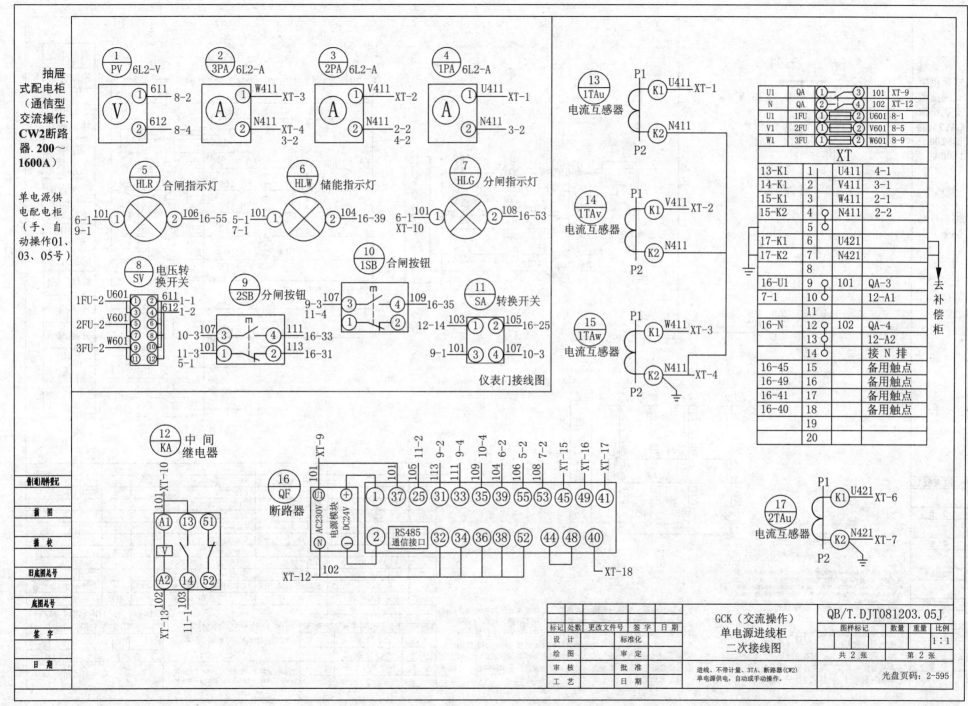

抽屉式配电柜（通信型交流操作.CW2断路器.200～1600A）

单电源供电配电柜（手、自动操作01、03、05号）

| ① PV 6L2-V | ② 3PA 6L2-A | ③ 2PA 6L2-A | ④ 1PA 6L2-A |

仪表门接线图

⑤ HLR 合闸指示灯

⑥ HLW 储能指示灯

⑦ HLG 分闸指示灯

⑧ SV 电压转换开关

⑨ 2SB 分闸按钮

⑩ 1SB 合闸按钮

⑪ SA 转换开关

⑫ KA 中间继电器

⑬ 1TAu 电流互感器

⑭ 1TAv 电流互感器

⑮ 1TAw 电流互感器

⑯ QF 断路器

⑰ 2TAu 电流互感器

电源模块 AC230V DC24V

RS485 通信接口

去补偿柜

U1	QA	①	③	101	XT-9
N	QA	②	④	102	XT-12
U1	1FU	①	②	U601	8-1
V1	2FU	①	②	V601	8-5
W1	3FU	①	②	W601	8-9

XT

13-K1	1	U411	4-1
14-K1	2	V411	3-1
15-K1	3	W411	2-1
15-K2	4	N411	2-2
	5		
17-K1	6	U421	
17-K2	7	N421	
	8		
16-U1	9	101	QA-3
7-1	10		12-A1
	11		
16-N	12	102	QA-4
	13		12-A2
	14		接 N 排
16-45	15	备用触点	
16-49	16	备用触点	
16-41	17	备用触点	
16-40	18	备用触点	
	19		
	20		

备(通)用附件登记

描 图	
描 校	
旧底图总号	
底图总号	
签 字	
日 期	

标记	处数	更改文件号	签字	日期
设 计			标准化	
绘 图			审 定	
审 核			批 准	
工 艺			日 期	

GCK（交流操作）单电源进线柜二次接线图

QB/T.DJT081203.05J

图样标记 数量 重量 比例 1:1

共 2 张　　第 2 张

进线、不带计量、3TA、断路器（CW2）单电源供电，自动或手动操作。

光盘页码：2-595

231

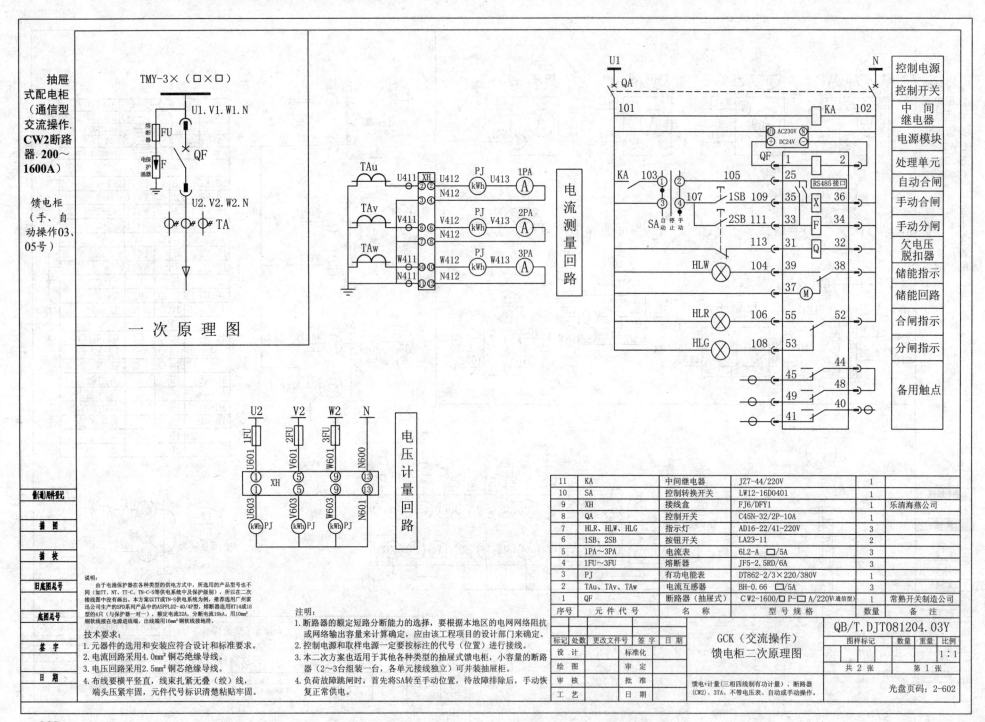

抽屉式配电柜（通信型交流操作.CW2断路器.200～1600A）

馈电柜（手、自动操作03、05号）

一 次 原 理 图

TMY-3×（□×□）

熔断器 FU
电保护涌器 F
QF
U1.V1.W1.N
U2.V2.W2.N
TA

电流测量回路

TAu U411 XH U412 PJ kWh U413 1PA A N412
TAv V411 V412 PJ kWh V413 2PA A N412
TAw W411 W412 PJ kWh W413 3PA A N411 N412

电压计量回路

U2 V2 W2 N
U601 1FU V601 2FU W601 3FU N600
XH
U603 V603 W603 N601
kWh PJ kWh PJ kWh PJ

馈电柜二次原理图

U1 QA N
101 KA 102
AC230V DC24V
QF 1 2
KA 103 105 25 RS485接口
107 1SB 109 35 X 36
SA 自动停止手动 2SB 111 33 F 34
113 31 Q 32
HLW 104 39 38
37 M
HLR 106 55 52
HLG 108 53
44 45 48 49 40 41

控制电源
控制开关
中间继电器
电源模块
处理单元
自动合闸
手动合闸
手动分闸
欠电压脱扣器
储能指示
储能回路
合闸指示
分闸指示
备用触点

说明：
由于电涌保护器在各种类型的供电方式中，所选用的产品型号也不同（如TT、NT、TT-C、TN-C-S等供电系统中及保护级别），所以在二次接线图中没有画出。本方案以TT或TN-S供电系统为例，推荐选用广州雷迅公司生产的SPD系列产品中的ASPFLD2-40/4P型，熔断器选用RT14或18型的4只（与保护器一对一），额定电流32A，分断电流10kA，用10mm²铜软线接在电源进线端，出线端用16mm²铜软线接地排。

技术要求：
1. 元器件的选用和安装应符合设计和标准要求。
2. 电流回路采用4.0mm²铜芯绝缘导线。
3. 电压回路采用2.5mm²铜芯绝缘导线。
4. 布线要横平竖直，线束扎紧无叠（绞）线，端头压紧牢固，元件代号标识清楚粘贴牢固。

注明：
1. 断路器的额定短路分断能力的选择，要根据本地区的电网网络阻抗或网络输出容量来计算确定，应由该工程项目的设计部门来确定。
2. 控制电源和取样电源一定要按标注的代号（位置）进行接线。
3. 本二次方案也适用于其他各种类型的抽屉式馈电柜，小容量的断路器（2～3台组装一台，各单元接线独立）可并装抽屉柜。
4. 负荷故障跳闸时，首先将SA转至手动位置，待故障排除后，手动恢复正常供电。

11	KA	中间继电器	JZ7-44/220V	1	
10	SA	控制转换开关	LW12-16D0401	1	
9	XH	接线盒	FJ6/DFY1	1	乐清海燕公司
8	QA	控制开关	C45N-32/2P-10A	1	
7	HLR、HLW、HLG	指示灯	AD16-22/41-220V	3	
6	1SB、2SB	按钮开关	LA23-11	2	
5	1PA～3PA	电流表	6L2-A □/5A	3	
4	1FU～3FU	熔断器	JF5-2.5RD/6A	3	
3	PJ	有功电能表	DT862-2/3×220/380V	1	
2	TAu、TAv、TAw	电流互感器	BH-0.66 □/5A	3	
1	QF	断路器（抽屉式）	CW2-1600/□ P-□ A/220V（通信型）	1	常熟开关制造公司
序号	元件代号	名 称	型 号 规 格	数量	备 注

标记	处数	更改文件号	签字	日期		
设 计		标准化			GCK（交流操作）馈电柜二次原理图	
绘 图		审 定			图样标记	数量 重量 比例
审 核		批 准				1:1
工 艺		日 期			共 2 张 第 1 张	

QB/T.DJT081204.03Y

馈电+计量（三相四线制有功计量）、断路器（CW2）、3TA、不带电压表、自动或手动操作。

光盘页码：2-602

232

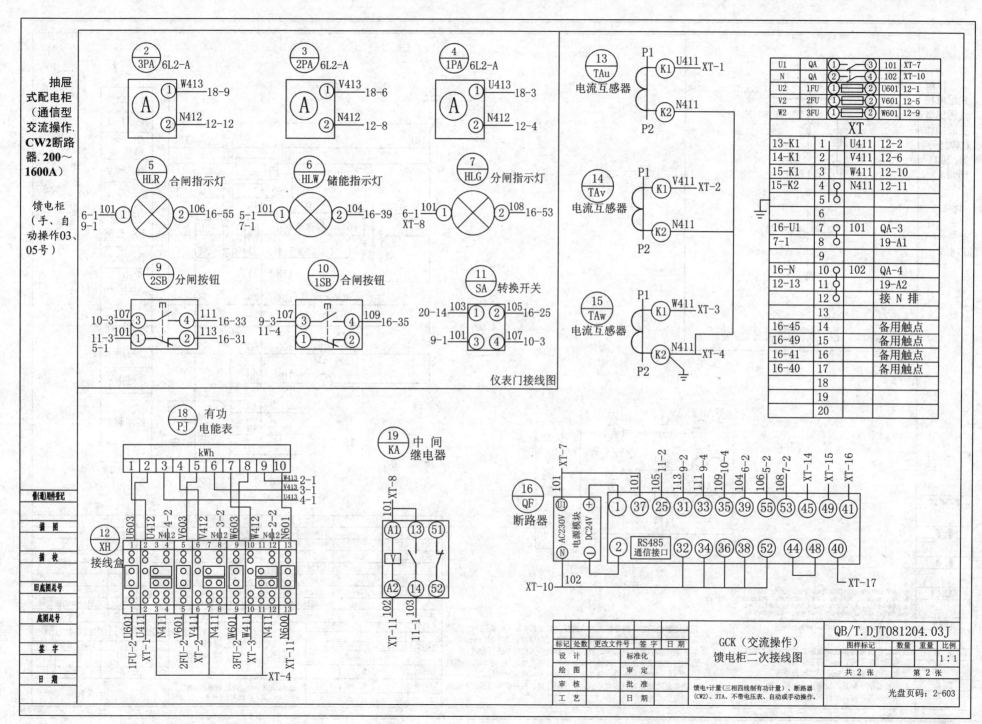

仪表门接线图

GCK（交流操作）
馈电柜二次接线图

QB/T.DJT081204.03J

共 2 张　第 2 张

馈电+计量(三相四线制有功计量)、断路器
(CW2)、3TA、不带电压表、自动或手动操作。

光盘页码：2-603

233

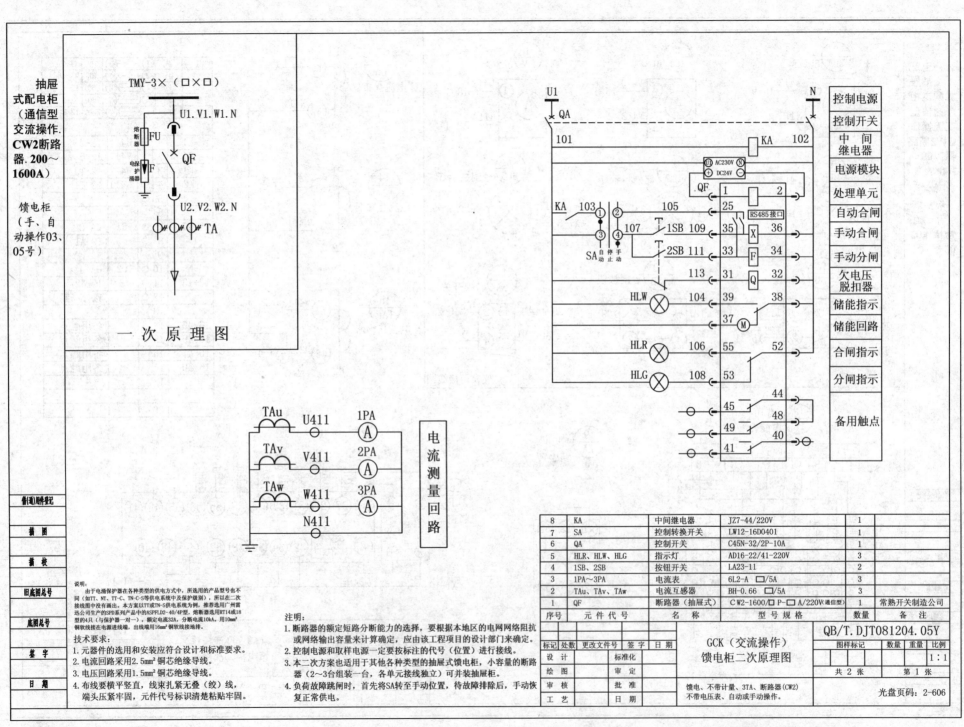

抽屉式配电柜（通信型交流操作.CW2断路器.200～1600A）

馈电柜（手、自动操作03、05号）

TMY-3×（□×□）

熔断器 FU
电涌保护器 F
QF
U1.V1.W1.N

U2.V2.W2.N

TA

一次原理图

TAu U411 1PA (A)
TAv V411 2PA (A)
TAw W411 3PA (A)
N411

电流测量回路

控制电源
控制开关
中间继电器
电源模块
处理单元
自动合闸
手动合闸
手动分闸
欠电压脱扣器
储能指示
储能回路
合闸指示
分闸指示
备用触点

U1   N
QA
101   KA   102
① AC230V N
⊖ DC24V ⊖
QF   1   2
KA 103 ① ② 105   25
107 ③ ④ 1SB 109   35 X 36 RS485接口
SA 自停手动止动 2SB 111   33 F 34
113   31 Q 32
HLW ⊗ 104   39   38
37 (M)
HLR ⊗ 106   55   52
HLG ⊗ 108   53
45   44
49   48
41   40

说明：
　由于电涌保护器在各种类型的供电方式中，所选用的产品型号也不同（如TT、NT、TT-C、TN-C-S等供电系统中及保护级别），所以在二次接线图中没有画出。本方案以TT或TN-S供电系统为例，推荐选用广州雷迅公司生产的SPD系列产品中的ASPFLD2-40/4P型，熔断器选用RT14或18型的4只（与保护器一对一），额定电流32A，分断电流10kA。用10mm²铜软线接在电源进线端，出线端用16mm²铜软线接地排。

技术要求：
1. 元器件的选用和安装应符合设计和标准要求。
2. 电流回路采用2.5mm²铜芯绝缘导线。
3. 电压回路采用1.5mm²铜芯绝缘导线。
4. 布线要横平竖直，线束扎紧无叠（绞）线，端头压紧牢固，元件代号标识清楚粘贴牢固。

注明：
1. 断路器的额定短路分断能力的选择，要根据本地区的电网网络阻抗或网络输出容量来计算确定，应由该工程项目的设计部门来确定。
2. 控制电源和取样电源一定要按标注的代号（位置）进行接线。
3. 本二次方案也适用于其他各种类型的抽屉式馈电柜，小容量的断路器（2～3台组装一台，各单元接线独立）可并装抽屉柜。
4. 负荷故障跳闸时，首先将SA转至手动位置，待故障排除后，手动恢复正常供电。

8	KA	中间继电器	JZ7-44/220V	1	
7	SA	控制转换开关	LW12-16D0401	1	
6	QA	控制开关	C45N-32/2P-10A	1	
5	HLR、HLW、HLG	指示灯	AD16-22/41-220V	3	
4	1SB、2SB	按钮开关	LA23-11	2	
3	1PA～3PA	电流表	6L2-A □/5A	3	
2	TAu、TAv、TAw	电流互感器	BH-0.66 □/5A	3	
1	QF	断路器（抽屉式）	CW2-1600/□ P-□ A/220V（通信型）	1	常熟开关制造公司
序号	元件代号	名　称	型号规格	数量	备　注

标记	处数	更改文件号	签字	日期			QB/T.DJT081204.05Y
设　计			标准化			GCK（交流操作）	图样标记 / 数量 / 重量 / 比例
绘　图			审　定			馈电柜二次原理图	1:1
审　核			批　准			馈电、不带计量、3TA、断路器（CW2）	共 2 张　第 1 张
工　艺			日　期			不带电压表、自动或手动操作。	光盘页码：2-606

备（通）用标记
描　图
描　校
旧底图总号
底图总号
签　字
日　期

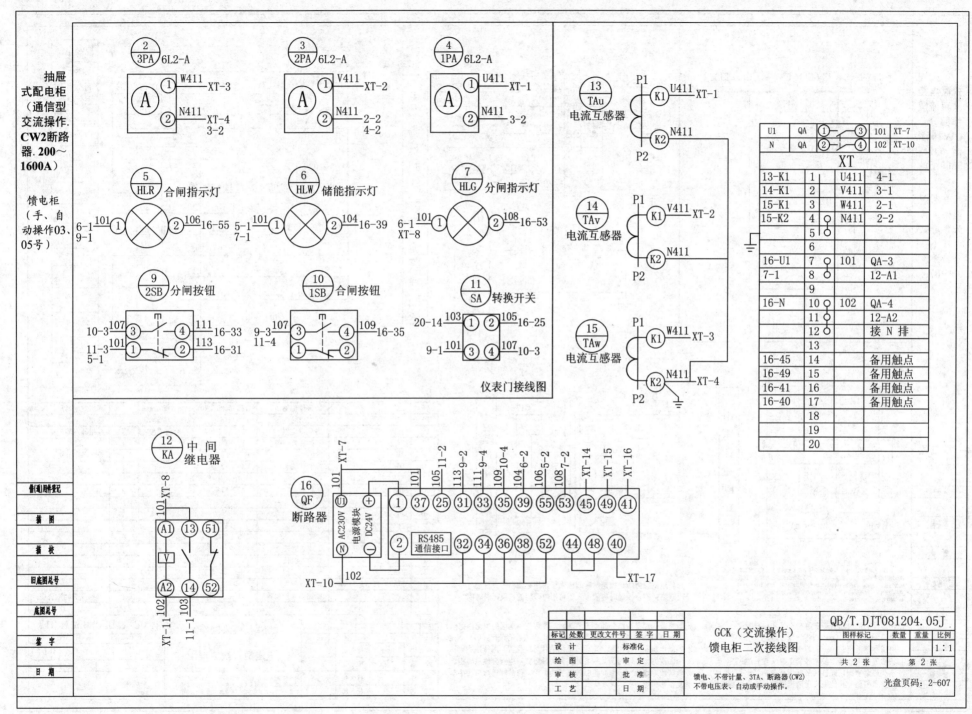

抽屉式配电柜（通信型交流操作.CW2断路器.200～1600A）

馈电柜（手、自动操作03、05号）

| 2 3PA | 6L2-A | 3 2PA | 6L2-A | 4 1PA | 6L2-A |

A ① W411 XT-3 ② N411 XT-4 3-2

A ① V411 XT-2 ② N411 2-2 4-2

A ① U411 XT-1 ② N411 3-2

13 TAu 电流互感器 P1 K1 U411 XT-1 K2 N411 P2

| U1 | QA | ①—③ | 101 | XT-7 |
| N | QA | ②—④ | 102 | XT-10 |

5 HLR 合闸指示灯 6-1 9-1 101 ① ② 106 16-55

6 HLW 储能指示灯 5-1 7-1 101 ① ② 104 16-39

7 HLG 分闸指示灯 6-1 XT-8 101 ① ② 108 16-53

14 TAv 电流互感器 P1 K1 V411 XT-2 K2 P2

XT				
13-K1	1	U411	4-1
14-K1	2	V411	3-1
15-K1	3	W411	2-1
15-K2	4	N411	2-2
	5		
	6		
16-U1	7	101	QA-3
7-1	8		12-A1
	9		
16-N	10	102	QA-4
	11		12-A2
	12		接 N 排
	13		
16-45	14		备用触点
16-49	15		备用触点
16-41	16		备用触点
16-40	17		备用触点
	18		
	19		
	20		

9 2SB 分闸按钮 10-3 107 ③ ④ 111 16-33 11-3 101 ① ② 113 16-31 5-1

10 1SB 合闸按钮 9-3 107 ③ ④ 109 16-35 11-4 ① ②

11 SA 转换开关 20-14 103 ① ② 105 16-25 9-1 101 ③ ④ 107 10-3

15 TAw 电流互感器 P1 K1 W411 XT-3 K2 N411 XT-4 P2

仪表门接线图

12 KA 中间继电器

101 XT-8 A1 13 51 V A2 14 52 XT-11 102 11-1 103

16 QF 断路器 XT-7 101 AC230V U1 电源模块 + DC24V 101 105 11-2 113 9-2 111 9-4 109 10-4 104 6-2 106 5-2 108 7-2 XT-14 XT-15 XT-16 ① 37 25 31 33 35 39 55 53 45 49 41 N ─ ② RS485通信接口 32 34 36 38 52 44 48 40 XT-10 102 XT-17

标记 处数 更改文件号 签字 日期	GCK（交流操作）馈电柜二次接线图	QB/T. DJT081204.05J
设 计	标准化	图样标记 数量 重量 比例 1:1
绘 图	审 定	共 2 张 第 2 张
审 核	批 准	馈电、不带计量、3TA、断路器(CW2) 不带电压表、自动或手动操作。
工 艺	日 期	光盘页码：2-607

235

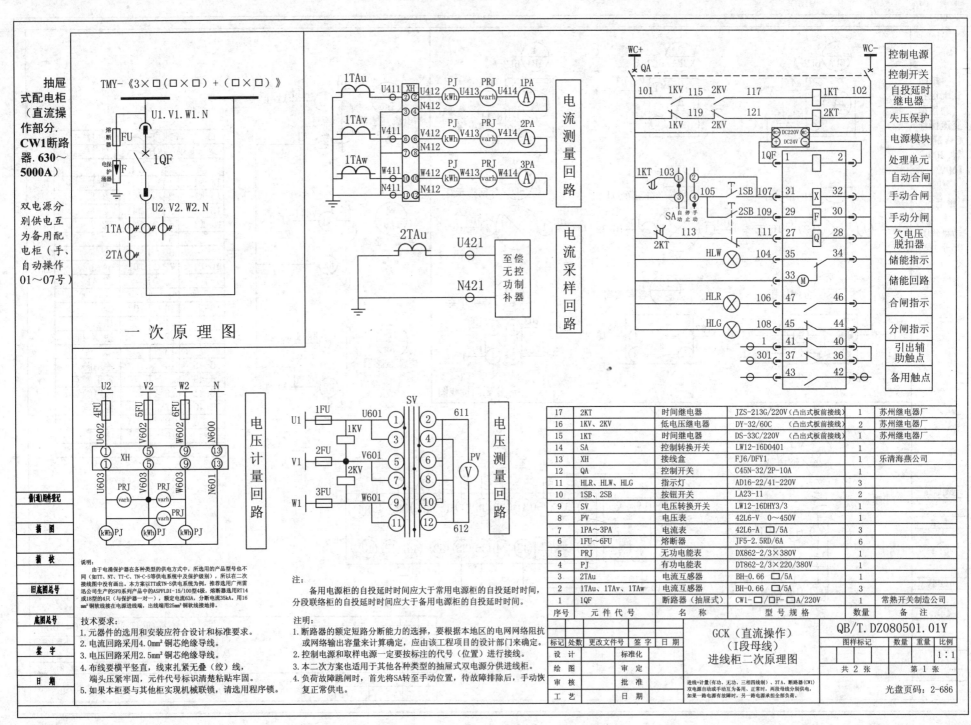

抽屉式配电柜（直流操作部分.CW1断路器.630～5000A）

双电源分别供电互为备用配电柜（手、自动操作01～07号）

TMY-《3×□(□×□)+(□×□)》

一次原理图

电流测量回路

电流采样回路

电压计量回路

电压测量回路

控制电源
控制开关
自投延时继电器
失压保护
电源模块
处理单元
自动合闸
手动合闸
手动分闸
欠电压脱扣器
储能指示
储能回路
合闸指示
分闸指示
引出辅助触点
备用触点

说明：
由于电涌保护器在各种类型的供电方式中，所选用的产品型号也不同（如TT、NT、TT-C、TN-C-S等供电系统中及保护级别），所以在二次接线图中没有画出。本方案以TT或TN-S供电系统为例，推荐选用广州雷迅公司生产的SPD系列产品中的ASPPFLDI-15/100型4级，熔断器选用RT14或18型的4只（与保护器一对一），额定电流63A，分断电流35kA，用16 mm²铜软线接在电源进线端，出线端用25mm²铜软线接地排。

技术要求：
1. 元器件的选用和安装应符合设计和标准要求。
2. 电流回路采用4.0mm²铜芯绝缘导线。
3. 电压回路采用2.5mm²铜芯绝缘导线。
4. 布线要横平竖直，束线扎紧无叠（绞）线，端头压紧牢固，元件代号标识清楚粘贴牢固。
5. 如果本柜要与其他柜实现机械联锁，请选用程序锁。

注：
备用电源柜的自投延时时间应大于常用电源柜的自投延时时间，分段联络柜的自投延时时间应大于备用电源柜的自投延时时间。

注明：
1. 断路器的额定短路分断能力的选择，要根据本地区的电网网络阻抗或网络输出容量来计算确定，应由该工程项目的设计部门来确定。
2. 控制电源和取样电源一定要按标注的代号（位置）进行接线。
3. 本二次方案也适用于其他各种类型的抽屉式双电源分供进线柜。
4. 负荷故障跳闸时，首先将SA转至手动位置，待故障排除后，手动恢复正常供电。

17	2KT	时间继电器	JZS-213G/220V（凸出式板前接线）	1	苏州继电器厂
16	1KV、2KV	低电压继电器	DY-32/60C（凸出式板前接线）	2	苏州继电器厂
15	1KT	时间继电器	DS-33C/220V（凸出式板前接线）	1	苏州继电器厂
14	SA	控制转换开关	LW12-16D0401	1	
13	XH	接线盒	FJ6/DFY1	1	乐清海燕公司
12	QA	控制开关	C45N-32/2P-10A	1	
11	HLR、HLW、HLG	指示灯	AD16-22/41-220V	3	
10	1SB、2SB	按钮开关	LA23-11	2	
9	SV	电压转换开关	LW12-16DHY3/3	1	
8	PV	电压表	42L6-V 0～450V	1	
7	1PA～3PA	电流表	42L6-A □/5A	3	
6	1FU～6FU	熔断器	JF5-2.5RD/6A	6	
5	PRJ	无功电能表	DX862-2/3×380V	1	
4	PJ	有功电能表	DT862-2/3×220/380V	1	
3	2TAu	电流互感器	BH-0.66 □/5A	1	
2	1TAu、1TAv、1TAw	电流互感器	BH-0.66 □/5A	3	
1	1QF	断路器（抽屉式）	CW1-□/□P-□A/220V	1	常熟开关制造公司
序号	元件代号	名 称	型 号 规 格	数量	备 注

GCK（直流操作）（I段母线）进线柜二次原理图

QB/T.DZ080501.01Y

进线+计量（有功、无功、三相四线制）、3TA、断路器（CW1）双电源自动或手动互为备用、正常时，两段母线分别供电，如果一路电源有故障时，另一路电源承担全部负荷。

光盘页码：2-686

标记	处数	更改文件号	签字	日期	图样标记		数量	重量	比例
设 计			标准化						1:1
绘 图			审 定						
审 核			批 准			共 2 张		第 1 张	
工 艺			日 期						

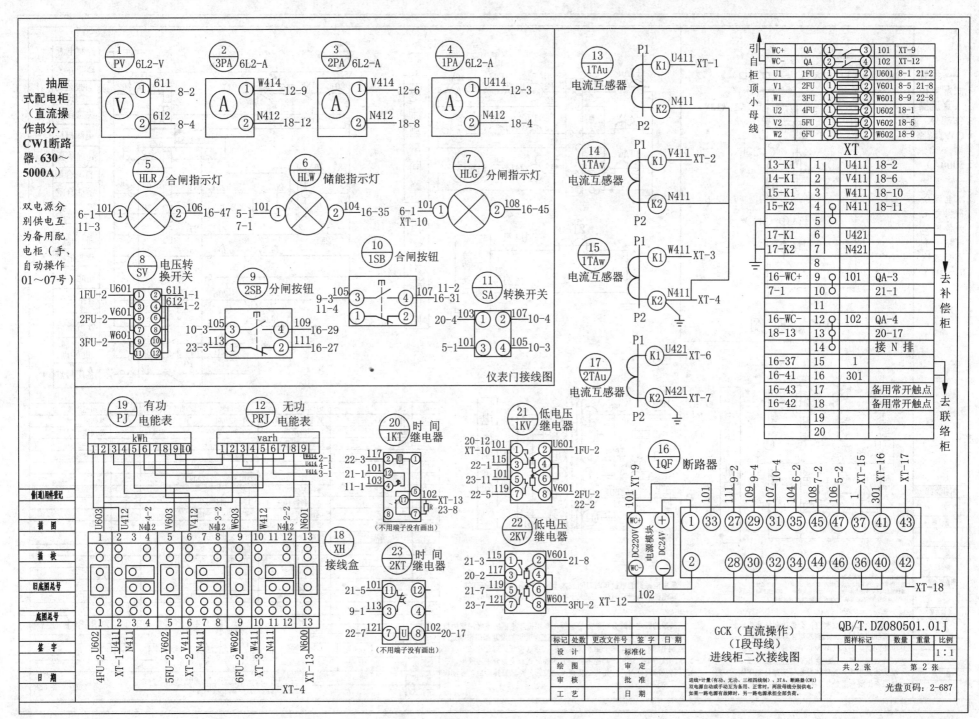

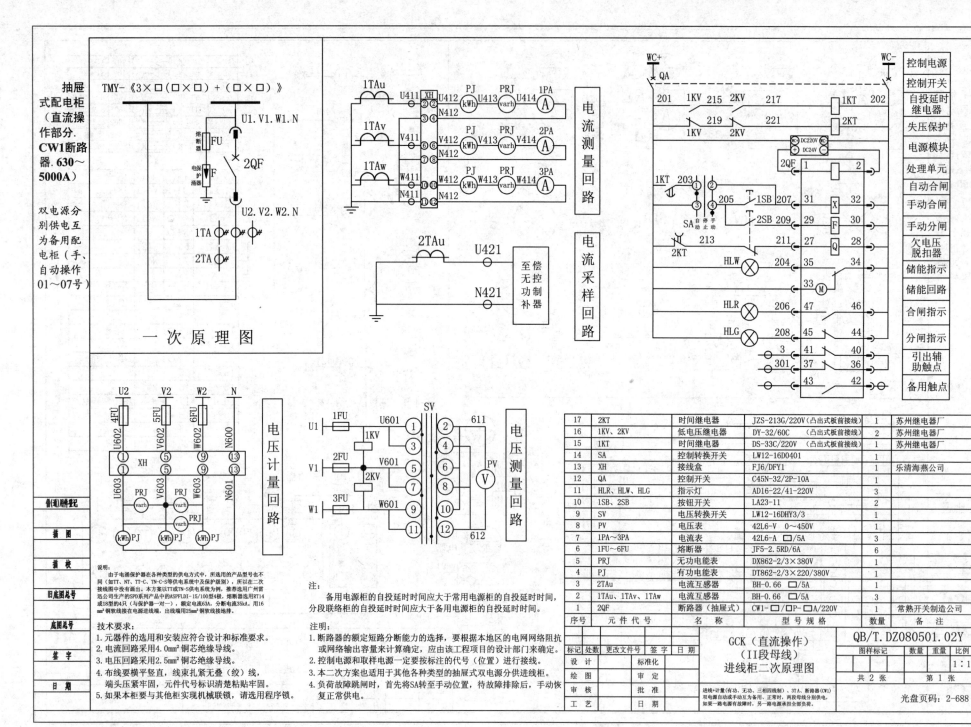

抽屉式配电柜（直流操作部分.CW1断路器.630～5000A）

双电源分别供电互为备用配电柜（手、自动操作01～07号）

TMY-《3×□(□×□)+(□×□)》

一次原理图

电流测量回路

电流采样回路

电压测量回路

电压计量回路

说明：
由于电涌保护器在各种类型的供电方式中，所选用的产品型号也不同（如TT、NT、TT-C、TN-C-S等供电系统中及保护级别），所以在二次接线图中没有画出。本方案以TT或TN-S供电系统为例，推荐选用广州雷迅公司生产的SPD系列产品中的ASPFLDI-15/100型4极，熔断器选用RT14或18型的4只（与保护器一对一），额定电流63A，分断电流35kA。用16mm²铜软线接在电源进线端，出线端用25mm²铜软线接地排。

技术要求：
1. 元器件的选用和安装应符合设计和标准要求。
2. 电流回路采用4.0mm²铜芯绝缘导线。
3. 电压回路采用2.5mm²铜芯绝缘导线。
4. 布线要横平竖直，线束扎紧无叠（绞）线，端头压紧牢固，元件代号标识清楚粘贴牢固。
5. 如果本柜要与其他柜实现机械联锁，请选用程序锁。

注：
备用电源柜的自投延时时间应大于常用电源柜的自投延时时间，分段联络柜的自投延时时间应大于备用电源柜的自投延时时间。

注明：
1. 断路器的额定短路分断能力的选择，要根据本地区的电网网络阻抗或网络输出容量来计算确定，应由该工程项目的设计部门来确定。
2. 控制电源和取样电源一定要按标注的代号（位置）进行接线。
3. 本二次方案也适用于其他各种类型的抽屉式双电源分供进线柜。
4. 负荷故障跳闸时，首先将SA转至手动位置，待故障排除后，手动恢复正常供电。

17	2KT	时间继电器	JZS-213G/220V（凸出式板前接线）	1	苏州继电器厂
16	1KV、2KV	低电压继电器	DY-32/60C （凸出式板前接线）	2	苏州继电器厂
15	1KT	时间继电器	DS-33C/220V （凸出式板前接线）	1	苏州继电器厂
14	SA	控制转换开关	LW12-16D0401	1	
13	XH	接线盒	FJ6/DFY1	1	乐清海燕公司
12	QA	控制开关	C45N-32/2P-10A	1	
11	HLR、HLW、HLG	指示灯	AD16-22/41-220V	3	
10	1SB、2SB	按钮开关	LA23-11	2	
9	SV	电压转换开关	LW12-16DHY3/3	1	
8	PV	电压表	42L6-V 0～450V	1	
7	1PA～3PA	电流表	42L6-A □/5A	3	
6	1FU～6FU	熔断器	JF5-2.5RD/6A	6	
5	PRJ	无功电能表	DX862-2/3×380V	1	
4	PJ	有功电能表	DT862-2/3×220/380V	1	
3	2TAu	电流互感器	BH-0.66 □/5A	1	
2	1TAu、1TAv、1TAw	电流互感器	BH-0.66 □/5A	3	
1	2QF	断路器（抽屉式）	CW1-□/□P-□A/220V	1	常熟开关制造公司
序号	元件代号	名称	型号规格	数量	备注

标记	处数	更改文件号	签字	日期		
设 计			标准化			
绘 图			审 定			
审 核			批 准			
工 艺			日 期			

会(通)用件登记
描 图
描 校
旧底图总号
底图总号
签 字
日 期

GCK（直流操作）（II段母线）进线柜二次原理图

进线+计量（有功、无功、三相四线制）＋3TA、断路器（CW1）双电源自动或手动互为备用。正常时，两段母线分别供电，如果一路电源有故障时，另一路电源承担全部负荷。

QB/T.DZ080501.02Y

图样标记	数量	重量	比例
			1:1
共 2 张		第 1 张	

光盘页码：2-688

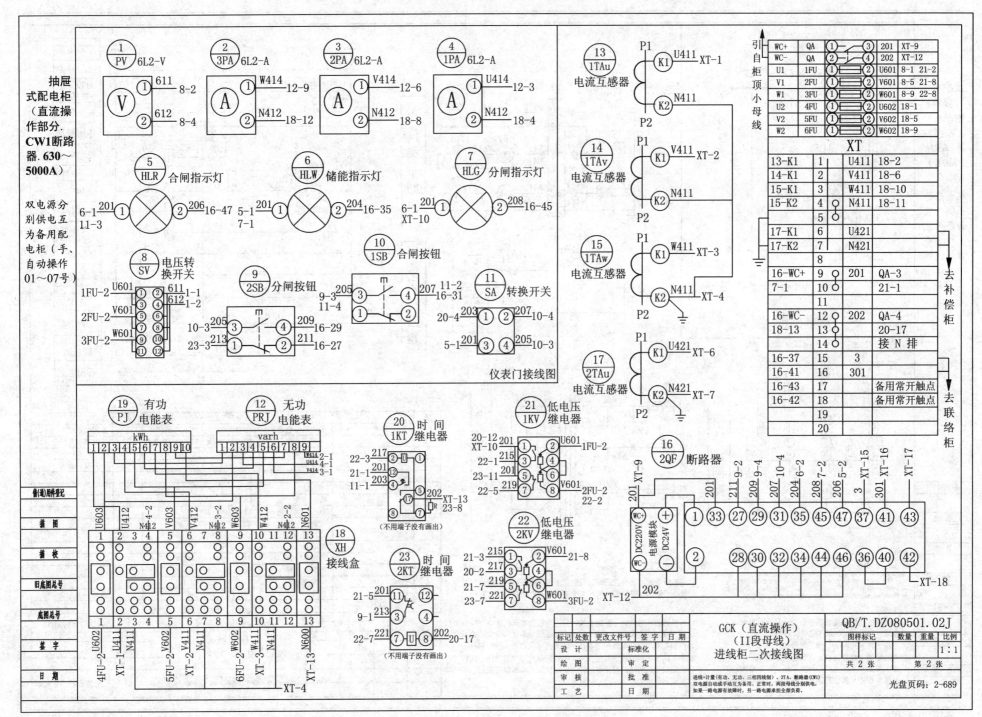

GCK（直流操作）
（II段母线）
进线柜二次接线图

QB/T.DZ080501.02J

共 2 张　第 2 张

光盘页码：2-689

239

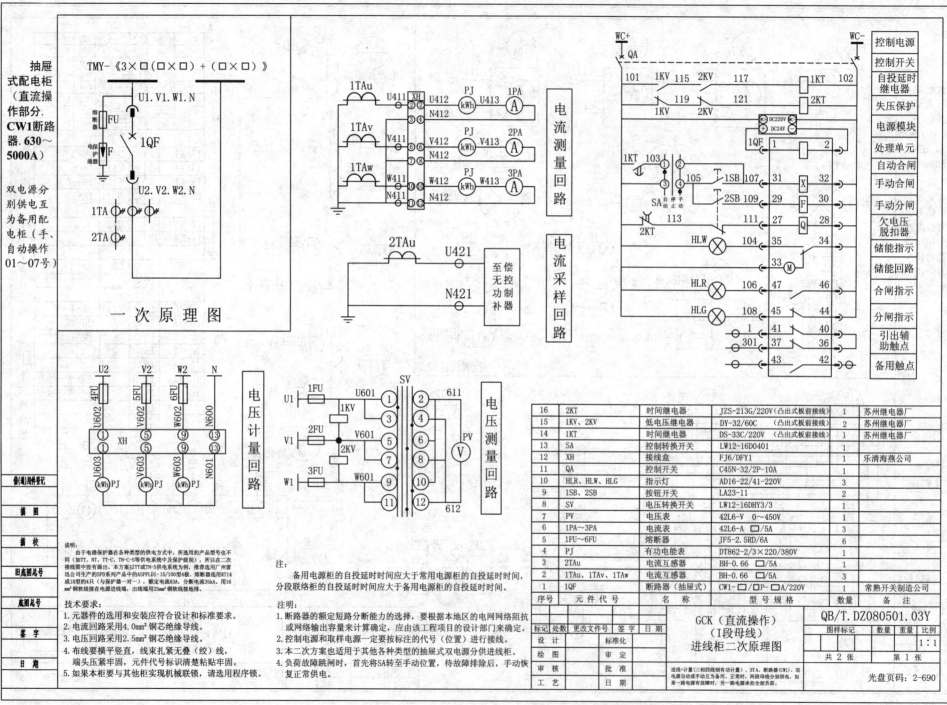

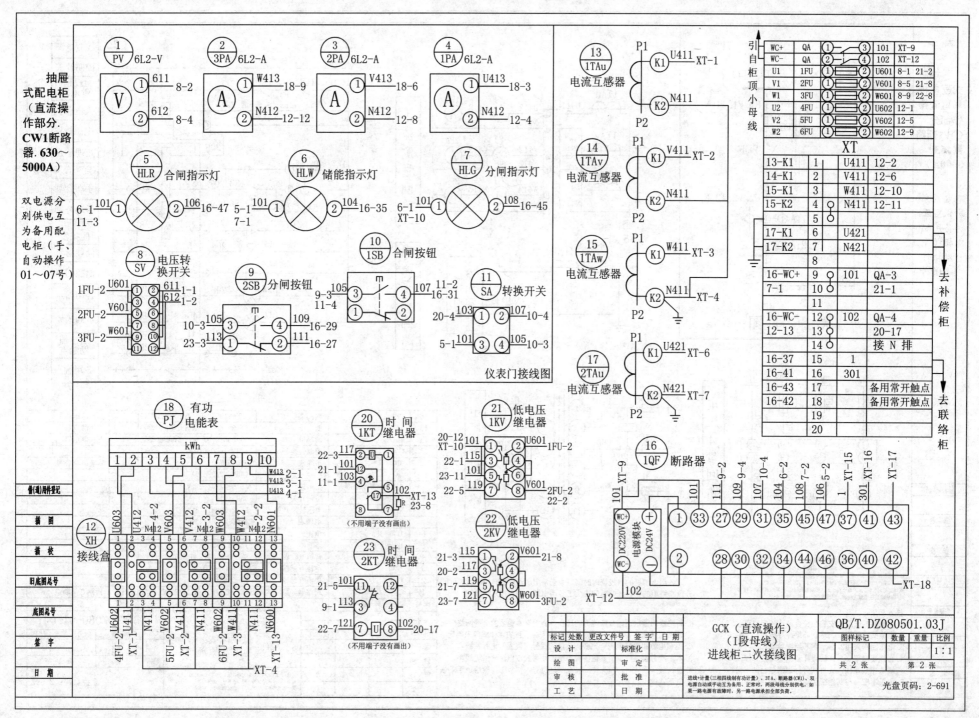

抽屉式配电柜（直流操作部分. CW1断路器. 630～5000A）

双电源分别供电互为备用配电柜（手、自动操作01～07号）

仪表门接线图

GCK（直流操作）（I段母线）进线柜二次接线图

QB/T.DZ080501.03J

进线+计量（三相四线制有功计量）、3TA、断路器（CW）、双电源自动或手动互为备用、正常时，两段母线分别供电，如果一路电源有故障时，另一路电源承担全部负荷。

标记	处数	更改文件号	签字	日期
设计			标准化	
绘图			审定	
审核			批准	
工艺			日期	

图样标记 ｜ 数量 ｜ 重量 ｜ 比例
1:1
共 2 张　第 2 张

光盘页码：2-691

241

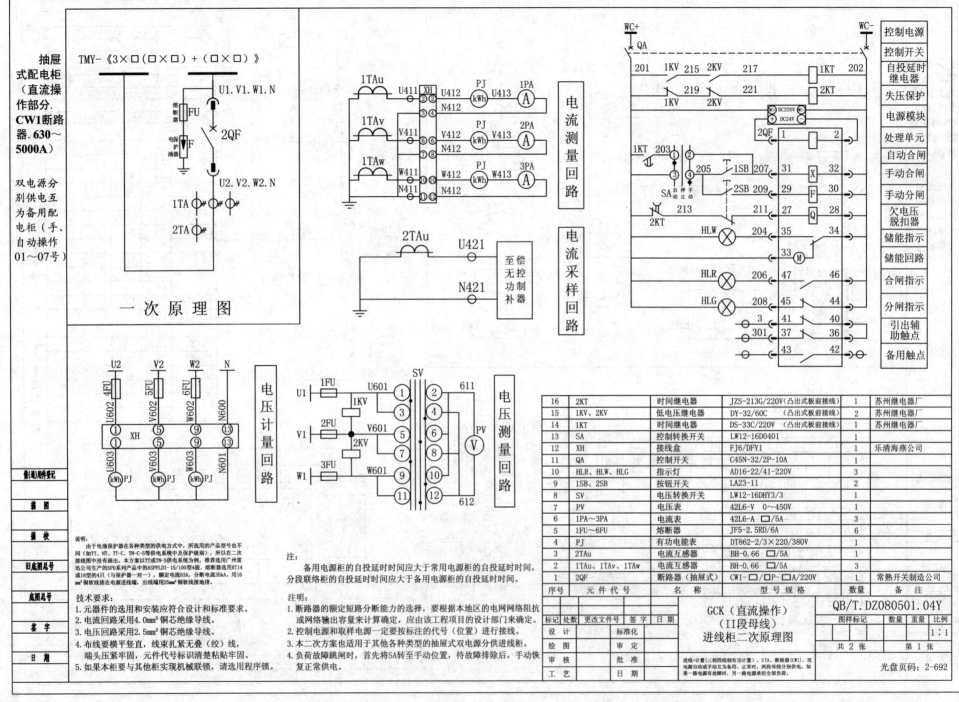

抽屉式配电柜（直流操作部分.CW1断路器.630～5000A）

双电源分别供电互为备用配电柜（手、自动操作01～07号）

TMY-《3×□(□×□)+(□×□)》

U1.V1.W1.N

熔断器 FU
电保护涌器 F
2QF

U2.V2.W2.N

1TA
2TA

一次原理图

1TAu U411 XH U412 PJ U413 1PA kWh (A)
N412

1TAv V411 V412 PJ V413 2PA kWh (A)
N412

1TAw W411 W412 PJ W413 3PA kWh (A)
N411 N412

电流测量回路

2TAu U421
N421 至偿无控功制补器

电流采样回路

WC+ QA
201 1KV 215 2KV 217 1KT 202
219 221
1KV 2KV 2KT
DC220V WC
DC24V
2QF 1 2
1KT 203 1 2
3 4 205 1SB 207 31 X 32
SA 自停手动 2SB 209 29 F 30
211 27 Q 28
2KT 213
HLW 204 35 34
33 M
HLR 206 47 46
HLG 208 45 44
3 41 40
301 37 36
43 42

WC- 控制电源
控制开关
自投延时继电器
失压保护
电源模块
处理单元
自动合闸
手动合闸
手动分闸
欠电压脱扣器
储能指示
储能回路
合闸指示
分闸指示
引出辅助触点
备用触点

U2 V2 W2 N
4FU 5FU 6FU
U602 V602 W602 N600
① XH ⑤ ⑨ ⑬
① ⑤ ⑨ ⑬
U603 V603 W603 N601
kWh PJ kWh PJ kWh PJ

电压计量回路

U1 1FU U601 ① SV ② 611
1KV
V1 2FU V601 ③ ④
⑤ ⑥ PV (V)
2KV
⑦ ⑧
W1 3FU W601 ⑨ ⑩
⑪ ⑫ 612

电压测量回路

16	2KT	时间继电器	JZS-213G/220V（凸出式板前接线）	1	苏州继电器厂
15	1KV、2KV	低电压继电器	DY-32/60C（凸出式板前接线）	2	苏州继电器厂
14	1KT	时间继电器	DS-33C/220V（凸出式板前接线）	1	苏州继电器厂
13	SA	控制转换开关	LW12-16D0401	1	
12	XH	接线盒	FJ6/DFY1	1	乐清海燕公司
11	QA	控制开关	C45N-32/2P-10A	1	
10	HLR、HLW、HLG	指示灯	AD16-22/41-220V	3	
9	1SB、2SB	按钮开关	LA23-11	2	
8	SV	电压转换开关	LW12-16DHY3/3	1	
7	PV	电压表	42L6-V 0～450V	1	
6	1PA～3PA	电流表	42L6-A □/5A	3	
5	1FU～6FU	熔断器	JF5-2.5RD/6A	6	
4	PJ	有功电能表	DT862-2/3×220/380V	1	
3	2TAu	电流互感器	BH-0.66 □/5A	1	
2	1TAu、1TAv、1TAw	电流互感器	BH-0.66 □/5A	3	
1	2QF	断路器（抽屉式）	CW1-□/□P-□A/220V	1	常熟开关制造公司
序号	元件代号	名 称	型 号 规 格	数量	备 注

说明：
由于电涌保护器在各种类型的供电方式中，所选用的产品型号也不同（如TT、NT、TT-C、TN-C-S等供电系统中及保护级别），所以在二次接线图中没有画出。本方案以TT或TN-S供电系统为例，推荐选用广州雷迅公司生产的SPD系列产品中的ASPFLDI-15/100型4极，熔断器选用RT14或18型的4只（与保护器一对一）。额定电流63A，分断电流35kA。用16mm²铜软线接在电源进线端，出线端用25mm²铜软线接地排。

技术要求：
1. 元器件的选用和安装应符合设计和标准要求。
2. 电流回路采用4.0mm²铜芯绝缘导线。
3. 电压回路采用2.5mm²铜芯绝缘导线。
4. 布线要横平竖直，线束扎紧无叠（绞）线，端头卡紧牢固，元件代号标识清楚粘贴牢固。
5. 如果本柜要与其他柜实现机械联锁，请选用程序锁。

注：
备用电源柜的自投延时时间应大于常用电源柜的自投延时时间，分段联络柜的自投延时时间应大于备用电源柜的自投延时时间。

注明：
1. 断路器的额定短路分断能力的选择，要根据本地区的电网网络阻抗或网络输出容量来计算确定，应由该工程项目的设计部门来确定。
2. 控制电源和取样电源一定要按标注的代号（位置）进行接线。
3. 本二次方案也适用于其他各种类型的抽屉式双电源分供进线柜。
4. 负荷故障跳闸时，首先将SA转为手动位置，待故障排除后，手动恢复正常供电。

QB/T.DZ080501.04Y

GCK（直流操作）（II段母线）进线柜二次原理图

进线+计量（三相四线制有功计量）、3TA、断路器（CW1）、双电源自动或手动互为备用、正常时，两段母线分别供电，如果一路电源有故障时，另一路电源承担全部负荷。

光盘页码：2-692

共 2 张   第 1 张

标记	处数	更改文件号	签字	日期
设 计		标准化		
绘 图		审 定		
审 核		批 准		
工 艺		日 期		

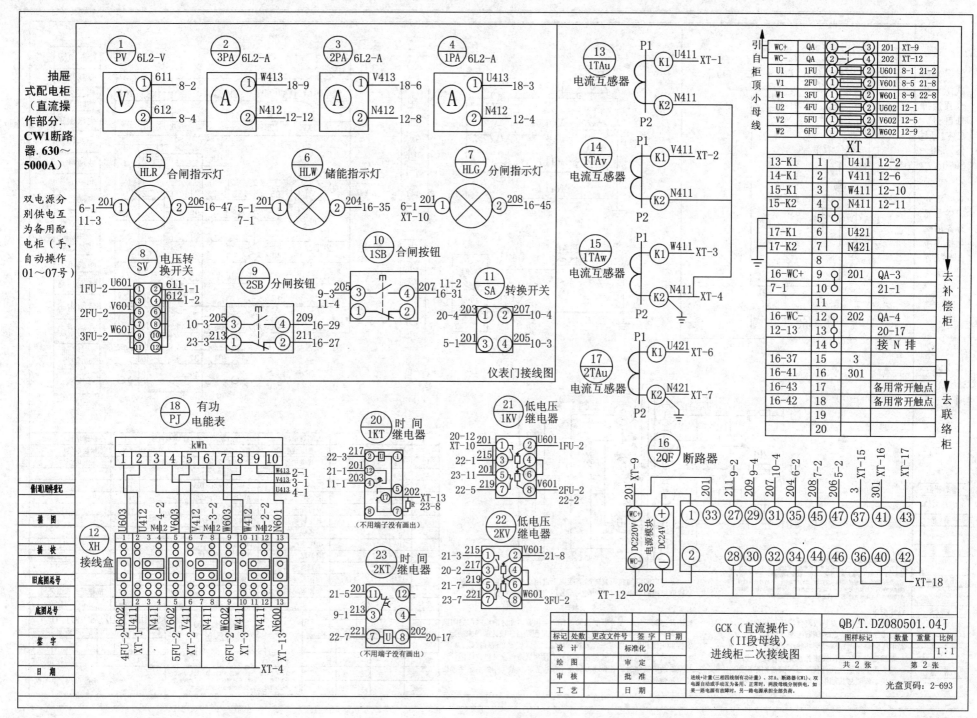

GCK（直流操作）
（II段母线）
进线柜二次接线图

QB/T.DZ080501.04J

光盘页码：2-693

243

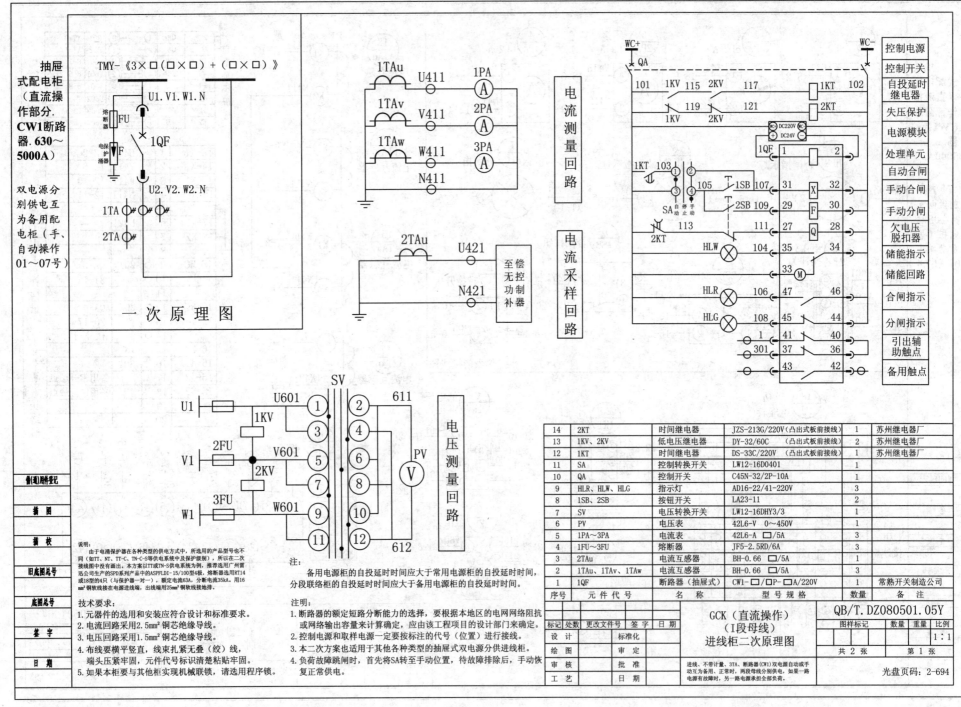

抽屉式配电柜（直流操作部分. CW1断路器.630～5000A）

双电源分别供电互为备用配电柜（手、自动操作01～07号）

TMY-《3×□（□×□）＋（□×□）》

一 次 原 理 图

电流测量回路

电流采样回路

至偿无控功率补偿器

电压测量回路

控制电源			
控制开关			
自投延时继电器			
失压保护			
电源模块			
处理单元			
自动合闸			
手动合闸			
手动分闸			
欠电压脱扣器			
储能指示			
储能回路			
合闸指示			
分闸指示			
引出辅助触点			
备用触点			

14	2KT	时间继电器	JZS-213G/220V（凸出式板前接线）	1	苏州继电器厂
13	1KV、2KV	低电压继电器	DY-32/60C （凸出式板前接线）	2	苏州继电器厂
12	1KT	时间继电器	DS-33C/220V（凸出式板前接线）	1	苏州继电器厂
11	SA	控制转换开关	LW12-16D0401	1	
10	QA	控制开关	C45N-32/2P-10A	1	
9	HLR、HLW、HLG	指示灯	AD16-22/41-220V	3	
8	1SB、2SB	按钮开关	LA23-11	2	
7	SV	电压转换开关	LW12-16DHY3/3	1	
6	PV	电压表	42L6-V 0～450V	1	
5	1PA～3PA	电流表	42L6-A □/5A	3	
4	1FU～3FU	熔断器	JF5-2.5RD/6A	3	
3	2TAu	电流互感器	BH-0.66 □/5A	1	
2	1TAu、1TAv、1TAw	电流互感器	BH-0.66 □/5A	3	
1	1QF	断路器（抽屉式）	CW1-□/□P-□A/220V	1	常熟开关制造公司
序号	元件代号	名 称	型号规格	数量	备 注

说明：
由于电涌保护器在各种类型的供电方式中，所选用的产品型号也不同（如TT、NT、TT-C、TN-C-S等供电系统中及保护级别），所以在二次接线中没有画出。本方案以TT或TN-S供电系统为例，推荐选用广州雷迅公司生产的SPD系列产品中的ASPFLDI-15/100型4级，熔断器选用RT14或18型的4只（与保护器一对一），额定电流63A，分断电流35kA，用16mm²铜软线接在电源进线端，出线端25mm²铜软线接地排。

技术要求：
1. 元器件的选用和安装应符合设计和标准要求。
2. 电流回路采用2.5mm²铜芯绝缘导线。
3. 电压回路采用1.5mm²铜芯绝缘导线。
4. 布线要横平竖直，线束扎紧无叠（绞）线，端头压紧牢固，元件代号标识清楚粘贴牢固。
5. 如果本柜要与其他柜实现机械联锁，请选用程序锁。

注：
备用电源柜的自投延时时间应大于常用电源柜的自投延时时间，分段联络柜的自投延时时间应大于备用电源柜的自投延时时间。

注明：
1. 断路器的额定短路分断能力的选择，要根据本地区的电网网络阻抗或网络输出容量来计算确定，应由该工程项目的设计部门来确定。
2. 控制电源和取样电源一定要按标注的代号（位置）进行接线。
3. 本二次方案也适用于其他各种类型的抽屉式双电源分供电进线柜。
4. 负荷故障跳闸时，首先将SA转到手动位置，待故障排除后，手动恢复正常供电。

借用图样记		
描 图		
描 核		
旧底图总号		
底图总号		
整 字		
日 期		

GCK（直流操作）（I段母线）进线柜二次原理图

QB/T.DZ080501.05Y

标记	处数	更改文件号	签字	日期
设 计		标准化		
绘 图		审 定		
审 核		批 准		
工 艺		日 期		

图样标记		数量	重量	比例
				1:1

共 2 张 第 1 张

进线、不带计量、3TA、断路器（CW1）电源自动或手动备用，正常时，两段母线分别供电，如果一路电源有故障时，另一路电源承担全部负荷。

光盘页码：2-694

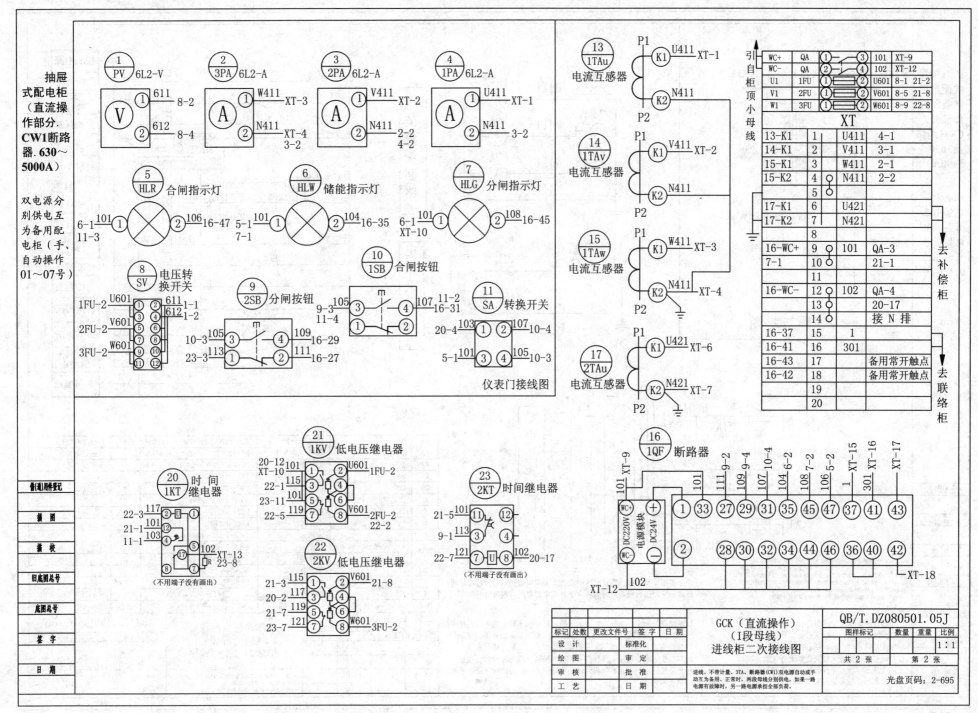

仪表门接线图

抽屉式配电柜（直流操作部分. CW1断路器. 630～5000A）

双电源分别供电互为备用配电柜（手、自动操作 01～07号）

GCK（直流操作）（I段母线）进线柜二次接线图

QB/T.DZ080501.05J

共 2 张　第 2 张

光盘页码：2-695

进线、不带计量、3TA、断路器(CW1)双电源自动或手动互为备用、正常时，两段母线分别供电，如果一路电源有故障时，另一路电源承担全部负荷。

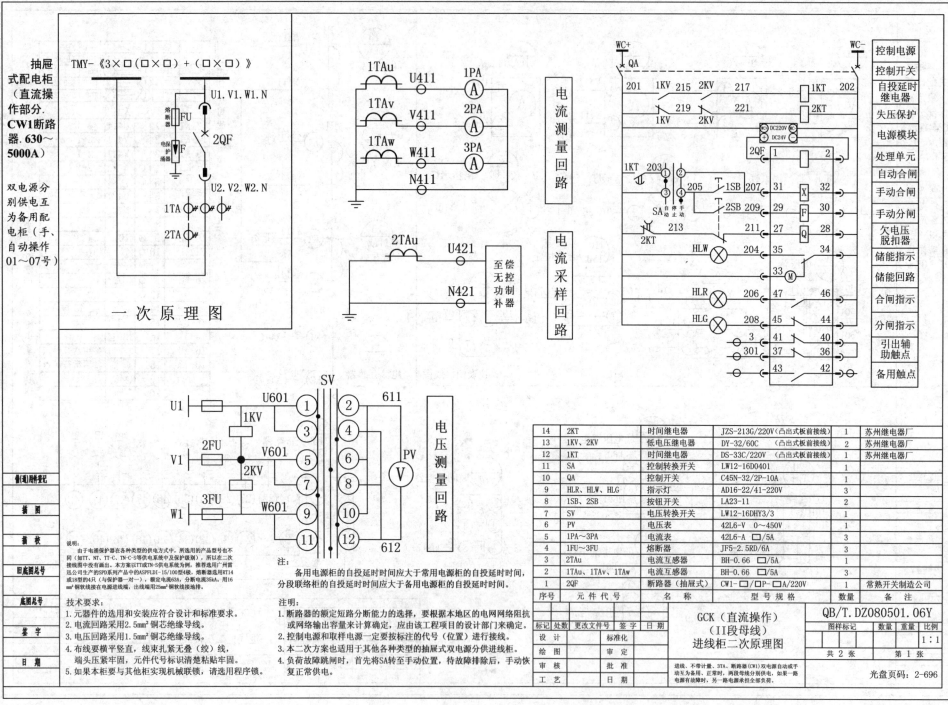

抽屉式配电柜（直流操作部分，CW1断路器.630～5000A）

双电源分别供电互为备用配电柜（手、自动操作01～07号）

TMY-《3×□（□×□）+（□×□）》

U1.V1.W1.N
FU 熔断器
电保护涌器 F
2QF
U2.V2.W2.N
1TA
2TA

一次原理图

1TAu U411 1PA (A)
1TAv V411 2PA (A)
1TAw W411 3PA (A)
N411

电流测量回路

2TAu U421 至偿无控功制补器
N421

电流采样回路

SV
U1 1KV U601 ①② 611
③④
2FU V601 ⑤⑥ PV (V)
2KV
V1 ⑦⑧
3FU W601 ⑨⑩
W1 ⑪⑫ 612

电压测量回路

注：
备用电源柜的自投延时时间应大于常用电源柜的自投延时时间，分段联络柜的自投延时时间应大于备用电源柜的自投延时时间。

WC+ WC-
QA
201 1KV 215 2KV 217 1KT 202
219 221 2KT
1KV 2KV
2QF DC220V DC24V
1KT 203 ① ②
③ 205 1SB 207 31 X 32
SA 自停手 ④
2SB 209 29 F 30
动止动
2KT 213 211 27 Q 28
HLW 204 35 34
33 M
HLR 206 47 46
HLG 208 45 44
3 41 40
301 37 36
43 42

控制电源
控制开关
自投延时继电器
失压保护
电源模块
处理单元
自动合闸
手动合闸
手动分闸
欠电压脱扣器
储能指示
储能回路
合闸指示
分闸指示
引出辅助触点
备用触点

14	2KT	时间继电器	JZS-213G/220V（凸出式板前接线）	1	苏州继电器厂
13	1KV、2KV	低电压继电器	DY-32/60C（凸出式板前接线）	2	苏州继电器厂
12	1KT	时间继电器	DS-33C/220V（凸出式板前接线）	1	苏州继电器厂
11	SA	控制转换开关	LW12-16D0401	1	
10	QA	控制开关	C45N-32/2P-10A	1	
9	HLR、HLW、HLG	指示灯	AD16-22/41-220V	3	
8	1SB、2SB	按钮开关	LA23-11	2	
7	SV	电压转换开关	LW12-16DHY3/3	1	
6	PV	电压表	42L6-V 0～450V	1	
5	1PA～3PA	电流表	42L6-A □/5A	3	
4	1FU～3FU	熔断器	JF5-2.5RD/6A	1	
3	2TAu	电流互感器	BH-0.66 □/5A	1	
2	1TAu、1TAv、1TAw	电流互感器	BH-0.66 □/5A	3	
1	2QF	断路器（抽屉式）	CW1-□/□P-□A/220V	1	常熟开关制造公司
序号	元件代号	名 称	型号规格	数量	备 注

说明：
由于电涌保护器在各种类型的供电方式中，所选用的产品型号也不同（如TT、NT、TT-C、TN-C-S等供电系统中及保护级别），所以在二次接线图中没有画出。本方案以TT或TN-S供电系统为例，推荐选用广州雷迅公司生产的SPD系列产品中的ASPFLDI-15/100型4极，熔断器选用RT14或18型的4只（与保护器一对一），额定电流63A，分断电流35kA，用16 mm²铜软线接在电源进线端，出线端用25mm²铜软线接地排。

技术要求：
1. 元器件的选用和安装应符合设计和标准要求。
2. 电流回路采用2.5mm²铜芯绝缘导线。
3. 电压回路采用1.5mm²铜芯绝缘导线。
4. 布线要横平竖直，线束扎紧无叠（绞）线，端头压紧牢固，元件代号标识清楚粘贴牢固。
5. 如果本柜要与其他柜实现机械联锁，请选用程序锁。

注明：
1. 断路器的额定短路分断能力的选择，要根据本地区的电网网络阻抗或网络输出容量来计算确定，应由该工程项目的设计部门来确定。
2. 控制电源和取样电源一定要按标注的代号（位置）进行接线。
3. 本二次方案也适用于其他各种类型的抽屉式双电源分进线柜。
4. 负荷故障跳闸时，首先将SA转至手动位置，待故障排除后，手动恢复正常供电。

GCK（直流操作）（II段母线）进线柜二次原理图

QB/T.DZ080501.06Y

图样标记 数量 重量 比例
1:1

设 计		标准化	
绘 图		审 定	
审 核		批 准	
工 艺		日 期	

共 2 张　第 1 张

进线、不计量、3TA、断路器（CW1）双电源自动或手动互为备用、正常时，两段母线分别供电，如果一路电源有故障时，另一路电源承担全部负荷。

光盘页码：2-696

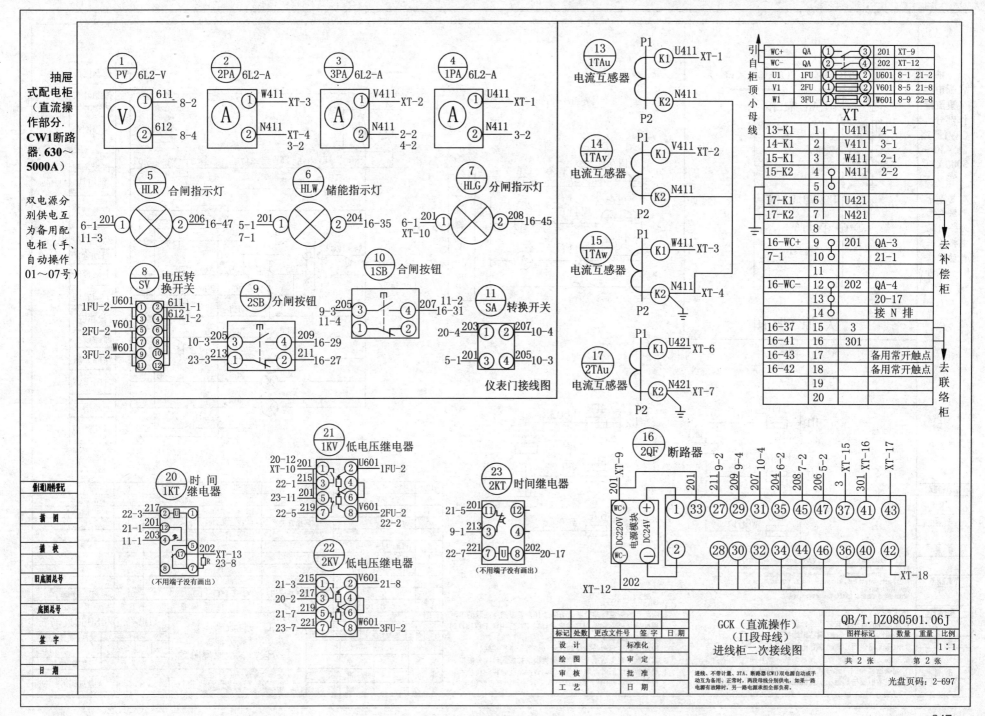

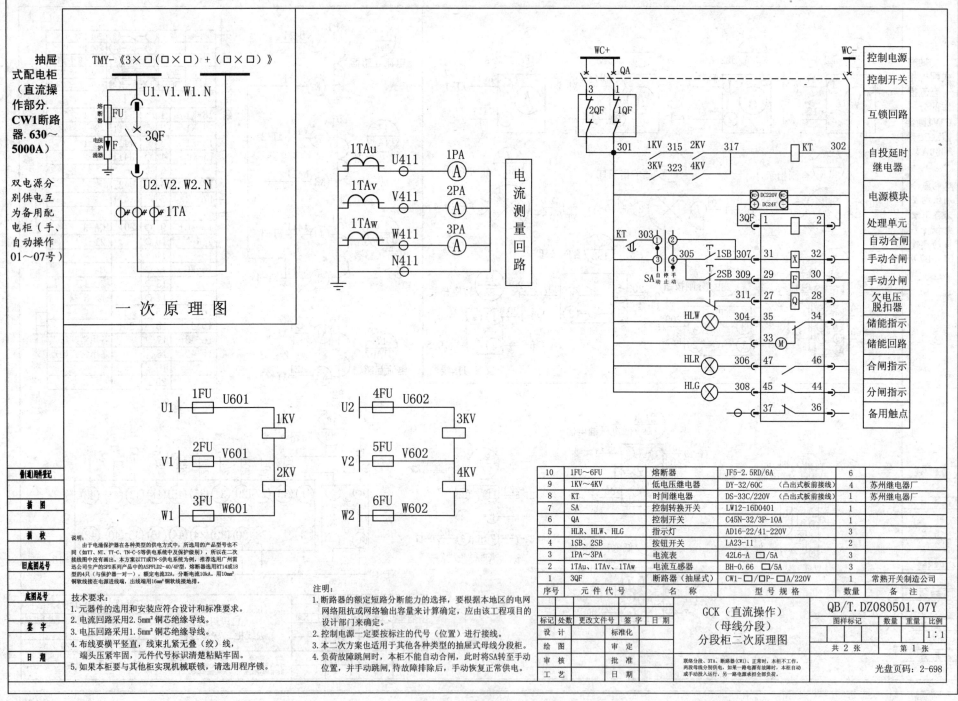

抽屉式配电柜（直流操作部分. CW1断路器.630～5000A）

双电源分别供电互为备用配电柜（手、自动操作01～07号）

TMY-《3×□(□×□)+(□×□)》

一次原理图

电流测量回路

10	1FU～6FU	熔断器	JF5-2.5RD/6A	6	
9	1KV～4KV	低电压继电器	DY-32/60C （凸出式板前接线）	4	苏州继电器厂
8	KT	时间继电器	DS-33C/220V （凸出式板前接线）	1	苏州继电器厂
7	SA	控制转换开关	LW12-16D0401	1	
6	QA	控制开关	C45N-32/3P-10A	1	
5	HLR、HLW、HLG	指示灯	AD16-22/41-220V	3	
4	1SB、2SB	按钮开关	LA23-11	2	
3	1PA～3PA	电流表	42L6-A □/5A	3	
2	1TAu、1TAv、1TAw	电流互感器	BH-0.66 □/5A	3	
1	3QF	断路器（抽屉式）	CW1-□/□P-□A/220V	1	常熟开关制造公司
序号	元件代号	名 称	型 号 规 格	数量	备 注

右侧竖排文字（从上到下）：
控制电源 / 控制开关 / 互锁回路 / 自投延时继电器 / 电源模块 / 处理单元 / 自动合闸 / 手动合闸 / 手动分闸 / 欠电压脱扣器 / 储能指示 / 储能回路 / 合闸指示 / 分闸指示 / 备用触点

说明：
由于电涌保护器在各种类型的供电方式中，所选用的产品型号也不同（如TT、NT、TT-C、TN-C-S等供电系统中及保护级别），所以在二次接线图中没有画出。本方案以TT或TN-S供电系统为例，推荐选用广州雷迅公司生产的SPD系列产品中的ASPFLD2-40/4P型。熔断器选用RT14或18型的4只（与保护器一对一），额定电流32A，分断电流10kA，用10mm²铜软线接在电源进线端，出线端用16mm²铜软线接地排。

技术要求：
1.元器件的选用和安装应符合设计和标准要求。
2.电流回路采用2.5mm²铜芯绝缘导线。
3.电压回路采用1.5mm²铜芯绝缘导线。
4.布线要横平竖直，线束扎紧无叠（绞）线，端头压紧牢固，元件代号标识清楚粘贴牢固。
5.如果本柜要与其他柜实现机械联锁，请选用程序锁。

注明：
1.断路器的额定短路分断能力的选择，要根据本地区的电网网络阻抗或网络输出容量来计算确定，应由该工程项目的设计部门来确定。
2.控制电源一定要按标注的代号（位置）进行接线。
3.本二次方案也适用于其他各种类型的抽屉式母线分段柜。
4.负荷故障跳闸时，本柜不能自动合闸，此时将SA转为手动位置，并手动跳闸，待故障排除后，手动恢复正常供电。

左侧竖排表格：修（改）标记 / 描 图 / 描 核 / 旧底图总号 / 底图总号 / 签 字 / 日 期

				GCK（直流操作）（母线分段）分段柜二次原理图		图样标记	数量	重量	比例
标记	处数	更改文件号	签 字	日 期				1:1
设 计		标准化				
绘 图		审 定			共 2 张	第 1 张
审 核		批 准				
工 艺		日 期				

联络分段、3TA、断路器（CW1），正常时，本柜不工作，两段母线分别供电。如果一路电源有故障时，本柜自动或手动投入运行，另一路电源承担全部负荷。

QB/T.DZ080501.07Y

光盘页码：2-698

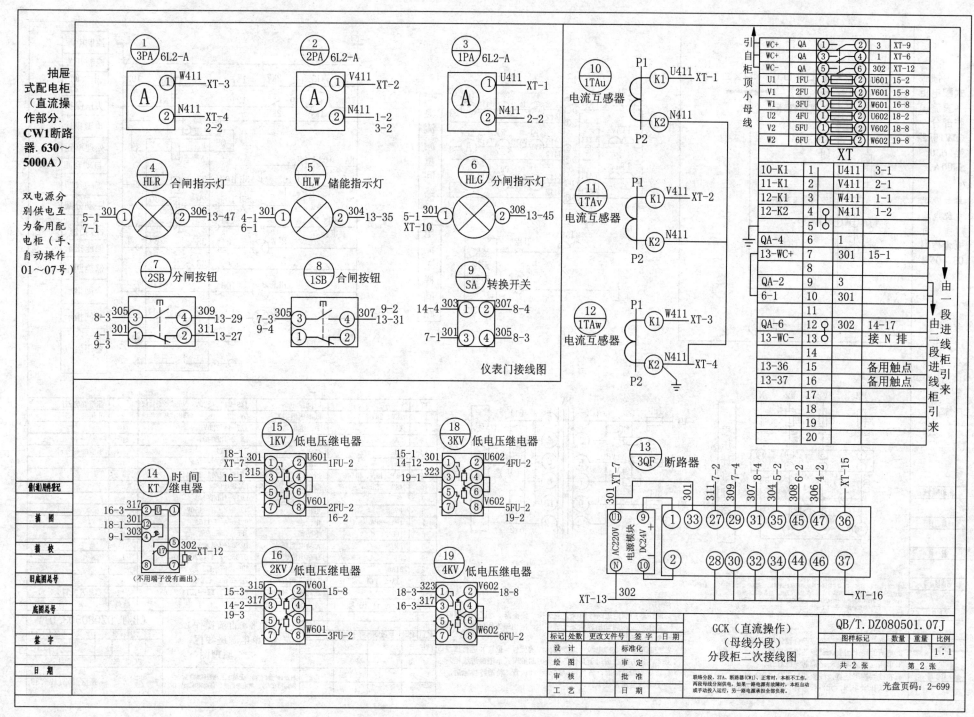

抽屉式配电柜（直流操作部分. CW1断路器. 630~5000A）

双电源分别供电互为备用配电柜（手、自动操作01~07号）

① 3PA 6L2-A
② 2PA 6L2-A
③ 1PA 6L2-A

A ① W411 XT-3
A ② N411 XT-4 2-2

A ① V411 XT-2
A ② N411 1-2 3-2

A ① U411 XT-1
A ② N411 2-2

④ HLR 合闸指示灯
⑤ HLW 储能指示灯
⑥ HLG 分闸指示灯

5-1 301 7-1 ① ② 306 13-47
4-1 301 6-1 ① ② 304 13-35
5-1 301 XT-10 ① ② 308 13-45

⑦ 2SB 分闸按钮
⑧ 1SB 合闸按钮
⑨ SA 转换开关

8-3 305 ③ ④ 309 13-29
4-1 301 ① ② 311 13-27
9-3

7-3 305 ③ ④ 307 9-2
9-4 ① ② 13-31

14-4 303 ① ② 307 8-4
7-1 301 ③ ④ 305 8-3

10 1TAu 电流互感器
P1 K1 U411 XT-1
P2 K2 N411

11 1TAv 电流互感器
P1 K1 V411 XT-2
P2 K2 N411

12 1TAw 电流互感器
P1 K1 W411 XT-3
P2 K2 N411 XT-4

仪表门接线图

14 KT 时间继电器
16-3 317 ② U ①
18-1 301 ⑫ 303 ③ ④
9-1 ⑤ 302 XT-12
⑰ ⑦ R
⑧ ⑦

（不用端子没有画出）

15 1KV 低电压继电器
18-1 301 XT-7 ① ② U601 1FU-2
16-1 315 ③ ④
⑤ ⑥
⑦ ⑧ V601 2FU-2 16-2

16 2KV 低电压继电器
15-3 315 ① ② V601 15-8
14-2 317 ③ ④
19-3 ⑤ ⑥
⑦ ⑧ W601 3FU-2

18 3KV 低电压继电器
15-1 301 ① ② U602 4FU-2
14-12 323 ③ ④
19-1 ⑤ ⑥
⑦ ⑧ V602 5FU-2 19-2

19 4KV 低电压继电器
18-3 323 ① ② V602 18-8
16-3 317 ③ ④
⑤ ⑥
⑦ ⑧ W602 6FU-2

13 3QF 断路器

301 XT-7 301 311 7-2 309 7-4 307 8-4 304 5-2 308 6-2 306 4-2 XT-15

AC220V 电源模块 DC24V
⑪ ⑨ ① 33 27 29 31 35 45 47 36
N ⑩ ② 28 30 32 34 44 46 37
XT-13 302 XT-16

引自柜顶小母线

WC+	QA	1	2	3	XT-9		
WC+	QA	3	4	1	XT-6		
WC-	QA	5	6	302	XT-12		
U1	1FU	1	2	U601	15-2		
V1	2FU	1	2	V601	15-8		
W1	3FU	1	2	W601	16-8		
U2	4FU	1	2	U602	18-2		
V2	5FU	1	2	V602	18-8		
W2	6FU	1	2	W602	19-8		

XT

10-K1	1	U411	3-1
11-K1	2	V411	2-1
12-K1	3	W411	1-1
12-K2	4	N411	1-2
	5		
QA-4	6	1	
13-WC+	7	301	15-1
	8		
QA-2	9	3	
6-1	10	301	
	11		
QA-6	12	302	14-17
13-WC-	13	接N排	
	14		
13-36	15	备用触点	
13-37	16	备用触点	
	17		
	18		
	19		
	20		

由一段进线柜引来
由二段进线柜引来

GCK（直流操作）（母线分段）分段柜二次接线图

QB/T.DZ080501.07J

标记	处数	更改文件号	签字	日期
设 计		标准化		
绘 图		审 定		
审 核		批 准		
工 艺		日 期		

图样标记 数量 重量 比例 1:1

共 2 张　第 2 张

联络分段、3TA、断路器(CW1)，正常时，本柜不工作，两段母线分别供电，如果一路电源有故障时，本柜自动或手动投入运行，另一路电源承担全部负荷。

光盘页码：2-699

249

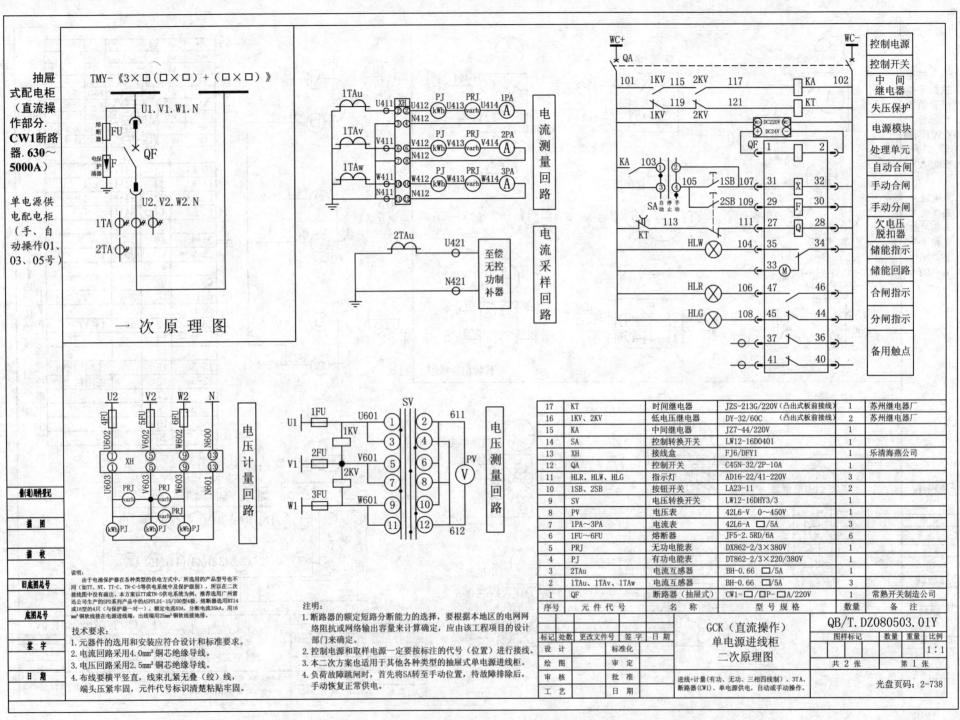

一次原理图

电流测量回路

电流采样回路

电压计量回路

电压测量回路

17	KT	时间继电器	JZS-213G/220V（凸出式板前接线）	1	苏州继电器厂
16	1KV、2KV	低电压继电器	DY-32/60C（凸出式板前接线）	2	苏州继电器厂
15	KA	中间继电器	JZ7-44/220V	1	
14	SA	控制转换开关	LW12-16D0401	1	
13	XH	接线盒	FJ6/DFY1	1	乐清海燕公司
12	QA	控制开关	C45N-32/2P-10A	1	
11	HLR、HLW、HLG	指示灯	AD16-22/41-220V	3	
10	1SB、2SB	按钮开关	LA23-11	2	
9	SV	电压转换开关	LW12-16DHY3/3	1	
8	PV	电压表	42L6-V 0～450V	1	
7	1PA～3PA	电流表	42L6-A □/5A	3	
6	1FU～6FU	熔断器	JF5-2.5RD/6A	6	
5	PRJ	无功电能表	DX862-2/3×380V	1	
4	PJ	有功电能表	DT862-2/3×220/380V	1	
3	2TAu	电流互感器	BH-0.66 □/5A	1	
2	1TAu、1TAv、1TAw	电流互感器	BH-0.66 □/5A	3	
1	QF	断路器（抽屉式）	CW1-□/P-□A/220V	1	常熟开关制造公司
序号	元件代号	名 称	型 号 规 格	数量	备 注

抽屉式配电柜（直流操作部分.CW1断路器.630～5000A）

单电源供电配电柜（手、自动操作01、03、05号）

控制电源
控制开关
中间继电器
失压保护
电源模块
处理单元
自动合闸
手动合闸
手动分闸
欠电压脱扣器
储能指示
储能回路
合闸指示
分闸指示
备用触点

说明：
由于电涌保护器在各种类型的供电方式中，所选用的产品型号也不同（如TT、NT、TT-C、TN-C-S等供电系统中及保护级别），所以以在二次接线图中没有画出。本方案中以TT或TN-S供电系统为例，推荐选用广州雷迅公司生产的SPD系列产品中的ASPFLDI-15/100型4极，熔断器选用RT14或18型的4只（与保护器一对一），额定电流63A，分断电流35kA，用16mm²铜芯接线接在电源进线端，出线端用25mm²铜软线接地排。

技术要求：
1. 元器件的选用和安装应符合设计和标准要求。
2. 电流回路采用4.0mm²铜芯绝缘导线。
3. 电压回路采用2.5mm²铜芯绝缘导线。
4. 布线要横平竖直，线束扎紧无叠（绞）线，端头压紧牢固，元件代号标识清楚粘贴牢固。

注明：
1. 断路器的额定短路分断能力的选择，要根据本地区的电网网络阻抗或网络输出容量来计算确定，应由该工程项目的设计部门来确定。
2. 控制电源和取样电源一定要按标注的代号（位置）进行接线。
3. 本二次方案也适用于其他各种类型的抽屉式单电源进线柜。
4. 负荷故障跳闸时，首先将SA转至手动位置，待故障排除后，手动恢复正常供电。

附注附记
描 图
描 校
旧底图总号
底图总号
签 字
日 期

	标记	处数	更改文件号	签 字	日 期					
设 计				标准化		GCK（直流操作）单电源进线柜二次原理图		图样标记	数量	重量	比例
绘 图				审 定							1:1
审 核				批 准				共 2 张	第 1 张
工 艺				日 期		进线+计量（有功、无功、三相四线制）、3TA、断路器(CW1)、单电源供电，自动或手动操作。		光盘页码：2-738

QB/T.DZO80503.01Y

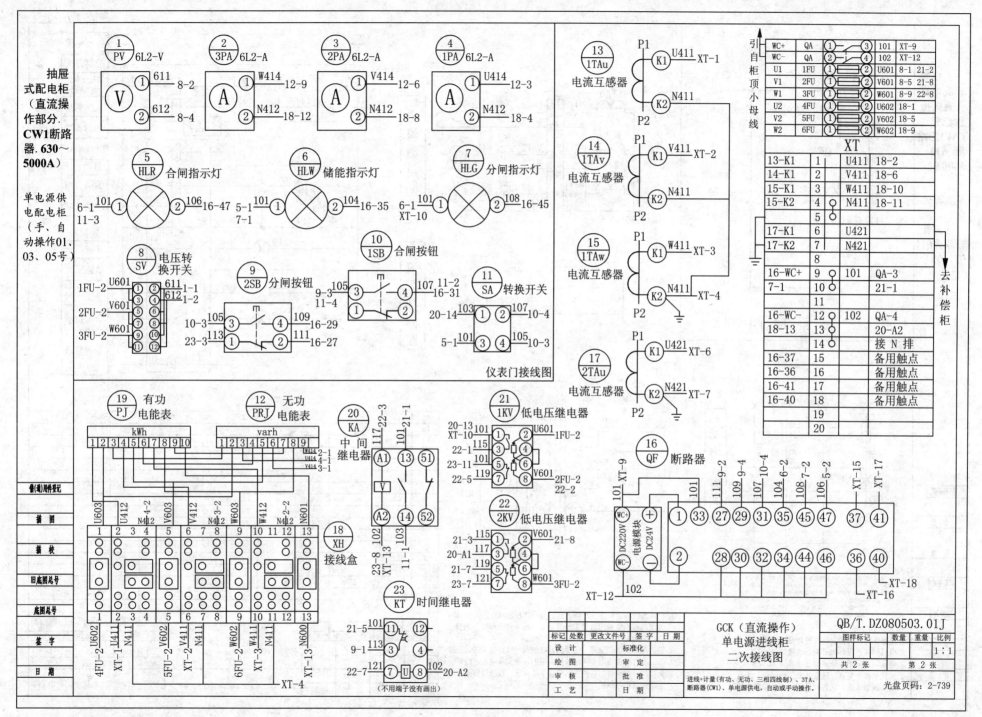

仪表门接线图

GCK（直流操作）
单电源进线柜
二次接线图

QB/T.DZ080503.01J

进线+计量（有功、无功、三相四线制）、3TA、
断路器（CW1）、单电源供电，自动或手动操作。

共 2 张　　第 2 张
比例 1:1

光盘页码：2-739

251

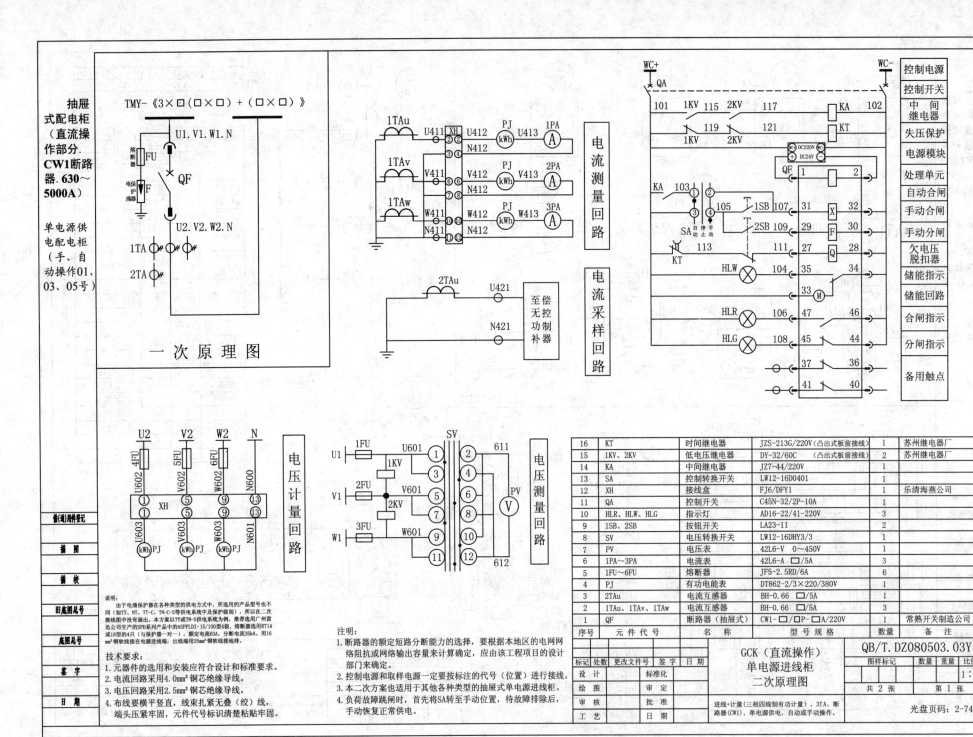

抽屉式配电柜（直流操作部分. CW1断路器. 630～5000A）

单电源供电配电柜（手、自动操作01、03、05号）

TMY-《3×□（□×□）+（□×□）》

一次原理图

电流测量回路

电流采样回路

电压计量回路

电压测量回路

控制电源
控制开关
中间继电器
失压保护
电源模块
处理单元
自动合闸
手动合闸
手动分闸
欠电压脱扣器
储能指示
储能回路
合闸指示
分闸指示
备用触点

16	KT	时间继电器	JZS-213G/220V（凸出式板前接线）	1	苏州继电器厂
15	1KV、2KV	低电压继电器	DY-32/60C（凸出式板前接线）	2	苏州继电器厂
14	KA	中间继电器	JZ7-44/220V	1	
13	SA	控制转换开关	LW12-16D0401	1	
12	XH	接线盒	FJ6/DFY1	1	乐清海燕公司
11	QA	控制开关	C45N-32/2P-10A	1	
10	HLR、HLW、HLG	指示灯	AD16-22/41-220V	3	
9	1SB、2SB	按钮开关	LA23-11	1	
8	SV	电压转换开关	LW12-16DHY3/3	1	
7	PV	电压表	42L6-V 0～450V	1	
6	1PA～3PA	电流表	42L6-A □/5A	3	
5	1FU～6FU	熔断器	JF5-2.5RD/6A	6	
4	PJ	有功电能表	DT862-2/3×220/380V	1	
3	2TAu	电流互感器	BH-0.66 □/5A	1	
2	1TAu、1TAv、1TAw	电流互感器	BH-0.66 □/5A	3	
1	QF	断路器（抽屉式）	CW1-□/□P-□A/220V	1	常熟开关制造公司
序号	元件代号	名 称	型 号 规 格	数量	备 注

说明：
由于电涌保护器在各种类型的供电方式也不同（如TT、NT、TT-C、TN-C-S等供电系统中及保护级别），所以在二次接线图中没有画出本方案以TT或TN-S供电系统为例，推荐选用广州雷迅公司生产的SPD系列产品中的ASPFLDI-15/100型4板，熔断器选用RT14或18型的4只（与保护器一对一），额定电流63A，分断电流35kA。用16mm²铜软线接在电源进端端，出线端用25mm²铜软线接地线。

技术要求：
1. 元器件的选用和安装应符合设计和标准要求。
2. 电流回路采用4.0mm²铜芯绝缘导线。
3. 电压回路采用2.5mm²铜芯绝缘导线。
4. 布线要横平竖直，线束扎紧无叠（绞）线，端头压紧牢固，元件代号标识清楚粘贴牢固。

注明：
1. 断路器的额定短路分断能力的选择，要根据本地区的电网络阻抗或网络输出容量来计算确定，应由该工程项目的设计部门来确定。
2. 控制电源和取样电源一定要按标注的代号（位置）进行接线。
3. 本二次方案也适用于其他各种类型的抽屉式单电源进线柜。
4. 负荷故障跳闸时，首先将SA转至手动位置，待故障排除后，手动恢复正常供电。

修(造)附件记					
描 图					
描 校					
旧底图总号					
底图总号					
签 字					
日 期					

GCK（直流操作）单电源进线柜二次原理图

标记	处数	更改文件号	签字	日期		图样标记	数量	重量	比例
设 计			标准化						1:1
绘 图			审 定			共 2 张		第 1 张	
审 核			批 准						
工 艺			日 期						

QB/T.DZ080503.03Y

进线+计量（三相四线制有功计量）、3TA、断路器（CW1）、单电源供电，自动或手动操作。

光盘页码：2-742

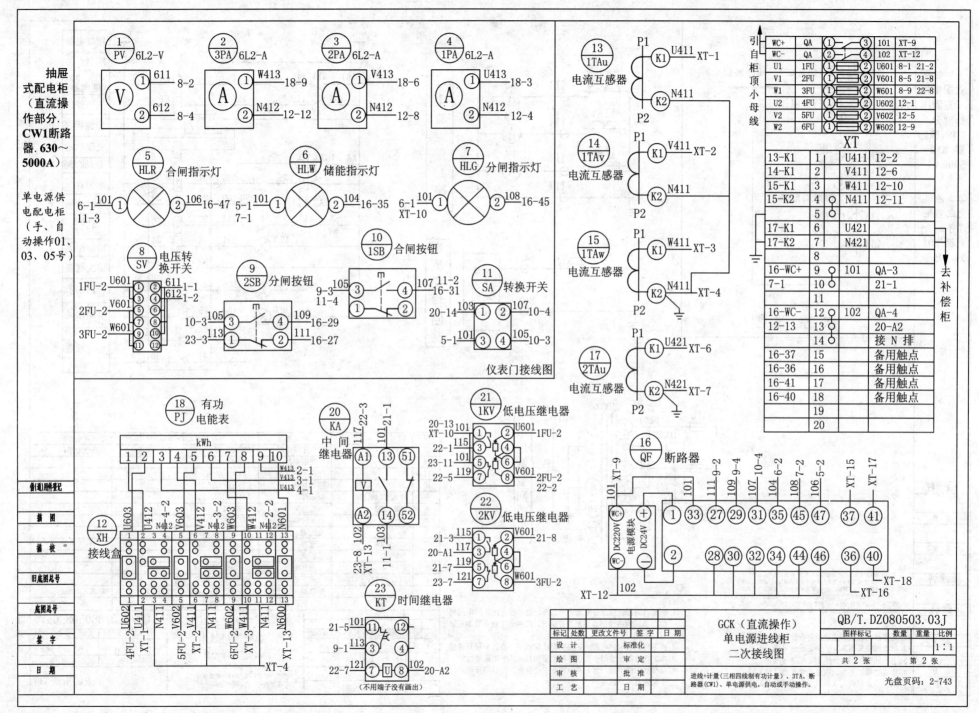

仪表门接线图

GCK（直流操作）
单电源进线柜
二次接线图

QB/T.DZ080503.03J

1:1

共 2 张　第 2 张

进线+计量(三相四线制有功计量)、3TA、断路器(CW1)、单电源供电，自动或手动操作。

光盘页码：2-743

253

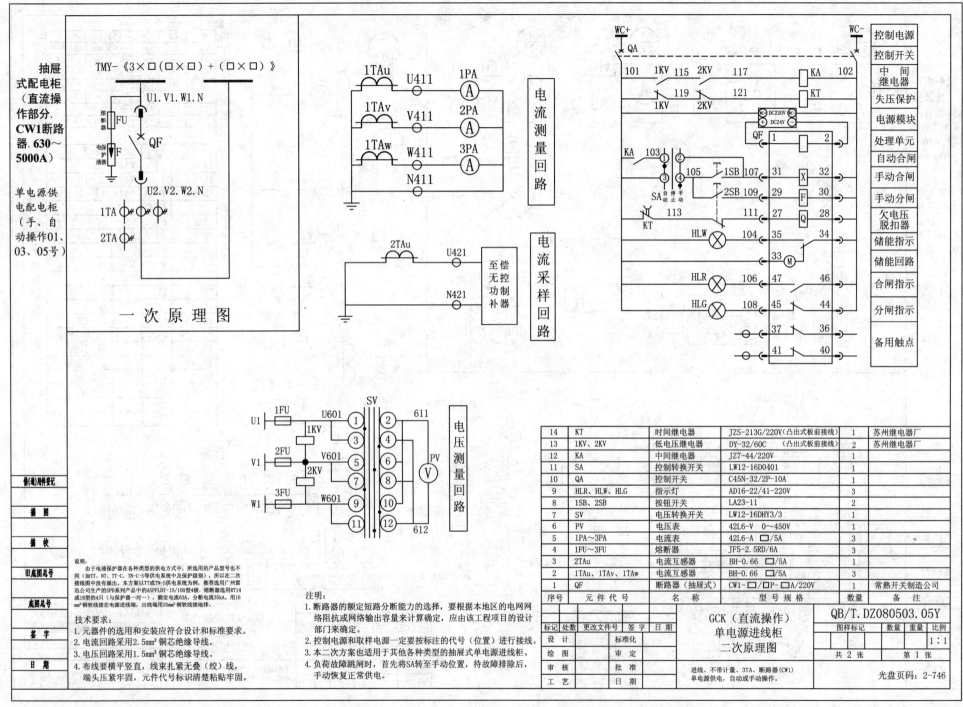

抽屉式配电柜（直流操作部分. CW1断路器. 630～5000A）

单电源供电配电柜（手、自动操作01、03、05号）

TMY-《3×□（□×□）+（□×□）》

一次原理图

电流测量回路

电流采样回路

至偿无控功率制补器

电压测量回路

	控制电源
	控制开关
	中间继电器
	失压保护
	电源模块
	处理单元
	自动合闸
	手动合闸
	手动分闸
	欠电压脱扣器
	储能指示
	储能回路
	合闸指示
	分闸指示
	备用触点

说明：
由于电涌保护器在各种类型的供电方式中，所选用的产品型号也不同（如TT、NT、TT-C、TN-C-S等供电系统中及保护级别），所以在二次接线图中没有画出。本方案以TT或TN-S供电系统为例，推荐选用广州雷迅公司生产的SPD系列产品中的ASPFLD1-15/100型4级，熔断器选用RT14或18型的4只（与保护器一对一），额定电流63A，分断电流35kA，用16 mm²铜软线接在电源进线端，出线端用25mm²铜软线接地排。

技术要求：
1. 元器件的选用和安装应符合设计和标准要求。
2. 电流回路采用2.5mm²铜芯绝缘导线。
3. 电压回路采用1.5mm²铜芯绝缘导线。
4. 布线要横平竖直，线束扎紧无叠（绞）线，端头压紧牢固，元件代号标识清楚粘贴牢固。

注明：
1. 断路器的额定短路分断能力的选择，要根据本地区的电网网络阻抗或网络输出容量来计算确定，应由该工程项目的设计部门来确定。
2. 控制电源和取样电源一定要按标注的代号（位置）进行接线。
3. 本二次方案也适用于其他各种类型的抽屉式单电源进线柜。
4. 负荷故障跳闸时，首先将SA转至手动位置，待故障排除后，手动恢复正常供电。

14	KT	时间继电器	JZS-213G/220V（凸出式板前接线）	1	苏州继电器厂
13	1KV、2KV	低电压继电器	DY-32/60C （凸出式板前接线）	2	苏州继电器厂
12	KA	中间继电器	JZ7-44/220V	1	
11	SA	控制转换开关	LW12-16D0401	1	
10	QA	控制开关	C45N-32/2P-10A	1	
9	HLR、HLW、HLG	指示灯	AD16-22/41-220V	3	
8	1SB、2SB	按钮开关	LA23-11	2	
7	SV	电压转换开关	LW12-16DHY3/3	1	
6	PV	电压表	42L6-V 0～450V	1	
5	1PA～3PA	电流表	42L6-A □/5A	3	
4	1FU～3FU	熔断器	JF5-2.5RD/6A	3	
3	2TAu	电流互感器	BH-0.66 □/5A	1	
2	1TAu、1TAv、1TAw	电流互感器	BH-0.66 □/5A	3	
1	QF	断路器（抽屉式）	CW1-□/□P-□A/220V	1	常熟开关制造公司
序号	元件代号	名称	型号规格	数量	备注

借(通)用件登记								
描 图								
描 校								
旧底图总号								
底图总号								
签 字								
日 期								

标记	处数	更改文件号	签字	日期				
设 计			标准化					
绘 图			审 定					
审 核			批 准					
工 艺			日 期					

GCK（直流操作）单电源进线柜二次原理图

进线、不带计量、3TA、断路器（CW1）
单电源供电，自动或手动操作。

QB/T.DZ080503.05Y

图样标记	数量	重量	比例
			1:1
共 2 张		第 1 张	

光盘页码：2-746

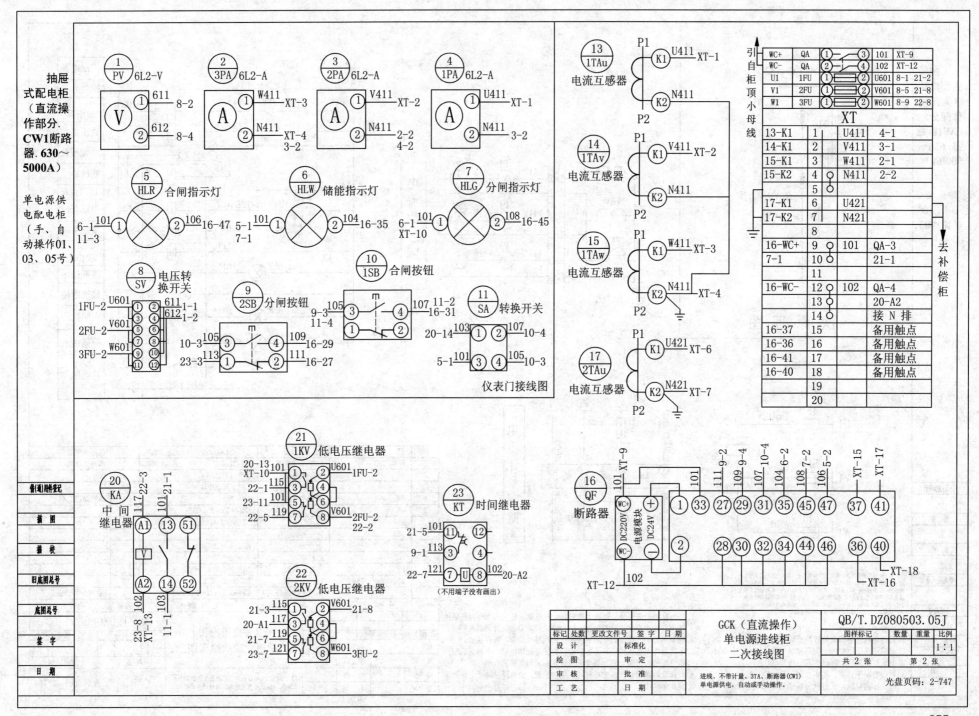

仪表门接线图

电流互感器

GCK（直流操作）单电源进线柜二次接线图

QB/T.DZ080503.05J

进线、不带计量、3TA、断路器(CW1)
单电源供电，自动或手动操作。

1:1

共 2 张　第 2 张

光盘页码：2-747

255

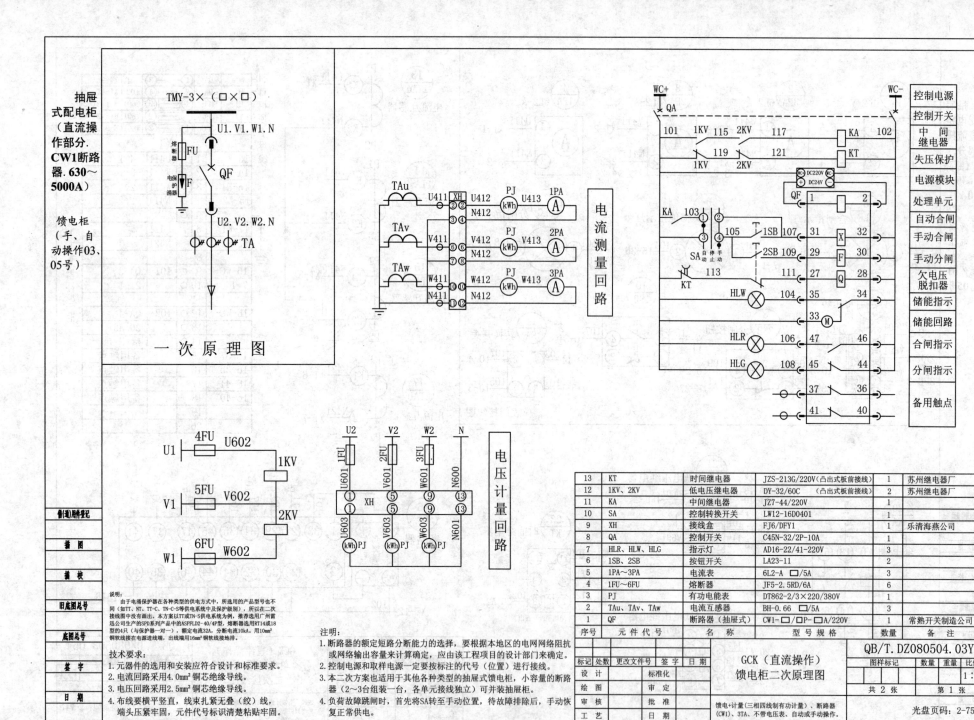

抽屉式配电柜（直流操作部分. CW1断路器. 630～5000A）

馈电柜（手、自动操作03、05号）

TMY-3×（□×□）

FU 熔断器
F 电保护器
QF

U1.V1.W1.N

U2.V2.W2.N

TA

一次原理图

电流测量回路

电压计量回路

13	KT	时间继电器	JZS-213G/220V（凸出式板前接线）	1	苏州继电器厂
12	1KV、2KV	低电压继电器	DY-32/60C （凸出式板前接线）	2	苏州继电器厂
11	KA	中间继电器	JZ7-44/220V	1	
10	SA	控制转换开关	LW12-16D0401	1	
9	XH	接线盒	FJ6/DFY1	1	乐清海燕公司
8	QA	控制开关	C45N-32/2P-10A	1	
7	HLR、HLW、HLG	指示灯	AD16-22/41-220V	3	
6	1SB、2SB	按钮开关	LA23-11	2	
5	1PA～3PA	电流表	6L2-A □/5A	3	
4	1FU～6FU	熔断器	JF5-2.5RD/6A	6	
3	PJ	有功电能表	DT862-2/3×220/380V	1	
2	TAu、TAv、TAw	电流互感器	BH-0.66 □/5A	3	
1	QF	断路器（抽屉式）	CW1-□/□P-□A/220V	1	常熟开关制造公司
序号	元件代号	名 称	型 号 规 格	数量	备 注

控制电源
控制开关
中间继电器
失压保护
电源模块
处理单元
自动合闸
手动合闸
手动分闸
欠电压脱扣器
储能指示
储能回路
合闸指示
分闸指示

备用触点

说明：
由于电涌保护器在各种类型的供电方式中，所选用的产品型号也不同（如TT、NT、TT-C、TN-C-S等供电系统中及保护级别），所以在二次接线图中均有画出。本方案以TT或TN-S供电系统为例，推荐选用广州雷迅公司生产的SPD系列产品中的ASPFLD2-40/4P型，熔断器选用RT14或18型的4只（与保护器一对一），额定电流32A，分断电流10kA，用10mm²铜软线接在电源进线端，出线端用16mm²铜软线接地排。

技术要求：
1. 元器件的选用和安装应符合设计和标准要求。
2. 电流回路采用4.0mm²铜芯绝缘导线。
3. 电压回路采用2.5mm²铜芯绝缘导线。
4. 布线要横平竖直，线束扎紧无叠（绞）线，端头压紧牢固，元件代号标识清楚粘贴牢固。

注明：
1. 断路器的额定短路分断能力的选择，要根据本地区的电网网络阻抗或网络输出容量来计算确定，应由该工程项目的设计部门来确定。
2. 控制电源和取样电源一定要按标注的代号（位置）进行接线。
3. 本二次方案也适用于其他各种类型的抽屉式馈电柜，小容量的断路器（2～3台组装一台，各单元接线独立）可并装抽屉柜。
4. 负荷故障跳闸时，首先将SA转至手动位置，待故障排除后，手动恢复正常供电。

GCK（直流操作）
馈电柜二次原理图

QB/T.DZ080504.03Y

比例 1:1

共 2 张　第 1 张

馈电+计量(三相四线制有功计量)、断路器(CW1)、3TA、不带电压表、自动或手动操作.

光盘页码：2-754

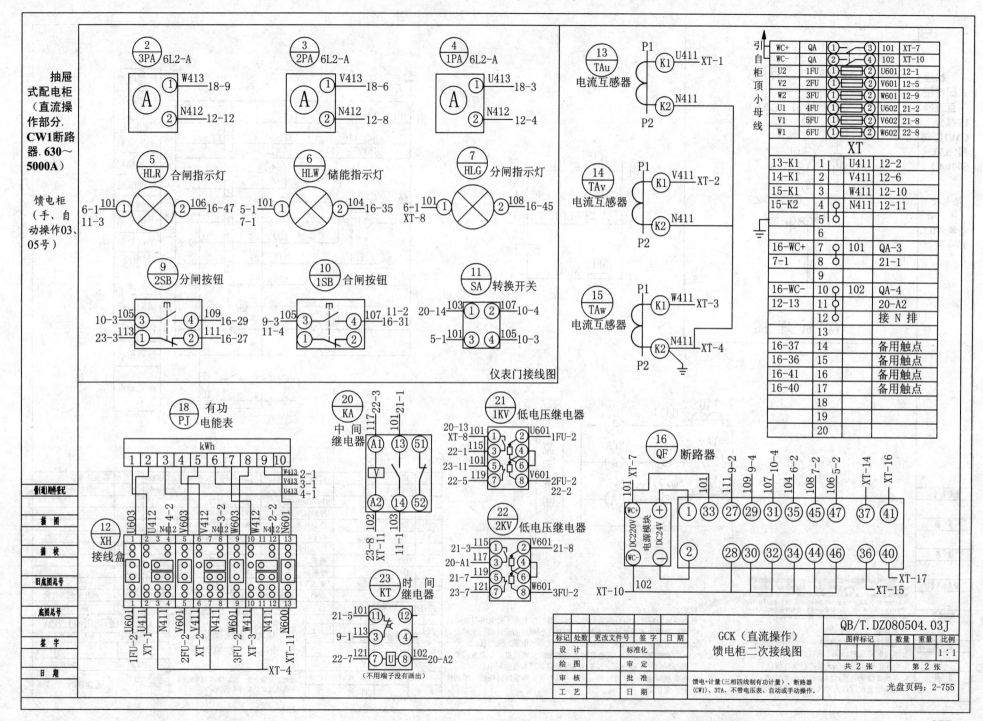

抽屉式配电柜（直流操作部分，CW1断路器·630～5000A）

馈电柜（手、自动操作03、05号）

② 3PA 6L2-A
③ 2PA 6L2-A
④ 1PA 6L2-A

⑤ HLR 合闸指示灯
⑥ HLW 储能指示灯
⑦ HLG 分闸指示灯

⑨ 2SB 分闸按钮
⑩ 1SB 合闸按钮
⑪ SA 转换开关

仪表门接线图

⑬ TAu 电流互感器
⑭ TAv 电流互感器
⑮ TAw 电流互感器

引自柜顶小母线

XT			
WC+	QA	① ③	101	XT-7
WC-	QA	② ④	102	XT-10
U2	1FU	① ②	U601	12-1
V2	2FU	① ②	V601	12-5
W2	3FU	① ②	W601	12-9
U1	4FU	① ②	U602	21-2
V1	5FU	① ②	V602	21-8
W1	6FU	① ②	W602	22-8

XT		
13-K1	1	U411	12-2
14-K1	2	V411	12-6
15-K1	3	W411	12-10
15-K2	4	N411	12-11
	5		
	6		
16-WC+	7	101	QA-3
7-1	8		21-1
	9		
16-WC-	10	102	QA-4
12-13	11		20-A2
	12		接N排
	13		
16-37	14		备用触点
16-36	15		备用触点
16-41	16		备用触点
16-40	17		备用触点
	18		
	19		
	20		

⑱ PJ 有功电能表

⑫ XH 接线盒

⑳ KA 中间继电器

㉑ 1KV 低电压继电器
㉒ 2KV 低电压继电器

㉓ KT 时间继电器

（不用端子没有画出）

⑯ QF 断路器

电源模块 DC220V DC24V

XT-17
XT-15

标记	处数	更改文件号	签字	日期
设计		标准化		
绘图		审定		
审核		批准		
工艺		日期		

GCK（直流操作）
馈电柜二次接线图

馈电+计量(三相四线制有功计量)、断路器(CW1)、3TA、不带电压表、自动或手动操作。

QB/T.DZ080504.03J

图样标记	数量	重量	比例
			1:1

共 2 张   第 2 张

光盘页码：2-755

257

抽屉式配电柜（直流操作部分. CW1断路器. 630～5000A）

馈电柜（手、自动操作03、05号）

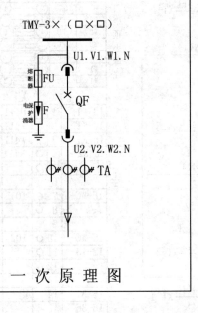

TMY-3×（□×□）

U1.V1.W1.N

熔断器 FU

电保护涌器 F

QF

U2.V2.W2.N

TA

一 次 原 理 图

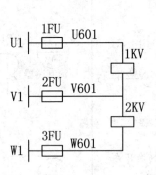

U1 1FU U601 1KV

V1 2FU V601 2KV

W1 3FU W601

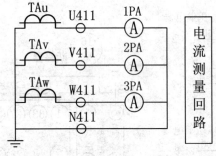

TAu U411 1PA (A)

TAv V411 2PA (A)

TAw W411 3PA (A)

N411

电流测量回路

WC+ QA WC-

101 1KV 115 2KV 117 KA 102

119 121 KT

1KV 2KV

DC220V WC
DC24V

QF 1 2

KA 103 ① ② 1SB 107 31 X 32

③ ④ 105

SA 自停手 动止动

2SB 109 29 F 30

KT 113 111 27 Q 28

HLW 104 35 34

33 (M)

HLR 106 47 46

HLG 108 45 44

37 36

41 40

控制电源
控制开关
中间继电器
失压保护
电源模块
处理单元
自动合闸
手动合闸
手动分闸
欠电压脱扣器
储能指示
储能回路
合闸指示
分闸指示
备用触点

11	KT	时间继电器	JZS-213G/220V(凸出式板前接线)	1	苏州继电器厂
10	1KV、2KV	低电压继电器	DY-32/60C （凸出式板前接线）	2	苏州继电器厂
9	KA	中间继电器	JZ7-44/220V	1	
8	SA	控制转换开关	LW12-16D0401	1	
7	QA	控制开关	C45N-32/2P-10A	1	
6	HLR、HLW、HLG	指示灯	AD16-22/41-220V	3	
5	1SB、2SB	按钮开关	LA23-11	2	
4	1PA～3PA	电流表	6L2-A □/5A	3	
3	1FU～3FU	熔断器	JF5-2.5RD/6A	3	
2	TAu、TAv、TAw	电流互感器	BH-0.66 □/5A	3	
1	QF	断路器（抽屉式）	CW1-□/□P-□A/220V	1	常熟开关制造公司
序号	元件代号	名 称	型 号 规 格	数量	备 注

说明：
由于电涌保护器在各类型的供电方式中，所选用的产品型号也不同（如TT、NT、TT-C、TN-C-S等供电系统中及保护级别），所以在二次接线图中没有画出。本方案以TT或TN-S供电系统为例，推荐选用广州雷迅公司生产的SPD系列产品中的ASPFLD2-40/4P型，熔断器选用RT14或18型的4只（与保护器一对一），额定电流32A，分断电流10kA，用10mm²铜软线接在电源进线端，出线端用16mm²铜软线接地排。

技术要求：
1. 元器件的选用和安装应符合设计和标准要求。
2. 电流回路采用2.5mm²铜芯绝缘导线。
3. 电压回路采用1.5mm²铜芯绝缘导线。
4. 布线要横平竖直，线束扎紧无叠（绞）线，端头压紧牢固，元件代号标识清楚粘贴牢固。

注明：
1. 断路器的额定短路分断能力的选择，要根据本地区的电网网络阻抗或网络输出容量来计算确定，应由该工程项目的设计部门来确定。
2. 控制电源和取样电源一定要按标注的代号（位置）进行接线。
3. 本二次方案也适用于其他各种类型的抽屉式馈电柜，小容量的断路器（2～3台组装一台，各单元接线独立）可并装抽屉柜。
4. 负荷故障跳闸时，首先将SA转至手动位置，待故障排除后，手动恢复正常供电。

QB/T.DZ080504.05Y

GCK（直流操作）
馈电柜二次原理图

馈电、不带计量、3TA、断路器(CW1)
不带电压表、自动或手动操作。

图样标记 数量 重量 比例
1:1
共 2 张   第 1 张

光盘页码：2-758

备(通)用件登记
描 图
描 校
旧底图总号
底图总号
签 字
日 期

标记 处数 更改文件号 签字 日期
设 计   标准化
绘 图   审 定
审 核   批 准
工 艺   日 期

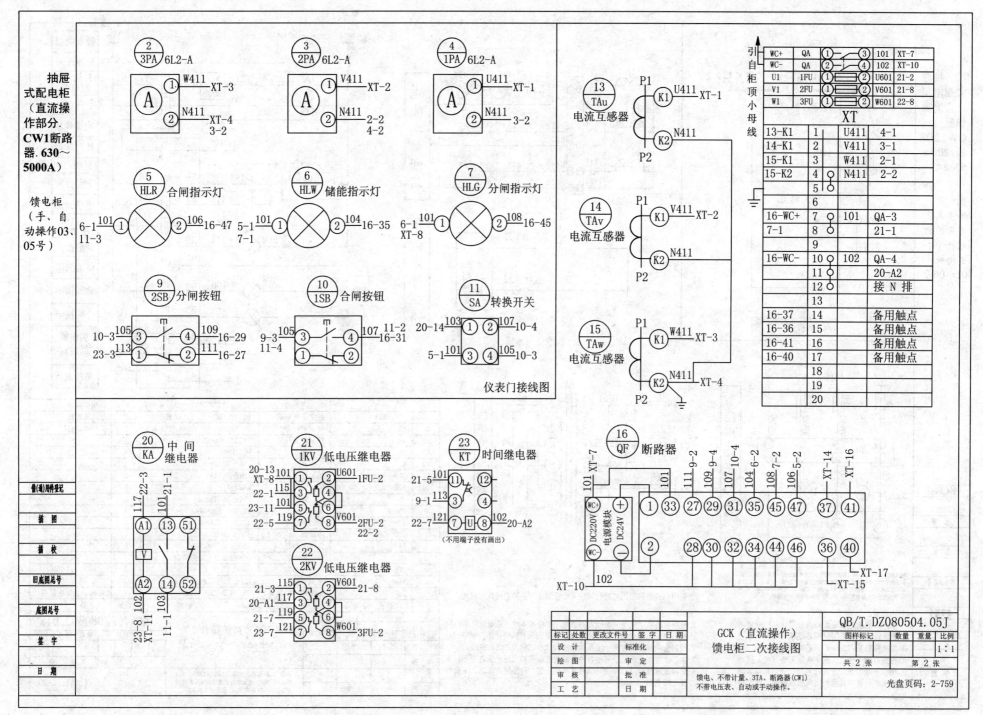

仪表门接线图

GCK（直流操作）
馈电柜二次接线图

QB/T.DZ080504.05J

馈电、不带计量、3TA、断路器（CW1）
不带电压表、自动或手动操作。

共 2 张　　第 2 张

光盘页码：2-759

259

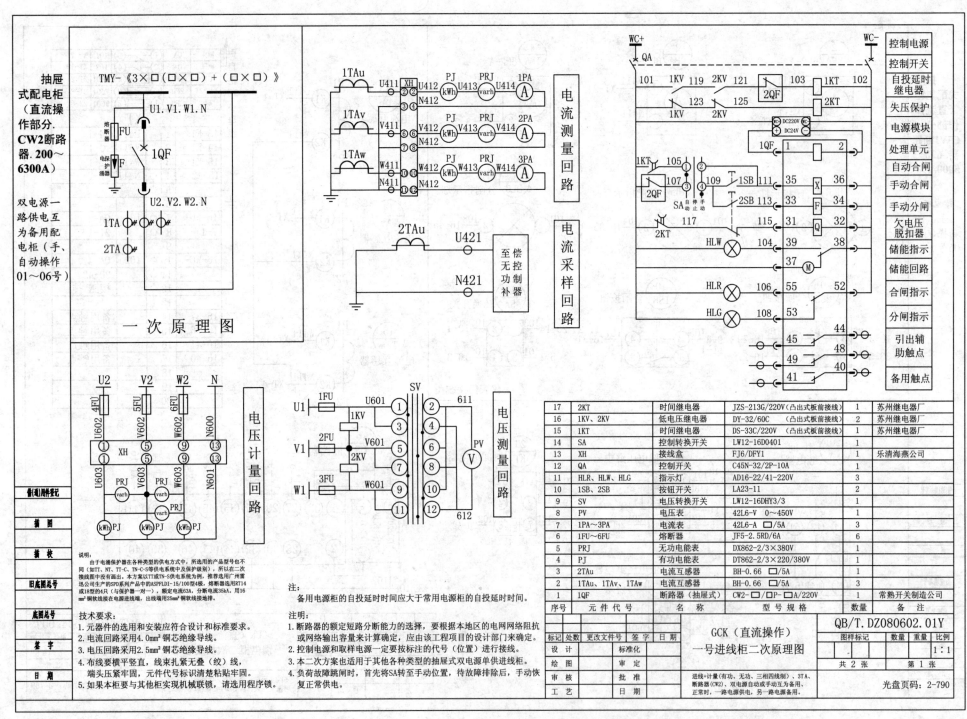

抽屉式配电柜（直流操作部分.CW2断路器.200～6300A）

双电源一路供电互为备用配电柜（手、自动操作01～06号）

TMY-《3×□(□×□)+(□×□)》

一次原理图

电流测量回路

电流采样回路

电压计量回路

电压测量回路

| | | 控制电源 |
| 控制开关 |
| 自投延时继电器 |
| 失压保护 |
| 电源模块 |
| 处理单元 |
| 自动合闸 |
| 手动合闸 |
| 手动分闸 |
| 欠电压脱扣器 |
| 储能指示 |
| 储能回路 |
| 合闸指示 |
| 分闸指示 |
| 引出辅助触点 |
| 备用触点 |

说明：由于电涌保护器在各种类型的供电方式中，所选用的产品型号也不同（如TT、NT、TT-C、TN-C-S等供电系统中及保护级别），所以在二次接线图中没有画出。本方案以TT或TN-S供电系统为例，推荐选用广州雷迅公司生产的SPD系列产品中的ASPFLDI-15/100型4极，熔断器选用RT14或18型的4只（与保护器一对一），额定电流63A，分断电流35kA，用16mm²铜软线接在电源进线端，出线端用25mm²铜软线接地排。

技术要求：
1. 元器件的选用和安装应符合设计和标准要求。
2. 电流回路采用4.0mm²铜芯绝缘导线。
3. 电压回路采用2.5mm²铜芯绝缘导线。
4. 布线要横平竖直，线束扎髻无叠（绞）线，端头压紧牢固，元件代号标识清楚粘贴牢固。
5. 如果本柜要与其他柜实现机械联锁，请选用程序锁。

注：
1. 断路器的额定短路分断能力的选择，要根据本地区的电网网络阻抗或网络输出容量来计算确定，应由该工程项目的设计部门确定。
2. 控制电源和取样电源一定要按标注的代号（位置）进行接线。
3. 本二次方案也适用于其他各种类型的抽屉式双电源单进线柜。
4. 负荷故障跳闸时，首先将SA转至手动位置，待故障排除后，手动恢复正常供电。

注：备用电源柜的自投延时时间应大于常用电源柜的自投延时时间。

17	2KT	时间继电器	JZS-213G/220V（凸出式板前接线）	1	苏州继电器厂
16	1KV、2KV	低电压继电器	DY-32/60C（凸出式板前接线）	2	苏州继电器厂
15	1KT	时间继电器	DS-33C/220V（凸出式板前接线）	1	苏州继电器厂
14	SA	控制转换开关	LW12-16D0401	1	
13	XH	接线盒	FJ6/DFY1	1	乐清海燕公司
12	QA	控制开关	C45N-32/2P-10A	1	
11	HLR、HLW、HLG	指示灯	AD16-22/41-220V	3	
10	1SB、2SB	按钮开关	LA23-11	2	
9	SV	电压转换开关	LW12-16DHY3/3	1	
8	PV	电压表	42L6-V 0～450V	1	
7	1PA～3PA	电流表	42L6-A	3	
6	1FU～6FU	熔断器	JF5-2.5RD/6A	6	
5	PRJ	无功电能表	DX862-2/3×380V	1	
4	PJ	有功电能表	DT862-2/3×220/380V	1	
3	2TAu	电流互感器	BH-0.66 □/5A	1	
2	1TAu、1TAv、1TAw	电流互感器	BH-0.66 □/5A	3	
1	1QF	断路器（抽屉式）	CW2-□/□P-□A/220V	1	常熟开关制造公司
序号	元件代号	名 称	型 号 规 格	数量	备 注

备（通）用件登记		
描 图		
描 校		
旧底图总号		
底图总号		
签 字		
日 期		

标记	处数	更改文件号	签 字	日 期	GCK（直流操作）一号进线柜二次原理图	QB/T.DZ080602.01Y			
设 计		标准化				图样标记	数量	重量	比例
绘 图		审 定							1:1
审 核		批 准			进线+计量（有功、无功、三相四线制）、3TA、断路器（CW2）、双电源自动或手动互为备用、正常时，一路电源供电，另一路电源备用。	共 2 张		第 1 张	
工 艺		日 期				光盘页码：2-790			

260

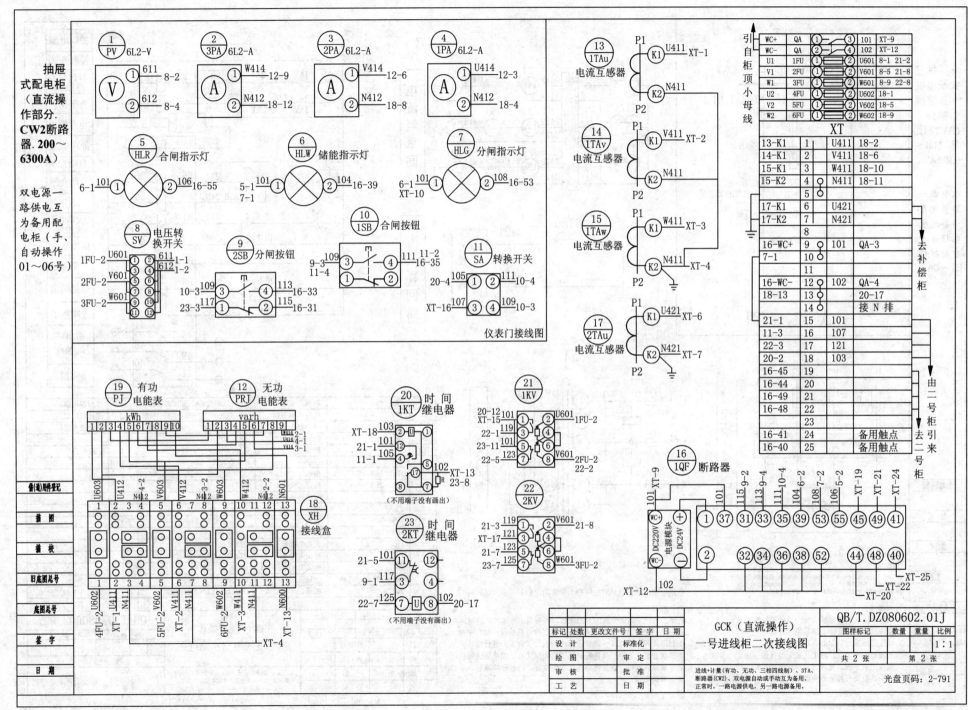

抽屉式配电柜（直流操作部分.CW2断路器.200～6300A）

双电源一路供电互为备用配电柜（手、自动操作01～06号）

仪表门接线图

GCK（直流操作）
一号进线柜二次接线图

QB/T.DZ080602.01J

进线+计量(有功、无功、三相四线制)、3TA、断路器(CW2)、双电源自动或手动互为备用、正常时，一路电源供电，另一路电源备用。

标记	处数	更改文件号	签字	日期
设 计			标准化	
绘 图			审 定	
审 核			批 准	
工 艺			日 期	

图样标记		数量	重量	比例
				1:1
共 2 张		第 2 张		

光盘页码：2-791

261

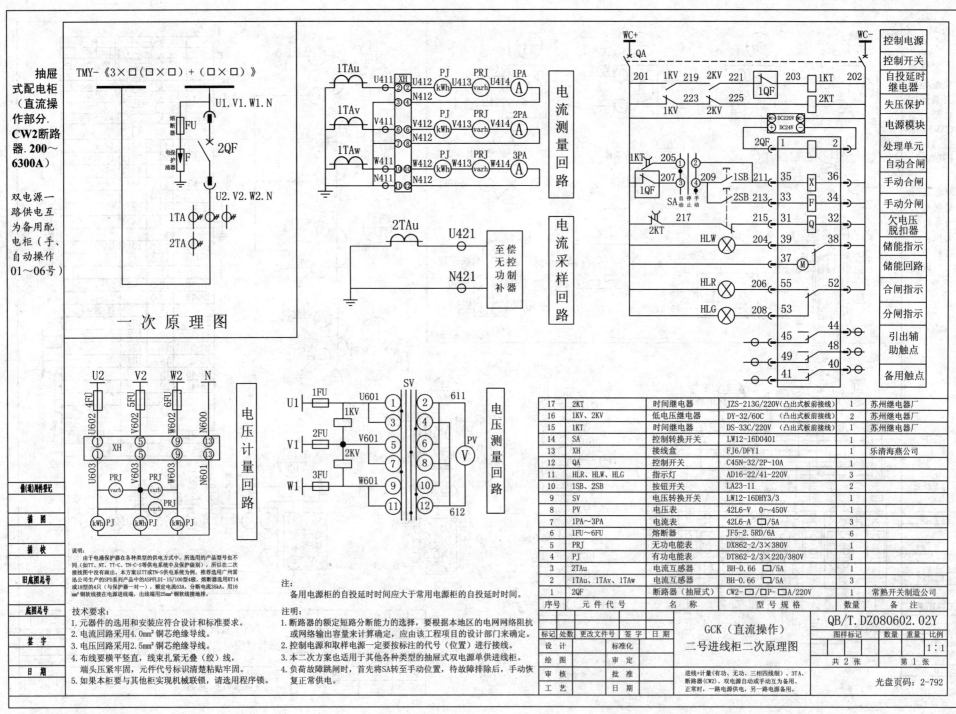

抽屉式配电柜（直流操作部分. CW2断路器. 200～6300A）

双电源一路供电互为备用配电柜（手、自动操作01～06号）

一 次 原 理 图

TMY-《3×□(□×□)+(□×□)》

电流测量回路

电流采样回路

至偿无控功率补器

电压计量回路

电压测量回路

| 控制电源 |
| 控制开关 |
| 自投延时继电器 |
| 失压保护 |
| 电源模块 |
| 处理单元 |
| 自动合闸 |
| 手动合闸 |
| 手动分闸 |
| 欠电压脱扣器 |
| 储能指示 |
| 储能回路 |
| 合闸指示 |
| 分闸指示 |
| 引出辅助触点 |
| 备用触点 |

17	2KT	时间继电器	JZS-213G/220V (凸出式板前接线)	1	苏州继电器厂
16	1KV、2KV	低电压继电器	DY-32/60C (凸出式板前接线)	2	苏州继电器厂
15	1KT	时间继电器	DS-33C/220V (凸出式板前接线)	1	苏州继电器厂
14	SA	控制转换开关	LW12-16D0401	1	
13	XH	接线盒	FJ6/DFY1	1	乐清海燕公司
12	QA	控制开关	C45N-32/2P-10A	1	
11	HLR、HLW、HLG	指示灯	AD16-22/41-220V	3	
10	1SB、2SB	按钮开关	LA23-11	2	
9	SV	电压转换开关	LW12-16DHY3/3	1	
8	PV	电压表	42L6-V 0～450V	1	
7	1PA～3PA	电流表	42L6-A □/5A	3	
6	1FU～6FU	熔断器	JF5-2.5RD/6A	6	
5	PRJ	无功电能表	DX862-2/3×380V	1	
4	PJ	有功电能表	DT862-2/3×220/380V	1	
3	2TAu	电流互感器	BH-0.66 □/5A	1	
2	1TAu、1TAv、1TAw	电流互感器	BH-0.66 □/5A	3	
1	2QF	断路器(抽屉式)	CW2-□/□P-□A/220V	1	常熟开关制造公司
序号	元件代号	名 称	型 号 规 格	数量	备 注

说明：
由于电涌保护器在各种类型的供电方式中，所选用的产品型号也不同（如TT、NT、TT-C、TN-C-S等供电系统中及保护级别），所以在二次接线图中没有画出。本方案以TT或TN-S供电系统为例，推荐选用广州雷迅公司生产的SPD系列产品中的ASPFLDI-15/100型4极，熔断器选用RT14或18型的4只（与保护器一对一），额定电流63A，分断电流35kA，用16mm²铜软线接在电源进线端，出线端用25mm²铜软线接地排。

技术要求：
1. 元器件的选用和安装应符合设计和标准要求。
2. 电流回路采用4.0mm²铜芯绝缘导线。
3. 电压回路采用2.5mm²铜芯绝缘导线。
4. 布线要横平竖直，束线扎紧无叠（绞）线，端头压紧牢固，元件代号标识清楚粘贴牢固。
5. 如果本柜要与其他柜实现机械联锁，请选用程序锁。

注：
备用电源柜的自投延时时间应大于常用电源柜的自投延时时间。

注明：
1. 断路器的额定短路分断能力的选择，要根据本地区的电网网络阻抗或网络输出容量来计算确定，应由该工程项目的设计部门来确定。
2. 控制电源和取样电源一定要按标注的代号（位置）进行接线。
3. 本二次方案也适用于其他各种类型的抽屉式双电源单供进线柜。
4. 负荷故障跳闸时，首先将SA转至手动位置，待故障排除后，手动恢复正常供电。

借(通)用件登记					
描 图					
描 校					
旧底图总号					
底图总号					
签 字					
日 期					

		标记	处数	更改文件号	签字	日期
设 计			标准化			
绘 图			审 定			
审 核			批 准			
工 艺			日 期			

GCK（直流操作）二号进线柜二次原理图

QB/T.DZ080602.02Y

进线+计量(有功、无功、三相四线制)、3TA、断路器(CW2)、双电源自动或手动互为备用、正常时，一路电源供电，另一路电源备用。

图样标记　数量　重量　比例 1:1

共 2 张　　第 1 张

光盘页码：2-792

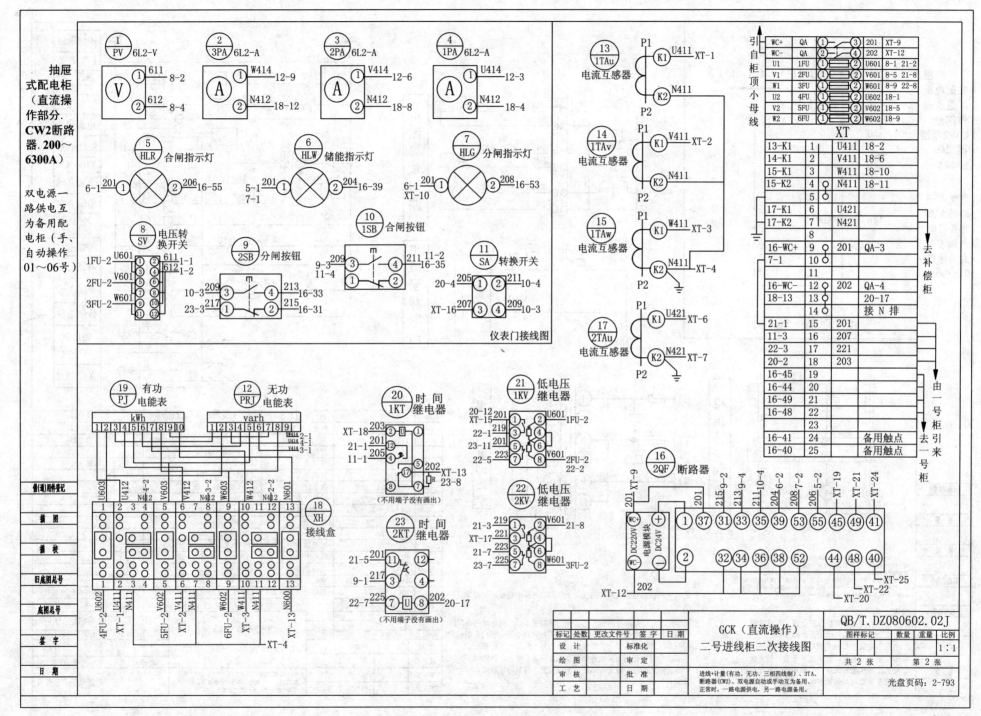

抽屉式配电柜（直流操作部分. CW2断路器. 200~6300A）

双电源一路供电互为备用配电柜（手、自动操作01~06号）

仪表门接线图

GCK（直流操作）二号进线柜二次接线图

QB/T.DZ080602.02J

进线+计量（有功、无功、三相四线制）、3TA、断路器（CW2）、双电源自动或手动互为备用，正常时，一路电源供电，另一路电源备用。

共 2 张　　第 2 张

光盘页码：2-793

263

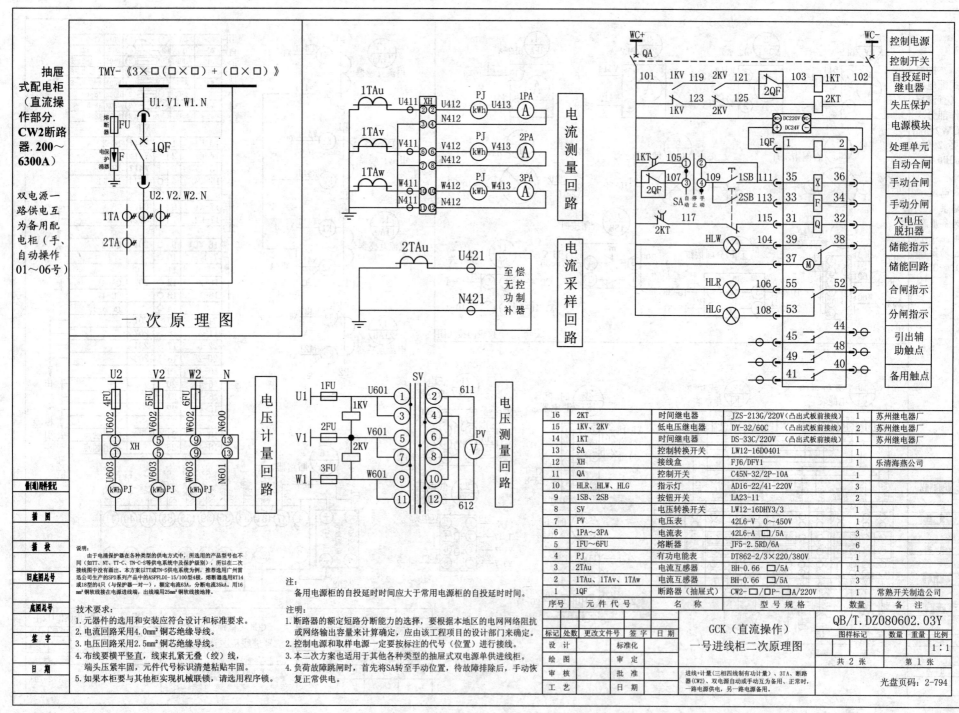

抽屉式配电柜（直流操作部分.CW2断路器.200～6300A）

双电源一路供电互为备用配电柜（手、自动操作01～06号）

TMY-《3×□（□×□）+（□×□）》

一次原理图

电流测量回路

电流采样回路

电压计量回路

电压测量回路

					控制电源
101	1KV	119	2KV	121	控制开关
		123		125	自投延时继电器
	1KV		2KV		失压保护
					电源模块
					处理单元
					自动合闸
					手动合闸
					手动分闸
					欠电压脱扣器
					储能指示
					储能回路
					合闸指示
					分闸指示
					引出辅助触点
					备用触点

说明：
由于电涌保护器在各种类型的供电方式中，所选用的产品型号也不同（如TT、NT、TT-C、TN-C-S等供电系统中及保护级别），所以在二次接线图中没有画出。本方案以TT或TN-S供电系统为例，推荐选用广州雷迅公司生产的SPD系列产品中的ASPPLDI-15/100型4极，熔断器选用RT14或18型的4只（与保护器一对一），额定电流63A，分断电流35kA，用16mm²铜软线接在电源进线端，出线端用25mm²铜软线接地端。

技术要求：
1.元器件的选用和安装应符合设计和标准要求。
2.电流回路采用4.0mm²铜芯绝缘导线。
3.电压回路采用2.5mm²铜芯绝缘导线。
4.布线要横平竖直，线束扎紧无叠（绞）线，端头压紧牢固，元件代号标识清楚粘贴固牢。
5.如果本柜要与其他柜实现机械联锁，请选用程序锁。

注：
备用电源柜的自投延时时间应大于常用电源柜的自投延时时间。

注明：
1.断路器的额定短路分断能力的选择，要根据本地区的电网网络阻抗或网络输出容量来计算确定，应由该工程项目的设计部门来确定。
2.控制电源和取样电源一定要按标注的代号（位置）进行接线。
3.本二次方案也适用于其他各种类型的抽屉式双电源单回进线柜。
4.负荷故障跳闸时，首先将SA转至手动位置，待故障排除后，手动恢复正常供电。

16	2KT	时间继电器	JZS-213G/220V（凸出式板前接线）	1	苏州继电器厂
15	1KV、2KV	低电压继电器	DY-32/60C	2	苏州继电器厂
14	1KT	时间继电器	DS-33C/220V（凸出式板前接线）	1	苏州继电器厂
13	SA	控制转换开关	LW12-16D0401	1	
12	XH	接线盒	FJ6/DFY1	1	乐清海燕公司
11	QA	控制开关	C45N-32/2P-10A	1	
10	HLR、HLW、HLG	指示灯	AD16-22/41-220V	3	
9	1SB、2SB	按钮开关	LA23-11	2	
8	SV	电压转换开关	LW12-16DHY3/3	1	
7	PV	电压表	42L6-V 0～450V	1	
6	1PA～3PA	电流表	42L6-A □/5A	3	
5	1FU～6FU	熔断器	JF5-2.5RD/6A	6	
4	PJ	有功电能表	DT862-2/3×220/380V	1	
3	2TAu	电流互感器	BH-0.66 □/5A	1	
2	1TAu、1TAv、1TAw	电流互感器	BH-0.66 □/5A	3	
1	1QF	断路器（抽屉式）	CW2-□/□P-□A/220V	1	常熟开关制造公司
序号	元件代号	名 称	型号规格	数量	备 注

备(通)用件登记					
描 图					
描 校					
旧底图总号					
底图总号					
签 字					
日 期					

标记	处数	更改文件号	签 字	日 期			GCK（直流操作）一号进线柜二次原理图	图样标记	数量	重量	比例
设 计			标准化								1:1
绘 图			审 定								
审 核			批 准				共 2 张		第 1 张	
工 艺			日 期								

进线+计量（三相四线制有功计量）、3TA、断路器（CW2）、双电源自动或手动互为备用、正常时，一路电源供电，另一路电源备用。

QB/T.DZ080602.03Y

光盘页码：2-794

264

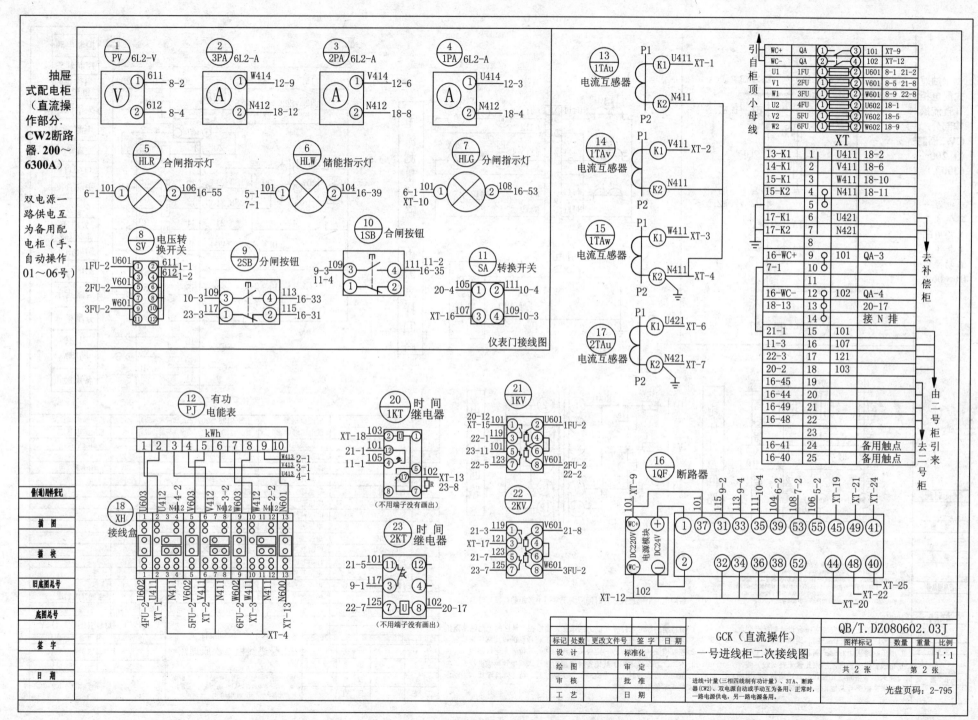

抽屉式配电柜（直流操作部分.CW2断路器.200～6300A）

双电源一路供电互为备用配电柜（手、自动操作01～06号）

仪表门接线图

GCK（直流操作）一号进线柜二次接线图

QB/T.DZ080602.03J

进线+计量(三相四线制有功计量)、3TA、断路器(CW2)、双电源自动或手动互为备用、正常时、一路电源供电,另一路电源备用。

光盘页码：2-795

共 2 张　第 2 张

比例 1:1

265

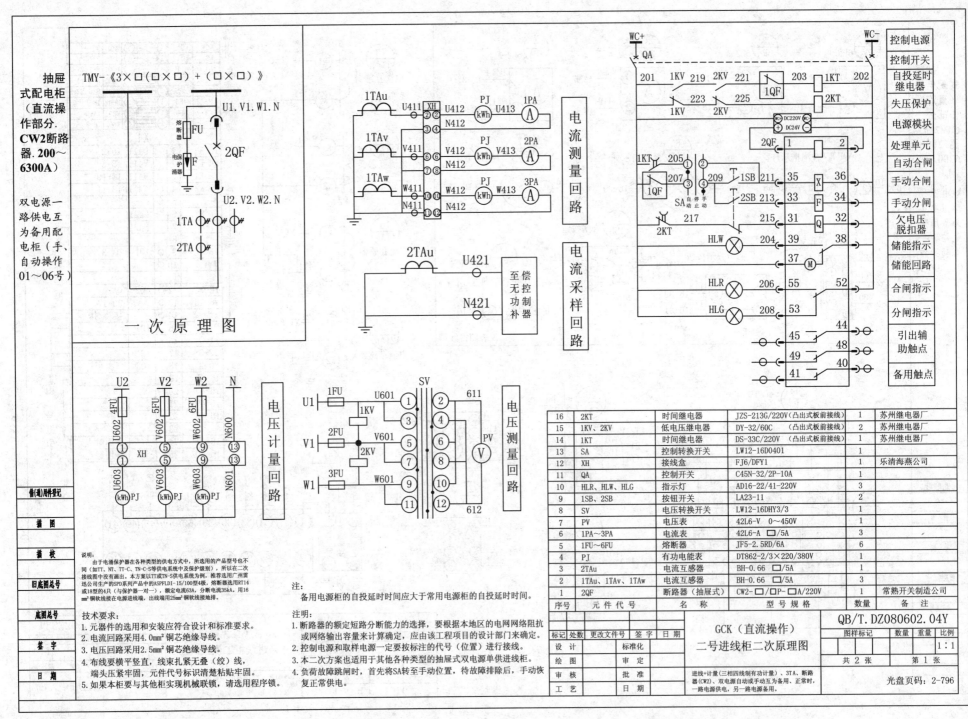

抽屉式配电柜（直流操作部分. CW2断路器.200～6300A）

双电源一路供电互为备用配电柜（手、自动操作01～06号）

TMY-《3×□(□×□)+(□×□)》

一次原理图

电流测量回路

电流采样回路

电压计量回路

电压测量回路

控制电源
控制开关
自投延时继电器
失压保护
电源模块
处理单元
自动合闸
手动合闸
手动分闸
欠电压脱扣器
储能指示
储能回路
合闸指示
分闸指示
引出辅助触点
备用触点

说明：
由于电涌保护器在各种类型的供电方式中，所选用的产品型号也不同（如IT、NT、TT-C、TN-C-S等供电系统中及保护级别），所以本二次接线图中没有画出。本方案以TT或IN-S供电系统为例，推荐选用广州雷迅公司生产的SPD系列产品中的ASPFLDI-15/100型4极，熔断器选用RT14或18型的4只（与保护器一对一），额定电流63A，分断电流35kA，用16mm²铜软线接在电源进线端，出线端用25mm²铜软线接地埋。

技术要求：
1. 元器件的选用和安装应符合设计和标准要求。
2. 电流回路采用4.0mm²铜芯绝缘导线。
3. 电压回路采用2.5mm²铜芯绝缘导线。
4. 布线要横平竖直，线束扎紧无叠（绞）线，端头紧牢固，元件代号标识清楚粘贴牢固。
5. 如果本柜要与其他柜实现机械联锁，请选用程序锁。

注：
备用电源柜的自投延时时间应大于常用电源柜的自投延时时间。

注明：
1. 断路器的额定短路分断能力的选择，要根据本地区的电网网络阻抗或网络输出容量来计算确定，应由该工程项目的设计部门来确定。
2. 控制电源和取样电源一定要按标注的代号（位置）进行接线。
3. 本二次方案也适用于其他各种类型的抽屉式双电源单供进线柜。
4. 负荷故障跳闸时，首先将SA转至手动位置，待故障排除后，手动恢复正常供电。

16	2KT	时间继电器	JZS-213G/220V（凸出式板前接线）	1	苏州继电器厂
15	1KV、2KV	低电压继电器	DY-32/60C	2	苏州继电器厂
14	1KT	时间继电器	DS-33C/220V（凸出式板前接线）	1	苏州继电器厂
13	SA	控制转换开关	LW12-16D0401	1	
12	XH	接线盒	FJ6/DFY1	1	乐清海燕公司
11	QA	控制开关	C45N-32/2P-10A	1	
10	HLR、HLW、HLG	指示灯	AD16-22/41-220V	3	
9	1SB、2SB	按钮开关	LA23-11	2	
8	SV	电压转换开关	LW12-16DHY3/3	1	
7	PV	电压表	42L6-V 0～450V	1	
6	1PA～3PA	电流表	42L6-A □/5A	3	
5	1FU～6FU	熔断器	JF5-2.5RD/6A	6	
4	PJ	有功电能表	DT862-2/3×220/380V	1	
3	2TAu	电流互感器	BH-0.66 □/5A	1	
2	1TAu、1TAv、1TAw	电流互感器	BH-0.66 □/5A	3	
1	2QF	断路器（抽屉式）	CW2-□/□P-□A/220V	1	常熟开关制造公司
序号	元件代号	名 称	型 号 规 格	数量	备 注

借(通)用件登记					
描 图					
描 校					
旧底图总号					
底图总号					
签 字					
日 期					

标记	处数	更改文件号	签字	日期			
设 计		标准化					
绘 图		审 定					
审 核		批 准					
工 艺		日 期					

GCK（直流操作）
二号进线柜二次原理图

QB/T.DZ080602.04Y

图样标记	数量	重量	比例
			1:1

共 2 张　　第 1 张

进线+计量（三相四线制有功计量）、3TA、断路器（CW2）、双电源自动或手动互为备用、正常时，一路电源供电，另一路电源备用。

光盘页码：2-796

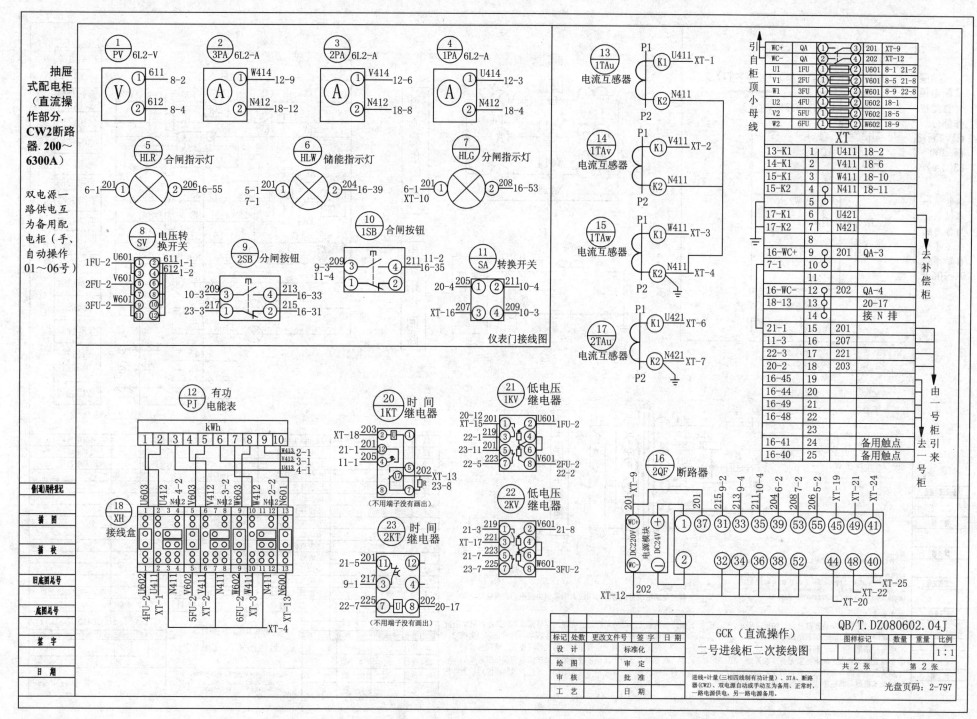

仪表门接线图

GCK（直流操作）
二号进线柜二次接线图

QB/T.DZ080602.04J

共 2 张　　第 2 张

光盘页码：2-797

267

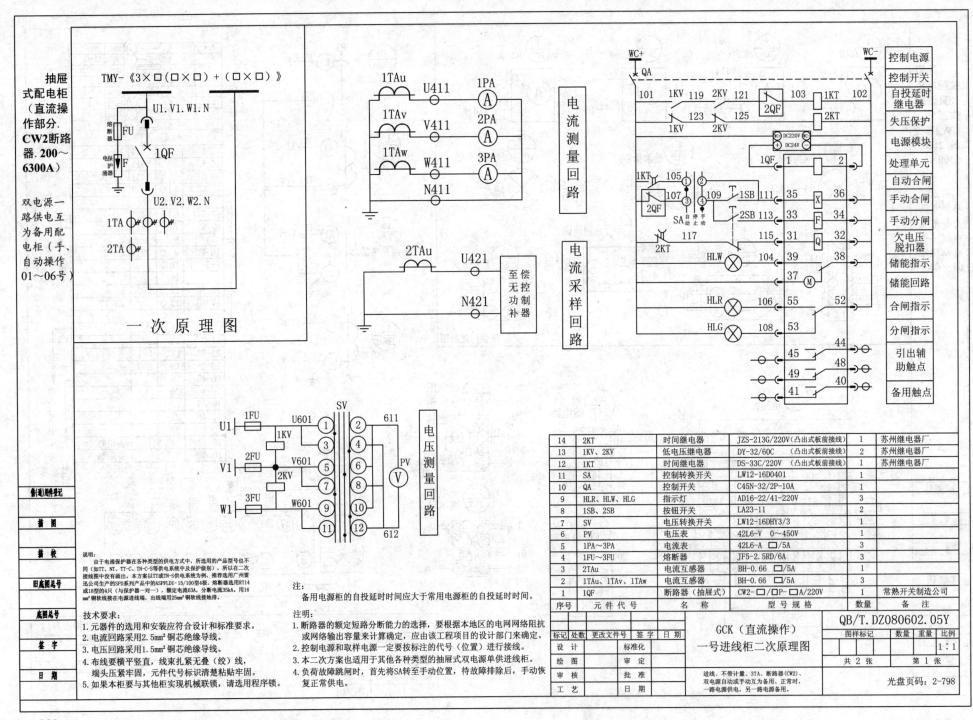

抽屉式配电柜（直流操作部分.CW2断路器.200～6300A）

双电源一路供电互为备用配电柜（手、自动操作01～06号）

TMY-《3×□（□×□）+（□×□）》

一次原理图

电流测量回路

电流采样回路

至补偿无功控制器

电压测量回路

控制电源
控制开关
自投延时继电器
失压保护
电源模块
处理单元
自动合闸
手动合闸
手动分闸
欠电压脱扣器
储能指示
储能回路
合闸指示
分闸指示
引出辅助触点
备用触点

说明：
由于电涌保护器在各种类型的供电方式中，所选用的产品型号也不同（如TT、NT、TT-C、TN-C-S等供电系统中及保护级别），所以在二次接线图中没有画出。本方案以TT或TN-S供电系统为例，推荐选用广州雷迅公司生产的SPD系列产品中的ASPFLDI-15/100型4极（与保护器一对一），额定电流63A，分断电流35kA，用16mm²铜软线接在电源进线端，出线端用25mm²铜软线接地排。

技术要求：
1. 元器件的选用和安装应符合设计和标准要求。
2. 电流回路采用2.5mm²铜芯绝缘导线。
3. 电压回路采用1.5mm²铜芯绝缘导线。
4. 布线要横平竖直，线束扎紧无叠（绞）线，端头压紧牢固，元件代号标识清楚粘贴牢固。
5. 如果本柜要与其他柜实现机械联锁，请选用程序锁。

注：
备用电源柜的自投延时时间应大于常用电源柜的自投延时时间。

注明：
1. 断路器的额定短路分断能力的选择，要根据本地区的电网网络阻抗或网络输出容量来计算确定，应由该工程项目的设计部门来确定。
2. 控制电源和取样电源一定要按标注的代号（位置）进行接线。
3. 本二次方案也适用于其他各种类型的抽屉式双电源单供进线柜。
4. 负荷故障跳闸时，首先将SA转至手动位置，待故障排除后，手动恢复正常供电。

14	2KT	时间继电器	JZS-213G/220V（凸出式板前接线）	1	苏州继电器厂
13	1KV、2KV	低电压继电器	DY-32/60C（凸出式板前接线）	2	苏州继电器厂
12	1KT	时间继电器	DS-33C/220V（凸出式板前接线）	1	苏州继电器厂
11	SA	控制转换开关	LW12-16D0401	1	
10	QA	控制开关	C45N-32/2P-10A	1	
9	HLR、HLW、HLG	指示灯	AD16-22/41-220V	3	
8	1SB、2SB	按钮开关	LA23-11	2	
7	SV	电压转换开关	LW12-16DHY3/3	1	
6	PV	电压表	42L6-V 0～450V	1	
5	1PA～3PA	电流表	42L6-A □/5A	3	
4	1FU～3FU	熔断器	JF5-2.5RD/6A	3	
3	2TAu	电流互感器	BH-0.66 □/5A	1	
2	1TAu、1TAv、1TAw	电流互感器	BH-0.66 □/5A	3	
1	1QF	断路器（抽屉式）	CW2-□/□P-□A/220V	1	常熟开关制造公司
序号	元件代号	名　称	型号规格	数量	备　注

制（造）用附件登记						
描　图		标记	处数	更改文件号	签字	日期
描　校		设　计		标准化		
旧底图总号		绘　图		审　定		
底图总号		审　核		批　准		
签　字		工　艺		日　期		
日　期						

GCK（直流操作）
一号进线柜二次原理图

QB/T.DZ080602.05Y

图样标记	数量	重量	比例
			1:1

共 2 张　　第 1 张

进线、不带计量、3TA、断路器（CW2）、双电源自动或手动互为备用配电柜，正常时，一路电源供电，另一路电源备用。

光盘页码：2-798

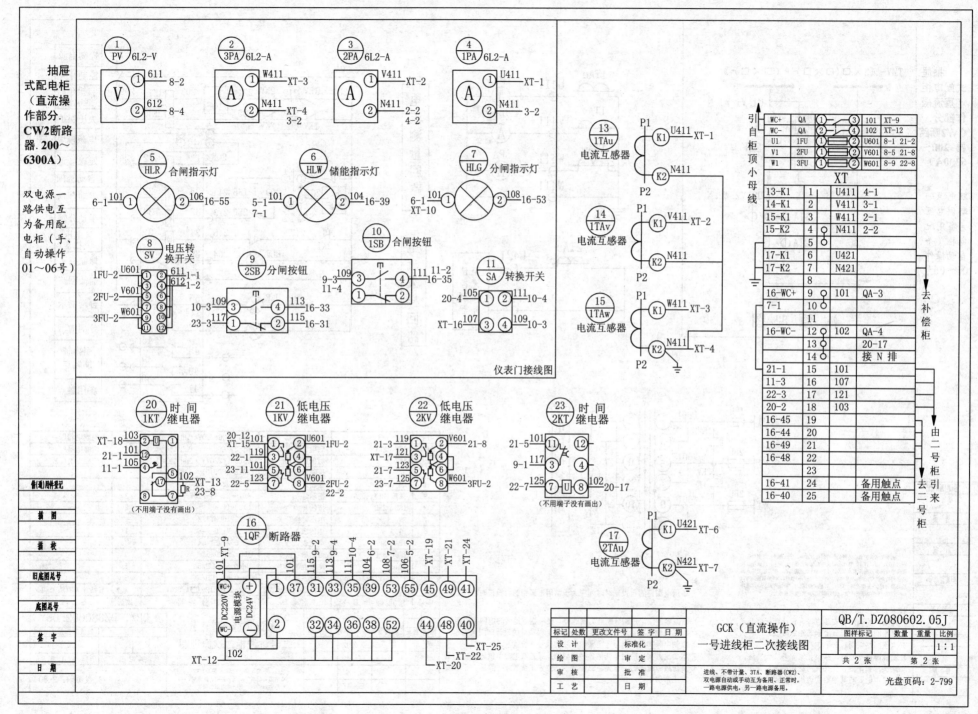

仪表门接线图

GCK（直流操作）
一号进线柜二次接线图

标记	处数	更改文件号	签字	日期
设 计			标准化	
绘 图			审 定	
审 核			批 准	
工 艺			日 期	

进线、不带计量、3TA、断路器（CW2）、
双电源自动或手动互为备用、正常时、
一路电源供电，另一路电源备用。

QB/T.DZ080602.05J

图样标记	数量	重量	比例
			1:1

共 2 张　　第 2 张

光盘页码：2-799

抽屉式配电柜（直流操作部分. CW2断路器. 200～6300A）

双电源一路供电互为备用配电柜（手、自动操作01～06号）

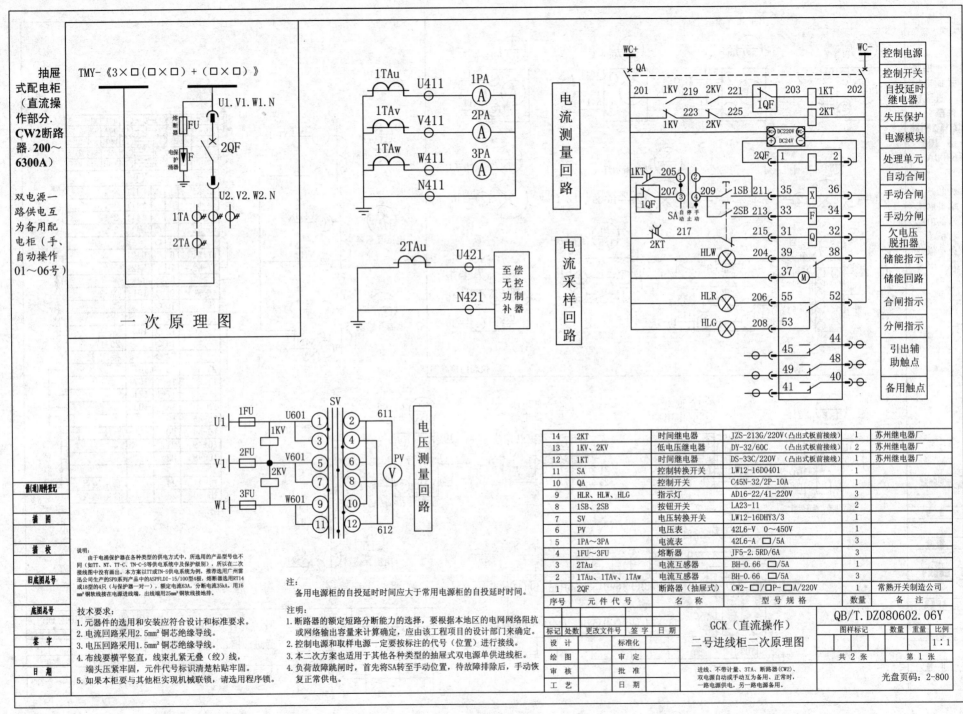

抽屉式配电柜（直流操作部分，CW2断路器，200～6300A）

双电源一路供电互为备用配电柜（手、自动操作01～06号）

TMY-《3×□(□×□)+(□×□)》

一次原理图

电流测量回路

电流采样回路

电压测量回路

控制电源
控制开关
自投延时继电器
失压保护
电源模块
处理单元
自动合闸
手动合闸
手动分闸
欠电压脱扣器
储能指示
储能回路
合闸指示
分闸指示
引出辅助触点
备用触点

说明：
由于电涌保护器在各种类型的供电方式中，所选用的产品型号也不同（如TT、NT、TT-C、TN-C-S等供电系统中与保护级别），所以在二次接线图中没有画出。本方案以IT或TN-S供电系统为例，推荐选用广州雷迅公司生产的SPD系列产品中的ASPFLD1-15/100型4极，熔断器选用RT14或18型的4只（与保护器一对一），额定电流63A，分断电流35kA，用16 mm²铜软线接在电源进线端，出线端用25mm²铜软线接地排。

技术要求：
1. 元器件的选用和安装应符合设计和标准要求。
2. 电流回路采用2.5mm²铜芯绝缘导线。
3. 电压回路采用1.5mm²铜芯绝缘导线。
4. 布线要横平竖直，线束扎紧无叠(绞)线，端头压紧牢固，元件代号标识清楚粘贴牢固。
5. 如果本柜要与其他柜实现机械联锁，请选用程序锁。

注：
备用电源柜的自投延时时间应大于常用电源柜的自投延时时间。

注明：
1. 断路器的额定短路分断能力的选择，要根据本地区的电网网络阻抗或网络输出容量来计算确定，应由该工程项目的设计部门来确定。
2. 控制电源和取样电源一定要按标注的代号（位置）进行接线。
3. 本二次方案也适用于其他各种类型的抽屉式双电源单供进线柜。
4. 负荷故障跳闸时，首先将SA转至手动位置，待故障排除后，手动恢复正常供电。

序号	元件代号	名称	型号规格	数量	备注
14	2KT	时间继电器	JZS-213G/220V(凸出式板前接线)	1	苏州继电器厂
13	1KV、2KV	低电压继电器	DY-32/60C(凸出式板前接线)	2	苏州继电器厂
12	1KT	时间继电器	DS-33C/220V(凸出式板前接线)	1	苏州继电器厂
11	SA	控制转换开关	LW12-16D0401	1	
10	QA	控制开关	C45N-32/2P-10A	1	
9	HLR、HLW、HLG	指示灯	AD16-22/41-220V	3	
8	1SB、2SB	按钮开关	LA23-11	2	
7	SV	电压转换开关	LW12-16DHY3/3	1	
6	PV	电压表	42L6-V 0～450V	1	
5	1PA～3PA	电流表	42L6-A	3	
4	1FU～3FU	熔断器	JF5-2.5RD/6A	3	
3	2TAu	电流互感器	BH-0.66 □/5A	1	
2	1TAu、1TAv、1TAw	电流互感器	BH-0.66 □/5A	3	
1	2QF	断路器(抽屉式)	CW2-□/□P-□A/220V	1	常熟开关制造公司

QB/T.DZ080602.06Y

GCK（直流操作）二号进线柜二次原理图

图样标记		数量	重量	比例
				1:1
		共 2 张		第 1 张

标记	处数	更改文件号	签字	日期
设 计		标准化		
绘 图		审 定		
审 核		批 准		
工 艺		日 期		

进线、不带计量、3TA、断路器(CW2)、双电源自动或手动互为备用、正常时、一路电源供电，另一路电源备用。

光盘页码：2-800

备(通)用件登记	
描 图	
描 校	
旧底图总号	
底图总号	
签 字	
日 期	

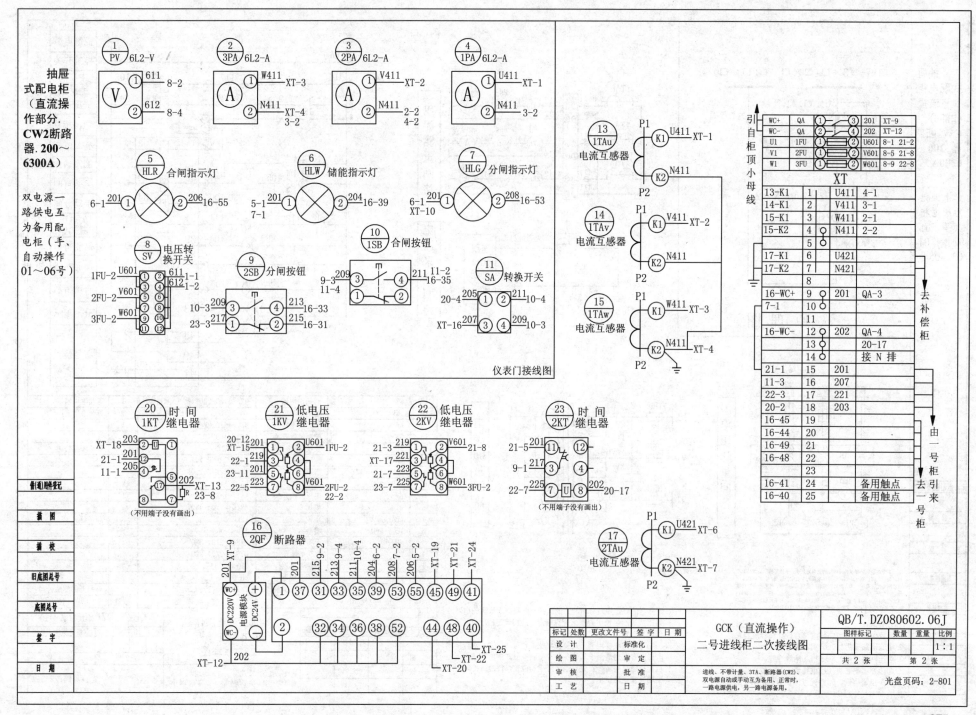

仪表门接线图

GCK（直流操作）
二号进线柜二次接线图

QB/T.DZ080602.06J

进线、不带计量、3TA、断路器（CW2）、双电源自动或手动互为备用、正常时，一路电源供电，另一路电源备用。

共 2 张　第 2 张

光盘页码：2-801

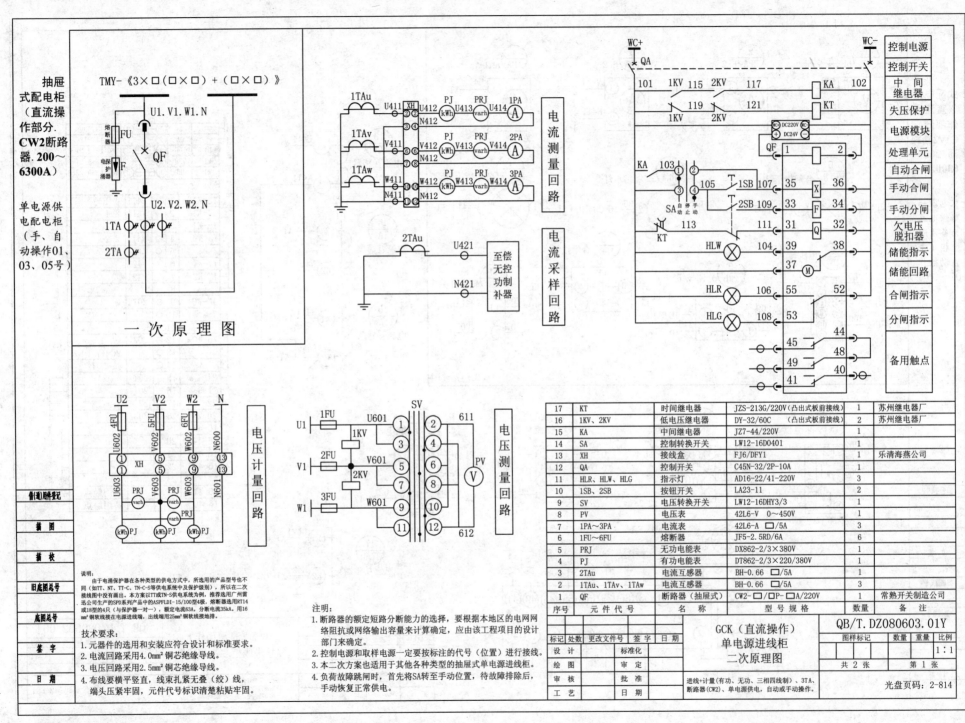

抽屉式配电柜（直流操作部分. CW2断路器. 200～6300A）

单电源供电配电柜（手、自动操作01、03、05号）

TMY-《3×□(□×□)+(□×□)》

一 次 原 理 图

电流测量回路

电流采样回路

至偿无控功率补偿器

电压计量回路

电压测量回路

		控制电源
101	1KV 115 2KV 117	控制开关
	KA 102	中间继电器
	119 121 KT	失压保护
	1KV 2KV	电源模块
		处理单元
		自动合闸
		手动合闸
		手动分闸
		欠电压脱扣器
		储能指示
		储能回路
		合闸指示
		分闸指示
		备用触点

WC+ WC-

说明：
由于电涌保护器在各种类型的供电方式中，所选用的产品型号也不同（如TT、NT、TT-C、TN-C-S等供电系统中分保护级别），所以在二次接线图中没有画出。本方案以TT或TN-S供电系统为例，推荐选用广州雷迅公司生产的SPD系列产品的ASPFLD1-15/100型4级，熔断器选用RT14或18型的4只（与保护器一对一），额定电流63A，分断电流35kA。用16 mm²铜软线接在电源进线端，出线端用25mm²铜软线接地排。

技术要求：
1. 元器件的选用和安装应符合设计和标准要求。
2. 电流回路采用4.0mm²铜芯绝缘导线。
3. 电压回路采用2.5mm²铜芯绝缘导线。
4. 布线要横平竖直，束线扎紧无叠（绞）线，端头压紧牢固，元件代号标识清楚粘贴牢固。

注明：
1. 断路器的额定短路分断能力的选择，要根据本地区的电网网络阻抗或网络输出容量来计算确定，应由该工程项目的设计部门来确定。
2. 控制电源和取样电源一定要按标注的代号（位置）进行接线。
3. 本二次方案也适用于其他各种类型的抽屉式单电源进线柜。
4. 负荷故障跳闸时，首先将SA转至手动位置，待故障排除后，手动恢复正常供电。

序号	元件代号	名　称	型号规格	数量	备注
17	KT	时间继电器	JZS-213G/220V（凸出式板前接线）	1	苏州继电器厂
16	1KV、2KV	低电压继电器	DY-32/60C（凸出式板前接线）	2	苏州继电器厂
15	KA	中间继电器	JZ7-44/220V	1	
14	SA	控制转换开关	LW12-16D0401	1	
13	XH	接线盒	FJ6/DFY1	1	乐清海燕公司
12	QA	控制开关	C45N-32/2P-10A	1	
11	HLR、HLW、HLG	指示灯	AD16-22/41-220V	3	
10	1SB、2SB	按钮开关	LA23-11	2	
9	SV	电压转换开关	LW12-16DHY3/3	1	
8	PV	电压表	42L6-V 0～450V	1	
7	1PA～3PA	电流表	42L6-A □/5A	3	
6	1FU～6FU	熔断器	JF5-2.5RD/6A	6	
5	PRJ	无功电能表	DX862-2/3×380V	1	
4	PJ	有功电能表	DT862-2/3×220/380V	1	
3	2TAu	电流互感器	BH-0.66 □/5A	1	
2	1TAu、1TAv、1TAw	电流互感器	BH-0.66 □/5A	3	
1	QF	断路器（抽屉式）	CW2-□/□P-□A/220V	1	常熟开关制造公司
序号	元件代号	名　称	型号规格	数量	备注

标记	处数	更改文件号	签字	日期
设 计		标准化		
绘 图		审 定		
审 核		批 准		
工 艺		日 期		

GCK（直流操作）
单电源进线柜
二次原理图

进线+计量（有功、无功、三相四线制）、3TA、断路器（CW2）、单电源供电，自动或手动操作。

QB/T.DZ080603.01Y

图样标记		数量	重量	比例
				1:1
共 2 张			第 1 张	

光盘页码：2-814

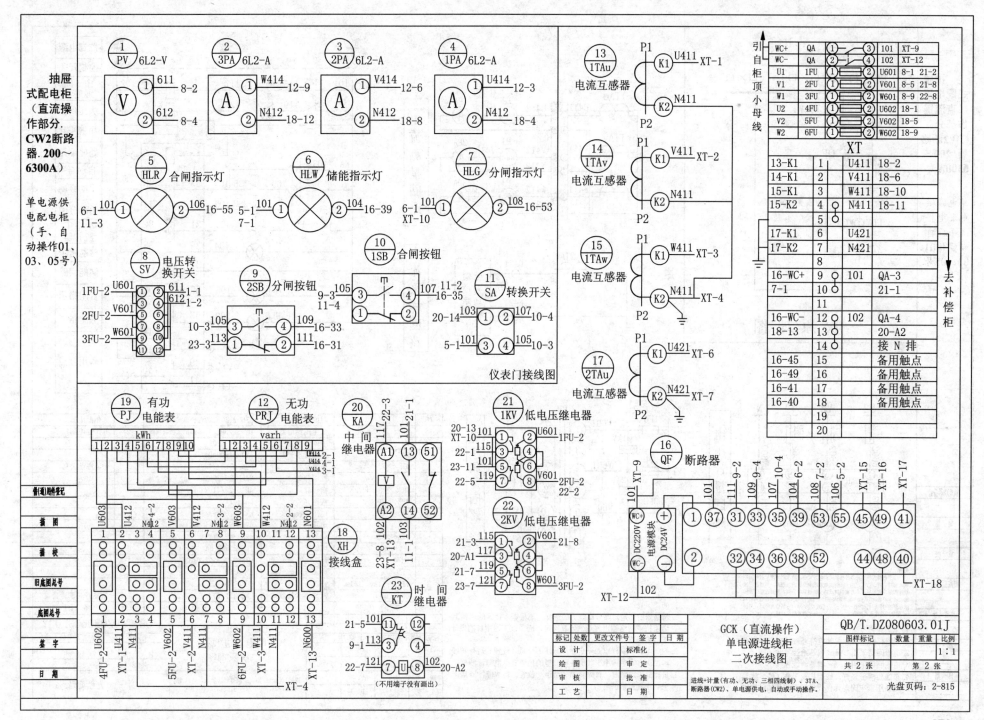

抽屉式配电柜（直流操作部分．CW2断路器．200～6300A）

单电源供电配电柜（手、自动操作01、03、05号）

仪表门接线图

GCK（直流操作）单电源进线柜二次接线图

进线+计量（有功、无功、三相四线制）、3TA、断路器（CW2）、单电源供电，自动或手动操作。

QB/T.DZ080603.01J

图样标记	数量	重量	比例
			1:1

共 2 张　　第 2 张

标记	处数	更改文件号	签字	日期
设 计		标准化		
绘 图		审 定		
审 核		批 准		
工 艺		日 期		

光盘页码：2-815

273

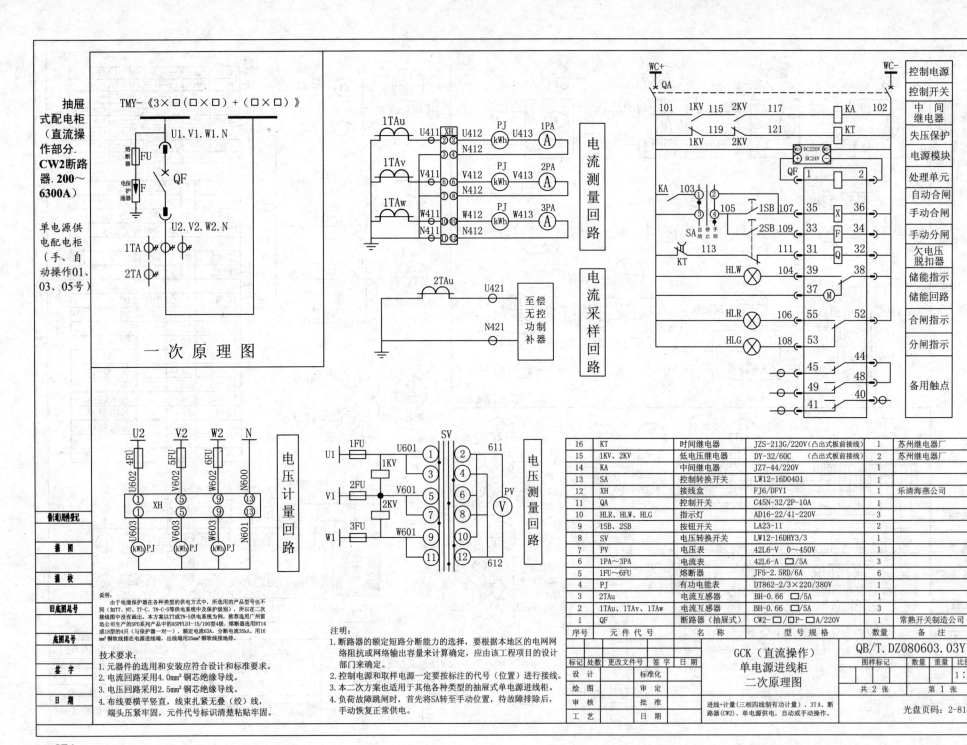

抽屉式配电柜（直流操作部分.CW2断路器.200～6300A）

单电源供电配电柜（手、自动操作01、03、05号）

TMY-《3×□(□×□)+(□×□)》

一次原理图

电流测量回路

电流采样回路

至偿无控功率补偿器

电压计量回路

电压测量回路

	控制电源
	控制开关
	中间继电器
	失压保护
	电源模块
	处理单元
	自动合闸
	手动合闸
	手动分闸
	欠电压脱扣器
	储能指示
	储能回路
	合闸指示
	分闸指示
	备用触点

说明：
由于电涌保护器在各种类型的供电方式中，所选用的产品型号也不同（如TT、NT、TT-C、TN-C-S等供电系统中及保护级别），所以在二次接线图中均未画出。本方案以TT或TN-S供电系统为例，所以推荐选用广州雷迅公司生产的SPD系列产品中的ASPFLDI-15/100型4极，熔断器选用RT14或18型的4只（与保护器一对一），额定电流63A，分断电流35kA。用16 mm²铜软线接在电源进线端，出线端用25mm²铜软线接地。

技术要求：
1. 元器件的选用和安装应符合设计和标准要求。
2. 电流回路采用4.0mm²铜芯绝缘导线。
3. 电压回路采用2.5mm²铜芯绝缘导线。
4. 布线要横平竖直，线束扎紧无叠（绞）线，端头压紧牢固，元件代号标识清楚粘贴牢固。

注明：
1. 断路器的额定短路分断能力的选择，要根据本地区的电网网络阻抗或网络输出容量来计算确定，应由该工程项目的设计部门来确定。
2. 控制电源和取样电源一定要按标注的代号（位置）进行接线。
3. 本二次方案也适用于其他各种类型的抽屉式单电源进线柜。
4. 负荷故障跳闸时，首先将SA转至手动位置，待故障排除后，手动恢复正常供电。

备注栏
备(通)用图件标记
描 图
描 校
旧底图总号
底图总号
签 字
日 期

16	KT	时间继电器	JZS-213G/220V（凸出式板前接线）	1	苏州继电器厂
15	1KV、2KV	低电压继电器	DY-32/60C（凸出式板前接线）	2	苏州继电器厂
14	KA	中间继电器	JZ7-44/220V	1	
13	SA	控制转换开关	LW12-16D0401	1	
12	XH	接线盒	FJ6/DFY1	1	乐清海燕公司
11	QA	控制开关	C45N-32/2P-10A	1	
10	HLR、HLW、HLG	指示灯	AD16-22/41-220V	3	
9	1SB、2SB	按钮开关	LA23-11	2	
8	SV	电压转换开关	LW12-16DHY3/3	1	
7	PV	电压表	42L6-V 0～450V	1	
6	1PA～3PA	电流表	42L6-A □/5A	3	
5	1FU～6FU	熔断器	JF5-2.5RD/6A	6	
4	PJ	有功电能表	DT862-2/3×220/380V	1	
3	2TAu	电流互感器	BH-0.66 □/5A	1	
2	1TAu、1TAv、1TAw	电流互感器	BH-0.66 □/5A	3	
1	QF	断路器（抽屉式）	CW2-□/□P-□A/220V	1	常熟开关制造公司
序号	元件代号	名 称	型号规格	数量	备 注

标记	处数	更改文件号	签字	日期				
设 计			标准化		GCK（直流操作）单电源进线柜二次原理图	图样标记	数量	重量	比例
绘 图			审 定						1:1
审 核			批 准			共2张	第1张
工 艺			日 期		进线+计量（三相四线制有功计量）、3TA、断路器(CW2)、单电源供电，自动或手动操作。	光盘页码：2-818

QB/T.DZ080603.03Y

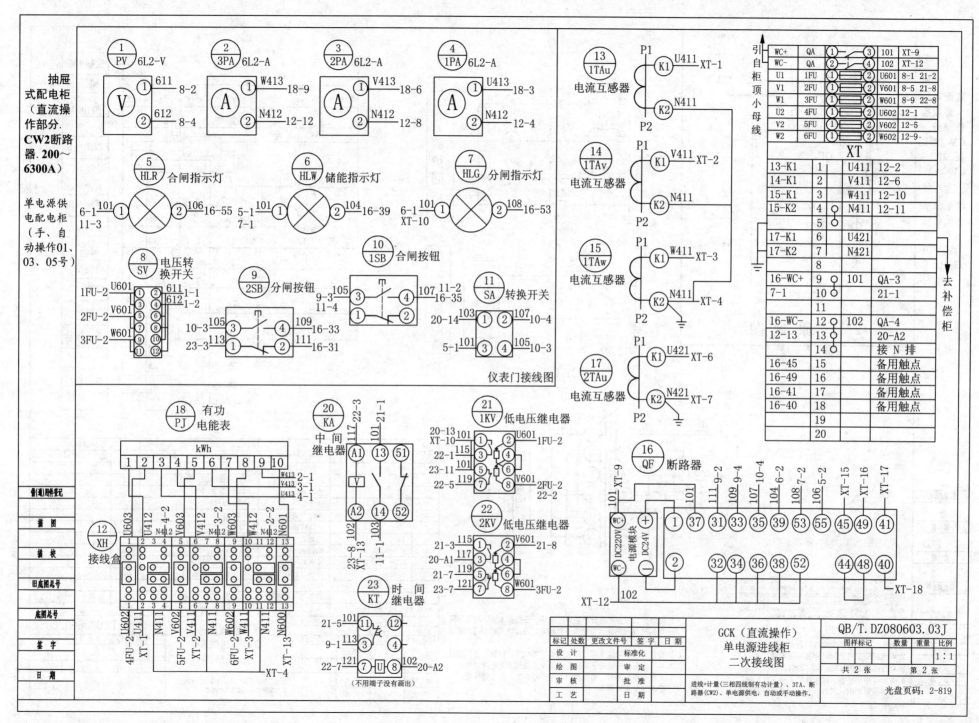

仪表门接线图

GCK（直流操作）
单电源进线柜
二次接线图

QB/T.DZ080603.03J

进线+计量（三相四线制有功计量）、3TA、断路器(CW2)、单电源供电、自动或手动操作。

光盘页码：2-819

275

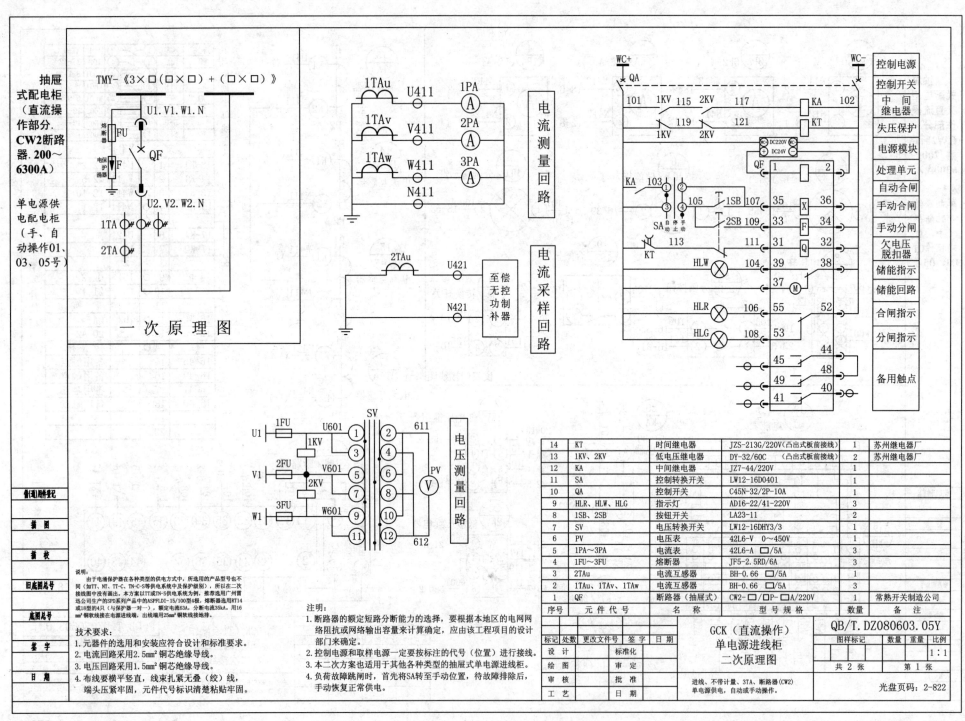

抽屉式配电柜（直流操作部分. CW2断路器.200～6300A）

单电源供电配电柜（手、自动操作01、03、05号）

TMY-《3×□（□×□）+（□×□）》

熔断器 FU
电保护涌器 F
QF

U1.V1.W1.N
U2.V2.W2.N
1TA
2TA

一次原理图

1TAu U411 1PA Ⓐ
1TAv V411 2PA Ⓐ
1TAw W411 3PA Ⓐ
N411

电流测量回路

2TAu U421 至偿无控功率补器
N421

电流采样回路

WC+ QA
101 1KV 115 2KV 117 KA 102
119 121 KT
1KV 2KV
WC- DC220V
DC24V
QF 1 2
KA 103 ① ②
③ ④ 105 1SB 107 35 X 36
SA 自停手动停止动 2SB 109 33 F 34
KT 111 31 Q 32
113
HLW 104 39 38
37 Ⓜ
HLR 106 55 52
HLG 108 53
45 44
48
49
41 40

控制电源
控制开关
中间继电器
失压保护
电源模块
处理单元
自动合闸
手动合闸
手动分闸
欠电压脱扣器
储能指示
储能回路
合闸指示
分闸指示
备用触点

SV
U1 1FU U601 ① ② 611
1KV ③ ④
V1 2FU V601 ⑤ ⑥ PV Ⓥ
2KV ⑦ ⑧
W1 3FU W601 ⑨ ⑩
⑪ ⑫ 612

电压测量回路

14	KT	时间继电器	JZS-213G/220V(凸出式板前接线)	1	苏州继电器厂
13	1KV、2KV	低电压继电器	DY-32/60C（凸出式板前接线）	2	苏州继电器厂
12	KA	中间继电器	JZ7-44/220V	1	
11	SA	控制转换开关	LW12-16D0401	1	
10	QA	控制开关	C45N-32/2P-10A	1	
9	HLR、HLW、HLG	指示灯	AD16-22/41-220V	3	
8	1SB、2SB	按钮开关	LA23-11	2	
7	SV	电压转换开关	LW12-16DHY3/3	1	
6	PV	电压表	42L6-V 0～450V	1	
5	1PA～3PA	电流表	42L6-A □/5A	3	
4	1FU～3FU	熔断器	JF5-2.5RD/6A	3	
3	2TAu	电流互感器	BH-0.66 □/5A	1	
2	1TAu、1TAv、1TAw	电流互感器	BH-0.66 □/5A	3	
1	QF	断路器（抽屉式）	CW2-□/□P-□A/220V	1	常熟开关制造公司
序号	元件代号	名　称	型号规格	数量	备　注

说明：由于电涌保护器在各种类型的供电方式中，所选用的产品型号也不同（如TT、NT、TT-C、TN-C-S等供电系统中及保护级别），所以在二次接线图中没有画出。本方案以TT或TN-S供电系统为例，推荐选用广州雷迅公司生产的SPD系列产品中的ASPFLDI-15/100型4极，熔断器选用RT14或18型的4只（与保护器一对一），额定电流63A，分断电流35kA，用16mm²铜软线接在电源进线端，出线端用25mm²铜软线接地排。

技术要求：
1. 元器件的选用和安装应符合设计和标准要求。
2. 电流回路采用2.5mm²铜芯绝缘导线。
3. 电压回路采用1.5mm²铜芯绝缘导线。
4. 布线要横平竖直，线束扎紧无叠（绞）线，端头压紧牢固，元件代号标识清楚粘贴牢固。

注明：
1. 断路器的额定短路分断能力的选择，要根据本地区的电网网络阻抗或网络输出容量来计算确定，应由该工程项目的设计部门来确定。
2. 控制电源和取样电源一定要按标注的代号（位置）进行接线。
3. 本二次方案也适用于其他各种类型的抽屉式单电源进线柜。
4. 负荷故障跳闸时，首先将SA转至手动位置，待故障排除后，手动恢复正常供电。

GCK（直流操作）单电源进线柜二次原理图		QB/T.DZ080603.05Y			
		图样标记	数量	重量	比例
标记 处数 更改文件号 签字 日期					1:1
设计	标准化				
绘图	审查		共 2 张		第 1 张
审核	批准	进线、不带计量、3TA、断路器(CW2)			
工艺	日期	单电源供电，自动或手动操作。	光盘页码：2-822		

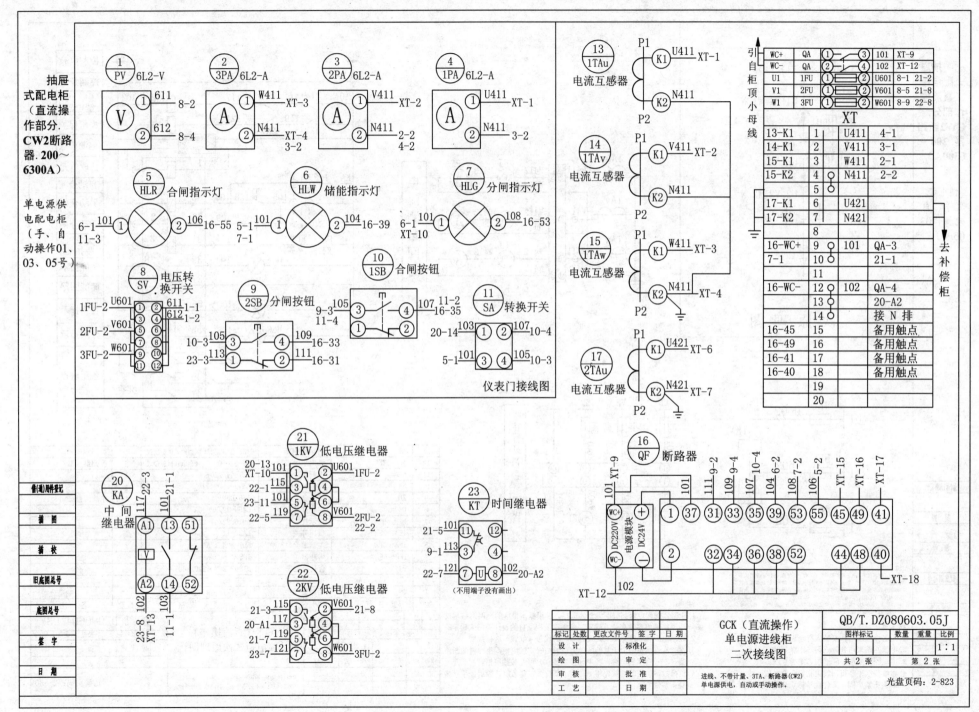

抽屉式配电柜（直流操作部分. CW2断路器. 200～6300A）

单电源供电配电柜（手、自动操作01、03、05号）

| ① PV 6L2-V | V | ① 611 8-2 | ② 612 8-4 |

| ② 3PA 6L2-A | A | ① W411 XT-3 | ② N411 XT-4 3-2 |

| ③ 2PA 6L2-A | A | ① V411 XT-2 | ② N411 2-2 4-2 |

| ④ 1PA 6L2-A | A | ① U411 XT-1 | ② N411 3-2 |

⑤ HLR 合闸指示灯 6-1 101 11-3 ① ② 106 16-55

⑥ HLW 储能指示灯 5-1 101 7-1 ① ② 104 16-39

⑦ HLG 分闸指示灯 6-1 101 XT-10 ① ② 108 16-53

⑧ SV 电压转换开关
1FU-2 U601 ①②③④⑤⑥⑦⑧⑨⑩⑪⑫ 611 1-1 612 1-2
2FU-2 V601
3FU-2 W601

⑨ 2SB 分闸按钮 10-3 105 ③④ 109 16-33 23-3 113 ①② 111 16-31

⑩ 1SB 合闸按钮 9-3 105 11-4 ③④ 107 11-2 16-35 ①②

⑪ SA 转换开关 20-14 103 ①②107 10-4 5-1 101 ③④105 10-3

仪表门接线图

⑬ 1TAu 电流互感器 P1 K1 U411 XT-1 K2 N411 P2

⑭ 1TAv 电流互感器 P1 K1 V411 XT-2 K2 N411 P2

⑮ 1TAw 电流互感器 P1 K1 W411 XT-3 K2 N411 XT-4 P2

⑰ 2TAu 电流互感器 P1 K1 U421 XT-6 K2 N421 XT-7 P2

引自柜顶小母线

WC+	QA	① ③	101	XT-9
WC-	QA	② ④	102	XT-12
U1	1FU	① ②	U601	8-1 21-2
V1	2FU	① ②	V601	8-5 21-8
W1	3FU	① ②	W601	8-9 22-8

XT

13-K1	1	U411	4-1
14-K1	2	V411	3-1
15-K1	3	W411	2-1
15-K2	4	N411	2-2
	5		
17-K1	6	U421	
17-K2	7	N421	
	8		
16-WC+	9	101	QA-3
7-1	10		21-1
	11		
16-WC-	12	102	QA-4
	13		20-A2
	14		接 N 排
16-45	15	备用触点	
16-49	16	备用触点	
16-41	17	备用触点	
16-40	18	备用触点	
	19		
	20		

去补偿柜

⑳ KA 中间继电器 117 22-3 101 21-1 XT-13 11-1 23-8 102
A1 ⑬ 51 V A2 ⑭ 52

㉑ 1KV 低电压继电器
20-13 XT-10 101 ①②U601 1FU-2
22-1 115 ③④
23-11 101 ⑤⑥
22-5 119 ⑦⑧V601 2FU-2 22-2

㉒ 2KV 低电压继电器
21-3 115 ①②V601 21-8
20-A1 117 ③④
21-7 119 ⑤⑥
23-7 121 ⑦⑧W601 3FU-2

㉓ KT 时间继电器
21-5 101 ⑪⑫
9-1 113 ③④
22-7 121 ⑦U⑧102 20-A2
（不用端子没有画出）

⑯ QF 断路器
101 XT-9 101 111 9-2 109 9-4 107 10-4 104 6-2 108 7-2 106 5-2 XT-15 XT-16 XT-17
WC+ DC220V 电源模块 + DC24V ① ㊲ ㉛ ㉝ ㉟ ㊴ ㊼ ㊺ ㊺ ㊾ ㊶
WC- DC220V 电源模块 - DC24V ② ㉜ ㉞ ㊱ ㊳ ㊼ ㊹ ㊽ ㊵
XT-12 102 XT-18

标记	处数	更改文件号	签字	日期		GCK（直流操作）	QB/T.DZ080603.05J
设 计			标准化			单电源进线柜	图样标记 数量 重量 比例
绘 图			审 定			二次接线图	1:1
审 核			批 准				共 2 张 第 2 张
工 艺			日 期			进线、不带计量、3TA、断路器(CW2)单电源供电，自动或手动操作。	光盘页码：2-823

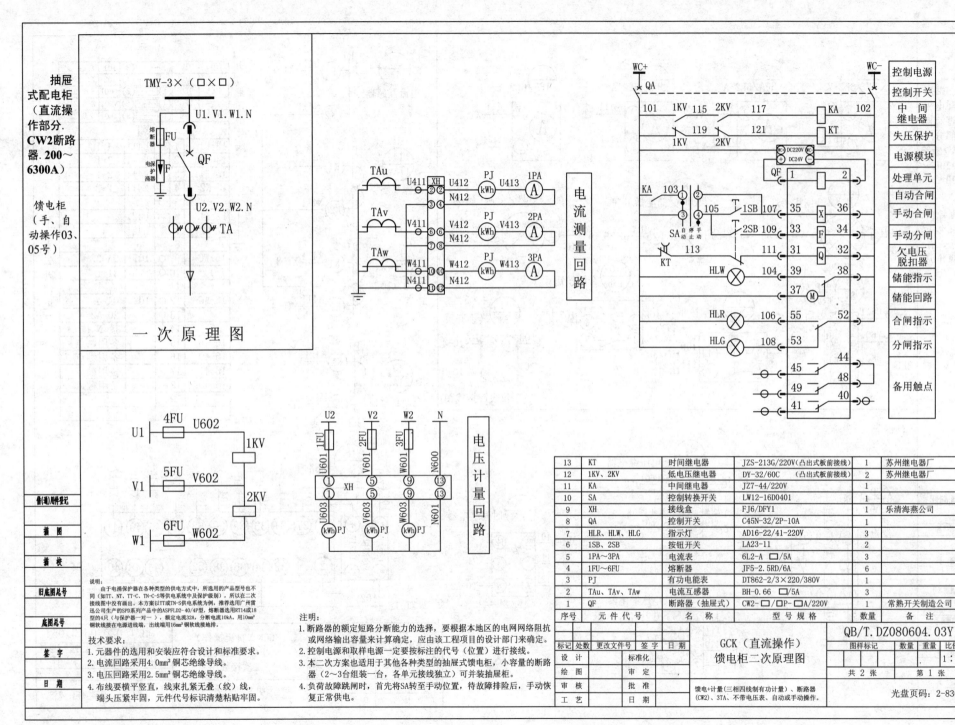

抽屉式配电柜（直流操作部分.CW2断路器.200～6300A）

馈电柜（手、自动操作03、05号）

TMY-3×（□×□）

熔断器 FU

电保护涌器 F QF

U1.V1.W1.N

U2.V2.W2.N

TA

一次原理图

TAu U411 XH U412 PJ(kWh) U413 1PA A
N412
TAv V411 XH V412 PJ(kWh) V413 2PA A
N412
TAw W411 XH W412 PJ(kWh) W413 3PA A
N411 N412

电流测量回路

4FU U1 U602 1KV
5FU V1 V602 2KV
6FU W1 W602

U2 1FU U601 XH U603 (1) kWh PJ
V2 2FU V601 XH V603 (5) kWh PJ
W2 3FU W601 XH W603 (9) kWh PJ
N N600 (13) N601 (13)

电压计量回路

WC+ QA WC-

101 1KV 115 2KV 117 KA 102
119 121 KT
1KV 2KV

DC220V WC
DC24V

QF 1 2
KA 103 (1)(2) 105 1SB 107 35 X 36
(3)(4) SA 自停手 2SB 109 33 F 34
113 111 31 Q 32
KT
HLW 104 39 38
37 M
HLR 106 55 52
HLG 108 53
45 44
48
49 40
41

控制电源
控制开关
中间继电器
失压保护
电源模块
处理单元
自动合闸
手动合闸
手动分闸
欠电压脱扣器
储能指示
储能回路
合闸指示
分闸指示
备用触点

13	KT	时间继电器	JZS-213G/220V（凸出式板前接线）	1	苏州继电器厂
12	1KV、2KV	低电压继电器	DY-32/60C （凸出式板前接线）	2	苏州继电器厂
11	KA	中间继电器	JZ7-44/220V	1	
10	SA	控制转换开关	LW12-16D0401	1	
9	XH	接线盒	FJ6/DFY1	1	乐清海燕公司
8	QA	控制开关	C45N-32/2P-10A	1	
7	HLR、HLW、HLG	指示灯	AD16-22/41-220V	3	
6	1SB、2SB	按钮开关	LA23-11	2	
5	1PA～3PA	电流表	6L2-A □/5A	3	
4	1FU～6FU	熔断器	JF5-2.5RD/6A	6	
3	PJ	有功电能表	DT862-2/3×220/380V	1	
2	TAu、TAv、TAw	电流互感器	BH-0.66 □/5A	3	
1	QF	断路器（抽屉式）	CW2-□/□P-□A/220V	1	常熟开关制造公司
序号	元件代号	名 称	型 号 规 格	数量	备 注

说明：由于电涌保护器在各种类型的供电方式中，所选用的产品型号也不同（如TT、NT、TT-C、TN-C-S等供电系统中及保护级别），所以在二次接线图中没有画出。本方案以TT或TN-S供电系统为例，推荐选用「广州雷迅公司生产的SPD系列产品中的ASPFLD2-40/4P型，熔断器选用RT14或18型的4只（与保护器一对一），额定电流32A，分断电流10kA。用10mm²铜软线接在电源进线端，出线端用16mm²铜软线接地端。

技术要求：
1. 元器件的选用和安装应符合设计和标准要求。
2. 电流回路采用4.0mm²铜芯绝缘导线。
3. 电压回路采用2.5mm²铜芯绝缘导线。
4. 布线要横平竖直，线束扎紧无叠（绞）线，端头压紧牢固，元件代号标识清楚粘贴牢固。

注明：
1. 断路器的额定短路分断能力的选择，要根据本地区的电网网络阻抗或网络输出容量来计算确定，应由该工程项目的设计部门来确定。
2. 控制电源和取样电源一定要按标注的代号（位置）进行接线。
3. 本二次方案也适用于其他各种类型的抽屉式馈电柜，小容量的断路器（2～3台组装一台，各单元接线独立）可并装抽屉柜。
4. 负荷故障跳闸时，首先将SA转至手动位置，待故障排险后，手动恢复正常供电。

标记	处数	更改文件号	签字	日期			QB/T.DZ080604.03Y			
设 计			标准化				GCK（直流操作） 馈电柜二次原理图	图样标记	数量	重量	比例
绘 图			审 定							1:1
审 核			批 准					共 2 张		第 1 张
工 艺			日 期				馈电+计量（三相四线制有功计量）、断路器（CW2）、3TA、不带电压表、自动或手动操作。			

光盘页码：2-830

备（通）用件登记
描 图
描 校
旧底图总号
底图总号
签 字
日 期

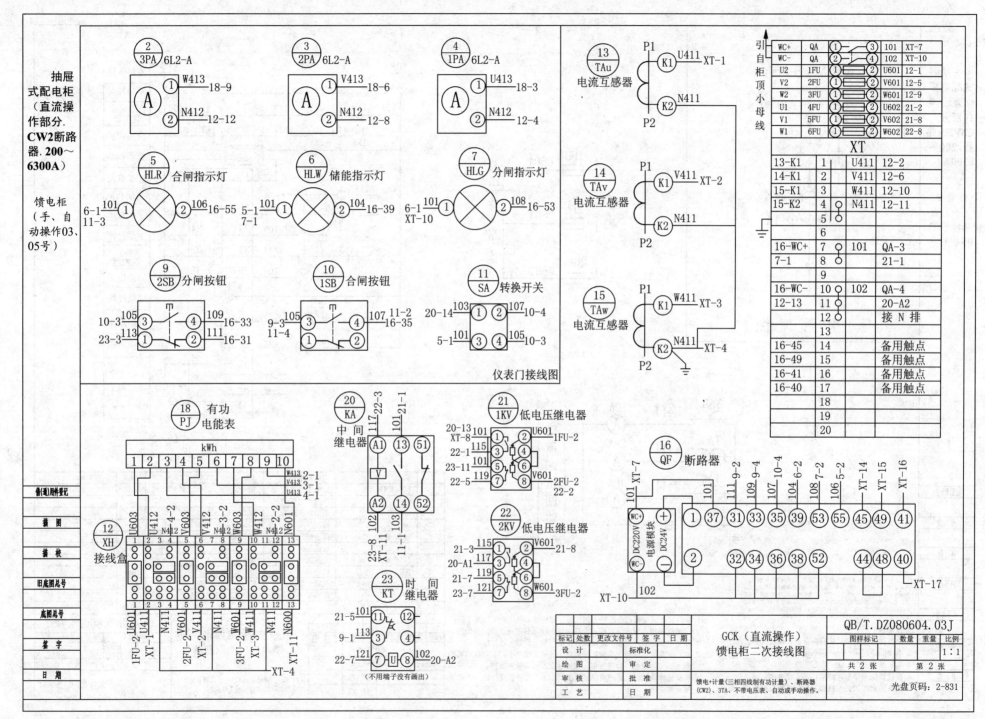

仪表门接线图

GCK（直流操作）
馈电柜二次接线图

QB/T.DZ080604.03J

共 2 张　　第 2 张

馈电+计量（三相四线制有功计量）、断路器
（CW2）、3TA、不带电压表、自动或手动操作。

光盘页码：2-831

279

抽屉式配电柜（直流操作部分．CW2断路器．200～6300A）

馈电柜（手、自动操作03、05号）

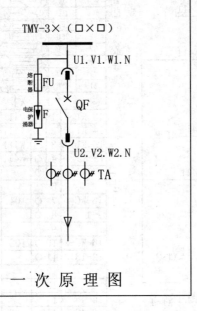

TMY-3×（□×□）

U1.V1.W1.N

熔断器 FU

电涌保护器 F

QF

U2.V2.W2.N

TA

一 次 原 理 图

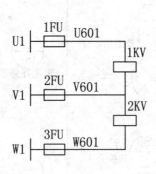

U1　1FU　U601

1KV

V1　2FU　V601

2KV

W1　3FU　W601

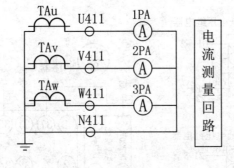

TAu　U411　1PA Ⓐ

TAv　V411　2PA Ⓐ

TAw　W411　3PA Ⓐ

N411

电流测量回路

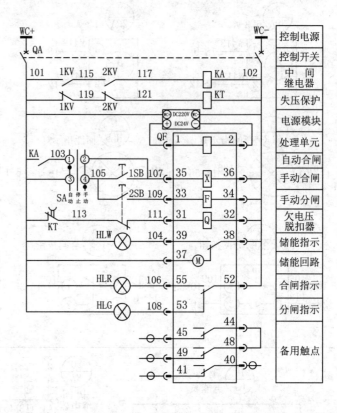

WC+　　　　　　　　　　　　　　　　WC-
QA

| 控制电源 |
| 控制开关 |
| 中 间 继电器 |
| 失压保护 |
| 电源模块 |
| 处理单元 |
| 自动合闸 |
| 手动合闸 |
| 手动分闸 |
| 欠电压 脱扣器 |
| 储能指示 |
| 储能回路 |
| 合闸指示 |
| 分闸指示 |
| 备用触点 |

101　1KV　115　2KV　117　KA　102
119　　121　KT
1KV　2KV
WC DC220V WC
DC24V
QF 1 2
KA 103
SA 自停手 动止动
105 1SB 107 35 X 36
2SB 109 33 F 34
113 111 31 Q 32
KT
HLW 104 39 38
37 M
HLR 106 55 52
HLG 108 53
45 44
49 48
41 40

说明：
　由于电涌保护器在各种类型的供电方式中，所选用的产品型号也不同（如TT、NT、TT-C、TN-C-S等供电系统中及保护级别），所以在二次接线图中没有画出。本方案以TT或TN-S供电系统为例，推荐选用广州雷迅公司生产的SPD系列产品中的ASPFLD2-40/4P型，熔断器选用RT14或18型的4只（与保护器一对一），额定电流32A，分断电流10kA，用10mm²铜软线接在电源进线端，出线端用16mm²铜软线接地排。

技术要求：
1. 元器件的选用和安装应符合设计和标准要求。
2. 电流回路采用2.5mm²铜芯绝缘导线。
3. 电压回路采用1.5mm²铜芯绝缘导线。
4. 布线要横平竖直，线束扎紧无叠（绞）线，端头压紧牢固，元件代号标识清楚粘贴牢固。

注明：
1. 断路器的额定短路分断能力的选择，要根据本地区的电网网络阻抗或网络输出容量来计算确定，应由该工程项目的设计部门来确定。
2. 控制电源和取样电源一定要按标注的代号（位置）进行接线。
3. 本二次方案也适用于其他各种类型的抽屉式馈电柜，小容量的断路器（2～3台组装一台，各单元接线独立）可并抽屉柜。
4. 负荷故障跳闸时，首先将SA转至手动位置，待故障排除后，手动恢复正常供电。

11	KT	时间继电器	JZS-213G/220V（凸出式板前接线）	1	苏州继电器厂
10	1KV、2KV	低电压继电器	DY-32/60C （凸出式板前接线）	2	苏州继电器厂
9	KA	中间继电器	JZ7-44/220V	1	
8	SA	控制转换开关	LW12-16D0401	1	
7	QA	控制开关	C45N-32/2P-10A	1	
6	HLR、HLW、HLG	指示灯	AD16-22/41-220V	3	
5	1SB、2SB	按钮开关	LA23-11	2	
4	1PA～3PA	电流表	6L2-A □/5A	3	
3	1FU～3FU	熔断器	JF5-2.5RD/6A	3	
2	TAu、TAv、TAw	电流互感器	BH-0.66 □/5A	3	
1	QF	断路器（抽屉式）	CW2-□/□P-□A/220V	1	常熟开关制造公司
序号	元件代号	名 称	型 号 规 格	数量	备 注

图样标记	数量	重量	比例
			1:1

QB/T.DZ080604.05Y

GCK（直流操作）
馈电柜二次原理图

标记	处数	更改文件号	签字	日期
设 计		标准化		
绘 图		审 定		
审 核		批 准		
工 艺		日 期		

馈电、不带计量、3TA、断路器(CW2)
不带电压表、自动或手动操作。

共 2 张　　第 1 张

光盘页码：2-834

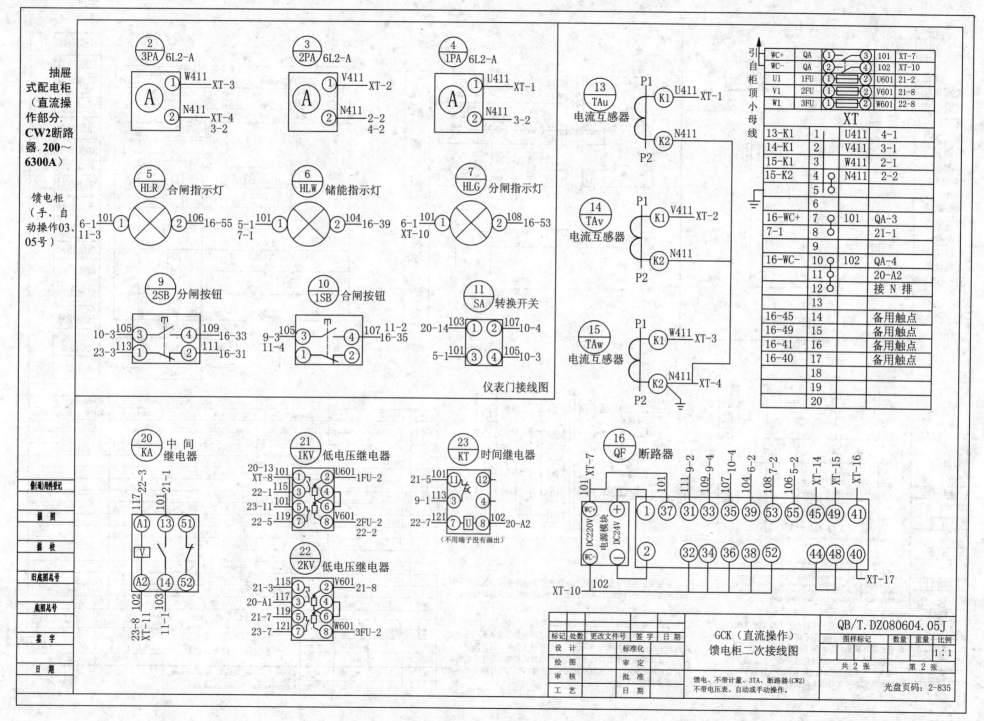

抽屉式配电柜（直流操作部分. CW2断路器. 200~6300A）

馈电柜（手、自动操作03、05号）

② 3PA 6L2-A
③ 2PA 6L2-A
④ 1PA 6L2-A

⑤ HLR 合闸指示灯
⑥ HLW 储能指示灯
⑦ HLG 分闸指示灯

⑨ 2SB 分闸按钮
⑩ 1SB 合闸按钮
⑪ SA 转换开关

仪表门接线图

⑬ TAu 电流互感器
⑭ TAv 电流互感器
⑮ TAw 电流互感器

引自柜顶小母线

WC+	QA	①	③	101	XT-7
WC-	QA	②	④	102	XT-10
U1	1FU	①	②	U601	21-2
V1	2FU	①	②	V601	21-8
W1	3FU	①	②	W601	22-8

XT

13-K1	1		U411	4-1
14-K1	2		V411	3-1
15-K1	3		W411	2-1
15-K2	4		N411	2-2
	5			
	6			
16-WC+	7		101	QA-3
7-1	8			21-1
	9			
16-WC-	10		102	QA-4
	11			20-A2
	12			接 N 排
	13			
16-45	14			备用触点
16-49	15			备用触点
16-41	16			备用触点
16-40	17			备用触点
	18			
	19			
	20			

⑳ KA 中间继电器
㉑ 1KV 低电压继电器
㉒ 2KV 低电压继电器
㉓ KT 时间继电器
⑯ QF 断路器

（不用端子没有画出）

电源模块 DC220V DC24V

XT-10 102

XT-17

备(通)用件登记
描 图
描 校
旧底图总号
底图总号
鉴 字
日 期

标记	处数	更改文件号	签字	日期
设 计		标准化		
绘 图		审 定		
审 核		批 准		
工 艺		日 期		

GCK（直流操作）
馈电柜二次接线图

QB/T.DZ080604.05J

图样标记	数量	重量	比例
			1:1
共 2 张		第 2 张	

馈电、不带计量、3TA、断路器（CW2）
不带电压表、自动或手动操作。

光盘页码：2-835

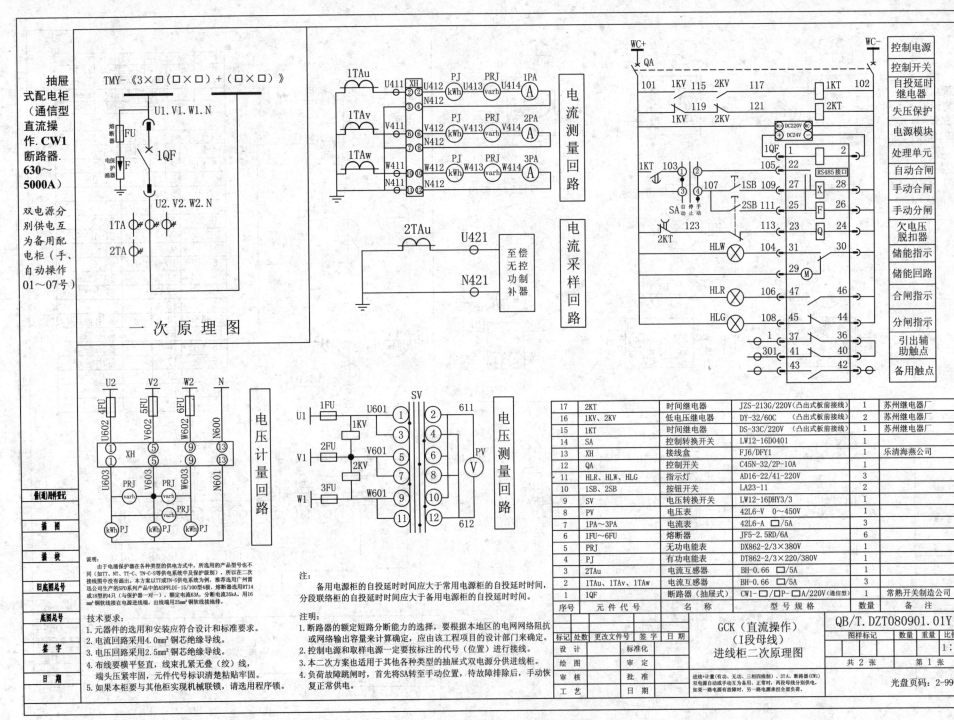

抽屉式配电柜（通信型直流操作.CW1断路器.630～5000A）

双电源分别供电互为备用配电柜（手、自动操作01～07号）

TMY-《3×□(□×□)+(□×□)》

一次原理图

电流测量回路

电流采样回路

电压计量回路

电压测量回路

		控制电源
		控制开关
		自投延时继电器
		失压保护
		电源模块
		处理单元
		自动合闸
		手动合闸
		手动分闸
		欠电压脱扣器
		储能指示
		储能回路
		合闸指示
		分闸指示
		引出辅助触点
		备用触点

17	2KT	时间继电器	JZS-213G/220V(凸出式板前接线)	1	苏州继电器厂
16	1KV、2KV	低电压继电器	DY-32/60C(凸出式板前接线)	2	苏州继电器厂
15	1KT	时间继电器	DS-33C/220V(凸出式板前接线)	1	苏州继电器厂
14	SA	控制转换开关	LW12-16D0401	1	
13	XH	接线盒	FJ6/DFY1	1	乐清海燕公司
12	QA	控制开关	C45N-32/2P-10A	1	
11	HLR、HLW、HLG	指示灯	AD16-22/41-220V	3	
10	1SB、2SB	按钮开关	LA23-11	2	
9	SV	电压转换开关	LW12-16DHY3/3	1	
8	PV	电压表	42L6-V 0～450V	1	
7	1PA～3PA	电流表	42L6-A □/5A	3	
6	1FU～6FU	熔断器	JF5-2.5RD/6A	6	
5	PRJ	无功电能表	DX862-2/3×380V	1	
4	PJ	有功电能表	DT862-2/3×220/380V	1	
3	2TAu	电流互感器	BH-0.66 □/5A	1	
2	1TAu、1TAv、1TAw	电流互感器	BH-0.66 □/5A	3	
1	1QF	断路器(抽屉式)	CW1-□/□P-□A/220V(通信型)	1	常熟开关制造公司
序号	元件代号	名 称	型号规格	数量	备 注

说明：
由于电涌保护器在各种类型的供电方式中，所选用的产品型号也不同（如TT、NT、TT-C、TN-C-S等供电系统级别及保护级别），所以在二次接线图中没有画出。本方案以TT或TN-S供电系统为例，推荐选用广州雷迅公司生产的SPD系列产品中的ASPFLDI-15/100型4极，熔断器选用RT14或18型的4只（与保护器一对一），额定电流63A，分断电流35kA。用16㎜²铜软线接在电源进线端，出线端用25㎜²铜软线接地排。

技术要求：
1.元器件的选用和安装应符合设计和标准要求。
2.电流回路采用4.0㎜²铜芯绝缘导线。
3.电压回路采用2.5㎜²铜芯绝缘导线。
4.布线要横平竖直，线束扎紧无叠（绞）线，端头压紧牢固，元件代号标识清楚粘牢固。
5.如果本柜要与其他柜实现机械联锁，请选用程序锁。

注：
备用电源柜的自投延时时间应大于常用电源柜的自投延时时间，分段联络柜的自投延时时间应大于备用电源柜的自投延时时间。

注明：
1.断路器的额定短路分断能力的选择，要根据本地区的电网网络阻抗或网络输出容量来计算确定，应由该工程项目的设计部门来确定。
2.控制电源和取样电源一定要按标注的代号（位置）进行接线。
3.本二次方案也适用于其他各种类型的抽屉式双电源分供进线柜。
4.负荷故障跳闸时，首先将SA转至手动位置，待故障排除后，手动恢复正常供电。

普(通)用件登记				
描 图				
描 校				
旧底图总号				
底图总号				
签 字				
日 期				

标记	处数	更改文件号	签字	日期			
设 计			标准化			
绘 图			审 定			
审 核			批 准			
工 艺			日 期			

GCK（直流操作）（I段母线）进线柜二次原理图

QB/T.DZT080901.01Y

图样标记		数量	重量	比例
				1:1
共 2 张		第 1 张		

进线+计量(有功、无功、三相四线制)、37A、断路器(CW1)双电源自动或手动互为备用、正常时，两段母线分别供电，如果一路电源有故障时，另一路电源承担全部负荷。

光盘页码：2-990

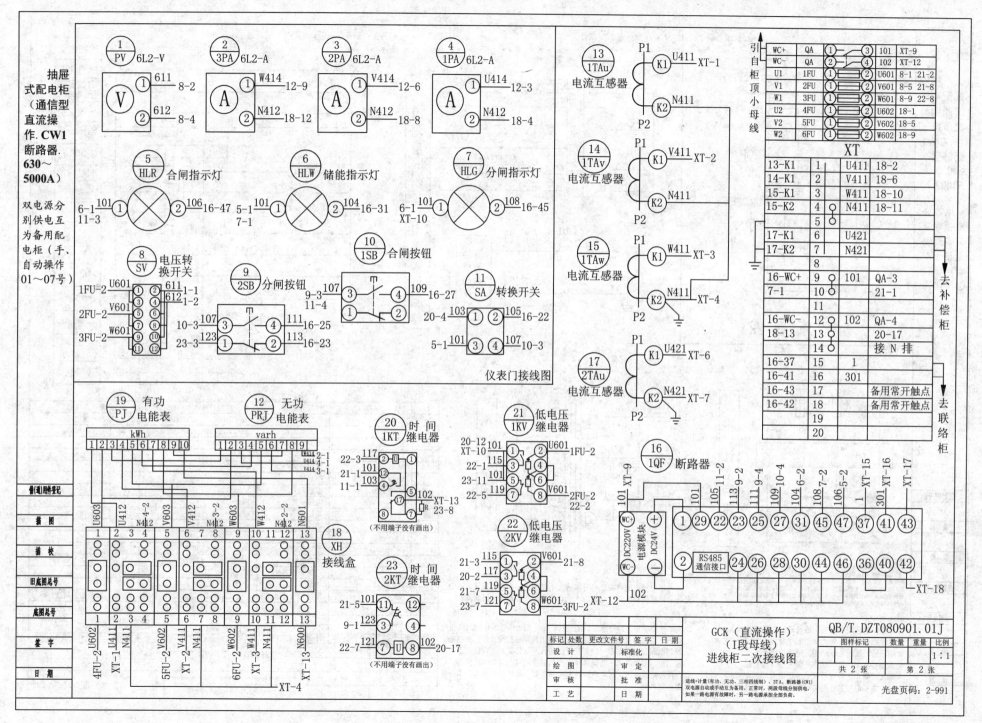

抽屉式配电柜（通信型直流操作.CW1断路器.630～5000A）

双电源分别供电互为备用配电柜（手、自动操作01～07号）

仪表门接线图

GCK（直流操作）（I段母线）进线柜二次接线图

QB/T.DZT080901.01J

共2张　第2张

光盘页码：2-991

283

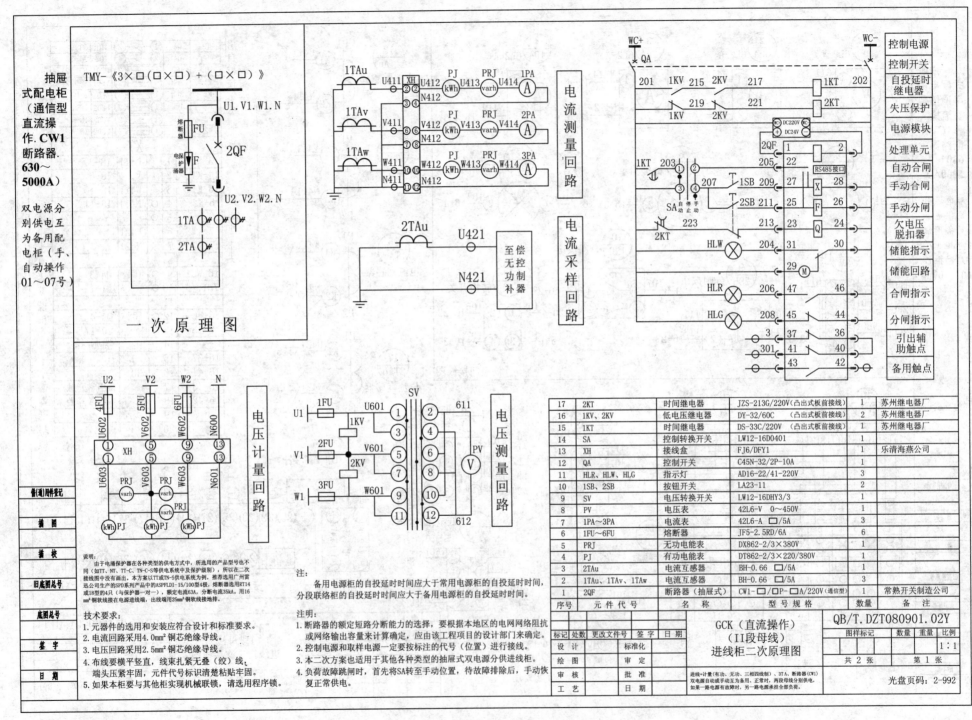

抽屉式配电柜（通信型直流操作.CW1断路器.630～5000A）

双电源分别供电互为备用配电柜（手、自动操作01～07号）

TMY-《3×□(□×□)+(□×□)》

一次原理图

电流测量回路

电流采样回路

至偿无控功制补器

电压计量回路

电压测量回路

控制电源
控制开关
自投延时继电器
失压保护
电源模块
处理单元
自动合闸
手动合闸
手动分闸
欠电压脱扣器
储能指示
储能回路
合闸指示
分闸指示
引出辅助触点
备用触点

说明：
由于电涌保护器在各种类型的供电方式中，所选用的产品型号也不同（如TT、NT、TT-C、TN-C-S等供电方式中及保护级别），所以在二次接线图中没有画出。本方案以TT或TN-S供电系统为例，推荐选用广州雷迅公司生产的SPD系列产品中的ASPFLDI-15/100型4只，熔断器选用RT14或18型的4只（与保护器一对一），额定电流63A，分断电流35kA，用16mm²铜软线接在电源进线端，出线端25mm²铜软线接地排。

技术要求：
1. 元器件的选用和安装应符合设计和标准要求。
2. 电流回路采用4.0mm²铜芯绝缘导线。
3. 电压回路采用2.5mm²铜芯绝缘导线。
4. 布线要横平竖直，线束扎紧无叠（绞）线、端头压紧牢固，元件代号标识清楚粘贴牢固。
5. 如果本柜要与其他柜实现机械联锁，请选用程序锁。

注：
备用电源柜的自投延时时间应大于常用电源柜的自投延时时间，分段联络柜的自投延时时间应大于备用电源柜的自投延时时间。

注明：
1. 断路器的额定短路分断能力的选择，要根据本地区的电网网络阻抗或网络输出容量来计算确定，应由该工程项目的设计部门来确定。
2. 控制电源和取样电源一定要按标注的代号（位置）进行接线。
3. 本二次方案也适用于其他各种类型的抽屉式双电源分供进线柜。
4. 负荷故障跳闸时，首先将SA转至手动位置，待故障排除后，手动恢复正常供电。

17	2KT	时间继电器	JZS-213G/220V(凸出式板前接线)	1	苏州继电器厂
16	1KV、2KV	低电压继电器	DY-32/60C(凸出式板前接线)	2	苏州继电器厂
15	1KT	时间继电器	DS-33C/220V(凸出式板前接线)	1	苏州继电器厂
14	SA	控制转换开关	LW12-16D0401	1	
13	XH	接线盒	FJ6/DFY1	1	乐清海燕公司
12	QA	控制开关	C45N-32/2P-10A	1	
11	HLR、HLW、HLG	指示灯	AD16-22/41-220V	3	
10	1SB、2SB	按钮开关	LA23-11	2	
9	SV	电压转换开关	LW12-16DHY3/3	1	
8	PV	电压表	42L6-V 0～450V	1	
7	1PA～3PA	电流表	42L6-A □/5A	3	
6	1FU～6FU	熔断器	JF5-2.5RD/6A	6	
5	PRJ	无功电能表	DX862-2/3×220/380V	1	
4	PJ	有功电能表	DT862-2/3×220/380V	1	
3	2TAu	电流互感器	BH-0.66 □/5A	1	
2	1TAu、1TAv、1TAw	电流互感器	BH-0.66 □/5A	3	
1	2QF	断路器（抽屉式）	CW1-□/□P-□A/220V(通信型)	1	常熟开关制造公司
序号	元件代号	名 称	型 号 规 格	数量	备 注

标记	处数	更改文件号	签字	日期				
设 计			标准化					
绘 图			审 定					
审 核			批 准					
工 艺			日 期					

GCK（直流操作）
（II段母线）
进线柜二次原理图

QB/T.DZT080901.02Y

图样标记	数量	重量	比例
			1:1
共 2 张		第 1 张	

进线+计量（有功、无功、三相四线制）、3TA、断路器（CW1）
双电源自动或手动互为备用，正常时，两段母线分别供电，如某一路电源有故障时，另一路电源承担全部负荷。

光盘页码：2-992

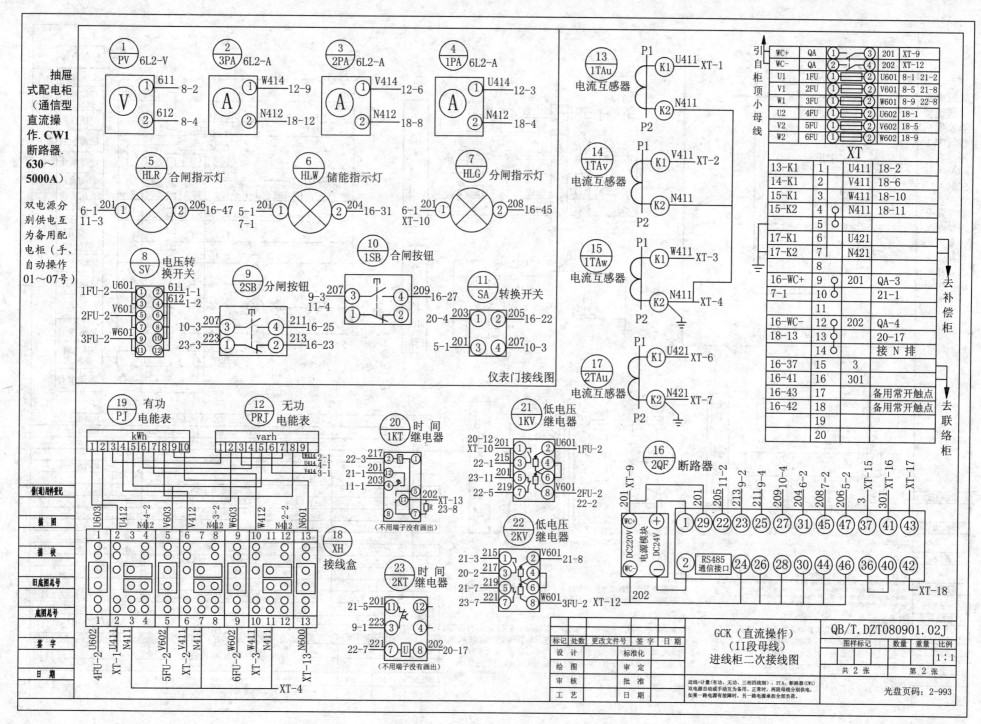

285

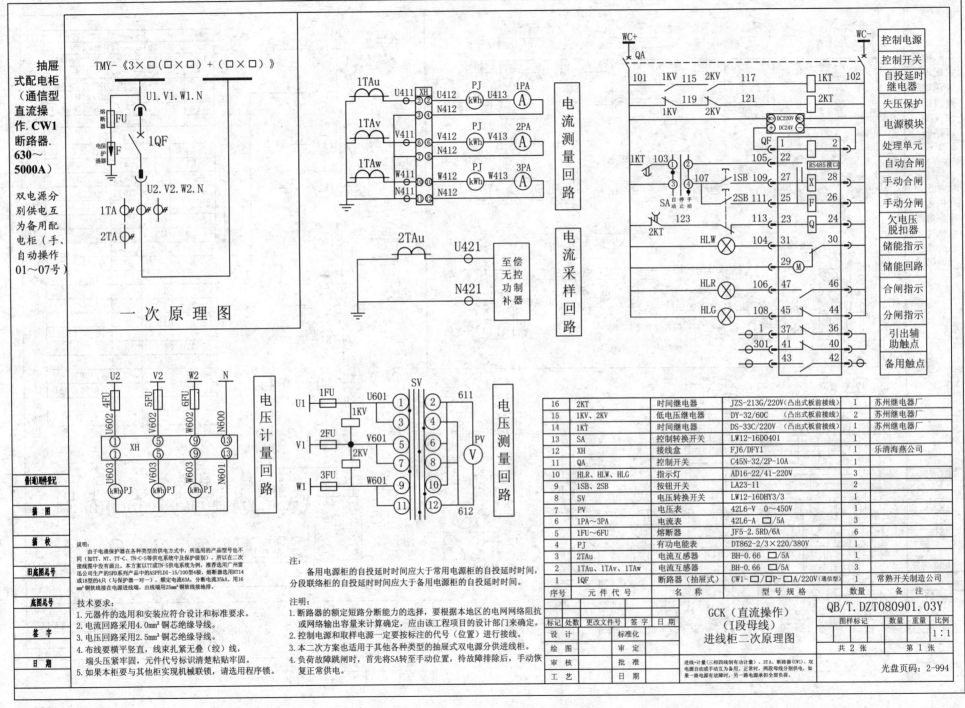

抽屉式配电柜（通信型直流操作.CW1断路器.630~5000A）

双电源分别供电互为备用配电柜（手、自动操作01~07号）

TMY-《3×□(□×□)+(□×□)》

一次原理图

电流测量回路

电流采样回路

至偿无控功率补器

电压测量回路

电压计量回路

控制电源
控制开关
自投延时继电器
失压保护
电源模块
处理单元
自动合闸
手动合闸
手动分闸
欠电压脱扣器
储能指示
储能回路
合闸指示
分闸指示
引出辅助触点
备用触点

RS485接口

SA 自停手
动止动

说明：
由于电涌保护器在各种类型的供电方式中，所选用的产品型号也不同（如TT、NT、TT-C、TN-C-S等供电系统中的保护级别），所以在二次接线图中没有画出。本方案以TT或TN-S供电系统为例，推荐选用广州雷迅公司生产的SPD系列产品中的ASPFLDI-15/100型4极，熔断器选用RT14或18型的4只（与保护器一对一），额定电流63A，分断电流35kA。用16mm²铜软线接在电源进线端，出线端用25mm²铜软线接地端。

技术要求：
1. 元器件的选用和安装应符合设计和标准要求。
2. 电流回路采用4.0mm²铜芯绝缘导线。
3. 电压回路采用2.5mm²铜芯绝缘导线。
4. 布线要横平竖直，束线扎紧不叠（绞）线，端头压紧牢固，元件代号标识清楚粘贴牢固。
5. 如果本柜要与其他柜实现机械联锁，请选用程序锁。

注：
备用电源柜的自投延时时间应大于常用电源柜的自投延时时间，分段联络柜的自投延时时间应大于备用电源柜的自投延时时间。

注明：
1. 断路器的额定短路分断能力的选择，要根据本地区的电网网络阻抗或网络输出容量来计算确定，应由该工程项目的设计部门来确定。
2. 控制电源和取样电源一定要按标注的代号（位置）进行接线。
3. 本二次方案也适用于其他各种类型的抽屉式双电源分供进线柜。
4. 负荷故障跳闸时，首先将SA转至手动位置，待故障排除后，手动恢复正常供电。

16	2KT	时间继电器	JZS-213G/220V（凸出式板前接线）	1	苏州继电器厂
15	1KV、2KV	低电压继电器	DY-32/60C（凸出式板前接线）	2	苏州继电器厂
14	1KT	时间继电器	DS-33C/220V（凸出式板前接线）	1	苏州继电器厂
13	SA	控制转换开关	LW12-16D0401	1	
12	XH	接线盒	FJ6/DFY1	1	乐清海燕公司
11	QA	控制开关	C45N-32/2P-10A	1	
10	HLR、HLW、HLG	指示灯	AD16-22/41-220V	3	
9	1SB、2SB	按钮开关	LA23-11	2	
8	SV	电压转换开关	LW12-16DHY3/3	1	
7	PV	电压表	42L6-V 0~450V	1	
6	1PA~3PA	电流表	42L6-A □/5A	3	
5	1FU~6FU	熔断器	JF5-2.5RD/6A	6	
4	PJ	有功电能表	DT862-2/3×220/380V	1	
3	2TAu	电流互感器	BH-0.66 □/5A	1	
2	1TAu、1TAv、1TAw	电流互感器	BH-0.66 □/5A	3	
1	1QF	断路器（抽屉式）	CW1-□/□P-□A/220V（通信型）	1	常熟开关制造公司
序号	元件代号	名　称	型号规格	数量	备　注

GCK（直流操作）
（I段母线）
进线柜二次原理图

QB/T.DZT080901.03Y

图样标记		数量	重量	比例
				1:1
共 2 张			第 1 张	

进线+计量（三相四线制有功计量）、3TA、断路器（CW1）、双电源自动投切手动互为备用。正常时，两段母线分别供电，如果一路电源有故障时，另一路电源承担全部负荷。

标记	处数	更改文件号	签字	日期
设 计		标准化		
绘 图		审 定		
审 核		批 准		
工 艺		日 期		

光盘页码：2-994

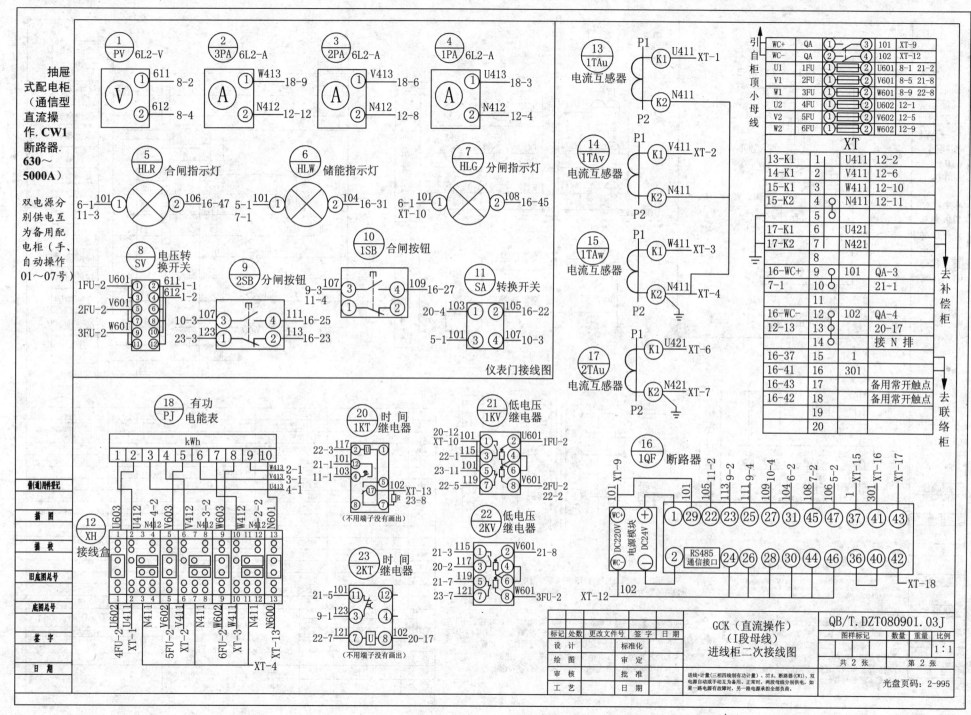

抽屉式配电柜（通信型直流操作.CW1断路器.630～5000A）

双电源分别供电互为备用配电柜（手、自动操作01～07号）

仪表门接线图

① PV 6L2-V
② 3PA 6L2-A
③ 2PA 6L2-A
④ 1PA 6L2-A
⑤ HLR 合闸指示灯
⑥ HLW 储能指示灯
⑦ HLG 分闸指示灯
⑧ SV 电压转换开关
⑨ 2SB 分闸按钮
⑩ 1SB 合闸按钮
⑪ SA 转换开关
⑫ XH 接线盒
⑬ 1TAu 电流互感器
⑭ 1TAv 电流互感器
⑮ 1TAw 电流互感器
⑯ 1QF 断路器
⑰ 2TAu 电流互感器
⑱ PJ 有功电能表
⑳ 1KT 时间继电器
㉑ 1KV 低电压继电器
㉒ 2KV 低电压继电器
㉓ 2KT 时间继电器

引自柜顶小母线

XT

WC+	QA	①—③	101	XT-9
WC-	QA	②—④	102	XT-12
U1	1FU		U601	8-1 21-2
V1	2FU		V601	8-5 21-8
W1	3FU		W601	8-9 22-8
U2	4FU		U602	12-1
V2	5FU		V602	12-5
W2	6FU		W602	12-9

	XT		
13-K1	1	U411	12-2
14-K1	2	V411	12-6
15-K1	3	W411	12-10
15-K2	4	N411	12-11
	5		
17-K1	6	U421	
17-K2	7	N421	
	8		
16-WC+	9	101	QA-3
7-1	10		21-1
	11		
16-WC-	12	102	QA-4
12-13	13		20-17
	14		接 N 排
16-37	15	1	
16-41	16	301	
16-43	17	备用常开触点	
16-42	18	备用常开触点	
	19		
	20		

去补偿柜
去联络柜

QB/T.DZT080901.03J

GCK（直流操作）（I段母线）进线柜二次接线图

标记	处数	更改文件号	签字	日期		图样标记	数量	重量	比例
设计			标准化						1:1
绘图			审定			共 2 张		第 2 张
审核			批准			
工艺			日期			光盘页码：2-995

进线+计量(三相四线制有功计量)、3TA、断路器(CW1)、双电源自动或手动互为备用。正常时，两段母线分别供电，如果一路电源有故障时，另一路电源承担全部负载。

287

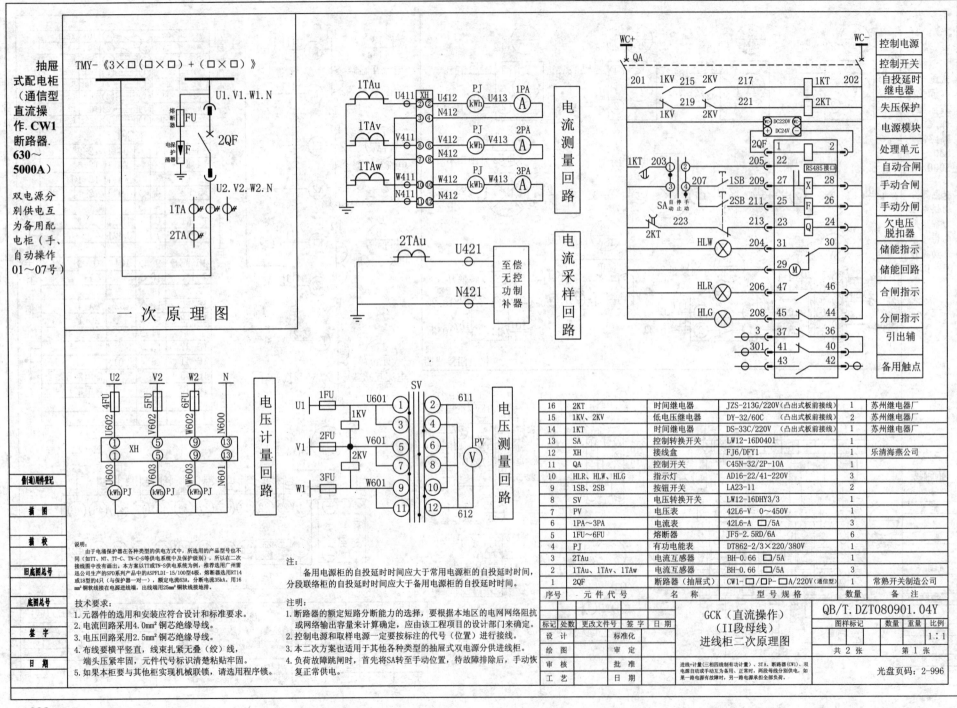

抽屉式配电柜（通信型直流操作.CW1断路器.630~5000A）

双电源分别供电互为备用配电柜（手、自动操作01~07号）

TMY-《3×□(□×□)+(□×□)》

一次原理图

电流测量回路

电流采样回路

至偿无控功率补器

电压计量回路

电压测量回路

控制电源
控制开关
自投延时继电器
失压保护
电源模块
处理单元
自动合闸
手动合闸
手动分闸
欠电压脱扣器
储能指示
储能回路
合闸指示
分闸指示
引出辅
备用触点

16	2KT	时间继电器	JZS-213G/220V (凸出式板前接线)	1	苏州继电器厂
15	1KV、2KV	低电压继电器	DY-32/60C (凸出式板前接线)	2	苏州继电器厂
14	1KT	时间继电器	DS-33C/220V (凸出式板前接线)	1	苏州继电器厂
13	SA	控制转换开关	LW12-16D0401	1	
12	XH	接线盒	FJ6/DFY1		乐清海燕公司
11	QA	控制开关	C45N-32/2P-10A	1	
10	HLR、HLW、HLG	指示灯	AD16-22/41-220V	3	
9	1SB、2SB	按钮开关	LA23-11	2	
8	SV	电压转换开关	LW12-16DHY3/3	1	
7	PV	电压表	42L6-V 0~450V	1	
6	1PA~3PA	电流表	42L6-A □/5A	3	
5	1FU~6FU	熔断器	JF5-2.5RD/6A	6	
4	PJ	有功电能表	DT862-2/3×220/380V	1	
3	2TAu	电流互感器	BH-0.66 □/5A	1	
2	1TAu、1TAv、1TAw	电流互感器	BH-0.66 □/5A	3	
1	2QF	断路器（抽屉式）	CW1-□/□P-□A/220V（通信型）		常熟开关制造公司
序号	元件代号	名 称	型 号 规 格	数量	备 注

说明：
由于电涌保护器在各种类型的供电方式中，所选用的产品型号也不同（如在TT、NT、TT-C、TN-C-S等供电系统中及保护级别），所以在二次图中没有标注。本方案以TT或TN-S供电系统为例，推荐选用广州雷迅公司生产的SPD系列产品中的ASPFLDI-15/100型4极，熔断器选用RT14或18型的4只（与保护器一对一），额定电流63A，分断电流35kA。用16mm²铜软线接在电源进线端，出线端用25mm²铜软线接地端。

技术要求：
1. 元器件的选用和安装应符合设计和标准要求。
2. 电流回路采用4.0mm²铜芯绝缘导线。
3. 电压回路采用2.5mm²铜芯绝缘导线。
4. 布线横平竖直，线束扎紧无叠（绞）线，端头压接牢固，元件代号标识清楚粘贴牢固。
5. 如果本柜要与其他柜实现机械联锁，请选用程序锁。

注：
备用电源柜的自投延时时间应大于常用电源柜的自投延时时间，分段联络柜的自投延时时间应大于备用电源柜的自投延时时间。

注明：
1. 断路器的额定短路分断能力的选择，要根据本地区的电网网络阻抗或网络输出容量来计算确定，应由该工程项目的设计部门来确定。
2. 控制电源和取样电源一定要按标注的代号（位置）进行接线。
3. 本二次方案也适用于其他各种类型的抽屉式双电源分供进线柜。
4. 负荷故障跳闸时，首先将SA转至手动位置，待故障排除后，手动恢复正常供电。

GCK（直流操作）
（II段母线）
进线柜二次原理图

QB/T.DZT080901.04Y

底图总号	旧底图总号	签字	日期	签收	校核	描图	描校	编（通）知件记

标记	处数	更改文件号	签字	日期			
设 计			标准化			比例 1:1
绘 图			审 定			
审 核			批 准		共 2 张	第 1 张
工 艺			日 期			

进线+计量（三相四线制有功计量）、3TA、断路器（CW1）、双电源自动或手动互为备用、用、正常时，两段母线分别供电，如果一路电源有故障时，另一路电源承担全部负荷。

光盘页码：2-996

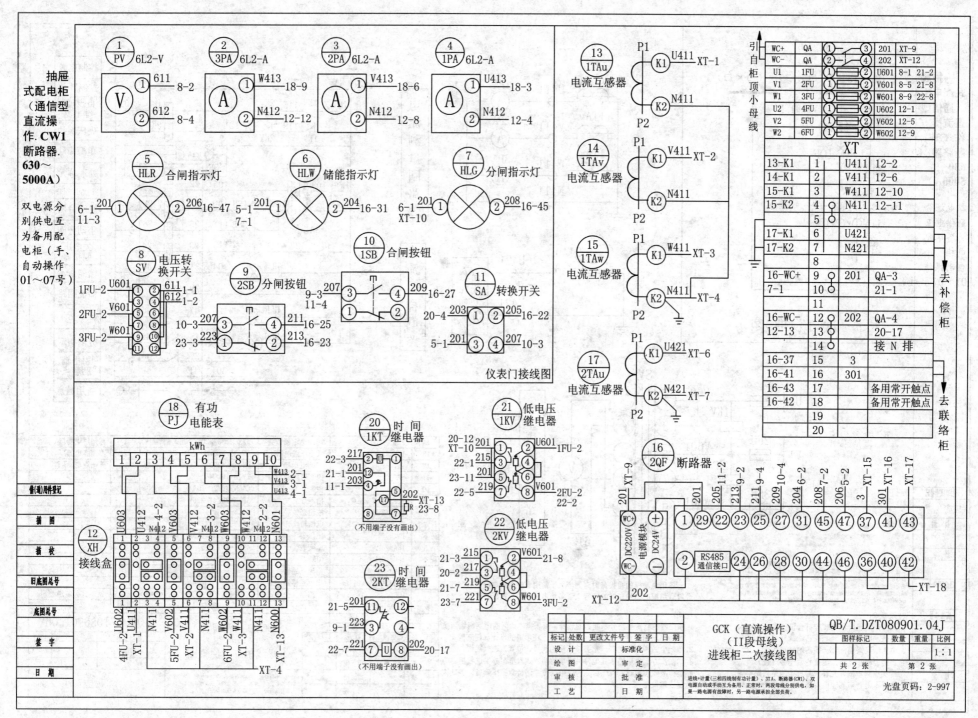

抽屉式配电柜（通信型直流操作. CW1断路器. 630～5000A）

双电源分别供电互为备用配电柜（手、自动操作 01～07号）

仪表门接线图

XT				
WC+	QA	① ③	201	XT-9
WC-	QA	② ④	202	XT-12
U1	1FU	① ②	U601	8-1 21-2
V1	2FU	① ②	V601	8-5 21-8
W1	3FU	① ②	W601	8-9 22-8
U2	4FU	① ②	U602	12-1
V2	5FU	① ②	V602	12-5
W2	6FU	① ②	W602	12-9

XT			
13-K1	1	U411	12-2
14-K1	2	V411	12-6
15-K1	3	W411	12-10
15-K2	4	N411	12-11
	5		
17-K1	6	U421	
17-K2	7	N421	
	8		
16-WC+	9	201	QA-3
7-1	10		21-1
	11		
16-WC-	12	202	QA-4
12-13	13		20-17
	14		接 N 排
16-37	15	3	
16-41	16	301	
16-43	17		备用常开触点
16-42	18		备用常开触点
	19		
	20		

引自柜顶小母线

去补偿柜

去联络柜

GCK（直流操作）（II段母线）进线柜二次接线图

QB/T.DZT080901.04J

标记	处数	更改文件号	签字	日期
设 计			标准化	
绘 图			审 定	
审 核			批 准	
工 艺			日 期	

进线+计量（三相四线制有功计量）、3TA、断路器（CW1）、双电源自动或手动互为备用、正常时、两段母线分别供电，如果一路电源有故障时，另一路电源承担全部负荷。

共 2 张　　第 2 张

光盘页码：2-997

289

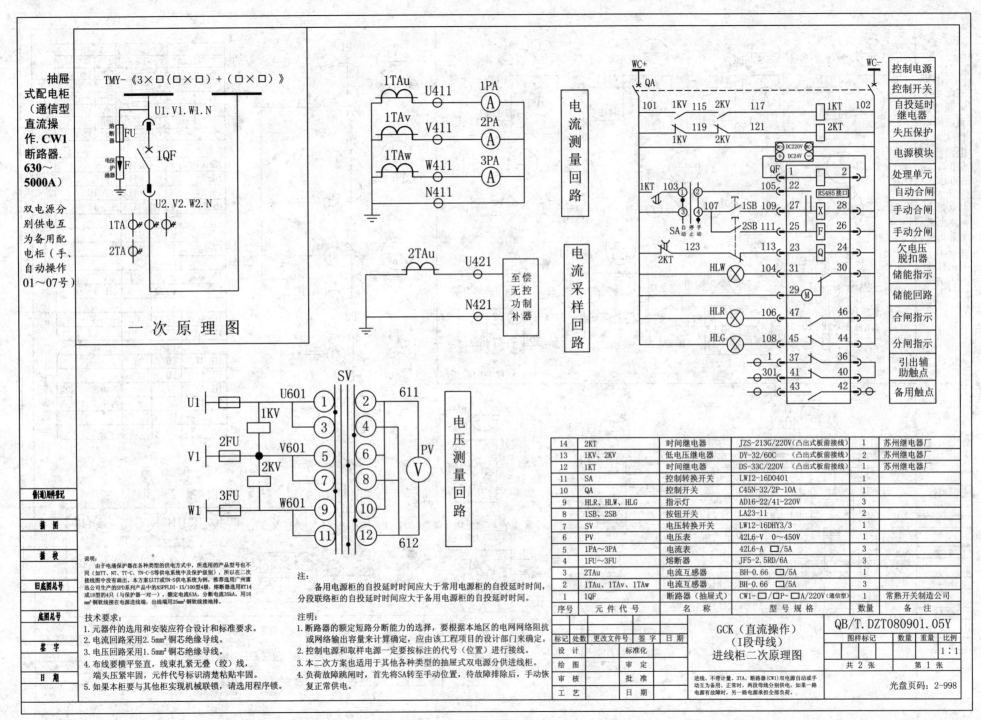

抽屉式配电柜（通信型直流操作.CW1断路器.630～5000A）

双电源分别供电互为备用配电柜（手、自动操作01～07号）

TMY-《3×□(□×□)+(□×□)》

U1.V1.W1.N

熔断器 FU
电保护涌器 F
1QF

U2.V2.W2.N

1TA
2TA

一次原理图

1TAu U411 1PA (A)
1TAv V411 2PA (A)
1TAw W411 3PA (A)
N411

电流测量回路

2TAu U421 至偿无控功制补器
N421

电流采样回路

WC+ WC-
控制电源
控制开关
自投延时继电器
失压保护
电源模块
处理单元
自动合闸
手动合闸
手动分闸
欠电压脱扣器
储能指示
储能回路
合闸指示
分闸指示
引出辅助触点
备用触点

QA
101 1KV 115 2KV 117 1KT 102
119 121 2KT
1KV 2KV
DC220V DC24V
QF 1 2
1KT 103 105 22
RS485接口
SA 自动停止手动 107 1SB 109 27 X 28
2SB 111 25 F 26
123 113 23 Q 24
2KT
HLW⊗ 104 31 30
29 (M)
HLR⊗ 106 47 46
HLG⊗ 108 45 44
1 37 36
301 41 40
43 42

SV
U1 U601 1 2 611
1KV 3 4
2FU V601 5 6 PV (V)
V1 2KV 7 8
W601 9 10
3FU
W1 11 12 612

电压测量回路

14	2KT	时间继电器	JZS-213G/220V（凸出式板前接线）	1	苏州继电器厂
13	1KV、2KV	低电压继电器	DY-32/60C （凸出式板前接线）	2	苏州继电器厂
12	1KT	时间继电器	DS-33C/220V （凸出式板前接线）	1	苏州继电器厂
11	SA	控制转换开关	LW12-16D0401	1	
10	QA	控制开关	C45N-32/2P-10A	1	
9	HLR、HLW、HLG	指示灯	AD16-22/41-220V	3	
8	1SB、2SB	按钮开关	LA23-11	2	
7	SV	电压转换开关	LW12-16DHY3/3	1	
6	PV	电压表	42L6-V 0～450V	1	
5	1PA～3PA	电流表	42L6-A □/5A	3	
4	1FU～3FU	熔断器	JF5-2.5RD/6A	3	
3	2TAu	电流互感器	BH-0.66 □/5A	1	
2	1TAu、1TAv、1TAw	电流互感器	BH-0.66 □/5A	3	
1	1QF	断路器（抽屉式）	CW1-□/□P-□A/220V(通信型)	1	常熟开关制造公司
序号	元件代号	名称	型号规格	数量	备注

说明：由于电涌保护器在各种类型的供电方式中，所选用的产品型号也不同（如TT、NT、TT-C、TN-C-S等供电系统中及保护级别），所以在二次接线图中没有画出。本方案以TT或TN-S供电系统为例，推荐选用广州雷迅公司生产的SPD系列产品中的ASPFLDI-15/100型4极，熔断器选用RT14或18型的4只（与保护器一对一），额定电流63A，分断电流35kA，用16mm²铜软线接在电源进线端，出线端25mm²铜软线就地排。

技术要求：
1. 元器件的选用和安装应符合设计和标准要求。
2. 电流回路采用2.5mm²铜芯绝缘导线。
3. 电压回路采用1.5mm²铜芯绝缘导线。
4. 布线要横平竖直，线束扎紧无叠（绞）线，端头紧密牢固，元件代号标识清楚粘贴牢固。
5. 如果本柜要与其他柜实现机械联锁，请选用程序锁。

注：
备用电源柜的自投延时时间应大于常用电源柜的自投延时时间，分段联络柜的自投延时时间应大于备用电源柜的自投延时时间。

注明：
1. 断路器的额定短路分断能力的选择，要根据本地区的电网网络阻抗或网络输出容量来计算确定，应由该工程项目的设计部门来确定。
2. 控制电源和取样电源一定要按标注的代号（位置）进行接线。
3. 本二次方案也适用于其他各种类型的抽屉式双电源分供进线柜。
4. 负荷故障跳闸时，首先将SA转至手动位置，待故障排除后，手动恢复正常供电。

备(通)用附件注记				
描 图				
描 校				
旧底图总号				
底图总号				
签 字				
日 期				

设 计		标准化		
绘 图		审 定		
审 核		批 准		
工 艺		日 期		

标记	处数	更改文件号	签字	日期

GCK（直流操作）（I段母线）进线柜二次原理图

QB/T.DZT080901.05Y

图样标记		数量	重量	比例
				1:1
共 2 张				第 1 张

进线、不带计量、3TA、断路器(CW1)双电源自动或手动互为备用，正常时，两段母线分别供电，如果一路电源有故障时，另一路电源承担全部负荷。

光盘页码：2-998

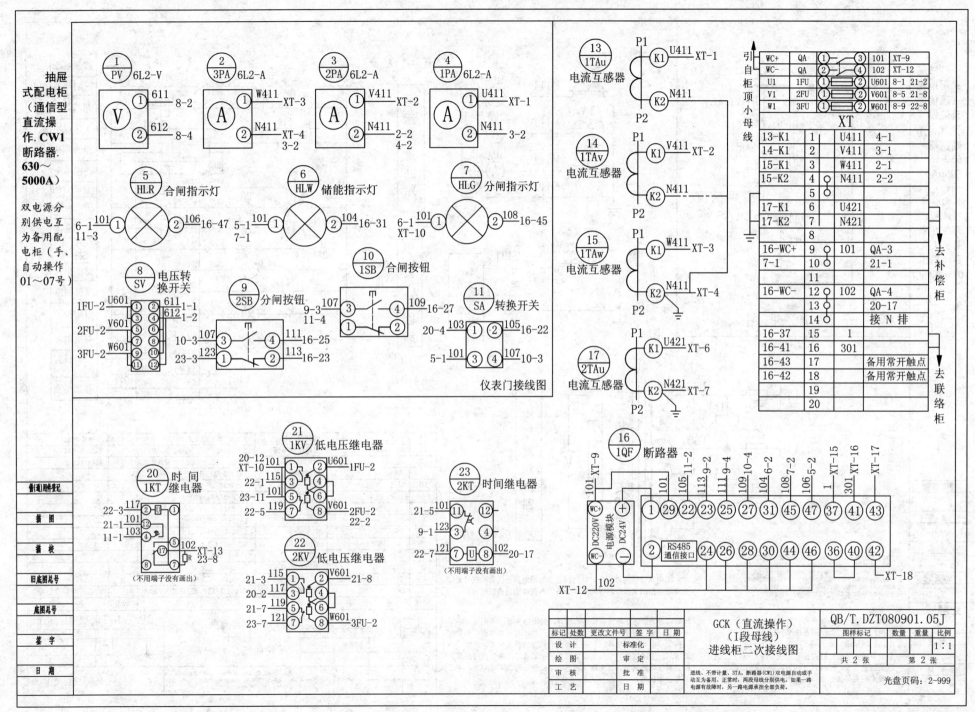

仪表门接线图

GCK（直流操作）
（I段母线）
进线柜二次接线图

QB/T.DZT080901.05J

标记	处数	更改文件号	签字	日期
设 计		标准化		
绘 图		审 定		
审 核		批 准		
工 艺		日 期		

图样标记	数量	重量	比例
			1:1

共 2 张　　第 2 张

进线、不带计量、3TA、断路器（CW1）双电源自动或手动互为备用，正常时，两段母线分别供电，如果一路电源有故障时，另一路电源承担全部负荷。

光盘页码：2-999

291

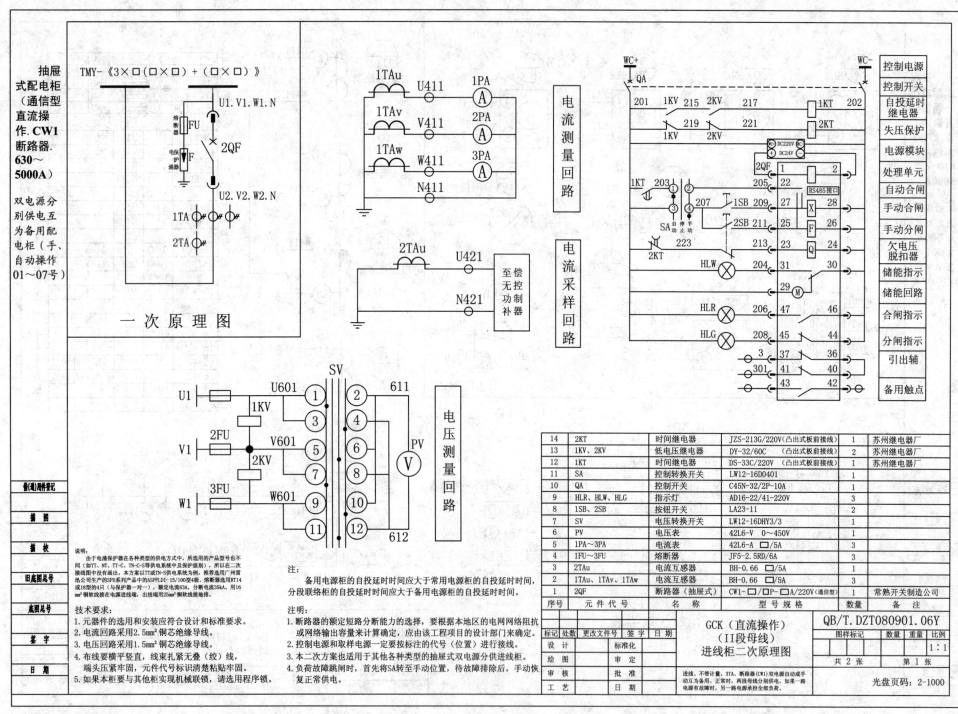

抽屉式配电柜（通信型直流操作.CW1断路器.630～5000A）

双电源分别供电互为备用配电柜（手、自动操作01～07号）

TMY-《3×□(□×□)+(□×□)》

U1.V1.W1.N

熔断器 FU
电保护涌器 F
2QF

U2.V2.W2.N

1TA
2TA

一次原理图

1TAu U411 1PA Ⓐ
1TAv V411 2PA Ⓐ
1TAw W411 3PA Ⓐ
N411

电流测量回路

2TAu U421
N421

至偿无控功制补器

电流采样回路

SV

U1 U601 ①②611
1KV ③④
2FU V1 V601 ⑤⑥ PV Ⓥ
2KV ⑦⑧
3FU W1 W601 ⑨⑩
⑪⑫612

电压测量回路

WC+ QA WC-

201 1KV 215 2KV 217 1KT 202
219 221 2KT
1KV 2KV
DC220V
DC24V
2QF 1 2
1KT 203 205 22
207 1SB 209 27 X 28
SA 自停手 2SB 211 25 F 26
动止动
223 213 23 Q 24
2KT
HLW 204 31 30
29 M
HLR 206 47 46
HLG 208 45 44
3 37 36
301 41 40
43 42

RS485接口

控制电源
控制开关
自投延时继电器
失压保护
电源模块
处理单元
自动合闸
手动合闸
手动分闸
欠电压脱扣器
储能指示
储能回路
合闸指示
分闸指示
引出辅
备用触点

说明：
由于电涌保护器在各类型的供电方式中，所选用的产品型号也不同（如TT、NT、TT-C、TN-C-S等供电系统中及保护级别），所以在二次接线图中没有画出。本方案以TT或TN-S供电系统为例，推荐选用广州雷迅公司生产的SPD系列产品中的ASPFLDI-15/100型4极，熔断器选用RT14或18型的4只（与保护器一对一），额定电流63A，分断电流35kA，用16㎜²铜软线接在电源进线端，出线端用25㎜²铜软线接地排。

技术要求：
1. 元器件的选用和安装应符合设计和标准要求。
2. 电流回路采用2.5㎜²铜芯绝缘导线。
3. 电压回路采用1.5㎜²铜芯绝缘导线。
4. 布线要横平竖直，线束扎紧无叠（绞）线，端头压紧牢固，元件代号标识清楚粘贴牢固。
5. 如果本柜要与其他柜实现机械联锁，请选用程序锁。

注：
备用电源柜的自投延时时间应大于常用电源柜的自投延时时间，分段联络柜的自投延时时间应大于备用电源柜的自投延时时间。

注明：
1. 断路器的额定短路分断能力的选择，要根据本地区的电网网络阻抗或网络输出容量来计算确定，应由该工程项目的设计部门来确定。
2. 控制电源和取样电源一定要按标注的代号（位置）进行接线。
3. 本二次方案也适用于其他各种类型的抽屉式双电源分供进线柜。
4. 负荷故障跳闸时，首先将SA转至手动位置，待故障排除后，手动恢复正常供电。

14	2KT	时间继电器	JZS-213G/220V（凸出式板前接线）	1	苏州继电器厂
13	1KV、2KV	低电压继电器	DY-32/60C （凸出式板前接线）	2	苏州继电器厂
12	1KT	时间继电器	DS-33C/220V （凸出式板前接线）	1	苏州继电器厂
11	SA	控制转换开关	LW12-16D0401	1	
10	QA	控制开关	C45N-32/2P-10A	1	
9	HLR、HLW、HLG	指示灯	AD16-22/41-220V	3	
8	1SB、2SB	按钮开关	LA23-11	2	
7	SV	电压转换开关	LW12-16DHY3/3	1	
6	PV	电压表	42L6-V 0～450V	1	
5	1PA～3PA	电流表	42L6-A □/5A	3	
4	1FU～3FU	熔断器	JF5-2.5RD/6A	3	
3	2TAu	电流互感器	BH-0.66 □/5A	1	
2	1TAu、1TAv、1TAw	电流互感器	BH-0.66 □/5A	3	
1	2QF	断路器（抽屉式）	CW1-□/□P-□A/220V（通信型）		常熟开关制造公司
序号	元件代号	名 称	型 号 规 格	数量	备 注

备(通)用件登记
描 图
描 校
旧底图总号
底图总号
签 字
日 期

设 计
绘 图
审 核
工 艺

标准化
审 定
批 准
日 期

GCK（直流操作）（II段母线）进线柜二次原理图

进线、不供计量、3TA、断路器（CW1）双电源自动或手动互为备用、正常时，两段母线分别供电，如果一路电源有故障时，另一路电源承担全部负荷。

QB/T.DZT080901.06Y

| 图样标记 | 数量 | 重量 | 比例 |
| | | | 1:1 |

共 2 张　第 1 张

光盘页码：2-1000

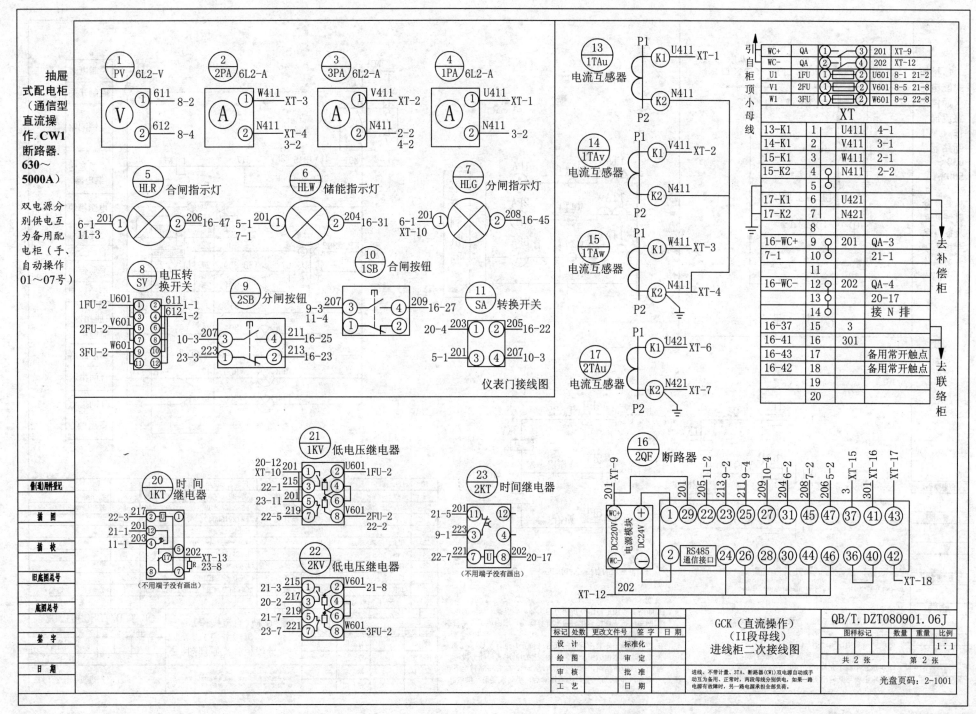

抽屉式配电柜（通信型直流操作.CW1断路器.630～5000A）

双电源分别供电互为备用配电柜（手、自动操作01～07号）

GCK（直流操作）（II段母线）进线柜二次接线图

QB/T.DZT080901.06J

进线、不带计量、3TA、断路器(CW1)双电源自动或手动互为备用，正常时，两段母线分别供电。如果一路电源有故障时，另一路电源承担全部负荷。

共 2 张　第 2 张

光盘页码：2-1001

1:1

293

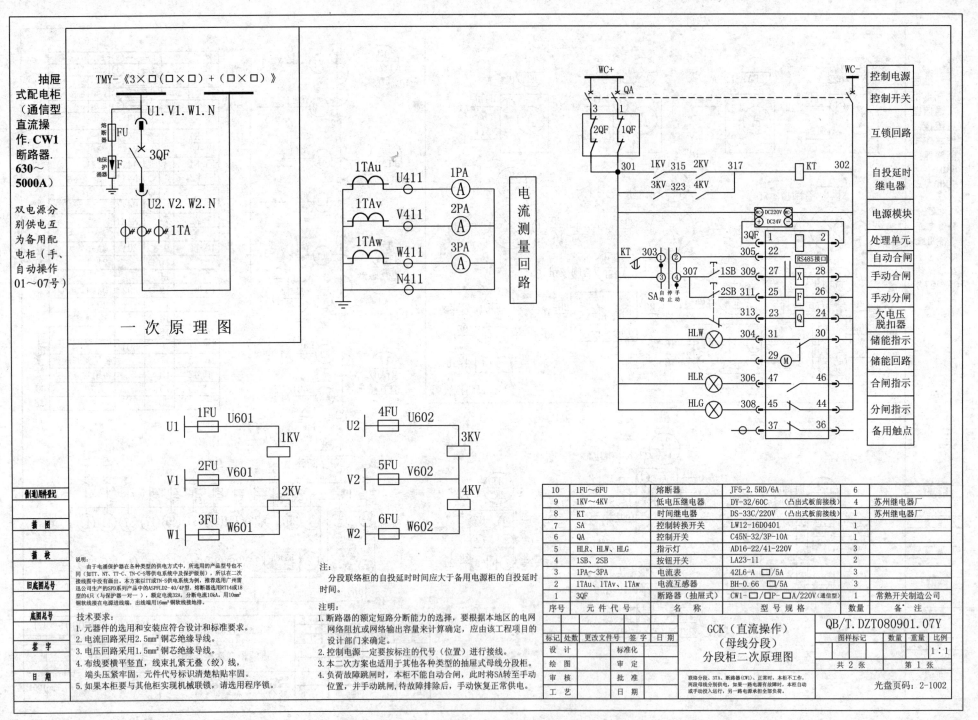

抽屉式配电柜（通信型直流操作. CW1断路器. 630～5000A）

双电源分别供电互为备用配电柜（手、自动操作01～07号）

TMY-《3×□（□×□）+（□×□）》

一次原理图

电流测量回路

| 控制电源 |
| 控制开关 |
| 互锁回路 |
| 自投延时继电器 |
| 电源模块 |
| 处理单元 |
| 自动合闸 |
| 手动合闸 |
| 手动分闸 |
| 欠电压脱扣器 |
| 储能指示 |
| 储能回路 |
| 合闸指示 |
| 分闸指示 |
| 备用触点 |

说明：
由于电涌保护器在各种类型的供电方式中，所选用的产品型号也不同（如TT、NT、TT-C、TN-C-S等供电系统中及保护级别），所以二次接线图中没有画出。本方案以TT或TN-S供电系统为例，推荐选用广州雷迅公司生产的SPD系列产品中的ASPFLD2-40/4P型，熔断器选用RT14或18型的4只（与保护器一对一），额定电流32A，分断电流10kA，用10mm²铜软线接在电源进线端。出线端用16mm²铜软线接地排。

技术要求：
1. 元器件的选用和安装应符合设计和标准要求。
2. 电流回路采用2.5mm²铜芯绝缘导线。
3. 电压回路采用1.5mm²铜芯绝缘导线。
4. 布线要横平竖直，线束扎紧无叠（绞）线，端头线号紧贴牢固，元件代号标识清楚粘贴牢固。
5. 如果本柜要与其他柜实现机械联锁，请选用程序锁。

注：
分段联络柜的自投延时时间应大于备用电源柜的自投延时时间。

注明：
1. 断路器的额定短路分断能力的选择，要根据本地区的电网网络阻抗或网络输出容量来计算确定，应由该工程项目的设计部门来确定。
2. 控制电源一定要按标注的代号（位置）进行接线。
3. 本二次方案也适用于其他各种类型的抽屉式母线分段柜。
4. 负荷故障跳闸时，本柜不能自动合闸，此时将SA转至手动位置，并手动跳闸，待故障排除后，手动恢复正常供电。

10	1FU～6FU	熔断器	JF5-2.5RD/6A	6	
9	1KV～4KV	低电压继电器	DY-32/60C （凸出式板前接线）	4	苏州继电器厂
8	KT	时间继电器	DS-33C/220V （凸出式板前接线）	1	苏州继电器厂
7	SA	控制转换开关	LW12-16D0401	1	
6	QA	控制开关	C45N-32/3P-10A	1	
5	HLR、HLW、HLG	指示灯	AD16-22/41-220V	3	
4	1SB、2SB	按钮开关	LA23-11	2	
3	1PA～3PA	电流表	42L6-A □/5A	3	
2	1TAu、1TAv、1TAw	电流互感器	BH-0.66 □/5A	3	
1	3QF	断路器（抽屉式）	CW1-□ □P-□A/220V（通信型）	1	常熟开关制造公司
序号	元件代号	名 称	型号规格	数量	备·注

QB/T.DZT080901.07Y

GCK（直流操作）（母线分段）分段柜二次原理图

图样标记		数量	重量	比例
				1:1

共 2 张　　第 1 张

光盘页码：2-1002

标记	处数	更改文件号	签字	日期
设 计		标准化		
绘 图		审 定		
审 核		批 准		
工 艺		日 期		

联络分段、3TA、断路器（CW1）、正常时，本柜不工作。两段母线分别供电，如果一路母线有故障时，本柜自动或手动投入运行，另一路电源承担全部负荷。

档案登记

描　图

描　校

旧底图总号

底图总号

签　字

日　期

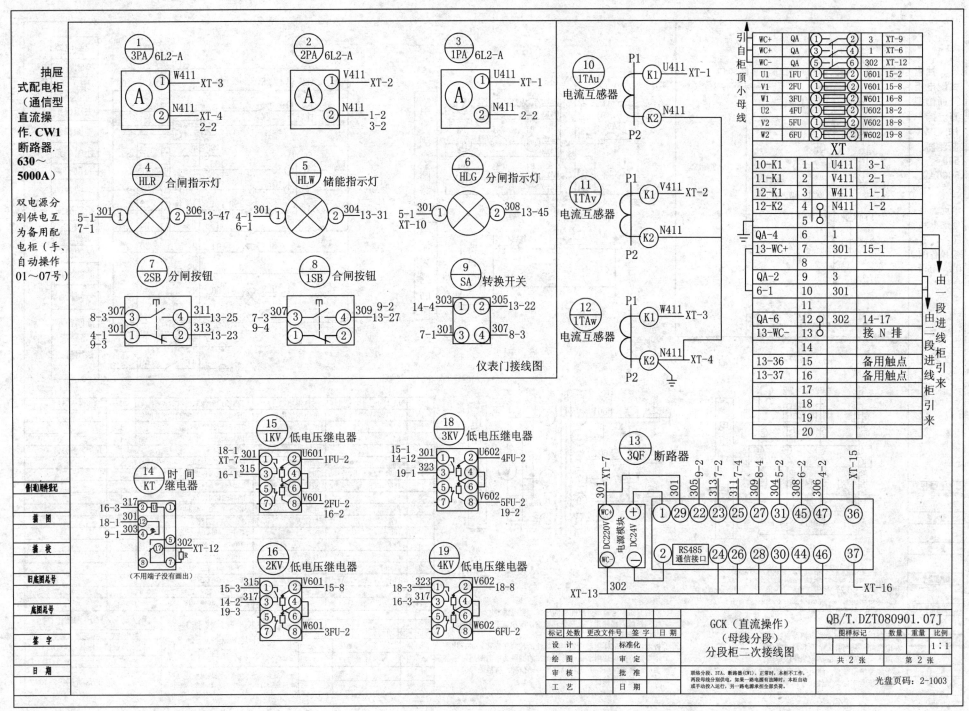

抽屉式配电柜（通信型直流操作. CW1断路器. 630～5000A）

双电源分别供电互为备用配电柜（手、自动操作01～07号）

仪表门接线图

WC+	QA	① ②	3	XT-9	
WC+	QA	③ ④	1	XT-6	
WC-	QA	⑤ ⑥	302	XT-12	
U1	1FU	① ②	U601	15-2	
V1	2FU	① ②	V601	16-8	
W1	3FU	① ②	W601	16-8	
U2	4FU	① ②	U602	18-2	
V2	5FU	① ②	V602	18-8	
W2	6FU	① ②	W602	19-8	

引自柜顶小母线

XT

10-K1	1		U411	3-1
11-K1	2		V411	2-1
12-K1	3		W411	1-1
12-K2	4	○	N411	1-2
	5	○		
QA-4	6		1	
13-WC+	7		301	15-1
	8			
QA-2	9		3	
6-1	10		301	
	11			
QA-6	12	○	302	14-17
13-WC-	13	○	接 N 排	
	14			
13-36	15		备用触点	
13-37	16		备用触点	
	17			
	18			
	19			
	20			

由一段进线柜引来
由二段进线柜引来

GCK（直流操作）
（母线分段）
分段柜二次接线图

QB/T.DZT080901.07J

图样标记	数量	重量	比例
			1:1
共 2 张		第 2 张	

联络分段、3TA、断路器(CW1)、正常时，本柜不工作，两段母线分别供电，如果一路电源有故障时，本柜自动或手动投入运行，另一路电源承担全部负荷。

光盘页码：2-1003

295

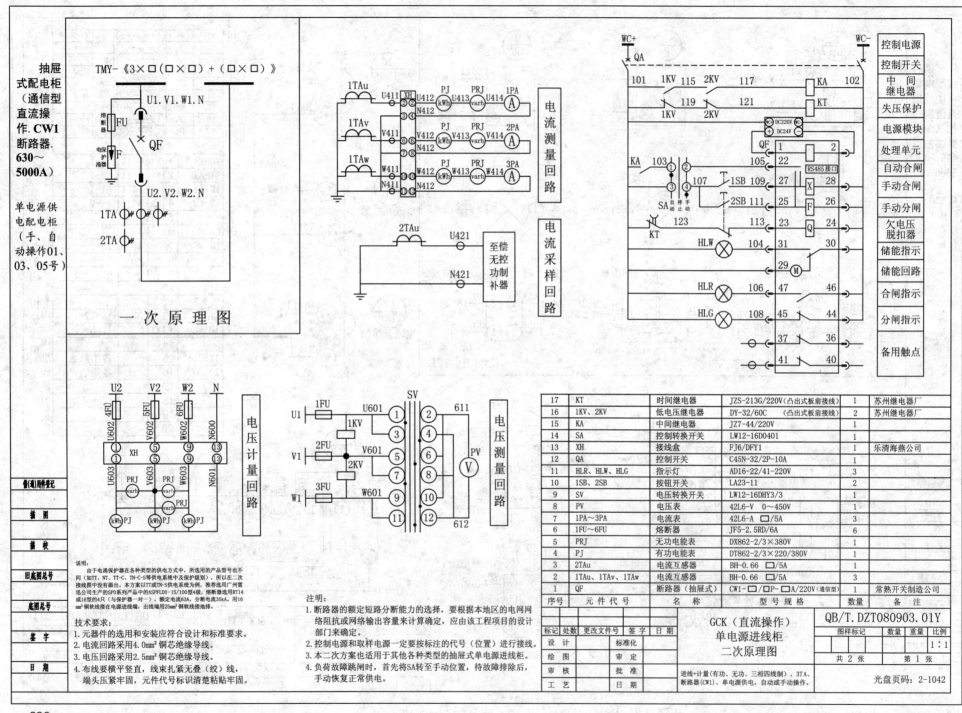

抽屉式配电柜（通信型直流操作.CW1断路器.630～5000A）

单电源供电配电柜（手、自动操作01、03、05号）

TMY-《3×□（□×□）+（□×□）》

一次原理图

电流测量回路

电流采样回路

电压计量回路

电压测量回路

17	KT	时间继电器	JZS-213G/220V(凸出式板前接线)	1	苏州继电器厂		
16	1KV、2KV	低电压继电器	DY-32/60C （凸出式板前接线）	2	苏州继电器厂		
15	KA	中间继电器	JZ7-44/220V	1			
14	SA	控制转换开关	LW12-16D0401	1			
13	XH	接线盒	FJ6/DFY1	1	乐清海燕公司		
12	QA	控制开关	C45N-32/2P-10A	1			
11	HLR、HLW、HLG	指示灯	AD16-22/41-220V	3			
10	1SB、2SB	按钮开关	LA23-11	2			
9	SV	电压转换开关	LW12-16DHY3/3	1			
8	PV	电压表	42L6-V 0～450V	1			
7	1PA～3PA	电流表	42L6-A □/5A	3			
6	1FU～6FU	熔断器	JF5-2.5RD/6A	6			
5	PRJ	无功电能表	DX862-2/3×380V	1			
4	PJ	有功电能表	DT862-2/3×220/380V	1			
3	2TAu	电流互感器	BH-0.66 □/5A	1			
2	1TAu、1TAv、1TAw	电流互感器	BH-0.66 □/5A	3			
1	QF	断路器（抽屉式）	CW1-□/□P-□A/220V(通信型)	1	常熟开关制造公司		
序号	元件代号	名 称	型 号 规 格	数量	备 注		

控制电源
控制开关
中间继电器
失压保护
电源模块
处理单元
自动合闸
手动合闸
手动分闸
欠电压脱扣器
储能指示
储能回路
合闸指示
分闸指示
备用触点

说明：
　　由于电涌保护器在各种类型的供电方式中，所选用的产品型号也不同（如ITT、NT、TT-C、TN-C-S等供电系统中及保护级别），所以在二次接线图中没有画出。本方案以IT或TN-S供电系统为例，推荐选用广州雷讯公司生产的SPD系列产品中的ASPFLDI-15/100型4极，熔断器选用KT14或18型的4只（与保护器一对一），额定电流63A，分断电流35kA，用16㎜²铜软线连接在电源进线柜，出线端用25㎜²铜软线接地选择。

技术要求：
1.元器件的选用和安装应符合设计和标准要求。
2.电流回路采用4.0㎜²铜芯绝缘导线。
3.电压回路采用2.5㎜²铜芯绝缘导线。
4.布线要横平竖直，线束扎紧无叠（绞）线，端头压紧牢固，元件代号标识清楚粘贴牢固。

注明：
1.断路器的额定短路分断能力的选择，要根据本地区的电网网络阻抗或网络输出容量来计算确定，应由该工程项目的设计部门来确定。
2.控制电源和取样电源一定要按标注的代号（位置）进行接线。
3.本二次方案也适用于其他各种类型的抽屉式单电源进线柜。
4.负荷故障跳闸时，首先将SA转至手动位置，待故障排除后，手动恢复正常供电。

（施工）附件登记
描　图
描　校
旧底图总号
底图总号
签　字
日　期

标记	处数	更改文件号	签字	日期
设　计		标准化	
绘　图		审　定	
审　核		批　准	
工　艺		日　期	

GCK（直流操作）
单电源进线柜
二次原理图

进线+计量（有功、无功、三相四线制）、3TA、断路器（CW1）、单电源供电，自动或手动操作。

QB/T.DZT080903.01Y

图样标记		数量	重量	比例
				1:1
共 2 张		第 1 张		

光盘页码：2-1042

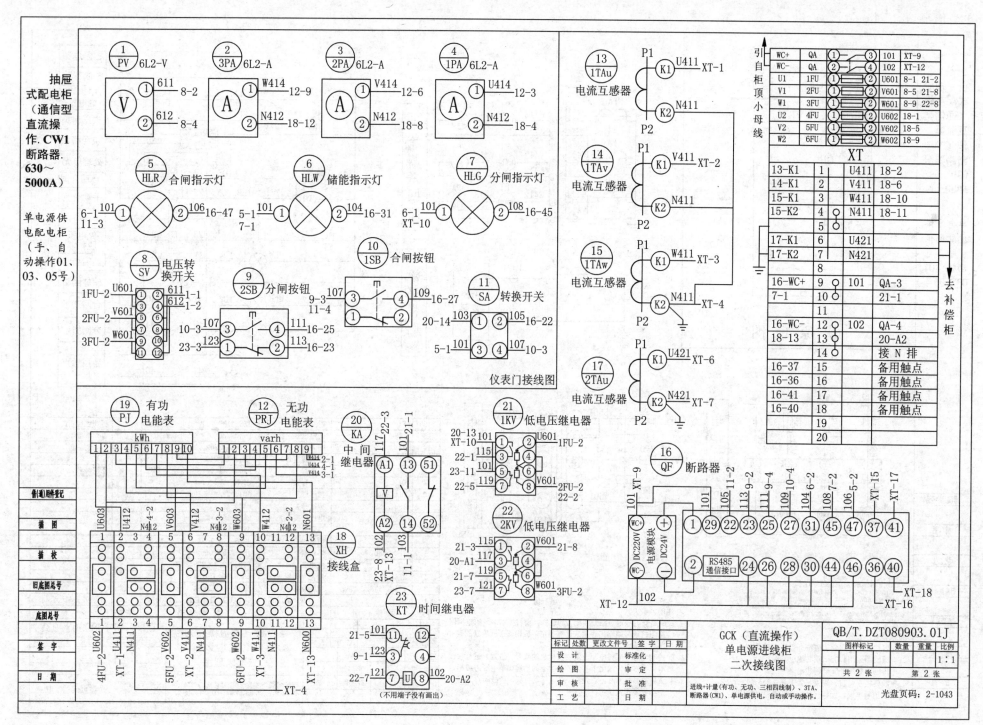

GCK（直流操作）
单电源进线柜
二次接线图

QB/T.DZT080903.01J

共 2 张   第 2 张

进线+计量(有功、无功、三相四线制)、3TA、
断路器(CW1)、单电源供电，自动或手动操作。

光盘页码：2-1043

297

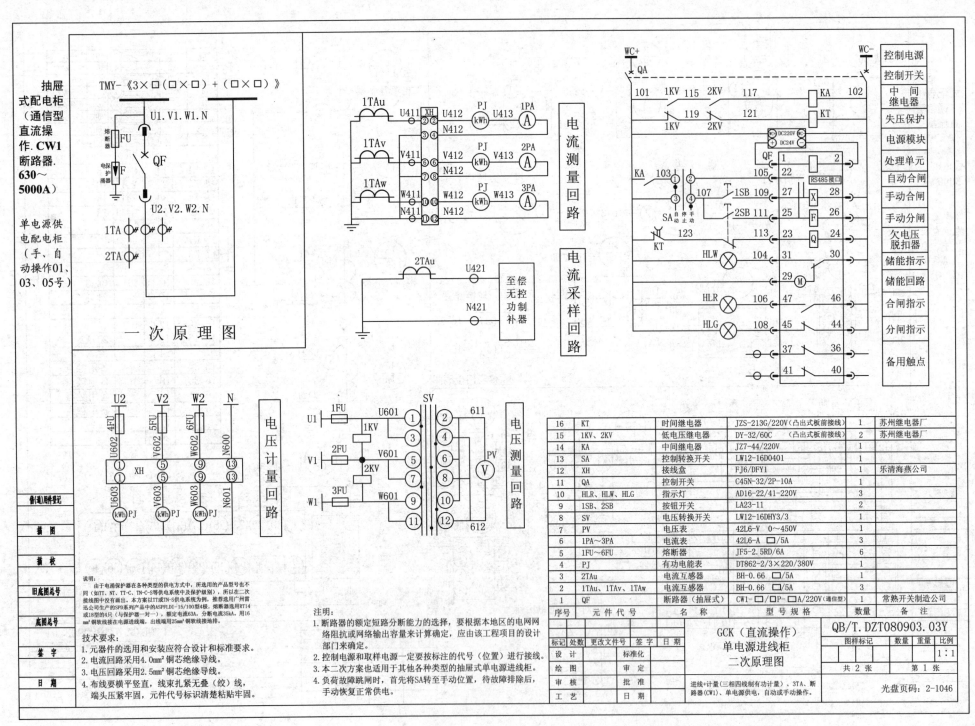

抽屉式配电柜（通信型直流操作. CW1断路器. 630~5000A）

单电源供电配电柜（手、自动操作01、03、05号）

TMY-《3×□(□×□)+(□×□)》

一次原理图

电流测量回路

电流采样回路

电压计量回路

电压测量回路

	控制电源
	控制开关
	中间继电器
	失压保护
	电源模块
	处理单元
	自动合闸
	手动合闸
	手动分闸
	欠电压脱扣器
	储能指示
	储能回路
	合闸指示
	分闸指示
	备用触点

16	KT	时间继电器	JZS-213G/220V（凸出式板前接线）	1	苏州继电器厂
15	1KV、2KV	低电压继电器	DY-32/60C （凸出式板前接线）	2	苏州继电器厂
14	KA	中间继电器	JZ7-44/220V	1	
13	SA	控制转换开关	LW12-16D0401	1	
12	XH	接线盒	FJ6/DFY1	1	乐清海燕公司
11	QA	控制开关	C45N-32/2P-10A	1	
10	HLR、HLW、HLG	指示灯	AD16-22/41-220V	3	
9	1SB、2SB	按钮开关	LA23-11	2	
8	SV	电压转换开关	LW12-16DHY3/3	1	
7	PV	电压表	42L6-V 0~450V	1	
6	1PA~3PA	电流表	42L6-A □/5A	3	
5	1FU~6FU	熔断器	JF5-2.5RD/6A	6	
4	PJ	有功电能表	DT862-2/3×220/380V	1	
3	2TAu	电流互感器	BH-0.66 □/5A	1	
2	1TAu、1TAv、1TAw	电流互感器	BH-0.66 □/5A	3	
1	QF	断路器（抽屉式）	CW1-□/□P-□A/220V（通信型）	1	常熟开关制造公司
序号	元件代号	名 称	型 号 规 格	数量	备 注

说明：由于电涌保护器在各种类型的供电方式中，所选用的产品型号也不同（如TT、NT、TT-C、TN-C-S等供电系统中及保护级别），所以在二次接线图中没有画出，本方案以TT或TN-S供电系统为例，推荐选用广州雷迅公司生产的SPD系列产品中的ASPFLDI-15/100型4极，熔断器用RT14或18型的4只（与保护器一对一），额定电流63A，分断电流35kA，用16 mm²铜软线接在电源进线端，出线端用25mm²铜软线接地排。

技术要求：
1. 元件的选用和安装应符合设计和标准要求。
2. 电流回路采用4.0mm²铜芯绝缘导线。
3. 电压回路采用2.5mm²铜芯绝缘导线。
4. 布线要横平竖直，线束扎紧无叠（绞）线，端头压紧牢固，元件代号标识清楚粘贴牢固。

注明：
1. 断路器的额定短路分断能力的选择，要根据本地区的电网网络阻抗或网络输出容量来计算确定，应由该工程项目的设计部门来确定。
2. 控制电源和取样电源一定要按标注的代号（位置）进行接线。
3. 本二次方案也适用于其他各种类型的抽屉式单电源进线柜。
4. 负荷故障跳闸时，首先将SA转至手动位置，待故障排除后，手动恢复正常供电。

备(通)附件登记		标记	处数	更改文件号	签 字	日期	GCK（直流操作）单电源进线柜二次原理图		QB/T.DZT080903.03Y			
描 图		设 计		标准化					图样标记	数量	重量	比例
描 校		绘 图		审 定								1:1
旧底图总号		审 核		批 准					共 2 张		第 1 张	
底图总号		工 艺		日 期			进线+计量(三相四线制有功计量)、3TA、断路器(CW1)、单电源供电，自动或手动操作。					
签 字									光盘页码：2-1046			
日 期												

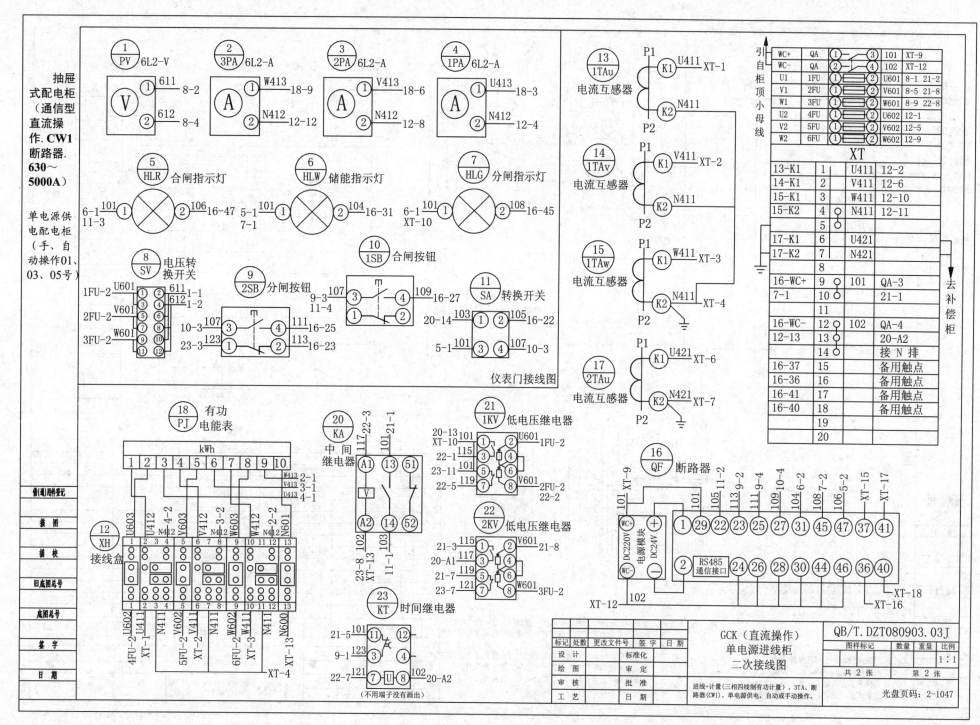

抽屉式配电柜（通信型直流操作. CW1 断路器. 630～5000A）

单电源供电配电柜（手、自动操作01、03、05号）

| 1 PV 6L2-V | 2 3PA 6L2-A | 3 2PA 6L2-A | 4 1PA 6L2-A |

仪表门接线图

GCK（直流操作）单电源进线柜二次接线图

QB/T.DZT080903.03J

| 标记 | 处数 | 更改文件号 | 签字 | 日期 |

设 计　标准化
绘 图　审 定
审 核　批 准
工 艺　日 期

进线+计量(三相四线制有功计量)、3TA、断路器(CW1)、单电源供电,自动或手动操作。

共 2 张　　第 2 张

光盘页码：2-1047

（不用端子没有画出）

备(通)用件标记
描　图
描　校
旧底图总号
底图总号
签　字
日　期

299

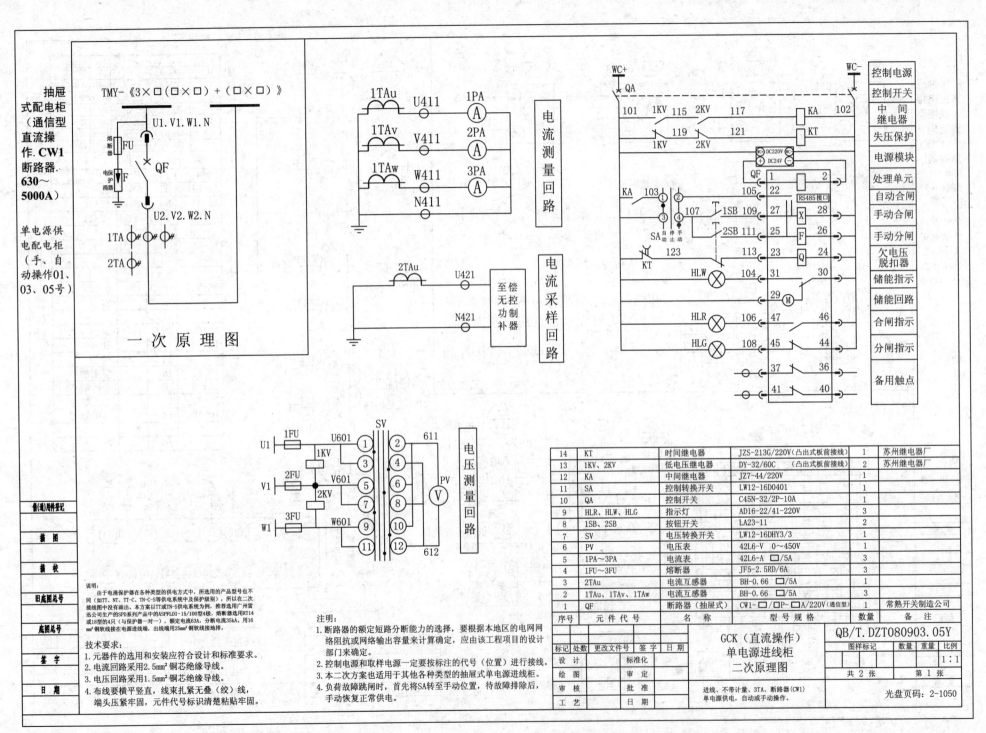

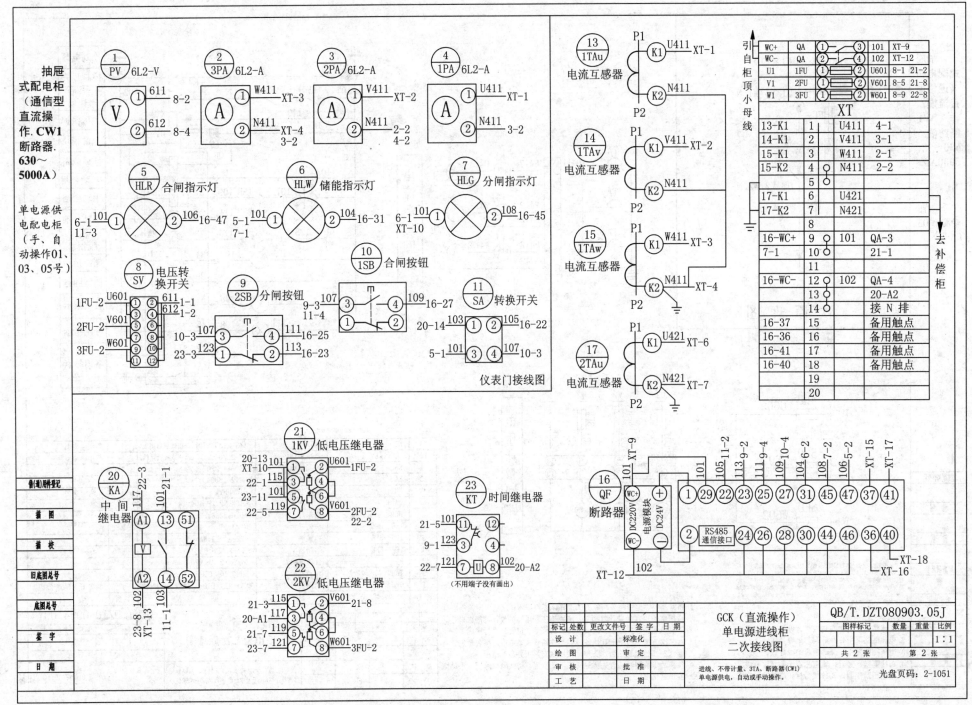

仪表门接线图

抽屉式配电柜（通信型直流操作.CW1断路器.630~5000A）

单电源供电配电柜（手、自动操作01、03、05号）

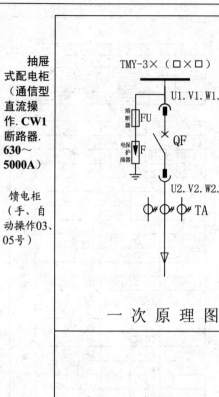

抽屉式配电柜（通信型直流操作.CW1断路器.630～5000A）

馈电柜（手、自动操作03、05号）

TMY-3×（□×□）

U1.V1.W1.N

熔断器 FU

FU

电保护涌器 F

QF

U2.V2.W2.N

TA

一次原理图

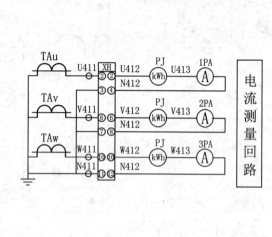

TAu U411 XH U412 PJ U413 1PA
kWh A
② ② N412

TAv V411 V412 PJ V413 2PA
kWh A
⑥ ⑥ N412

TAw W411 W412 PJ W413 3PA
kWh A
⑩ ⑩ N412
N411

电流测量回路

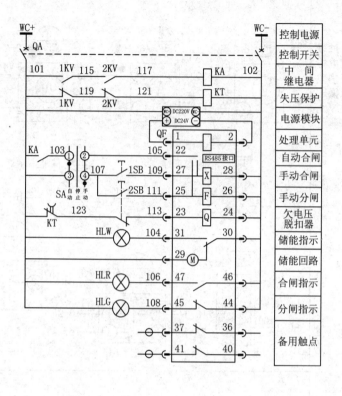

WC+ 控制电源
QA
控制开关
101 1KV 115 2KV 117 KA 102 中间继电器
119 121 KT 失压保护
1KV 2KV 电源模块
WC DC220V 处理单元
DC24V
QF 1 2 自动合闸
KA 103 ① ② 105 22 手动合闸
107 1SB 109 27 RS485接口 28 X 手动分闸
SA 自停手动止 2SB 111 25 F 26 欠电压脱扣器
123 113 23 Q 24
KT HLW 104 29 储能指示
30 M 储能回路
HLR 106 47 46 合闸指示
HLG 108 45 44 分闸指示
37 36
41 40 备用触点

控制电源
控制开关

电压计量回路

4FU U602
U1 1KV
5FU V602
V1 2KV
6FU W602
W1

U2 V2 W2 N
1FU 2FU 3FU
U601 V601 W601 N600
① ⑤ ⑨ ⑬
XH
① ⑤ ⑨ ⑬
U603 V603 W603 N601
kWh PJ kWh PJ kWh PJ

电压计量回路

说明：
由于电涌保护器在各种类型的供电方式中，所选用的产品型号也不同（如TT、NT、TT-C、TN-C-S等供电系统中及接地级别），所以在二次接线图中没有画出。本方案以TT或TN-S供电系统为例，推荐选用广州雷迅公司生产的SPD系列中的ASPFLD2-40/4P型，熔断器选用RT14或18型的4只（与保护器一对一），额定电流32A，分断电流10kA，用10mm²铜绞线接在电源进线端，出线端用16mm²铜软线接地排。

技术要求：
1. 元器件的选用和安装应符合设计和标准要求。
2. 电流回路采用4.0mm²铜芯绝缘导线。
3. 电压回路采用2.5mm²铜芯绝缘导线。
4. 布线要横平竖直，线束扎紧无叠（绞）线，端头压紧牢固，元件代号标识清楚粘贴牢固。

注明：
1. 断路器的额定短路分断能力的选择，要根据本地区的电网网络阻抗或网络输出容量来计算，应由该工程项目的设计部门来确定。
2. 控制电源和取样电源一定要按标注的代号（位置）进行接线。
3. 本二次方案也适用于其他各种类型的抽屉式馈电柜，小容量的断路器（2～3台组装一台，各单元接线独立）并装抽屉柜。
4. 负荷故障跳闸时，首先将SA转至手动位置，待故障排除后，手动恢复正常供电。

13	KT	时间继电器	JZS-213G/220V(凸出式板前接线)	1	苏州继电器厂
12	1KV、2KV	低电压继电器	DY-32/60C（凸出式板前接线）	2	苏州继电器厂
11	KA	中间继电器	JZ7-44/220V	1	
10	SA	控制转换开关	LW12-16D0401	1	
9	XH	接线盒	FJ6/DFY1	1	乐清海燕公司
8	QA	控制开关	C45N-32/2P-10A	1	
7	HLR、HLW、HLG	指示灯	AD16-22/41-220V	3	
6	1SB、2SB	按钮开关	LA23-11	2	
5	1PA～3PA	电流表	6L2-A □/5A	3	
4	1FU～6FU	熔断器	JF5-2.5RD/6A	6	
3	PJ	有功电能表	DT862-2/3×220/380V	3	
2	TAu、TAv、TAw	电流互感器	BH-0.66 □/5A	3	
1	QF	断路器（抽屉式）	CW1-□/□P-□A/220V（通信型）	1	常熟开关制造公司
序号	元件代号	名 称	型 号 规 格	数量	备 注

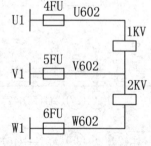

借(通)用件登记
描 图
描 校
旧底图总号
底图总号
签 字
日 期

标记	处数	更改文件号	签字	日期			
设 计		标准化					
绘 图		审 定					
审 核		批 准					
工 艺		日 期					

GCK（直流操作）馈电柜二次原理图

馈电+计量（三相四线制有功计量）、断路器（CW1）、3TA、不带电压表、自动或手动操作。

QB/T.DZT080904.03Y

图样标记		数量	重量	比例
				1:1
共 2 张		第 1 张		

光盘页码：2-1058

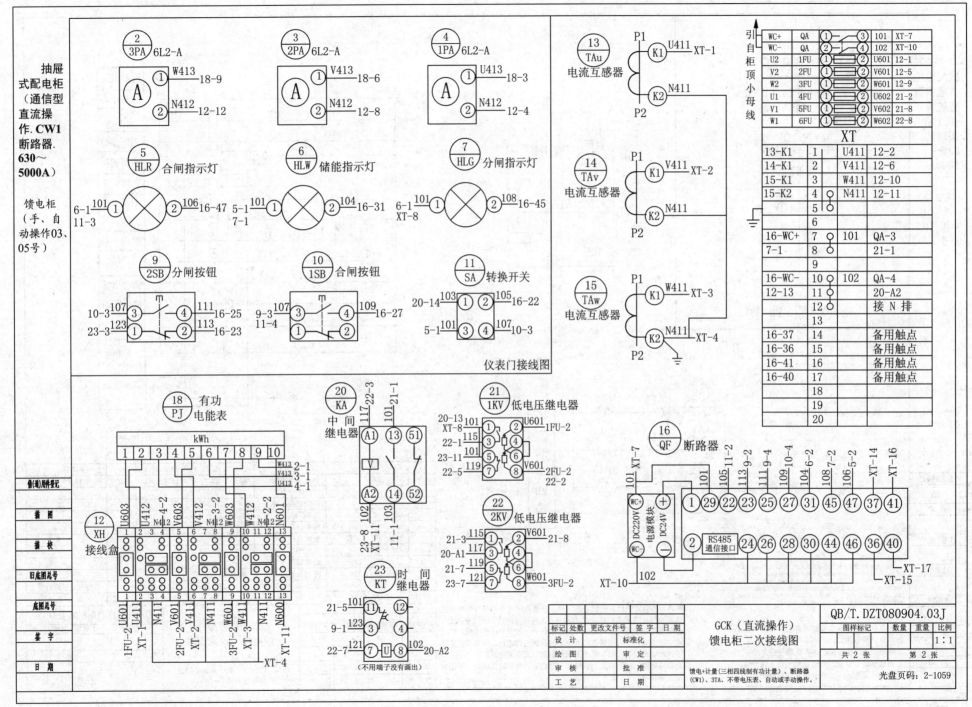

仪表门接线图

GCK（直流操作）
馈电柜二次接线图

QB/T.DZT080904.03J

馈电+计量(三相四线制有功计量)、断路器
(CW1)、3TA、不带电压表、自动或手动操作。

光盘页码：2-1059

共 2 张　第 2 张

303

抽屉式配电柜（通信型直流操作.CW1断路器.630～5000A）

馈电柜（手、自动操作03、05号）

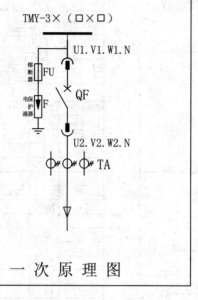

TMY-3×（□×□）

U1.V1.W1.N

熔断器 FU
电保护涌器 F
QF
U2.V2.W2.N
TA

一 次 原 理 图

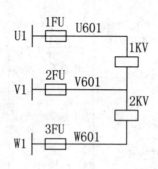

U1 — 1FU — U601 — 1KV
V1 — 2FU — V601 — 2KV
W1 — 3FU — W601

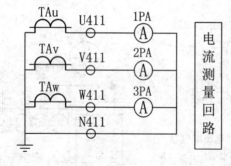

TAu U411 1PA (A)
TAv V411 2PA (A)
TAw W411 3PA (A)
N411

电流测量回路

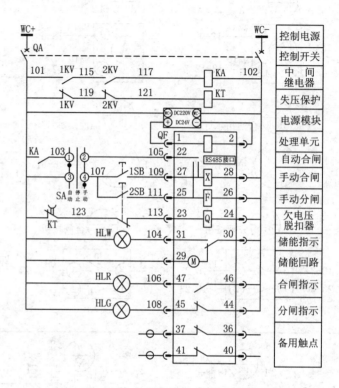

| 控制电源 |
| 控制开关 |
| 中间继电器 |
| 失压保护 |
| 电源模块 |
| 处理单元 |
| 自动合闸 |
| 手动合闸 |
| 手动分闸 |
| 欠电压脱扣器 |
| 储能指示 |
| 储能回路 |
| 合闸指示 |
| 分闸指示 |
| 备用触点 |

说明：
由于电涌保护器在各种类型的供电方式中，所选用的产品型号也不同（如TT、NT、TT-C、TN-C-S等供电系统中及保护级别），所以在二次接线图中没有画出。本方案以TT或TN-S供电系统为例，推荐选用广州雷迅公司生产的SPD系列产品中的ASPFLD2-40/4P型，熔断器选用RT14或18型的4只（与保护器一对一），额定电流32A，分断电流10kA，用10mm²铜软线接在电源进线端，出线端用16mm²铜软线接地排。

技术要求：
1. 元器件的选用和安装应符合设计和标准要求。
2. 电流回路采用2.5mm²铜芯绝缘导线。
3. 电压回路采用1.5mm²铜芯绝缘导线。
4. 布线要横平竖直，线束扎紧无叠（绞）线，端头压紧牢固，元件代号标识清楚粘贴牢固。

注明：
1. 断路器的额定短路分断能力的选择，要根据本地区的电网网络阻抗或网络输出容量来计算确定，应由该工程项目的设计部门来确定。
2. 控制电源和取样电源一定要按标注的代号（位置）进行接线。
3. 本二次方案也适用于其他各种类型的抽屉式馈电柜，小容量的断路器（2～3台组装一台，各单元接线独立）可并装抽屉柜。
4. 负荷故障跳闸时，首先将SA转至手动位置，待故障排除后，手动恢复正常供电。

11	KT	时间继电器	JZS-213G/220V（凸出式板前接线）	1	苏州继电器厂
10	1KV、2KV	低电压继电器	DY-32/60C （凸出式板前接线）	2	苏州继电器厂
9	KA	中间继电器	JZ7-44/220V	1	
8	SA	控制转换开关	LW12-16D0401	1	
7	QA	控制开关	C45N-32/2P-10A	1	
6	HLR、HLW、HLG	指示灯	AD16-22/41-220V	3	
5	1SB、2SB	按钮开关	LA23-11	2	
4	1PA～3PA	电流表	6L2-A □/5A	3	
3	1FU～3FU	熔断器	JF5-2.5RD/6A	3	
2	TAu、TAv、TAw	电流互感器	BH-0.66 □/5A	3	
1	QF	断路器（抽屉式）	CW1-□/□P-□A/220V（通信型）	1	常熟开关制造公司
序号	元件代号	名 称	型 号 规 格	数量	备 注

备（注）用附注记				
换 图				
描 校				
旧底图总号				
底图号				
签 字				
日 期				

| 标记 | 处数 | 更改文件号 | 签字 | 日期 |

设 计 ｜ 标准化
绘 图 ｜ 审 定
审 核 ｜ 批 准
工 艺 ｜ 日 期

馈电、不带计量、3TA、断路器（CW1）不带电压表、自动或手动操作。

QB/T.DZT080904.05Y

GCK（直流操作）馈电柜二次原理图

| 图样标记 | 数量 | 重量 | 比例 |
| | | | 1:1 |

共 2 张　第 1 张

光盘页码：2-1062

WC+ QA
101 1KV 115 2KV 117 KA 102
119 121 KT
1KV 2KV
DC220V
DC24V
QF 1 2
KA 103 1 2 105 22
3 4 107 1SB 109 27 X 28
SA 自停手动止动 2SB 111 25 F 26
123 113 23 Q 24
KT
HLW 104 31 30
29 M
HLR 106 47 46
HLG 108 45 44
37 36
41 40
WC-
RS485接口

304

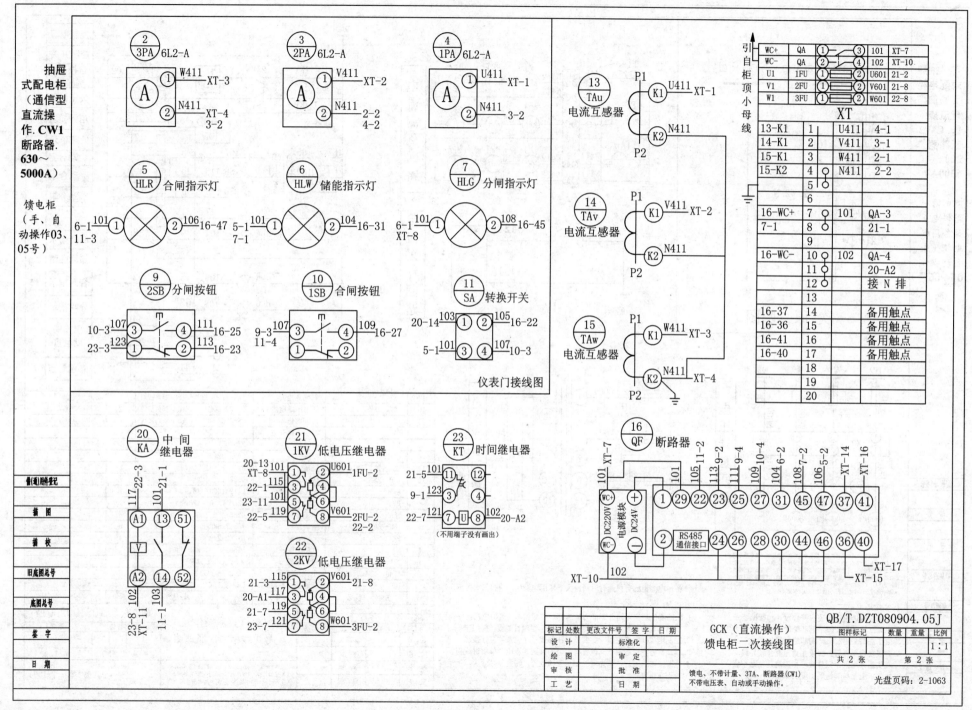

仪表门接线图

GCK（直流操作）
馈电柜二次接线图

QB/T.DZT080904.05J

馈电、不带计量、3TA、断路器(CW1)
不带电压表、自动或手动操作。

共 2 张   第 2 张

1:1

光盘页码：2-1063

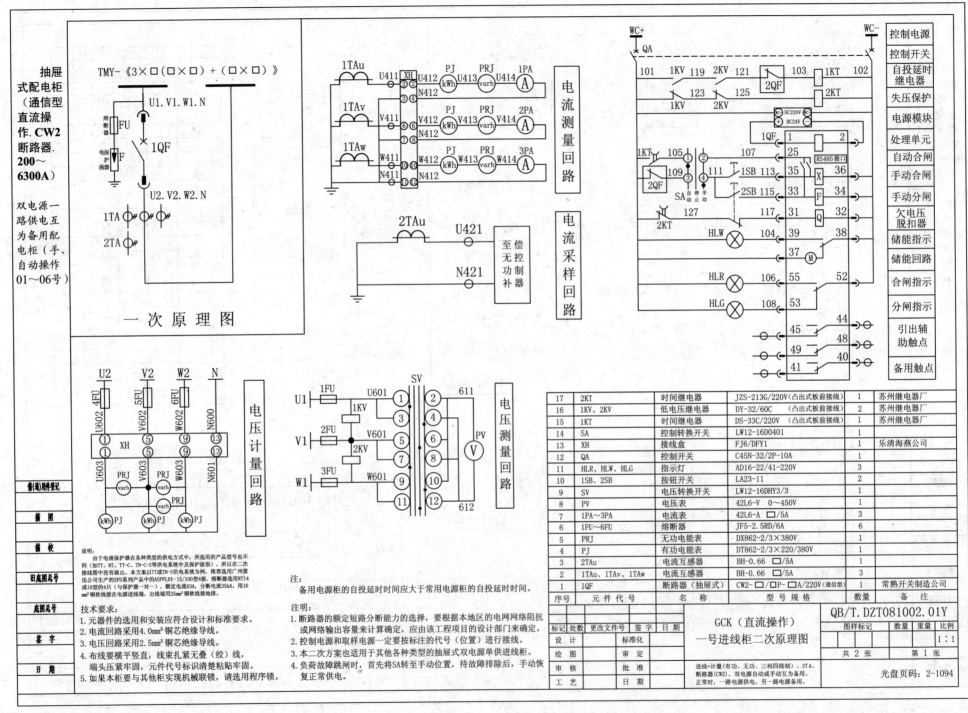

抽屉式配电柜（通信型直流操作.CW2断路器.200～6300A）

双电源一路供电互为备用配电柜（手、自动操作01～06号）

TMY-《3×□(□×□)+(□×□)》

U1.V1.W1.N

U2.V2.W2.N

一次原理图

电流测量回路

电流采样回路

电压计量回路

电压测量回路

控制电源
控制开关
自投延时继电器
失压保护
电源模块
处理单元
自动合闸
手动合闸
手动分闸
欠电压脱扣器
储能指示
储能回路
合闸指示
分闸指示
引出辅助触点
备用触点

17	2KT	时间继电器	JZS-213G/220V(凸出式板前接线)	1	苏州继电器厂
16	1KV、2KV	低电压继电器	DY-32/60C(凸出式板前接线)	2	苏州继电器厂
15	1KT	时间继电器	DS-33C/220V(凸出式板前接线)	1	苏州继电器厂
14	SA	控制转换开关	LW12-16D0401	1	
13	XH	接线盒	FJ6/DFY1	1	乐清海燕公司
12	QA	控制开关	C45N-32/2P-10A	1	
11	HLR、HLW、HLG	指示灯	AD16-22/41-220V	3	
10	1SB、2SB	按钮开关	LA23-11	2	
9	SV	电压转换开关	LW12-16DHY3/3	1	
8	PV	电压表	42L6-V 0～450V	1	
7	1PA～3PA	电流表	42L6-A □/5A	3	
6	1FU～6FU	熔断器	JF5-2.5RD/6A	6	
5	PRJ	无功电能表	DX862-2/3×380V	1	
4	PJ	有功电能表	DT862-2/3×220/380V	1	
3	2TAu	电流互感器	BH-0.66 □/5A	1	
2	1TAu、1TAv、1TAw	电流互感器	BH-0.66 □/5A	3	
1	1QF	断路器（抽屉式）	CW2-□/□P-□A/220V(通信型)	1	常熟开关制造公司
序号	元件代号	名　称	型号规格	数量	备注

说明：
由于电涌保护器在各种类型的供电方式中，所选用的产品型号也不同（如TT、NT、TT-C、TN-C-S等供电系统中及保护级别），所以在二次接线图中没有画出。本方案以TT或IN-S供电系统为例，推荐选用广州雷迅公司生产的SPD系列产品中的ASPFLDI-15/100型4极，熔断器选用RT14或18型的4只（与保护器一对一），额定电流63A，分断电流35kA。用16mm²铜软线接在电源进线端，出线端用25mm²铜软线接地排。

技术要求：
1. 元器件的选用和安装应符合设计和标准要求。
2. 电流回路采用4.0mm²铜芯绝缘导线。
3. 电压回路采用2.5mm²铜芯绝缘导线。
4. 布线要横平竖直，线束扎紧无叠（绞）线，端头压紧牢固，元件代号标识清楚粘贴牢固。
5. 如果本柜要与其他柜实现机械联锁，请选用程序锁。

注：
备用电源柜的自投延时时间应大于常用电源柜的自投延时时间。

注明：
1. 断路器的额定短路分断能力的选择，要根据本地区的电网网络阻抗或网络输出容量来计算确定，应由该工程项目的设计部门来确定。
2. 控制电源和取样电源一定要按标注的代号（位置）进行接线。
3. 本二次方案也适用于其他各种类型的抽屉式双电源单供进线柜。
4. 负荷故障跳闸时，首先将SA转至手动位置，待故障排除后，手动恢复正常供电。

管(通)理样登记							
描　图							
描　校							
日底图总号							
底图总号							
签　字							
日　期							

GCK（直流操作）一号进线柜二次原理图

QB/T.DZT081002.01Y

图样标记	数量	重量	比例
			1:1

标记 处数 更改文件号 签字 日期

设计　标准化
绘图　审定
审核　批准
工艺　日期

共 2 张　第 1 张

进线+计量(有功、无功、三相四线制)、3TA、断路器(CW2)、双电源自动或手动互为备用、正常时，一路电源供电，另一路电源备用。

光盘页码：2-1094

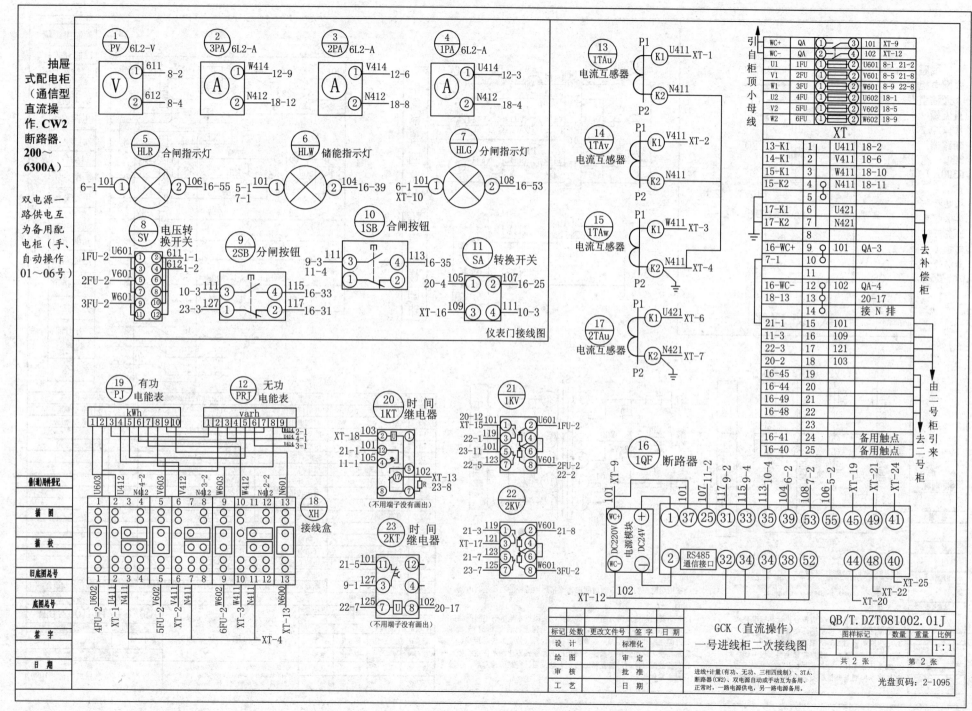

抽屉式配电柜（通信型直流操作.CW2断路器.200～6300A）

双电源一路供电互为备用配电柜（手、自动操作01～06号）

仪表门接线图

GCK（直流操作）一号进线柜二次接线图

QB/T.DZT081002.01J

进线+计量(有功、无功、三相四线制)、3TA、断路器(CW2)、双电源自动或手动互为备用、正常时，一路电源供电，另一路电源备用。

光盘页码：2-1095

共 2 张　第 2 张　比例 1:1

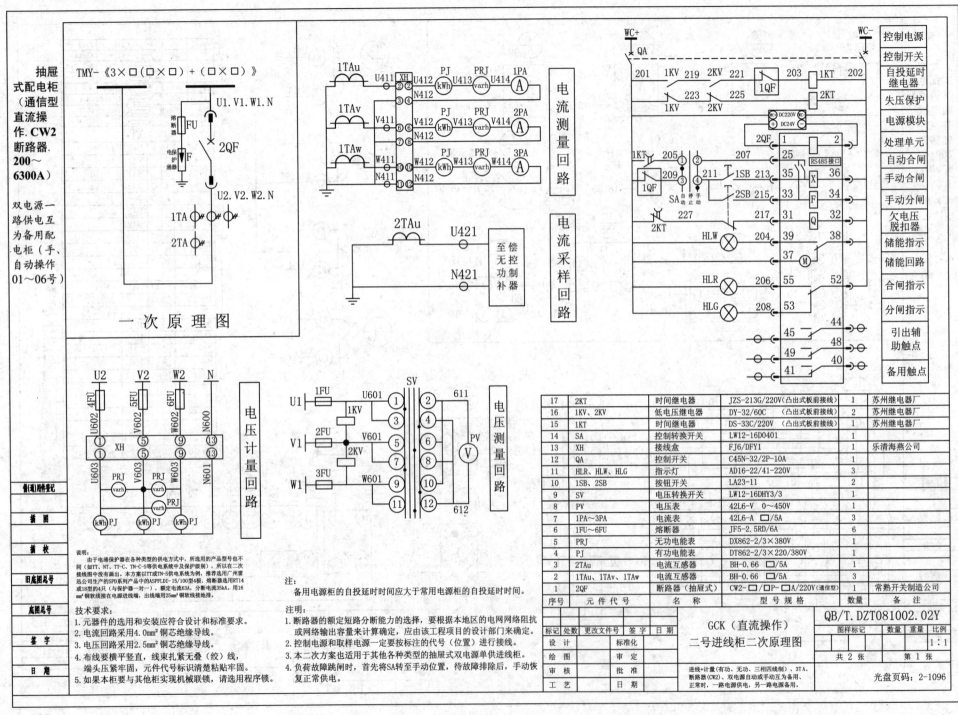

抽屉式配电柜（通信型直流操作. CW2断路器. 200~6300A）

双电源一路供电互为备用配电柜（手、自动操作01~06号）

TMY-《3×□(□×□)+(□×□)》

一次原理图

电流测量回路

电流采样回路

电压计量回路

电压测量回路

序号	元件代号	名 称	型 号 规 格	数量	备 注
17	2KT	时间继电器	JZS-213G/220V（凸出式板前接线）	1	苏州继电器厂
16	1KV、2KV	低电压继电器	DY-32/60C （凸出式板前接线）	2	苏州继电器厂
15	1KT	时间继电器	DS-33C/220V（凸出式板前接线）	1	苏州继电器厂
14	SA	控制转换开关	LW12-16D0401	1	
13	XH	接线盒	FJ6/DFY1	1	乐清海燕公司
12	QA	控制开关	C45N-32/2P-10A	1	
11	HLR、HLW、HLG	指示灯	AD16-22/41-220V	3	
10	1SB、2SB	按钮开关	LA23-11	2	
9	SV	电压转换开关	LW12-16DHY3/3	1	
8	PV	电压表	42L6-V 0~450V	1	
7	1PA~3PA	电流表	42L6-A □/5A	3	
6	1FU~6FU	熔断器	JF5-2.5RD/6A	6	
5	PRJ	无功电能表	DX862-2/3×380V	1	
4	PJ	有功电能表	DT862-2/3×220/380V	1	
3	2TAu	电流互感器	BH-0.66 □/5A	1	
2	1TAu、1TAv、1TAw	电流互感器	BH-0.66 □/5A	3	
1	2QF	断路器（抽屉式）	CW2-□/□P-□A/220V（通信型）	1	常熟开关制造公司

控制电源
控制开关
自投延时继电器
失压保护
电源模块
处理单元
自动合闸
手动合闸
手动分闸
欠电压脱扣器
储能指示
储能回路
合闸指示
分闸指示
引出辅助触点
备用触点

说明：
由于电涌保护器在各种类型的供电方式中，所选用的产品型号也不同（如TT、NT、TT-C、TN-C-S等供电系统中及保护级别），所以在二次接线图中没有画出。本方案以TT或TN-S电系统为例，推荐选用广州雷迅公司生产的SPD系列产品中的ASPFLDI-15/100型4极，熔断器选用RT14或18型的4只（与保护器一对一），额定电流63A，分断电流35kA，用16mm²铜软线接在电源进线端，出线端用25mm²铜软线接地排。

技术要求：
1. 元器件的选用和安装应符合设计和标准要求。
2. 电流回路采用4.0mm²铜芯绝缘导线。
3. 电压回路采用2.5mm²铜芯绝缘导线。
4. 布线要横平竖直，线束扎紧无叠（绞）线，端头压紧牢固，元件代号标识清楚粘贴牢固。
5. 如果本柜要与其他柜实现机械联锁，请选用程序锁。

注：
备用电源柜的自投延时时间应大于常用电源柜的自投延时时间。

注明：
1. 断路器的额定短路分断能力的选择，要根据本地区的电网网络阻抗或网络输出容量来计算确定，应由该工程项目的设计部门来确定。
2. 控制电源和取样电源一定要按标注的代号（位置）进行接线。
3. 本二次方案也适用于其他各种类型的抽屉式双电源单供进线柜。
4. 负荷故障跳闸时，首先将SA转至手动位置，待故障排除后，手动恢复正常供电。

GCK（直流操作）
二号进线柜二次原理图

QB/T.DZT081002.02Y

标记	处数	更改文件号	签字	日期			图样标记	数量	重量	比例
设 计		标准化								1:1
绘 图		审 定					共 2 张		第 1 张	

进线+计量（有功、无功、三相四线制）、3TA、断路器（CW2）、双电源自动或手动互为备用、正常时，一路电源供电，另一路电源备用。

光盘页码：2-1096

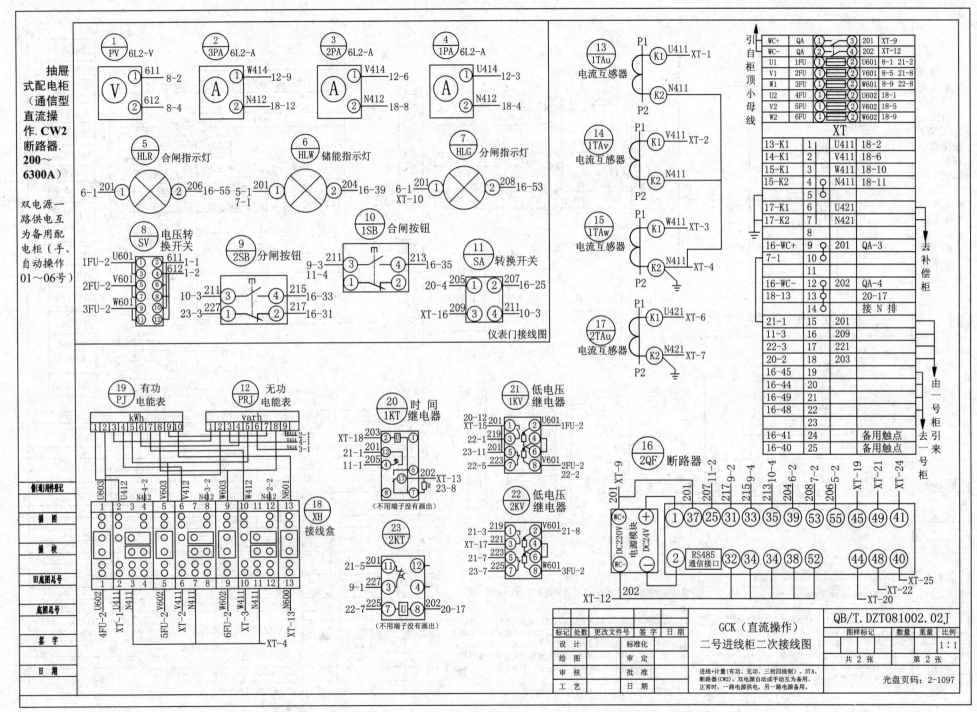

GCK（直流操作）
二号进线柜二次接线图

QB/T.DZT081002.02J

进线+计量（有功、无功、三相四线制）、3TA、断路器（CW2）、双电源自动或手动互为备用、正常时，一路电源供电，另一路电源备用。

共 2 张　　第 2 张

光盘页码：2-1097

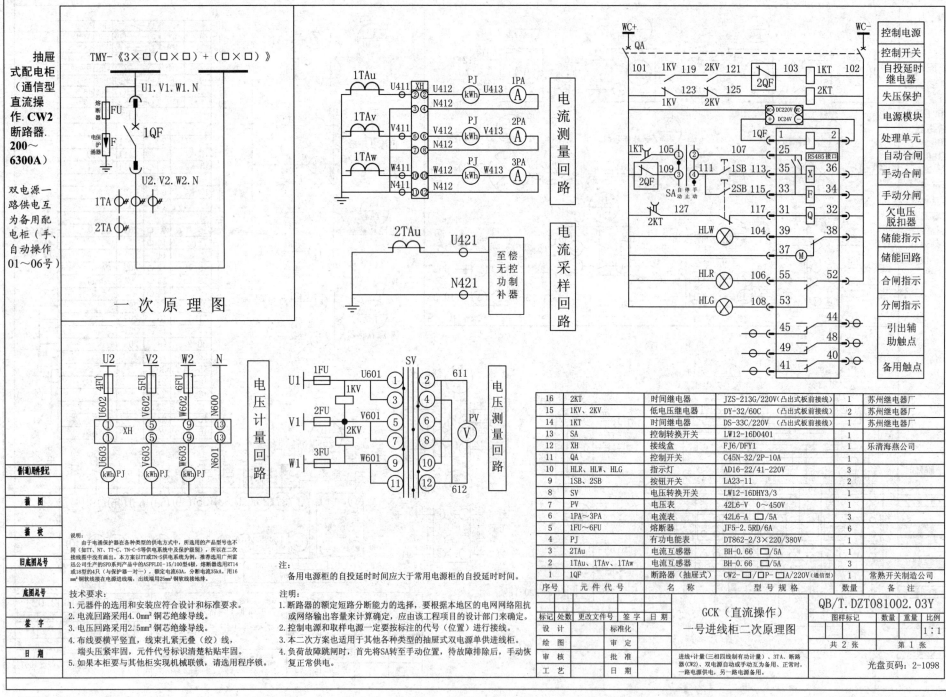

一 次 原 理 图

电流测量回路

电流采样回路

电压计量回路

电压测量回路

抽屉式配电柜（通信型直流操作. CW2断路器. 200～6300A）

双电源一路供电互为备用配电柜（手、自动操作01～06号）

TMY-《3×□(□×□)+(□×□)》

控制电源
控制开关
自投延时继电器
失压保护
电源模块
处理单元
自动合闸
手动合闸
手动分闸
欠电压脱扣器
储能指示
储能回路
合闸指示
分闸指示
引出辅助触点
备用触点

说明：
由于电涌保护器在各种类型的供电方式中，所选用的产品型号也不同（如TT、NT、TT-C、TN-C-S等供电系统中及保护级别），所以此二次接线图中没有画出。本方案以TT或TN-S供电系统为例，推荐选用广州雷迅公司生产的SPD系列产品中的ASPFLDI-15/100型4极，熔断器选用RT14或18型的4只（与保护器一对一），额定电流63A，分断电流35kA。用16 mm²铜软线接在电源进线端，出线端用25mm²铜软线接地排。

注：
备用电源柜的自投延时时间应大于常用电源柜的自投延时时间。

技术要求：
1. 元器件的选用和安装应符合设计和标准要求。
2. 电流回路采用4.0mm²铜芯绝缘导线。
3. 电压回路和取样采用2.5mm²铜芯绝缘导线。
4. 布线要横平竖直，线束扎紧无叠（绞）线，端头压紧牢固，元件代号标识清楚粘贴牢固。
5. 如果本柜要与其他柜实现机械联锁，请选用程序锁。

注明：
1. 断路器的额定短路分断能力的选择，要根据本地区的电网网络阻抗或网络输出容量来计算确定，应由该工程项目的设计部门来确定。
2. 控制电源和取样电源一定要按标注的代号（位置）进行接线。
3. 本二次方案也适用于其他各种类型的抽屉式双电源单供进线柜。
4. 负荷故障跳闸时，首先将SA转至手动位置，待故障排除后，手动恢复正常供电。

16	2KT	时间继电器	JZS-213G/220V(凸出式板前接线)	1	苏州继电器厂
15	1KV、2KV	低电压继电器	DY-32/60C(凸出式板前接线)	2	苏州继电器厂
14	1KT	时间继电器	DS-33C/220V(凸出式板前接线)	1	苏州继电器厂
13	SA	控制转换开关	LW12-16D0401	1	
12	XH	接线盒	FJ6/DFY1	1	乐清海燕公司
11	QA	控制开关	C45N-32/2P-10A	1	
10	HLR、HLW、HLG	指示灯	AD16-22/41-220V	3	
9	1SB、2SB	按钮开关	LA23-11	2	
8	SV	电压转换开关	LW12-16DHY3/3	1	
7	PV	电压表	42L6-V 0～450V	1	
6	1PA～3PA	电流表	42L6-A □/5A	3	
5	1FU～6FU	熔断器	JF5-2.5RD/6A	6	
4	PJ	有功电能表	DT862-2/3×220/380V	3	
3	2TAu	电流互感器	BH-0.66 □/5A	1	
2	1TAu、1TAv、1TAw	电流互感器	BH-0.66 □/5A	3	
1	1QF	断路器(抽屉式)	CW2-□/□P-□A/220V(通信型)	1	常熟开关制造公司
序号	元件代号	名 称	型 号 规 格	数量	备 注

营(通)用件登记

描图
描校
旧底图总号
底图总号
签字
日期

标记	处	更改文件号	签字	日期
设 计			标准化	
绘 图			审 定	
审 核			批 准	
工 艺			日 期	

GCK（直流操作）
一号进线柜二次原理图

QB/T. DZT081002.03Y

图样标记		数量	重量	比例
				1:1

共 2 张　　第 1 张

进线+计量(三相四线制有功计量)、3TA、断路器(CW2)、双电源自动或手动互为备用。正常时，一路电源供电，另一路电源备用。

光盘页码：2-1098

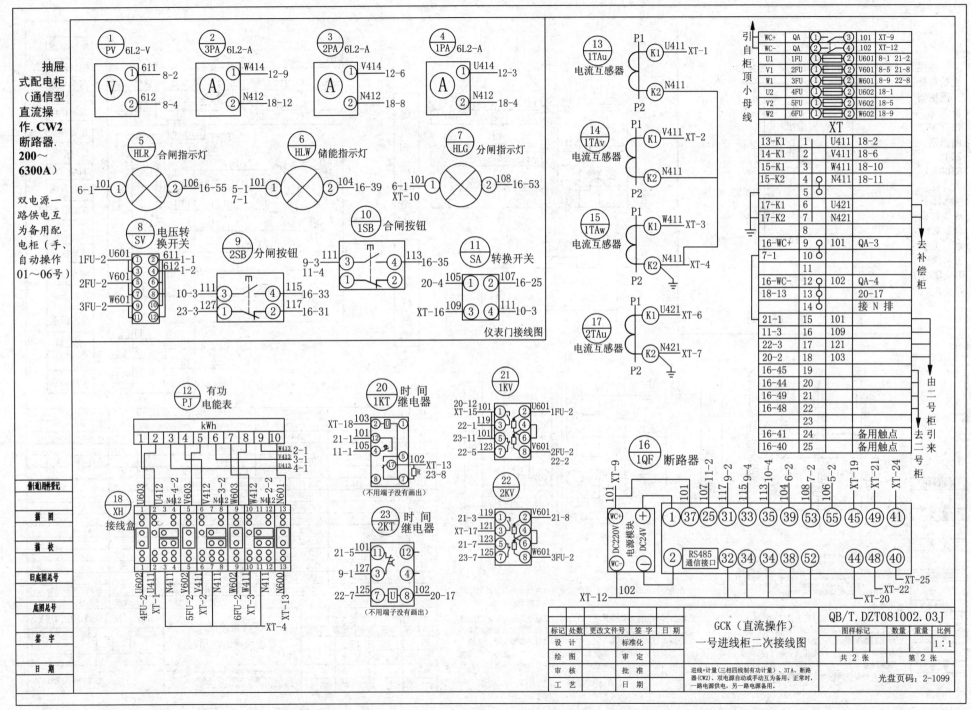

GCK（直流操作）
一号进线柜二次接线图

QB/T.DZT081002.03J

进线+计量(三相四线制有功计量)、3TA、断路器(CW2)、双电源自动或手动互为备用，正常时，一路电源供电，另一路电源备用。

光盘页码：2-1099

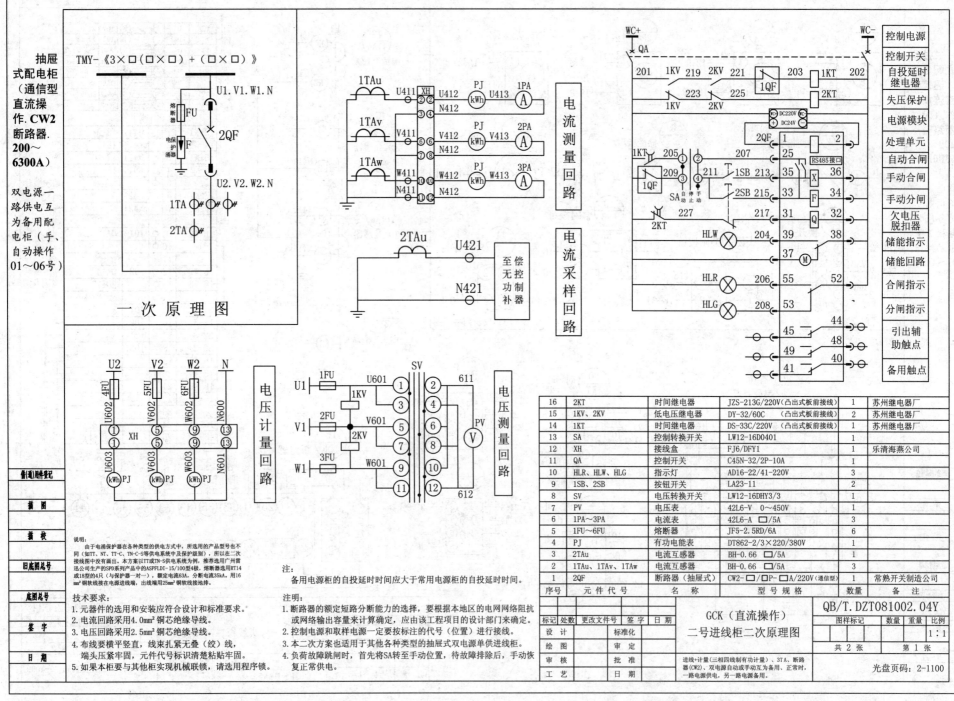

抽屉式配电柜（通信型直流操作. CW2 断路器. 200～6300A）

双电源一路供电互为备用配电柜（手、自动操作01～06号）

TMY-《3×□(□×□)+(□×□)》

一次原理图

说明：
　由于电涌保护器在各种类型的供电方式中，所选用的产品型号也不同（如TT、NT、TT-C、TN-C-S等供电系统中与保护级别），所以在此二次接线图中没有画出。本方案以TT或TN-S供电系统为例，推荐选用广州雷迅公司生产的SPD系列产品中的ASPFLDI-15/100型4级。熔断器选用RT14或18型的4只（与保护器一对一），额定电流63A，分断电流35kA。用16mm² 铜软线接在电源进线端，出线端用25mm² 铜软线接地排。

技术要求：
1. 元器件的选用和安装应符合设计和标准要求。
2. 电流回路采用4.0mm² 铜芯绝缘导线。
3. 电压回路采用2.5mm² 铜芯绝缘导线。
4. 布线要横平竖直，束扎紧无叠（绞）线，端头压紧牢固，元件代号标识清楚粘贴牢固。
5. 如果本柜要与其他柜实现机械联锁，请选用程序锁。

注：
备用电源柜的自投延时时间应大于常用电源柜的自投延时时间。

注明：
1. 断路器的额定短路分断能力的选择，要根据本地区的电网网络阻抗或网络输出容量来计算确定，应由该工程项目的设计部门来确定。
2. 控制电源和取样电源一定要按标注的代号（位置）进行接线。
3. 本二次方案也适用于其他各种类型的抽屉式双电源单供进线柜。
4. 负荷故障跳闸时，首先将SA转至手动位置，待故障排除后，手动恢复正常供电。

电流测量回路

电流采样回路

电压计量回路

电压测量回路

控制电源
控制开关
自投延时继电器
失压保护
电源模块
处理单元
自动合闸
手动合闸
手动分闸
欠电压脱扣器
储能指示
储能回路
合闸指示
分闸指示
引出辅助触点
备用触点

16	2KT	时间继电器	JZS-213G/220V（凸出式板前接线）	1	苏州继电器厂
15	1KV、2KV	低电压继电器	DY-32/60C（凸出式板前接线）	2	苏州继电器厂
14	1KT	时间继电器	DS-33C/220V（凸出式板前接线）	1	苏州继电器厂
13	SA	控制转换开关	LW12-16D0401	1	
12	XH	接线盒	FJ6/DFY1	1	乐清海燕公司
11	QA	控制开关	C45N-32/2P-10A	1	
10	HLR、HLW、HLG	指示灯	AD16-22/41-220V	3	
9	1SB、2SB	按钮开关	LA23-11	2	
8	SV	电压转换开关	LW12-16DHY3/3	1	
7	PV	电压表	42L6-V 0～450V	1	
6	1PA～3PA	电流表	42L6-A □/5A	3	
5	1FU～6FU	熔断器	JF5-2.5RD/6A	6	
4	PJ	有功电能表	DT862-2/3×220/380V	1	
3	2TAu	电流互感器	BH-0.66 □/5A	1	
2	1TAu、1TAv、1TAw	电流互感器	BH-0.66 □/5A	3	
1	2QF	断路器（抽屉式）	CW2-□/□P-□A/220V（通信型）	1	常熟开关制造公司
序号	元件代号	名称	型号规格	数量	备注

信(通)用标记					
描 图					
描 校					
旧底图总号					
底图总号					
签 字					
日 期					

GCK（直流操作）二号进线柜二次原理图

QB/T.DZT081002.04Y

图样标记　数量　重量　比例　1:1

标记	处数	更改文件号	签字	日期
设 计		标准化		
绘 图		审 定		
审 核		批 准		
工 艺		日 期		

进线+计量（三相四线有功计量）、3TA、断路器（CW2）、双电源自动或手动互为备用，正常时，一路电源供电，另一路电源备用。

共 2 张　第 1 张

光盘页码：2-1100

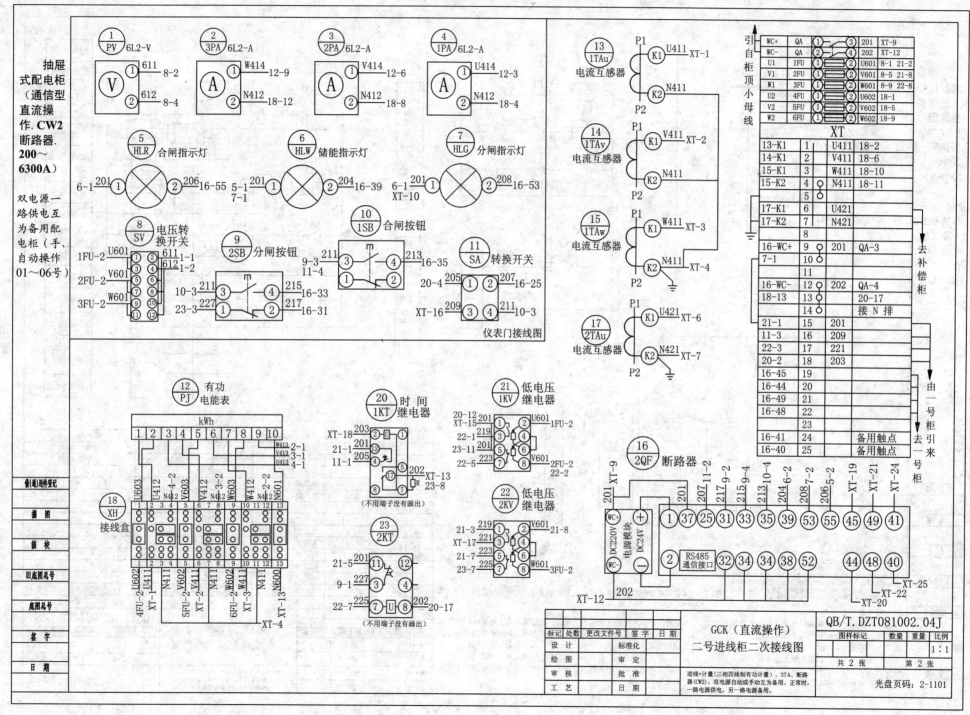

抽屉式配电柜（通信型直流操作.CW2断路器.200～6300A）

双电源一路供电互为备用配电柜（手、自动操作01～06号）

仪表门接线图

（不用端子没有画出）

（不用端子没有画出）

GCK（直流操作）二号进线柜二次接线图

QB/T.DZT081002.04J

进线+计量（三相四线制有功计量）、3TA、断路器（CW2）、双电源自动或手动互为备用、正常时、一路电源供电，另一路电源备用。

标记	处数	更改文件号	签字	日期
设 计			标准化	
绘 图			审 定	
审 核			批 准	
工 艺			日 期	

图样标记　　数量　重量　比例　1:1

共 2 张　　第 2 张

光盘页码：2-1101

313

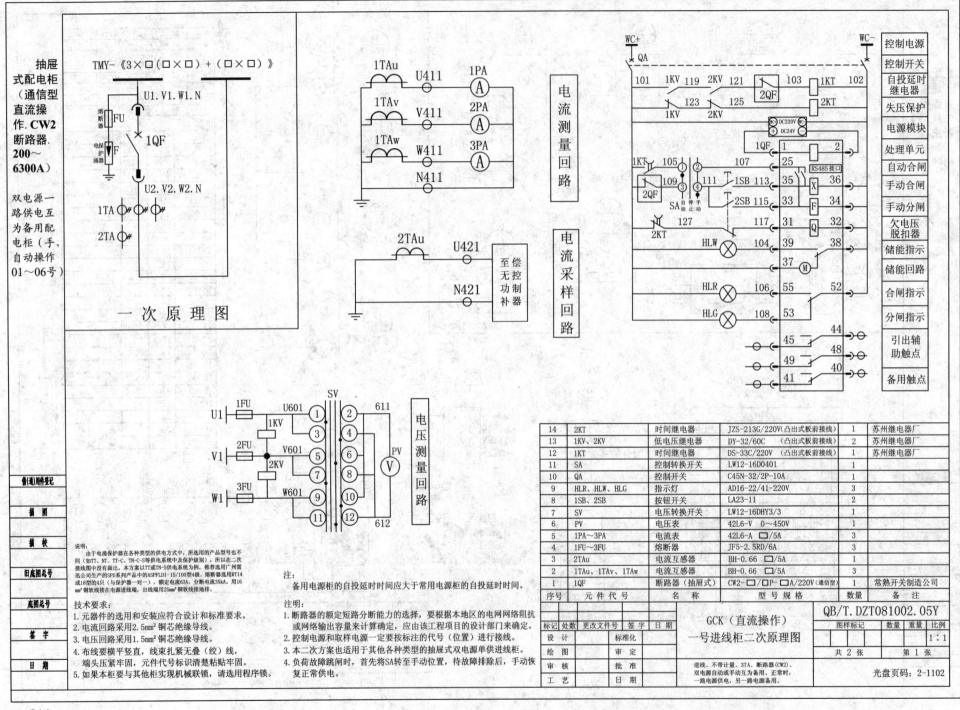

抽屉式配电柜（通信型直流操作.CW2断路器.200～6300A）

双电源一路供电互为备用配电柜（手、自动操作01～06号）

TMY-《3×□(□×□)+(□×□)》

U1.V1.W1.N

熔断器 FU
电涌保护器 F
1QF

U2.V2.W2.N

1TA
2TA

一次原理图

1TAu U411 1PA Ⓐ
1TAv V411 2PA Ⓐ
1TAw W411 3PA Ⓐ
N411

电流测量回路

2TAu U421
N421
至无功控制补偿器

电流采样回路

电压测量回路

U1 1FU U601 1 2 611
1KV 3 4
V1 2FU V601 5 6 PV Ⓥ
2KV 7 8
W1 3FU W601 9 10 612
11 12
SV

WC+ QA
WC-

控制电源
控制开关
自投延时继电器
失压保护
电源模块
处理单元
自动合闸
手动合闸
手动分闸
欠电压脱扣器
储能指示
储能回路
合闸指示
分闸指示
引出辅助触点
备用触点

说明：
由于电涌保护器在各种类型的供电方式中，所选用的产品型号也不同（如TT、NT、TT-C、TN-C-S等供电系统中及保护级别），所以在二次接线图中没有画出。在本方案以TT或TN-S供电系统为例，推荐选用广州雷迅公司生产的SPD系列产品中的ASPFLD1-15/100型4极，熔断器选用RT14或18型的4只（与保护器一对一），额定电流63A，分断电流35kA，用16mm²铜软线线接在电源进线端，出线端用25mm²铜软线接地排。

技术要求：
1. 元器件的选用和安装应符合设计和标准要求。
2. 电流回路采用2.5mm²铜芯绝缘导线。
3. 电压回路采用1.5mm²铜芯绝缘导线。
4. 布线要横平竖直，线束扎紧无叠（绞）线，端头压紧牢固，元件代号标识清楚粘贴牢固。
5. 如果本柜要与其他柜实现机械联锁，请选用程序锁。

注：
备用电源柜的自投延时时间应大于常用电源柜的自投延时时间。

注明：
1. 断路器的额定短路分断能力的选择，要根据本地区的电网网络阻抗或网络输出容量来计算确定，应由该工程项目的设计部门来确定。
2. 控制电源和取样电源一定要按标注的代号（位置）进行接线。
3. 本二次方案也适用于其他各种类型的抽屉式双电源单供进线柜。
4. 负荷故障跳闸时，首先将SA转至手动位置，待故障排除后，手动恢复正常供电。

14	2KT	时间继电器	JZS-213G/220V(凸出式板前接线)	1	苏州继电器厂
13	1KV、2KV	低电压继电器	DY-32/60C　（凸出式板前接线）	2	苏州继电器厂
12	1KT	时间继电器	DS-33C/220V（凸出式板前接线）	1	苏州继电器厂
11	SA	控制转换开关	LW12-16D0401	1	
10	QA	控制开关	C45N-32/2P-10A	1	
9	HLR、HLW、HLG	指示灯	AD16-22/41-220V	3	
8	1SB、2SB	按钮开关	LA23-11	2	
7	SV	电压转换开关	LW12-16DHY3/3	1	
6	PV	电压表	42L6-V　0～450V	1	
5	1PA～3PA	电流表	42L6-A　□/5A	3	
4	1FU～3FU	熔断器	JF5-2.5RD/6A	3	
3	2TAu	电流互感器	BH-0.66　□/5A	1	
2	1TAu、1TAv、1TAw	电流互感器	BH-0.66　□/5A	3	
1	1QF	断路器（抽屉式）	CW2-□/□P-□A/220V（通信型）	1	常熟开关制造公司
序号	元件代号	名　称	型　号　规　格	数量	备　注

借(通)用件登记					
描　图					
描　校					
旧底图总号					
底图总号					
签　字					
日　期					

GCK（直流操作）一号进线柜二次原理图

QB/T.DZT081002.05Y

标记	处数	更改文件号	签字	日期
设　计			标准化	
绘　图			审　定	
审　核			批　准	
工　艺			日　期	

进线、不带计量、3TA、断路器(CW2)、双电源自动或手动互为备用；双电源时，一路电源供电，另一路电源备用。

图样标记
数量 重量 比例
1:1
共 2 张　第 1 张

光盘页码：2-1102

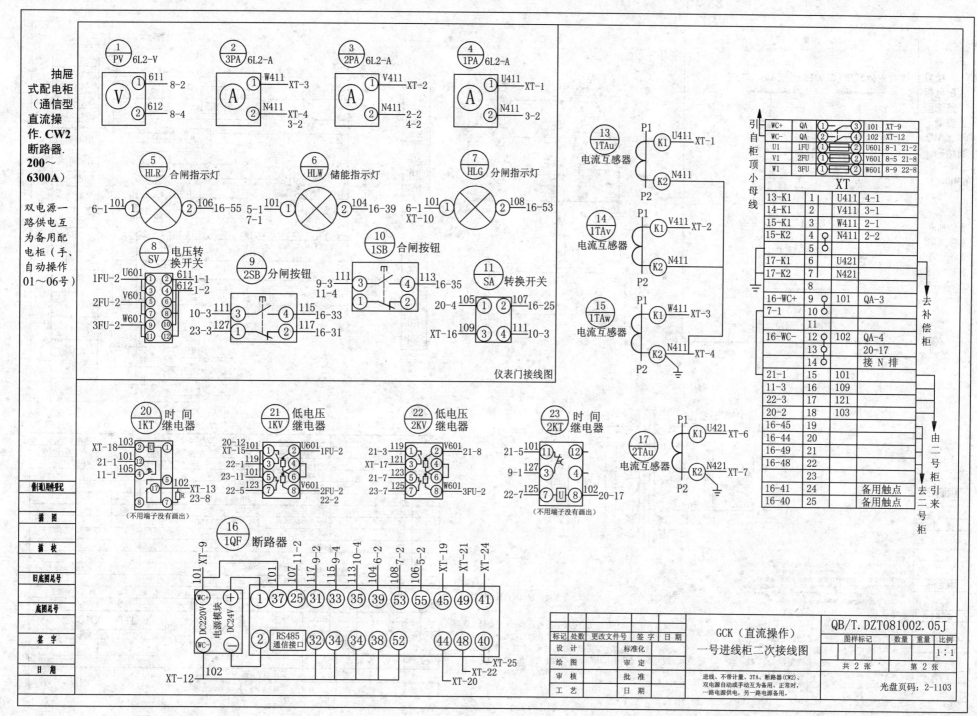

仪表门接线图

GCK（直流操作）
一号进线柜二次接线图

QB/T.DZT081002.05J

标记	处数	更改文件号	签字	日期
设计		标准化		
绘图		审定		
审核		批准		
工艺		日期		

进线、不带计量、3TA、断路器(CW2)、
双电源自动或手动互为备用，正常时，
一路电源供电，另一路电源备用。

图样标记		数量	重量	比例
				1:1

共 2 张　　第 2 张

光盘页码：2-1103

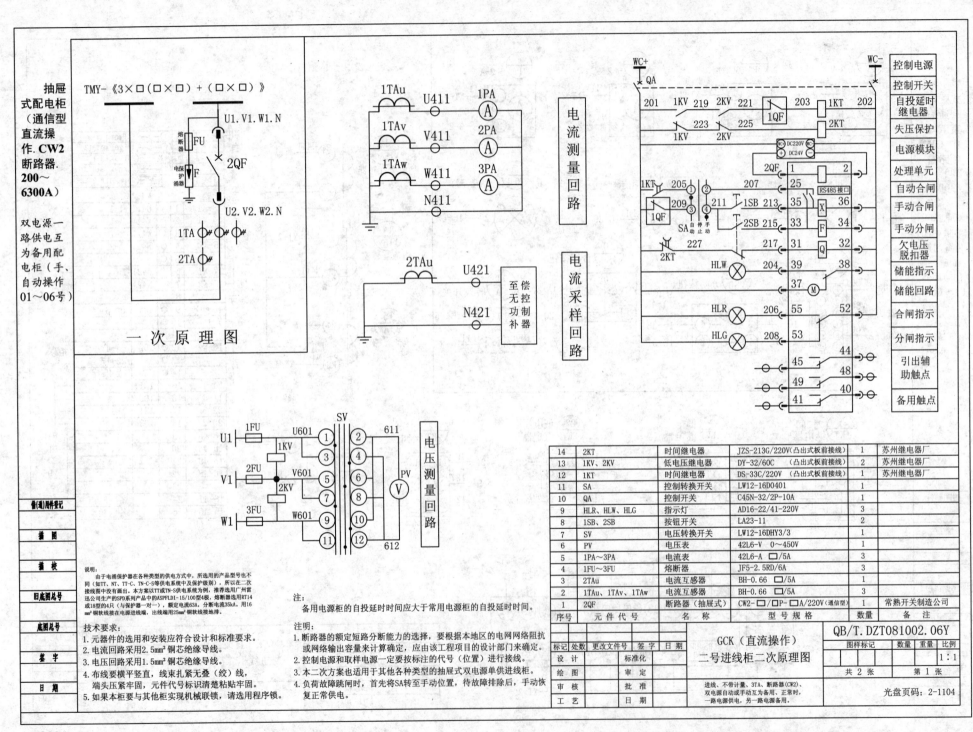

抽屉式配电柜（通信型直流操作.CW2断路器.200~6300A）

双电源一路供电互为备用配电柜（手、自动操作01~06号）

TMY-《3×□(□×□)+(□×□)》

一次原理图

电流测量回路

电流采样回路

电压测量回路

控制电源
控制开关
自投延时继电器
失压保护
电源模块
处理单元
自动合闸
手动合闸
手动分闸
欠电压脱扣器
储能指示
储能回路
合闸指示
分闸指示
引出辅助触点
备用触点

说明：
由于电涌保护器在各种类型的供电方式中，所选用的产品型号也不同（如TT、NT、TT-C、TN-C-S等供电系统中及保护级别），所以本二次接线图中没有画出。本方案以TT或TN-S供电系统为例，推荐选用广州雷迅公司生产的SPD系列产品中的ASPFLDI-15/100型8极，熔断器选用RT14或18型的4只（与保护器一对一），额定电流63A，分断电流35kA，用16mm²铜软线接在电源进线端，出线端用25mm²铜软线接地排。

技术要求：
1. 元器件的选用和安装应符合设计和标准要求。
2. 电流回路采用2.5mm²铜芯绝缘导线。
3. 电压回路采用1.5mm²铜芯绝缘导线。
4. 布线要横平竖直，线束扎紧无叠（绞）线，端头压紧牢固，元件代号标识清楚粘贴牢固。
5. 如果本柜要与其他柜实现机械联锁，请选用程序锁。

注：
备用电源柜的自投延时时间应大于常用电源柜的自投延时时间。

注明：
1. 断路器的额定短路分断能力的选择，要根据本地区的电网网络阻抗或网络输出容量来计算确定，应由该工程项目的设计部门来确定。
2. 控制电源和取样电源一定要按标注的代号（位置）进行接线。
3. 本二次方案也适用于其他各种类型的抽屉式双电源单供进线柜。
4. 负荷故障跳闸时，首先将SA转至手动位置，待故障排除后，手动恢复正常供电。

14	2KT	时间继电器	JZS-213G/220V(凸出式板前接线)	1	苏州继电器厂
13	1KV、2KV	低电压继电器	DY-32/60C （凸出式板前接线）	2	苏州继电器厂
12	1KT	时间继电器	DS-33C/220V （凸出式板前接线）	1	苏州继电器厂
11	SA	控制转换开关	LW12-16D0401	1	
10	QA	控制开关	C45N-32/2P-10A	1	
9	HLR、HLW、HLG	指示灯	AD16-22/41-220V	3	
8	1SB、2SB	按钮开关	LA23-11	2	
7	SV	电压转换开关	LW12-16DHY3/3	1	
6	PV	电压表	42L6-V 0~450V	1	
5	1PA~3PA	电流表	42L6-A □/5A	3	
4	1FU~3FU	熔断器	JF5-2.5RD/6A	3	
3	2TAu	电流互感器	BH-0.66 □/5A	1	
2	1TAu、1TAv、1TAw	电流互感器	BH-0.66 □/5A	3	
1	2QF	断路器（抽屉式）	CW2-□/□P-□A/220V(通信型)	1	常熟开关制造公司
序号	元件代号	名 称	型 号 规 格	数量	备 注

备件（通）附件登记
描图
描校
旧底图总号
底图总号
签字
日期

QB/T.DZT081002.06Y

GCK（直流操作）
二号进线柜二次原理图

标记	处数	更改文件号	签字	日期		图样标记	数量	重量	比例
设 计		标准化							1:1
绘 图		审 定				共 2 张		第 1 张	
审 核		批 准							
工 艺		日 期							

进线、不带计量、3TA、断路器（CW2）、双电源自动或手动互为备用、正常时，一路电源供电，另一路电源备用。

光盘页码：2-1104

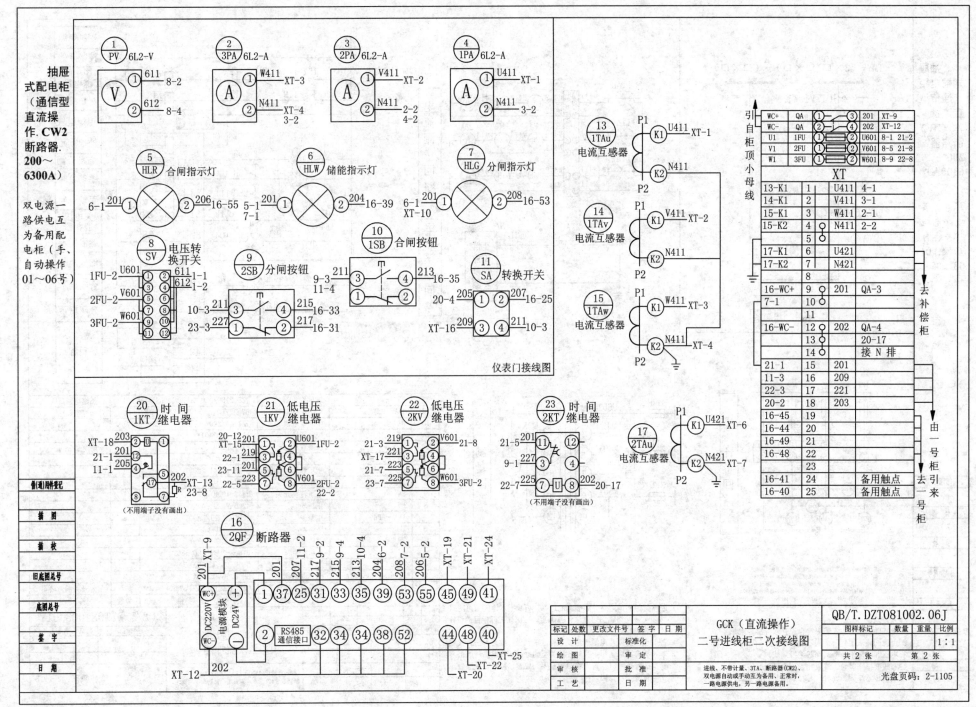

仪表门接线图

GCK（直流操作）
二号进线柜二次接线图

QB/T.DZT081002.06J

进线、不带计量、3TA、断路器(CW2)、
双电源自动或手动互为备用、正常时、
一路电源供电，另一路电源备用。

共 2 张　　第 2 张

光盘页码：2-1105

317

抽屉式配电柜（通信型直流操作. CW2断路器. 200～6300A）

单电源供电配电柜（手、自动操作01、03、05号）

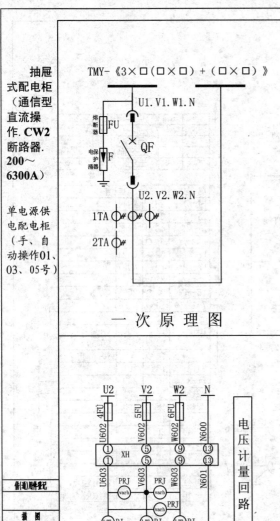

TMY-《3×□（□×□）+（□×□）》

一次原理图

电流测量回路

电流采样回路

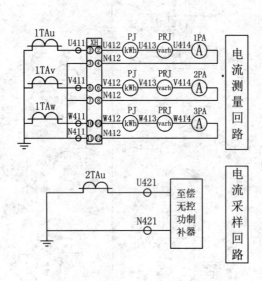

至偿无控功制补器

电压计量回路

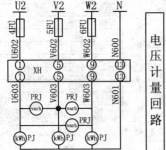

电压测量回路

控制电源
控制开关
中间继电器
失压保护
电源模块
处理单元
自动合闸
手动合闸
手动分闸
欠电压脱扣器
储能指示
储能回路
合闸指示
分闸指示
备用触点

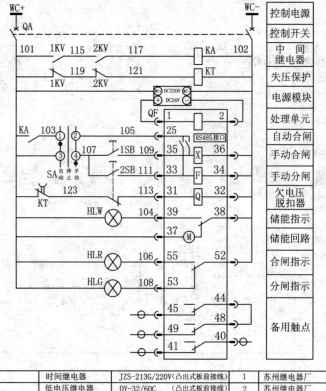

17	KT	时间继电器	JZS-213G/220V(凸出式板前接线)	1	苏州继电器厂
16	1KV、2KV	低电压继电器	DY-32/60C （凸出式板前接线）	2	苏州继电器厂
15	KA	中间继电器	JZ7-44/220V	1	
14	SA	控制转换开关	LW12-16D0401	1	
13	XH	接线盒	FJ6/DFY1	1	乐清海燕公司
12	QA	控制开关	C45N-32/2P-10A	1	
11	HLR、HLW、HLG	指示灯	AD16-22/41-220V	3	
10	1SB、2SB	按钮开关	LA23-11	2	
9	SV	电压转换开关	LW12-16DHY3/3	1	
8	PV	电压表	42L6-V 0～450V	1	
7	1PA～3PA	电流表	42L6-A □/5A	3	
6	1FU～6FU	熔断器	JF5-2.5RD/6A	6	
5	PRJ	无功电能表	DX862-2/3×380V	1	
4	PJ	有功电能表	DT862-2/3×220/380V	1	
3	2TAu	电流互感器	BH-0.66 □/5A	1	
2	1TAu、1TAv、1TAw	电流互感器	BH-0.66 □/5A	3	
1	QF	断路器（抽屉式）	CW2-□/□P-□A/220V(通信型)	1	常熟开关制造公司
序号	元件代号	名 称	型 号 规 格	数量	备 注

| 标记 | 处数 | 更改文件号 | 签 字 | 日 期 |

设 计 　 标准化

绘 图 　 审 定

审 核 　 批 准

工 艺 　 日 期

GCK（直流操作）
单电源进线柜
二次原理图

进线+计量（有功、无功、三相四线制）、3TA、断路器（CW2）、单电源供电，自动或手动操作。

QB/T.DZT081003.01Y

图样标记		数量	重量	比例
				1:1
共 2 张		第 1 张		

光盘页码：2-1118

信(通)附件登记

描 图

描 校

旧底图总号

底图总号

签 字

日 期

说明：
由于电涌保护器在各种类型的供电方式中，所选用的产品型号也不同（如TT、NT、TT-C、TN-C-S等供电系统中及保护级别），所以在二次接线图中没有画出。本方案以TT或TN-S供电系统为例，推荐选用广州雷迅公司生产的SPD系列产品中的ASPFLDI-15/100型4级，熔断器选用RT14或18型的4FU（与保护器一对一），额定电流63A，分断电流35kA，用16mm²铜芯线接在电源进线端，出线端用25mm²铜软线接地排。

技术要求：
1. 元器件的选用和安装应符合设计和标准要求。
2. 电流回路采用4.0mm²铜芯绝缘导线。
3. 电压回路采用2.5mm²铜芯绝缘导线。
4. 布线要横平竖直，线束扎紧无叠（绞）线，端头压紧牢固，元件代号标识清楚粘贴牢固。

注明：
1. 断路器的额定短路分断能力的选择，要根据本地区的电网网络阻抗或网络输出容量来计算确定，应由该工程项目的设计部门来确定。
2. 控制电源和取样电源一定要按标注的代号（位置）进行接线。
3. 本二次方案也适用于其他各种类型的抽屉式单电源进线柜。
4. 负荷故障跳闸时，首先将SA转至手动位置，待故障排除后，手动恢复正常供电。

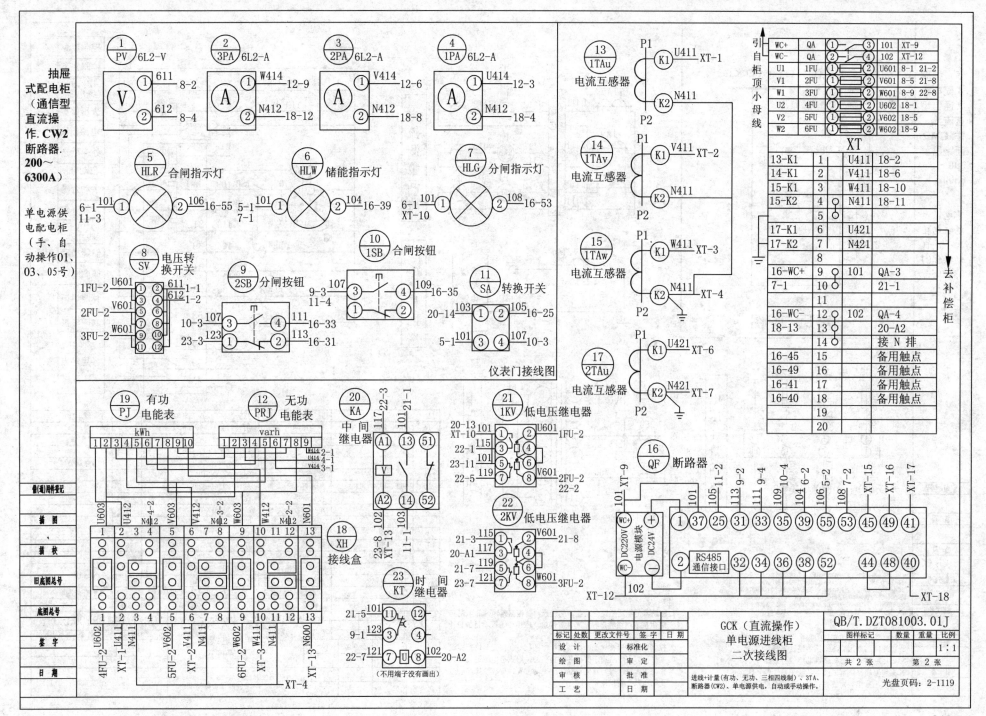

抽屉式配电柜（通信型直流操作.CW2断路器.200～6300A）

单电源供电配电柜（手、自动操作01、03、05号）

① PV 6L2-V	② 3PA 6L2-A	③ 2PA 6L2-A	④ 1PA 6L2-A

⑤ HLR 合闸指示灯
⑥ HLW 储能指示灯
⑦ HLG 分闸指示灯

⑧ SV 电压转换开关
⑨ 2SB 分闸按钮
⑩ 1SB 合闸按钮
⑪ SA 转换开关

仪表门接线图

⑬ 1TAu 电流互感器
⑭ 1TAv 电流互感器
⑮ 1TAw 电流互感器
⑰ 2TAu 电流互感器

XT			
13-K1	1	U411	18-2
14-K1	2	V411	18-6
15-K1	3	W411	18-10
15-K2	4	N411	18-11
	5		
17-K1	6	U421	
17-K2	7	N421	
	8		
16-WC+	9	101	QA-3
7-1	10		21-1
	11		
16-WC-	12	102	QA-4
18-13	13		20-A2
	14		接N排
16-45	15		备用触点
16-49	16		备用触点
16-41	17		备用触点
16-40	18		备用触点
	19		
	20		

⑲ PJ 有功电能表
⑫ PRJ 无功电能表
⑳ KA 中间继电器
㉑ 1KV 低电压继电器
㉒ 2KV 低电压继电器
⑯ QF 断路器
⑱ XH 接线盒
㉓ KT 时间继电器

（不用端子没有画出）

GCK（直流操作）单电源进线柜二次接线图

QB/T.DZT081003.01J

标记	处数	更改文件号	签字	日期			
设计			标准化				
绘图			审定				
审核			批准				
工艺			日期				

图样标记
数量 重量 比例 1:1
共 2 张 第 2 张

进线+计量（有功、无功、三相四线制）、3TA、断路器(CW2)、单电源供电，自动或手动操作。

光盘页码：2-1119

319

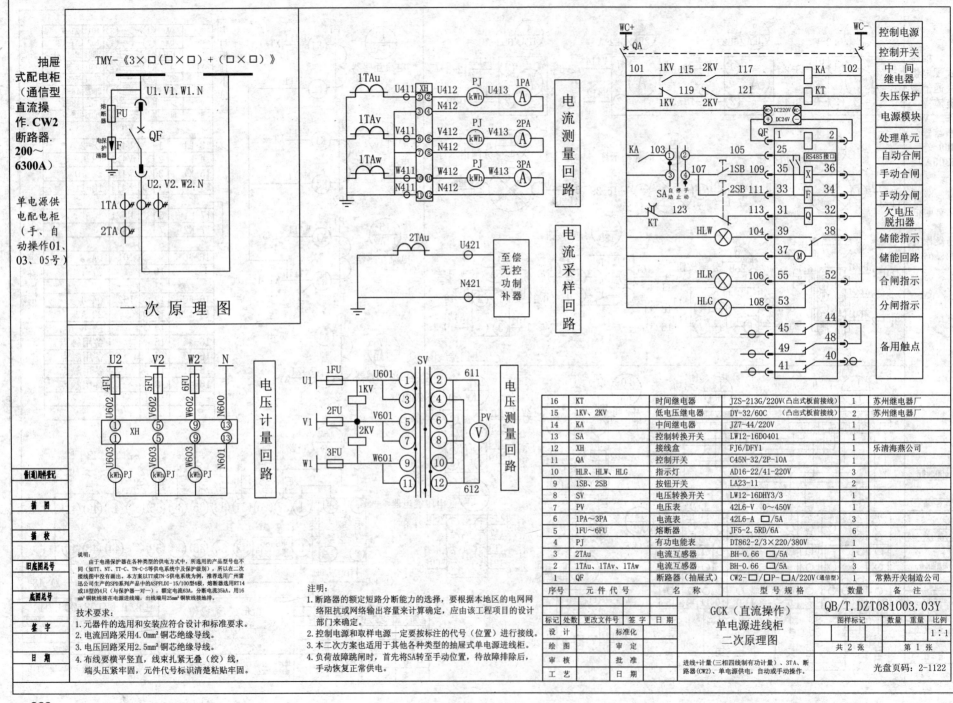

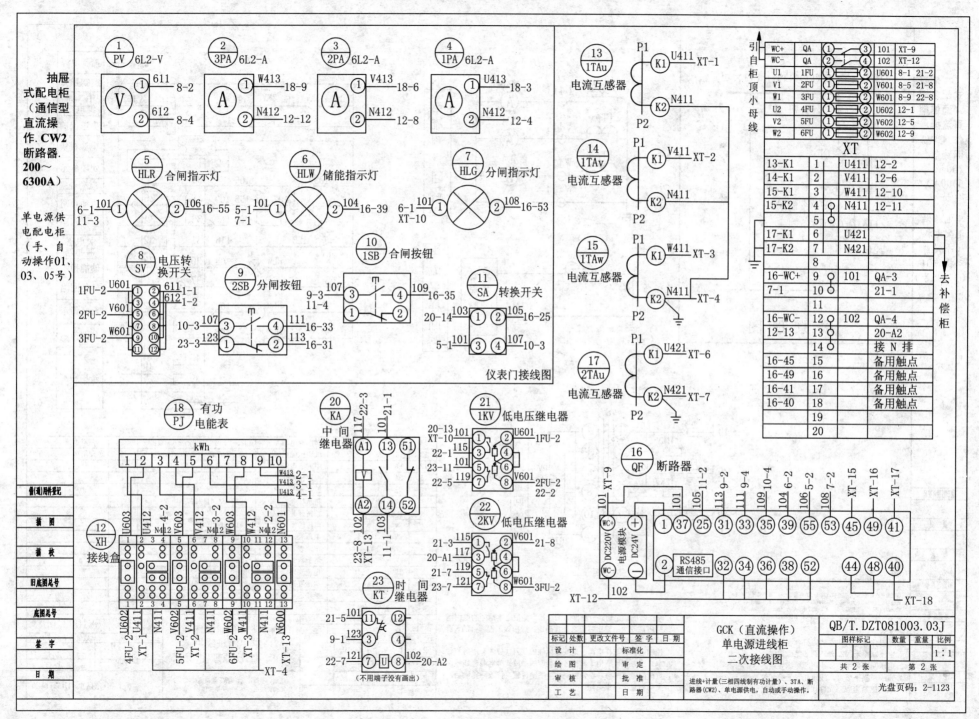

仪表门接线图

抽屉式配电柜（通信型直流操作.CW2断路器.200～6300A）

单电源供电配电柜（手、自动操作01、03、05号）

GCK（直流操作）
单电源进线柜
二次接线图

QB/T.DZT081003.03J

共 2 张　第 2 张

进线+计量(三相四线制有功计量)、3TA、断路器(CW2)、单电源供电,自动或手动操作。

光盘页码：2-1123

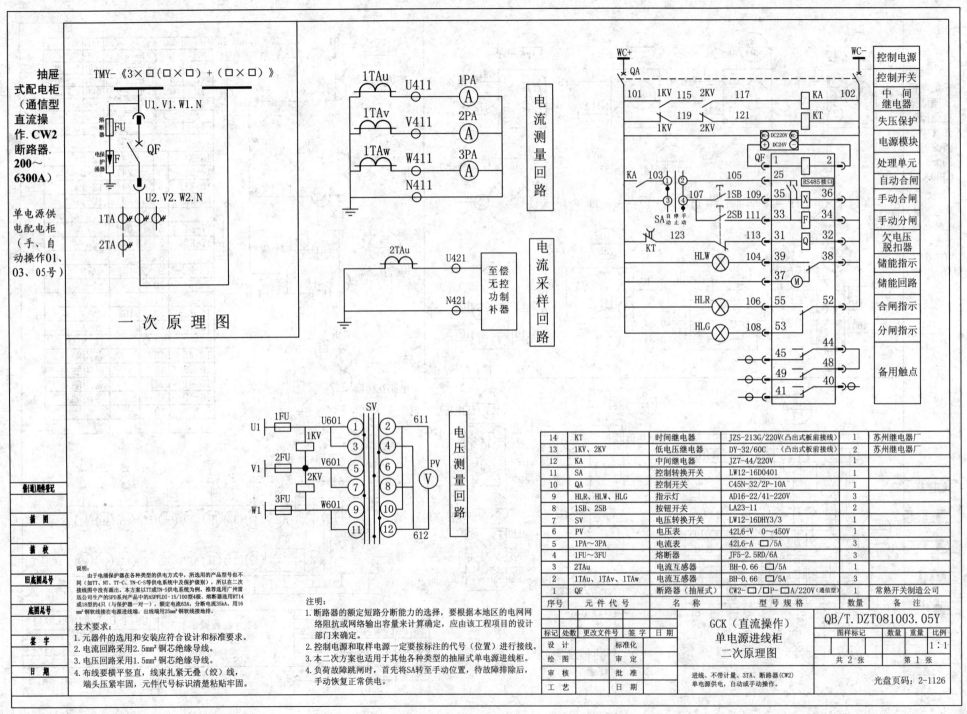

抽屉式配电柜（通信型直流操作. CW2断路器. 200～6300A）

单电源供电配电柜（手、自动操作01、03、05号）

TMY-《3×□(□×□)+(□×□)》

熔断器 FU
电保护涌器 F
QF

U1.V1.W1.N
U2.V2.W2.N
1TA
2TA

一次原理图

1TAu U411 1PA (A)
1TAv V411 2PA (A)
1TAw W411 3PA (A)
N411

电流测量回路

2TAu U421
N421
至偿无控功制补器

电流采样回路

WC+ QA WC-

101 1KV 115 2KV 117 KA 102
119 121 KT
1KV 2KV

控制电源
控制开关
中间继电器
失压保护
电源模块
处理单元
自动合闸
手动合闸
手动分闸
欠电压脱扣器
储能指示
储能回路
合闸指示
分闸指示

备用触点

U1 1FU U601 SV 611
1KV
V1 2FU V601
2KV
W1 3FU W601
612
PV (V)

电压测量回路

说明：
由于电涌保护器在各种类型的供电方式中，所选用的产品型号也不同（如TT、NT、TT-C、TN-C-S等供电系统中及保护级别），所以本二次接线图中没有画出。本方案以TT或TN-S供电系统为例，推荐选用广州雷迅公司生产的SPD系列产品中的ASPFLDI-15/100型4极，熔断器选用RT14或18型的4只（与保护器一一对一），额定电流63A，分断电流35kA。用16 mm²铜软线接在电源进线端，出线端25mm²铜软线接地排。

技术要求：
1. 元器件的选用和安装应符合设计和标准要求。
2. 电流回路采用2.5mm²铜芯绝缘导线。
3. 电压回路采用1.5mm²铜芯绝缘导线。
4. 布线要横平竖直，线束扎紧无叠(绞)线，端头压紧牢固，元件代号标识清楚粘贴牢固。

注明：
1. 断路器的额定短路分断能力的选择，要根据本地区的电网网络阻抗或网络输出容量来计算确定，应由该工程项目的设计部门来确定。
2. 控制电源和取样电源一定要按标注的代号(位置)进行接线。
3. 本二次方案也适用于其他各种类型的抽屉式单电源进线柜。
4. 负荷故障跳闸时，首先将SA转至手动位置，待故障排除后，手动恢复正常供电。

14	KT	时间继电器	JZS-213G/220V(凸出式板前接线)	1	苏州继电器厂
13	1KV、2KV	低电压继电器	DY-32/60C (凸出式板前接线)	2	苏州继电器厂
12	KA	中间继电器	JZ7-44/220V	1	
11	SA	控制转换开关	LW12-16D0401	1	
10	QA	控制开关	C45N-32/2P-10A	1	
9	HLR、HLW、HLG	指示灯	AD16-22/41-220V	3	
8	1SB、2SB	按钮开关	LA23-11	2	
7	SV	电压转换开关	LW12-16DHY3/3	1	
6	PV	电压表	42L6-V 0～450V	1	
5	1PA～3PA	电流表	42L6-A □/5A	3	
4	1FU～3FU	熔断器	JF5-2.5RD/6A	3	
3	2TAu	电流互感器	BH-0.66 □/5A	1	
2	1TAu、1TAv、1TAw	电流互感器	BH-0.66 □/5A	3	
1	QF	断路器（抽屉式）	CW2-□/□P-□A/220V(通信型)	1	常熟开关制造公司
序号	元件代号	名 称	型 号 规 格	数量	备 注

标记	处数	更改文件号	签 字	日期		GCK（直流操作）单电源进线柜二次原理图	QB/T.DZT081003.05Y			
设 计			标准化				图样标记	数量	重量	比例
绘 图			审 定							1:1
审 核			批 准			进线、不带计量、3TA、断路器(CW2) 单电源供电，自动或手动操作。	共 2 张		第 1 张	
工 艺			日 期				光盘页码：2-1126			

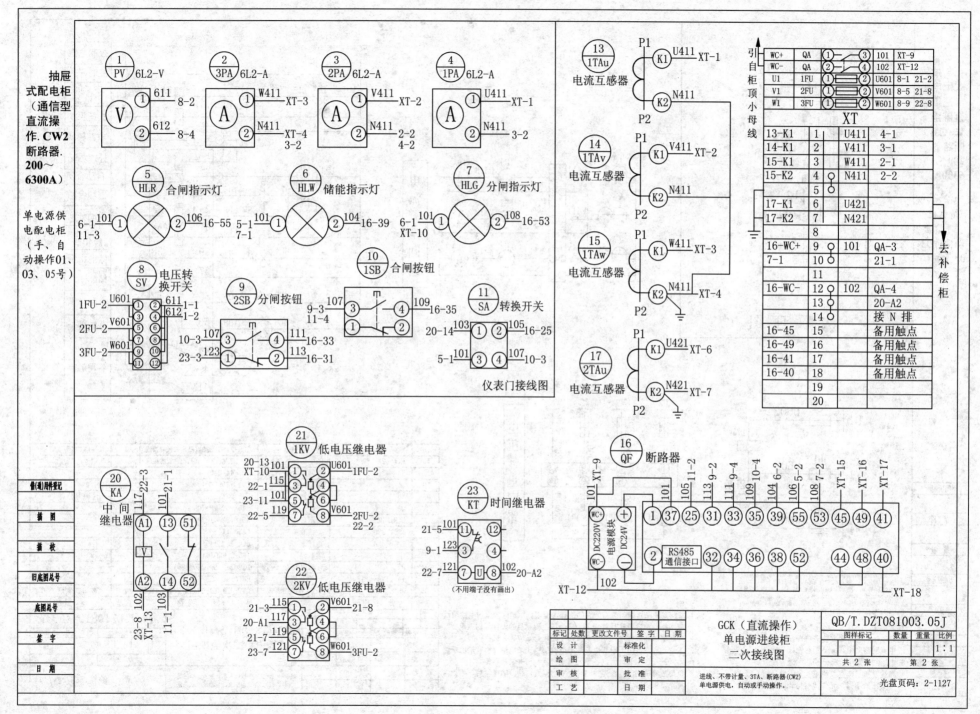

仪表门接线图

GCK（直流操作）
单电源进线柜
二次接线图

QB/T.DZT081003.05J

进线、不带计量、3TA、断路器(CW2)
单电源供电，自动或手动操作。

光盘页码：2-1127

323

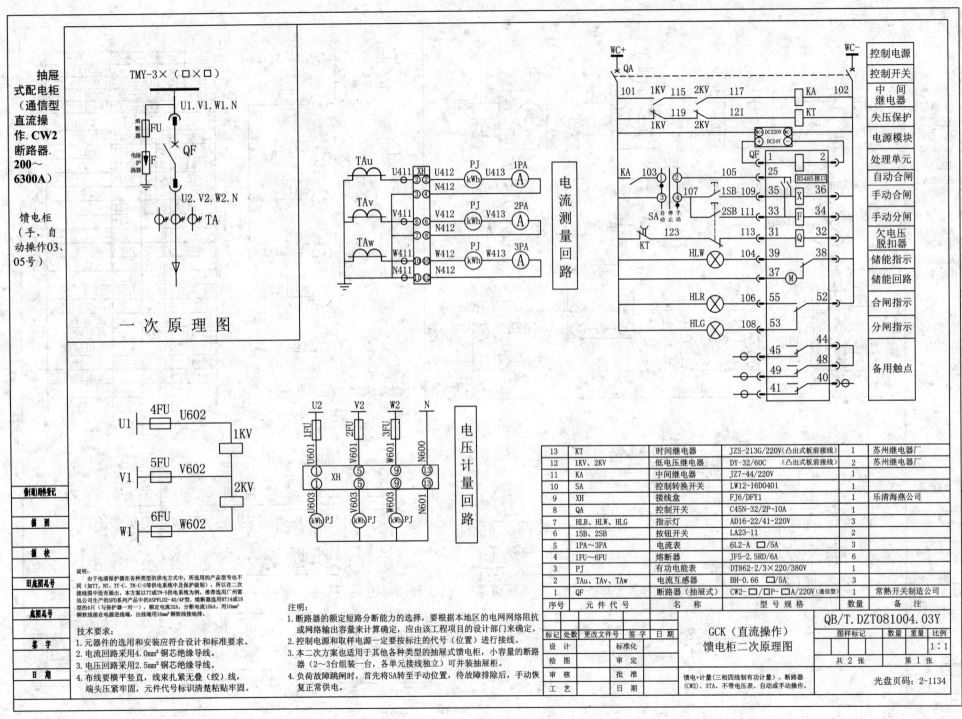

抽屉式配电柜（通信型直流操作.CW2断路器.200～6300A）

馈电柜（手、自动操作03、05号）

一 次 原 理 图

电流测量回路

电压计量回路

控制电源
控制开关
中间继电器
失压保护
电源模块
处理单元
自动合闸
手动合闸
手动分闸
欠电压脱扣器
储能指示
储能回路
合闸指示
分闸指示
备用触点

13	KT	时间继电器	JZS-213G/220V(凸出式板前接线)	1	苏州继电器厂
12	1KV、2KV	低电压继电器	DY-32/60C (凸出式板前接线)	2	苏州继电器厂
11	KA	中间继电器	JZ7-44/220V	1	
10	SA	控制转换开关	LW12-16D0401	1	
9	XH	接线盒	FJ6/DFY1	1	乐清海燕公司
8	QA	控制开关	C45N-32/2P～10A	1	
7	HLR、HLW、HLG	指示灯	AD16-22/41-220V	3	
6	1SB、2SB	按钮开关	LA23-11	2	
5	1PA～3PA	电流表	6L2-A □/5A	3	
4	1FU～6FU	熔断器	JF5-2.5RD/6A	6	
3	PJ	有功电能表	DT862-2/3×220/380V	1	
2	TAu、TAv、TAw	电流互感器	BH-0.66 □/5A	3	
1	QF	断路器（抽屉式）	CW2-□/□P-□A/220V（通信型）	1	常熟开关制造公司
序号	元件代号	名　称	型号规格	数量	备注

说明：由于电涌保护器在各种类型的供电方式中，所选用的产品型号也不同（如TT、NT、TT-C、TN-C-S等供电系统级别及保护级别），所以在二次接线图中没有画出。本方案以TT或TN-S供电系统为例，推荐选用广州富迅公司生产的SPD系列产品中的ASFPFLD2-40/4P型，熔断器选用RT14或18型的4只（与保护器一对一），额定电流32A，分断电流10kA，用10mm²铜软线接在电源进线端，出线端用16mm²铜软线接地。

技术要求：
1. 元器件的选用和安装应符合设计和标准要求。
2. 电流回路采用4.0mm²铜芯绝缘导线。
3. 电压回路采用2.5mm²铜芯绝缘导线。
4. 布线要横平竖直，线束扎紧无叠（绞）线，端头压紧牢固，元件代号标识清楚粘贴牢固。

注明：
1. 断路器的额定短路分断能力的选择，要根据本地区的电网网络阻抗或网络输出容量来计算确定，应由该工程项目的设计部门来确定。
2. 控制电源和取样电源一定要按标注的代号（位置）进行接线。
3. 本二次方案也适用于其他各种类型的抽屉式馈电柜，小容量的断路器（2～3台组装一台，各单元接线独立）可并装抽屉柜。
4. 负荷故障跳闸时，首先将SA转至手动位置，待故障排除后，手动恢复正常供电。

QB/T.DZT081004.03Y

GCK（直流操作）
馈电柜二次原理图

标记	处	更改文件号	签字	日期		图样标记		数量	重量	比例
设 计			标准化							1:1
绘 图			审 定					共 2 张		第 1 张
审 核			批 准			馈电+计量（三相四线制有功计量）、断路器				
工 艺			日 期			（CW2）、3TA、不带电压表、自动或手动操作。			光盘页码：2-1134	

备（通）用件登记

描 图
描 校
旧底图总号
底图总号
签 字
日 期

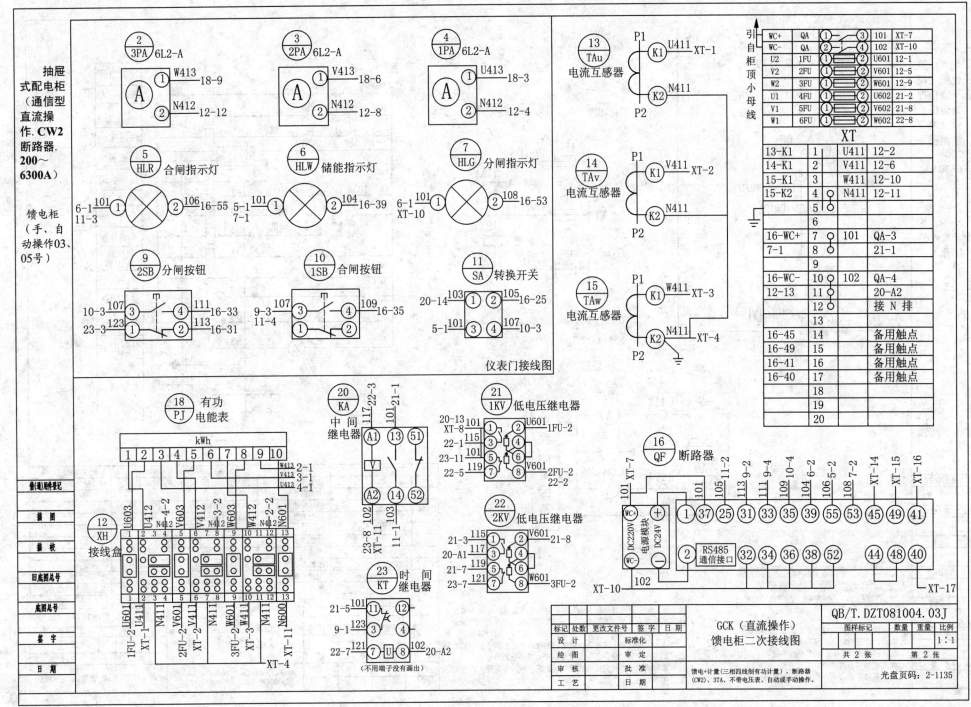

GCK（直流操作）
馈电柜二次接线图

QB/T.DZT081004.03J

抽屉式配电柜（通信型直流操作.CW2断路器.200～6300A）

馈电柜（手、自动操作03、05号）

仪表门接线图

共 2 张　第 2 张

馈电+计量（三相四线制有功计量）、断路器（CW2）、3TA、不带电压表、自动或手动操作。

光盘页码：2-1135

325

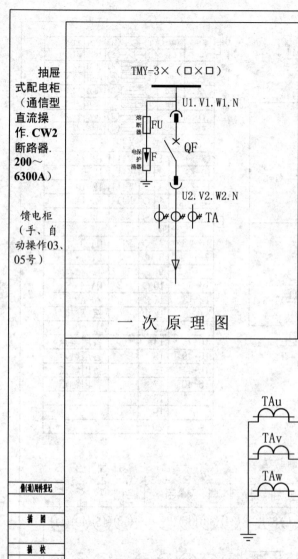

抽屉式配电柜（通信型直流操作. CW2断路器. 200～6300A）

馈电柜（手、自动操作03、05号）

TMY-3×（□×□）

熔断器 FU
电保护涌 F
QF
U1.V1.W1.N
U2.V2.W2.N
TA

一 次 原 理 图

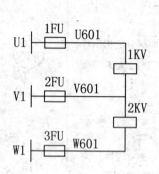

U1 1FU U601 1KV
V1 2FU V601 2KV
W1 3FU W601

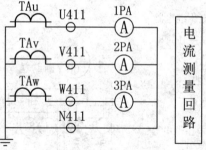

TAu U411 1PA Ⓐ
TAv V411 2PA Ⓐ
TAw W411 3PA Ⓐ
N411

电流测量回路

WC+ QA WC−

	控制电源
101 1KV 115 2KV 117 KA 102	控制开关
119 121 KT	中间继电器
1KV 2KV	失压保护
QF WC DC220V WC / DC24V	电源模块
KA 103 1 2 105 25	处理单元
RS485接口	自动合闸
3 4 107 1SB 109 35 X 36	手动合闸
SA 自停手动止动 2SB 111 33 F 34	手动分闸
123 113 31 Q 32	欠电压脱扣器
KT HLW 104 39 38	储能指示
37 M	储能回路
HLR 106 55 52	合闸指示
HLG 108 53	分闸指示
45 44	
49 48	备用触点
41 40	

说明：由于电涌保护器在各种类型的供电方式中，所选用的产品型号也不同（如TT、NT、TT-C、TN-C-S等供电系统中及保护级别），所以在二次接线图中没有画出。本方案以TT或TN-S供电系统为例，推荐选用广州雷迅公司生产的SPD系列产品中的ASPPLD2-40/4P型，熔断器选用RT14或18型的只（与保护器一对一），额定电流32A，分断电流10kA，用10mm²铜软线接在电源进线端，出线端用16mm²铜软线接地排。

技术要求：
1. 元器件的选用和安装应符合设计和标准要求。
2. 电流回路采用2.5mm²铜芯绝缘导线。
3. 电压回路采用1.5mm²铜芯绝缘导线。
4. 布线要横平竖直，线束扎紧无叠（绞）线，端头压紧牢固，元件代号标识清楚粘贴牢固。

注明：
1. 断路器的额定短路分断能力的选择，要根据本地区的电网网络阻抗或网络输出容量来计算确定，应由该工程项目的设计部门来确定。
2. 控制电源和取样电源一定要按标注的代号（位置）进行接线。
3. 本二次方案也适用于其他各种类型的抽屉式馈电柜，小容量的断路器（2～3台组装一台，各单元接线独立）可并装抽屉柜。
4. 负荷故障跳闸时，首先将SA转至手动位置，待故障排除后，手动恢复正常供电。

11	KT	时间继电器	JZS-213G/220V(凸出式板前接线)	1	苏州继电器厂
10	1KV、2KV	低电压继电器	DY-32/60C （凸出式板前接线）	2	苏州继电器厂
9	KA	中间继电器	JZ7-44/220V	1	
8	SA	控制转换开关	LW12-16D0401	1	
7	QA	控制开关	C45N-32/2P-10A	1	
6	HLR、HLW、HLG	指示灯	AD16-22/41-220V	3	
5	1SB、2SB	按钮开关	LA23-11	2	
4	1PA～3PA	电流表	6L2-A □/5A	3	
3	1FU～3FU	熔断器	JF5-2.5RD/6A	3	
2	TAu、TAv、TAw	电流互感器	BH-0.66 □/5A	3	
1	QF	断路器（抽屉式）	CW2-□/□P-□A/220V（通信型）	1	常熟开关制造公司
序号	元件代号	名称	型号规格	数量	备注

QB/T.DZT081004.05Y

GCK（直流操作）馈电柜二次原理图

标记	处数	更改文件号	签字	日期
设 计		标准化		
绘 图		审 定		
审 核		批 准		
工 艺		日 期		

馈电、不带计量、3TA、断路器(CW2)不带电压表、自动或手动操作。

图样标记　数量　重量　比例　1:1
共 2 张　　第 1 张
光盘页码：2-1138

竣(通)用件登记
描 图
描 校
旧底图总号
底图总号
签 字
日 期

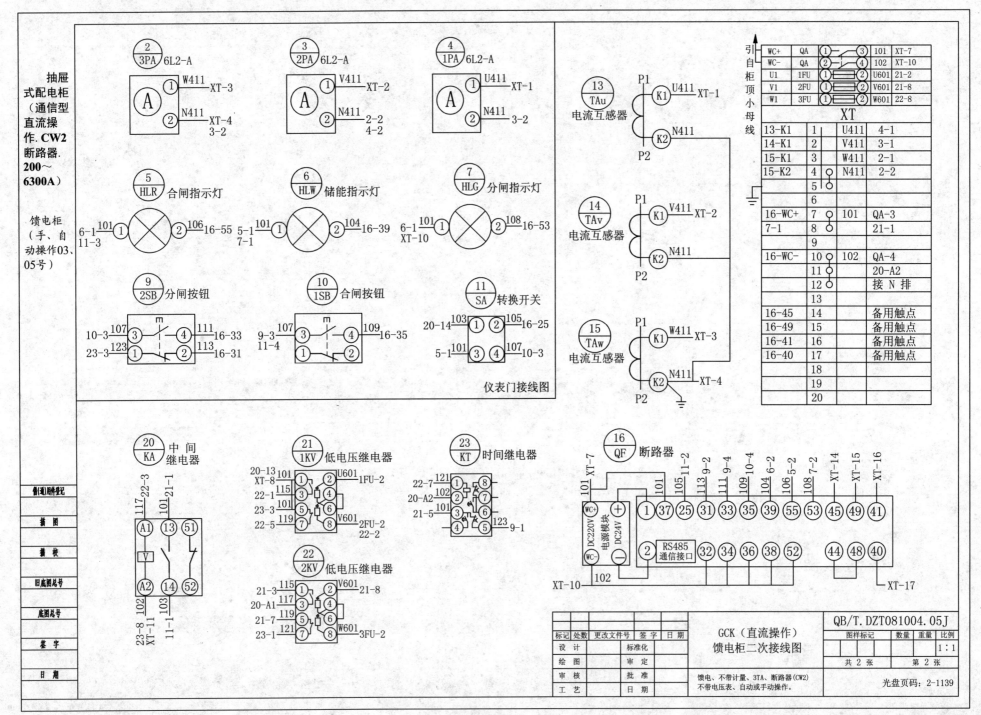

仪表门接线图

GCK（直流操作）
馈电柜二次接线图

QB/T.DZT081004.05J

馈电、不带计量、3TA、断路器(CW2)
不带电压表、自动或手动操作。

共 2 张　　第 2 张

光盘页码：2-1139

327

第三部分　低压配电设备
（ABB、施耐德断路器为主开关）

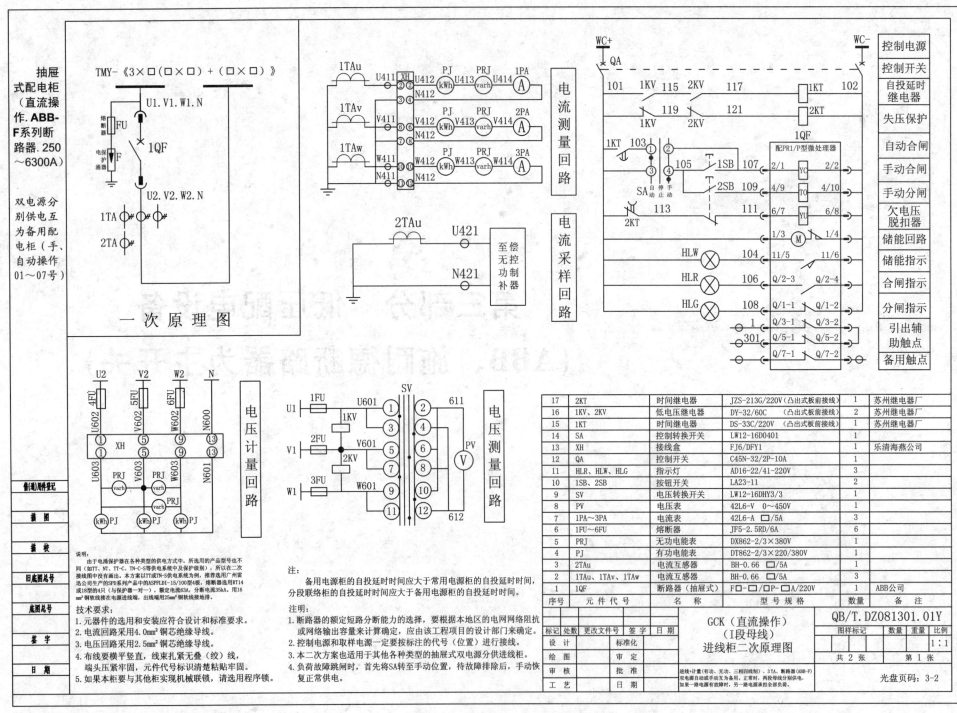

抽屉式配电柜（直流操作.ABB-F系列断路器.250～6300A）

双电源分别供电互为备用配电柜（手、自动操作01～07号）

TMY-《3×□(□×□)+(□×□)》

一次原理图

电流测量回路

电流采样回路

电压计量回路

电压测量回路

		控制电源
		控制开关
		自投延时继电器
		失压保护
		自动合闸
		手动合闸
		手动分闸
		欠电压脱扣器
		储能回路
		储能指示
		合闸指示
		分闸指示
		引出辅助触点
		备用触点

17	2KT	时间继电器	JZS-213G/220V（凸出式板前接线）	1	苏州继电器厂
16	1KV、2KV	低电压继电器	DY-32/60C（凸出式板前接线）	2	苏州继电器厂
15	1KT	时间继电器	DS-33C/220V（凸出式板前接线）	1	苏州继电器厂
14	SA	控制转换开关	LW12-16D0401	1	
13	XH	接线盒	FJ6/DFY1	1	乐清海燕公司
12	QA	控制开关	C45N-32/2P-10A	1	
11	HLR、HLW、HLG	指示灯	AD16-22/41-220V	3	
10	1SB、2SB	按钮开关	LA23-11	1	
9	SV	电压转换开关	LW12-16DHY3/3	1	
8	PV	电压表	42L6-V 0～450V	1	
7	1PA～3PA	电流表	42L6-A □/5A	3	
6	1FU～6FU	熔断器	JF5-2.5RD/6A	6	
5	PRJ	无功电能表	DX862-2/3×380V	1	
4	PJ	有功电能表	DT862-2/3×220/380V	1	
3	2TAu	电流互感器	BH-0.66 □/5A	1	
2	1TAu、1TAv、1TAw	电流互感器	BH-0.66 □/5A	3	
1	1QF	断路器（抽屉式）	F□-□/□P-□A/220V	1	ABB公司
序号	元件代号	名 称	型号规格	数量	备 注

说明：
由于电涌保护器在各种类型的供电方式中，所选用的产品型号也不同（如TT、NT、TT-C、TN-C-S等供电系统中及保护级别），所以在二次接线图中没有画出。本方案以TT或TN-S供电系统为例，推荐选用广州雷迅公司生产的SPD系列产品在TT系列产品ASPFLDI-15/100型4极，熔断器选用RT14或18型的4只（与保护器一对一），额定电流63A，分断电流35kA，用16mm²铜软线接在电源进线端，出线端用25mm²铜软线接地端。

技术要求：
1.元器件的选用和安装应符合设计和标准要求。
2.电流回路采用4.0mm²铜芯绝缘导线。
3.电压回路采用2.5mm²铜芯绝缘导线。
4.布线要横平竖直，束束扎紧无叠（绞）线，端头压紧牢固，元件代号标识清楚粘贴牢固。
5.如果本柜要与其他柜实现机械联锁，请选用程序锁。

注：
备用电源柜的自投延时时间应大于常用电源柜的自投延时时间，分段联络柜的自投延时时间应大于备用电源柜的自投延时时间。

注明：
1.断路器的额定短路分断能力的选择，要根据本地区的电网网络阻抗或网络输出容量来计算确定，应由该工程项目的设计部门来确定。
2.控制电源和取样电源一定要按标注的代号（位置）进行接线。
3.本二次方案也适用于其他各种类型的抽屉式双电源分供进线柜。
4.负荷故障跳闸时，首先将SA转至手动位置，待故障排除后，手动恢复正常供电。

	标记	处数	更改文件号	签字	日期		GCK（直流操作）（I段母线）进线柜二次原理图		图样标记		数量	重量	比例
信(通)用件标记	设 计			标准化									1:1
描 图	绘 图			审 定					共 2 张		第 1 张		
描 校	审 核			批 准									
旧底图总号	工 艺			日 期									

QB/T.DZ081301.01Y

进线+计量（有功、无功、三相四线制）、3TA、断路器（ABB-F）
双电源自动或手动互为备用、正常时，两段母线分别供电。
如一路电源有故障时，另一路电源承担全部负荷。

光盘页码：3-2

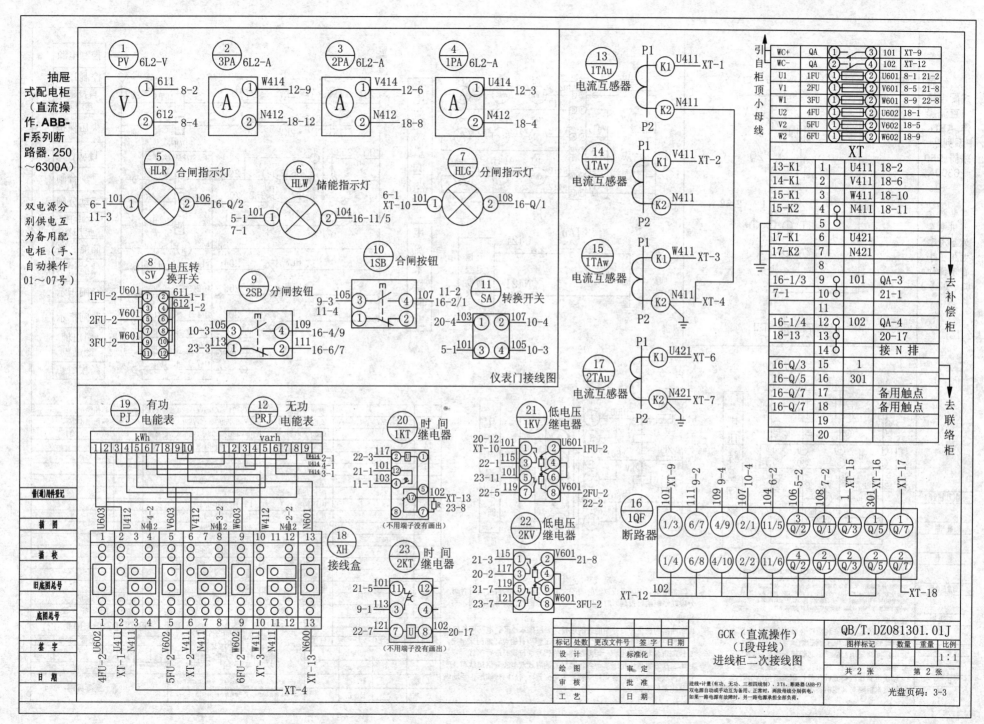

抽屉式配电柜（直流操作.ABB-F系列断路器.250～6300A）

双电源分别供电互为备用配电柜（手、自动操作01～07号）

仪表门接线图

GCK（直流操作）
（I段母线）
进线柜二次接线图

QB/T.DZ081301.01J

标记	处数	更改文件号	签字	日期
设 计		标准化		
绘 图		审 定		
审 核		批 准		
工 艺		日 期		

图样标记　　数量　重量　比例
1:1
共 2 张　　第 2 张

进线+计量(有功、无功、三相四线制)、3TA、断路器(ABB-F)
双电源自动或手动互为备用、正常时，两段母线分别供电，
如果一路电源有故障时，另一路电源承担全部负荷。

光盘页码：3-3

329

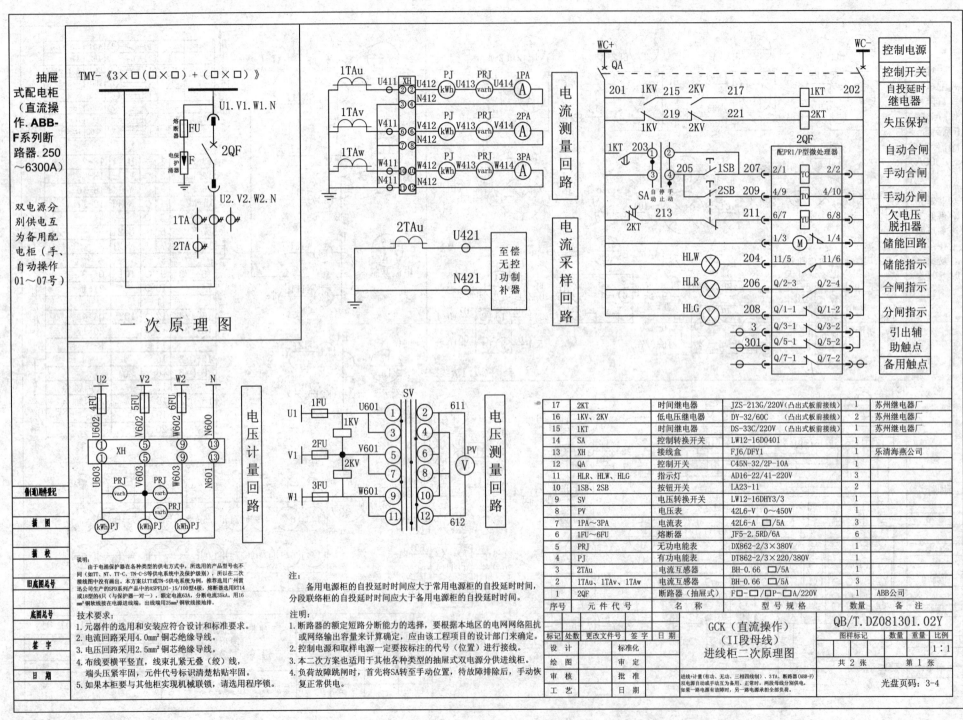

抽屉式配电柜（直流操作.ABB-F系列断路器.250～6300A）

双电源分别供电互为备用配电柜（手、自动操作01～07号）

TMY-《3×□(□×□)+(□×□)》

一次原理图

电流测量回路

电流采样回路

电压计量回路

电压测量回路

控制电源
控制开关
自投延时继电器
失压保护
自动合闸
手动合闸
手动分闸
欠电压脱扣器
储能回路
储能指示
合闸指示
分闸指示
引出辅助触点
备用触点

17	2KT	时间继电器	JZS-213G/220V（凸出式板前接线）	1	苏州继电器厂
16	1KV、2KV	低电压继电器	DY-32/60C（凸出式板前接线）	2	苏州继电器厂
15	1KT	时间继电器	DS-33C/220V（凸出式板前接线）	1	苏州继电器厂
14	SA	控制转换开关	LW12-16D0401	1	
13	XH	接线盒	FJ6/DFY1	1	乐清海燕公司
12	QA	控制开关	C45N-32/2P-10A	1	
11	HLR、HLW、HLG	指示灯	AD16-22/41-220V	3	
10	1SB、2SB	按钮开关	LA23-11	2	
9	SV	电压转换开关	LW12-16DHY3/3	1	
8	PV	电压表	42L6-V 0～450V	1	
7	1PA～3PA	电流表	42L6-A □/5A	3	
6	1FU～6FU	熔断器	JF5-2.5RD/6A	6	
5	PRJ	无功电能表	DX862-2/3×380V	1	
4	PJ	有功电能表	DT862-2/3×220/380V	1	
3	2TAu	电流互感器	BH-0.66 □/5A	1	
2	2QF	断路器（抽屉式）	F□-□/P□-□/220V	1	ABB公司
1	1TAu、1TAv、1TAw	电流互感器	BH-0.66 □/5A	3	
序号	元件代号	名　称	型号规格	数量	备　注

说明：
由于电涌保护器在各种类型的供电方式中，所选用的产品型号也不同（如TT、NT、TT-C、TN-C-S等供电系统中及保护级别）；所以在二次接线图中没有画出。本方案以TT或TN-S供电系统为例，推荐采用广州雷迅公司生产的SPD系列产品中的ASPFLDI-15/100型4极，熔断器选用RT14或18型的4只（与保护器一对一），额定电流63A，分断电流35kA，用16mm²铜软线接在电源进线端，出线端25mm²铜软线接地排。

技术要求：
1. 元器件的选用和安装应符合设计和标准要求。
2. 电流回路采用4.0mm²铜芯绝缘导线。
3. 电压回路采用2.5mm²铜芯绝缘导线。
4. 布线要横平竖直，束线扎紧无叠（绞）线，端头压紧牢固，元件代号标识清楚粘贴牢固。
5. 如果本柜要与其他柜实现机械联锁，请选用程序锁。

注：
备用电源柜的自投延时时间应大于常用电源柜的自投延时时间，分段联络柜的自投延时时间应大于备用电源柜的自投延时时间。

注明：
1. 断路器的额定短路分断能力的选择，要根据本地区的电网网络阻抗或网络输出容量来计算确定，应由该工程项目的设计部门来确定。
2. 控制电源和取样电源一定要按标注的代号（位置）进行接线。
3. 本二次方案也适用于其他各种类型的抽屉式双电源分供进线柜。
4. 负荷故障跳闸时，首先将SA转至手动位置，待故障排除后，手动恢复正常供电。

备(通)附件登记				
描　图				
描　校				
旧底图总号				
底图总号				
签　字				
日　期				

GCK（直流操作）（II段母线）进线柜二次原理图

QB/T.DZ081301.02Y

标记	处数	更改文件号	签字	日期
设　计		标准化		
绘　图		审　定		
审　核		批　准		
工　艺		日　期		

图样标记　数量　重量　比例　1:1

共 2 张　第 1 张

进线+计量（有功、无功、三相四线制）、3TA、断路器（ABB-F）双电源自动或手动互为备用、正常时，两段母线分别供电，如果一路电源有故障时，另一路电源承担全部负荷。

光盘页码：3-4

330

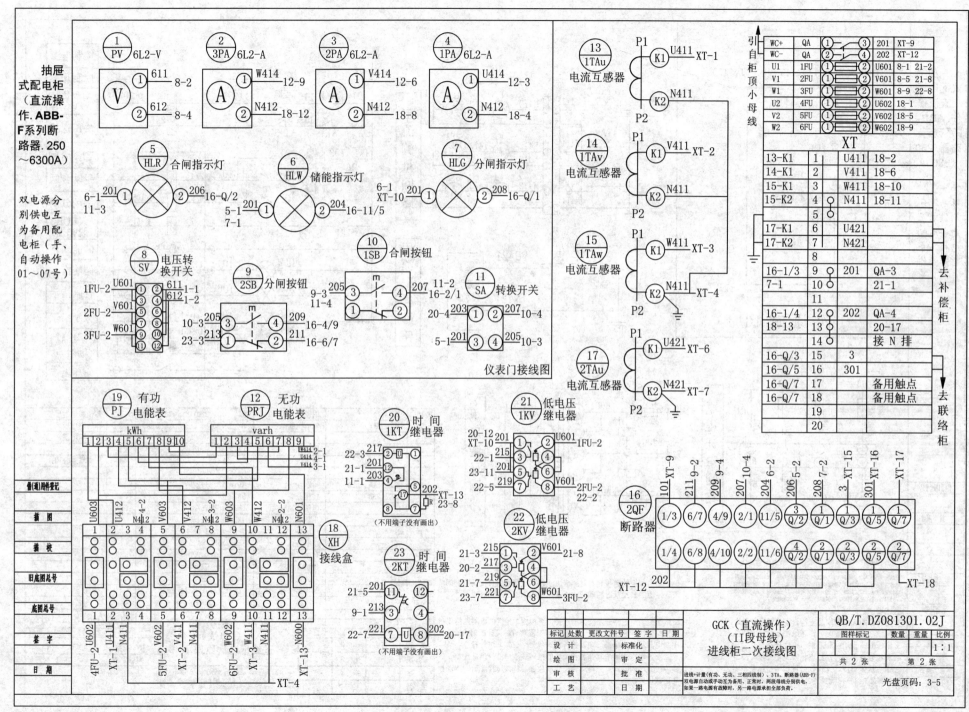

抽屉式配电柜（直流操作.ABB-F系列断路器.250～6300A）

双电源分别供电互为备用配电柜（手、自动操作01～07号）

仪表门接线图

GCK（直流操作）（II段母线）进线柜二次接线图

QB/T.DZ081301.02J

共 2 张　第 2 张

光盘页码：3-5

331

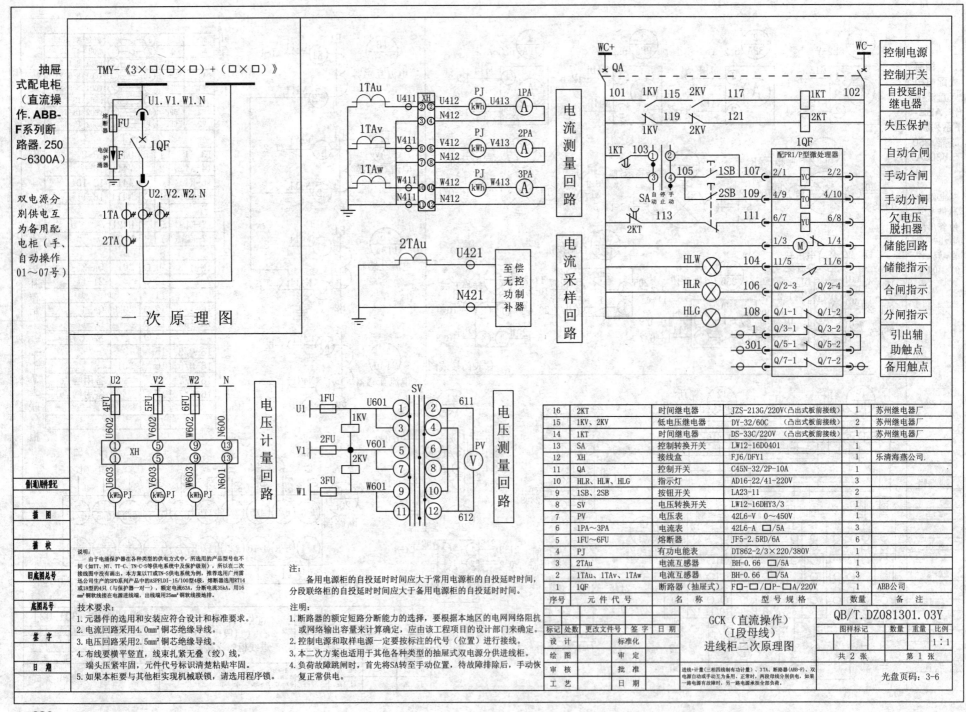

抽屉式配电柜（直流操作.ABB-F系列断路器.250～6300A）

双电源分别供电互为备用配电柜（手、自动操作01～07号）

TMY-《3×□(□×□)+(□×□)》

U1.V1.W1.N
熔断器 FU
电涌保护器 F
1QF
U2.V2.W2.N
1TA
2TA

一次原理图

1TAu U411 XH U412 PJ U413 1PA (A)
N412
1TAv V411 V412 PJ V413 2PA (A)
N412
1TAw W411 W412 PJ W413 3PA (A)
N411 N412

电流测量回路

2TAu U421 至偿无控制补器
N421

电流采样回路

电压计量回路
U2 V2 W2 N
4FU 5FU 6FU
U602 V602 W602 N600
XH
U603 V603 W603 N601
(kWh)PJ (kWh)PJ (kWh)PJ

电压测量回路
U1 1FU U601 SV 611
1KV
V1 2FU V601 PV (V)
2KV
W1 3FU W601 612

WC+ QA
101 1KV 115 2KV 117 1KT 102
119 121
1KV 2KV 2KT
1KT 103 105 1SB 107 2/1 YC 2/2
SA 自停手 2SB 109 4/9 TO 4/10
动 动 111 6/7 YU 6/8
113 2KT
配PR1/P型微处理器
1/3 M 1/4
HLW 104 11/5 11/6
HLR 106 Q/2-3 Q/2-4
HLG 108 Q/1-1 Q/1-2
1 Q/3-1 Q/3-2
301 Q/5-1 Q/5-2
Q/7-1 Q/7-2
WC-

控制电源
控制开关
自投延时继电器
失压保护
自动合闸
手动合闸
手动分闸
欠电压脱扣器
储能回路
储能指示
合闸指示
分闸指示
引出辅助触点
备用触点

说明：
由于电涌保护器在各种类型的供电方式中，所选用的产品型号也不同（如TT、NT、TT-C、TN-C-S等供电系统分及保护级别），所以在二次接线图中没有画出。本方案以TT或TN-S供电系统为例，推荐选用广州雷迅公司生产的SPD系列产品中的ASPFLDI-15/100型4极。熔断器选用RT14或18型的4只（与保护器一对一），额定电流63A，分断电流35kA，用16㎜²铜软线接在电源进线端，出线端用25㎜²铜软线接地排。

技术要求：
1.元器件的选用和安装应符合设计和标准要求。
2.电流回路采用4.0㎜²铜芯绝缘导线。
3.电压回路采用2.5㎜²铜芯绝缘导线。
4.布线要横平竖直，线束扎紧无叠（绞）线，端头压紧牢固，元件代号标识清楚粘贴牢固。
5.如果本柜要与其他柜实现机械联锁，请选用程序锁。

注：
备用电源柜的自投延时时间应大于常用电源柜的自投延时时间，分段联络柜的自投延时时间应大于备用电源柜的自投延时时间。

注明：
1.断路器的额定短路分断能力的选择，要根据本地区的电网网络阻抗或网络输出容量来计算确定，应由该工程项目的设计部门来确定。
2.控制电源和取样电源一定要按标注的代号（位置）进行接线。
3.本二次方案也适用于其他各种类型的抽屉式双电源分供进线柜。
4.负荷故障跳闸时，首先将SA转至手动位置，待故障排除后，手动恢复正常供电。

16	2KT	时间继电器	JZS-213G/220V(凸出式板前接线)	1	苏州继电器厂
15	1KV、2KV	低电压继电器	DY-32/60C （凸出式板前接线）	2	苏州继电器厂
14	1KT	时间继电器	DS-33C/220V (凸出式板前接线)	1	苏州继电器厂
13	SA	控制转换开关	LW12-16D0401	1	
12	XH	接线盒	FJ6/DFY1	1	乐清海燕公司.
11	QA	控制开关	C45N-32/2P-10A	1	
10	HLR、HLW、HLG	指示灯	AD16-22/41-220V	3	
9	1SB、2SB	按钮开关	LA23-11	2	
8	SV	电压转换开关	LW12-16DHY3/3	1	
7	PV	电压表	42L6-V 0～450V	1	
6	1PA～3PA	电流表	42L6-A □/5A	3	
5	1FU～6FU	熔断器	JF5-2.5RD/6A	6	
4	PJ	有功电能表	DT862-2/3×220/380V	1	
3	2TAu	电流互感器	BH-0.66 □/5A	1	
2	1TAu、1TAv、1TAw	电流互感器	BH-0.66 □/5A	3	
1	1QF	断路器（抽屉式）	F□-□/□P-□A/220V	1	ABB公司
序号	元件代号	名称	型号规格	数量	备注

GCK（直流操作）（I段母线）进线柜二次原理图

QB/T.DZ081301.03Y

图样标记　数量　重量　比例
1:1
共2张　第1张

进线+计量（三相四线制有功计量）、3TA、断路器（ABB-F）、双电源自动或手动互为备用、正常时，两段母线分别供电，如果一路电源有故障时，另一路电源承担全部负荷。

光盘页码：3-6

借(通)用件登记		
描 图		
描 校		
旧底图总号		
底图总号		
签 字		
日 期		

设 计　标准化
绘 图　审 定
审 核　批 准
工 艺　日 期

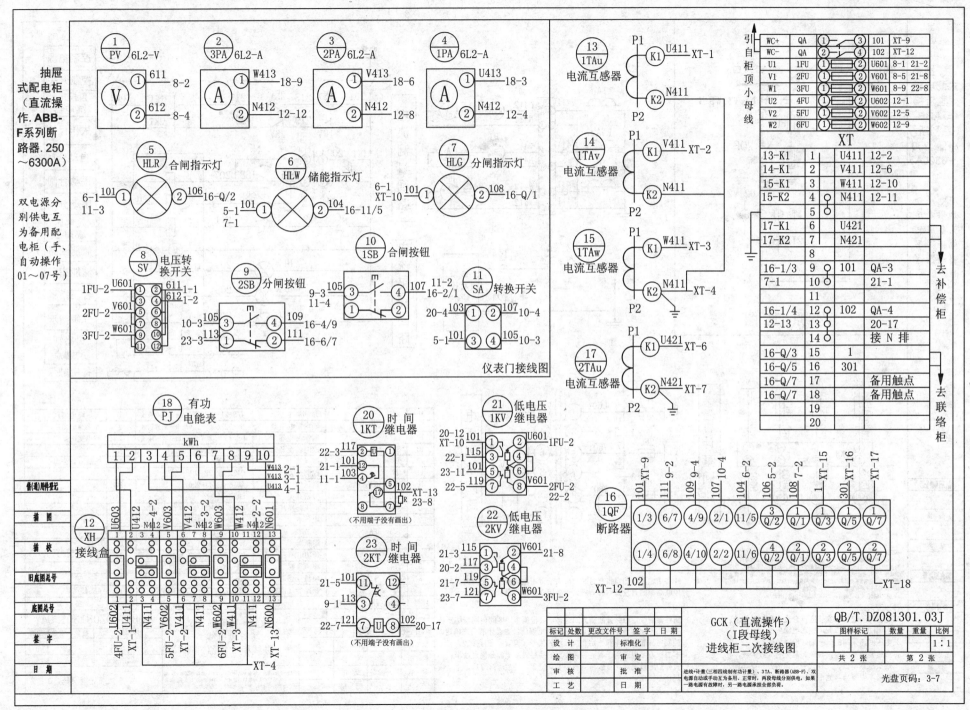

GCK（直流操作）
（I段母线）
进线柜二次接线图

QB/T.DZ081301.03J

共 2 张　第 2 张

光盘页码：3-7

333

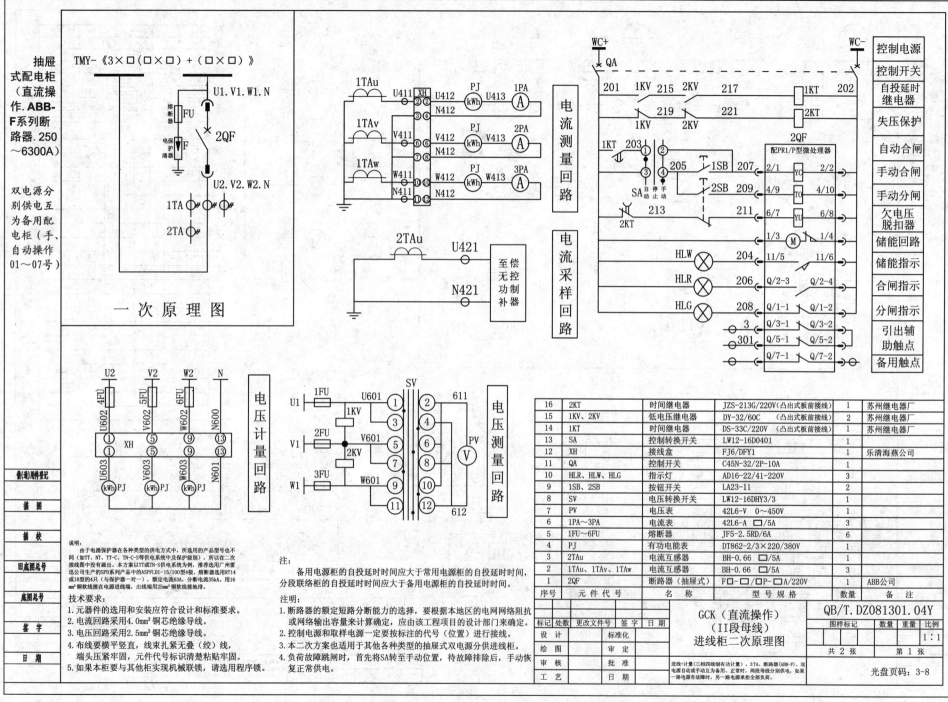

抽屉式配电柜（直流操作.ABB-F系列断路器.250～6300A）

双电源分别供电互为备用配电柜（手、自动操作01～07号）

TMY-《3×□(□×□)+(□×□)》

U1.V1.W1.N

熔断器 FU
2QF
电涌保护器 F
U2.V2.W2.N

1TA
2TA

一次原理图

1TAu U411 XH U412 PJ kWh U413 1PA A
      N412
1TAv V411 V412 PJ kWh V413 2PA A
      N412
1TAw W411 W412 PJ kWh W413 3PA A
      N412 N411 N412

电流测量回路

2TAu U421 至偿无功控制补器 N421

电流采样回路

WC+ QA 控制电源
201 1KV 215 2KV 217 1KT 202 控制开关
219 221
1KV 2KV 自投延时继电器
2QF
1KT 203 配PR1/P型微处理器 失压保护
SA 自动 停 手动
1SB 207 2/1 YC 2/2 自动合闸
2SB 209 4/9 TO 4/10 手动合闸
213 211 6/7 YU 6/8 手动分闸
2KT
1/3 M 1/4 欠电压脱扣器
HLW 204 11/5 11/6 储能回路
HLR 206 Q/2-3 Q/2-4 储能指示
HLG 208 Q/1-1 Q/1-2 合闸指示
3 Q/3-1 Q/3-2 分闸指示
301 Q/5-1 Q/5-2 引出辅助触点
Q/7-1 Q/7-2 备用触点
WC-

U2 V2 W2 N
4FU 5FU 6FU
U602 V602 W602 N600
① XH ⑤ ⑨ ⑬
① ⑤ ⑨ ⑬
U603 V603 W603 N601
kWh PJ kWh PJ kWh PJ

电压计量回路

U1 1FU U601 ① ② 611
V1 2FU V601 ③ ④
   1KV ⑤ ⑥
   2KV ⑦ ⑧ PV V
W1 3FU W601 ⑨ ⑩
   ⑪ ⑫ 612
SV

电压测量回路

16	2KT	时间继电器	JZS-213G/220V（凸出式板前接线）	1	苏州继电器厂
15	1KV、2KV	低电压继电器	DY-32/60C （凸出式板前接线）	2	苏州继电器厂
14	1KT	时间继电器	DS-33C/220V（凸出式板前接线）	1	苏州继电器厂
13	SA	控制转换开关	LW12-16D0401	1	
12	XH	接线盒	FJ6/DFY1	1	乐清海燕公司
11	QA	控制开关	C45N-32/2P-10A	1	
10	HLR、HLW、HLG	指示灯	AD16-22/41-220V	3	
9	1SB、2SB	按钮开关	LA23-11	2	
8	SV	电压转换开关	LW12-16DHY3/3	1	
7	PV	电压表	42L6-V 0～450V	1	
6	1PA～3PA	电流表	42L6-A □/5A	3	
5	1FU～6FU	熔断器	JF5-2.5RD/6A	6	
4	PJ	有功电能表	DT862-2/3×220/380V	1	
3	2TAu	电流互感器	BH-0.66 □/5A	1	
2	1TAu、1TAv、1TAw	电流互感器	BH-0.66 □/5A	3	
1	2QF	断路器（抽屉式）	F□-□/□P-□A/220V	1	ABB公司
序号	元件代号	名称	型号规格	数量	备注

说明：
由于电涌保护器在各种类型的供电方式中，所选用的产品型号也不同（如TT、NT、TT-C、TN-C-S等供电系统和保护级别），所以在二次接线图中没有画出。本方案以TT或TN-S供电系统为例，推荐选用广州雷迅公司生产的SPD系列产品中的ASPFLDI-15/100型4极，熔断器选用RT14或18型的4只（与保护器一对一），额定电流63A，分断电流35kA。用16mm²铜软线接在电源进线端，出线端用25mm²铜软线接地排。

技术要求：
1. 元器件的选用和安装应符合设计和标准要求。
2. 电流回路采用4.0mm²铜芯绝缘导线。
3. 电压回路采用2.5mm²铜芯绝缘导线。
4. 布线要横平竖直，线束扎紧无叠（绞）线，端头压紧牢固，元件代号标识清楚粘贴牢固。
5. 如果本柜要与其他柜实现机械联锁，请选用程序锁。

注：
备用电源柜的自投延时时间应大于常用电源柜的自投延时时间，分段联络柜的自投延时时间应大于备用电源柜的自投延时时间。

注明：
1. 断路器的额定短路分断能力的选择，要根据本地区的电网网络阻抗或网络输出容量来计算确定，应由该工程项目的设计部门来确定。
2. 控制电源和取样电源一定要按标注的代号（位置）进行接线。
3. 本二次方案也适用于其他各种类型的抽屉式双电源分供进线柜。
4. 负荷故障跳闸时，首先将SA转至手动位置，待故障排除后，手动恢复正常供电。

普(通)附件登记
描 图
描 校
旧底图总号
底图总号
签 字
日 期

设 计
绘 图
审 核
工 艺

标准化
审 定
批 准
日 期

更改文件号 签 字 日 期

GCK（直流操作）（II段母线）进线柜二次原理图

QB/T.DZ081301.04Y
图样标记 数量 重量 比例 1:1
共 2 张 第 1 张

进线+计量(三相四线制有功计量)、3TA、断路器(ABB-F)、双电源自动或手动互为备用、正常时，两段母线分别供电，如果一路电源有故障时，另一路电源承担全部负荷。

光盘页码：3-8

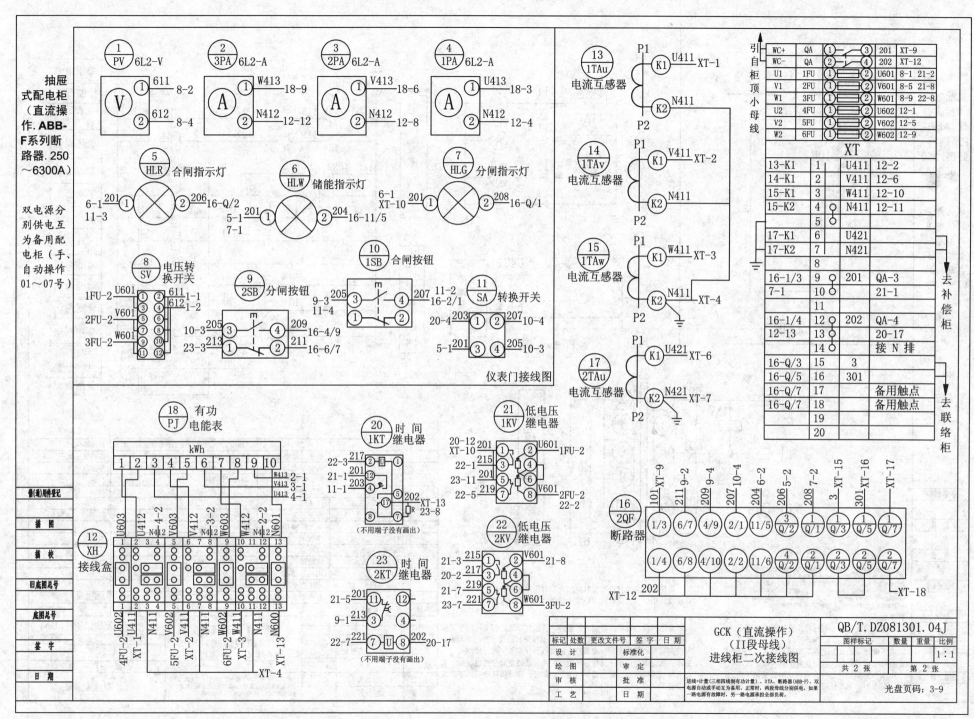

GCK（直流操作）
（II段母线）
进线柜二次接线图

QB/T.DZ081301.04J

共 2 张　　第 2 张

光盘页码：3-9

335

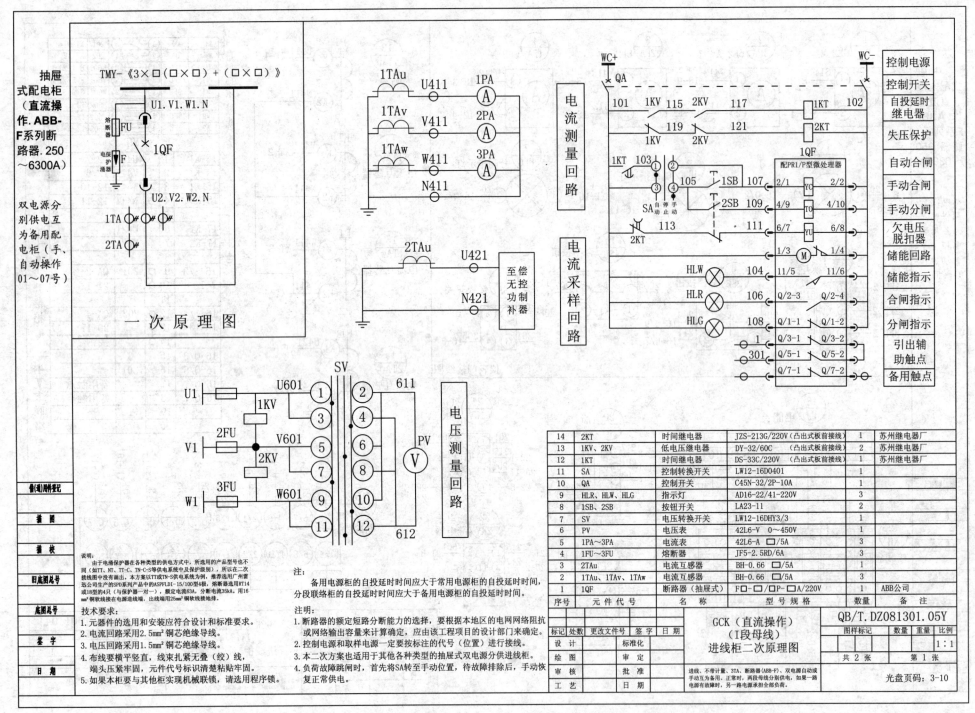

抽屉式配电柜（直流操作.ABB-F系列断路器.250～6300A）

双电源分别供电互为备用配电柜（手、自动操作01～07号）

TMY-《3×□(□×□)+(□×□)》

U1.V1.W1.N

熔断器 FU
电涌保护器 F
1QF

U2.V2.W2.N

1TA
2TA

一 次 原 理 图

1TAu U411 1PA Ⓐ
1TAv V411 2PA Ⓐ
1TAw W411 3PA Ⓐ
N411 Ⓐ

电流测量回路

2TAu U421
N421

至偿无控功制补器

电流采样回路

WC+
QA

101 1KV 115 2KV 117 1KT 102
119 121
1KV 2KV
2KT

1KT 103
105 1SB 107 配PR1/P型微处理器
SA 自投 停 手动
2SB 109
111
2KT 113

HLW 104
HLR 106
HLG 108
1
301

WC−

控制电源
控制开关
自投延时继电器
失压保护
自动合闸
手动合闸
手动分闸
欠电压脱扣器
储能回路
储能指示
合闸指示
分闸指示
引出辅助触点
备用触点

1QF
2/1 YC 2/2
4/9 TO 4/10
6/7 YU 6/8
1/3 M 1/4
11/5 11/6
Q/2-3 Q/2-4
Q/1-1 Q/1-2
Q/3-1 Q/3-2
Q/5-1 Q/5-2
Q/7-1 Q/7-2

SV
U1 U601 1 2 611
1KV 3 4
2FU V601 PV
V1 2KV 5 6 Ⓥ
7 8
3FU W601 9 10
W1 11 12 612

电压测量回路

说明：
由于电涌保护器在各种类型的供电方式中，所选用的产品型号也不同（如TT、NT、TT-C、TN-C-S等供电系统中及保护级别），所以在二次接线图中没有画出。本方案以TT或TN-S供电系统为例，推荐选用广州雷迅公司生产的SPD系列产品中的ASPFLDI-15/100型4级，熔断器选用RT14或18型的4只（与保护器一对一），额定电流63A，分断电流35kA，用16mm²铜软线接在电源进线端，出线端用25mm²铜软线接地埋。

技术要求：
1. 元器件的选用和安装应符合设计和标准要求。
2. 电流回路采用2.5mm²铜芯绝缘导线。
3. 电压回路采用1.5mm²铜芯绝缘导线。
4. 布线要横平竖直，线束扎紧无叠（绞）线，端头扎紧牢固，元件代号标识清楚粘贴牢固。
5. 如果本柜要与其他柜实现机械联锁，请选用程序锁。

注：
备用电源柜的自投延时时间应大于常用电源柜的自投延时时间，分段联络柜的自投延时时间应大于备用电源柜的自投延时时间。

注明：
1. 断路器的额定短路分断能力的选择，要根据本地区的电网网络阻抗或网络输出容量来计算确定，应由该工程项目的设计部门来确定。
2. 控制电源和取样电源一定要按标注的代号（位置）进行接线。
3. 本二次方案也适用于其他各种类型的抽屉式双电源分供进线柜。
4. 负荷故障跳闸时，首先将SA转为手动位置，待故障排除后，手动恢复正常供电。

14	2KT	时间继电器	JZS-213G/220V（凸出式板前接线）	1	苏州继电器厂
13	1KV、2KV	低电压继电器	DY-32/60C（凸出式板前接线）	2	苏州继电器厂
12	1KT	时间继电器	DS-33C/220V（凸出式板前接线）	1	苏州继电器厂
11	SA	控制转换开关	LW12-16D0401	1	
10	QA	控制开关	C45N-32/2P-10A	1	
9	HLR、HLW、HLG	指示灯	AD16-22/41-220V	3	
8	1SB、2SB	按钮开关	LA23-11	2	
7	SV	电压转换开关	LW12-16DHY3/3	1	
6	PV	电压表	42L6-V 0～450V	1	
5	1PA～3PA	电流表	42L6-A □/5A	3	
4	1FU～3FU	熔断器	JF5-2.5RD/6A	3	
3	2TAu	电流互感器	BH-0.66 □/5A	1	
2	1TAu、1TAv、1TAw	电流互感器	BH-0.66 □/5A	3	
1	1QF	断路器（抽屉式）	F□-□/P-□A/220V	1	ABB公司
序号	元件代号	名　称	型号规格	数量	备　注

信(通)所件登记						
			GCK（直流操作）（I段母线）进线柜二次原理图		QB/T.DZ081301.05Y	
描　图					图样标记	数量 重量 比例
描　校						1:1
旧底图总号		标记 处数 更改文件号 签字 日期				
		设计	标准化			共2张　第1张
底图总号		绘图	审定			
签　字		审核	批准			光盘页码：3-10
日　期		工艺			进线、不带计量、3TA、断路器(ABB-F)、双电源或手动互为备用，正常时，两段母线分别供电，如果一路电源有故障时，另一路电源承担全部负荷。	

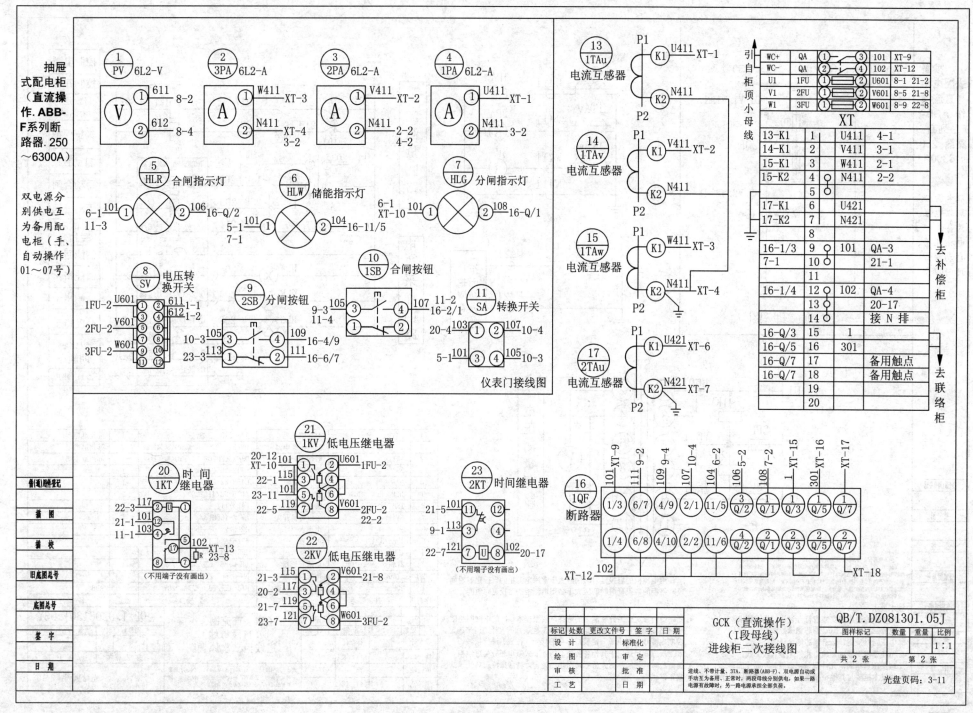

GCK（直流操作）
（I段母线）
进线柜二次接线图

QB/T.DZ081301.05J

共 2 张　　第 2 张

光盘页码：3-11

进线、不带计量、3TA、断路器(ABB-F)、双电源自动或手动互为备用、正常时、两段母线分别供电、如果一路电源有故障时，另一路电源承担全部负荷。

337

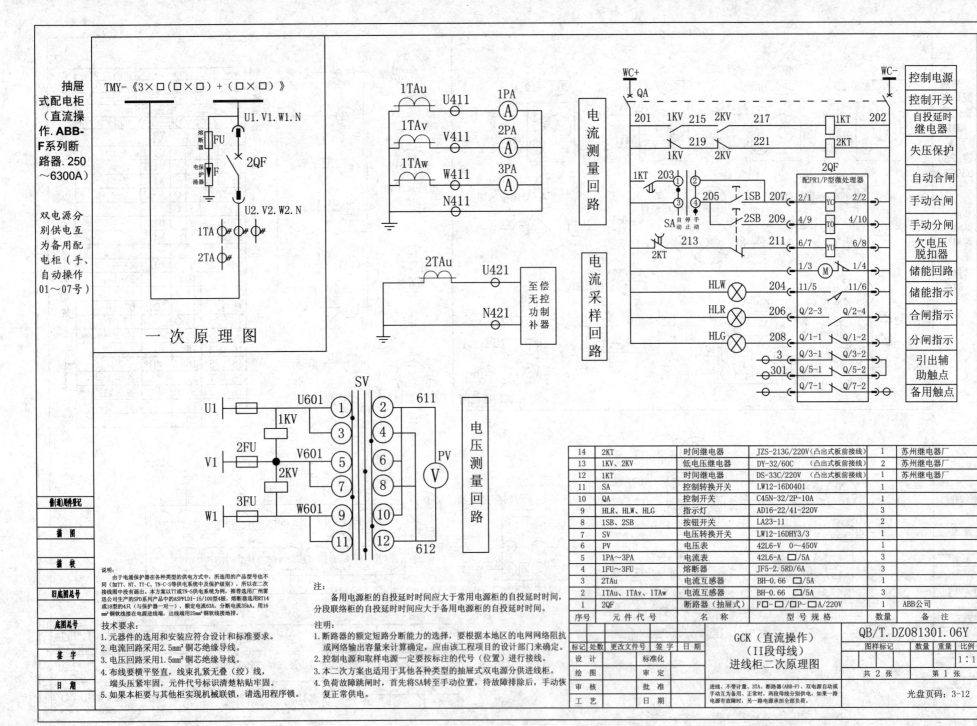

抽屉式配电柜（直流操作.ABB-F系列断路器.250～6300A）

双电源分别供电互为备用配电柜（手、自动操作01～07号）

TMY-《3×□(□×□)+(□×□)》

一次原理图

电流测量回路

电流采样回路

电压测量回路

	控制电源
	控制开关
	自投延时继电器
	失压保护
	自动合闸
	手动合闸
	手动分闸
	欠电压脱扣器
	储能回路
	储能指示
	合闸指示
	分闸指示
	引出辅助触点
	备用触点

说明：
由于电涌保护器在各种类型的供电方式中，所选用的产品型号也不同（如TT、NT、TT-C、TN-C-S等供电系统中及保护级别），所以在二次接线图中没有画出。本方案以TN-S供电系统为例，推荐选用广州雷迅公司生产的SPD系列产品的ASPFLDI-15/100型4极，熔断器选用RT14或18型的4只（与保护器一对一），额定电流63A，分断电流35kA，用16 mm²铜软线接在电源进线端，出线端用25mm²铜软线接地母排。

技术要求：
1. 元器件的选用和安装应符合设计和标准要求。
2. 电流回路采用2.5mm²铜芯绝缘导线。
3. 电压回路采用1.5mm²铜芯绝缘导线。
4. 布线要横平竖直，线束扎紧无叠（绞）线，端头卡紧牢固，元件代号标识清楚粘贴牢固。
5. 如果本柜要与其他柜实现机械联锁，请选用程序锁。

注：
备用电源柜的自投延时时间应大于常用电源柜的自投延时时间，分段联络柜的自投延时时间应大于备用电源柜的自投延时时间。

注明：
1. 断路器的额定短路分断能力的选择，要根据本地区的电网网络阻抗或网络输出容量来计算确定，应由该工程项目的设计部门来确定。
2. 控制电源和取样电源一定要按标注的代号（位置）进行接线。
3. 本二次方案也适用于其他各种类型的抽屉式双电源分供进线柜。
4. 负荷故障跳闸时，首先将SA转至手动位置，待故障排除后，手动恢复正常供电。

	备(通)用附件登记
描 图	
描 校	
旧底图总号	
底图总号	
签 字	
日 期	

14	2KT	时间继电器	JZS-213G/220V（凸出式板前接线）	1	苏州继电器厂
13	1KV、2KV	低电压继电器	DY-32/60C（凸出式板前接线）	2	苏州继电器厂
12	1KT	时间继电器	DS-33C/220V（凸出式板前接线）	1	苏州继电器厂
11	SA	控制转换开关	LW12-16D0401	1	
10	QA	控制开关	C45N-32/2P-10A	1	
9	HLR、HLW、HLG	指示灯	AD16-22/41-220V	3	
8	1SB、2SB	按钮开关	LA23-11	2	
7	SV	电压转换开关	LW12-16DHY3/3	1	
6	PV	电压表	42L6-V 0～450V	1	
5	1PA～3PA	电流表	42L6-A □/5A	3	
4	1FU～3FU	熔断器	JF5-2.5RD/6A	3	
3	2TAu	电流互感器	BH-0.66 □/5A	1	
2	1TAu、1TAv、1TAw	电流互感器	BH-0.66 □/5A	3	
1	2QF	断路器（抽屉式）	F□-□/□P-□A/220V	1	ABB公司
序号	元件代号	名 称	型号规格	数量	备 注

标记	处数	更改文件号	签字	日期		GCK（直流操作）	QB/T.DZ081301.06Y
设 计			标准化			（II段母线）	
绘 图			审 定			进线柜二次原理图	
审 核			批 准				
工 艺			日 期				

图样标记	数量	重量	比例
			1:1
共 2 张		第 1 张	

进线、不带计量、3TA、断路器（ABB-F）、双电源自动或手动互为备用、正常时，两段母线分别供电，如果一路电源有故障时，另一路电源承担全部负荷。

光盘页码：3-12

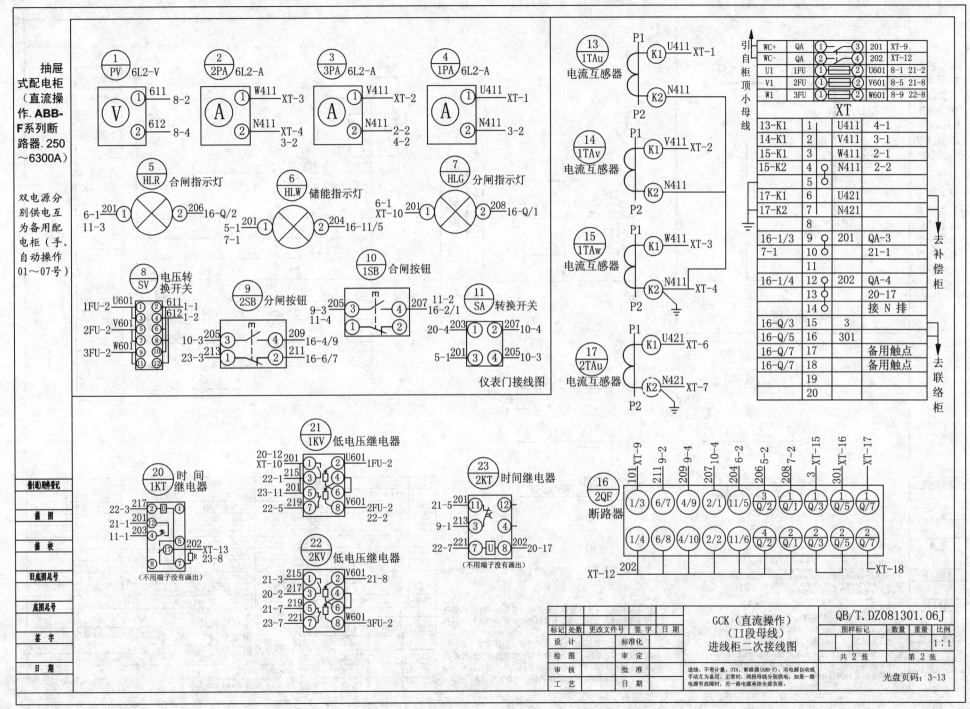

抽屉式配电柜（直流操作. ABB-F系列断路器. 250～6300A）

双电源分别供电互为备用配电柜（手、自动操作01～07号）

仪表门接线图

	XT			
13-K1	1	U411	4-1	
14-K1	2	V411	3-1	
15-K1	3	W411	2-1	
15-K2	4	N411	2-2	
	5			
17-K1	6	U421		
17-K2	7	N421		
	8			
16-1/3	9	201	QA-3	
7-1	10		21-1	
	11			
16-1/4	12	202	QA-4	
	13		20-17	
	14		接 N 排	
16-Q/3	15	3		
16-Q/5	16	301		
16-Q/7	17	备用触点		
16-Q/7	18	备用触点		
	19			
	20			

引自柜顶小母线

去补偿柜

去联络柜

GCK（直流操作）（II段母线）进线柜二次接线图

QB/T.DZ081301.06J

图样标记	数量	重量	比例
			1:1
共 2 张		第 2 张	

标记	处数	更改文件号	签字	日期
设 计			标准化	
绘 图			审 定	
审 核			批 准	
工 艺			日 期	

进线、不带计量、3TA、断路器(ABB-F)、双电源自动或手动互为备用、正常时，两段母线分别供电，如果一路电源有故障时，另一路电源承担全部负荷。

光盘页码：3-13

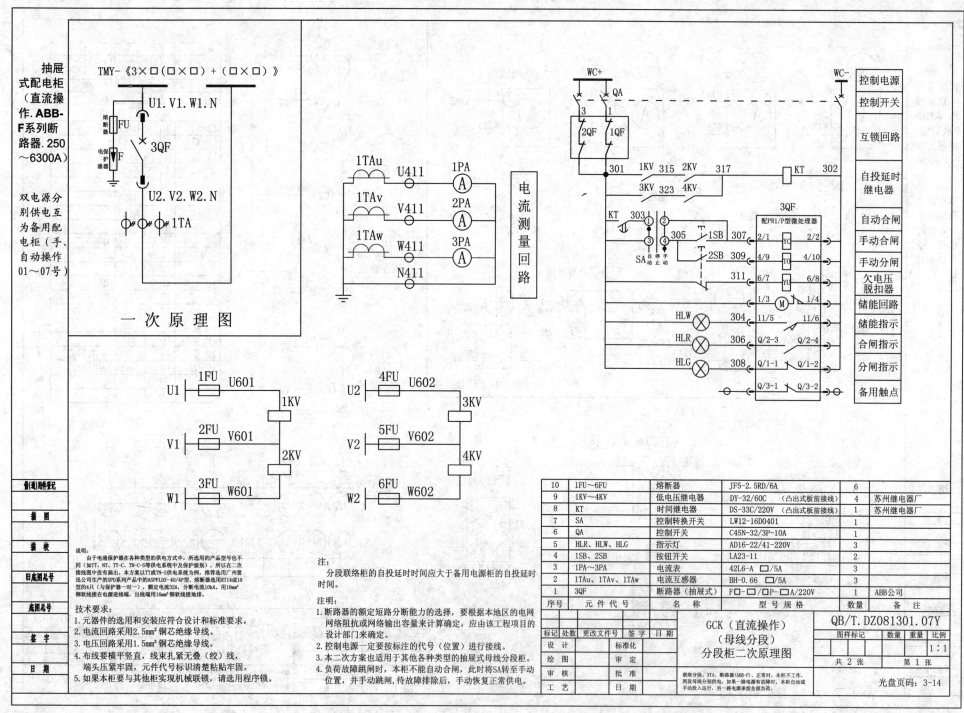

抽屉式配电柜（直流操作.ABB-F系列断路器.250～6300A）

双电源分别供电互为备用配电柜（手、自动操作01～07号）

TMY-《3×□(□×□)+(□×□)》

U1.V1.W1.N

熔断器 FU
电保护涌器 F

3QF

U2.V2.W2.N

1TA

一次原理图

1TAu U411 1PA Ⓐ
1TAv V411 2PA Ⓐ
1TAw W411 3PA Ⓐ
N411

电流测量回路

1FU U601 1KV
2FU V601 2KV
3FU W601

4FU U602 3KV
5FU V602 4KV
6FU W602

WC+   QA
3 1
2QF 1QF

301 1KV 315 2KV 317 KT 302
3KV 323 4KV

KT 303
SA 自动停手动 305 1SB 307
2SB 309
311

配PR1/P型微处理器
2/1 YC 2/2
4/9 TO 4/10
6/7 YU 6/8
1/3 Ⓜ 1/4

HLW 304 11/5 11/6
HLR 306 Q/2-3 Q/2-4
HLG 308 Q/1-1 Q/1-2
Q/3-1 Q/3-2

3QF

WC-

控制电源
控制开关
互锁回路
自投延时继电器
自动合闸
手动合闸
手动分闸
欠电压脱扣器
储能回路
储能指示
合闸指示
分闸指示
备用触点

说明：
由于电涌保护器在各种类型的供电方式中，所选用的产品型号也不同（如TT、NT、TT-C、TN-C-S等供电系统中及保护级别），所以本二次接线图中没有画出。本方案以TT或TN-S供电系统为例，推荐选用广州雷迅公司生产的SPD系列产品中的ASPPFLD2-40/4P型，熔断器选用RT14或18型的4只（与保护器一对一），额定电流32A，分断电流10kA，用10mm²铜软线接在电源进线端，出线端用16mm²铜软线接线地排。

技术要求：
1. 元器件的选用和安装应符合设计和标准要求。
2. 电流回路采用2.5mm²铜芯绝缘导线。
3. 电压回路采用1.5mm²铜芯绝缘导线。
4. 布线要横平竖直，线束扎紧无叠（绞）线，端头压紧牢固，元件代号标识清楚粘贴牢固。
5. 如果本柜要与其他柜实现机械联锁，请选用程序锁。

注：
分段联络柜的自投延时时间应大于备用电源柜的自投延时时间。

注明：
1. 断路器的额定短路分断能力的选择，要根据本地区的电网网络阻抗或网络输出容量来计算确定，应由该工程项目的设计部门来确定。
2. 控制电源一定要按标注的代号（位置）进行接线。
3. 本二次方案也适用于其他各种类型的抽屉式母线分段柜。
4. 负荷故障跳闸时，本柜不能自动合闸，此时将SA转为手动位置，并手动跳闸，待故障排除后，手动恢复正常供电。

10	1FU～6FU	熔断器	JF5-2.5RD/6A	6	
9	1KV～4KV	低电压继电器	DY-32/60C （凸出式板前接线）	4	苏州继电器厂
8	KT	时间继电器	DS-33C/220V （凸出式板前接线）	1	苏州继电器厂
7	SA	控制转换开关	LW12-16D0401	1	
6	QA	控制开关	C45N-32/3P-10A	1	
5	HLR、HLW、HLG	指示灯	AD16-22/41-220V	3	
4	1SB、2SB	按钮开关	LA23-11	2	
3	1PA～3PA	电流表	42L6-A □/5A	3	
2	1TAu、1TAv、1TAw	电流互感器	BH-0.66 □/5A	3	
1	3QF	断路器（抽屉式）	F□-□/□P-□A/220V	1	ABB公司
序号	元件代号	名 称	型 号 规 格	数量	备 注

标记	处数	更改文件号	签 字	日 期
设 计		标准化		
绘 图		审 定		
审 核		批 准		
工 艺		日 期		

GCK（直流操作）（母线分段）分段柜二次原理图

QB/T.DZ081301.07Y

图样标记 数量 重量 比例
1:1
共 2 张   第 1 张

联络分段、3TA、断路器(ABB-F)、正常时，本柜不工作，两段母线分别供电，如果一路电源有故障（失压），本柜自动成手动投入运行，另一路电源承担全部负荷。

光盘页码：3-14

竣(追)附登记
描 图
描 校
旧底图总号
底图总号
签 字
日 期

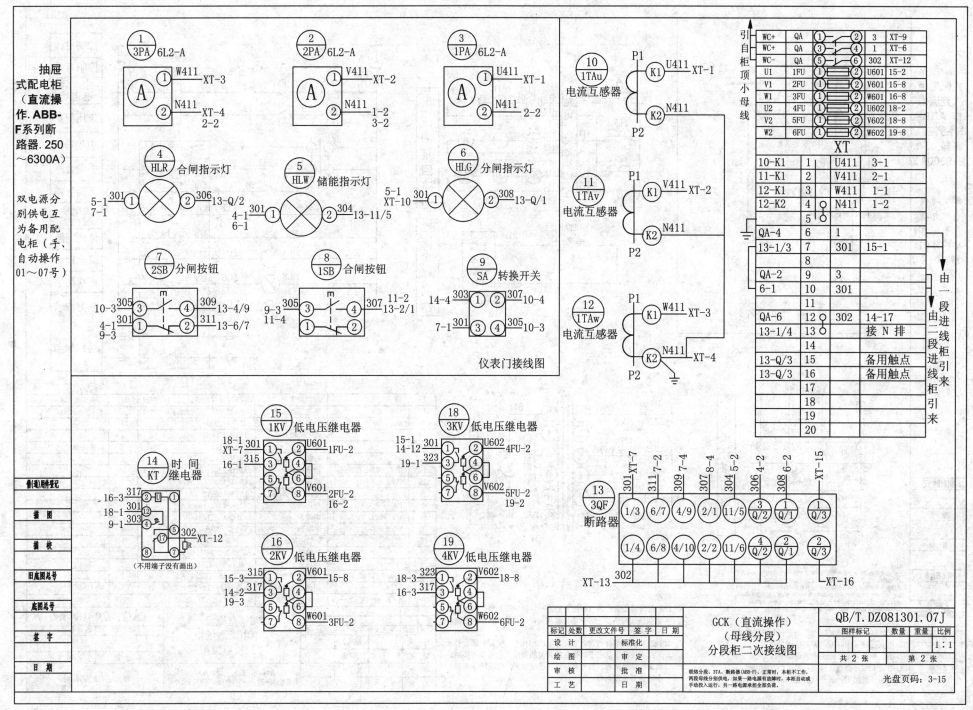

仪表门接线图

GCK（直流操作）
（母线分段）
分段柜二次接线图

QB/T.DZ081301.07J

共 2 张　　第 2 张

1:1

光盘页码: 3-15

341

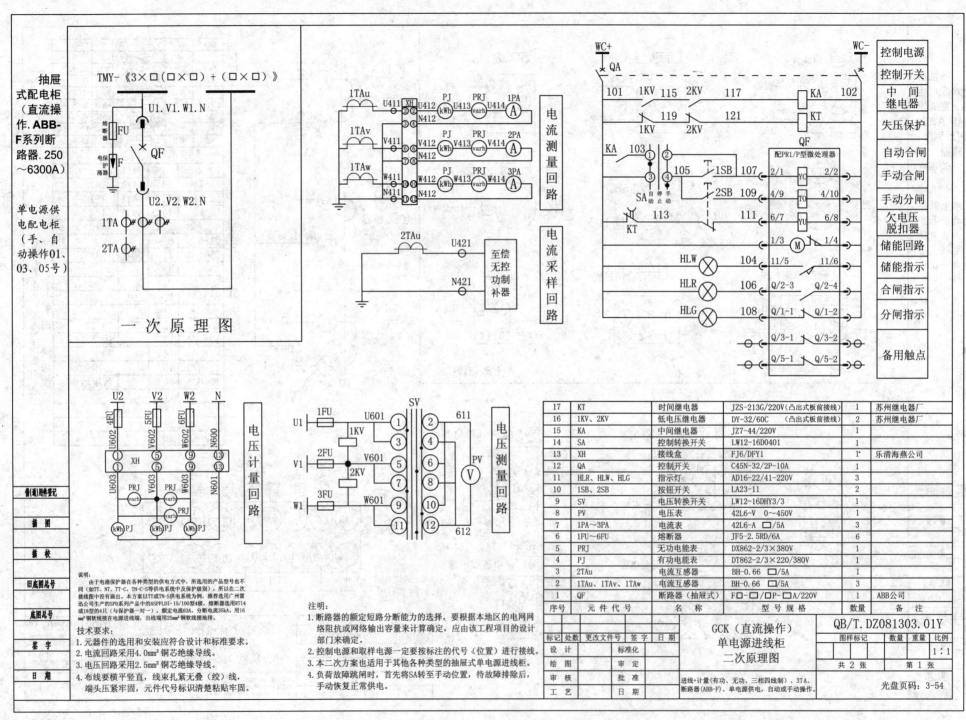

抽屉式配电柜（直流操作.ABB-F系列断路器.250～6300A）

单电源供电配电柜（手、自动操作01、03、05号）

TMY-《3×□（□×□）+（□×□）》

一 次 原 理 图

电流测量回路

电流采样回路

至偿无控功率制补器

电压计量回路

电压测量回路

控制电源
控制开关
中间继电器
失压保护
自动合闸
手动合闸
欠电压脱扣器
储能回路
储能指示
合闸指示
分闸指示
备用触点

说明：由于电涌保护器在各种类型的供电方式中，所选用的产品型号也不同（如TT、NT、TT-C、TN-C-S等供电系统中及保护级别），所以在二次接线图中没有画出。本方案以TT或TN-S供电系统为例，推荐选用广州雷迅公司生产的SPD系列产品中的ASPFLDI-15/100型4极，熔断器选用RT14或18型的4只（与保护器一对一）。额定电流63A，分断电流35kA，用16mm²铜软线接在电源进线端，出线用25mm²铜软线接地排。

技术要求：
1. 元器件的选用和安装应符合设计和标准要求。
2. 电流回路采用4.0mm²铜芯绝缘导线。
3. 电压回路采用2.5mm²铜芯绝缘导线。
4. 布线要横平竖直，线束扎紧无叠（绞）线，端头压紧牢固，元件代号标识清楚粘贴牢固。

注明：
1. 断路器的额定短路分断能力的选择，要根据本地区的电网网络阻抗或网络输出容量来计算确定，应由该工程项目的设计部门来确定。
2. 控制电源和取样电源一定要按标注的代号（位置）进行接线。
3. 本二次方案也适用于其他各种类型的抽屉式单电源进线柜。
4. 负荷故障跳闸时，首先将SA转至手动位置，待故障排除后，手动恢复正常供电。

17	KT	时间继电器	JZS-213G/220V（凸出式板前接线）	1	苏州继电器厂
16	1KV、2KV	低电压继电器	DY-32/60C （凸出式板前接线）	2	苏州继电器厂
15	KA	中间继电器	JZ7-44/220V	1	
14	SA	控制转换开关	LW12-16D0401	1	
13	XH	接线盒	FJ6/DFY1	1*	乐清海燕公司
12	QA	控制开关	C45N-32/2P-10A	1	
11	HLR、HLW、HLG	指示灯	AD16-22/41-220V	3	
10	1SB、2SB	按钮开关	LA23-11		
9	SV	电压转换开关	LW12-16DHY3/3	1	
8	PV	电压表	42L6-V 0～450V	1	
7	1PA～3PA	电流表	42L6-A □/5A	3	
6	1FU～6FU	熔断器	JF5-2.5RD/6A	6	
5	PRJ	无功电能表	DX862-2/3×380V	1	
4	PJ	有功电能表	DT862-2/3×220/380V	1	
3	2TAu	电流互感器	BH-0.66 □/5A	1	
2	1TAu、1TAv、1TAw	电流互感器	BH-0.66 □/5A	3	
1	QF	断路器（抽屉式）	F□-□/□P-□A/220V	1	ABB公司
序号	元件代号	名称	型号规格	数量	备注

备(通)用标记				
描 图				
描 校				
旧底图总号				
底图总号				
签 字				
日 期				

		标记	处数	更改文件号	签字	日期		GCK（直流操作）单电源进线柜二次原理图		QB/T.DZ081303.01Y	
设 计					标准化					图样标记	数量 重量 比例
绘 图					审 定						1:1
审 核					批 准					共 2 张	第 1 张
工 艺					日 期		进线+计量（有功、无功、三相四线制）、3TA、断路器（ABB-F）、单电源供电，自动或手动操作。			光盘页码：3-54	

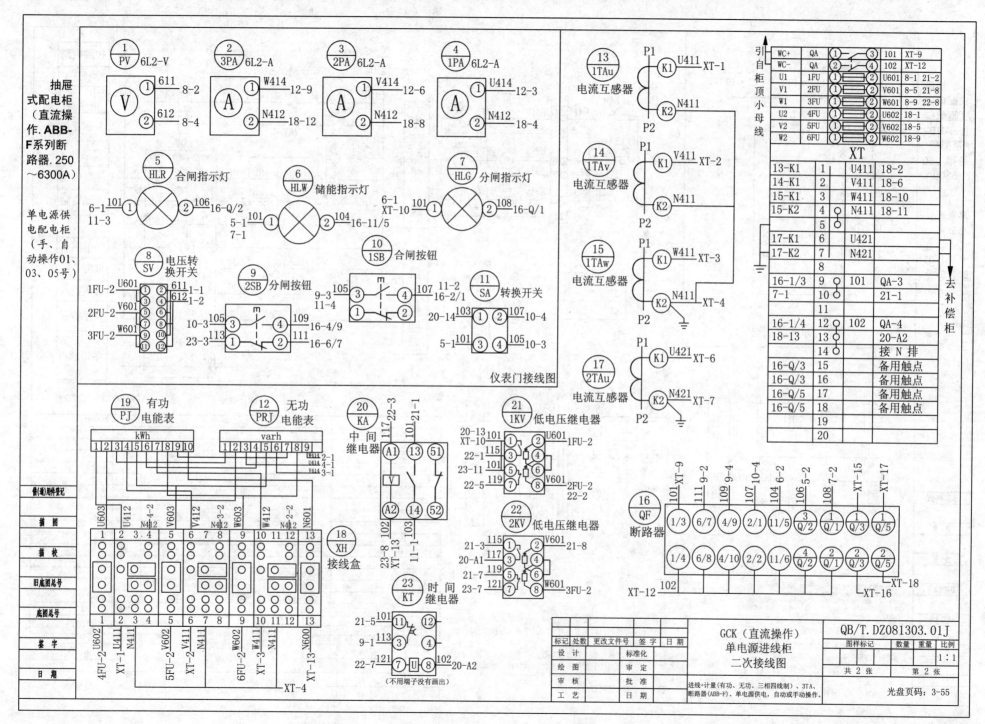

GCK（直流操作）
单电源进线柜
二次接线图

QB/T.DZ081303.01J

进线+计量(有功、无功、三相四线制)、3TA、
断路器(ABB-F)、单电源供电，自动或手动操作。

光盘页码：3-55

343

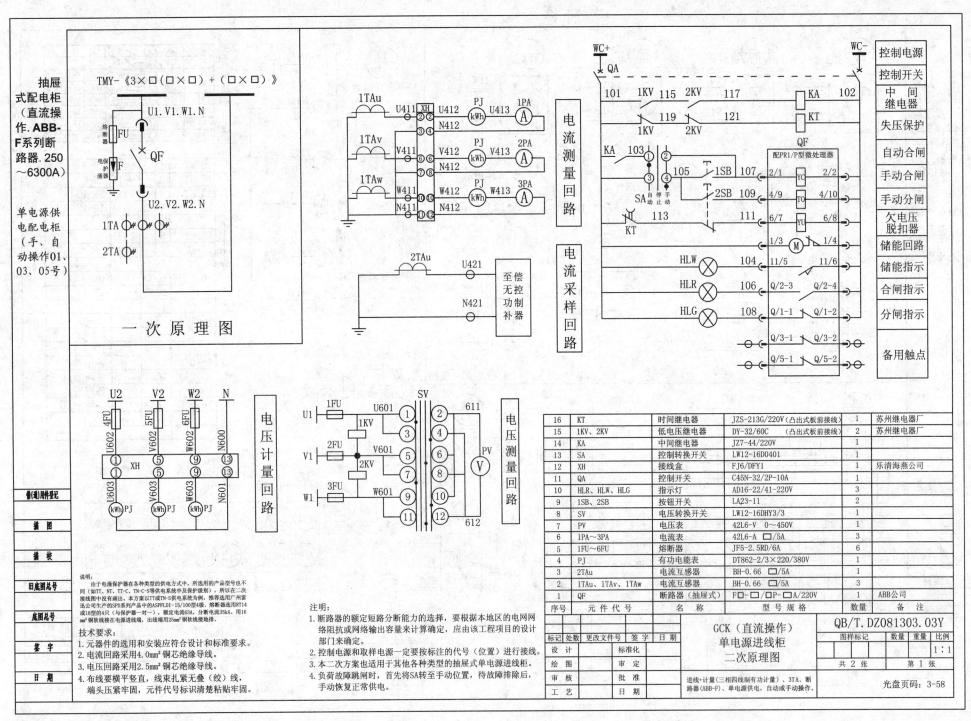

抽屉式配电柜（直流操作. ABB-F系列断路器. 250～6300A）

单电源供电配电柜（手、自动操作01、03、05号）

TMY-《3×□(□×□)+(□×□)》

U1.V1.W1.N

熔断器 FU
电涌保护器 F
QF
U2.V2.W2.N
1TA
2TA

一次原理图

U2 V2 W2 N

电压计量回路

电压测量回路

电流测量回路

电流采样回路

控制电源
控制开关
中间继电器
失压保护
自动合闸
手动合闸
手动分闸
欠电压脱扣器
储能回路
储能指示
合闸指示
分闸指示
备用触点

配PR1/P型微处理器

16	KT	时间继电器	JZS-213G/220V（凸出式板前接线）	1	苏州继电器厂
15	1KV、2KV	低电压继电器	DY-32/60C（凸出式板前接线）	2	苏州继电器厂
14	KA	中间继电器	JZ7-44/220V	1	
13	SA	控制转换开关	LW12-16D0401	1	
12	XH	接线盒	FJ6/DFY1	1	乐清海燕公司
11	QA	控制开关	C45N-32/2P-10A	1	
10	HLR、HLW、HLG	指示灯	AD16-22/41-220V	3	
9	1SB、2SB	按钮开关	LA23-11	2	
8	SV	电压转换开关	LW12-16DHY3/3	1	
7	PV	电压表	42L6-V 0～450V	1	
6	1PA～3PA	电流表	42L6-□ A/5A	3	
5	1FU～6FU	熔断器	JF5-2.5RD/6A	6	
4	PJ	有功电能表	DT862-2/3×220/380V	1	
3	2TAu	电流互感器	BH-0.66 □/5A	1	
2	1TAu、1TAv、1TAw	电流互感器	BH-0.66 □/5A	3	
1	QF	断路器（抽屉式）	F□-□/P□-□A/220V	1	ABB公司
序号	元件代号	名称	型号规格	数量	备注

说明：由于电涌保护器在各种类型的供电方式中，所选用的产品型号也不同（如TT、NT、TT-C、TN-C-S等供电系统中与保护级别），所以在二次接线图中没有画出。本方案以TT或TN-S供电系统为例，推荐选用广州雷迅公司生产的SPD系列产品中的ASPFLDI-15/100型4级，熔断器选用RT14或18型的4只（与保护器一对一），额定电流63A，分断电流35kA，用16 mm² 铜软线接在电源进线端，出线端用25mm² 铜软线接地端。

技术要求：
1. 元器件的选用和安装应符合设计和标准要求。
2. 电流回路采用4.0mm²铜芯绝缘导线。
3. 电压回路采用2.5mm²铜芯绝缘导线。
4. 布线要横平竖直，线束扎紧无叠（绞）线，端头压紧牢固，元件代号标识清楚粘贴牢固。

注明：
1. 断路器的额定短路分断能力的选择，要根据本地区的电网网络阻抗或网络输出容量来计算确定，应由该工程项目的设计部门来确定。
2. 控制电源和取样电源一定要按标注的代号（位置）进行接线。
3. 本二次方案也适用于其他各种类型的抽屉式单电源进线柜。
4. 负荷故障跳闸时，首先将SA转至手动位置，待故障排除后，手动恢复正常供电。

QB/T.DZ081303.03Y

GCK（直流操作）单电源进线柜二次原理图

比例 1:1

共 2 张　第 1 张

进线+计量（三相四线制有功计量）、3TA、断路器(ABB-F)、单电源供电，自动或手动操作。

光盘页码：3-58

图样登记
描图
描校
旧底图总号
底图总号
签字
日期

标记 处数 更改文件号 签字 日期
设计　标准化
绘图　审定
审核　批准
工艺　日期

344

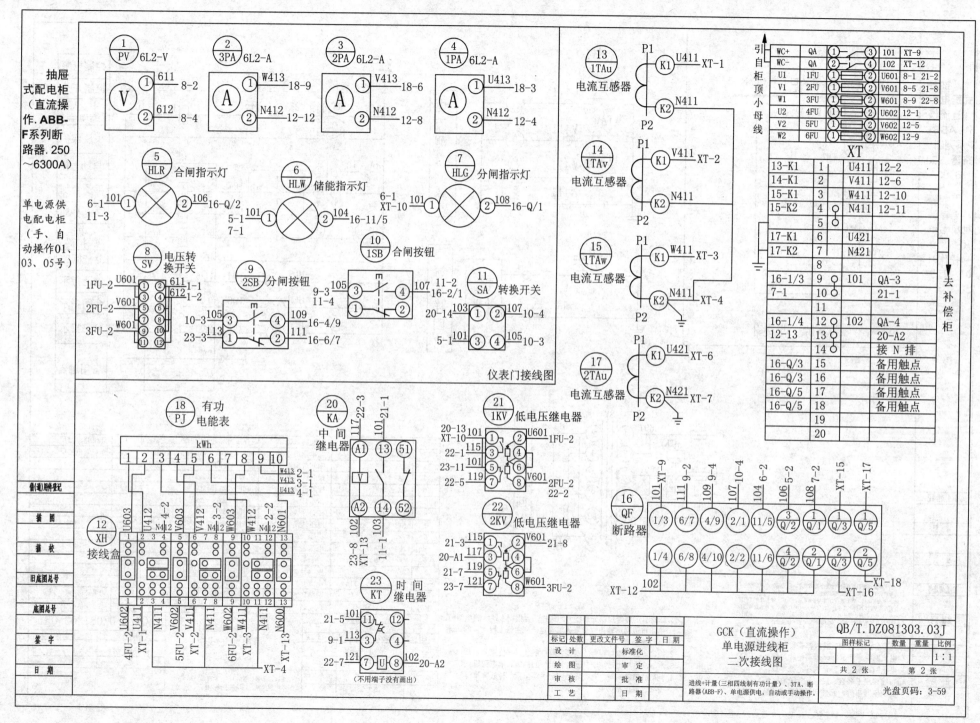

抽屉式配电柜（直流操作.ABB-F系列断路器.250～6300A）

单电源供电配电柜（手、自动操作01、03、05号）

① PV 6L2-V

② 3PA 6L2-A

③ 2PA 6L2-A

④ 1PA 6L2-A

⑤ HLR 合闸指示灯

⑥ HLW 储能指示灯

⑦ HLG 分闸指示灯

⑧ SV 电压转换开关

⑨ 2SB 分闸按钮

⑩ 1SB 合闸按钮

⑪ SA 转换开关

仪表门接线图

⑬ 1TAu 电流互感器

⑭ 1TAv 电流互感器

⑮ 1TAw 电流互感器

⑰ 2TAu 电流互感器

引自柜顶小母线

WC+	QA	① ③	101	XT-9
WC–	QA		102	XT-12
U1	1FU	① ②	U601	8-1 21-2
V1	2FU	① ②	V601	8-5 21-8
W1	3FU	① ②	W601	8-9 22-8
U2	4FU	① ②	U602	12-1
V2	5FU	① ②	V602	12-5
W2	6FU	① ②	W602	12-9

XT

13-K1	1	U411	12-2
14-K1	2	V411	12-6
15-K1	3	W411	12-10
15-K2	4	N411	12-11
	5		
17-K1	6	U421	
17-K2	7	N421	
	8		
16-1/3	9	101	QA-3
7-1	10		21-1
	11		
16-1/4	12	102	QA-4
12-13	13		20-A2
	14		接 N 排
16-Q/3	15		备用触点
16-Q/3	16		备用触点
16-Q/5	17		备用触点
16-Q/5	18		备用触点
	19		
	20		

去补偿柜

⑱ PJ 有功电能表 kWh

⑳ KA 中间继电器

㉑ 1KV 低电压继电器

㉒ 2KV 低电压继电器

⑯ QF 断路器

⑫ XH 接线盒

㉓ KT 时间继电器

(不用端子没有画出)

GCK（直流操作）
单电源进线柜
二次接线图

QB/T.DZ081303.03J

标记	处数	更改文件号	签字	日期		图样标记	数量	重量	比例
设 计			标准化						1:1
绘 图			审 定						
审 核			批 准			共 2 张		第 2 张
工 艺			日 期					

进线+计量(三相四线制有功计量)、3TA、断路器(ABB-F)、单电源供电、自动或手动操作。

光盘页码：3-59

备(通)用件登记

描 图

描 校

旧底图总号

底图总号

签 字

日 期

345

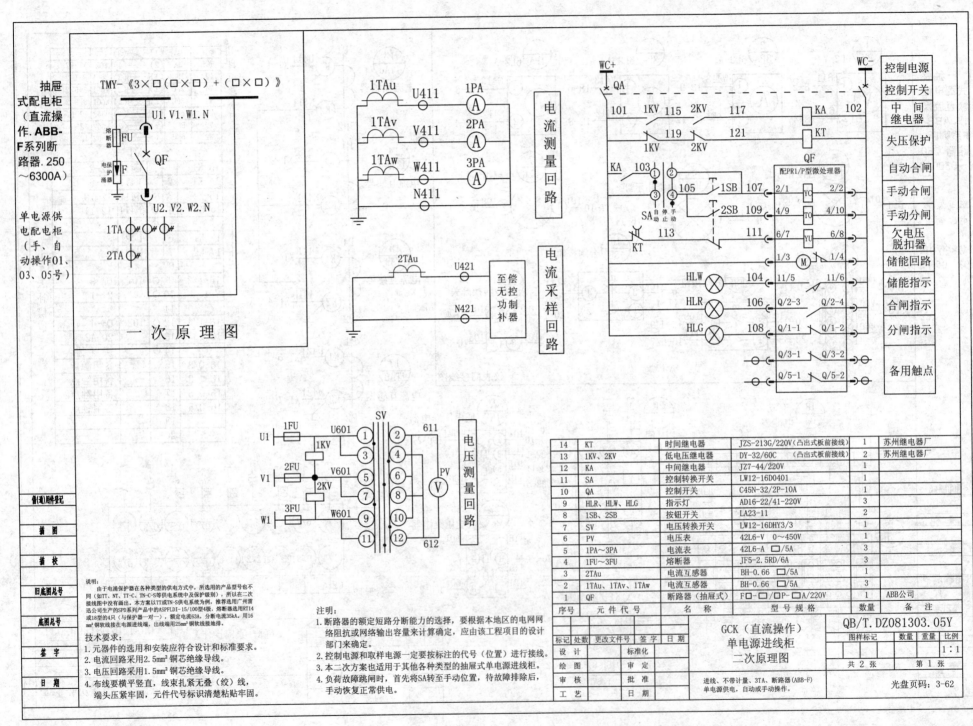

抽屉式配电柜（直流操作.ABB-F系列断路器.250～6300A）

单电源供电配电柜（手、自动操作01、03、05号）

TMY-《3×□（□×□）+（□×□）》

一次原理图

电流测量回路

电流采样回路

电压测量回路

| 控制电源 |
| 控制开关 |
| 中间继电器 |
| 失压保护 |
| 自动合闸 |
| 手动合闸 |
| 手动分闸 |
| 欠电压脱扣器 |
| 储能回路 |
| 储能指示 |
| 合闸指示 |
| 分闸指示 |
| 备用触点 |

说明：由于电涌保护器在各种类型的供电方式中，所选用的产品型号也不同（如TT、NT、TT-C、TN-C-S等供电系统中及保护级别），所以在二次接线图中没有画出。本方案以TT或TN-S供电系统为例，推荐选用广州雷迅公司生产的SPD系列产品中的ASPFLDI-15/100型4极，熔断器选用RT14或18型的4只（与保护器一对一），额定电流63A，分断电流35kA。用16㎜²铜软线接在电源进线端，出线端用25㎜²铜软线接地排。

技术要求：
1. 元器件的选用和安装应符合设计和标准要求。
2. 电流回路采用2.5㎜²铜芯绝缘导线。
3. 电压回路采用1.5㎜²铜芯绝缘导线。
4. 布线要横平竖直，线束扎紧无叠（绞）线，端头压接牢固，元件代号标识清楚粘贴牢固。

注明：
1. 断路器的额定短路分断能力的选择，要根据本地区的电网网络阻抗或网络输出容量来计算确定，应由该工程项目的设计部门来确定。
2. 控制电源和取样电源一定要按标注的代号（位置）进行接线。
3. 本二次方案也适用于其他各种类型的抽屉式单电源进线柜。
4. 负荷故障跳闸时，首先将SA转至手动位置，待故障排除后，手动恢复正常供电。

14	KT	时间继电器	JZS-213G/220V（凸出式板前接线）	1	苏州继电器厂
13	1KV、2KV	低电压继电器	DY-32/60C（凸出式板前接线）	2	苏州继电器厂
12	KA	中间继电器	JZ7-44/220V	1	
11	SA	控制转换开关	LW12-16D0401	1	
10	QA	控制开关	C45N-32/2P-10A	1	
9	HLR、HLW、HLG	指示灯	AD16-22/41-220V	3	
8	1SB、2SB	按钮开关	LA23-11	2	
7	SV	电压转换开关	LW12-16DHY3/3	1	
6	PV	电压表	42L6-V 0～450V	1	
5	1PA～3PA	电流表	42L6-A □/5A	3	
4	1FU～3FU	熔断器	JF5-2.5RD/6A	3	
3	2TAu	电流互感器	BH-0.66 □/5A	1	
2	1TAu、1TAv、1TAw	电流互感器	BH-0.66 □/5A	3	
1	QF	断路器（抽屉式）	F□-□/P-□A/220V	1	ABB公司
序号	元件代号	名　称	型号规格	数量	备注

标记	处数	更改文件号	签字	日期			QB/T.DZ081303.05Y
设 计			标准化		GCK（直流操作）单电源进线柜二次原理图	图样标记	数量	重量	比例
绘 图			审 定						1:1
审 核			批 准			共 2 张		第 1 张
工 艺			日 期		进线、不带计量、3TA、断路器(ABB-F)单电源供电，自动或手动操作	光盘页码：3-62

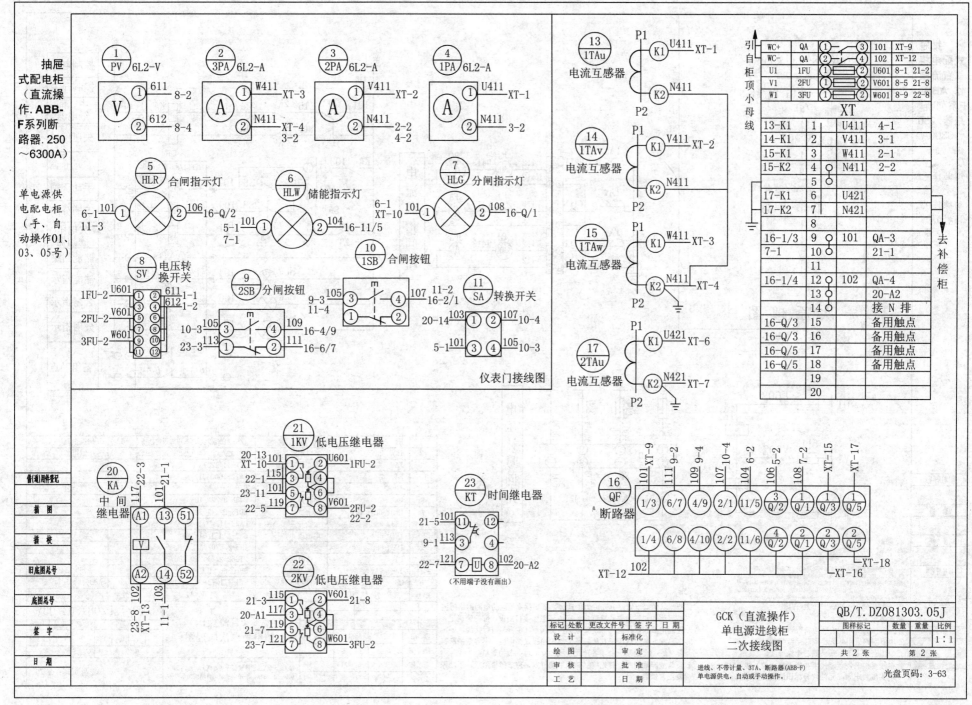

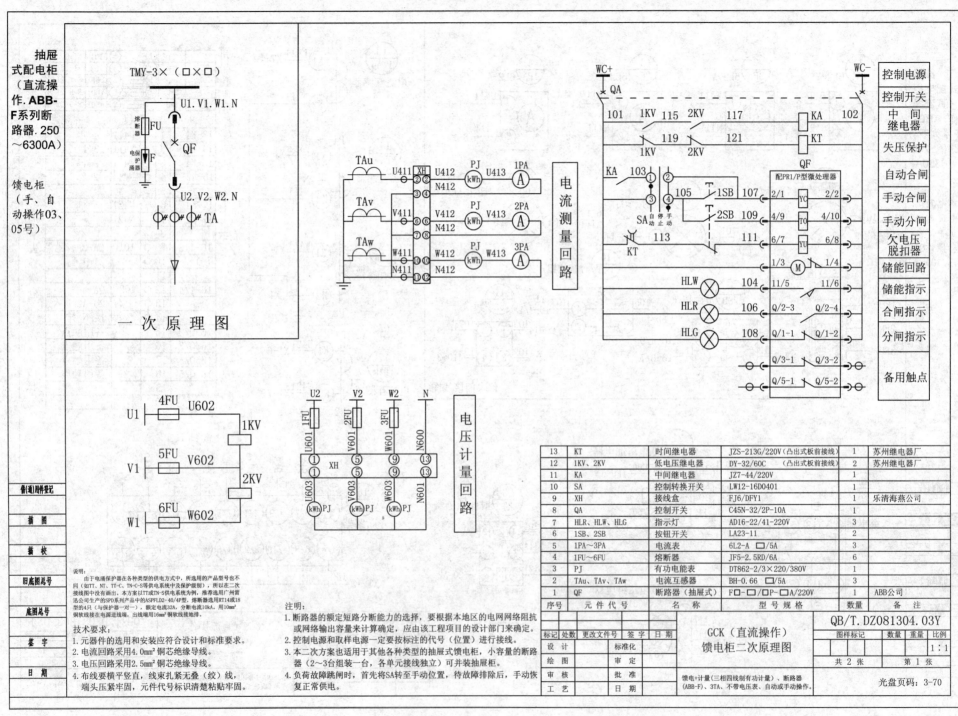

抽屉式配电柜（直流操作.ABB-F系列断路器.250～6300A）

馈电柜（手、自动操作03、05号）

TMY-3×（□×□）

熔断器 FU
电保护涌器 F
U1.V1.W1.N
QF
U2.V2.W2.N
TA

一次原理图

TAu U411 XH U412 PJ U413 1PA
②② kWh Ⓐ
N412
TAv V411 V412 PJ V413 2PA
③④ ⑥ kWh Ⓐ
N412
TAw W411 W412 PJ W413 3PA
⑦⑧ ⑩ kWh Ⓐ
N411 N412
⑪⑫

电流测量回路

WC+ QA WC-

控制电源
控制开关
中间继电器
失压保护
自动合闸
手动合闸
手动分闸
欠电压脱扣器
储能回路
储能指示
合闸指示
分闸指示
备用触点

101 1KV 115 2KV 117 KA 102
119 121 KT
1KV 2KV

KA 103 ② QF 配PR1/P型微处理器
SA 自停手 ① 105 1SB 107 2/1 YC 2/2
动止动 ③ ④
2SB 109 4/9 YO 4/10
113 111 6/7 YU 6/8
KT
1/3 M 1/4
HLW 104 11/5 11/6
HLR 106 Q/2-3 Q/2-4
HLG 108 Q/1-1 Q/1-2
Q/3-1 Q/3-2
Q/5-1 Q/5-2

4FU U602
U1 1KV
5FU V602
V1 2KV
6FU W602
W1

U2 V2 W2 N
1FU 2FU 3FU
U601 V601 W601 N600
XH
① ⑤ ⑨ ⑬
① ⑤ ⑨ ⑬
U603 V603 W603 N601
kWh PJ kWh PJ kWh PJ

电压计量回路

13	KT	时间继电器	JZS-213G/220V（凸出式板前接线）	1	苏州继电器厂
12	1KV、2KV	低电压继电器	DY-32/60C （凸出式板前接线）	2	苏州继电器厂
11	KA	中间继电器	JZ7-44/220V	1	
10	SA	控制转换开关	LW12-16D0401	1	
9	XH	接线盒	FJ6/DFY1	1	乐清海燕公司
8	QA	控制开关	C45N-32/2P-10A	1	
7	HLR、HLW、HLG	指示灯	AD16-22/41-220V	3	
6	1SB、2SB	按钮开关	LA23-11	2	
5	1PA～3PA	电流表	6L2-A □/5A	3	
4	1FU～6FU	熔断器	JF5-2.5RD/6A	6	
3	PJ	有功电能表	DT862-2/3×220/380V	1	
2	TAu、TAv、TAw	电流互感器	BH-0.66 □/5A	3	
1	QF	断路器（抽屉式）	F□-□/P-□A/220V	1	ABB公司
序号	元件代号	名　称	型号规格	数量	备注

储（通）用附件登记

描　图

描　校

旧底图总号

底图总号

签　字

日　期

说明：由于电涌保护器在各种类型的供电方式中，所选用的产品型号也不同（如TT、NT、TT-C、TN-C-S等供电系统中及保护级别），所以在二次接线图中没有画出。本方案以TT或TN-S供电系统为例，推荐选用广州雷迅公司生产的SPD系列产品中的ASPFLD2-40/4P型，熔断器选用RT14或18型的4只（与保护器一对一），额定电流32A，分断电流10kA。用10mm²铜软线接在电源进线端，出线端用16mm²铜软线接地排。

技术要求：
1. 元器件的选用和安装应符合设计和标准要求。
2. 电流回路采用4.0mm²铜芯绝缘导线。
3. 电压回路采用2.5mm²铜芯绝缘导线。
4. 布线要横平竖直，线束扎紧无叠（绞）线，端头压紧牢固，元件代号标识清楚粘贴牢固。

注明：
1. 断路器的额定短路分断能力的选择，要根据本地区的电网网络阻抗或网络输出容量来计算确定，应由该工程项目的设计部门来确定。
2. 控制电源和取样电源一定要按标注的代号（位置）进行接线。
3. 本二次方案也适用于其他各种类型的抽屉式馈电柜，小容量的断路器（2～3台组装一台，各单元接线独立）可并装抽屉柜。
4. 负荷故障跳闸时，首先将SA转至手动位置，待故障排除后，手动恢复正常供电。

标记	处数	更改文件号	签字	日期	GCK（直流操作）馈电柜二次原理图	图样标记	数量	重量	比例
设　计			标准化						1:1
绘　图			审　定			共 2 张	第 1 张
审　核			批　准		馈电计量（三相四线制有功计量）、断路器（ABB-F）、3TA、不带电压表、自动或手动操作。	光盘页码：3-70
工　艺			日　期			

QB/T.DZ081304.03Y

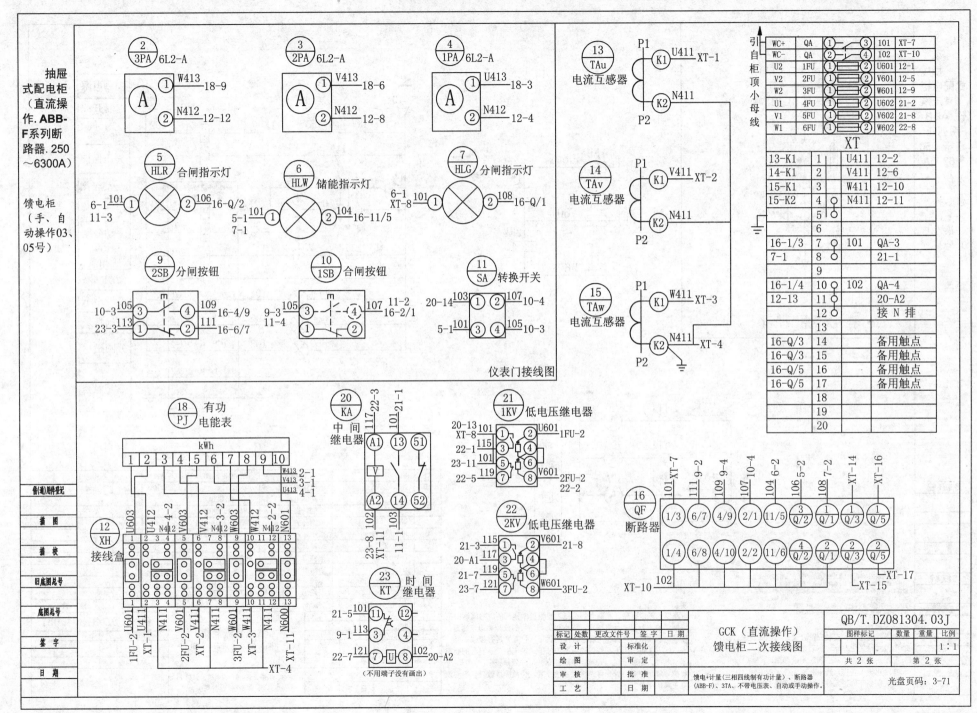

仪表门接线图

GCK（直流操作）
馈电柜二次接线图

QB/T.DZ081304.03J

标记	处数	更改文件号	签字	日期		图样标记		数量	重量	比例
设 计			标准化							1:1
绘 图			审 定							
审 核			批 准			共 2 张		第 2 张		
工 艺			日 期			馈电+计量(三相四线制有功计量)、断路器(ABB-F)、3TA、不带电压表、自动或手动操作。			光盘页码：3-71	

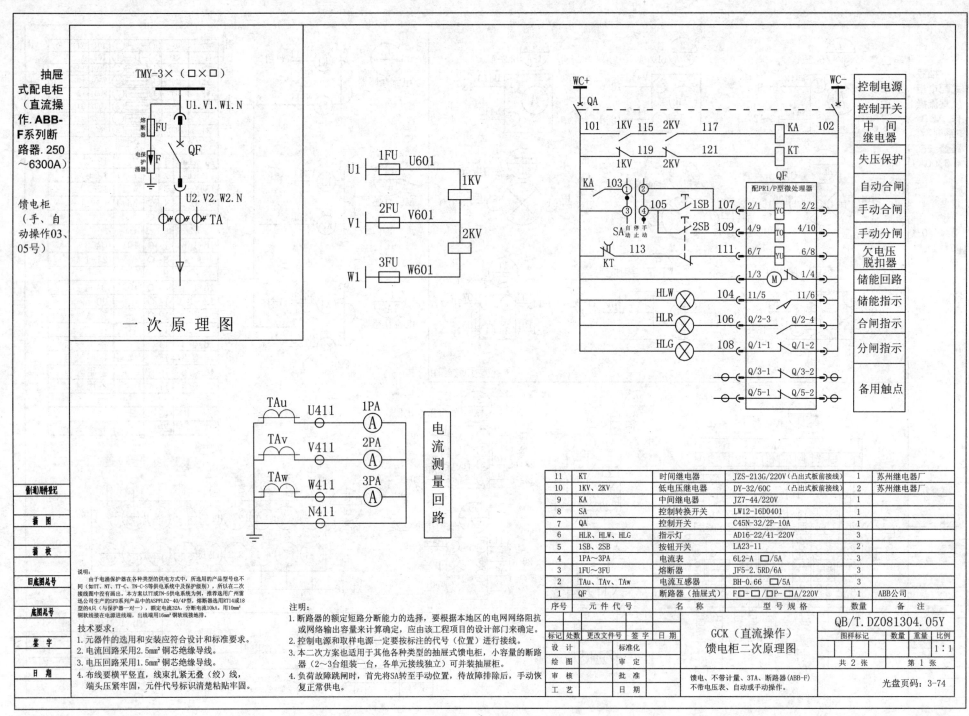

抽屉式配电柜（直流操作.ABB-F系列断路器.250~6300A）

馈电柜（手、自动操作03、05号）

TMY-3×（□×□）

熔断器 FU
电涌保护器 F
QF
U1.V1.W1.N
U2.V2.W2.N
TA

一次原理图

U1 1FU U601 1KV
V1 2FU V601 2KV
W1 3FU W601

TAu U411 1PA (A)
TAv V411 2PA (A)
TAw W411 3PA (A)
N411

电流测量回路

WC+ QA WC-

控制电源
控制开关
中间继电器
失压保护
自动合闸
手动合闸
手动分闸
欠电压脱扣器
储能回路
储能指示
合闸指示
分闸指示

备用触点

101 1KV 115 2KV 117 KA 102
119 121 KT
1KV 2KV
QF 配PR1/P型微处理器
KA 103 ① ②
③ ④ 105 1SB 107 2/1 YC 2/2
SA 自停手动 止动
2SB 109 4/9 TO 4/10
113 111 6/7 YU 6/8
KT 1/3 (M) 1/4
HLW ⊗ 104 11/5 11/6
HLR ⊗ 106 Q/2-3 Q/2-4
HLG ⊗ 108 Q/1-1 Q/1-2
Q/3-1 Q/3-2
Q/5-1 Q/5-2

说明：
由于电涌保护器在各种类型的供电方式中，所选用的产品型号也不同（如TT、NT、TT-C、TN-C-S等供电系统中及保护级别），所以在二次接线图中没有画出。本方案以TT或TN-S供电系统为例，推荐选用广州雷迅公司生产的SPD系列产品中的ASPFLD2-40/4P型，熔断器选用RT14或18型的4只（与保护器一对一），额定电流32A，分断电流10kA，用10mm²铜软线接在电源进线端，出线端用16mm²铜软线接地用。

技术要求：
1. 元器件的选用和安装应符合设计和标准要求。
2. 电流回路采用2.5mm²铜芯绝缘导线。
3. 电压回路采用1.5mm²铜芯绝缘导线。
4. 布线要横平竖直，线束扎紧无叠（绞）线，端头压紧牢固，元件代号标识清楚粘贴牢固。

注明：
1. 断路器的额定短路分断能力的选择，要根据本地区的电网网络阻抗或网络输出容量来计算确定，应由该工程项目的设计部门来确定。
2. 控制电源和取样电源一定要按标注的代号（位置）进行接线。
3. 本二次方案也适用于其他各种类型的抽屉式馈电柜，小容量的断路器（2~3台组装一台，各单元接线独立）可并装抽屉柜。
4. 负荷故障跳闸时，首先将SA转至手动位置，待故障排除后，手动恢复正常供电。

11	KT	时间继电器	JZS-213G/220V（凸出式面板前接线）	1	苏州继电器厂
10	1KV、2KV	低电压继电器	DY-32/60C （凸出式面板前接线）	2	苏州继电器厂
9	KA	中间继电器	JZ7-44/220V	1	
8	SA	控制转换开关	LW12-16D0401	1	
7	QA	控制开关	C45N-32/2P-10A	1	
6	HLR、HLW、HLG	指示灯	AD16-22/41-220V	3	
5	1SB、2SB	按钮开关	LA23-11	2	
4	1PA~3PA	电流表	6L2-A □/5A	3	
3	1FU~3FU	熔断器	JF5-2.5RD/6A	3	
2	TAu、TAv、TAw	电流互感器	BH-0.66 □/5A	3	
1	QF	断路器（抽屉式）	F□-□/□P-□A/220V	1	ABB公司
序号	元件代号	名 称	型 号 规 格	数量	备 注

备（通）用件登记

描 图
描 校
旧底图总号
底图总号
签 字
日 期

标记	处数	更改文件号	签字	日期			QB/T.DZ081304.05Y			
设 计			标准化		GCK（直流操作）馈电柜二次原理图		图样标记	数量	重量	比例
绘 图			审 定							1:1
审 核			批 准		馈电、不带计量、3TA、断路器(ABB-F)不带电压表、自动或手动操作。		共 2 张		第 1 张	
工 艺			日 期						光盘页码：3-74	

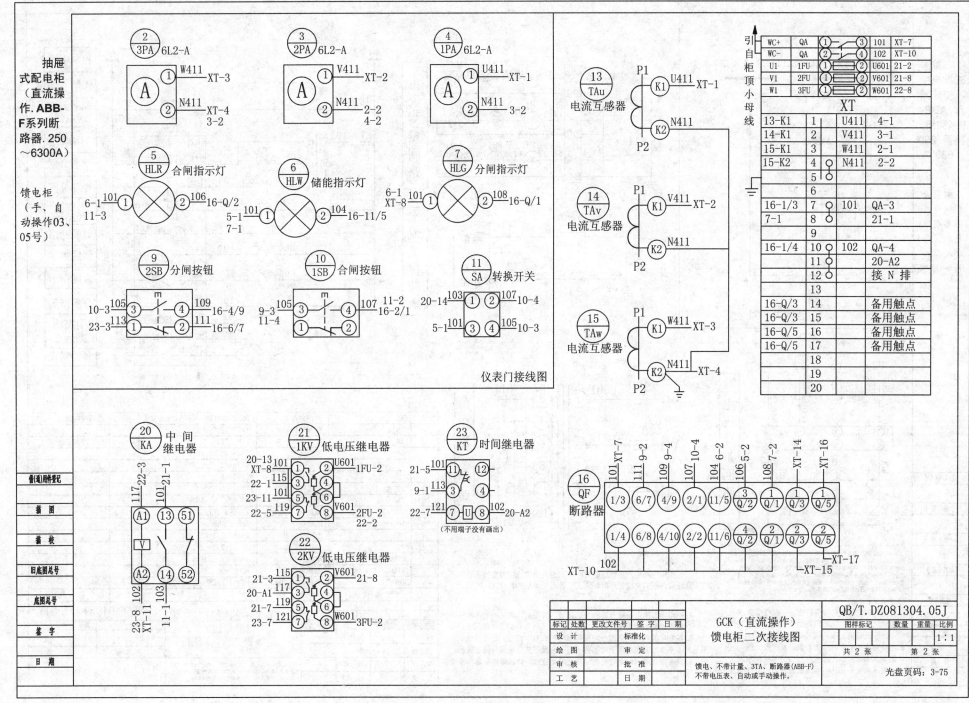

仪表门接线图

抽屉式配电柜（直流操作.ABB-F系列断路器.250~6300A）

馈电柜（手、自动操作03、05号）

XT			
WC+	QA	1—3	101 XT-7
WC-	QA	2—4	102 XT-10
U1	1FU	1—2	U601 21-2
V1	2FU	1—2	V601 21-8
W1	3FU	1—2	W601 22-8

XT		
13-K1	1	U411 4-1
14-K1	2	V411 3-1
15-K1	3	W411 2-1
15-K2	4	N411 2-2
	5	
	6	
16-1/3	7	101 QA-3
7-1	8	21-1
	9	
16-1/4	10	102 QA-4
	11	20-A2
	12	接 N 排
	13	
16-Q/3	14	备用触点
16-Q/5	15	备用触点
16-Q/5	16	备用触点
16-Q/5	17	备用触点
	18	
	19	
	20	

引自柜顶小母线

QB/T.DZ081304.05J

GCK（直流操作）
馈电柜二次接线图

标记	处数	更改文件号	签字	日期
设 计		标准化		
绘 图		审 定		
审 核		批 准		
工 艺		日 期		

图样标记 数量 重量 比例 1:1

共 2 张 第 2 张

光盘页码：3-75

馈电、不带计量、3TA、断路器(ABB-F)
不带电压表、自动或手动操作。

备(通)用附件登记
描 图
描 校
旧底图总号
底图总号
签 字
日 期

351

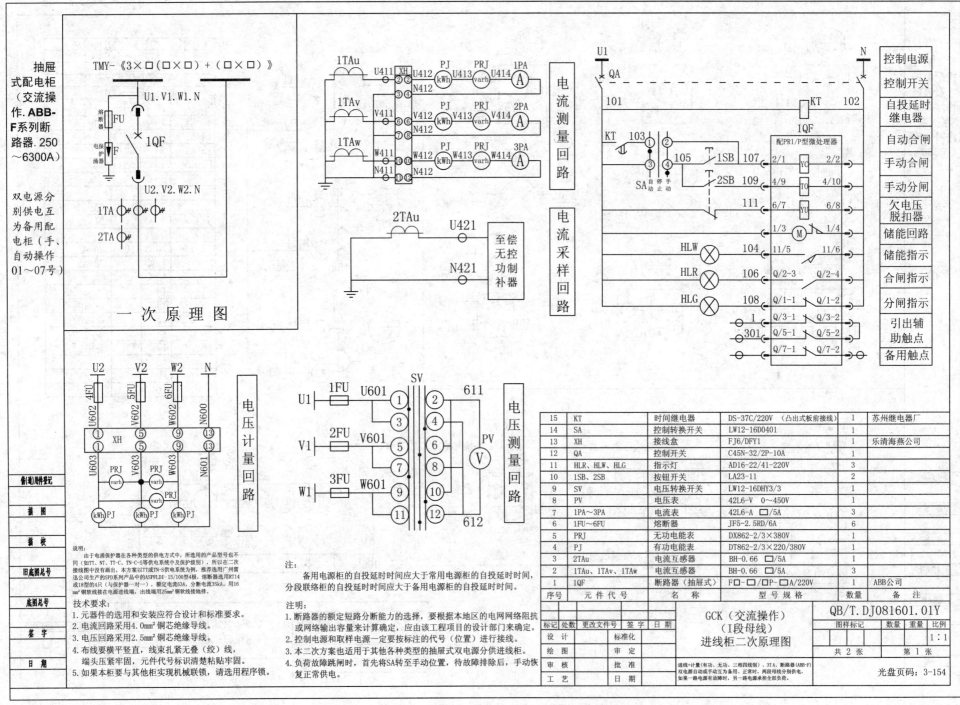

抽屉式配电柜（交流操作.ABB-F系列断路器.250～6300A）

双电源分别供电互为备用配电柜（手、自动操作01～07号）

TMY-《3×□(□×□)+(□×□)》

一次原理图

电流测量回路

电流采样回路

电压计量回路

电压测量回路

	控制电源
	控制开关
	自投延时继电器
	自动合闸
	手动合闸
	手动分闸
	欠电压脱扣器
	储能回路
	储能指示
	合闸指示
	分闸指示
	引出辅助触点
	备用触点

说明：
由于电涌保护器在各种类型的供电方式中，所选用的产品型号也不同（如TT、NT、TT-C、TN-C-S等供电系统中及保护级别），所以在二次接线图中没有画出来。本方案以TT或TN-S供电系统为例，推荐选用广州雷迅公司生产的SPD系列产品中的ASPPLDI-15/100型4极，熔断器选用RT14或18型的4只（与保护器一对一），额定电流63A，分断电流35kA，用16 mm²铜软线接在电源进线端，出线端用25mm²铜软线接地母排。

技术要求：
1. 元器件的选用和安装应符合设计和标准要求。
2. 电流回路采用4.0mm²铜芯绝缘导线。
3. 电压回路采用2.5mm²铜芯绝缘导线。
4. 布线要横平竖直，线束扎紧无叠（绞）线，端头压紧牢固，元件代号标识清楚粘贴牢固。
5. 如果本柜与其他柜实现机械联锁，请选用程序锁。

注：
备用电源柜的自投延时时间应大于常用电源柜的自投延时时间，分段联络柜的自投延时时间应大于备用电源柜的自投延时时间。

注明：
1. 断路器的额定短路分断能力的选择，要根据本地区的电网网络阻抗或网络输出容量来计算确定，应由该工程项目的设计部门来确定。
2. 控制电源和取样电源一定要按标注的代号（位置）进行接线。
3. 本二次方案也适用于其他各种类型的抽屉式双电源分供进线柜。
4. 负荷故障跳闸时，首先将SA转至手动位置，待故障排除后，手动恢复正常供电。

15	KT	时间继电器	DS-37C/220V（凸出式板前接线）	1	苏州继电器厂
14	SA	控制转换开关	LW12-16D0401	1	
13	XH	接线盒	FJ6/DFY1	1	乐清海燕公司
12	QA	控制开关	C45N-32/2P-10A	1	
11	HLR、HLW、HLG	指示灯	AD16-22/41-220V	3	
10	1SB、2SB	按钮开关	LA23-11	2	
9	SV	电压转换开关	LW12-16DHY3/3	1	
8	PV	电压表	42L6-V 0～450V	1	
7	1PA～3PA	电流表	42L6-A □/5A	3	
6	1FU～6FU	熔断器	JF5-2.5RD/6A	6	
5	PRJ	无功电能表	DX862-2/3×380V	1	
4	PJ	有功电能表	DT862-2/3×220/380V	1	
3	2TAu	电流互感器	BH-0.66 □/5A	1	
2	1TAu、1TAv、1TAw	电流互感器	BH-0.66 □/5A	3	
1	1QF	断路器（抽屉式）	F□-□/P-□A/220V	1	ABB公司
序号	元件代号	名 称	型 号 规 格	数量	备 注

备注栏						
备(通)附件登记						
描 图						
描 校						
旧底图总号						
底图总号						
签 字						
日 期						

标记	处数	更改文件号	签字	日期
设 计		标准化		
绘 图		审 定		
审 核		批 准		
工 艺		日 期		

GCK（交流操作）（I段母线）进线柜二次原理图

QB/T.DJ081601.01Y

图样标记	数量	重量	比例
			1:1
共 2 张		第 1 张	

进线+计量(有功、无功、三相四线制)、3TA、断路器(ABB-F)双电源自动或手动互为备用、正常时，两段母线分别供电，如果一路电源有故障时，另一路电源承担全部负荷。

光盘页码：3-154

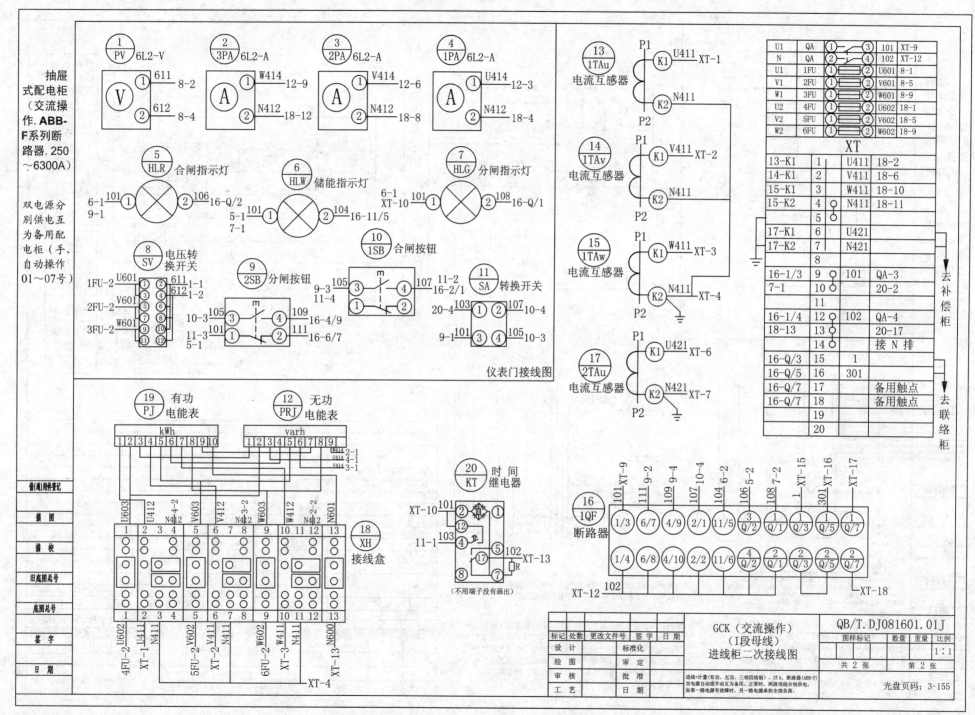

抽屉式配电柜（交流操作.ABB-F系列断路器.250～6300A）

双电源分别供电互为备用配电柜（手、自动操作01～07号）

仪表门接线图

GCK（交流操作）（I段母线）进线柜二次接线图

QB/T.DJ081601.01J

共 2 张　　第 2 张

进线+计量（有功、无功、三相四线制）、3T A、断路器(ABB-F)
双电源自动或手动互为备用、正常时、两段母线分别供电。
如果一路电源有故障时，另一路电源承担全部负荷。

光盘页码：3-155

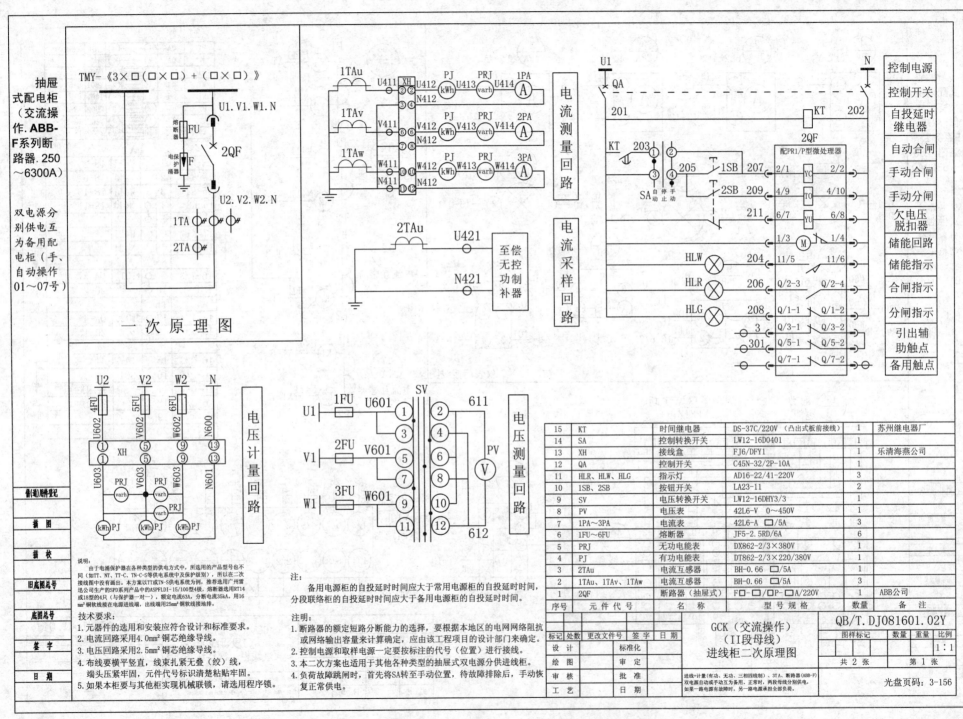

抽屉式配电柜（交流操作.ABB-F系列断路器.250～6300A）

双电源分别供电互为备用配电柜（手、自动操作01～07号）

TMY-《3×□(□×□)+(□×□)》

U1.V1.W1.N

熔断器 FU

电涌保护器 F

2QF

U2.V2.W2.N

1TA

2TA

一次原理图

1TAu U411 XH U412 PJ U413 PRJ U414 1PA
kWh varh A
N412

1TAv V411 V412 PJ V413 PRJ V414 2PA
kWh varh A
N412

1TAw W411 W412 PJ W413 PRJ W414 3PA
kWh varh A
N411 N412

电流测量回路

2TAu U421 至偿无控功率补器
N421

电流采样回路

U1 QA N
控制电源
控制开关
自投延时继电器

201 KT 202 2QF 自动合闸

KT 203 配PR1/P型微处理器
205 1SB 207 2/1 YC 2/2 手动合闸
SA 自停手 2SB 209 4/9 TO 4/10 手动分闸
动动动 211 6/7 YU 6/8 欠电压脱扣器

1/3 M 1/4 储能回路

HLW 204 11/5 11/6 储能指示

HLR 206 Q/2-3 Q/2-4 合闸指示

HLG 208 Q/1-1 Q/1-2 分闸指示

3 Q/3-1 Q/3-2 引出辅助触点
301 Q/5-1 Q/5-2
Q/7-1 Q/7-2 备用触点

U2 V2 W2 N
4FU 5FU 6FU
U602 V602 W602 N600
XH
U603 V603 W603 N601
PRJ PRJ PRJ
varh varh varh
kWh PJ kWh PJ kWh PJ

电压计量回路

U1 1FU U601 SV 611
V1 2FU V601 PV
W1 3FU W601 612

电压测量回路

序号	元件代号	名　称	型号规格	数量	备注
15	KT	时间继电器	DS-37C/220V（凸出式板前接线）	1	苏州继电器厂
14	SA	控制转换开关	LW12-16D0401	1	
13	XH	接线盒	FJ6/DFY1	1	乐清海燕公司
12	QA	控制开关	C45N-32/2P-10A	1	
11	HLR、HLW、HLG	指示灯	AD16-22/41-220V	3	
10	1SB、2SB	按钮开关	LA23-11	2	
9	SV	电压转换开关	LW12-16DHY3/3	1	
8	PV	电压表	42L6-V 0～450V	1	
7	1PA～3PA	电流表	42L6-A □/5A	3	
6	1FU～6FU	熔断器	JF5-2.5RD/6A	6	
5	PRJ	无功电能表	DX862-2/3×380V	1	
4	PJ	有功电能表	DT862-2/3×220/380V	1	
3	2TAu	电流互感器	BH-0.66 □/5A	1	
2	1TAu、1TAv、1TAw	电流互感器	BH-0.66 □/5A	3	
1	2QF	断路器（抽屉式）	F□-□/P-□A/220V	1	ABB公司

说明：
由于电涌保护器在各种类型的供电方式中，所选用的产品型号也不同（如TT、NT、TT-C、TN-C-S等供电系统中及保护级别），所以本方案以TT或TN-S供电系统为例，推荐选用广州雷迅公司生产的SPD系列产品中的ASPFLD1-15/100型4极，熔断器选用RT14或18型的4只（与保护器一对一），额定电流63A，分断电流35kA，用16mm²铜软线接在电源进线端，出线端用25mm²铜塑线连排。

技术要求：
1. 元器件的选用和安装应符合设计和标准要求。
2. 电流回路采用4.0mm²铜芯绝缘导线。
3. 电压回路采用2.5mm²铜芯绝缘导线。
4. 布线要横平竖直，线束扎紧无叠（绞）线，端头压紧牢固，元件代号标识清楚贴牢固。
5. 如果本柜要与其他柜实现机械联锁，请选用程序锁。

注：
备用电源柜的自投延时时间应大于常用电源柜的自投延时时间，分段联络柜的自投延时时间应大于备用电源柜的自投延时时间。

注明：
1. 断路器的额定短路分断能力的选择，要根据本地区的电网网络阻抗或网络输出容量来计算确定，应由该工程项目的设计部门来确定。
2. 控制电源和取样电源一定要按标注的代号（位置）进行接线。
3. 本二次方案也适用于其他各种类型的抽屉式双电源分供进线柜。
4. 负荷故障跳闸时，首先将SA转至手动位置，待故障排除后，手动恢复正常供电。

GCK（交流操作）（II段母线）进线柜二次原理图

QB/T.DJ081601.02Y

进线+计量(有功、无功、三相四线制)、3TA、断路器(ABB-F)双电源自动或手动互为备用、正常时，两段母线分别供电，如果一路电源有故障时，另一路电源承担全部负荷。

光盘页码：3-156

比例 1:1
共 2 张　第 1 张

设计　标准化
绘图　审定
审核　批准
工艺　日期

备（通）用件登记
描图
描校
旧底图总号
底图总号
签字
日期

标记 处数 更改文件号 签字 日期
图样标记　数量 重量 比例

354

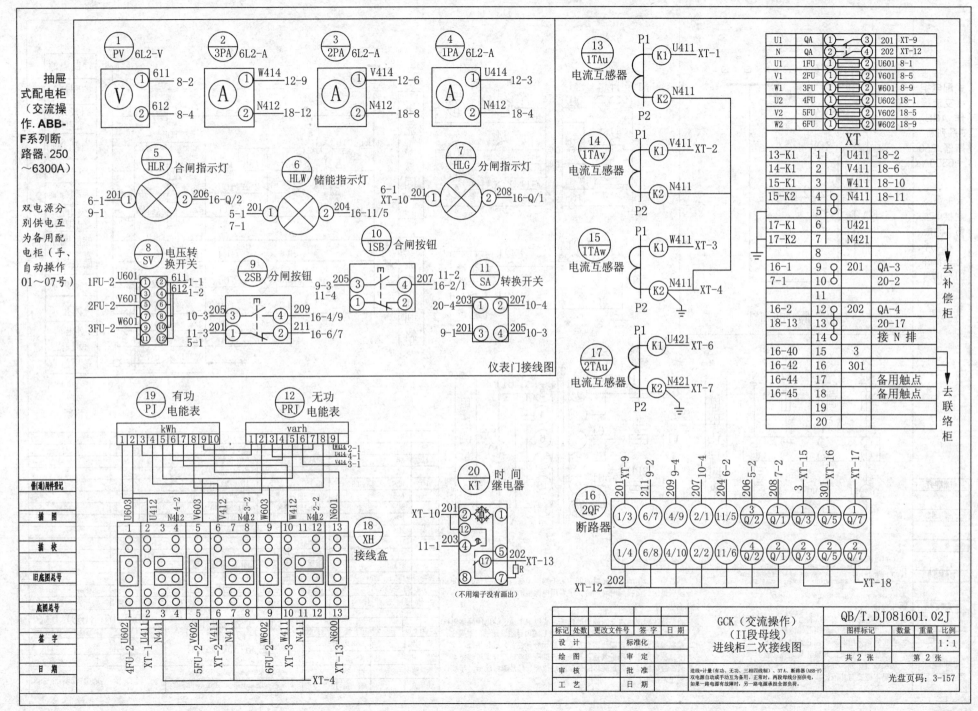

仪表门接线图

抽屉式配电柜（交流操作.ABB-F系列断路器.250～6300A）

双电源分别供电互为备用配电柜（手、自动操作01～07号）

GCK（交流操作）
（II段母线）
进线柜二次接线图

QB/T.DJ081601.02J

标记	处数	更改文件号	签字	日期	图样标记		数量	重量	比例
设 计			标准化						1:1
绘 图			审 定						
审 核			批 准		共 2 张			第 2 张	
工 艺			日 期						

进线+计量(有功、无功、三相四线制)、3T A、断路器(ABB-F)
双电源自动或手动互为备用、正常时，两段母线分别供电，
如果一路电源有故障时，另一路电源承担全部负荷。

光盘页码：3-157

抽屉式配电柜（交流操作.ABB-F系列断路器.250～6300A）

双电源分别供电互为备用配电柜（手、自动操作01～07号）

TMY-《3×□(□×□)＋(□×□)》

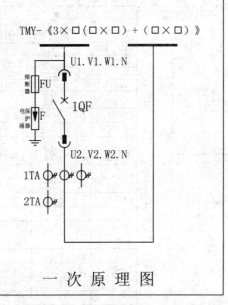

U1.V1.W1.N
熔断器 FU
电保护涌器 F
1QF
U2.V2.W2.N
1TA
2TA

一次原理图

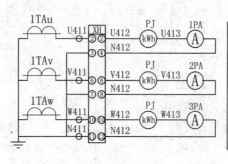

1TAu	U411 XH U412	PJ kWh	U413	1PA Ⓐ
	N412			
1TAv	V411 V412	PJ kWh	V413	2PA Ⓐ
	N412			
1TAw	W411 W412	PJ kWh	W413	3PA Ⓐ
	N411 N412			

电流测量回路

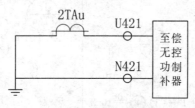

2TAu U421
N421
至偿无控功率补器

电流采样回路

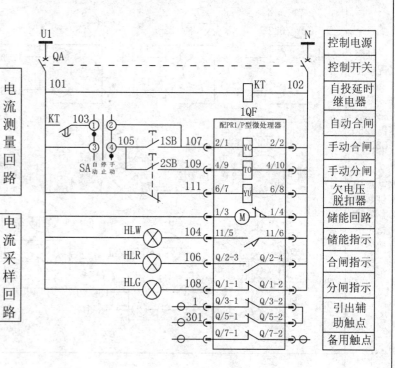

U1 QA N
KT 101 102
KT 103
SA 自停手动止动
105 1SB 107 — 2/1 YC 2/2
2SB 109 — 4/9 TO 4/10
111 — 6/7 YU 6/8
配PR1/P型微处理器 1QF
1/3 M 1/4
HLW 104 — 11/5 11/6
HLR 106 — Q/2-3 Q/2-4
HLG 108 — Q/1-1 Q/1-2
1 — Q/3-1 Q/3-2
301 — Q/5-1 Q/5-2
Q/7-1 Q/7-2

控制电源
控制开关
自投延时继电器
自动合闸
手动合闸
手动分闸
欠电压脱扣器
储能回路
储能指示
合闸指示
分闸指示
引出辅助触点
备用触点

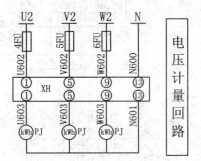

U2 V2 W2 N
4FU 5FU 6FU
U602 V602 W602 N600
XH
U603 V603 W603 N601
kWh PJ

电压计量回路

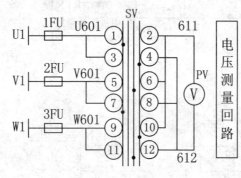

SV
U1 1FU U601 — 611
V1 2FU V601 — PV Ⓥ
W1 3FU W601 — 612

电压测量回路

说明：
由于电涌保护器在各种类型的供电方式中，所选用的产品型号也不同（如TT、NT、TT-C、TN-C-S等供电系统中及级别划分），所以在二次接线图中没有画出。本方案以TT或TN-S供电系统为例，推荐选用广州雷迅公司生产的SPD系列产品中的ASPFLDI-15/100型4极，熔断器选用RT14或18型的4只（与保护器一对一），额定电流63A，分断电流35kA，用16 mm²铜软线接在电源进线端，出线端用25mm²铜软线接地排。

技术要求：
1. 元器件的选用和安装应符合设计和标准要求。
2. 电流回路采用4.0mm²铜芯绝缘导线。
3. 电压回路采用2.5mm²铜芯绝缘导线。
4. 布线要横平竖直，线束扎紧无虚绞线，端头压紧牢固，元件代号标识清楚粘贴牢固。
5. 如果本柜要与其他柜实现机械联锁，请选用程序锁。

注：
备用电源柜的自投延时时间应大于常用电源柜的自投延时时间，分段联络柜的自投延时时间应大于备用电源柜的自投延时时间。

注明：
1. 断路器的额定短路分断能力的选择，要根据本地区的电网网络阻抗或网络输出容量来计算确定，应由该工程项目的设计部门来确定。
2. 控制电源和取样电源一定要按标注的代号（位置）进行接线。
3. 本二次方案也适用于其他各种类型的抽屉式双电源分供进线柜。
4. 负荷故障跳闸时，首先将SA转至手动位置，待故障排除后，手动恢复正常供电。

曾(通)用件登记
描图
描校
旧底图总号
底图总号
签字
日期

序号	元件代号	名称	型号规格	数量	备注
14	KT	时间继电器	DS-37C/220V（凸出式板前接线）	1	苏州继电器厂
13	SA	控制转换开关	LW12-16D0401	1	
12	XH	接线盒	FJ6/DFY1	1	乐清海燕公司
11	QA	控制开关	C45N-32/2P-10A	1	
10	HLR、HLW、HLG	指示灯	AD16-22/41-220V	3	
9	1SB、2SB	按钮开关	LA23-11	2	
8	SV	电压转换开关	LW12-16DHY3/3	1	
7	PV	电压表	42L6-V 0～450V	1	
6	1PA～3PA	电流表	42L6-A □/5A	3	
5	1FU～6FU	熔断器	JF5-2.5RD/6A	6	
4	PJ	有功电能表	DT862-2/3×220/380V	1	
3	2TAu	电流互感器	BH-0.66 □/5A	1	
2	1TAu、1TAv、1TAw	电流互感器	BH-0.66 □/5A	3	
1	1QF	断路器（抽屉式）	F□-□/□P-□A/220V	1	ABB公司

标记	处数	更改文件号	签字	日期		
设计			标准化			
绘图			审定			
审核			批准			
工艺			日期			

GCK（交流操作）（I段母线）进线柜二次原理图

QB/T.DJ081601.03Y

图样标记　数量　重量　比例

1:1

共 2 张　　第 1 张

进线+计量（三相四线制有功计量）、3TA、断路器（ABB-F）双电源自动或手动互为备用、正常时，两段母线分别供电，如果一路电源有故障时，另一路电源承担全部负荷。

光盘页码：3-158

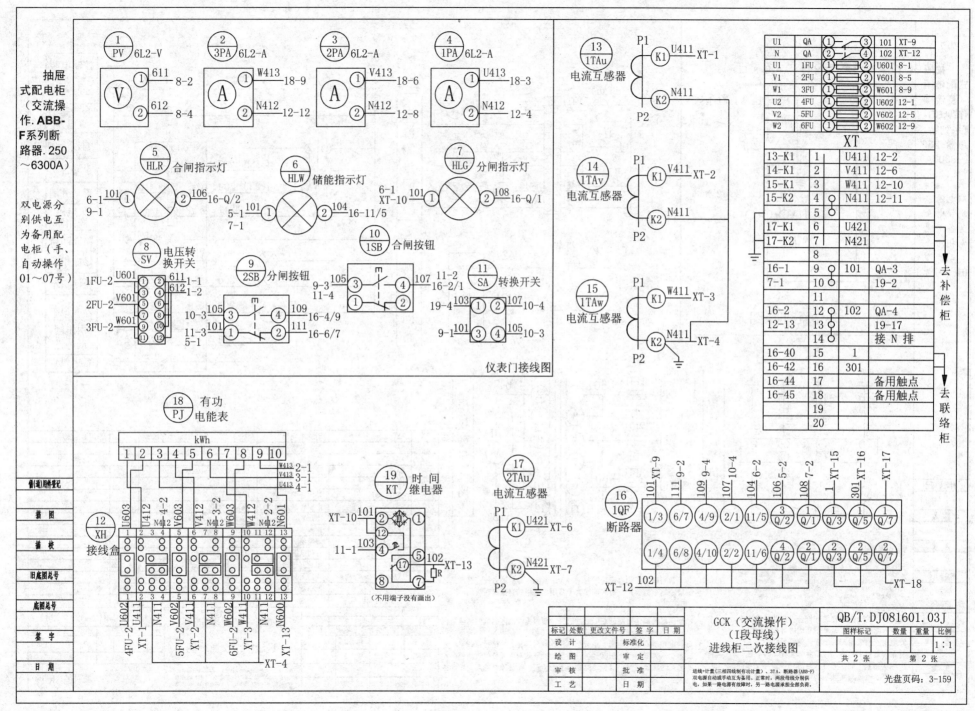

抽屉式配电柜（交流操作.ABB-F系列断路器.250～6300A）

双电源分别供电互为备用配电柜（手、自动操作01～07号）

仪表门接线图

GCK（交流操作）（I段母线）进线柜二次接线图

QB/T.DJ081601.03J

进线+计量（三相四线制有功计量）、3TA、断路器（ABB-F）双电源自动或手动互为备用，正常时，两段母线分别供电，如果一路电源有故障时，另一路电源承担全部负荷。

标记	处数	更改文件号	签字	日期
设计			标准化	
绘图			审定	
审核			批准	
工艺			日期	

图样标记	数量	重量	比例
			1:1
共 2 张		第 2 张	

光盘页码：3-159

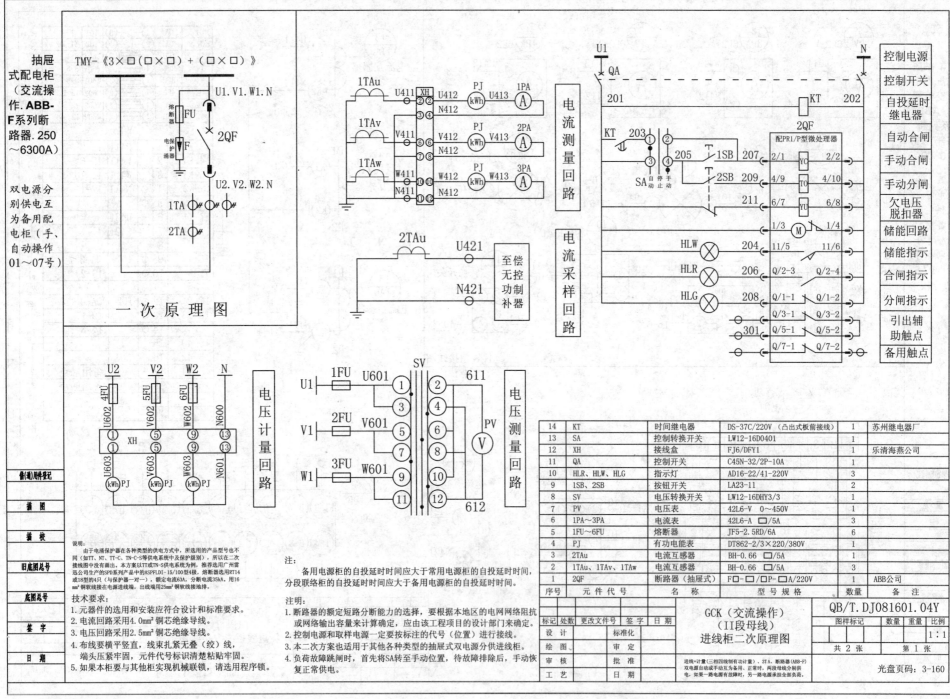

抽屉式配电柜（交流操作.ABB-F系列断路器.250～6300A）

双电源分别供电互为备用配电柜（手、自动操作01～07号）

TMY-《3×□（□×□）+（□×□）》

U1.V1.W1.N

熔断器 FU

电保护涌器 F

2QF

U2.V2.W2.N

1TA

2TA

一 次 原 理 图

电流测量回路

电流采样回路

电压计量回路

电压测量回路

控制电源
控制开关
自投延时继电器
自动合闸
手动合闸
手动分闸
欠电压脱扣器
储能回路
储能指示
合闸指示
分闸指示
引出辅助触点
备用触点

说明：
由于电涌保护器在各种类型的供电方式中，所选用的产品型号也不同（如TT、NT、TT-C、TN-C-S等供电系统中及保护级别），所以在二次接线图中没有画出。本方案以TT或TN-S供电系统为例，推荐选用广州雷迅公司生产的SPD系列产品中的ASPFLD1-15/100型4级，熔断器选用RT14或18型的4只（与保护器一对一），额定电流63A，分断电流35kA，用16mm²铜软线接在电源进线端。出线端用25mm²铜软线接地排。

技术要求：
1. 元器件的选用和安装应符合设计和标准要求。
2. 电流回路采用4.0mm²铜芯绝缘导线。
3. 电压回路采用2.5mm²铜芯绝缘导线。
4. 布线要横平竖直，线束扎紧无叠（绞）线，端头压紧牢固，元件代号标识清楚粘贴牢固。
5. 如果本柜要与其他柜实现机械联锁，请选用程序锁。

注：
备用电源柜的自投延时时间应大于常用电源柜的自投延时时间，分段联络柜的自投延时时间应大于备用电源柜的自投延时时间。

注明：
1. 断路器的额定短路分断能力的选择，要根据本地区的电网网络阻抗或网络输出容量来计算确定，应由该工程项目的设计部门来确定。
2. 控制电源和取样电源一定要按标注的代号（位置）进行接线。
3. 本二次方案也适用于其他各种类型的抽屉式双电源分供进线柜。
4. 负荷故障跳闸时，首先将SA转至手动位置，待故障排除后，手动恢复正常供电。

14	KT	时间继电器	DS-37C/220V（凸出式板前接线）	1	苏州继电器厂
13	SA	控制转换开关	LW12-16D0401	1	
12	XH	接线盒	FJ6/DFY1	1	乐清海燕公司
11	QA	控制开关	C45N-32/2P-10A	1	
10	HLR、HLW、HLG	指示灯	AD16-22/41-220V	3	
9	1SB、2SB	按钮开关	LA23-11	2	
8	SV	电压转换开关	LW12-16DHY3/3	1	
7	PV	电压表	42L6-V 0～450V	1	
6	1PA～3PA	电流表	42L6-A □/5A	3	
5	1FU～6FU	熔断器	JF5-2.5RD/6A	6	
4	PJ	有功电能表	DT862-2/3×220/380V	1	
3	2TAu	电流互感器	BH-0.66 □/5A	1	
2	1TAu、1TAv、1TAw	电流互感器	BH-0.66 □/5A	3	
1	2QF	断路器（抽屉式）	F□-□/□P-□A/220V	1	ABB公司
序号	元件代号	名 称	型号规格	数量	备 注

标记	处数	更改文件号	签字	日期		GCK（交流操作）（II段母线）进线柜二次原理图			QB/T.DJ081601.04Y

GCK（交流操作）（II段母线）进线柜二次原理图

QB/T.DJ081601.04Y

图样标记 数量 重量 比例

设 计		标准化		1:1
绘 图		审 定		
审 核		批 准		共 2 张 第 1 张
工 艺		日 期		

进线+计量（三相四线制有功计量）、3TA、断路器（ABB-F）双电源自动或手动互为备用、正常时，两段母线分别供电，如果一路电源有故障时，另一路电源承担全部负荷。

光盘页码：3-160

备（通）用件登记
描 图
描 校
旧底图总号
底图总号
签 字
日 期

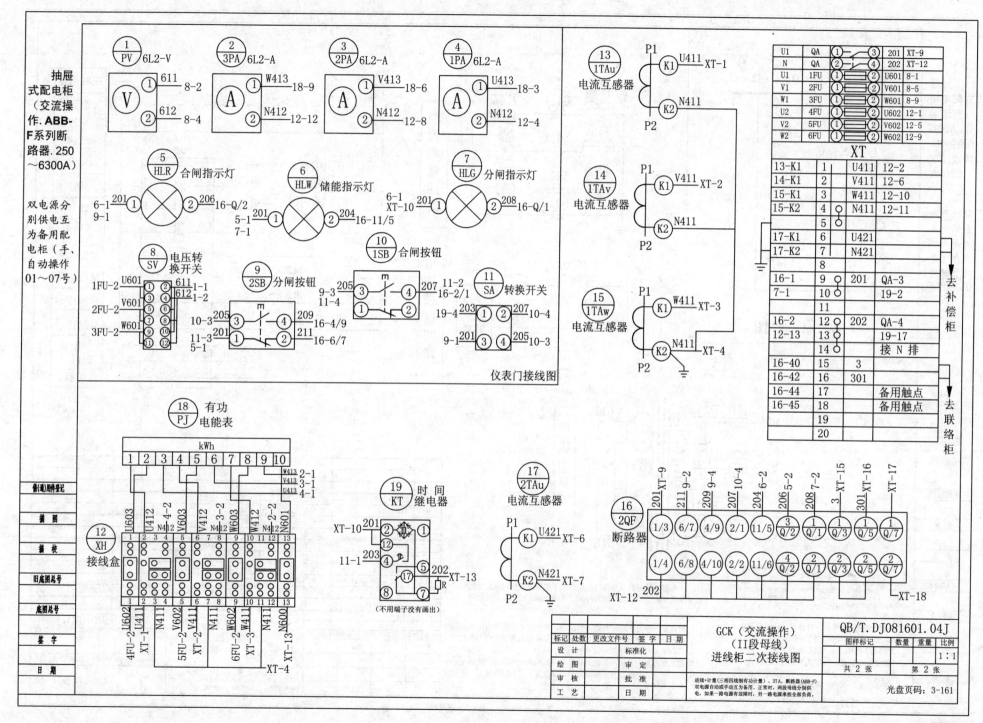

抽屉式配电柜（交流操作.ABB-F系列断路器.250～6300A）

双电源分别供电互为备用配电柜（手、自动操作01～07号）

仪表门接线图

GCK（交流操作）（II段母线）进线柜二次接线图

QB/T.DJ081601.04J

进线+计量（三相四线制有功计量）、3TA、断路器（ABB-F）双电源自动或手动互为备用、正常时，两段母线分别供电，如果一路电源有故障时，另一路电源承担全部负荷。

共 2 张　第 2 张

光盘页码：3-161

1:1

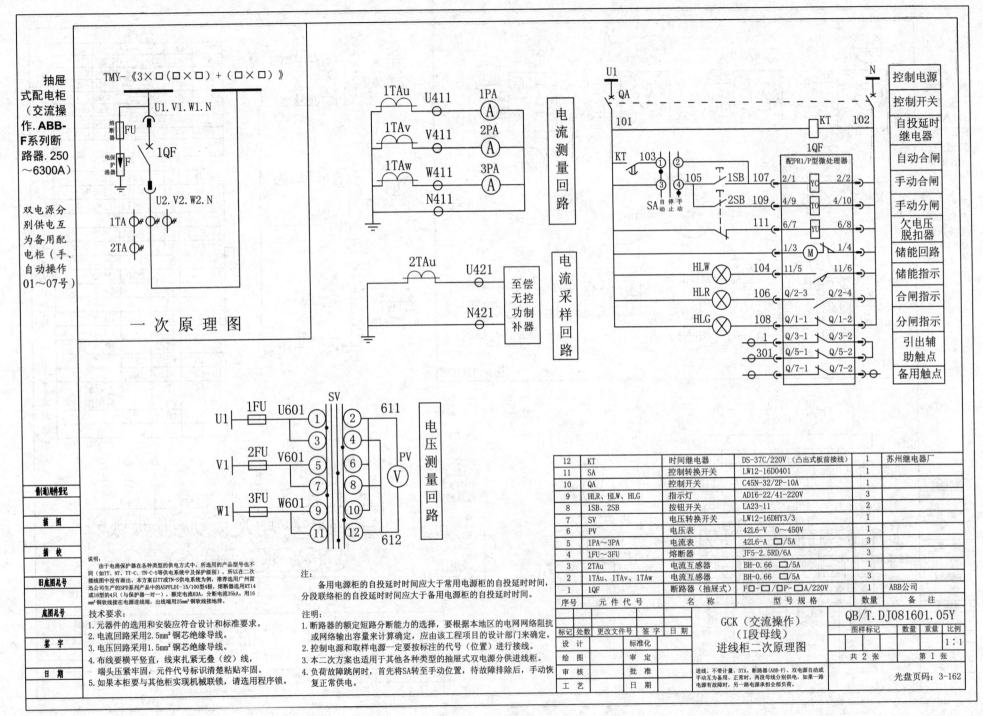

抽屉式配电柜（交流操作.ABB-F系列断路器.250～6300A）

双电源分别供电互为备用配电柜（手、自动操作01～07号）

TMY-《3×□(□×□)+(□×□)》

U1.V1.W1.N

熔断器 FU
电保护涌器 F
1QF
U2.V2.W2.N

1TA
2TA

一次原理图

1TAu U411 1PA Ⓐ
1TAv V411 2PA Ⓐ
1TAw W411 3PA Ⓐ
N411

电流测量回路

2TAu U421 至偿无控功制补器
N421

电流采样回路

电压测量回路

U1 1FU U601 ①② 611
③④
V1 2FU V601 ⑤⑥ PV Ⓥ
⑦⑧
W1 3FU W601 ⑨⑩
⑪⑫ 612
SV

说明：
由于电涌保护器在各种类型的供电方式中，所选用的产品型号也不同（如TT、NT、TT-C、TN-C-S等供电系统中及保护级别），所以以下二次接线图中没有画出。本方案以TT或TN-S供电系统为例，推荐选用广州雷迅公司生产的SPD系列产品中的ASPFLDI-15/100型4极，熔断器选用KT14或18型的4只（与保护器一对一），额定电流63A，分断电流35kA，用16mm²铜软线在电源进线端，出线端用25mm²铜软线接地排接。

注：
备用电源柜的自投延时时间应大于常用电源柜的自投延时时间。
分段联络柜的自投延时时间应大于备用电源柜的自投延时时间。

技术要求：
1. 元器件的选用和安装应符合设计和标准要求。
2. 电流回路采用2.5mm²铜芯绝缘导线。
3. 电压回路采用1.5mm²铜芯绝缘导线。
4. 布线要横平竖直，线束扎紧无叠（绞）线，端头压紧牢固，元件代号标识清楚粘贴牢固。
5. 如果本柜要与其他柜实现机械联锁，请选用程序锁。

注明：
1. 断路器的额定短路分断能力的选择，要根据本地区的电网网络阻抗或网络输出容量来计算确定，应由该工程项目的设计部门来确定。
2. 控制电源和取样电源一定要按标注的代号（位置）进行接线。
3. 本二次方案也适用于其他各种类型的抽屉式双电源分供进线柜。
4. 负荷故障跳闸时，首先将SA转至手动位置，待故障排除后，手动恢复正常供电。

U1 N
控制电源
QA 控制开关
101 KT 102 自投延时继电器
KT 103 ①② 1QF 配PR1/P型微处理器 自动合闸
③④ 105 1SB 107 2/1 YC 2/2 手动合闸
SA 自停手动止动 2SB 109 4/9 TO 4/10 手动分闸
111 6/7 YU 6/8 欠电压脱扣器
1/3 Ⓜ 1/4 储能回路
HLW⊗ 104 11/5 11/6 储能指示
HLR⊗ 106 Q/2-3 Q/2-4 合闸指示
HLG⊗ 108 Q/1-1 Q/1-2 分闸指示
1 Q/3-1 Q/3-2 引出辅助触点
301 Q/5-1 Q/5-2
Q/7-1 Q/7-2 备用触点

12	KT	时间继电器	DS-37C/220V（凸出式板前接线）	1	苏州继电器厂
11	SA	控制转换开关	LW12-16D0401	1	
10	QA	控制开关	C45N-32/2P-10A	1	
9	HLR、HLW、HLG	指示灯	AD16-22/41-220V	3	
8	1SB、2SB	按钮开关	LA23-11	2	
7	SV	电压转换开关	LW12-16DHY3/3	1	
6	PV	电压表	42L6-V 0～450V	1	
5	1PA～3PA	电流表	42L6-A □/5A	3	
4	1FU～3FU	熔断器	JF5-2.5RD/6A	3	
3	2TAu	电流互感器	BH-0.66 □/5A	1	
2	1TAu、1TAv、1TAw	电流互感器	BH-0.66 □/5A	3	
1	1QF	断路器（抽屉式）	F□-□/□P-□A/220V	1	ABB公司
序号	元件代号	名　称	型号规格	数量	备注

管(通)册件登记
描　图
描　校
旧底图总号
底图总号
签　字
日　期

设　计
绘　图
审　核
工　艺
标准化
审　定
批　准
日　期

GCK（交流操作）（I段母线）进线柜二次原理图

QB/T.DJ081601.05Y

图样标记	数量	重量	比例
			1:1

共 2 张　第 1 张

| 标记 | 处数 | 更改文件号 | 签字 | 日期 |

进线、不带计量、3TA、断路器（ABB-F）、双电源自动或手动互为备用，正常时，两段母线分别供电，如果一路电源有故障时，另一路电源承担全部负荷。

光盘页码：3-162

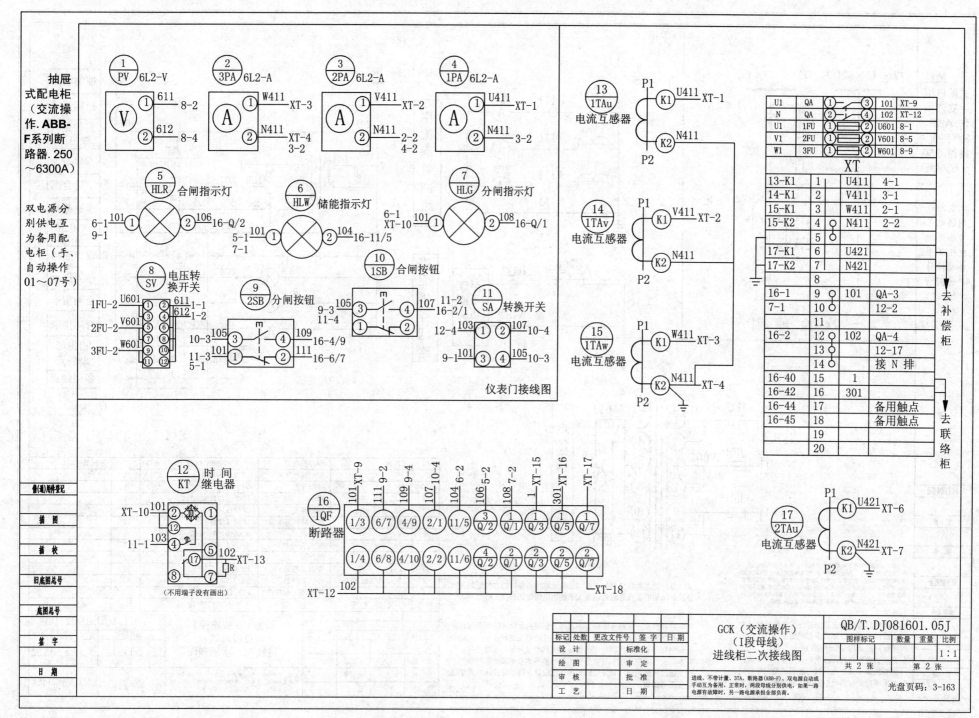

抽屉式配电柜（交流操作.ABB-F系列断路器.250~6300A）

双电源分别供电互为备用配电柜（手、自动操作01~07号）

1 PV	6L2-V

611 8-2
612 8-4

2 3PA	6L2-A

W411 XT-3
N411 XT-4 3-2

3 2PA	6L2-A

V411 XT-2
N411 2-2 4-2

4 1PA	6L2-A

U411 XT-1
N411 3-2

5 HLR	合闸指示灯

6-1 9-1 101 106 16-Q/2

6 HLW	储能指示灯

5-1 7-1 101 104 16-11/5

7 HLG	分闸指示灯

6-1 XT-10 101 108 16-Q/1

8 SV	电压转换开关

1FU-2 U601 611 1-1
612 1-2
2FU-2 V601
3FU-2 W601
10-3 105 109 16-4/9
101 111 16-6/7
11-3 5-1

9 2SB	分闸按钮

9-3 105 107 11-2
11-4 16-2/1

10 1SB	合闸按钮

11 SA	转换开关

12-4 103 107 10-4
9-1 101 105 10-3

仪表门接线图

13 1TAu	电流互感器

P1 K1 U411 XT-1
K2 N411 P2

14 1TAv	电流互感器

P1 K1 V411 XT-2
K2 N411 P2

15 1TAw	电流互感器

P1 K1 W411 XT-3
K2 N411 XT-4 P2

U1	QA	1	3	101	XT-9
N	QA	2	4	102	XT-12
U1	1FU	1	2	U601	8-1
V1	2FU	1	2	V601	8-5
W1	3FU	1	2	W601	8-9

XT

13-K1	1	U411	4-1
14-K1	2	V411	3-1
15-K1	3	W411	2-1
15-K2	4	N411	2-2
	5		
17-K1	6	U421	
17-K2	7	N421	
	8		
16-1	9	101	QA-3
7-1	10		12-2
	11		
16-2	12	102	QA-4
	13		12-17
	14		接 N 排
16-40	15	1	
16-42	16	301	
16-44	17	备用触点	
16-45	18	备用触点	
	19		
	20		

去补偿柜

去联络柜

12 KT	时间继电器

XT-10 101
11-1 103
102 XT-13
R
（不用端子没有画出）

16 1QF	断路器

101 XT-9	111 9-2	109 9-4	107 10-4	104 6-2	106 5-2	108 7-2	1 XT-15	301 XT-16	1 XT-17
1/3	6/7	4/9	2/1	11/5	3 Q/2	1 Q/1	1 Q/3	1 Q/5	1 Q/7
1/4	6/8	4/10	2/2	11/6	4 Q/2	2 Q/1	2 Q/3	2 Q/5	2 Q/7

XT-12 102

XT-18

17 2TAu	电流互感器

P1 K1 U421 XT-6
K2 N421 XT-7 P2

备（通）附件登记
描 图
描 校
旧底图总号
底图总号
签 字
日 期

标记	处数	更改文件号	签字	日期
设 计			标准化	
绘 图			审 定	
审 核			批 准	
工 艺			日 期	

GCK（交流操作）（I段母线）进线柜二次接线图

进线、不带计量、3TA、断路器(ABB-F)、双电源自动或手动互为备用、正常时，两段母线分别供电，如果一路电源有故障时，另一路电源承担全部负荷。

QB/T.DJ081601.05J

图样标记	数量	重量	比例
			1:1

共 2 张　　第 2 张

光盘页码：3-163

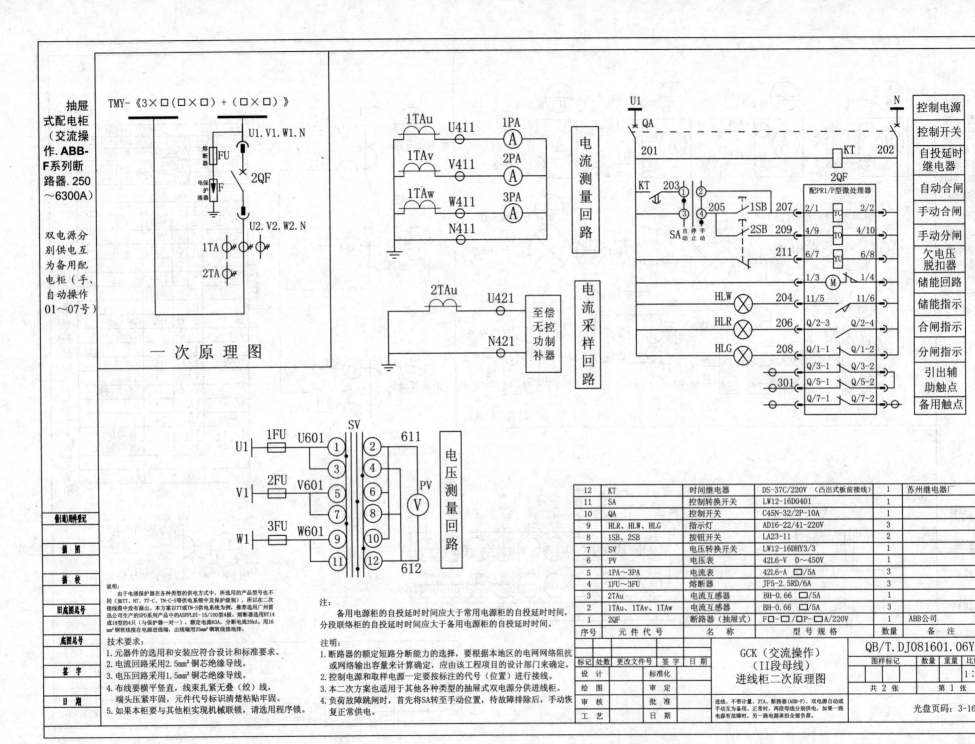

抽屉式配电柜（交流操作. ABB-F系列断路器. 250～6300A）

双电源分别供电互为备用配电柜（手、自动操作01～07号）

TMY-《3×□(□×□)+(□×□)》

一次原理图

熔断器 FU
电保护涌器 F
2QF

U1.V1.W1.N
U2.V2.W2.N
1TA
2TA

1TAu U411 1PA Ⓐ
1TAv V411 2PA Ⓐ
1TAw W411 3PA Ⓐ
N411

电流测量回路

2TAu U421 至偿无控功制补器
N421

电流采样回路

U1 QA N

201 KT 202
2QF
配PR1/P型微处理器
KT 203 ① ②
205 ③ 1SB 207 2/1 YC 2/2
SA 自动 停止 手动
2SB 209 4/9 TO 4/10
211 6/7 YU 6/8
1/3 Ⓜ 1/4
HLW 204 11/5 11/6
HLR 206 Q/2-3 Q/2-4
HLG 208 Q/1-1 Q/1-2
301 Q/3-1 Q/3-2
Q/5-1 Q/5-2
Q/7-1 Q/7-2

控制电源
控制开关
自投延时继电器
自动合闸
手动合闸
手动分闸
欠电压脱扣器
储能回路
储能指示
合闸指示
分闸指示
引出辅助触点
备用触点

SV
U1 1FU U601 ① ② 611
V1 2FU V601 ③ ④
⑤ ⑥ PV Ⓥ
⑦ ⑧
W1 3FU W601 ⑨ ⑩
⑪ ⑫ 612

电压测量回路

说明：
由于电涌保护器在各种类型的供电方式中，所选用的产品型号也不同（如TT、NT、TT-C、TN-C-S等供电系统中及保护级别），所以在二次接线图中没有画出。本方案以TT或TN-S供电系统为例，推荐选用广州雷达公司生产的SPD系列产品中的ASPFLDI-15/100型4极，熔断器选用RT14或18型的4只（与保护器一对一），额定电流63A，分断电流35kA。用16mm²铜软线接在电源进线端，出线端用25mm²铜软线接地拖。

技术要求：
1. 元器件的选用和安装应符合设计和标准要求。
2. 电流回路采用2.5mm²铜芯绝缘导线。
3. 电压回路采用1.5mm²铜芯绝缘导线。
4. 布线要横平竖直，线束扎紧无叠（绞）线，端头压紧牢固，元件代号标识清楚粘贴牢固。
5. 如果本柜要与其他柜实现机械联锁，请选用程序锁。

注：
备用电源柜的自投延时时间应大于常用电源柜的自投延时时间，分段联络柜的自投延时时间应大于备用电源柜的自投延时时间。

注明：
1. 断路器的额定短路分断能力的选择，要根据本地区的电网网络阻抗或网络输出容量来计算确定，应由该工程项目的设计部门来确定。
2. 控制电源和取样电源一定要按标注的代号（位置）进行接线。
3. 本二次方案也适用于其他各种类型的抽屉式双电源分供进线柜。
4. 负荷故障跳闸时，首先将SA转至手动位置，待故障排除后，手动恢复正常供电。

12	KT	时间继电器	DS-37C/220V（凸出式板前接线）	1	苏州继电器厂
11	SA	控制转换开关	LW12-16D0401	1	
10	QA	控制开关	C45N-32/2P-10A	1	
9	HLR、HLW、HLG	指示灯	AD16-22/41-220V	3	
8	1SB、2SB	按钮开关	LA23-11	2	
7	SV	电压转换开关	LW12-16DHY3/3	1	
6	PV	电压表	42L6-V 0～450V	1	
5	1PA～3PA	电流表	42L6-A □/5A	3	
4	1FU～3FU	熔断器	JF5-2.5RD/6A	3	
3	2TAu	电流互感器	BH-0.66 □/5A	1	
2	1TAu、1TAv、1TAw	电流互感器	BH-0.66 □/5A	3	
1	2QF	断路器（抽屉式）	F□-□/P-□A/220V	1	ABB公司
序号	元件代号	名称	型号规格	数量	备注

备（通用）附件登记
描图
描校
旧底图总号
底图总号
签字
日期

GCK（交流操作）（II段母线）进线柜二次原理图

QB/T.DJ081601.06Y

| 图样标记 | 数量 | 重量 | 比例 |
| | | | 1:1 |

标记	处数	更改文件号	签字	日期
设计		标准化		
绘图		审定		
审核		批准		
工艺		日期		

共 2 张   第 1 张

进线、不带计量、3TA、断路器（ABB-F）、双电源自动或手动互为备用。正常时，两段母线分别供电，如果一路电源有故障时，另一路电源承担全部负荷。

光盘页码：3-164

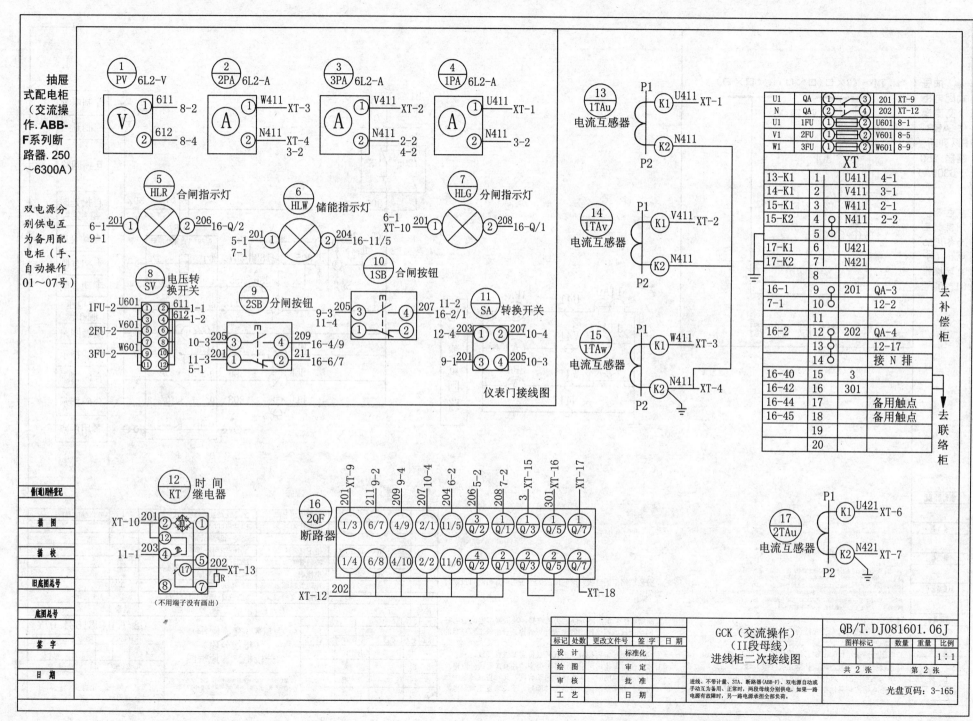

抽屉式配电柜（交流操作.ABB-F系列断路器.250～6300A）

双电源分别供电互为备用配电柜（手、自动操作01～07号）

① PV 6L2-V	② 2PA 6L2-A	③ 3PA 6L2-A	④ 1PA 6L2-A

仪表门接线图

⑤ HLR 合闸指示灯　　⑥ HLW 储能指示灯　　⑦ HLG 分闸指示灯

⑧ SV 电压转换开关　　⑨ 2SB 分闸按钮　　⑩ 1SB 合闸按钮　　⑪ SA 转换开关

⑬ 1TAu 电流互感器
⑭ 1TAv 电流互感器
⑮ 1TAw 电流互感器

⑫ KT 时间继电器
（不用端子没有画出）

⑯ 2QF 断路器

⑰ 2TAu 电流互感器

U1	QA	① － ③	201	XT-9
N	QA	② － ④	202	XT-12
U1	1FU	① － ②	U601	8-1
V1	2FU	① － ②	V601	8-5
W1	3FU	① － ②	W601	8-9

XT

13-K1	1	U411	4-1
14-K1	2	V411	3-1
15-K1	3	W411	2-1
15-K2	4	N411	2-2
	5		
17-K1	6	U421	
17-K2	7	N421	
	8		
16-1	9	201	QA-3
7-1	10		12-2
	11		
16-2	12	202	QA-4
	13		12-17
	14		接 N 排
16-40	15	3	
16-42	16	301	
16-44	17	备用触点	
16-45	18	备用触点	
	19		
	20		

去补偿柜　去联络柜

标记	处数	更改文件号	签字	日期	GCK（交流操作）（II段母线）进线柜二次接线图	QB/T.DJ081601.06J
设 计			标准化			图样标记　数量　重量　比例
绘 图			审 定			1:1
审 核			批 准		进线、不带计量、3TA、断路器(ABB-F)、双电源自动或手动互为备用。正常时，两段母线分别供电，如果一路电源有故障时，另一路电源承担全部负荷。	共 2 张　第 2 张
工 艺			日 期			光盘页码：3-165

图纸登记　描 图　描 校　旧底图总号　底图总号　签 字　日 期

363

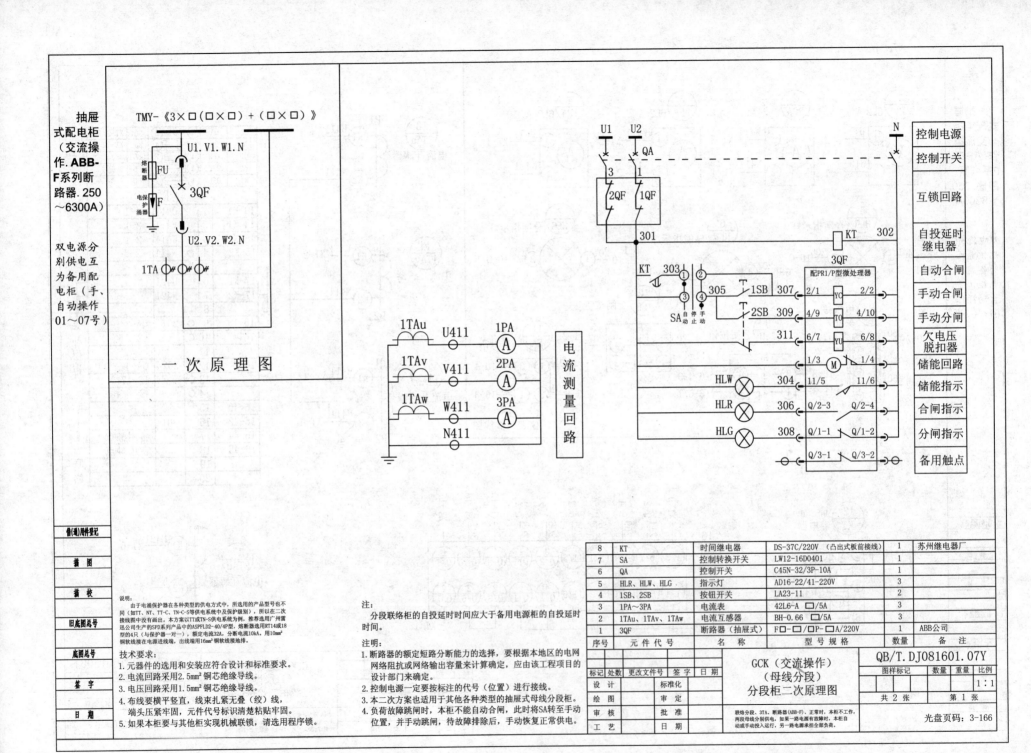

抽屉式配电柜（交流操作.ABB-F系列断路器.250~6300A）

双电源分别供电互为备用配电柜（手、自动操作01~07号）

TMY-《3×□(□×□)+(□×□)》

U1.V1.W1.N

熔断器 FU

电保护涌器 F

3QF

U2.V2.W2.N

1TA

一 次 原 理 图

1TAu U411 1PA Ⓐ
1TAv V411 2PA Ⓐ
1TAw W411 3PA Ⓐ
      N411

电流测量回路

U1 U2 N

QA

3 1
2QF 1QF

301 KT 302

控制电源
控制开关
互锁回路
自投延时继电器

3QF

配PR1/P型微处理器

KT 303 ① ②
    305 1SB 307 2/1 YC 2/2
SA 自停手 动止动 2SB 309 4/9 TO 4/10
              311 6/7 YU 6/8
              1/3 Ⓜ 1/4
HLW 304 11/5 11/6
HLR 306 Q/2-3 Q/2-4
HLG 308 Q/1-1 Q/1-2
         Q/3-1 Q/3-2

自动合闸
手动合闸
手动分闸
欠电压脱扣器
储能回路
储能指示
合闸指示
分闸指示
备用触点

说明：
由于电涌保护器在各种类型的供电方式中，所选用的产品型号也不同（如TT、NT、TT-C、TN-C-S等供电系统中及保护级别），所以在二次接线图中没有画出。本方案以TT或TN-S供电系统为例，推荐选用广州雷迅公司生产的SPD系列产品中的ASPFLD2-40/4P型，熔断器选用RT14-18型的4只（与保护器一对一），额定电流32A，分断电流10kA，用10mm²铜软线接在电源进线端，出线端用16mm²铜软线接地排。

技术要求：
1. 元器件的选用和安装应符合设计和标准要求。
2. 电流回路采用2.5mm²铜芯绝缘导线。
3. 电压回路采用1.5mm²铜芯绝缘导线。
4. 布线要横平竖直，线束扎紧无叠（绞）线，端头压紧牢固，元件代号标识清楚粘贴牢固。
5. 如果本柜要与其他柜实现机械联锁，请选用程序锁。

注：
分段联络柜的自投延时时间应大于备用电源柜的自投延时时间。

注明：
1. 断路器的额定短路分断能力的选择，要根据本地区的电网网络阻抗或网络输出容量来计算确定，应由该工程项目的设计部门来确定。
2. 控制电源一定要按标注的代号（位置）进行接线。
3. 本二次方案也适用于其他各种类型的抽屉式母线分段柜。
4. 负荷故障跳闸时，本柜不能自动合闸，此时将SA转至手动位置，并手动跳闸，待故障排除后，手动恢复正常供电。

8	KT	时间继电器	DS-37C/220V（凸出式板前接线）	1	苏州继电器厂
7	SA	控制转换开关	LW12-16D0401	1	
6	QA	控制开关	C45N-32/3P-10A	1	
5	HLR、HLW、HLG	指示灯	AD16-22/41-220V	3	
4	1SB、2SB	按钮开关	LA23-11	2	
3	1PA~3PA	电流表	42L6-A □/5A	3	
2	1TAu、1TAv、1TAw	电流互感器	BH-0.66 □/5A	3	
1	3QF	断路器（抽屉式）	F□-□/□P□A/220V	1	ABB公司
序号	元件代号	名　称	型 号 规 格	数量	备　注

标记	处数	更改文件号	签 字	日 期		
设 计			标准化		
绘 图			审 定		
审 核			批 准		
工 艺			日 期		

GCK（交流操作）（母线分段）分段柜二次原理图

QB/T.DJ081601.07Y

| 图样标记 | 数量 | 重量 | 比例 |
| | | | 1:1 |

共 2 张　　第 1 张

联络分段、3TA、断路器(ABB-F)、正常时，本柜不工作，两段母线分别供电，如果一路电有故障时，本柜自动或手动投入运行，另一路电源承担全部负荷。

光盘页码：3-166

借(通)用件登记
描 图
描 校
旧底图总号
底图总号
签 字
日 期

364

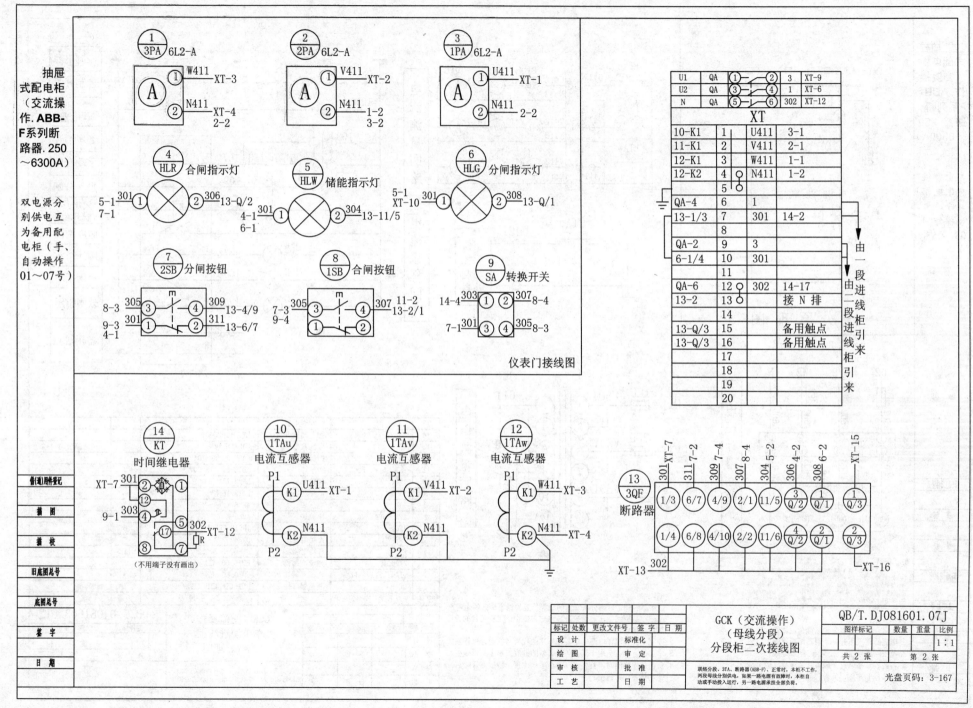

抽屉式配电柜（交流操作.ABB-F系列断路器.250～6300A）

双电源分别供电互为备用配电柜（手、自动操作01～07号）

仪表门接线图

① 3PA	6L2-A
② 2PA	6L2-A
③ 1PA	6L2-A

A ① W411 XT-3 ② N411 XT-4 2-2

A ① V411 XT-2 ② N411 1-2 3-2

A ① U411 XT-1 ② N411 2-2

④ HLR 合闸指示灯
5-1 301 ① ② 306 13-Q/2
7-1

⑤ HLW 储能指示灯
4-1 301 ① ② 304 13-11/5
6-1

⑥ HLG 分闸指示灯
5-1 301 ① ② 308 13-Q/1
XT-10

⑦ 2SB 分闸按钮
8-3 305 ③ ④ 309 13-4/9
9-3 301 ① ② 311 13-6/7
4-1

⑧ 1SB 合闸按钮
7-3 305 ③ ④ 307 11-2
9-4 ① ② 13-2/1

⑨ SA 转换开关
14-4 303 ① ② 307 8-4
7-1 301 ③ ④ 305 8-3

⑭ KT 时间继电器
XT-7 301 ② ①
9-1 303 ④ ⑫
⑤ 302 XT-12
⑧ ⑰ ⑦ R
（不用端子没有画出）

⑩ 1TAu 电流互感器
P1 K1 U411 XT-1
P2 K2 N411

⑪ 1TAv 电流互感器
P1 K1 V411 XT-2
P2 K2 N411

⑫ 1TAw 电流互感器
P1 K1 W411 XT-3
P2 K2 N411 XT-4

U1	QA	①	②	3	XT-9
U2	QA	③	④	1	XT-6
N	QA	⑤	⑥	302	XT-12

XT

10-K1	1	U411	3-1	
11-K1	2	V411	2-1	
12-K1	3	W411	1-1	
12-K2	4	N411	1-2	
	5			
QA-4	6	1		
13-1/3	7	301	14-2	
	8			
QA-2	9	3		
6-1/4	10	301		
	11			
QA-6	12	302	14-17	
13-2	13		接 N 排	
	14			
13-Q/3	15		备用触点	
13-Q/3	16		备用触点	
	17			
	18			
	19			
	20			

由一段进线柜引来
由二段进线柜引来

⑬ 3QF 断路器
301 XT-7	311 7-2	309 7-4	307 8-4	304 5-2	306 6-2	308 6-2	XT-15
1/3	6/7	4/9	2/1	11/5	3 Q/2	1 Q/1	1 Q/3
1/4	6/8	4/10	2/2	11/6	4 Q/2	2 Q/1	2 Q/3
XT-13 302 XT-16

标记	处数	更改文件号	签字	日期
设 计		标准化		
绘 图		审 定		
审 核		批 准		
工 艺		日 期		

GCK（交流操作）（母线分段）分段柜二次接线图

QB/T.DJ081601.07J

图样标记　数量　重量　比例 1:1

共 2 张　　第 2 张

联络分段、3TA、断路器(ABB-F)，正常时，本柜不工作，两段母线分别供电，如果一路电源有故障时，本柜自动或手动投入运行，另一路电源承担全部负荷。

光盘页码：3-167

图（道）档案登记
描 图
描 校
旧底图总号
底图总号
鉴 字
日 期

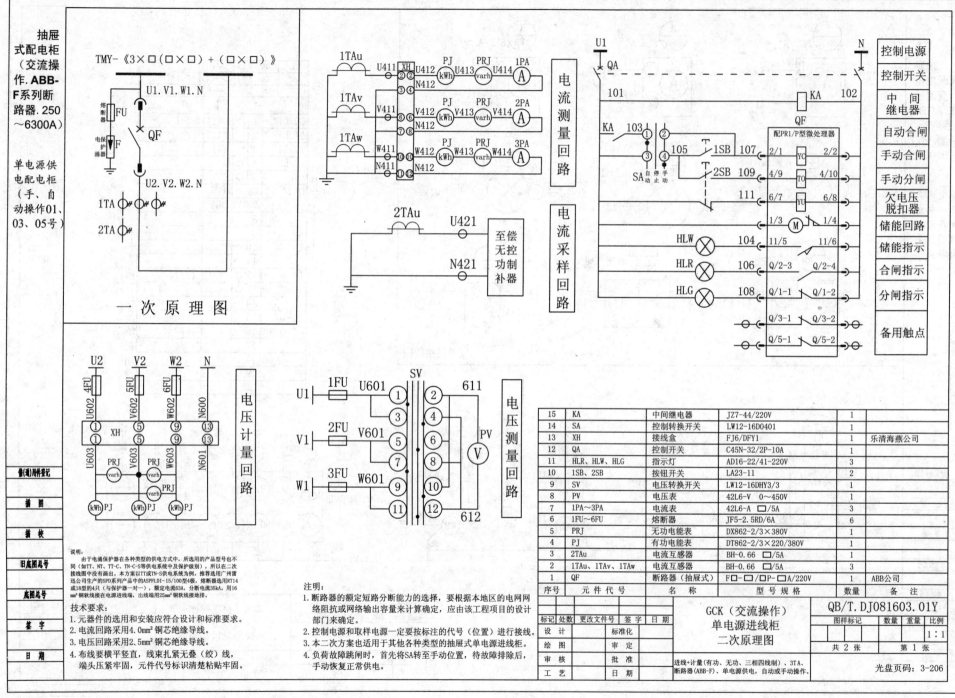

抽屉式配电柜（交流操作.ABB-F系列断路器.250~6300A）

单电源供电配电柜（手、自动操作01、03、05号）

TMY-《3×□(□×□)+(□×□)》

U1.V1.W1.N

熔断器 FU

电保护涌器 F

QF

U2.V2.W2.N

1TA
2TA

一次原理图

电流测量回路

电流采样回路

2TAu
U421
N421
至偿无控功率补器

U2 V2 W2 N

4FU 5FU 6FU
U602 V602 W602 N600

XH

U603 V603 W603 N601

PRJ varh PRJ varh PRJ varh

kWh PJ kWh PJ kWh PJ

电压计量回路

1FU U601
2FU V601
3FU W601
SV
611
612
PV V

电压测量回路

U1 QA
N
控制电源
控制开关
中间继电器
自动合闸
手动合闸
手动分闸
欠电压脱扣器
储能回路
储能指示
合闸指示
分闸指示
备用触点

配PR1/P型微处理器

101 KA 102
KA 103
105 1SB 107
SA 自停手动止动
2SB 109
111
HLW 104
HLR 106
HLG 108

15	KA	中间继电器	JZ7-44/220V	1	
14	SA	控制转换开关	LW12-16D0401	1	
13	XH	接线盒	FJ6/DFY1	1	乐清海燕公司
12	QA	控制开关	C45N-32/2P-10A	1	
11	HLR、HLW、HLG	指示灯	AD16-22/41-220V	3	
10	1SB、2SB	按钮开关	LA23-11	2	
9	SV	电压转换开关	LW12-16DHY3/3	1	
8	PV	电压表	42L6-V 0~450V	1	
7	1PA~3PA	电流表	42L6-A □/5A	3	
6	1FU~6FU	熔断器	JF5-2.5RD/6A	6	
5	PRJ	无功电能表	DX862-2/3×380V	1	
4	PJ	有功电能表	DT862-2/3×220/380V	1	
3	2TAu	电流互感器	BH-0.66 □/5A	1	
2	1TAu、1TAv、1TAw	电流互感器	BH-0.66 □/5A	3	
1	QF	断路器（抽屉式）	F□-□/0P-□A/220V	1	ABB公司
序号	元件代号	名　称	型号规格	数量	备　注

说明：由于电涌保护器在各种类型的供电方式中，所选用的产品型号也不同（如TT、NT、TT-C、TN-C-S等供电系统中及保护级别），所以在二次接线图中没有画出。本方案以TT或TN-S供电系统为例，推荐选用广州雷迅公司生产的SPD系列产品中的ASPFLDI-15/100型4极，熔断器选用RT14或18型软线4只（与保护器一对一），额定电流63A，分断电流35kA。用16mm²铜软线接在电源进线端，出线端用25mm²铜软线接地排。

技术要求：
1. 元器件的选用和安装应符合设计和标准要求。
2. 电流回路采用4.0mm²铜芯绝缘导线。
3. 电压回路采用2.5mm²铜芯绝缘导线。
4. 布线要横平竖直，线束扎紧无叠（绞）线，端头压紧牢固，元件代号标识清楚粘贴牢固。

注明：
1. 断路器的额定短路分断能力的选择，要根据本地区的电网网络阻抗或网络输出容量来计算确定，应由该工程项目的设计部门来确定。
2. 控制电源和取样电源一定要按标注的代号（位置）进行接线。
3. 本二次也适用于其他各种类型的抽屉式单电源进线柜。
4. 负荷故障跳闸时，首先将SA转至手动位置，待故障排除后，手动恢复正常供电。

修(通)用件登记			
描　图			
描　校			
旧底图总号			
底图总号			
鉴　字			
日　期			

GCK（交流操作）
单电源进线柜
二次原理图

QB/T.DJ081603.01Y

图样标记	数量	重量	比例
设计			
绘图			1:1
审核		共2张	第1张
工艺			

标记	处数	更改文件号	签字	日期
设　计		标准化		
绘　图		审　定		
审　核		批　准		
工　艺		日　期		

进线+计量(有功、无功、三相四线制)、3TA、断路器(ABB-F)、单电源供电，自动或手动操作。

光盘页码：3-206

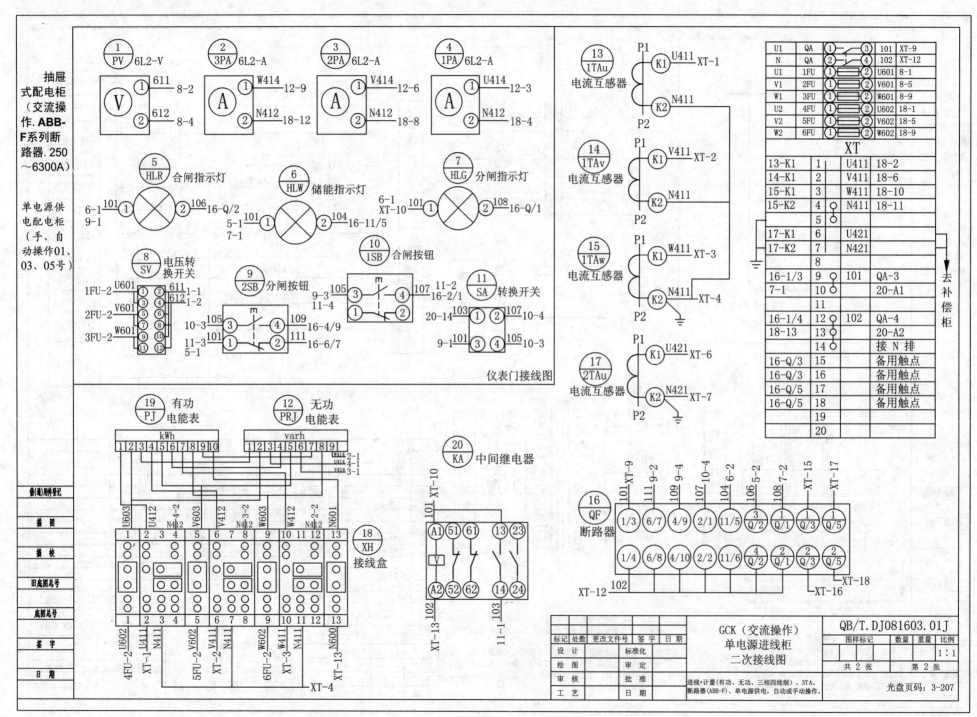

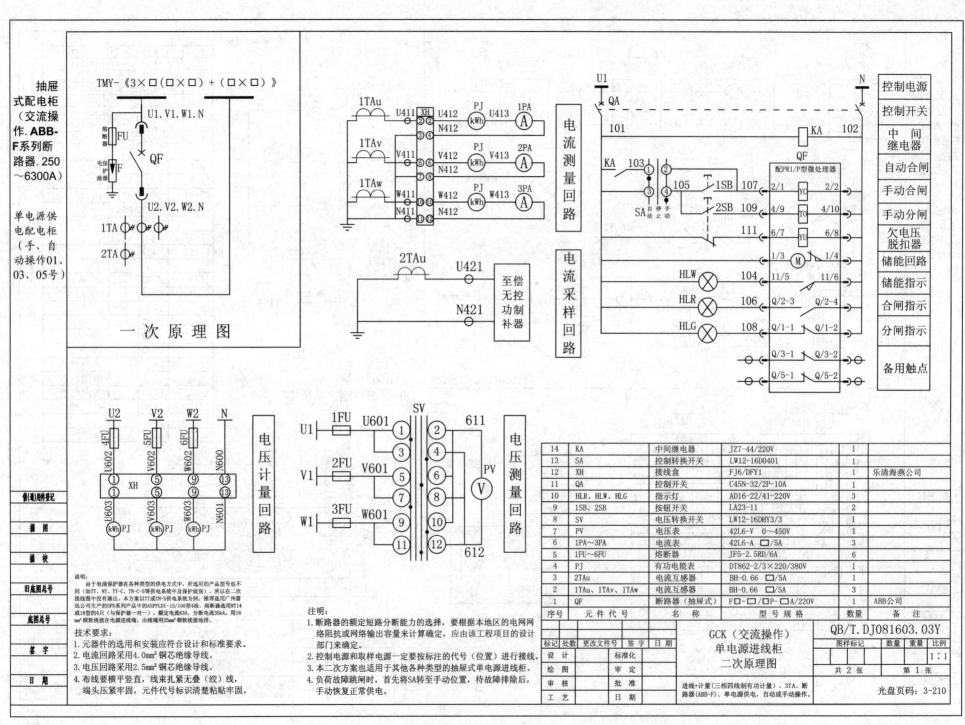

抽屉式配电柜（交流操作.ABB-F系列断路器.250～6300A）

单电源供电配电柜（手、自动操作01、03、05号）

TMY-《3×□(□×□)+(□×□)》

U1.V1.W1.N

熔断器 FU
电涌保护器 F
QF

U2.V2.W2.N

1TA
2TA

一次原理图

电流测量回路

1TAu U411 XH U412 PJ U413 1PA
N412 kWh A
1TAv V411 V412 PJ V413 2PA
N412 kWh
1TAw W411 W412 PJ W413 3PA
N411 N412 kWh A

电流采样回路

2TAu U421
至偿无控功制补器
N421

控制电源
控制开关
中间继电器
自动合闸
手动合闸
手动分闸
欠电压脱扣器
储能回路
储能指示
合闸指示
分闸指示
备用触点

U1 QA N

101 KA 102

KA 103 QF 配PR1/P型微处理器
105 1SB 107 2/1 YC 2/2
SA 自停手动止动 2SB 109 4/9 TO 4/10
111 6/7 YU 6/8
1/3 M 1/4
HLW 104 11/5 11/6
HLR 106 Q/2-3 Q/2-4
HLG 108 Q/1-1 Q/1-2
Q/3-1 Q/3-2
Q/5-1 Q/5-2

U2 V2 W2 N
4FU 5FU 6FU
U602 V602 W602 N600
① ⑤ ⑨ ⑬
XH
① ⑤ ⑨ ⑬
U603 V603 W603 N601
kWh PJ kWh PJ kWh PJ

电压计量回路

SV
U1 1FU U601 ① ② 611
3 4
V1 2FU V601 ⑤ ⑥ PV
7 8 V
W1 3FU W601 9 10
11 12 612

电压测量回路

说明：
由于电涌保护器在各种类型的供电方式中，所选用的产品型号也不同（如TT、NT、TT-C、TN-C-S等供电系统中及保护级别），所以在二次接线图中没有画出。本方案以TT或TN-S供电系统为例。推荐选用广州雷迅公司生产的SPD系列产品中的ASPFLDI-15/100型4极，熔断器选用RT14或18型的4只（与保护器一对一），额定电流63A，分断电流35kA，用16mm²铜软线接在电源进线端，出线端用25mm²铜软线接地排。

技术要求：
1. 元器件的选用和安装应符合设计和标准要求。
2. 电流回路采用4.0mm²铜芯绝缘导线。
3. 电压回路采用2.5mm²铜芯绝缘导线。
4. 布线要横平竖直，线束扎紧无叠（绞）线，端头压紧牢固，元件代号标识清楚粘贴牢固。

注明：
1. 断路器的额定短路分断能力的选择，要根据本地区的电网络阻抗或网络输出容量来计算确定，应由该工程项目的设计部门来确定。
2. 控制电源和取样电源一定要按标注的代号（位置）进行接线。
3. 本二次方案也适用于其他各种类型的抽屉式单电源进线柜。
4. 负荷故障跳闸时，首先将SA转至手动位置，待故障排除后，手动恢复正常供电。

借（通）用件登记
描 图
描 校
旧底图总号
底图总号
签 字
日 期

14	KA	中间继电器	JZ7-44/220V	1	
13	SA	控制转换开关	LW12-16D0401	1	
12	XH	接线盒	FJ6/DFY1	1	乐清海燕公司
11	QA	控制开关	C45N-32/2P-10A	1	
10	HLR、HLW、HLG	指示灯	AD16-22/41-220V	3	
9	1SB、2SB	按钮开关	LA23-11	2	
8	SV	电压转换开关	LW12-16DHY3/3	1	
7	PV	电压表	42L6-V 0～450V	1	
6	1PA～3PA	电流表	42L6-A □/5A	3	
5	1FU～6FU	熔断器	JF5-2.5RD/6A	6	
4	PJ	有功电能表	DT862-2/3×220/380V	1	
3	2TAu	电流互感器	BH-0.66 □/5A	1	
2	1TAu、1TAv、1TAw	电流互感器	BH-0.66 □/5A	3	
1	QF	断路器（抽屉式）	F□-□/□P-□A/220V	1	ABB公司
序号	元件代号	名称	型号规格	数量	备注

标记	处数	更改文件号	签字	日期		
设 计			标准化			
绘 图			审 定			
审 核			批 准			
工 艺			日 期			

GCK（交流操作）
单电源进线柜
二次原理图

QB/T.DJ081603.03Y

图样标记	数量	重量	比例
			1:1

共 2 张　第 1 张

进线+计量（三相四线制有功计量）、3TA、断路器（ABB-F）、单电源供电，自动或手动操作。

光盘页码：3-210

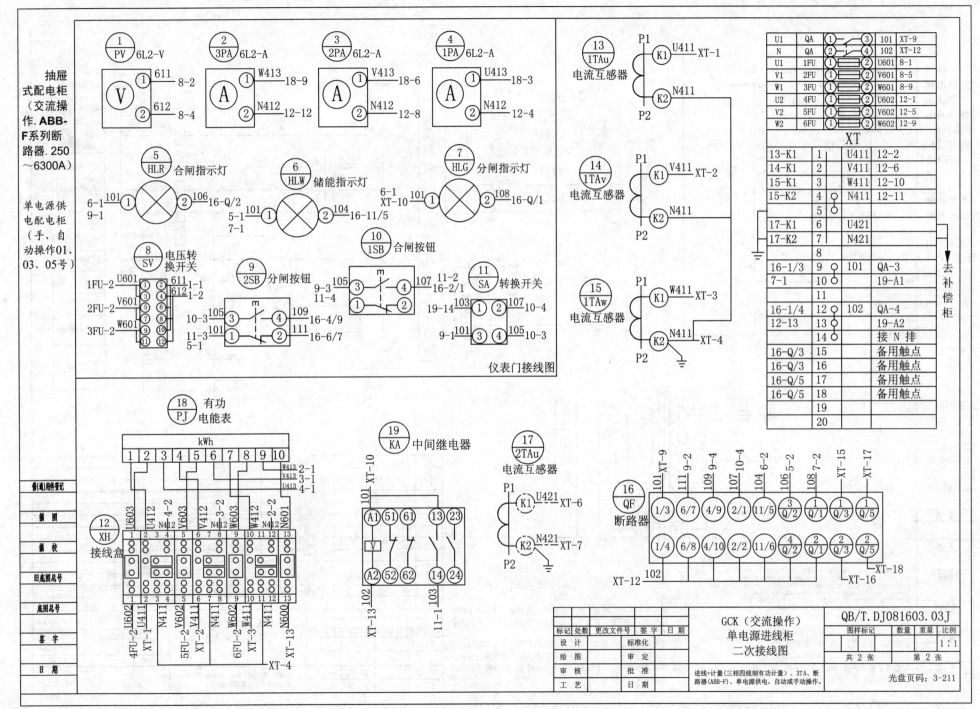

GCK（交流操作）
单电源进线柜
二次接线图

QB/T.DJ081603.03J

进线+计量(三相四线制有功计量)、3TA、断路器(ABB-F)、单电源供电,自动或手动操作。

光盘页码: 3-211

369

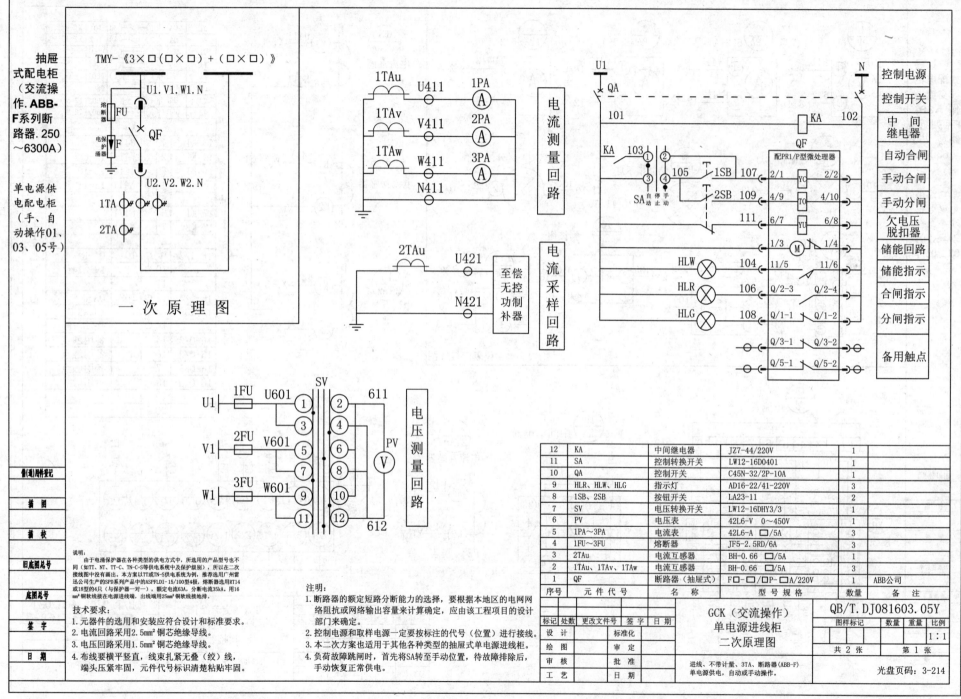

抽屉式配电柜（交流操作.ABB-F系列断路器.250～6300A）

单电源供电配电柜（手、自动操作01、03、05号）

TMY-《3×□（□×□）+（□×□）》

U1.V1.W1.N

熔断器 FU

电涌保护器 F

QF

U2.V2.W2.N

1TA

2TA

一次原理图

1TAu U411 1PA (A)
1TAv V411 2PA (A)
1TAw W411 3PA (A)
N411

电流测量回路

2TAu U421 至偿无控功率制补器

N421

电流采样回路

SV
U1 1FU U601 ①—②611
③—④
V1 2FU V601 ⑤—⑥ PV (V)
⑦—⑧
W1 3FU W601 ⑨—⑩
⑪—⑫612

电压测量回路

U1 QA N
101 KA 102
KA 103 ① ② QF 配PR1/P型微处理器
③ ④ 105 1SB 107 2/1 YC 2/2
SA 自停手动止动 2SB 109 4/9 TO 4/10
111 6/7 YU 6/8
1/3 M 1/4
HLW 104 11/5 11/6
HLR 106 Q/2-3 Q/2-4
HLG 108 Q/1-1 Q/1-2
Q/3-1 Q/3-2
Q/5-1 Q/5-2

控制电源
控制开关
中间继电器
自动合闸
手动合闸
手动分闸
欠电压脱扣器
储能回路
储能指示
合闸指示
分闸指示
备用触点

12	KA	中间继电器	JZ7-44/220V	1	
11	SA	控制转换开关	LW12-16D0401	1	
10	QA	控制开关	C45N-32/2P-10A	1	
9	HLR、HLW、HLG	指示灯	AD16-22/41-220V	3	
8	1SB、2SB	按钮开关	LA23-11	2	
7	SV	电压转换开关	LW12-16DHY3/3	1	
6	PV	电压表	42L6-V 0～450V	1	
5	1PA～3PA	电流表	42L6-A /5A	3	
4	1FU～3FU	熔断器	JF5-2.5RD/6A	3	
3	2TAu	电流互感器	BH-0.66 □/5A	1	
2	1TAu、1TAv、1TAw	电流互感器	BH-0.66 □/5A	3	
1	QF	断路器（抽屉式）	F□-□/□P-□A/220V	1	ABB公司
序号	元件代号	名称	型号规格	数量	备注

说明：由于电涌保护器在各种类型的供电方式中，所选用的产品型号也不同（如TT、NT、TT-C、TN-C-S等供电系统中及保护级别），所以在二次接线图中没有画出。本方案以TT或TN-S供电系统为例，推荐选用广州雷迅公司生产的SPD系列产品中的ASPPLDI-15/100型4极，熔断器选用RT14或18型的4只（与保护器一对一），额定电流63A，分断电流35kA。用16mm²铜软线接在电源进线端，出线端25mm²铜软线接地排。

技术要求：
1. 元器件的选用和安装应符合设计和标准要求。
2. 电流回路采用2.5mm²铜芯绝缘导线。
3. 电压回路采用1.5mm²铜芯绝缘导线。
4. 布线要横平竖直，线束扎紧无叠（绞）线，端头压紧牢固，元件代号标识清楚粘贴牢固。

注明：
1. 断路器的额定短路分断能力的选择，要根据本地区的电网网络阻抗或网络输出容量来计算确定，应由该工程项目的设计部门来确定。
2. 控制电源和取样电源一定要按标注的代号（位置）进行接线。
3. 本二次方案也适用于其他各种类型的抽屉式单电源进线柜。
4. 负荷故障跳闸时，首先将SA转至手动位置，待故障排除后，手动恢复正常供电。

标记	处数	更改文件号	签字	日期				
设 计		标准化			GCK（交流操作）单电源进线柜二次原理图	图样标记	数量 重量 比例
绘 图		审 定					1:1
审 核		批 准				共 2 张	第 1 张
工 艺		日 期			进线、不带计量、3TA、断路器（ABB-F）单电源供电，自动或手动操作。	光盘页码：3-214	

QB/T.DJ081603.05Y

借（通）用件登记
描 图
描 校
旧底图总号
底图总号
签 字
日 期

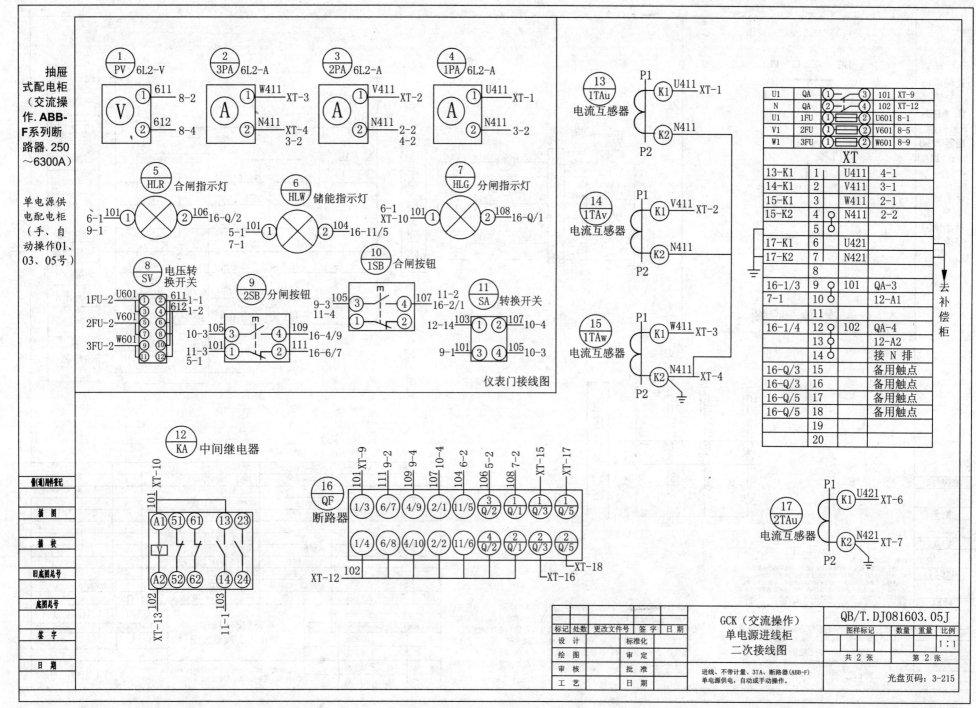

仪表门接线图

抽屉式配电柜（交流操作.ABB-F系列断路器.250～6300A）

单电源供电配电柜（手、自动操作01、03、05号）

XT			
13-K1	1	U411	4-1
14-K1	2	V411	3-1
15-K1	3	W411	2-1
15-K2	4	N411	2-2
	5		
17-K1	6	U421	
17-K2	7	N421	
	8		
16-1/3	9	101	QA-3
7-1	10		12-A1
	11		
16-1/4	12	102	QA-4
	13		12-A2
	14		接 N 排
16-Q/3	15		备用触点
16-Q/3	16		备用触点
16-Q/5	17		备用触点
16-Q/5	18		备用触点
	19		
	20		

U1	QA	① ③	101	XT-9
N	QA	② ④	102	XT-12
U1	1FU	① ②	U601	8-1
V1	2FU	① ②	V601	8-5
W1	3FU	① ②	W601	8-9

去补偿柜

GCK（交流操作）单电源进线柜二次接线图

QB/T.DJ081603.05J

进线、不带计量、3TA、断路器(ABB-F)
单电源供电，自动或手动操作.

共 2 张　　第 2 张

1:1

光盘页码：3-215

标记	处数	更改文件号	签 字	日期
设 计			标准化	
绘 图			审 定	
审 核			批 准	
工 艺			日 期	

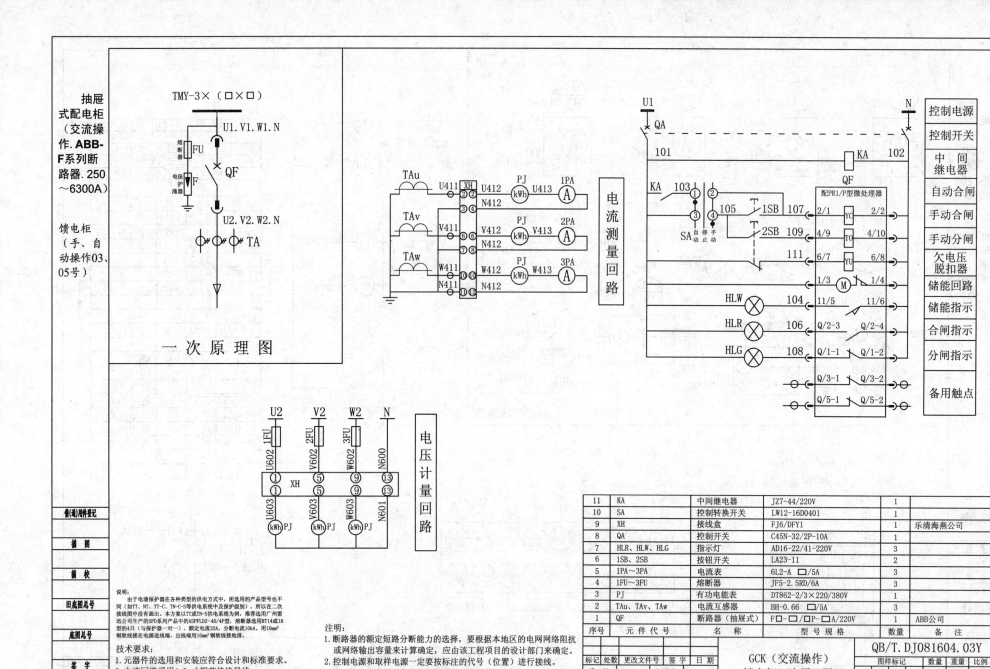

抽屉式配电柜（交流操作.ABB-F系列断路器.250~6300A）

馈电柜（手、自动操作03、05号）

TMY-3×（□×□）

一次原理图

电流测量回路

电压计量回路

电流测量回路

配PR1/P型微处理器

	控制电源			
	控制开关			
	中间继电器			
	自动合闸			
	手动合闸			
	手动分闸			
	欠电压脱扣器			
	储能回路			
	储能指示			
	合闸指示			
	分闸指示			
	备用触点			

说明：
由于电涌保护器在各种类型的供电方式中，所选用的产品型号也不同（如TT、NT、TT-C、TN-C-S等供电系统中及保护级别），所以这二次接线图中没有画出。本方案以TT或TN-S供电系统为例，推荐选用广州雷迅公司生产的SPD系列产品中的ASPFLD2-40/4P型，熔断器选用RT14或18型的4只（与保护器一对一），额定电流32A，分断电流10kA。用10mm²铜软线接在电源进线端，出线端用16mm²铜软线接地排。

技术要求：
1. 元器件的选用和安装应符合设计和标准要求。
2. 电流回路采用4.0mm²铜芯绝缘导线。
3. 电压回路采用2.5mm²铜芯绝缘导线。
4. 布线要横平竖直，线束扎紧无叠，端头压紧牢固，元件代号标识清楚粘贴牢固。

注明：
1. 断路器的额定短路分断能力的选择，要根据本地区的电网网络阻抗或网络输出容量来计算确定，应由该工程项目的设计部门来确定。
2. 控制电源和取样电源一定要按标注的代号（位置）进行接线。
3. 本二次方案也适用于其他各种类型的抽屉式馈电柜，小容量的断路器（2~3台组装一台，各单元接线独立）可并装抽屉柜。
4. 负荷故障跳闸时，首先将SA转至手动位置，待故障排除后，手动恢复正常供电。

11	KA	中间继电器	JZ7-44/220V	1	
10	SA	控制转换开关	LW12-16D0401	1	
9	XH	接线盒	FJ6/DFY1	1	乐清海燕公司
8	QA	控制开关	C45N-32/2P-10A	1	
7	HLR、HLW、HLG	指示灯	AD16-22/41-220V	3	
6	1SB、2SB	按钮开关	LA23-11	2	
5	1PA~3PA	电流表	6L2-A □/5A	3	
4	1FU~3FU	熔断器	JF5-2.5RD/6A	3	
3	PJ	有功电能表	DT862-2/3×220/380V	1	
2	TAu、TAv、TAw	电流互感器	BH-0.66 □/5A	3	
1	QF	断路器（抽屉式）	F□-□/□P-□A/220V	1	ABB公司
序号	元件代号	名　称	型号规格	数量	备注

标记	处数	更改文件号	签字	日期	GCK（交流操作）馈电柜二次原理图	图样标记		数量	重量	比例
设计			标准化							1：1
绘图			审定			共 2 张			第 1 张	
审核			批准		馈电+计量（三相四线制有功计量）、3TA、断路器(ABB-F)、不带电压表、自动或手动操作。					
工艺			日期			光盘页码：3-222				

QB/T.DJ081604.03Y

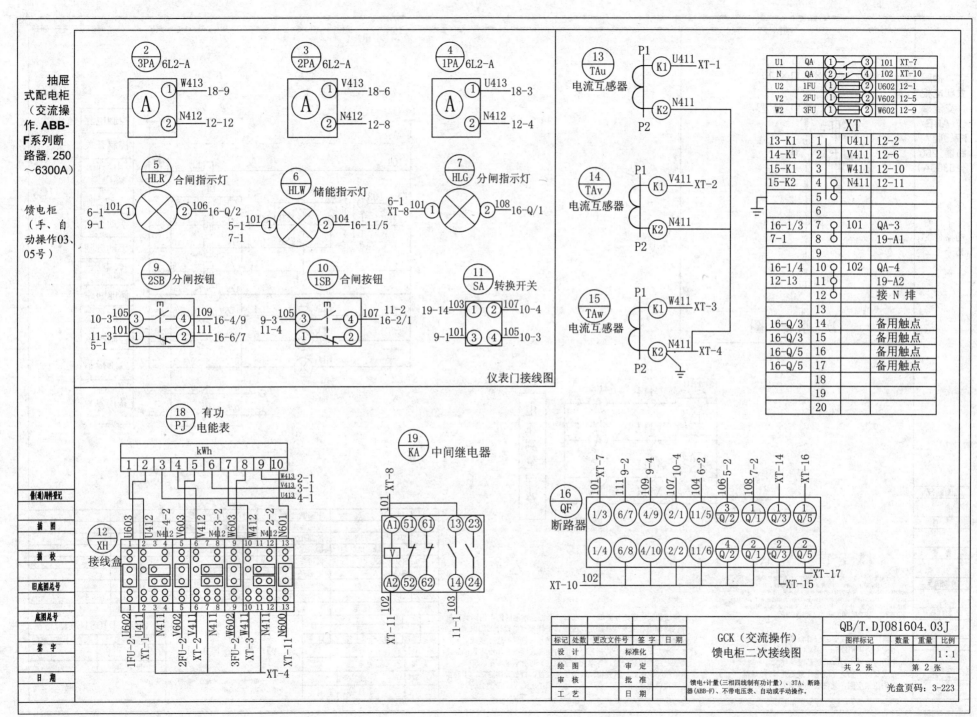

仪表门接线图

GCK（交流操作）
馈电柜二次接线图

QB/T.DJ081604.03J

共 2 张　　第 2 张

1:1

馈电+计量（三相四线制有功计量）、3TA、断路器（ABB-F）、不带电压表、自动或手动操作。

光盘页码：3-223

373

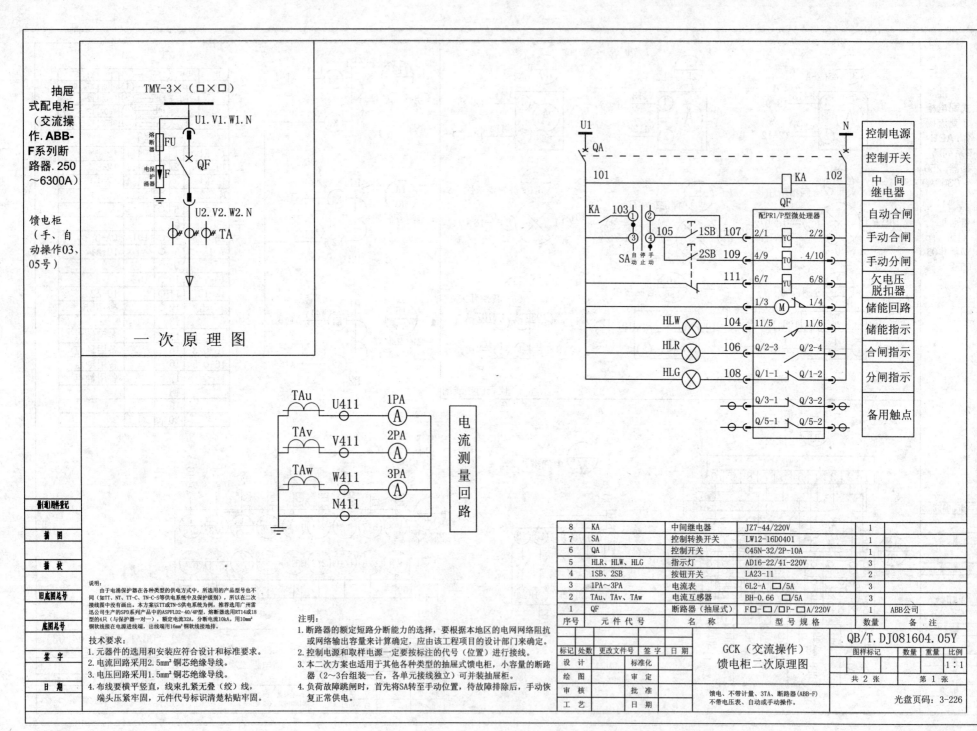

抽屉式配电柜（交流操作.ABB-F系列断路器.250～6300A）

馈电柜（手、自动操作03、05号）

TMY-3×(□×□)

熔断器 FU
电涌保护器 F
QF

U1.V1.W1.N

U2.V2.W2.N

TA

一次原理图

TAu U411 1PA Ⓐ
TAv V411 2PA Ⓐ
TAw W411 3PA Ⓐ
N411

电流测量回路

U1　　　　　　　　　　　　　　　N
QA

101　　　　　　　　KA　102
　　　　　　　　　　　　QF

KA 103 ① ②
③ ④ 105 1SB 107 配PR1/P型微处理器 2/1 YO 2/2
SA 自动停止手动 2SB 109 4/9 TO 4/10
111 6/7 YU 6/8
1/3 Ⓜ 1/4
HLW⊗ 104 11/5 11/6
HLR⊗ 106 Q/2-3 Q/2-4
HLG⊗ 108 Q/1-1 Q/1-2
Q/3-1 Q/3-2
Q/5-1 Q/5-2

控制电源
控制开关
中间继电器
自动合闸
手动合闸
手动分闸
欠电压脱扣器
储能回路
储能指示
合闸指示
分闸指示
备用触点

说明：
由于电涌保护器在各种类型的供电方式中，所选用的产品型号也不同（如TT、NT、TT-C、TN-C-S等供电系统中及保护级别），所以在二次接线图中没有画出。本方案以TT或TN-S供电系统为例，推荐选用广州雷迅公司生产的SPD系列产品中的ASPFLD2-40/4P型，熔断器选用RT14或18型的4只（与保护器一对一），额定电流32A，分断电流10kA。用10mm²铜软线接在电源进线端，出线端用16mm²铜软线接地排。

技术要求：
1. 元器件的选用和安装应符合设计和标准要求。
2. 电流回路采用2.5mm²铜芯绝缘导线。
3. 电压回路采用1.5mm²铜芯绝缘导线。
4. 布线要横平竖直，线束扎紧无叠（绞）线，端头压紧牢固，元件代号标识清楚粘贴牢固。

注明：
1. 断路器的额定短路分断能力的选择，要根据本地区的电网网络阻抗或网络输出容量来计算确定，应由该工程项目的设计部门来确定。
2. 控制电源和取样电源一定要按标注的代号（位置）进行接线。
3. 本二次方案也适用于其他各种类型的抽屉式馈电柜，小容量的断路器（2～3台组装一台，各单元接线独立）可并装抽屉柜。
4. 负荷故障跳闸时，首先将SA转至手动位置，待故障排除后，手动恢复正常供电。

8	KA	中间继电器	JZ7-44/220V	1	
7	SA	控制转换开关	LW12-16D0401	1	
6	QA	控制开关	C45N-32/2P-10A	1	
5	HLR, HLW, HLG	指示灯	AD16-22/41-220V	3	
4	1SB, 2SB	按钮开关	LA23-11	2	
3	1PA～3PA	电流表	6L2-A □/5A	3	
2	TAu、TAv、TAw	电流互感器	BH-0.66 □/5A	3	
1	QF	断路器（抽屉式）	F□-□/□P-□A/220V	1	ABB公司
序号	元件代号	名　称	型　号　规　格	数量	备　注

QB/T.DJ081604.05Y

GCK（交流操作）馈电柜二次原理图

标记	处数	更改文件号	签字	日期		图样标记	数量	重量	比例
设　计			标准化						1:1
绘　图			审　定						
审　核			批　准			共 2 张		第 1 张	
工　艺			日　期						

馈电、不带计量、3TA、断路器(ABB-F)不带电压表、自动或手动操作。

光盘页码：3-226

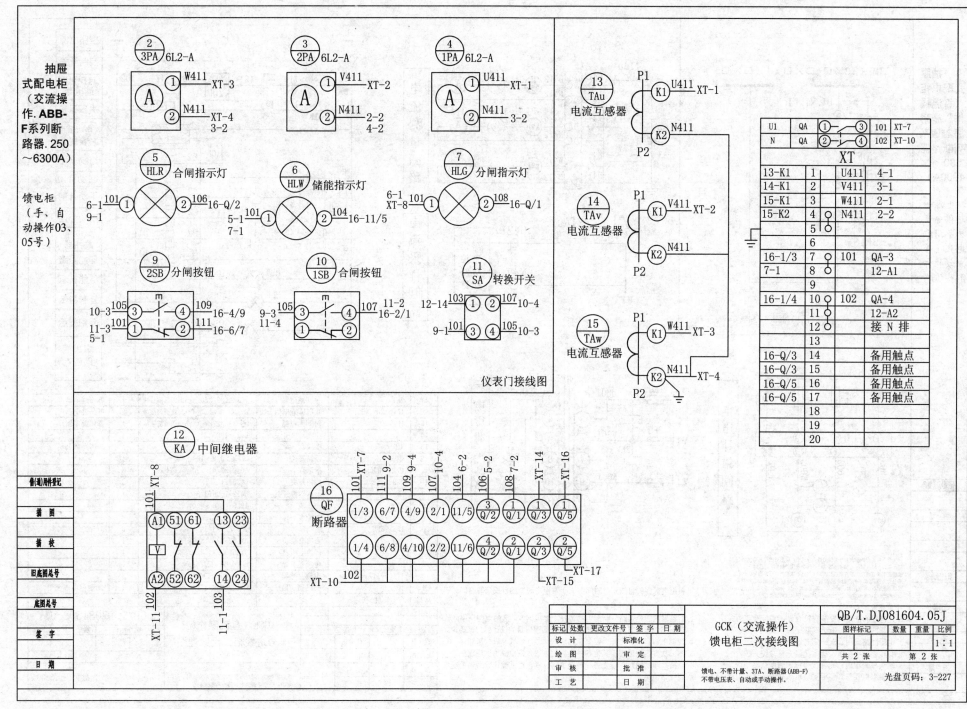

仪表门接线图

抽屉式配电柜（交流操作.ABB-F系列断路器.250~6300A）

馈电柜（手、自动操作03、05号）

| U1 | QA | ① ～ ③ | 101 | XT-7 |
| N | QA | ② ～ ④ | 102 | XT-10 |

XT				
13-K1	1		U411	4-1
14-K1	2		V411	3-1
15-K1	3		W411	2-1
15-K2	4		N411	2-2
	5			
	6			
16-1/3	7		101	QA-3
7-1	8			12-A1
	9			
16-1/4	10		102	QA-4
	11			12-A2
	12			接 N 排
	13			
16-Q/3	14			备用触点
16-Q/3	15			备用触点
16-Q/5	16			备用触点
16-Q/5	17			备用触点
	18			
	19			
	20			

台(通)用件登记

描 图

描 校

旧底图总号

底图总号

签 字

日 期

标记	处数	更改文件号	签 字	日 期
设 计			标准化	
绘 图			审 定	
审 核			批 准	
工 艺			日 期	

GCK（交流操作）
馈电柜二次接线图

馈电、不带计量、3TA、断路器(ABB-F)
不带电压表、自动或手动操作.

QB/T.DJ081604.05J

图样标记	数量	重量	比例
			1:1

共 2 张   第 2 张

光盘页码：3-227

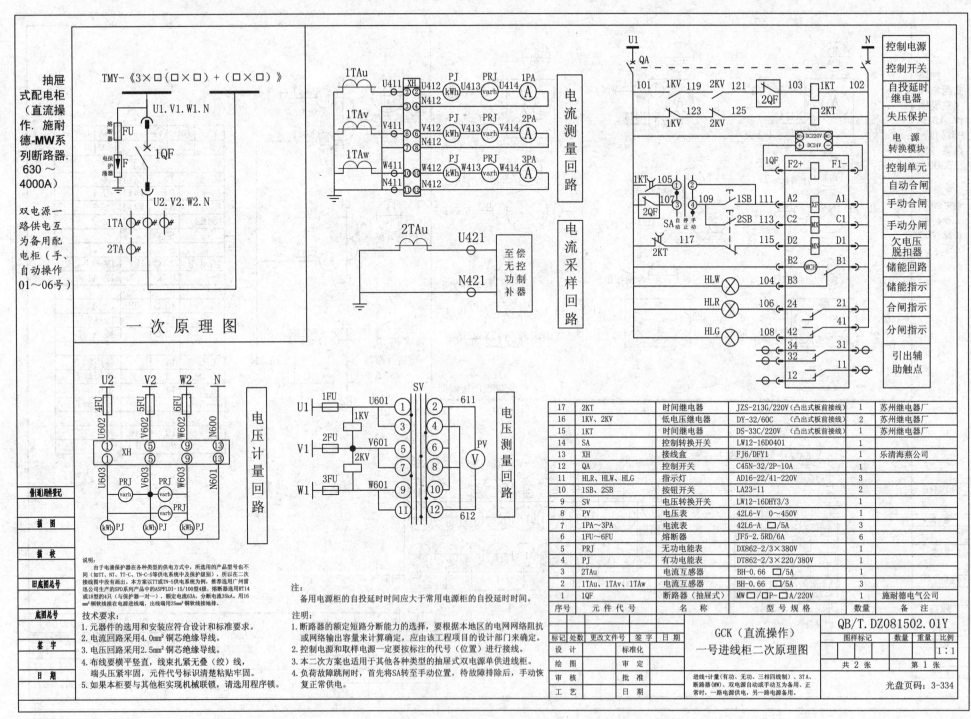

一次原理图

电流测量回路

电流采样回路

电压计量回路

电压测量回路

抽屉式配电柜（直流操作，施耐德-MW系列断路器，630～4000A）

双电源一路供电互为备用配电柜（手、自动操作01～06号）

TMY-《3×□(□×□)+(□×□)》

U1.V1.W1.N

U2.V2.W2.N

控制电源
控制开关
自投延时继电器
失压保护
电源转换模块
控制单元
自动合闸
手动合闸
手动分闸
欠电压脱扣器
储能回路
储能指示
合闸指示
分闸指示
引出辅助触点

说明：
由于电涌保护器在各种类型的供电方式中，所选用的产品型号也不同（如TT、NT、TT-C、TN-C-S等供电系统中及保护级别），所以在二次接线图中没有画出。本方案以TT或TN-S供电系统为例，推荐选用广州雷迅公司生产的SPD系列产品中的ASPFLD1-15/100型4级，熔断器选用RT14或18型的4只（与保护器一对一），额定电流63A，分断电流35kA，用16mm²铜软线接在电源进线端，出线端用25mm²铜软线接地排。

技术要求：
1. 元器件的选用和安装应符合设计和标准要求。
2. 电流回路采用4.0mm²铜芯绝缘导线。
3. 电压回路采用2.5mm²铜芯绝缘导线。
4. 布线要横平竖直，线束扎紧无叠（绞）线，端头紧牢固，元件代号标识清楚粘贴牢固。
5. 如果本柜要与其他柜实现机械联锁，请选用程序锁。

注：
备用电源柜的自投延时时间应大于常用电源柜的自投延时时间。

注明：
1. 断路器的额定短路分断能力的选择，要根据本地区的电网网络阻抗或网络输出容量来计算确定，应由该工程项目的设计部门来确定。
2. 控制电源和取样电源一定要按标注的代号（位置）进行接线。
3. 本二次方案也适用于其他各种类型的抽屉式双电源单供进线柜。
4. 负荷故障跳闸时，首先将SA转至手动位置，待故障排除后，手动恢复正常供电。

17	2KT	时间继电器	JZS-213G/220V（凸出式板前接线）	1	苏州继电器厂
16	1KV、2KV	低电压继电器	DY-32/60C （凸出式板前接线）	2	苏州继电器厂
15	1KT	时间继电器	DS-33C/220V（凸出式板前接线）	1	苏州继电器厂
14	SA	控制转换开关	LW12-16D0401	1	
13	XH	接线盒	FJ6/DFY1	1	乐清海燕公司
12	QA	控制开关	C45N-32/2P-10A	1	
11	HLR、HLW、HLG	指示灯	AD16-22/41-220V	3	
10	1SB、2SB	按钮开关	LA23-11	2	
9	SV	电压转换开关	LW12-16DHY3/3	1	
8	PV	电压表	42L6-V 0～450V	1	
7	1PA～3PA	电流表	42L6-A /5A	3	
6	1FU～6FU	熔断器	JF5-2.5RD/6A	6	
5	PRJ	无功电能表	DX862-2/3×380V	1	
4	PJ	有功电能表	DT862-2/3×220/380V	1	
3	2TAu	电流互感器	BH-0.66 □/5A	1	
2	1TAu、1TAv、1TAw	电流互感器	BH-0.66 □/5A	3	
1	1QF	断路器（抽屉式）	MW□/□P-□A/220V	1	施耐德电气公司
序号	元件代号	名 称	型号规格	数量	备 注

GCK（直流操作）
一号进线柜二次原理图

QB/T.DZ081502.01Y

借（通）用件登记				
描 图				
描 校				
旧底图总号				
底图总号				
签 字				
日 期				

标记	处数	更改文件号	签字	日期
设 计		标准化		
绘 图		审 定		
审 核		批 准		
工 艺		日 期		

图样标记　　　数量　重量　比例　　1:1

共 2 张　　　第 1 张

进线+计量（有功、无功、三相四线制）、3TA、断路器（MW）、双电源自动或手动互为备用、正常时，一路电源供电，另一路电源备用。

光盘页码：3-334

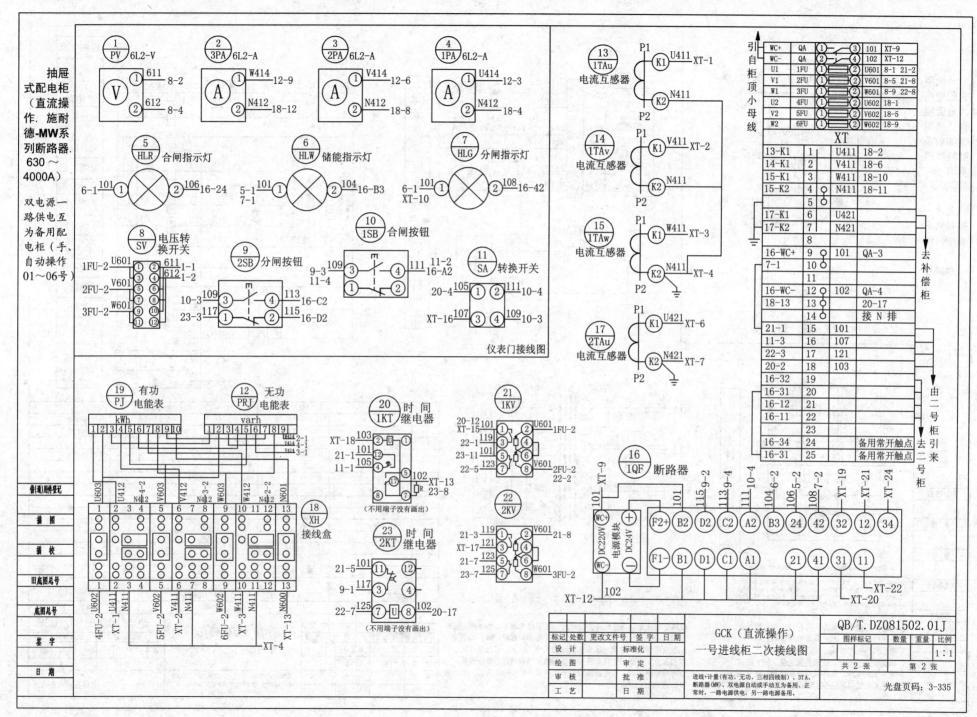

抽屉式配电柜（直流操作．施耐德-MW系列断路器．630～4000A）

双电源一路供电互为备用配电柜（手、自动操作01～06号）

仪表门接线图

XT		
13-K1	1	U411	18-2
14-K1	2	V411	18-6
15-K1	3	W411	18-10
15-K2	4	N411	18-11
	5		
17-K1	6	U421	
17-K2	7	N421	
	8		
16-WC+	9	101	QA-3
7-1	10		
	11		
16-WC-	12	102	QA-4
18-13	13		20-17
	14		接N排
21-1	15	101	
11-3	16	107	
22-3	17	121	
20-2	18	103	
16-32	19		
16-31	20		
16-12	21		
16-11	22		
	23		
16-34	24		备用常开触点
16-31	25		备用常开触点

光盘页码：3-335

377

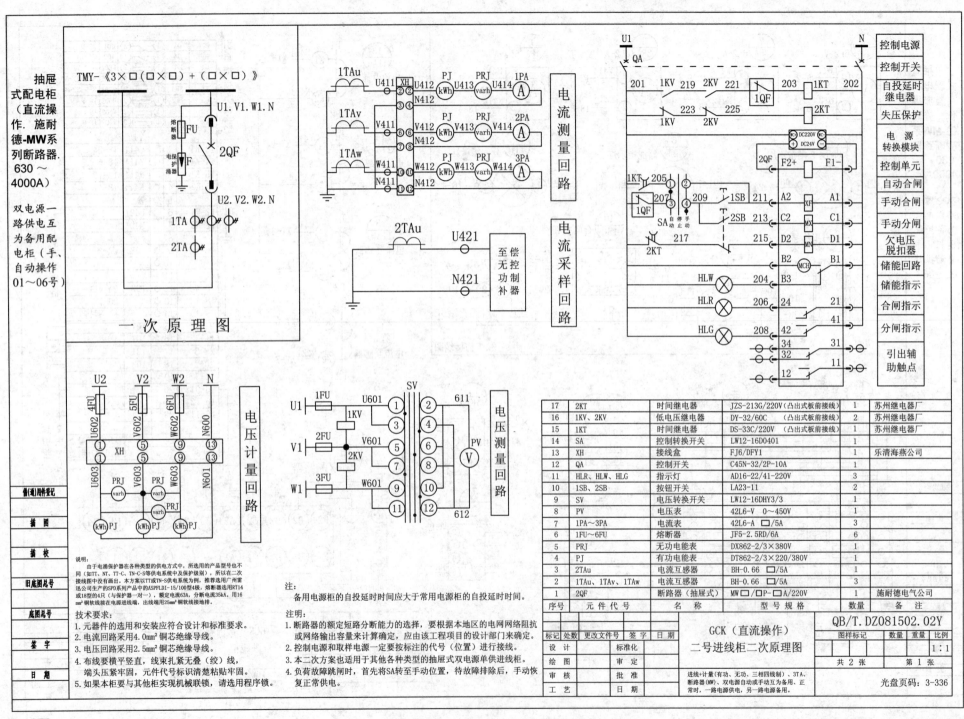

抽屉式配电柜（直流操作.施耐德-MW系列断路器. 630～4000A）

双电源一路供电互为备用配电柜（手、自动操作01～06号）

TMY-《3×□(□×□)+(□×□)》

一次原理图

说明：
由于电涌保护器在各种类型的供电方式中，所选用的产品型号也不同（如TT、NT、TT-C、TN-C-S等供电系统中及保护级别），所以在二次接线图中没有画出。本方案以TT或TN-S供电系统为例，推荐选用广州雷迅公司生产的SPD系列产品中的ASPFLDI-15/100型4极，熔断器选用RT14或18型的4只（与保护器一对一），额定电流63A，分断电流35kA，用16mm²铜软线接在电源进线端，出线端用25mm²铜软线接地排。

技术要求：
1. 元器件的选用和安装应符合设计和标准要求。
2. 电流回路采用4.0mm²铜芯绝缘导线。
3. 电压回路采用2.5mm²铜芯绝缘导线。
4. 布线要横平竖直，线束扎锁无叠（绞）线，端头压紧牢固，元件代号标识清晰粘贴牢固。
5. 如果本柜要与其他柜实现机械联锁，请选用程序锁。

电流测量回路

电流采样回路

电压计量回路

电压测量回路

注：
备用电源柜的自投延时时间应大于常用电源柜的自投延时时间。

注明：
1. 断路器的额定短路分断能力的选择，要根据本地区的电网网络阻抗或网络输出容量来计算确定，应由该工程项目的设计部门来确定。
2. 控制电源和取样电源一定要按标注的代号（位置）进行接线。
3. 本二次方案也适用于其他各种类型的抽屉式双电源单供进线柜。
4. 负荷故障跳闸时，首先将SA转至手动位置，待故障排除后，手动恢复正常供电。

控制电源
控制开关
自投延时继电器
失压保护
电源转换模块
控制单元
自动合闸
手动合闸
手动分闸
欠电压脱扣器
储能回路
储能指示
合闸指示
分闸指示
引出辅助触点

17	2KT	时间继电器	JZS-213G/220V（凸出式板前接线）	1	苏州继电器厂
16	1KV、2KV	低电压继电器	DY-32/60C（凸出式板前接线）	2	苏州继电器厂
15	1KT	时间继电器	DS-33C/220V（凸出式板前接线）	1	苏州继电器厂
14	SA	控制转换开关	LW12-16D0401	1	
13	XH	接线盒	FJ6/DFY1		乐清海燕公司
12	QA	控制开关	C45N-32/2P-10A	1	
11	HLR、HLW、HLG	指示灯	AD16-22/41-220V	3	
10	1SB、2SB	按钮开关	LA23-11	2	
9	SV	电压转换开关	LW12-16DHY3/3	1	
8	PV	电压表	42L6-V 0～450V	1	
7	1PA～3PA	电流表	42L6-A □/5A	3	
6	1FU～6FU	熔断器	JF5-2.5RD/6A	6	
5	PRJ	无功电能表	DX862-2/3×380V	1	
4	PJ	有功电能表	DT862-2/3×220/380V	1	
3	2TAu	电流互感器	BH-0.66 □/5A	1	
2	2TAu、1TAv、1TAw	电流互感器	BH-0.66 □/5A	3	
1	2QF	断路器（抽屉式）	MW□/□P-□A/220V	1	施耐德电气公司
序号	元件代号	名 称	型 号 规 格	数量	备 注

借（通）用件登记
描 图
描 校
旧底图总号
底图总号
签 字
日 期

标记	处数	更改文件号	签 字	日 期			
设 计			标准化			GCK（直流操作）	图样标记
绘 图			审 定			二号进线柜二次原理图	
审 核			批 准				
工 艺			日 期				

QB/T.DZ081502.02Y

图样标记　数量　重量　比例
1:1
共 2 张　　第 1 张

进线+计量（有功、无功、三相四线制）、3TA、断路器（MW）、双电源自动或手动互为备用、正常时，一路电源供电，另一路电源备用。

光盘页码：3-336

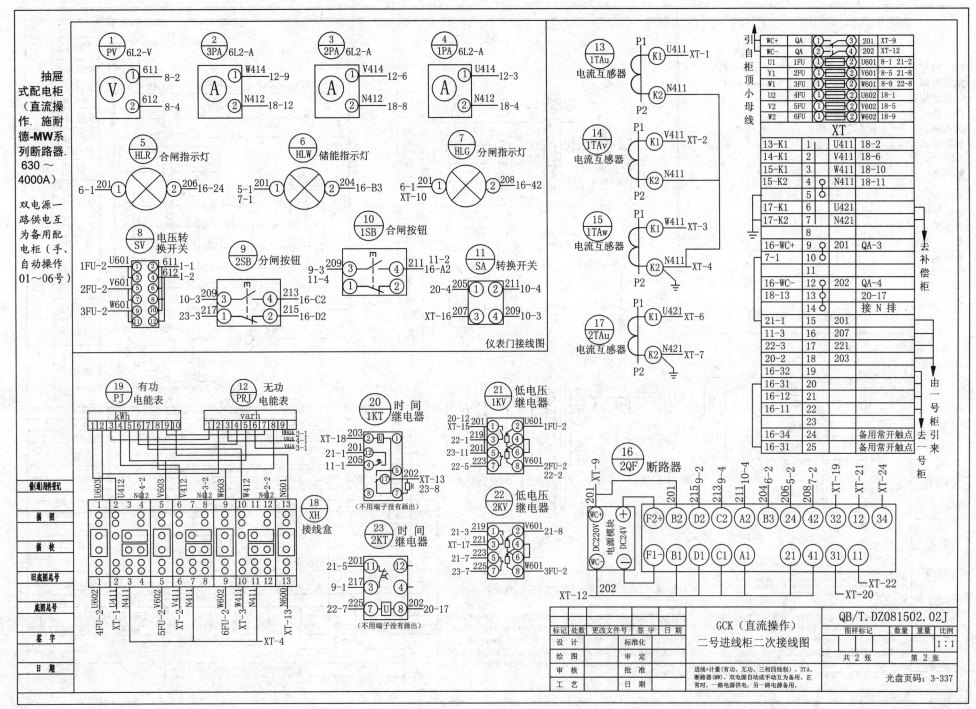

仪表门接线图

抽屉式配电柜（直流操作，施耐德-MW系列断路器．630～4000A）

双电源一路供电互为备用配电柜（手、自动操作01～06号）

GCK（直流操作）二号进线柜二次接线图

标记	处数	更改文件号	签字	日期
设 计		标准化		
绘 图		审 定		
审 核		批 准		
工 艺		日 期		

进线+计量(有功、无功、三相四线制)、3TA、断路器(MW)、双电源自动或手动互为备用、正常时，一路电源供电，另一路电源备用。

QB/T.DZ081502.02J

| 图样标记 | 数量 | 重量 | 比例 |
| | | | 1:1 |

共 2 张　第 2 张

光盘页码：3-337

379

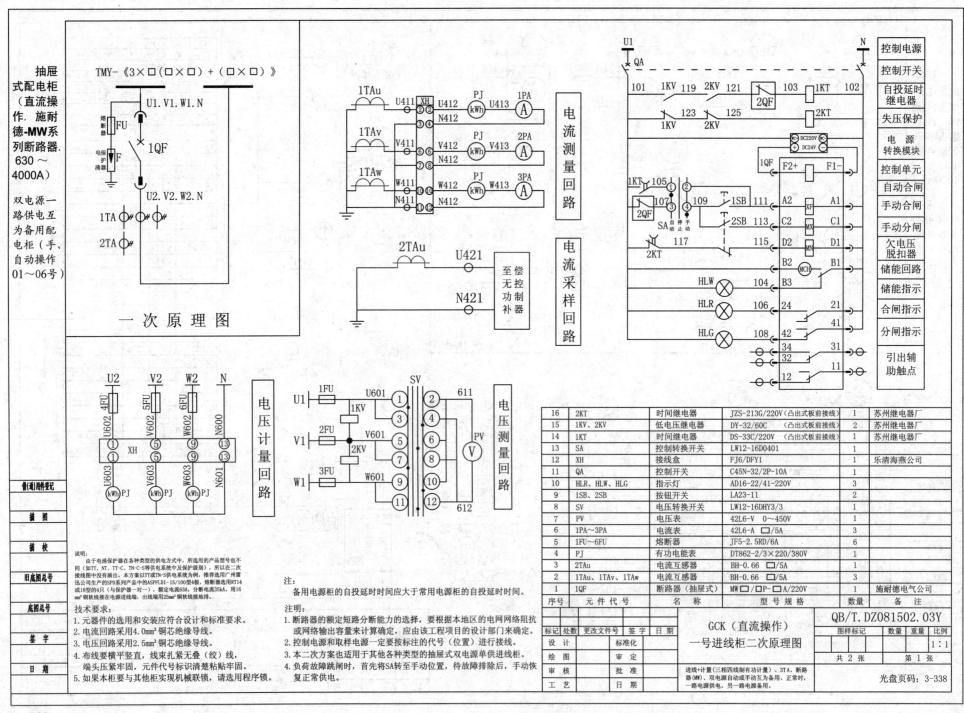

抽屉式配电柜（直流操作．施耐德-MW系列断路器．630～4000A）

双电源一路供电互为备用配电柜（手、自动操作01～06号）

TMY-《3×□（□×□）+（□×□）》

一次原理图

电流测量回路

电流采样回路

电压计量回路

电压测量回路

至无功控制补偿器

控制电源
控制开关
自投延时继电器
失压保护
电源转换模块
控制单元
自动合闸
手动合闸
手动分闸
欠电压脱扣器
储能回路
储能指示
合闸指示
分闸指示
引出辅助触点

说明：
由于电涌保护器在各种类型的供电方式中，所选用的产品型号也不同（如TT、NT、TT-C、TN-C-S等供电系统中及保护级别），所以在二次接线图中没有画出。本方案以TT或TN-S供电系统为例，推荐选用广州雷迅公司生产的SPD系列产品中的ASPFLDI-15/100型4级，熔断器选用RT14或18型的4只（与保护器一对一），额定电流63A，分断电流35kA，用16mm²铜软线接在电源进线端，出线端用25mm²铜软线接地端。

技术要求：
1. 元器件的选用和安装应符合设计和标准要求。
2. 电流回路采用4.0mm²铜芯绝缘导线。
3. 电压回路采用2.5mm²铜芯绝缘导线。
4. 布线要横平竖直，线束扎紧无叠（绞）线，端头压紧牢固，元件代号标识清楚粘贴牢固。
5. 如果本柜要与其他柜实现机械联锁，请选用程序锁。

注：
备用电源柜的自投延时时间应大于常用电源柜的自投延时时间。

注明：
1. 断路器的额定短路分断能力的选择，要根据本地区的电网网络阻抗或网络输出容量来计算确定，应由该工程项目的设计部门来确定。
2. 控制电源和取样电源一定要按标注的代号（位置）进行接线。
3. 本二次方案也适用于其他各种类型的抽屉式双电源单例进线柜。
4. 负荷故障跳闸时，首先将SA转至手动位置，待故障排除后，手动恢复正常供电。

16	2KT	时间继电器	JZS-213G/220V（凸出式板前接线）	1	苏州继电器厂
15	1KV、2KV	低电压继电器	DY-32/60C （凸出式板前接线）	2	苏州继电器厂
14	1KT	时间继电器	DS-33C/220V（凸出式板前接线）	1	苏州继电器厂
13	SA	控制转换开关	LW12-16D0401	1	
12	XH	接线盒	FJ6/DFY1	1	乐清海燕公司
11	QA	控制开关	C45N-32/2P-10A	1	
10	HLR、HLW、HLG	指示灯	AD16-22/41-220V	3	
9	1SB、2SB	按钮开关	LA23-11	1	
8	SV	电压转换开关	LW12-16DHY3/3	1	
7	PV	电压表	42L6-V 0～450V	1	
6	1PA～3PA	电流表	42L6-A □/5A	3	
5	1FU～6FU	熔断器	JF5-2.5RD/6A	6	
4	PJ	有功电能表	DT862-2/3×220/380V	1	
3	2TAu	电流互感器	BH-0.66 □/5A	1	
2	1TAu、1TAv、1TAw	电流互感器	BH-0.66 □/5A	3	
1	1QF	断路器（抽屉式）	MW □/□P-□A/220V	1	施耐德电气公司
序号	元件代号	名　称	型号规格	数量	备　注

标记	处数	更改文件号	签字	日期			
设计			标准化		**GCK（直流操作）**	图样标记	数量	重量	比例
绘图			审定		**一号进线柜二次原理图**				1:1
审核			批准			共 2 张	第 1 张
工艺			日期		进线计量（三相四线制有功计量）、3TA、断路器（MW）、双电源自动或手动互为备用、正常时，一路电源供电，另一路电源备用。	光盘页码：3-338

QB/T.DZ081502.03Y

借（通）用件登记
描　图
描　校
旧底图总号
底图总号
鉴　字
日　期

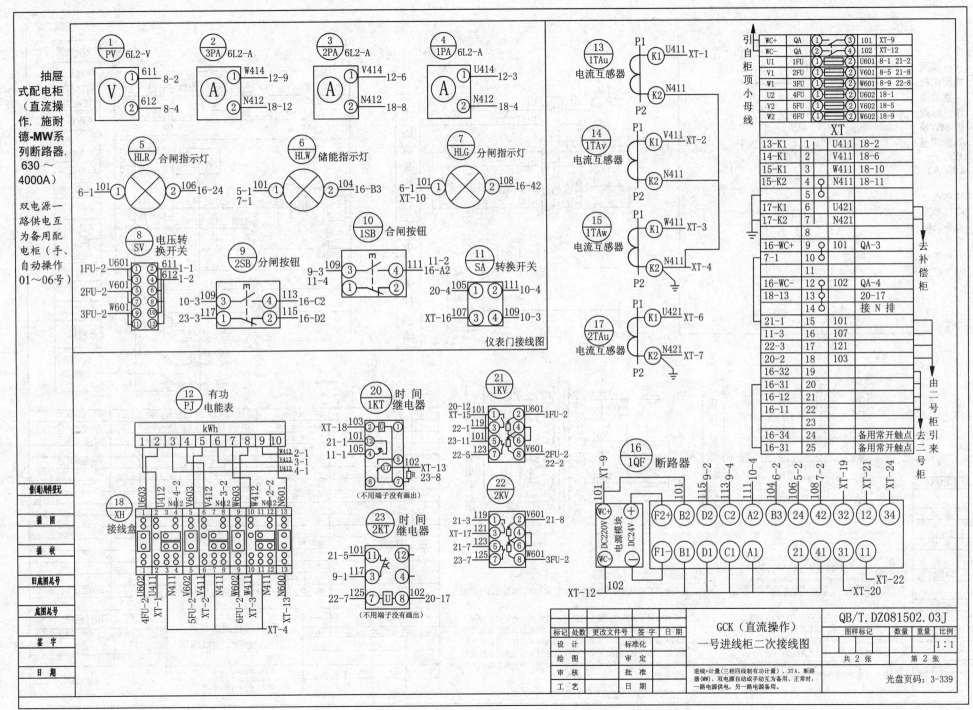

抽屉式配电柜（直流操作.施耐德-MW系列断路器.630～4000A）

双电源一路供电互为备用配电柜（手、自动操作01～06号）

仪表门接线图

GCK（直流操作）一号进线柜二次接线图

进线+计量（三相四线制有功计量）、3TA、断路器(MW)、双电源自动或手动互为备用、正常时、一路电源供电，另一路电源备用。

QB/T.DZ081502.03J

共 2 张　第 2 张

光盘页码：3-339

381

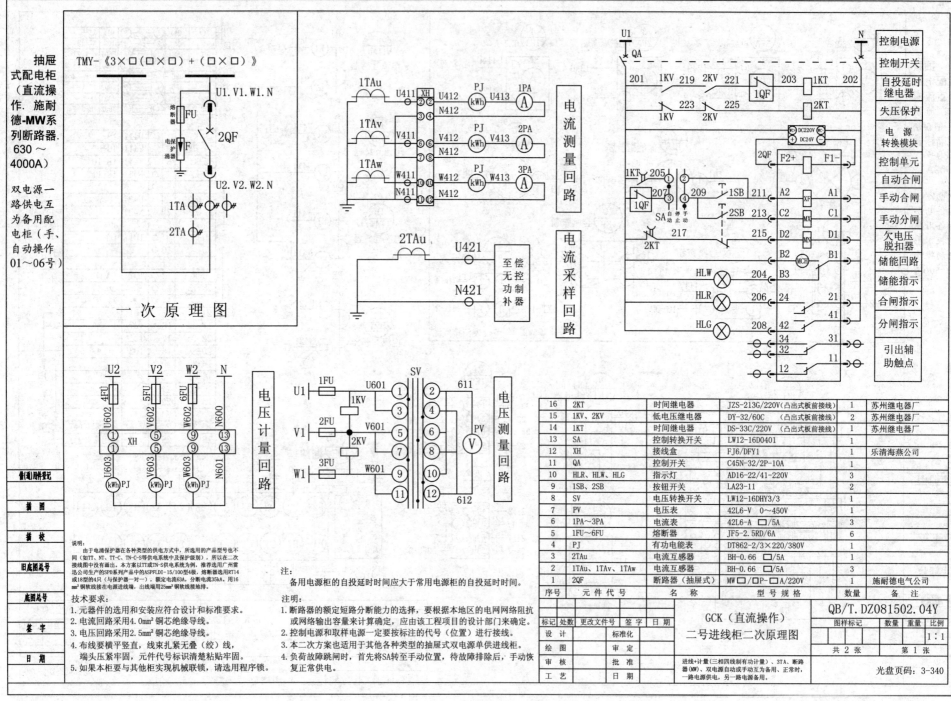

抽屉式配电柜（直流操作. 施耐德-MW系列断路器. 630～4000A）

双电源一路供电互为备用配电柜（手、自动操作01～06号）

TMY-《3×□（□×□）+（□×□）》

一次原理图

电流测量回路

电流采样回路

电压计量回路

电压测量回路

控制电源
控制开关
自投延时继电器
失压保护
电源转换模块
控制单元
自动合闸
手动合闸
手动分闸
欠电压脱扣器
储能回路
储能指示
合闸指示
分闸指示
引出辅助触点

16	2KT	时间继电器	JZS-213G/220V（凸出式板前接线）	1	苏州继电器厂
15	1KV、2KV	低电压继电器	DY-32/60C（凸出式板前接线）	2	苏州继电器厂
14	1KT	时间继电器	DS-33C/220V（凸出式板前接线）	1	苏州继电器厂
13	SA	控制转换开关	LW12-16D0401	1	
12	XH	接线盒	FJ6/DFY1	1	乐清海燕公司
11	QA	控制开关	C45N-32/2P-10A	1	
10	HLR、HLW、HLG	指示灯	AD16-22/41-220V	3	
9	1SB、2SB	按钮开关	LA23-11	2	
8	SV	电压转换开关	LW12-16DHY3/3	1	
7	PV	电压表	42L6-V 0～450V	1	
6	1PA～3PA	电流表	42L6-A □/5A	3	
5	1FU～6FU	熔断器	JF5-2.5RD/6A	6	
4	PJ	有功电能表	DT862-2/3×220/380V	1	
3	2TAu	电流互感器	BH-0.66 □/5A	1	
2	1TAu、1TAv、1TAw	电流互感器	BH-0.66 □/5A	3	
1	2QF	断路器（抽屉式）	MW□/P-□A/220V	1	施耐德电气公司
序号	元件代号	名 称	型 号 规 格	数量	备 注

说明：
由于电涌保护器在各种类型的供电方式中，所选用的产品型号也不同（如TT、NT、TT-C、TN-C-S等供电系统中及保护级别），所以在二次接线图中没有画出。本方案以TT或TN-S供电系统为例，推荐选用广州雷迅公司生产的SPD系列产品中的ASPFLDI-15/100D型4极，熔断器选用RT14或18型的4只（与保护器一对一），额定电流63A，分断电流35kA，用16 mm²铜软线接在电源进线端，出线端用25mm²铜软线接地排。

技术要求：
1. 元器件的选用和安装应符合设计和标准要求。
2. 电流回路采用4.0mm²铜芯绝缘导线。
3. 电压回路采用2.5mm²铜芯绝缘导线。
4. 布线要横平竖直，线束扎紧无叠（绞）线，端头压紧牢固，元件代号标识清楚粘贴牢固。
5. 如果本柜要与其他柜实现机械联锁，请选用程序锁。

注：
备用电源柜的自投延时时间应大于常用电源柜的自投延时时间。

注明：
1. 断路器的额定短路分断能力的选择，要根据本地区的电网网络阻抗或网络输出容量来计算确定，应由该工程项目的设计部门来确定。
2. 控制电源和取样电源一定要标注的代号（位置）进行接线。
3. 本二次方案也适用于其他各种类型的抽屉式双电源单供进线柜。
4. 负荷故障跳闸时，首先将SA转至手动位置，待故障排除后，手动恢复正常供电。

GCK（直流操作）
二号进线柜二次原理图

QB/T.DZ081502.04Y

图样标记		数量	重量	比例
				1:1

进线+计量（三相四线制有功计量）、3TA、断路器（MW）、双电源自动或手动互为备用，正常时，一路电源供电，另一路电源备用。

标记	处数	更改文件号	签字	日期
设 计		标准化		
绘 图		审 定		
审 核		批 准		
工 艺		日 期		

共 2 张　　第 1 张

光盘页码：3-340

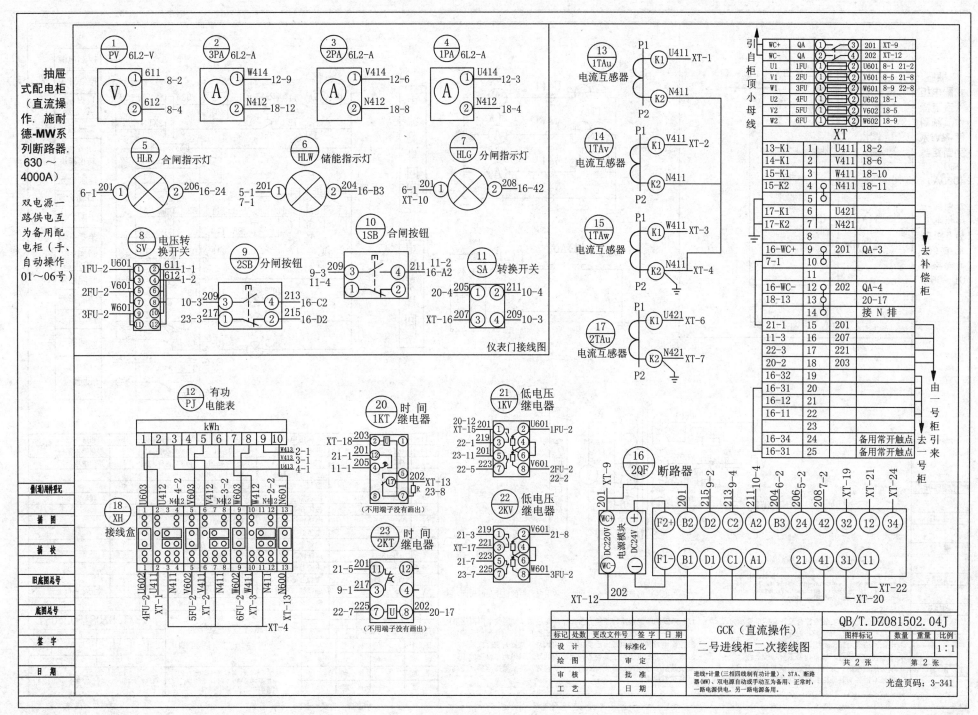

仪表门接线图

GCK（直流操作）
二号进线柜二次接线图

QB/T.DZ081502.04J

共 2 张　　第 2 张

光盘页码：3-341

383

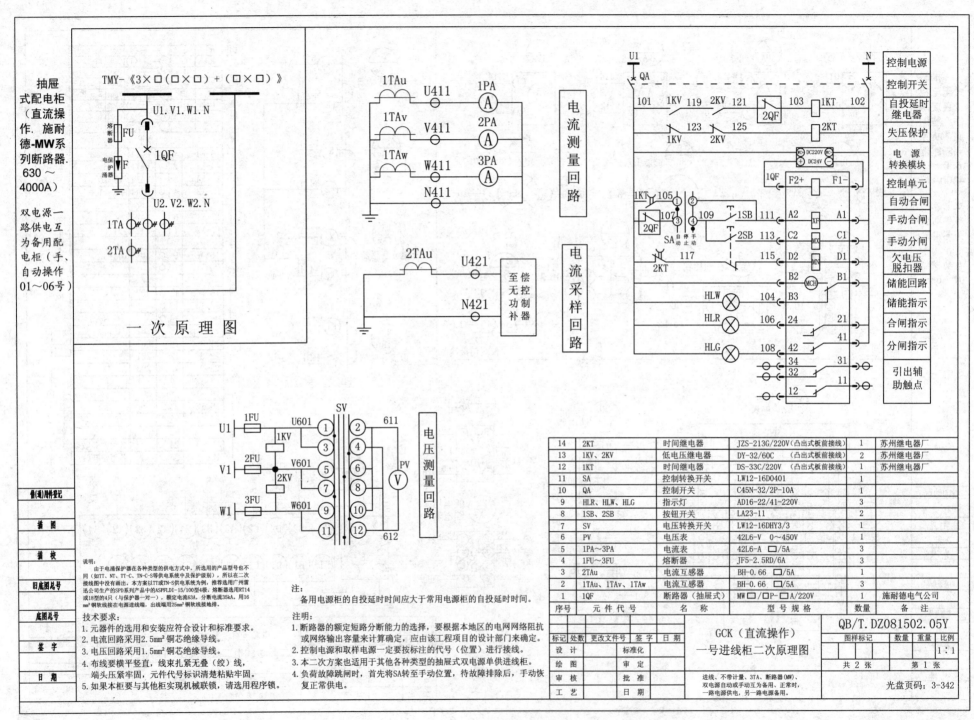

抽屉式配电柜（直流操作.施耐德-MW系列断路器.630～4000A）

双电源一路供电互为备用配电柜（手、自动操作01～06号）

TMY-《3×□(□×□)+(□×□)》

一次原理图

电流测量回路

电流采样回路

电压测量回路

控制电源
控制开关
自投延时继电器
失压保护
电源转换模块
控制单元
自动合闸
手动合闸
手动分闸
欠电压脱扣器
储能回路
储能指示
合闸指示
分闸指示
引出辅助触点

说明：
由于电涌保护器在各种类型的供电方式中，所选用的产品型号也不同（如TT、NT、TT-C、TN-C-S等供电系统中及保护级别），所以在二次接线图中没有画出。本方案以TT或TN-S供电系统为例，推荐选用广州雷迅公司生产的SPD系列产品中的ASPFLDI-15/100型4级，熔断器选用RT14或18型的4只（与保护器一对一），额定电流63A，分断电流35kA，用16mm²铜软线接在电源进线端，出线端用25mm²铜软线接地排。

技术要求：
1. 元器件的选用和安装应符合设计和标准要求。
2. 电流回路采用2.5mm²铜芯绝缘导线。
3. 电压回路采用1.5mm²铜芯绝缘导线。
4. 布线要横平竖直，线束扎紧无叠（绞）线，端头压紧牢固，元件代号标识清楚粘贴牢固。
5. 如果本柜要与其他柜实现机械联锁，请选用程序锁。

注：
备用电源柜的自投延时时间应大于常用电源柜的自投延时时间。

注明：
1. 断路器的额定短路分断能力的选择，要根据本地区的电网网络阻抗或网络输出容量来计算确定，应由该工程项目的设计部门来确定。
2. 控制电源和取样电源一定要按标注的代号（位置）进行接线。
3. 本二次方案也适用于其他各种类型的抽屉式双电源单供进线柜。
4. 负荷故障跳闸时，首先将SA转至手动位置，待故障排除后，手动恢复正常供电。

14	2KT	时间继电器	JZS-213G/220V(凸出式板前接线)	1	苏州继电器厂
13	1KV、2KV	低电压继电器	DY-32/60C(凸出式板前接线)	2	苏州继电器厂
12	1KT	时间继电器	DS-33C/220V(凸出式板前接线)	1	苏州继电器厂
11	SA	控制转换开关	LW12-16D0401	1	
10	QA	控制开关	C45N-32/2P-10A	1	
9	HLR、HLW、HLG	指示灯	AD16-22/41-220V	3	
8	1SB、2SB	按钮开关	LA23-11	2	
7	SV	电压转换开关	LW12-16DHY3/3	1	
6	PV	电压表	42L6-V 0～450V	1	
5	1PA～3PA	电流表	42L6-A □/5A	3	
4	1FU～3FU	熔断器	JF5-2.5RD/6A	3	
3	2TA	电流互感器	BH-0.66 □/5A	1	
2	1TAu、1TAv、1TAw	电流互感器	BH-0.66 □/5A	3	
1	1QF	断路器(抽屉式)	MW□/□P-□A/220V	1	施耐德电气公司
序号	元件代号	名称	型号规格	数量	备注

GCK（直流操作）
一号进线柜二次原理图

QB/T.DZ081502.05Y

标记	处数	更改文件号	签字	日期		图样标记	数量	重量	比例
设 计			标准化						1:1
绘 图			审 定			共2张		第1张	
审 核			批 准			进线、不带计量、3TA、断路器(MW)、双电源自动或手动互为备用，正常时，一路电源供电，另一路电源备用。			
工 艺			日 期					光盘页码：3-342	

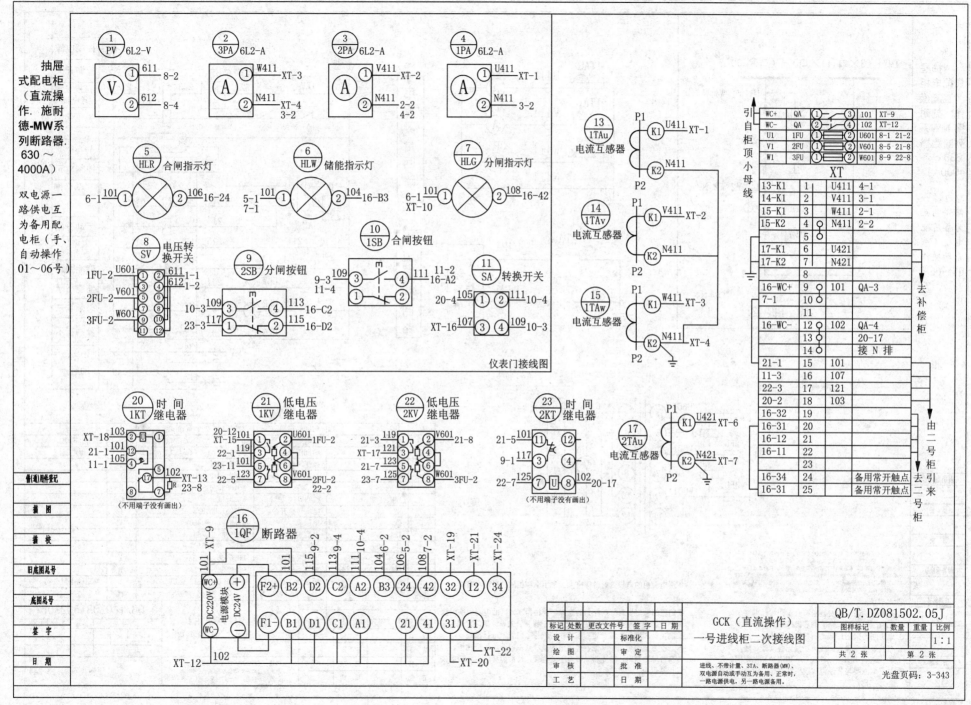

抽屉式配电柜（直流操作，施耐德-MW系列断路器，630~4000A）

双电源一路供电互为备用配电柜（手、自动操作01~06号）

仪表门接线图

GCK（直流操作）一号进线柜二次接线图

QB/T.DZ081502.05J

标记	处数	更改文件号	签字	日期					图样标记	数量	重量	比例
设 计			标准化									1:1
绘 图			审 定									
审 核			批 准		进线、不带计量、3TA、断路器（MW）、双电源自动或手动互为备用，正常时，一路电源供电，另一路电源备用。				共 2 张		第 2 张	
工 艺			日 期						光盘页码：3-343			

385

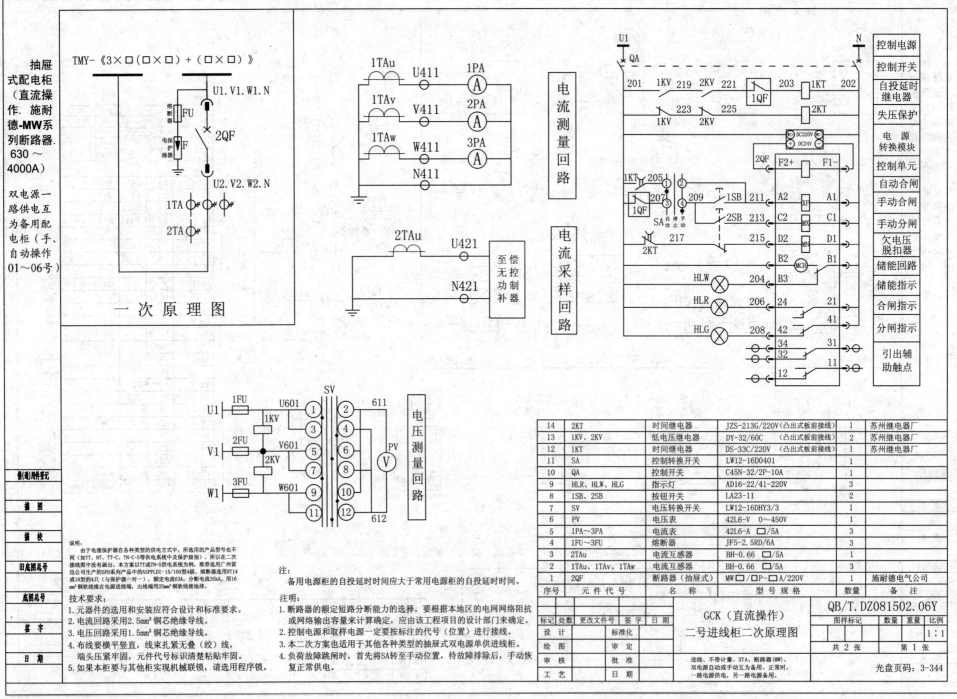

一次原理图

电流测量回路

电流采样回路

电压测量回路

抽屉式配电柜（直流操作. 施耐德-MW系列断路器. 630～4000A）

双电源一路供电互为备用配电柜（手、自动操作01～06号）

TMY-《3×□（□×□）+（□×□）》

说明：
由于电涌保护器在各种类型的供电方式中，所选用的产品型号也不同（如TT、NT、TT-C、TN-C-S等供电系统中及保护级别），所以本二次接线图中没有画出。本方案以TT或TN-S供电系统为例，推荐选用广州雷迅公司生产的SPD系列产品中的ASPFLDI-15/100型4极，熔断器选用RT14或18型的4只（与保护器配套一对一），额定电流63A，分断电流35kA。用16mm²铜软线接在电源进线端，出线端用25mm²铜软线接地排连。

技术要求：
1. 元器件的选用和安装应符合设计和标准要求。
2. 电流回路采用2.5mm²铜芯绝缘导线。
3. 电压回路采用1.5mm²铜芯绝缘导线。
4. 布线要横平竖直，线束扎紧无叠（绞）线，端头压紧牢固，元件代号标识清楚粘贴牢固。
5. 如果本柜要与其他柜实现机械联锁，请选用程序锁。

注：
备用电源柜的自投延时时间应大于常用电源柜的自投延时时间。

注明：
1. 断路器的额定短路分断能力的选择，要根据本地区的电网网络阻抗或网络输出容量来计算确定，应由该工程项目的设计部门来确定。
2. 控制电源和取样电源一定要按标注的代号（位置）进行接线。
3. 本二次方案也适用于其他各种类型的抽屉式双电源单供进线柜。
4. 负荷故障跳闸时，首先将SA转至手动位置，待故障排除后，手动恢复正常供电。

序号	元件代号	名 称	型 号 规 格	数量	备 注
14	2KT	时间继电器	JZS-213G/220V（凸出式板前接线）	1	苏州继电器厂
13	1KV、2KV	低电压继电器	DY-32/60C（凸出式板前接线）	2	苏州继电器厂
12	1KT	时间继电器	DS-33C/220V（凸出式板前接线）	1	苏州继电器厂
11	SA	控制转换开关	LW12-16D0401	1	
10	QA	控制开关	C45N-32/2P-10A	1	
9	HLR、HLW、HLG	指示灯	AD16-22/41-220V	3	
8	1SB、2SB	按钮开关	LA23-11	2	
7	SV	电压转换开关	LW12-16DHY3/3	1	
6	PV	电压表	42L6-V 0～450V	1	
5	1PA～3PA	电流表	42L6-A □/5A	3	
4	1FU～3FU	熔断器	JF5-2.5RD/6A	3	
3	2TAu	电流互感器	BH-0.66 □/5A	1	
2	1TAu、1TAv、1TAw	电流互感器	BH-0.66 □/5A	3	
1	2QF	断路器（抽屉式）	MW□/□P-□A/220V	1	施耐德电气公司

控制电源
控制开关
自投延时继电器
失压保护
电源转换模块
控制单元
自动合闸
手动合闸
手动分闸
欠电压脱扣器
储能回路
储能指示
合闸指示
分闸指示
引出辅助触点

QB/T.DZ081502.06Y

GCK（直流操作）二号进线柜二次原理图

标记	处数	更改文件号	签字	日期
设 计		标准化		
绘 图		审 定		
审 核		批 准		
工 艺		日 期		

图样标记 　 数量 重量 比例 1:1

共 2 张 　 第 1 张

进线、不带计量、3TA、断路器（MW）、双电源自动或手动互为备用、正常时，一路电源供电，另一路电源备用。

光盘页码：3-344

栏（通）用件登记
描　图
描　校
旧底图总号
底图总号
签　字
日　期

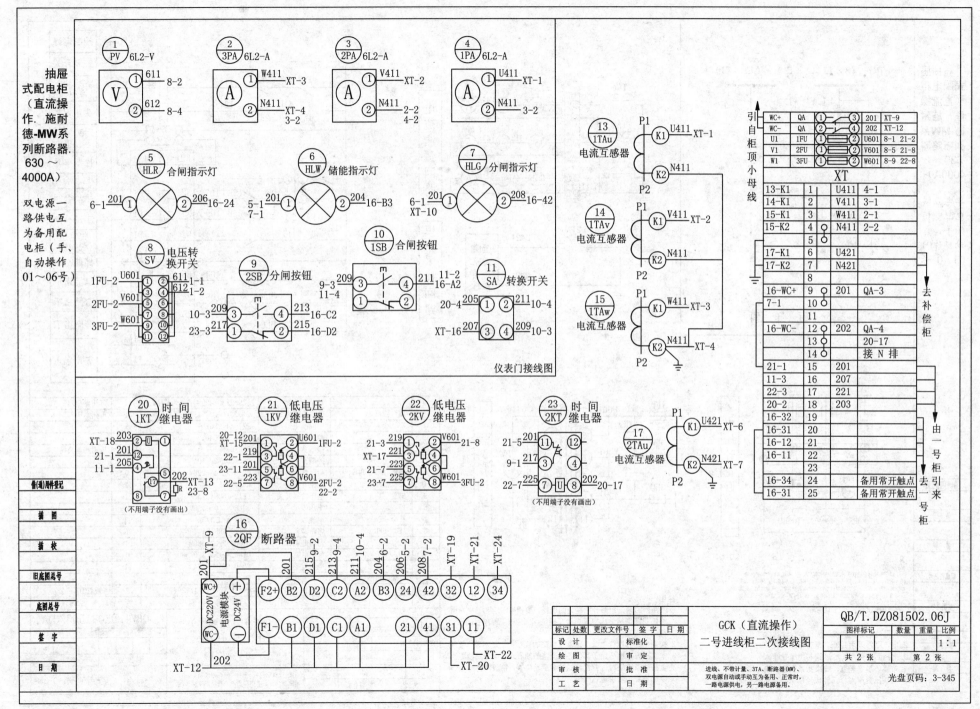

仪表门接线图

GCK（直流操作）
二号进线柜二次接线图

QB/T.DZ081502.06J

共 2 张　　第 2 张

光盘页码：3-345

387

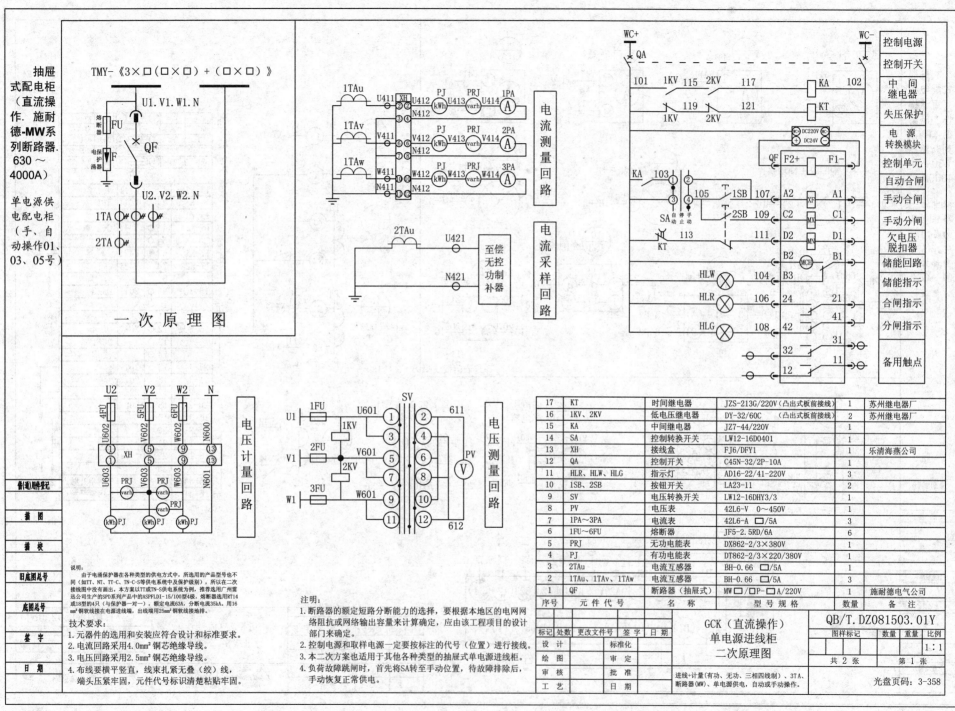

抽屉式配电柜（直流操作．施耐德-MW系列断路器．630～4000A）

单电源供电配电柜（手、自动操作01、03、05号）

TMY-《3×□(□×□)+(□×□)》

U1.V1.W1.N

熔断器 FU
电涌保护 F
QF
U2.V2.W2.N
1TA
2TA

一次原理图

WC+ ○ QA   WC-

控制电源
控制开关
中间继电器
失压保护
电源转换模块
控制单元
自动合闸
手动合闸
手动分闸
欠电压脱扣器
储能回路
储能指示
合闸指示
分闸指示
备用触点

电流测量回路
电流采样回路
至偿无控功率补器
电压计量回路
电压测量回路

说明：
由于电涌保护器在各种类型的供电方式中，所选用的产品型号也不同（如TT、NT、TT-C、TN-C-S等供电系统中及保护级别），所以在二次接线图中会有画出。本方案以TT或TN-S供电系统为例，推荐选用广州雷迅公司生产的SPD系列产品中的ASPFLDI-15/100型4极，熔断器选用RT14或18型的4只（与保护器一对一），额定电流63A，分断电流35kA，用16㎜²铜软线接在配电柜进线端，出线端用25㎜²铜软线接地排。

技术要求：
1. 元器件的选用和安装应符合设计和标准要求。
2. 电流回路采用4.0㎜²铜芯绝缘导线。
3. 电压回路采用2.5㎜²铜芯绝缘导线。
4. 布线要横平竖直，线束扎紧无叠（绞）线，端头压紧牢固，元件代号标识清楚粘贴牢固。

注明：
1. 断路器的额定短路分断能力的选择，要根据本地区的电网网络阻抗或网络输出容量来计算确定，应由该工程项目的设计部门来确定。
2. 控制电源和取样电源一定要按标注的代号（位置）进行接线。
3. 本二次方案也适用于其他各种类型的抽屉式单电源进线柜。
4. 负荷故障跳闸时，首先将SA转至手动位置，待故障排除后，手动恢复正常供电。

17	KT	时间继电器	JZS-213G/220V（凸出式板前接线）	1	苏州继电器厂
16	1KV、2KV	低电压继电器	DY-32/60C （凸出式板前接线）	2	苏州继电器厂
15	KA	中间继电器	JZ7-44/220V	1	
14	SA	控制转换开关	LW12-16D0401	1	
13	XH	接线盒	FJ6/DFY1	1	乐清海燕公司
12	QA	控制开关	C45N-32/2P-10A	1	
11	HLR、HLW、HLG	指示灯	AD16-22/41-220V	3	
10	1SB、2SB	按钮开关	LA23-11	2	
9	SV	电压转换开关	LW12-16DHY3/3	1	
8	PV	电压表	42L6-V 0～450V	1	
7	1PA～3PA	电流表	42L6-A □/5A	3	
6	1FU～6FU	熔断器	JF5-2.5RD/6A	6	
5	PRJ	无功电能表	DX862-2/3×380V	1	
4	PJ	有功电能表	DT862-2/3×220/380V	1	
3	2TAu	电流互感器	BH-0.66 □/5A	1	
2	1TAu、1TAv、1TAw	电流互感器	BH-0.66 □/5A	3	
1	QF	断路器（抽屉式）	MW□/□P-□A/220V	1	施耐德电气公司
序号	元件代号	名 称	型 号 规 格	数量	备 注

QB/T.DZ081503.01Y

GCK（直流操作）
单电源进线柜
二次原理图

进线+计量（有功、无功、三相四线制）、3TA、断路器（MW）、单电源供电，自动或手动操作。

共 2 张   第 1 张
比例 1:1
光盘页码：3-358

管(通)胖登记		
描 图		
描 校		
旧底图总号		
底图总号		
签 字		
日 期		

标记	处数	更改文件号	签字	日期
设 计		标准化		
绘 图		审 定		
审 核		批 准		
工 艺		日 期		

图样标记 数量 重量

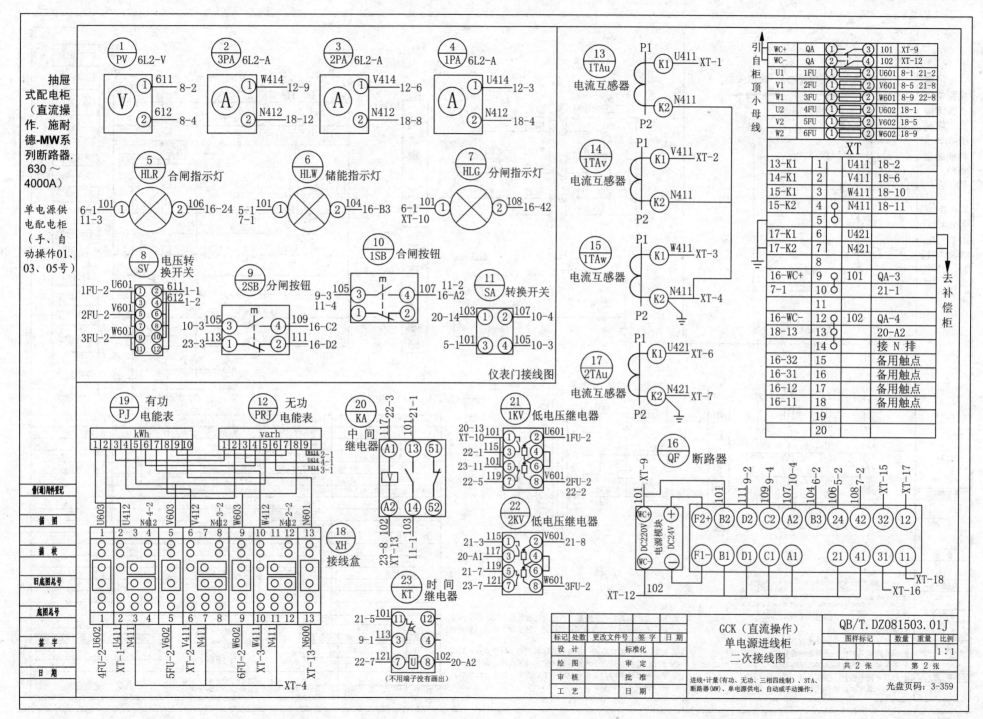

仪表门接线图

GCK（直流操作）
单电源进线柜
二次接线图

QB/T.DZ081503.01J

进线+计量(有功、无功、三相四线制)、3TA、
断路器(MW)、单电源供电,自动或手动操作。

光盘页码：3-359

389

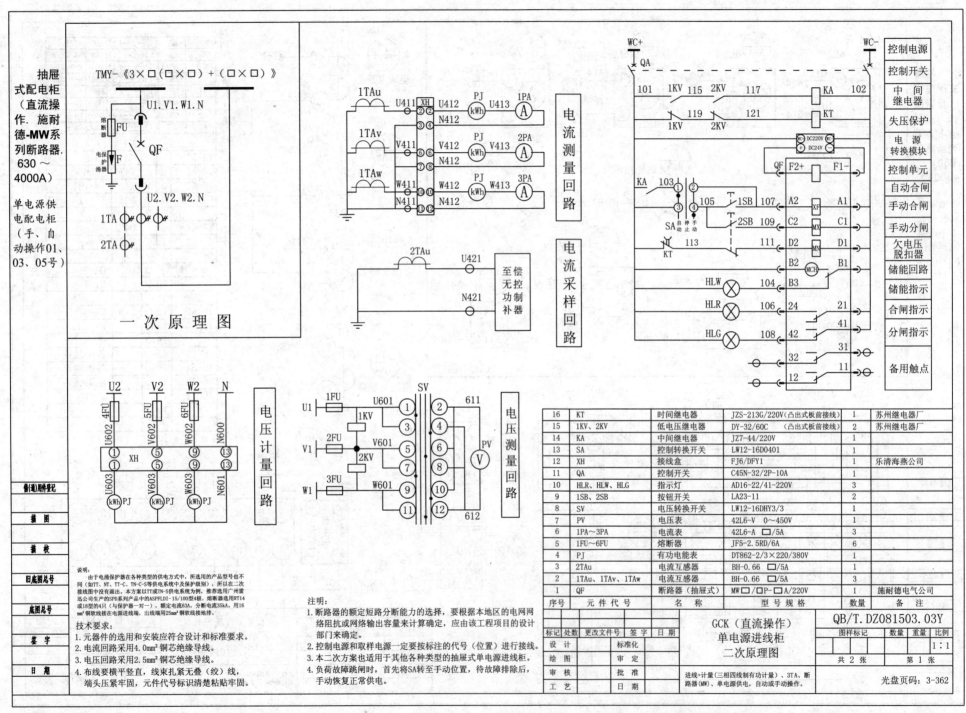

抽屉式配电柜（直流操作，施耐德-MW系列断路器，630～4000A）

单电源供电配电柜（手、自动操作01、03、05号）

一 次 原 理 图

电流测量回路

电流采样回路

电压计量回路

电压测量回路

控制电源
控制开关
中间继电器
失压保护
电源转换模块
控制单元
自动合闸
手动合闸
手动分闸
欠电压脱扣器
储能回路
储能指示
合闸指示
分闸指示

备用触点

TMY-《3×□(□×□)+(□×□)》

16	KT	时间继电器	JZS-213G/220V(凸出式板前接线)	1	苏州继电器厂
15	1KV、2KV	低电压继电器	DY-32/60C (凸出式板前接线)	2	苏州继电器厂
14	KA	中间继电器	JZ7-44/220V	1	
13	SA	控制转换开关	LW12-16D0401	1	
12	XH	接线盒	FJ6/DFY1	1	乐清海燕公司
11	QA	控制开关	C45N-32/2P-10A	1	
10	HLR、HLW、HLG	指示灯	AD16-22/41-220V	3	
9	1SB、2SB	按钮开关	LA23-11	2	
8	SV	电压转换开关	LW12-16DHY3/3	1	
7	PV	电压表	42L6-V 0～450V	1	
6	1PA～3PA	电流表	42L6-A □/5A	3	
5	1FU～6FU	熔断器	JF5-2.5RD/6A	6	
4	PJ	有功电能表	DT862-2/3×220/380V	1	
3	2TAu	电流互感器	BH-0.66 □/5A	1	
2	1TAu、1TAv、1TAw	电流互感器	BH-0.66 □/5A	3	
1	QF	断路器(抽屉式)	MW□/P-□A/220V	1	施耐德电气公司
序号	元件代号	名　称	型号规格	数量	备　注

说明：由于电涌保护器在各种类型的供电方式中，所选用的产品型号也不同（如TT、NT、TT-C、TN-C-S等供电系统中及保护级别），所以在二次接线图中没有画出。本方案以TT或TN-S供电系统为例，推荐选用广州雷迅公司生产的SPD系列产品中的ASPFLDI-15/100型4极，熔断器选用RT14或18型的4只（与保护器一对一），额定电流63A，分断电流35kA，用16mm²铜软线接在电源进线端，出线端用25mm²铜软线接地排。

技术要求：
1. 元器件的选用和安装应符合设计和标准要求。
2. 电流回路采用4.0mm²铜芯绝缘导线。
3. 电压回路采用2.5mm²铜芯绝缘导线。
4. 布线要横平竖直，线束扎紧无叠（绞）线，端头压紧牢固，元件代号标识清楚粘贴牢固。

注明：
1. 断路器的额定短路分断能力的选用，要根据本地区的电网网络阻抗或网络输出容量来计算确定，应由该工程项目的设计部门来确定。
2. 控制电源和取样电源一定要按标注的代号（位置）进行接线。
3. 本二次方案也适用于其他各种类型的抽屉式单电源进线柜。
4. 负荷故障跳闸时，首先将SA转至手动位置，待故障排除后，手动恢复正常供电。

怡(闹)用件记						
描　图						
描　校						
旧底图总号						
底图总号						
签　字						
日　期						

标记	处数	更改文件号	签字	日期		
设　计		标准化			GCK（直流操作）单电源进线柜二次原理图	QB/T.DZ081503.03Y
绘　图		审　定				图样标记　数量　重量　比例　1:1
审　核		批　准				共 2 张　第 1 张
工　艺		日　期			进线+计量（三相四线制有功计量）、3TA、断路器(MW)、单电源供电，自动或手动操作。	光盘页码：3-362

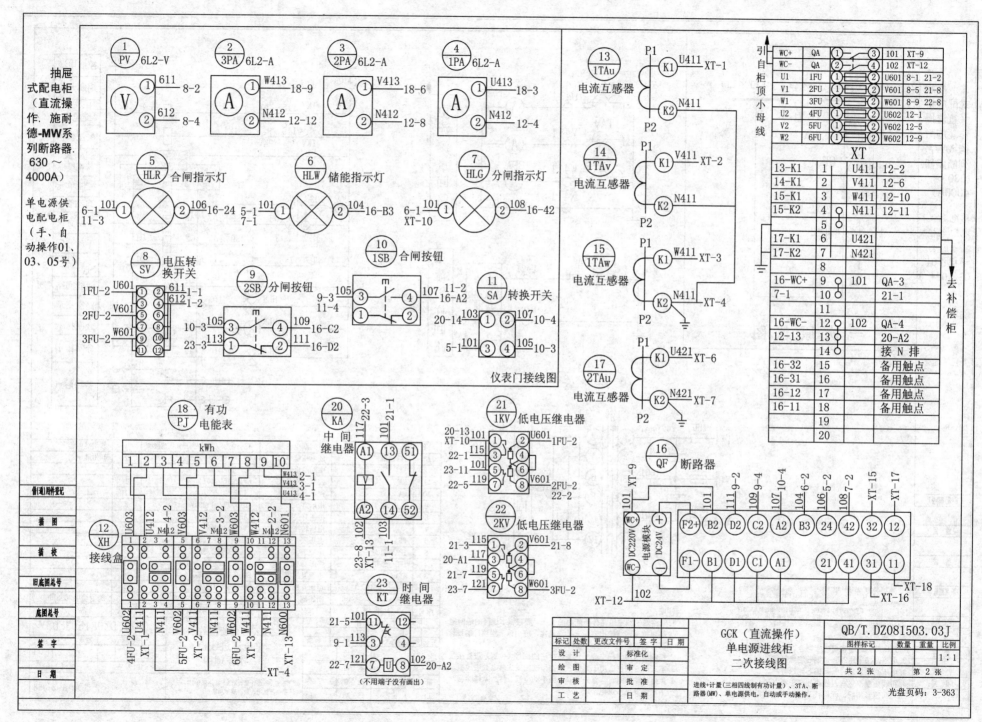

抽屉式配电柜（直流操作．施耐德-MW系列断路器．630～4000A）

单电源供电配电柜（手、自动操作01、03、05号）

仪表门接线图

XT

WC+	QA	① ③	101	XT-9
WC-	QA	② ④	102	XT-12
U1	1FU	① ②	U601	8-1 21-2
V1	2FU	① ②	V601	8-5 21-8
W1	3FU	① ②	W601	8-9 22-8
U2	4FU	① ②	U602	12-1
V2	5FU	① ②	V602	12-5
W2	6FU	① ②	W602	12-9

13-K1	1		U411	12-2
14-K1	2		V411	12-6
15-K1	3		W411	12-10
15-K2	4		N411	12-11
	5			
17-K1	6		U421	
17-K2	7		N421	
	8			
16-WC+	9		101	QA-3
7-1	10			21-1
	11			
16-WC-	12		102	QA-4
12-13	13			20-A2
	14		接 N 排	
16-32	15		备用触点	
16-31	16		备用触点	
16-12	17		备用触点	
16-11	18		备用触点	
	19			
	20			

引自柜顶小母线

去补偿柜

（不用端子没有画出）

			GCK（直流操作）单电源进线柜二次接线图	QB/T.DZ081503.03J
标记	处数	更改文件号	签字	日期		图样标记	数量	重量	比例
设 计			标准化						1:1
绘 图			审 定						
审 核			批 准			共 2 张		第 2 张	
工 艺			日 期						

进线+计量(三相四线制有功计量)、3TA、断路器(MW)、单电源供电，自动或手动操作。

光盘页码：3-363

391

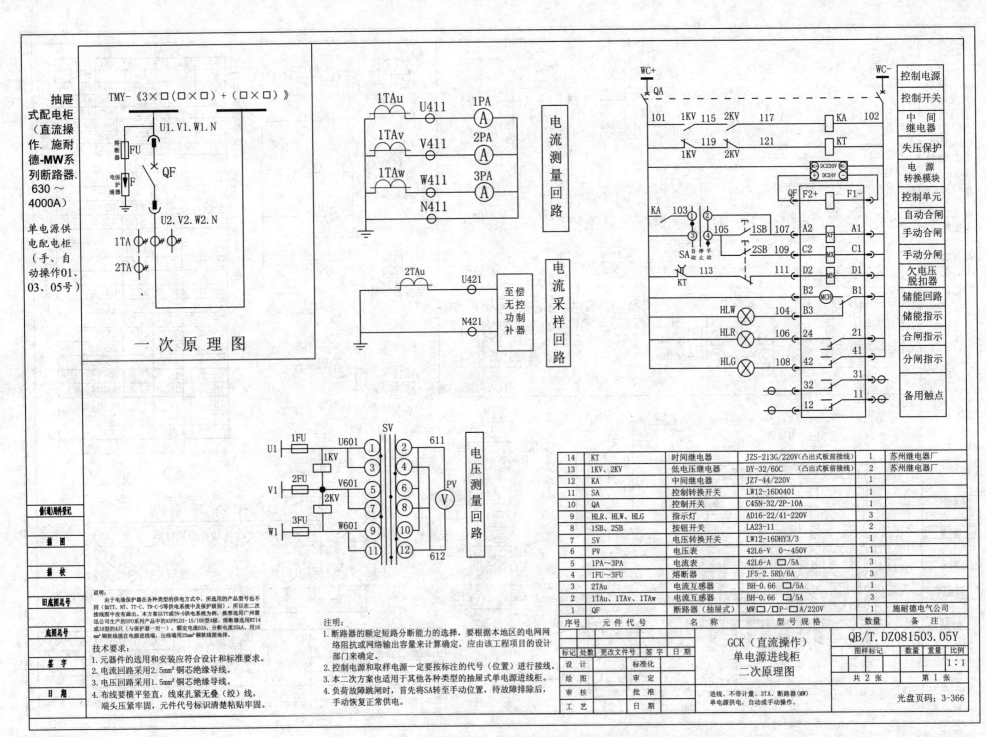

抽屉式配电柜（直流操作.施耐德-MW系列断路器.630～4000A）

单电源供电配电柜（手、自动操作01、03、05号）

TMY-《3×□(□×□)+(□×□)》

U1.V1.W1.N

熔断器 FU
电涌保护器 F
QF

U2.V2.W2.N

1TA
2TA

一次原理图

1TAu U411 1PA Ⓐ
1TAv V411 2PA Ⓐ
1TAw W411 3PA Ⓐ
N411

电流测量回路

2TAu U421 至偿无控功制补器
N421

电流采样回路

SV
U1 1FU U601 ① ② 611
1KV
V1 2FU V601 ③ ④
2KV ⑤ ⑥ PV Ⓥ
⑦ ⑧
W1 3FU W601 ⑨ ⑩
⑪ ⑫ 612

电压测量回路

WC+ QA WC-
101 1KV 115 2KV 117 KA 102
119 121 KT
1KV 2KV

WC DC220V WC
DC24V
QF F2+ F1-
KA 103 ① ②
SA ③ ④ 105 ⌶1SB 107 XF A2 A1
自停手 ⌶2SB 109 MX C2 C1
111 MN D2 D1
KT 113
MCH B2 B1
HLW 104 B3
HLR 106 24 21
HLG 108 42 41
31
32
12 11

控制电源
控制开关
中间继电器
失压保护
电源转换模块
控制单元
自动合闸
手动合闸
手动分闸
欠电压脱扣器
储能回路
储能指示
合闸指示
分闸指示
备用触点

说明：
由于电涌保护器在各种类型的供电方式中，所选用的产品型号也不同（如TT、NT、TT-C、TN-C-S等供电系统中及保护级别），所以在二次接线图中没有画出。本方案以TT或TN-S供电系统为例，推荐选用广州雷迅公司生产的SPD系列产品中的ASPFLD1-15/100型4极，熔断器选用RT14或18型的4只（与保护器一对一），额定电流63A，分断电流35kA，用16mm²铜软线接在电源进线端，出线端用25mm²铜软线接地排。

技术要求：
1. 元器件的选用和安装应符合设计和标准要求。
2. 电流回路采用2.5mm²铜芯绝缘导线。
3. 电压回路采用1.5mm²铜芯绝缘导线。
4. 布线要横平竖直，线束扎紧无叠（绞）线，端头压紧牢固，元件代号标识清楚粘贴牢固。

注明：
1. 断路器的额定短路分断能力的选择，要根据本地区的电网网络阻抗或网络输出容量来计算确定，应由该工程项目的设计部门来确定。
2. 控制电源和取样电源一定要按标注的代号（位置）进行接线。
3. 本二次图也适用于其他各种类型的抽屉式单电源柜。
4. 负荷故障跳闸时，首先将SA转至手动位置，待故障排除后，手动恢复正常供电。

14	KT	时间继电器	JZS-213G/220V(凸出式板前接线)	1	苏州继电器厂
13	1KV、2KV	低电压继电器	DY-32/60C（凸出式板前接线）	2	苏州继电器厂
12	KA	中间继电器	JZ7-44/220V	1	
11	SA	控制转换开关	LW12-16D0401	1	
10	QA	控制开关	C45N-32/2P-10A	1	
9	HLR、HLW、HLG	指示灯	AD16-22/41-220V	3	
8	1SB、2SB	按钮开关	LA23-11	2	
7	SV	电压转换开关	LW12-16DHY3/3	1	
6	PV	电压表	42L6-V 0～450V	1	
5	1PA～3PA	电流表	42L6-A □/5A	3	
4	1FU～3FU	熔断器	JF5-2.5RD/6A	3	
3	2TAu	电流互感器	BH-0.66 □/5A	1	
2	1TAu、1TAv、1TAw	电流互感器	BH-0.66 □/5A	3	
1	QF	断路器（抽屉式）	MW□/□P-□A/220V		施耐德电气公司
序号	元件代号	名称	型号规格	数量	备注

备(通)附件登记				
描图				
描校				
旧底图总号				
底图总号				
签字				
日期				

标记	处数	更改文件号	签字	日期
设计		标准化		
绘图		审定		
审核		批准		
工艺		日期		

GCK（直流操作）
单电源进线柜
二次原理图

进线、不带计量、3TA、断路器(MW)
单电源供电，自动或手动操作。

QB/T.DZ081503.05Y

图样标记	数量	重量	比例
			1:1
共 2 张		第 1 张	

光盘页码：3-366

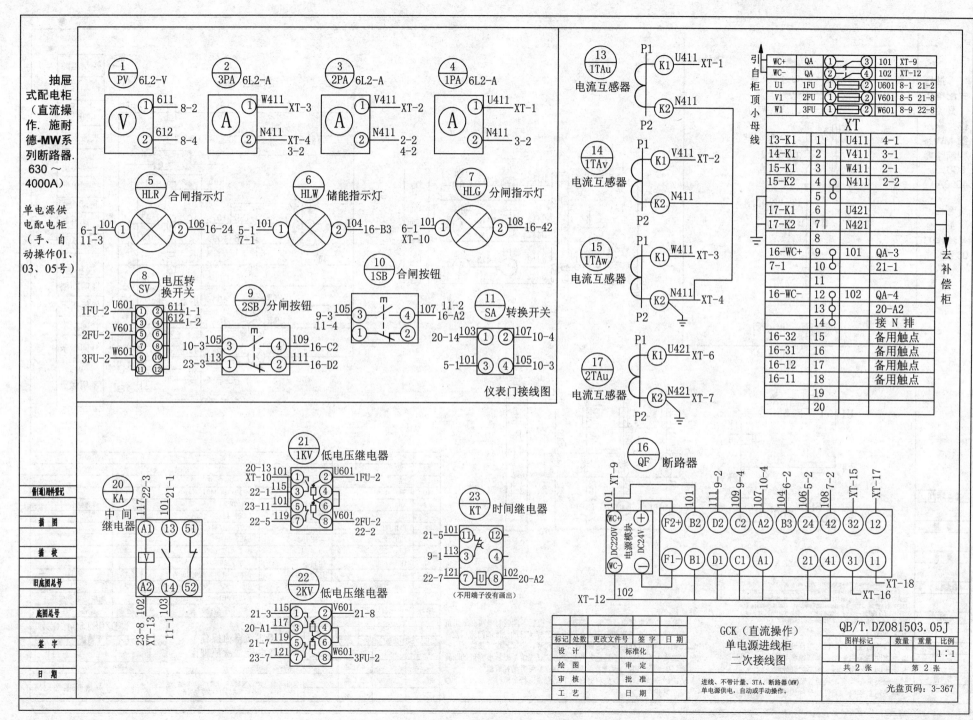

仪表门接线图

GCK（直流操作）
单电源进线柜
二次接线图

QB/T.DZ081503.05J

进线、不带计量、3TA、断路器（MW）
单电源供电，自动或手动操作。

共 2 张　　第 2 张

光盘页码：3-367

393

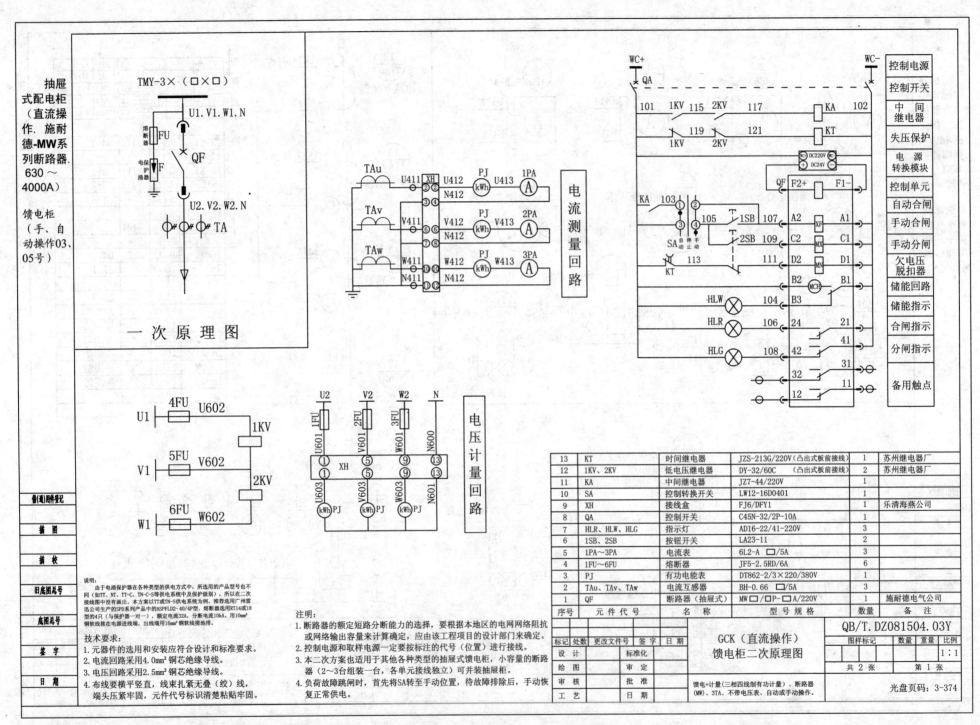

抽屉式配电柜（直流操作.施耐德-MW系列断路器.630～4000A）

馈电柜（手、自动操作03、05号）

TMY-3×（□×□）

一次原理图

电流测量回路

电压计量回路

13	KT	时间继电器	JZS-213G/220V(凸出式板前接线)	1	苏州继电器厂
12	1KV、2KV	低电压继电器	DY-32/60C （凸出式板前接线）	2	苏州继电器厂
11	KA	中间继电器	JZ7-44/220V	1	
10	SA	控制转换开关	LW12-16D0401	1	
9	XH	接线盒	FJ6/DFY1	1	乐清海燕公司
8	QA	控制开关	C45N-32/2P-10A	1	
7	HLR、HLW、HLG	指示灯	AD16-22/41-220V	3	
6	1SB、2SB	按钮开关	LA23-11	2	
5	1PA～3PA	电流表	6L2-A □/5A	3	
4	1FU～6FU	熔断器	JF5-2.5RD/6A	6	
3	PJ	有功电能表	DT862-2/3×220/380V	1	
2	TAu、TAv、TAw	电流互感器	BH-0.66 □/5A	3	
1	QF	断路器（抽屉式）	MW□/□P-□A/220V	1	施耐德电气公司
序号	元件代号	名 称	型号规格	数量	备 注

控制电源
控制开关
中 间 继电器
失压保护
电 源 转换模块
控制单元
自动合闸
手动合闸
手动分闸
欠电压脱扣器
储能回路
储能指示
合闸指示
分闸指示

备用触点

说明：
由于电涌保护器在各种类型的供电方式中，所选用的产品型号也不同（如TT、NT、TT-C、TN-C-S等供电系统中及保护级别），所以在二次接线图中没有画出。本方案以TT或TN-S供电系统为例，推荐选用广州雷迅公司生产的SPD系列产品中的ASPFLD2-40/4P型，熔断器选用RT14或18型的4只（与保护器一对一）。额定电流32A，分断电流10kA。用10mm²铜软线接线在电源进线端，出线端用16mm²铜软线接地排。

技术要求：
1. 元器件的选用和安装应符合设计和标准要求。
2. 电流回路采用4.0mm²铜芯绝缘导线。
3. 电压回路采用2.5mm²铜芯绝缘导线。
4. 布线要横平竖直，线束扎紧无叠（绞）线，端头压紧牢固，元件代号标识清楚粘贴牢固。

注明：
1. 断路器的额定短路分断能力的选择，要根据本地区的电网网络阻抗或网络输出容量来计算确定，应由该工程项目的设计部门来确定。
2. 控制电源和取样电源一定要按标注的代号（位置）进行接线。
3. 本二次方案也适用于其他各种类型的抽屉式馈电柜，小容量的断路器（2～3台组装一台，各单元接线独立）可并装抽屉柜。
4. 负荷故障跳闸时，首先将SA转到手动位置，待故障排除后，手动恢复正常供电。

参(通)用附件登记						
描 图						
描 校						
旧底图总号						
底图总号						
签 字						
日 期						

标记	处数	更改文件号	签字	日期		
设 计			标准化			
绘 图			审 定			
审 核			批 准			
工 艺			日 期			

GCK（直流操作）
馈电柜二次原理图

QB/T.DZ081504.03Y

图样标记		数量	重量	比例
				1:1
共 2 张			第 1 张	

馈电+计量（三相四线制有功计量）、断路器（MW）、3TA、不带电压表、自动或手动操作。

光盘页码：3-374

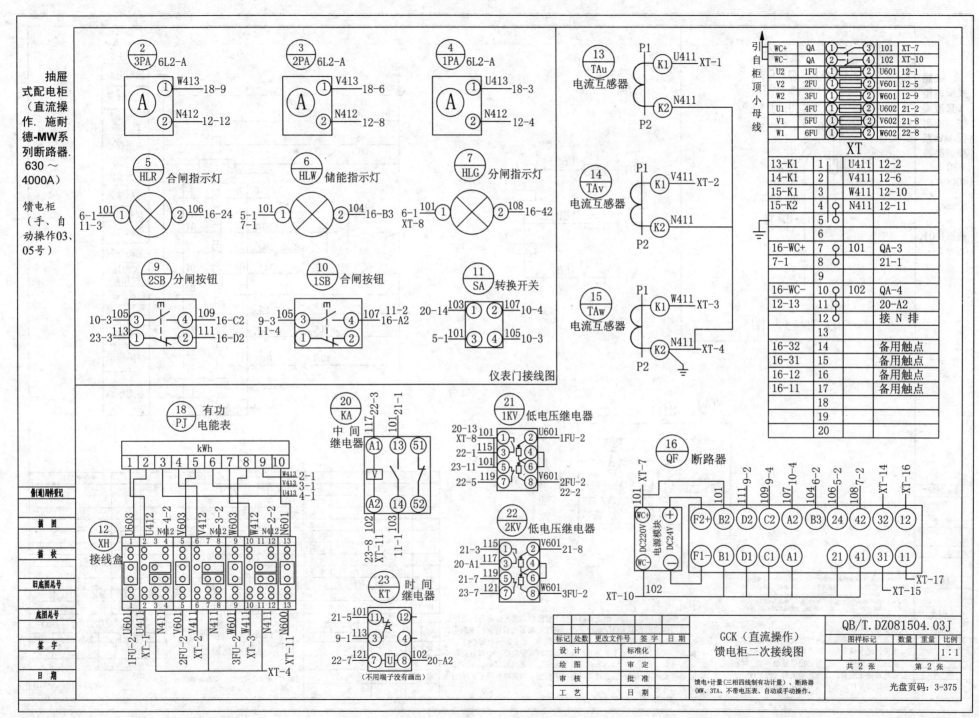

仪表门接线图

GCK（直流操作）
馈电柜二次接线图

QB/T.DZ081504.03J

馈电+计量(三相四线制有功计量)、断路器
(MW、3TA、不带电压表、自动或手动操作。

共 2 张　　第 2 张

光盘页码: 3-375

1:1

395

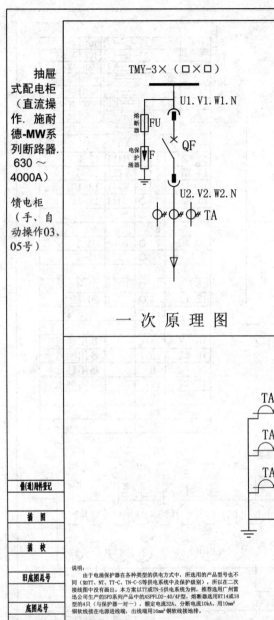

抽屉式配电柜（直流操作. 施耐德-MW系列断路器. 630～4000A）

馈电柜（手、自动操作03、05号）

TMY-3×（□×□）

熔断器 FU
电保护涌器 F
QF
U1.V1.W1.N
U2.V2.W2.N
TA

一次原理图

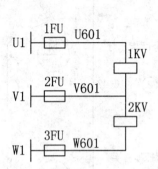

U1 1FU U601 1KV
V1 2FU V601 2KV
W1 3FU W601

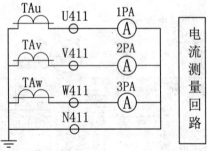

TAu U411 1PA (A)
TAv V411 2PA (A)
TAw W411 3PA (A)
N411

电流测量回路

WC+ QA WC-

101 1KV 115 2KV 117 KA 102
119 1KV 2KV 121 KT
DC220V DC24V
QF F2+ F1-
KA 103 105 1SB 107 A2 XF A1
SA 自停手止动 2SB 109 C2 MX C1
KT 113 111 D2 MN D1
B2 MCH B1
HLW 104 B3
HLR 106 24 21
HLG 108 42 41
32 31
12 11

控制电源
控制开关
中间继电器
失压保护
电源转换模块
控制单元
自动合闸
手动合闸
手动分闸
欠电压脱扣器
储能回路
储能指示
合闸指示
分闸指示
备用触点

说明：
由于电涌保护器在各种类型的供电方式中，所选用的产品型号也不同（如TT、NT、TT-C、TN-C-S等供电系统中及保护级别），所以在二次接线图中没有画出。本方案以以TT或TN-S供电系统为例，推荐选用广州雷迅公司生产的SPD系列产品中的ASPFLD2-40/4P型，熔断器选用RT14或18型的4只（与保护器一对一），额定电流32A，分断电流10kA。用10mm²铜软线接在电源进线端，出线端用16mm²铜软线接地排。

技术要求：
1.元器件的选用和安装应符合设计和标准要求。
2.电流回路采用2.5mm²铜芯绝缘导线。
3.电压回路采用1.5mm²铜芯绝缘导线。
4.布线要横平竖直，束线扎紧无叠（绞）线，端头压紧牢固，元件代号标识清楚粘贴牢固。

注明：
1.断路器的额定短路分断能力的选择，要根据本地区的电网网络阻抗或网络输出容量来计算确定，应由该工程项目的设计部门来确定。
2.控制电源和取样电源一定要按标注的代号（位置）进行接线。
3.本二次方案也适用于其他各种类型的抽屉式馈电柜，小容量的断路器（2～3台组装一台，各单元接线独立）可并装抽屉柜。
4.负荷故障跳闸时，首先将SA转至手动位置，待故障排除后，手动恢复正常供电。

序号	元件代号	名 称	型 号 规 格	数量	备 注
11	KT	时间继电器	JZS-213G/220V(凸出式板前接线)	1	苏州继电器厂
10	1KV、2KV	低电压继电器	DY-32/60C (凸出式板前接线)	2	苏州继电器厂
9	KA	中间继电器	JZ7-44/220V	1	
8	SA	控制转换开关	LW12-16D0401	1	
7	QA	控制开关	C45N-32/2P-10A	1	
6	HLR、HLW、HLG	指示灯	AD16-22/41-220V	3	
5	1PA～3PA	电流表	6L2-A □/5A	3	
4	1FU～3FU	熔断器	JF5-2.5RD/6A	3	
3	TAu、TAv、TAw	电流互感器	BH-0.66 □/5A	3	
2	1SB、2SB	按钮开关	LA23-11	2	
1	QF	断路器（抽屉式）	MW □/□P-□A/220V	1	施耐德电气公司

鲁(沪)用件登记
描图
描校
旧底图总号
底图总号
签字
日期

标记	处数	更改文件号	签字	日期
设计			标准化	
绘图			审定	
审核			批准	
工艺			日期	

QB/T.DZ081504.05Y

GCK（直流操作）馈电柜二次原理图

馈电、不带计量、3TA、断路器(MW)
不带电压表、自动或手动操作。

图样标记 数量 重量 比例 1:1
共2张 第1张

光盘页码：3-378

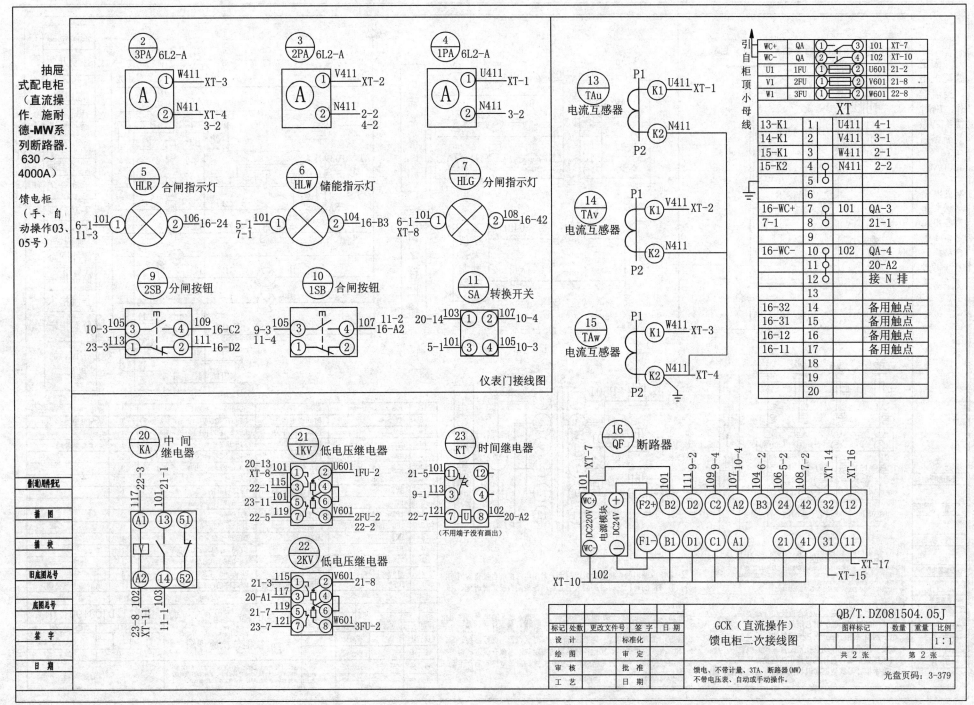

仪表门接线图

GCK（直流操作）
馈电柜二次接线图

QB/T.DZ081504.05J

标记	处数	更改文件号	签字	日期		图样标记	数量	重量	比例
设 计			标准化						1:1
绘 图			审 定						
审 核			批 准			共 2 张		第 2 张	
工 艺			日 期						

馈电、不带计量、3TA、断路器(MW)
不带电压表、自动或手动操作。

光盘页码：3-379

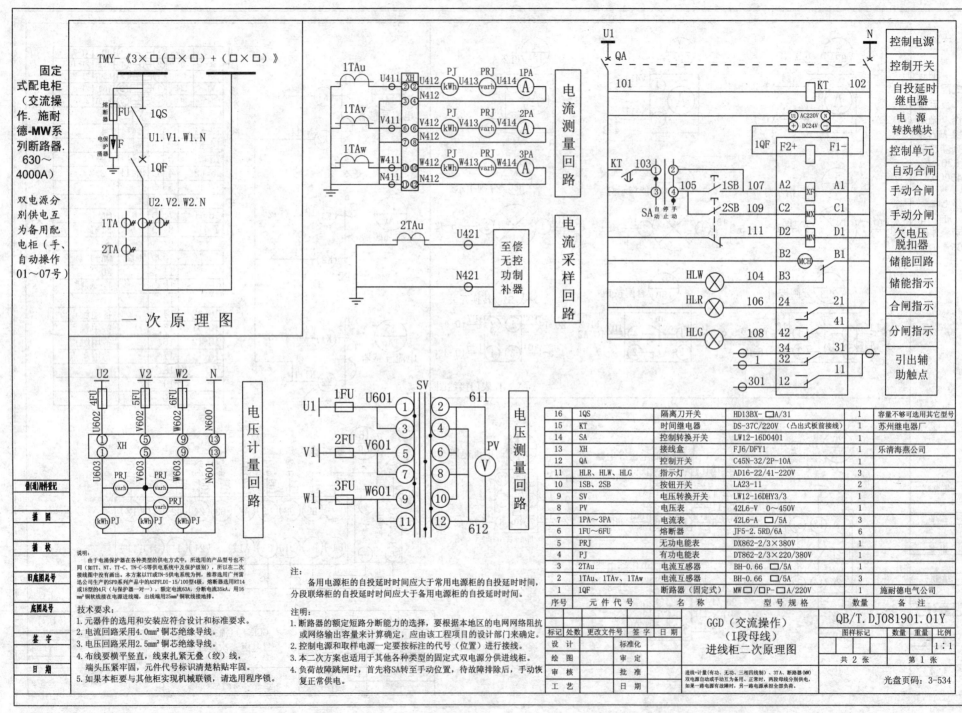

固定式配电柜（交流操作. 施耐德-MW系列断路器. 630～4000A）

双电源分别供电互为备用配电柜（手、自动操作01～07号）

TMY-《3×□(□×□)+(□×□)》

一次原理图

电流测量回路

电流采样回路

电压计量回路

电压测量回路

控制电源
控制开关
自投延时继电器
电源转换模块
控制单元
自动合闸
手动合闸
手动分闸
欠电压脱扣器
储能回路
储能指示
合闸指示
分闸指示
引出辅助触点

说明：
由于电涌保护器在各种类型的供电方式中，所选用的产品型号也不同（如TT、NT、TT-C、TN-C-S等供电系统中及保护级别），所以在二次接线图中没有画出。本方案以TT或TN-S供电系统为例，推荐选用广州雷迅公司生产的SPD系列产品中的ASPF LDI-15/100型4极，熔断器选用RT14或18型4只（与保护器一对一），额定电流63A，分断电流35kA。用16mm²铜软线接在电源进线端，出线端用25mm²铜软线接地排。

技术要求：
1.元器件的选用和安装应符合设计和标准要求。
2.电流回路采用4.0mm²铜芯绝缘导线。
3.电压回路采用2.5mm²铜芯绝缘导线。
4.布线要横平竖直，束线扎紧不叠（绞）线，端头压紧牢固，元件代号标识清楚粘贴牢固。
5.如果本柜要与其他柜实现机械联锁，请选用程序锁。

注：
备用电源柜的自投延时时间应大于常用电源柜的自投延时时间，分段联络柜的自投延时时间应大于备用电源柜的自投延时时间。

注明：
1.断路器的额定短路分断能力的选择，要根据本地区的电网网络阻抗或网络输出容量来计算确定，应由该工程项目的设计部门来确定。
2.控制电源和取样电源一定要按标注的代号（位置）进行接线。
3.本二次方案也适用于其他各种类型的固定式双电源分供进线柜。
4.负荷故障跳闸时，首先将SA转至手动位置，待故障排除后，手动恢复正常供电。

16	1QS	隔离刀开关	HD13BX-□A/31	1	容量不够可选用其它型号
15	KT	时间继电器	DS-37C/220V（凸出式板前接线）	1	苏州继电器厂
14	SA	控制转换开关	LW12-16D0401	1	
13	XH	接线盒	FJ6/DFY1	1	乐清海燕公司
12	QA	控制开关	C45N-32/2P-10A	1	
11	HLR、HLW、HLG	指示灯	AD16-22/41-220V	3	
10	1SB、2SB	按钮开关	LA23-11		
9	SV	电压转换开关	LW12-16DHY3/3	1	
8	PV	电压表	42L6-V 0～450V	1	
7	1PA～3PA	电流表	42L6-A □/5A	3	
6	1FU～6FU	熔断器	JF5-2.5RD/6A	6	
5	PRJ	无功电能表	DX862-2/3×380V	1	
4	PJ	有功电能表	DT862-2/3×220/380V	1	
3	2TAu	电流互感器	BH-0.66 □/5A	1	
2	1TAu、1TAv、1TAw	电流互感器	BH-0.66 □/5A	3	
1	1QF	断路器（固定式）	MW□/□P-□A/220V	1	施耐德电气公司
序号	元件代号	名　称	型号规格	数量	备　注

				GGD（交流操作）	QB/T.DJ081901.01Y
标记	处数	更改文件号	签字	日期	（I段母线）进线柜二次原理图
设　计		标准化			图样标记　数量　重量　比例 1:1
绘　图		审　定			共2张　第1张
审　核		批　准			
工　艺		日　期			

进线+计量（有功、无功、三相四线制）、3TA、断路器（MW）双电源自动或或互为备用、正常时，两段母线分别供电，如果一路电源有故障时，另一路电源承担全部负荷。

光盘页码：3-534

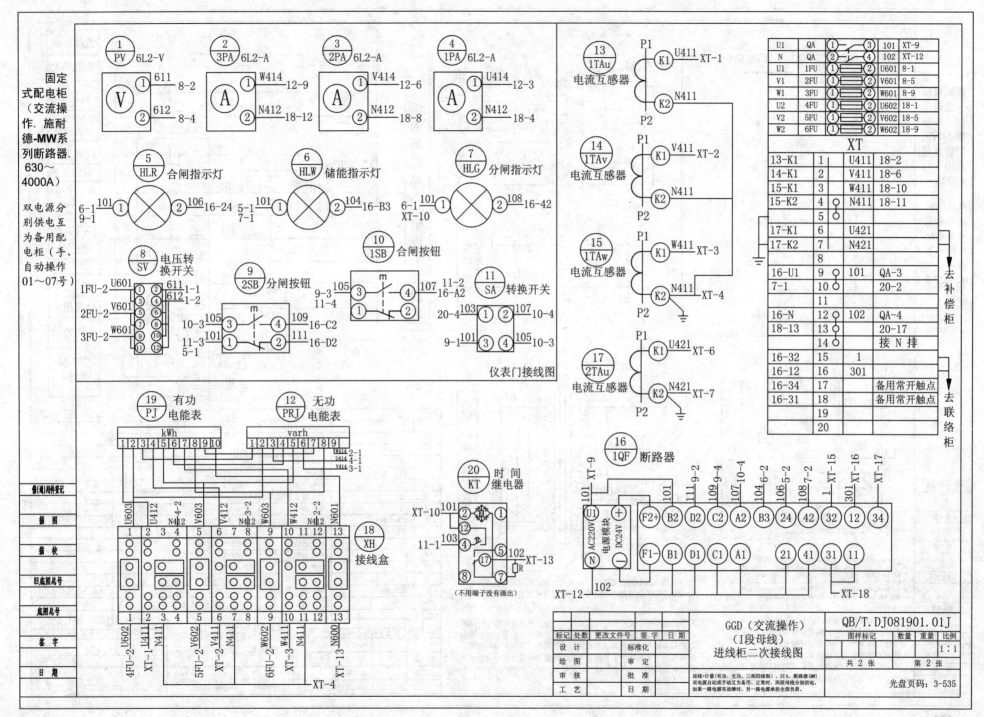

固定式配电柜（交流操作. 施耐德-MW系列断路器. 630～4000A）

双电源分别供电互为备用配电柜（手、自动操作01～07号）

仪表门接线图

GGD（交流操作）（I段母线）进线柜二次接线图

QB/T.DJ081901.01J

进线+计量（有功、无功、三相四线制）、3TA、断路器（MW）双电源自动或手动互为备用、正常时，两段母线分别供电，如果一路电源有故障时，另一路电源承担全部负荷。

图样标记	数量	重量	比例
			1:1

共 2 张　　第 2 张

光盘页码：3-535

399

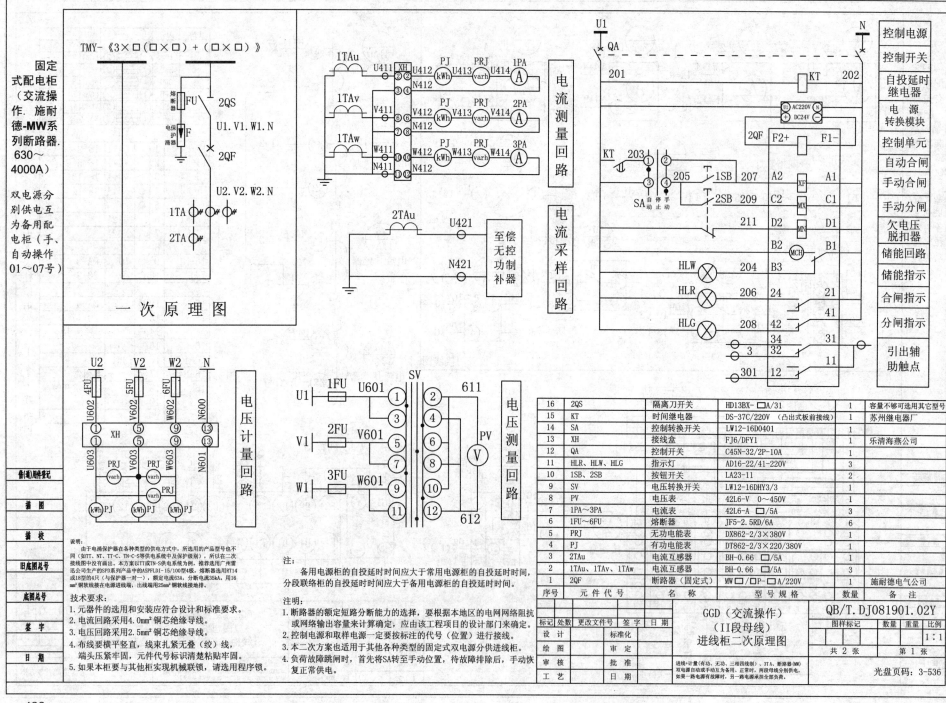

固定式配电柜（交流操作，施耐德-MW系列断路器，630～4000A）

双电源分别供电互为备用配电柜（手、自动操作01～07号）

TMY-《3×□(□×□)+(□×□)》

一次原理图

电流测量回路

电流采样回路

至偿无控功制补器

电压计量回路

电压测量回路

控制电源
控制开关
自投延时继电器
电源转换模块
控制单元
自动合闸
手动合闸
手动分闸
欠电压脱扣器
储能回路
储能指示
合闸指示
分闸指示
引出辅助触点

说明：
由于电涌保护器在各种类型的供电方式中，所选用的产品型号也不同（如TT、NT、TT-C、TN-C-S等供电系统中及保护级别，所以在二次接线图中没有画出。本方案以TT或TN-S供电系统为例，推荐选用广州雷迅公司生产的SPD系列产品中的ASPFLDI-15/100型4极，熔断器用RT14或18型的4只（与保护器一对一），额定电流63A，分断电流35kA，用16mm²铜软线接在电源进线端，出线端用25mm²铜软线接地排。

技术要求：
1. 元器件的选用和安装应符合设计和标准要求。
2. 电流回路采用4.0mm²铜芯绝缘导线。
3. 电压回路采用2.5mm²铜芯绝缘导线。
4. 布线要横平竖直，线束扎紧无叠（绞）线，端头压紧牢固，元件代号标识清楚粘贴牢固。
5. 如果本柜要与其他柜实现机械联锁，请选用程序锁。

注：
备用电源柜的自投延时时间应大于常用电源柜的自投延时时间，分段联络柜的自投延时时间应大于备用电源柜的自投延时时间。

注明：
1. 断路器的额定短路分断能力的选择，要根据本地区的电网网络阻抗或网络输出容量来计算确定，应由该工程项目的设计部门来确定。
2. 控制电源和取样电源一定要按标注的代号（位置）进行接线。
3. 本二次方案也适用于其他各种类型的固定式双电源分供进线柜。
4. 负荷故障跳闸时，首先将SA转至手动位置，待故障排除后，手动恢复正常供电。

16	2QS	隔离刀开关	HD13BX-□A/31	1	容量不够可选用其它型号
15	KT	时间继电器	DS-37C/220V（凸出式板前接线）	1	苏州继电器厂
14	SA	控制转换开关	LW12-16D0401	1	
13	XH	接线盒	FJ6/DFY1	1	乐清海燕公司
12	QA	控制开关	C45N-32/2P-10A	1	
11	HLR、HLW、HLG	指示灯	AD16-22/41-220V	3	
10	1SB、2SB	按钮开关	LA23-11	2	
9	SV	电压转换开关	LW12-16DHY3/3	1	
8	PV	电压表	42L6-V 0～450V	1	
7	1PA～3PA	电流表	42L6-A □/5A	3	
6	1FU～6FU	熔断器	JF5-2.5RD/6A	6	
5	PRJ	无功电能表	DX862-2/3×380V	1	
4	PJ	有功电能表	DT862-2/3×220/380V	1	
3	2TAu	电流互感器	BH-0.66 □/5A	1	
2	1TAu、1TAv、1TAw	电流互感器	BH-0.66 □/5A	3	
1	2QF	断路器（固定式）	MW □/P-□A/220V	1	施耐德电气公司
序号	元件代号	名 称	型 号 规 格	数量	备 注

GGD（交流操作）
（II段母线）
进线柜二次原理图

QB/T.DJ081901.02Y

进线计量（有功、无功、三相四线制）、3TA、断路器(MW)双电源自动或手动互为备用、正常时，两段母线分别供电，如果一路电源有故障时，另一路电源承担全部负荷。

图样标记：1:1
共 2 张　第 1 张
光盘页码：3-536

400

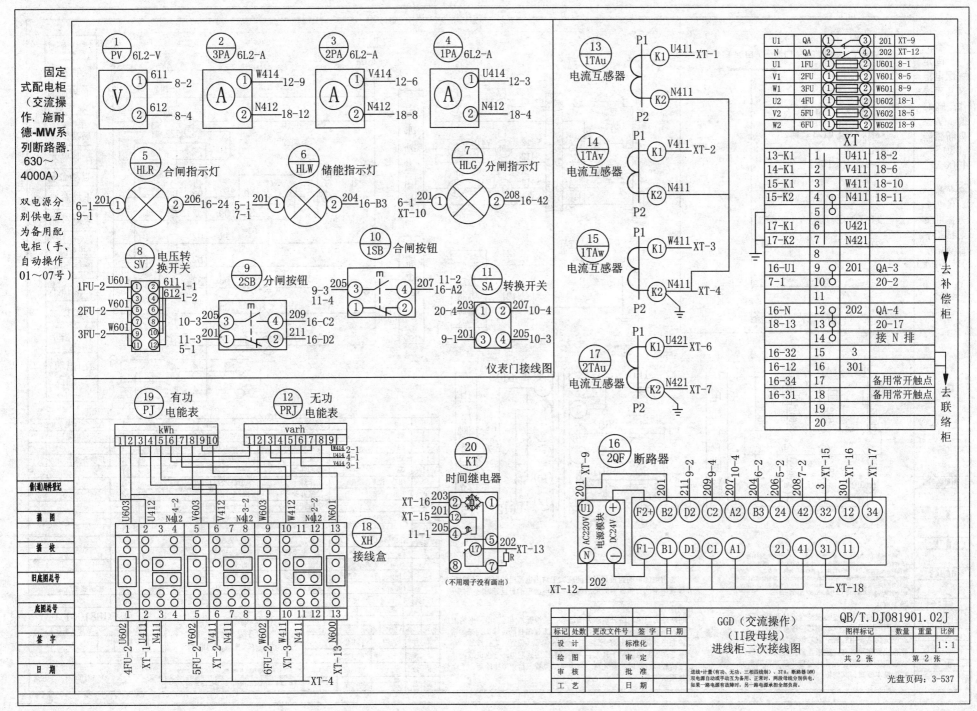

固定式配电柜（交流操作. 施耐德-MW系列断路器. 630～4000A）

双电源分别供电互为备用配电柜（手、自动操作01～07号）

仪表门接线图

GGD（交流操作）（Ⅱ段母线）进线柜二次接线图

QB/T.DJ081901.02J

共2张　第2张

光盘页码：3-537

进线计量（有功、无功、三相四线制）、3TA、断路器（MW）双电源自动或手动互为备用、正常时，两段母线分别供电，如果一路电源有故障时，另一路电源承担全部负荷。

标记	处数	更改文件号	签字	日期			图样标记	数量	重量	比例
设计			标准化							1:1
绘图			审定							
审核			批准							
工艺			日期							

备(通)用件登记
描图
描校
旧底图总号
底图总号
签字
日期

401

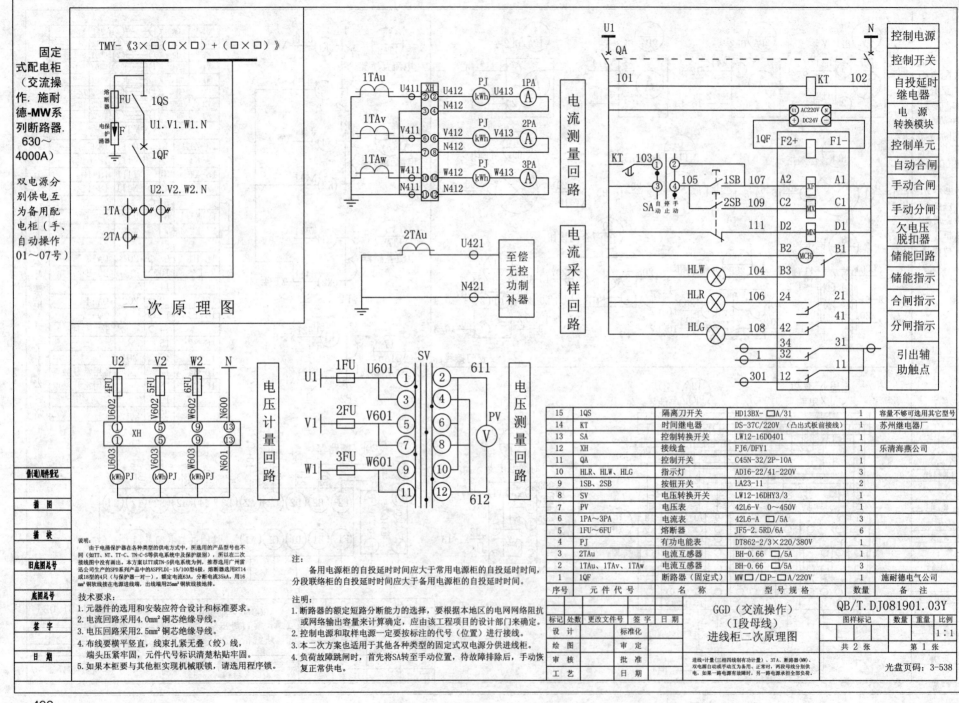

固定式配电柜（交流操作.施耐德-MW系列断路器.630～4000A）

双电源分别供电互为备用配电柜（手、自动操作01～07号）

TMY-《3×□(□×□)+(□×□)》

一次原理图

电流测量回路
电流采样回路
电压计量回路
电压测量回路

控制电源
控制开关
自投延时继电器
电源转换模块
控制单元
自动合闸
手动合闸
手动分闸
欠电压脱扣器
储能回路
储能指示
合闸指示
分闸指示
引出辅助触点

序号	元件代号	名 称	型 号 规 格	数量	备 注
15	1QS	隔离刀开关	HD13BX-□A/31	1	容量不够可选用其它型号
14	KT	时间继电器	DS-37C/220V（凸出式板前接线）		苏州继电器厂
13	SA	控制转换开关	LW12-16D0401	1	
12	XH	接线盒	FJ6/DFY1		乐清海燕公司
11	QA	控制开关	C45N-32/2P-10A	1	
10	HLR、HLW、HLG	指示灯	AD16-22/41-220V	3	
9	1SB、2SB	按钮开关	LA23-11	2	
8	SV	电压转换开关	LW12-16DHY3/3	1	
7	PV	电压表	42L6-V 0～450V	1	
6	1PA～3PA	电流表	42L6-A □/5A	3	
5	1FU～6FU	熔断器	JF5-2.5RD/6A	6	
4	PJ	有功电能表	DT862-2/3×220/380V	1	
3	2TAu	电流互感器	BH-0.66 □/5A	1	
2	1TAu、1TAv、1TAw	电流互感器	BH-0.66 □/5A	3	
1	1QF	断路器（固定式）	MW/□P-□A/220V		施耐德电气公司

GGD（交流操作）（I段母线）进线柜二次原理图

QB/T.DJ081901.03Y

共 2 张　　第 1 张

光盘页码：3-538

说明：
由于电涌保护器在各种类型的供电方式中，所选用的产品型号也不同（如TT、NT、TT-C、TN-C-S等供电系统中及保护级别），所以在二次接线图中没有画出来。本方案以TT或TN-S供电系统为例，推荐选用广州雷迅公司生产的SPD系列产品中的ASPFLDI-15/100型4级，熔断器选用RT14或18型的4只（与保护器一对一），额定电流63A，分断电流35kA，用16mm²铜线接在电源进线端，出线端25mm²铜软线接地排。

技术要求：
1. 元器件的选用和安装应符合设计和标准要求。
2. 电流回路采用4.0mm²铜芯绝缘导线。
3. 电压回路采用2.5mm²铜芯绝缘导线。
4. 布线要横平竖直，线束扎紧无叠（绞）线，端头压紧牢固，元件代号标识清楚粘贴牢固。
5. 如果本柜要与其他柜实现机械联锁，请选用程序锁。

注：
备用电源柜的自投延时时间应大于常用电源柜的自投延时时间，分段联络柜的自投延时时间应大于备用电源柜的自投延时时间。

注明：
1. 断路器的额定短路分断能力的选择，要根据本地区的电网网络阻抗或网络输出容量来计算确定，应由该工程项目的设计部门来确定。
2. 控制电源和取样电源一定要按标注的代号（位置）进行接线。
3. 本二次方案也适用于其他各种类型的固定式双电源分供进线柜。
4. 负荷故障跳闸时，首先将SA转至手动位置，待故障排除后，手动恢复正常供电。

进线+计量（三相四线制有功计量）、3TA、断路器（MW）、双电源自动投切互为备用、正常时，两段母线分别供电，如果一路电源有故障时，另一路电源承担全部负荷。

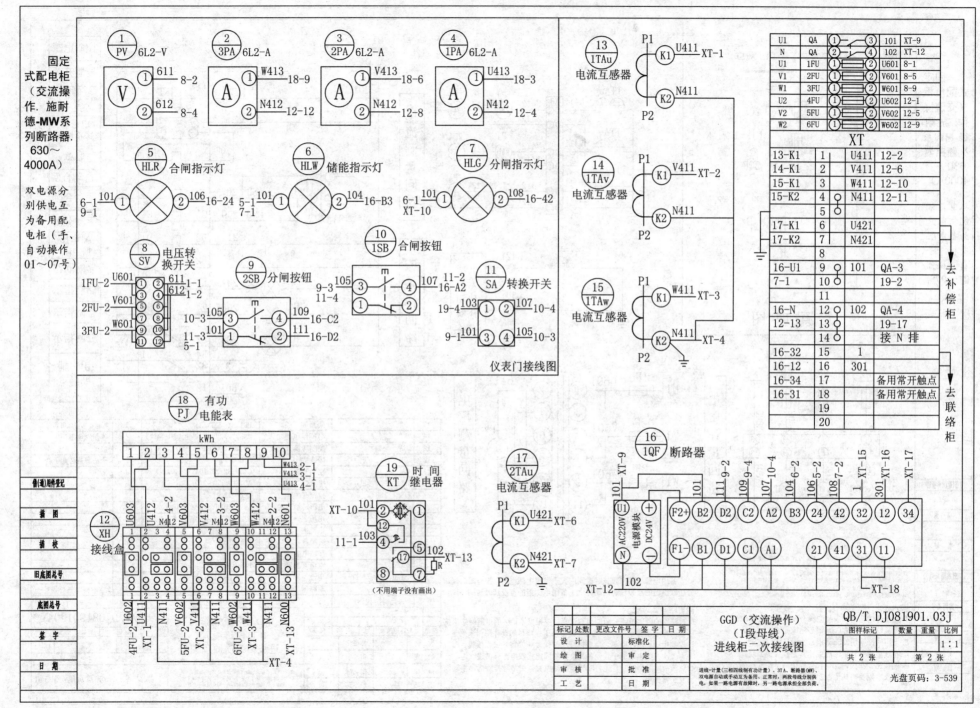

固定式配电柜（交流操作．施耐德-MW系列断路器．630～4000A）

双电源分别供电互为备用配电柜（手、自动操作01～07号）

仪表门接线图

进线柜二次接线图

U1	QA		101 XT-9
N	QA		102 XT-12
U1	1FU		U601 8-1
V1	2FU		V601 8-5
W1	3FU		W601 8-9
U2	4FU		U602 12-1
V2	5FU		V602 12-5
W2	6FU		W602 12-9

XT

13-K1	1	U411	12-2
14-K1	2	V411	12-6
15-K1	3	W411	12-10
15-K2	4	N411	12-11
	5		
17-K1	6	U421	
17-K2	7	N421	
	8		
16-U1	9	101	QA-3
7-1	10		19-2
	11		
16-N	12	102	QA-4
12-13	13		19-17
	14		接 N 排
16-32	15	1	
16-12	16	301	
16-34	17		备用常开触点
16-31	18		备用常开触点
	19		
	20		

去补偿柜
去联络柜

标记	处数	更改文件号	签字	日期
设 计		标准化		
绘 图		审 定		
审 核		批 准		
工 艺		日 期		

GGD（交流操作）（I段母线）进线柜二次接线图

QB/T.DJ081901.03J

图样标记		数量	重量	比例
				1:1
共 2 张		第 2 张		

进线计量(三相四线制有功计量)、3TA、断路器(MW)、双电源自动或手动互为备用，正常时，两段母线分别供电，如果一路电源有故障时，另一路电源承担全部负荷。

光盘页码：3-539

403

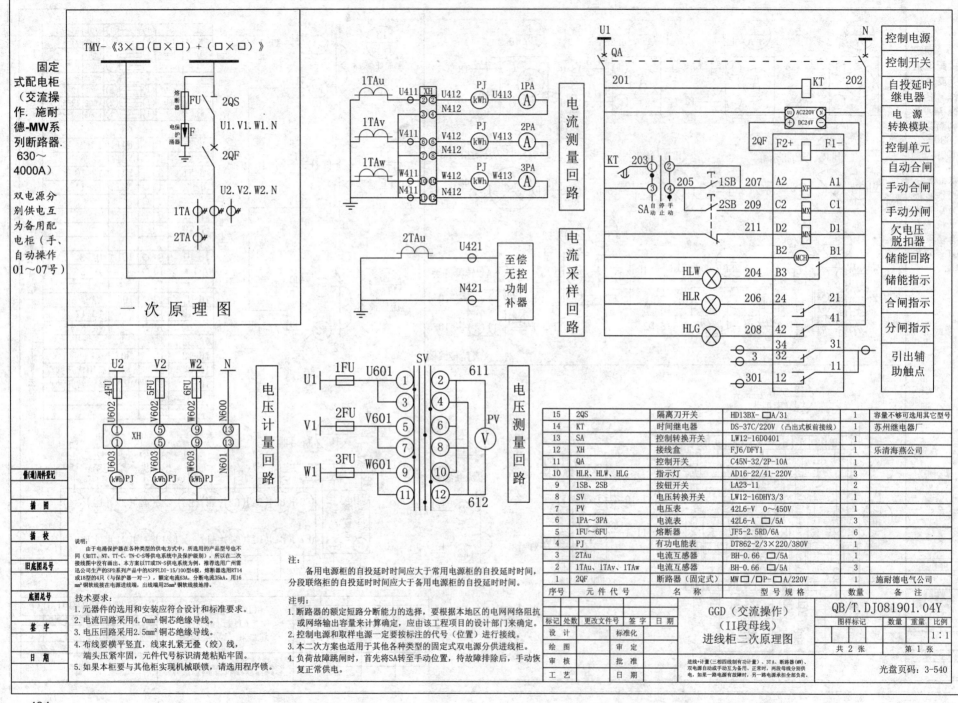

固定式配电柜（交流操作.施耐德-MW系列断路器.630～4000A）

双电源分别供电互为备用配电柜（手、自动操作01～07号）

TMY-《3×□(□×□)+(□×□)》

一 次 原 理 图

控制电源
控制开关
自投延时继电器
电源转换模块
控制单元
自动合闸
手动合闸
手动分闸
欠电压脱扣器
储能回路
储能指示
合闸指示
分闸指示
引出辅助触点

电流测量回路

电流采样回路

电压计量回路

电压测量回路

说明：
由于电涌保护器在各种类型的供电方式中，所选用的产品型号也不同（如TT、NT、TT-C、TN-C-S等供电方式中及保护级别），所以在二次接线图中没有画出来。本产品以TT或TN-S供电系统为例，推荐选用广州雷迅公司生产的SPD系列产品中的ASPFLDI-15/100型4极，熔断器选用RT14或18型的4只（与保护器一对一），额定电流63A，分断电流35kA，用16mm²铜软线接在电源进线端，出线端25mm²铜软线接地排。

技术要求：
1. 元器件的选用和安装应符合设计和标准要求。
2. 电流回路采用4.0mm²铜芯绝缘导线。
3. 电压回路采用2.5mm²铜芯绝缘导线。
4. 布线要横平竖直，线束扎紧无叠（绞）线，端头压紧牢固，元件代号标识清楚粘贴牢固。
5. 如果本柜要与其他柜实现机械联锁，请选用程序锁。

注：
备用电源柜的自投延时时间应大于常用电源柜的自投延时时间，分段联络柜的自投延时时间应大于备用电源柜的自投延时时间。

注明：
1. 断路器的额定短路分断能力的选择，要根据本地区的电网网络阻抗或网络输出容量来计算确定，应由该工程项目的设计部门来确定。
2. 控制电源和取样电源一定要按标注的代号（位置）进行接线。
3. 本二次方案也适用于其他各类型的固定式双电源分供进线柜。
4. 负荷故障跳闸时，首先将SA转至手动位置，待故障排除后，手动恢复正常供电。

备(通)用件登记

描 图		描 校		旧底图总号		底图总号		签 字		日 期	

15	2QS	隔离刀开关	HD13BX-□A/31	1	容量不够可选用其它型号
14	KT	时间继电器	DS-37C/220V（凸出式板前接线）	1	苏州继电器厂
13	SA	控制转换开关	LW12-16D0401	1	
12	XH	接线盒	FJ6/DFY1	1	乐清海燕公司
11	QA	控制开关	C45N-32/2P-10A	1	
10	HLR、HLW、HLG	指示灯	AD16-22/41-220V	3	
9	1SB、2SB	按钮开关	LA23-11	2	
8	SV	电压转换开关	LW12-16DHY3/3	1	
7	PV	电压表	42L6-V 0～450V	1	
6	1PA～3PA	电流表	42L6-A □/5A	3	
5	1FU～6FU	熔断器	JF5-2.5RD/6A	6	
4	PJ	有功电能表	DT862-2/3×220/380V	1	
3	2TAu	电流互感器	BH-0.66 □/5A	1	
2	1TAu、1TAv、1TAw	电流互感器	BH-0.66 □/5A	3	
1	2QF	断路器（固定式）	MW□/□P-□A/220V	1	施耐德电气公司
序号	元件代号	名 称	型号规格	数量	备 注

标记	处数	更改文件号	签字	日期			
设 计			标准化			数量	重量	比例
绘 图			审 定					1:1
审 核			批 准				
工 艺			日 期			共 2 张	第 1 张

GGD（交流操作）
（II段母线）
进线柜二次原理图

QB/T.DJ081901.04Y

进线+计量（三相四线制有功计量）、3TA、断路器(MW)、双电源自动或手动互为备用。正常时，两段母线分供电，如果一路电源有故障时，另一路电源承担全部负荷。

光盘页码：3-540

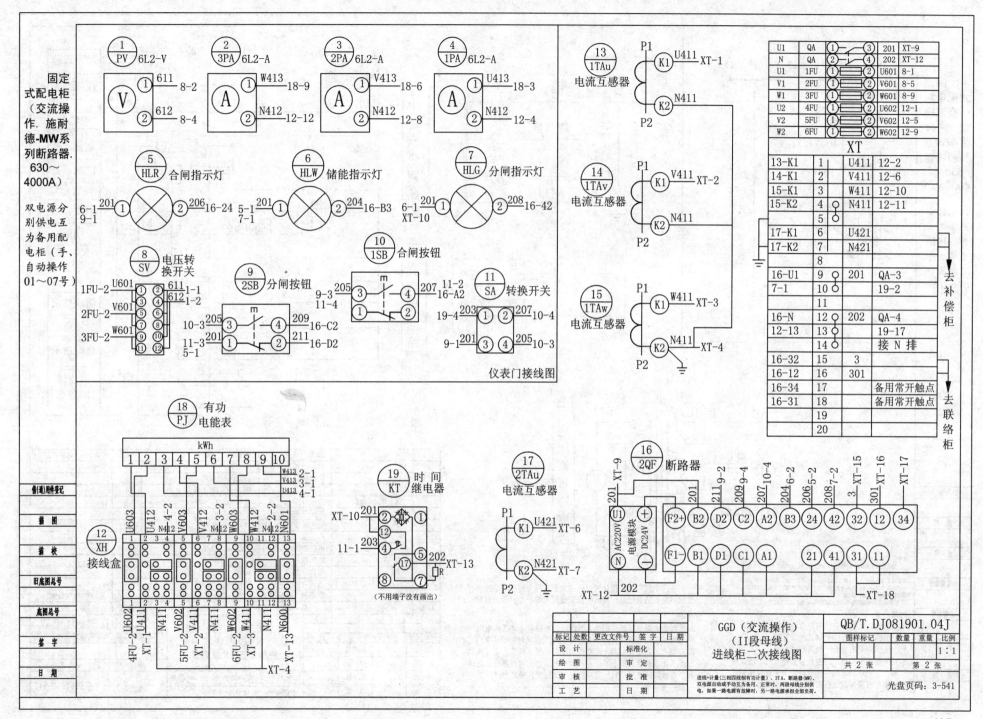

GGD（交流操作）（II段母线）进线柜二次接线图

QB/T.DJ081901.04J

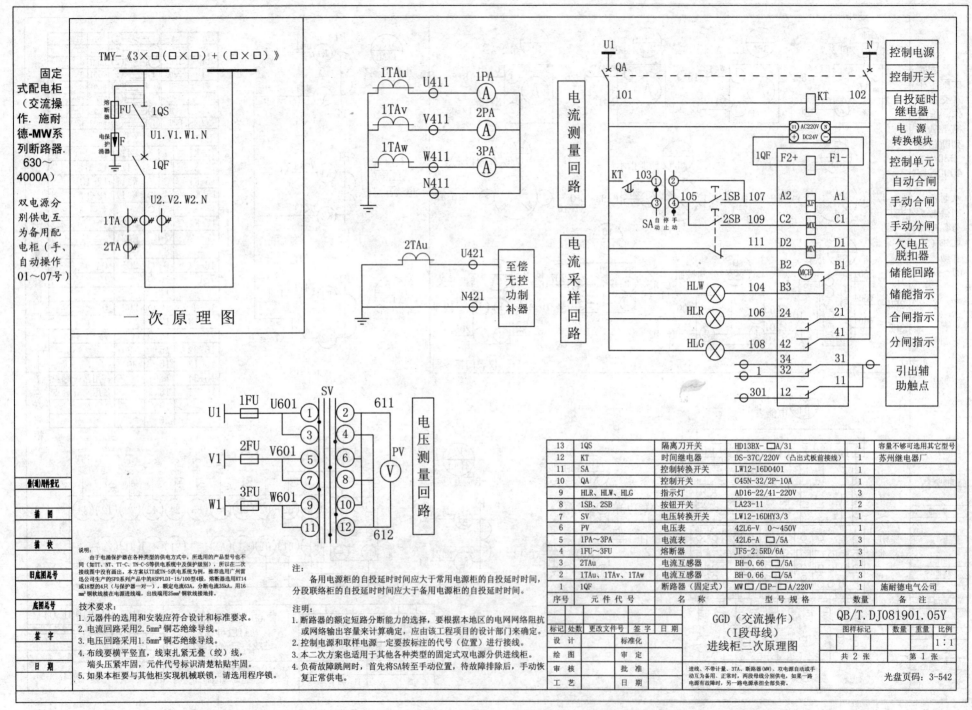

固定式配电柜（交流操作.施耐德-MW系列断路器.630～4000A）

双电源分别供电互为备用配电柜（手、自动操作01～07号）

TMY-《3×□(□×□)+(□×□)》

一次原理图

电流测量回路

电流采样回路

电压测量回路

至偿无控功制补器

| | 控制电源 |
| 控制开关 |
| 自投延时继电器 |
| 电源转换模块 |
| 控制单元 |
| 自动合闸 |
| 手动合闸 |
| 手动分闸 |
| 欠电压脱扣器 |
| 储能回路 |
| 储能指示 |
| 合闸指示 |
| 分闸指示 |
| 引出辅助触点 |

说明：由于电涌保护器在各种类型的供电方式中，所选用的产品型号也不同（如TT、NT、TT-C、TN-C-S等供电系统中及保护级别），所以在二次接线图中没有画出。本方案以TT或TN-S供电系统为例，推荐选用广州雷迅公司生产的SPD系列产品中的ASPFLDI-15/100型4极，熔断器选用RT14或18型的4只（与保护器一对一），额定电流63A，分断电流35kA。用16mm²铜软线接在电源进线端，出线端用25mm²铜软线接地排。

技术要求：
1. 元器件的选用和安装应符合设计和标准要求。
2. 电流回路采用2.5mm²铜芯绝缘导线。
3. 电压回路采用1.5mm²铜芯绝缘导线。
4. 布线要横平竖直，线束扎紧无叠（绞）线，端头压紧牢固，元件代号标识清楚粘贴牢固。
5. 如果本柜要与其他柜实现机械联锁，请选用程序锁。

注：备用电源柜的自投延时时间应大于常用电源柜的自投延时时间，分段联络柜的自投延时时间应大于备用电源柜的自投延时时间。

注明：
1. 断路器的额定短路分断能力的选择，要根据本地区的电网网络阻抗或网络输出容量来计算确定，应由该工程项目的设计部门来确定。
2. 控制电源和取样电源一定要按标注的代号（位置）进行接线。
3. 本二次方案也适用于其他各种类型的固定式双电源分供进线柜。
4. 负荷故障跳闸时，首先将SA转至手动位置，待故障排除后，手动恢复正常供电。

13	1QS	隔离刀开关	HD13BX-□A/31	1	容量不够可选用其它型号
12	KT	时间继电器	DS-37C/220V（凸出式板前接线）	1	苏州继电器厂
11	SA	控制转换开关	LW12-16D0401	1	
10	QA	控制开关	C45N-32/2P-10A	1	
9	HLR、HLW、HLG	指示灯	AD16-22/41-220V	3	
8	1SB、2SB	按钮开关	LA23-11	2	
7	SV	电压转换开关	LW12-16DHY3/3	1	
6	PV	电压表	42L6-V 0～450V	1	
5	1PA～3PA	电流表	42L6-A □/5A	3	
4	1FU～3FU	熔断器	JF5-2.5RD/6A	3	
3	2TAu	电流互感器	BH-0.66 □/5A	1	
2	1TAu、1TAv、1TAw	电流互感器	BH-0.66 □/5A	3	
1	1QF	断路器（固定式）	MW□/□P-□A/220V	1	施耐德电气公司
序号	元件代号	名称	型号规格	数量	备注

标记	处数	更改文件号	签字	日期		
设计			标准化		GGD（交流操作）（I段母线）进线柜二次原理图	QB/T.DJ081901.05Y
绘图			审定			
审核			批准			
工艺			日期			

图样标记	数量	重量	比例
			1:1
共 2 张		第 1 张	

进线、不带计量、3TA、断路器(MW)、双电源自动或手动互为备用、正常时，两段母线分别供电，如果一路电源有故障时，另一路电源承担全部负荷。

光盘页码：3-542

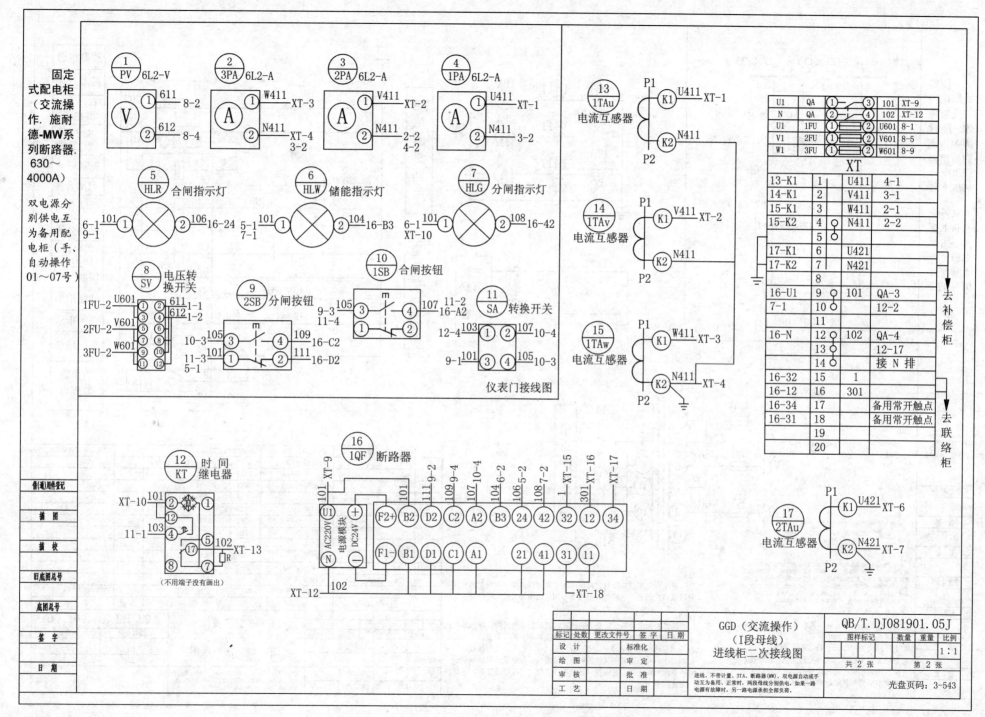

固定式配电柜（交流操作．施耐德-MW系列断路器．630～4000A）

双电源分别供电互为备用配电柜（手、自动操作01～07号）

| 1 PV 6L2-V |
| 2 3PA 6L2-A |
| 3 2PA 6L2-A |
| 4 1PA 6L2-A |

V 611 8-2 / 612 8-4

A W411 XT-3 / N411 XT-4 3-2

A V411 XT-2 / N411 2-2 4-2

A U411 XT-1 / N411 3-2

| 13 1TAu | K1 U411 XT-1 / K2 N411 | 电流互感器 P1 P2 |

U1	QA	1 3	101	XT-9
N	QA	2 4	102	XT-12
U1	1FU	1 2	U601	8-1
V1	2FU	1 2	V601	8-5
W1	3FU	1 2	W601	8-9

XT

| 5 HLR 合闸指示灯 |
| 6 HLW 储能指示灯 |
| 7 HLG 分闸指示灯 |

6-1 101 9-1 / 1 106 16-24

5-1 101 7-1 / 1 104 16-B3

6-1 101 XT-10 / 1 108 16-42

| 14 1TAv | K1 V411 XT-2 / K2 N411 | 电流互感器 P1 P2 |

13-K1	1		U411	4-1
14-K1	2		V411	3-1
15-K1	3		W411	2-1
15-K2	4		N411	2-2
	5			
17-K1	6		U421	
17-K2	7		N421	
	8			
16-U1	9	101	QA-3
7-1	10		12-2
	11		
16-N	12	102	QA-4
	13		12-17
	14		接 N 排
16-32	15	1	
16-12	16	301	
16-34	17		备用常开触点
16-31	18		备用常开触点
	19		
	20		

去补偿柜

去联络柜

| 8 SV 电压转换开关 |
| 9 2SB 分闸按钮 |
| 10 1SB 合闸按钮 |
| 11 SA 转换开关 |

1FU-2 U601 611 1-1 / 612 1-2
2FU-2 V601
3FU-2 W601

10-3 105 / 4 109 16-C2
11-3 101 5-1 / 2 111 16-D2

9-3 105 3 4 107 11-2 16-A2
11-4 1 2

12-4 103 1 2 107 10-4
9-1 101 3 4 105 10-3

仪表门接线图

| 15 1TAw | K1 W411 XT-3 / K2 N411 XT-4 | 电流互感器 P1 P2 |

| 12 KT 时间继电器 |

XT-10 101 2 1
11-1 103 4 3
17 5
8 7 102 XT-13 R

（不用端子没有画出）

| 16 1QF 断路器 |

XT-9 101 / XT-12 102 / AC220V U1 电源模块 DC24V / 101 / 111 9-2 / 109 9-4 / 107 10-4 / 104 6-2 / 106 5-2 / 108 7-2 / 1 XT-15 / 301 XT-16 / 12 / 34 XT-17

F2+ B2 D2 C2 A2 B3 24 42 32 12 34
N F1- B1 D1 C1 A1 21 41 31 11

XT-18

| 17 2TAu | K1 U421 XT-6 / K2 N421 XT-7 | 电流互感器 P1 P2 |

GGD（交流操作）（I段母线）进线柜二次接线图

QB/T.DJ081901.05J

标记	处数	更改文件号	签字	日期
设 计		标准化		
绘 图		审 定		
审 核		批 准		
工 艺		日 期		

图样标记	数量	重量	比例
			1:1
共 2 张		第 2 张	

进线、不带计量、3TA、断路器(MW)、双电源自动或手动互为备用、正常时，两段母线分别供电，如果一路电源有故障时，另一路电源承担全部负荷。

光盘页码：3-543

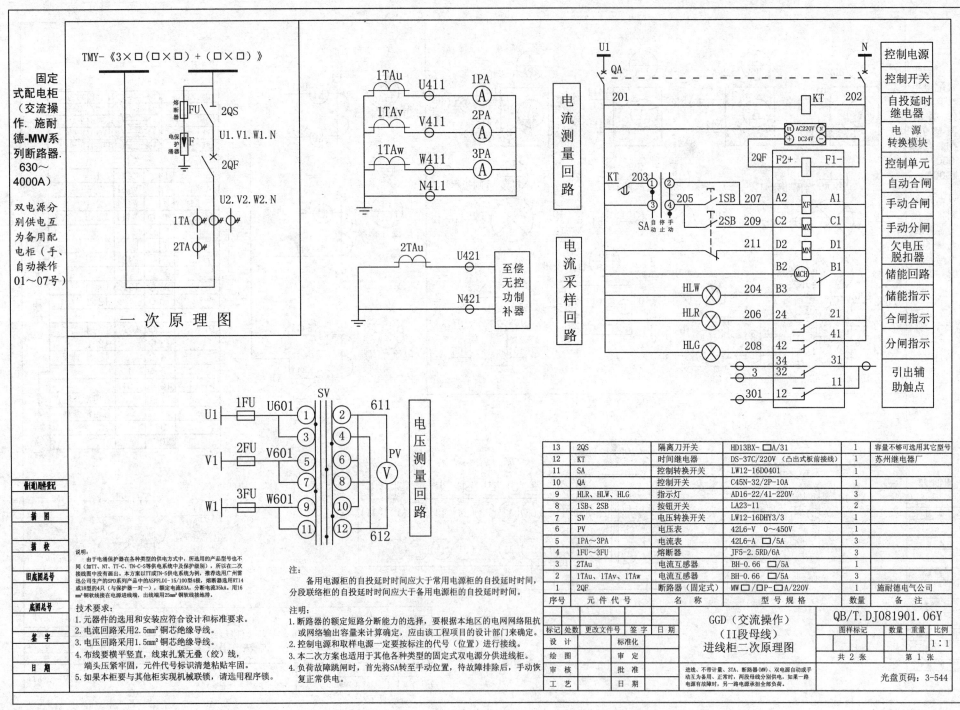

固定式配电柜（交流操作. 施耐德-MW系列断路器. 630～4000A）

双电源分别供电互为备用配电柜（手、自动操作01～07号）

TMY-《3×□(□×□)+(□×□)》

一次原理图

电流测量回路

电流采样回路

电压测量回路

控制电源
控制开关
自投延时继电器
电源转换模块
控制单元
自动合闸
手动合闸
手动分闸
欠电压脱扣器
储能回路
储能指示
合闸指示
分闸指示
引出辅助触点

说明：
由于电涌保护器在各种类型的供电方式中，所选用的产品型号也不同（如TT、NT、TT-C、TN-C-S等供电系统中及保护级别），所以在二次接线图中没有画出。本方案以TT或TN-S供电系统为例，推荐选用广州雷迅公司生产的SPD系列产品中的ASPFLDI-15/100型4极，熔断器选用RT14或18型的4只（与保护器一对一），额定电流63A，分断电流35kA。用16 mm²铜软线接在电源进线端，出线端用25mm²铜软线接地排。

技术要求：
1. 元器件的选用和安装应符合设计和标准要求。
2. 电流回路采用2.5mm²铜芯绝缘导线。
3. 电压回路采用1.5mm²铜芯绝缘导线。
4. 布线要横平竖直，线束扎紧无叠(绞)线，端头压紧牢固，元件代号标识清楚粘贴牢固。
5. 如果本柜要与其他柜实现机械联锁，请选用程序锁。

注：
备用电源柜的自投延时时间应大于常用电源柜的自投延时时间，分段联络柜的自投延时时间应大于备用电源柜的自投延时时间。

注明：
1. 断路器的额定短路分断能力的选择，要根据本地区的电网网络阻抗或网络输出容量来计算确定，应由该工程项目的设计部门来确定。
2. 控制电源和取样电源一定要按标注的代号(位置)进行接线。
3. 本二次方案也适用于其他各种类型的固定式双电源分供进线柜。
4. 负荷故障跳闸时，首先将SA转至手动位置，待故障排除后，手动恢复正常供电。

13	2QS	隔离刀开关	HD13BX- □A/31	1	容量不够可选用其它型号
12	KT	时间继电器	DS-37C/220V（凸出式板前接线）	1	苏州继电器厂
11	SA	控制转换开关	LW12-16D0401	1	
10	QA	控制开关	C45N-32/2P-10A	1	
9	HLR、HLW、HLG	指示灯	AD16-22/41-220V	3	
8	1SB、2SB	按钮开关	LA23-11	2	
7	SV	电压转换开关	LW12-16DHY3/3	1	
6	PV	电压表	42L6-V 0～450V	1	
5	1PA～3PA	电流表	42L6-A □/5A	3	
4	1FU～3FU	熔断器	JF5-2.5RD/6A	3	
3	2TAu	电流互感器	BH-0.66 □/5A	1	
2	1TAu、1TAv、1TAw	电流互感器	BH-0.66 □/5A	3	
1	2QF	断路器（固定式）	MW□/P-□A/220V	1	施耐德电气公司
序号	元件代号	名 称	型 号 规 格	数量	备 注

备(通)用件登记
描 图
描 校
旧底图总号
底图总号
签 字
日 期

标记	处数	更改文件号	签字	日期		
设 计			标准化			
绘 图			审 定			
审 核			批 准			
工 艺			日 期			

GGD（交流操作）
（II段母线）
进线柜二次原理图

QB/T.DJ081901.06Y

图样标记	数量	重量	比例
			1:1
共 2 张		第 1 张	

进线、不带计量、3TA、断路器(MW)、双电源自动或手动互为备用、正常时，两段母线分别供电，如果一路电源有故障时，另一路电源承担全部负荷。

光盘页码：3-544

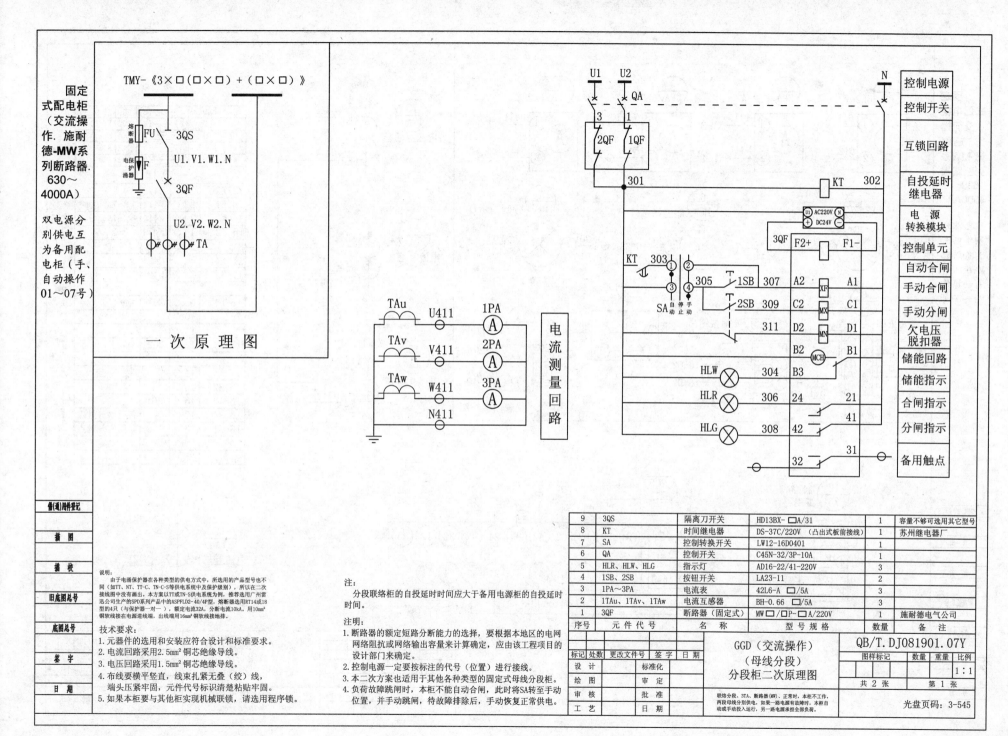

固定式配电柜（交流操作．施耐德-MW系列断路器．630～4000A）

双电源分别供电互为备用配电柜（手、自动操作01～07号）

TMY-《3×□(□×□)＋(□×□)》

一次原理图

电流测量回路

控制电源
控制开关
互锁回路
自投延时继电器
电源转换模块
控制单元
自动合闸
手动合闸
手动分闸
欠电压脱扣器
储能回路
储能指示
合闸指示
分闸指示
备用触点

说明：
　　由于电涌保护器在各种类型的供电方式中，所选用的产品型号也不同（如TT、NT、TT-C、TN-C-S等供电系统中及保护级别），所以在二次接线图中没有画出。本方案以TT或TN-S供电系统为例，推荐选用广州雷迅公司生产的SPD系列产品中的ASPFLD2-40/4P型，熔断器选用RT14或18型的4只（与保护器一对一），额定电流32A，分断电流10kA，用10mm²铜软线接在电源进线端，出线端用16mm²铜软线接地排。

技术要求：
1. 元器件的选用和安装应符合设计和标准要求。
2. 电流回路采用2.5mm²铜芯绝缘导线。
3. 电压回路采用1.5mm²铜芯绝缘导线。
4. 布线要横平竖直，线束扎紧无叠（绞）线，端头压紧牢固，元件代号标识清楚粘贴牢固。
5. 如果本柜要与其他柜实现机械联锁，请选用程序锁。

注：
　　分段联络柜的自投延时时间应大于备用电源柜的自投延时时间。

注明：
1. 断路器的额定短路分断能力的选择，要根据本地区的电网网络阻抗或网络输出容量来计算确定，应由该工程项目的设计部门来确定。
2. 控制电源一定要按标注的代号（位置）进行接线。
3. 本二次方案也适用于其他各种类型的固定式母线分段柜。
4. 负荷故障跳闸时，本柜不能自动合闸，此时将SA转至手动位置，并手动跳闸，待故障排除后，手动恢复正常供电。

9	3QS	隔离刀开关	HD13BX-□A/31	1	容量不够可选用其它型号
8	KT	时间继电器	DS-37C/220V（凸出式板前接线）	1	苏州继电器厂
7	SA	控制转换开关	LW12-16D0401	1	
6	QA	控制开关	C45N-32/3P-10A	1	
5	HLR、HLW、HLG	指示灯	AD16-22/41-220V	3	
4	1SB、2SB	按钮开关	LA23-11	2	
3	1PA～3PA	电流表	42L6-A □/5A	3	
2	1TAu、1TAv、1TAw	电流互感器	BH-0.66 □/5A	3	
1	3QF	断路器（固定式）	MW□/□P-□A/220V	1	施耐德电气公司
序号	元件代号	名　称	型号规格	数量	备　注

GGD（交流操作）
（母线分段）
分段柜二次原理图

QB/T.DJ081901.07Y

图样标记	数量	重量	比例
			1：1

标记	处数	更改文件号	签字	日期
设计		标准化		
绘图		审定		
审核		批准		
工艺		日期		

共 2 张　　第 1 张

联络分段、3TA、断路器(MW)、正常时，本柜不工作，两段母线分别供电，如果一路电源发生故障时，本柜自动或手动投入运行，另一路电源承柜全部负载。

光盘页码：3-545

备(通)用附件登记
描　图
描　校
旧底图总号
底图总号
签　字
日　期

409

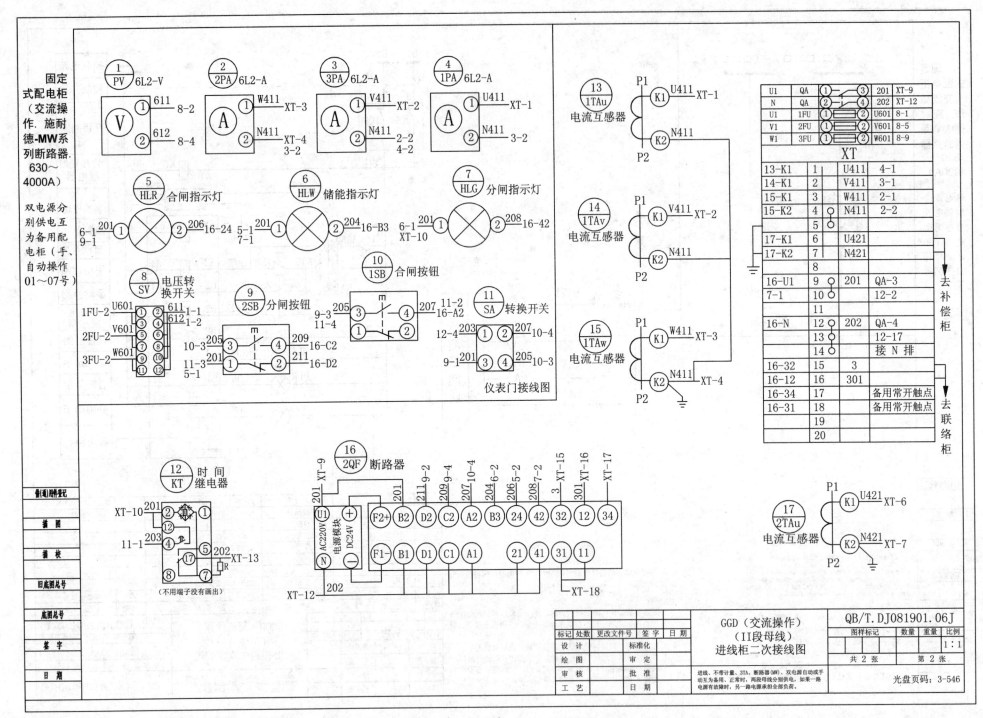

固定式配电柜（交流操作，施耐德-MW系列断路器，630～4000A）

双电源分别供电互为备用配电柜（手、自动操作01～07号）

①PV 6L2-V ②2PA 6L2-A ③3PA 6L2-A ④1PA 6L2-A

⑤HLR 合闸指示灯 ⑥HLW 储能指示灯 ⑦HLG 分闸指示灯

⑧SV 电压转换开关 ⑨2SB 分闸按钮 ⑩1SB 合闸按钮 ⑪SA 转换开关

仪表门接线图

⑬1TAu 电流互感器 ⑭1TAv 电流互感器 ⑮1TAw 电流互感器

⑫KT 时间继电器

(不用端子没有画出)

⑯2QF 断路器

⑰2TAu 电流互感器

XT

U1	QA	① ③	201	XT-9
N	QA	② ④	202	XT-12
U1	1FU	① ②	U601	8-1
V1	2FU	① ②	V601	8-5
W1	3FU	① ②	W601	8-9

13-K1	1	U411	4-1
14-K1	2	V411	3-1
15-K1	3	W411	2-1
15-K2	4	N411	2-2
	5		
17-K1	6	U421	
17-K2	7	N421	
	8		
16-U1	9	201	QA-3
7-1	10		12-2
	11		
16-N	12	202	QA-4
	13		12-17
	14		接N排
16-32	15	3	
16-12	16	301	
16-34	17	备用常开触点	
16-31	18	备用常开触点	
	19		
	20		

去补偿柜
去联络柜

标记	处数	更改文件号	签字	日期
设 计		标准化		
绘 图		审 定		
审 核		批 准		
工 艺		日 期		

GGD（交流操作）
（II段母线）
进线柜二次接线图

进线、不带计量、3TA、断路器(MW)、双电源自动或手动互为备用。正常时，两段母线分别供电。如果一路电源有故障时，另一路电源承担全部负荷。

QB/T.DJ081901.06J

图样标记		数量	重量	比例
				1:1
共 2 张			第 2 张	

光盘页码：3-546

创(通)用标记
描 图
描 校
旧底图总号
底图总号
签 字
日 期

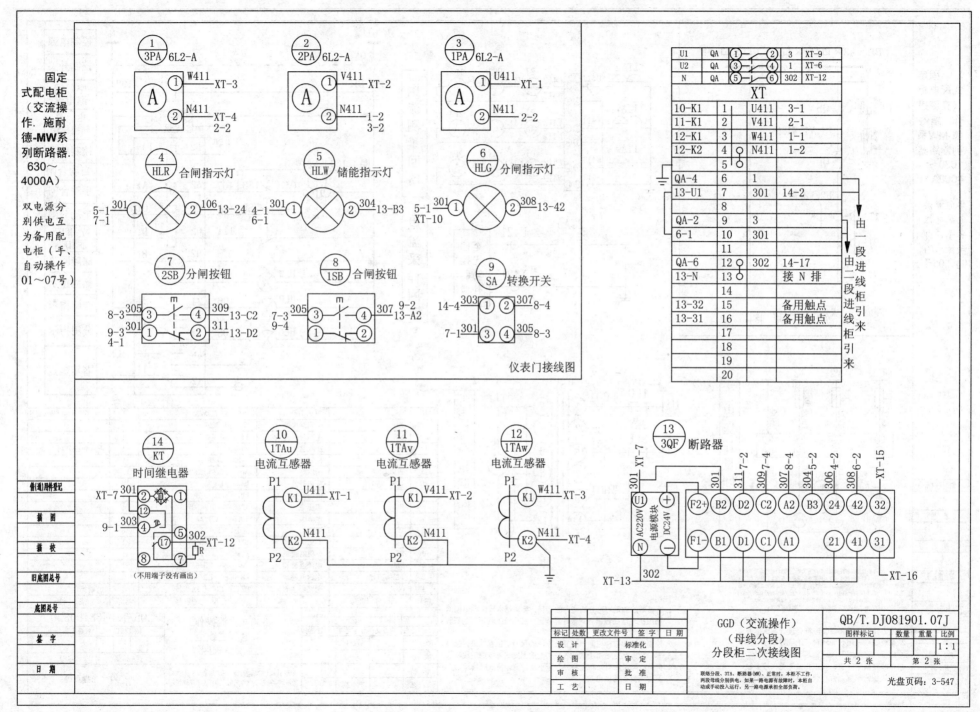

固定式配电柜（交流操作，施耐德-MW系列断路器，630～4000A）

双电源分别供电互为备用配电柜（手、自动操作01～07号）

U1	QA	① —／— ②	3	XT-9
U2	QA	③ —／— ④	1	XT-6
N	QA	⑤ —／— ⑥	302	XT-12

XT

10-K1	1	U411	3-1
11-K1	2	V411	2-1
12-K1	3	W411	1-1
12-K2	4	N411	1-2
	5		
QA-4	6	1	
13-U1	7	301	14-2
	8		
QA-2	9	3	
6-1	10	301	
	11		
QA-6	12	302	14-17
13-N	13	接 N 排	
	14		
13-32	15	备用触点	
13-31	16	备用触点	
	17		
	18		
	19		
	20		

仪表门接线图

① 3PA 6L2-A　② 2PA 6L2-A　③ 1PA 6L2-A

④ HLR 合闸指示灯　⑤ HLW 储能指示灯　⑥ HLG 分闸指示灯

⑦ 2SB 分闸按钮　⑧ 1SB 合闸按钮　⑨ SA 转换开关

⑭ KT 时间继电器　（不用端子没有画出）

⑩ 1TAu 电流互感器　⑪ 1TAv 电流互感器　⑫ 1TAw 电流互感器

⑬ 3QF 断路器

由一段进线柜引来　由二段进线柜引来

分段柜二次接线图

标记	处数	更改文件号	签字	日期		
设 计			标准化			
绘 图			审 定			
审 核			批 准			
工 艺			日 期			

GGD（交流操作）
（母线分段）
分段柜二次接线图

QB/T.DJ081901.07J

图样标记	数量	重量	比例
			1：1

共 2 张　第 2 张

光盘页码：3-547

联络分段、3TA、断路器(MW)，正常时，本柜不工作，两段母线分别供电，如果一路电源有故障时，本柜自动或手动投入运行，另一路电源承担全部负荷。

411

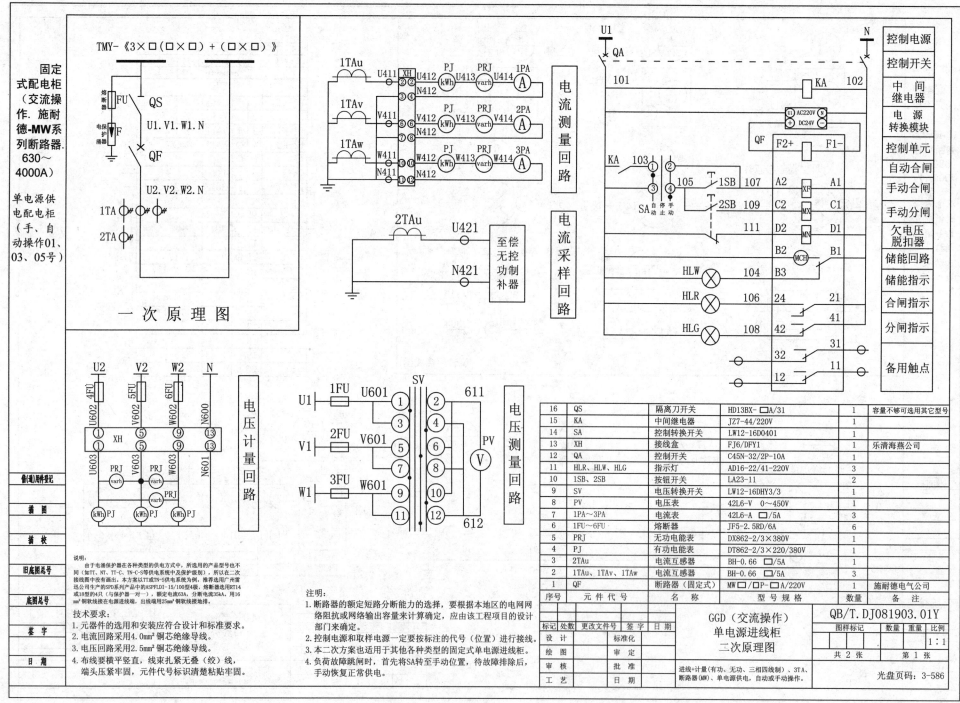

固定式配电柜（交流操作．施耐德-MW系列断路器．630～4000A）

单电源供电配电柜（手、自动操作01、03、05号）

TMY-《3×□(□×□)+(□×□)》

熔断器 FU QS
电保护涌器 F
U1.V1.W1.N
QF
U2.V2.W2.N
1TA
2TA

一次原理图

电流测量回路

1TAu U411 XH U412 PJ U413 PRJ U414 1PA
(kWh) (varh) Ⓐ
N412 N412

1TAv V411 V412 PJ V413 PRJ V414 2PA
(kWh) (varh) Ⓐ
N412 N412

1TAw W411 W412 PJ W413 PRJ W414 3PA
(kWh) (varh) Ⓐ
N411 N412

电流采样回路

2TAu U421 至偿无控功制补器
N421

U1 N 控制电源
QA 控制开关
101 KA 102 中间继电器
电源转换模块
U1 AC220V N
+ DC24V 控制单元
QF F2+ F1-
KA 103 自动合闸
SA 自停手动 105 1SB 107 A2 XF A1 手动合闸
2SB 109 C2 MX C1 手动分闸
111 D2 MN D1 欠电压脱扣器
B2 MCH B1 储能回路
HLW 104 B3 储能指示
HLR 106 24 21 合闸指示
HLG 108 42 41 分闸指示
31 32
12 11 备用触点

电压计量回路

U2 V2 W2 N
4FU 5FU 6FU
U602 V602 W602 N600
① XH ⑤ ⑨ ⑬
U603 V603 W603 N601
PRJ PRJ
(varh) (varh)
PRJ (varh)
(kWh) PJ (kWh) PJ (kWh) PJ

电压测量回路

1FU U601 SV 611
U1 ① ②
③ ④
2FU V601 PV
V1 ⑤ ⑥ Ⓥ
⑦ ⑧
3FU W601
W1 ⑨ ⑩
⑪ ⑫ 612

说明：由于电涌保护器在各种类型的供电方式中，所选用的产品型号也不同（如TT、NT、TT-C、TN-C-S等供电系统中及保护级别），所以在二次接线图中没有画出。本方案以TT或TN-S供电系统为例，推荐选用广州雷迅公司生产的SPD系列产品中的ASPFLDI-15/100型4级，熔断器选用RT14或18型的4只（与保护器一对一），额定电流63A，分断电流35kA，用16 mm²铜软线接在电源进线端，出线端用25mm²铜软线接地排。

技术要求：
1. 元器件的选用和安装应符合设计和标准要求。
2. 电流回路采用4.0mm²铜芯绝缘导线。
3. 电压回路采用2.5mm²铜芯绝缘导线。
4. 布线要横平竖直，线束扎紧无叠（绞）线，端头压紧牢固，元件代号标识清楚粘贴牢固。

注明：
1. 断路器的额定短路分断能力的选择，要根据本地区的电网网络阻抗或网络输出容量来计算确定，应由该工程项目的设计部门来确定。
2. 控制电源和取样电源一定要按标注的代号（位置）进行接线。
3. 本二次方案也适用于其他各种类型的固定式单电源进线柜。
4. 负荷故障跳闸时，首先将SA转至手动位置，待故障排除后，手动恢复正常供电。

16	QS	隔离刀开关	HD13BX-□A/31	1	容量不够可选用其它型号
15	KA	中间继电器	JZ7-44/220V	1	
14	SA	控制转换开关	LW12-16D0401	1	
13	XH	接线盒	FJ6/DFY1	1	乐清海燕公司
12	QA	控制开关	C45N-32/2P-10A	1	
11	HLR、HLW、HLG	指示灯	AD16-22/41-220V	3	
10	1SB、2SB	按钮开关	LA23-11	2	
9	SV	电压转换开关	LW12-16DHY3/3	1	
8	PV	电压表	42L6-V 0～450V	1	
7	1PA～3PA	电流表	42L6-A □/5A	3	
6	1FU～6FU	熔断器	JF5-2.5RD/6A	6	
5	PRJ	无功电能表	DX862-2/3×380V	1	
4	PJ	有功电能表	DT862-2/3×220/380V	1	
3	2TAu	电流互感器	BH-0.66 □/5A	1	
2	1TAu、1TAv、1TAw	电流互感器	BH-0.66 □/5A	3	
1	QF	断路器（固定式）	MW□/□-□A/220V	1	施耐德电气公司
序号	元件代号	名 称	型 号 规 格	数量	备 注

	GGD（交流操作）单电源进线柜二次原理图	QB/T.DJ081903.01Y		
标记 处数 更改文件号 签字 日期		图样标记	数量 重量	比例
设计 标准化				1:1
绘图 审定				
审核 批准		共 2 张	第 1 张	
工艺 日期				

进线+计量（有功、无功、三相四线制）、3TA、断路器(MW)、单电源供电，自动或手动操作。

光盘页码：3-586

营(通)用附件登记
描 图
描 校
旧底图总号
底图总号
签 字
日 期

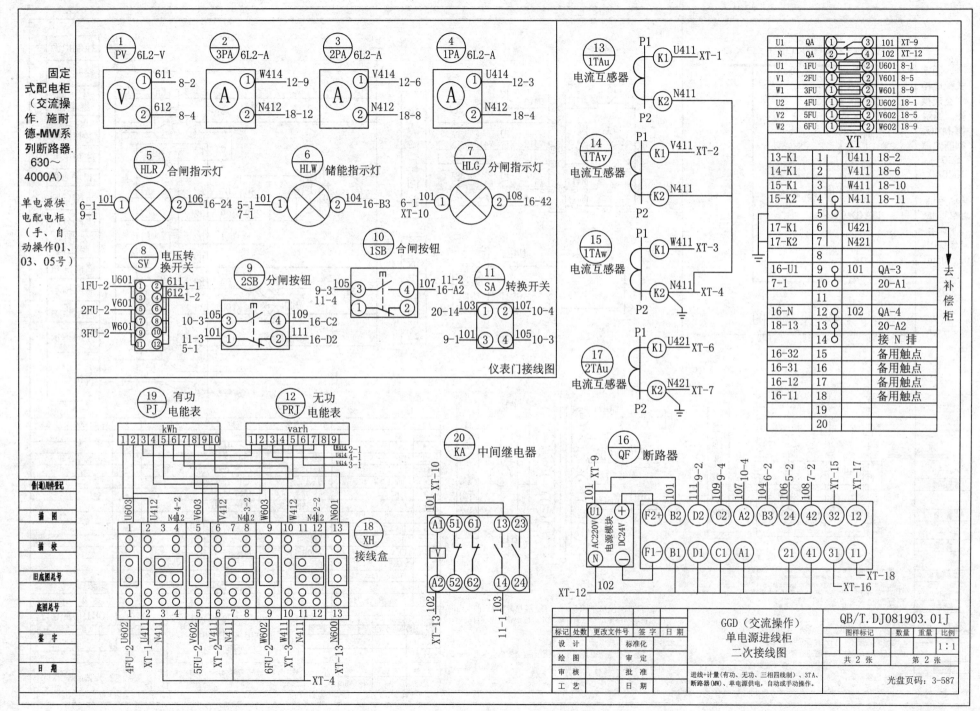

固定式配电柜（交流操作，施耐德-MW系列断路器，630～4000A）

单电源供电配电柜（手、自动操作01、03、05号）

仪表门接线图

GGD（交流操作）单电源进线柜二次接线图

QB/T.DJ081903.01J

进线+计量(有功、无功、三相四线制)、3TA、断路器(MW)、单电源供电，自动或手动操作。

共 2 张　第 2 张

光盘页码：3-587

1:1

413

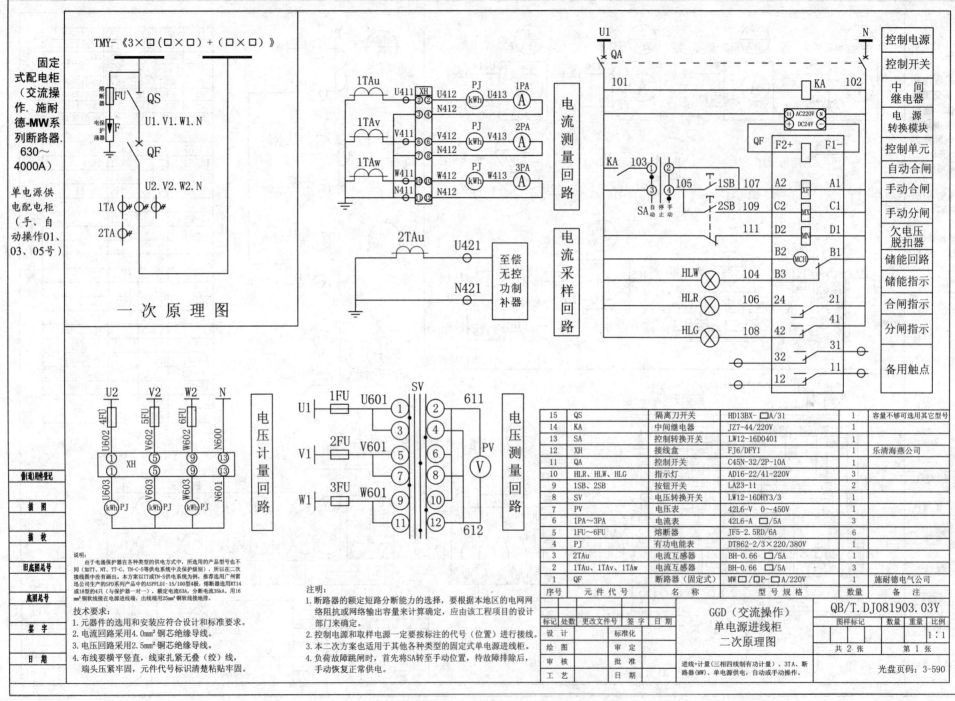

固定式配电柜（交流操作．施耐德-MW系列断路器．630～4000A）

单电源供电配电柜（手、自动操作01、03、05号）

TMY-《3×□（□×□）+（□×□）》

一次原理图

电流测量回路

电流采样回路

电压计量回路

电压测量回路

控制电源
控制开关
中间继电器
电源转换模块
控制单元
自动合闸
手动合闸
手动分闸
欠电压脱扣器
储能回路
储能指示
合闸指示
分闸指示
备用触点

15	QS	隔离刀开关	HD13BX-□A/31	1	容量不够可选用其它型号
14	KA	中间继电器	JZ7-44/220V	1	
13	SA	控制转换开关	LW12-16D0401	1	
12	XH	接线盒	FJ6/DFY1	1	乐清海燕公司
11	QA	控制开关	C45N-32/2P-10A	1	
10	HLR、HLW、HLG	指示灯	AD16-22/41-220V	3	
9	1SB、2SB	按钮开关	LA23-11	2	
8	SV	电压转换开关	LW12-16DHY3/3	1	
7	PV	电压表	42L6-V 0～450V	1	
6	1PA～3PA	电流表	42L6-A □/5A	3	
5	1FU～6FU	熔断器	JF5-2.5RD/6A	6	
4	PJ	有功电能表	DT862-2/3×220/380V	1	
3	2TAu	电流互感器	BH-0.66 □/5A	1	
2	1TAu、1TAv、1TAw	电流互感器	BH-0.66 □/5A	3	
1	QF	断路器（固定式）	MW□/□P-□A/220V	1	施耐德电气公司
序号	元件代号	名　称	型号规格	数量	备　注

说明：
　由于电涌保护器在各种类型的供电方式中，所选用的产品型号也不同（如TT、NT、TT-C、TN-C-S等供电系统中及保护级别），所以在二次接线图中没有画出。本方案以TT或TN-S供电系统为例，推荐选用广州雷迅公司生产的SPD系列产品中的ASPFLDI-15/100型4级，熔断器选用RT14或18型的4只（与保护器一对一），额定电流63A，分断电流35kA，用16mm²铜软绞线接在电源进线端，出线端用25mm²铜软绞线接地排。

技术要求：
1. 元器件的选用和安装应符合设计和标准要求。
2. 电流回路采用4.0mm²铜芯绝缘导线。
3. 电压回路采用2.5mm²铜芯绝缘导线。
4. 布线要横平竖直，线束扎紧无叠（绞）线，端头压紧牢固，元件代号标识清楚粘贴牢固。

注明：
1. 断路器的额定短路分断能力的选择，要根据本地区的电网网络阻抗或网络输出容量来计算确定，应由该工程项目的设计部门来确定。
2. 控制电源和取样电源一定要按标注的代号（位置）进行接线。
3. 本二次方案也适用于其他各种类型的固定式单电源进线柜。
4. 负荷故障跳闸时，首先将SA转至手动位置，待故障排除后，手动恢复正常供电。

备(通)附件登记			
描　图			
描　校			
旧底图总号			
底图总号			
签　字			
日　期			

标记	处数	更改文件号	签字	日期	GGD（交流操作）单电源进线柜二次原理图	QB/T.DJ081903.03Y
设　计		标准化				图样标记　数量　重量　比例
绘　图		审　定				1:1
审　核		批　准			进线+计量(三相四线制有功计量)、3TA、断路器(MW)、单电源供电，自动或手动操作。	共2张　第1张
工　艺		日　期				光盘页码：3-590

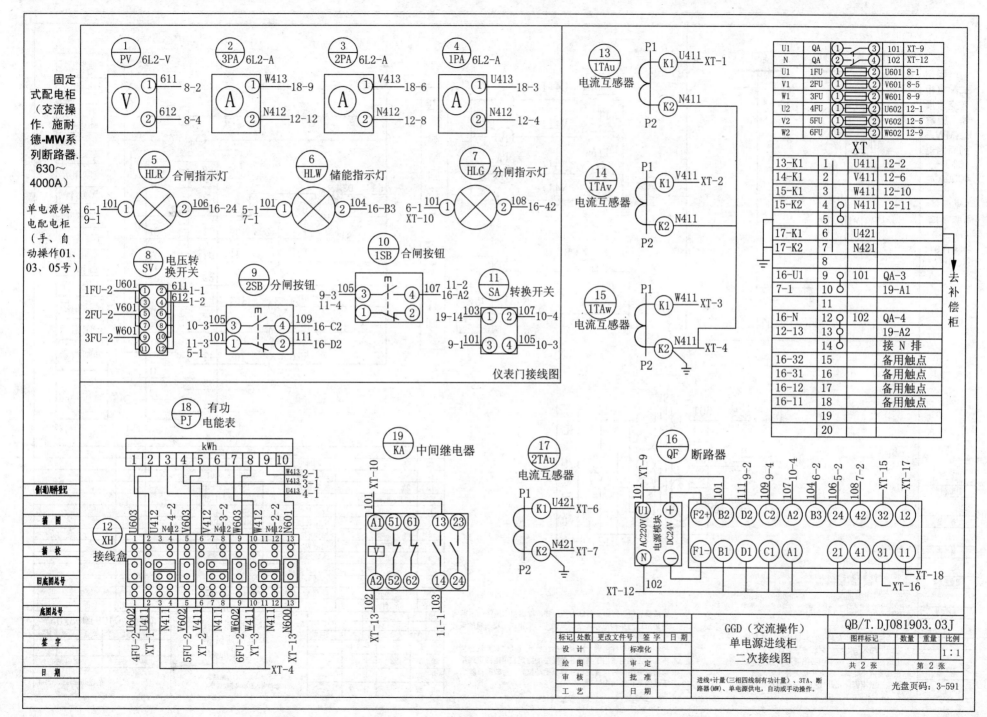

固定式配电柜（交流操作，施耐德-MW系列断路器，630～4000A）

单电源供电配电柜（手、自动操作01、03、05号）

仪表门接线图

GGD（交流操作）
单电源进线柜
二次接线图

QB/T.DJ081903.03J

进线+计量(三相四线制有功计量)、3TA、断路器(MW)、单电源供电，自动或手动操作。

共 2 张 第 2 张

1:1

光盘页码：3-591

415

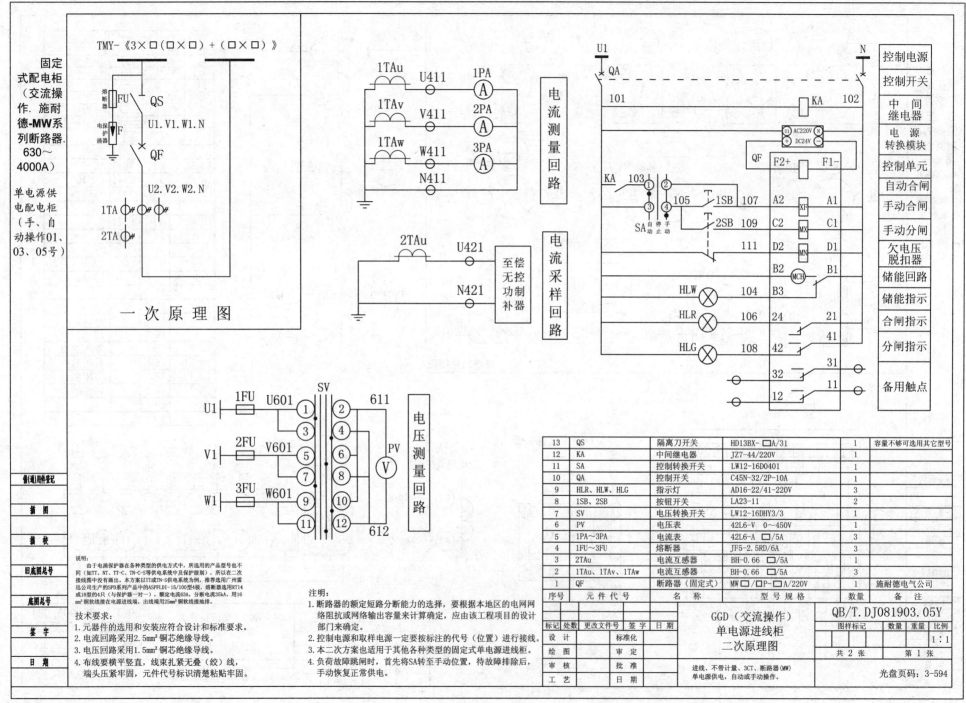

固定式配电柜（交流操作，施耐德-MW系列断路器，630～4000A）

单电源供电配电柜（手、自动操作01、03、05号）

TMY-《3×□(□×□)+(□×□)》

一次原理图

电流测量回路

电流采样回路

至偿无控功率补偿器

电压测量回路

控制电源
控制开关
中间继电器
电源转换模块
控制单元
自动合闸
手动合闸
手动分闸
欠电压脱扣器
储能回路
储能指示
合闸指示
分闸指示
备用触点

13	QS	隔离刀开关	HD13BX-□A/31	1	容量不够可选用其它型号
12	KA	中间继电器	JZ7-44/220V	1	
11	SA	控制转换开关	LW12-16D0401	1	
10	QA	控制开关	C45N-32/2P-10A	1	
9	HLR、HLW、HLG	指示灯	AD16-22/41-220V	3	
8	1SB、2SB	按钮开关	LA23-11	2	
7	SV	电压转换开关	LW12-16DHY3/3	1	
6	PV	电压表	42L6-V 0～450V	1	
5	1PA～3PA	电流表	42L6-A □/5A	3	
4	1FU～3FU	熔断器	JF5-2.5RD/6A	3	
3	2TAu	电流互感器	BH-0.66 □/5A	1	
2	1TAu、1TAv、1TAw	电流互感器	BH-0.66 □/5A	3	
1	QF	断路器（固定式）	MW□/□P-□A/220V	1	施耐德电气公司
序号	元件代号	名称	型号规格	数量	备注

说明：
由于电涌保护器在各种类型的供电方式中，所选用的产品型号也不同（如TT、NT、TT-C、TN-C-S等供电系统中及保护级别），所以在二次接线图中没有画出。本方案以TT或TN-S供电系统为例，推荐选用广州雷迅公司生产的SPD系列产品中的ASPFLDI-15/100型4极，熔断器选用RT14或18型的4只（与保护器一对一），额定电流63A，分断电流35kA。用16mm²铜软线接在电源进线端，出线端25mm²铜软线接地排。

技术要求：
1. 元器件的选用和安装应符合设计和标准要求。
2. 电流回路采用2.5mm²铜芯绝缘导线。
3. 电压回路采用1.5mm²铜芯绝缘导线。
4. 布线要横平竖直，线束扎紧无叠（绞）线，端头压紧牢固，元件代号标识清楚粘贴牢固。

注明：
1. 断路器的额定短路分断能力的选择，要根据本地区的电网网络阻抗或网络输出容量来计算确定，应由该工程项目的设计部门来确定。
2. 控制电源和取样电源一定要按标注的代号（位置）进行接线。
3. 本二次方案也适用于其他各种类型的固定式单电源进线柜。
4. 负荷故障跳闸时，首先将SA转至手动位置，待故障排除后，手动恢复正常供电。

借（通）用件标记			
描图			
描校			
旧底图总号			
底图总号			
签字			
日期			

	标记	处数	更改文件号	签字	日期	GGD（交流操作）单电源进线柜二次原理图	QB/T.DJ081903.05Y
设计			标准化				图样标记 / 数量 / 重量 / 比例 1:1
绘图			审定				共2张 / 第1张
审核			批准			进线、不带计量、3CT、断路器（MW）单电源供电，自动或手动操作。	光盘页码：3-594
工艺			日期				

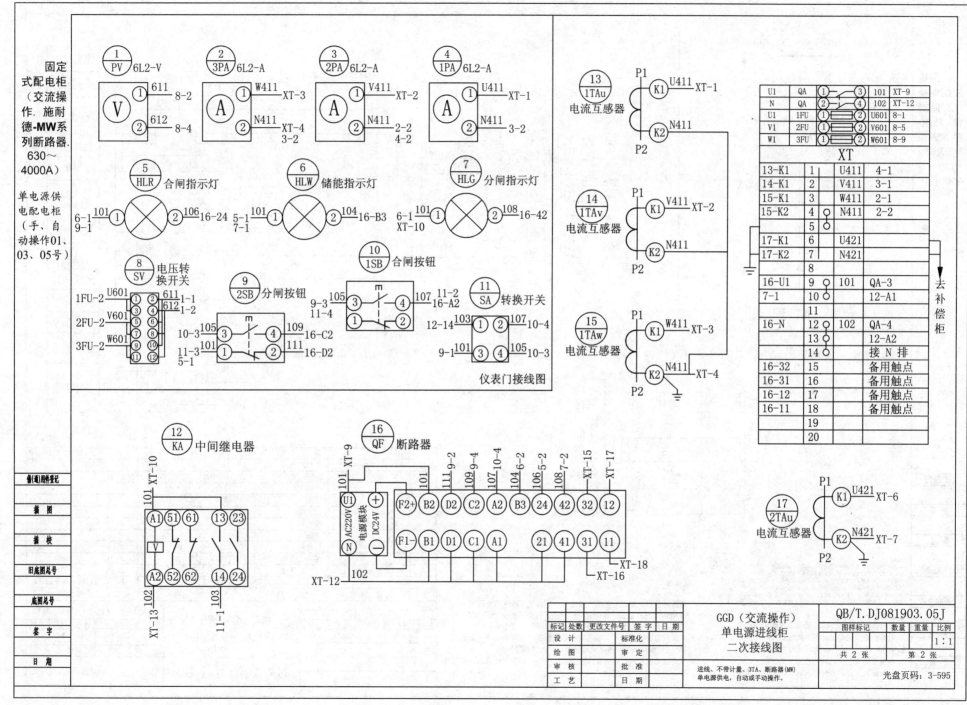

固定式配电柜（交流操作，施耐德-MW系列断路器，630～4000A）

单电源供电配电柜（手、自动操作01、03、05号）

① PV 6L2-V
② 3PA 6L2-A
③ 2PA 6L2-A
④ 1PA 6L2-A

⑤ HLR 合闸指示灯
⑥ HLW 储能指示灯
⑦ HLG 分闸指示灯

⑧ SV 电压转换开关
⑨ 2SB 分闸按钮
⑩ 1SB 合闸按钮
⑪ SA 转换开关

仪表门接线图

⑫ KA 中间继电器
⑯ QF 断路器

⑬ 1TAu 电流互感器
⑭ 1TAv 电流互感器
⑮ 1TAw 电流互感器
⑰ 2TAu 电流互感器

去补偿柜

XT

U1	QA	1 3	101	XT-9
N	QA	2 4	102	XT-12
U1	1FU	1 2	U601	8-1
V1	2FU	1 2	V601	8-5
W1	3FU	1 2	W601	8-9

XT			
13-K1	1	U411	4-1
14-K1	2	V411	3-1
15-K1	3	W411	2-1
15-K2	4	N411	2-2
	5		
17-K1	6	U421	
17-K2	7	N421	
	8		
16-U1	9	101	QA-3
7-1	10		12-A1
	11		
16-N	12	102	QA-4
	13		12-A2
	14		接 N 排
16-32	15		备用触点
16-31	16		备用触点
16-12	17		备用触点
16-11	18		备用触点
	19		
	20		

标记	处数	更改文件号	签字	日期		GGD（交流操作）单电源进线柜二次接线图	QB/T.DJ081903.05J
设 计			标准化				图样标记　数量　重量　比例
绘 图			审 定				1:1
审 核			批 准				共 2 张　　第 2 张
工 艺			日 期			进线、不带计量、3TA、断路器(MW)单电源供电，自动或手动操作。	光盘页码：3-595

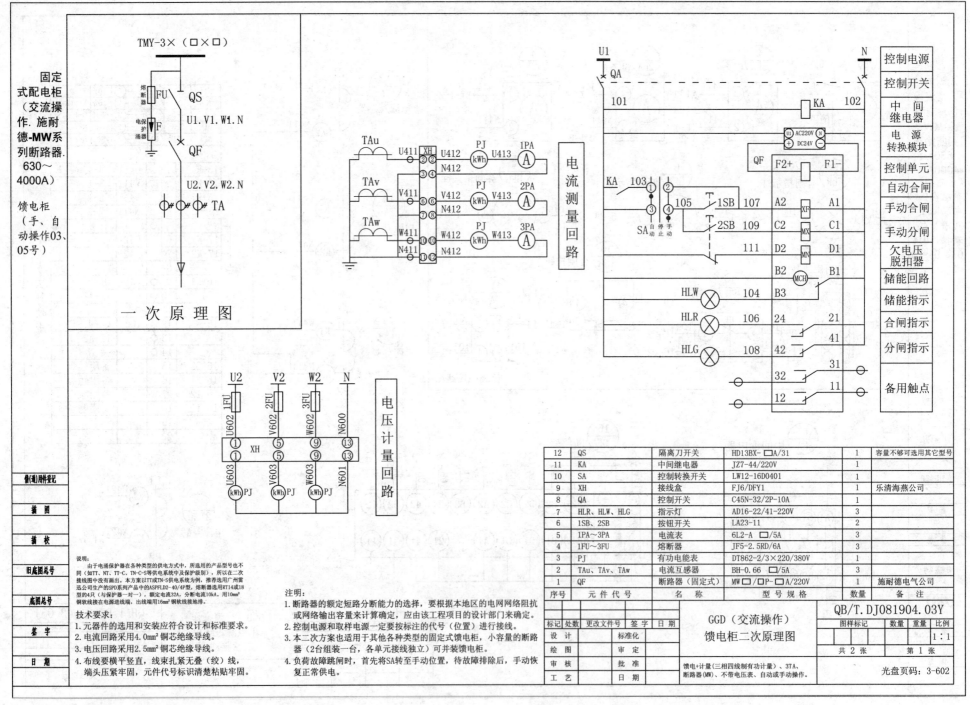

固定式配电柜（交流操作. 施耐德-MW系列断路器. 630～4000A）

馈电柜（手、自动操作03、05号）

一次原理图

电流测量回路

电压计量回路

控制电源
控制开关
中间继电器
电源转换模块
控制单元
自动合闸
手动合闸
手动分闸
欠电压脱扣器
储能回路
储能指示
合闸指示
分闸指示

备用触点

说明：由于电涌保护器在各种类型的供电方式中，所选用的产品型号也不同（如TT、NT、TT-C、TN-C-S等供电系统中及保护级别），所以在本二次接线图中没有画出。本方案以TT或TN-S供电系统为例，推荐选用广州雷迅公司生产的SPD系列产品中的ASPFLD2-40/4P型，熔断器选用RT14或18型的4只（与保护器一对一），额定电流32A，分断电流10kA，用10mm²铜软线接在电源进线端，出线端用16mm²铜软线接地排。

技术要求：
1. 元器件的选用和安装应符合设计和标准要求。
2. 电流回路采用4.0mm²铜芯绝缘导线。
3. 电压回路采用2.5mm²铜芯绝缘导线。
4. 布线要横平竖直，线束扎紧无叠（绞）线，端头压紧牢固，元件代号标识清楚粘贴牢固。

注明：
1. 断路器的额定短路分断能力的选择，要根据本地区的电网网络阻抗或网络输出容量来计算确定，应由该工程项目的设计部门来确定。
2. 控制电源和取样电源一定要按标注的代号（位置）进行接线。
3. 本二次方案也适用于其他各种类型的固定式馈电柜，小容量的断路器（2台组装一台，各单元接线独立）可并装馈电柜。
4. 负荷故障跳闸时，首先将SA转至手动位置，待故障排除后，手动恢复正常供电。

12	QS	隔离刀开关	HD13BX- □A/31	1	容量不够可选用其它型号
11	KA	中间继电器	JZ7-44/220V	1	
10	SA	控制转换开关	LW12-16D0401	1	
9	XH	接线盒	FJ6/DFY1	1	乐清海燕公司
8	QA	控制开关	C45N-32/2P-10A	1	
7	HLR、HLW、HLG	指示灯	AD16-22/41-220V	3	
6	1SB、2SB	按钮开关	LA23-11	2	
5	1PA～3PA	电流表	6L2-A □/5A	3	
4	1FU～3FU	熔断器	JF5-2.5RD/6A	3	
3	PJ	有功电能表	DT862-2/3×220/380V	1	
2	TAu、TAv、TAw	电流互感器	BH-0.66 □/5A	3	
1	QF	断路器（固定式）	MW□/□P-□A/220V	1	施耐德电气公司
序号	元件代号	名 称	型 号 规 格	数量	备 注

标记	处数	更改文件号	签 字	日期		GGD（交流操作）馈电柜二次原理图		图样标记	数量	重量	比例
设 计			标准化								1：1
绘 图			审 定					共 2 张		第 1 张	
审 核			批 准			馈电+计量（三相四线制有功计量）、3TA、断路器(MW)、不带电压表、自动或手动操作。		QB/T.DJ081904.03Y			
工 艺			日 期					光盘页码：3-602			

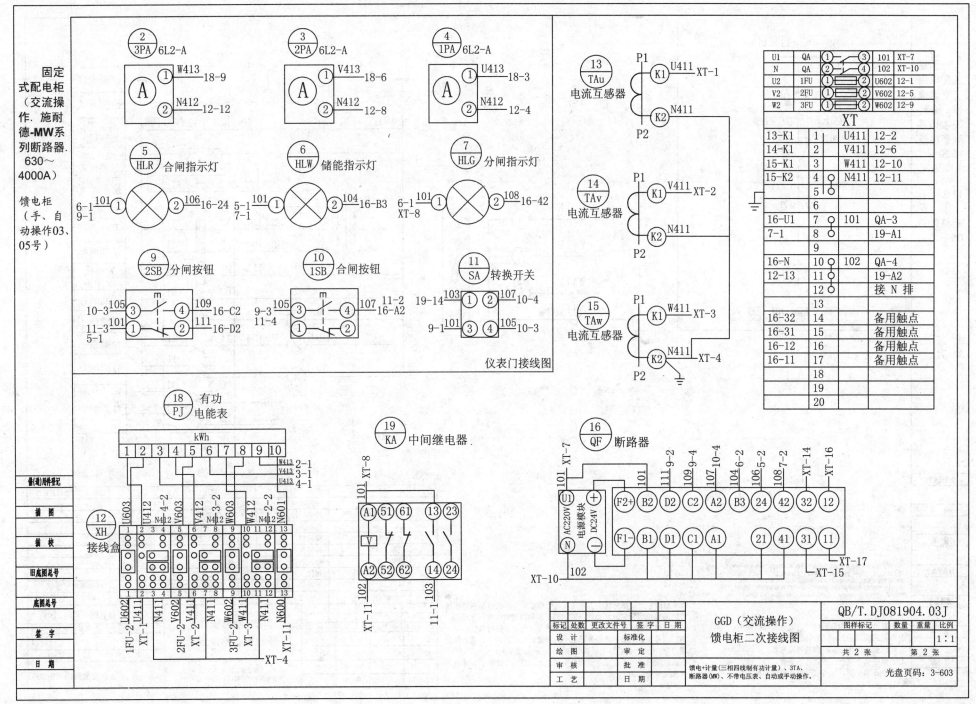

固定式配电柜（交流操作，施耐德-MW系列断路器，630~4000A）

馈电柜（手、自动操作03、05号）

②3PA 6L2-A

③2PA 6L2-A

④1PA 6L2-A

⑤HLR 合闸指示灯

⑥HLW 储能指示灯

⑦HLG 分闸指示灯

⑨2SB 分闸按钮

⑩1SB 合闸按钮

⑪SA 转换开关

仪表门接线图

⑬TAu 电流互感器

⑭TAv 电流互感器

⑮TAw 电流互感器

XT

U1	QA	①	③	101	XT-7
N	QA	②	④	102	XT-10
U2	1FU	①	②	U602	12-1
V2	2FU	①	②	V602	12-5
W2	3FU	①	②	W602	12-9

13-K1	1		U411	12-2
14-K1	2		V411	12-6
15-K1	3		W411	12-10
15-K2	4		N411	12-11
	5			
	6			
16-U1	7		101	QA-3
7-1	8			19-A1
	9			
16-N	10		102	QA-4
12-13	11			19-A2
	12			接 N 排
	13			
16-32	14			备用触点
16-31	15			备用触点
16-12	16			备用触点
16-11	17			备用触点
	18			
	19			
	20			

⑱PJ 有功电能表 kWh

⑲KA 中间继电器

⑯QF 断路器

⑫XH 接线盒

GGD（交流操作）馈电柜二次接线图

QB/T.DJ081904.03J

比例 1:1

共 2 张　第 2 张

馈电+计量(三相四线制有功计量)、3TA、断路器(MW)、不带电压表、自动或手动操作。

光盘页码：3-603

419

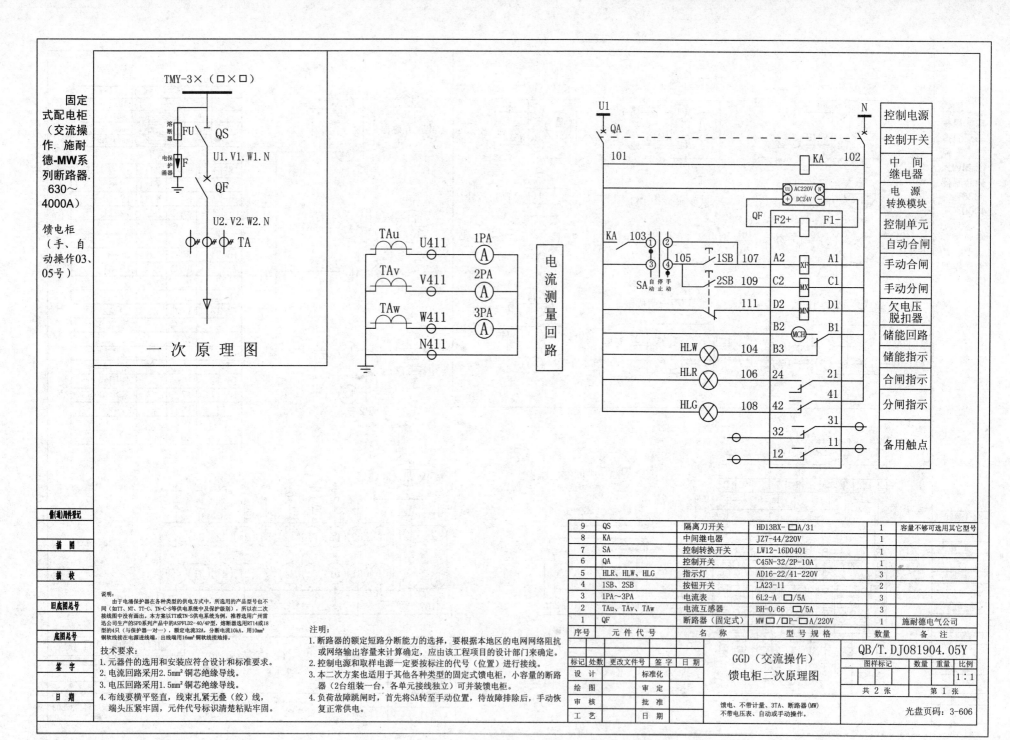

固定式配电柜（交流操作，施耐德-MW系列断路器，630～4000A）

馈电柜（手、自动操作03、05号）

TMY-3×（□×□）

熔断器 FU   QS

电保护涌器 F   U1.V1.W1.N

QF

U2.V2.W2.N

TA

一次原理图

TAu U411   1PA Ⓐ
TAv V411   2PA Ⓐ
TAw W411   3PA Ⓐ
N411

电流测量回路

U1   QA   N

101   KA   102

AC220V / DC24V

QF F2+   F1-

KA 103 ① ②
③ ④ 105   1SB 107   A2   A1   XF
SA 自动 停止 手动   2SB 109   C2   C1   MX
111   D2   D1   MN
B2   B1   MCH
HLW ⊗ 104   B3
HLR ⊗ 106   24   21
41
HLG ⊗ 108   42
31
32
12   11

| 控制电源 |
| 控制开关 |
| 中间继电器 |
| 电源转换模块 |
| 控制单元 |
| 自动合闸 |
| 手动合闸 |
| 手动分闸 |
| 欠电压脱扣器 |
| 储能回路 |
| 储能指示 |
| 合闸指示 |
| 分闸指示 |
| 备用触点 |

说明：
　　由于电涌保护器在各种类型的供电方式中，所选用的产品型号也不同（如TT、NT、TT-C、TN-C-S等供电系统中及保护级别），所以在二次接线图中没有画出。本方案以TT或TN-S供电系统为例，推荐选用广州雷迅公司生产的SPD系列产品中的ASPFLD2-40/4P型，熔断器选用RT14或18型的4只（与保护器一对一），额定电流32A，分断电流10kA，用10mm²铜软线接在电源进线端，出线端用16mm²铜软线接地排。

技术要求：
1.元器件的选用和安装应符合设计和标准要求。
2.电流回路采用2.5mm²铜芯绝缘导线。
3.电压回路采用1.5mm²铜芯绝缘导线。
4.布线要横平竖直，线束扎紧无叠（绞）线，端头压紧牢固，元件代号标识清楚粘贴牢固。

注明：
1.断路器的额定短路分断能力的选择，要根据本地区的电网网络阻抗或网络输出容量来计算确定，应由该工程项目的设计部门来确定。
2.控制电源和取样电源一定要按标注的代号（位置）进行接线。
3.本二次方案也适用于其他各种类型的固定式馈电柜，小容量的断路器（2台组装一台，各单元接线独立）可并装馈电柜。
4.负荷故障跳闸时，首先将SA转至手动位置，待故障排除后，手动恢复正常供电。

9	QS	隔离刀开关	HD13BX-□A/31	1	容量不够可选用其它型号
8	KA	中间继电器	JZ7-44/220V	1	
7	SA	控制转换开关	LW12-16D0401	1	
6	QA	控制开关	C45N-32/2P-10A	1	
5	HLR、HLW、HLG	指示灯	AD16-22/41-220V	3	
4	1SB、2SB	按钮开关	LA23-11	2	
3	1PA～3PA	电流表	6L2-A □/5A	3	
2	TAu、TAv、TAw	电流互感器	BH-0.66 □/5A	3	
1	QF	断路器（固定式）	MW□/P-□A/220V	1	施耐德电气公司
序号	元件代号	名称	型号规格	数量	备注

标记	处数	更改文件号	签字	日期
设计			标准化	
绘图			审定	
审核			批准	
工艺			日期	

GGD（交流操作）
馈电柜二次原理图

馈电、不带计量、3TA、断路器（MW）
不带电压表、自动或手动操作。

QB/T.DJ081904.05Y

图样标记		数量	重量	比例
				1:1
共2张			第1张	

光盘页码：3-606

底图总号／旧底图总号／签字／日期／描图／描校

借(通)用件登记

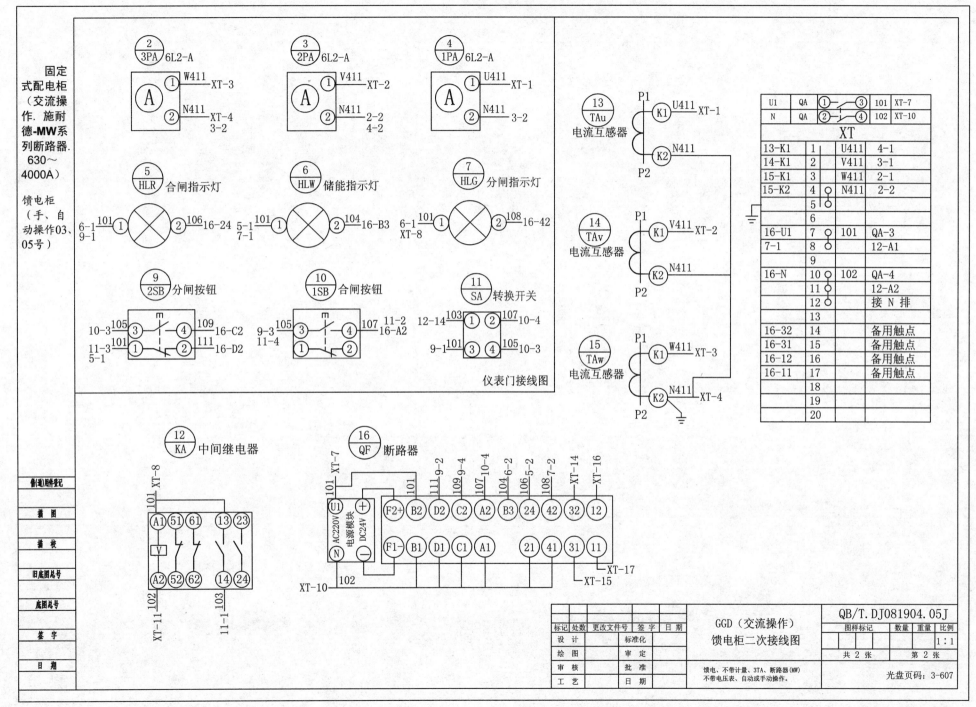

仪表门接线图

| U1 | QA | ①—③ | 101 | XT-7 |
| N | QA | ②—④ | 102 | XT-10 |

XT				
13-K1	1		U411	4-1
14-K1	2		V411	3-1
15-K1	3		W411	2-1
15-K2	4		N411	2-2
	5			
	6			
16-U1	7		101	QA-3
7-1	8			12-A1
	9			
16-N	10		102	QA-4
	11			12-A2
	12			接 N 排
	13			
16-32	14			备用触点
16-31	15			备用触点
16-12	16			备用触点
16-11	17			备用触点
	18			
	19			
	20			

固定式配电柜（交流操作．施耐德-MW系列断路器．630～4000A）

馈电柜（手、自动操作03、05号）

标记	处数	更改文件号	签字	日期	GGD（交流操作）	QB/T.DJ081904.05J		
设 计		标准化			馈电柜二次接线图	图样标记	数量	重量	比例
绘 图		审 定						1:1
审 核		批 准			馈电、不带计量、3TA、断路器(MW)	共 2 张	第 2 张
工 艺		日 期			不带电压表、自动或手动操作．	光盘页码：3-607

第四部分　低压配电设备
（HA 断路器为主开关）

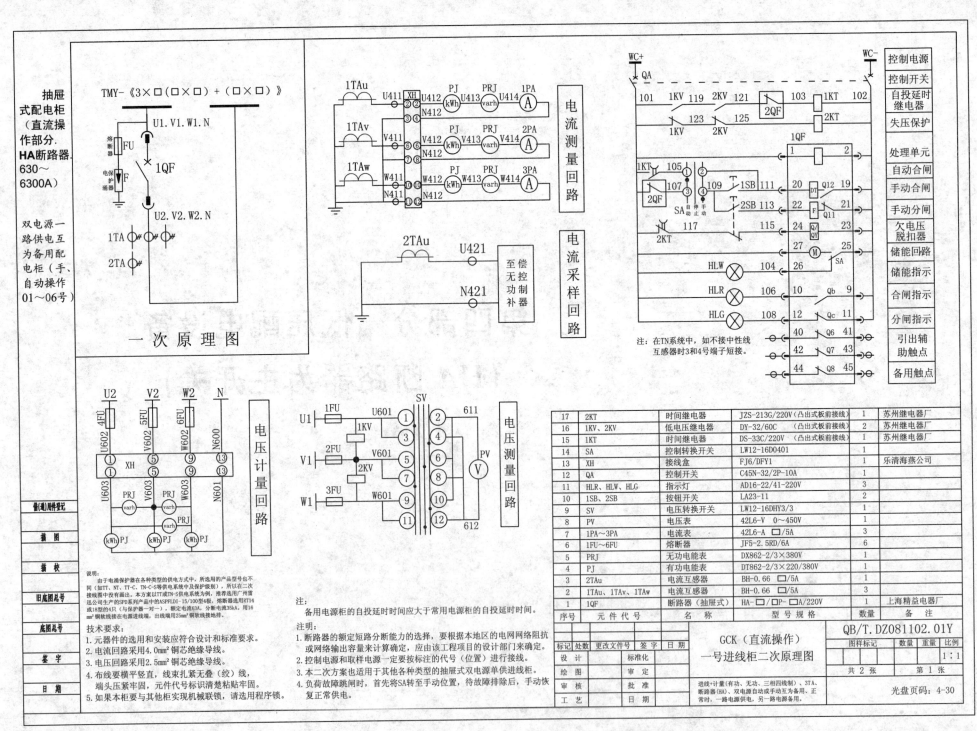

抽屉式配电柜（直流操作部分．HA断路器630～6300A）

双电源一路供电互为备用配电柜（手、自动操作01～06号）

TMY-《3×□(□×□)+(□×□)》

一次原理图

电流测量回路

电流采样回路

电压计量回路

电压测量回路

注：在TN系统中，如不接中性线互感器时3和4号端子短接。

控制电源
控制开关
自投延时继电器
失压保护
处理单元
自动合闸
手动合闸
手动分闸
欠电压脱扣器
储能回路
储能指示
合闸指示
分闸指示
引出辅助触点
备用触点

说明：
由于电涌保护器在各种类型的供电方式中，所选用的产品型号也不同（如TT、NT、TT-C、TN-C-S等供电系统中及保护级别），所以在二次接线图中没有画出。本方案以TT或TN-S供电系统为例，推荐选用广州雷迅公司生产的SPD系列产品中的ASPFLDI-15/100型4极，熔断器选用RT14或18型的4只（与保护器一对一），额定电流63A，分断电流35kA，用16mm²铜软压紧牢固，出线端用25mm²铜软线接地排。

技术要求：
1. 元器件的选用和安装应符合设计和标准要求。
2. 电流回路采用4.0mm²铜芯绝缘导线。
3. 电压回路采用2.5mm²铜芯绝缘导线。
4. 布线要横平竖直，线束扎紧无叠（绞）线，端头代号标识清楚粘贴牢固。
5. 如果本柜要与其他柜实现机械联锁，请选用程序锁。

注：
备用电源柜的自投延时时间应大于常用电源柜的自投延时时间。

注明：
1. 断路器的额定短路分断能力的选择，要根据本地区的电网网络阻抗或网络输出容量来计算确定，应由该工程项目的设计部门来确定。
2. 控制电源和取样电源一定要按标注的代号（位置）进行接线。
3. 本二次方案也适用于其他各种类型的抽屉式双电源单供进线柜。
4. 负荷故障跳闸时，首先将SA转至手动位置，待故障排除后，手动恢复正常供电。

序号	元件代号	名称	型号规格	数量	备注
17	2KT	时间继电器	JZS-213G/220V（凸出式板前接线）	1	苏州继电器厂
16	1KV、2KV	低电压继电器	DY-32/60C（凸出式板前接线）	2	苏州继电器厂
15	1KT	时间继电器	DS-33C/220V（凸出式板前接线）	1	苏州继电器厂
14	SA	控制转换开关	LW12-16D0401	1	
13	XH	接线盒	FJ6/DFY1	1	乐清海燕公司
12	QA	控制开关	C45N-32/2P-10A	1	
11	HLR、HLW、HLG	指示灯	AD16-22/41-220V	3	
10	1SB、2SB	按钮开关	LA23-11	2	
9	SV	电压转换开关	LW12-16DHY3/3	1	
8	PV	电压表	42L6-V 0～450V	1	
7	1PA～3PA	电流表	42L6-A □/5A	1	
6	1FU～6FU	熔断器	JF5-2.5RD/6A	6	
5	PRJ	无功电能表	DX862-2/3×380V	1	
4	PJ	有功电能表	DT862-2/3×220/380V	1	
3	2TAu	电流互感器	BH-0.66 □/5A	1	
2	1TAu、1TAv、1TAw	电流互感器	BH-0.66 □/5A	3	
1	1QF	断路器（抽屉式）	HA-□/□P-A/220V	1	上海精益电器厂

QB/T.DZ081102.01Y

GCK（直流操作）
一号进线柜二次原理图

图样标记　数量　重量　比例
1:1

共 2 张　第 1 张

进线+计量（有功、无功、三相四线制）、3TA、断路器（HA）、双电源自动或手动互为备用、正常时，一路电源供电，另一路电源备用。

光盘页码：4-30

备（通）用件登记
描　图
描　校
旧底图总号
底图总号
签　字
日　期

设　计
绘　图
审　核
工　艺
标准化
审　定
批　准
日　期

标记　处数　更改文件号　签　字　日期

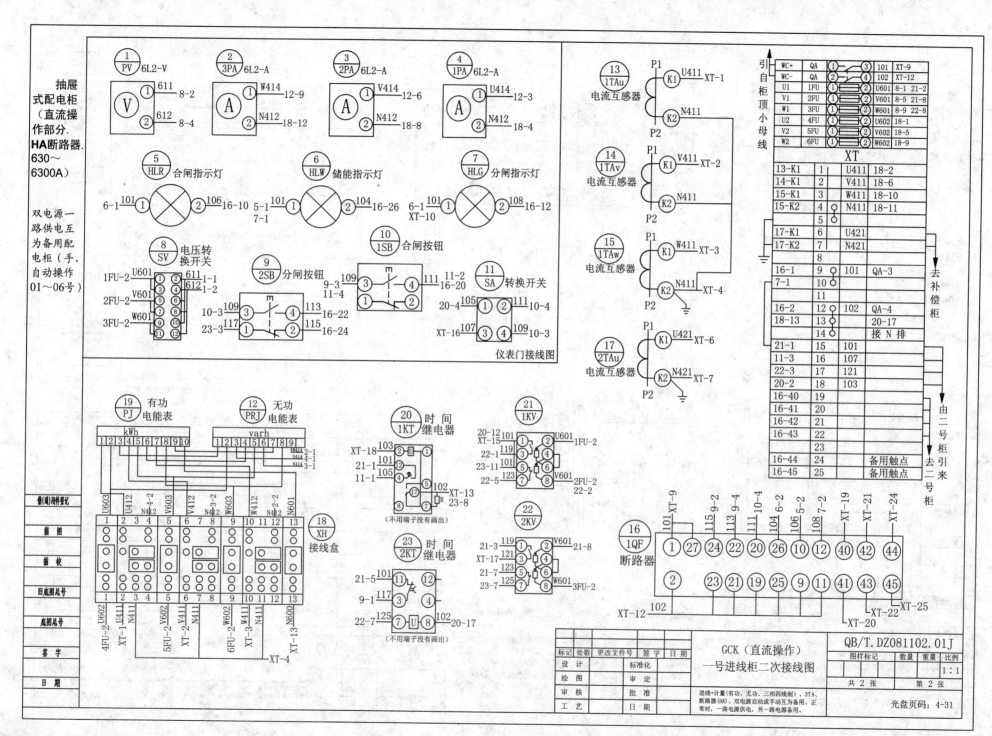

一号进线柜二次接线图

GCK（直流操作）

QB/T.DZ081102.01J

共 2 张　第 2 张

光盘页码：4-31

423

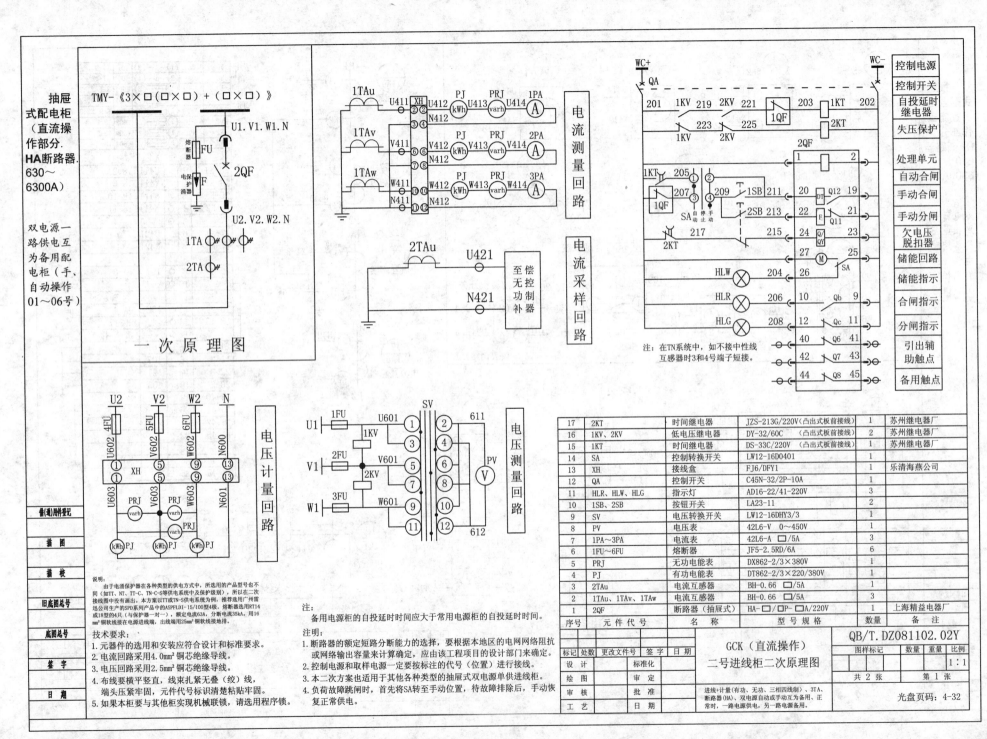

一 次 原 理 图

电流测量回路

电流采样回路

电压测量回路

电压计量回路

控制电源
控制开关
自投延时继电器
失压保护
处理单元
自动合闸
手动合闸
手动分闸
欠电压脱扣器
储能回路
储能指示
合闸指示
分闸指示
引出辅助触点
备用触点

注：在TN系统中，如不接中性线互感器时3和4号端子短接。

抽屉式配电柜（直流操作部分，HA断路器630～6300A）

双电源一路供电互为备用配电柜（手、自动操作01～06号）

TMY-《3×□(□×□)+(□×□)》

熔断器 FU
电保护涌器 F
2QF

说明：
由于电涌保护器在各种类型的供电方式中，所选用的产品型号也不同（如TT、NT、TT-C、TN-C-S等供电系统中及保护级别），所以在二次接线图中没有画出。本方案以TT或TN-S电系统为例，推荐选用广州雷迅公司生产的SPD系列产品中的ASPFLDI-15/100型4级，熔断器选用RT14或18型的4FU（与保护器一对一），额定电流63A，分断电流35kA。用16 mm²铜软线接在电源进线端，出线端25mm²铜软线接地排。

技术要求：
1. 元器件的选用和安装应符合设计和标准要求。
2. 电流回路采用4.0mm²铜芯绝缘导线。
3. 电压回路采用2.5mm²铜芯绝缘导线。
4. 布线要横平竖直，束线扎紧无叠（绞）线，端头压紧牢固，元件代号标识清楚粘贴牢固。
5. 如果本柜要与其他柜实现机械联锁，请选用程序锁。

注：
备用电源柜的自投延时时间应大于常用电源柜的自投延时时间。

注明：
1. 断路器的额定短路分断能力的选择，要根据本地区的电网网络阻抗或网络输出容量来计算确定，应由该工程项目的设计部门来确定。
2. 控制电源和取样电源一定要按标注的代号（位置）进行接线。
3. 本二次方案也适用于其他各种类型的抽屉式双电源单供进线柜。
4. 负荷故障跳闸时，首先将SA转至手动位置，待故障排除后，手动恢复正常供电。

17	2KT	时间继电器	JZS-213G/220V（凸出式板前接线）	1	苏州继电器厂
16	1KV、2KV	低电压继电器	DY-32/60C（凸出式板前接线）	2	苏州继电器厂
15	1KT	时间继电器	DS-33C/220V（凸出式板前接线）	1	苏州继电器厂
14	SA	控制转换开关	LW12-16D0401	1	
13	XH	接线盒	FJ6/DFY1	1	乐清海燕公司
12	QA	控制开关	C45N-32/2P-10A	1	
11	HLR、HLW、HLG	指示灯	AD16-22/41-220V	3	
10	1SB、2SB	按钮开关	LA23-11	2	
9	SV	电压转换开关	LW12-16DHY3/3	1	
8	PV	电压表	42L6-V 0～450V	1	
7	1PA～3PA	电流表	42L6-A □/5A	3	
6	1FU～6FU	熔断器	JF5-2.5RD/6A	6	
5	PRJ	无功电能表	DX862-2/3×380V	1	
4	PJ	有功电能表	DT862-2/3×220/380V	1	
3	2TAu	电流互感器	BH-0.66 □/5A	1	
2	1TAu、1TAv、1TAw	电流互感器	BH-0.66 □/5A	3	
1	2QF	断路器（抽屉式）	HA-□/□P-□A/220V	1	上海精益电器厂
序号	元件代号	名 称	型号规格	数量	备 注

借(通)用件登记							
描 图							
描 校							
旧底图总号							
底图总号							
签 字							
日 期							

标记	处数	更改文件号	签字	日期
设 计		标准化		
绘 图		审 定		
审 核		批 准		
工 艺		日 期		

GCK（直流操作）二号进线柜二次原理图

QB/T.DZ081102.02Y

图样标记	数量	重量	比例
			1:1

共 2 张　　第 1 张

进线+计量(有功、无功、三相四线制)、3TA、断路器(HA)、双电源自动或手动互为备用。正常时，一路电源供电，另一路电源备用。

光盘页码：4-32

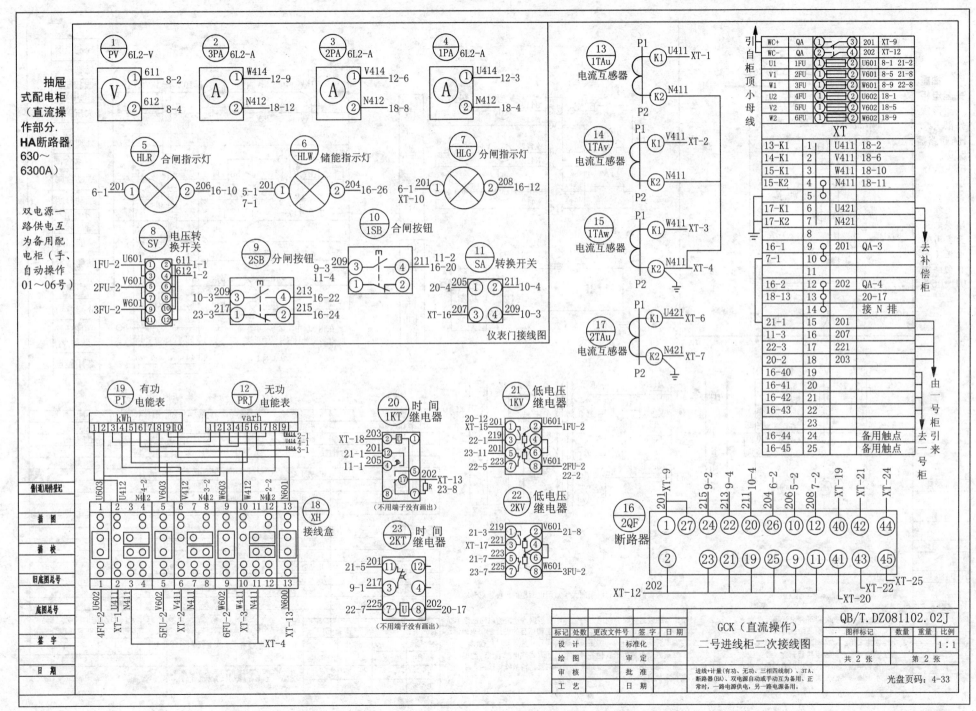

GCK（直流操作）
二号进线柜二次接线图

QB/T.DZ081102.02J

图样标记

共 2 张　　第 2 张

比例 1:1

光盘页码：4-33

425

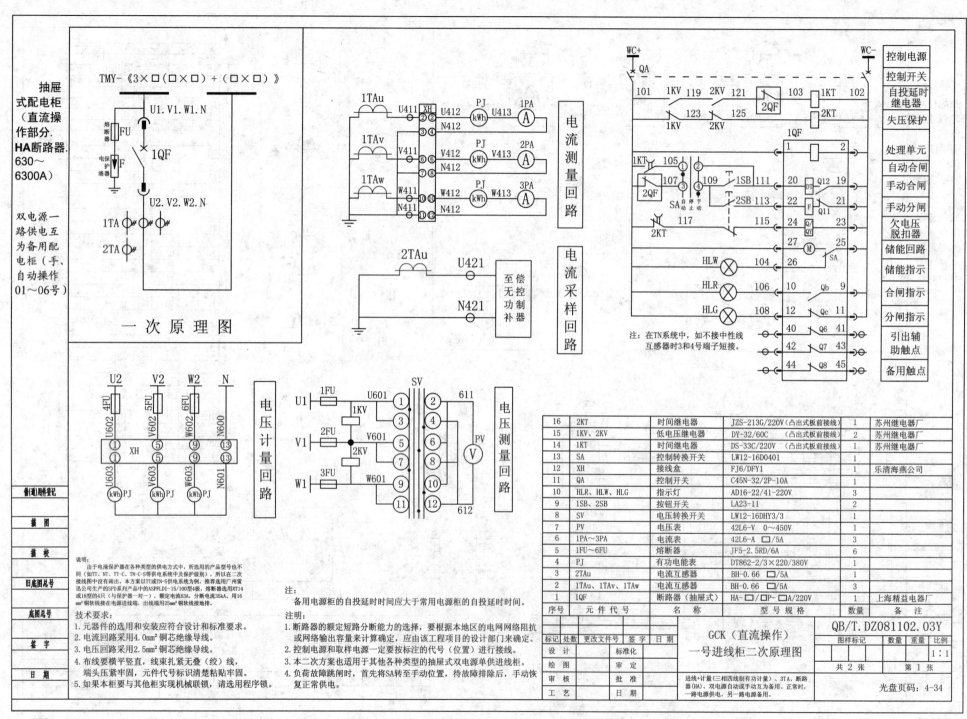

抽屉式配电柜（直流操作部分, HA断路器, 630～6300A）

双电源一路供电互为备用配电柜（手、自动操作01～06号）

TMY-《3×□(□×□)+(□×□)》

U1.V1.W1.N

熔断器 FU
电涌保护器 F
1QF
U2.V2.W2.N
1TA
2TA

一次原理图

1TAu U411 XH U412 PJ U413 1PA kWh A
1TAv V411 V412 PJ V413 2PA kWh A
1TAw W411 W412 PJ W413 3PA kWh A
N411 N412 N412

电流测量回路

2TAu U421
N421
至偿无控功率补偿器

电流采样回路

U2 V2 W2 N
4FU 5FU 6FU
U602 V602 W602 N600
XH
U603 V603 W603 N601
kWh PJ kWh PJ kWh PJ

电压计量回路

SV
U1 1FU U601 1 2 611
1KV
V1 2FU V601 3 4
2KV 5 6 PV V
W1 3FU W601 7 8
9 10
11 12 612

电压测量回路

WC+ WC− QA
101 1KV 119 2KV 121 103 1KT 102
2QF 123 125 2KT
1KV 2KV
1KT 105 1 2 1QF
107 3 4 109 1SB 111 20 DT Q12 19
2QF SA 自停手动止动 2SB 113 22 F Q11 21
2KT 117 115 24 QY 23
27 M 25 SA
HLW 104 26
HLR 106 10 Qb 9
HLG 108 12 Qc 11
40 Q6 41
42 Q7 43
44 Q8 45

控制电源
控制开关
自投延时继电器
失压保护
处理单元
自动合闸
手动合闸
手动分闸
欠电压脱扣器
储能回路
储能指示
合闸指示
分闸指示
引出辅助触点
备用触点

注：在TN系统中，如不接中性线互感器时3和4号端子短接。

说明：
由于电涌保护器在各种类型的供电方式中，所选用的产品型号也不同（如TT、NT、TT-C、TN-C-S等供电系统中及保护级别），所以在二次接线图中没有画出。本方案以TT或TN-S供电系统为例，推荐选用广州雷迅公司生产的SPD系列产品中的ASPFLDI-15/100型4极，熔断器选用RT14或18型的4只（与保护器一对一），额定电流63A，分断电流35kA，用16 mm²铜软线接在电源进线端，出线端用25mm²铜软线接地排。

技术要求：
1. 元件的选用和安装应符合设计和标准要求。
2. 电流回路采用4.0mm²铜芯绝缘导线。
3. 电压回路采用2.5mm²铜芯绝缘导线。
4. 布线要横平竖直，线束扎紧无叠（绞）线，端头压紧牢固，元件代号标识清楚粘贴牢固。
5. 如果本柜要与其他柜实现机械联锁，请选用程序锁。

注：
备用电源柜的自投延时时间应大于常用电源柜的自投延时时间。

注明：
1. 断路器的额定短路分断能力的选择，要根据本地区的电网网络阻抗或网络输出容量来计算确定，应由该工程项目的设计部门来确定。
2. 控制电源和取样电源一定要按标注的代号（位置）进行接线。
3. 本二次方案也适用于其他各种类型的抽屉式双电源单供进线柜。
4. 负荷故障跳闸时，首先将SA转至手动位置，待故障排除后，手动恢复正常供电。

16	2KT	时间继电器	JZS-213G/220V（凸出式板前接线）	1	苏州继电器厂
15	1KV、2KV	低电压继电器	DY-32/60C	2	苏州继电器厂
14	1KT	时间继电器	DS-33C/220V（凸出式板前接线）	1	苏州继电器厂
13	SA	控制转换开关	LW12-16D0401	1	
12	XH	接线盒	FJ6/DFY1	1	乐清海燕公司
11	QA	控制开关	C45N-32/2P-10A	1	
10	HLR、HLW、HLG	指示灯	AD16-22/41-220V	3	
9	1SB、2SB	按钮开关	LA23-11	2	
8	SV	电压转换开关	LW12-16DHY3/3	1	
7	PV	电压表	42L6-V 0~450V	1	
6	1PA～3PA	电流表	42L6-A □/5A	3	
5	1FU～6FU	熔断器	JF5-2.5RD/6A	6	
4	PJ	有功电能表	DT862-2/3×220/380V	3	
3	2TAu	电流互感器	BH-0.66 □/5A	1	
2	1TAu、1TAv、1TAw	电流互感器	BH-0.66 □/5A	3	
1	1QF	断路器（抽屉式）	HA-□/□P-□A/220V	1	上海精益电器厂
序号	元件代号	名 称	型 号 规 格	数量	备 注

备(通)用件登记			
描 图			
描 校			
旧底图总号			
底图总号			
签 字			
日 期			

标记	处数	更改文件号	签 字	日 期
设 计		标准化		
绘 图		审 定		
审 核		批 准		
工 艺		日 期		

GCK（直流操作）一号进线柜二次原理图

QB/T.DZ081102.03Y

图样标记		数量	重量	比例
				1:1

共 2 张　　第 1 张

进线+计量（三相四线制有功计量）、3TA、断路器（HA）、双电源自动或手动互为备用。正常时，一路电源供电，另一路电源备用。

光盘页码：4-34

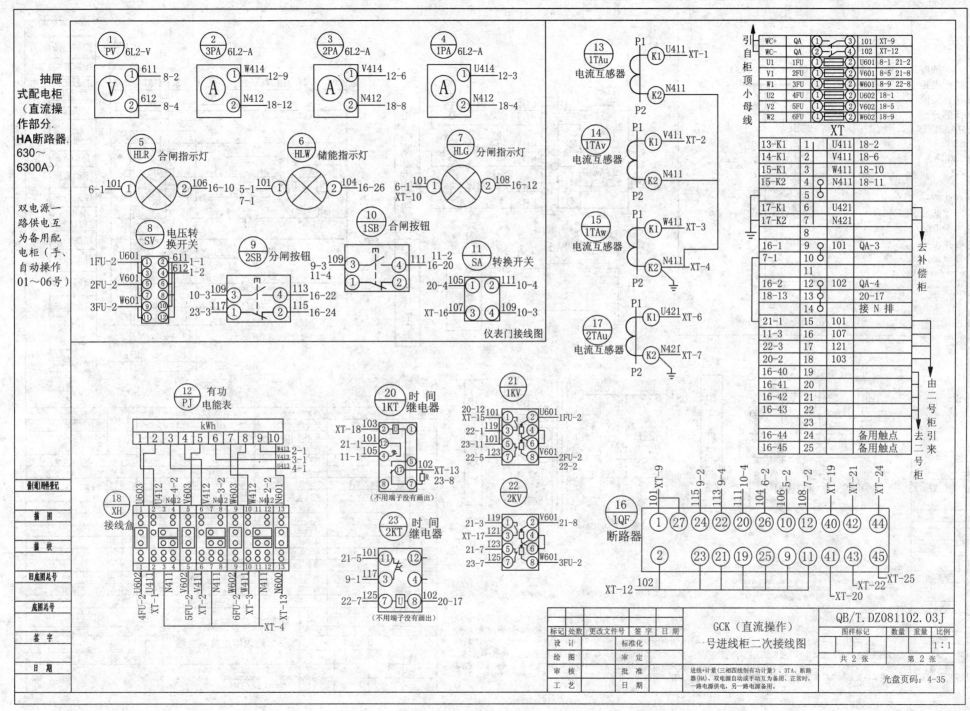

GCK（直流操作）
一号进线柜二次接线图

QB/T.DZ081102.03J

共 2 张　　第 2 张

进线+计量（三相四线制有功计量）、3TA、断路器（HA）、双电源自动或手动互为备用、正常时，一路电源供电，另一路电源备用。

光盘页码：4-35

427

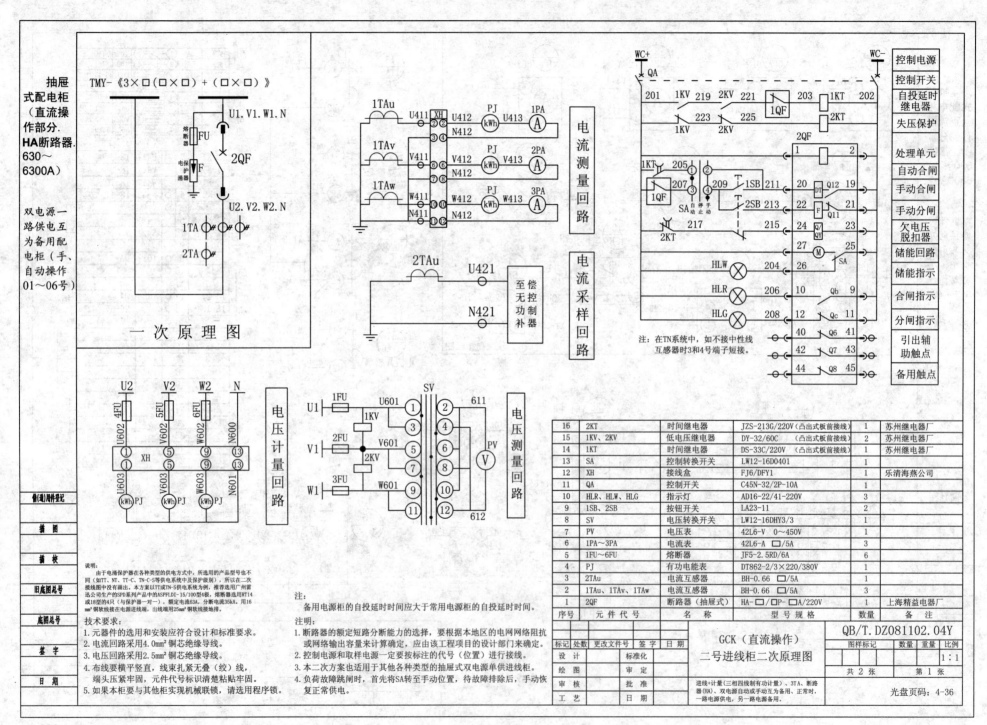

抽屉式配电柜（直流操作部分，HA断路器，630～6300A）

双电源一路供电互为备用配电柜（手、自动操作01～06号）

TMY-《3×□(□×□)+(□×□)》

一次原理图

电流测量回路

电流采样回路

电压计量回路

电压测量回路

注：在TN系统中，如不接中性线互感器时3和4号端子短接。

		控制电源
		控制开关
		自投延时继电器
		失压保护
		处理单元
		自动合闸
		手动合闸
		手动分闸
		欠电压脱扣器
		储能回路
		储能指示
		合闸指示
		分闸指示
		引出辅助触点
		备用触点

说明：
由于电涌保护器在各种类型的供电方式中，所选用的产品型号也不同（如TT、NT、TT-C、TN-C-S等供电系统中及保护级别），所以在二次接线图中没有给出。本案以TT或TN-S供电系统为例，推荐选用广州雷迅公司生产的SPD系列产品中的ASPFLD1-15/100型4级，熔断器选用RT14或18型的4只（与保护器一对一），额定电流63A，分断电流35kA，用16mm²铜软线接在电源进线端，出线端用25mm²铜软线接地排。

技术要求：
1. 元件的选用和安装应符合设计和标准要求。
2. 电流回路采用4.0mm²铜芯绝缘导线。
3. 电压回路采用2.5mm²铜芯绝缘导线。
4. 布线要横平竖直，线束扎紧无叠（绞）线，端头压紧牢固，元件代号标识清楚粘贴牢固。
5. 如果本柜要与其他柜实现机械联锁，请选用程序锁。

注：
备用电源柜的自投延时时间应大于常用电源柜的自投延时时间。

注明：
1. 断路器的额定短路分断能力的选择，要根据本地区的电网网络阻抗和网络输出容量来计算确定，应由该工程项目的设计部门来确定。
2. 控制电源和取样电源一定要按标注的代号（位置）进行接线。
3. 本二次方案也适用于其他各种类型的抽屉式双电源单供进线柜。
4. 负荷故障跳闸时，首先将SA转至手动位置，待故障排除后，手动恢复正常供电。

16	2KT	时间继电器	JZS-213G/220V（凸出式板前接线）	1	苏州继电器厂
15	1KV、2KV	低电压继电器	DY-32/60C（凸出式板前接线）	2	苏州继电器厂
14	1KT	时间继电器	DS-33C/220V（凸出式板前接线）	1	苏州继电器厂
13	SA	控制转换开关	LW12-16D0401	1	
12	XH	接线盒	FJ6/DFY1	1	乐清海燕公司
11	QA	控制开关	C45N-32/2P-10A	1	
10	HLR、HLW、HLG	指示灯	AD16-22/41-220V	3	
9	1SB、2SB	按钮开关	LA23-11	2	
8	SV	电压转换开关	LW12-16DHY3/3	1	
7	PV	电压表	42L6-V 0～450V	1	
6	1PA～3PA	电流表	42L6-A □/5A	3	
5	1FU～6FU	熔断器	JF5-2.5RD/6A	6	
4	PJ	有功电能表	DT862-2/3×220/380V	3	
3	2TAu	电流互感器	BH-0.66 □/5A	1	
2	1TAu、1TAv、1TAw	电流互感器	BH-0.66 □/5A	3	
1	2QF	断路器（抽屉式）	HA-□/□P-□A/220V	1	上海精益电器厂
序号	元件代号	名 称	型号规格	数量	备 注

标记	处数	更改文件号	签字	日期	GCK（直流操作）二号进线柜二次原理图	QB/T.DZ081102.04Y
设计			标准化			
绘图			审定			
审核			批准			进线+计量（三相四线制有功计量）、3TA、断路器（HA）、双电源自动或手动互为备用、正常时，一路电源供电，另一路电源备用。
工艺			日期			光盘页码：4-36

图样标记：共2张 第1张 1:1

旧底图总号 底图总号 签字 日期

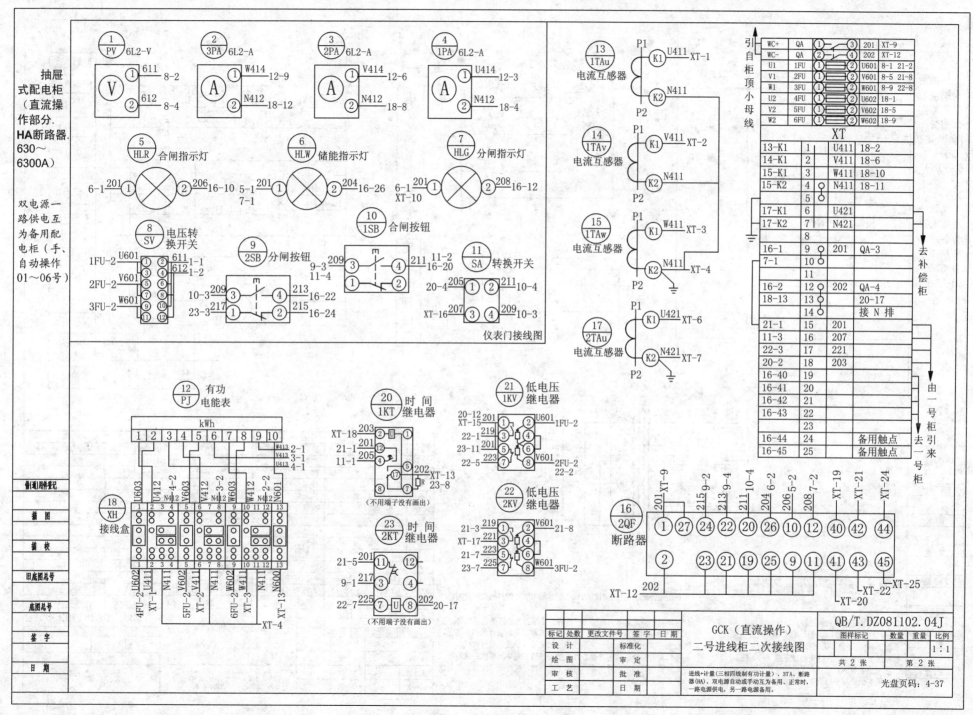

二号进线柜二次接线图

GCK（直流操作）
QB/T.DZ081102.04J

共 2 张　第 2 张

光盘页码：4-37

429

抽屉式配电柜
（直流操作部分.
HA断路器.
630～
6300A）

双电源一路供电互为备用配电柜（手、自动操作01～06号）

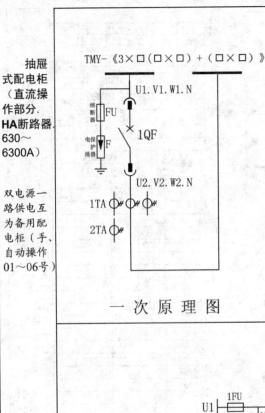

TMY-《3×□（□×□）+（□×□）》

一次原理图

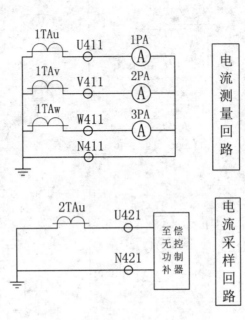

电流测量回路

电流采样回路

至偿无控功率补器

控制电源
控制开关
自投延时继电器
失压保护

处理单元
自动合闸
手动合闸
手动分闸
欠电压脱扣器
储能回路
储能指示
合闸指示
分闸指示
引出辅助触点
备用触点

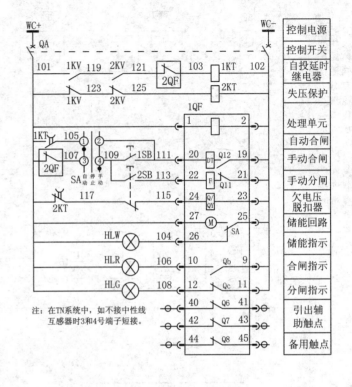

注：在TN系统中，如不接中性线互感器时3和4号端子短接。

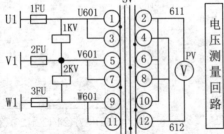

电压测量回路

说明：
由于电涌保护器在各种类型的供电方式中，所选用的产品型号也不同（如TT、NT、TT-C、TN-C-S等供电系统中及保护级别），所以在二次接线图中没有画出。本方案以TT或TN-S供电系统为例，推荐选用广州雷迅公司生产的SPD系列产品中的ASPPFLD1-15/100型4极，熔断器选用RT14或18型的4只（与保护一一对应），额定电流63A，分断电流35kA，用16 mm²铜软线接在电源进线端，出线端用25mm²铜软线接地排。

技术要求：
1. 元器件的选用和安装应符合设计和标准要求。
2. 电流回路采用2.5mm²铜芯绝缘导线。
3. 电压回路采用1.5mm²铜芯绝缘导线。
4. 布线要横平竖直，线束扎紧无叠（绞）线，端头压紧牢固，元件代号标识清楚粘贴牢固。
5. 如果本柜要与其他柜实现机械联锁，请选用程序锁。

注：
备用电源柜的自投延时时间应大于常用电源柜的自投延时时间。

注明：
1. 断路器的额定短路分断能力的选择，要根据本地区的电网网络阻抗或网络输出容量来计算确定，应由该工程项目的设计部门来确定。
2. 控制电源和取样电源一定要按标注的代号（位置）进行接线。
3. 本二次方案也适用于其他各种类型的抽屉式双电源单供进线柜。
4. 负荷故障跳闸时，首先将SA转至手动位置，待故障排除后，手动恢复正常供电。

14	2KT	时间继电器	JZS-213G/220V(凸出式板前接线)	1	苏州继电器厂
13	1KV、2KV	低电压继电器	DY-32/60C (凸出式板前接线)	2	苏州继电器厂
12	1KT	时间继电器	DS-33C/220V(凸出式板前接线)	1	苏州继电器厂
11	SA	控制转换开关	LW12-16D0401	1	
10	QA	控制开关	C45N-32/2P-10A	1	
9	HLR、HLW、HLG	指示灯	AD16-22/41-220V	3	
8	1SB、2SB	按钮开关	LA23-11	2	
7	SV	电压转换开关	LW12-16DHY3/3	1	
6	PV	电压表	42L6-V 0～450V	1	
5	1PA～3PA	电流表	42L6-A □/5A	3	
4	1FU～3FU	熔断器	JF5-2.5RD/6A	3	
3	2TAu	电流互感器	BH-0.66 □/5A	1	
2	1TAu、1TAv、1TAw	电流互感器	BH-0.66 □/5A	3	
1	1QF	断路器（抽屉式）	HA-□/□P-□A/220V	1	上海精益电器厂
序号	元件代号	名 称	型 号 规 格	数量	备 注

备件附件登记				
描 图		标记	处数	更改文件号	签字	日期
描 校				
旧底图总号		设 计		标准化	
		绘 图		审 定	
底图总号				
签 字		审 核		批 准	
日 期		工 艺		日 期	

GCK（直流操作）
一号进线柜二次原理图

QB/T.DZ081102.05Y

图样标记	数量	重量	比例
			1:1

进线、不带计量、3TA、断路器(HA)、双电源自动或手动互为备用、正常时，一路电源供电，另一路电源备用。

共 2 张 第 1 张

光盘页码：4-38

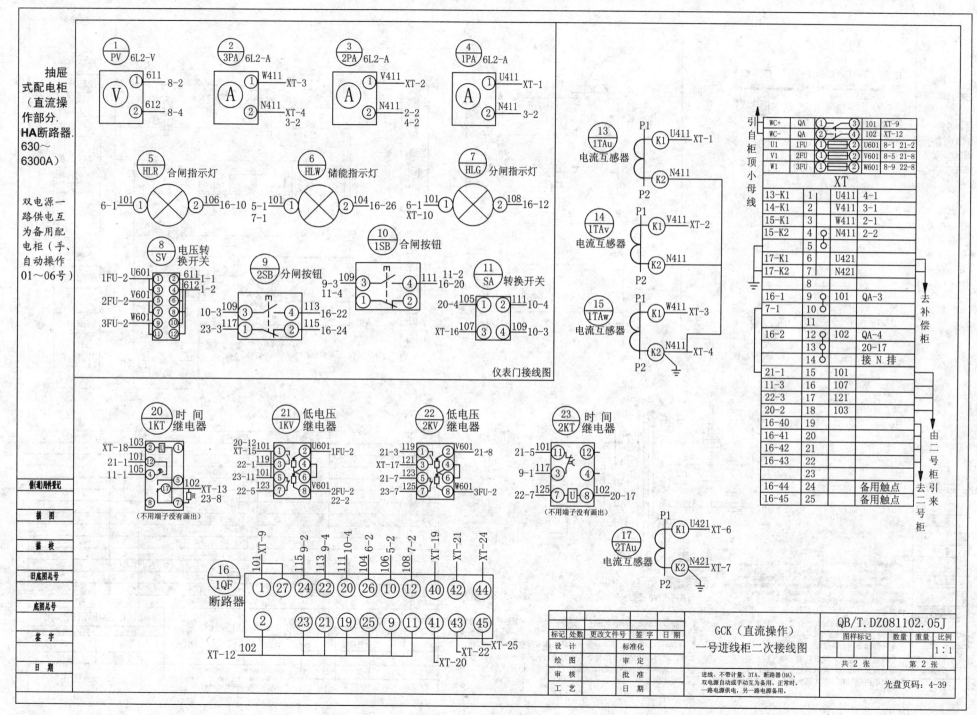

仪表门接线图

抽屉式配电柜（直流操作部分. HA断路器. 630～6300A）

双电源一路供电互为备用配电柜（手、自动操作01～06号）

标记	处	更改文件号	签字	日期
设 计			标准化	
绘 图			审 定	
审 核			批 准	
工 艺			日 期	

GCK（直流操作）
一号进线柜二次接线图

进线、不带计量、3TA、断路器(HA)、双电源自动或手动互为备用、正常时、一路电源供电，另一路电源备用。

QB/T.DZ081102.05J

图样标记	数量	重量	比例
			1:1
共 2 张		第 2 张	

光盘页码：4-39

431

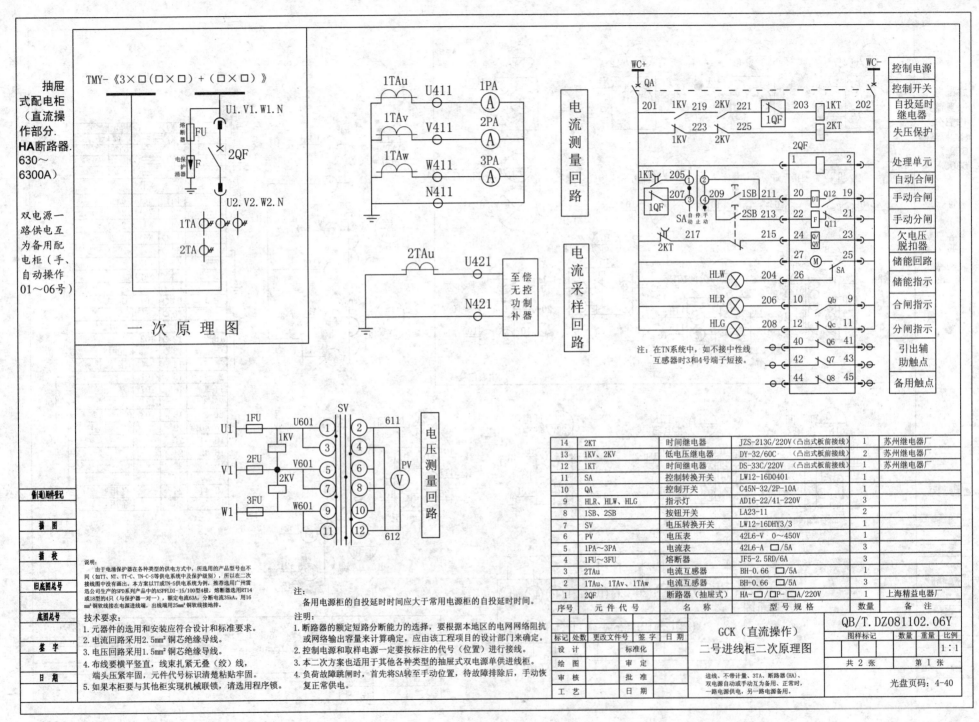

抽屉式配电柜（直流操作部分. HA断路器. 630～6300A）

双电源一路供电互为备用配电柜（手、自动操作01～06号）

TMY-《3×□(□×□)+(□×□)》

U1.V1.W1.N

熔断器 FU
电保护涌器 F
2QF

U2.V2.W2.N

1TA
2TA

一次原理图

1TAu U411 1PA (A)
1TAv V411 2PA (A)
1TAw W411 3PA (A)
N411

电流测量回路

2TAu U421 至偿无控功率补器
N421

电流采样回路

SV
1FU U601 ① ② 611
U1 1KV
2FU V601 ③ ④
V1 2KV ⑤ ⑥ PV (V)
⑦ ⑧
3FU W601 ⑨ ⑩
W1 ⑪ ⑫ 612

电压测量回路

WC+ WC-
QA
201 1KV 219 2KV 221 203 1KT 202
223 225 1QF
1KV 2KV
2KT
2QF
1KT 205 ① ② 1 2
207 ③ ④ 209 1SB 211 20 DT Q12 19
1QF T
SA 自停手 2SB 213 22 F Q11 21
动止 止
217 215 24 Q/ 23
2KT QY
27 M 25
HLW ⊗ 204 26 SA
HLR ⊗ 206 10 Qb 9
HLG ⊗ 208 12 Qc 11
40 Q6 41
42 Q7 43
44 Q8 45

控制电源
控制开关
自投延时继电器
失压保护
处理单元
自动合闸
手动合闸
手动分闸
欠电压脱扣器
储能回路
储能指示
合闸指示
分闸指示
引出辅助触点
备用触点

注：在TN系统中，如不接中性线互感器时3和4号端子短接。

说明：
由于电涌保护器在各种类型的供电方式中，所选用的产品型号也不同（如TT、NT、TT-C、TN-C-S等供电系统中及保护级别），所以在二次接线图中没有画出。本方案以TT或TN-S供电系统为例，推荐选用广州雷迅公司生产的SPD系列产品中的ASPFLDI-15/100型4极，熔断器选用RT14或18型的4只（与保护器一对一），额定电流63A，分断电流35kA，用16mm²铜软线接在电源进线端，出线端用25mm²铜软线接地排。

技术要求：
1. 元器件的选用和安装应符合设计和标准要求。
2. 电流回路采用2.5mm²铜芯绝缘导线。
3. 电压回路采用1.5mm²铜芯绝缘导线。
4. 布线要横平竖直，线束扎紧无叠（绞）线，端头压紧牢固，元件代号标识清楚粘贴牢固。
5. 如果本柜要与其他柜实现机械联锁，请选用程序锁。

注：
备用电源柜的自投延时时间应大于常用电源柜的自投延时时间。

注：
1. 断路器的额定短路分断能力的选择，要根据本地区的电网网络阻抗或网络输出容量来计算确定，应由该工程项目的设计部门来确定。
2. 控制电源和取样电源一定要按标注的代号（位置）进行接线。
3. 本二次方案也适用于其他各种类型的抽屉式双电源单供进线柜。
4. 负荷故障跳闸时，首先将SA转至手动位置，待故障排除后，手动恢复正常供电。

14	2KT	时间继电器	JZS-213G/220V (凸出式板前接线)	1	苏州继电器厂
13	1KV、2KV	低电压继电器	DY-32/60C (凸出式板前接线)	2	苏州继电器厂
12	1KT	时间继电器	DS-33C/220V (凸出式板前接线)	1	苏州继电器厂
11	SA	控制转换开关	LW12-16D0401	1	
10	QA	控制开关	C45N-32/2P-10A	1	
9	HLR、HLW、HLG	指示灯	AD16-22/41-220V	3	
8	1SB、2SB	按钮开关	LA23-11	2	
7	SV	电压转换开关	LW12-16DHY3/3	1	
6	PV	电压表	42L6-V 0～450V	1	
5	1PA～3PA	电流表	42L6-A □/5A	3	
4	1FU～3FU	熔断器	JF5-2.5RD/6A	3	
3	2TAu	电流互感器	BH-0.66 □/5A	1	
2	1TAu、1TAv、1TAw	电流互感器	BH-0.66 □/5A	3	
1	2QF	断路器（抽屉式）	HA-□/□P-□A/220V	1	上海精益电器厂
序号	元件代号	名称	型号规格	数量	备注

备(迎)明新登记				
描图				
描校				
旧底图总号				
底图总号				
签字				
日期				

标记	处数	更改文件号	签字	日期
设计			标准化	
绘图			审定	
审核			批准	
			工艺	

QB/T.DZ081102.06Y

GCK（直流操作）
二号进线柜二次原理图

图样标记	数量	重量	比例
			1:1

共2张　　第1张

进线、不带计量、3TA、断路器（HA）、双电源自动或手动互为备用、正常时，一路电源供电，另一路电源备用。

光盘页码：4-40

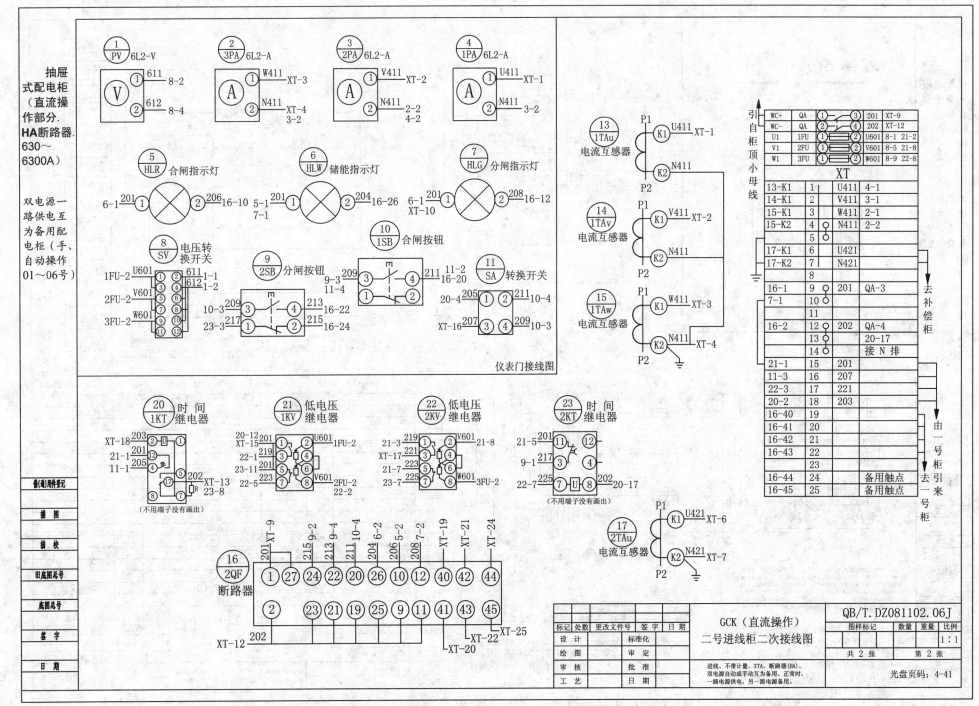

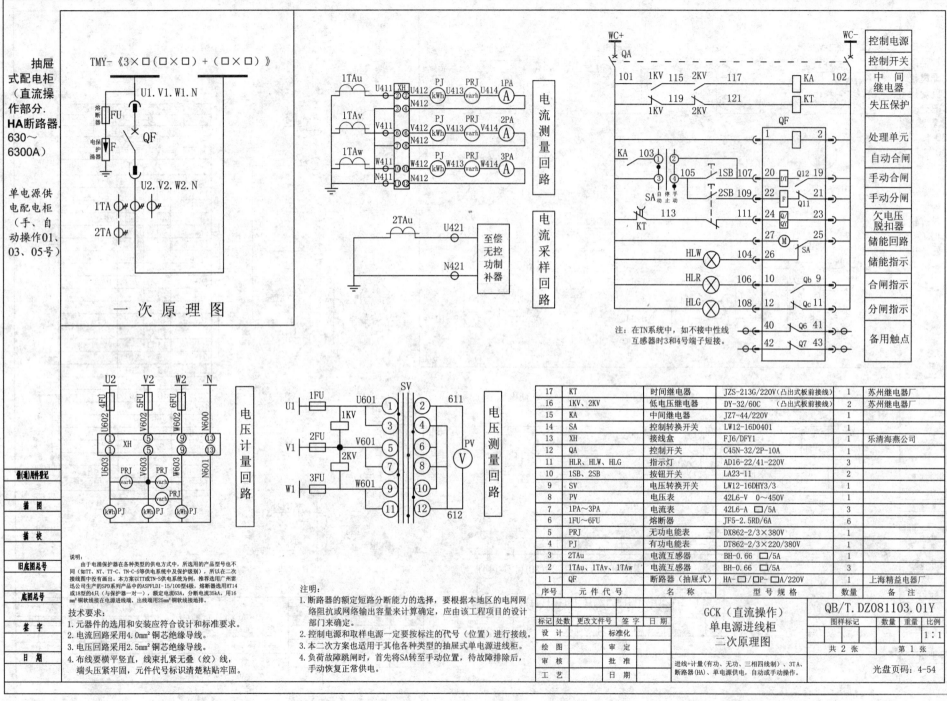

一次原理图

抽屉式配电柜（直流操作部分.HA断路器.630～6300A）

单电源供电配电柜（手、自动操作01、03、05号）

TMY-《3×□(□×□)+(□×□)》

U1.V1.W1.N
U2.V2.W2.N

电流测量回路

电流采样回路

至偿无控功制补器

电压计量回路

电压测量回路

注：在TN系统中，如不接中性线互感器时3和4号端子短接。

控制电源
控制开关
中间继电器
失压保护
处理单元
自动合闸
手动合闸
手动分闸
欠电压脱扣器
储能回路
储能指示
合闸指示
分闸指示
备用触点

17	KT	时间继电器	JZS-213G/220V(凸出式板前接线)	1	苏州继电器厂
16	1KV、2KV	低电压继电器	DY-32/60C　(凸出式板前接线)	2	苏州继电器厂
15	KA	中间继电器	JZ7-44/220V	1	
14	SA	控制转换开关	LW12-16D0401	1	
13	XH	接线盒	FJ6/DFY1	1	乐清海燕公司
12	QA	控制开关	C45N-32/2P-10A	1	
11	HLR、HLW、HLG	指示灯	AD16-22/41-220V	3	
10	1SB、2SB	按钮开关	LA23-11	2	
9	SV	电压转换开关	LW12-16DHY3/3	1	
8	PV	电压表	42L6-V　0～450V	1	
7	1PA～3PA	电流表	42L6-A □/5A	3	
6	1FU～6FU	熔断器	JF5-2.5RD/6A	6	
5	PRJ	无功电能表	DX862-2/3×380V	1	
4	PJ	有功电能表	DT862-2/3×220/380V	1	
3	2TAu	电流互感器	BH-0.66 □/5A	1	
2	1TAu、1TAv、1TAw	电流互感器	BH-0.66 □/5A	3	
1	QF	断路器（抽屉式）	HA-□/□P-□A/220V	1	上海精益电器厂
序号	元件代号	名　称	型号规格	数量	备注

说明：
由于电涌保护器在各种类型的供电方式中，所选用的产品型号也不同（如TT、NT、TT-C、TN-C-S等供电系统中及保护级别），所以在二次接线图中没有画出。本方案以TT或TN-S供电系列为例，推荐选用广州雷迅公司生产的SPD系列产品中的ASPFLDI-15/100四极，熔断器选用RT14或18型的4只（与保护器一对一），额定电流63A，分断电流35kA，用16mm²铜软线接在电源进线端，出线端用25mm²铜软线接地用。

技术要求：
1. 元器件的选用和安装应符合设计和标准要求。
2. 电流回路采用4.0mm²铜芯绝缘导线。
3. 电压回路采用2.5mm²铜芯绝缘导线。
4. 布线要横平竖直，线束扎紧无叠（绞）线，端头压紧牢固，元件代号标识清楚粘贴牢固。

注明：
1. 断路器的额定短路分断能力的选择，要根据本地区的电网网络阻抗或网络输出容量来计算确定，应由该工程项目的设计部门来确定。
2. 控制电源和取样电源一定要按标注的代号（位置）进行接线。
3. 本二次方案也适用于其他各种类型的抽屉式单电源进线柜。
4. 负荷故障跳闸时，首先将SA转至手动位置，待故障排除后，手动恢复正常供电。

备(通)用件登记
描　图
描　校
旧底图总号
底图总号
签　字
日　期

设　计　　标准化
绘　图　　审　定
审　核　　批　准
工　艺　　日　期

GCK（直流操作）单电源进线柜二次原理图

进线+计量（有功、无功、三相四线制）、3TA、断路器(HA)、单电源供电，自动或手动操作。

QB/T.DZ081103.01Y

| 图样标记 | 数量 | 重量 | 比例 |
| | | | 1:1 |

标记 处数 更改文件号 签字 日期

共 2 张　　第 1 张

光盘页码：4-54

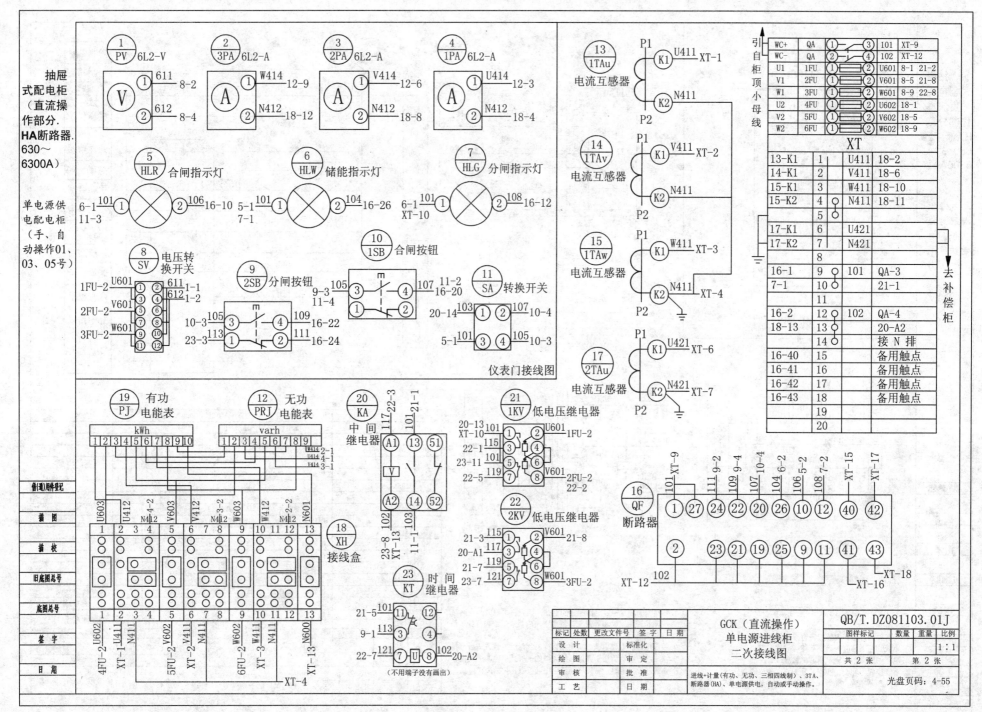

仪表门接线图

GCK（直流操作）
单电源进线柜
二次接线图

QB/T.DZ081103.01J

进线+计量(有功、无功、三相四线制)、3TA、
断路器(HA)、单电源供电、自动或手动操作。

光盘页码：4-55

435

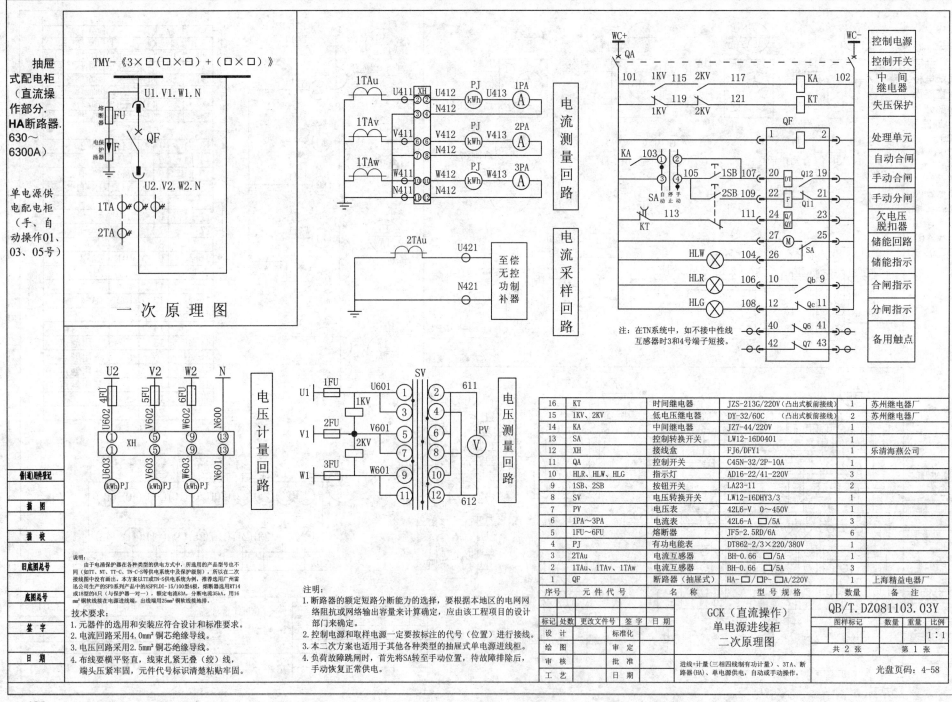

抽屉式配电柜（直流操作部分.HA断路器.630～6300A）

单电源供电配电柜（手、自动操作01、03、05号）

TMY-《3×□（□×□）+（□×□）》

一次原理图

电流测量回路

电流采样回路

电压测量回路

电压计量回路

控制电源 / 控制开关 / 中间继电器 / 失压保护 / 处理单元 / 自动合闸 / 手动合闸 / 手动分闸 / 欠电压脱扣器 / 储能回路 / 储能指示 / 合闸指示 / 分闸指示 / 备用触点

注：在TN系统中，如不接中性线互感器时3和4号端子短接。

说明：
由于电涌保护器在各种类型的供电方式中，所选用的产品型号也不同（如TT、NT、TT-C、TN-C-S等供电系统中及保护级别），所以在二次接线图中没有画出。本方案以TT或TN-S供电系统为例，推荐选用广州雷迅公司生产的SPD系列产品中的ASPFLDI-15/100型4级，熔断器选用RT14或18型的4只（与保护器一对一），额定电流63A，分断电流35kA。用16 mm² 铜软线接在电源进线端，出线端用25mm² 铜软线接地排。

技术要求：
1. 元器件的选用和安装应符合设计和标准要求。
2. 电流回路采用4.0mm² 铜芯绝缘导线。
3. 电压回路采用2.5mm² 铜芯绝缘导线。
4. 布线要横平竖直，线束扎紧无叠（绞）线，端头压紧牢固，元件代号标识清楚粘贴牢固。

注明：
1. 断路器的额定短路分断能力的选择，要根据本地区的电网网络阻抗或网络输出容量来计算确定，应由该工程项目的设计部门来确定。
2. 控制电源和取样电源一定要按标注的代号（位置）进行接线。
3. 本二次方案也适用于其他各种类型的抽屉式单电源进线柜。
4. 负荷故障跳闸时，首先将SA转至手动位置，待故障排除后，手动恢复正常供电。

16	KT	时间继电器	JZS-213G/220V（凸出式板前接线）	1	苏州继电器厂
15	1KV、2KV	低电压继电器	DY-32/60C （凸出式板前接线）	2	苏州继电器厂
14	KA	中间继电器	JZ7-44/220V	1	
13	SA	控制转换开关	LW12-16D0401	1	
12	XH	接线盒	FJ6/DFY1	1	乐清海燕公司
11	QA	控制开关	C45N-32/2P-10A	1	
10	HLR、HLW、HLG	指示灯	AD16-22/41-220V	3	
9	1SB、2SB	按钮开关	LA23-11	2	
8	SV	电压转换开关	LW12-16DHY3/3	1	
7	PV	电压表	42L6-V 0～450V	1	
6	1PA～3PA	电流表	42L6-A □/5A	3	
5	1FU～6FU	熔断器	JF5-2.5RD/6A	6	
4	PJ	有功电能表	DT862-2/3×220/380V	1	
3	2TAu	电流互感器	BH-0.66 □/5A	1	
2	1TAu、1TAv、1TAw	电流互感器	BH-0.66 □/5A	3	
1	QF	断路器（抽屉式）	HA-□/□P-□A/220V	1	上海精益电器厂
序号	元件代号	名 称	型 号 规 格	数量	备 注

备（通）附件登记 / 描 图 / 描 校 / 旧底图总号 / 底图总号 / 签 字 / 日 期

标记	处数	更改文件号	签字	日期
设 计		标准化		
绘 图		审 定		
审 核		批 准		
工 艺		日 期		

GCK（直流操作）单电源进线柜二次原理图

QB/T.DZ081103.03Y

图样标记	数量	重量	比例
			1:1
共 2 张		第 1 张	

进线＋计量（三相四线制有功计量）、3TA、断路器(HA)、单电源供电，自动或手动操作。

光盘页码：4-58

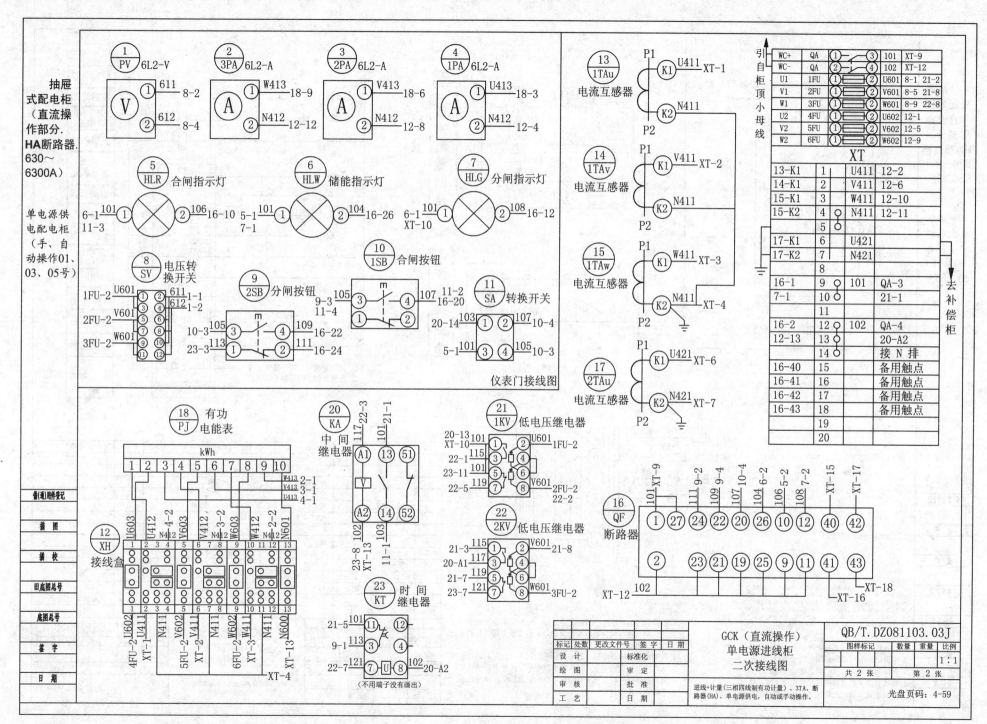

単電源進線柜二次接線図

WC+	QA	① ③	101	XT-9
WC-	QA	② ④	102	XT-12
U1	1FU	① ②	U601	8-1 21-2
V1	2FU	① ②	V601	8-5 21-8
W1	3FU	① ②	W601	8-9 22-8
U2	4FU	① ②	U602	12-1
V2	5FU	① ②	V602	12-5
W2	6FU	① ②	W602	12-9

引自柜顶小母线

XT

13-K1	1	U411	12-2
14-K1	2	V411	12-6
15-K1	3	W411	12-10
15-K2	4	N411	12-11
	5		
17-K1	6	U421	
17-K2	7	N421	
	8		
16-1	9	101	QA-3
7-1	10		21-1
	11		
16-2	12	102	QA-4
12-13	13		20-A2
	14		接N排
16-40	15		备用触点
16-41	16		备用触点
16-42	17		备用触点
16-43	18		备用触点
	19		
	20		

抽屉式配电柜（直流操作部分.HA断路器.630~6300A）

单电源供电配电柜（手、自动操作01、03、05号）

① PV 6L2-V
② 3PA 6L2-A
③ 2PA 6L2-A
④ 1PA 6L2-A
⑤ HLR 合闸指示灯
⑥ HLW 储能指示灯
⑦ HLG 分闸指示灯
⑧ SV 电压转换开关
⑨ 2SB 分闸按钮
⑩ 1SB 合闸按钮
⑪ SA 转换开关
⑬ 1TAu 电流互感器
⑭ 1TAv 电流互感器
⑮ 1TAw 电流互感器
⑰ 2TAu 电流互感器
⑱ PJ 有功电能表
⑫ XH 接线盒
⑳ KA 中间继电器
㉑ 1KV 低电压继电器
㉒ 2KV 低电压继电器
㉓ KT 时间继电器
⑯ QF 断路器

仪表门接线图

去补偿柜

（不用端子没有画出）

GCK（直流操作）单电源进线柜二次接线图

QB/T.DZ081103.03J

标记	处数	更改文件号	签字	日期
设 计		标准化		
绘 图		审 定		
审 核		批 准		
工 艺		日 期		

图样标记 ____ 数量 重量 比例 1:1
共 2 张　　第 2 张

进线+计量(三相四线制有功计量)、3TA、断路器(HA)、单电源供电,自动或手动操作。

光盘页码：4-59

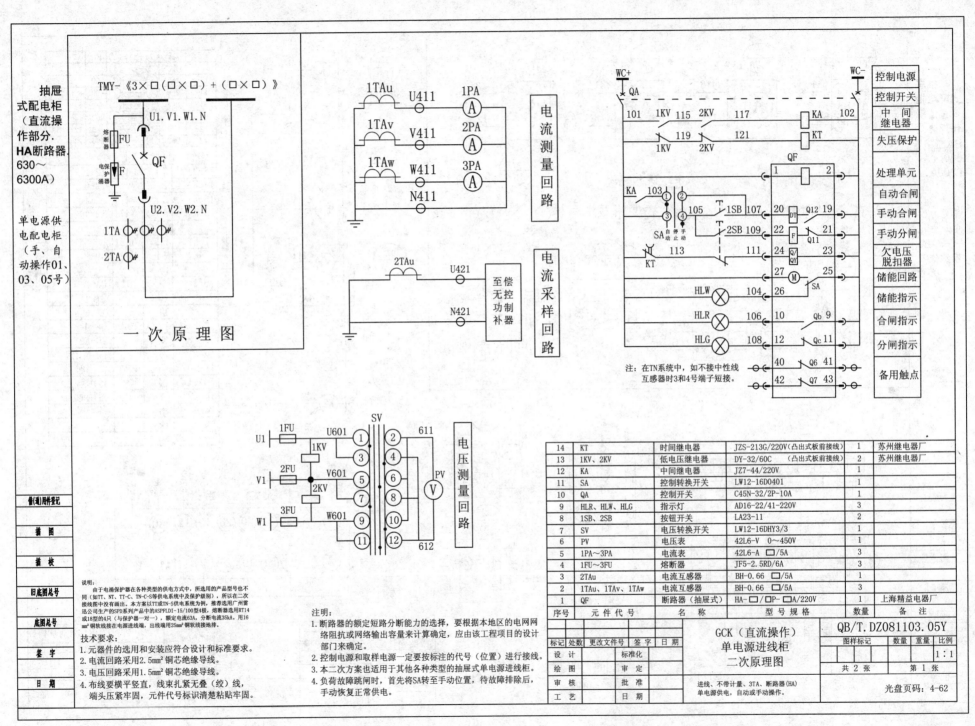

抽屉式配电柜（直流操作部分.HA断路器630～6300A）

单电源供电配电柜（手、自动操作01、03、05号）

TMY-《3×□(□×□)+(□×□)》

一次原理图

电流测量回路

电流采样回路

电压测量回路

至偿无控功率补器

注：在TN系统中，如不接中性线互感器时3和4号端子短接。

| 控制电源 |
| 控制开关 |
| 中 间继电器 |
| 失压保护 |
| 处理单元 |
| 自动合闸 |
| 手动合闸 |
| 手动分闸 |
| 欠电压脱扣器 |
| 储能回路 |
| 储能指示 |
| 合闸指示 |
| 分闸指示 |
| 备用触点 |

说明：
由于电涌保护器在各种类型的供电方式中，所选用的产品型号也不同（如TT、NT、TT-C、TN-C-S等供电系统中及保护级别），所以在二次接线图中没有画出。本方案以TT或TN-S供电系统为例，推荐选用广州雷迅公司生产的SPD系列产品中的ASPFLDI-15/100型4极，熔断器选用RT14或18型的4只（与保护器一对一），额定电流63A，分断能35kA，用16mm²铜软线接在电源进线端，出线端用25mm²铜软接地排。

技术要求：
1. 元器件的选用和安装应符合设计和标准要求。
2. 电流回路采用2.5mm²铜芯绝缘导线。
3. 电压回路采用1.5mm²铜芯绝缘导线。
4. 布线要横平竖直，线束扎紧无叠（绞）线，端头压紧牢固，元件代号标识清楚粘贴牢固。

注明：
1. 断路器的额定短路分断能力的选择，要根据本地区的电网网络阻抗或网络输出容量来计算确定，应由该工程项目的设计部门来确定。
2. 控制电源和取样电源一定要按标注的代号（位置）进行接线。
3. 本二次方案也适用于其他各种类型的抽屉式单电源进线柜。
4. 负荷故障跳闸时，首先将SA转至手动位置，待故障排除后，手动恢复正常供电。

14	KT	时间继电器	JZS-213G/220V(凸出式板前接线)	1	苏州继电器厂
13	1KV、2KV	低电压继电器	DY-32/60C	2	苏州继电器厂
12	KA	中间继电器	JZ7-44/220V	1	
11	SA	控制转换开关	LW12-16D0401	1	
10	QA	控制开关	C45N-32/2P-10A	1	
9	HLR、HLW、HLG	指示灯	AD16-22/41-220V	3	
8	1SB、2SB	按钮开关	LA23-11	2	
7	SV	电压转换开关	LW12-16DHY3/3	1	
6	PV	电压表	42L6-V 0～450V	1	
5	1PA～3PA	电流表	42L6-A □/5A	3	
4	1FU～3FU	熔断器	JF5-2.5RD/6A	3	
3	2TAu	电流互感器	BH-0.66 □/5A	1	
2	1TAu、1TAv、1TAw	电流互感器	BH-0.66 □/5A	3	
1	QF	断路器（抽屉式）	HA-□/□P-□A/220V	1	上海精益电器厂
序号	元件代号	名　称	型　号　规　格	数量	备　注

标记	处数	更改文件号	签字	日期		QB/T.DZ081103.05Y
设 计		标准化				图样标记		数量	重量	比例
绘 图		审 定			GCK（直流操作）单电源进线柜二次原理图					1:1
审 核		批 准							共 2 张	第 1 张
工 艺		日 期			进线、不带计量、3TA、断路器(HA)单电源供电，自动或手动操作				光盘页码：4-62

借(通)用件登记

描 图

描 校

旧底图总号

底图总号

签 字

日 期

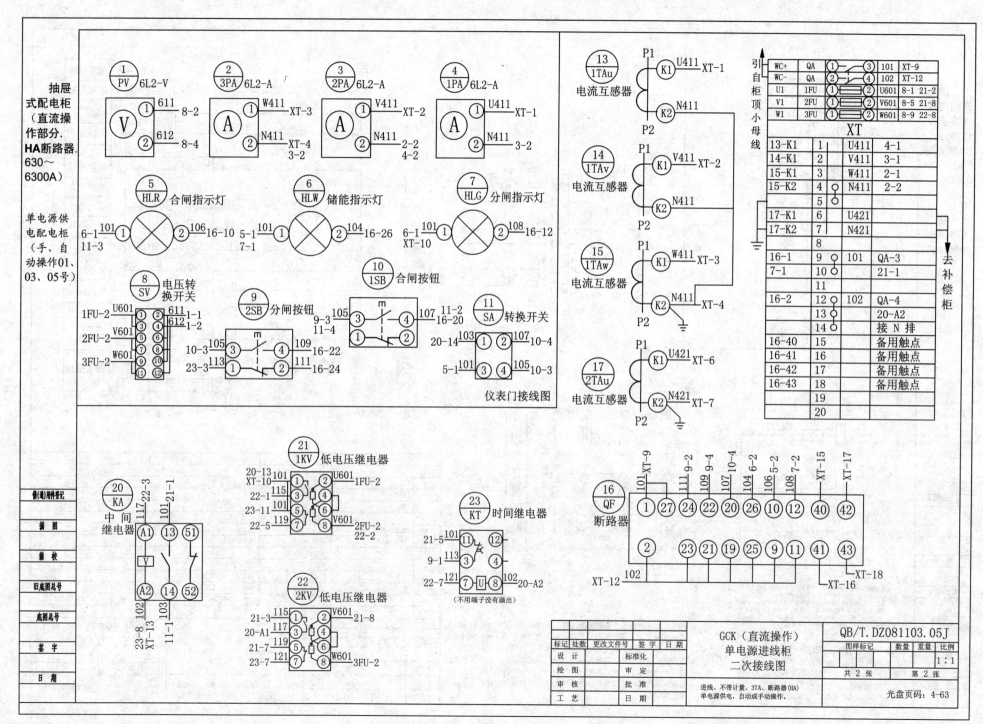

仪表门接线图

GCK（直流操作）
单电源进线柜
二次接线图

QB/T.DZ081103.05J

进线、不带计量、3TA、断路器（HA）
单电源供电，自动或手动操作。

共 2 张　　第 2 张

1:1

光盘页码：4-63

439

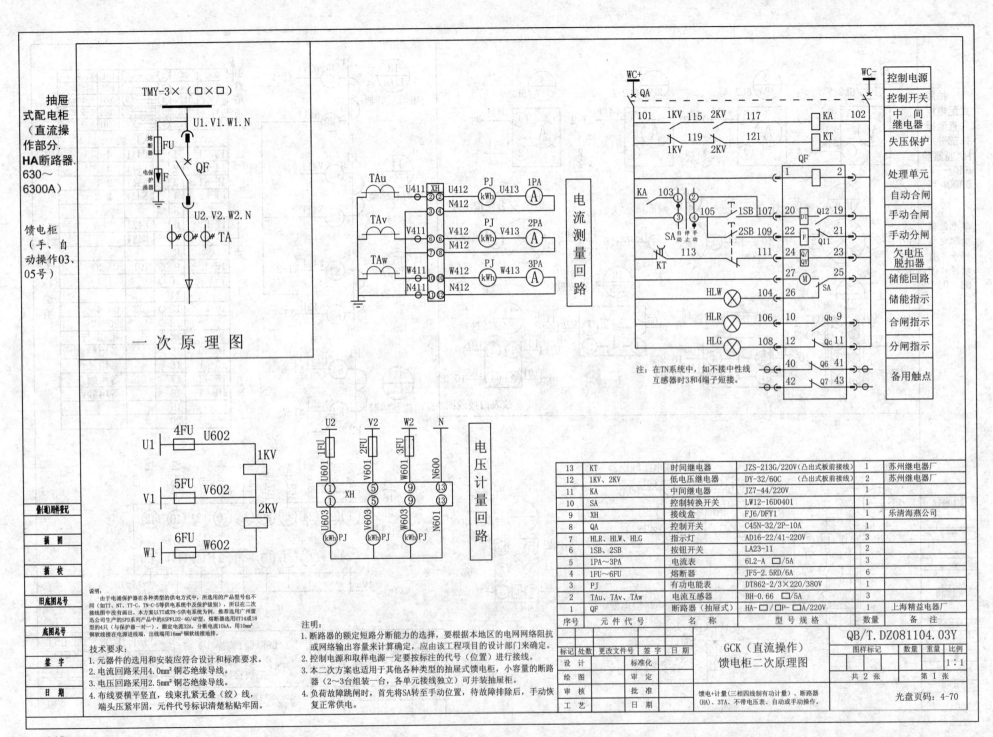

抽屉式配电柜（直流操作部分. HA断路器. 630～6300A）

馈电柜（手、自动操作03、05号）

一次原理图

电流测量回路

电压计量回路

注：在TN系统中，如不接中性线互感器时3和4端子短接。

| | 控制电源 |
| 控制开关 |
| 中间继电器 |
| 失压保护 |
| 处理单元 |
| 自动合闸 |
| 手动合闸 |
| 手动分闸 |
| 欠压脱扣器 |
| 储能回路 |
| 储能指示 |
| 合闸指示 |
| 分闸指示 |
| 备用触点 |

说明：
由于电涌保护器在各种类型的供电方式中，所选用的产品型号也不同（如TT、NT、TT-C、TN-C-S等供电系统中及接线别），所以在二次接线图中没有画出。本方案以TT或TN-S供电系统为例，推荐选用广州雷迅公司生产的SPD系列产品中的ASPFLD2-40/4P型，熔断器选用RT14或18型的4只（与保护器一对一），额定电流32A，分断电流10kA，用10mm²铜软线接在电源进线端，出线端用16mm²铜软线接地排。

技术要求：
1. 元器件的选用和安装应符合设计和标准要求。
2. 电流回路采用4.0mm²铜芯绝缘导线。
3. 电压回路采用2.5mm²铜芯绝缘导线。
4. 布线要横平竖直，线束扎绑无叠（绞）线，端头压紧牢固，元件代号标识清楚粘贴牢固。

注明：
1. 断路器的额定短路分断能力的选择，要根据本地区的电网网络阻抗或网络输出容量来计算确定，应由该工程项目的设计部门来确定。
2. 控制电源和取样电源一定要按标注的代号（位置）进行接线。
3. 本二次方案也适用于其他各种类型的抽屉式馈电柜，小容量的断路器（2～3台组装一台，各单元接线独立）可并装抽屉柜。
4. 负荷故障跳闸时，首先将SA转至手动位置，待故障排除后，手动恢复正常供电。

| | 备(通)用件登记 |
| 描 图 |
| 描 校 |
| 旧底图总号 |
| 底图总号 |
| 签 字 |
| 日 期 |

13	KT	时间继电器	JZS-213G/220V（凸出式板前接线）	1	苏州继电器厂
12	1KV、2KV	低电压继电器	DY-32/60C（凸出式板前接线）	2	苏州继电器厂
11	KA	中间继电器	JZ7-44/220V	1	
10	SA	控制转换开关	LW12-16D0401	1	
9	XH	接线盒	FJ6/DFY1	1	乐清海燕公司
8	QA	控制开关	C45N-32/2P-10A	1	
7	HLR、HLW、HLG	指示灯	AD16-22/41-220V	3	
6	1SB、2SB	按钮开关	LA23-11	2	
5	1PA～3PA	电流表	6L2-A □/5A	3	
4	1FU～6FU	熔断器	JF5-2.5RD/6A	6	
3	PJ	有功电能表	DT862-2/3×220/380V	1	
2	TAu、TAv、TAw	电流互感器	BH-0.66 □/5A	3	
1	QF	断路器（抽屉式）	HA-□/□P-□A/220V	1	上海精益电器厂
序号	元件代号	名 称	型 号 规 格	数量	备 注

标记	处数	更改文件号	签字	日期			QB/T.DZ081104.03Y			
设 计		标准化					GCK（直流操作）馈电柜二次原理图	图样标记	数量	重量	比例
绘 图		审 定							1:1
审 核		批 准			馈电+计量（三相四线制有功计量）、断路器（HA）、3TA、不带电压表、自动或手动操作。	共 2 张	第 1 张
工 艺		日 期				光盘页码：4-70

440

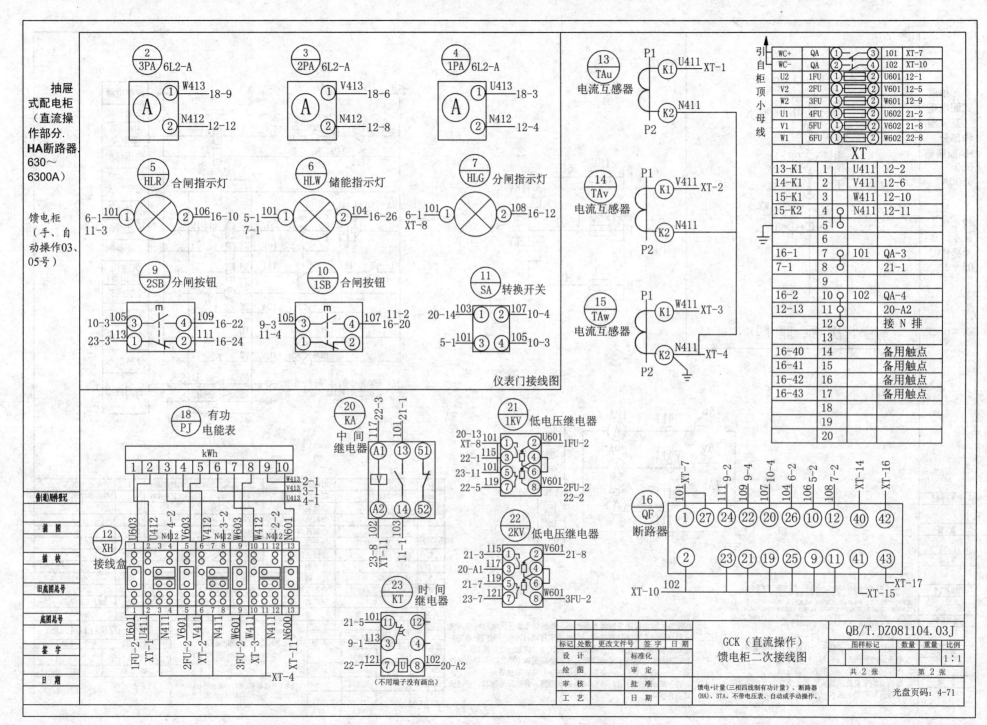

仪表门接线图

GCK（直流操作）
馈电柜二次接线图

QB/T.DZ081104.03J

馈电+计量(三相四线制有功计量)、断路器(HA)、3TA、不带电压表、自动或手动操作。

共 2 张　第 2 张

1:1

光盘页码：4-71

441

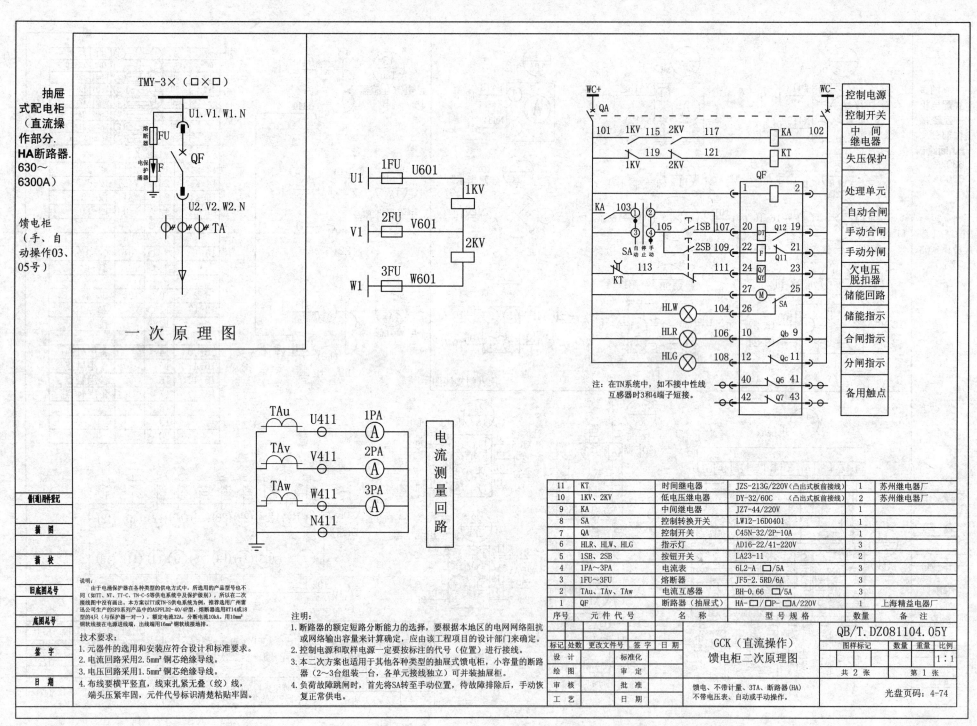

抽屉式配电柜（直流操作部分. HA断路器. 630～6300A）

馈电柜（手、自动操作03、05号）

TMY-3×（□×□）

熔断器 FU
电保护涌器 F
QF
U1. V1. W1. N
U2. V2. W2. N
TA

一次原理图

U1 1FU U601 1KV
V1 2FU V601
W1 3FU W601 2KV

TAu U411 1PA Ⓐ
TAv V411 2PA Ⓐ
TAw W411 3PA Ⓐ
     N411

电流测量回路

WC+   QA   WC-
101 1KV 115 2KV 117   KA 102
     119   121   KT
     1KV   2KV
              QF
              1   2
KA 103 ①②
       ③④ 105 1SB 107 20 D1 Q12 19
SA 自动 停止 手动 2SB 109 22 F Q11 21
KT 113   111 24 Q/QY 23
                  27 Ⓜ 25 SA
HLW ⊗ 104   26
HLR ⊗ 106   10 Qb 9
HLG ⊗ 108   12 Qc 11
                40 Q6 41
                42 Q7 43

注：在TN系统中，如不接中性线互感器时3和4端子短接。

控制电源
控制开关
中间继电器
失压保护
处理单元
自动合闸
手动合闸
手动分闸
欠电压脱扣器
储能回路
储能指示
合闸指示
分闸指示
备用触点

说明：
由于电涌保护器在各种类型的供电方式中，所选用的产品型号也不同（如TT、NT、TT-C、TN-C-S等供电系统中及保护级别），所以在二次接线图中没有画出。本方案以IT或TN-S供电系统为例，推荐选用广州雷迅公司生产的SPD系列产品中的ASFPLD2-40/4P型，熔断器选用RT14或18型的4只（与保护器一对一），额定电流32A，分断电流10kA。用10mm²铜软线接在电源进线端，出线端用16mm²铜软线接地排。

技术要求：
1. 元器件的选用和安装应符合设计和标准要求。
2. 电流回路采用2.5mm²铜芯绝缘导线。
3. 电压回路采用1.5mm²铜芯绝缘导线。
4. 布线要横平竖直，线束扎紧无叠（绞）线，端头压紧牢固，元件代号标识清楚粘贴牢固。

注明：
1. 断路器的额定短路分断能力的选择，要根据本地区的电网网络阻抗或网络输出容量来计算确定，应由该工程项目的设计部门来确定。
2. 控制电源和取样电源一定要按标注的代号（位置）进行接线。
3. 本二次方案也适用于其他各种类型的抽屉式馈电柜，小容量的断路器（2～3台组装一台，各单元接线独立）可并装抽屉柜。
4. 负荷故障跳闸时，首先将SA转至手动位置，待故障排除后，手动恢复正常供电。

11	KT	时间继电器	JZS-213G/220V（凸出式板前接线）	1	苏州继电器厂
10	1KV、2KV	低电压继电器	DY-32/60C （凸出式板前接线）	2	苏州继电器厂
9	KA	中间继电器	JZ7-44/220V	1	
8	SA	控制转换开关	LW12-16D0401	1	
7	QA	控制开关	C45N-32/2P-10A	1	
6	HLR、HLW、HLG	指示灯	AD16-22/41-220V	3	
5	1SB、2SB	按钮开关	LA23-11	2	
4	1PA～3PA	电流表	6L2-A □/5A	3	
3	1FU～3FU	熔断器	JF5-2.5RD/6A	3	
2	TAu、TAv、TAw	电流互感器	BH-0.66 □/5A	3	
1	QF	断路器（抽屉式）	HA-□/□P-□A/220V	1	上海精益电器厂
序号	元件代号	名 称	型 号 规 格	数量	备 注

标记	处数	更改文件号	签字	日期			
设 计		标准化			GCK（直流操作）馈电柜二次原理图	
绘 图		审 定				
审 核		批 准			馈电、不带计量、3TA、断路器(HA)	
工 艺		日 期			不带电压表、自动或手动操作。	

QB/T.DZ081104.05Y

| 图样标记 | 数量 | 重量 | 比例 |
| | | | 1:1 |

共 2 张   第 1 张

光盘页码：4-74

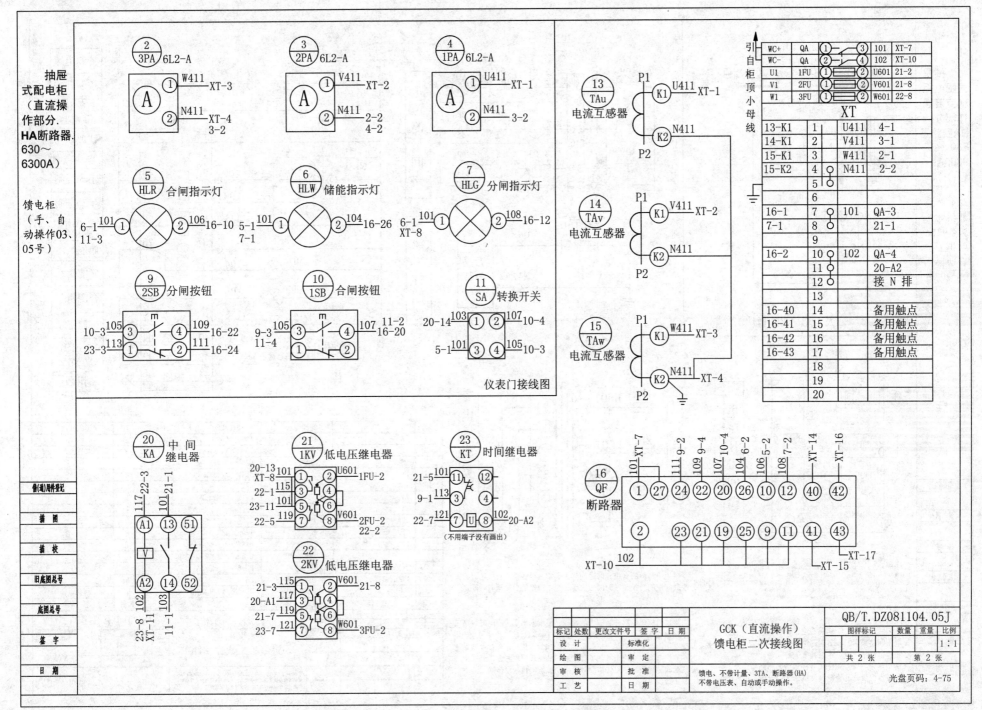

仪表门接线图

GCK（直流操作）
馈电柜二次接线图

QB/T.DZ081104.05J

共 2 张　第 2 张

光盘页码：4-75

443

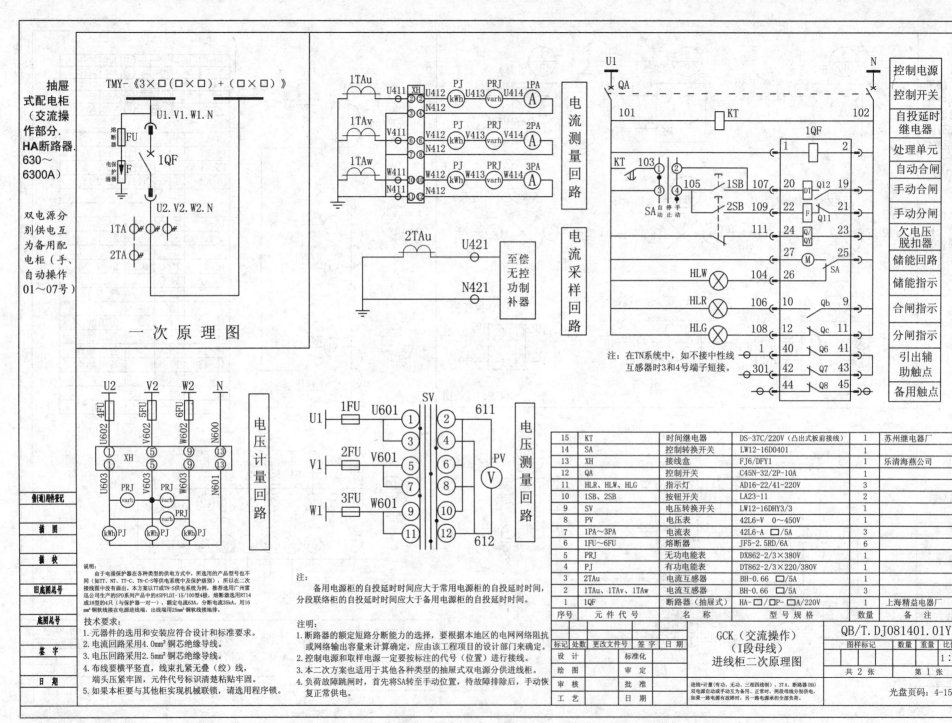

抽屉式配电柜（交流操作部分.HA断路器.630～6300A）

双电源分别供电互为备用配电柜（手、自动操作01～07号）

TMY-《3×□(□×□)+(□×□)》

熔断器 FU
电保护涌器 F
1QF

U1.V1.W1.N
U2.V2.W2.N

1TA
2TA

一次原理图

电流测量回路

电流采样回路

至偿无控功率制补器

电压计量回路

电压测量回路

控制电源
控制开关
自投延时继电器
处理单元
自动合闸
手动合闸
手动分闸
欠电压脱扣器
储能回路
储能指示
合闸指示
分闸指示
引出辅助触点
备用触点

注：在TN系统中，如不接中性线互感器时3和4号端子短接。

说明：由于电涌保护器在各种类型的供电方式中，所选用的产品型号也不同（如TT、NT、TT-C、TN-C-S等供电系统中及保护级别），所以在二次接线图中没有画出。本方案以TT或TN-S供电系统为例，推荐选用广州雷迅公司生产的SPD系列产品中的ASPFLDI-15/100型4极，熔断器选用RT14或18型的4只（与保护器一对一），额定电流63A，分断电流35kA，用16mm²铜软线接在电源进线端，出线端用25mm²铜软线接地排。

技术要求：
1. 元器件的选用和安装应符合设计和标准要求。
2. 电流回路采用4.0mm²铜芯绝缘导线。
3. 电压回路采用2.5mm²铜芯绝缘导线。
4. 布线要横平竖直，线束扎紧无叠（绞）线，端头压紧牢固，元件代号标识清楚粘贴牢固。
5. 如果本柜要与其他柜实现机械联锁，请选用程序锁。

注：备用电源柜的自投延时时间应大于常用电源柜的自投延时时间，分段联络柜的自投延时时间应大于备用电源柜的自投延时时间。

注明：
1. 断路器的额定短路分断能力的选择，要根据本地区的电网网络阻抗或网络输出容量来计算确定，应由该工程项目的设计部门来确定。
2. 控制电源和取样电源一定要按标注的代号（位置）进行接线。
3. 本二次方案也适用于其他各种类型的抽屉式双电源分供进线柜。
4. 负荷故障跳闸时，首先将SA转至手动位置，待故障排除后，手动恢复正常供电。

15	KT	时间继电器	DS-37C/220V（凸出式板前接线）	1	苏州继电器厂
14	SA	控制转换开关	LW12-16D0401	1	
13	XH	接线盒	FJ6/DFY1	1	乐清海燕公司
12	QA	控制开关	C45N-32/2P-10A	1	
11	HLR、HLW、HLG	指示灯	AD16-22/41-220V	3	
10	1SB、2SB	按钮开关	LA23-11	2	
9	SV	电压转换开关	LW12-16DHY3/3	1	
8	PV	电压表	42L6-V 0～450V	1	
7	1PA～3PA	电流表	42L6-A □/5A	3	
6	1FU～6FU	熔断器	JF5-2.5RD/6A	6	
5	PRJ	无功电能表	DX862-2/3×380V	1	
4	PJ	有功电能表	DT862-2/3×220/380V	1	
3	2TAu	电流互感器	BH-0.66 □/5A	1	
2	1TAu、1TAv、1TAw	电流互感器	BH-0.66 □/5A	3	
1	1QF	断路器（抽屉式）	HA-□/□P-□A/220V	1	上海精益电器厂
序号	元件代号	名　称	型号规格	数量	备　注

借(还)用件登记					
描　图					
描　校					
旧底图总号					
底图总号					
签　字					
日　期					

标记	处数	更改文件号	签字	日期
设计			标准化	
绘图			审定	
审核			批准	
工艺			日期	

GCK（交流操作）（I段母线）进线柜二次原理图

QB/T.DJ081401.01Y

图样标记	数量	重量	比例
			1:1

共 2 张　　第 1 张

进线+计量（有功、无功、三相四线制）、3TA、断路器（HA）双电源自动或手动，正常、正常时，两段母线分别供电，如果一路电源有故障时，另一路电源承担全部负荷。

光盘页码：4-154

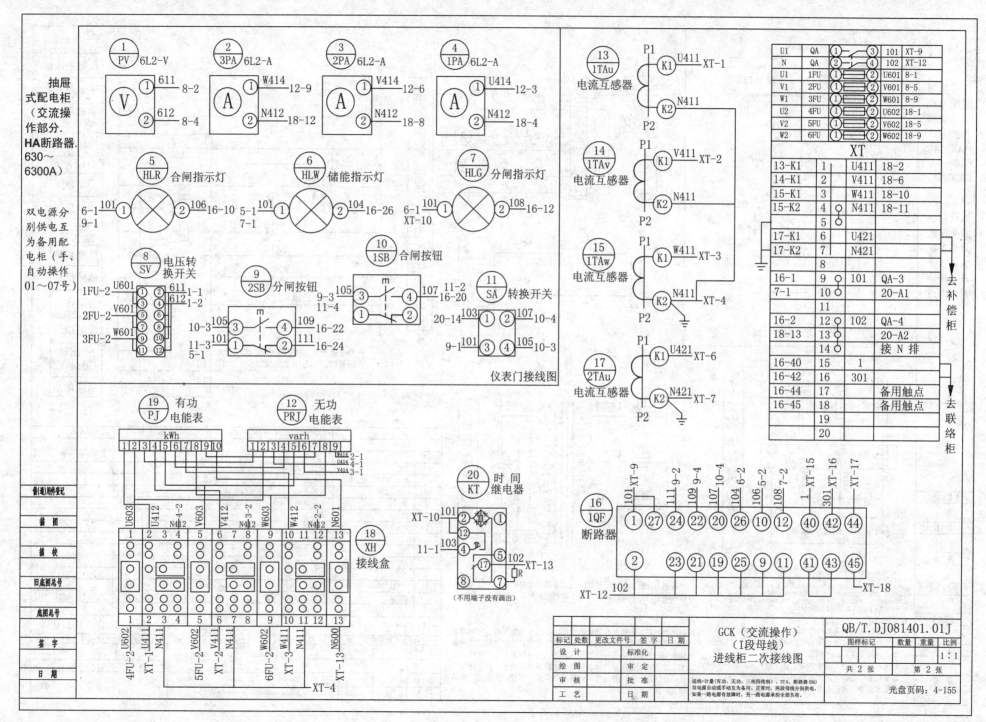

抽屉式配电柜（交流操作部分. HA断路器. 630～6300A）

双电源分别供电互为备用配电柜（手、自动操作01～07号）

① PV 6L2-V
② 3PA 6L2-A
③ 2PA 6L2-A
④ 1PA 6L2-A

⑤ HLR 合闸指示灯
⑥ HLW 储能指示灯
⑦ HLG 分闸指示灯

⑧ SV 电压转换开关
⑨ 2SB 分闸按钮
⑩ 1SB 合闸按钮
⑪ SA 转换开关

仪表门接线图

⑬ 1TAu 电流互感器
⑭ 1TAv 电流互感器
⑮ 1TAw 电流互感器
⑰ 2TAu 电流互感器

⑲ PJ 有功电能表
⑫ PRJ 无功电能表

⑳ KT 时间继电器
（不用端子没有画出）

⑱ XH 接线盒

⑯ 1QF 断路器

GCK（交流操作）（I段母线）进线柜二次接线图

QB/T.DJ081401.01J

进线·计量(有功、无功、三相四线制)、3TA、断路器(HA)
双电源自动或手动互为备用、正常时，两段母线分别供电，如果一路电源有故障时，另一路电源承担全部负荷。

共2张　第2张　　比例 1:1

光盘页码：4-155

445

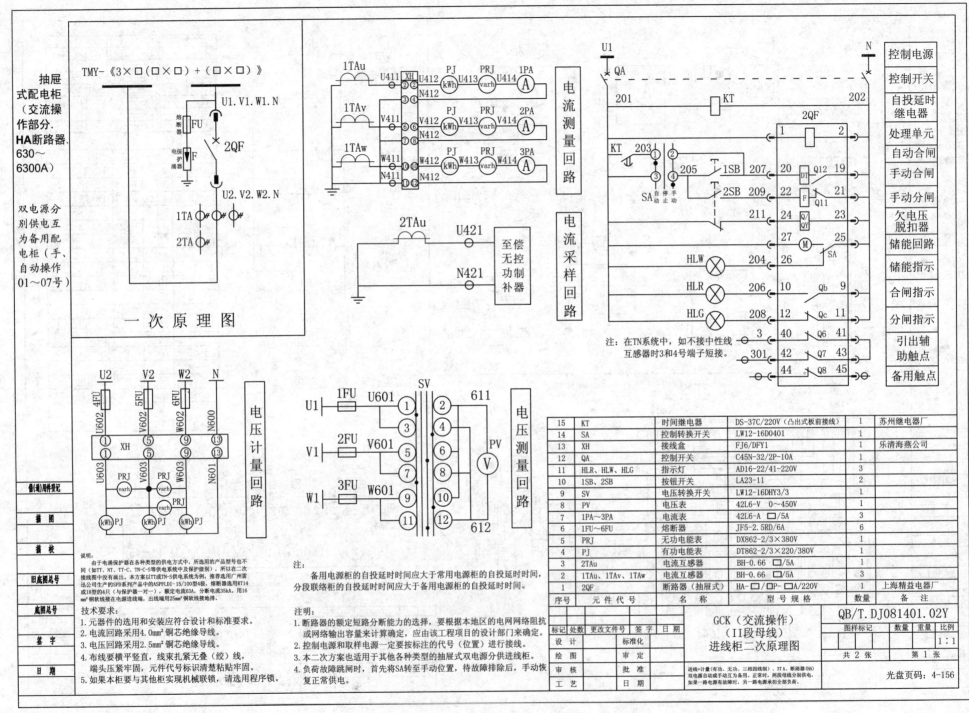

抽屉式配电柜（交流操作部分. HA断路器. 630～6300A）

双电源分别供电互为备用配电柜（手、自动操作01～07号）

TMY-《3×□(□×□)+(□×□)》

U1.V1.W1.N

熔断器 FU

电保护涌器 F

2QF

U2.V2.W2.N

1TA

2TA

一 次 原 理 图

1TAu U411 XH U412 PJ(kWh) U413 PRJ(varh) U414 1PA(A)
N412
1TAv V411 V412 PJ(kWh) V413 PRJ(varh) V414 2PA(A)
N412
1TAw W411 W412 PJ(kWh) W413 PRJ(varh) W414 3PA(A)
N411 N412

电流测量回路

2TAu U421
至偿无控功率制补器
N421

电流采样回路

U1 QA N

201 KT 202

2QF

KT 203
SA 自停手动止动 205 1SB 207 20 DT Q12 19
2SB 209 22 F Q11 21
211 24 Q/QY 23
27 M 25 SA
HLW 204 26
HLR 206 10 Qb 9
HLG 208 12 Qc 11
3 40 Q6 41
301 42 Q7 43
44 Q8 45

注：在TN系统中，如不接中性线互感器时3和4号端子短接。

控制电源
控制开关
自投延时继电器
处理单元
自动合闸
手动合闸
手动分闸
欠电压脱扣器
储能回路
储能指示
合闸指示
分闸指示
引出辅助触点
备用触点

U2 V2 W2 N

4FU U602 5FU V602 6FU W602 N600

XH

U603 V603 W603 N601

PRJ(varh) PRJ(varh)
PRJ(varh)
kWh PJ kWh PJ kWh PJ

电压计量回路

U1 1FU U601 SV 611 1 2
V1 2FU V601 3 4
5 6 PV(V)
W1 3FU W601 7 8
9 10
11 12 612

电压测量回路

说明：由于电涌保护器在各种类型的供电方式中，所选用的产品型号也不同(如TT、NT、TT-C、TN-C-S等供电系统及保护级别)，所以在二次接线图中没有画出。本方案以TT或TN-S供电系统为例，推荐选用广州雷迅公司生产的SPD系列产品中的ASPFLDI-15/100型4级，熔断器选用RT14或18型的4只（与保护器一对一），额定电流63A，分断电流35kA，用16 mm²铜软线接在电源进线端，出线端用25mm²铜软线接地。

技术要求：
1. 元器件的选用和安装应符合设计和标准要求。
2. 电流回路采用4.0mm²铜芯绝缘导线。
3. 电压回路采用2.5mm²铜芯绝缘导线。
4. 布线要横平竖直，线束扎缚无叠（绞）线，端头扎紧牢固，元件代号标识清楚粘贴牢固。
5. 如果本柜要与其他柜实现机械联锁，请选用程序锁。

注：备用电源柜的自投延时时间应大于常用电源柜的自投延时时间，分段联络柜的自投延时时间应大于备用电源柜的自投延时时间。

注明：
1. 断路器的额定短路分断能力的选择，要根据本地区的电网网络阻抗或网络输出容量来计算确定，应由该工程项目的设计部门来确定。
2. 控制电源和取样电源一定要按标注的代号（位置）进行接线。
3. 本二次方案也适用于其他各种类型的抽屉式双电源分供进线柜。
4. 负荷故障跳闸时，首先将SA转至手动位置，待故障排除后，手动恢复正常供电。

15	KT	时间继电器	DS-37C/220V（凸出式板前接线）	1	苏州继电器厂
14	SA	控制转换开关	LW12-16D0401	1	
13	XH	接线盒	FJ6/DFY1	1	乐清海燕公司
12	QA	控制开关	C45N-32/2P-10A	1	
11	HLR、HLW、HLG	指示灯	AD16-22/41-220V	3	
10	1SB、2SB	按钮开关	LA23-11	2	
9	SV	电压转换开关	LW12-16DHY3/3	1	
8	PV	电压表	42L6-V 0～450V	1	
7	1PA～3PA	电流表	42L6-A □/5A	3	
6	1FU～6FU	熔断器	JF5-2.5RD/6A	6	
5	PRJ	无功电能表	DX862-2/3×380V	1	
4	PJ	有功电能表	DT862-2/3×220/380V	1	
3	2TAu	电流互感器	BH-0.66 □/5A	1	
2	1TAu、1TAv、1TAw	电流互感器	BH-0.66 □/5A	3	
1	2QF	断路器（抽屉式）	HA-□/□P-□A/220V	1	上海精益电器厂
序号	元件代号	名 称	型 号 规 格	数量	备 注

备(通)用件登记
描 图
描 校
旧底图总号
底图总号
签 字
日 期

GCK（交流操作）（II段母线）进线柜二次原理图

QB/T.DJ081401.02Y

		更改文件号	签字	日期		图样标记		数量	重量	比例
标记	处数									1:1
设 计			标准化							
绘 图			审 定			共 2 张			第 1 张	
审 核			批 准							
工 艺										

进线+计量(有功、无功、三相四线制)、3TA、断路器(HA)双电源自动或手动互为备用。正常时，两段母线分别供电，如果一路电源有故障时，另一路电源承担全部负荷。

光盘页码：4-156

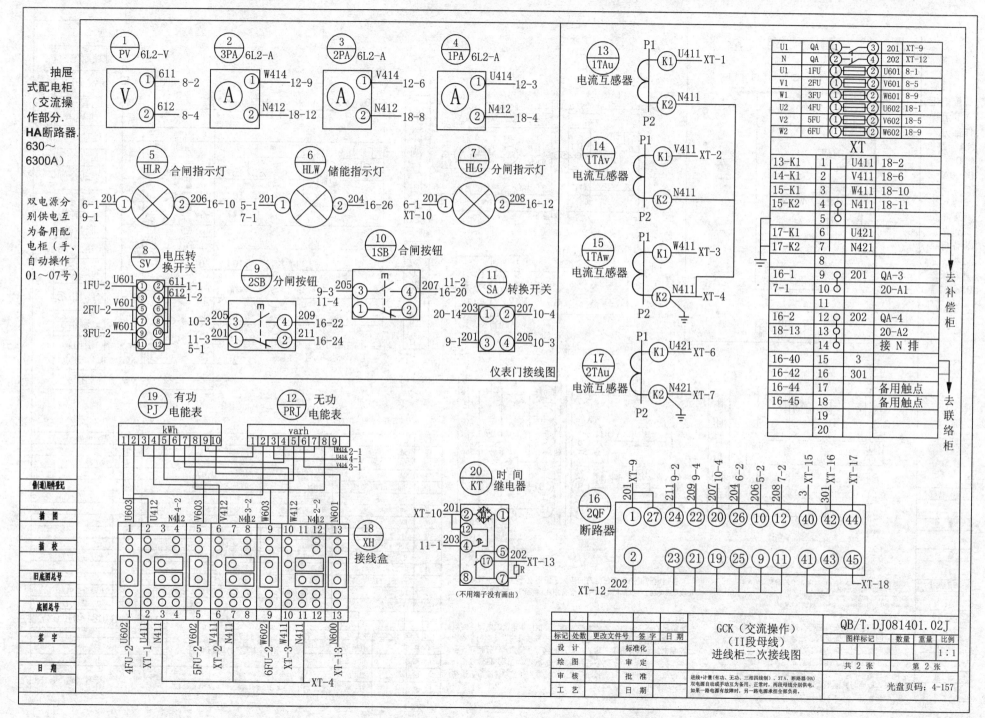

抽屉式配电柜（交流操作部分.HA断路器.630~6300A）

双电源分别供电互为备用配电柜（手、自动操作01~07号）

仪表门接线图

标记	处数	更改文件号	签字	日期
设 计		标准化		
绘 图		审 定		
审 核		批 准		
工 艺		日 期		

GCK（交流操作）（II段母线）进线柜二次接线图

QB/T.DJ081401.02J

进线+计量（有功、无功、三相四制线）、3TA、断路器（HA）
双电源自动或手动互为备用、正常时，两段母线分别供电。
如果一路电源有故障时，另一路电源承担全部负荷。

图样标记		数量	重量	比例
				1:1
共 2 张		第 2 张		

光盘页码：4-157

447

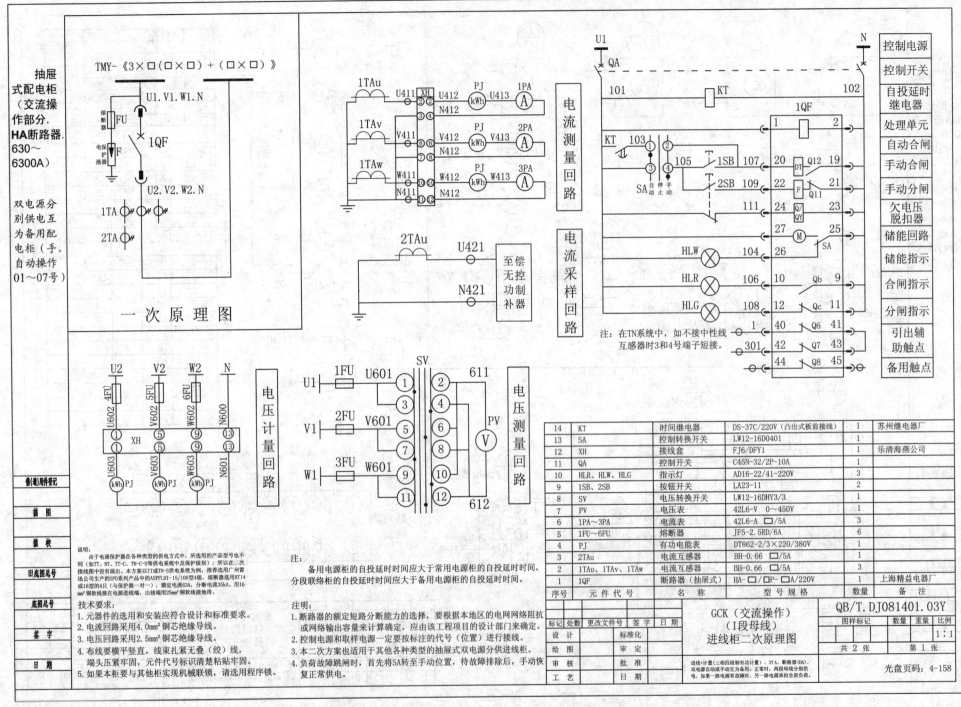

抽屉式配电柜（交流操作部分. HA断路器. 630～6300A）

双电源分别供电互为备用配电柜（手、自动操作01～07号）

TMY-《3×□(□×□)+(□×□)》

一次原理图

电流测量回路

电流采样回路

注：在TN系统中，如不接中性线互感器时3和4号端子短接。

电压计量回路

电压测量回路

控制电源
控制开关
自投延时继电器
处理单元
自动合闸
手动合闸
手动分闸
欠电压脱扣器
储能回路
储能指示
合闸指示
分闸指示
引出辅助触点
备用触点

说明：
由于电涌保护器在各种类型的供电方式中，所选用的产品型号也不同（如TT、NT、TT-C、TN-C-S等供电系统中及保护级别），所以在二次接线图中没有画出。本方案以TT或TN-S电系统为例，推荐选用广州雷迅公司生产的SPD系列产品中的ASPFLDT-15/100型4极，熔断器选用RT14或18型的4只（与保护器一对一），额定电流63A，分断电流35kA，用16mm²铜软线接在电源进线端，出线端用25mm²铜软线接地排。

技术要求：
1. 元器件的选用和安装应符合设计和标准要求。
2. 电流回路采用4.0mm²铜芯绝缘导线。
3. 电压回路采用2.5mm²铜芯绝缘导线。
4. 布线要横平竖直，元件代号标识清楚粘贴牢固。端头压紧牢固，元件代号标识清楚粘贴牢固。
5. 如果本柜要与其他柜实现机械联锁，请选用程序锁。

注：
备用电源柜的自投延时时间应大于常用电源柜的自投延时时间，分段联络柜的自投延时时间应大于备用电源柜的自投延时时间。

注明：
1. 断路器的额定短路分断能力的选择，要根据本地区的电网网络阻抗或网络输出容量来计算确定，应由该工程项目的设计部门来确定。
2. 控制电源和取样电源一定要按标注的代号（位置）进行接线。
3. 本二次方案也适用于其他各种类型的抽屉式双电源分供进线柜。
4. 负荷故障跳闸时，首先将SA转至手动位置，待故障排除后，手动恢复正常供电。

14	KT	时间继电器	DS-37C/220V（凸出式板前接线）	1	苏州继电器厂
13	SA	控制转换开关	LW12-16D0401	1	
12	XH	接线盒	FJ6/DFY1	1	乐清海燕公司
11	QA	控制开关	C45N-32/2P-10A	1	
10	HLR、HLW、HLG	指示灯	AD16-22/41-220V	3	
9	1SB、2SB	按钮开关	LA23-11	2	
8	SV	电压转换开关	LW12-16DHY3/3	1	
7	PV	电压表	42L6-V 0～450V	1	
6	1PA～3PA	电流表	42L6-A □/5A	3	
5	1FU～6FU	熔断器	JF5-2.5RD/6A	6	
4	PJ	有功电能表	DT862-2/3×220/380V	1	
3	2TAu	电流互感器	BH-0.66 □/5A	1	
2	1TAu、1TAv、1TAw	电流互感器	BH-0.66 □/5A	3	
1	1QF	断路器（抽屉式）	HA-□/□P-□A/220V	1	上海精益电器厂
序号	元件代号	名 称	型 号 规 格	数量	备 注

GCK（交流操作）（I段母线）进线柜二次原理图

QB/T.DJ081401.03Y

标记	处数	更改文件号	签 字	日 期		图样标记		数量	重量	比例
设 计			标准化							1:1
绘 图			审 核							
审 核			批 准			共 2 张			第 1 张	
工 艺			日 期							

进线+计量（三相四线制有功计量）、3TA、断路器（HA）、双电源自动或手动互为备用、正常时，两段母线分别供电，如果一路电源有故障分闸时，另一路电源承担全部负荷。

光盘页码：4-158

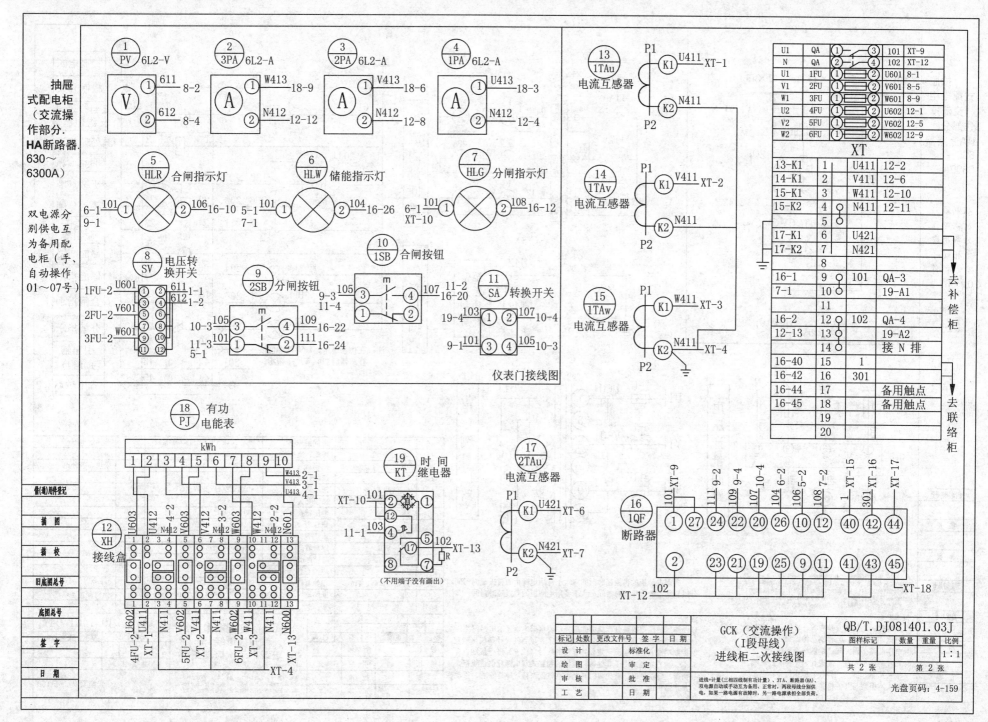

抽屉式配电柜（交流操作部分. HA断路器. 630～6300A）

双电源分别供电互为备用配电柜（手、自动操作01～07号）

仪表门接线图

GCK（交流操作）（I段母线）进线柜二次接线图

QB/T.DJ081401.03J

标记	处数	更改文件号	签字	日期
设 计			标准化	
绘 图			审 定	
审 核			批 准	
工 艺			日 期	

图样标记	数量	重量	比例
			1:1

共 2 张　第 2 张

进线+计量(三相四线制有功计量)、3TA、断路器(HA)、双电源自动或手动互为备用、正常时、两段母线分别供电,如果一路电源有故障时,另一路电源承担全部负荷。

光盘页码：4-159

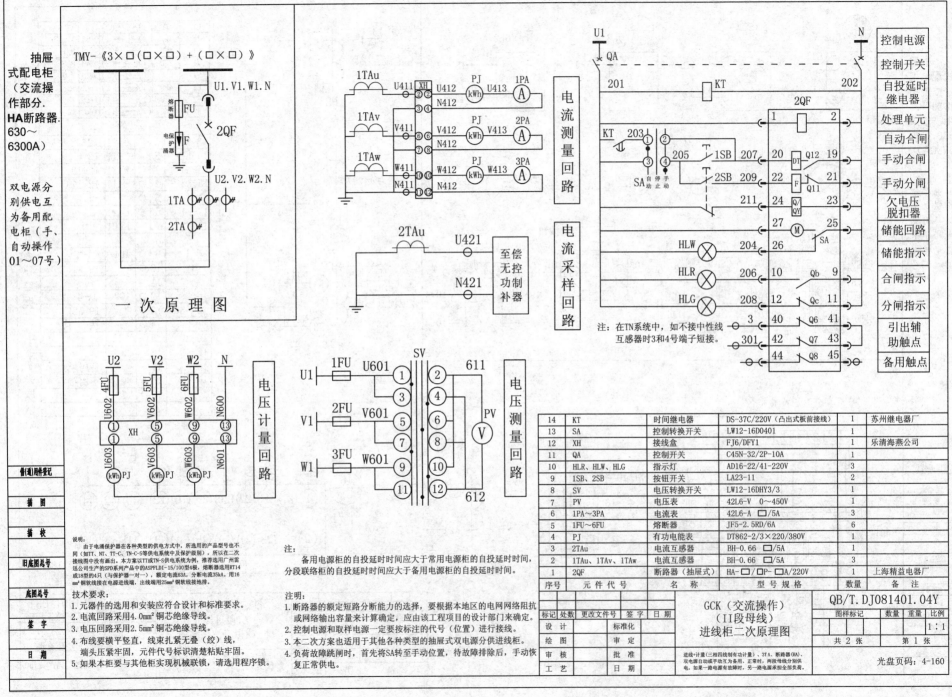

一次原理图

电流测量回路
电流采样回路
电压计量回路
电压测量回路

抽屉式配电柜（交流操作部分. HA断路器. 630～6300A）

双电源分别供电互为备用配电柜（手、自动操作 01～07号）

TMY-《3×□(□×□)+(□×□)》

注：在TN系统中，如不接中性线互感器时3和4号端子短接。

控制电源
控制开关
自投延时继电器
处理单元
自动合闸
手动合闸
手动分闸
欠电压脱扣器
储能回路
储能指示
合闸指示
分闸指示
引出辅助触点
备用触点

14	KT	时间继电器	DS-37C/220V（凸出式板前接线）	1	苏州继电器厂
13	SA	控制转换开关	LW12-16D0401	1	
12	XH	接线盒	FJ6/DFY1	1	乐清海燕公司
11	QA	控制开关	C45N-32/2P-10A	1	
10	HLR、HLW、HLG	指示灯	AD16-22/41-220V	3	
9	1SB、2SB	按钮开关	LA23-11	2	
8	SV	电压转换开关	LW12-16DHY3/3	1	
7	PV	电压表	42L6-V 0～450V	1	
6	1PA～3PA	电流表	42L6-A □/5A	3	
5	1FU～6FU	熔断器	JF5-2.5RD/6A	6	
4	PJ	有功电能表	DT862-2/3×220/380V	1	
3	2TAu	电流互感器	BH-0.66 □/5A	1	
2	1TAu、1TAv、1TAw	电流互感器	BH-0.66 □/5A	3	
1	2QF	断路器（抽屉式）	HA-□/□P-□A/220V	1	上海精益电器厂
序号	元件代号	名称	型号规格	数量	备注

说明：
由于电涌保护器在各种类型的供电方式中，所选用的产品型号也不同（如TT、NT、TT-C、TN-C-S等供电系统中及保护级别），所以在二次接线图中没有画出。本方案采用TT或TN-S供电系统为例，推荐选用广州雷迅公司生产的SPD产品中的ASPFLDI-15/100型4极，熔断器选用RT14或18型的4只（与保护器一对一），额定电流63A，分断电流35kA，用16 mm² 铜软线接在电源进线端，出线端用25mm² 铜软线接地排。

技术要求：
1. 元器件的选用和安装应符合设计和标准要求。
2. 电流回路采用4.0mm² 铜芯绝缘导线。
3. 电压回路采用2.5mm² 铜芯绝缘导线。
4. 布线要横平竖直，线束扎紧无叠（绞）线，端头压紧牢固，元件代号标识清楚粘贴牢固。
5. 如果本柜要与其他柜实现机械联锁，请选用程序锁。

注：
备用电源柜的自投延时时间应大于常用电源柜的自投延时时间。分段联络柜的自投延时时间应大于备用电源柜的自投延时时间。

注明：
1. 断路器的额定短路分断能力的选择，要根据本地区的电网网络阻抗或网络输出容量来计算确定，应由该工程项目的设计部门来确定。
2. 控制电源和取样电源一定要按标注的代号（位置）进行接线。
3. 本二次方案也适用于其他各种类型的抽屉式双电源分供进线柜。
4. 负荷故障跳闸时，首先将SA转至手动位置，待故障排除后，手动恢复正常供电。

GCK（交流操作）（II段母线）进线柜二次原理图

QB/T.DJ081401.04Y

进线+计量（三相四线制有功计量）、3TA、断路器(HA)、双电源自动或手动互为备用，正常时，两段母线分别供电，如果一路电源有故障时，另一路电源承担全部负荷。

共 2 张   第 1 张

光盘页码：4-160

修(通)用件登记					
描图					
描校					
旧底图总号					
底图总号					
签字					
日期					

		标准化	
设计			
绘图		审定	
审核		批准	
工艺		日期	

标记 处数 更改文件号 签字 日期

图样标记　数量　重量　比例 1:1

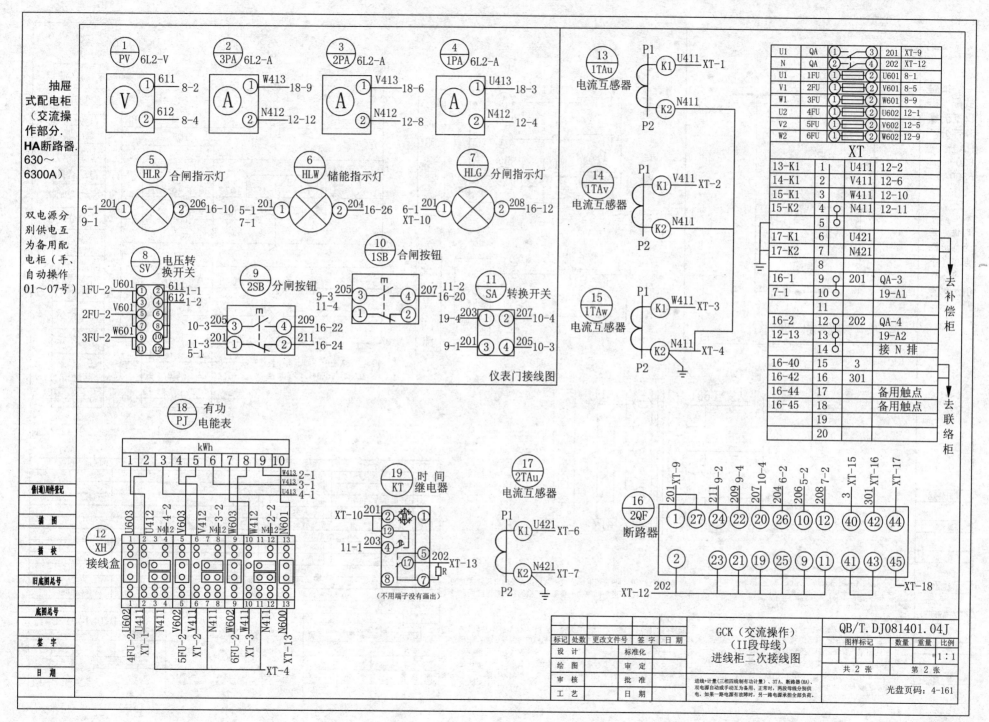

仪表门接线图

GCK（交流操作）（II段母线）进线柜二次接线图

QB/T.DJ081401.04J

进线+计量(三相四线制有功计量)、3TA、断路器(HA)、双电源自动或手动互为备用，正常时，两段母线分别供电，如果一路电源有故障时，另一路电源承担全部负荷。

光盘页码：4-161

451

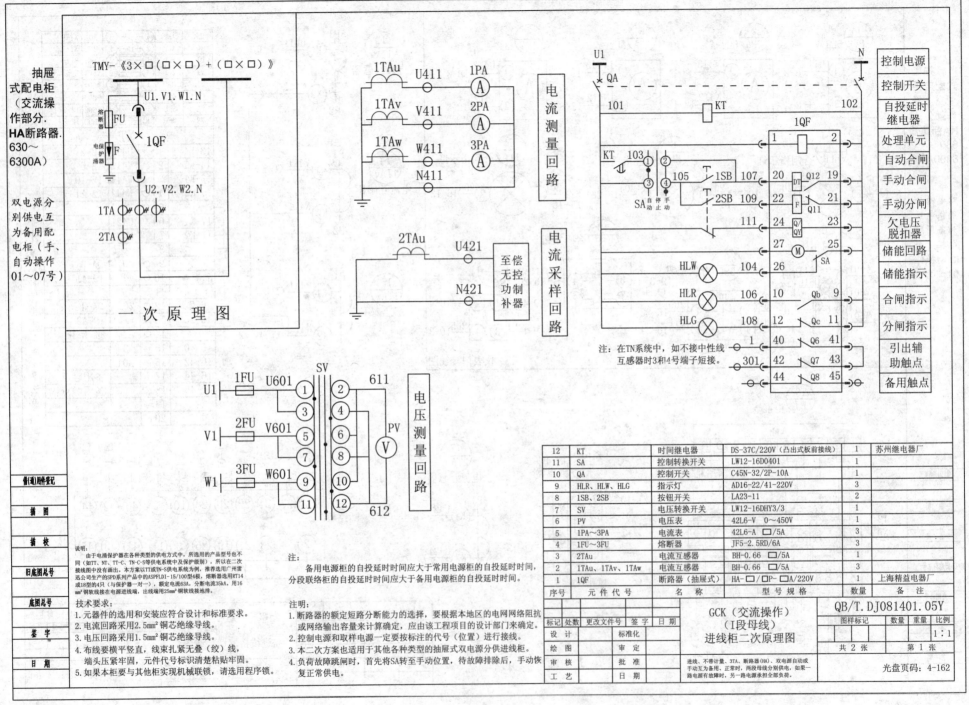

抽屉式配电柜（交流操作部分.HA断路器.630～6300A）

双电源分别供电互为备用配电柜（手、自动操作01～07号）

TMY-《3×□（□×□）+（□×□）》

一次原理图

电流测量回路

电流采样回路

至偿无控功率补偿器

电压测量回路

注：在TN系统中，如不接中性线互感器时3和4号端子短接。

代号	名称
	控制电源
	控制开关
	自投延时继电器
	处理单元
	自动合闸
	手动合闸
	手动分闸
	欠电压脱扣器
	储能回路
	储能指示
	合闸指示
	分闸指示
	引出辅助触点
	备用触点

说明：
由于电涌保护器在各种类型的供电方式中，所选用的产品型号也不同（如TT、NT、TT-C、TN-C-S等供电系统中及保护级别），所以在二次接线图中没有画出。本方案以TT或TN-S供电系统为例，推荐选用广州雷迅公司生产的SPD系列产品中的ASPFLDI-15/100型4极，熔断器选用RT14或18型的4只（与保护器一对一），额定电流63A，分断电流35kA，用16mm²铜软线接在电源进线端，出线端用25mm²铜软线接地排。

技术要求：
1. 元器件的选用和安装应符合设计和标准要求。
2. 电流回路采用2.5mm²铜芯绝缘导线。
3. 电压回路采用1.5mm²铜芯绝缘导线。
4. 布线要横平竖直，线束扎紧无叠（绞）线，端头压紧牢固，元件代号标识清楚粘贴牢固。
5. 如果本柜要与其他柜实现机械联锁，请选用程序锁。

注：
备用电源柜的自投延时时间应大于常用电源柜的自投延时时间，分段联络柜的自投延时时间应大于备用电源柜的自投延时时间。

注明：
1. 断路器的额定短路分断能力的选择，要根据本地区的电网网络阻抗或网络输出容量来计算确定，应由该工程项目的设计部门来确定。
2. 控制电源和取样电源一定要按标注的代号（位置）进行接线。
3. 本二次方案也适用于其他各种类型的抽屉式双电源分供进线柜。
4. 负荷故障跳闸时，首先将SA转至手动位置，待故障排除后，手动恢复正常供电。

12	KT	时间继电器	DS-37C/220V（凸出式板前接线）	1	苏州继电器厂
11	SA	控制转换开关	LW12-16D0401	1	
10	QA	控制开关	C45N-32/2P-10A	1	
9	HLR、HLW、HLG	指示灯	AD16-22/41-220V	3	
8	1SB、2SB	按钮开关	LA23-11	2	
7	SV	电压转换开关	LW12-16DHY3/3	1	
6	PV	电压表	42L6-V 0～450V	1	
5	1PA～3PA	电流表	42L6-A □/5A	3	
4	1FU～3FU	熔断器	JF5-2.5RD/6A	3	
3	2TAu	电流互感器	BH-0.66 □/5A	1	
2	1TAu、1TAv、1TAw	电流互感器	BH-0.66 □/5A	3	
1	1QF	断路器（抽屉式）	HA-□/□P-□A/220V	1	上海精益电器厂
序号	元件代号	名　称	型号规格	数量	备　注

标记	处数	更改文件号	签字	日期			
设　计		标准化					
绘　图		审　定					
审　核		批　准					
工　艺		日　期					

GCK（交流操作）（I段母线）进线柜二次原理图

QB/T.DJ081401.05Y

图样标记	数量	重量	比例
			1:1

共 2 张　　第 1 张

进线、不带计量、3TA、断路器（HA）、双电源自动或手动互为备用，正常时，两段母线分别供电，如果一路电源有故障分供线，另一路电源承担全部负荷。

光盘页码：4-162

备(通)用附件登记

描　图

描　校

旧底图总号

底图总号

签　字

日　期

452

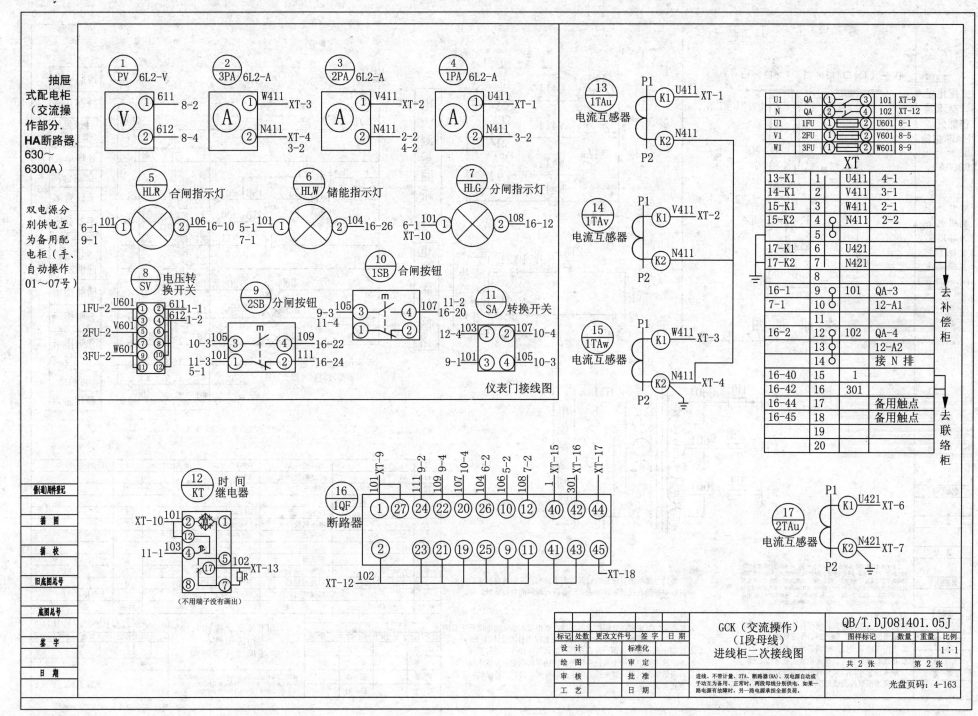

抽屉式配电柜（交流操作部分. HA断路器, 630~6300A）

双电源分别供电互为备用配电柜（手、自动操作01~07号）

① PV 6L2-V	② 3PA 6L2-A	③ 2PA 6L2-A	④ 1PA 6L2-A

⑤ HLR 合闸指示灯　⑥ HLW 储能指示灯　⑦ HLG 分闸指示灯

⑧ SV 电压转换开关　⑨ 2SB 分闸按钮　⑩ 1SB 合闸按钮　⑪ SA 转换开关

仪表门接线图

⑬ 1TAu 电流互感器
⑭ 1TAv 电流互感器
⑮ 1TAw 电流互感器

U1	QA	①	③	101	XT-9
N	QA	②	④	102	XT-12
U1	1FU	①	②	U601	8-1
V1	2FU	①	②	V601	8-5
W1	3FU	①	②	W601	8-9

XT

13-K1	1		U411	4-1
14-K1	2		V411	3-1
15-K1	3		W411	2-1
15-K2	4		N411	2-2
	5			
17-K1	6		U421	
17-K2	7		N421	
	8			
16-1	9		101	QA-3
7-1	10			12-A1
	11			
16-2	12		102	QA-4
	13			12-A2
	14			接N排
16-40	15		1	
16-42	16		301	
16-44	17			备用触点
16-45	18			备用触点
	19			
	20			

去补偿柜

去联络柜

⑫ KT 时间继电器

(不用端子没有画出)

⑯ 1QF 断路器

⑰ 2TAu 电流互感器

标记　处数　更改文件号　签字　日期

设计　标准化
绘图　审定
审核　批准
工艺　日期

GCK（交流操作）（I段母线）进线柜二次接线图

QB/T.DJ081401.05J

图样标记　数量　重量　比例　1:1

共 2 张　第 2 张

进线、不带计量、3TA、断路器(HA)、双电源自动或手动互为备用。正常时，两段母线分别供电。如果一路电源有故障时，另一路电源承担全部负荷。

光盘页码：4-163

453

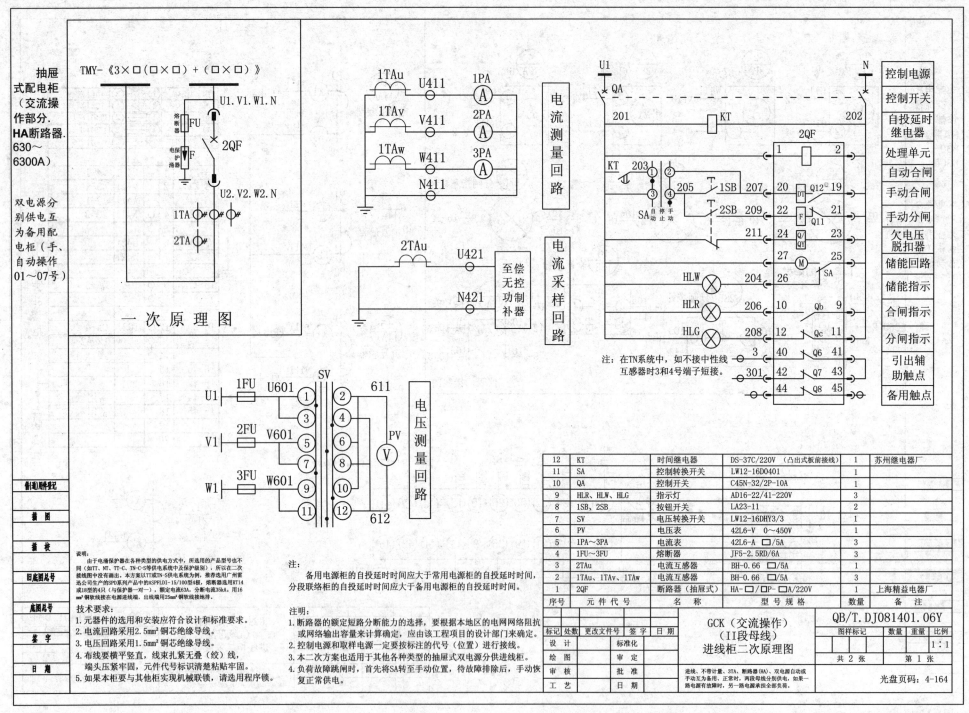

抽屉式配电柜（交流操作部分. HA断路器. 630~6300A）

双电源分别供电互为备用配电柜（手、自动操作01～07号）

TMY-《3×□(□×□)+(□×□)》

熔断器 1FU
电涌保护器 F
2QF

U1. V1. W1. N

U2. V2. W2. N

1TA
2TA

一次原理图

1TAu U411 1PA Ⓐ
1TAv V411 2PA Ⓐ
1TAw W411 3PA Ⓐ
      N411

电流测量回路

2TAu U421
      N421 至偿无控功率补偿器

电流采样回路

U1 1FU U601 SV 611
V1 2FU V601   PV Ⓥ
W1 3FU W601   612

电压测量回路

控制电源
控制开关
自投延时继电器
处理单元
自动合闸
手动合闸
手动分闸
欠电压脱扣器
储能回路
储能指示
合闸指示
分闸指示
引出辅助触点
备用触点

U1   N
QA
201   KT   202
                    2QF
KT 203   1   2
         205 1SB 207   20 DT Q12 19
SA 自停手 209 2SB   22 F   Q11 21
   动止动 211   24 Q/ QY   23
                         27 M   25
HLW 204 26   SA
HLR 206 10 Qb 9
HLG 208 12 Qc 11
         3 40 Q6 41
         301 42 Q7 43
              44 Q8 45

注：在TN系统中，如不接中性线互感器时3和4号端子短接。

12	KT	时间继电器	DS-37C/220V（凸出式板前接线）	1	苏州继电器厂
11	SA	控制转换开关	LW12-16D0401	1	
10	QA	控制开关	C45N-32/2P-10A	1	
9	HLR、HLW、HLG	指示灯	AD16-22/41-220V	3	
8	1SB、2SB	按钮开关	LA23-11	2	
7	SV	电压转换开关	LW12-16DHY3/3	1	
6	PV	电压表	42L6-V 0～450V	1	
5	1PA～3PA	电流表	42L6-A □/5A	3	
4	1FU～3FU	熔断器	JF5-2.5RD/6A	3	
3	2TAu	电流互感器	BH-0.66 □/5A	1	
2	1TAu、1TAv、1TAw	电流互感器	BH-0.66 □/5A	3	
1	2QF	断路器（抽屉式）	HA-□~□A/220V	1	上海精益电器厂
序号	元件代号	名 称	型 号 规 格	数量	备 注

说明：
由于电涌保护器在各种类型的供电方式中，所选用的产品型号也不同（如TT、NT、TT-C、TN-C-S等供电系统中及保护级别），所以本二次接线图中没有画出。本方案以TT或TN-S供电系统为例，推荐选用广州雷迅公司生产的SPD系列产品中的ASPFLDI-15/100型4极，熔断器选用RT14或18型的4只（与保护器一对一），额定电流63A，分断电流35kA，用16mm²铜软线接在电源进线端，出线端用25mm²铜软线接地排。

技术要求：
1. 元器件的选用和安装应符合设计和标准要求。
2. 电流回路采用2.5mm²铜芯绝缘导线。
3. 电压回路采用1.5mm²铜芯绝缘导线。
4. 布线要横平竖直，线束扎紧无叠（绞）线，端头扎紧牢固，元件代号标识清楚粘贴牢固。
5. 如果本柜要与其他柜实现机械联锁，请选用程序锁。

注：
备用电源柜的自投延时时间应大于常用电源柜的自投延时时间，分段联络柜的自投延时时间应大于备用电源柜的自投延时时间。

注明：
1. 断路器的额定短路分断能力的选择，要根据本地区的电网网络阻抗或网络输出容量来计算确定，应由该工程项目的设计部门来确定。
2. 控制电源和取样电源一定要按标注的代号（位置）进行接线。
3. 本二次方案也适用于其他各种类型的抽屉式双电源分供进线柜。
4. 负荷故障跳闸时，首先将SA转至手动位置，待故障排除后，手动恢复正常供电。

设 计		标准化			GCK（交流操作）（II段母线）进线柜二次原理图
绘 图		审 定			
审 核		批 准			
工 艺		日 期			

标记	处数	更改文件号	签 字	日 期

QB/T.DJ081401.06Y

图样标记 | 数量 | 重量 | 比例
| | | | 1:1

共 2 张   第 1 张

进线、不带计量、3TA、断路器（HA）、双电源自动或手动互为备用。正常时，两段母线分别供电，如果一路电源有故障时，另一路电源承担全部负荷。

光盘页码：4-164

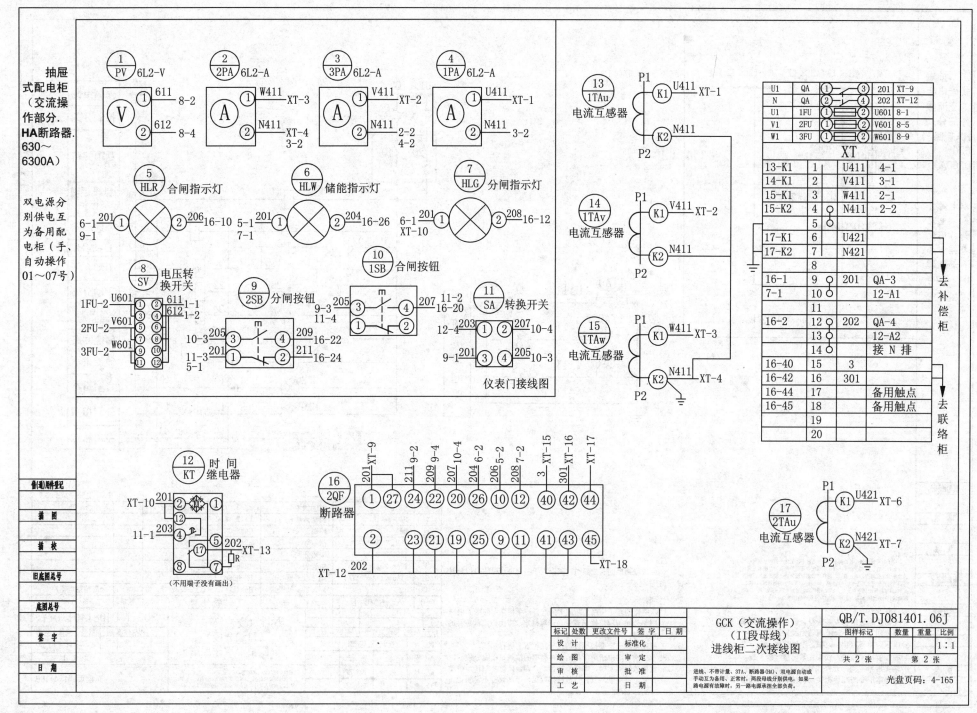

抽屉式配电柜（交流操作部分. HA断路器. 630～6300A）

双电源分别供电互为备用配电柜（手、自动操作01～07号）

① PV 6L2-V
② 2PA 6L2-A
③ 3PA 6L2-A
④ 1PA 6L2-A

611 8-2
612 8-4

W411 XT-3
N411 XT-4
3-2

V411 XT-2
N411 2-2
4-2

U411 XT-1
N411 3-2

⑤ HLR 合闸指示灯
6-1 201
9-1
206 16-10

⑥ HLW 储能指示灯
5-1 201
7-1
204 16-26

⑦ HLG 分闸指示灯
6-1 201
XT-10
208 16-12

⑧ SV 电压转换开关
1FU-2 U601
2FU-2 V601
3FU-2 W601
611 1-1
612 1-2

⑨ 2SB 分闸按钮
9-3 205
11-4
10-3 205
201
11-3
5-1
207
16-20
209 16-22
211 16-24

⑩ 1SB 合闸按钮
11-2
16-20

⑪ SA 转换开关
12-4 203 207 10-4
9-1 201 205 10-3

仪表门接线图

⑬ 1TAu 电流互感器
P1 K1 U411 XT-1
P2 K2 N411

⑭ 1TAv 电流互感器
P1 K1 V411 XT-2
P2 K2 N411

⑮ 1TAw 电流互感器
P1 K1 W411 XT-3
P2 K2 N411 XT-4

U1	QA	① — ③	201	XT-9
N	QA	② — ④	202	XT-12
U1	1FU	① — ②	U601	8-1
V1	2FU	① — ②	V601	8-5
W1	3FU	① — ②	W601	8-9

XT

13-K1	1	U411	4-1
14-K1	2	V411	3-1
15-K1	3	W411	2-1
15-K2	4	N411	2-2
	5		
17-K1	6	U421	
17-K2	7	N421	
	8		
16-1	9	201	QA-3
7-1	10		12-A1
	11		
16-2	12	202	QA-4
	13		12-A2
	14		接 N 排
16-40	15	3	
16-42	16	301	
16-44	17	备用触点	
16-45	18	备用触点	
	19		
	20		

去补偿柜

去联络柜

⑫ KT 时间继电器
XT-10 201
11-1 203
202 XT-13
R
（不用端子没有画出）

⑯ 2QF 断路器
201 XT-9
211 9-2
209 9-4
207 10-4
204 6-2
206 5-2
208 7-2
3 XT-15
301 XT-16
XT-17

① 27 24 22 20 26 10 12 40 42 44
② 23 21 19 25 9 11 41 43 45

XT-12 202
XT-18

⑰ 2TAu 电流互感器
P1 K1 U421 XT-6
P2 K2 N421 XT-7

标记 处数 更改文件号 签 字 日 期
设 计　标准化
绘 图　审 定
审 核　批 准
工 艺　日 期

GCK（交流操作）
（II段母线）
进线柜二次接线图

QB/T.DJ081401.06J
图样标记　数量　重量　比例
1:1
共 2 张　第 2 张

进线、不带计量、3TA、断路器(HA)、双电源自动或手动互为备用、正常时、两段母线分别供电、如果一路电源有故障时、另一路电源承担全部负荷。

光盘页码：4-165

曾(通)用附件记
描 图
描 校
旧底图总号
底图总号
整 字
日 期

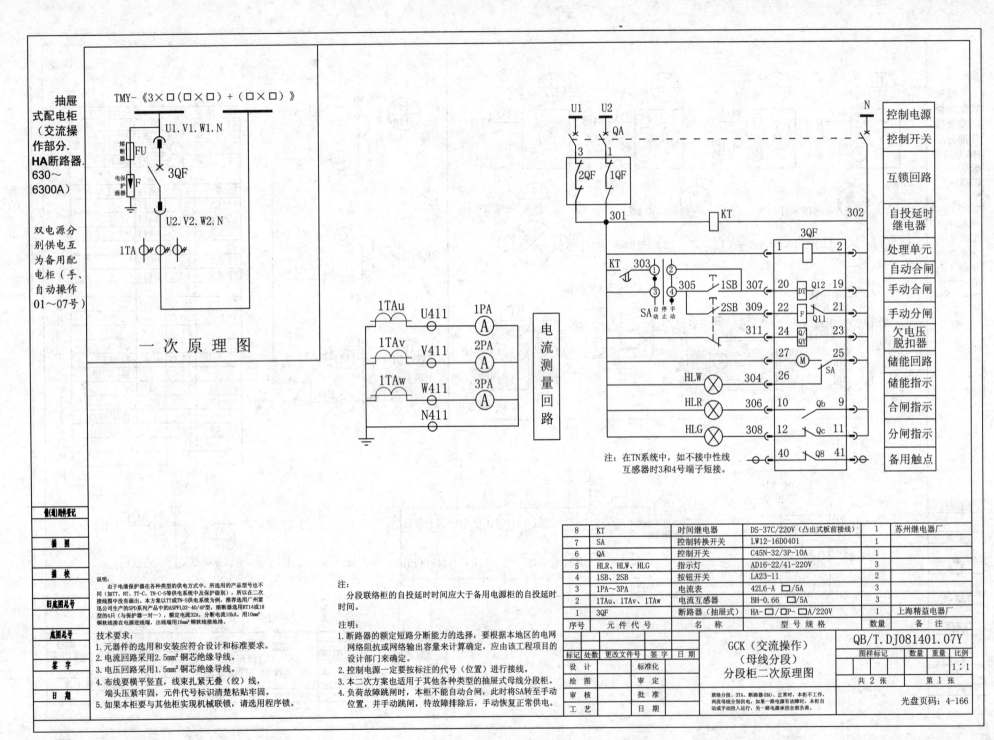

抽屉式配电柜（交流操作部分．HA断路器．630~6300A）

双电源分别供电互为备用配电柜（手、自动操作01~07号）

TMY-《3×□(□×□)+(□×□)》

一次原理图

U1.V1.W1.N

FU 熔断器

3QF

F 电涌保护器

U2.V2.W2.N

1TA

电流测量回路

1TAu U411 1PA Ⓐ

1TAv V411 2PA Ⓐ

1TAw W411 3PA Ⓐ

N411

控制电源
控制开关
互锁回路
自投延时继电器
处理单元
自动合闸
手动合闸
手动分闸
欠电压脱扣器
储能回路
储能指示
合闸指示
分闸指示
备用触点

U1 U2 QA N

2QF 1QF

301 KT 302

3QF

KT 303

SA 自停手动止动

1SB 305 307 20 DT Q12 19

2SB 309 311 22 F Q11 21

311 24 Q/QY 23

27 M 25 SA

HLW 304 26

HLR 306 10 Qb 9

HLG 308 12 Qc 11

40 Q8 41

注：在TN系统中，如不接中性线互感器时3和4号端子短接。

说明：
由于电涌保护器在各种类型的供电方式中，所选用的产品型号也不同（如TT、NT、TT-C、TN-C-S等供电系统中及保护级别），所以在二次接线图中没有画出来。本方案以TT或TN-S供电系统为例，推荐选用广州雷迅公司生产的SPD系列产品中的ASPFLD2-40/4P型，熔断器选用RT14或18型的4只（与保护器一对一），额定电流32A，分断电流10kA，用10mm²铜软线接在电源进线端，出线端用16mm²铜软线接地排。

技术要求：
1.元器件的选用和安装应符合设计和标准要求。
2.电流回路采用2.5mm²铜芯绝缘导线。
3.电压回路采用1.5mm²铜芯绝缘导线。
4.布线要横平竖直，线束扎紧无叠（绞）线，端头压紧牢固，元件代号标识清楚粘贴牢固。
5.如果本柜要与其他柜实现机械联锁，请选用程序锁。

注：
分段联络柜的自投延时时间应大于备用电源柜的自投延时时间。

注明：
1.断路器的额定短路分断能力的选择，要根据本地区的电网网络阻抗或网络输出容量来计算确定，应由该工程项目的设计部门来确定。
2.控制电源一定要按标注的代号（位置）进行接线。
3.本二次方案也适用于其他各种类型的抽屉式母线分段柜。
4.负荷故障跳闸时，本柜不能自动合闸，此时将SA转至手动位置，并手动跳闸，待故障排除后，手动恢复正常供电。

备（通）用件登记

描图
描校
旧底图总号
底图总号
签字
日期

8	KT	时间继电器	DS-37C/220V（凸出式板前接线）	1	苏州继电器厂
7	SA	控制转换开关	LW12-16D0401	1	
6	QA	控制开关	C45N-32/3P-10A	1	
5	HLR、HLW、HLG	指示灯	AD16-22/41-220V	3	
4	1SB、2SB	按钮开关	LA23-11	2	
3	1PA~3PA	电流表	42L6-A □/5A	3	
2	1TAu、1TAv、1TAw	电流互感器	BH-0.66 □/5A	3	
1	3QF	断路器（抽屉式）	HA-□/□P-□A/220V	1	上海精益电器厂
序号	元件代号	名称	型号规格	数量	备注

标记	处数	更改文件号	签字	日期	GCK（交流操作）（母线分段）分段柜二次原理图	图样标记	数量	重量	比例
设计			标准化						1:1
绘图			审定						
审核			批准		共 2 张	第 1 张			
工艺			日期						

QB/T.DJ081401.07Y

联络分段、3TA、断路器（HA）、正常时，本柜不工作，两段母线分别供电，如果一路电源有故障时，本柜自动或手动投入运行，另一路电源承担全部负荷。

光盘页码：4-166

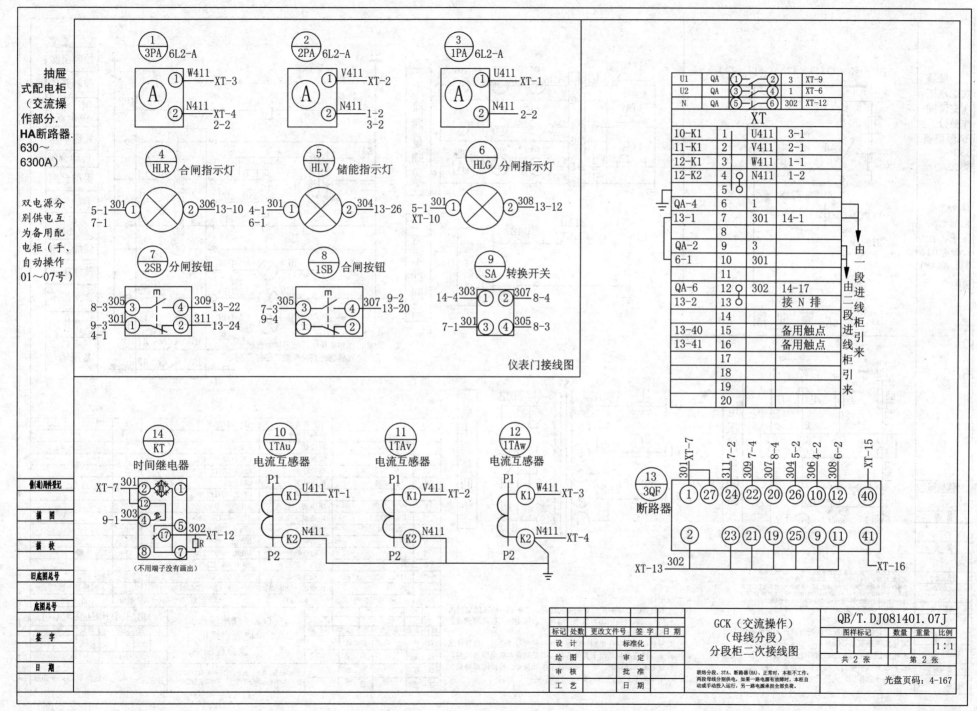

仪表门接线图

		XT		
U1	QA	① ②	3	XT-9
U2	QA	③ ④	1	XT-6
N	QA	⑤ ⑥	302	XT-12

XT

10-K1	1	U411	3-1
11-K1	2	V411	2-1
12-K1	3	W411	1-1
12-K2	4	N411	1-2
	5		
QA-4	6	1	
13-1	7	301	14-1
	8		
QA-2	9	3	
6-1	10	301	
	11		
QA-6	12	302	14-17
13-2	13	接 N 排	
	14		
13-40	15	备用触点	
13-41	16	备用触点	
	17		
	18		
	19		
	20		

由一段进线柜引来
由二段进线柜引来

抽屉式配电柜（交流操作部分. HA断路器. 630～6300A）

双电源分别供电互为备用配电柜（手、自动操作01～07号）

时间继电器
（不用端子没有画出）

电流互感器 电流互感器 电流互感器

备(通)用件登记	
描 图	
描 校	
旧底图总号	
底图总号	
签 字	
日 期	

标记	处数	更改文件号	签字	日期
设 计			标准化	
绘 图			审 定	
审 核			批 准	
工 艺			日 期	

GCK（交流操作）
（母线分段）
分段柜二次接线图

联络分段、3TA、断路器(HA)、正常时，本柜不工作。两段母线分别供电，如果一路电源有故障时，本柜自动或手动投入运行，另一路电源承担全部负荷。

QB/T.DJ081401.07J

图样标记	数量	重量	比例
			1:1
共 2 张		第 2 张	

光盘页码: 4-167

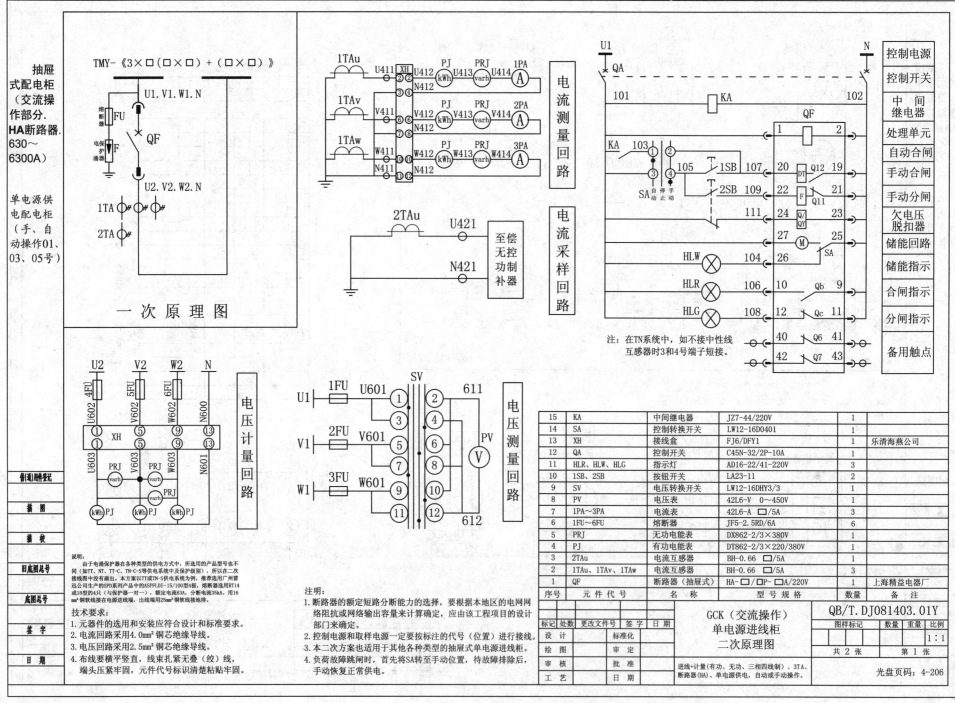

抽屉式配电柜（交流操作部分.**HA断路器.**630～6300A）

单电源供电配电柜（手、自动操作01、03、05号）

TMY-《3×□(□×□)+(□×□)》

一 次 原 理 图

电流测量回路

电流采样回路

至偿无控功制补器

电压计量回路

电压测量回路

注：在TN系统中，如不接中性线互感器时3和4号端子短接。

| 控制电源 |
| 控制开关 |
| 中间继电器 |
| 处理单元 |
| 自动合闸 |
| 手动合闸 |
| 手动分闸 |
| 欠电压脱扣器 |
| 储能回路 |
| 储能指示 |
| 合闸指示 |
| 分闸指示 |
| 备用触点 |

说明：
由于电涌保护器在各类型的供电方式中，所选用的产品型号也不同（如TT、NT、TT-C、TN-C-S等供电系统中及保护级别），所以在二次接线图中没有画出。本方案以TT或TN-S供电系统为例，推荐选用广州雷迅公司生产的SPD系列产品中的ASPFLDI-15/100型基4级，熔断器选用RT14或18型的4只（与保护器一对一），额定电流63A，分断电流35kA。用16 mm²铜软线接在电源进线端，出线端用25mm²铜软线接地排。

技术要求：
1. 元器件的选用和安装应符合设计和标准要求。
2. 电流回路采用4.0mm²铜芯绝缘导线。
3. 电压回路采用2.5mm²铜芯绝缘导线。
4. 布线要横平竖直，线束扎紧无叠（绞）线，端头压紧牢固，元件代号标识清楚粘贴牢固。

注明：
1. 断路器的额定短路分断能力的选择，要根据本地区的电网网络阻抗或网络输出容量来计算确定，应由该工程项目的设计部门来确定。
2. 控制电源和取样电源一定要按标注的代号（位置）进行接线。
3. 本二次方案也适用于其他各种类型的抽屉式单电源进线柜。
4. 负荷故障跳闸时，首先将SA转至手动位置，待故障排除后，手动恢复正常供电。

15	KA	中间继电器	JZ7-44/220V	1	
14	SA	控制转换开关	LW12-16D0401	1	
13	XH	接线盒	FJ6/DFY1	1	乐清海燕公司
12	QA	控制开关	C45N-32/2P-10A	1	
11	HLR、HLW、HLG	指示灯	AD16-22/41-220V	3	
10	1SB、2SB	按钮开关	LA23-11	2	
9	SV	电压转换开关	LW12-16DHY3/3	1	
8	PV	电压表	42L6-V 0～450V	1	
7	1PA～3PA	电流表	42L6-A □/5A	3	
6	1FU～6FU	熔断器	JF5-2.5RD/6A	6	
5	PRJ	无功电能表	DX862-2/3×380V	1	
4	PJ	有功电能表	DT862-2/3×220/380V	1	
3	2TAu	电流互感器	BH-0.66 □/5A	1	
2	1TAu、1TAv、1TAw	电流互感器	BH-0.66 □/5A	3	
1	QF	断路器（抽屉式）	HA-□/P-□A/220V	1	上海精益电器厂
序号	元件代号	名 称	型 号 规 格	数量	备 注

备（通）用标记				
描 图				
描 校				
旧底图总号				
底图总号				
签 字				
日 期				

标记	处数	更改文件号	签字	日期
设 计		标准化		
绘 图		审 定		
审 核		批 准		
工 艺		日 期		

GCK（交流操作）
单电源进线柜
二次原理图

进线+计量（有功、无功、三相四线制）、3TA、断路器(HA)、单电源供电，自动或手动操作。

QB/T.DJ081403.01Y			
图样标记	数量	重量	比例
			1:1
共 2 张		第 1 张	

光盘页码：4-206

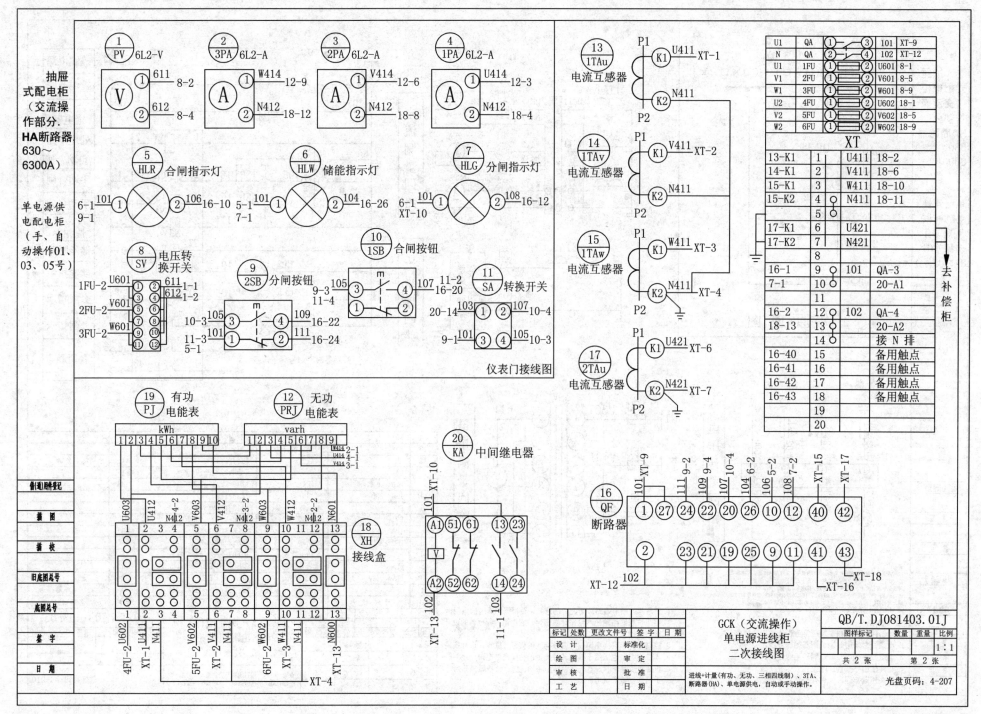

抽屉式配电柜（交流操作部分.HA断路器.630～6300A）

单电源供电配电柜（手、自动操作01、03、05号）

1 PV	6L2-V
2 3PA	6L2-A
3 2PA	6L2-A
4 1PA	6L2-A

V 611 8-2 / 612 8-4

A W414 12-9 / N412 18-12

A V414 12-6 / N412 18-8

A U414 12-3 / N412 18-4

5 HLR 合闸指示灯
6-1 9-1 101 1 2 106 16-10

6 HLW 储能指示灯
5-1 7-1 101 1 2 104 16-26

7 HLG 分闸指示灯
6-1 XT-10 101 1 2 108 16-12

8 SV 电压转换开关

1FU-2 U601 / 2FU-2 V601 / 3FU-2 W601
611 1-1 / 612 1-2

9 2SB 分闸按钮
9-3 105 / 11-4
10-3 105 / 11-3 101

10 1SB 合闸按钮
3 4 107 11-2 / 16-20
1 2

11 SA 转换开关
20-14 103 1 2 107 10-4
9-1 101 3 4 105 10-3

仪表门接线图

13 1TAu 电流互感器
P1 K1 U411 XT-1
K2 N411 P2

14 1TAv 电流互感器
P1 K1 V411 XT-2
K2 N411 P2

15 1TAw 电流互感器
P1 K1 W411 XT-3
K2 N411 XT-4 P2

17 2TAu 电流互感器
P1 K1 U421 XT-6
K2 N421 XT-7 P2

U1	QA	1	3	101	XT-9
N	QA	2	4	102	XT-12
U1	1FU	1	2	U601	8-1
V1	2FU	1	2	V601	8-5
W1	3FU	1	2	W601	8-9
U2	4FU	1	2	U602	18-1
V2	5FU	1	2	V602	18-5
W2	6FU	1	2	W602	18-9

XT

13-K1	1	U411	18-2
14-K1	2	V411	18-6
15-K1	3	W411	18-10
15-K2	4	N411	18-11
	5		
17-K1	6	U421	
17-K2	7	N421	
	8		
16-1	9	101	QA-3
7-1	10		20-A1
	11		
16-2	12	102	QA-4
18-13	13		20-A2
	14		接N排
16-40	15		备用触点
16-41	16		备用触点
16-42	17		备用触点
16-43	18		备用触点
	19		
	20		

去补偿柜

19 PJ 有功电能表
kWh 1 2 3 4 5 6 7 8 9 10

12 PRJ 无功电能表
varh 1 2 3 4 5 6 7 8 9
W414 2-1 / U414 4-1 / V414 3-1

20 KA 中间继电器
101 XT-10
A1 51 61 13 23
V
A2 52 62 14 24
XT-13 102 / 11-1 103

16 QF 断路器
101 XT-9 / 111 9-2 / 109 9-4 / 107 10-4 / 104 6-2 / 106 5-2 / 108 7-2 / XT-15 / XT-17
1 27 24 22 20 26 10 12 40 42
2 23 21 19 25 9 11 41 43
XT-12 102 / XT-16 / XT-18

18 XH 接线盒

U603 U412 N412 V603 V412 N412 W603 W412 N412 N601
1 2 3 4 5 6 7 8 9 10 11 12 13
4FU-2 U602 / XT-1 U411 / N411 / 5FU-2 V602 / XT-2 V411 / N411 / 6FU-2 W602 / XT-3 W411 / N411 / XT-13 N600
XT-4

GCK（交流操作）单电源进线柜二次接线图

QB/T.DJ081403.01J

标记	处数	更改文件号	签字	日期		图样标记		数量	重量	比例
设计			标准化							1:1
绘图			审定							
审核			批准		共2张		第2张			
工艺			日期							

进线+计量(有功、无功、三相四线制)、3TA、断路器(HA)、单电源供电，自动或手动操作。

光盘页码: 4-207

459

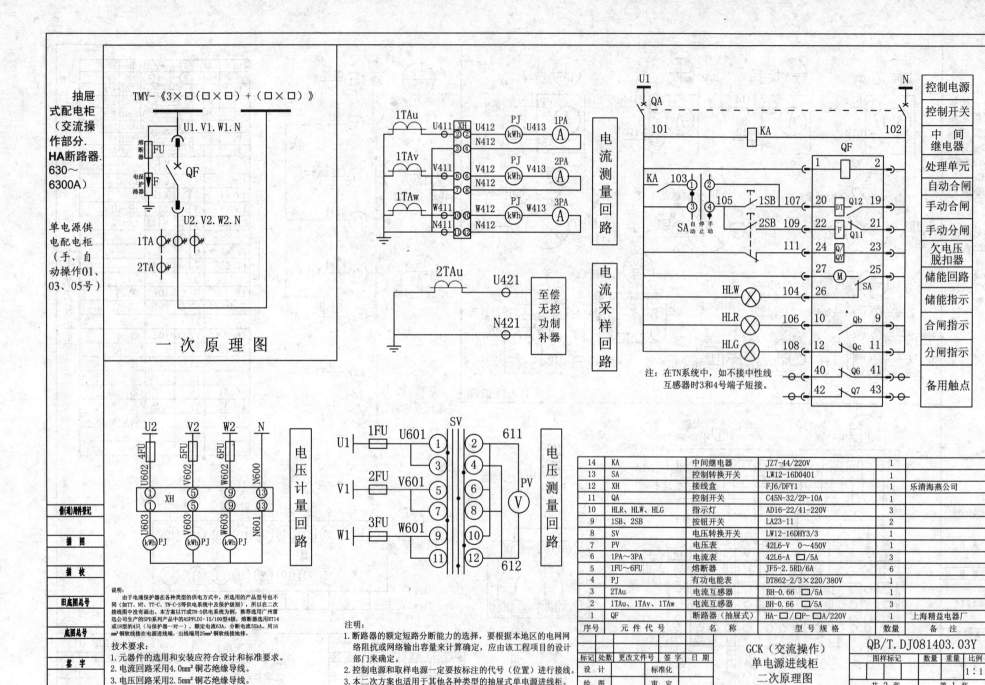

抽屉式配电柜（交流操作部分.HA断路器.630～6300A）

单电源供电配电柜（手、自动操作01、03、05号）

TMY-《3×□(□×□)+(□×□)》

一次原理图

电流测量回路

电流采样回路

至偿无控功率补器

注：在TN系统中，如不接中性线互感器时3和4号端子短接。

	控制电源
	控制开关
	中间继电器
	处理单元
	自动合闸
	手动合闸
	手动分闸
	欠电压脱扣器
	储能回路
	储能指示
	合闸指示
	分闸指示
	备用触点

电压计量回路

电压测量回路

说明：
由于电涌保护器在各种类型的供电方式中，所选用的产品型号也不同（如TT、NT、TT-C、TN-C-S等供电系统中及保护级别），所以在二次接线图中没有画出。本方案以TT或TN-S供电系统为例，推荐选用广州雷迅公司生产的SPD系列产品中的ASPFLDI-15/100 4级，熔断器选用RT14或18型的4只（与保护器一对一），额定电流63A，分断电流35kA。用16 mm²铜软线接在电源进线端，出线端用25mm²铜软线接地排。

技术要求：
1. 元器件的选用和安装应符合设计和标准要求。
2. 电流回路采用4.0mm²铜芯绝缘导线。
3. 电压回路采用2.5mm²铜芯绝缘导线。
4. 布线要横平竖直，线束扎紧无叠（绞）线，端头压紧牢固，元件代号标识清楚粘贴牢固。

注明：
1. 断路器的额定短路分断能力的选择，要根据本地区的电网网络阻抗或网络输出容量来计算确定，应由该工程项目的设计部门来确定。
2. 控制电源和取样电源一定要按标注的代号（位置）进行接线。
3. 本二次方案也适用于其他各种类型的抽屉式单电源进线柜。
4. 负荷故障跳闸时，首先将SA转至手动位置，待故障排除后，手动恢复正常供电。

14	KA	中间继电器	JZ7-44/220V	1	
13	SA	控制转换开关	LW12-16D0401	1	
12	XH	接线盒	FJ6/DFY1	1	乐清海燕公司
11	QA	控制开关	C45N-32/2P-10A	1	
10	HLR、HLW、HLG	指示灯	AD16-22/41-220V	3	
9	1SB、2SB	按钮开关	LA23-11	2	
8	SV	电压转换开关	LW12-16DHY3/3	1	
7	PV	电压表	42L6-V 0～450V	1	
6	1PA～3PA	电流表	42L6-A □/5A	3	
5	1FU～6FU	熔断器	JF5-2.5RD/6A	6	
4	PJ	有功电能表	DT862-2/3×220/380V	1	
3	2TAu	电流互感器	BH-0.66 □/5A	1	
2	1TAu、1TAv、1TAw	电流互感器	BH-0.66 □/5A	3	
1	QF	断路器（抽屉式）	HA-□/□P-□A/220V	1	上海精益电器厂
序号	元件代号	名称	型号规格	数量	备注

借(通)用件登记				
描图				
描校				
旧底图总号				
底图号				
签字				
日期				

标记	处数	更改文件号	签字	日期
设计		标准化		
绘图		审定		
审核		批准		
工艺		日期		

GCK（交流操作）单电源进线柜二次原理图

QB/T.DJ081403.03Y

图样标记		数量	重量	比例
				1:1
共 2 张			第 1 张	

进线+计量（三相四线制有功计量）、3TA、断路器（HA）、单电源供电，自动或手动操作。

光盘页码：4-210

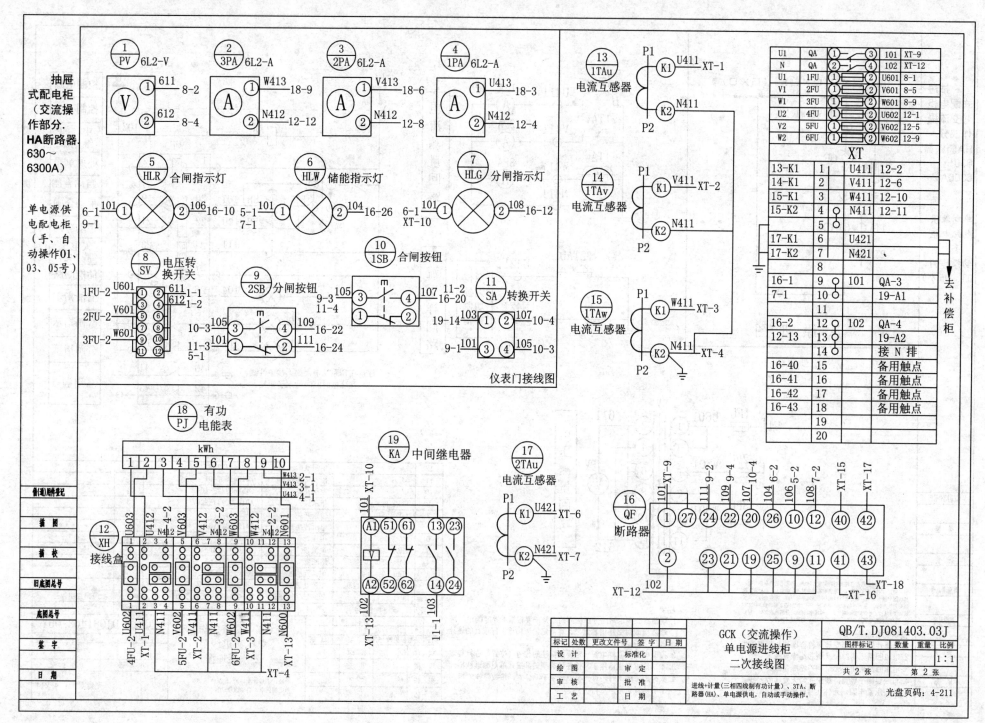

仪表门接线图

GCK（交流操作）
单电源进线柜
二次接线图

QB/T.DJ081403.03J

共 2 张　第 2 张

进线+计量(三相四线制有功计量)、3TA、断路器(HA)、单电源供电,自动或手动操作。

光盘页码：4-211

461

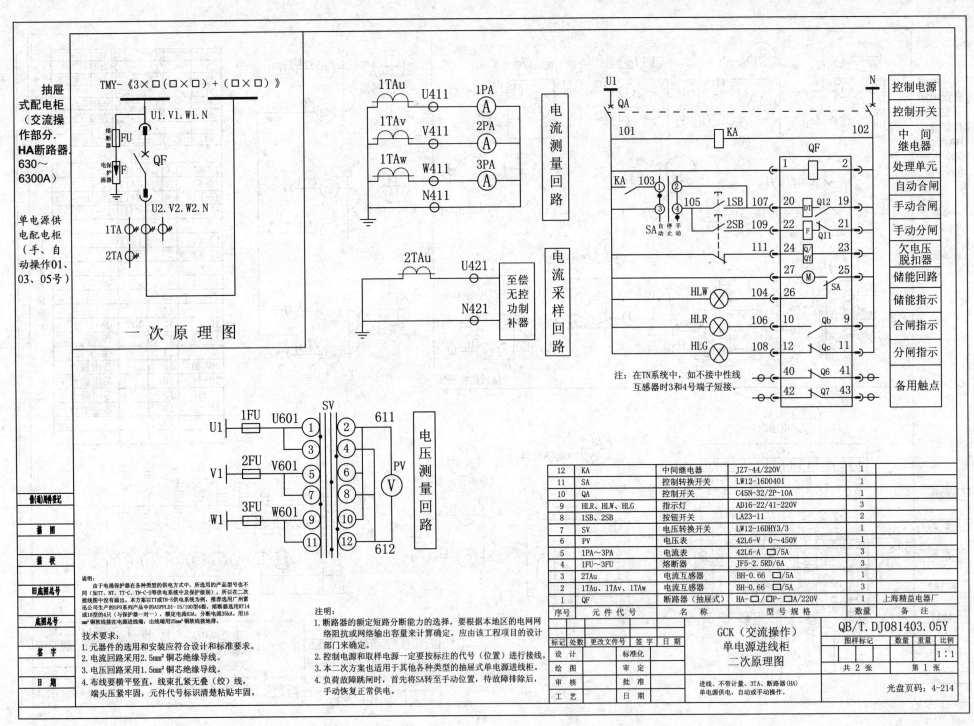

抽屉式配电柜（交流操作部分. HA断路器. 630~6300A）

单电源供电配电柜（手、自动操作01、03、05号）

TMY-《3×□(□×□)+(□×□)》

U1.V1.W1.N

熔断器 FU
电保护涌器 F
QF

U2.V2.W2.N

1TA
2TA

一次原理图

1TAu U411 1PA (A)
1TAv V411 2PA (A)
1TAw W411 3PA (A)
N411 (A)

电流测量回路

2TAu U421 至偿无控功制率补器
N421

电流采样回路

U1 N
QA
101 KA 102
KA 103 1 2 QF
3 4 105 1SB 107 20 DT Q12 19
SA 自停手动止动 2SB 109 22 F Q11 21
111 24 Q/QY 23
27 M 25 SA
HLW 104 26
HLR 106 10 Qb 9
HLG 108 12 Qc 11
40 Q6 41
42 Q7 43

控制电源
控制开关
中间继电器
处理单元
自动合闸
手动合闸
手动分闸
欠电压脱扣器
储能回路
储能指示
合闸指示
分闸指示
备用触点

注: 在TN系统中, 如不接中性线互感器时3和4号端子短接。

1FU U601 SV 611
U1 (1) (2)
(3) (4)
2FU V601
V1 (5) (6) PV
(7) (8) (V)
3FU W601
W1 (9) (10)
(11) (12)
612

电压测量回路

说明: 由于电涌保护器在各种类型的供电方式中, 所选用的产品型号也不同（如TT、NT、TT-C、TN-C-S等供电系统中及保护级别）, 所以在二次接线图中没有画出来。本方案以TT或TN-S供电系统为例, 推荐选用广州雷迅公司生产的SPD系列产品中的ASPFLDI-15/100型4极, 熔断器选用RT14或18型的4只（与保护器一对一）, 额定电流63A, 分断电流35kA, 用16mm²铜软线接在电源进线端, 出线端用25mm²铜软线接地排。

技术要求:
1. 元器件的选用和安装应符合设计和标准要求。
2. 电流回路采用2.5mm²铜芯绝缘导线。
3. 电压回路采用1.5mm²铜芯绝缘导线。
4. 布线要横平竖直, 线束扎紧无叠（绞）线, 端头压紧牢固, 元件代号标识清楚粘贴牢固。

注明:
1. 断路器的额定短路分断能力的选择, 要根据本地区的电网网络阻抗或网络输出容量来计算确定, 应由该工程项目的设计部门来确定。
2. 控制电源和取样电源一定要按标注的代号（位置）进行接线。
3. 本二次方案也适用于其他各种类型的抽屉式单电源进线柜。
4. 负荷故障跳闸时, 首先将SA转至手动位置, 待故障排除后, 手动恢复正常供电。

12	KA	中间继电器	JZ7-44/220V	1	
11	SA	控制转换开关	LW12-16D0401	1	
10	QA	控制开关	C45N-32/2P-10A	1	
9	HLR、HLW、HLG	指示灯	AD16-22/41-220V	3	
8	1SB、2SB	按钮开关	LA23-11	2	
7	SV	电压转换开关	LW12-16DHY3/3	1	
6	PV	电压表	42L6-V 0~450V	1	
5	1PA~3PA	电流表	42L6-A □/5A	3	
4	1FU~3FU	熔断器	JF5-2.5RD/6A	3	
3	2TAu	电流互感器	BH-0.66 □/5A	1	
2	1TAu、1TAv、1TAw	电流互感器	BH-0.66 □/5A	3	
1	QF	断路器（抽屉式）	HA-□/□P-□A/220V	1	上海精益电器厂
序号	元件代号	名 称	型 号 规 格	数量	备 注

备(通)用件记				
描 图				
描 校				
旧底图总号				
底图总号				
签 字				
日 期				

标记	处数	更改文件号	签字	日期
设 计		标准化		
绘 图		审 定		
审 核		批 准		
工 艺		日 期		

GCK（交流操作）
单电源进线柜
二次原理图

进线、不带计量、3TA、断路器(HA)单电源供电, 自动或手动操作。

QB/T.DJ081403.05Y

图样标记	数量	重量	比例
			1:1
共 2 张		第 1 张	

光盘页码: 4-214

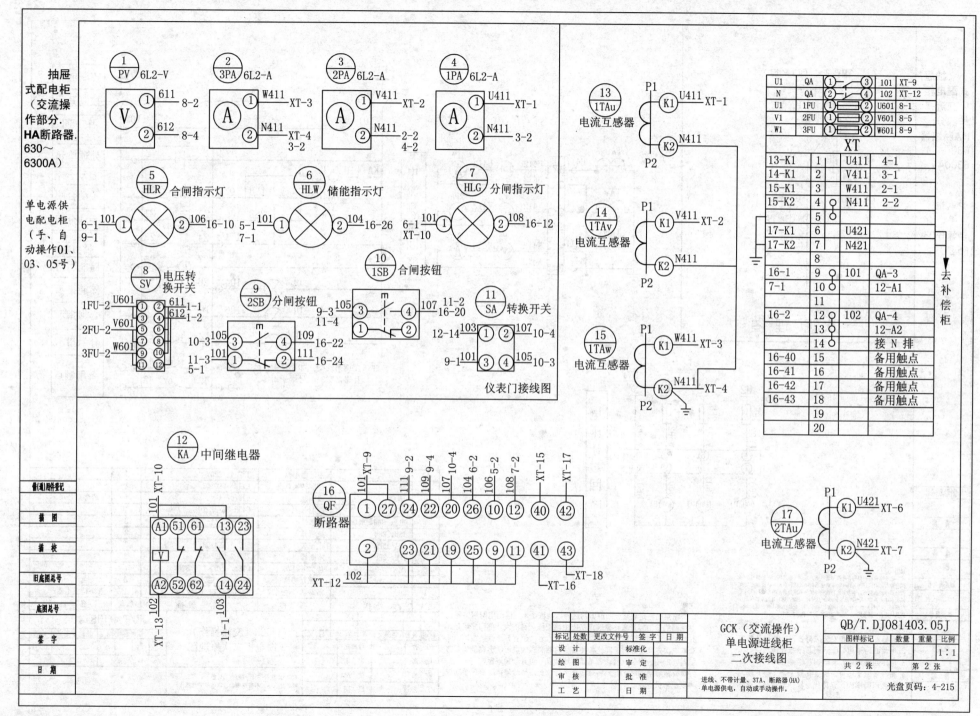

仪表门接线图

QB/T.DJ081403.05J

GCK（交流操作）
单电源进线柜
二次接线图

进线、不带计量、3TA、断路器(HA)
单电源供电，自动或手动操作。

光盘页码：4-215

463

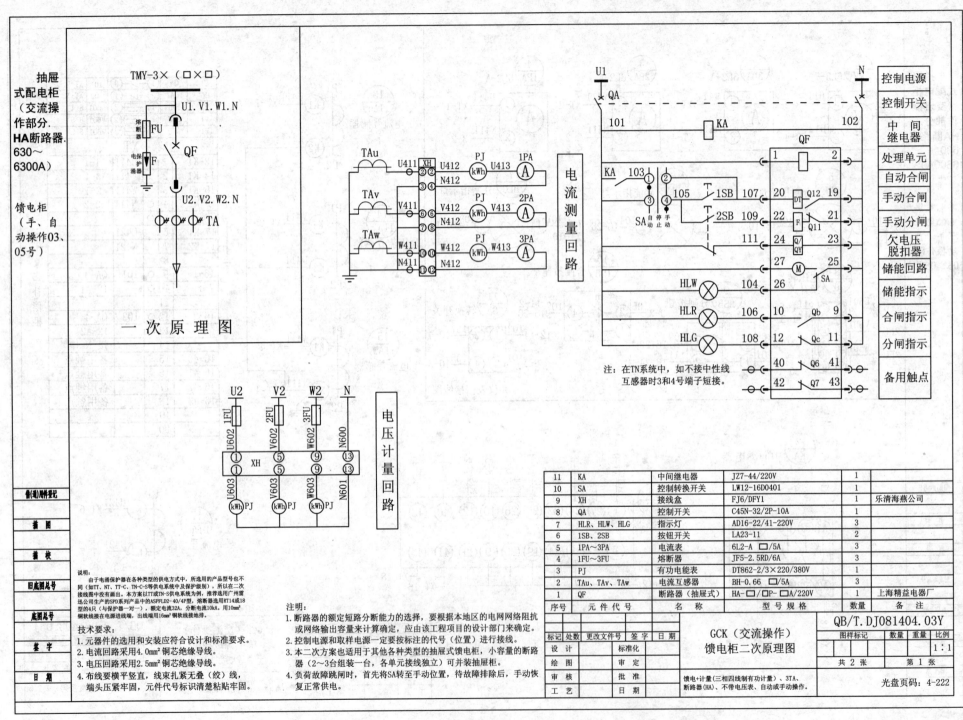

抽屉式配电柜（交流操作部分.HA断路器.630～6300A）

馈电柜（手、自动操作03、05号）

TMY-3×（□×□）

U1.V1.W1.N

熔断器 FU

电保护涌器 F

QF

U2.V2.W2.N

TA

一次原理图

TAu U411 XH U412 PJ(kWh) U413 1PA(A)
N412

TAv V411 V412 PJ(kWh) V413 2PA(A)
N412

TAw W411 W412 PJ(kWh) W413 3PA(A)
N411 N412

电流测量回路

U2 V2 W2 N
1FU 2FU 3FU
U602 V602 W602 N600
① ⑤ ⑨ ⑬
XH
① ⑤ ⑨ ⑬
U603 V603 W603 N601
PJ(kWh) PJ(kWh) PJ(kWh)

电压计量回路

U1　QA　N
控制电源
控制开关
101　KA　102
中间继电器
QF
KA 103
105 1SB 107 DT Q12 19 自动合闸
SA 自动 停止 手动
2SB 109 F Q11 21 手动合闸
111 24 Q/QY 23 欠电压脱扣器
处理单元
自动合闸
手动合闸
手动分闸
欠电压脱扣器
27 M 25 储能回路
HLW 104 26 SA 储能指示
HLR 106 10 Qb 9 合闸指示
HLG 108 12 Qc 11 分闸指示
40 Q6 41
42 Q7 43 备用触点

注：在TN系统中，如不接中性线互感器时3和4号端子短接。

11	KA	中间继电器	JZ7-44/220V	1	
10	SA	控制转换开关	LW12-16D0401	1	
9	XH	接线盒	FJ6/DFY1	1	乐清海燕公司
8	QA	控制开关	C45N-32/2P-10A	1	
7	HLR、HLW、HLG	指示灯	AD16-22/41-220V	3	
6	1SB、2SB	按钮开关	LA23-11	2	
5	1PA～3PA	电流表	6L2-A □/5A	3	
4	1FU～3FU	熔断器	JF5-2.5RD/6A	3	
3	PJ	有功电能表	DT862-2/3×220/380V	1	
2	TAu、TAv、TAw	电流互感器	BH-0.66 □/5A	3	
1	QF	断路器（抽屉式）	HA-□/□P-□A/220V	1	上海精益电器厂
序号	元件代号	名　称	型号规格	数量	备　注

说明：
由于电涌保护器在各种类型的供电方式中，所选用的产品型号也不同（如TT、NT、TT-C、TN-C-S等供电系统中及保护级别），所以在二次接线图中没有画出。本方案以TT或TN-S供电系统为例，推荐选用广州雷迅公司生产的SPD系列产品中的ASPFLD2-40/4P型，熔断器选用RT14或18型的4只（与保护器一对一），额定电流32A，分断电流10kA。用10mm²铜软线接在电源进线端，出线端用16mm²铜软线接地排。

技术要求：
1. 元件的选用和安装应符合设计和标准要求。
2. 电流回路采用4.0mm²铜芯绝缘导线。
3. 电压回路采用2.5mm²铜芯绝缘导线。
4. 布线要横平竖直，线束扎紧无叠（绞）线，端头压紧牢固，元件代号标识清楚粘贴牢固。

注明：
1. 断路器的额定短路分断能力的选择，要根据本地区的电网网络阻抗或网络输出容量来计算确定，应由该工程项目的设计部门来确定。
2. 控制电源和取样电源一定要按标注的代号（位置）进行接线。
3. 本二次方案也适用于其他各种类型的抽屉式馈电柜，小容量的断路器（2～3台组装一台，各单元接线独立）可并装抽屉柜。
4. 负荷故障跳闸时，首先将SA转至手动位置，待故障排除后，手动恢复正常供电。

借(词)用件登记
描　图
描　校
日底图总号
底图总号
签　字
日　期

设　计
绘　图
审　核
工　艺
标准化
审　定
批　准
日　期

GCK（交流操作）馈电柜二次原理图

QB/T.DJ081404.03Y

图样标记　数量　重量　比例
1:1
共 2 张　第 1 张

馈电+计量（三相四线制有功计量）、3TA、断路器(HA)、不带电压表、自动或手动操作。

光盘页码：4-222

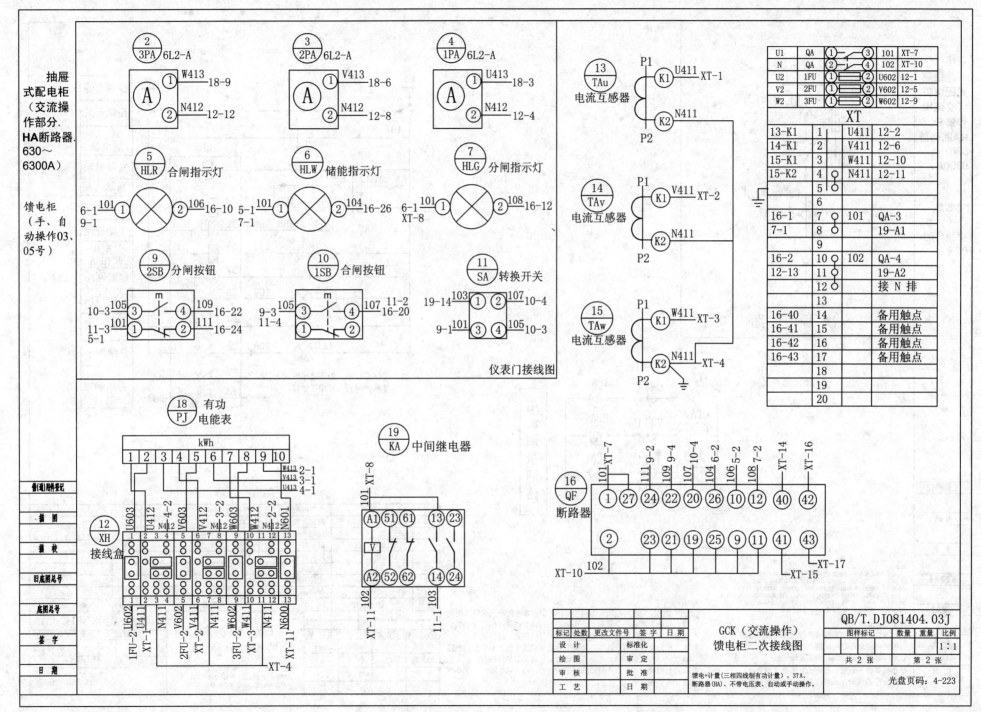

仪表门接线图

GCK（交流操作）
馈电柜二次接线图

QB/T.DJ081404.03J

共 2 张　第 2 张

馈电+计量(三相四线制有功计量)、3TA、
断路器(HA)、不带电压表、自动或手动操作。

光盘页码：4-223

465

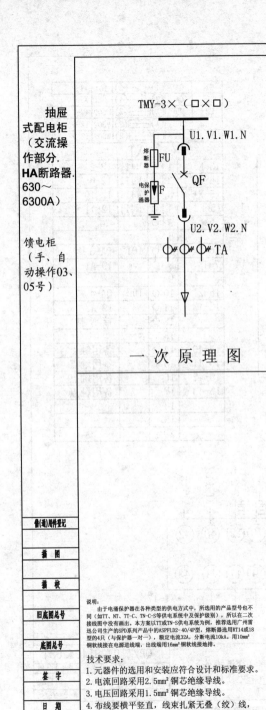

抽屉式配电柜（交流操作部分. HA断路器. 630～6300A）

馈电柜（手、自动操作03、05号）

TMY-3×（□×□）

FU 熔断器
F 电涌保护器
U1.V1.W1.N
QF
U2.V2.W2.N
TA

一次原理图

TAu U411 1PA (A)
TAv V411 2PA (A)
TAw W411 3PA (A)
N411

电流测量回路

U1 QA N

101 KA 102

控制电源
控制开关
中间继电器
处理单元
自动合闸
手动合闸
手动分闸
欠电压脱扣器
储能回路
储能指示
合闸指示
分闸指示
备用触点

KA 103 ① ② QF 1 KA 2
③ ④ 105 1SB 107 20 DT Q12 19
SA 自动 停 手动 2SB 109 22 F Q11 21
111 24 Q/QY 23
27 M 25 SA
HLW ⊗ 104 26
HLR ⊗ 106 10 Qb 9
HLG ⊗ 108 12 Qc 11
40 Q6 41
42 Q7 43

注：在TN系统中，如不接中性线互感器时3和4号端子短接。

说明：
由于电涌保护器在各种类型的供电方式中，所选用的产品型号也不同（如TT、NT、TT-C、TN-C-S等供电系统中及保护级别），所以在二次接线图中没有画出。本方案以TT或TN-S供电系统为例，推荐选用广州雷迅公司生产的SPD系列产品中的ASPFLD2-40/4P型，熔断器选用RT14或18型的4只（与保护器一对一），额定电流32A，分断电流10kA，用10mm²铜软线接在电源进线端，出线端用16mm²铜软线接地排。

技术要求：
1. 元器件的选用和安装应符合设计和标准要求。
2. 电流回路采用2.5mm²铜芯绝缘导线。
3. 电压回路采用1.5mm²铜芯绝缘导线。
4. 布线要横平竖直，线束扎紧无叠（绞）线，端头压紧牢固，元件代号标识清楚粘贴牢固。

注明：
1. 断路器的额定短路分断能力的选择，要根据本地区的电网网络阻抗或网络输出容量来计算确定，应由该工程项目的设计部门来确定。
2. 控制电源和取样电源一定要按标注的代号（位置）进行接线。
3. 本二次方案也适用于其他各种类型的抽屉式馈电柜，小容量的断路器（2～3台组装一台，各单元接线独立）可并装抽屉柜。
4. 负荷故障跳闸时，首先将SA转至手动位置，待故障排除后，手动恢复正常供电。

8	KA	中间继电器	JZ7-44/220V	1	
7	SA	控制转换开关	LW12-16D0401	1	
6	QA	控制开关	C45N-32/2P-10A	1	
5	HLR、HLW、HLG	指示灯	AD16-22/41-220V	3	
4	1SB、2SB	按钮开关	LA23-11	2	
3	1PA～3PA	电流表	6L2-A □/5A	3	
2	TAu、TAv、TAw	电流互感器	BH-0.66 □/5A	3	
1	QF	断路器（抽屉式）	HA-□/□P-□A/220V	1	上海精益电器厂
序号	元件代号	名称	型号规格	数量	备注

GCK（交流操作）馈电柜二次原理图

QB/T.DJ081404.05Y

标记	处数	更改文件号	签字	日期	图样标记	数量	重量	比例
设计		标准化						1:1
绘图		审定						
审核		批准			共2张	第1张		
工艺		日期						

馈电、不带计量、3TA、断路器(HA)不带电压表、自动或手动操作

光盘页码：4-226

备(通)用件登记
描图
描校
旧底图总号
底图总号
签字
日期

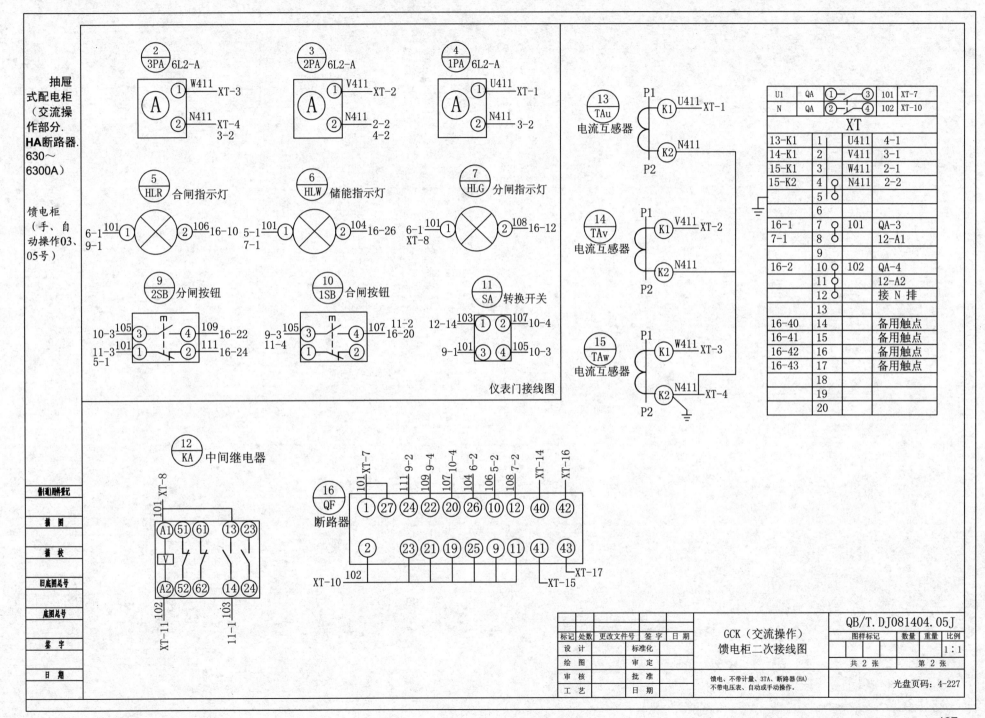

仪表门接线图

GCK（交流操作）
馈电柜二次接线图

馈电、不带计量、3TA、断路器(HA)
不带电压表、自动或手动操作。

QB/T.DJ081404.05J

共 2 张　　第 2 张

光盘页码：4-227

467

第五部分　低压配电设备
（DW15 断路器为主开关）

抽屉式配电柜（交、直流操作. DW15C断路器.200～630A）

单电源供电配电柜（手动热-电磁操作01、03、05号）

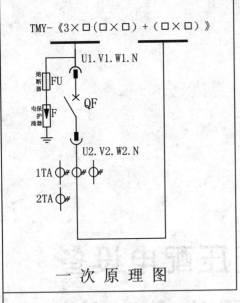

TMY-《3×□(□×□)+(□×□)》

一次原理图

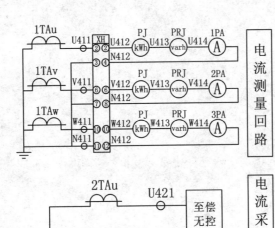

电流测量回路

电流采样回路

至偿无控功制补器

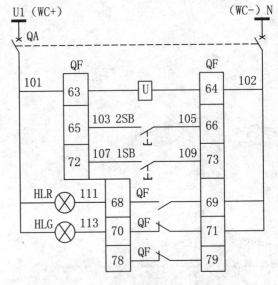

控制电源		
控制开关		
工作电源		
合闸按钮		
分闸按钮		
合闸指示		
分闸指示		
备用触点		

注：备用触点78、79号端子，是一个假设端子号与实际端子号不对应，在实际接线时应随意选一个常闭辅助触点连接即可。

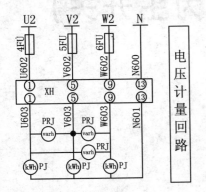

电压计量回路

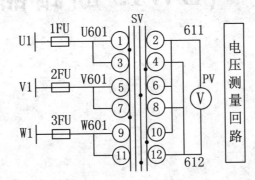

电压测量回路

说明：由于电涌保护器在各种类型的供电方式中，所选用的产品型号也不同（如TT、NT、TT-C、TN-C-S等供电系统中保护级别），所以在二次接线图中没有画出，本方案以TT或TN-S供电系统为例，推荐选用广州雷讯公司生产的SPD系列产品中的ASPFLDI-15/100型4级。熔断器选用RT14或18型4只（与保护器一对一），额定电流63A，分断电流35kA。用16 mm²铜软线接在电源进线端，出线端用25mm²铜软线接地排。

技术要求：
1. 元器件的选用和安装应符合设计和标准要求。
2. 电流回路采用4.0mm²铜芯绝缘导线。
3. 电压回路采用2.5mm²铜芯绝缘导线。
4. 布线要横平竖直，线束扎紧无叠（绞）线，端头压紧牢固，元件代号标识清楚粘贴牢固。

注明：
1. 断路器的额定短路分断能力的选择，要根据本地区的电网网络阻抗或网络输出容量来计算确定，应由该工程项目的设计部门来确定。
2. 控制电源和取样电源一定要按标注的代号（位置）进行接线。
3. 本二次方案也适用于其他各种类型的抽屉式单电源进线柜。
4. 负荷故障跳闸时，待故障排除后，手动恢复正常供电。
5. 本二次方案也适用于其他厂家生产的DW15C断路器，端子号如有不同，加以修改即可。

序号	元件代号	名称	型号规格	数量	备注
13	XH	接线盒	FJ6/DFY1	1	乐清海燕公司
12	QA	控制开关	C45N-32/2P-10A	1	
11	HLR、HLG	指示灯	AD16-22/41-220V	2	
10	1SB、2SB	按钮开关	LA23-11	2	
9	SV	电压转换开关	LW12-16DHY3/3	1	
8	PV	电压表	42L6-V 0～450V	1	
7	1PA～3PA	电流表	42L6-A □/5A	3	
6	1FU～6FU	熔断器	JF5-2.5RD/6A	6	
5	PRJ	无功电能表	DX862-2/3×380V	1	
4	PJ	有功电能表	DT862-2/3×220/380V	1	
3	2TAu	电流互感器	BH-0.66 □/5A	1	
2	1TAu、1TAv、1TAw	电流互感器	BH-0.66 □/5A	3	
1	QF	断路器（抽屉式）	DW15C-□/□A/220V	1	上海精益、人民电器厂
序号	元件代号	名称	型号规格	数量	备注

借(通)用件标记					
描 图					
描 校					
旧底图总号					
底图总号					
签 字					
日 期					

QB/T.DJZ082401.01Y

GCK（交、直流操作）单电源进线柜二次原理图

标记	处数	更改文件号	签字	日期		图样标记	数量	重量	比例
设 计		标准化							1:1
绘 图		审 定				共 2 张		第 1 张	
审 核		批 准							
工 艺		日 期							

进线+计量(有功、无功、三相四线制)、3TA、断路器DW15C、单电源供电、热-电磁操作。

光盘页码：5-2

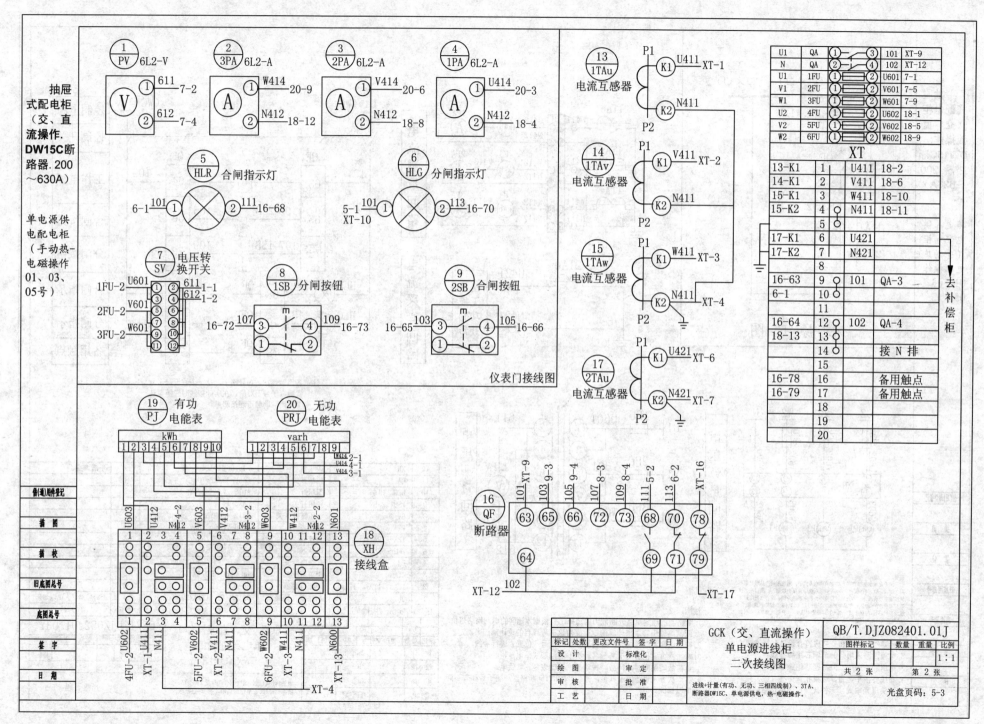

抽屉式配电柜（交、直流操作.DW15C断路器.200～630A）

单电源供电配电柜（手动热-电磁操作01、03、05号）

① PV 6L2-V

② 3PA 6L2-A

③ 2PA 6L2-A

④ 1PA 6L2-A

⑤ HLR 合闸指示灯

⑥ HLG 分闸指示灯

⑦ SV 电压转换开关

⑧ 1SB 分闸按钮

⑨ 2SB 合闸按钮

仪表门接线图

⑬ 1TAu 电流互感器

⑭ 1TAv 电流互感器

⑮ 1TAw 电流互感器

⑰ 2TAu 电流互感器

⑲ PJ 有功电能表 kWh

⑳ PRJ 无功电能表 varh

⑱ XH 接线盒

⑯ QF 断路器

U1	QA	① — ③	101	XT-9
N	QA	② — ④	102	XT-12
U1	1FU	① — ②	U601	7-1
V1	2FU	① — ②	V601	7-5
W1	3FU	① — ②	W601	7-9
U2	4FU	① — ②	U602	18-1
V2	5FU	① — ②	V602	18-5
W2	6FU	① — ②	W602	18-9

XT

13-K1	1	U411	18-2
14-K1	2	V411	18-6
15-K1	3	W411	18-10
15-K2	4	N411	18-11
	5		
17-K1	6	U421	
17-K2	7	N421	
	8		
16-63	9	101	QA-3
6-1	10		
	11		
16-64	12	102	QA-4
18-13	13		
	14	接 N 排	
	15		
16-78	16	备用触点	
16-79	17	备用触点	
	18		
	19		
	20		

去补偿柜

标记	处数	更改文件号	签 字	日 期		GCK（交、直流操作）单电源进线柜二次接线图	QB/T.DJZ082401.01J
设 计			标准化				
绘 图			审 定				
审 核			批 准				
工 艺			日 期				

图样标记 | 数量 | 重量 | 比例 1:1

共 2 张　第 2 张

进线+计量(有功、无功、三相四线制)、3TA、断路器DW15C、单电源供电、热-电磁操作。

光盘页码：5-3

469

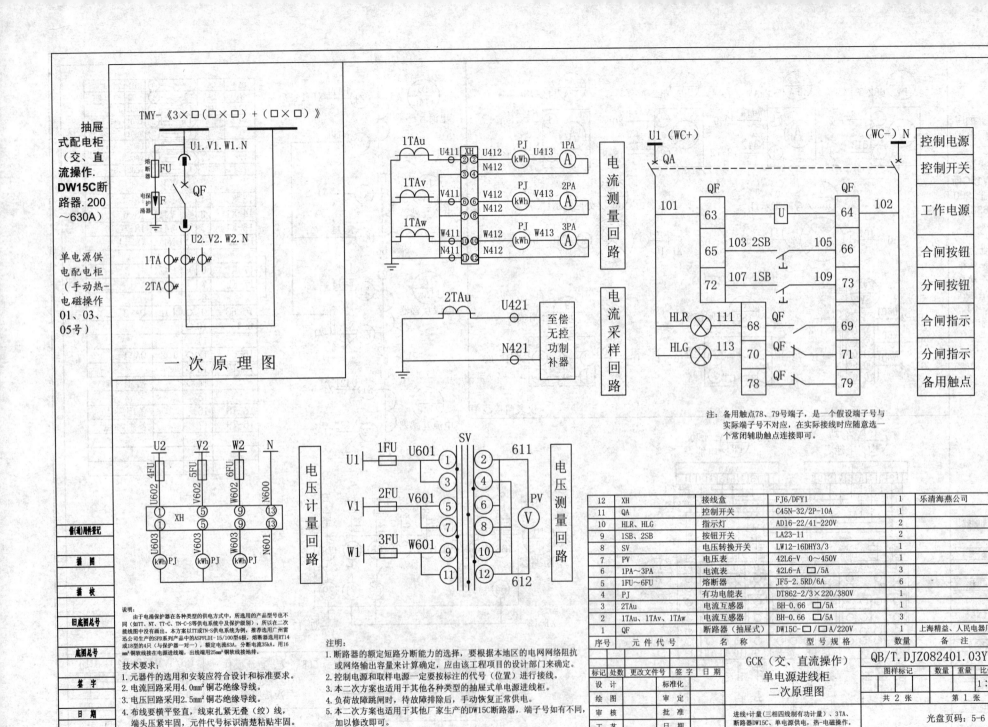

抽屉式配电柜（交、直流操作.DW15C断路器.200～630A）

单电源供电配电柜（手动热-电磁操作01、03、05号）

TMY-《3×□(□×□)+(□×□)》

一次原理图

电流测量回路

电流采样回路

至偿无控功率制补器

注：备用触点78、79号端子，是一个假设端子号与实际端子号不对应，在实际接线时应随意选一个常闭辅助触点连接即可。

控制电源
控制开关
工作电源
合闸按钮
分闸按钮
合闸指示
分闸指示
备用触点

电压计量回路

电压测量回路

备(通)用件登记

	描 图			
描 校			
旧底图总号			
底图总号			
签 字			
日 期			

说明：
由于电涌保护器在各种类型的供电方式中，所选用的产品型号也不同（如TT、NT、TT-C、TN-C-S等供电系统中及保护级别），所以在二次接线图中没有画出。本方案以TT或TN-S供电系统为例，推荐选用广州雷迅公司生产的SPD系列产品中的ASPFLDI-15/100型4级，熔断器选用RT14或18型的4只（与保护器一对一），额定电流63A，分断电流35kA，用16mm²铜绞线接在电源进线端，出线端用25mm²铜软线接地端。

技术要求：
1. 元器件的选用和安装应符合设计和标准要求。
2. 电流回路采用4.0mm²铜芯绝缘导线。
3. 电压回路采用2.5mm²铜芯绝缘导线。
4. 布线要横平竖直，线束扎紧无叠(绞)线，端头压紧牢固，元件代号标识清楚粘贴牢固。

注明：
1. 断路器的额定短路分断能力的选择，要根据本地区的电网网络阻抗或网络输出容量来计算确定，应由该工程项目的设计部门来确定。
2. 控制电源和取样电源一定要按标注的代号（位置）进行接线。
3. 本二次方案也适用于其他各种类型的抽屉式单电源进线柜。
4. 负荷故障跳闸时，待故障排除后，手动恢复正常供电。
5. 本二次方案也适用于其他厂家生产的DW15C断路器，端子号如有不同，加以修改即可。

12	XH	接线盒	FJ6/DFY1	1	乐清海燕公司
11	QA	控制开关	C45N-32/2P-10A	1	
10	HLR、HLG	指示灯	AD16-22/41-220V	2	
9	1SB、2SB	按钮开关	LA23-11	2	
8	SV	电压转换开关	LW12-16DHY3/3	1	
7	PV	电压表	42L6-V 0～450V	1	
6	1PA～3PA	电流表	42L6-A □/5A	3	
5	1FU～6FU	熔断器	JF5-2.5RD/6A	6	
4	PJ	有功电能表	DT862-2/3×220/380V	1	
3	2TAu	电流互感器	BH-0.66 □/5A	1	
2	1TAu、1TAv、1TAw	电流互感器	BH-0.66 □/5A	3	
1	QF	断路器（抽屉式）	DW15C-□/□ A/220V	1	上海精益、人民电器厂
序号	元件代号	名 称	型 号 规 格	数量	备 注

					GCK（交、直流操作）单电源进线柜二次原理图			QB/T.DJZ082401.03Y	
标记	处数	更改文件号	签 字	日 期				图样标记	数量	重量	比例
设 计			标准化								1:1
绘 图			审 定					共 2 张		第 1 张	
审 核			批 准		进线+计量（三相四线制有功计量）、3TA、断路器DW15C、单电源供电，热-电磁操作。						
工 艺			日 期							光盘页码：5-6	

470

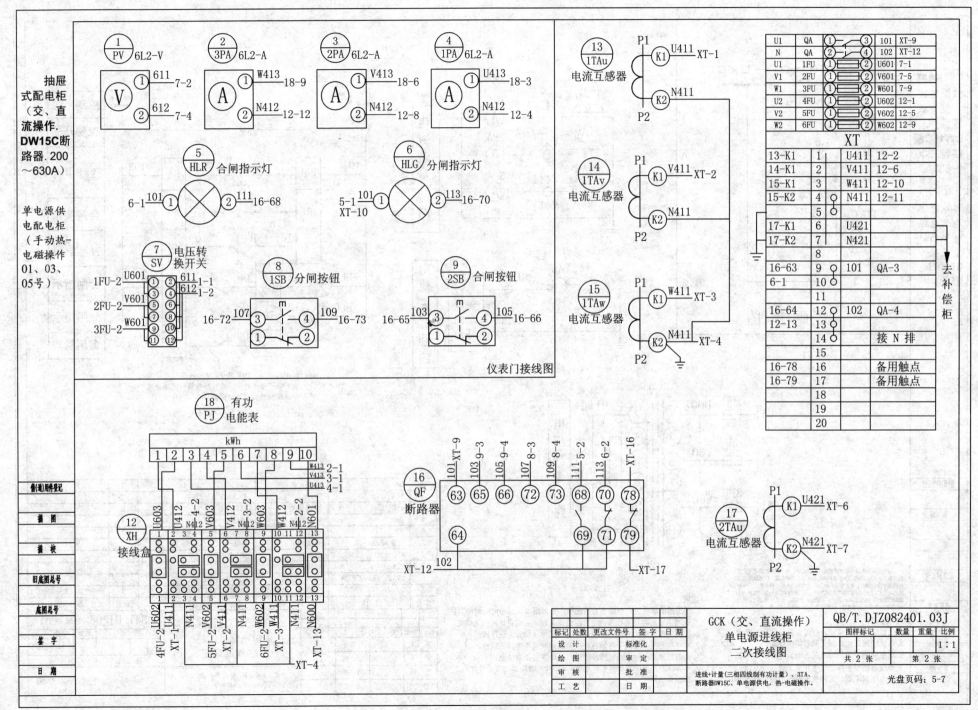

抽屉式配电柜（交、直流操作. DW15C断路器.200～630A）

单电源供电配电柜（手动热-电磁操作01、03、05号）

仪表门接线图

GCK（交、直流操作）
单电源进线柜
二次接线图

QB/T.DJZ082401.03J

标记	处数	更改文件号	签字	日期
设 计		标准化		
绘 图		审 定		
审 核		批 准		
工 艺		日 期		

进线+计量(三相四线制有功计量)、3TA、断路器DW15C、单电源供电、热-电磁操作。

图样标记	数量	重量	比例
			1:1

共 2 张　　第 2 张

光盘页码：5-7

471

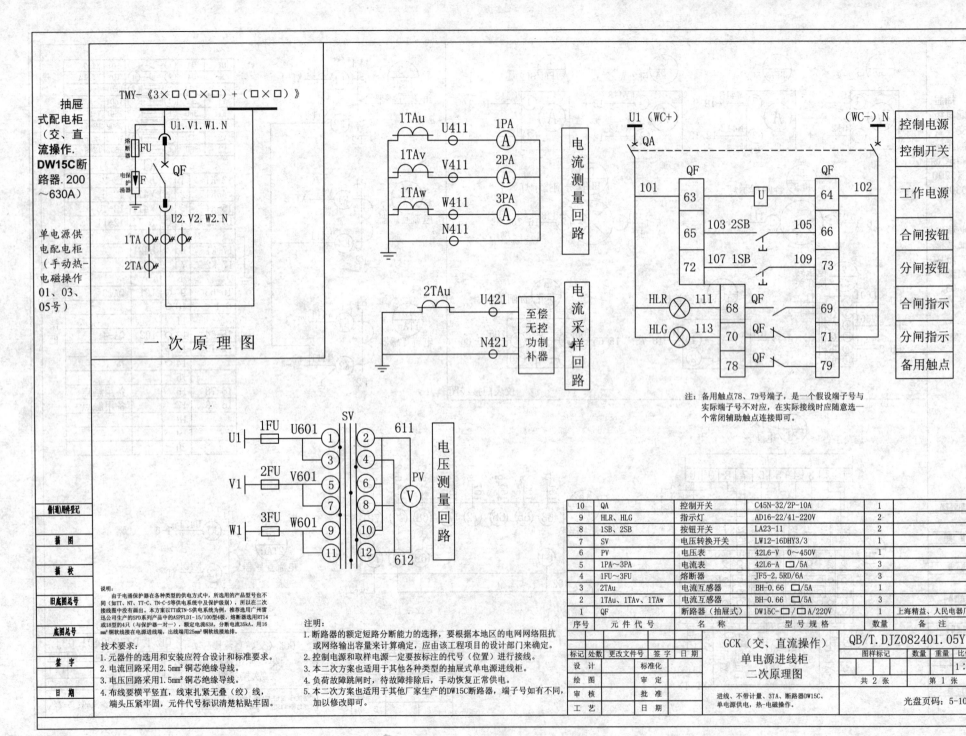

抽屉式配电柜（交、直流操作. DW15C断路器. 200～630A）

单电源供电配电柜（手动热-电磁操作01、03、05号）

TMY-《3×□(□×□)+(□×□)》

熔断器 FU
电涌保护器 F
QF

U1.V1.W1.N
U2.V2.W2.N

1TA
2TA

一 次 原 理 图

1TAu U411 1PA Ⓐ
1TAv V411 2PA Ⓐ
1TAw W411 3PA Ⓐ
N411

电流测量回路

2TAu U421 至偿无控功率补偿器
N421

电流采样回路

U1（WC+）
QA

QF 101 63 U 64 102 QF
65 103 2SB 105 66
72 107 1SB 109 73
HLR ⊗ 111 68 QF 69
HLG ⊗ 113 70 QF 71
78 QF 79

（WC-）N

| 控制电源 |
| 控制开关 |
| 工作电源 |
| 合闸按钮 |
| 分闸按钮 |
| 合闸指示 |
| 分闸指示 |
| 备用触点 |

注：备用触点78、79号端子，是一个假设端子号与实际端子号不对应，在实际接线时应随意选一个常闭辅助触点连接即可。

SV
1FU U601 ① ② 611
③ ④
2FU V601 ⑤ ⑥ PV Ⓥ
⑦ ⑧
3FU W601 ⑨ ⑩
⑪ ⑫ 612

U1 V1 W1

电压测量回路

说明：
由于电涌保护器在各种类型的供电方式中，所选用的产品型号也不同（如TT、NT、TT-C、TN-C-S等供电系统中及保护级别），所以在二次接线图中没有画出。本方案以TT或TN-S供电系统为例，推荐选用广州雷迅公司生产的SPD系列产品中的ASPFLD1-15/100型4极，熔断器选用RT14或18型的4只（与保护器一对一），额定电流63A，分断电流35kA，用16 mm²铜软线接在电源进线端，出线端用25mm²铜软线接地排。

技术要求：
1. 元器件的选用和安装应符合设计和标准要求。
2. 电流回路采用2.5mm²铜芯绝缘导线。
3. 电压回路采用1.5mm²铜芯绝缘导线。
4. 布线要横平竖直，线束扎紧无叠（绞）线，端头压紧牢固，元件代号标识清楚粘贴牢固。

注明：
1. 断路器的额定短路分断能力的选择，要根据本地区的电网网络阻抗或网络输出容量来计算确定，应由该工程项目的设计部门来确定。
2. 控制电源和取样电源一定要按标注的代号（位置）进行接线。
3. 本二次方案也适用于其他各种类型的抽屉式单电源进线柜。
4. 负荷故障跳闸时，待故障排除后，手动恢复正常供电。
5. 本二次方案也适用于其他厂家生产的DW15C断路器，端子号如有不同，加以修改即可。

10	QA	控制开关	C45N-32/2P-10A	1	
9	HLR、HLG	指示灯	AD16-22/41-220V	2	
8	1SB、2SB	按钮开关	LA23-11	2	
7	SV	电压转换开关	LW12-16DHY3/3	1	
6	PV	电压表	42L6-V 0～450V	1	
5	1PA～3PA	电流表	42L6-A □/5A	3	
4	1FU～3FU	熔断器	JF5-2.5RD/6A	3	
3	2TAu	电流互感器	BH-0.66 □/5A	1	
2	1TAu、1TAv、1TAw	电流互感器	BH-0.66 □/5A	3	
1	QF	断路器（抽屉式）	DW15C-□/□A/220V	1	上海精益、人民电器厂
序号	元件代号	名　称	型号规格	数量	备注

借(通)用件登记				
描 图				
描 校				
旧底图总号				
底图总号				
签 字				
日 期				

标记	处数	更改文件号	签字	日期
设 计		标准化		
绘 图		审 定		
审 核		批 准		
工 艺		日 期		

GCK（交、直流操作）
单电源进线柜
二次原理图

QB/T.DJZ082401.05Y

图样标记		数量	重量	比例
				1:1
共 2 张		第 1 张		

进线、不带计量、3TA、断路器DW15C、单电源供电、热-电磁操作。

光盘页码：5-10

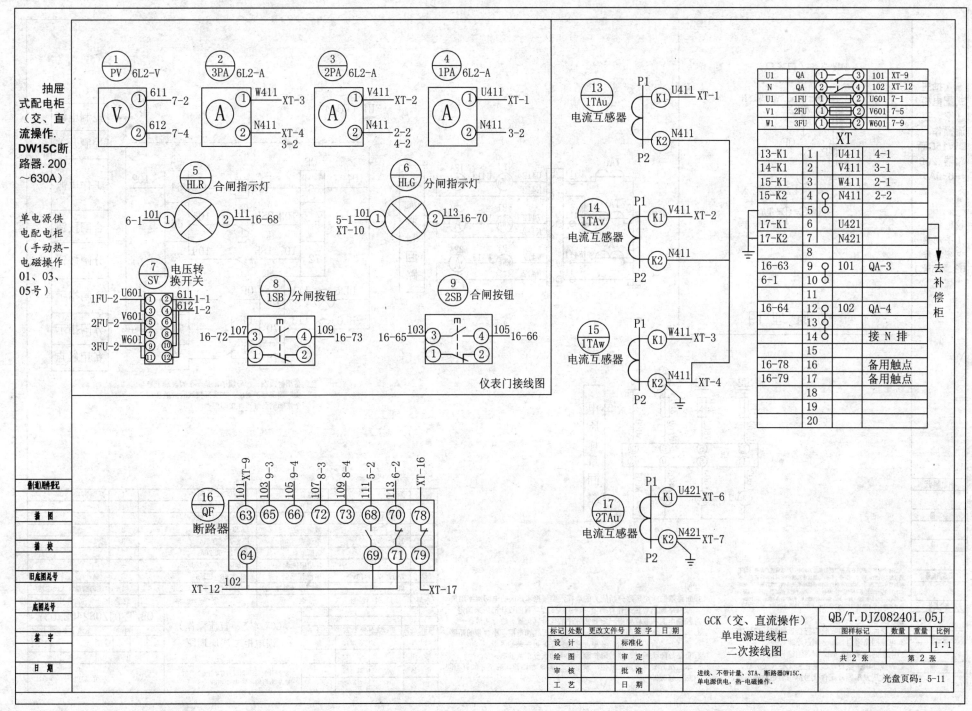

抽屉式配电柜（交、直流操作. DW15C断路器. 200～630A）

单电源供电配电柜（手动热-电磁操作01、03、05号）

1 / PV	6L2-V		2 / 3PA	6L2-A		3 / 2PA	6L2-A		4 / 1PA	6L2-A

V ① 611 7-2 ② 612 7-4

A ① W411 XT-3 ② N411 XT-4 / 3-2

A ① V411 XT-2 ② N411 2-2 / 4-2

A ① U411 XT-1 ② N411 3-2

5 / HLR 合闸指示灯
6-1 101 ① ② 111 16-68

6 / HLG 分闸指示灯
5-1 101 / XT-10 ① ② 113 16-70

7 / SV 电压转换开关

1FU-2 U601 ① ② 611 1-1 ③ ④ 612 1-2
2FU-2 V601 ⑤ ⑥
3FU-2 W601 ⑦ ⑧ ⑨ ⑩ ⑪ ⑫

8 / 1SB 分闸按钮
16-72 107 ③ ④ 109 16-73 ① ② m

9 / 2SB 合闸按钮
16-65 103 ③ ④ 105 16-66 ① ② m

仪表门接线图

13 / 1TAu 电流互感器
P1 K1 U411 XT-1 / K2 N411 / P2

14 / 1TAv 电流互感器
P1 K1 V411 XT-2 / K2 N411 / P2

15 / 1TAw 电流互感器
P1 K1 W411 XT-3 / K2 N411 XT-4 / P2

17 / 2TAu 电流互感器
P1 K1 U421 XT-6 / K2 N421 XT-7 / P2

U1	QA	① ③	101	XT-9
N	QA	② ④	102	XT-12
U1	1FU	① ②	U601	7-1
V1	2FU	① ②	V601	7-5
W1	3FU	① ②	W601	7-9

XT

13-K1	1		U411	4-1
14-K1	2		V411	3-1
15-K1	3		W411	2-1
15-K2	4		N411	2-2
	5			
17-K1	6		U421	
17-K2	7		N421	
	8			
16-63	9		101	QA-3
6-1	10			
	11			
16-64	12		102	QA-4
	13			
	14			接 N 排
	15			
16-78	16			备用触点
16-79	17			备用触点
	18			
	19			
	20			

去补偿柜

16 / QF 断路器

101 XT-9 / 103 9-3 / 105 9-4 / 107 8-3 / 109 8-4 / 111 5-2 / 113 6-2 / XT-16

63 65 66 72 73 68 70 78
64 69 71 79

XT-12 102 — XT-17

标记	处数	更改文件号	签字	日期
设 计		标准化		
绘 图		审 定		
审 核		批 准		
工 艺		日 期		

GCK（交、直流操作）
单电源进线柜
二次接线图

进线、不带计量、3TA、断路器DW15C、
单电源供电、热-电磁操作.

QB/T.DJZ082401.05J

图样标记	数量	重量	比例
			1：1

共 2 张   第 2 张

光盘页码：5-11

抽屉式配电柜（交、直流操作.DW15C断路器.200~630A）

馈电柜（手动热-电磁操作03、05号）

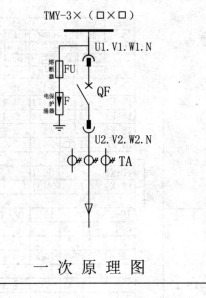

TMY-3×（□×□）

U1.V1.W1.N

熔断器 FU

电涌保护器 F

QF

U2.V2.W2.N

TA

一次原理图

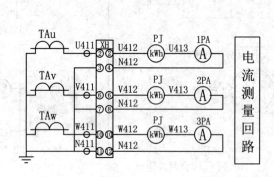

电流测量回路

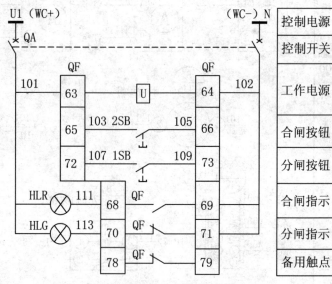

注：备用触点78、79号端子，是一个假设端子与实际端子号不对应，在实际接线时应随意选一个常闭辅助触点连接即可。

			控制电源
			控制开关
			工作电源
			合闸按钮
			分闸按钮
			合闸指示
			分闸指示
			备用触点

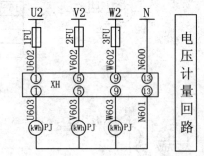

U2 V2 W2 N

电压计量回路

说明：
由于电涌保护器在各种类型的供电方式中，所选用的产品型号也不同（如TT或TN、NT、TT-C、TN-C-S等供电系统中及保护级别），所以在二次接线图中没有画出。本方案以TT或TN-S供电系统为例，推荐选用广州雷迅公司生产的SPD系列产品中的ASPFLD2-40/4P型，熔断器选用RT14或18型的4只（与保护器一对一），额定电流32A，分断电流10kA。用10mm²铜软线接在电源进线端，出线端用16mm²铜软线接地排。

技术要求：
1. 元器件的选用和安装应符合设计和标准要求。
2. 电流回路采用4.0mm²铜芯绝缘导线。
3. 电压回路采用2.5mm²铜芯绝缘导线。
4. 布线要横平竖直，线束扎紧无叠（绞）线，端头压紧牢固，元件代号标识清楚粘贴牢固。

注明：
1. 断路器的额定短路分断能力的选择，要根据本地区的电网网络阻抗或网络输出容量来计算确定，应由该工程项目的设计部门来确定。
2. 控制电源和取样电源一定要按标注的代号（位置）进行接线。
3. 本二次方案也适用于其他各种类型的抽屉式馈电柜，小容量的断路器（2～3台组装一台，各单元接线独立）可并装抽屉柜。
4. 负荷故障跳闸时，待故障排除后，手动恢复正常供电。
5. 本二次方案也适用于其他厂家生产的DW15C断路器，端子号如有不同，加以修改即可。

9	XH	接线盒	FJ6/DFY1	1	乐清海燕公司
8	QA	控制开关	C45N-32/2P-10A	1	
7	HLR、HLG	指示灯	AD16-22/41-220V	2	
6	1SB、2SB	按钮开关	LA23-11	2	
5	1PA～3PA	电流表	6L2-A □/5A	3	
4	1FU～3FU	熔断器	JF5-2.5RD/6A	3	
3	PJ	有功电能表	DT862-2/3×220/380V	1	
2	TAu、TAv、TAw	电流互感器	BH-0.66 □/5A	3	
1	QF	断路器（抽屉式）	DW15C-□/□A/220V	1	上海精益、人民电器厂
序号	元件代号	名称	型号规格	数量	备注

图标记登记			
描 图			
描 校			
旧底图总号			
底图总号			
签 字			
日 期			

标记	处数	更改文件号	签 字	日期	GCK（交、直流操作）馈电柜二次原理图	图样标记	数量	重量	比例
设 计		标准化							1:1
绘 图		审 定				共 2 张		第 1 张	
审 核		批 准			馈电+计量（三相四线制有功计量）、3TA、断路器DW15C、热-电磁操作。				
工 艺		日 期				光盘页码：5-18			

QB/T.DJZ082402.03Y

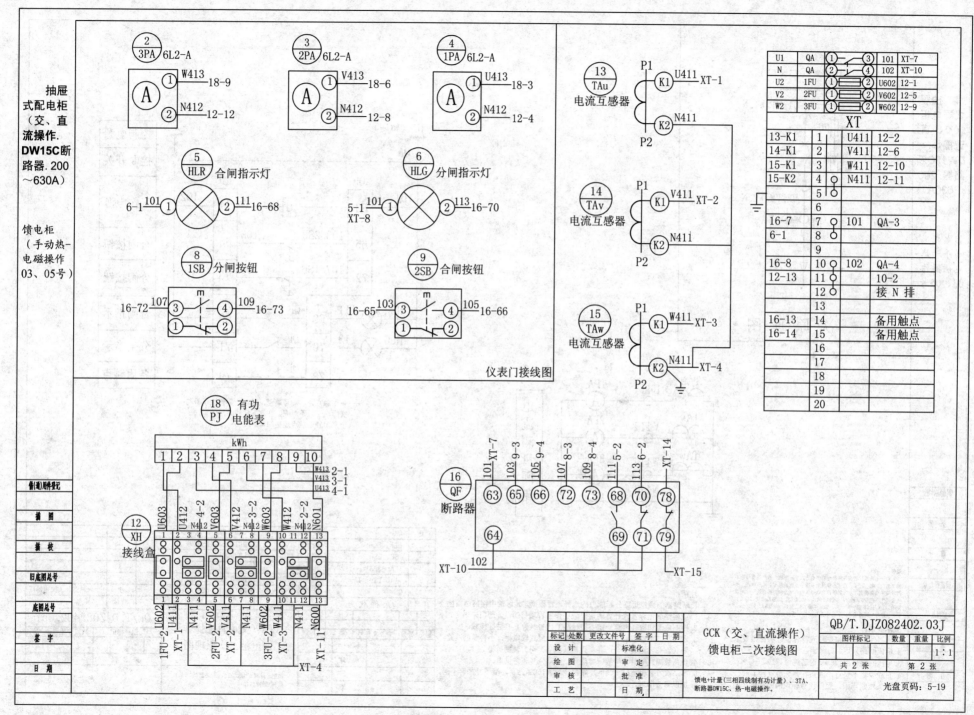

抽屉式配电柜（交、直流操作.DW15C断路器.200～630A）

馈电柜（手动热-电磁操作03、05号）

仪表门接线图

U1	QA	①	③	101	XT-7
N	QA	②	④	102	XT-10
U2	1FU	①	②	U602	12-1
V2	2FU	①	②	V602	12-5
W2	3FU	①	②	W602	12-9

XT

13-K1	1	U411	12-2
14-K1	2	V411	12-6
15-K1	3	W411	12-10
15-K2	4	N411	12-11
	5		
	6		
16-7	7	101	QA-3
6-1	8		
	9		
16-8	10	102	QA-4
12-13	11		10-2
	12		接 N 排
	13		
16-13	14		备用触点
16-14	15		备用触点
	16		
	17		
	18		
	19		
	20		

②/3PA 6L2-A
③/2PA 6L2-A
④/1PA 6L2-A

⑤/HLR 合闸指示灯
⑥/HLG 分闸指示灯

⑧/1SB 分闸按钮
⑨/2SB 合闸按钮

⑬/TAu 电流互感器
⑭/TAv 电流互感器
⑮/TAw 电流互感器

⑱/PJ 有功电能表

⑫/XH 接线盒

⑯/QF 断路器

标记	处数	更改文件号	签字	日期		GCK（交、直流操作）	QB/T.DJZ082402.03J
设 计			标准化		馈电柜二次接线图	图样标记 / 数量重量 / 比例
绘 图			审 定			1:1
审 核			批 准		共 2 张 / 第 2 张
工 艺			日 期		馈电+计量(三相四线制有功计量)、3TA、断路器DW15C、热-电磁操作。	光盘页码：5-19

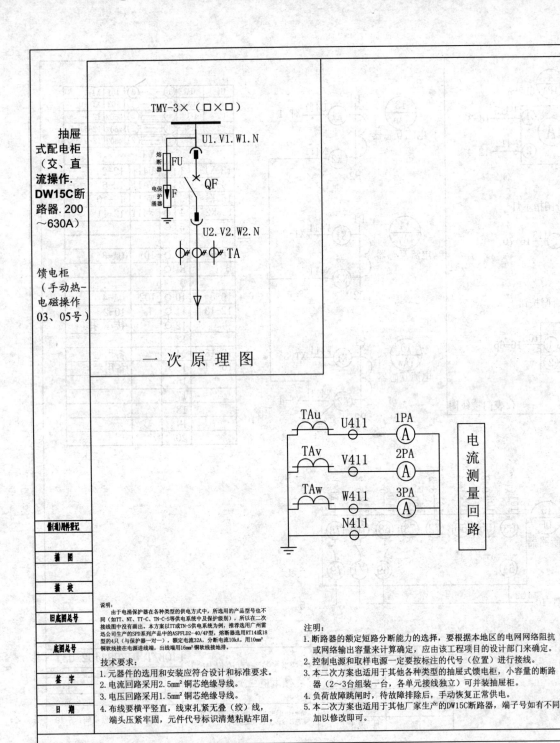

抽屉式配电柜（交、直流操作. DW15C断路器.200~630A）

馈电柜（手动热-电磁操作03、05号）

TMY-3×(□×□)

U1.V1.W1.N

熔断器 FU

电保护涌器 F

QF

U2.V2.W2.N

TA

一 次 原 理 图

TAu U411 1PA (A)

TAv V411 2PA (A)

TAw W411 3PA (A)

N411

电流测量回路

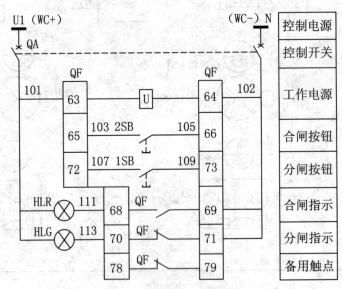

U1（WC+）　　　　　　　　（WC-）N

QA

	控制电源
	控制开关

101　QF 63　U　QF 64　102　工作电源

65　103 2SB 105　66　合闸按钮

72　107 1SB 109　73　分闸按钮

HLR⊗ 111　68　QF　69　合闸指示

HLG⊗ 113　70　QF　71　分闸指示

78　QF　79　备用触点

注：备用触点78、79号端子，是一个假设端子号与实际端子号不对应，在实际接线时应随意选一个常闭辅助触点连接即可。

说明：由于电涌保护器在各种类型的供电方式中，所选用的产品型号也不同（如TT、NT、TT-C、TN-C-S等供电系统中及保护级别），所以在二次接线图中没有画出。本方案以TT或TN-S供电系统为例，推荐选用广州雷迅公司生产的SPD系列产品中的ASPFLD2-40/4P型，熔断器选用RT14或18型的4只（与保护器一对一），额定电流32A，分断电流10kA，用10mm²铜软线接在电源进线端，出线端用16mm²铜软线接地排。

技术要求：
1. 元器件的选用和安装应符合设计和标准要求。
2. 电流回路采用2.5mm²铜芯绝缘导线。
3. 电压回路采用1.5mm²铜芯绝缘导线。
4. 布线要横平竖直，线束扎紧无叠（绞）线，端头压紧牢固，元件代号标识清楚粘贴牢固。

注明：
1. 断路器的额定短路分断能力的选择，要根据本地区的电网网络阻抗或网络输出容量来计算确定，应由该工程项目的设计部门来确定。
2. 控制电源和取样电源一定要按标注的代号（位置）进行接线。
3. 本二次方案也适用于其他各种类型的抽屉式馈电柜，小容量的断路器（2~3台组装一台，各单元接线独立）可并装抽屉柜。
4. 负荷故障跳闸时，待故障排除后，手动恢复正常供电。
5. 本二次方案也适用于其他厂家生产的DW15C断路器，端子号如有不同，加以修改即可。

6	QA	控制开关	C45N-32/2P-10A	1	
5	HLR、HLG	指示灯	AD16-22/41-220V	2	
4	1SB、2SB	按钮开关	LA23-11	2	
3	1PA~3PA	电流表	6L2-A □/5A	3	
2	TAu、TAv、TAw	电流互感器	BH-0.66 □/5A	3	
1	QF	断路器（抽屉式）	DW15C-□/□A/220V	1	上海精益、人民电器厂
序号	元件代号	名称	型号规格	数量	备注

标记	处数	更改文件号	签字	日期		GCK（交、直流操作）馈电柜二次原理图	图样标记			数量	重量	比例
设 计		标准化										1:1
绘 图		审 定					共 2 张			第 1 张		
审 核		批 准				馈电、不带计量、3TA、断路器DW15C、热-电磁操作。				光盘页码：5-22		
工 艺		日 期										

QB/T.DJZ082402.05Y

旧(通)附件登记

措 图
措 校
旧底图总号
底图总号
签 字
日 期

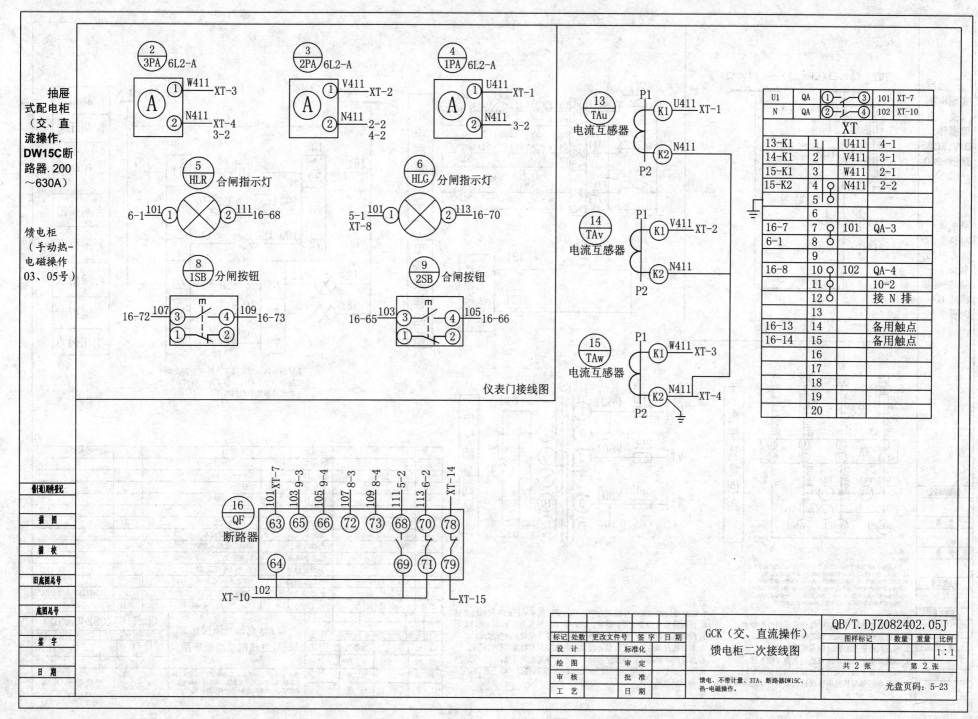

抽屉式配电柜（交、直流操作.DW15C断路器.200～630A）

馈电柜（手动热-电磁操作03、05号）

仪表门接线图

2	3PA	6L2-A
A	① W411 XT-3
	② N411 XT-4 3-2

3	2PA	6L2-A
A	① V411 XT-2
	② N411 2-2 4-2

4	1PA	6L2-A
A	① U411 XT-1
	② N411 3-2

5 HLR 合闸指示灯
6-1 101 ① ⊗ ② 111 16-68

6 HLG 分闸指示灯
5-1 101 ① ⊗ ② 113 16-70
XT-8

8 1SB 分闸按钮
16-72 107 ③ ④ 109 16-73
① ②

9 2SB 合闸按钮
16-65 103 ③ ④ 105 16-66
① ②

13 TAu 电流互感器
P1 K1 U411 XT-1
P2 K2 N411

14 TAv 电流互感器
P1 K1 V411 XT-2
P2 K2 N411

15 TAw 电流互感器
P1 K1 W411 XT-3
P2 K2 N411 XT-4

| U1 | QA | ① ③ | 101 | XT-7 |
| N | QA | ② ④ | 102 | XT-10 |

XT

13-K1	1	U411	4-1
14-K1	2	V411	3-1
15-K1	3	W411	2-1
15-K2	4	N411	2-2
	5		
	6		
16-7	7	101	QA-3
6-1	8		
	9		
16-8	10	102	QA-4
	11		10-2
	12		接 N 排
	13		
16-13	14		备用触点
16-14	15		备用触点
	16		
	17		
	18		
	19		
	20		

16 QF 断路器
101 XT-7 63
103 9-3 65
105 9-4 66
107 8-3 72
109 8-4 73
111 5-2 68
113 6-2 70
XT-14 78
64 69 71 79
XT-10 102
XT-15

标记	处数	更改文件号	签字	日期	GCK（交、直流操作）馈电柜二次接线图	QB/T.DJZ082402.05J
设 计		标准化				图样标记	数量	重量	比例
绘 图		审 定							1：1
审 核		批 准			馈电、不带计量、3TA、断路器DW15C、热-电磁操作。	共 2 张	第 2 张
工 艺		日 期				光盘页码：5-23

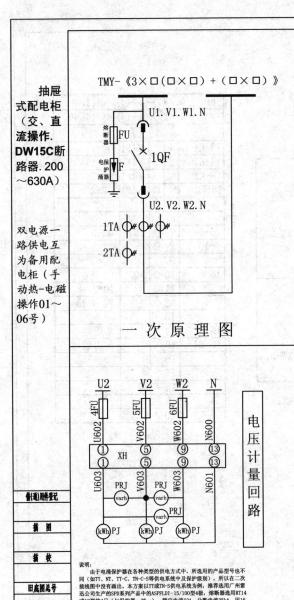

抽屉式配电柜（交、直流操作. DW15C断路器. 200～630A）

双电源一路供电互为备用配电柜（手动热-电磁操作01～06号）

TMY-《3×□(□×□)+(□×□)》

U1.V1.W1.N

熔断器 FU
电保护器 F
1QF
U2.V2.W2.N
1TA
2TA

一 次 原 理 图

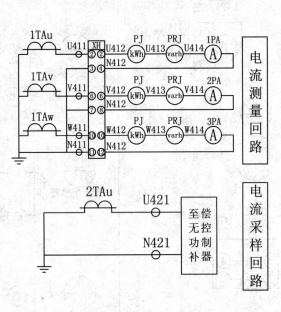

1TAu
U411 XH U412 PJ(kWh) U413 PRJ(varh) U414 1PA(A)
N412

1TAv
V411 V412 PJ(kWh) V413 PRJ(varh) V414 2PA(A)
N412

1TAw
W411 W412 PJ(kWh) W413 PRJ(varh) W414 3PA(A)
N411 N412

电流测量回路

2TAu
U421 至偿无控功制补器
N421

电流采样回路

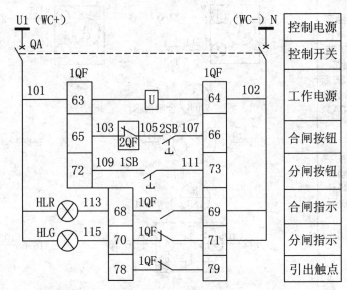

U1（WC+） ... (WC-) N

控制电源
控制开关
工作电源
合闸按钮
分闸按钮
合闸指示
分闸指示
引出触点

QA
1QF ... 1QF
101 ... 102
63 U 64
65 103 2QF 105 2SB 107 66
72 109 1SB 111 73
HLR⊗ 113 68 1QF 69
HLG⊗ 115 70 1QF 71
78 1QF 79

注：备用触点78、79号端子，是一个假设端子与实际端子号不对应，在实际接线时应随意选一个常闭辅助触点连接即可。

U2 V2 W2 N
4FU 5FU 6FU
U602 V602 W602 N600
① ① ⑤ ⑤ ⑨ ⑨ ⑬ ⑬
XH
U603 V603 W603 N601
PRJ(varh) PRJ(varh) PRJ(varh)
kWh PJ kWh PJ kWh PJ

电压计量回路

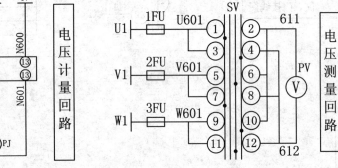

SV
1FU U601 611
U1 ① ②
③ ④
2FU V601 PV
V1 ⑤ ⑥ V
⑦ ⑧
3FU W601
W1 ⑨ ⑩
⑪ ⑫ 612

电压测量回路

说明：
由于电涌保护器在各种类型的供电方式中，所选用的产品型号也不同（如TT、NT、TT-C、TN-C-S等供电系统中及保护级别），所以在二次接线图中没有画出。本方案以TT或TN-S供电系统为例，推荐选用广州雷迅公司生产的SPD系列产品中的ASPFLDI-15/100型4极，熔断器选用RT14或18型的4只（与保护器一对一），额定电流63A，分断电流35kA，用16mm²铜软线接在电源进线端，出线端用25mm²铜软线接地排。

技术要求：
1. 元器件的选用和安装应符合设计和标准要求。
2. 电流回路采用4.0mm²铜芯绝缘导线。
3. 电压回路采用2.5mm²铜芯绝缘导线。
4. 布线要横平竖直，线束扎紧无叠（绞）线，端头压紧牢固，元件代号标识清楚粘贴牢固。
5. 如果本柜要与其他柜实现机械联锁，请选用程序锁。

注明：
1. 断路器的额定短路分断能力的选择，要根据本地区的电网网络阻抗或网络输出容量来计算确定，应由该工程项目的设计部门来确定。
2. 控制电源和取样电源一定要按标注的代号（位置）进行接线。
3. 本二次方案也适用于其他各种类型的抽屉式双电源单供进线柜。
4. 负荷故障跳闸时，待故障排除后，手动恢复正常供电。
5. 本二次方案也适用于其他厂家生产的DW15C断路器，端子号如有不同，加以修改即可。

13	XH	接线盒	FJ6/DFY1	1	乐清海燕公司
12	QA	控制开关	C45N-32/2P-10A	1	
11	HLR、HLG	指示灯	AD16-22/41-220V	2	
10	1SB、2SB	按钮开关	LA23-11	2	
9	SV	电压转换开关	LW12-16DHY3/3	1	
8	PV	电压表	42L6-V 0～450V	1	
7	1PA～3PA	电流表	42L6-A □/5A	3	
6	1FU～6FU	熔断器	JF5-2.5RD/6A	6	
5	PRJ	无功电能表	DX862-2/3×380V	1	
4	PJ	有功电能表	DT862-2/3×220/380V	1	
3	2TAu	电流互感器	BH-0.66 □/5A	1	
2	1TAu、1TAv、1TAw	电流互感器	BH-0.66 □/5A	3	
1	1QF	断路器（抽屉式）	DW15C-□/□A/220V	1	上海精益、人民电器厂
序号	元件代号	名 称	型 号 规 格	数量	备 注

旧（底图总号）					GCK（交、直流操作）一号进线柜二次原理图	QB/T.DJZ082403.01Y
描 图						图样标记 数量 重量 比例
描 校						1:1
旧底图总号					设 计 标准化	
底图总号					绘 图 审 定	共 2 张 第 1 张
签 字		标记 处数 更改文件号 签字 日期		审 核 批 准	进线计量（有功、无功、三相四线制）、3TA、断路器用DW15C、双电源互为备用，手动热-电磁操作，正常时，一路电源供电，另一路电源备用。	光盘页码：5-26
日 期					工 艺 日 期	

478

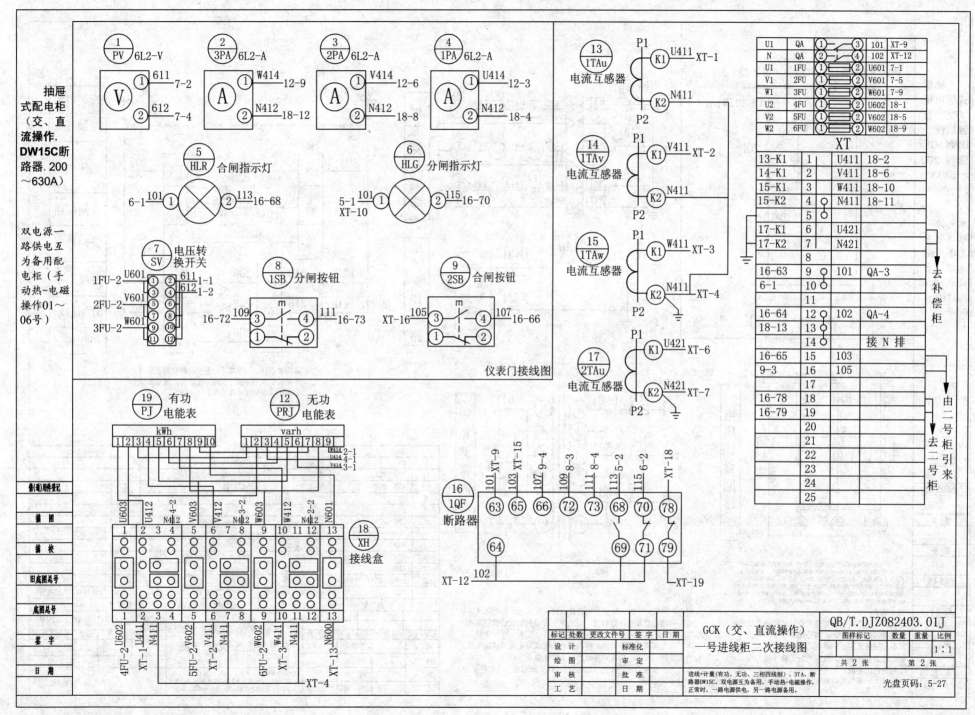

仪表门接线图

GCK（交、直流操作）
一号进线柜二次接线图

QB/T.DJZ082403.01J

进线+计量(有功、无功、三相四线制)、3TA、断路器DW15C、双电源互为备用、手动热—电磁操作，正常时，一路电源供电，另一路电源备用。

比例 1:1

共 2 张　第 2 张

光盘页码：5-27

479

抽屉式配电柜（交、直流操作.DW15C断路器.200～630A）

双电源一路供电互为备用配电柜（手动热-电磁操作01～06号）

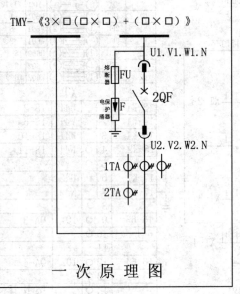

TMY-《3×□（□×□）+（□×□）》

U1.V1.W1.N

熔断器 FU
电涌保护器 F
2QF

U2.V2.W2.N

1TA
2TA

一 次 原 理 图

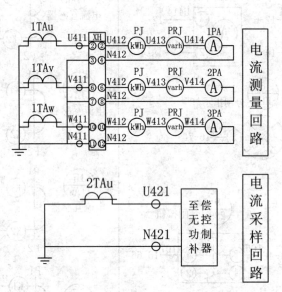

电流测量回路

电流采样回路

至偿无控功制补器

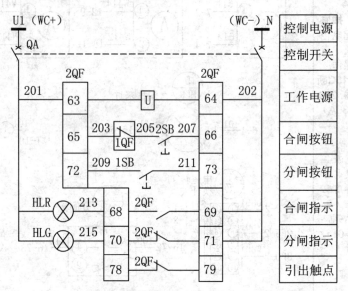

U1（WC+）　　　　　　　（WC-）N

QA

控制电源
控制开关
工作电源
合闸按钮
分闸按钮
合闸指示
分闸指示
引出触点

201　2QF　　　63　　U　　64　　2QF　202

203　1QF　205 2SB 207
65　　　　　　　　　　66
72　209 1SB　　　211　73

HLR 213　68　2QF　69
HLG 215　70　2QF　71
　　　　　78　2QF　79

注：备用触点78、79号端子，是一个假设端子号与
实际端子号不对应，在实际接线时应随意选一
个常闭辅助触点连接即可。

U2　V2　W2　　N

4FU 5FU 6FU

U602 V602 W602 N600
XH
U603 V603 W603 N601

电压计量回路

PRJ varh　PRJ varh
PRJ varh
kWh PJ　kWh PJ　kWh PJ

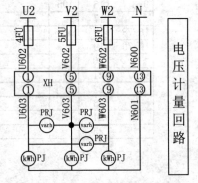

1FU U601　SV　611
U1
2FU V601
V1　　　　　　　　PV
3FU W601
W1　　　　　　　612

电压测量回路

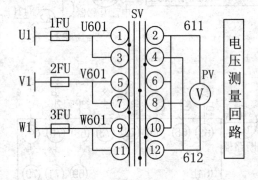

说明：
由于电涌保护器在各种类型的供电方式中，所选用的产品型号也不
同（如TT、NT、TT-C、TN-C-S等供电系统中及保护级别），所以在二次
接线图中没有画出。本方案以TT或TN-S供电系统为例，推荐选用广州雷
迅公司生产的SPD系列产品中的ASPFLDI-15/100型电极，熔断器选用RT14
或18型的4FU（与保护器一对一），额定电流63A，分断电流35kA。用16
mm²铜软线接在电源进线端，出线端用25mm²铜软线接地排。

技术要求：
1. 元器件的选用和安装应符合设计和标准要求。
2. 电流回路采用4.0mm²铜芯绝缘导线。
3. 电压回路采用2.5mm²铜芯绝缘导线。
4. 布线要横平竖直，线束紧固无叠（绞）线，
端头压紧牢靠，元件代号标识清楚粘贴牢固。
5. 如果本柜要与其他柜实现机械联锁，请选用程序锁。

注明：
1. 断路器的额定短路分断能力的选择，要根据本地区的电网络阻抗
或网络输出容量来计算确定，应由该工程项目的设计部门来确定。
2. 控制电源和取样电源一定要按标注的代号（位置）进行接线。
3. 本二次方案也适用于其他各种类型的抽屉式双电源单供进线柜。
4. 负荷故障跳闸时，待故障排除后，手动恢复正常供电。
5. 本二次方案也适用于其他厂家生产的DW15C断路器，端子号如有不同，
加以修改即可。

13	XH	接线盒	FJ6/DFY1	1	乐清海燕公司
12	QA	控制开关	C45N-32/2P-10A	1	
11	HLR、HLG	指示灯	AD16-22/41-220V	2	
10	1SB、2SB	按钮开关	LA23-11	2	
9	SV	电压转换开关	LW12-16DHY3/3	1	
8	PV	电压表	42L6-V 0～450V	1	
7	1PA～3PA	电流表	42L6-A □/5A	3	
6	1FU～6FU	熔断器	JF5-2.5RD/6A	6	
5	PRJ	无功电能表	DX862-2/3×380V	1	
4	PJ	有功电能表	DT862-2/3×220/380V	1	
3	2TAu	电流互感器	BH-0.66 □/5A	1	
2	1TAu、1TAv、1TAw	电流互感器	BH-0.66 □/5A	3	
1	2QF	断路器（抽屉式）	DW15C-□/□A/220V	1	上海精益、人民电器厂
序号	元件代号	名　称	型号规格	数量	备　注

标记	处数	更改文件号	签字	日期	
设　计		标准化			
绘　图		审　定			
审　核		批　准			
工　艺		日　期			

GCK（交、直流操作）
二号进线柜二次原理图

QB/T.DJZ082403.02Y

图样标记　数量　重量　比例
　　　　　　　　　　　1:1

共 2 张　　第 1 张

进线+计量（有功、无功、三相四线制）、3TA、断
路器DW15C、双电源互为备用，手动热-电磁操作，
正常时，一路电源供电，另一路电源备用。

光盘页码：5-28

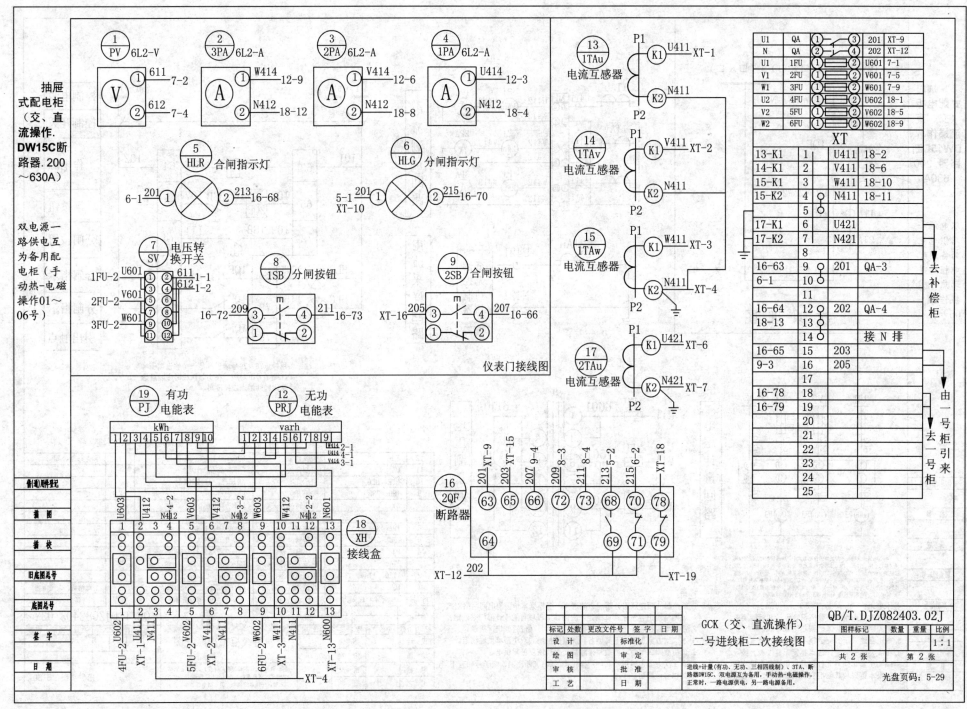

抽屉式配电柜（交、直流操作. DW15C断路器. 200~630A）

双电源一路供电互为备用配电柜（手动热-电磁操作01~06号）

仪表门接线图

GCK（交、直流操作）二号进线柜二次接线图

QB/T.DJZ082403.02J

标记	处数	更改文件号	签字	日期		图样标记	数量	重量	比例
设计			标准化						1:1
绘图			审定						
审核			批准			共 2 张		第 2 张	
工艺			日期						

进线+计量(有功、无功、三相四线制)、3TA、断路器DW15C、双电源互为备用，手动热-电磁操作，正常时，一路电源供电，另一路电源备用。

光盘页码：5-29

481

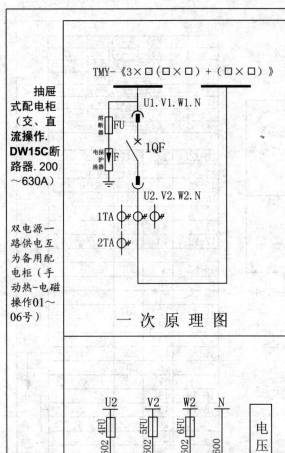

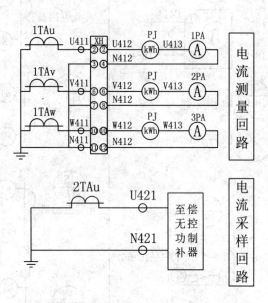

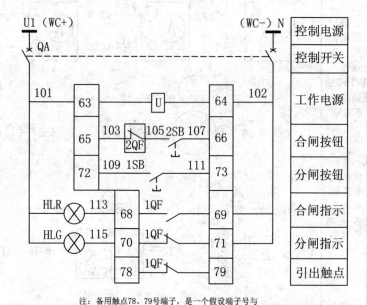

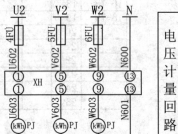

抽屉式配电柜（交、直流操作．DW15C断路器．200～630A）

双电源一路供电互为备用配电柜（手动热-电磁操作01～06号）

TMY-《3×□(□×□)+(□×□)》

U1.V1.W1.N

熔断器 FU
电保护涌器 F 1QF

U2.V2.W2.N

1TA
2TA

一次原理图

1TAu U411 XH U412 PJ U413 1PA
N412 kWh (A)
1TAv V411 V412 PJ V413 2PA
N412 kWh (A)
1TAw W411 W412 PJ W413 3PA
N411 N412 kWh (A)

电流测量回路

2TAu U421 至偿无控功制补器
N421

电流采样回路

U1（WC+） QA （WC-）N

101 63 U 64 102
65 103 105 2SB 107 66
2QF
72 109 1SB 111 73
HLR 113 68 1QF 69
HLG 115 70 1QF 71
78 1QF 79

控制电源
控制开关
工作电源
合闸按钮
分闸按钮
合闸指示
分闸指示
引出触点

注：备用触点78、79号端子，是一个假设端子号与实际端子号不对应，在实际接线时应随意选一个常闭辅助触点连接即可。

U2 V2 W2 N
4FU 5FU 6FU
U602 V602 W602 N600
① ① ⑨ ⑬
XH
① ① ⑨ ⑬
U603 V603 W603 N601
kWh PJ kWh PJ kWh PJ

电压计量回路

U1 1FU U601 SV 611
V1 2FU V601 PV
W1 3FU W601 612

电压测量回路

说明：
由于电涌保护器在各种类型的供电方式中，所选用的产品型号也不同（如ITT、NT、TT-C、TN-C-S等供电系统中及保护级别），所以在二次接线图中没有画出。本方案以TT或TN-S供电系统为例，推荐选用广州雷迅公司生产的SPD系列产品中的ASPFLDI-15/100型4极，熔断器选用RT14或18型的4只（与保护器一对一），额定电流63A，分断电流35kA，用16mm²铜软线接在电源进线端，出线端用25mm²铜软线接地排。

技术要求：
1. 元器件的选用和安装应符合设计和标准要求。
2. 电流回路采用4.0mm²铜芯绝缘导线。
3. 电压回路采用2.5mm²铜芯绝缘导线。
4. 布线要横平竖直，线束扎紧无叠（绞）线，端头压紧牢固，元件代号标识清楚粘贴牢固。
5. 如果本柜要与其他柜实现机械联锁，请选用程序锁。

注明：
1. 断路器的额定短路分断能力的选择，要根据本地区的电网网络阻抗或网络输出容量来计算确定，应由该工程项目的设计部门来确定。
2. 控制电源和取样电源一定要按标注的代号（位置）进行接线。
3. 本二次方案也适用于其他各种类型的抽屉式双电源单供进线柜。
4. 负荷故障跳闸时，待故障排除后，手动恢复正常供电。
5. 本二次方案也适用于其他厂家生产的DW15C断路器，端子号如有不同，加以修改即可。

12	XH	接线盒	FJ6/DFY1	1	乐清海燕公司
11	QA	控制开关	C45N-32/2P-10A	1	
10	HLR、HLG	指示灯	AD16-22/41-220V	2	
9	1SB、2SB	按钮开关	LA23-11	2	
8	SV	电压转换开关	LW12-16DHY3/3	1	
7	PV	电压表	42L6-V 0～450V	1	
6	1PA～3PA	电流表	42L6-A □/5A	3	
5	1FU～6FU	熔断器	JF5-2.5RD/6A	6	
4	PJ	有功电能表	DT862-2/3×220/380V	1	
3	2TAu	电流互感器	BH-0.66 □/5A	1	
2	1TAu、1TAv、1TAw	电流互感器	BH-0.66 □/5A	3	
1	1QF	断路器（抽屉式）	DW15C-□/□A/220V	1	上海精益、人民电器厂
序号	元件代号	名　称	型号规格	数量	备注

标记	处数	更改文件号	签字	日期	GCK（交、直流操作）一号进线柜二次原理图		QB/T.DJZ082403.03Y

GCK（交、直流操作）
一号进线柜二次原理图

QB/T.DJZ082403.03Y

图样标记　数量　重量　比例　1:1
共 2 张　第 1 张

进线+计量（三相四线制有功计量）、3TA、断路器DW15C、双电源互为备用，手动热-电磁操作，正常时，一路电源供电，另一路电源备用。

光盘页码：5-30

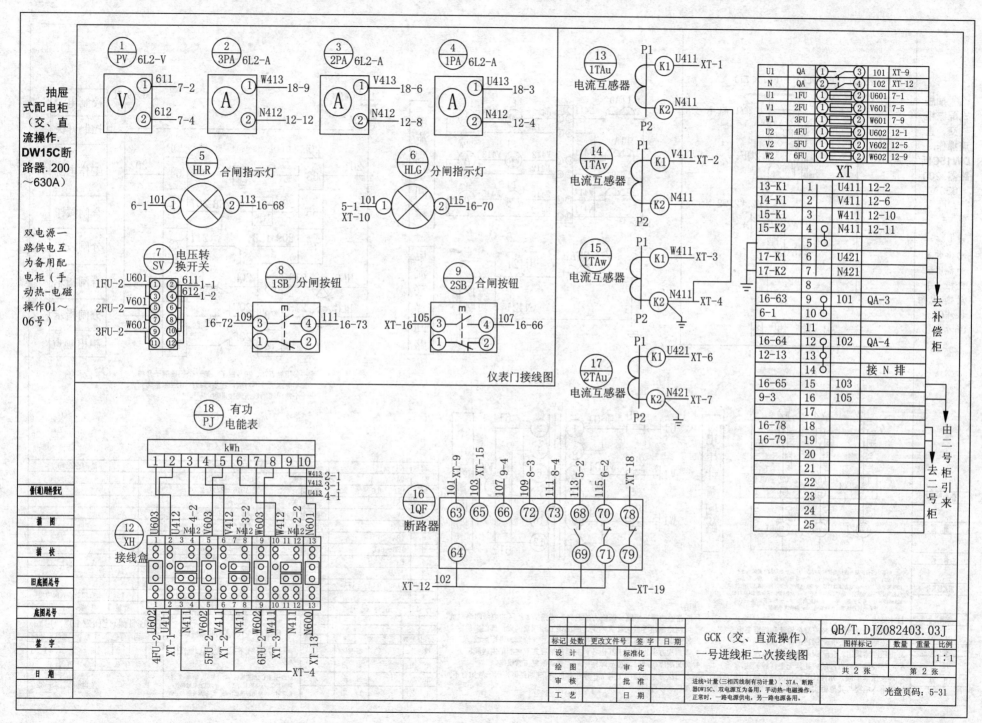

抽屉式配电柜（交、直流操作. DW15C断路器. 200～630A）

双电源一路供电互为备用配电柜（手动热-电磁操作01～06号）

仪表门接线图

QB/T.DJZ082403.03J

GCK（交、直流操作）
一号进线柜二次接线图

进线+计量(三相四线制有功计量)、3TA、断路器DW15C、双电源互为备用，手动热-电磁操作，正常时，一路电源供电，另一路电源备用。

共 2 张　　第 2 张

光盘页码：5-31

1:1

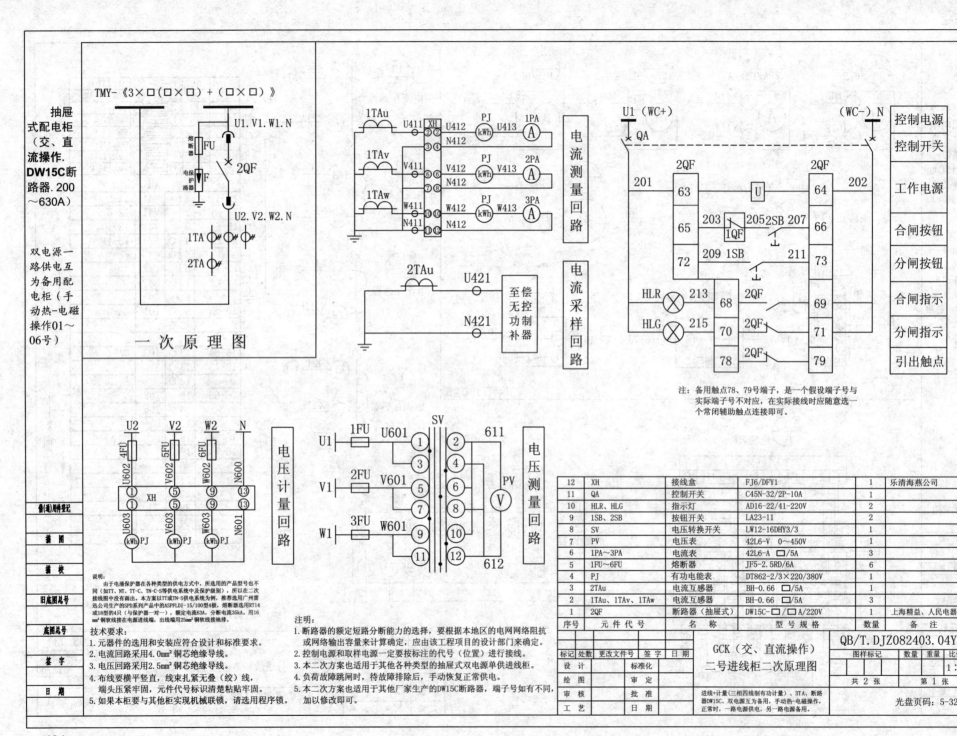

抽屉式配电柜（交、直流操作. DW15C断路器. 200～630A）

双电源一路供电互为备用配电柜（手动热-电磁操作01～06号）

TMY-《3×□(□×□)+(□×□)》

U1.V1.W1.N

熔断器 FU

电保护涌器 F

2QF

U2.V2.W2.N

1TA

2TA

一次原理图

1TAu U411 XH U412 PJ U413 1PA kWh A N412
1TAv V411 V412 PJ V413 2PA kWh A N412
1TAw W411 W412 PJ W413 3PA kWh A N412
N411 N412

电流测量回路

2TAu U421 至偿无控功率补器 N421

电流采样回路

U1（WC+）QA

201 2QF 63 U 64 2QF 202

65 203 205 2SB 207 66
1QF

72 209 1SB 211 73

HLR 213 68 2QF 69

HLG 215 70 2QF 71

78 2QF 79

控制电源
控制开关
工作电源
合闸按钮
分闸按钮
合闸指示
分闸指示
引出触点

注：备用触点78、79号端子，是一个假设端子号与实际端子号不对应，在实际接线时应随意选一个常闭辅助触点连接即可。

U2 V2 W2 N
4FU 5FU 6FU
U602 V602 W602 N600
XH
U603 V603 W603 N601
kWh PJ kWh PJ kWh PJ N601

电压计量回路

U1 1FU U601 SV 611
V1 2FU V601
W1 3FU W601 612
PV V

电压测量回路

说明：由于电涌保护器在各种类型的供电方式中，所选用的产品型号也不同（如TT、NT、TT-C、TN-C-S等供电系统中及保护级别），所以在二次接线图中没有画出。本方案以TT或TN-5供电系统为例，推荐选用广州雷迅公司生产的SPD系列产品中的ASPFLDI-15/100型4极，熔断器选用RT14或18型的4只（与保护器一对一），额定电流63A，分断电流35kA。用16mm²铜软线接在电源进线端，出线端用25mm²铜软线接地排。

技术要求：
1. 元器件的选用和安装应符合设计和标准要求。
2. 电流回路采用4.0mm²铜芯绝缘导线。
3. 电压回路采用2.5mm²铜芯绝缘导线。
4. 布线要横平竖直，线束扎紧无叠（绞）线，端头压紧牢固，元件代号标识清楚粘贴牢固。
5. 如果本柜要与其他柜实现机械联锁，请选用程序锁。

注明：
1. 断路器的额定短路分断能力的选择，要根据本地区的电网网络阻抗或网络输出容量来计算确定，应由该工程项目的设计部门来确定。
2. 控制电源和取样电源一定要按标注的代号（位置）进行接线。
3. 本二次方案也适用于其他各种类型的抽屉式双电源单供进线柜。
4. 负荷故障跳闸时，待故障排除后，手动恢复正常供电。
5. 本二次方案也适用于其他厂家生产的DW15C断路器，端子号如有不同，加以修改即可。

12	XH	接线盒	FJ6/DFY1	1	乐清海燕公司
11	QA	控制开关	C45N-32/2P-10A	1	
10	HLR、HLG	指示灯	AD16-22/41-220V	2	
9	1SB、2SB	按钮开关	LA23-11	2	
8	SV	电压转换开关	LW12-16DHY3/3	1	
7	PV	电压表	42L6-V 0～450V	1	
6	1PA～3PA	电流表	42L6-A □/5A	3	
5	1FU～6FU	熔断器	JF5-2.5RD/6A	6	
4	PJ	有功电能表	DT862-2/3×220/380V	1	
3	2TAu	电流互感器	BH-0.66 □/5A	1	
2	1TAu、1TAv、1TAw	电流互感器	BH-0.66 □/5A	3	
1	2QF	断路器（抽屉式）	DW15C-□/□A/220V	1	上海精益、人民电器厂
序号	元件代号	名 称	型 号 规 格	数量	备 注

借(通)用图样记
描 图
描 校
旧底图总号
底图总号
签 字
日 期

设 计
绘 图
审 核
工 艺

标准化
审 定
批 准
日 期

标记 处数 更改文件号 签字 日期

GCK（交、直流操作）二号进线柜二次原理图

进线+计量(三相四线制有功计量)、3TA、断路器DW15C、双电源互为备用，手动热-电磁操作，正常时，一路电源供电，另一路电源备用。

QB/T.DJZ082403.04Y

图样标记 ｜ 数量 ｜ 重量 ｜ 比例
1:1
共 2 张 ｜ 第 1 张

光盘页码：5-32

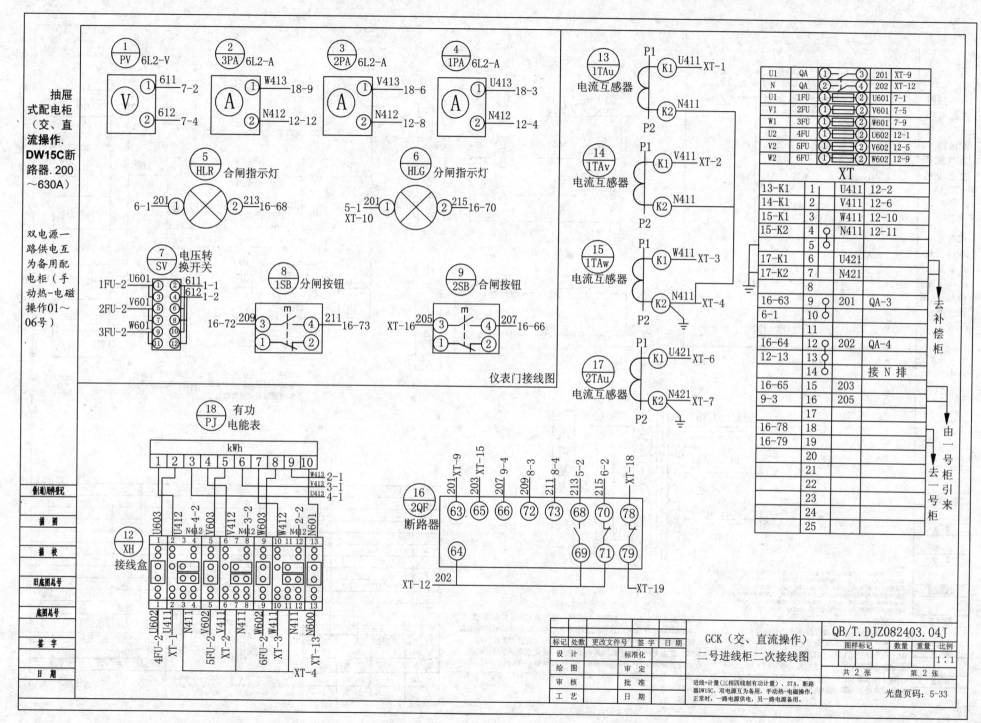

抽屉式配电柜（交、直流操作.DW15C断路器.200～630A）

双电源一路供电互为备用配电柜（手动热-电磁操作01～06号）

① PV	6L2-V
② 3PA	6L2-A
③ 2PA	6L2-A
④ 1PA	6L2-A

⑤ HLR 合闸指示灯
⑥ HLG 分闸指示灯
⑦ SV 电压转换开关
⑧ 1SB 分闸按钮
⑨ 2SB 合闸按钮
⑫ XH 接线盒
⑱ PJ 有功电能表

仪表门接线图

⑬ 1TAu 电流互感器
⑭ 1TAv 电流互感器
⑮ 1TAw 电流互感器
⑰ 2TAu 电流互感器
⑯ 2QF 断路器

U1	QA	① ③	201	XT-9
N	QA	② ④	202	XT-12
U1	1FU	① ②	U601	7-1
V1	2FU	① ②	V601	7-5
W1	3FU	① ②	W601	7-9
U2	4FU	① ②	U602	12-1
V2	5FU	① ②	V602	12-5
W2	6FU	① ②	W602	12-9

XT

13-K1	1	U411	12-2
14-K1	2	V411	12-6
15-K1	3	W411	12-10
15-K2	4	N411	12-11
	5		
17-K1	6	U421	
17-K2	7	N421	
	8		
16-63	9	201	QA-3
6-1	10		
	11		
16-64	12	202	QA-4
12-13	13		
	14	接 N 排	
16-65	15	203	
9-3	16	205	
	17		
16-78	18		
16-79	19		
	20		
	21		
	22		
	23		
	24		
	25		

去补偿柜
由一号柜引来
去一号柜

标记	处数	更改文件号	签字	日期		GCK（交、直流操作）二号进线柜二次接线图	QB/T.DJZ082403.04J
设 计		标准化			图样标记	数量	重量	比例
绘 图		审 定						1:1
审 核		批 准			共 2 张	第 2 张
工 艺		日 期			进线+计量（三相四线制有功计量）、3TA、断路器DW15C、双电源互为备用，手动热-电磁操作，正常时，一路电源供电，另一路电源备用。	光盘页码：5-33

485

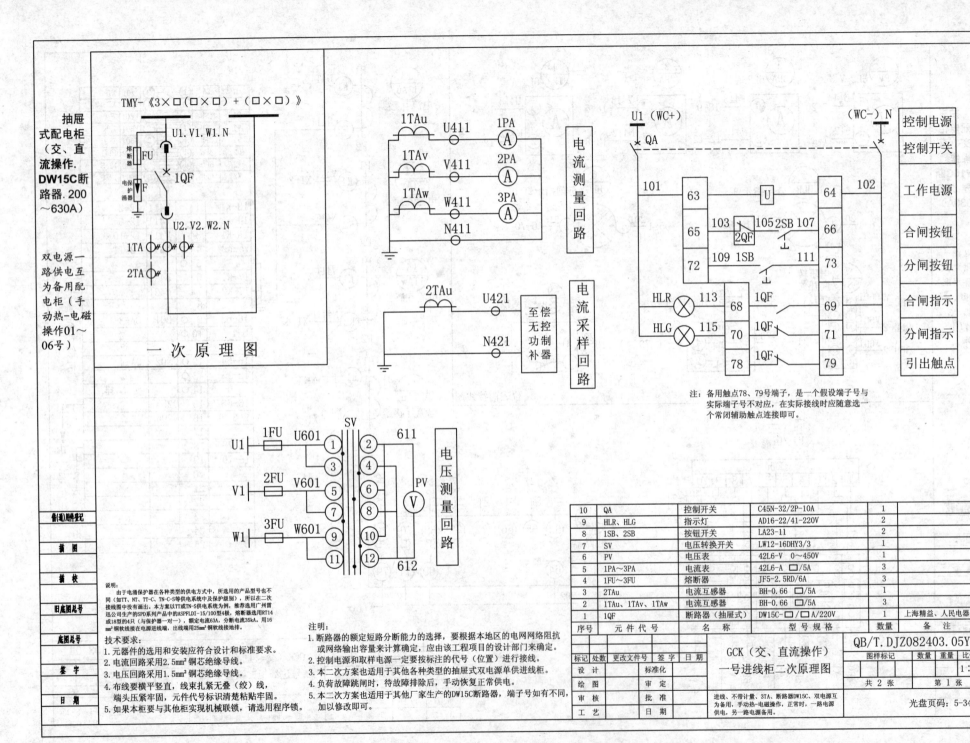

抽屉式配电柜（交、直流操作.DW15C断路器.200～630A）

双电源一路供电互为备用配电柜（手动热-电磁操作01～06号）

TMY-《3×□（□×□）+（□×□）》

U1.V1.W1.N

熔断器 FU

电保护器 F

1QF

U2.V2.W2.N

1TA

2TA

一次原理图

1TAu U411 1PA Ⓐ
1TAv V411 2PA Ⓐ
1TAw W411 3PA Ⓐ
N411

电流测量回路

2TAu U421 至偿无控功率补器
N421

电流采样回路

U1（WC+）　　　　　　　　（WC-）N

QA

101　63　　U　　64　102

65　103　105 2SB 107　66
　2QF
72　109 1SB　　　111　73

HLR ⊗ 113　68　1QF　　69
HLG ⊗ 115　70　1QF　　71
　　　　78　1QF　　79

控制电源
控制开关
工作电源
合闸按钮
分闸按钮
合闸指示
分闸指示
引出触点

注：备用触点78、79号端子，是一个假设端子号与实际端子号不对应，在实际接线时应随意选一个常闭辅助触点连接即可。

U1 1FU U601 ① ② 611
③ ④
V1 2FU V601 ⑤ ⑥ PV Ⓥ
⑦ ⑧
W1 3FU W601 ⑨ ⑩
⑪ ⑫ 612

SV

电压测量回路

说明：
由于电涌保护器在各种类型的供电方式中，所选用的产品型号也不同（如TT、NT、TT-C、TN-C-S等供电系统中及保护级别），所以在二次接线图中没有画出。本方案以IT或TN-S供电系统为例，推荐选用广州雷迅公司生产的SPD系列产品中的ASPFLDI-15/100型4级，熔断器选用RT14或18型的4只（与保护器一对一），额定电流63A，分断电流35kA。用16mm²铜软线在电源进线端，出线端用25mm²铜软线接地排。

技术要求：
1. 元器件的选用和安装应符合设计和标准要求。
2. 电流回路采用2.5mm²铜芯绝缘导线。
3. 电压回路采用1.5mm²铜芯绝缘导线。
4. 布线要横平竖直，线束扎紧无叠（绞）线，端头压紧牢固，元件代号标识清楚粘贴牢固。
5. 如果本柜要与其他柜实现机械联锁，请选用程序锁。

注明：
1. 断路器的额定短路分断能力的选择，要根据本地区的电网网络阻抗或网络输出容量来计算确定，应由该工程项目的设计部门来确定。
2. 控制电源和取样电源一定要按标注的代号（位置）进行接线。
3. 本二次方案也适用于其他各种类型的抽屉式双电源单供进线柜。
4. 负荷故障跳闸时，待故障排除后，手动恢复正常供电。
5. 本二次方案也适用于其他厂家生产的DW15C断路器，端子号如有不同，加以修改即可。

10	QA	控制开关	C45N-32/2P-10A	1	
9	HLR、HLG	指示灯	AD16-22/41-220V	2	
8	1SB、2SB	按钮开关	LA23-11	2	
7	SV	电压转换开关	LW12-16DHY3/3	1	
6	PV	电压表	42L6-V 0～450V	1	
5	1PA～3PA	电流表	42L6-A □/5A	3	
4	1FU～3FU	熔断器	JF5-2.5RD/6A	3	
3	2TAu	电流互感器	BH-0.66 □/5A	1	
2	1TAu、1TAv、1TAw	电流互感器	BH-0.66 □/5A	3	
1	1QF	断路器（抽屉式）	DW15C-□/□A/220V	1	上海精益、人民电器厂
序号	元件代号	名 称	型号规格	数量	备 注

标记	处数	更改文件号	签 字	日 期		QB/T.DJZ082403.05Y			
设 计			标准化		GCK（交、直流操作）一号进线柜二次原理图	图样标记	数量	重量	比例
绘 图			审 定						1:1
审 核			批 准		进线、不带计量、3TA、断路器DW15C、双电源互为备用，手动热-电磁操作，正常时，一路电源供电，另一路电源备用。	共 2 张		第 1 张	
工 艺			日 期						光盘页码：5-34

借（通）用件登记
描 图
描 校
旧底图总号
底图总号
签 字
日 期

486

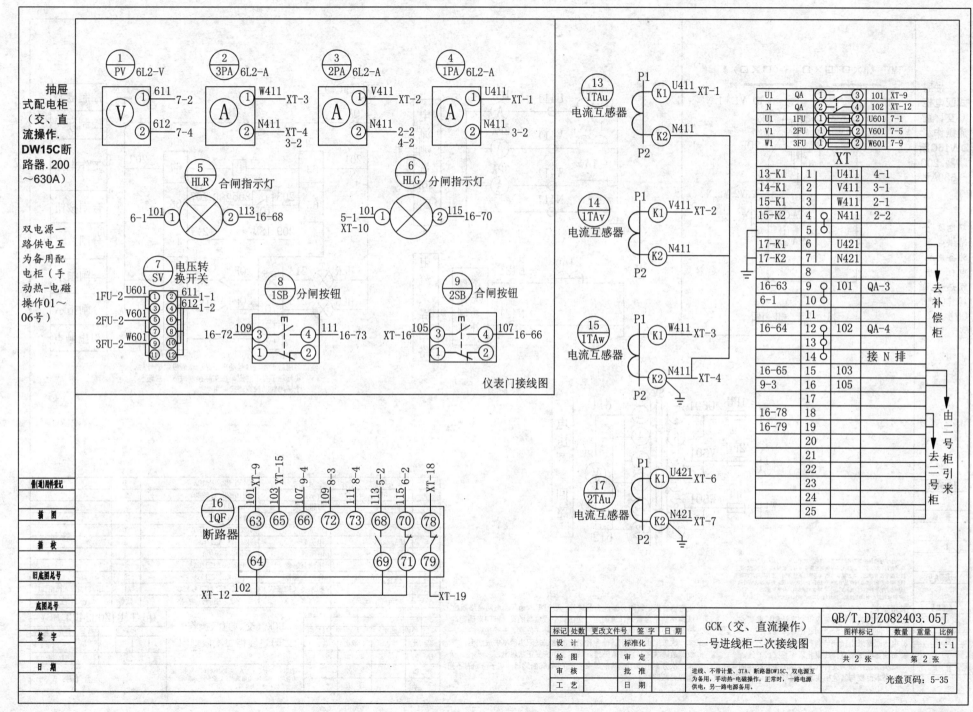

仪表门接线图

抽屉式配电柜（交、直流操作.DW15C断路器.200~630A）

双电源一路供电互为备用配电柜（手动热-电磁操作01~06号）

XT

U1	QA	① ③	101	XT-9
N	QA	② ④	102	XT-12
U1	1FU	① ②	U601	7-1
V1	2FU	① ②	V601	7-5
W1	3FU	① ②	W601	7-9

13-K1	1	U411	4-1
14-K1	2	V411	3-1
15-K1	3	W411	2-1
15-K2	4	N411	2-2
	5		
17-K1	6	U421	
17-K2	7	N421	
	8		
16-63	9	101	QA-3
6-1	10		
	11		
16-64	12	102	QA-4
	13		
	14		接N排
16-65	15	103	
9-3	16	105	
	17		
16-78	18		
16-79	19		
	20		
	21		
	22		
	23		
	24		
	25		

去补偿柜
由二号柜引来
去二号柜

GCK（交、直流操作）一号进线柜二次接线图

QB/T.DJZ082403.05J

标记	处数	更改文件号	签字	日期
设 计		标准化		
绘 图		审 定		
审 核		批 准		
工 艺		日 期		

图样标记 数量 重量 比例 1:1

共 2 张　第 2 张

进线、不带计量、3TA、断路器DW15C、双电源互为备用，手动热-电磁操作，正常时，一路电源供电，另一路电源备用。

光盘页码：5-35

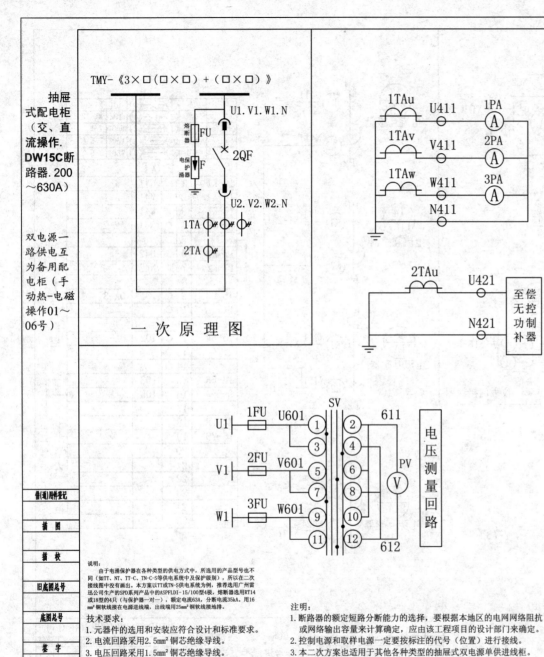

抽屉式配电柜（交、直流操作.DW15C断路器.200～630A）

双电源一路供电互为备用配电柜（手动热-电磁操作01～06号）

TMY-《3×□(□×□)+(□×□)》

U1.V1.W1.N

熔断器 FU

电保护涌器 F

2QF

U2.V2.W2.N

1TA

2TA

一次原理图

1TAu U411 1PA Ⓐ
1TAv V411 2PA Ⓐ
1TAw W411 3PA Ⓐ
N411

电流测量回路

2TAu U421
N421

至偿无控功制补器

电流采样回路

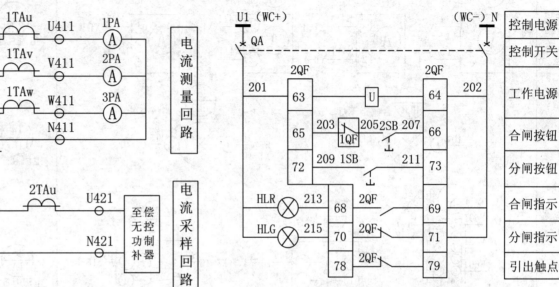

U1（WC+）   (WC-) N

QA

2QF   2QF

201   63   U   64   202

65   203   205 2SB 207   66
     1QF
72   209 1SB   211   73

HLR ⊗ 213   68   2QF   69
HLG ⊗ 215   70   2QF   71
     78   2QF   79

控制电源
控制开关
工作电源
合闸按钮
分闸按钮
合闸指示
分闸指示
引出触点

注：备用触点78、79号端子，是一个假设端子号与实际端子号不对应，在实际接线时应随意选一个常闭辅助触点连接即可。

U1 1FU U601 ①   ② 611
③   ④
V1 2FU V601 ⑤   ⑥   PV Ⓥ
⑦   ⑧
W1 3FU W601 ⑨   ⑩
⑪   ⑫ 612

SV

电压测量回路

说明：
由于电涌保护器在各种类型的供电方式中，所选用的产品型号也不同（如TT、NT、TT-C、TN-C-S等供电系统中及保护级别），所以在二次接线图中没有画出此。本方案以TT或TN-S供电系统为例，推荐选用广州雷迅公司生产的SPD系列产品中的ASPFLDI-15/100型4级，熔断器选用RT14或18型的4只（与保护器一对一），额定电流63A，分断电流35kA，用16mm²铜软线接在电源进线端，出线端用25mm²铜软线接地排。

技术要求：
1.元器件的选用和安装应符合设计和标准要求。
2.电流回路采用2.5mm²铜芯绝缘导线。
3.电压回路采用1.5mm²铜芯绝缘导线。
4.布线要横平竖直，线束扎紧无叠（绞）线，端头压接牢固，元件代号标识清楚粘贴牢固。
5.如果本柜要与其他柜实现机械联锁，请选用程序锁。

注明：
1.断路器的额定短路分断能力的选择，要根据本地区的电网网络阻抗或网络输出容量来计算确定，应由该工程项目的设计部门来确定。
2.控制电源和取样电源一定要按标注的代号（位置）进行接线。
3.本二次方案也适用于其他各种类型的抽屉式双电源单供进线柜。
4.负荷故障跳闸时，待故障排除后，手动恢复正常供电。
5.本二次方案也适用于其他厂家生产的DW15C断路器，端子号如有不同，加以修改即可。

序号	元件代号	名 称	型号规格	数量	备 注
10	QA	控制开关	C45N-32/2P-10A	1	
9	HLR、HLG	指示灯	AD16-22/41-220V	2	
8	1SB、2SB	按钮开关	LA23-11	2	
7	SV	电压转换开关	LW12-16DHY3/3	1	
6	PV	电压表	42L6-V 0～450V	1	
5	1PA～3PA	电流表	42L6-A □/5A	3	
4	1FU～3FU	熔断器	JF5-2.5RD/6A	3	
3	2TAu	电流互感器	BH-0.66 □/5A	1	
2	1TAu、1TAv、1TAw	电流互感器	BH-0.66 □/5A	3	
1	2QF	断路器（抽屉式）	DW15C-□/□A/220V	1	上海精益、人民电器厂

标记	处数	更改文件号	签 字	日 期		
设 计		标准化			GCK（交、直流操作）二号进线柜二次原理图	QB/T.DJZ082403.06Y
绘 图		审 定				图样标记 / 数量 / 重量 / 比例 1:1
审 核		批 准				共2张 第1张
工 艺		日 期			进线、不带计量、3TA、断路器DW15C、双电源互为备用，手动抽-电磁操作，正常时，一路电源供电，另一路电源备用。	光盘页码：5-36

借(通)用件登记
描 图
描 校
旧底图总号
底图总号
签 字
日 期

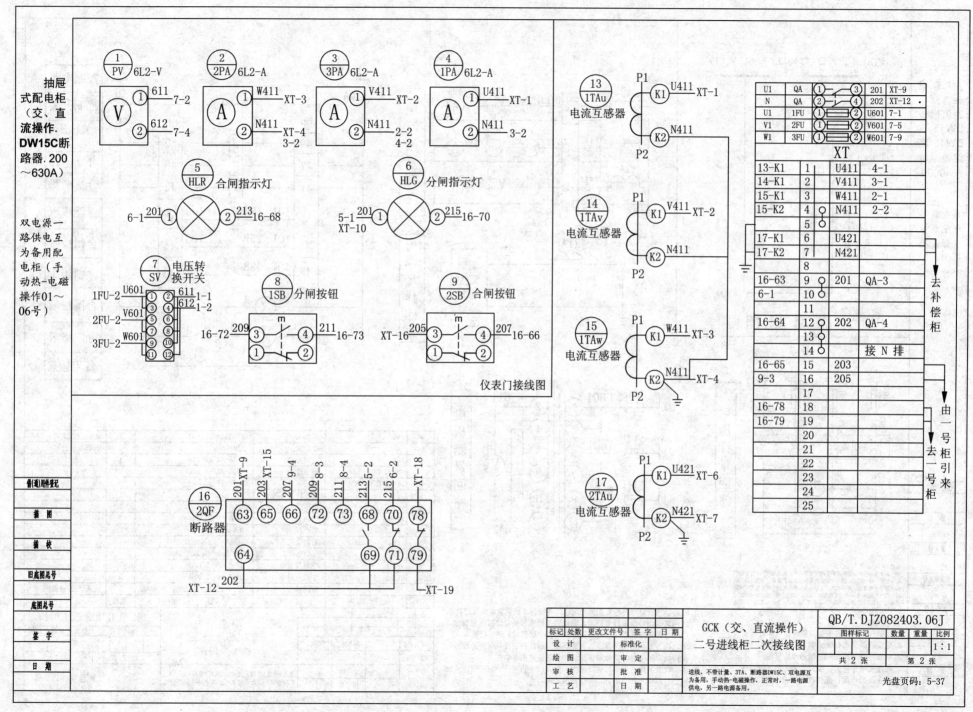

抽屉式配电柜（交、直流操作.DW15C断路器.200～630A）

双电源一路供电互为备用配电柜（手动热-电磁操作01～06号）

① PV	6L2-V		② 2PA	6L2-A		③ 3PA	6L2-A		④ 1PA	6L2-A

V ① 611 7-2 ② 612 7-4

A ① W411 XT-3 ② N411 XT-4 3-2

A ① V411 XT-2 ② N411 2-2 4-2

A ① U411 XT-1 ② N411 3-2

⑤ HLR 合闸指示灯 6-1 201 ① ⨂ ② 213 16-68

⑥ HLG 分闸指示灯 5-1 201 XT-10 ① ⨂ ② 215 16-70

⑦ SV 电压转换开关

1FU-2 U601 ② 611 1-1 ② 612 1-2
2FU-2 V601
3FU-2 W601

⑧ 1SB 分闸按钮 16-72 209 ③ ④ 211 16-73

⑨ 2SB 合闸按钮 XT-16 205 ③ ④ 207 16-66

仪表门接线图

⑬ 1TAu 电流互感器 P1 K1 U411 XT-1 K2 N411 P2

⑭ 1TAv 电流互感器 P1 K1 V411 XT-2 K2 N411 P2

⑮ 1TAw 电流互感器 P1 K1 W411 XT-3 K2 N411 XT-4 P2

⑰ 2TAu 电流互感器 P1 K1 U421 XT-6 K2 N421 XT-7 P2

U1	QA	① ③	201	XT-9
N	QA	② ④	202	XT-12
U1	1FU	① ②	U601	7-1
V1	2FU	① ②	V601	7-5
W1	3FU	① ②	W601	7-9

XT

13-K1	1	U411	4-1
14-K1	2	V411	3-1
15-K1	3	W411	2-1
15-K2	4	N411	2-2
	5		
17-K1	6	U421	
17-K2	7	N421	
	8		
16-63	9	201	QA-3
6-1	10		
	11		
16-64	12	202	QA-4
	13		
	14	接 N 排	
16-65	15	203	
9-3	16	205	
	17		
16-78	18		
16-79	19		
	20		
	21		
	22		
	23		
	24		
	25		

去补偿柜

由一号柜引来

去一号柜

⑯ 2QF 断路器

201 XT-9 ㉖㉓
203 XT-15 ㉖㉕
207 9-4 ㉖㉖
209 8-3 ㉗㉒
211 8-4 ㉗㉓
213 5-2 ㉖㉘
215 6-2 ㉗⓪
XT-18 ㉗㉘

㉖㉔ ㉖㉙ ㉗① ㉗⑨

XT-12 202 XT-19

标记	处数	更改文件号	签 字	日 期	GCK（交、直流操作）二号进线柜二次接线图		QB/T.DJZ082403.06J
设 计			标准化			图样标记	数量	重量	比例
绘 图			审 定						1:1
审 核			批 准			共 2 张	第 2 张
工 艺			日 期		进线、不带计量、3TA、断路器DW15C、双电源互为备用、手动热-电磁操作，正常时，一路电源供电，另一路电源备用。	光盘页码：5-37

备(通)用附件登记
描 图
描 校
旧底图总号
底图总号
签 字
日 期

489

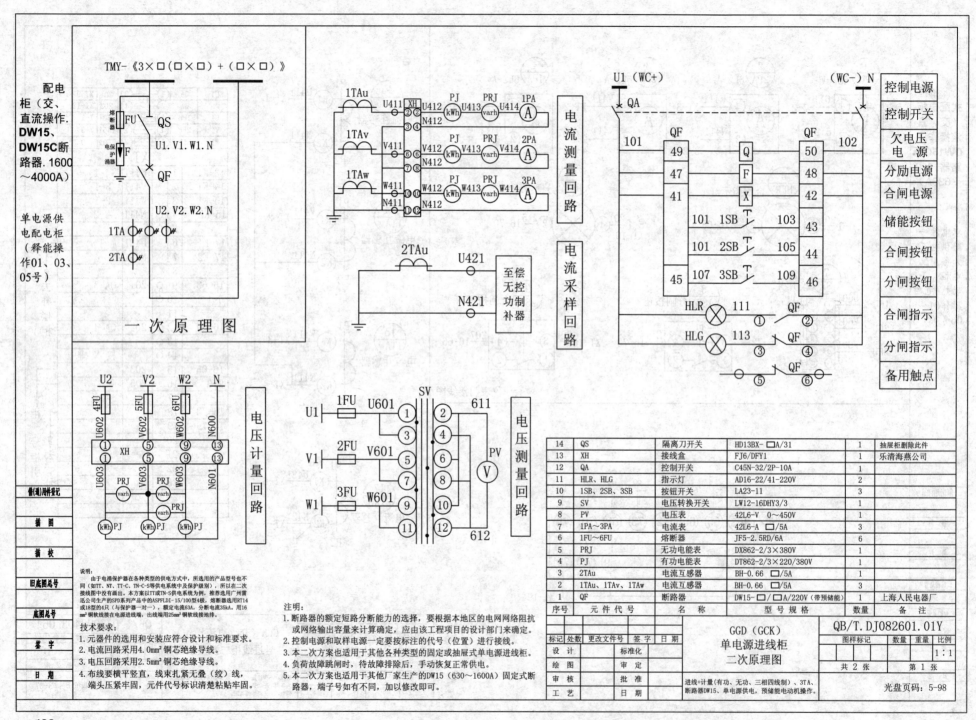

配电柜（交、直流操作. DW15、DW15C断路器. 1600～4000A）

单电源供电配电柜（释能操作01、03、05号）

TMY-《3×□(□×□)+(□×□)》

一 次 原 理 图

电流测量回路

电流采样回路

电压计量回路

电压测量回路

说明：
由于电涌保护器在各种类型的供电方式中，所选用的产品型号也不同（如TT、NT、TT-C、TN-C-S等供电系统中及保护级别），所以在二次接线图中没有画出。本方案以TT或TN-S供电系统为例，推荐选用广州雷迅公司生产的SPD系列产品中的ASPFLDI-15/100型模块，熔断器选用RT14-18型的4只（与保护器一对一），额定电流63A，分断电流35kA，用16mm²铜软线接在电源进线端，出线端用25mm²铜软线接地。

技术要求：
1. 元器件的选用和安装应符合设计和标准要求。
2. 电流回路采用4.0mm²铜芯绝缘导线。
3. 电压回路采用2.5mm²铜芯绝缘导线。
4. 布线要横平竖直，线束扎紧无叠（绞）线，端头压紧牢固，元件代号标识清楚粘贴牢固。

注明：
1. 断路器的额定短路分断能力的选择，要根据本地区的电网网络阻抗或网络输出容量来计算确定，应由该工程项目的设计部门来确定。
2. 控制电源和取样电源一定要按标注的代号（位置）进行接线。
3. 本二次方案也适用于其他各种类型的固定或抽屉式单电源进线柜。
4. 负荷故障跳闸时，待故障排除后，手动恢复正常供电。
5. 本二次方案也适用于其他厂家生产的DW15（630～1600A）固定式断路器，端子号如有不同，加以修改即可。

| 控制电源 |
| 控制开关 |
| 欠电压电源 |
| 分励电源 |
| 合闸电源 |
| 储能按钮 |
| 合闸按钮 |
| 分闸按钮 |
| 合闸指示 |
| 分闸指示 |
| 备用触点 |

14	QS	隔离刀开关	HD13BX-□A/31	1	抽屉柜删除此件
13	XH	接线盒	FJ6/DFY1	1	乐清海燕公司
12	QA	控制开关	C45N-32/2P-10A	1	
11	HLR、HLG	指示灯	AD16-22/41-220V	2	
10	1SB、2SB、3SB	按钮开关	LA23-11	3	
9	SV	电压转换开关	LW12-16DHY3/3	1	
8	PV	电压表	42L6-V 0～450V	1	
7	1PA～3PA	电流表	42L6-A	3	
6	1FU～6FU	熔断器	JF5-2.5RD/6A	6	
5	PRJ	无功电能表	DX862-2/3×380V	1	
4	PJ	有功电能表	DT862-2/3×220/380V	1	
3	2TAu	电流互感器	BH-0.66 □/5A	1	
2	1TAu、1TAv、1TAw	电流互感器	BH-0.66 □/5A	3	
1	QF	断路器	DW15-□/□A/220V（带预储能）	1	上海人民电器厂
序号	元件代号	名 称	型 号 规 格	数量	备 注

标记	处数	更改文件号	签字	日期			
设 计			标准化			GGD（GCK）	QB/T.DJ082601.01Y
绘 图			审 定			单电源进线柜	
审 核			批 准			二次原理图	
工 艺			日 期				共 2 张　第 1 张

进线+计量(有功、无功、三相四线制)、3TA、断路器DW15、单电源供电、预储能电动机操作。

图样标记　数量　重量　比例　1:1

光盘页码：5-98

档(通)件登记

描 图
描 校
旧底图总号
底图总号
整 字
日 期

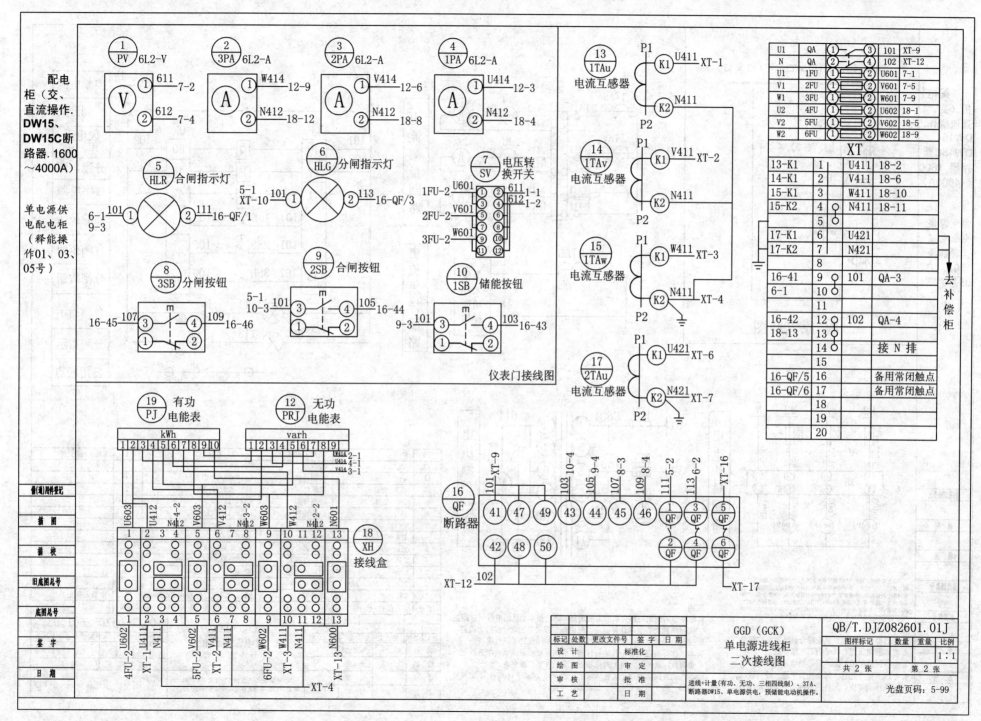

配电柜（交、直流操作. DW15、DW15C断路器. 1600～4000A）

单电源供电配电柜（释能操作01、03、05号）

① PV 6L2-V
② 3PA 6L2-A
③ 2PA 6L2-A
④ 1PA 6L2-A

⑤ HLR 合闸指示灯
⑥ HLG 分闸指示灯
⑦ SV 电压转换开关

⑧ 3SB 分闸按钮
⑨ 2SB 合闸按钮
⑩ 1SB 储能按钮

⑬ 1TAu 电流互感器
⑭ 1TAv 电流互感器
⑮ 1TAw 电流互感器
⑰ 2TAu 电流互感器

仪表门接线图

⑲ PJ 有功电能表 kWh
⑫ PRJ 无功电能表 varh

⑱ XH 接线盒

⑯ QF 断路器

U1	QA	① ③	101	XT-9
N	QA	② ④	102	XT-12
U1	1FU	① ②	U601	7-1
V1	2FU	① ②	V601	7-5
W1	3FU	① ②	W601	7-9
U2	4FU	① ②	U602	18-1
V2	5FU	① ②	V602	18-5
W2	6FU	① ②	W602	18-9

XT

13-K1	1	U411	18-2
14-K1	2	V411	18-6
15-K1	3	W411	18-10
15-K2	4	N411	18-11
	5		
17-K1	6	U421	
17-K2	7	N421	
	8		
16-41	9	101	QA-3
6-1	10		
	11		
16-42	12	102	QA-4
18-13	13		
	14	接N排	
	15		
16-QF/5	16	备用常闭触点	
16-QF/6	17	备用常闭触点	
	18		
	19		
	20		

去补偿柜

GGD（GCK）单电源进线柜 二次接线图

QB/T.DJZ082601.01J

标记	处数	更改文件号	签字	日期
设计		标准化		
绘图		审定		
审核		批准		
工艺		日期		

进线+计量(有功、无功、三相四线制)、3TA、断路器DW15、单电源供电，预储能电动机操作。

图样标记 | 数量 | 重量 | 比例 1:1

共 2 张　　第 2 张

光盘页码：5-99

左侧签字栏：会(通)用件登记、描图、描校、旧底图总号、底图总号、签字、日期

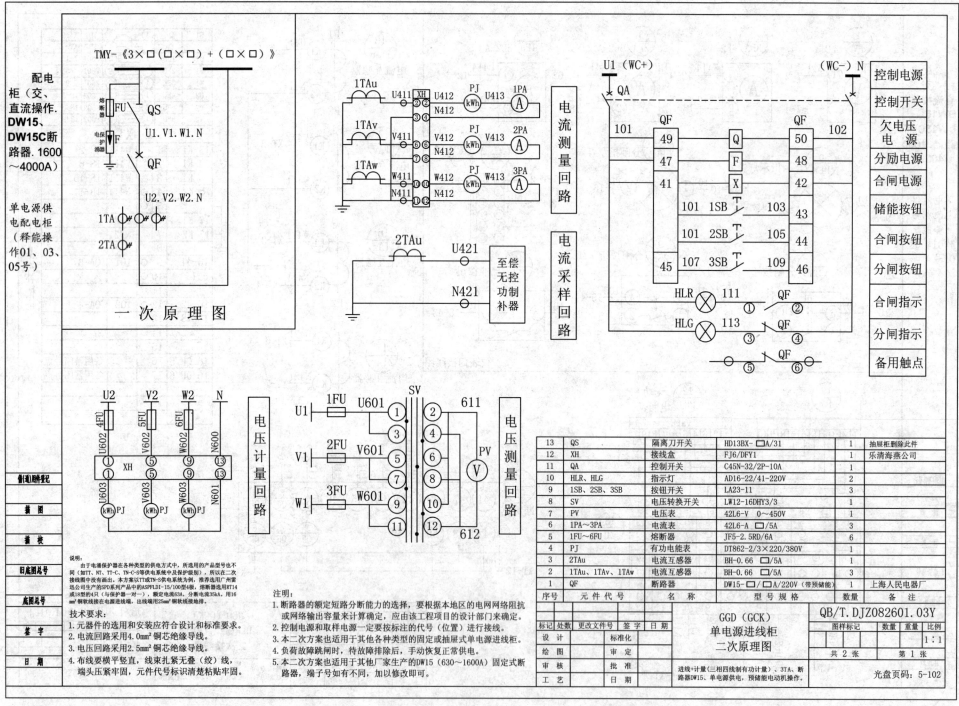

配电柜（交、直流操作. DW15、DW15C断路器. 1600～4000A）

单电源供电配电柜（释能操作01、03、05号）

TMY-《3×□(□×□)+(□×□)》

一次原理图

电流测量回路

电流采样回路

电压计量回路

电压测量回路

		控制电源
		控制开关
		欠电压电源
		分励电源
		合闸电源
		储能按钮
		合闸按钮
		分闸按钮
		合闸指示
		分闸指示
		备用触点

说明：由于电涌保护器在各种类型的供电方式中，所选用的产品型号也不同（如TT、NT、TT-C、TN-C-S等供电系统中及保护级别），所以在二次接线图中没有画出。本方案以TT或TN-S供电系统为例，推荐选用广州雷迅公司生产的SPD系列产品中的ASPFLDI-15/100型4极，熔断器选用RT14或18型的4只（与保护器一对一），额定电流63A，分断电流35kA，用16mm²铜软线接在电源进线端，出线端25mm²铜软线接地排。

技术要求：
1. 元器件的选用和安装应符合设计和标准要求。
2. 电流回路采用4.0mm²铜芯绝缘导线。
3. 电压回路采用2.5mm²铜芯绝缘导线。
4. 布线要横平竖直，线束扎紧无叠(绞)线，端头压紧牢固，元件代号标识清楚粘贴牢固。

注明：
1. 断路器的额定短路分断能力的选择，要根据本地区的电网网络阻抗或网络输出容量来计算确定，应由该工程项目的设计部门来确定。
2. 控制电源和取样电源一定要按标注的代号（位置）进行接线。
3. 本二次方案也适用于其他各种类型的固定或抽屉式单电源进线柜。
4. 负荷故障跳闸时，待故障排除后，手动恢复正常供电。
5. 本二次方案也适用于其他厂家生产的DW15（630～1600A）固定式断路器，端子号如有不同，加以修改即可。

13	QS	隔离刀开关	HD13BX-□A/31	1	抽屉柜删除此件
12	XH	接线盒	FJ6/DFY1	1	乐清海燕公司
11	QA	控制开关	C45N-32/2P-10A	1	
10	HLR、HLG	指示灯	AD16-22/41-220V	2	
9	1SB、2SB、3SB	按钮开关	LA23-11	3	
8	SV	电压转换开关	LW12-16DHY3/3	1	
7	PV	电压表	42L6-V 0～450V	1	
6	1PA～3PA	电流表	42L6-A □/5A	3	
5	1FU～6FU	熔断器	JF5-2.5RD/6A	6	
4	PJ	有功电能表	DT862-2/3×220/380V	1	
3	2TAu	电流互感器	BH-0.66 □/5A	1	
2	1TAu、1TAv、1TAw	电流互感器	BH-0.66 □/5A	3	
1	QF	断路器	DW15-□/□A/220V（带预储能）	1	上海人民电器厂
序号	元件代号	名 称	型 号 规 格	数量	备 注

备(通)附件登记				
描 图				
描 校				
旧底图总号				
底图总号				
签 字				
日 期				

标记	处数	更改文件号	签字	日期
设 计		标准化		
绘 图		审 定		
审 核		批 准		
工 艺		日 期		

GGD（GCK）单电源进线柜二次原理图

QB/T.DJZ082601.03Y

图样标记	数量	重量	比例
			1:1
共 2 张		第 1 张	

进线+计量（三相四线制有功计量）、3TA、断路器DW15、单电源供电，预储能电动机操作。

光盘页码：5-102

492

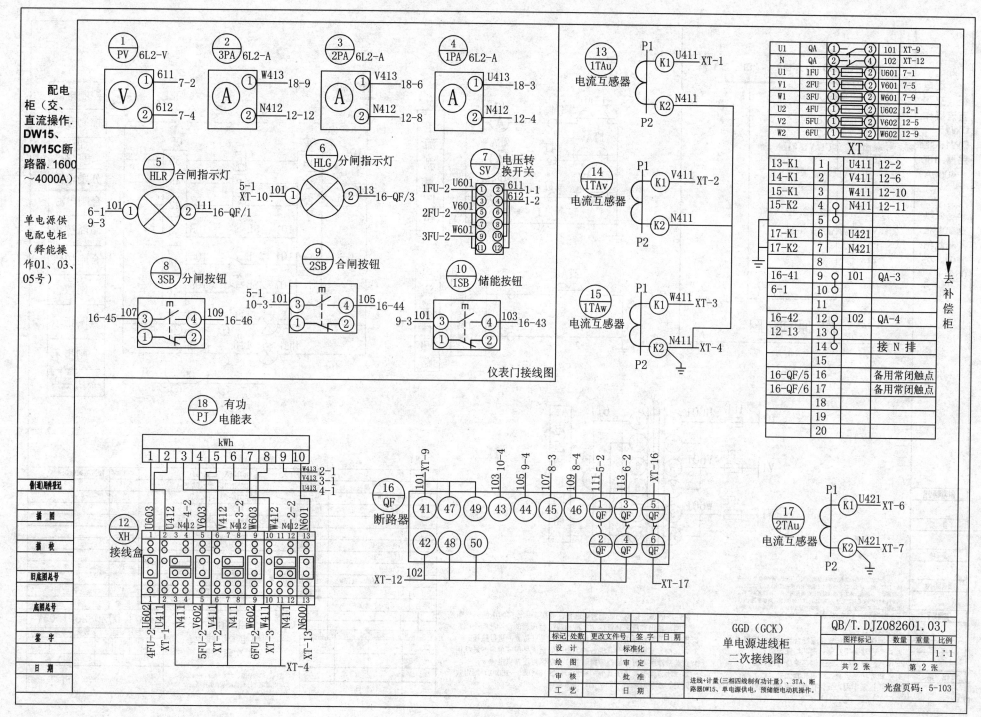

配电柜（交、直流操作. DW15、DW15C断路器. 1600～4000A）

单电源供电配电柜（释能操作01、03、05号）

仪表门接线图

		XT		
U1	QA	①——③	101	XT-9
N	QA	②——④	102	XT-12
U1	1FU	①——②	U601	7-1
V1	2FU	①——②	V601	7-5
W1	3FU	①——②	W601	7-9
U2	4FU	①——②	U602	12-1
V2	5FU	①——②	V602	12-5
W2	6FU	①——②	W602	12-9

XT			
13-K1	1	U411	12-2
14-K1	2	V411	12-6
15-K1	3	W411	12-10
15-K2	4	N411	12-11
	5		
17-K1	6	U421	
17-K2	7	N421	
	8		
16-41	9	101	QA-3
6-1	10		
	11		
16-42	12	102	QA-4
12-13	13		
	14	接N排	
	15		
16-QF/5	16	备用常闭触点	
16-QF/6	17	备用常闭触点	
	18		
	19		
	20		

去补偿柜

标记	处数	更改文件号	签字	日期		GGD（GCK）单电源进线柜二次接线图	QB/T.DJZ082601.03J
设 计			标准化				图样标记 数量 重量 比例
绘 图			审 定				1:1
审 核			批 准				共2张 第2张
工 艺			日 期			进线+计量(三相四线制有功计量)、3TA、断路器DW15、单电源供电,预储能电动机操作。	光盘页码：5-103

493

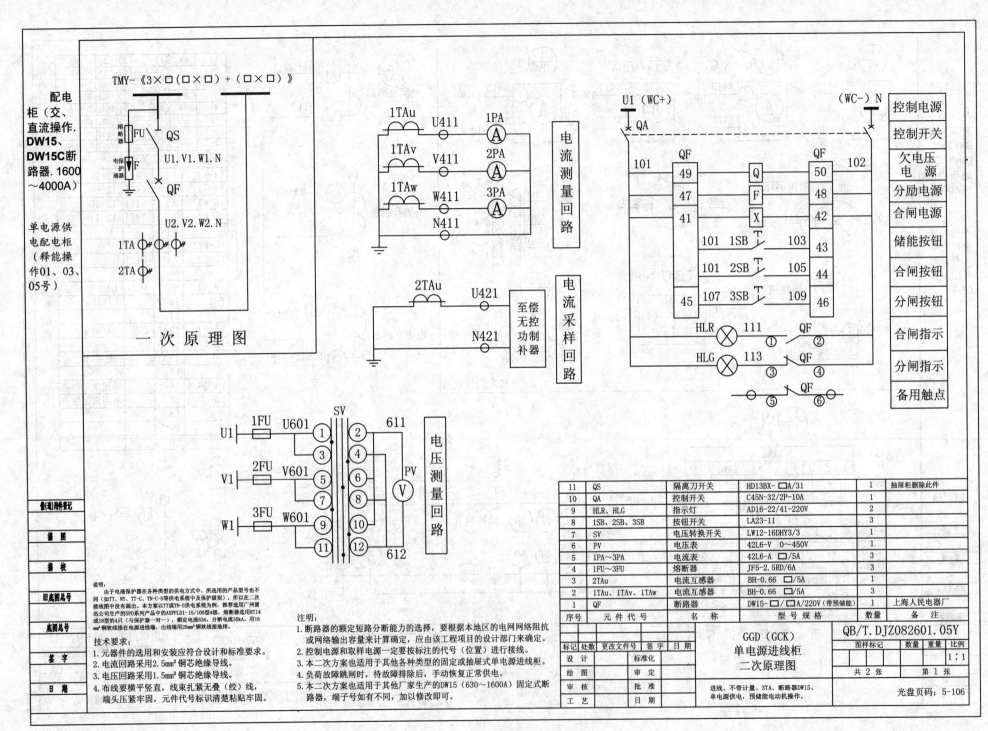

配电柜（交、直流操作.DW15、DW15C断路器.1600～4000A）

单电源供电配电柜（释能操作01、03、05号）

TMY-《3×□（□×□）+（□×□）》

熔断器 FU
电保护涌器 F
QS
U1.V1.W1.N
QF
U2.V2.W2.N
1TA
2TA

一次原理图

1TAu U411 1PA Ⓐ
1TAv V411 2PA Ⓐ
1TAw W411 3PA Ⓐ
N411

电流测量回路

2TAu U421 至偿无控功制补器
N421

电流采样回路

U1（WC+） QA （WC-）N

101 QF 102
49 Q 50
47 F 48
41 X 42
101 1SB 103 43
101 2SB 105 44
45 107 3SB 109 46
HLR ⊗ 111 ① QF ②
HLG ⊗ 113 ③ QF ④
⑤ QF ⑥

控制电源
控制开关
欠电压电源
分励电源
合闸电源
储能按钮
合闸按钮
分闸按钮
合闸指示
分闸指示
备用触点

SV
1FU U601 611
U1 ① ② PV
③ ④
2FU V601
V1 ⑤ ⑥ Ⓥ
⑦ ⑧
3FU W601
W1 ⑨ ⑩
⑪ ⑫
612

电压测量回路

说明：由于电涌保护器在各种类型的供电方式中，所选用的产品型号也不同（如TT、NT、TT-C、TN-C-S等供电系统中及保护级别），所以在二次接线图中没有画出。本方案以TT或TN-S供电系统为例，推荐选用广州雷迅公司生产的SPD系列产品中的ASPFLD1-15/100型4级，熔断器选用RT14或18型的4只（与保护器一对一），额定电流63A，分断电流35kA，用16mm²铜软线接在电源进线端，出线端用25mm²铜软线接地排。

技术要求：
1. 元器件的选用和安装应符合设计和标准要求。
2. 电流回路采用2.5mm²铜芯绝缘导线。
3. 电压回路采用1.5mm²铜芯绝缘导线。
4. 布线要横平竖直，线束扎紧无叠（绞）线，端头压接牢固，元件代号标识清楚粘贴牢固。

注明：
1. 断路器的额定短路分断能力的选择，要根据本地区的电网网络阻抗或网络输出容量来计算确定，应由该工程项目的设计部门来确定。
2. 控制电源和取样电源一定要按标注的代号（位置）进行接线。
3. 本二次方案也适用于其他各种类型的固定或抽屉式单电源进线柜。
4. 负荷故障跳闸时，待故障排除后，手动恢复正常供电。
5. 本二次方案也适用于其他厂家生产的DW15（630～1600A）固定式断路器，端子号如有不同，加以修改即可。

11	QS	隔离刀开关	HD13BX-□A/31	1	抽屉柜删除此件
10	QA	控制开关	C45N-32/2P-10A	1	
9	HLR、HLG	指示灯	AD16-22/41-220V	2	
8	1SB、2SB、3SB	按钮开关	LA23-11	3	
7	SV	电压转换开关	LW12-16DHY3/3	1	
6	PV	电压表	42L6-V 0～450V	1	
5	1PA～3PA	电流表	42L6-A □/5A	3	
4	1FU～3FU	熔断器	JF5-2.5RD/6A	3	
3	2TAu	电流互感器	BH-0.66 □/5A	1	
2	1TAu、1TAv、1TAw	电流互感器	BH-0.66 □/5A	3	
1	QF	断路器	DW15-□/□A/220V（带预储能）	1	上海人民电器厂
序号	元件代号	名称	型号规格	数量	备注

GGD（GCK）
单电源进线柜
二次原理图

QB/T.DJZ082601.05Y

标记	处数	更改文件号	签字	日期
设计			标准化	
绘图			审定	
审核			批准	
工艺			日期	

进线、不带计量、3TA、断路器DW15、单电源供电、预储能电动机操作。

图样标记 | 数量 | 重量 | 比例
| | | | 1:1
共 2 张 | 第 1 张

光盘页码：5-106

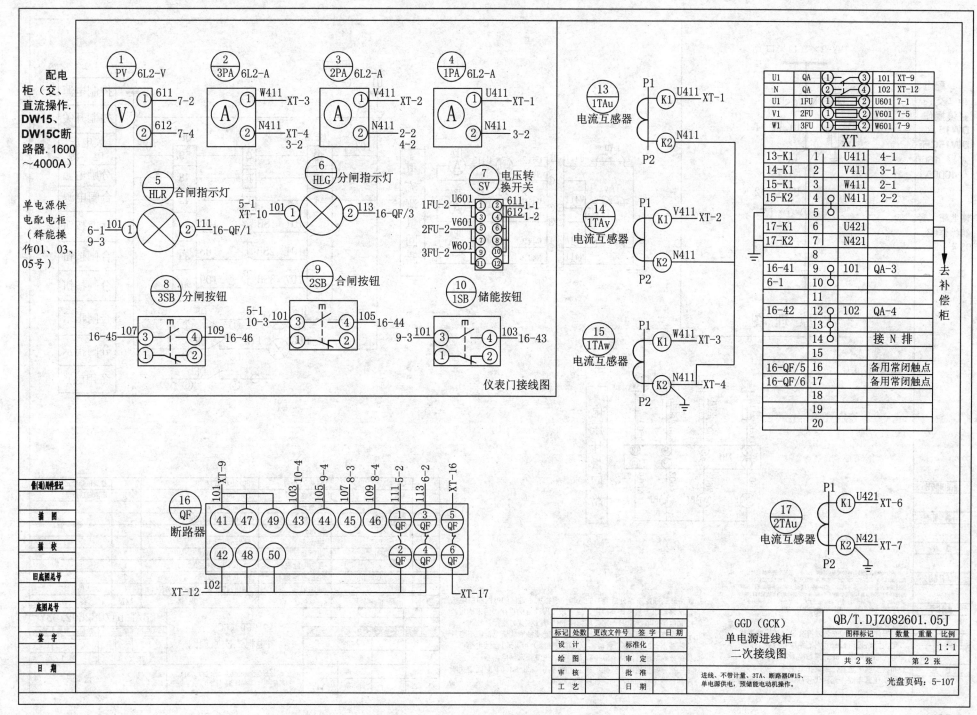

配电柜（交、直流操作. **DW15、DW15C**断路器. 1600～4000A）

单电源供电配电柜（释能操作01、03、05号）

仪表门接线图

GGD（GCK）
单电源进线柜
二次接线图

QB/T.DJZ082601.05J

标记	处数	更改文件号	签 字	日 期
设 计			标准化	
绘 图			审 定	
审 核			批 准	
工 艺			日 期	

进线、不带计量、3TA、断路器DW15、单电源供电，预储能电动机操作.

图样标记　　数量　重量　比例
　　　　　　　　　　　1:1
共 2 张　　　第 2 张

光盘页码：5-107

495

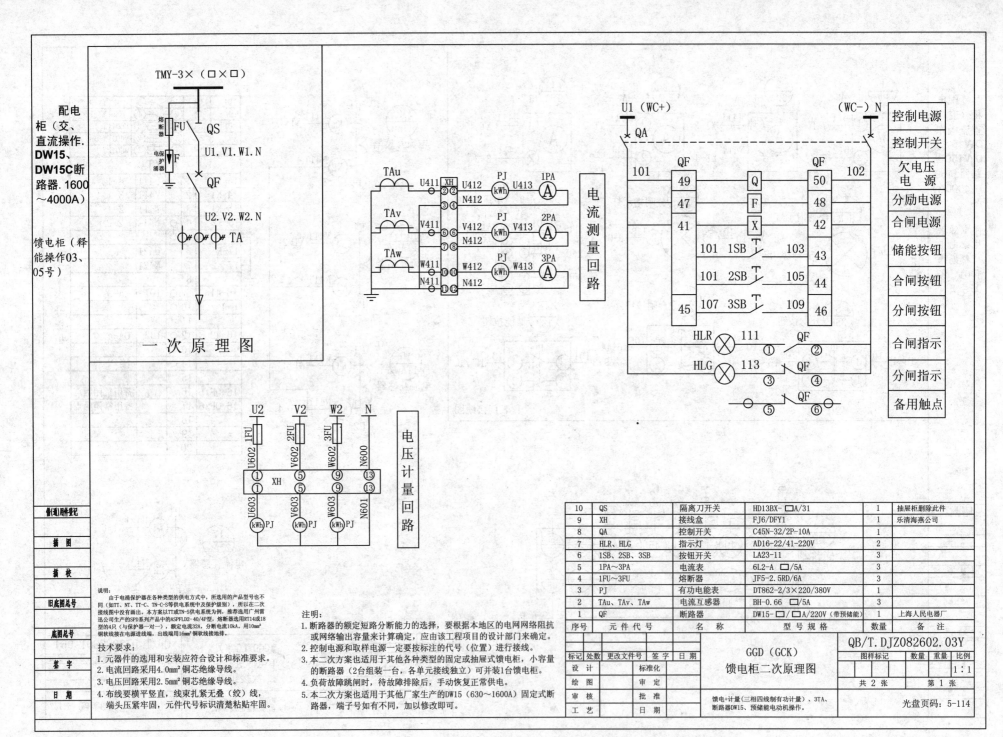

配电
柜（交、
直流操作.
**DW15、
DW15C断
路器.1600
～4000A）**

馈电柜（释
能操作03、
05号）

TMY-3×（□×□）

熔断器 FU QS
U1.V1.W1.N
电保护涌器 F
QF
U2.V2.W2.N

TA

一 次 原 理 图

TAu U411 XH U412 PJ U413 1PA
②① kWh Ⓐ
④③ N412
TAv V411 V412 PJ V413 2PA
⑥⑤ kWh Ⓐ
⑧⑦ N412
TAw W411 W412 PJ W413 3PA
⑩⑨ kWh Ⓐ
N411 ⑫⑪ N412

电流测量回路

U1（WC+） （WC-）N

QA QA

101 QF QF 102
49 Q 50
47 F 48
41 X 42
101 1SB 103 43
101 2SB 105 44
45 107 3SB 109 46

HLR ⊗ 111 QF
① ②
HLG ⊗ 113 QF
③ ④
QF
⑤ ⑥

控制电源
控制开关
欠电压
电源
分励电源
合闸电源
储能按钮
合闸按钮
分闸按钮
合闸指示
分闸指示
备用触点

U2 V2 W2 N

1FU 2FU 3FU
U602 V602 W602 N600
① ⑤ ⑨ ⑬
XH
① ⑤ ⑨ ⑬
U603 V603 W603 N601
kWh PJ kWh PJ kWh PJ

电压计量回路

10	QS	隔离刀开关	HD13BX-□A/31	1	抽屉柜删除此件
9	XH	接线盒	FJ6/DFY1	1	乐清海燕公司
8	QA	控制开关	C45N-32/2P-10A	1	
7	HLR、HLG	指示灯	AD16-22/41-220V	2	
6	1SB、2SB、3SB	按钮开关	LA23-11	3	
5	1PA～3PA	电流表	6L2-A □/5A	3	
4	1FU～3FU	熔断器	JF5-2.5RD/6A	3	
3	PJ	有功电能表	DT862-2/3×220/380V	1	
2	TAu、TAv、TAw	电流互感器	BH-0.66 □/5A	3	
1	QF	断路器	DW15-□/□A/220V（带预储能）	1	上海人民电器厂
序号	元件代号	名 称	型号规格	数量	备 注

说明：由于电涌保护器在各种类型的供电方式中，所选用的产品型号也不
同（如TT、NT、TT-C、TN-C-S等供电系统中及保护级别），所以在二次
接线图中没有画出。本方案以TT或TN-S供电系统为例，推荐选用广州雷
迅公司生产的SPD系列产品中的ASPFLD2-40/4P型，熔断器选用RT14或18
型的4只（与保护器一对一），额定电流32A，分断电流10kA，用10mm²
铜软线接在电源进线端，出线端用16mm²铜软线接地排。

技术要求：
1. 元器件的选用和安装应符合设计和标准要求。
2. 电流回路采用4.0mm²铜芯绝缘导线。
3. 电压回路采用2.5mm²铜芯绝缘导线。
4. 布线要横平竖直，线束扎紧无叠（绞）线，
端头压紧牢固，元件代号标识清楚粘贴牢固。

注明：
1. 断路器的额定短路分断能力的选择，要根据本地区的电网网络阻抗
或网络输出容量来计算确定，应由该工程项目的设计部门来确定。
2. 控制电源和取样电源一定要按标注的代号（位置）进行接线。
3. 本二次方案也适用于其他各种类型的固定或抽屉式馈电柜，小容量
的断路器（2台组装一台，各单元接线独立）可并装1台馈电柜。
4. 负荷故障跳闸时，待故障排除后，手动恢复正常供电。
5. 本二次方案也适用于其他厂家生产的DW15（630～1600A）固定式断
路器，端子号如有不同，加以修改即可。

借（还）图附件登记				
描 图				
描 校				
旧底图总号				
底图总号				
签 字				
日 期				

标记	处数	更改文件号	签 字	日 期
设 计			标准化	
绘 图			审 定	
审 核			批 准	
工 艺			日 期	

GGD（GCK）
馈电柜二次原理图

QB/T.DJZ082602.03Y

图样标记	数量	重量	比例
			1:1

共 2 张　　第 1 张

馈电+计量（三相四线制有功计量）、3TA、
断路器DW15、预储能电动机操作。

光盘页码：5-114

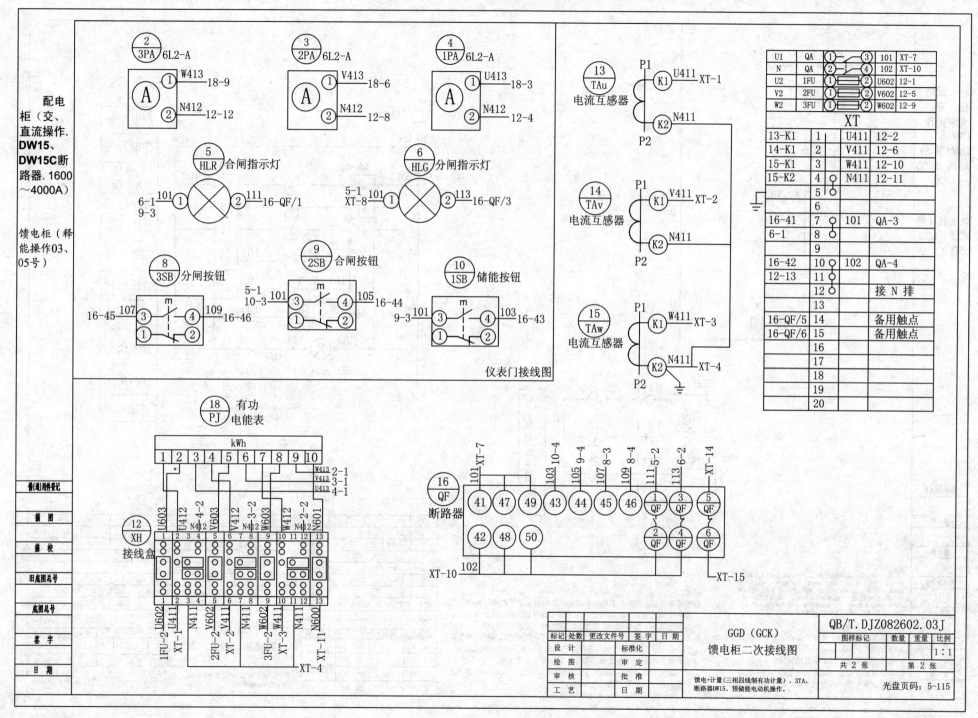

仪表门接线图

馈电柜二次接线图

GGD（GCK）

QB/T.DJZ082602.03J

配电柜（交、直流操作.DW15、DW15C断路器.1600～4000A）

馈电柜（释能操作03、05号）

馈电+计量（三相四线制有功计量）、3TA、断路器DW15、预储能电动机操作.

光盘页码：5-115

共 2 张　　第 2 张

1:1

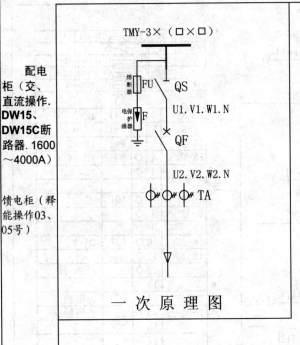

TMY-3×（□×□）

熔断器 FU QS

电保护涌器 F

U1.V1.W1.N

QF

U2.V2.W2.N

TA

一次原理图

配电柜（交、直流操作.
DW15、DW15C断路器.1600
～4000A）

馈电柜（释能操作03、05号）

TAu U411 1PA A

TAv V411 2PA A

TAw W411 3PA A

N411

电流测量回路

U1（WC+）　　　　　　　　（WC-）N

QA

| 101 | QF | | QF | 102 | | 控制电源 |

49　Q　50

47　F　48

41　X　42

101　1SB　103　43

101　2SB　105　44

45　107　3SB　109　46

HLR ⊗ 111　QF ①②

HLG ⊗ 113　QF ③④

QF ⑤⑥

控制电源
控制开关
欠电压电源
分励电源
合闸电源
储能按钮
合闸按钮
分闸按钮
合闸指示
分闸指示
备用触点

说明：
由于电涌保护器在各种类型的供电方式中，所选用的产品型号也不同（如TT、NT、TT-C、TN-C-S等供电系统中及保护级别），所以在二次接线图中没有画出。本方案以ITT或TN-S供电系统为例，推荐选用广州雷迅公司生产的SPD系列产品中的ASPFLD2-40/4P型，熔断器选用RT14或18型的4只（与保护器一对一），额定电流32A，分断电流10kA，用10mm²铜软线接在电源进线端，出线端用16mm²铜软线接地排。

技术要求：
1.元器件的选用和安装应符合设计和标准要求。
2.电流回路采用2.5mm²铜芯绝缘导线。
3.电压回路采用1.5mm²铜芯绝缘导线。
4.布线要横平竖直，线束扎紧无叠（绞）线，端头压紧牢固，元件代号标识清楚粘贴牢固。

注明：
1.断路器的额定短路分断能力的选择，要根据本地区的电网网络阻抗或网络输出容量来计算确定，应由该工程项目的设计部门来确定。
2.控制电源和取样电源一定要按标注的代号（位置）进行接线。
3.本二次方案也适用于其他各种类型的固定或抽屉式馈电柜，小容量的断路器（2台组装一台，各单元接线独立）可并装1台馈电柜。
4.负荷故障跳闸时，待故障排除后，手动恢复正常供电。
5.本二次方案也适用于其他厂家生产的DW15（630～1600A）固定式断路器，端子号如有不同，加以修改即可。

7	QS	隔离刀开关	HD13BX-□A/31	1	抽屉柜删除此件
6	QA	控制开关	C45N-32/2P-10A	1	
5	HLR、HLG	指示灯	AD16-22/41-220V	2	
4	1SB、2SB、3SB	按钮开关	LA23-11	3	
3	1PA～3PA	电流表	6L2-A □/5A	3	
2	TAu、TAv、TAw	电流互感器	BH-0.66 □/5A	3	
1	QF	断路器	DW15-□/□A/220V（带预储能）	1	上海人民电器厂
序号	元件代号	名　称	型　号　规　格	数量	备　注

标记	处数	更改文件号	签字	日期	GGD（GCK）	图样标记	数量	重量	比例
设　计		标准化			**馈电柜二次原理图**				1:1
绘　图		审　定				共 2 张		第 1 张	
审　核		批　准			馈电、不带计量、3TA、断路器DW15、预储能电动机操作。			光盘页码：5-118	
工　艺		日　期							

QB/T.DJZ082602.05Y

旧用)附件登记
描　图
描　校
旧底图总号
底图总号
签　字
日　期

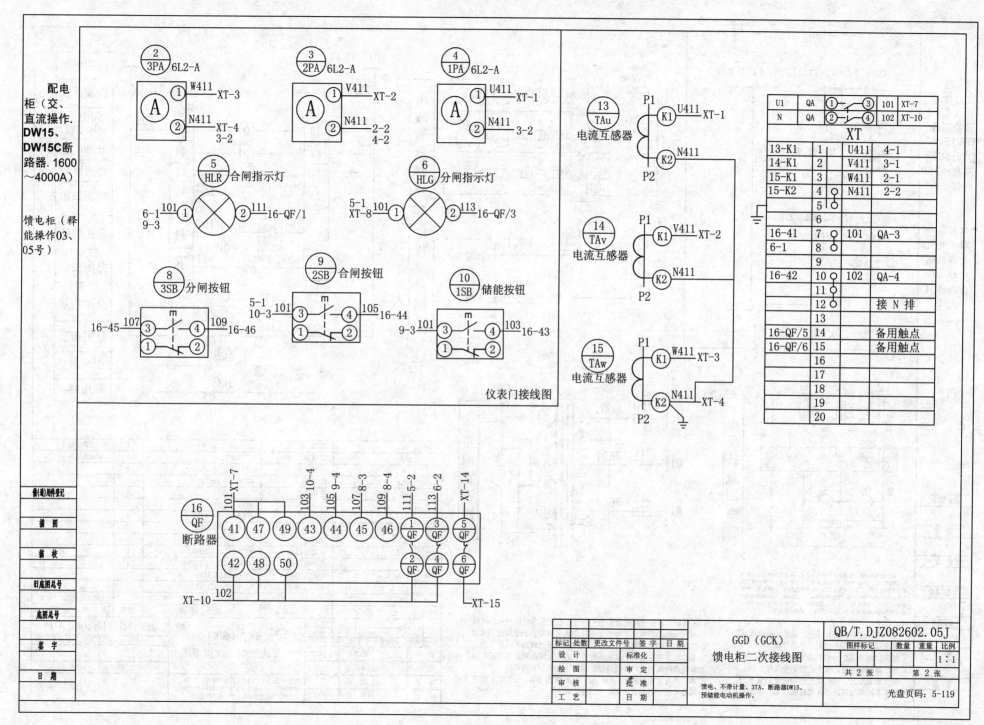

配电
柜（交、
直流操作.
DW15、
DW15C断
路器. 1600
～4000A）

馈电柜（释
能操作03、
05号）

② 3PA 6L2-A	③ 2PA 6L2-A	④ 1PA 6L2-A

W411 XT-3
N411 XT-4 3-2

V411 XT-2
N411 2-2 4-2

U411 XT-1
N411 3-2

⑤ HLR 合闸指示灯
6-1 101 ① ⊗ ② 111 16-QF/1
9-3

⑥ HLG 分闸指示灯
5-1 101 ① ⊗ ② 113 16-QF/3
XT-8

⑧ 3SB 分闸按钮
16-45 107 ③ ④ 109 16-46
① ②

⑨ 2SB 合闸按钮
5-1 101 ③ ④ 105 16-44
10-3 ① ②

⑩ 1SB 储能按钮
9-3 101 ③ ④ 103 16-43
① ②

⑬ TAu 电流互感器
P1 K1 U411 XT-1
P2 K2 N411

⑭ TAv 电流互感器
P1 K1 V411 XT-2
P2 K2 N411

⑮ TAw 电流互感器
P1 K1 W411 XT-3
P2 K2 N411 XT-4

| U1 | QA | ①—③ | 101 | XT-7 |
| N | QA | ②—④ | 102 | XT-10 |

XT

13-K1	1		U411	4-1
14-K1	2		V411	3-1
15-K1	3		W411	2-1
15-K2	4	○	N411	2-2
	5	○		
	6			
16-41	7	○	101	QA-3
6-1	8	○		
	9			
16-42	10	○	102	QA-4
	11	○		
	12	○	接N排	
	13			
16-QF/5	14		备用触点	
16-QF/6	15		备用触点	
	16			
	17			
	18			
	19			
	20			

仪表门接线图

⑯ QF 断路器

101 XT-7 103 10-4 105 9-4 107 8-3 109 8-4 111 5-2 113 6-2 XT-14

41	47	49	43	44	45	46	1/QF	3/QF	5/QF
42	48	50					2/QF	4/QF	6/QF

XT-10 102

XT-15

标记	处数	更改文件号	签字	日期
设计		标准化		
绘图		审定		
审核		批准		
工艺		日期		

GGD（GCK）
馈电柜二次接线图

QB/T.DJZ082602.05J

图样标记	数量	重量	比例
			1:1

共 2 张　　第 2 张

馈电、不带计量、3TA、断路器DW15、
预储能电动机操作。

光盘页码：5-119

备(通)用件登记
描　图
描　校
旧底图总号
底图总号
签　字
日　期

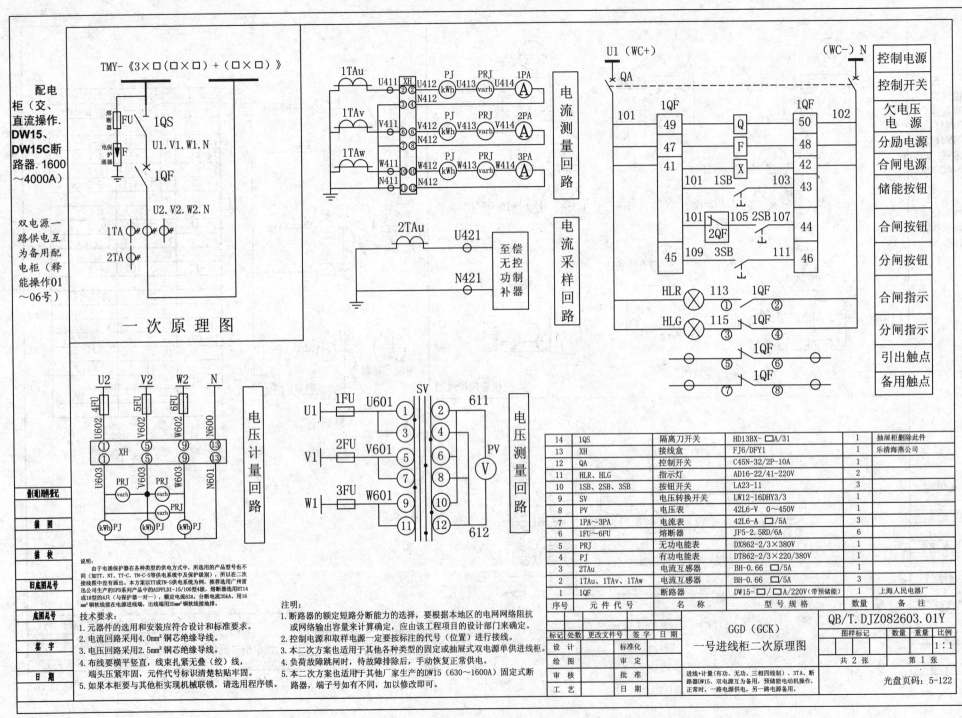

配电柜（交、直流操作. **DW15、DW15C断**路器. 1600～4000A）

双电源一路供电互为备用配电柜（释能操作01～06号）

TMY-《3×□(□×□)+(□×□)》

一次原理图

电流测量回路

电流采样回路

电压计量回路

电压测量回路

控制电源
控制开关
欠电压电源
分励电源
合闸电源
储能按钮
合闸按钮
分闸按钮
合闸指示
分闸指示
引出触点
备用触点

说明：
由于电涌保护器在各种类型的供电方式中，所选用的产品型号也不同（如TT、NT、TT-C、TN-C-S等供电系统中及保护级别），所以在二次接线图中没有画出。本方案以TT或TN-S供电系统为例，推荐选用广州雷迅公司生产的SPD产品中的ASPFLDI-15/100型4极，熔断器选用RT14或18型的4只（与保护器一对一），额定电流63A，分断电流35kA。用16mm²铜软线接在电源进线端，出线端用25mm²铜软线接地排。

技术要求：
1. 元器件的选用和安装应符合设计和标准要求。
2. 电流回路采用4.0mm²铜芯绝缘导线。
3. 电压回路采用2.5mm²铜芯绝缘导线。
4. 布线要横平竖直，线束扎紧不叠（绞）线，端头压紧牢固，元件代号标识清楚粘贴牢固。
5. 如果本柜要与其他柜实现机械联锁，请选用程序锁。

注明：
1. 断路器的额定短路分断能力的选择，要根据本地区的电网网络阻抗或网络输出容量来计算确定，应由该工程项目的设计部门来确定。
2. 控制电源和取样电源一定要按标注的代号（位置）进行接线。
3. 本二次方案也适用于其他各种类型的固定或抽屉式双电源单供进线柜。
4. 负荷故障跳闸时，待故障排除后，手动恢复正常供电。
5. 本二次方案也适用于其他厂家生产的DW15（630～1600A）固定式断路器，端子号如有不同，加以修改即可。

序号	元件代号	名 称	型 号 规 格	数量	备 注
14	1QS	隔离刀开关	HD13BX- □A/31	1	抽屉柜删除此件
13	XH	接线盒	FJ6/DFY1	1	乐清海燕公司
12	QA	控制开关	C45N-32/2P-10A	1	
11	HLR、HLG	指示灯	AD16-22/41-220V	2	
10	1SB、2SB、3SB	按钮开关	LA23-11	3	
9	SV	电压转换开关	LW12-16DHY3/3	1	
8	PV	电压表	42L6-V 0～450V	1	
7	1PA～3PA	电流表	42L6-A □/5A	3	
6	1FU～6FU	熔断器	JF5-2.5RD/6A	6	
5	PRJ	无功电能表	DX862-2/3×380V	1	
4	PJ	有功电能表	DT862-2/3×220/380V	1	
3	2TAu	电流互感器	BH-0.66 □/5A	1	
2	1TAu、1TAv、1TAw	电流互感器	BH-0.66 □/5A	3	
1	1QF	断路器	DW15-□/□A/220V（带预储能）	1	上海人民电器厂

QB/T.DJZ082603.01Y

GGD（GCK）
一号进线柜二次原理图

标记	处数	更改文件号	签字	日期	图样标记	数量	重量	比例
设 计			标准化					1:1
绘 图			审 定		共 2 张		第 1 张	
审 核			批 准					
工 艺			日 期					

进线+计量（有功、无功、三相四线制）、3TA、断路器DW15、双电源互为备用，预储能电动机操作，正常时，一路电源供电，另一路电源备用。

光盘页码：5-122

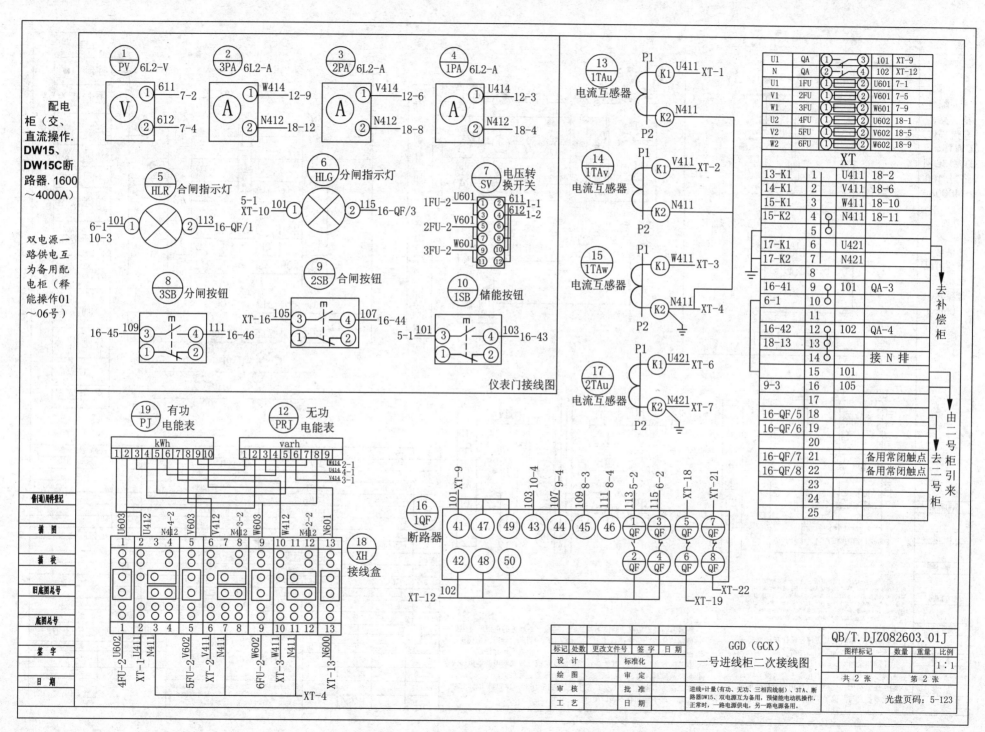

配电柜（交、直流操作. DW15、DW15C断路器. 1600~4000A）

双电源一路供电互为备用配电柜（释能操作01~06号）

仪表门接线图

U1	QA	① ③	101	XT-9
N	QA	② ④	102	XT-12
U1	1FU	① ②	U601	7-1
V1	2FU	① ②	V601	7-5
W1	3FU	① ②	W601	7-9
U2	4FU	① ②	U602	18-1
V2	5FU	① ②	V602	18-5
W2	6FU	① ②	W602	18-9

XT

13-K1	1	U411	18-2
14-K1	2	V411	18-6
15-K1	3	W411	18-10
15-K2	4	N411	18-11
	5		
17-K1	6	U421	
17-K2	7	N421	
	8		
16-41	9	101	QA-3
6-1	10		
	11		
16-42	12	102	QA-4
18-13	13		
	14	接 N 排	
	15	101	
9-3	16	105	
	17		
16-QF/5	18		
16-QF/6	19		
	20		
16-QF/7	21	备用常闭触点	
16-QF/8	22	备用常闭触点	
	23		
	24		
	25		

去补偿柜

由二号柜引来

去二号柜

标记	处数	更改文件号	签字	日期
设 计		标准化		
绘 图		审 定		
审 核		批 准		
工 艺		日 期		

GGD（GCK）
一号进线柜二次接线图

进线+计量(有功、无功、三相四线制)、3TA、断路器DW15、双电源互为备用，预储能电动机操作，正常时，一路电源供电，另一路电源备用。

QB/T.DJZ082603.01J

图样标记	数量	重量	比例
			1:1

共 2 张　第 2 张

光盘页码：5-123

501

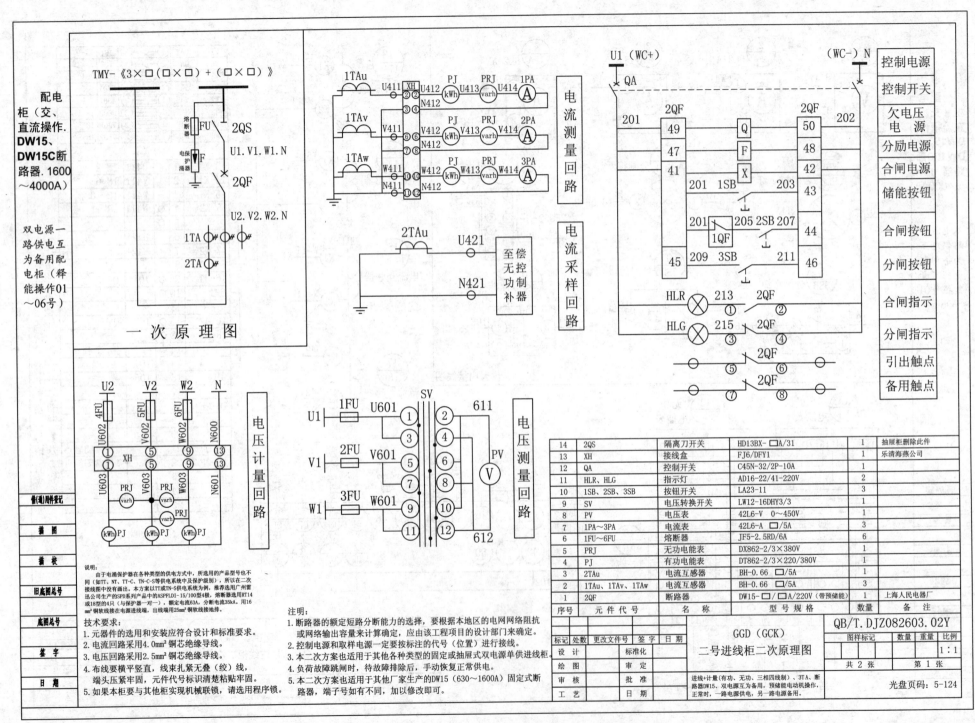

配电柜（交、直流操作. DW15、DW15C断路器. 1600～4000A）

双电源一路供电互为备用配电柜（释能操作01～06号）

TMY-《3×□(□×□)+(□×□)》

一 次 原 理 图

电流测量回路

电流采样回路

电压计量回路

电压测量回路

至偿无控功率补偿器

控制电源
控制开关
欠电压电源
分励电源
合闸电源
储能按钮
合闸按钮
分闸按钮
合闸指示
分闸指示
引出触点
备用触点

说明：
由于电涌保护器在各种类型的供电方式中，所选用的产品型号也不同（如TT、NT、TT-C、TN-C-S等供电系统中及保护级别），所以在此二次接线图中没有画出。本方案以TT或TN-S供电系统为例，推荐选用广州雷迅公司生产的SPD系列产品中的ASPFLDI-15/100型4极，熔断器选用RT14或18型的4只（与保护器一对一），额定电流63A，分断电流35kA，用16㎜²铜软线接在电源进线端，出线端用25㎜²铜软线接地排。

技术要求：
1. 元器件的选用和安装应符合设计和标准要求。
2. 电流回路采用4.0mm²铜芯绝缘导线。
3. 电压回路采用2.5mm²铜芯绝缘导线。
4. 布线要横平竖直，线束扎紧无叠（绞）线，端头压紧牢固，元件代号标识清楚粘贴牢固。
5. 如果本柜要与其他柜实现机械联锁，请选用程序锁。

注明：
1. 断路器的额定短路分断能力的选择，要根据本地区的电网网络阻抗或网络输出容量来计算确定，应由该工程项目的设计部门来确定。
2. 控制电源和取样电源一定要按标注的代号（位置）进行接线。
3. 本二次方案也适用于其他各种类型的固定或抽屉式双电源单供进线柜。
4. 负荷故障跳闸时，待故障排除后，手动恢复正常供电。
5. 本二次方案也适用于其他厂家生产的DW15（630～1600A）固定式断路器，端子号如有不同，加以修改即可。

14	2QS	隔离刀开关	HD13BX-□A/31	1	抽屉柜删除此件
13	XH	接线盒	FJ6/DFY1	1	乐清海燕公司
12	QA	控制开关	C45N-32/2P-10A	1	
11	HLR、HLG	指示灯	AD16-22/41-220V	2	
10	1SB、2SB、3SB	按钮开关	LA23-11	3	
9	SV	电压转换开关	LW12-16DHY3/3	1	
8	PV	电压表	42L6-V 0～450V	1	
7	1PA～3PA	电流表	42L6-A □/5A	3	
6	1FU～6FU	熔断器	JF5-2.5RD/6A	6	
5	PRJ	无功电能表	DX862-2/3×380V	1	
4	PJ	有功电能表	DT862-2/3×220/380V	1	
3	2TAu	电流互感器	BH-0.66 □/5A	1	
2	1TAu、1TAv、1TAw	电流互感器	BH-0.66 □/5A	3	
1	2QF	断路器	DW15-□/□A/220V（带预储能）	1	上海人民电器厂
序号	元件代号	名 称	型 号 规 格	数量	备 注

管(通)用附件登记
描 图
描 校
旧底图总号
底图总号
签 字
日 期

标记	处数	更改文件号	签字	日期					
设 计		标准化			GGD（GCK）			QB/T.DJZ082603.02Y	
绘 图		审 定			二号进线柜二次原理图		图样标记	数量	重量	比例
审 核		批 准							1:1
工 艺		日 期			进线+计量(有功、无功、三相四线制)、3TA、断路器DW15、双电源互为备用，预储能电动机操作，正常时，一路电源供电，另一路电源备用。		共 2 张	第 1 张	
							光盘页码：5-124	

502

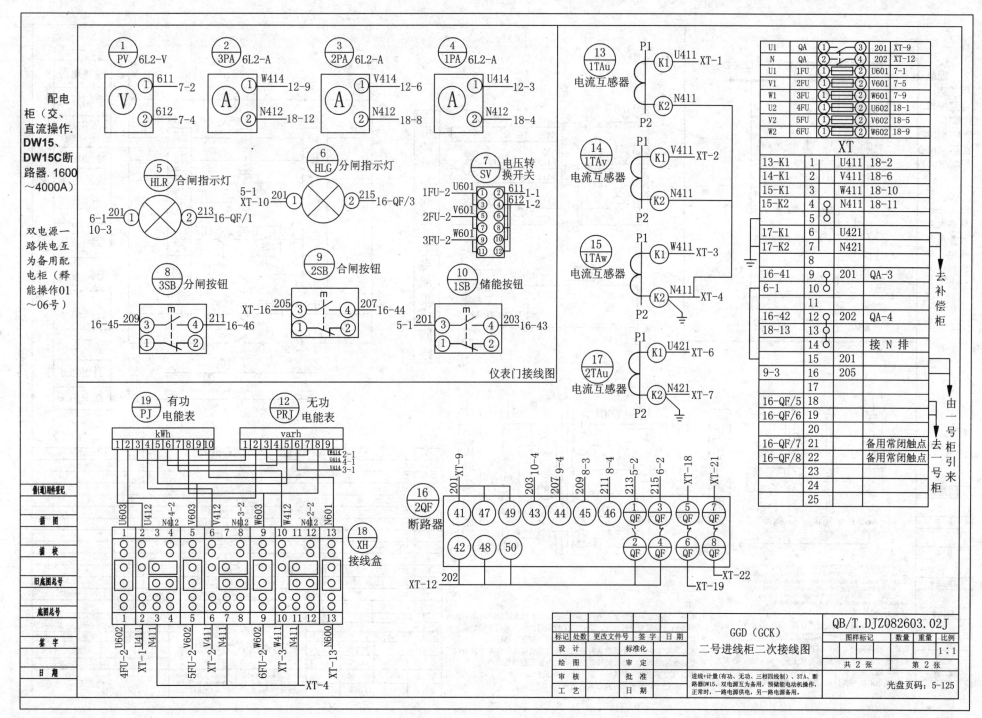

配电柜（交、直流操作. DW15、DW15C断路器. 1600~4000A）

双电源一路供电互为备用配电柜（释能操作01~06号）

仪表门接线图

U1	QA	①	③	201	XT-9	
N	QA	②	④	202	XT-12	
U1	1FU	①	②	U601	7-1	
V1	2FU	①	②	V601	7-5	
W1	3FU	①	②	W601	7-9	
U2	4FU	①	②	U602	18-1	
V2	5FU	①	②	V602	18-5	
W2	6FU	①	②	W602	18-9	

XT

13-K1	1	U411	18-2	
14-K1	2	V411	18-6	
15-K1	3	W411	18-10	
15-K2	4	N411	18-11	
	5			
17-K1	6	U421		
17-K2	7	N421		
	8			
16-41	9	201	QA-3	
6-1	10			
	11			
16-42	12	202	QA-4	
18-13	13			
	14	接 N 排		
	15	201		
9-3	16	205		
	17			
16-QF/5	18			
16-QF/6	19			
	20			
16-QF/7	21	备用常闭触点		
16-QF/8	22	备用常闭触点		
	23			
	24			
	25			

去补偿柜
由一号柜引来
去一号柜

GGD（GCK）
二号进线柜二次接线图

QB/T.DJZ082603.02J

标记	处数	更改文件号	签字	日期	图样标记	数量	重量	比例
设 计		标准化						1:1
绘 图		审 定			共 2 张	第 2 张		
审 核		批 准						
工 艺		日 期						

进线+计量(有功、无功、三相四线制)、3TA、断路器DW15、双电源互为备用，预储能电动机操作，正常时，一路电源供电，另一路电源备用。

光盘页码：5-125

503

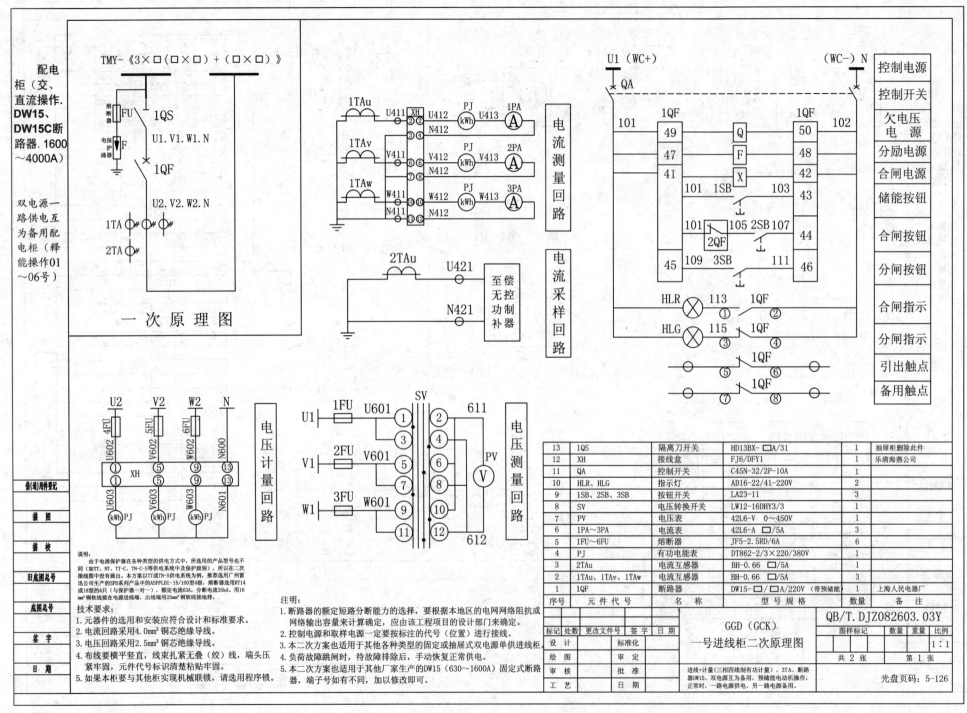

配电柜（交、直流操作. DW15、DW15C断路器. 1600～4000A）

双电源一路供电互为备用配电柜（释能操作01～06号）

TMY-《3×□（□×□）+（□×□）》

一次原理图

电流测量回路

电流采样回路

电压计量回路

电压测量回路

控制电源
控制开关
欠电压电源
分励电源
合闸电源
储能按钮
合闸按钮
分闸按钮
合闸指示
分闸指示
引出触点
备用触点

说明：
由于电涌保护器在各种类型的供电方式中，所选用的产品型号也不同（如TT、NT、TT-C、TN-C-S等供电系统中及保护级别），所以在二次接线图中没有画出。本方案以TT或TN-S供电系统为例，推荐选用广州雷迅公司生产的SPD系列产品中的ASPFLD1-15/100型4极，熔断器选用RT14或18型的4只（与保护器一对一），额定电流63A，分断电流35kA，用16mm²铜软线接在电源进线端，出线端用25mm²铜软线接地排。

技术要求：
1. 元器件的选用和安装应符合设计和标准要求。
2. 电流回路采用4.0mm²铜芯绝缘导线。
3. 电压回路采用2.5mm²铜芯绝缘导线。
4. 布线要横平竖直，线束扎紧无叠（绞）线，端头压紧牢固，元件代号标识清楚粘贴牢固。
5. 如果本柜要与其他柜实现机械联锁，请选用程序锁。

注明：
1. 断路器的额定短路分断能力的选择，要根据本地区的电网网络阻抗或网络输出容量来计算确定，应由该工程项目的设计部门来确定。
2. 控制电源和取样电源一定要按标注的代号（位置）进行接线。
3. 本二次方案也适用于其他各种类型的固定或抽屉式双电源单供进线柜。
4. 负荷故障跳闸时，待故障排除后，手动恢复正常供电。
5. 本二次方案也适用于其他厂家生产的DW15（630～1600A）固定式断路器，端子号如有不同，加以修改即可。

13	1QS	隔离刀开关	HD13BX-□A/31	1	抽屉柜删除此件
12	XH	接线盒	FJ6/DFY1	1	乐清海燕公司
11	QA	控制开关	C45N-32/2P-10A	1	
10	HLR、HLG	指示灯	AD16-22/41-220V	2	
9	1SB、2SB、3SB	按钮开关	LA23-11	3	
8	SV	电压转换开关	LW12-16DHY3/3	1	
7	PV	电压表	42L6-V 0～450V	1	
6	1PA～3PA	电流表	42L6-A □/5A	3	
5	1FU～6FU	熔断器	JF5-2.5RD/6A	6	
4	PJ	有功电能表	DT862-2/3×220/380V	1	
3	2TAu	电流互感器	BH-0.66 □/5A	1	
2	1TAu、1TAv、1TAw	电流互感器	BH-0.66 □/5A	3	
1	1QF	断路器	DW15-□/□A/220V（带预储能）	1	上海人民电器厂
序号	元件代号	名称	型号规格	数量	备注

					QB/T.DJZ082603.03Y
标记	处数	更改文件号	签字	日期	图样标记 / 数量 / 重量 / 比例
设 计		标准化			GGD（GCK）
绘 图		审 定			一号进线柜二次原理图
审 核		批 准			共 2 张　第 1 张
工 艺		日 期			进线+计量（三相四线制有功计量）、3TA、断路器DW15、双电源互为备用、预储能电动操作，正常时，一路电源供电，另一路电源备用。

光盘页码：5-126

504

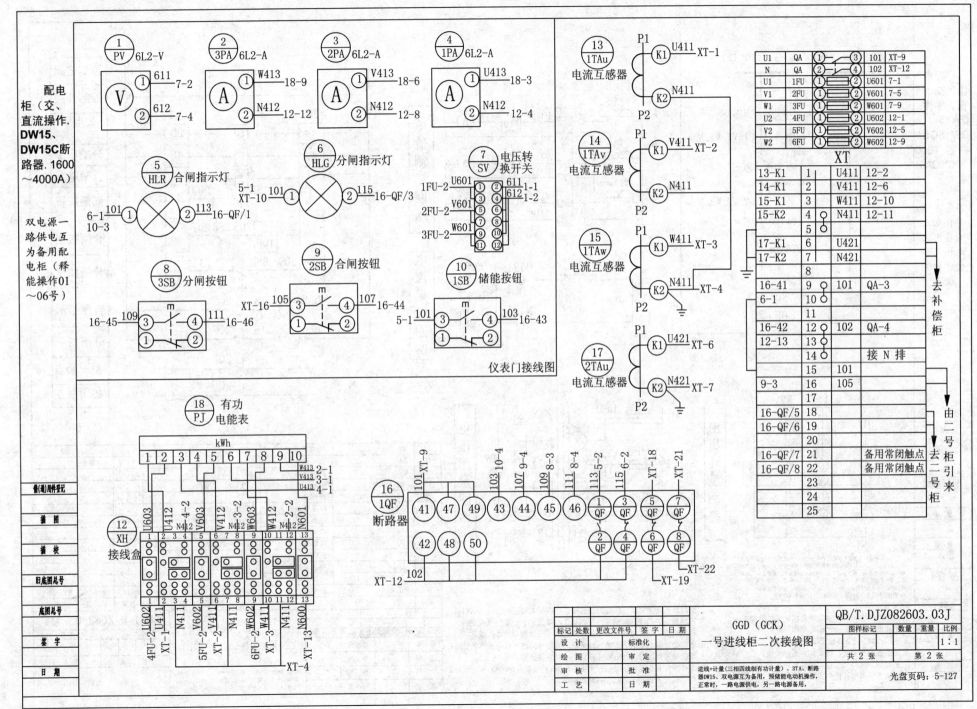

一号进线柜二次接线图

GGD（GCK）

QB/T.DJZ082603.03J

进线+计量（三相四线制有功计量）、3TA、断路器DW15、双电源互为备用，预储能电动机操作，正常时，一路电源供电，另一路电源备用。

光盘页码：5-127

505

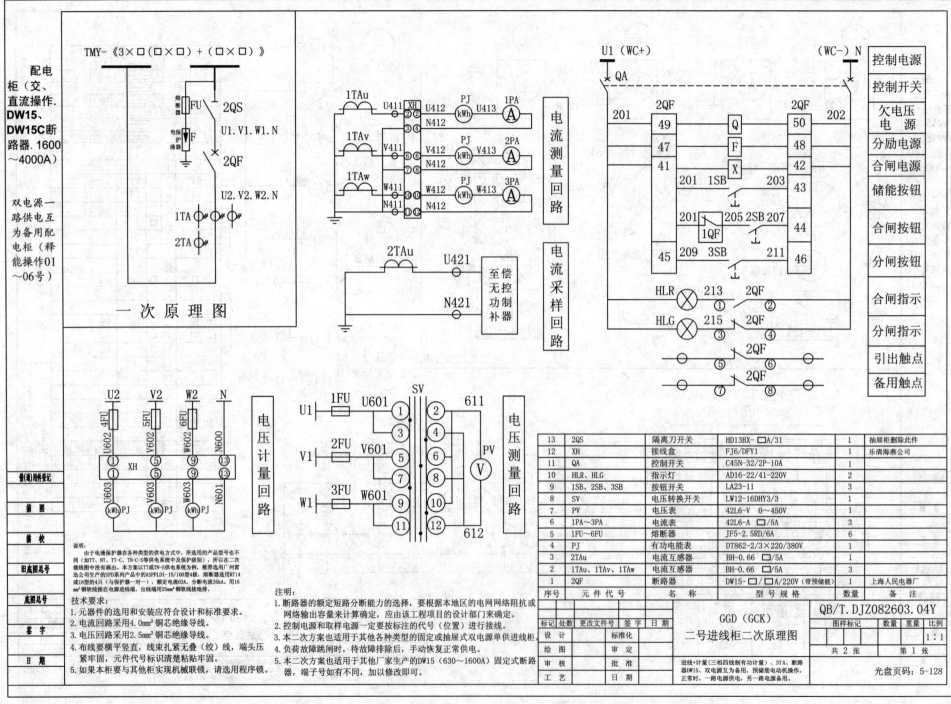

配电柜（交、直流操作．DW15、DW15C断路器．1600～4000A）

双电源一路供电互为备用配电柜（释能操作01～06号）

TMY-《3×□(□×□)+(□×□)》

一次原理图

电流测量回路

电流采样回路

电压计量回路

电压测量回路

控制电源
控制开关
欠电压电源
分励电源
合闸电源
储能按钮
合闸按钮
分闸按钮
合闸指示
分闸指示
引出触点
备用触点

说明：
由于电涌保护器在各种类型的供电方式中，所选用的产品型号也不同（如TT、NT、TT-C、TN-C-S等供电系统中及保护级别），所以在二次接线图中没有画出。本方案以TT或TN-S供电系统为例，推荐选用广州雷迅公司生产的SPD系列产品中的ASPFLDI-15/100型4极，熔断器选用RT14或18型的4只（与保护器一对一），额定电流63A，分断电流35kA。用16mm²铜软线接在电源进线端，出线端用25mm²铜软线接地排。

技术要求：
1. 元器件的选用和安装应符合设计和标准要求。
2. 电流回路采用4.0mm²铜芯绝缘导线。
3. 电压回路采用2.5mm²铜芯绝缘导线。
4. 布线要横平竖直，线束扎紧无叠（绞）线，端头压紧牢固，元件代号标识清楚粘贴牢固。
5. 如果本柜要与其他柜实现机械联锁，请选用程序锁。

注明：
1. 断路器的额定短路分断能力的选择，要根据本地区的电网网络阻抗或网络输出容量来计算确定，应由该工程项目的设计部门来确定。
2. 控制电源和取样电源一定要按标注的代号（位置）进行接线。
3. 本二次方案也适用于其他各种类型的固定或抽屉式双电源单供进线柜。
4. 负荷故障跳闸时，待故障排除后，手动恢复正常供电。
5. 本二次方案也适用于其他厂家生产的DW15（630～1600A）固定式断路器，端子号如有不同，加以修改即可。

序号	元件代号	名 称	型 号 规 格	数量	备 注
13	2QS	隔离刀开关	HD13BX-□A/31	1	抽屉柜删除此件
12	XH	接线盒	FJ6/DFY1	1	乐清海燕公司
11	QA	控制开关	C45N-32/2P-10A	1	
10	HLR、HLG	指示灯	AD16-22/41-220V	2	
9	1SB、2SB、3SB	按钮开关	LA23-11	3	
8	SV	电压转换开关	LW12-16DHY3/3	1	
7	PV	电压表	42L6-V 0～450V	1	
6	1PA～3PA	电流表	42L6-A □/5A	3	
5	1FU～6FU	熔断器	JF5-2.5RD/6A	6	
4	PJ	有功电能表	DT862-2/3×220V/380V	1	
3	2TAu	电流互感器	BH-0.66 □/5A	1	
2	1TAu、1TAv、1TAw	电流互感器	BH-0.66 □/5A	3	
1	2QF	断路器	DW15-□/□A/220V（带预储能）	1	上海人民电器厂

GGD（GCK）
二号进线柜二次原理图

标记	处数	更改文件号	签字	日期		图样标记	数量	重量	比例
设 计		标准化							1:1
绘 图		审 定							
审 核		批 准		共 2 张			第 1 张		
工 艺		日 期							

QB/T.DJZ082603.04Y

进线+计量（三相四线制有功计量）、3TA、断路器DW15，双电源互为备用，预储能电动机操作，正常时，一路电源供电，另一路电源备用。

光盘页码：5-128

标图 校 旧底图总号 底图总号 签字 日期 쒼(调)用件登记

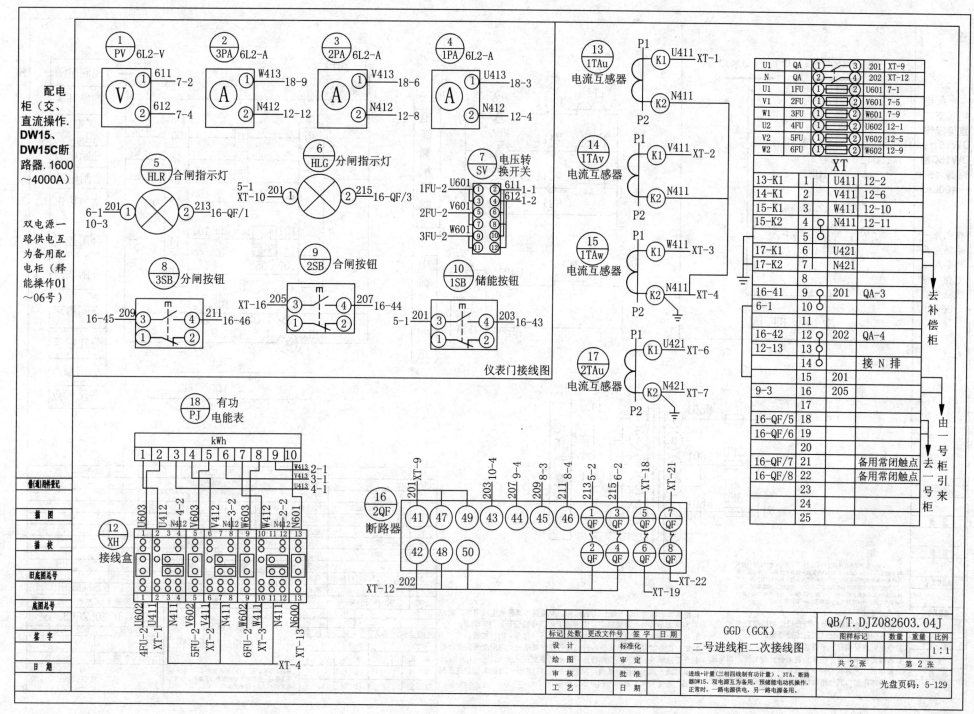

配电柜(交、直流操作. DW15、DW15C断路器. 1600～4000A)

双电源一路供电互为备用配电柜(释能操作01～06号)

仪表门接线图

GGD（GCK）
二号进线柜二次接线图

QB/T.DJZ082603.04J

共 2 张　第 2 张

光盘页码：5-129

进线+计量(三相四线制有功计量)、3TA、断路器DW15、双电源互为备用、预储能电动机操作，正常时，一路电源供电，另一路电源备用。

507

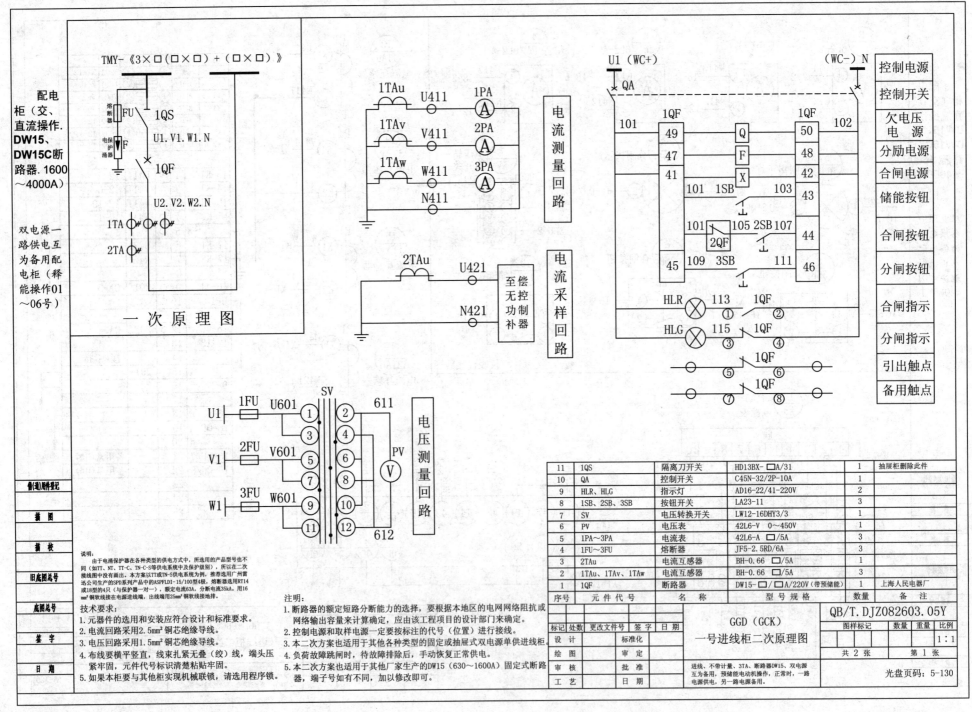

配电柜（交、直流操作. **DW15**、**DW15C**断路器. 1600～4000A）

双电源一路供电互为备用配电柜（释能操作01～06号）

TMY-《3×□(□×□)+(□×□)》

一次原理图

电流测量回路

电流采样回路

电压测量回路

		控制电源
		控制开关
		欠电压电源
		分励电源
		合闸电源
		储能按钮
		合闸按钮
		分闸按钮
		合闸指示
		分闸指示
		引出触点
		备用触点

说明：由于电涌保护器在各种类型的供电方式中，所选用的产品型号也不同（如TT、NT、TT-C、TN-C-S等供电系统中及保护级别），所以二次接线图中没有画出。本方案以TT或TN-S供电系统中为例，推荐选用广州雷迅公司生产的SPD系列产品中的ASPFLDI-15/100型4极，熔断器选用RT14或18型的4只（与保护器一对一），额定电流63A，分断电流35kA，用16mm²铜软线接在电源进线端。出线端用25mm²铜软线接地端。

技术要求：
1. 元器件的选用和安装应符合设计和标准要求。
2. 电流回路采用2.5mm²铜芯绝缘导线。
3. 电压回路采用1.5mm²铜芯绝缘导线。
4. 布线要横平竖直，线束扎紧无叠（绞）线，端头压紧牢固，元件代号标识清楚粘贴牢固。
5. 如果本柜要与其他柜实现机械联锁，请选用程序锁。

注明：
1. 断路器的额定短路分断能力的选择，要根据本地区的电网络阻抗或网络输出容量来计算确定，应由该工程项目的设计部门来确定。
2. 控制电源和取样电源一定要按标注的代号（位置）进行接线。
3. 本二次方案也适用于其他各种类型的固定或抽屉式双电源单供进线柜。
4. 负荷故障跳闸时，待故障排除后，手动恢复正常供电。
5. 本二次方案也适用于其他厂家生产的DW15（630～1600A）固定式断路器，端子号如有不同，加以修改即可。

11	1QS	隔离刀开关	HD13BX-□A/31	1	抽屉柜删除此件
10	QA	控制开关	C45N-32/2P-10A	1	
9	HLR、HLG	指示灯	AD16-22/41-220V	2	
8	1SB、2SB、3SB	按钮开关	LA23-11	3	
7	SV	电压转换开关	LW12-16DHY3/3	1	
6	PV	电压表	42L6-V 0～450V	1	
5	1PA～3PA	电流表	42L6-A □/5A	3	
4	1FU～3FU	熔断器	JF5-2.5RD/6A	3	
3	2TAu	电流互感器	BH-0.66 □/5A	1	
2	1TAu、1TAv、1TAw	电流互感器	BH-0.66 □/5A	3	
1	1QF	断路器	DW15-□/□A/220V（带预储能）	1	上海人民电器厂
序号	元件代号	名称	型号规格	数量	备注

图(通)用件登记			
描 图			
描 校			
旧底图总号			
底图总号			
签 字			
日 期			

标记	处数	更改文件号	签字	日期			
设 计		标准化					
绘 图		审 定					
审 核		批 准					
工 艺		日 期					

GGD（GCK）一号进线柜二次原理图

QB/T.DJZ082603.05Y

图样标记		数量	重量	比例
				1:1
共 2 张			第 1 张	

进线、不带计量、3TA、断路器DW15、双电源互为备用，带预储能电动操作，正常时，一路电源供电，另一路电源备用。

光盘页码：5-130

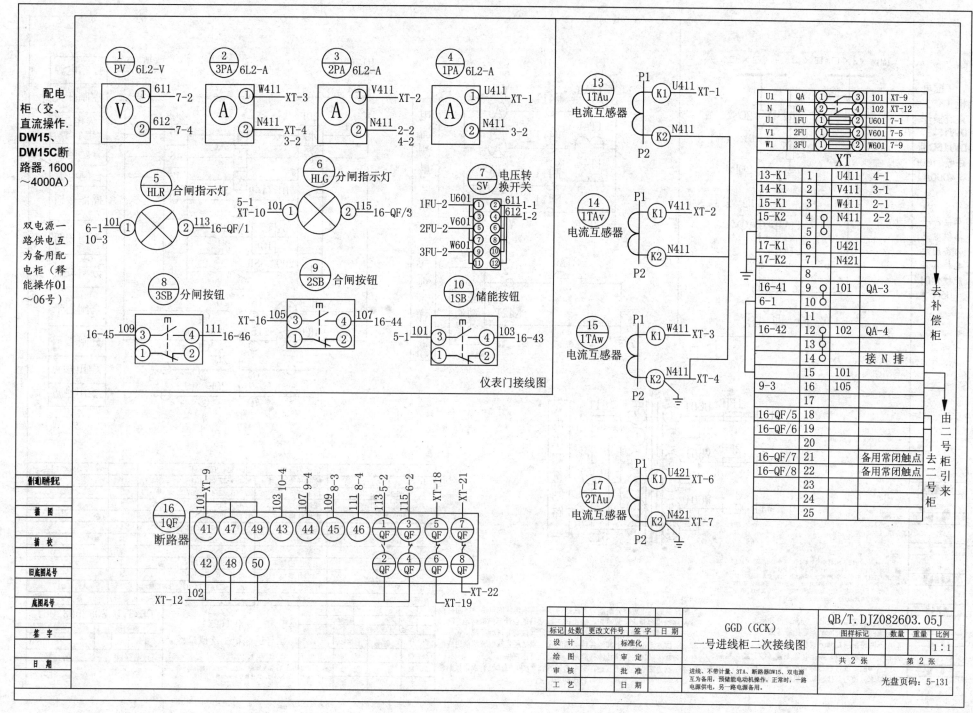

配电柜（交、直流操作. DW15、DW15C断路器. 1600～4000A）

双电源一路供电互为备用配电柜（释能操作01～06号）

仪表门接线图

U1	QA	①～③	101	XT-9
N	QA	②～④	102	XT-12
U1	1FU	①～②	U601	7-1
V1	2FU	①～②	V601	7-5
W1	3FU	①～②	W601	7-9

XT

13-K1	1	U411	4-1
14-K1	2	V411	3-1
15-K1	3	W411	2-1
15-K2	4	N411	2-2
	5		
17-K1	6	U421	
17-K2	7	N421	
	8		
16-41	9	101	QA-3
6-1	10		
	11		
16-42	12	102	QA-4
	13		
	14	接 N 排	
	15	101	
9-3	16	105	
	17		
16-QF/5	18		
16-QF/6	19		
	20		
16-QF/7	21	备用常闭触点	
16-QF/8	22	备用常闭触点	
	23		
	24		
	25		

去补偿柜

由二号柜引来

去二号柜

断路器

GGD（GCK）
一号进线柜二次接线图

QB/T.DJZ082603.05J

标记	处数	更改文件号	签字	日期
设 计		标准化		
绘 图		审 定		
审 核		批 准		
工 艺		日 期		

图样标记	数量	重量	比例
			1:1

共 2 张　　第 2 张

进线、不带计量、3TA、断路器DW15、双电源互为备用，预储能电动机操作，正常时，一路电源供电，另一路电源备用。

光盘页码：5-131

509

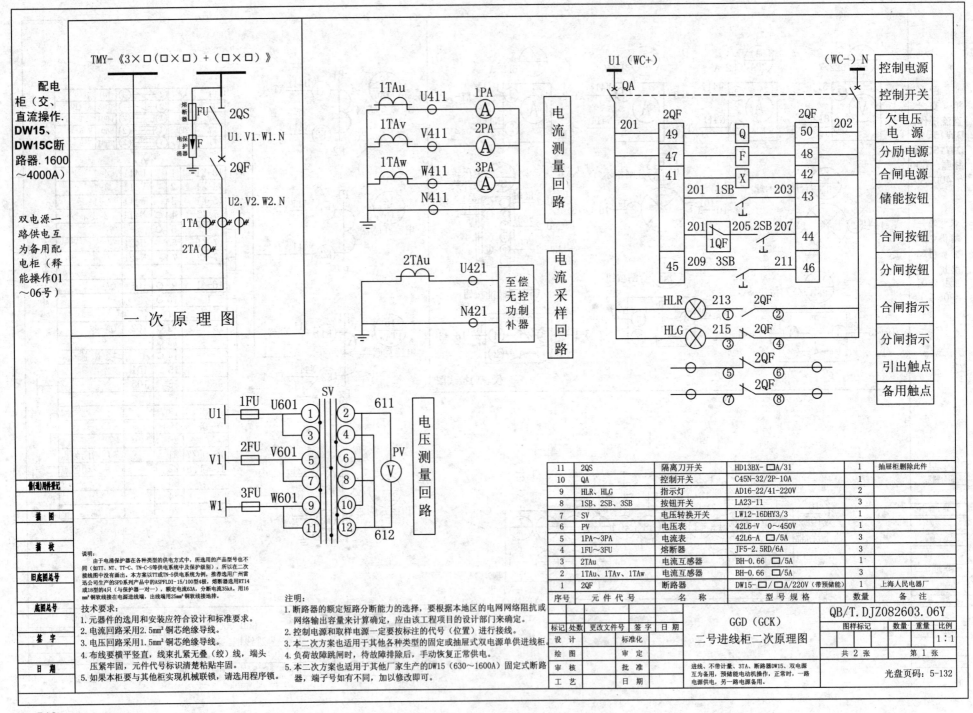

配电柜（交、直流操作. DW15、DW15C断路器.1600~4000A）

双电源一路供电互为备用配电柜（释能操作01~06号）

TMY-《3×□(□×□)+(□×□)》

一次原理图

电流测量回路

电流采样回路

电压测量回路

至偿无控功率补器

控制电源
控制开关
欠电压电源
分励电源
合闸电源
储能按钮
合闸按钮
分闸按钮
合闸指示
分闸指示
引出触点
备用触点

说明：
由于电涌保护器在各种类型的供电方式中，所选用的产品型号也不同（如TT、NT、TT-C、TN-C-S等供电系统中及保护级别），所以在二次接线图中没有画出。本方案以TT或TN-S供电系统为例，推荐选用广州雷迅公司生产的SPD系列产品中的ASPFLDI-15/100型4级，熔断器选用RT14或18型的4只（与保护器一对一），额定电流63A，分断电流35kA，用16mm²铜软线接在电源进线端，出线端用25mm²铜软线接地埋。

技术要求：
1. 元器件的选用和安装应符合设计和标准要求。
2. 电流回路采用2.5mm²铜芯绝缘导线。
3. 电压回路采用1.5mm²铜芯绝缘导线。
4. 布线要横平竖直，线束扎紧无叠（绞）线，端头压紧牢固，元件代号标识清楚贴牢固。
5. 如果本柜要与其他柜实现机械联锁，请选用程序锁。

注明：
1. 断路器的额定短路分断能力的选择，要根据本地区的电网网络阻抗或网络输出容量来计算确定，应由该工程项目的设计部门来确定。
2. 控制电源和取样电源一定要按标注的代号（位置）进行接线。
3. 本二次方案也适用于其他各种类型的固定或抽屉式双电源单供进线柜。
4. 负荷故障跳闸时，待故障排除后，手动恢复正常供电。
5. 本二次方案也适用于其他厂家生产的DW15（630~1600A）固定式断路器，端子号如有不同，加以修改即可。

11	2QS	隔离刀开关	HD13BX-□A/31	1	抽屉柜删除此件
10	QA	控制开关	C45N-32/2P-10A	1	
9	HLR、HLG	指示灯	AD16-22/41-220V	2	
8	1SB、2SB、3SB	按钮开关	LA23-11	3	
7	SV	电压转换开关	LW12-16DHY3/3	1	
6	PV	电压表	42L6-V 0~450V	1	
5	1PA~3PA	电流表	42L6-A □/5A	3	
4	1FU~3FU	熔断器	JF5-2.5RD/6A	3	
3	2TAu	电流互感器	BH-0.66 □/5A	1	
2	1TAu、1TAv、1TAw	电流互感器	BH-0.66 □/5A	3	
1	2QF	断路器	DW15-□/□/□A/220V（带预储能）	1	上海人民电器厂
序号	元件代号	名 称	型 号 规 格	数量	备 注

标记	处数	更改文件号	签字	日期		GGD（GCK）		QB/T.DJZ082603.06Y		
设 计			标准化			二号进线柜二次原理图	图样标记	数量	重量	比例
绘 图			审 定							1:1
审 核			批 准			进线、不带计量、3TA、断路器DW15、双电源互为备用，预储能电动机操作，正常时，一路电源供电，另一路电源备用。	共 2 张		第 1 张	
工 艺			日 期				光盘页码：5-132			

备(通)用件登记
描 图
描 校
旧底图总号
底图总号
签 字
日 期

510

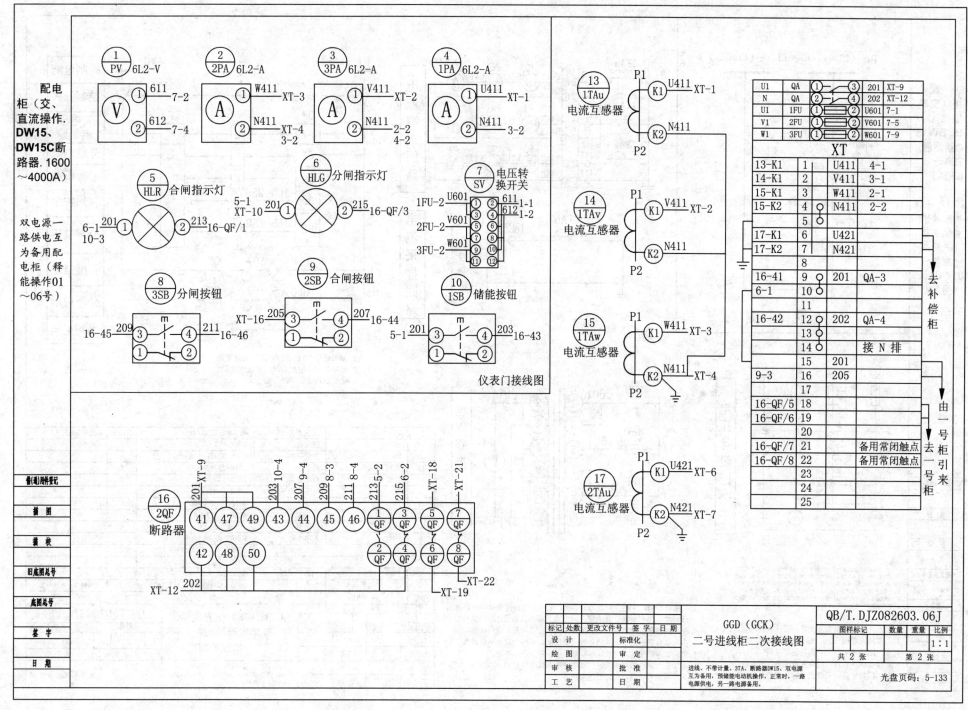

配电柜（交、直流操作. DW15、DW15C断路器. 1600~4000A）

双电源一路供电互为备用配电柜（释能操作01~06号）

① PV	6L2-V
② 2PA	6L2-A
③ 3PA	6L2-A
④ 1PA	6L2-A

⑤ HLR 合闸指示灯
⑥ HLG 分闸指示灯
⑦ SV 电压转换开关
⑧ 3SB 分闸按钮
⑨ 2SB 合闸按钮
⑩ 1SB 储能按钮

仪表门接线图

⑬ 1TAu 电流互感器
⑭ 1TAv 电流互感器
⑮ 1TAw 电流互感器
⑰ 2TAu 电流互感器

⑯ 2QF 断路器

U1	QA	①	③	201	XT-9
N	QA	②	④	202	XT-12
U1	1FU	①	②	U601	7-1
V1	2FU	①	②	V601	7-5
W1	3FU	①	②	W601	7-9

XT

13-K1	1		U411	4-1
14-K1	2		V411	3-1
15-K1	3		W411	2-1
15-K2	4		N411	2-2
	5			
17-K1	6		U421	
17-K2	7		N421	
	8			
16-41	9		201	QA-3
6-1	10			
	11			
16-42	12		202	QA-4
	13			
	14		接 N 排	
	15		201	
9-3	16		205	
	17			
16-QF/5	18			
16-QF/6	19			
	20			
16-QF/7	21		备用常闭触点	
16-QF/8	22		备用常闭触点	
	23			
	24			
	25			

去补偿柜
由一号柜引来
去一号柜

GGD（GCK）
二号进线柜二次接线图

QB/T.DJZ082603.06J

标记	处数	更改文件号	签字	日期		图样标记	数量	重量	比例
设 计			标准化						1:1
绘 图			审 定			共 2 张		第 2 张	
审 核			批 准						
工 艺			日 期		进线、不带计量、3TA、断路器DW15、双电源互为备用，预储能电动机操作，正常时，一路电源供电，另一路电源备用。	光盘页码: 5-133		

511

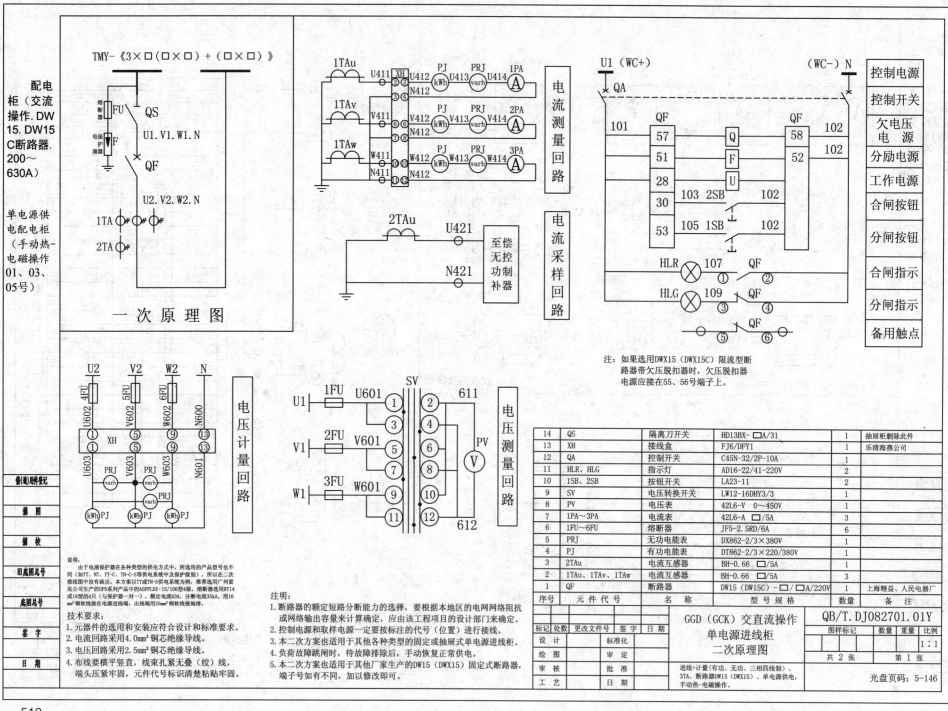

配电柜（交流操作.DW15.DW15C断路器.200～630A）

单电源供电配电柜（手动热-电磁操作01、03、05号）

TMY-《3×□(□×□)+(□×□)》

一次原理图

一次原理图中标注：FU 熔断器、QS、F 电保护涌器、QF、U1.V1.W1.N、1TA、2TA、U2.V2.W2.N

电流测量回路

电流采样回路

2TAu U421 / N421 至偿无控功制补器

控制电源
控制开关
欠电压电源
分励电源
工作电源
合闸按钮
分闸按钮
合闸指示
分闸指示
备用触点

注：如果选用DWX15（DWX15C）限流型断路器带欠压脱扣器时，欠压脱扣器电源应接在55、56号端子上。

电压计量回路

U2 V2 W2 N / 4FU 5FU 6FU / U602 V602 W602 N600 / XH / U603 V603 W603 N601 / PRJ varh / kWh PJ

电压测量回路

SV / 1FU U601 611 / 2FU V601 PV / 3FU W601 612

说明：由于电涌保护器在各种类型的供电方式中，所选用的产品型号也不同（如TT、NT、TT-C、TN-C-S等供电系统中及保护级别），所以在二次接线图中没有画出。本方案以TT或TN-S供电系统为例，推荐选用广州雷迅公司生产的SPD系列产品中的ASPFLD1-15/100型4级，熔断器选用RT14和18型的4只（与保护器一对一），端子电流63A，分断电流35kA。用16mm²铜软线接在电源进线端，出线端用25mm²铜软线接地排。

技术要求：
1. 元器件的选用和安装应符合设计和标准要求。
2. 电流回路采用4.0mm²铜芯绝缘导线。
3. 电压回路采用2.5mm²铜芯绝缘导线。
4. 布线要横平竖直，线束扎紧无叠（绞）线，端头压紧牢固，元件代号标识清楚粘贴牢固。

注明：
1. 断路器的额定短路分断能力的选择，要根据本地区的电网网络阻抗或网络输出容量来计算确定，应由该工程项目的设计部门来确定。
2. 控制电源和取样电源一定要按标注的代号（位置）进行接线。
3. 本二次方案也适用于其他各种类型的固定或抽屉式单电源进线柜。
4. 负荷故障跳闸时，待故障排除后，手动恢复正常供电。
5. 本二次方案也适用于其他厂家生产的DW15（DWX15）固定式断路器，端子号如有不同，加以修改即可。

14	QS	隔离刀开关	HD13BX-□A/31	1	抽屉柜删除此件
13	XH	接线盒	FJ6/DFY1	1	乐清海燕公司
12	QA	控制开关	C45N-32/2P-10A	1	
11	HLR、HLG	指示灯	AD16-22/41-220V	2	
10	1SB、2SB	按钮开关	LA23-11	2	
9	SV	电压转换开关	LW12-16DHY3/3	1	
8	PV	电压表	42L6-V 0～450V	1	
7	1PA～3PA	电流表	42L6-A □/5A	3	
6	1FU～6FU	熔断器	JF5-2.5RD/6A	6	
5	PRJ	无功电能表	DX862-2/3×380V	1	
4	PJ	有功电能表	DT862-2/3×220/380V	1	
3	2TAu	电流互感器	BH-0.66 □/5A	1	
2	1TAu、1TAv、1TAw	电流互感器	BH-0.66 □/5A	3	
1	QF	断路器	DW15（DW15C）-□/□A/220V	1	上海精益、人民电器厂
序号	元件代号	名 称	型 号 规 格	数量	备 注

标记	处数	更改文件号	签字	日期	GGD（GCK）交直流操作
设 计		标准化			单电源进线柜
绘 图		审 定			二次原理图
审 核		批 准			
工 艺		日 期			

QB/T.DJ082701.01Y

图样标记 数量 重量 比例
1:1
共 2 张 第 1 张

进线+计量（有功、无功、三相四线制）、3TA、断路器DW15（DWX15）、单电源供电、手动热-电磁操作。

光盘页码：5-146

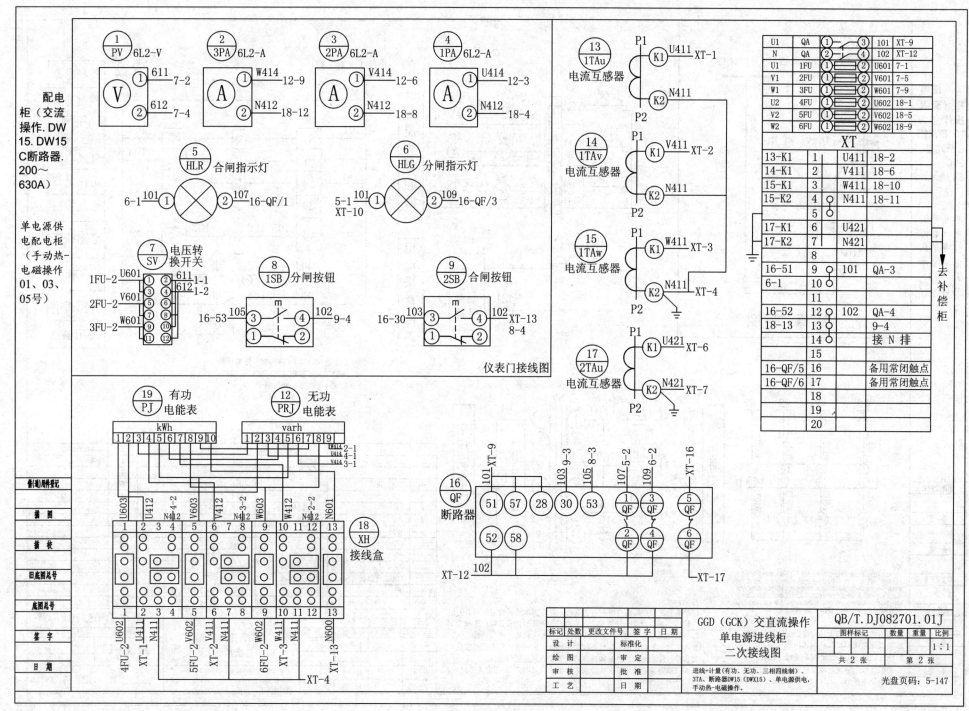

U1	QA	①	③	101	XT-9
N	QA	②	④	102	XT-12
U1	1FU	①	②	U601	7-1
V1	2FU	①	②	V601	7-5
W1	3FU	①	②	W601	7-9
U2	4FU	①	②	U602	18-1
V2	5FU	①	②	V602	18-5
W2	6FU	①	②	W602	18-9

XT

13-K1	1	U411	18-2
14-K1	2	V411	18-6
15-K1	3	W411	18-10
15-K2	4	N411	18-11
	5		
17-K1	6	U421	
17-K2	7	N421	
	8		
16-51	9	101	QA-3
6-1	10		
	11		
16-52	12	102	QA-4
18-13	13		9-4
	14		接 N 排
	15		
16-QF/5	16		备用常闭触点
16-QF/6	17		备用常闭触点
	18		
	19		
	20		

配电柜（交流操作.DW15.DW15C断路器.200～630A）

单电源供电配电柜（手动热-电磁操作01、03、05号）

仪表门接线图

1 PV 6L2-V
2 3PA 6L2-A
3 2PA 6L2-A
4 1PA 6L2-A
5 HLR 合闸指示灯
6 HLG 分闸指示灯
7 SV 电压转换开关
8 1SB 分闸按钮
9 2SB 合闸按钮
13 1TAu 电流互感器
14 1TAv 电流互感器
15 1TAw 电流互感器
17 2TAu 电流互感器
19 PJ 有功电能表
12 PRJ 无功电能表
18 XH 接线盒
16 QF 断路器

去补偿柜

GGD（GCK）交直流操作
单电源进线柜
二次接线图

QB/T.DJ082701.01J

标记	处数	更改文件号	签字	日期
设 计			标准化	
绘 图			审 定	
审 核			批 准	
工 艺			日 期	

进线+计量(有功、无功、三相四线制)、3TA、断路器DW15（DWX15）、单电源供电，手动热-电磁操作。

图样标记		数量	重量	比例
				1:1
共 2 张		第 2 张		

光盘页码：5-147

513

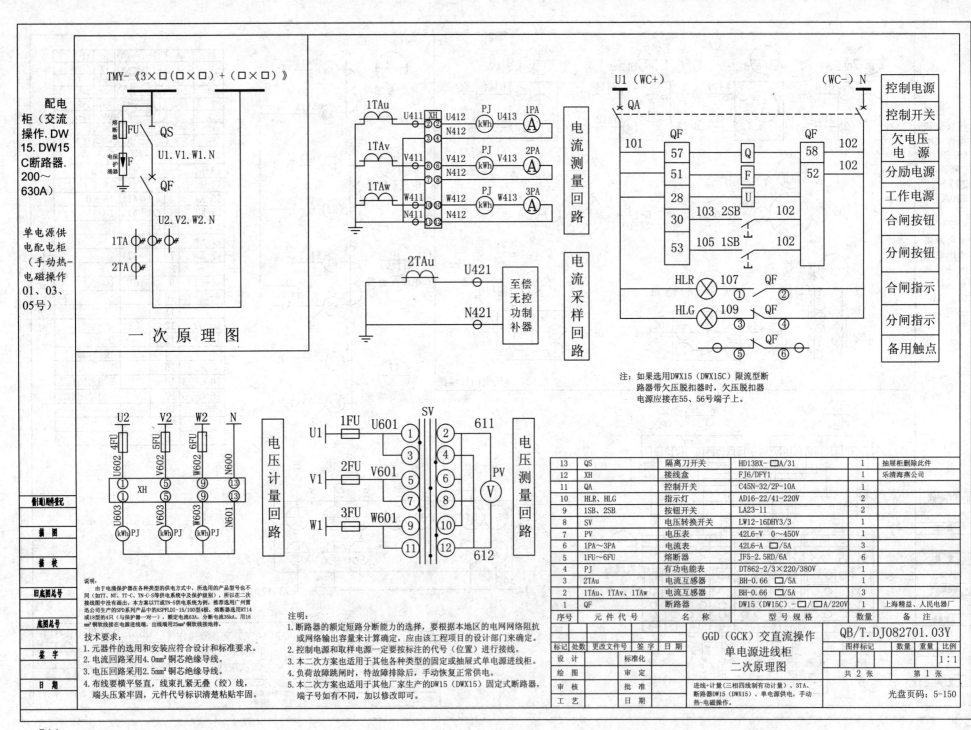

配电柜（交流操作.DW15.DW15C断路器.200～630A）

单电源供电配电柜（手动热-电磁操作01、03、05号）

TMY-《3×□（□×□）+（□×□）》

一次原理图

电流测量回路

电流采样回路

至偿无控功率补偿器

电压计量回路

电压测量回路

注：如果选用DWX15（DWX15C）限流型断路器带欠压脱扣器时，欠压脱扣器电源应接在55、56号端子上。

控制电源
控制开关
欠电压电源
分励电源
工作电源
合闸按钮
分闸按钮
合闸指示
分闸指示
备用触点

说明：
由于电涌保护器在各种类型的供电方式中，所选用的产品型号也不同（如TT、NT、TT-C、TN-C-S等供电系统中及保护级别），所以在二次接线图中没有画出。本方案以TT或TN-S供电系统为例，推荐选用广州雷迅公司生产的SPD系列产品中的ASPFLDI-15/100型4级，熔断器选用RT14或18型的4只（与保护器一对一），额定电流63A，分断电流35kA。用16 mm²铜软线接在电源进线端，出线端用25mm²铜软线接地排。

技术要求：
1. 元器件的选用和安装应符合设计和标准要求。
2. 电流回路采用4.0mm²铜芯绝缘导线。
3. 电压回路采用2.5mm²铜芯绝缘导线。
4. 布线要横平竖直，线束扎紧无叠（绞）线，端头压紧牢固，元件代号标识清楚粘贴牢固。

注明：
1. 断路器的额定短路分断能力的选择，要根据本地区的电网网络阻抗或网络输出容量来计算确定，应由该工程项目的设计部门来确定。
2. 控制电源和采样电源一定要按标注的代号（位置）进行接线。
3. 本二次方案也适用于其他各种类型的固定或抽屉式单电源进线柜。
4. 负荷故障跳闸时，待故障排除后，手动恢复正常供电。
5. 本二次方案也适用于其他厂家生产的DW15（DWX15）固定式断路器，端子号如有不同，加以修改即可。

13	QS	隔离刀开关	HD13BX-□A/31	1	抽屉柜删除此件
12	XH	接线盒	FJ6/DFY1	1	乐清海燕公司
11	QA	控制开关	C45N-32/2P-10A	1	
10	HLR、HLG	指示灯	AD16-22/41-220V	2	
9	1SB、2SB	按钮开关	LA23-11	2	
8	SV	电压转换开关	LW12-16DHY3/3	1	
7	PV	电压表	42L6-V 0～450V	1	
6	1PA～3PA	电流表	42L6-A □/5A	3	
5	1FU～6FU	熔断器	JF5-2.5RD/6A	6	
4	PJ	有功电能表	DT862-2/3×220/380V	1	
3	2TAu	电流互感器	BH-0.66 □/5A	1	
2	1TAu、1TAv、1TAw	电流互感器	BH-0.66 □/5A	3	
1	QF	断路器	DW15（DW15C）-□/□A/220V	1	上海精益、人民电器厂
序号	元件代号	名称	型号规格	数量	备注

GGD（GCK）交直流操作
单电源进线柜
二次原理图

QB/T.DJ082701.03Y

图样标记		数量	重量	比例
				1:1

标记	处数	更改文件号	签字	日期
设 计		标准化		
绘 图		审 定		
审 核		批 准		
工 艺		日 期		

共 2 张　　第 1 张

进线+计量（三相四线制有功计量）、3TA、断路器DW15（DWX15）、单电源供电，手动热-电磁操作。

光盘页码：5-150

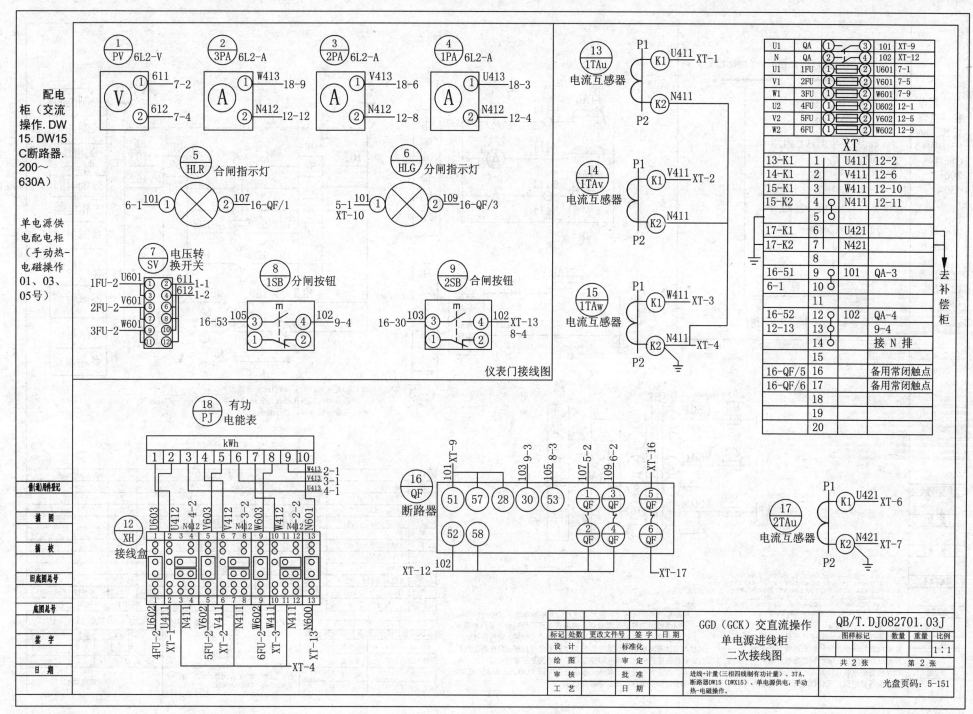

配电柜（交流操作.DW15.DW15C断路器.200～630A）

单电源供电配电柜（手动热-电磁操作01、03、05号）

① PV 6L2-V

② 3PA 6L2-A

③ 2PA 6L2-A

④ 1PA 6L2-A

⑤ HLR 合闸指示灯

⑥ HLG 分闸指示灯

⑦ SV 电压转换开关

⑧ 1SB 分闸按钮

⑨ 2SB 合闸按钮

⑬ 1TAu 电流互感器

⑭ 1TAv 电流互感器

⑮ 1TAw 电流互感器

仪表门接线图

⑱ PJ 有功电能表 kWh

⑫ XH 接线盒

⑯ QF 断路器

⑰ 2TAu 电流互感器

XT

U1	QA	① ③	101	XT-9
N	QA	② ④	102	XT-12
U1	1FU	① ②	U601	7-1
V1	2FU	① ②	V601	7-5
W1	3FU	① ②	W601	7-9
U2	4FU	① ②	U602	12-1
V2	5FU	① ②	V602	12-5
W2	6FU	① ②	W602	12-9

XT

13-K1	1	U411	12-2
14-K1	2	V411	12-6
15-K1	3	W411	12-10
15-K2	4	N411	12-11
	5		
17-K1	6	U421	
17-K2	7	N421	
	8		
16-51	9	101	QA-3
6-1	10		
	11		
16-52	12	102	QA-4
12-13	13		9-4
	14		接 N 排
	15		
16-QF/5	16		备用常闭触点
16-QF/6	17		备用常闭触点
	18		
	19		
	20		

去补偿柜

| GGD（GCK）交直流操作 单电源进线柜 二次接线图 | QB/T.DJ082701.03J |

进线+计量(三相四线制有功计量)、3TA、断路器DW15（DWX15）、单电源供电，手动热-电磁操作。

共 2 张　　第 2 张

比例 1:1

光盘页码：5-151

515

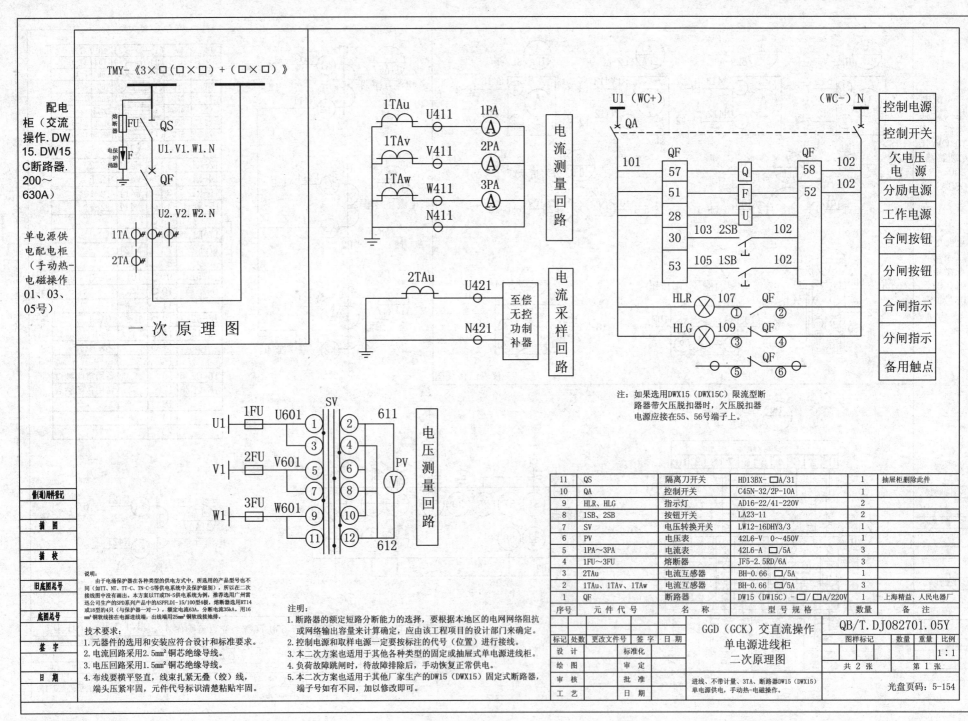

配电柜（交流操作.DW15.DW15C断路器.200～630A）

单电源供电配电柜（手动热-电磁操作01、03、05号）

TMY-《3×□(□×□)+(□×□)》

一次原理图

电流测量回路

电流采样回路

至偿无控功率补偿器

电压测量回路

注：如果选用DWX15（DWX15C）限流型断路器带欠压脱扣器时，欠压脱扣器电源应接在55、56号端子上。

	控制电源
	控制开关
	欠电压电源
	分励电源
	工作电源
	合闸按钮
	分闸按钮
	合闸指示
	分闸指示
	备用触点

说明：
由于电涌保护器在各种类型的供电方式中，所选用的产品型号也不同（如TT、NT、TT-C、TN-C-S等供电系统中及保护级别），所以在二次接线图中没有画出本方案以TT或TN-S供电系统为例，推荐选用广州雷迅公司生产的SPD系列产品中的ASPFLDI-15/100型4极，熔断器选用RT14或18型的4只（与保护器一对一），额定电流63A，分断电流35kA。用16mm²铜软线接在电源进线端，出线端用25mm²铜软线接地排。

技术要求：
1. 元器件的选用和安装应符合设计和标准要求。
2. 电流回路采用2.5mm²铜芯绝缘导线。
3. 电压回路采用1.5mm²铜芯绝缘导线。
4. 布线要横平竖直，线束扎紧无叠(绞)线，端头压紧牢固，元件代号标识清楚粘贴牢固。

注明：
1. 断路器的额定短路分断能力的选择，要根据本地区的电网网络阻抗或网络输出容量来计算确定，应由该工程项目的设计部门来确定。
2. 控制电源和取样电源一定要按标注的代号（位置）进行接线。
3. 本二次方案也适用于其他各种类型的固定或抽屉式单电源进线柜。
4. 负荷故障跳闸时，待故障排除后，手动恢复正常供电。
5. 本二次方案也适用于其他厂家生产的DW15（DWX15）固定式断路器，端子号如有不同，加以修改即可。

11	QS	隔离刀开关	HD13BX-□A/31	1	抽屉柜删除此件
10	QA	控制开关	C45N-32/2P-10A	1	
9	HLR、HLG	指示灯	AD16-22/41-220V	2	
8	1SB、2SB	按钮开关	LA23-11	2	
7	SV	电压转换开关	LW12-16DHY3/3	1	
6	PV	电压表	42L6-V 0～450V	1	
5	1PA～3PA	电流表	42L6-A □/5A	3	
4	1FU～3FU	熔断器	JF5-2.5RD/6A	3	
3	2TAu	电流互感器	BH-0.66 □/5A	1	
2	1TAu、1TAv、1TAw	电流互感器	BH-0.66 □/5A	3	
1	QF	断路器	DW15（DW15C）-□/□A/220V	1	上海精益、人民电器厂
序号	元件代号	名 称	型 号 规 格	数量	备 注

备(通)件登记			GGD（GCK）交直流操作 单电源进线柜 二次原理图		QB/T.DJ082701.05Y
描 图	标记	处数	更改文件号	签字	日期	图样标记	数量	重量	比例
描 校	设 计		标准化						1:1
旧底图总号	绘 图		审 定			进线、不带计量、3TA、断路器DW15（DWX15）单电源供电，手动热-电磁操作。			
底图总号	审 核		批 准						共2张 第1张
签 字									
日 期	工 艺		日 期						光盘页码：5-154

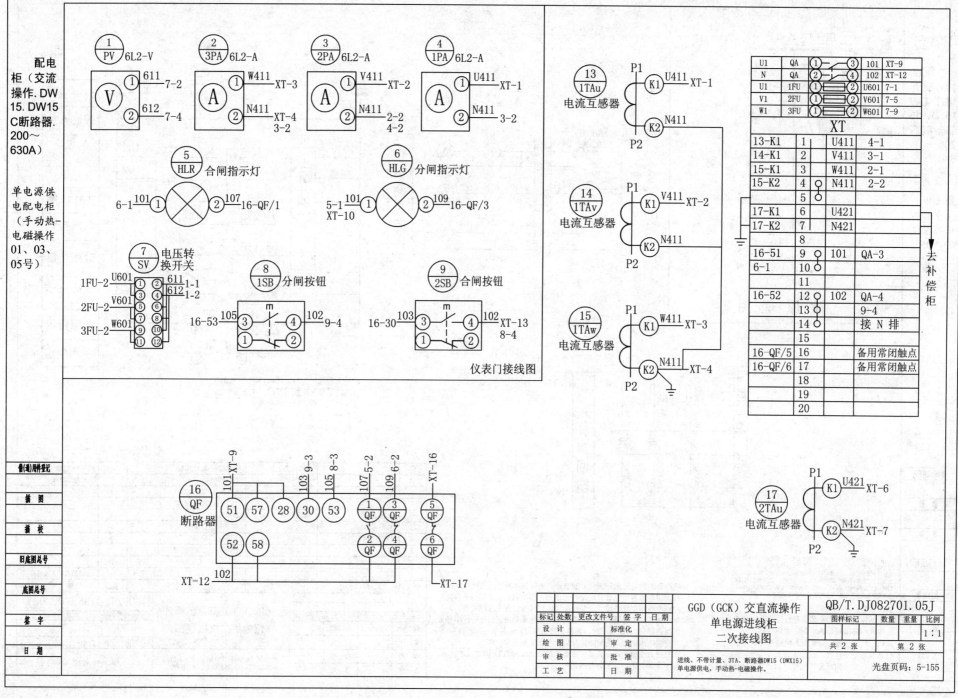

配电柜（交流操作.DW15.DW15C断路器.200～630A）

单电源供电配电柜（手动热-电磁操作01、03、05号）

① PV 6L2-V
② 3PA 6L2-A
③ 2PA 6L2-A
④ 1PA 6L2-A

V ① 611 7-2
② 612 7-4

A ① W411 XT-3
② N411 XT-4 3-2

A ① V411 XT-2
② N411 2-2 4-2

A ① U411 XT-1
② N411 3-2

⑤ HLR 合闸指示灯
6-1 101 ① ② 107 16-QF/1

⑥ HLG 分闸指示灯
5-1 101 ① ② 109 16-QF/3
XT-10

⑦ SV 电压转换开关
1FU-2 U601 ① ② 611 1-1 612 1-2
2FU-2 V601 ③ ④ ⑤ ⑥
3FU-2 W601 ⑦ ⑧ ⑨ ⑩ ⑪ ⑫

⑧ 1SB 分闸按钮
16-53 105 ③ ④ 102 9-4
① ②

⑨ 2SB 合闸按钮
16-30 103 ③ ④ 102 XT-13 8-4
① ②

仪表门接线图

⑬ 1TAu 电流互感器
P1 K1 U411 XT-1
K2 N411
P2

⑭ 1TAv 电流互感器
P1 K1 V411 XT-2
K2 N411
P2

⑮ 1TAw 电流互感器
P1 K1 W411 XT-3
K2 N411 XT-4
P2

⑯ QF 断路器
XT-9 101
103 9-3
105 8-3
107 5-2
109 6-2
XT-16
51 57 28 30 53 ①QF ③QF ⑤QF
52 58 ②QF ④QF ⑥QF
XT-12 102
XT-17

⑰ 2TAu 电流互感器
P1 K1 U421 XT-6
K2 N421 XT-7
P2

U1	QA	①	③	101	XT-9
N	QA	②	④	102	XT-12
U1	1FU	①	②	U601	7-1
V1	2FU	①	②	V601	7-5
W1	3FU	①	②	W601	7-9

XT

13-K1	1		U411	4-1
14-K1	2		V411	3-1
15-K1	3		W411	2-1
15-K2	4		N411	2-2
	5			
17-K1	6		U421	
17-K2	7		N421	
	8			
16-51	9		101	QA-3
6-1	10			
	11			
16-52	12		102	QA-4
	13			9-4
	14			接 N 排
	15			
16-QF/5	16			备用常闭触点
16-QF/6	17			备用常闭触点
	18			
	19			
	20			

去补偿柜

标记	处数	更改文件号	签字	日期
设 计			标准化	
绘 图			审 定	
审 核			批 准	
工 艺			日 期	

GGD（GCK）交直流操作
单电源进线柜
二次接线图

进线、不带计量、3TA、断路器DW15（DWX15）
单电源供电，手动热-电磁操作。

QB/T.DJ082701.05J

图样标记	数量	重量	比例
			1:1
共 2 张		第 2 张	

光盘页码：5-155

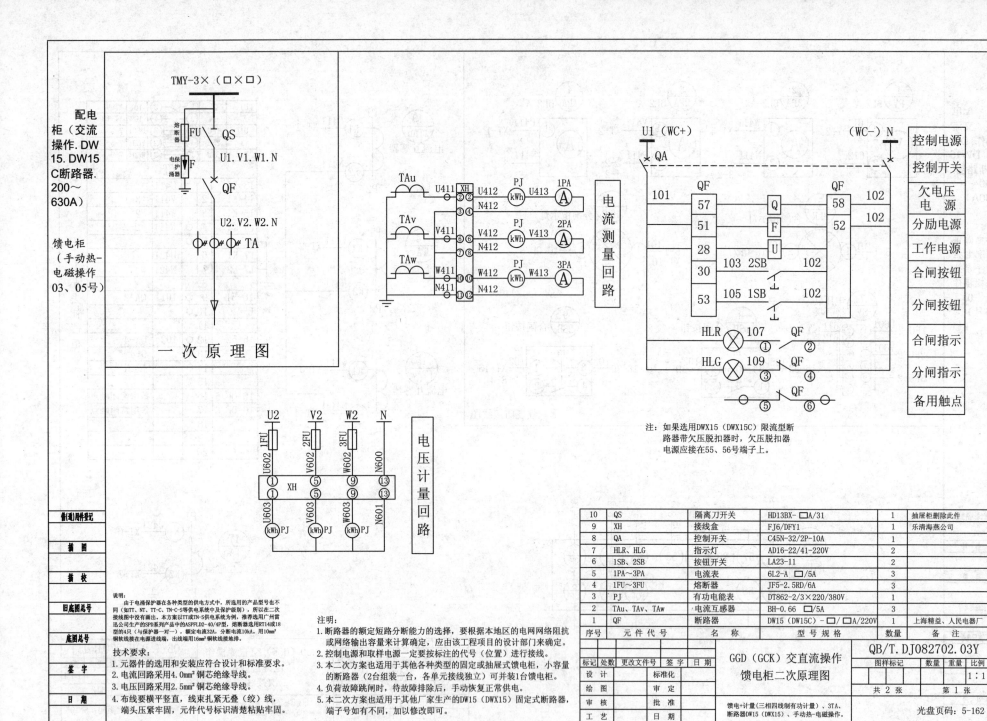

配电柜（交流操作.DW15.DW15C断路器.200~630A）

馈电柜（手动热-电磁操作03、05号）

TMY-3×（□×□）

熔断器 FU　QS

电保护涌器 F

U1.V1.W1.N

QF

U2.V2.W2.N

TA

一次原理图

TAu　U411 XH U412　PJ kWh　U413　1PA Ⓐ
TAv　V411　V412　PJ kWh　V413　2PA Ⓐ
TAw　W411　W412　PJ kWh　W413　3PA Ⓐ
N411　N412

电流测量回路

U1（WC+）　QA

101
QF
57　　Q　　58　　102
51　　F　　52　　102
28　　U
30　103 2SB 102
53　105 1SB 102
HLR ⊗ 107　QF ① ②
HLG ⊗ 109　QF ③ ④
QF ⑤ ⑥

（WC-）N

控制电源
控制开关
欠电压电源
分励电源
工作电源
合闸按钮
分闸按钮
合闸指示
分闸指示
备用触点

注：如果选用DWX15（DWX15C）限流型断路器带欠压脱扣器时，欠压脱扣器电源应接在55、56号端子上。

U2　V2　W2　N
1FU U602 2FU V602 3FU W602 N600
① ⑤ ⑨ ⑬
XH
① ⑤ ⑨ ⑬
U603 V603 W603 N601
kWh PJ　kWh PJ　kWh PJ

电压计量回路

说明：
由于电涌保护器在各种类型的供电方式中，所选用的产品型号也不同（如TT、NT、TT-C、TN-C-S等供电系统中及保护级别），所以在二次接线图中没有画出。本方案以TT或TN-S供电系统为例，推荐选用广州雷迅公司生产的SPD系列产品中的ASPFFLD2-40/4P型，熔断器选用RT14或18型的4只（与保护器一对一），额定电流32A，分断电流10kA，用10mm²铜软线接在电源进线端，出线端用16mm²铜软线接地排。

技术要求：
1. 元器件的选用和安装应符合设计和标准要求。
2. 电流回路采用4.0mm²铜芯绝缘导线。
3. 电压回路采用2.5mm²铜芯绝缘导线。
4. 布线要横平竖直，线束扎紧无叠（绞）线，端头压紧牢固，元件代号标识清楚粘贴牢固。

注明：
1. 断路器的额定短路分断能力的选择，要根据本地区的电网网络阻抗或网络输出容量来计算确定，应由该工程项目的设计部门来确定。
2. 控制电源和取样电源一定要按标注的代号（位置）进行接线。
3. 本二次方案也适用于其他各种类型的固定或抽屉式馈电柜，小容量的断路器（2台组装一台，各单元接线独立）可并装1台馈电柜。
4. 负荷故障跳闸时，待故障排除后，手动恢复正常供电。
5. 本二次方案也适用于其他厂家生产的DW15（DWX15）固定式断路器，端子号如有不同，加以修改即可。

10	QS	隔离刀开关	HD13BX-□A/31	1	抽屉柜删除此件
9	XH	接线盒	FJ6/DFY1	1	乐清海燕公司
8	QA	控制开关	C45N-32/2P-10A	1	
7	HLR、HLG	指示灯	AD16-22/41-220V	2	
6	1SB、2SB	按钮开关	LA23-11	2	
5	1PA~3PA	电流表	6L2-A □/5A	3	
4	1FU~3FU	熔断器	JF5-2.5RD/6A	3	
3	PJ	有功电能表	DT862-2/3×220/380V	1	
2	TAu、TAv、TAw	电流互感器	BH-0.66 □/5A	3	
1	QF	断路器	DW15（DW15C）-□/□A/220V	1	上海精益、人民电器厂
序号	元件代号	名　称	型号规格	数量	备　注

标记	处数	更改文件号	签字	日期			
设 计			标准化		GGD（GCK）交直流操作馈电柜二次原理图	图样标记	数量 重量 比例 1:1
绘 图			审 定				共 2 张　第 1 张
审 核			批 准		馈电+计量（三相四线制有功计量）、3TA、断路器DW15（DWX15）、手动热-电磁操作。	光盘页码：5-162
工 艺			日 期			

QB/T.DJ082702.03Y

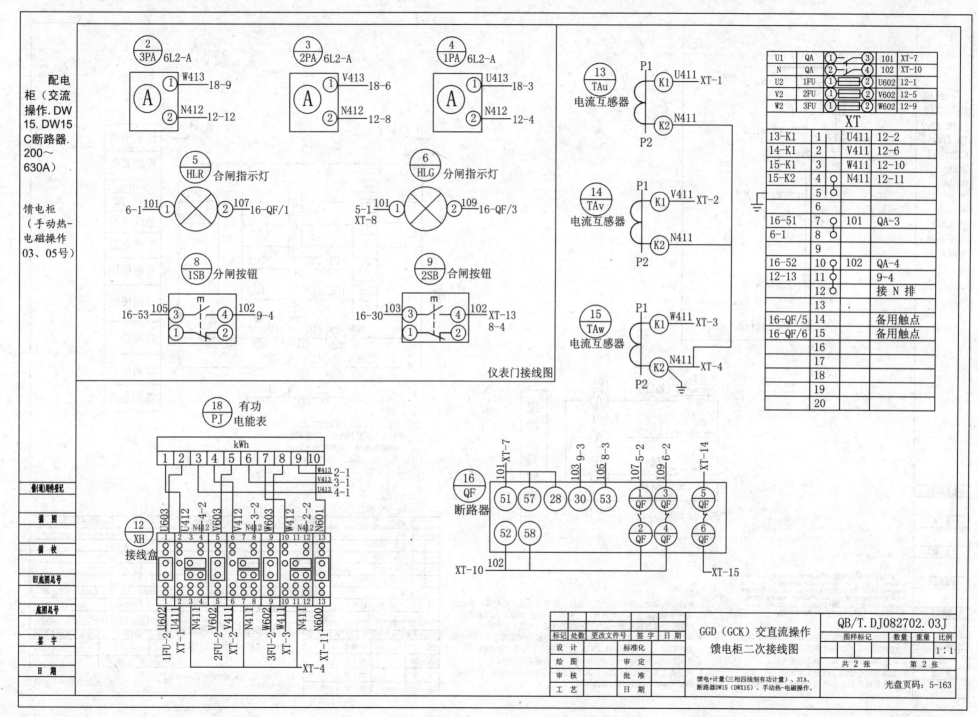

配电柜（交流操作.DW15.DW15C断路器.200～630A）

馈电柜（手动热-电磁操作03、05号）

② 3PA	6L2-A
③ 2PA	6L2-A
④ 1PA	6L2-A

A ① W413 18-9
② N412 12-12

A ① V413 18-6
② N412 12-8

A ① U413 18-3
② N412 12-4

⑤ HLR 合闸指示灯
6-1 101 ① ② 107 16-QF/1

⑥ HLG 分闸指示灯
5-1 101 ① ② 109 16-QF/3
XT-8

⑧ 1SB 分闸按钮
16-53 105 ③ ④ 102 9-4
① ②

⑨ 2SB 合闸按钮
16-30 103 ③ ④ 102 XT-13
① ② 8-4

⑬ TAu 电流互感器
P1 K1 U411 XT-1
P2 K2 N411

⑭ TAv 电流互感器
P1 K1 V411 XT-2
P2 K2 N411

⑮ TAw 电流互感器
P1 K1 W411 XT-3
P2 K2 N411 XT-4

仪表门接线图

U1	QA	① ③	101	XT-7
N	QA	② ④	102	XT-10
U2	1FU	① ②	U602	12-1
V2	2FU	① ②	V602	12-5
W2	3FU	① ②	W602	12-9

XT

13-K1	1	U411	12-2
14-K1	2	V411	12-6
15-K1	3	W411	12-10
15-K2	4	N411	12-11
	5		
	6		
16-51	7	101	QA-3
6-1	8		
	9		
16-52	10	102	QA-4
12-13	11		9-4
	12		接N排
	13		
16-QF/5	14		备用触点
16-QF/6	15		备用触点
	16		
	17		
	18		
	19		
	20		

⑱ PJ 有功电能表

kWh
| 1 | 2 | 3 | 4 | 5 | 6 | 7 | 8 | 9 | 10 |

W413 2-1
V413 3-1
U413 4-1

⑫ XH 接线盒

U603 U412 4-2 V603 V412 3-2 W603 W412 2-2 N601
| 1 | 2 | 3 | 4 | 5 | 6 | 7 | 8 | 9 | 10 | 11 | 12 | 13 |
N412 N412 N412

1FU-2 U602 XT-1 U411 N411 2FU-2 V602 XT-2 V411 N411 3FU-2 W602 XT-3 W411 N411 N600 XT-11 N600 XT-4

⑯ QF 断路器
101 XT-7 103 9-3 105 8-3 107 5-2 109 6-2 XT-14
| 51 | 57 | 28 | 30 | 53 | 1 QF | 3 QF | 5 QF |
| 52 | 58 | | | | 2 QF | 4 QF | 6 QF |
XT-10 102
XT-15

标记 处数 更改文件号 签字 日期

GGD（GCK）交直流操作
馈电柜二次接线图

QB/T.DJ082702.03J

图样标记 数量 重量 比例
1:1

共 2 张　第 2 张

馈电+计量(三相四线制有功计量)、3TA、断路器DW15（DWX15）、手动热-电磁操作。

光盘页码：5-163

设 计　标准化
绘 图　审 定
审 核　批 准
工 艺　日 期

借(通)用件登记
描 图
描 校
旧底图总号
底图总号
签 字
日 期

519

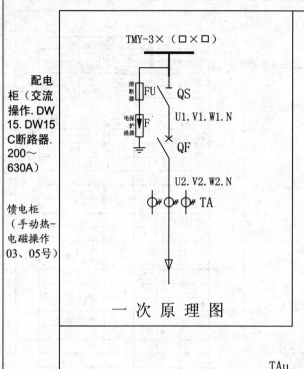

配电柜（交流操作.DW15.DW15C断路器.200～630A）

TMY-3×（□×□）

熔断器 FU QS

电保护涌器 F

U1.V1.W1.N

QF

U2.V2.W2.N

TA

一次原理图

馈电柜（手动热-电磁操作03、05号）

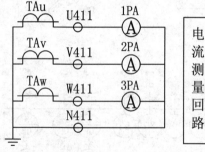

TAu U411 1PA Ⓐ

TAv V411 2PA Ⓐ

TAw W411 3PA Ⓐ

N411

电流测量回路

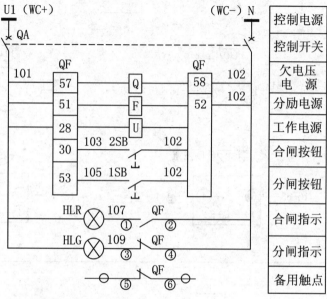

U1（WC+）　　　　　　（WC-）N

QA

101　QF　　　　QF　102

57　Q　58　102

51　F　52

28　U

30　103 2SB 102

53　105 1SB 102

HLR 107 QF ① ②

HLG 109 QF ③ ④

⑤ QF ⑥

| 控制电源 |
| 控制开关 |
| 欠电压电源 |
| 分励电源 |
| 工作电源 |
| 合闸按钮 |
| 分闸按钮 |
| 合闸指示 |
| 分闸指示 |
| 备用触点 |

注：如果选用DWX15（DWX15C）限流型断路器带欠压脱扣器时，欠压脱扣器电源应接在55、56号端子上。

说明：
由于电涌保护器在各种类型的供电方式中，所选用的产品型号也不同（如TT、NT、TT-C、TN-C-S等供电系统中及保护级别），所以在二次接线图中没有画出。本方案以TT或TN-S供电系统为例，推荐选用广州雷迅公司生产的SPD系列产品中的ASPFLD2-40/4P型，熔断器选用RT14或18型的4只（与保护器一对一），额定电流32A，分断电流10kA。用10mm²铜软线接在电源进线端，出线端用16mm²铜软线接地排。

技术要求：
1. 元器件的选用和安装应符合设计和标准要求。
2. 电流回路采用2.5mm²铜芯绝缘导线。
3. 电压回路采用1.5mm²铜芯绝缘导线。
4. 布线要横平竖直，线束扎紧无叠（绞）线，端头压紧牢固，元件代号标识清楚粘贴牢固。

注明：
1. 断路器的额定短路分断能力的选择，要根据本地区的电网网络阻抗或网络输出容量来计算确定，应由该工程项目的设计部门来确定。
2. 控制电源和取样电源一定要按标注的代号（位置）进行接线。
3. 本二次方案也适用于其他各种类型的固定或抽屉式馈电柜，小容量的断路器（2台组装一台，各单元接线独立）可并装1台馈电柜。
4. 负荷故障跳闸时，待故障排除后，手动恢复正常供电。
5. 本二次方案也适用于其他厂家生产的DW15（DWX15）固定式断路器，端子号如有不同，加以修改即可。

7	QS	隔离刀开关	HD13BX-□A/31	1	抽屉柜删除此件
6	QA	控制开关	C45N-32/2P-10A	1	
5	HLR、HLG	指示灯	AD16-22/41-220V	2	
4	1SB、2SB	按钮开关	LA23-11	2	
3	1PA～3PA	电流表	6L2-A □/5A	3	
2	TAu、TAv、TAw	电流互感器	BH-0.66 □/5A	3	
1	QF	断路器	DW15（DW15C）-□/□A/220V	1	上海精益、人民电器厂
序号	元件代号	名　称	型　号　规　格	数量	备　注

QB/T.DJ082702.05Y

GGD（GCK）交直流操作
馈电柜二次原理图

标记	处数	更改文件号	签字	日期			图样标记		数量	重量	比例
设　计			标准化								1:1
绘　图			审　定								
审　核			批　准			共 2 张　　第 1 张					
工　艺			日　期			馈电、不带计量、3TA、断路器DW15（DWX15）手动热-电磁操作。		光盘页码：5-166			

借（通）用件登记

描　图

描　校

旧底图总号

底图总号

签　字

日　期

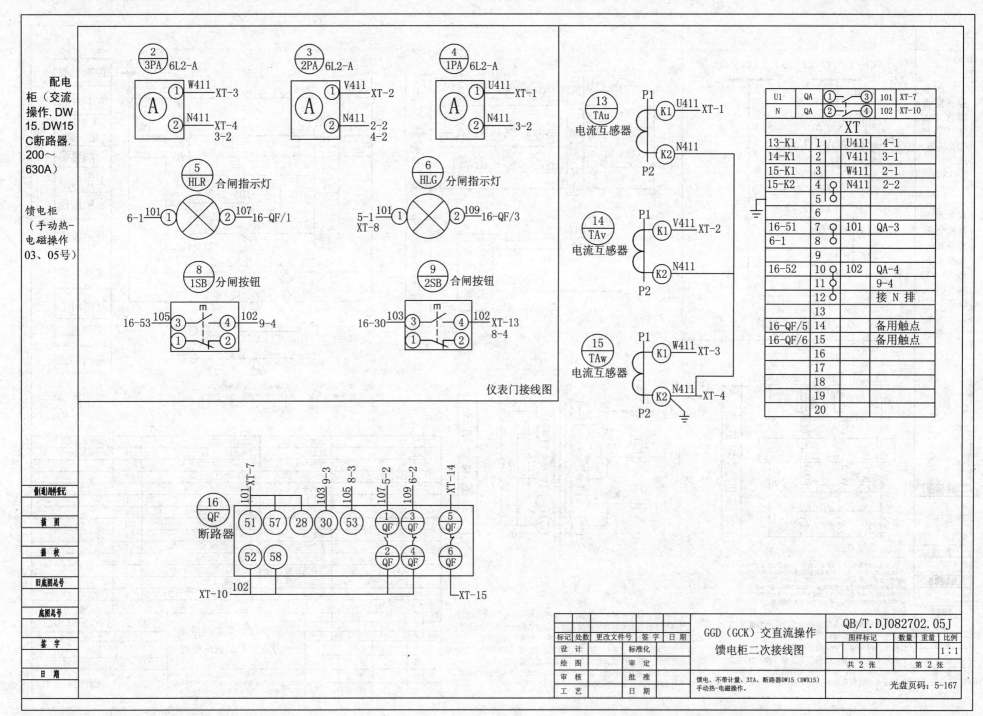

仪表门接线图

| U1 | QA | ①─③ | 101 | XT-7 |
| N | QA | ②─④ | 102 | XT-10 |

XT

13-K1	1		U411	4-1
14-K1	2		V411	3-1
15-K1	3		W411	2-1
15-K2	4	○	N411	2-2
	5	○		
	6			
16-51	7	○	101	QA-3
6-1	8	○		
	9			
16-52	10	○	102	QA-4
	11	○		9-4
	12	○		接 N 排
	13			
16-QF/5	14			备用触点
16-QF/6	15			备用触点
	16			
	17			
	18			
	19			
	20			

配电柜（交流操作.DW15.DW15C断路器.200～630A）

馈电柜（手动热-电磁操作03、05号）

备(通)用件登记
描 图
描 校
旧底图总号
底图总号
签 字
日 期

GGD（GCK）交直流操作 馈电柜二次接线图					QB/T.DJ082702.05J			
标记	处数	更改文件号	签字	日期	图样标记		数量	重量	比例
设 计		标准化							1:1
绘 图		审 定			共 2 张		第 2 张	
审 核		批 准			馈电、不带计量、3TA、断路器DW15（DWX15） 手动热-电磁操作。		光盘页码：5-167	
工 艺		日 期						

配电柜（交流操作.DW15.DW15C断路器.200~630A）

双电源一路供电互为备用配电柜（手动热-电磁操作01~06号）

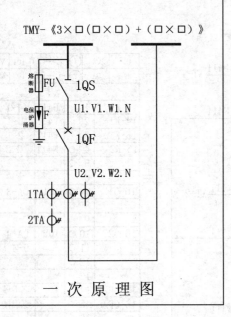

TMY-《3×□(□×□)+(□×□)》

熔断器 FU　1QS
电保护涌器 F
U1.V1.W1.N
1QF
U2.V2.W2.N
1TA
2TA

一次原理图

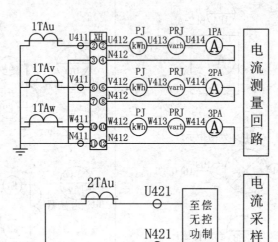

1TAu　U411　XH　U412　PJ（kWh）　U413　PRJ（varh）　U414　1PA（A）
N412
1TAv　V411　V412　PJ（kWh）　V413　PRJ（varh）　V414　2PA（A）
N412
1TAw　W411　W412　PJ（kWh）　W413　PRJ（varh）　W414　3PA（A）
N411　N412

电流测量回路

2TAu　U421　至偿无控功制补器　N421

电流采样回路

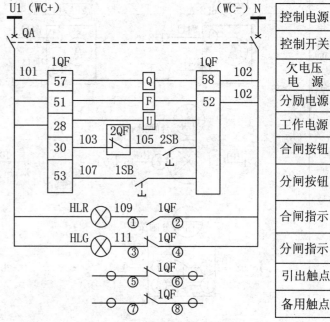

U1（WC+）　　（WC-）N
QA
101　1QF　　　　　1QF　102
57　　　　Q　　58
51　　　　F　　52　102
28　　　　U
30　103　2QF　105　2SB
53　107　1SB
HLR　109　1QF ① ②
HLG　111　1QF ③ ④
1QF ⑤ ⑥
1QF ⑦ ⑧

| 控制电源 |
| 控制开关 |
| 欠电压电源 |
| 分励电源 |
| 工作电源 |
| 合闸按钮 |
| 分闸按钮 |
| 合闸指示 |
| 分闸指示 |
| 引出触点 |
| 备用触点 |

注：如果选用DWX15（DWX15C）限流型断路器带欠压脱扣器时，欠压脱扣器电源应接在55、56号端子上。

U2　V2　W2　N
4FU　5FU　6FU
U602　V602　W602　N600
① XH ⑤ ⑨ ⑬
U603 ① V603 ⑤ W603 ⑨ N601 ⑬
PRJ（varh）　PRJ（varh）
kWh PJ　kWh PJ　kWh PJ

电压计量回路

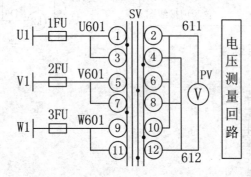

SV
1FU　U601　U1
①②　611
③④
2FU　V601　V1
⑤⑥
⑦⑧　PV（V）
3FU　W601　W1
⑨⑩
⑪⑫　612

电压测量回路

说明：由于电涌保护器在各种类型的供电方式中，所选用的产品型号也不同（如TT、NT、TT-C、TN-C-S等供电系统中及保护级别），所以在二次接线图中没有画出来。本方案以TT或TN-S供电系统为例，推荐选用广州雷迅公司生产的SPD系列产品中的ASPFLDI-15/100型4极，熔断器选用RT14或18型的4只（与保护器一对一），额定电流63A，分断电流35kA。用16mm²铜软接在电源进线端，出线端25mm²铜软线接地排。

技术要求：
1. 元器件的选用和安装应符合设计和标准要求。
2. 电流回路采用4.0mm²铜芯绝缘导线。
3. 电压回路采用2.5mm²铜芯绝缘导线。
4. 布线要横平竖直，线束扎紧无叠（绞）线，端头压紧牢固，元件代号标识清楚粘贴牢固。
5. 如果本柜要与其他柜实现机械联锁，请选用程序锁。

注明：
1. 断路器的额定短路分断能力的选择，要根据本地区的电网网络阻抗或网络输出容量来计算确定，应由该工程项目的设计部门来确定。
2. 控制电源和取样电源一定要按标注的代号（位置）进行接线。
3. 本二次方案也适用于其他各种类型的固定或抽屉式双电源单进线柜。
4. 负荷故障跳闸时，待故障排除后，手动恢复正常供电。
5. 本二次方案也适用于其他厂家生产的DW15（DWX15）固定式断路器，端子号如有不同，加以修改即可。

14	1QS	隔离刀开关	HD13BX-□A/31	1	抽屉柜删除此件
13	XH	接线盒	FJ6/DFY1	1	乐清海燕公司
12	QA	控制开关	C45N-32/2P-10A	1	
11	HLR、HLG	指示灯	AD16-22/41-220V	2	
10	1SB、2SB	按钮开关	LA23-11	2	
9	SV	电压转换开关	LW12-16DHY3/3	1	
8	PV	电压表	42L6-V 0~450V	1	
7	1PA~3PA	电流表	42L6-A □/5A	3	
6	1FU~6FU	熔断器	JF5-2.5RD/6A	6	
5	PRJ	无功电能表	DX862-2/3×380V	1	
4	PJ	有功电能表	DT862-2/3×220/380V	1	
3	2TAu	电流互感器	BH-0.66 □/5A	1	
2	1TAu、1TAv、1TAw	电流互感器	BH-0.66 □/5A	3	
1	1QF	断路器	DW15（DW15C）-□/□A/220V	1	上海精益、人民电器厂
序号	元件代号	名　称	型号规格	数量	备　注

标记	处数	更改文件号	签字	日期		GGD（GCK）交直流操作一号进线柜二次原理图	QB/T.DJ082703.01Y

					图样标记	数量	重量	比例
设　计		标准化						1:1
绘　图		审　定						
审　核		批　准			共 2 张		第 1 张	
工　艺		日　期						

进线+计量（有功、无功、三相四线制）、3TA、断路器DW15（DWX15）、双电源互为备用，手动热-电磁操作，正常时，一路电源供电，另一路电源备用。

光盘页码：5-170

信(通)用件登记
描　图
描　校
旧底图总号
底图总号
签　字
日　期

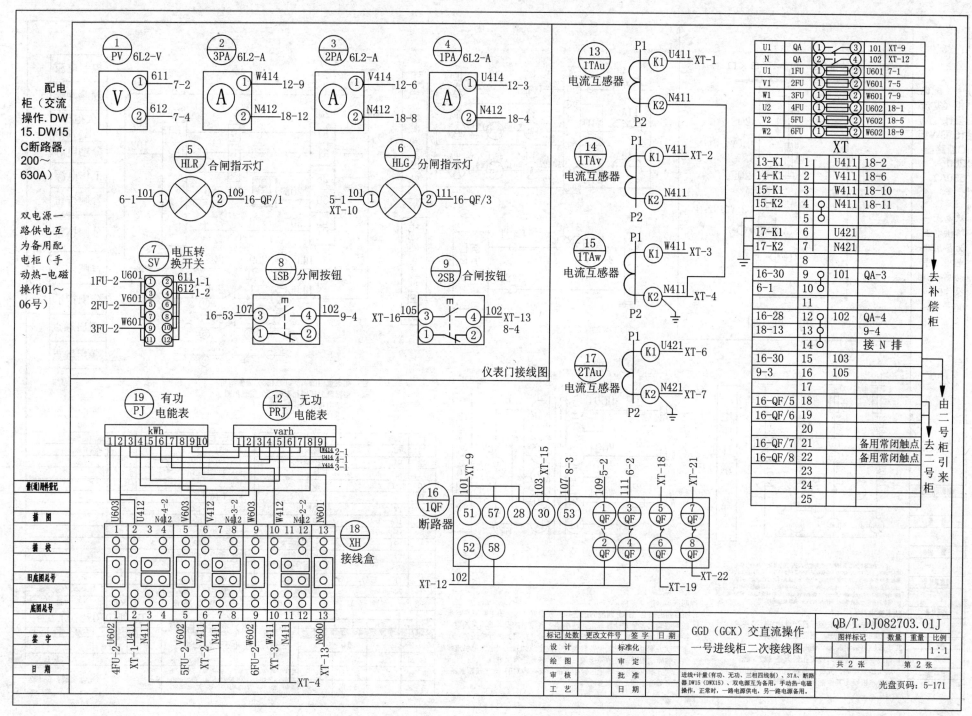

仪表门接线图

GGD（GCK）交直流操作
一号进线柜二次接线图

QB/T.DJ082703.01J

进线+计量(有功、无功、三相四线制)、3TA、断路器 DW15（DWX15）、双电源互为备用、手动热-电磁操作，正常时，一路电源供电，另一路电源备用。

光盘页码：5-171

共 2 张　　　第 2 张

比例 1:1

523

配电柜（交流操作.DW15.DW15C断路器.200～630A）

双电源一路供电互为备用配电柜（手动热-电磁操作01～06号）

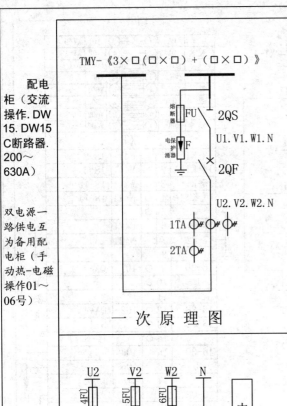

TMY-《3×□(□×□)+(□×□)》

熔断器 FU
电保护器 F
2QS
U1.V1.W1.N
2QF
U2.V2.W2.N
1TA
2TA

一 次 原 理 图

U2 V2 W2 N
4FU 5FU 6FU
U602 V602 W602 N600
XH
U603 V603 W603 N601
PRJ varh PRJ varh
PJ kWh PJ kWh PJ kWh

电压计量回路

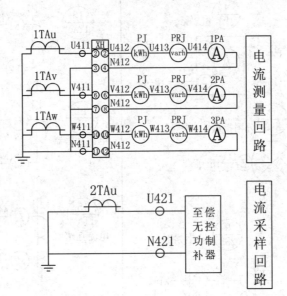

1TAu U411 XH U412 PJ kWh U413 PRJ varh U414 1PA (A)
N412
1TAv V411 V412 PJ kWh V413 PRJ varh V414 2PA (A)
N412
1TAw W411 W412 PJ kWh W413 PRJ varh W414 3PA (A)
N411 N412

电流测量回路

2TAu U421 至偿无控功率补器
N421

电流采样回路

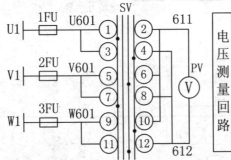

SV
1FU U601 611
U1 1
3
2FU V601 4
V1 5 PV (V)
2
6
7
3FU W601 8
W1 9
10
11 612
12

电压测量回路

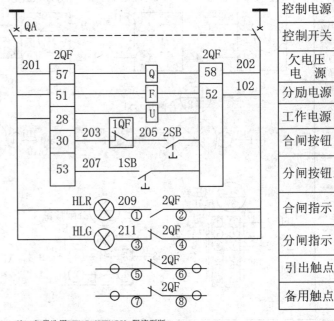

控制电源
控制开关
欠电压电源
分励电源
工作电源
合闸按钮
分闸按钮
合闸指示
分闸指示
引出触点
备用触点

QA
2QF 2QF
201 57 Q 58 202
51 F 52 102
28 U
30 203 1QF 205 2SB
53 207 1SB
HLR 209 2QF
HLG 211 2QF
2QF
2QF

注：如果选用DWX15（DWX15C）限流型断路器带欠压脱扣器时，欠压脱扣器电源应接在55、56号端子上。

说明：
由于电涌保护器在各种类型的供电方式中，所选用的产品型号也不同（如TT、NT、TT-C、TN-C-S等供电系统中及保护级别），所以在二次接线图中没有画出。本方案以TT或TN-S供电系统为例，推荐选用广州雷迅公司生产的SPD系列产品中的ASPPLDI-15/100型4级，熔断器选用RT14或18型的4只（与保护器一对一），额定电流63A，分断电流35kA，用16mm²铜软线接在电源进线端，出线端25mm²铜软线接地排。

技术要求：
1. 元器件的选用和安装应符合设计和标准要求。
2. 电流回路采用4.0mm²铜芯绝缘导线。
3. 电压回路采用2.5mm²铜芯绝缘导线。
4. 布线要横平竖直，线束扎紧无叠（绞）线，端头压紧牢固，元件代号标识清楚粘贴牢固。
5. 如果本柜要与其他柜实现机械联锁，请选用程序锁。

注明：
1. 断路器的额定短路分断能力的选择，要根据本地区的电网网络阻抗或网络输出容量来计算确定，应由该工程项目的设计部门来确定。
2. 控制电源和取样电源一定要按标注的代号（位置）进行接线。
3. 本二次方案也适用于其他各种类型的固定或抽屉式双电源单供进线柜。
4. 负荷故障跳闸时，待故障排除后，手动恢复正常供电。
5. 本二次方案也适用于其他厂家生产的DW15（DWX15）固定式断路器，端子号如有不同，加以修改即可。

序号	元件代号	名 称	型 号 规 格	数量	备 注
14	2QS	隔离刀开关	HD13BX- □A/31	1	抽屉柜删除此件
13	XH	接线盒	FJ6/DFY1	1	乐清海燕公司
12	QA	控制开关	C45N-32/2P-10A	1	
11	HLR、HLG	指示灯	AD16-22/41-220V	2	
10	1SB、2SB	按钮开关	LA23-11	2	
9	SV	电压转换开关	LW12-16DHY3/3	1	
8	PV	电压表	42L6-V 0～450V	1	
7	1PA～3PA	电流表	42L6-A □/5A	3	
6	1FU～6FU	熔断器	JF5-2.5RD/6A	6	
5	PRJ	无功电能表	DX862-2/3×380V	1	
4	PJ	有功电能表	DT862-2/3×220/380V	1	
3	2TAu	电流互感器	BH-0.66 □/5A	1	
2	1TAu、1TAv、1TAw	电流互感器	BH-0.66 □/5A	3	
1	2QF	断路器	DW15（DW15C）-□/□A/220V		上海精益、人民电器厂

备(道)册登记 描 图 描 校 旧底图总号 底图总号 签 字 日 期

标记	处数	更改文件号	签 字	日 期	GGD（GCK）交直流操作 二号进线柜二次原理图		图样标记	数量	重量	比例
设 计		标准化								1:1
绘 图		审 定					共 2 张		第 1 张	
审 核		批 准			进线+计量(有功、无功、三相四线制)、3TA、断路器DW15（DWX15）、双电源互为备用，手动热-电磁操作，正常时，一路电源供电，另一路电源备用。					
工 艺		日 期						光盘页码：5-172		

QB/T.DJ082703.02Y

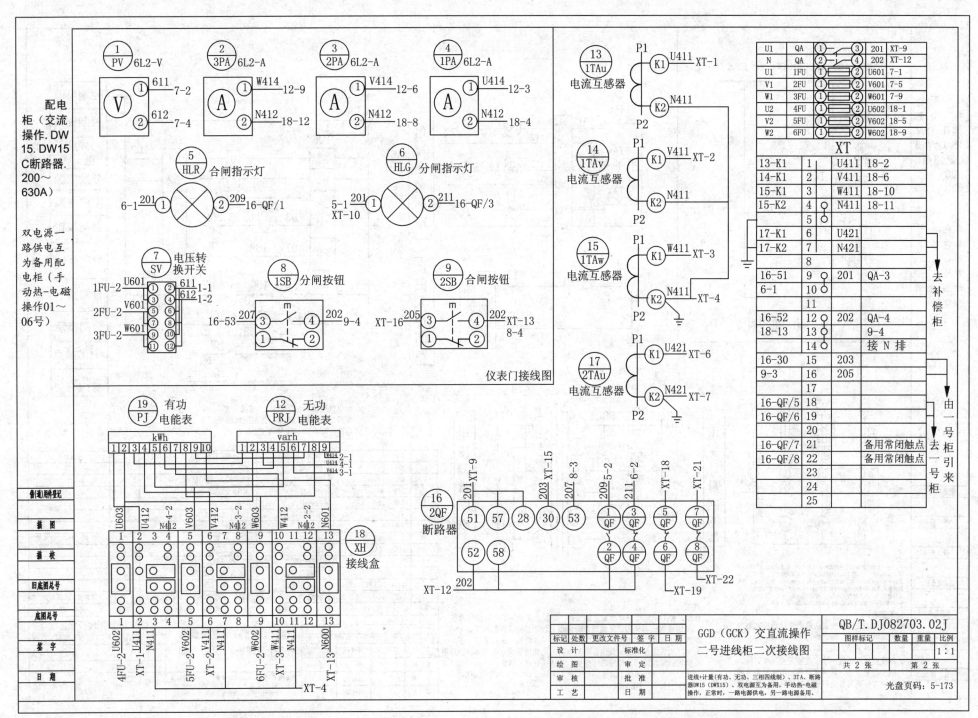

配电柜（交流操作.DW 15.DW15 C断路器.200～630A）

双电源一路供电互为备用配电柜（手动热-电磁操作01～06号）

① PV 6L2-V

② 3PA 6L2-A

③ 2PA 6L2-A

④ 1PA 6L2-A

⑤ HLR 合闸指示灯

⑥ HLG 分闸指示灯

⑦ SV 电压转换开关

⑧ 1SB 分闸按钮

⑨ 2SB 合闸按钮

⑬ 1TAu 电流互感器

⑭ 1TAv 电流互感器

⑮ 1TAw 电流互感器

⑰ 2TAu 电流互感器

仪表门接线图

⑲ PJ 有功电能表 kWh

⑫ PRJ 无功电能表 varh

⑱ XH 接线盒

⑯ 2QF 断路器

U1	QA	① — ③	201	XT-9
N	QA	② — ④	202	XT-12
U1	1FU	① ②	U601	7-1
V1	2FU	① ②	V601	7-5
W1	3FU	① ②	W601	7-9
U2	4FU	① ②	U602	18-1
V2	5FU	① ②	V602	18-5
W2	6FU	① ②	W602	18-9

XT

13-K1	1	U411	18-2
14-K1	2	V411	18-6
15-K1	3	W411	18-10
15-K2	4	N411	18-11
	5		
17-K1	6	U421	
17-K2	7	N421	
	8		
16-51	9	201	QA-3
6-1	10		
	11		
16-52	12	202	QA-4
18-13	13		9-4
	14		接N排
16-30	15	203	
9-3	16	205	
	17		
16-QF/5	18		
16-QF/6	19		
	20		
16-QF/7	21		备用常闭触点
16-QF/8	22		备用常闭触点
	23		
	24		
	25		

去补偿柜

由一号柜引来

去一号柜

GGD（GCK）交直流操作
二号进线柜二次接线图

QB/T.DJ082703.02J

共 2 张　　第 2 张

进线+计量(有功、无功、三相四线制)、3TA、断路器DW15（DWX15）、双电源互为备用、手动热-电磁操作，正常时，一路电源供电，另一路电源备用。

光盘页码：5-173

比例 1:1

标记	处数	更改文件号	签字	日期
设 计			标准化	
绘 图			审 定	
审 核			批 准	
工 艺			日 期	

首(通)用附注登记
描 图
描 校
旧底图总号
底图总号
签 字
日 期

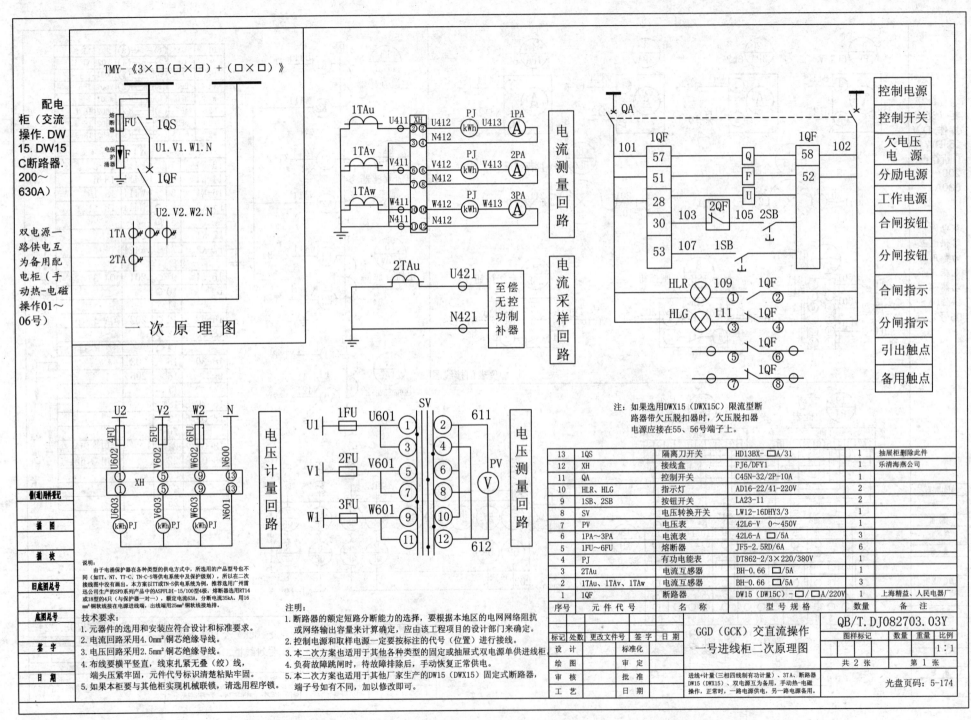

配电柜（交流操作.DW15.DW15C断路器.200~630A）

双电源一路供电互为备用配电柜（手动热-电磁操作01~06号）

TMY-《3×□(□×□)+(□×□)》

一次原理图

电流测量回路

电流采样回路

电压计量回路

电压测量回路

控制电源
控制开关
欠电压电源
分励电源
工作电源
合闸按钮
分闸按钮
合闸指示
分闸指示
引出触点
备用触点

注：如果选用DWX15（DWX15C）限流型断路器带欠压脱扣器时，欠压脱扣器电源应接在55、56号端子上。

说明：
由于电涌保护器在各种类型的供电方式中，所选用的产品型号也不同（如TT、NT、TT-C、TN-C-S等供电系统和保护级别），所以在二次接线图中没有画出。本方案以TT或TN-S供电系统为例，推荐选用广州雷迅公司生产的SPD系列产品中的ASPFLDI-15/100型4联，熔断器选用RT14或18型的4只（与保护器一对一），额定电流63A，分断电流35kA。用16mm²铜软线在电源进线端，出线端用25mm²铜软线接地排。

技术要求：
1. 元器件的选用和安装应符合设计和标准要求。
2. 电流回路采用4.0mm²铜芯绝缘导线。
3. 电压回路采用2.5mm²铜芯绝缘导线。
4. 布线要横平竖直，线束扎紧无叠（绞）线，端头压紧牢固，元件代号标识清楚粘贴牢固。
5. 如果本柜要与其他柜实现机械联锁，请选用程序锁。

注明：
1. 断路器的额定短路分断能力的选择，要根据本地区的电网网络阻抗或网络输出容量来计算确定，应由该工程项目的设计部门来确定。
2. 控制电源和取样电源一定要按标注的代号（位置）进行接线。
3. 本二次方案也适用于其他各种类型的固定或抽屉式双电源单供进线柜。
4. 负荷故障跳闸时，待故障排除后，手动恢复正常供电。
5. 本二次方案也适用于其他厂家生产的DW15（DWX15）固定式断路器，端子号如有不同，加以修改即可。

13	1QS	隔离刀开关	HD13BX-□A/31	1	抽屉柜删除此件
12	XH	接线盒	FJ6/DFY1	1	乐清海燕公司
11	QA	控制开关	C45N-32/2P-10A	1	
10	HLR、HLG	指示灯	AD16-22/41-220V	2	
9	1SB、2SB	按钮开关	LA23-11	2	
8	SV	电压转换开关	LW12-16DHY3/3	1	
7	PV	电压表	42L6-V 0~450V	1	
6	1PA~3PA	电流表	42L6-A □/5A	3	
5	1FU~6FU	熔断器	JF5-2.5RD/6A	6	
4	PJ	有功电能表	DT862-2/3×220/380V	1	
3	2TAu	电流互感器	BH-0.66 □/5A	1	
2	1TAu、1TAv、1TAw	电流互感器	BH-0.66 □/5A	3	
1	1QF	断路器	DW15（DWX15C）-□/□A/220V	1	上海精益、人民电器厂
序号	元件代号	名　称	型号规格	数量	备　注

标记	处数	更改文件号	签字	日期		
设　计			标准化		GGD（GCK）交直流操作一号进线柜二次原理图	QB/T.DJ082703.03Y
绘　图			审　定			图样标记 / 数量 / 重量 / 比例 1:1
审　核			批　准		进线+计量（三相四线有功计量）、3TA、断路器DW15（DWX15）、双电源互为备用，手动热-电磁操作，正常时，一路电源供电，另一路电源备用。	共 2 张　第 1 张
工　艺			日　期			光盘页码：5-174

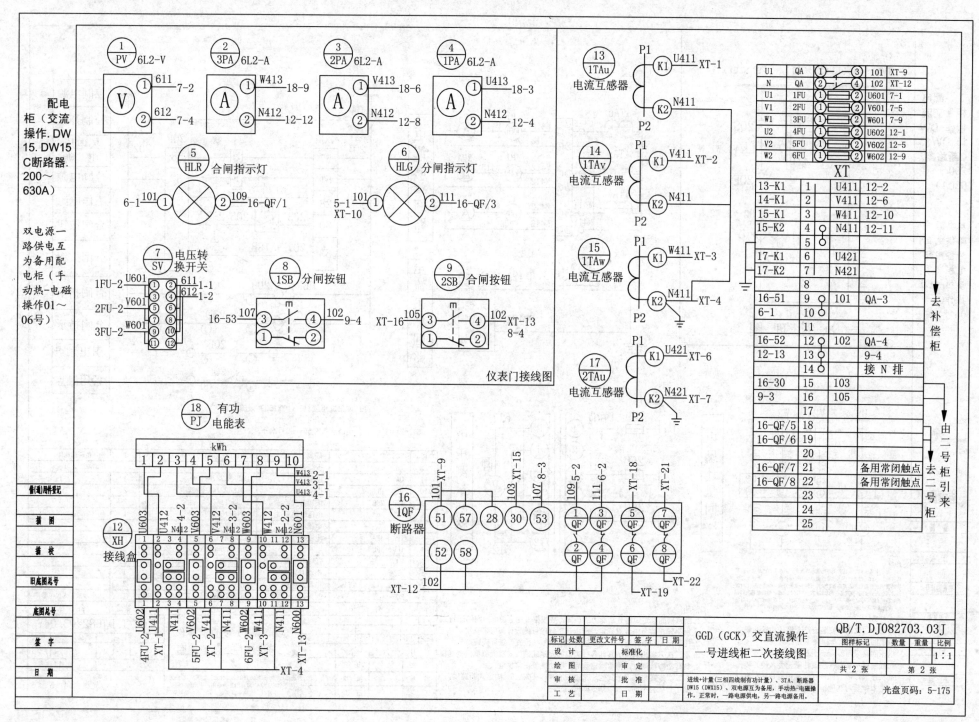

仪表门接线图

GGD（GCK）交直流操作
一号进线柜二次接线图

QB/T.DJ082703.03J

进线+计量(三相四线制有功计量)、3TA、断路器
DW15（DWX15）、双电源互为备用，手动热-电磁操
作，正常时，一路电源供电，另一路电源备用。

光盘页码：5-175

共 2 张　　第 2 张

比例 1:1

527

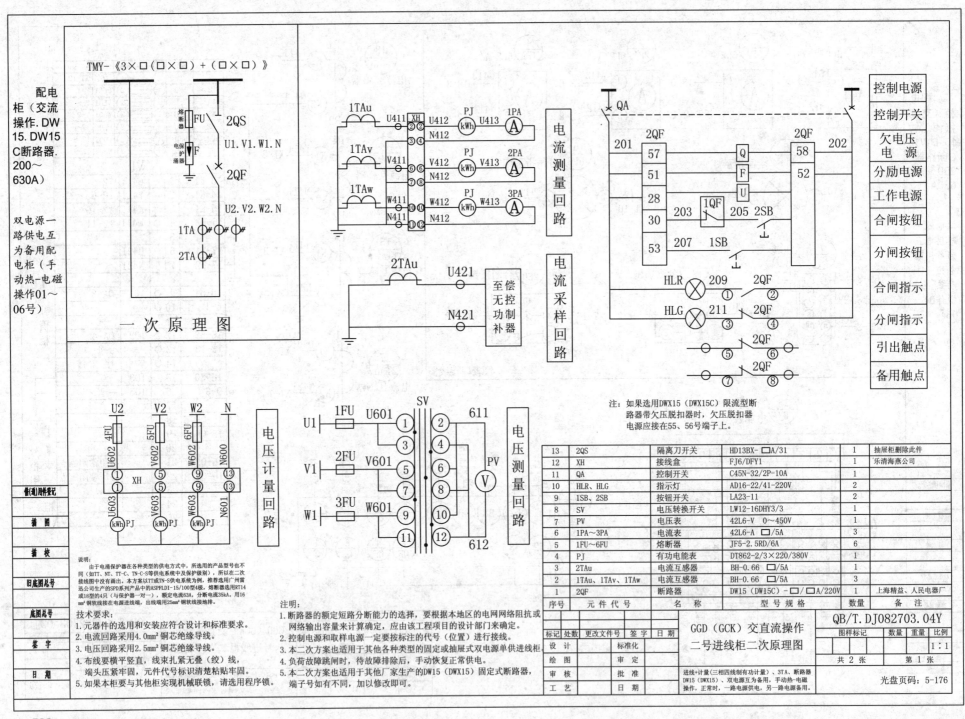

配电柜（交流操作.DW15.DW15C断路器.200～630A）

双电源一路供电互为备用配电柜（手动热-电磁操作01～06号）

TMY-《3×□(□×□)+(□×□)》

一次原理图

电流测量回路

电流采样回路

至偿无控功率补器

电压计量回路

电压测量回路

注：如果选用DWX15（DWX15C）限流型断路器带欠压脱扣器时，欠压脱扣器电源应接在55、56号端子上。

控制电源
控制开关
欠电压电源
分励电源
工作电源
合闸按钮
分闸按钮
合闸指示
分闸指示
引出触点
备用触点

说明：由于电涌保护器在各种类型的供电方式中，所选用的产品型号也不同（如TT、NT、TT-C、TN-C-S等供电系统中及保护级别），所以在二次接线图中没有画出。本方案以TT或TN-S供电系统为例，推荐选用广州雷迅公司生产的SPD系列产品中的ASPFLDI-15/100型4极，熔断器选用RT14或18型的4只（与保护器一对一），额定电流63A，分断电流35kA，用16㎜²铜软线接在电源进线端，出线端用25㎜²铜软线接地排。

技术要求：
1. 元器件的选用和安装应符合设计和标准要求。
2. 电流回路采用4.0㎜²铜芯绝缘导线。
3. 电压回路采用2.5㎜²铜芯绝缘导线。
4. 布线要横平竖直，线束扎紧无叠（绞）线，端头紧压牢固，元件代号标识清楚粘贴牢固。
5. 如果本柜要与其他柜实现机械联锁，请选用程序锁。

注明：
1. 断路器的额定短路分断能力的选择，要根据本地区的电网网络阻抗或网络输出容量来计算确定，应由该工程项目的设计部门来确定。
2. 控制电源和取样电源一定要按标注的代号（位置）进行接线。
3. 本二次方案也适用于其他各种类型的固定或抽屉式双电源单供进线柜。
4. 负荷故障跳闸时，待故障排除后，手动恢复正常供电。
5. 本二次方案也适用于其他厂家生产的DW15（DWX15）固定式断路器，端子号如有不同，加以修改即可。

13	2QS	隔离刀开关	HD13BX-□A/31	1	抽屉柜删除此件
12	XH	接线盒	FJ6/DFY1	1	乐清海燕公司
11	QA	控制开关	C45N-32/2P-10A	1	
10	HLR、HLG	指示灯	AD16-22/41-220V	2	
9	1SB、2SB	按钮开关	LA23-11	2	
8	SV	电压转换开关	LW12-16DHY3/3	1	
7	PV	电压表	42L6-V 0～450V	1	
6	1PA～3PA	电流表	42L6-A □/5A	3	
5	1FU～6FU	熔断器	JF5-2.5RD/6A	6	
4	PJ	有功电能表	DT862-2/3×220/380V	1	
3	2TAu	电流互感器	BH-0.66 □/5A	1	
2	1TAu、1TAv、1TAw	电流互感器	BH-0.66 □/5A	3	
1	2QF	断路器	DW15（DW15C）-□/□A/220V	1	上海精益、人民电器厂
序号	元件代号	名称	型号规格	数量	备注

GGD（GCK）交直流操作二号进线柜二次原理图

QB/T.DJ082703.04Y

标记	处数	更改文件号	签字	日期
设计			标准化	
绘图			审定	
审核			批准	
工艺			日期	

图样标记 数量 重量 比例
1:1
共2张 第1张

进线+计量（三相四线制有功计量）、3TA、断路器DW15（DWX15）、双电源互为备用，手动热-电磁操作，正常时，一路电源供电，另一路电源备用。

光盘页码：5-176

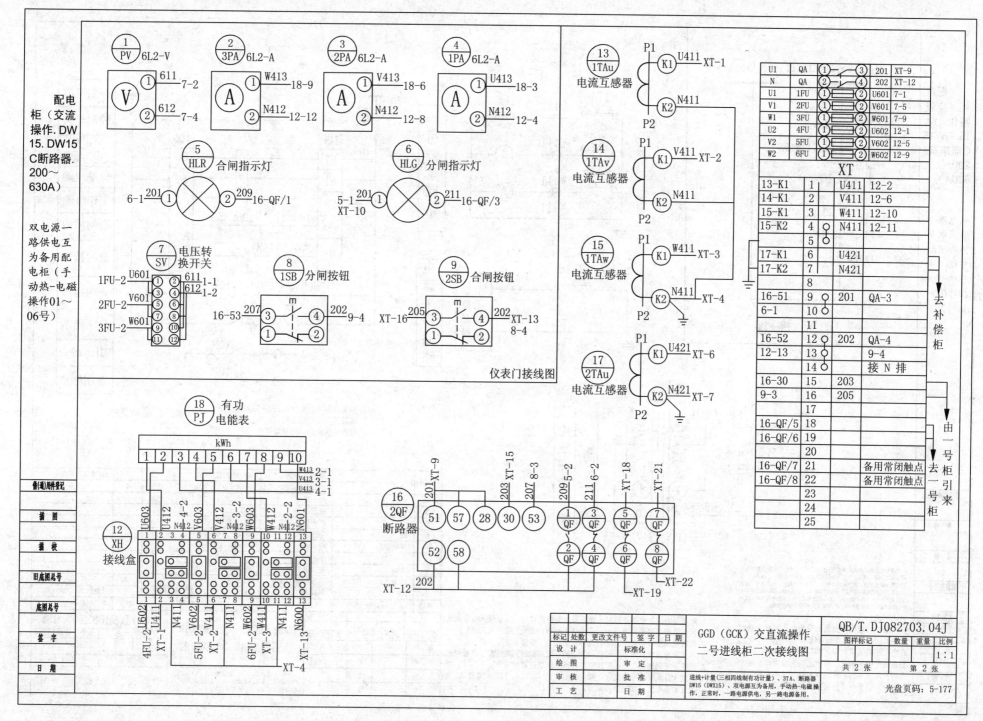

仪表门接线图

GGD（GCK）交直流操作
二号进线柜二次接线图

QB/T.DJ082703.04J

共 2 张　　第 2 张

光盘页码：5-177

进线+计量(三相四线制有功计量)、3TA、断路器
DW15（DWX15）、双电源互为备用，手动热-电磁操
作，正常时，一路电源供电，另一路电源备用。

529

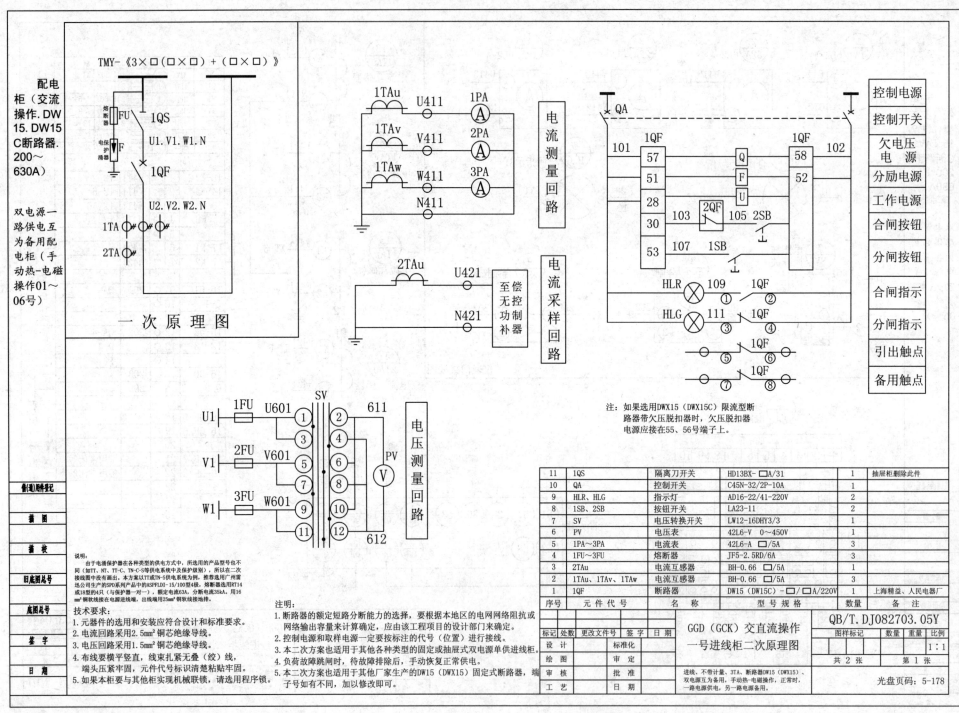

配电柜（交流操作.DW15.DW15C断路器.200～630A）

双电源一路供电互为备用配电柜（手动热-电磁操作01～06号）

TMY-《3×□(□×□)+(□×□)》

一次原理图

电流测量回路

电流采样回路

电压测量回路

注：如果选用DWX15（DWX15C）限流型断路器带欠压脱扣器时，欠压脱扣器电源应接在55、56号端子上。

		控制电源
		控制开关
		欠电压电源
		分励电源
		工作电源
		合闸按钮
		分闸按钮
		合闸指示
		分闸指示
		引出触点
		备用触点

说明：
由于电涌保护器在各种类型的供电方式中，所选用的产品型号也不同（如TT、NT、TT-C、TN-C-S等供电系统中及保护级别），所以该二次接线图中没有画出。本方案以TT或TN-S供电系统为例，推荐选用广州雷迅公司生产的SPD系列产品中的ASPFLDI-15/100型4极，熔断器选用RT14或18型的4只（与保护器一对一），额定电流63A，分断电流35kA。用16mm²铜软线接在电源进线端，出线端用25mm²铜软线接地排。

技术要求：
1. 元器件的选用和安装应符合设计和标准要求。
2. 电流回路采用2.5mm²铜芯绝缘导线。
3. 电压回路采用1.5mm²铜芯绝缘导线。
4. 布线要横平竖直，线束扎紧无叠（绞）线，端头压紧牢固，元件代号标识清楚粘贴牢固。
5. 如果本柜要与其他柜实现机械联锁，请选用程序锁。

注明：
1. 断路器的额定短路分断能力的选择，要根据本地区的电网网络阻抗或网络输出容量来计算确定，应由该工程项目的设计部门来确定。
2. 控制电源和取样电源一定要按标注的代号（位置）进行接线。
3. 本二次方案也适用于其他各种类型的固定或抽屉式双电源单供进线柜。
4. 负荷故障跳闸时，待故障排除后，手动恢复正常供电。
5. 本二次方案也适用于其他厂家生产的DW15（DWX15）固定式断路器，端子号如有不同，加以修改即可。

11	1QS	隔离刀开关	HD13BX-□A/31	1	抽屉柜删除此件
10	QA	控制开关	C45N-32/2P-10A	1	
9	HLR、HLG	指示灯	AD16-22/41-220V	2	
8	1SB、2SB	按钮开关	LA23-11	2	
7	SV	电压转换开关	LW12-16DHY3/3	1	
6	PV	电压表	42L6-V 0～450V	1	
5	1PA～3PA	电流表	42L6-A □/5A	3	
4	1FU～3FU	熔断器	JF5-2.5RD/6A	3	
3	2TAu	电流互感器	BH-0.66 □/5A	1	
2	1TAu、1TAv、1TAw	电流互感器	BH-0.66 □/5A	3	
1	1QF	断路器	DW15（DW15C）-□/□A/220V	1	上海精益、人民电器厂
序号	元件代号	名 称	型 号 规 格	数量	备 注

标记	处数	更改文件号	签 字	日 期	GGD（GCK）交直流操作一号进线柜二次原理图		QB/T.DJ082703.05Y		
设 计			标准化			图样标记	数量	重量	比例
									1:1
绘 图			审 定					
审 核			批 准		进线、不带计量、3TA、断路器DW15（DWX15）、双电源互为备用，手动热-电磁操作，正常时，一路电源供电，另一路电源备用。	共 2 张 第 1 张
工 艺			日 期			光盘页码：5-178

描 图
描 校
旧底图总号
底图总号
签 字
日 期

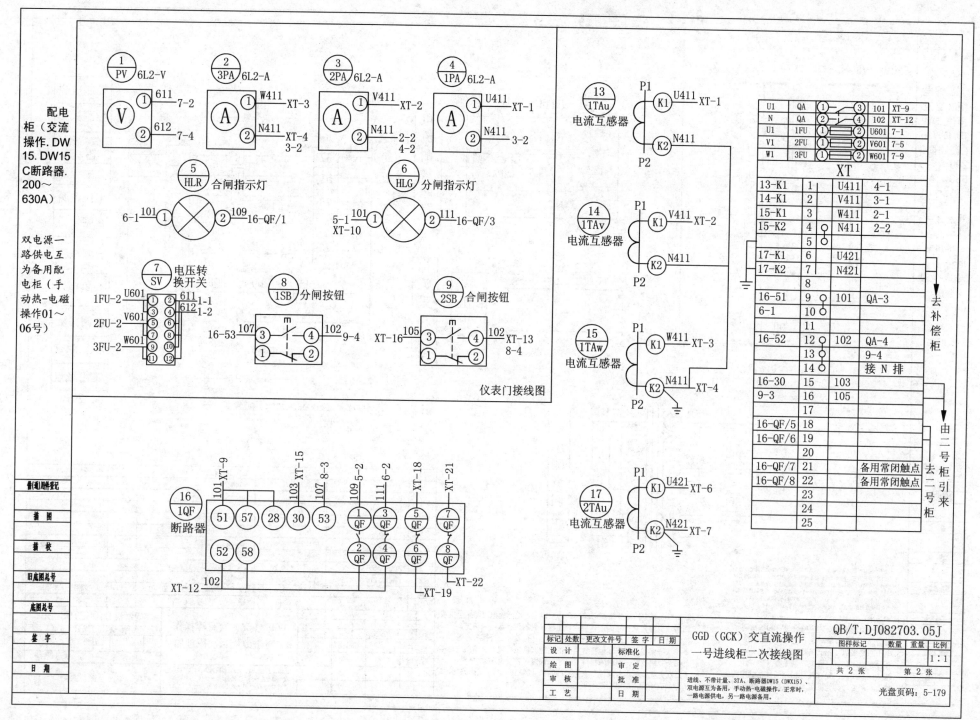

配电柜（交流操作.DW15.DW15C断路器.200～630A）

双电源一路供电互为备用配电柜（手动热-电磁操作01～06号）

仪表门接线图

U1	QA	① → ③	101	XT-9
N	QA	② → ④	102	XT-12
U1	1FU	① ②	U601	7-1
V1	2FU	① ②	V601	7-5
W1	3FU	① ②	W601	7-9

XT

13-K1	1	U411	4-1
14-K1	2	V411	3-1
15-K1	3	W411	2-1
15-K2	4	N411	2-2
	5		
17-K1	6	U421	
17-K2	7	N421	
	8		
16-51	9	101	QA-3
6-1	10		
	11		
16-52	12	102	QA-4
	13		9-4
	14		接 N 排
16-30	15	103	
9-3	16	105	
	17		
16-QF/5	18		
16-QF/6	19		
	20		
16-QF/7	21		备用常闭触点
16-QF/8	22		备用常闭触点
	23		
	24		
	25		

去补偿柜

由二号柜引来

去二号柜

断路器

XT-12

QB/T.DJ082703.05J

GGD（GCK）交直流操作 一号进线柜二次接线图

标记	处数	更改文件号	签字	日期
设 计		标准化		
绘 图		审 定		
审 核		批 准		
工 艺		日 期		

| 图样标记 | 数量 | 重量 | 比例 |
| | | | 1:1 |

共 2 张　第 2 张

进线、不带计量、3TA、断路器DW15（DWX15）、双电源互为备用，手动热-电磁操作，正常时，一路电源供电，另一路电源备用。

光盘页码：5-179

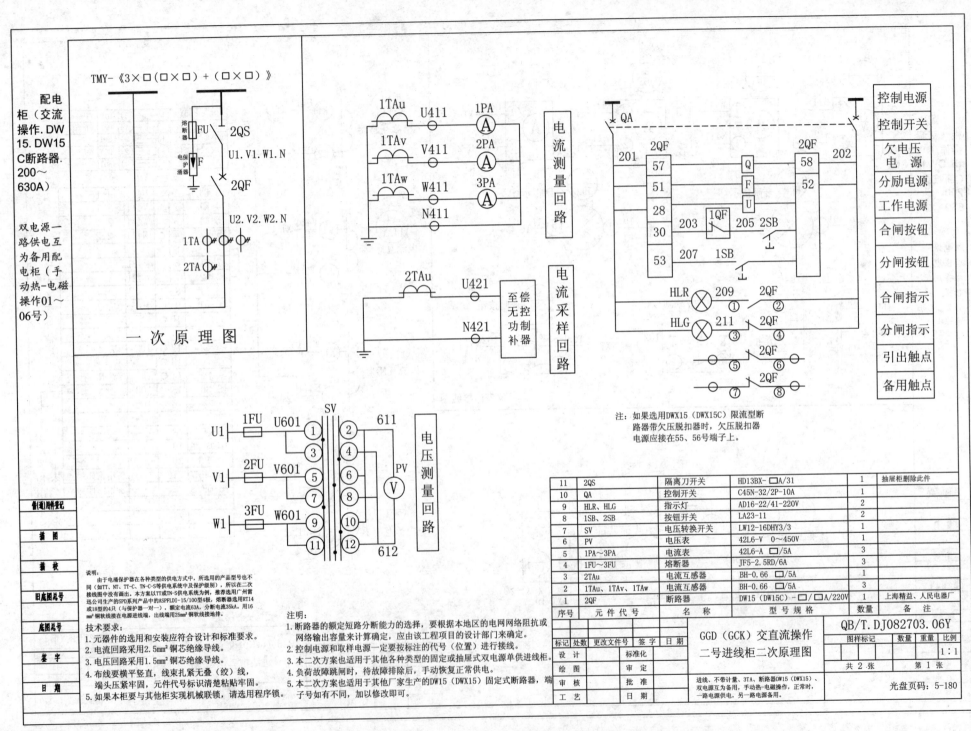

配电柜（交流操作.DW15.DW15C断路器.200～630A）

双电源一路供电互为备用配电柜（手动热-电磁操作01～06号）

TMY-《3×□（□×□）+（□×□）》

一次原理图

电流测量回路

电流采样回路

电压测量回路

注：如果选用DWX15（DWX15C）限流型断路器带欠压脱扣器时，欠压脱扣器电源应接在55、56号端子上。

控制电源
控制开关
欠电压电源
分励电源
工作电源
合闸按钮
分闸按钮
合闸指示
分闸指示
引出触点
备用触点

说明：
由于电涌保护器在各种类型的供电方式中，所选用的产品型号也不同（如TT、NT、TT-C、TN-C-S等供电系统中及保护级别），所以在二次接线图中没有画出。本方案以TT或TN-S供电系统为例，推荐选用广州雷迅公司生产的SPD系列产品中的ASPFLDI-15/100型4极，熔断器选用RT14或18型的4只（与保护器一对一），额定电流63A，分断电流35kA，用16㎜²铜软线接在电源进线端，出线端用25㎜²铜软线接地排。

技术要求：
1.元器件的选用和安装应符合设计和标准要求。
2.电流回路采用2.5㎜²铜芯绝缘导线。
3.电压回路采用1.5㎜²铜芯绝缘导线。
4.布线要横平竖直，线束扎紧无叠（绞）线。端头压紧牢固，元件代号标识清楚粘贴牢固。
5.如果本柜要与其他柜实现机械联锁，请选用程序锁。

注明：
1.断路器的额定短路分断能力的选择，要根据本地区的电网网络阻抗或网络输出容量来计算确定，应由该工程项目的设计部门来确定。
2.控制电源和取样电源一定要按标注的代号（位置）进行接线。
3.本二次方案也适用于其他各种类型的固定或抽屉式双电源单供进线柜。
4.负荷故障跳闸时，待故障排除后，手动恢复正常供电。
5.本二次方案也适用于其他厂家生产的DW15（DWX15）固定式断路器，端子号如有不同，加以修改即可。

11	2QS	隔离刀开关	HD13BX-□A/31	1	抽屉柜删除此件
10	QA	控制开关	C45N-32/2P-10A	1	
9	HLR、HLG	指示灯	AD16-22/41-220V	2	
8	1SB、2SB	按钮开关	LA23-11	2	
7	SV	电压转换开关	LW12-16DHY3/3	1	
6	PV	电压表	42L6-V 0～450V	1	
5	1PA～3PA	电流表	42L6-A □/5A	3	
4	1FU～3FU	熔断器	JF5-2.5RD/6A	3	
3	2TAu	电流互感器	BH-0.66 □/5A	1	
2	1TAu、1TAv、1TAw	电流互感器	BH-0.66 □/5A	3	
1	2QF	断路器	DW15（DW15C）-□/□A/220V	1	上海精益、人民电器厂
序号	元件代号	名　称	型号规格	数量	备　注

标记	处数	更改文件号	签字	日期		GGD（GCK）交直流操作二号进线柜二次原理图		QB/T.DJ082703.06Y		
设　计		标准化						图样标记	数量 重量	比例
绘　图		审　定								1:1
审　核		批　准				进线、不带计量、3TA、断路器DW15（DWX15）、双电源互为备用，手动热-电磁操作，正常时，一路电源供电，另一路电源备用。		共 2 张		第 1 张
工　艺		日　期						光盘页码：5-180		

存（通）用件登记
描　图
描　校
旧底图总号
底图总号
签　字
日　期

532

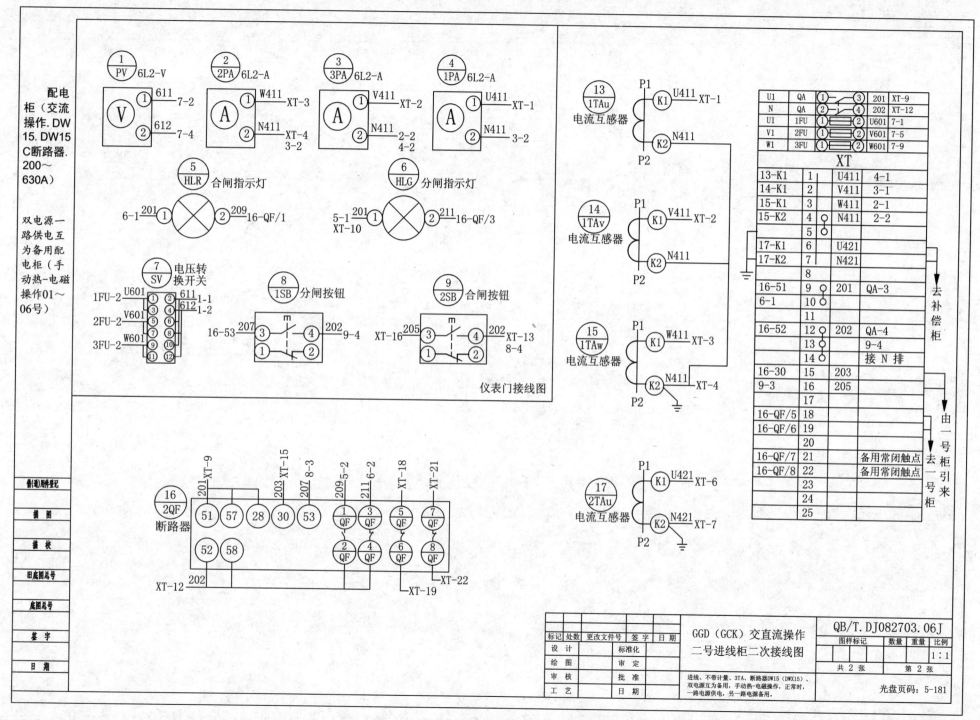

仪表门接线图

配电柜（交流操作.DW15.DW15C断路器.200～630A）

双电源一路供电互为备用配电柜（手动热-电磁操作01～06号）

XT

13-K1	1		U411	4-1
14-K1	2		V411	3-1
15-K1	3		W411	2-1
15-K2	4		N411	2-2
	5			
17-K1	6		U421	
17-K2	7		N421	
	8			
16-51	9		201	QA-3
6-1	10			
	11			
16-52	12		202	QA-4
	13			9-4
	14			接N排
16-30	15		203	
9-3	16		205	
	17			
16-QF/5	18			
16-QF/6	19			
	20			
16-QF/7	21		备用常闭触点	
16-QF/8	22		备用常闭触点	
	23			
	24			
	25			

去补偿柜

由一号柜引来

去一号柜

管线材料

描图

描校

旧底图总号

底图总号

签字

日期

标记	处数	更改文件号	签字	日期
设计		标准化		
绘图		审定		
审核		批准		
工艺		日期		

GGD（GCK）交直流操作
二号进线柜二次接线图

进线、不带计量、3TA、断路器DW15（DWX15）、双电源互为备用，手动热-电磁操作，正常时，一路电源供电，另一路电源备用。

QB/T.DJ082703.06J

图样标记	数量	重量	比例
			1:1

共 2 张　　第 2 张

光盘页码：5-181

533

第六部分　低压配电设备
（ME（DW17）断路器为主开关）

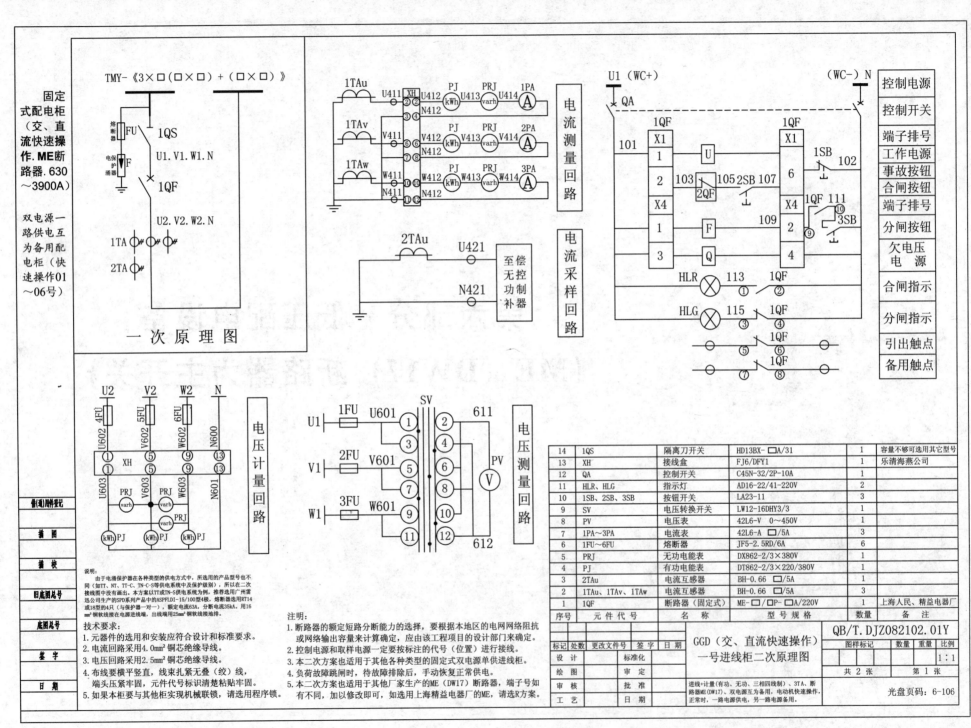

固定式配电柜（交、直流快速操作.ME断路器.630~3900A）

双电源一路供电互为备用配电柜（快速操作01~06号）

TMY-《3×□(□×□)+(□×□)》

一 次 原 理 图

电流测量回路

电流采样回路

至偿无控功率补器

电压计量回路

电压测量回路

控制电源
控制开关
端子排号
工作电源
事故按钮
合闸按钮
端子排号
分闸按钮
欠电压电源
合闸指示
分闸指示
引出触点
备用触点

说明：
由于电源保护器在各种类型的供电方式中，所选用的产品型号也不同（如TT、NT、TT-C、TN-S等供电系统中及保护级别），所以在二次接线图中没有画出。本方案以TT或TN-S供电系统为例，推荐选用广州雷迅公司生产的SPD系列产品中的ASPFLDI-15/100型4级，熔断器用RT14或18型的4只（与保护器一对一），额定电流63A，分断电流35kA。用16mm²铜软线接在电源进线端，出线端用25mm²铜软线接地排。

技术要求：
1. 元器件的选用和安装应符合设计和标准要求。
2. 电流回路采用4.0mm²铜芯绝缘导线。
3. 电压回路采用2.5mm²铜芯绝缘导线。
4. 布线要横平竖直，线束扎紧无叠（绞）线，端头压紧牢固，元件代号标识清楚粘贴牢固。
5. 如果本柜要与其他柜实现机械联锁，请选用程序锁。

注明：
1. 断路器的额定短路分断能力的选择，要根据本地区的电网网络阻抗或网络输出容量来计算确定，应由该工程项目的设计部门来确定。
2. 控制电源和取样电源一定要按标注的代号（位置）进行接线。
3. 本二次方案也适用于其他各种类型的固定式双电源单供进线柜。
4. 负荷故障跳闸时，待故障排除后，手动恢复正常供电。
5. 本二次方案也适用于其他厂家生产的ME（DW17）断路器，端子号如有不同，加以修改即可，如选用上海精益电器厂的ME，请选R方案。

14	1QS	隔离刀开关	HD13BX-□A/31	1	容量不够可选用其它型号
13	XH	接线盒	FJ6/DFY1	1	乐清海燕公司
12	QA	控制开关	C45N-32/2P-10A	1	
11	HLR、HLG	指示灯	AD16-22/41-220V	2	
10	1SB、2SB、3SB	按钮开关	LA23-11	3	
9	SV	电压转换开关	LW12-16DHY3/3	1	
8	PV	电压表	42L6-V 0~450V	1	
7	1PA~3PA	电流表	42L6-A □/5A	3	
6	1FU~6FU	熔断器	JF5-2.5RD/6A	6	
5	PRJ	无功电能表	DX862-2/3×380V	1	
4	PJ	有功电能表	DT862-2/3×220/380V	1	
3	2TAu	电流互感器	BH-0.66 □/5A	1	
2	1TAu、1TAv、1TAw	电流互感器	BH-0.66 □/5A	3	
1	1QF	断路器（固定式）	ME-□/□P-□A/220V	1	上海人民、精益电器厂
序号	元件代号	名 称	型 号 规 格	数量	备 注

标记	处数	更改文件号	签字	日期			
设 计		标准化			**GGD（交、直流快速操作）**	QB/T.DJZ082102.01Y	
绘 图		审 定			**一号进线柜二次原理图**		
审 核		批 准					
工 艺		日 期					

图样标记　数量　重量　比例　1:1

共 2 张　第 1 张

进线+计量（有功、无功、三相四线制）、3TA、断路器ME（DW17）、双电源互为备用，电动机快速操作，正常时，一路电源供电，另一路电源备用。

光盘页码：6-106

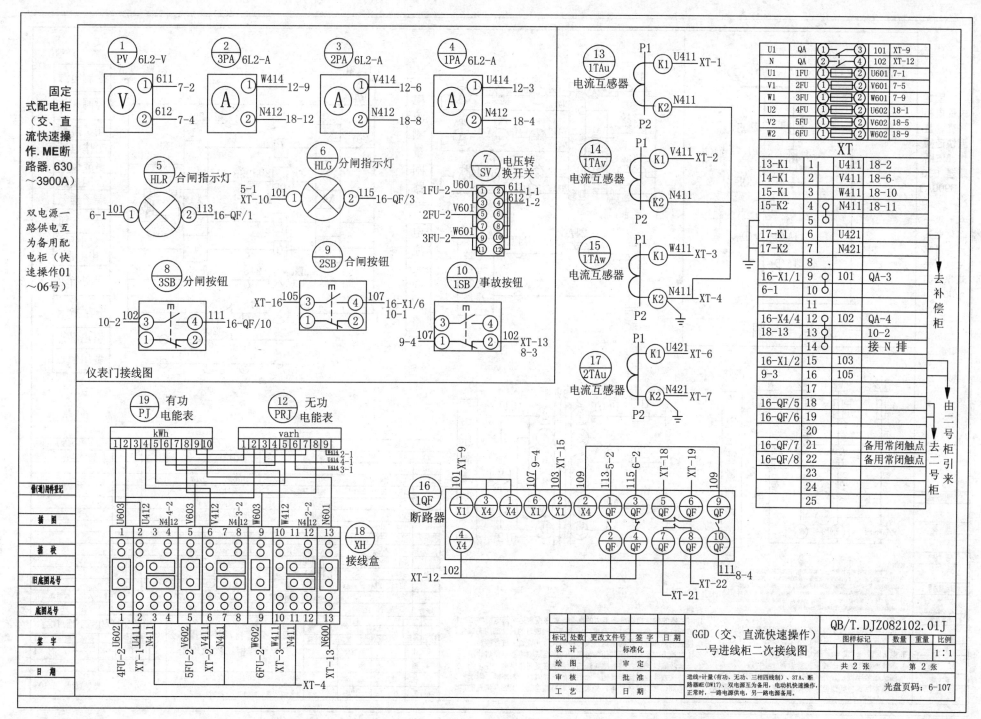

固定式配电柜（交、直流快速操作.ME断路器.630～3900A）

双电源一路供电互为备用配电柜（快速操作01～06号）

仪表门接线图

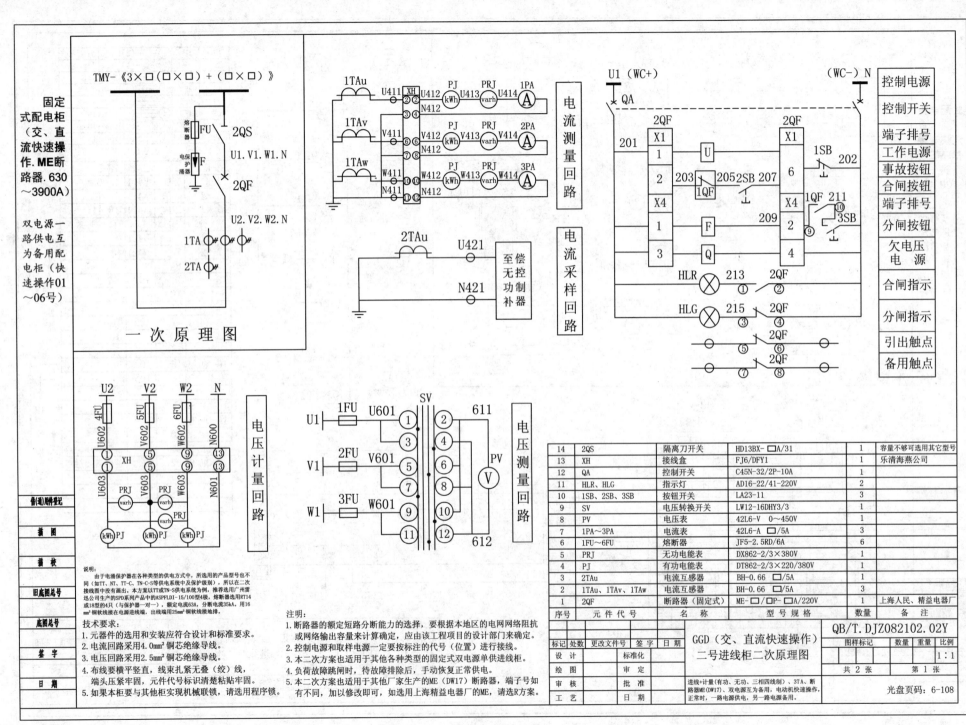

固定式配电柜（交、直流快速操作.ME断路器.630～3900A）

双电源一路供电互为备用配电柜（快速操作01～06号）

TMY-《3×□（□×□）+（□×□）》

一次原理图

FU 熔断器
F 电保护涌器
2QS
U1.V1.W1.N
2QF
U2.V2.W2.N
1TA
2TA

电流测量回路

1TAu U411 XH U412 PJ(kWh) U413 PRJ(varh) U414 1PA(A)
N412
1TAv V411 V412 PJ(kWh) V413 PRJ(varh) V414 2PA(A)
N412
1TAw W411 W412 PJ(kWh) W413 PRJ(varh) W414 3PA(A)
N411 N412

电流采样回路

2TAu U421 至偿无控功率补器
N421

电压计量回路

U2 V2 W2 N
U602 4FU V602 5FU W602 6FU N600
XH ① ⑤ ⑨ ⑬
① ⑤ ⑨ ⑬
U603 V603 W603 N601
PRJ(varh) PRJ(varh)
PRJ(varh)
kWh PJ kWh PJ kWh PJ

电压测量回路

SV
U1 1FU U601 ① ② 611
V1 2FU V601 ③ ④
⑤ ⑥ PV(V)
⑦ ⑧
W1 3FU W601 ⑨ ⑩
⑪ ⑫ 612

二次原理图右侧

U1（WC+） QA （WC-）N
201 2QF X1 1 U 203 205 2SB 207 2QF X1 6 1SB 202
2 1QF X4 2 1QF 211 3SB ⑨ ⑩
X4 1 F 209
3 Q 4
HLR⊗ 213 ① ② 2QF
HLG⊗ 215 ③ ④ 2QF
⑤ ⑥ 2QF
⑦ ⑧ 2QF

控制电源
控制开关
端子排号
工作电源
事故按钮
合闸按钮
端子排号
分闸按钮
欠电压电源
合闸指示
分闸指示
引出触点
备用触点

14	2QS	隔离刀开关	HD13BX-□A/31	1	容量不够可选用其它型号
13	XH	接线盒	FJ6/DFY1	1	乐清海燕公司
12	QA	控制开关	C45N-32/2P-10A	1	
11	HLR、HLG	指示灯	AD16-22/41-220V	2	
10	1SB、2SB、3SB	按钮开关	LA23-11	3	
9	SV	电压转换开关	LW12-16DHY3/3	1	
8	PV	电压表	42L6-V 0～450V	1	
7	1PA～3PA	电流表	42L6-A □/5A	3	
6	1FU～6FU	熔断器	JF5-2.5RD/6A	6	
5	PRJ	无功电能表	DX862-2/3×380V	1	
4	PJ	有功电能表	DT862-2/3×220/380V	1	
3	2TAu	电流互感器	BH-0.66 □/5A	1	
2	1TAu、1TAv、1TAw	电流互感器	BH-0.66 □/5A	3	
1	2QF	断路器（固定式）	ME-□/□P-□A/220V	1	上海人民、精益电器厂
序号	元件代号	名 称	型 号 规 格	数量	备 注

说明：由于电涌保护器在各种类型的供电方式中，所选用的产品型号也不同（如TT、NT、TT-C、TN-C-S等供电系统中及保护级别），所以在二次接线图中没有画出。本方案以TT或TN-S供电系统为例，推荐选用广雷迅公司生产的SPD系列产品中的ASPFLDI-15/100型4极，熔断器选用RT14或18型的4只（与保护器一对一），额定电流63A，分断电流35kA。用16mm²铜软线接在电源进线端，出线端用25mm²铜软线接地排。

技术要求：
1. 元器件的选用和安装应符合设计和标准要求。
2. 电源回路采用4.0mm²铜芯绝缘导线。
3. 电压回路采用2.5mm²铜芯绝缘导线。
4. 布线要横平竖直，线束扎紧无叠（绞）线，端头压紧牢固，元件代号标识清楚粘贴牢固。
5. 如果本柜要与其它柜实现机械联锁，请选用程序锁。

注明：
1. 断路器的额定短路分断能力的选择，要根据本地区的电网网络阻抗或网络输出容量来计算确定，应由该工程项目的设计部门来确定。
2. 控制电源和取样电源一定要按标注的代号（位置）进行接线。
3. 本二次方案也适用于其它各种类型的固定式双电源单供进线柜。
4. 负荷故障跳闸时，待故障排除后，手动恢复正常供电。
5. 本二次方案也适用于其它厂家生产的ME（DW17）断路器，端子号如有不同，加以修改即可，如选用上海精益电器厂的ME，请选R方案。

鲁(通)附件登记					
描 图					
描 校					
旧底图总号					
底图总号					
签 字					
日 期					

				GGD（交、直流快速操作）		QB/T.DJZ082102.02Y			
标记	处数	更改文件号	签字	日期	二号进线柜二次原理图	图样标记	数量	重量	比例
设 计		标准化							1:1
绘 图		审 定			共 2 张		第 1 张		
审 核		批 准			进线+计量(有功、无功、三相四线制)、3TA、断路器ME(DW17)、双电源互为备用、电动机快速操作、正常时，一路电源供电，另一路电源备用。				
工 艺		日 期					光盘页码：6-108		

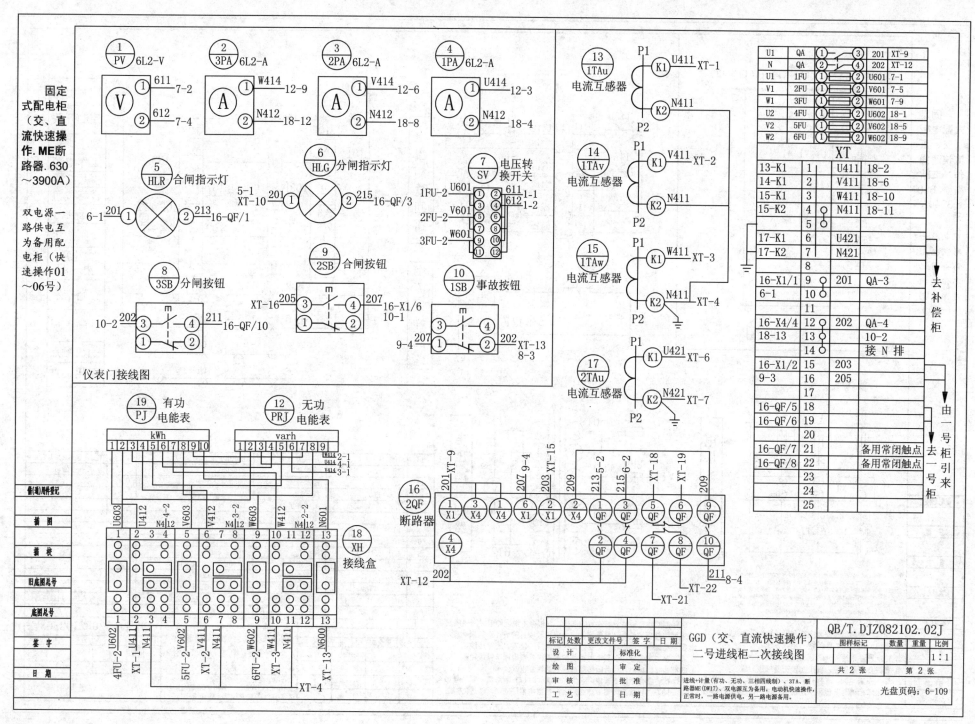

固定式配电柜（交、直流快速操作. ME断路器.630～3900A）

双电源一路供电互为备用配电柜（快速操作01～06号）

仪表门接线图

① PV	6L2-V
② 3PA	6L2-A
③ 2PA	6L2-A
④ 1PA	6L2-A

⑤ HLR 合闸指示灯
⑥ HLG 分闸指示灯
⑦ SV 电压转换开关
⑧ 3SB 分闸按钮
⑨ 2SB 合闸按钮
⑩ 1SB 事故按钮
⑬ 1TAu 电流互感器
⑭ 1TAv 电流互感器
⑮ 1TAw 电流互感器
⑰ 2TAu 电流互感器
⑲ PJ 有功电能表 kWh
⑫ PRJ 无功电能表 varh
⑯ 2QF 断路器
⑱ XH 接线盒

U1	QA	① ③	201	XT-9
N	QA	② ④	202	XT-12
U1	1FU	① ②	U601	7-1
V1	2FU	① ②	V601	7-5
W1	3FU	① ②	W601	7-9
U2	4FU	① ②	U602	18-1
V2	5FU	① ②	V602	18-5
W2	6FU	① ②	W602	18-9

XT

13-K1	1	U411	18-2
14-K1	2	V411	18-6
15-K1	3	W411	18-10
15-K2	4	N411	18-11
	5		
17-K1	6	U421	
17-K2	7	N421	
	8		
16-X1/1	9	201	QA-3
6-1	10		
	11		
16-X4/4	12	202	QA-4
18-13	13		10-2
	14		接N排
16-X1/2	15	203	
9-3	16	205	
	17		
16-QF/5	18		
16-QF/6	19		
	20		
16-QF/7	21	备用常闭触点	
16-QF/8	22	备用常闭触点	
	23		
	24		
	25		

去补偿柜
由一号柜引来
去一号柜

| | GGD（交、直流快速操作）二号进线柜二次接线图 | QB/T.DJZ082102.02J |

图样标记　数量　重量　比例　1:1

共 2 张　第 2 张

进线+计量（有功、无功、三相四线制）、3TA、断路器ME（DW17）、双电源互为备用，电动机快速操作，正常时，一路电源供电，另一路电源备用。

光盘页码：6-109

537

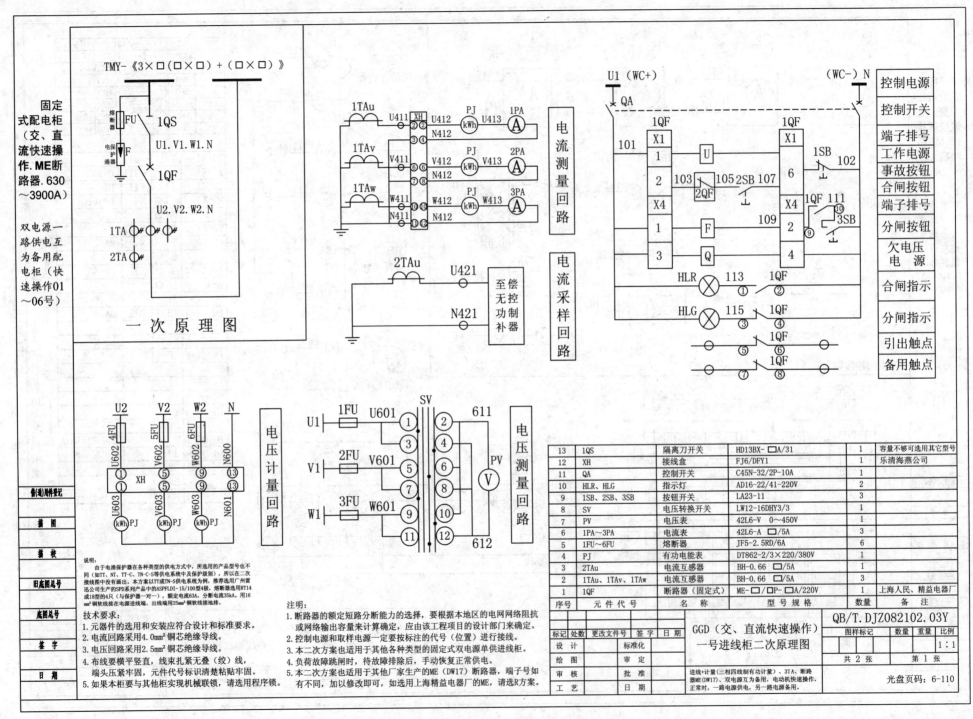

固定式配电柜（交、直流快速操作.ME断路器.630～3900A）

双电源一路供电互为备用配电柜（快速操作01～06号）

TMY-《3×□(□×□)+(□×□)》

一 次 原 理 图

电流测量回路

电流采样回路

至偿无控功率补器

电压计量回路

电压测量回路

控制电源
控制开关
端子排号
工作电源
事故按钮
合闸按钮
端子排号
分闸按钮
欠电压电源
合闸指示
分闸指示
引出触点
备用触点

13	1QS	隔离刀开关	HD13BX-□A/31	1	容量不够可选用其它型号
12	XH	接线盒	FJ6/DFY1	1	乐清海燕公司
11	QA	控制开关	C45N-32/2P-10A	1	
10	HLR、HLG	指示灯	AD16-22/41-220V	2	
9	1SB、2SB、3SB	按钮开关	LA23-11	3	
8	SV	电压转换开关	LW12-16DHY3/3	1	
7	PV	电压表	42L6-V 0～450V	1	
6	1PA～3PA	电流表	42L6-A □/5A	3	
5	1FU～6FU	熔断器	JF5-2.5RD/6A	6	
4	PJ	有功电能表	DT862-2/3×220/380V	1	
3	2TAu	电流互感器	BH-0.66 □/5A	3	
2	1TAu、1TAv、1TAw	电流互感器	BH-0.66 □/5A	3	
1	1QF	断路器（固定式）	ME-□/□P-□A/220V	1	上海人民、精益电器厂
序号	元件代号	名 称	型 号 规 格	数量	备 注

说明：
由于电涌保护器在各种类型的供电方式中，所选用的产品型号也不同（如TT、NT、TT-C、TN-C-S等供电系统中及保护级别），所以在二次接线图中没有画出。本方案以TT或TN-S供电系统为例，推荐选用广州雷迅公司生产的SPD系列产品的ASPFLDI-15/100型4极，熔断器选用RT14或18型的4只（与保护器一对一），额定电流63A，分断电流35kA，用16mm²铜软线接在电源进线端，出线端用25mm²铜软线接地排。

技术要求：
1.元器件的选用和安装应符合设计和标准要求。
2.电流回路采用4.0mm²铜芯绝缘导线。
3.电压回路采用2.5mm²铜芯绝缘导线。
4.布线要横平竖直，线束扎紧无叠（绞）线，端头压紧牢固，元件代号标识清楚粘贴牢固。
5.如果本柜要与其他柜实现机械联锁，请选用程序锁。

注明：
1.断路器的额定短路分断能力的选择，要根据本地区的电网网络阻抗或网络输出容量来计算确定，应由该工程项目的设计部门来确定。
2.控制电源和取样电源一定要按标注的代号（位置）进行接线。
3.本二次方案也适用于其他各种类型的固定式双电源单供进线柜。
4.负荷故障跳闸时，待故障排除后，手动恢复正常供电。
5.本二次方案也适用于其他厂家生产的ME（DW17）断路器，端子号如有不同，加以修改即可，如选用上海精益电器厂的ME，请选R方案。

GGD（交、直流快速操作）一号进线柜二次原理图

QB/T.DJZ082102.03Y

标记	处数	更改文件号	签 字	日 期		图样标记		数量	重量	比例
设 计			标准化							1:1
绘 图			审 定							
审 核			批 准				共 2 张		第 1 张	
工 艺			日 期							

进线+计量（三相四线制有功计量）、3TA、断路器ME（DW17）、双电源互为备用，电动机快速操作，正常时，一路电源供电，另一路电源备用。

光盘页码：6-110

借（通）用件登记

描 图
描 校
旧底图总号
底图总号
签 字
日 期

538

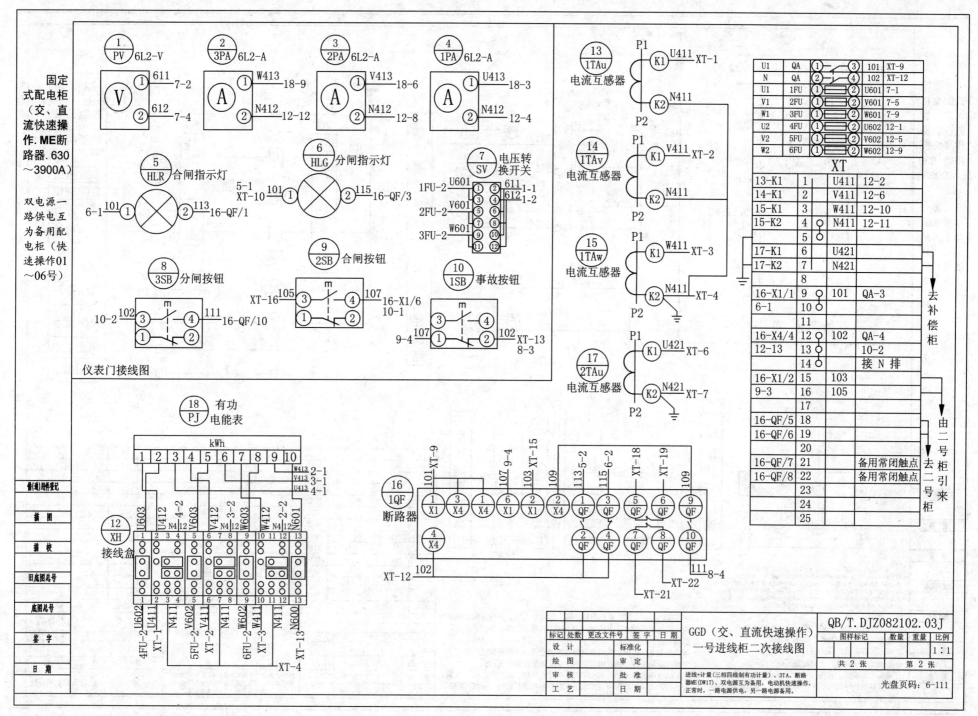

固定式配电柜（交、直流快速操作.ME断路器.630～3900A）

双电源一路供电互为备用配电柜（快速操作01～06号）

仪表门接线图

① PV 6L2-V
② 3PA 6L2-A
③ 2PA 6L2-A
④ 1PA 6L2-A

⑤ HLR 合闸指示灯
⑥ HLG 分闸指示灯
⑦ SV 电压转换开关
⑧ 3SB 分闸按钮
⑨ 2SB 合闸按钮
⑩ 1SB 事故按钮

⑬ 1TAu 电流互感器
⑭ 1TAv 电流互感器
⑮ 1TAw 电流互感器
⑰ 2TAu 电流互感器

⑱ PJ 有功电能表 kWh

⑫ XH 接线盒

⑯ 1QF 断路器

U1	QA	① ③	101	XT-9
N	QA	② ④	102	XT-12
U1	1FU	① ②	U601	7-1
V1	2FU	① ②	V601	7-5
W1	3FU	① ②	W601	7-9
U2	4FU	① ②	U602	12-1
V2	5FU	① ②	V602	12-5
W2	6FU	① ②	W602	12-9

XT

13-K1	1		U411	12-2
14-K1	2		V411	12-6
15-K1	3		W411	12-10
15-K2	4		N411	12-11
	5			
17-K1	6		U421	
17-K2	7		N421	
	8			
16-X1/1	9		101	QA-3
6-1	10			
	11			
16-X4/4	12		102	QA-4
12-13	13			10-2
	14			接 N 排
16-X1/2	15		103	
9-3	16		105	
	17			
16-QF/5	18			
16-QF/6	19			
	20			
16-QF/7	21			备用常闭触点
16-QF/8	22			备用常闭触点
	23			
	24			
	25			

去补偿柜

由二号柜引来

去二号柜

| 标记 | 处数 | 更改文件号 | 签字 | 日期 |

GGD（交、直流快速操作）一号进线柜二次接线图

QB/T.DJZ082102.03J

| 图样标记 | | 数量 | 重量 | 比例 |
| | | | | 1:1 |

设计
绘图　标准化
审核　审定
工艺　批准
　　　日期

进线+计量（三相四线制有功计量）、3TA、断路器ME（DW17）、双电源互为备用、电动机快速操作，正常时，一路电源供电，另一路电源备用。

共 2 张　　第 2 张

光盘页码：6-111

539

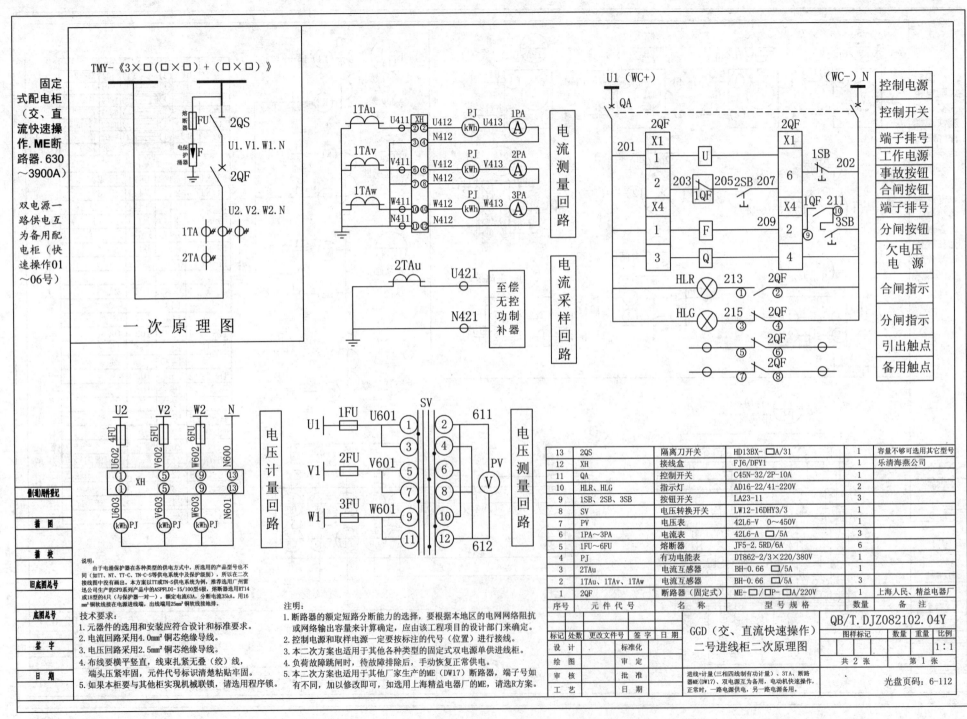

固定式配电柜（交、直流快速操作.ME断路器.630～3900A）

双电源一路供电互为备用配电柜（快速操作01～06号）

TMY-《3×□(□×□)+(□×□)》

一次原理图

电流测量回路

电流采样回路

电压计量回路

电压测量回路

		控制电源
		控制开关
		端子排号
		工作电源
		事故按钮
		合闸按钮
		端子排号
		分闸按钮
		欠电压 电源
		合闸指示
		分闸指示
		引出触点
		备用触点

说明：由于电涌保护器在各种类型的供电方式中，所选用的产品型号也不同（如TT、NT、TT-C、TN-C-S等供电系统中及保护级别），所以在二次接线图中没有画出。本方案以TT或TN-S供电系统为例，推荐选用广州雷迅公司生产的SPD系列产品中的ASPFLDI-15/100型4极，熔断器选用RT14或18型的4只（与保护器一对一），额定电流63A，分断电流35kA，用16mm²铜软线接在电源进线端，出线端用25mm²铜软线接地排。

技术要求：
1. 元器件的选用和安装应符合设计和标准要求。
2. 电流回路采用4.0mm²铜芯绝缘导线。
3. 电压回路采用2.5mm²铜芯绝缘导线。
4. 布线要横平竖直，线束扎紧无叠（绞）线，端头压紧牢固，元件代号标识清楚粘贴牢固。
5. 如果本柜要与其他柜实现机械联锁，请选用程序锁。

注明：
1. 断路器的额定短路分断能力的选择，要根据本地区的电网网络阻抗或网络输出容量来计算确定，应由该工程项目的设计部门来确定。
2. 控制电源和取样电源一定要按标注的代号（位置）进行接线。
3. 本二次方案也适用于其他各种类型的固定式双电源单供进线柜。
4. 负荷故障跳闸时，待故障排除后，手动恢复正常供电。
5. 本二次方案也适用于其他厂家生产的ME（DW17）断路器，端子号如有不同，加以修改即可，如选用上海精益电器厂的ME，请选R方案。

13	2QS	隔离刀开关	HD13BX-□A/31	1	容量不够可选用其它型号
12	XH	接线盒	FJ6/DFY1	1	乐清海燕公司
11	QA	控制开关	C45N-32/2P-10A	1	
10	HLR、HLG	指示灯	AD16-22/41-220V	2	
9	1SB、2SB、3SB	按钮开关	LA23-11	3	
8	SV	电压转换开关	LW12-16DHY3/3	1	
7	PV	电压表	42L6-V 0～450V	1	
6	1PA～3PA	电流表	42L6-A □/5A	3	
5	1FU～6FU	熔断器	JF5-2.5RD/6A	6	
4	PJ	有功电能表	DT862-2/3×220/380V	1	
3	2TAu	电流互感器	BH-0.66 □/5A	1	
2	1TAu、1TAv、1TAw	电流互感器	BH-0.66 □/5A	3	
1	2QF	断路器（固定式）	ME-□/□P-□A/220V	1	上海人民、精益电器厂
序号	元件代号	名 称	型 号 规 格	数量	备 注

标记	处数	更改文件号	签字	日期
设 计			标准化	
绘 图			审 定	
审 核			批 准	
工 艺			日 期	

GGD（交、直流快速操作）二号进线柜二次原理图

QB/T.DJZ082102.04Y

图样标记		数量	重量	比例
				1:1

共 2 张　　第 1 张

进线+计量（三相四线制有功计量）、3TA、断路器ME（DW17）、双电源互为备用，电动机快速操作，正常时，一路电源供电，另一路电源备用。

光盘页码：6-112

绘（描）图件登记	
描 图	
描 校	
旧底图总号	
底图总号	
整 字	
日 期	

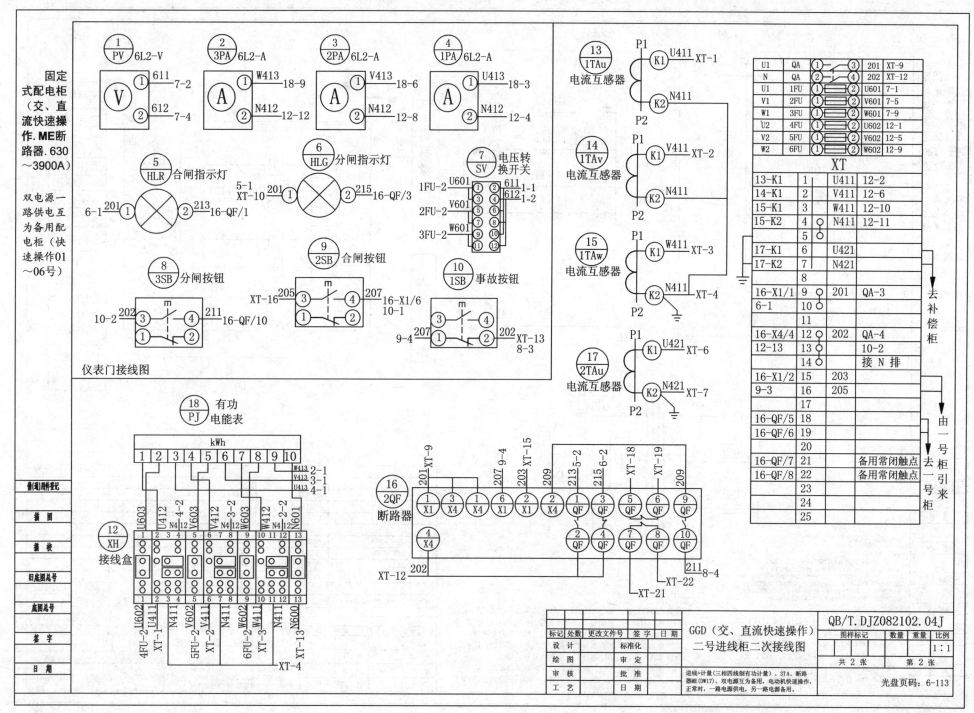

固定式配电柜（交、直流快速操作.ME断路器.630~3900A）

双电源一路供电互为备用配电柜（快速操作01~06号）

① PV 6L2-V
② 3PA 6L2-A
③ 2PA 6L2-A
④ 1PA 6L2-A

⑤ HLR 合闸指示灯
⑥ HLG 分闸指示灯
⑦ SV 电压转换开关

⑧ 3SB 分闸按钮
⑨ 2SB 合闸按钮
⑩ 1SB 事故按钮

仪表门接线图

⑬ 1TAu 电流互感器
⑭ 1TAv 电流互感器
⑮ 1TAw 电流互感器
⑰ 2TAu 电流互感器

⑱ PJ 有功电能表

kWh

⑫ XH 接线盒

⑯ 2QF 断路器

U1	QA	① ③	201	XT-9
N	QA	② ④	202	XT-12
U1	1FU	① ②	U601	7-1
V1	2FU	① ②	V601	7-5
W1	3FU	① ②	W601	7-9
U2	4FU	① ②	U602	12-1
V2	5FU	① ②	V602	12-5
W2	6FU	① ②	W602	12-9

XT

13-K1	1	U411	12-2
14-K1	2	V411	12-6
15-K1	3	W411	12-10
15-K2	4	N411	12-11
	5		
17-K1	6	U421	
17-K2	7	N421	
	8		
16-X1/1	9	201	QA-3
6-1	10		
	11		
16-X4/4	12	202	QA-4
12-13	13		10-2
	14		接 N 排
16-X1/2	15	203	
9-3	16	205	
	17		
16-QF/5	18		
16-QF/6	19		
	20		
16-QF/7	21		备用常闭触点
16-QF/8	22		备用常闭触点
	23		
	24		
	25		

去补偿柜
由一号柜引来
去一号柜

QB/T.DJZ082102.04J

标记	处数	更改文件号	签字	日期
设 计			标准化	
绘 图			审 定	
审 核			批 准	
工 艺			日 期	

GGD（交、直流快速操作）二号进线柜二次接线图

图样标记		数量	重量	比例
				1:1
共 2 张			第 2 张	

进线+计量（三相四线制有功计量）、3TA、断路器ME（DW17）、双电源互为备用，电动机快速操作，正常时，一路电源供电，另一路电源备用。

光盘页码：6-113

541

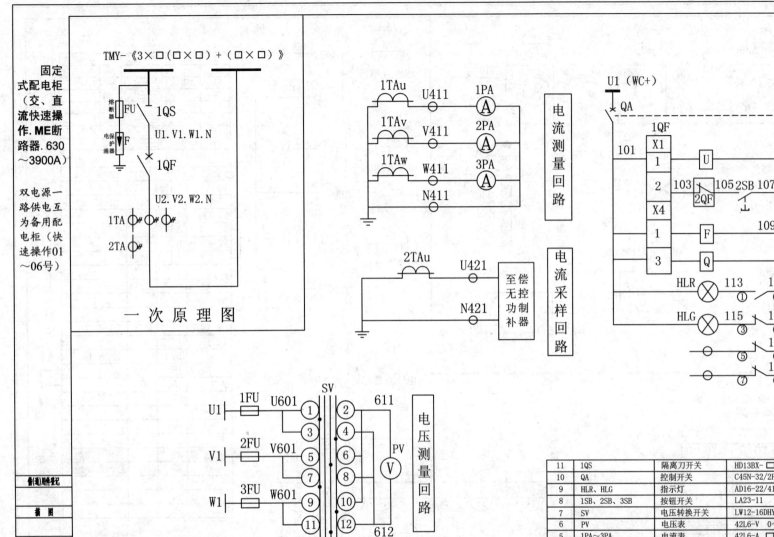

固定式配电柜（交、直流快速操作.ME断路器.630～3900A）

双电源一路供电互为备用配电柜（快速操作01～06号）

TMY-《3×□（□×□）+（□×□）》

熔断器 FU 1QS

电保护涌器 F

U1.V1.W1.N

1QF

U2.V2.W2.N

1TA

2TA

一 次 原 理 图

1TAu U411 1PA (A)
1TAv V411 2PA (A)
1TAw W411 3PA (A)
N411

电流测量回路

2TAu U421 至偿无控功率补偿器
N421

电流采样回路

U1 1FU U601 ① ② 611
③ ④
V1 2FU V601 ⑤ ⑥ PV (V)
⑦ ⑧
W1 3FU W601 ⑨ ⑩
⑪ ⑫ 612

SV

电压测量回路

U1（WC+） QA （WC-）N

控制电源
控制开关
端子排号
工作电源
事故按钮
合闸按钮
端子排号
分闸按钮
欠电压电源
合闸指示
分闸指示
引出触点
备用触点

说明：
由于电涌保护器在各种类型的供电方式中，所选用的产品型号也不同（如TT、NT、TT-C、TN-C-S等供电系统中及保护级别），所以在二次接线图中没有画出。本方案以TT或TN-S供电系统为例，推荐选用广州雷迅公司生产的SPD系列产品中的ASPFLDI-15/100型4级，熔断器选用RT14或18型的4L（与保护器一对一），额定电流63A，分断电流35kA，用16 mm²铜绞线压紧在电源进线端，出线端用25mm²铜软线接地排。

技术要求：
1.元件的选用和安装应符合设计和标准要求。
2.电流回路采用2.5mm²铜芯绝缘导线。
3.电压回路采用1.5mm²铜芯绝缘导线。
4.布线要横平竖直，线束扎紧无叠（绞）线，端头压紧牢固，元件代号标识清楚粘贴牢固。
5.如果本柜要与其他柜实现机械联锁，请选用程序锁。

注明：
1.断路器的额定短路分断能力的选择，要根据本地区的电网网络阻抗或网络输出容量来计算确定，应由该工程项目的设计部门来确定。
2.控制电源和取样电源一定要按标注的代号（位置）进行接线。
3.本二次方案也适用于其他各种类型的固定式双电源单供进线柜。
4.负荷故障跳闸时，待故障排除后，手动恢复正常供电。
5.本二次方案也适用于其他厂家生产的ME（DW17）断路器，端子号如有不同，加以修改即可，如选用上海精益电器厂的ME，请选R方案。

11	1QS	隔离刀开关	HD13BX-□A/31	1	容量不够可选用其它型号
10	QA	控制开关	C45N-32/2P-10A	1	
9	HLR、HLG	指示灯	AD16-22/41-220V	2	
8	1SB、2SB、3SB	按钮开关	LA23-11	3	
7	SV	电压转换开关	LW12-16DHY3/3	1	
6	PV	电压表	42L6-V 0～450V	1	
5	1PA～3PA	电流表	42L6-A □/5A	3	
4	1FU～3FU	熔断器	JF5-2.5RD/6A	3	
3	2TAu	电流互感器	BH-0.66 □/5A	1	
2	1TAu、1TAv、1TAw	电流互感器	BH-0.66 □/5A	3	
1	1QF	断路器（固定式）	ME-□/□P-□A/220V	1	上海人民、精益电器厂
序号	元件代号	名 称	型 号 规 格	数量	备 注

QB/T.DJZ082102.05Y

GGD（交、直流快速操作）
一号进线柜二次原理图

		图样标记	数量	重量	比例
					1:1

标记	处数	更改文件号	签字	日期
设计		标准化		
绘图		审定		
审核		批准		
工艺		日期		

进线、不带计量、3TA、断路器ME（DW17）、双电源互为备用、电动机快速操作，正常时，一路电源供电，另一路电源备用。

共 2 张 第 1 张

光盘页码：6-114

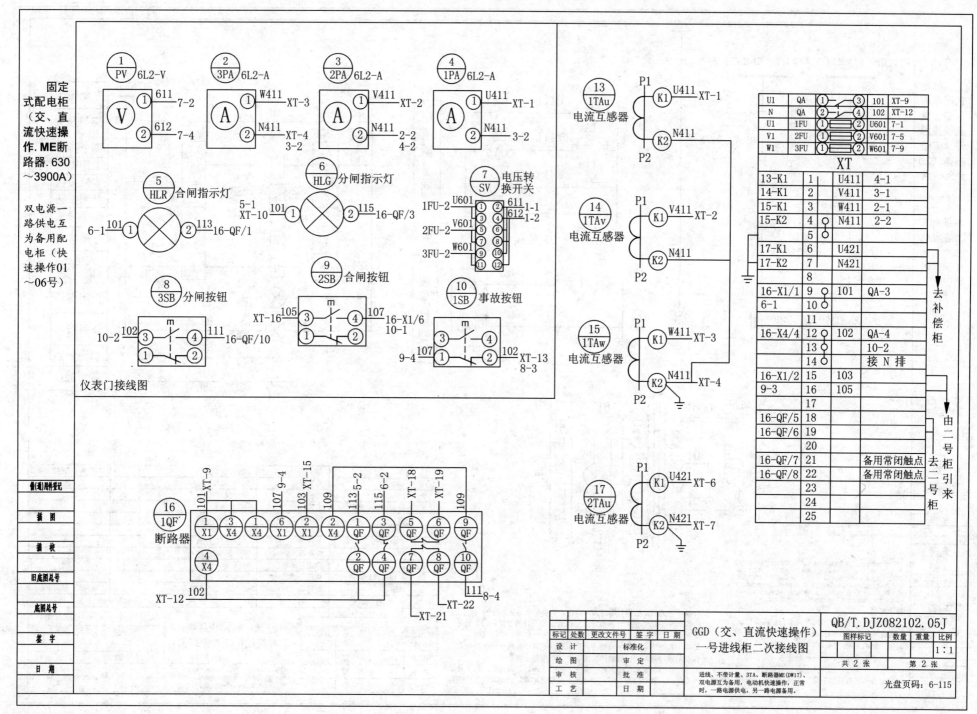

固定式配电柜（交、直流快速操作．ME断路器．630~3900A）

双电源一路供电互为备用配电柜（快速操作01~06号）

仪表门接线图

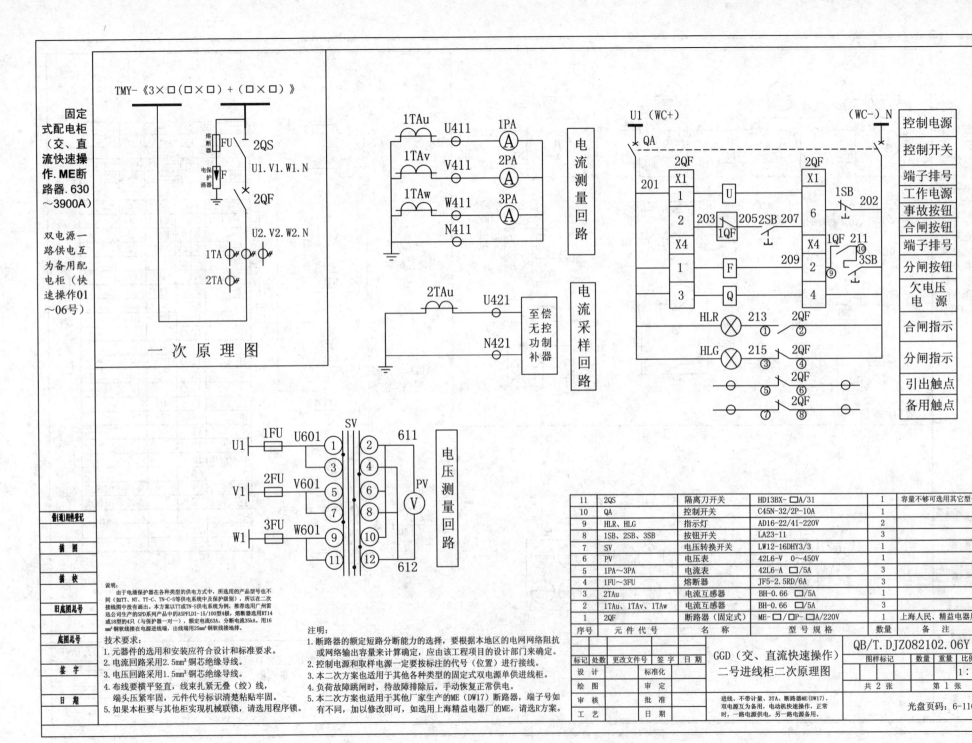

固定式配电柜（交、直流快速操作.ME断路器.630~3900A）

双电源一路供电互为备用配电柜（快速操作01~06号）

TMY-《3×□(□×□)+(□×□)》

一 次 原 理 图

熔断器 FU 2QS
电保护涌器 F U1.V1.W1.N
2QF
U2.V2.W2.N
1TA
2TA

1TAu U411 1PA (A)
1TAv V411 2PA (A)
1TAw W411 3PA (A)
N411

电流测量回路

2TAu U421
N421
至偿无控功率补器

电流采样回路

SV
1FU U601 611
U1 (1)(2)
(3)(4)
2FU V601
V1 (5)(6) PV
(7)(8) (V)
3FU W601
W1 (9)(10)
(11)(12) 612

电压测量回路

U1（WC+） QA （WC-）N
2QF X1 2QF X1 1SB 202
201 1 U 6
2 203 205 2SB 207 X4 1QF 211 3SB
X4 1QF 209 2 9 10
1 F 4
3 Q
HLR 213 2QF
① ②
HLG 215 2QF
③ ④
2QF
⑤ ⑥
2QF
⑦

控制电源
控制开关
端子排号
工作电源
事故按钮
合闸按钮
端子排号
分闸按钮
欠电压电源
合闸指示
分闸指示
引出触点
备用触点

说明：
由于电涌保护器在各种类型的供电方式中，所选用的产品型号也不同（如TT、NT、TT-C、TN-C-S等供电系统中及保护级别），所以在二次接线图中没有画出。本方案以TT或TN-S供电系统为例，推荐选用广州雷迅公司生产的SPD系列产品中的ASPFLD1-15/100型4极，熔断器选用RT14或18型的4只（与保护器一对一），额定电流63A，分断电流35kA。用16mm²铜软线在电源进线端，出线端用25mm²铜软线接地线。

技术要求：
1.元器件的选用和安装应符合设计和标准要求。
2.电流回路采用2.5mm²铜芯绝缘导线。
3.电压回路采用1.5mm²铜芯绝缘导线。
4.布线要横平竖直，线束扎紧无叠（绞）线，端头压紧牢固，元件代号标识清楚粘贴牢固。
5.如果本柜要与其他柜实现机械联锁，请选用程序锁。

注明：
1.断路器的额定短路分断能力的选择，要根据本地区的电网网络阻抗或网络输出容量来计算确定，应由该工程项目的设计部门来确定。
2.控制电源和取样电源一定要按标注的代号（位置）进行接线。
3.本二次方案也适用于其他各种类型的固定式双电源单供进线柜。
4.负荷故障跳闸时，待故障排除后，手动恢复正常供电。
5.本二次方案也适用于其他厂家生产的ME（DW17）断路器，端子号如有不同，加以修改即可，如选用上海精益电器厂的ME，请选R方案。

11	2QS	隔离刀开关	HD13BX-□A/31	1	容量不够可选用其它型号
10	QA	控制开关	C45N-32/2P-10A	1	
9	HLR、HLG	指示灯	AD16-22/41-220V	2	
8	1SB、2SB、3SB	按钮开关	LA23-11	3	
7	SV	电压转换开关	LW12-16DHY3/3	1	
6	PV	电压表	42L6-V 0~450V	1	
5	1PA~3PA	电流表	42L6-□/5A	3	
4	1FU~3FU	熔断器	JF5-2.5RD/6A	3	
3	2TAu	电流互感器	BH-0.66 □/5A	1	
2	1TAu、1TAv、1TAw	电流互感器	BH-0.66 □/5A	3	
1	2QF	断路器（固定式）	ME-□/□P-□A/220V	1	上海人民、精益电器厂
序号	元件代号	名称	型号规格	数量	备注

标记	处数	更改文件号	签字	日期			
设计				标准化			
绘图				审定			
审核				批准			
工艺				日期			

QB/T.DJZ082102.06Y

GGD（交、直流快速操作）二号进线柜二次原理图

图样标记 数量 重量 比例
1:1

共 2 张 第 1 张

进线、不带计量、3TA、断路器ME（DW17）、双电源互为备用，电动机械快速操作，正常时，一路电源供电，另一路电源备用。

光盘页码：6-116

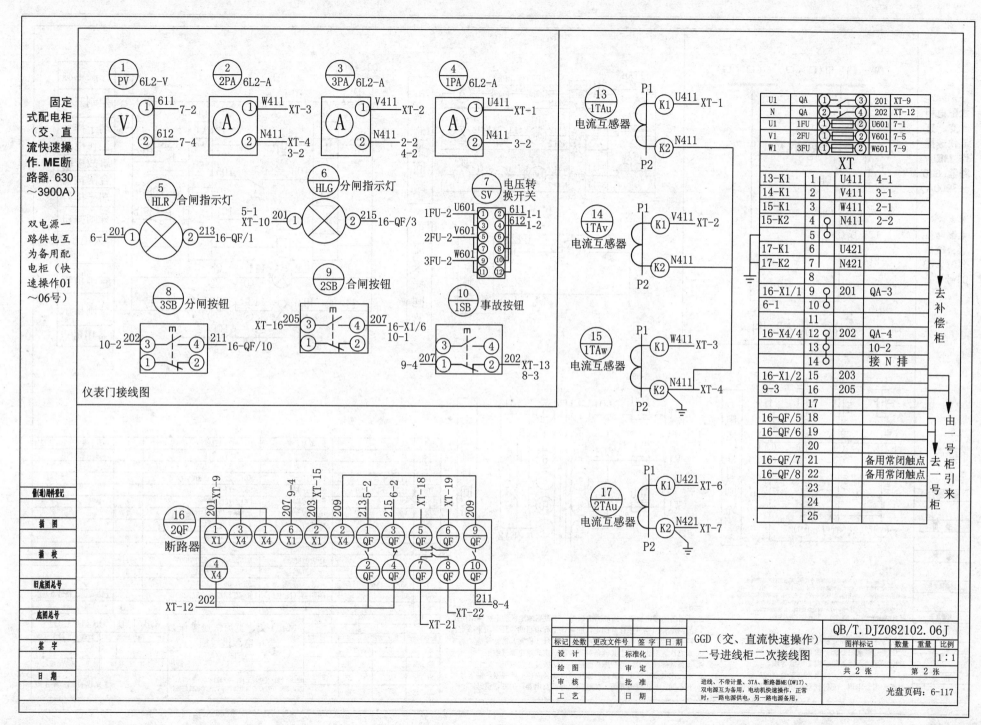

固定式配电柜（交、直流快速操作.ME断路器.630～3900A）

双电源一路供电互为备用配电柜（快速操作01～06号）

仪表门接线图

XT			
U1	QA	① — ③	201	XT-9
N	QA	② — ④	202	XT-12
U1	1FU	① ②	U601	7-1
V1	2FU	① ②	V601	7-5
W1	3FU	① ②	W601	7-9

XT		
13-K1	1	U411 4-1
14-K1	2	V411 3-1
15-K1	3	W411 2-1
15-K2	4	N411 2-2
	5	
17-K1	6	U421
17-K2	7	N421
	8	
16-X1/1	9	201 QA-3
6-1	10	
	11	
16-X4/4	12	202 QA-4
	13	10-2
	14	接N排
16-X1/2	15	203
9-3	16	205
	17	
16-QF/5	18	
16-QF/6	19	
	20	
16-QF/7	21	备用常闭触点
16-QF/8	22	备用常闭触点
	23	
	24	
	25	

去补偿柜

由一号柜引来

去一号柜

					签字	日期				QB/T.DJZ082102.06J
标记	处数	更改文件号	签字	日期			GGD（交、直流快速操作）二号进线柜二次接线图		图样标记	数量	重量	比例
设计			标准化									1:1
绘图			审定									
审核			批准			共 2 张	第 2 张			
工艺			日期			进线、不带计量、3TA、断路器ME(DW17)、双电源互为备用、电动机快速操作，正常时，一路电源供电，另一路电源备用。		光盘页码：6-117		

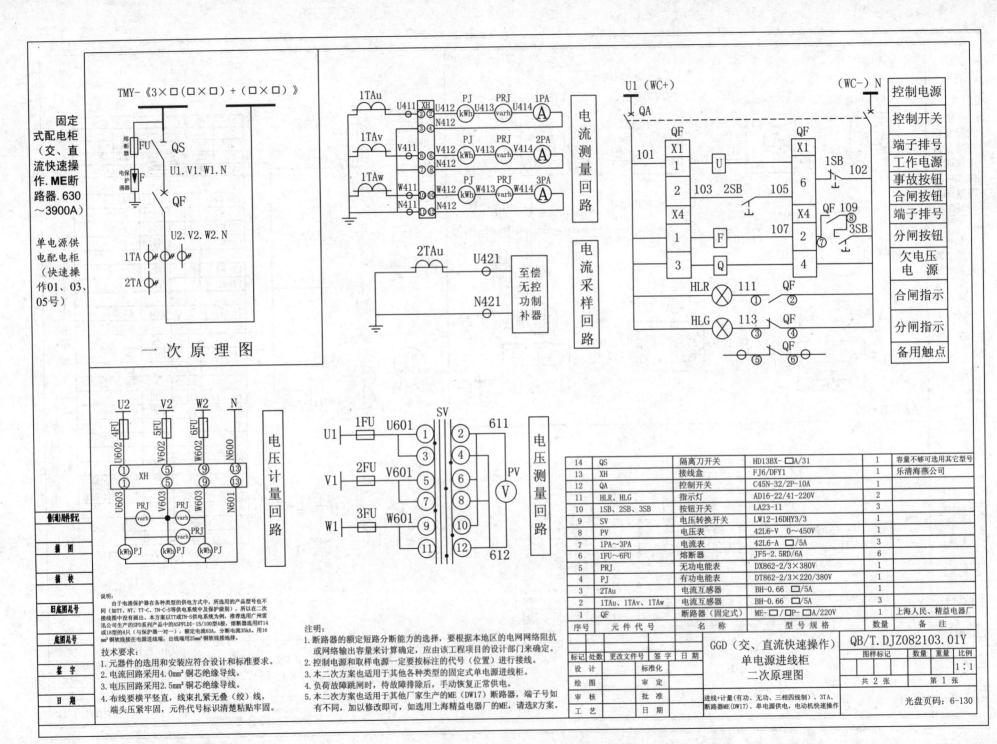

固定式配电柜（交、直流快速操作.ME断路器.630～3900A）

单电源供电配电柜（快速操作01、03、05号）

TMY-《3×□（□×□）+（□×□）》

U1.V1.W1.N

U2.V2.W2.N

一次原理图

电流测量回路

电流采样回路

至偿无控功制补器

电压计量回路

电压测量回路

		控制电源
		控制开关
		端子排号
		工作电源
		事故按钮
		合闸按钮
		端子排号
		分闸按钮
		欠电压电源
		合闸指示
		分闸指示
		备用触点

说明：由于电涌保护器在各种类型的供电方式中，所选用的产品型号也不同（如TT、NT、TT-C、TN-C-S等供电系统中及保护级别），所以在二次接线图中没有画出。本方案以TN-S供电系统为例，推荐选用广州雷迅公司生产的SPD系列产品中的ASPFLDI-15/100型4只，熔断器选用RT14或18型的4只（与保护器一对一），额定电流63A，分断电流35kA，用16㎜²铜软线接在电源进线端，出线端用25㎜²铜软线接地排。

技术要求：
1.元器件的选用和安装应符合设计和标准要求。
2.电流回路采用4.0㎜²铜芯绝缘导线。
3.电压回路采用2.5㎜²铜芯绝缘导线。
4.布线要横平竖直，线束扎紧无叠（绞）线，端头压紧牢固，元件代号标识清楚粘贴牢固。

注明：
1.断路器的额定短路分断能力的选择，要根据本地区的电网网络阻抗或网络输出容量来计算确定，应由该工程项目的设计部门来确定。
2.控制电源和取样电源一定要按标注的代号（位置）进行接线。
3.本二次方案也适用于其它各种类型的固定式单电源进线柜。
4.负荷故障跳闸时，待故障排除后，手动恢复正常供电。
5.本二次方案也适用于其他厂家生产的ME（DW17）断路器，端子号如有不同，加以修改即可，如选用上海精益电器厂的ME，请选R方案。

14	QS	隔离刀开关	HD13BX-□A/31	1	容量不够可选用其它型号
13	XH	接线盒	FJ6/DFY1	1	乐清海燕公司
12	QA	控制开关	C45N-32/2P-10A	1	
11	HLR、HLG	指示灯	AD16-22/41-220V	2	
10	1SB、2SB、3SB	按钮开关	LA23-11	3	
9	SV	电压转换开关	LW12-16DHY3/3	1	
8	PV	电压表	42L6-V 0～450V	1	
7	1PA～3PA	电流表	42L6-A □/5A	3	
6	1FU～6FU	熔断器	JF5-2.5RD/6A	6	
5	PRJ	无功电能表	DX862-2/3×380V	1	
4	PJ	有功电能表	DT862-2/3×220/380V	1	
3	2TAu	电流互感器	BH-0.66 □/5A	1	
2	1TAu、1TAv、1TAw	电流互感器	BH-0.66 □/5A	3	
1	QF	断路器（固定式）	ME-□/□P-□A/220V	1	上海人民、精益电器厂
序号	元件代号	名 称	型 号 规 格	数量	备 注

GGD（交、直流快速操作）单电源进线柜二次原理图

QB/T.DJZO82103.01Y

图样标记		数量	重量	比例
				1:1

标记	处数	更改文件号	签 字	日 期		
设 计			标准化		共 2 张	第 1 张
绘 图			审 定			
审 核			批 准		进线+计量（有功、无功、三相四线制）、3TA、断路器ME（DW17）、单电源供电、电动机快速操作	光盘页码：6-130
工 艺			日 期			

备（通）用件登记

抽 图

抽 校

旧底图总号

底图总号

签 字

日 期

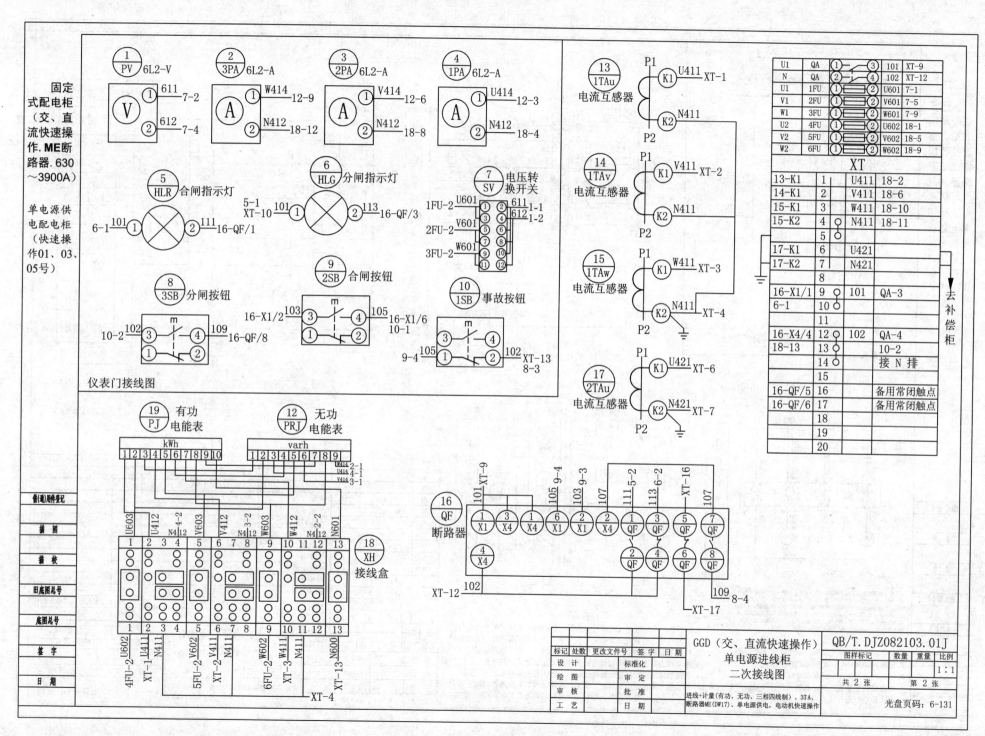

固定式配电柜（交、直流快速操作. ME断路器.630~3900A）

单电源供电配电柜（快速操作01、03、05号）

仪表门接线图

标记	处数	更改文件号	签字	日期			
设 计			标准化				
绘 图			审 定				
审 核			批 准				
工 艺			日 期				

GGD（交、直流快速操作）
单电源进线柜
二次接线图

进线+计量（有功、无功、三相四线制）、3TA、断路器ME（DW17）、单电源供电，电动机快速操作

QB/T.DJZ082103.01J

图样标记	数量	重量	比例
			1:1
共 2 张		第 2 张	

光盘页码：6-131

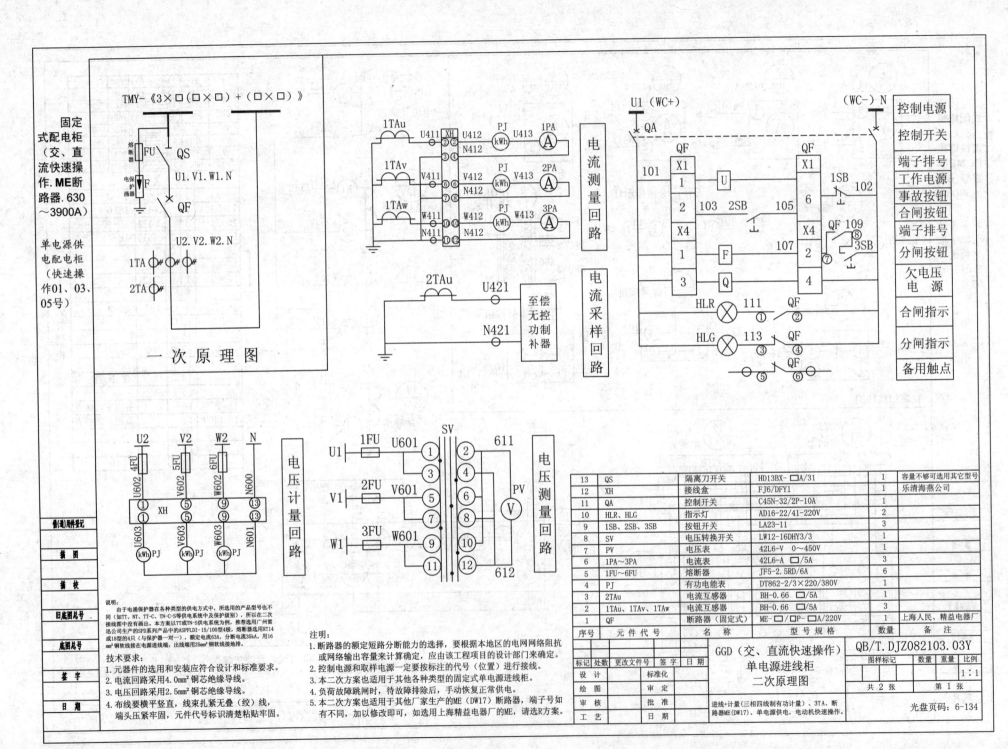

固定式配电柜（交、直流快速操作.ME断路器.630～3900A）

单电源供电配电柜（快速操作01、03、05号）

TMY-《3×□(□×□)+(□×□)》

一次原理图

电流测量回路

电流采样回路

电压计量回路

电压测量回路

说明：
由于电涌保护器在各种类型的供电方式中，所选用的产品型号也不同（如TT、NT、TT-C、TN-C-S等供电系统中及保护级别），所以在二次接线图中没有画出。本方案以TT或TN-S供电系统为例，推荐选用广州雷迅公司生产的SPD系列产品中的ASPFLDI-15/100型4极，熔断器选用RT14或18型的4只（与保护器一对一），额定电流63A，分断电流35kA，用16mm²铜软线接在电源进线端，出线端用25mm²铜软线接地排。

技术要求：
1.元器件的选用和安装应符合设计和标准要求。
2.电流回路采用4.0mm²铜芯绝缘导线。
3.电压回路采用2.5mm²铜芯绝缘导线。
4.布线要横平竖直，线束扎紧无叠(绞)线，端头压紧牢固，元件代号标识清楚粘贴牢固。

注明：
1.断路器的额定短路分断能力的选择，要根据本地区的电网网络阻抗或网络输出容量来计算确定，应由该工程项目的设计部门来确定。
2.控制电源和取样电源一定要按标注的代号(位置)进行接线。
3.本二次方案也适用于其他各种类型的固定式单电源进线柜。
4.负荷故障跳闸时，待故障排除后，手动恢复正常供电。
5.本二次方案也适用于其他厂家生产的ME(DW17)断路器，端子号如有不同，加以修改即可，如选用上海精益电器厂的ME，请选R方案。

13	QS	隔离刀开关	HD13BX-□A/31	1	容量不够可选用其它型号
12	XH	接线盒	FJ6/DFY1	1	乐清海燕公司
11	QA	控制开关	C45N-32/2P-10A	1	
10	HLR、HLG	指示灯	AD16-22/41-220V	2	
9	1SB、2SB、3SB	按钮开关	LA23-11	3	
8	SV	电压转换开关	LW12-16DHY3/3	1	
7	PV	电压表	42L6-V 0～450V	1	
6	1PA～3PA	电流表	42L6-A □/5A	3	
5	1FU～6FU	熔断器	JF5-2.5RD/6A	6	
4	PJ	有功电能表	DT862-2/3×220/380V	1	
3	2TAu	电流互感器	BH-0.66 □/5A	1	
2	1TAu、1TAv、1TAw	电流互感器	BH-0.66 □/5A	3	
1	QF	断路器（固定式）	ME-□/□P-□A/220V	1	上海人民、精益电器厂
序号	元件代号	名 称	型号规格	数量	备 注

GGD（交、直流快速操作）单电源进线柜二次原理图

QB/T.DJZ082103.03Y

图样标记	数量	重量	比例
			1:1
共 2 张		第 1 张	

标记	处数	更改文件号	签字	日期
设 计		标准化		
绘 图		审 定		
审 核		批 准		
工 艺		日 期		

进线+计量(三相四线制有功计量)、3TA、断路器ME(DW17)、单电源供电，电动机快速操作。

光盘页码：6-134

备(通)用附注记
描 图
描 校
旧底图总号
底图总号
签 字
日 期

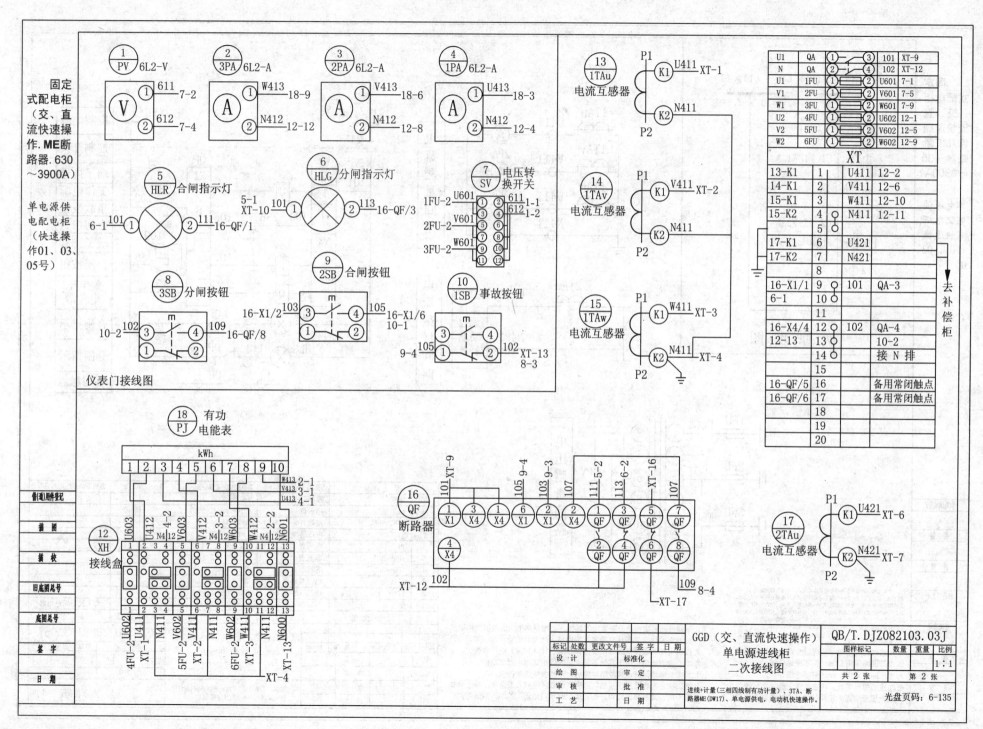

固定式配电柜（交、直流快速操作.ME断路器.630～3900A）

单电源供电配电柜（快速操作01、03、05号）

仪表门接线图

U1	QA	①	③	101	XT-9
N	QA	②	④	102	XT-12
U1	1FU	①	②	U601	7-1
V1	2FU	①	②	V601	7-5
W1	3FU	①	②	W601	7-9
U2	4FU	①	②	U602	12-1
V2	5FU	①	②	V602	12-5
W2	6FU	①	②	W602	12-9

XT

13-K1	1	U411	12-2
14-K1	2	V411	12-6
15-K1	3	W411	12-10
15-K2	4	N411	12-11
	5		
17-K1	6	U421	
17-K2	7	N421	
	8		
16-X1/1	9	101	QA-3
6-1	10		
	11		
16-X4/4	12	102	QA-4
12-13	13		10-2
	14		接 N 排
	15		
16-QF/5	16		备用常闭触点
16-QF/6	17		备用常闭触点
	18		
	19		
	20		

去补偿柜

GGD（交、直流快速操作）单电源进线柜 二次接线图		QB/T.DJZ082103.03J

标记	处数	更改文件号	签字	日期		图样标记	数量	重量	比例
设 计			标准化						1:1
绘 图			审 定						
审 核			批 准			共 2 张		第 2 张	
工 艺			日 期						

进线+计量（三相四线制有功计量）、3TA、断路器ME（DW17）、单电源供电、电动机快速操作。

光盘页码：6-135

549

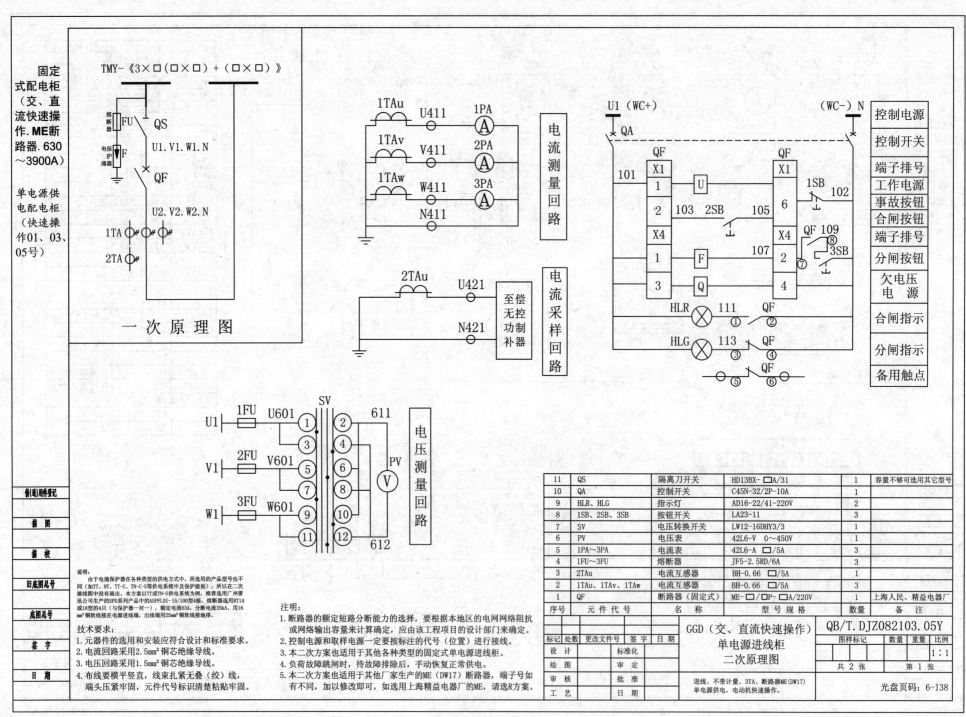

固定式配电柜（交、直流快速操作. ME断路器. 630~3900A）

单电源供电配电柜（快速操作01、03、05号）

TMY-《3×□(□×□)+(□×□)》

一次原理图

1TAu U411 1PA
1TAv V411 2PA
1TAw W411 3PA
N411

电流测量回路

2TAu U421
N421 至偿无控功制补器

电流采样回路

U1（WC+）   QA   （WC-）N

101 QF X1 U QF X1 1SB 102
1 2SB 6
2 103 105 X4
X4 107 2 QF 109 3SB
1 F 4
3 Q

HLR 111 QF
HLG 113 QF
QF

| | | | 控制电源 |
| 控制开关 |
| 端子排号 |
| 工作电源 |
| 事故按钮 |
| 合闸按钮 |
| 端子排号 |
| 分闸按钮 |
| 欠电压电源 |
| 合闸指示 |
| 分闸指示 |
| 备用触点 |

电压测量回路

U1 1FU U601 1 2 611
3 4 SV
V1 2FU V601 5 6 PV
7 8 V
W1 3FU W601 9 10
11 12
612

说明：
由于电涌保护器在各种类型的供电方式中，所选用的产品型号也不同（如TT、NT、TT-C、TN-C-S等供电系统中及保护级别），所以在二次接线图中没有画出。本方案以TT或TN-S供电系统为例，推荐选用广州雷迅公司生产的SPD系列产品中的ASPFLDI-15/100型4极，熔断器选用RT14或18型的4只（与保护器一对一），额定电流63A，分断电流35kA。用16mm²铜软线接在电源进线端，出线端用25mm²铜软线接地排。

技术要求：
1. 元器件的选用和安装应符合设计和标准要求。
2. 电流回路采用2.5mm²铜芯绝缘导线。
3. 电压回路采用1.5mm²铜芯绝缘导线。
4. 布线要横平竖直，线束扎紧无叠（绞）线，端头压紧牢固，元件代号标识清楚粘贴牢固。

注明：
1. 断路器的额定短路分断能力的选择，要根据本地区的电网网络阻抗或网络输出容量来计算确定，应由该工程项目的设计部门来确定。
2. 控制电源和取样电源一定要按标注的代号（位置）进行接线。
3. 本二次方案也适用于其他各种类型的固定式单电源进线柜。
4. 负荷故障跳闸时，待故障排除后，手动恢复正常供电。
5. 本二次方案也适用于其他厂家生产的ME（DW17）断路器，端子号如有不同，加以修改即可，如选用上海精益电器厂的ME，请选用R方案。

11	QS	隔离刀开关	HD13BX-□A/31	1	容量不够可选用其它型号
10	QA	控制开关	C45N-32/2P-10A	1	
9	HLR、HLG	指示灯	AD16-22/41-220V	2	
8	1SB、2SB、3SB	按钮开关	LA23-11	3	
7	SV	电压转换开关	LW12-16DHY3/3	1	
6	PV	电压表	42L6-V 0~450V	1	
5	1PA~3PA	电流表	42L6-A □/5A	3	
4	1FU~3FU	熔断器	JF5-2.5RD/6A	3	
3	2TAu	电流互感器	BH-0.66 □/5A	1	
2	1TAu、1TAv、1TAw	电流互感器	BH-0.66 □/5A	3	
1	QF	断路器（固定式）	ME-□/□P-□A/220V	1	上海人民、精益电器厂
序号	元件代号	名称	型号规格	数量	备注

普(通)用件登记				
描 图				
描 校				
旧底图总号				
底图总号				
签 字				
日 期				

标记	处数	更改文件号	签字	日期
设 计		标准化		
绘 图		审 定		
审 核		批 准		
工 艺		日 期		

GGD（交、直流快速操作）
单电源进线柜
二次原理图

进线、不带计量、3TA、断路器ME（DW17）
单电源供电、电动机快速操作。

QB/T.DJZ082103.05Y				
图样标记	数量	重量	比例	
			1:1	
共 2 张		第 1 张		

光盘页码：6-138

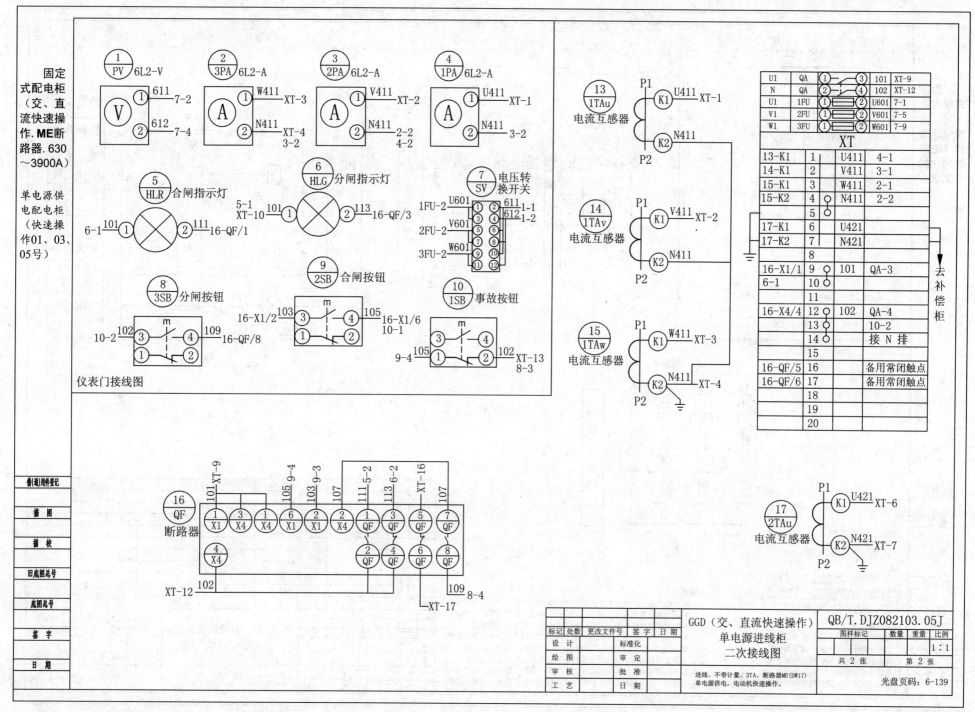

固定式配电柜（交、直流快速操作.ME断路器.630～3900A）

单电源供电配电柜（快速操作01、03、05号）

① PV	6L2-V
② 3PA	6L2-A
③ 2PA	6L2-A
④ 1PA	6L2-A

V ① 611 7-2
② 612 7-4

A ① W411 XT-3
② N411 XT-4 3-2

A ① V411 XT-2
② N411 2-2 4-2

A ① U411 XT-1
② N411 3-2

⑤ HLR 合闸指示灯
⑥ HLG 分闸指示灯
⑦ SV 电压转换开关

6-1 101 ① HLR ② 111 16-QF/1

5-1 XT-10 101 ① ② 113 16-QF/3

⑧ 3SB 分闸按钮
⑨ 2SB 合闸按钮
⑩ 1SB 事故按钮

10-2 102 ③ 4 109 16-QF/8
① m 2

16-X1/2 103 ③ 4 105 16-X1/6
① 2 10-1

9-4 105 ③ 4
① 2 102 XT-13 8-3

仪表门接线图

⑬ 1TAu 电流互感器 P1 K1 U411 XT-1 / K2 N411 P2

⑭ 1TAv 电流互感器 P1 K1 V411 XT-2 / K2 N411 P2

⑮ 1TAw 电流互感器 P1 K1 W411 XT-3 / K2 N411 XT-4 P2

U1	QA	① ③	101	XT-9
N	QA	② ④	102	XT-12
U1	1FU	① ②	U601	7-1
V1	2FU	① ②	V601	7-5
W1	3FU	① ②	W601	7-9

XT

13-K1	1	U411	4-1
14-K1	2	V411	3-1
15-K1	3	W411	2-1
15-K2	4	N411	2-2
	5		
17-K1	6	U421	
17-K2	7	N421	
	8		
16-X1/1	9	101	QA-3
6-1	10		
	11		
16-X4/4	12	102	QA-4
	13		10-2
	14		接 N 排
	15		
16-QF/5	16	备用常闭触点	
16-QF/6	17	备用常闭触点	
	18		
	19		
	20		

去补偿柜

⑯ QF 断路器

XT-9 101 ① X1 / ③ X4 / ① X4
105 9-4 ⑥ X1 / 103 9-3 ② X1 / 107 ② X4
111 5-2 ① QF / 113 6-2 ③ QF / XT-16 ⑤ QF / 107 ⑦ QF
④ X4
② QF / ④ QF / ⑥ QF / ⑧ QF
XT-12 102 / 109 8-4
XT-17

⑰ 2TAu 电流互感器 P1 K1 U421 XT-6 / K2 N421 XT-7 P2

| 标记 | 处数 | 更改文件号 | 签字 | 日期 |

GGD（交、直流快速操作）单电源进线柜二次接线图

QB/T.DJZ082103.05J

| 图样标记 | 数量 | 重量 | 比例 |
| | | | 1:1 |

共 2 张　　第 2 张

设计　标准化
绘图　审定
审核　批准
工艺　日期

进线、不带计量、3TA、断路器ME（DW17）
单电源供电，电动机快速操作。

光盘页码：6-139

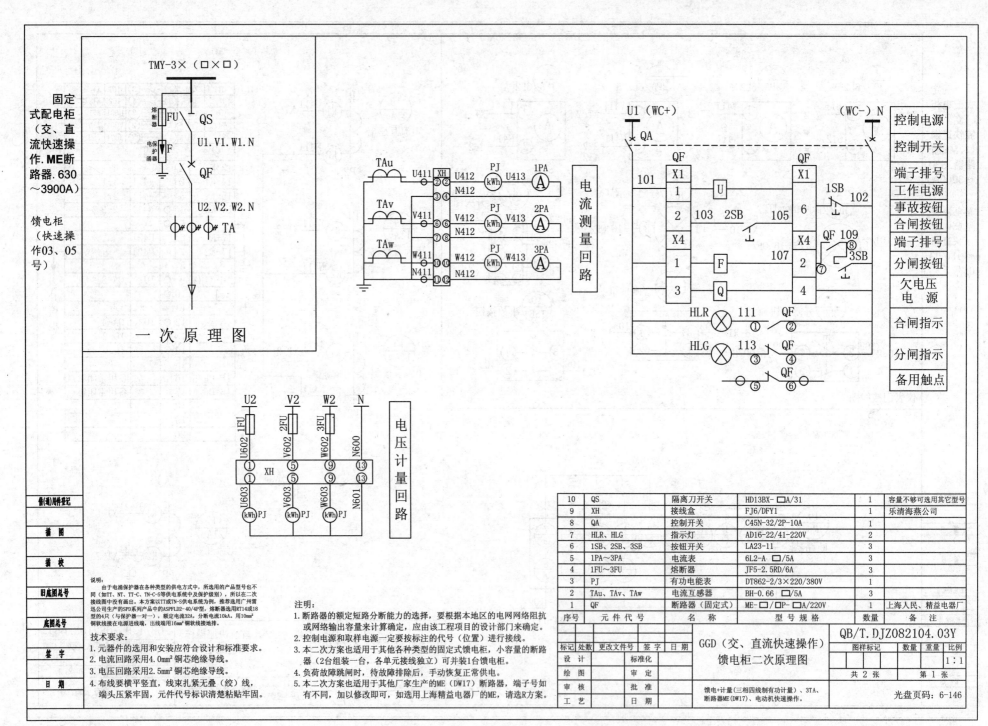

固定
式配电柜
(交、直
流快速操
作.ME断
路器.630
～3900A)

馈电柜
(快速操
作03、05
号)

TMY-3×（□×□）

熔
断
器 FU

电保护涌器 F

QS

U1.V1.W1.N

QF

U2.V2.W2.N

TA

一 次 原 理 图

电
流
测
量
回
路

电
压
计
量
回
路

U1（WC+）

（WC-）N

控制电源
控制开关
端子排号
工作电源
事故按钮
合闸按钮
端子排号
分闸按钮
欠电压
电 源
合闸指示
分闸指示
备用触点

说明：
由于电涌保护器在各种类型的供电方式中，所选用的产品型号也不
同（如TT、NT、TT-C、TN-C-S等供电系统中及保护级别），所以在二次
接线图中没有画出。本方案以TT或TN-S供电系统为例，推荐选用广州雷
迅公司生产的SPD系列产品中的ASPFLD2-40/4P型，熔断器选用RT14或18
型的4只（与保护器一对一），额定电流32A，分断电流10kA。用10mm²
铜软线接在电源进线端一对一，出线端用16mm²铜软线接地排。

技术要求：
1. 元器件的选用和安装应符合设计和标准要求。
2. 电流回路采用4.0mm²铜芯绝缘导线。
3. 电压回路采用2.5mm²铜芯绝缘导线。
4. 布线要横平竖直，线束扎紧无叠（绞）线，
　端头压紧牢固，元件代号标识清楚粘贴牢固。

注明：
1. 断路器的额定短路分断能力的选择，要根据本地区的电网网络阻抗
　或网络输出容量来计算确定，应由该工程项目的设计部门来确定。
2. 控制电源和取样电源一定要按标注的代号（位置）进行接线。
3. 本二次方案也适用于其他各种类型的固定式馈电柜，小容量的断路
　器（2台组装一台，各单元接线独立）可并装1台馈电柜。
4. 负荷故障跳闸时，待故障排除后，手动恢复正常供电。
5. 本二次方案也适用于其他厂家生产的ME（DW17）断路器，端子号如
　有不同，加以修改即可，如选用上海精益电器厂的ME，请选R方案。

10	QS	隔离刀开关	HD13BX-□A/31	1	容量不够可选用其它型号
9	XH	接线盒	FJ6/DFY1	1	乐清海燕公司
8	QA	控制开关	C45N-32/2P-10A	1	
7	HLR、HLG	指示灯	AD16-22/41-220V	2	
6	1SB、2SB、3SB	按钮开关	LA23-11	3	
5	1PA～3PA	电流表	6L2-A □/5A	3	
4	1FU～3FU	熔断器	JF5-2.5RD/6A	3	
3	PJ	有功电能表	DT862-2/3×220/380V	1	
2	TAu、TAv、TAw	电流互感器	BH-0.66 □/5A	3	
1	QF	断路器（固定式）	ME-□/□P-□A/220V	1	上海人民、精益电器厂
序号	元件代号	名 称	型 号 规 格	数量	备 注

QB/T.DJZ082104.03Y

标记	处数	更改文件号	签字	日期	GGD（交、直流快速操作）馈电柜二次原理图	图样标记	数量	重量	比例
设 计		标准化							1:1
绘 图		审 定				共 2 张		第 1 张	
审 核		批 准			馈电+计量(三相四线制有功计量)、3TA、断路器ME(DW17)、电动机快速操作。				
工 艺		日 期							光盘页码：6-146

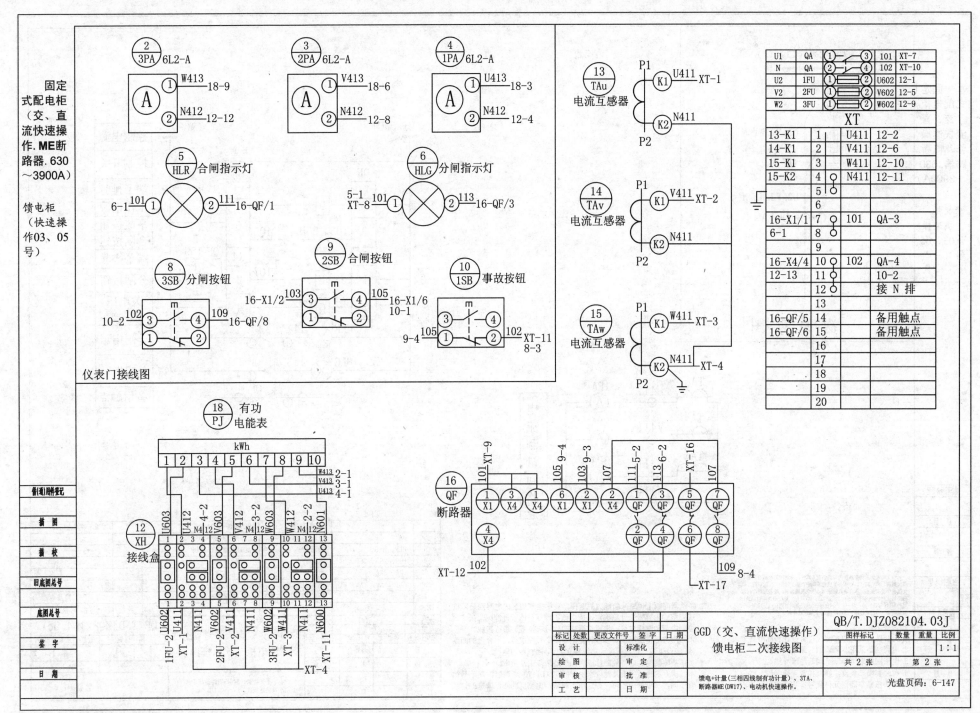

固定式配电柜（交、直流快速操作.ME断路器.630~3900A）

馈电柜（快速操作03、05号）

仪表门接线图

U1	QA	① ③	101	XT-7
N	QA	② ④	102	XT-10
U2	1FU	① ②	U602	12-1
V2	2FU	① ②	V602	12-5
W2	3FU	① ②	W602	12-9

XT

13-K1	1	U411	12-2
14-K1	2	V411	12-6
15-K1	3	W411	12-10
15-K2	4	N411	12-11
	5		
	6		
16-X1/1	7	101	QA-3
6-1	8		
	9		
16-X4/4	10	102	QA-4
12-13	11	10-2	
	12	接 N 排	
	13		
16-QF/5	14	备用触点	
16-QF/6	15	备用触点	
	16		
	17		
	18		
	19		
	20		

标记	处数	更改文件号	签字	日期
设 计		标准化		
绘 图		审 定		
审 核		批 准		
工 艺		日 期		

GGD（交、直流快速操作）
馈电柜二次接线图

QB/T.DJZ082104.03J

图样标记	数量	重量	比例
			1:1

共 2 张　　第 2 张

馈电+计量(三相四线制有功计量)、3TA、断路器ME(DW17)、电动机快速操作。

光盘页码：6-147

553

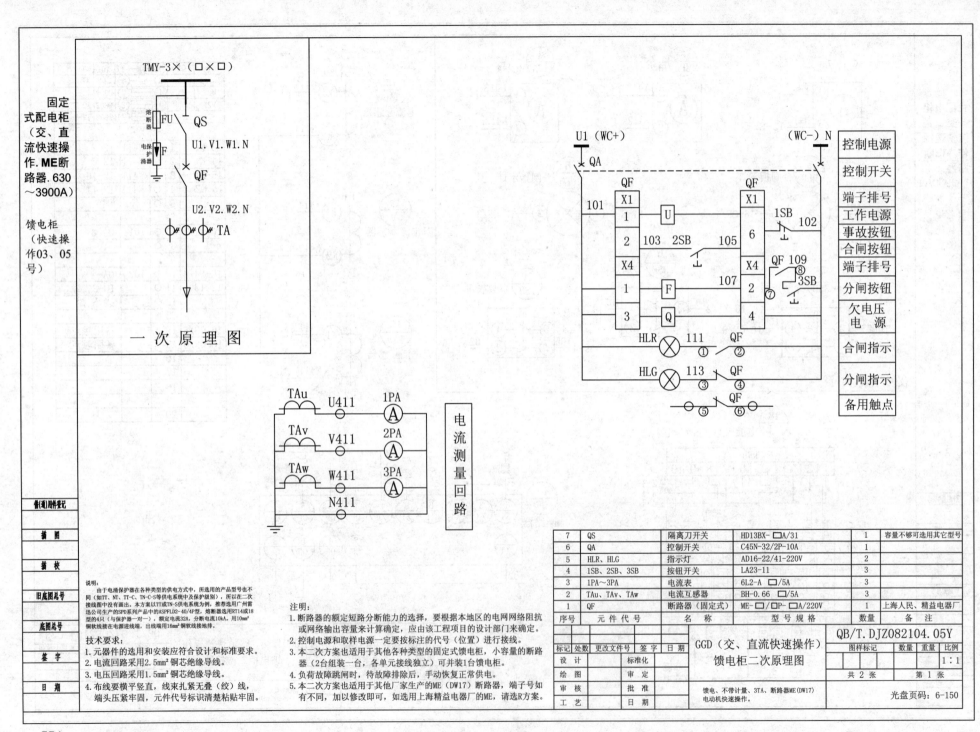

固定式配电柜（交、直流快速操作.ME断路器.630～3900A）

馈电柜（快速操作03、05号）

TMY-3×（□×□）

熔断器 FU　QS

电保护涌器 F　U1.V1.W1.N

QF

U2.V2.W2.N

TA

一次原理图

TAu　U411　1PA Ⓐ
TAv　V411　2PA Ⓐ
TAw　W411　3PA Ⓐ
　　　N411

电流测量回路

U1（WC+）　　　　　　　（WC-）N

QA

101	QF X1 1 2 X4 1 3	U F Q	QF X1 6 X4 2 4	1SB 102

103　2SB　105
107　QF 109 3SB

控制电源
控制开关
端子排号
工作电源
事故按钮
合闸按钮
端子排号
分闸按钮
欠电压电源
合闸指示
分闸指示
备用触点

HLR ⊗ 111 ① QF ②
HLG ⊗ 113 ③ QF ④
⑤ QF ⑥

说明：
由于电涌保护器在各种类型的供电方式中，所选用的产品型号也不同（如TT、NT、TT-C、TN-C-S等供电系统中及保护级别），所以在二次接线图中没有画出。本方案以TT或TN-S供电系统为保护级别，推荐选用广州雷迅公司生产的SPD系列产品中的ASPFLD2-40/4P型，熔断器选用RT14或18型的4只（与保护器一对一），额定电流32A，分断电流10kA。用10mm²铜软线接在电源进线端，出线端用16mm²铜软线接地排。

技术要求：
1. 元器件的选用和安装应符合设计和标准要求。
2. 电流回路采用2.5mm²铜芯绝缘导线。
3. 电压回路采用1.5mm²铜芯绝缘导线。
4. 布线要横平竖直，线束扎紧无叠（绞）线，端头压紧牢固，元件代号标识清楚粘贴牢固。

注明：
1. 断路器的额定短路分断能力的选择，要根据本地区的电网网络阻抗或网络输出容量来计算确定，应由该工程项目的设计部门来确定。
2. 控制电源和取样电源一定要按标注的代号（位置）进行接线。
3. 本二次方案也适用于其他各种类型的固定式馈电柜，小容量的断路器（2台组装一台，各单元接线独立）可并装1台馈电柜。
4. 负荷故障跳闸时，待故障排除后，手动恢复正常供电。
5. 本二次方案也适用于其他厂家生产的ME（DW17）断路器，端子号如有不同，加以修改即可，如选用上海精益电器厂的ME，请选R方案。

7	QS	隔离刀开关	HD13BX-□A/31	1	容量不够可选用其它型号
6	QA	控制开关	C45N-32/2P-10A	1	
5	HLR、HLG	指示灯	AD16-22/41-220V	2	
4	1SB、2SB、3SB	按钮开关	LA23-11	3	
3	1PA～3PA	电流表	6L2-A □/5A	3	
2	TAu、TAv、TAw	电流互感器	BH-0.66 □/5A	3	
1	QF	断路器（固定式）	ME-□/□P-□A/220V	1	上海人民、精益电器厂
序号	元件代号	名　称	型号规格	数量	备　注

标记	处数	更改文件号	签字	日期	GGD（交、直流快速操作）馈电柜二次原理图		QB/T.DJZ082104.05Y

设计　标准化
绘图　审定
审核　批准
工艺　日期

馈电、不带计量、3TA、断路器ME（DW17）电动机快速操作。

图样标记　数量　重量　比例　1:1
共2张　第1张
光盘页码：6-150

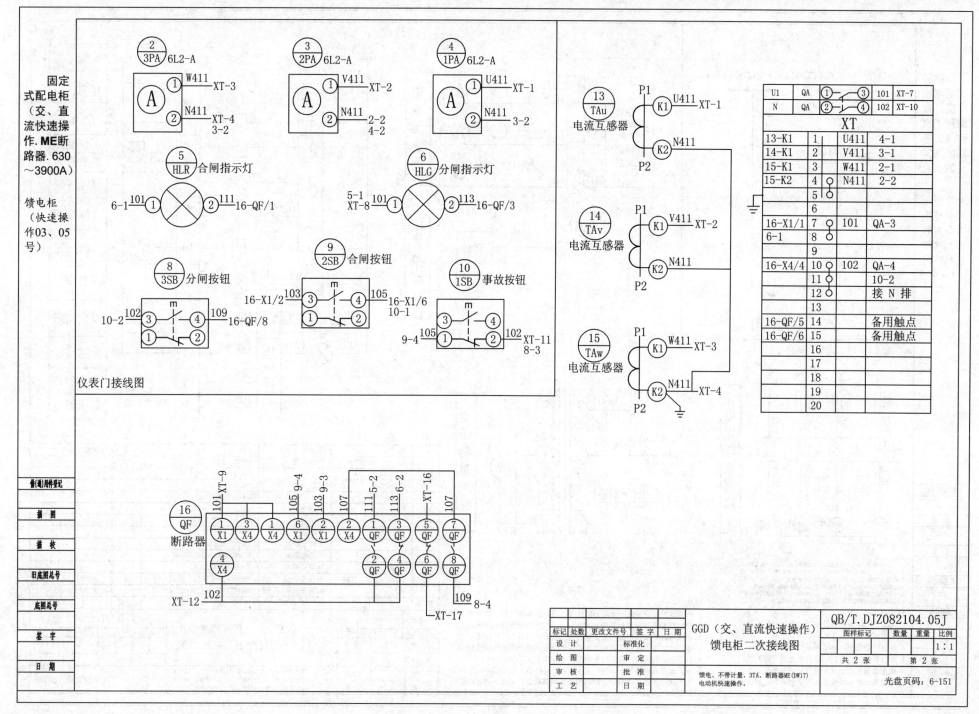

固定式配电柜（交、直流快速操作.ME断路器.630～3900A）

馈电柜（快速操作03、05号）

U1	QA	① — ③	101	XT-7		
N	QA	② — ④	102	XT-10		

XT

13-K1	1	U411	4-1
14-K1	2	V411	3-1
15-K1	3	W411	2-1
15-K2	4	N411	2-2
	5		
	6		
16-X1/1	7	101	QA-3
6-1	8		
	9		
16-X4/4	10	102	QA-4
	11		10-2
	12		接N排
	13		
16-QF/5	14	备用触点	
16-QF/6	15	备用触点	
	16		
	17		
	18		
	19		
	20		

②3PA 6L2-A
③2PA 6L2-A
④1PA 6L2-A

⑤HLR 合闸指示灯
⑥HLG 分闸指示灯

⑨2SB 合闸按钮
⑧3SB 分闸按钮
⑩1SB 事故按钮

⑬TAu 电流互感器
⑭TAv 电流互感器
⑮TAw 电流互感器

仪表门接线图

⑯QF 断路器

标记	处数	更改文件号	签 字	日 期
设 计		标准化		
绘 图		审 定		
审 核		批 准		
工 艺		日 期		

QB/T.DJZ082104.05J

GGD（交、直流快速操作）
馈电柜二次接线图

馈电、不带计量、3TA、断路器ME（DW17）电动机快速操作。

图样标记	数量	重量	比例
			1:1

共 2 张　第 2 张

光盘页码：6-151

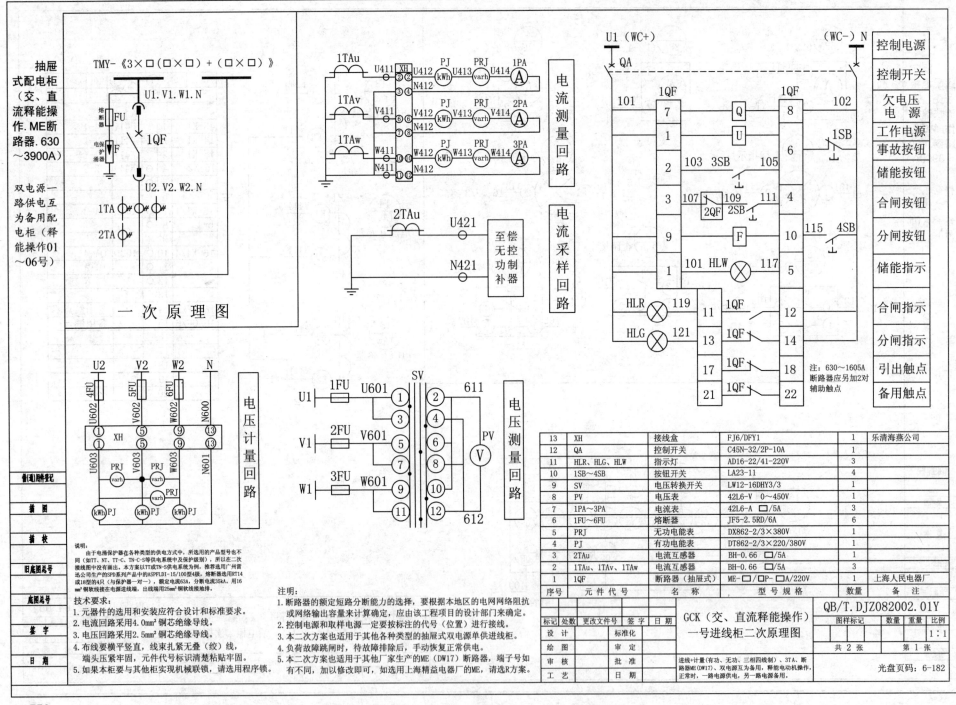

抽屉式配电柜（交、直流释能操作，ME断路器，630～3900A）

双电源一路供电互为备用配电柜（释能操作01～06号）

TMY-《3×□(□×□)+(□×□)》

U1.V1.W1.N

FU 熔断器

1QF

F 电保护涌器

U2.V2.W2.N

1TA

2TA

一次原理图

1TAu U411 XH U412 PJ U413 PRJ U414 1PA
②④ N412 (kWh) (varh) (A)

1TAv V411 V412 PJ V413 PRJ V414 2PA
⑤⑥ N412 (kWh) (varh) (A)

1TAw W411 W412 PJ W413 PRJ W414 3PA
⑦⑧ N412 (kWh) (varh) (A)
N411 ⑩⑫ N412

电流测量回路

2TAu U421 至偿无控功制补器
N421

电流采样回路

U1（WC+） QA （WC-）N
101 1QF 1QF 102
7 Q 8
1 U 6 1SB
2 103 3SB 105
3 107 109 111 4
2QF 2SB
9 F 10 115 4SB
1 101 HLW 117 5
HLR 119 11 1QF 12
HLG 121 13 1QF 14
17 1QF 18
21 1QF 22

注：630～1605A断路器应另加2对辅助触点。

控制电源 | 控制开关 | 欠电压电源 | 工作电源 | 事故按钮 | 储能按钮 | 合闸按钮 | 分闸按钮 | 储能指示 | 合闸指示 | 分闸指示 | 引出触点 | 备用触点

U2 V2 W2 N
4FU 5FU 6FU
U602 V602 W602 N600
① XH ⑤ ⑨ ⑬
① ⑤ ⑨ ⑬
U603 V603 W603 N601
PRJ PRJ
(varh) (varh)
PRJ PRJ
(varh) (varh)
(kWh)PJ (kWh)PJ (kWh)PJ

电压计量回路

SV
U1 1FU U601 ① ② 611
③ ④
V1 2FU V601 ⑤ ⑥ PV
⑦ ⑧ (V)
W1 3FU W601 ⑨ ⑩
⑪ ⑫ 612

电压测量回路

说明：
由于电涌保护器在各种类型的供电方式中，所选用的产品型号也不同（如TT、NT、TT-C、TN-C-S等供电系统中及保护级别），所以在二次接线图中没有画出。本方案以TT或TN-S供电系统为例，推荐选用广州雷迅公司生产的SPD系列产品中的ASPFLDI-15/100型4根。熔断器选用RT14或18型的4只（与保护器一对一），额定电流63A，分断电流35kA。用16mm²铜软线接在电源进线端，出线端用25mm²铜软线接地排。

技术要求：
1. 元器件的选用和安装应符合设计和标准要求。
2. 电流回路采用4.0mm²铜芯绝缘导线。
3. 电压回路采用2.5mm²铜芯绝缘导线。
4. 布线要横平竖直，线束扎紧无叠（绞）线，端头压紧牢固，元件代号标识清楚粘贴牢固。
5. 如果本柜要与其他柜实现机械联锁，请选用程序锁。

注明：
1. 断路器的额定短路分断能力的选择，要根据本地区的电网网络阻抗或网络输出容量来计算确定，应由该工程项目的设计部门来确定。
2. 控制电源和取样电源一定要按标注的代号（位置）进行接线。
3. 本二次方案也适用于其他各种类型的抽屉式双电源单供线柜。
4. 负荷故障跳闸时，待故障排除后，手动恢复正常供电。
5. 本二次方案也适用于其他厂家生产的ME（DW17）断路器，端子如有不同，加以修改即可，如选用上海精益电器厂的ME，请选用R方案。

13	XH	接线盒	FJ6/DFY1	1	乐清海燕公司
12	QA	控制开关	C45N-32/2P-10A	1	
11	HLR、HLG、HLW	指示灯	AD16-22/41-220V	3	
10	1SB～4SB	按钮开关	LA23-11	4	
9	SV	电压转换开关	LW12-16DHY3/3	1	
8	PV	电压表	42L6-V 0～450V	1	
7	1PA～3PA	电流表	42L6-A □/5A	3	
6	1FU～6FU	熔断器	JF5-2.5RD/6A	6	
5	PRJ	无功电能表	DX862-2/3×380V	1	
4	PJ	有功电能表	DT862-2/3×220/380V	1	
3	2TAu	电流互感器	BH-0.66 □/5A	1	
2	1TAu、1TAv、1TAw	电流互感器	BH-0.66 □/5A	3	
1	1QF	断路器（抽屉式）	ME-□/□P-□A/220V		上海人民电器厂
序号	元件代号	名称	型号规格	数量	备注

标记	处数	更改文件号	签字	日期	GCK（交、直流释能操作）一号进线柜二次原理图	QB/T.DJZ082002.01Y

设计 标准化
绘图 审定
审核 批准
工艺 日期

图样标记 | 数量 | 重量 | 比例 1:1
共 2 张 | 第 1 张

进线+计量（有功、无功、三相四线制）、3TA、断路器ME（DW17）、双电源互为备用，释能电动机操作，正常时，一路电源供电，另一路电源备用。

光盘页码：6-182

音(通)知附标记
描图
描校
旧底图总号
底图总号
签字
日期

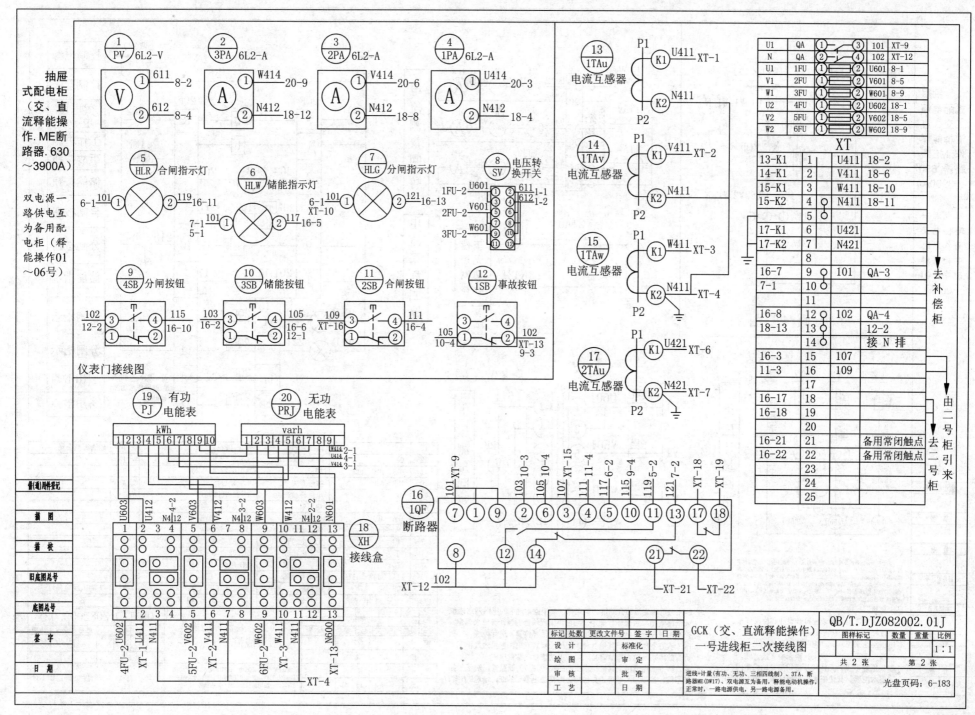

仪表门接线图

GCK（交、直流释能操作）
一号进线柜二次接线图

QB/T.DJZ082002.01J

进线+计量(有功、无功、三相四线制)、3TA、断路器ME(DW17)、双电源互为备用，释能电动机操作，正常时，一路电源供电，另一路电源备用。

共 2 张　第 2 张

光盘页码：6-183

557

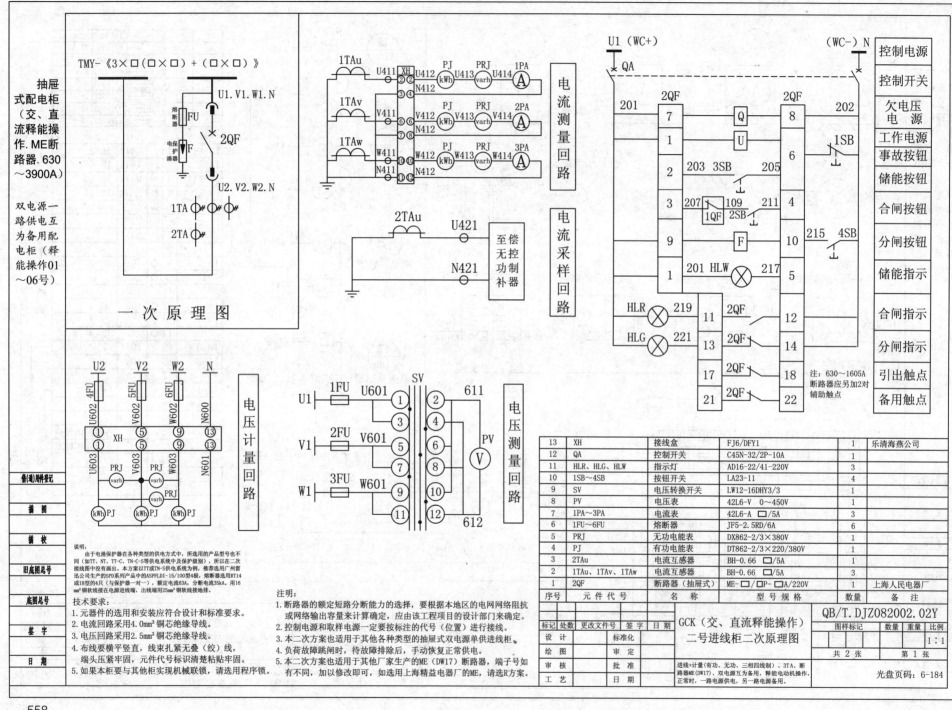

抽屉式配电柜（交、直流释能操作.ME断路器.630～3900A）

双电源一路供电互为备用配电柜（释能操作01～06号）

TMY-《3×□(□×□)+(□×□)》

U1.V1.W1.N

熔断器 FU

2QF

电保护器 F

U2.V2.W2.N

1TA

2TA

一次原理图

U2 V2 W2 N

4FU 5FU 6FU

电压计量回路

电流测量回路

电流采样回路

电压测量回路

13	XH	接线盒	FJ6/DFY1	1	乐清海燕公司
12	QA	控制开关	C45N-32/2P-10A	1	
11	HLR、HLG、HLW	指示灯	AD16-22/41-220V	3	
10	1SB～4SB	按钮开关	LA23-11	4	
9	SV	电压转换开关	LW12-16DHY3/3	1	
8	PV	电压表	42L6-V 0～450V	1	
7	1PA～3PA	电流表	42L6-A □/5A	3	
6	1FU～6FU	熔断器	JF5-2.5RD/6A	6	
5	PRJ	无功电能表	DX862-2/3×380V	1	
4	PJ	有功电能表	DT862-2/3×220/380V	1	
3	2TAu	电流互感器	BH-0.66 □/5A	1	
2	1TAu、1TAv、1TAw	电流互感器	BH-0.66 □/5A	3	
1	2QF	断路器（抽屉式）	ME-□/P-□A/220V	1	上海人民电器厂
序号	元件代号	名称	型号规格	数量	备注

说明：由于电涌保护器在各种类型的供电方式中，所选用的产品型号也不同（如TT、NT、TT-C、TN-C-S等供电系统中及保护级别），所以在二次接线图中没有画出。本方案以TT或TN-S供电系统为例，推荐选用广州雷讯公司生产的SPD系列产品中的ASPFLDI-15/100型4极，熔断器选用RT14或18型的4只（与保护器一对一），额定电流63A，分断电流35kA。用16mm²铜软线接在电源进线端，出线端用25mm²铜软线接地排。

技术要求：
1. 元器件的选用和安装应符合设计和标准要求。
2. 电流回路采用4.0mm²铜芯绝缘导线。
3. 电压回路采用2.5mm²铜芯绝缘导线。
4. 布线要横平竖直，线束扎紧无叠（绞）线，端头压紧牢固，元件代号标识清楚粘贴牢固。
5. 如果本柜要与其他柜实现机械联锁，请选用程序锁。

注明：
1. 断路器的额定短路分断能力的选择，要根据本地区的电网网络阻抗或网络输出容量来计算确定，应由该工程项目的设计部门来确定。
2. 控制电源和取样电源一定要按标注的代号（位置）进行接线。
3. 本二次方案也适用于其他各种类型的抽屉式双电源单供进线柜。
4. 负荷故障跳闸时，待故障排除后，手动恢复正常供电。
5. 本二次方案也适用于其他厂家生产的ME（DW17）断路器，端子号如有不同，加以修改即可，如选用上海精益电器厂的ME，请选用R方案。

U1（WC+）　　　（WC-）N

| 控制电源 |
| 控制开关 |
| 欠电压电源 |
| 工作电源 |
| 事故按钮 |
| 储能按钮 |
| 合闸按钮 |
| 分闸按钮 |
| 储能指示 |
| 合闸指示 |
| 分闸指示 |
| 引出触点 |
| 备用触点 |

注：630～1605A断路器应另加2对辅助触点

标记	处数	更改文件号	签字	日期
设计		标准化		
绘图		审定		
审核		批准		
工艺		日期		

GCK（交、直流释能操作）二号进线柜二次原理图

QB/T.DJZ082002.02Y

图样标记		数量	重量	比例
				1:1

共 2 张　　第 1 张

进线+计量（有功、无功、三相四线制）、3TA、断路器ME（DW17）、双电源互为备用，释能电动机操作，正常时，一路电源供电，另一路电源备用。

光盘页码：6-184

会(通)用附件登记
描图
描校
旧底图总号
底图总号
鉴字
日期

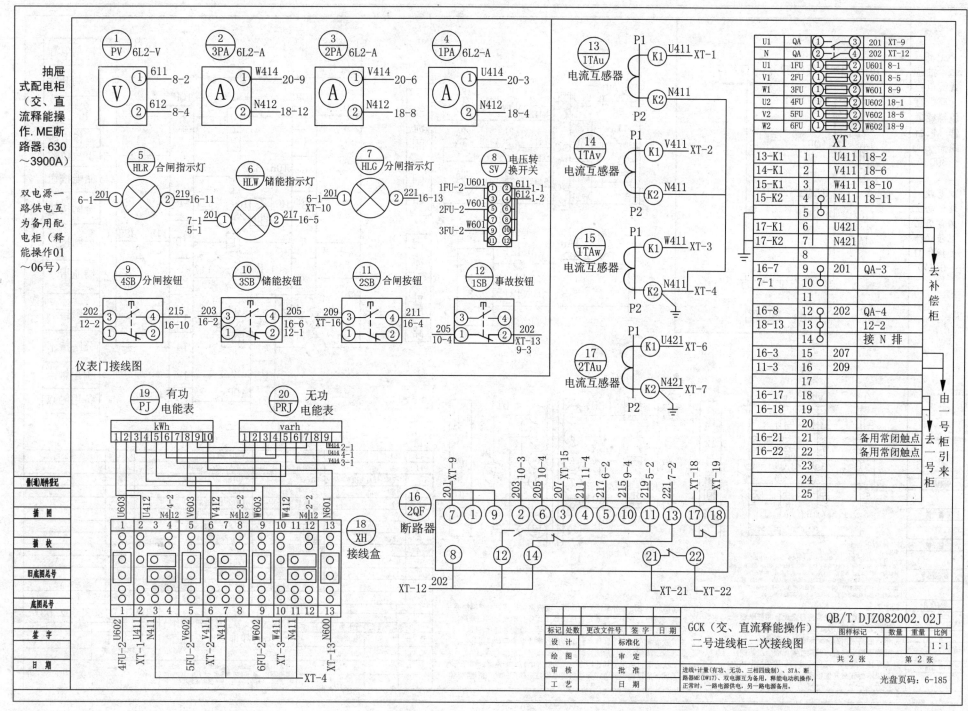

抽屉式配电柜（交、直流释能操作.ME断路器.630～3900A）

双电源一路供电互为备用配电柜（释能操作01～06号）

仪表门接线图

① PV 6L2-V	② 3PA 6L2-A	③ 2PA 6L2-A	④ 1PA 6L2-A

⑤ HLR 合闸指示灯
⑥ HLW 储能指示灯
⑦ HLG 分闸指示灯
⑧ SV 电压转换开关

⑨ 4SB 分闸按钮
⑩ 3SB 储能按钮
⑪ 2SB 合闸按钮
⑫ 1SB 事故按钮

⑬ 1TAu 电流互感器
⑭ 1TAv 电流互感器
⑮ 1TAw 电流互感器
⑰ 2TAu 电流互感器

⑲ PJ 有功电能表
⑳ PRJ 无功电能表
⑱ XH 接线盒

⑯ 2QF 断路器

U1	QA			201	XT-9
N	QA			202	XT-12
U1	1FU			U601	8-1
V1	2FU			V601	8-5
W1	3FU			W601	8-9
U2	4FU			U602	18-1
V2	5FU			V602	18-5
W2	6FU			W602	18-9

XT

13-K1	1	U411	18-2
14-K1	2	V411	18-6
15-K1	3	W411	18-10
15-K2	4	N411	18-11
	5		
17-K1	6	U421	
17-K2	7	N421	
	8		
16-7	9	201	QA-3
7-1	10		
	11		
16-8	12	202	QA-4
18-13	13		12-2
	14		接N排
16-3	15	207	
11-3	16	209	
	17		
16-17	18		
16-18	19		
	20		
16-21	21		备用常闭触点
16-22	22		备用常闭触点
	23		
	24		
	25		

去补偿柜
由一号柜引来
去一号柜

标记	处数	更改文件号	签字	日期
设计		标准化		
绘图		审定		
审核		批准		
工艺		日期		

GCK（交、直流释能操作）二号进线柜二次接线图

QB/T.DJZ082002.02J

图样标记	数量	重量	比例
			1:1

共 2 张　　第 2 张

进线+计量(有功、无功、三相四线制)、3TA、断路器ME(DW17)、双电源互为备用，释能电动机操作，正常时，一路电源供电，另一路电源备用。

光盘页码：6-185

559

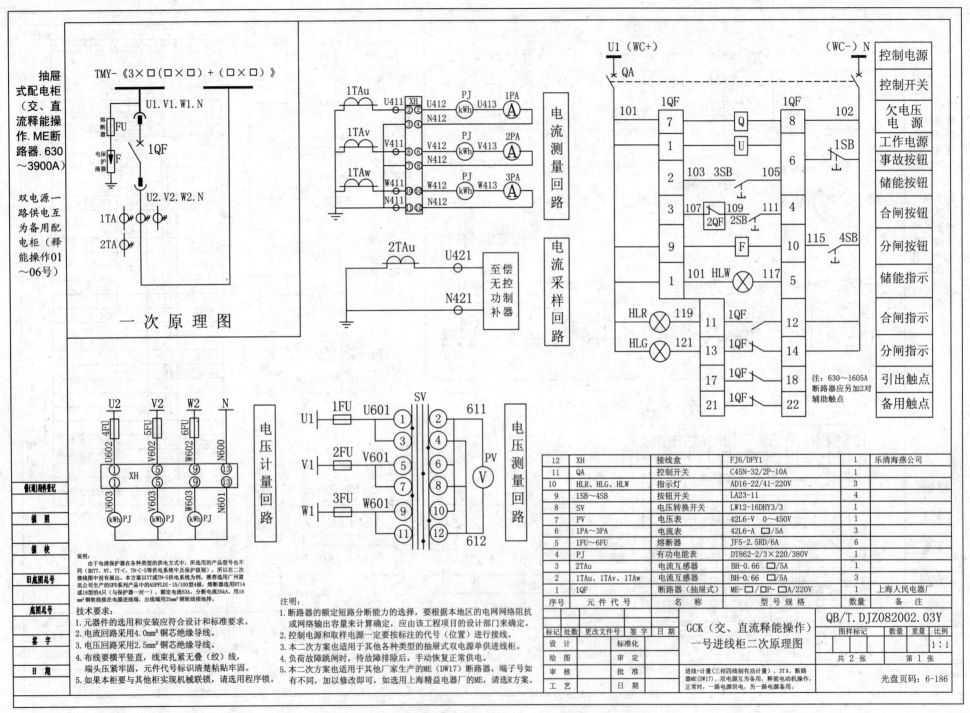

抽屉式配电柜（交、直流释能操作. ME断路器. 630~3900A）

双电源一路供电互为备用配电柜（释能操作01~06号）

TMY-《3×□(□×□)+(□×□)》

U1.V1.W1.N

熔断器 FU

电涌保护器 F

1QF

U2.V2.W2.N

1TA

2TA

一次原理图

1TAu U411 XH U412 PJ U413 1PA
N412 kWh
1TAv V411 V412 PJ V413 2PA
N412 kWh
1TAw W411 W412 PJ W413 3PA
N411 N412 kWh

电流测量回路

2TAu U421 至偿无控功制补器
N421

电流采样回路

U2 V2 W2 N
4FU 5FU 6FU
U602 V602 W602 N600
XH
U603 V603 W603 N601
kWh PJ kWh PJ kWh PJ

电压计量回路

1FU U601 SV 611
U1
2FU V601
V1 PV
3FU W601 V
W1 612

电压测量回路

U1（WC+） (WC-)N
QA
101 1QF 1QF 102
7 Q 8
1 U 6 1SB
2 103 3SB 105
3 107 109 111 4
2QF 2SB
9 F 10 115 4SB
1 101 HLW 117 5
HLR 119 11 1QF 12
HLG 121 13 1QF 14
17 1QF 18
21 1QF 22

注：630~1605A断路器应另加2对辅助触点

控制电源
控制开关
欠电压电源
工作电源
事故按钮
储能按钮
合闸按钮
分闸按钮
储能指示
合闸指示
分闸指示
引出触点
备用触点

说明：由于电涌保护器在各种类型的供电方式中，所选用的产品型号也不同（如TT、NT、TT-C、TN-C-S等供电系统中及保护级别），所以在二次接线图中没有画出。本方案以TT或TN-S供电系统为例，推荐选用广州雷迅公司生产的SPD系列产品中的ASPFLDI-15/100型4极，熔断器选用RT14或18型的4只（与保护器一对一），额定电流63A，分断电流35kA，用16mm²铜软线接在电源进线端，出线端用25mm²铜软线接地接。

技术要求：
1. 元器件的选用和安装应符合设计和标准要求。
2. 电流回路采用4.0mm²铜芯绝缘导线。
3. 电压回路采用2.5mm²铜芯绝缘导线。
4. 布线要横平竖直，束线扎紧无叠（绞）线，端头压紧牢固，元件代号标识清楚粘贴牢固。
5. 如果本柜要与其他柜实现机械联锁，应选用程序锁。

注明：
1. 断路器的额定短路分断能力的选择，要根据本地区的电网网络阻抗或网络输出容量来计算确定，应由该工程项目的设计部门来确定。
2. 控制电源和取样电源一定要按标注的代号（位置）进行接线。
3. 本二次方案也适用于其他各种类型的抽屉式双电源单供进线柜。
4. 负荷故障跳闸时，待故障排除后，手动恢复正常供电。
5. 本二次方案也适用于其他厂家生产的ME（DW17）断路器，端子号如有不同，加以修改即可，如选用上海精益电器厂的ME，请选R方案。

12	XH	接线盒	FJ6/DFY1	1	乐清海燕公司
11	QA	控制开关	C45N-32/2P-10A	1	
10	HLR、HLG、HLW	指示灯	AD16-22/41-220V	3	
9	1SB~4SB	按钮开关	LA23-11	4	
8	SV	电压转换开关	LW12-16DHY3/3	1	
7	PV	电压表	42L6-V 0~450V	1	
6	1PA~3PA	电流表	42L6-A □/5A	3	
5	1FU~6FU	熔断器	JF5-2.5RD/6A	6	
4	PJ	有功电能表	DT862-2/3×220/380V	1	
3	2TAu	电流互感器	BH-0.66 □/5A	1	
2	1TAu、1TAv、1TAw	电流互感器	BH-0.66 □/5A	3	
1	1QF	断路器（抽屉式）	ME-□/P-□A/220V	1	上海人民电器厂
序号	元件代号	名 称	型号规格	数量	备 注

借(通)用件登记				
描 图				
描 校				
旧底图总号				
底图总号				
签 字				
日 期				

标记	处数	更改文件号	签字	日期
设 计		标准化		
绘 图		审 定		
审 核		批 准		
工 艺		日 期		

GCK（交、直流释能操作）一号进线柜二次原理图

QB/T.DJZ082002.03Y

图样标记　数量　重量　比例　1:1

共 2 张　　第 1 张

进线+计量（三相四线制有功计量）、3TA、断路器ME（DW17）、双电源互为备用、释能电动操作，正常时，一路供电，另一路电源备用。

光盘页码：6-186

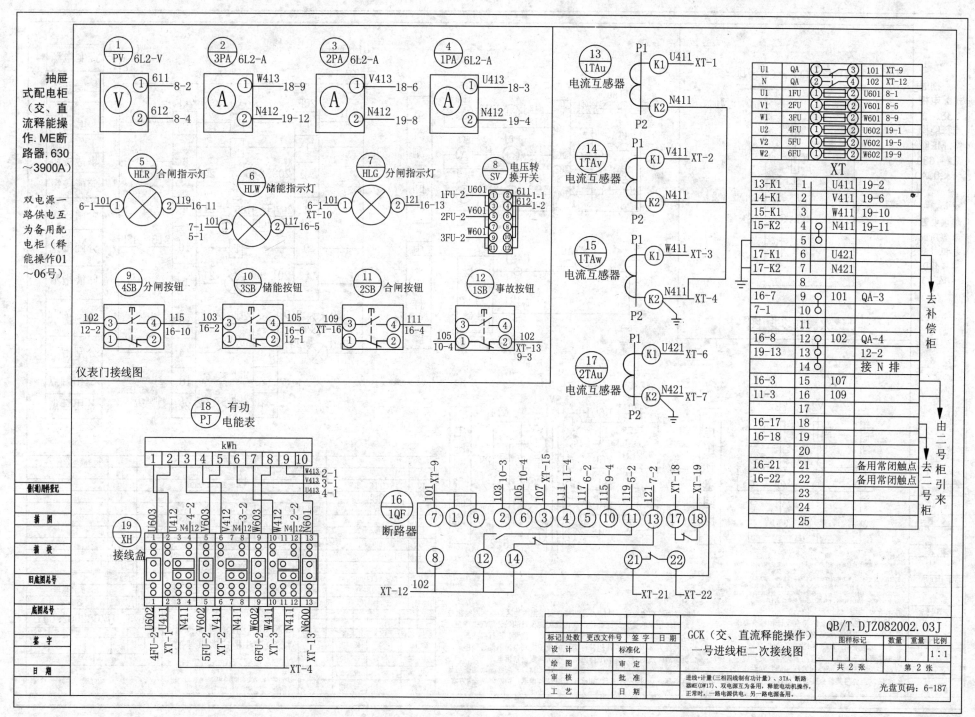

GCK（交、直流释能操作）
一号进线柜二次接线图

QB/T.DJZ082002.03J

共 2 张　　　第 2 张

比例 1:1

进线+计量（三相四线制有功计量）、3TA、断路器ME（DW17）、双电源互为备用，释能电动机操作，正常时，一路电源供电，另一路电源备用。

光盘页码：6-187

561

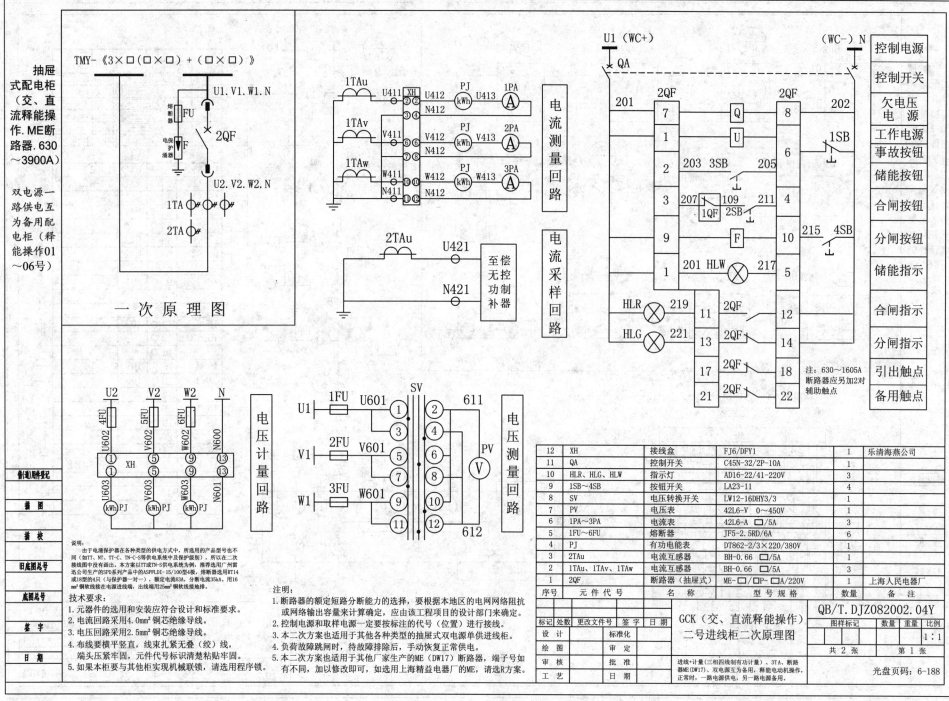

抽屉式配电柜（交、直流释能操作.ME断路器.630～3900A）

双电源一路供电互为备用配电柜（释能操作01～06号）

TMY-《3×□（□×□）+（□×□）》

一 次 原 理 图

电流测量回路

电流采样回路

电压计量回路

电压测量回路

U1（WC+）　（WC-）N

控制电源		
控制开关		
欠电压电源		
工作电源		
事故按钮		
储能按钮		
合闸按钮		
分闸按钮		
储能指示		
合闸指示		
分闸指示		
引出触点		
备用触点		

注：630～1605A断路器应另加2对辅助触点

说明：
由于电涌保护器在各种类型的供电方式中，所选用的产品型号也不同（如TT、NT、TT-C、TN-C-S等供电系统中及保护级别），所以在此二次接线图中没有画出。本方案以TT或TN-S供电系统为例，推荐选用广州雷迅公司生产的SPD系列产品中的ASPFLDI-15/100型4极，熔断器选用RT14或18型的4只（与保护器一对一），额定电流63A，分断电流35kA。用16mm²铜软线接在电源进线端，出线端25mm²铜软线接地排。

技术要求：
1. 元器件的选用和安装应符合设计和标准要求。
2. 电流回路采用4.0mm²铜芯绝缘导线。
3. 电压回路采用2.5mm²铜芯绝缘导线。
4. 布线要横平竖直，线束扎紧无叠（绞）线，端头压紧牢固，元件代号标识清楚粘贴牢固。
5. 如果本柜要与其他柜实现机械联锁，请选用程序锁。

注明：
1. 断路器的额定短路分断能力的选择，要根据本地区的电网网络阻抗或网络输出容量来计算确定，应由该工程项目的设计部门来确定。
2. 控制电源和取样电源一定要按标注的代号（位置）进行接线。
3. 本二次方案也适用于其他各种类型的抽屉式双电源单供进线柜。
4. 负荷故障跳闸时，待故障排除后，手动恢复正常供电。
5. 本二次方案也适用于其他厂家生产的ME（DW17）断路器，端子号如有不同，加以修改即可，如选用上海精益电器厂的ME，请选R方案。

12	XH	接线盒	FJ6/DFY1	1	乐清海燕公司
11	QA	控制开关	C45N-32/2P-10A	1	
10	HLR、HLG、HLW	指示灯	AD16-22/41-220V	3	
9	1SB～4SB	按钮开关	LA23-11	4	
8	SV	电压转换开关	LW12-16DHY3/3	1	
7	PV	电压表	42L6-V 0～450V	1	
6	1PA～3PA	电流表	42L6-A □/5A	3	
5	1FU～6FU	熔断器	JF5-2.5RD/6A	6	
4	PJ	有功电能表	DT862-2/3×220/380V	1	
3	2TAu	电流互感器	BH-0.66 □/5A	1	
2	1TAu、1TAv、1TAw	电流互感器	BH-0.66 □/5A	3	
1	2QF	断路器（抽屉式）	ME-□/□P-□A/220V	1	上海人民电器厂
序号	元件代号	名　称	型号规格	数量	备　注

借（通）用部件登记					
描　图					
描　校					
旧底图总号					
底图总号					
签　字					
日　期					

标记	处数	更改文件号	签字	日期	
设　计			标准化		
绘　图			审　定		
审　核			批　准		
工　艺			日　期		

GCK（交、直流释能操作）二号进线柜二次原理图

QB/T.DJZ082002.04Y

图样标记	数量	重量	比例
			1:1
共 2 张		第 1 张	

进线+计量（三相四线制有功计量）、3TA、断路器ME（DW17）、双电源互为备用，释能电动操作，正常时，一路电源供电，另一路电源备用。

光盘页码：6-188

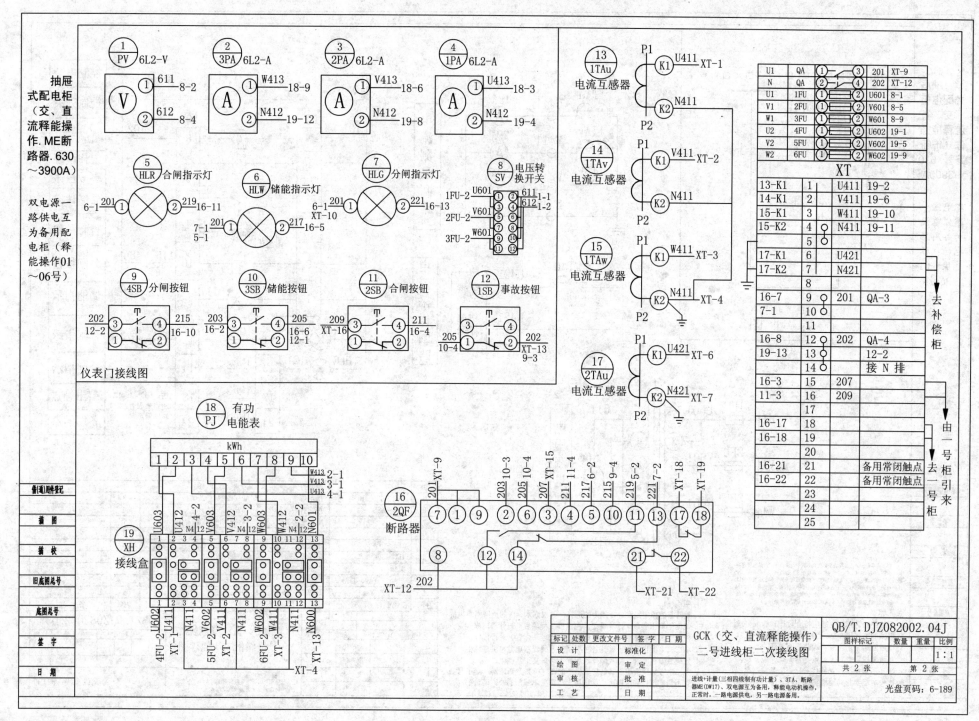

抽屉式配电柜（交、直流释能操作．ME断路器．630～3900A）

双电源一路供电互为备用配电柜（释能操作01～06号）

仪表门接线图

	1	PV	6L2-V
	2	3PA	6L2-A
	3	2PA	6L2-A
	4	1PA	6L2-A

5 HLR 合闸指示灯
6 HLW 储能指示灯
7 HLG 分闸指示灯
8 SV 电压转换开关

9 4SB 分闸按钮
10 3SB 储能按钮
11 2SB 合闸按钮
12 1SB 事故按钮

18 PJ 有功电能表
kWh

19 XH 接线盒

13 1TAu 电流互感器
14 1TAv 电流互感器
15 1TAw 电流互感器
17 2TAu 电流互感器

16 2QF 断路器

XT

		U1	QA	① ③	201	XT-9
		N	QA	② ④	202	XT-12
		U1	1FU	① ②	U601	8-1
		V1	2FU	① ②	V601	8-5
		W1	3FU	① ②	W601	8-9
		U2	4FU	① ②	U602	19-1
		V2	5FU	① ②	V602	19-5
		W2	6FU	① ②	W602	19-9

13-K1	1	U411 19-2
14-K1	2	V411 19-6
15-K1	3	W411 19-10
15-K2	4	N411 19-11
	5	
17-K1	6	U421
17-K2	7	N421
	8	
16-7	9	201 QA-3
7-1	10	
	11	
16-8	12	202 QA-4
19-13	13	12-2
	14	接 N 排
16-3	15	207
11-3	16	209
	17	
16-17	18	
16-18	19	
	20	
16-21	21	备用常闭触点
16-22	22	备用常闭触点
	23	
	24	
	25	

去补偿柜
由一号柜引来
去一号柜

QB/T.DJZ082002.04J

GCK（交、直流释能操作）二号进线柜二次接线图

标记	处数	更改文件号	签字	日期
设 计		标准化		
绘 图		审 定		
审 核		批 准		
工 艺		日 期		

进线+计量(三相四线制有功计量)、3TA、断路器ME(DW17)、双电源互为备用，释能电动机操作，正常时，一路电源供电，另一路电源备用。

| 图样标记 | 数量 | 重量 | 比例 1:1 |

共 2 张　第 2 张

光盘页码：6-189

563

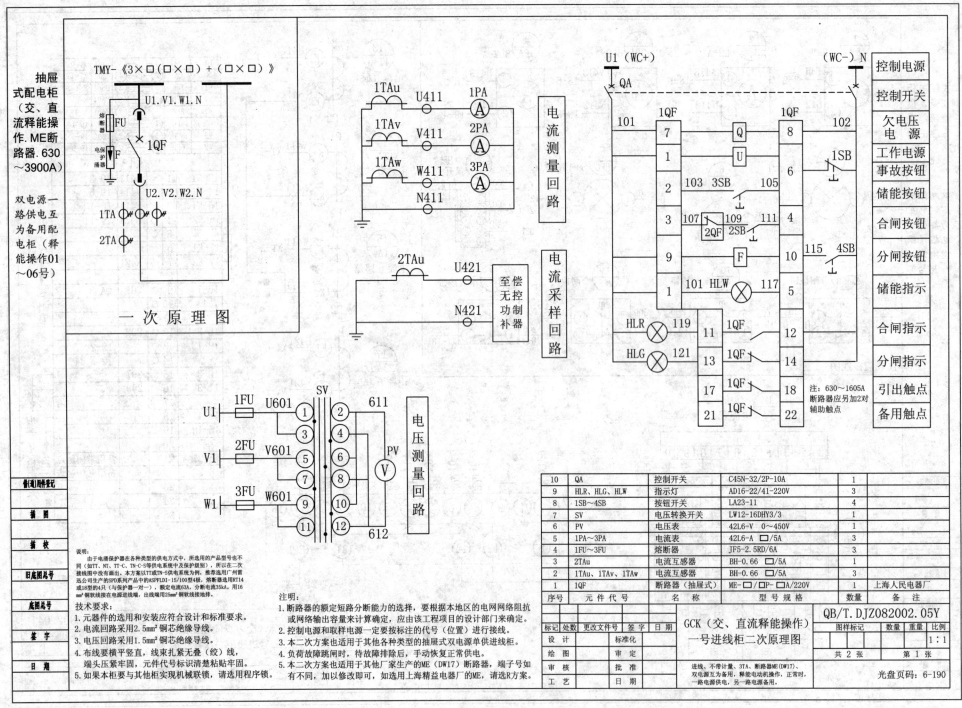

抽屉式配电柜（交、直流释能操作.ME断路器.630～3900A）

双电源一路供电互为备用配电柜（释能操作01～06号）

TMY-《3×□(□×□)+(□×□)》

U1.V1.W1.N

熔断器 FU

电保护涌器 F

1QF

U2.V2.W2.N

1TA

2TA

一次原理图

1TAu U411 1PA Ⓐ
1TAv V411 2PA Ⓐ
1TAw W411 3PA Ⓐ
N411

电流测量回路

2TAu U421 至偿无控功率补偿器
N421

电流采样回路

电压测量回路

1FU U601 SV 611
U1 ① ②
③ ④
2FU V601 PV Ⓥ
V1 ⑤ ⑥
⑦ ⑧
3FU W601
W1 ⑨ ⑩
⑪ ⑫ 612

U1（WC+）　　　　　　　（WC-）N

QA

101　1QF　　　　　1QF　102
7　Q　8
1　U　6　1SB
2　103 3SB 105
3　107 2QF 109 2SB 111　4
9　F　10　115 4SB
1　101 HLW 117　5
HLR 119　11 1QF　12
HLG 121　13 1QF　14
17 1QF 18
21 1QF 22

注：630～1605A断路器应另加2对辅助触点

控制电源
控制开关
欠电压电源
工作电源
事故按钮
储能按钮
合闸按钮
分闸按钮
储能指示
合闸指示
分闸指示
引出触点
备用触点

10	QA	控制开关	C45N-32/2P-10A	1	
9	HLR、HLG、HLW	指示灯	AD16-22/41-220V	3	
8	1SB～4SB	按钮开关	LA23-11	4	
7	SV	电压转换开关	LW12-16DHY3/3	1	
6	PV	电压表	42L6-V 0～450V	1	
5	1PA～3PA	电流表	42L6-A □/5A	3	
4	1FU～3FU	熔断器	JF5-2.5RD/6A	3	
3	2TAu	电流互感器	BH-0.66 □/5A	1	
2	1TAu、1TAv、1TAw	电流互感器	BH-0.66 □/5A	3	
1	1QF	断路器（抽屉式）	ME-□/□P-□A/220V	1	上海人民电器厂
序号	元件代号	名称	型号规格	数量	备注

说明：由于电涌保护器在各种类型的供电方式中，所选用的产品型号也不同（如TT、NT、TT-C、TN-C-S等供电系统中及保护级别），所以在二次接线图中没有画出。本方案以TT或TN-S供电系统为例，推荐选用广州雷迅公司生产的SPD系列产品中的ASPPLDI-15/100型4极，熔断器选用广州RT14或18型的4只（与保护器一对一），额定电流63A，分断电流35kA。用16mm²铜软线接在电源进线端，出线端用25mm²铜软线接地排。

技术要求：
1. 元件的选用和安装应符合设计和标准要求。
2. 电流回路采用2.5mm²铜芯绝缘导线。
3. 电压回路采用1.5mm²铜芯绝缘导线。
4. 布线要横平竖直，线束扎紧无叠（绞）线，端头压紧牢固，元件代号标识清楚粘贴牢固。
5. 如果本柜要与其他柜实现机械联锁，请选用程序锁。

注明：
1. 断路器的额定短路分断能力的选择，要根据本地区的电网网络阻抗或网络输出容量来计算确定，应由该工程项目的设计部门来确定。
2. 控制电源和取样电源一定要按标注的代号（位置）进行接线。
3. 本二次方案也适用于其他各种类型的抽屉式双电源单供进线柜。
4. 负荷故障跳闸时，待故障排除后，手动恢复正常供电。
5. 本二次方案也适用于其他厂家生产的ME（DW17）断路器，端子号如有不同，加以修改即可，如选用上海精益电器厂的ME，请选R方案。

				QB/T.DJZ082002.05Y		
标记 处数	更改文件号	签字	日期	**GCK（交、直流释能操作）**	图样标记	数量 重量 比例
设计		标准化		**一号进线柜二次原理图**		1:1
绘图		审定			共2张	第1张
审核		批准		进线、不带计量、3TA、断路器ME（DW17）、双电源互为备用、释能电动机操作，正常时，一路电源供电，另一路电源备用。		
工艺		日期			光盘页码：6-190	

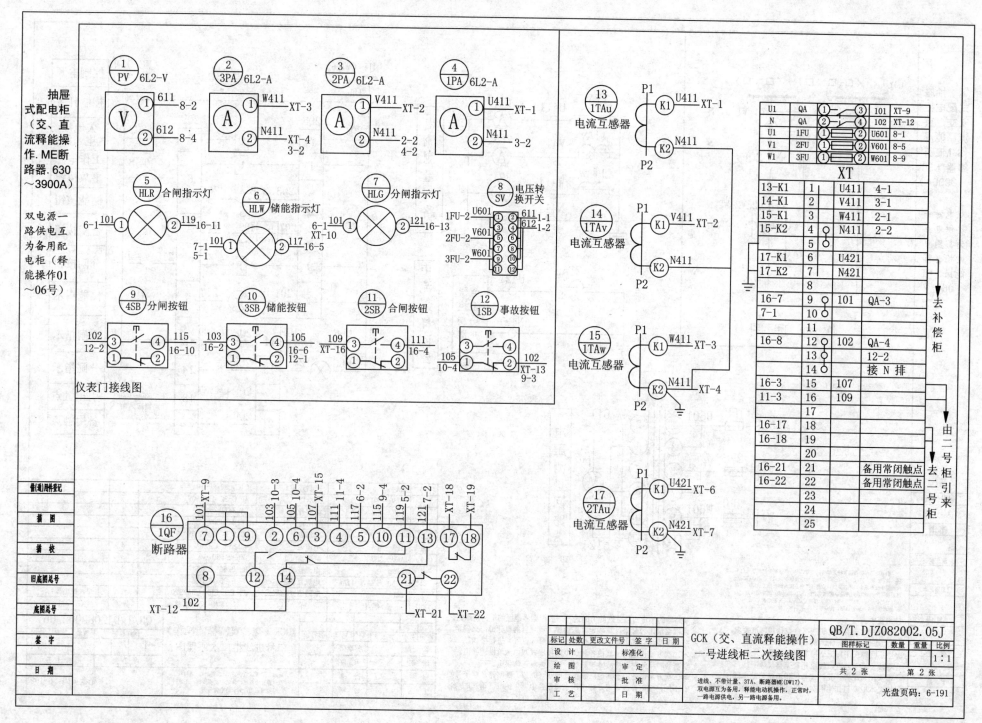

抽屉式配电柜（交、直流释能操作.ME断路器.630~3900A）

双电源一路供电互为备用配电柜（释能操作01~06号）

标记	处数	更改文件号	签字	日期	GCK（交、直流释能操作）一号进线柜二次接线图			QB/T.DJZ082002.05J			
设计			标准化					图样标记	数量	重量	比例
绘图			审定								1:1
审核			批准		进线、不带计量、3TA、断路器ME(DW17)、双电源互为备用，释能电动机操作，正常时，一路电源供电，另一路电源备用。			共2张		第2张	
工艺			日期					光盘页码：6-191			

565

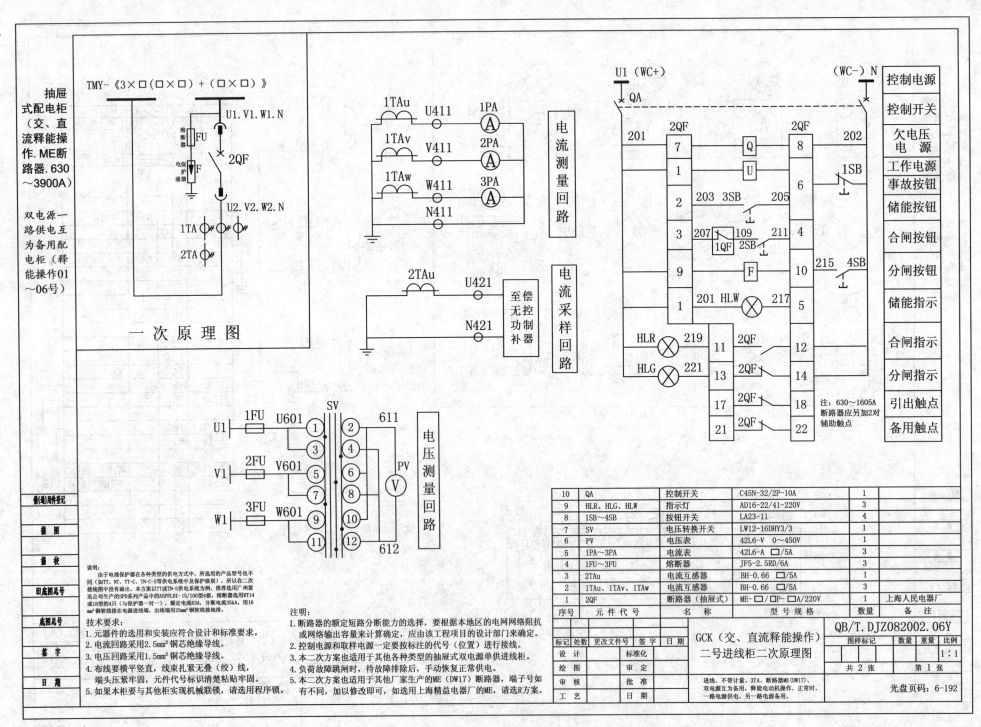

抽屉式配电柜（交、直流释能操作. ME断路器.630～3900A）

双电源一路供电互为备用配电柜（释能操作01～06号）

TMY-《3×□(□×□)+(□×□)》

一次原理图

电流测量回路

电流采样回路

至偿无控功率补制器

电压测量回路

注：630～1605A断路器应另加2对辅助触点

			控制电源
			控制开关
			欠电压电源
			工作电源
			事故按钮
			储能按钮
			合闸按钮
			分闸按钮
			储能指示
			合闸指示
			分闸指示
			引出触点
			备用触点

说明：
由于电涌保护器在各种类型的供电方式中，所选用的产品型号也不同（如IT、NT、TT-C、TN-C-S等供电系统中及保护级别），所以在二次接线图中没有画出来。本方案以IT或TN-S供电系统为例，推荐选用广州雷迅公司生产的SPD系列产品中的ASPFLD1-15/100型4级，熔断器选RT14或18型的4只（与保护器一对一），额定电流63A，分断电流35kA。用16mm²铜软线接在电源进线端，出线端用25mm²铜软线接地排。

技术要求：
1. 元器件的选用和安装应符合设计和标准要求。
2. 电流回路采用2.5mm²铜芯绝缘导线。
3. 电压回路采用1.5mm²铜芯绝缘导线。
4. 布线要横平竖直，线束扎紧无叠（绞）线，端头压紧牢固，元件代号标识清楚粘贴牢固。
5. 如果本柜要与其他柜实现机械联锁，请选用程序锁。

注明：
1. 断路器的额定短路分断能力的选择，要根据本地区的电网网络阻抗或网络输出容量来计算确定，应由该工程项目的设计部门来确定。
2. 控制电源和取样电源一定要按标注的代号（位置）进行接线。
3. 本二次方案也适用于其他各种类型的抽屉式双电源单供进线柜。
4. 负荷故障跳闸时，待故障排除后，手动恢复正常供电。
5. 本二次方案也适用于其他厂家生产的ME（DW17）断路器，端子号如有不同，加以修改即可，如选用上海精益电器厂的ME，请选R方案。

10	QA	控制开关	C45N-32/2P-10A	1	
9	HLR、HLG、HLW	指示灯	AD16-22/41-220V	3	
8	1SB～4SB	按钮开关	LA23-11	4	
7	SV	电压转换开关	LW12-16DHY3/3	1	
6	PV	电压表	42L6-V 0～450V	1	
5	1PA～3PA	电流表	42L6-A □/5A	3	
4	1FU～3FU	熔断器	JF5-2.5RD/6A	3	
3	2TAu	电流互感器	BH-0.66 □/5A	1	
2	1TAu、1TAv、1TAw	电流互感器	BH-0.66 □/5A	3	
1	2QF	断路器（抽屉式）	ME-□□/P-□A/220V	1	上海人民电器厂
序号	元件代号	名 称	型号规格	数量	备 注

QB/T.DJZ082002.06Y

GCK（交、直流释能操作）二号进线柜二次原理图

标记	处数	更改文件号	签字	日期		图样标记	数量	重量	比例
设 计		标准化							
绘 图		审 核				共 2 张		第 1 张	1:1
审 核		批 准							
工 艺		日 期							

进线、不带计量、3TA、断路器ME（DW17）、双电源互为备用，释能电机操作，正常时，一路电源供电，另一路电源备用。

光盘页码：6-192

借（通）用件登记	
描 图	
描 校	
旧底图总号	
底图总号	
整 字	
日 期	

566

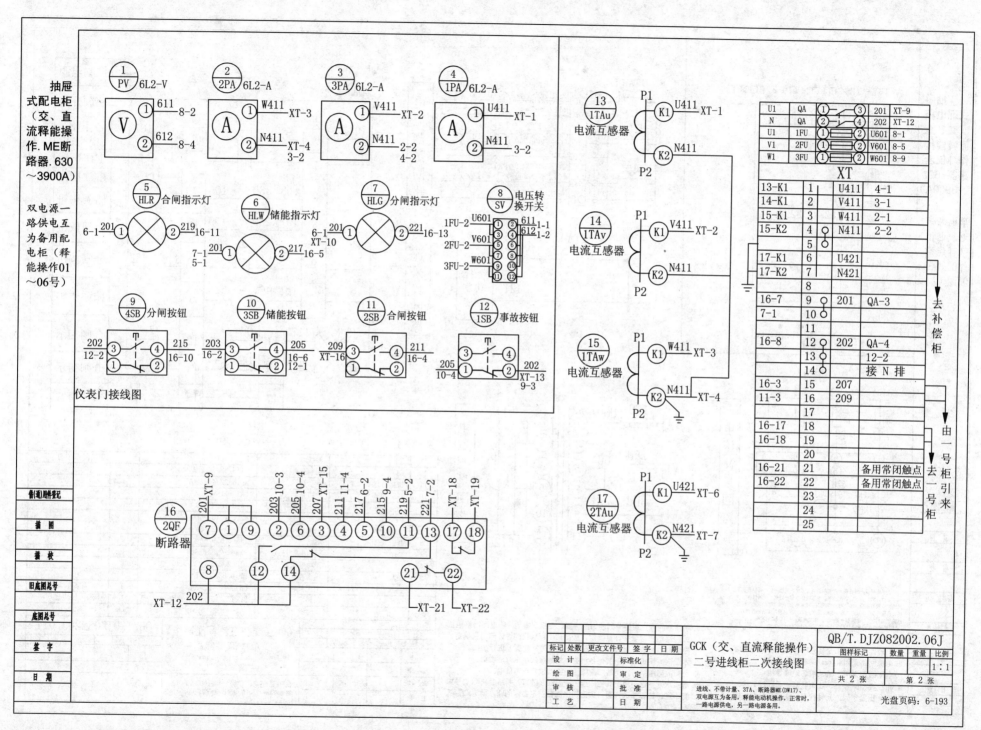

仪表门接线图

抽屉式配电柜（交、直流释能操作. ME断路器. 630～3900A）

双电源一路供电互为备用配电柜（释能操作01～06号）

U1	QA	① ③	201	XT-9
N	QA	② ④	202	XT-12
U1	1FU	① ②	U601	8-1
V1	2FU	① ②	V601	8-5
W1	3FU	① ②	W601	8-9

XT

13-K1	1	U411	4-1
14-K1	2	V411	3-1
15-K1	3	W411	2-1
15-K2	4	N411	2-2
	5		
17-K1	6	U421	
17-K2	7	N421	
	8		
16-7	9	201	QA-3
7-1	10		
	11		
16-8	12	202	QA-4
	13		12-2
	14		接 N 排
16-3	15	207	
11-3	16	209	
	17		
16-17	18		
16-18	19		
	20		
16-21	21	备用常闭触点	
16-22	22	备用常闭触点	
	23		
	24		
	25		

去补偿柜
由一号柜引来
去一号柜

QB/T. DJZ082002.06J

GCK（交、直流释能操作）
二号进线柜二次接线图

标记	处数	更改文件号	签字	日期
设 计		标准化		
绘 图		审 定		
审 核		批 准		
工 艺		日 期		

进线、不带计量、3TA、断路器ME(DW17)、双电源互为备用、释能电动机操作，正常时，一路电源供电，另一路电源备用。

图样标记	数量	重量	比例
			1：1

共 2 张　　第 2 张

光盘页码：6-193

567

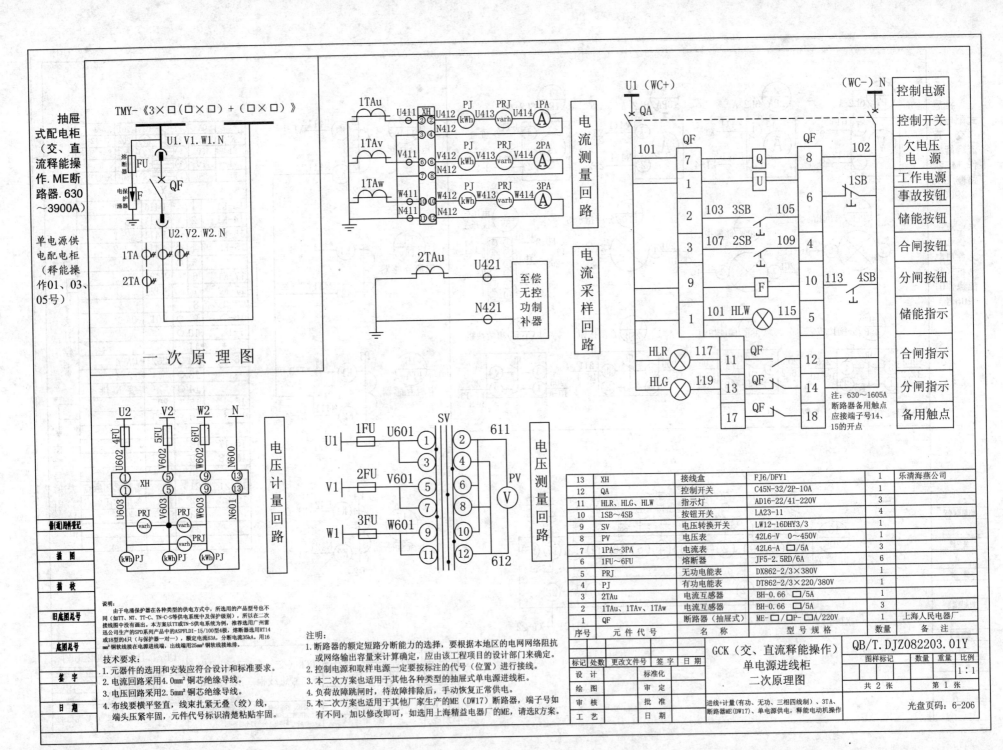

抽屉式配电柜（交、直流释能操作.ME断路器.630～3900A）

单电源供电配电柜（释能操作01、03、05号）

TMY-《3×□(□×□)+(□×□)》

一次原理图

电流测量回路

电流采样回路

电压计量回路

电压测量回路

至偿无控功制补器

					控制电源
					控制开关
					欠电压电源
					工作电源
					事故按钮
					储能按钮
					合闸按钮
					分闸按钮
					储能指示
					合闸指示
					分闸指示
					备用触点

注：630～1605A断路器备用触点应接端子号14、15的开点

13	XH	接线盒	FJ6/DFY1	1	乐清海燕公司
12	QA	控制开关	C45N-32/2P-10A	1	
11	HLR、HLG、HLW	指示灯	AD16-22/41-220V	3	
10	1SB～4SB	按钮开关	LA23-11	4	
9	SV	电压转换开关	LW12-16DHY3/3	1	
8	PV	电压表	42L6-V 0～450V	1	
7	1PA～3PA	电流表	42L6-A □/5A	3	
6	1FU～6FU	熔断器	JF5-2.5RD/6A	6	
5	PRJ	无功电能表	DX862-2/3×380V	1	
4	PJ	有功电能表	DT862-2/3×220/380V	1	
3	2TAu	电流互感器	BH-0.66 □/5A	1	
2	1TAu、1TAv、1TAw	电流互感器	BH-0.66 □/5A	3	
1	QF	断路器（抽屉式）	ME-□/□P-□A/220V	1	上海人民电器厂
序号	元件代号	名 称	型 号 规 格	数量	备 注

说明：
由于电涌保护器在各种类型的供电方式中，所选用的产品型号也不同（如TT、NT、TT-C、TN-C-S等供电系统中及保护级别），所以在二次接线图中没有画出。本方案以TT或TN-S供电系统为例，推荐选用广州雷迅公司生产的SPD系列产品中的ASPFLDI-15/100型B级，熔断器选用RT14或18型的4只（与保护器一对一），额定电流63A，分断电流35kA。用16mm²铜软线接在电源进线端一对）。出线端用25mm²铜软线接地端。

技术要求：
1. 元器件的选用和安装应符合设计和标准要求。
2. 电流回路采用4.0mm²铜芯绝缘导线。
3. 电压回路采用2.5mm²铜芯绝缘导线。
4. 布线要横平竖直，线束扎紧无叠（绞）线，端头压紧牢固，元件代号标识清楚粘贴牢固。

注明：
1. 断路器的额定短路分断能力的选择，要根据本地区的电网网络阻抗或网络输出容量来计算确定，应由该工程项目的设计部门来确定。
2. 控制电源和取样电源一定要按标注的代号（位置）进行接线。
3. 本二次方案也适用于其他各种类型的抽屉式单电源进线柜。
4. 负荷故障跳闸时，待故障排除后，手动恢复正常供电。
5. 本二次方案也适用于其他厂家生产的ME（DW17）断路器，端子号如有不同，加以修改即可，如选用上海精益电器厂的ME，请选R方案。

设 计		标准化		
绘 图		审 定		
审 核		批 准		
工 艺		日 期		

GCK（交、直流释能操作）单电源进线柜二次原理图

QB/T.DJZ082203.01Y

| 图样标记 | | 数量 | 重量 | 比例 |
| | | | | 1:1 |

共 2 张　　第 1 张

进线+计量（有功、无功、三相四线制）、3TA、断路器ME(DW17)、单电源供电、释能电动机操作

光盘页码：6-206

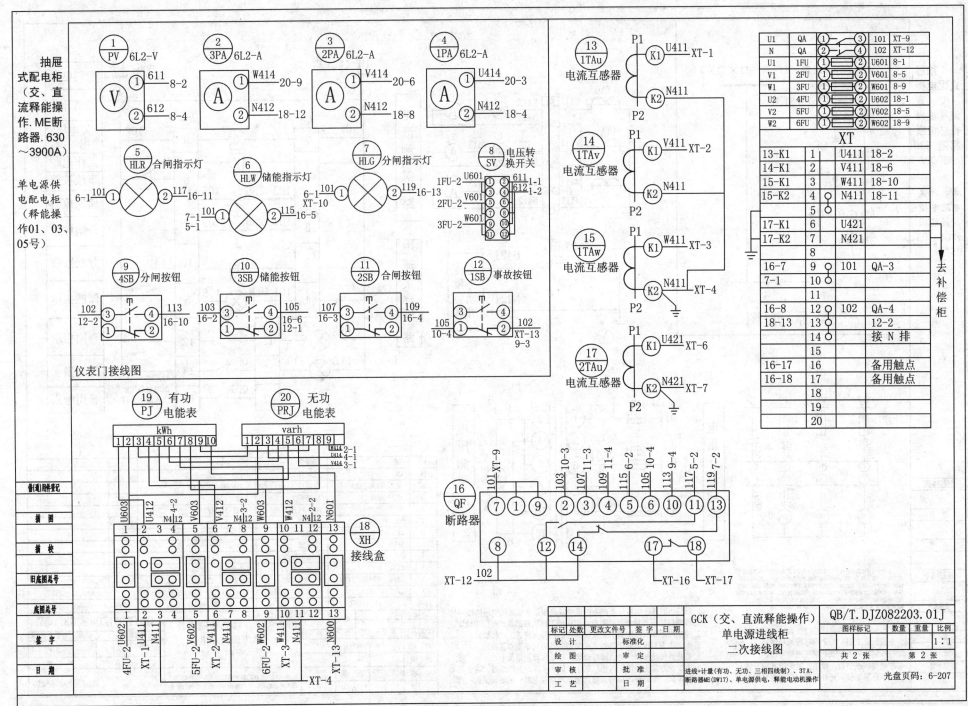

抽屉式配电柜（交、直流释能操作. ME断路器. 630～3900A）

单电源供电配电柜（释能操作01、03、05号）

仪表门接线图

GCK（交、直流释能操作）
单电源进线柜
二次接线图

QB/T.DJZ082203.01J

进线+计量(有功、无功、三相四线制)、3TA、断路器ME(DW17)、单电源供电、释能电动机操作

光盘页码：6-207

569

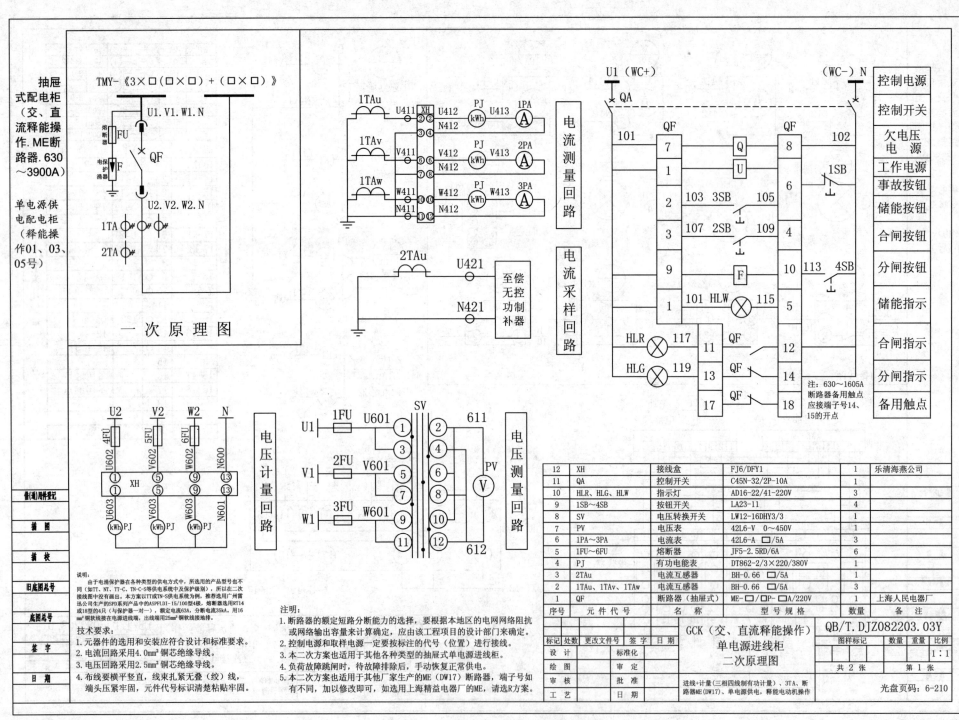

抽屉式配电柜（交、直流释能操作.ME断路器.630～3900A）

单电源供电配电柜（释能操作01、03、05号）

TMY-《3×□（□×□）+（□×□）》

U1.V1.W1.N

熔断器 FU
电保护涌器 F
QF

U2.V2.W2.N

1TA
2TA

一次原理图

电流测量回路

电流采样回路

至偿无控功制补器

电压计量回路

电压测量回路

	控制电源
QA	控制开关
	欠电压电源
	工作电源
1SB	事故按钮
	储能按钮
	合闸按钮
	分闸按钮
	储能指示
	合闸指示
	分闸指示
	备用触点

注：630～1605A断路器备用触点应接端子号14、15的开点

说明：
由于电涌保护器在各种类型的供电方式中，所选用的产品型号也不同（如TT、NT、TT-C、TN-C-S等供电系统中及保护级别），所以在二次接线图中没有画出。本方案以TT或TN-S供电系统为例，推荐选用广州雷迅公司生产的SPD系列产品中的ASPFLDI-15/100型4极，熔断器选用RT14或18型的4只（与保护一对一），额定电流63A，分断电流35kA。用16mm²铜软线接在电源进线端，出线端用25mm²铜软线接地排。

技术要求：
1. 元器件的选用和安装应符合设计和标准要求。
2. 电流回路采用4.0mm²铜芯绝缘导线。
3. 电压回路采用2.5mm²铜芯绝缘导线。
4. 布线要横平竖直，线束扎紧无叠（绞）线，端头压紧牢固，元件代号标识清楚粘贴牢固。

注明：
1. 断路器的额定短路分断能力的选择，要根据本地区的电网网络阻抗或网络输出容量来计算确定，应由该工程项目的设计部门来确定。
2. 控制电源和取样电源一定要按标注的代号（位置）进行接线。
3. 本二次方案也适用于其他各种类型的抽屉式单电源进线柜。
4. 负荷故障跳闸时，待故障排除后，手动恢复正常供电。
5. 本二次方案也适用于其他厂家生产的ME（DW17）断路器，端子号如有不同，加以修改即可，如选用上海精益电器厂的ME，请选用R方案。

12	XH	接线盒	FJ6/DFY1	1	乐清海燕公司
11	QA	控制开关	C45N-32/2P-10A	1	
10	HLR、HLG、HLW	指示灯	AD16-22/41-220V	3	
9	1SB～4SB	按钮开关	LA23-11	4	
8	SV	电压转换开关	LW12-16DHY3/3	1	
7	PV	电压表	42L6-V 0～450V	1	
6	1PA～3PA	电流表	42L6-A □/5A	3	
5	1FU～6FU	熔断器	JF5-2.5RD/6A	6	
4	PJ	有功电能表	DT862-2/3×220/380V	1	
3	2TAu	电流互感器	BH-0.66 □/5A	1	
2	1TAu、1TAv、1TAw	电流互感器	BH-0.66 □/5A	3	
1	QF	断路器（抽屉式）	ME-□/□P-□A/220V	1	上海人民电器厂
序号	元件代号	名 称	型 号 规 格	数量	备 注

借(通)用件登记			
描 图			
描 校			
旧底图总号			
底图号			
鉴 字			
日 期			

	标记	处数	更改文件号	签 字	日期	GCK（交、直流释能操作）单电源进线柜二次原理图	QB/T.DJZ082203.03Y		
设 计			标准化				图样标记	数量	重量	比例
绘 图			审 定							1:1
审 核			批 准			进线+计量（三相四线制有功计量）、3TA、断路器ME(DW17)、单电源供电、释能电动机操作	共 2 张		第 1 张	
工 艺			日 期				光盘页码：6-210		

570

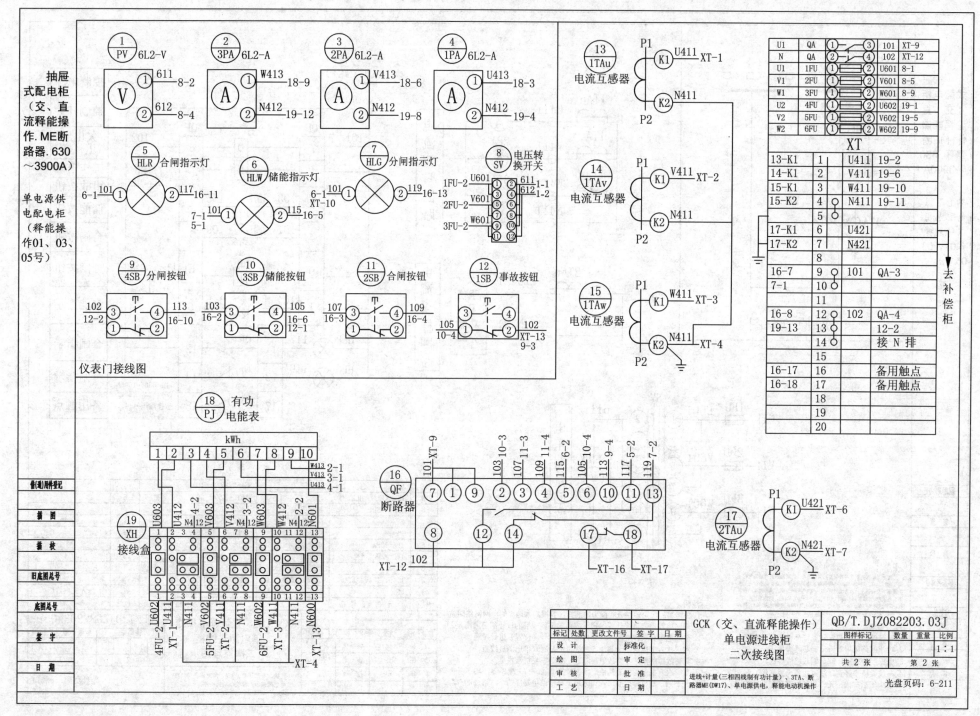

仪表门接线图

GCK（交、直流释能操作）
单电源进线柜
二次接线图

QB/T.DJZ082203.03J

进线+计量(三相四线制有功计量)、3TA、断路器ME(DW17)、单电源供电，释能电动机操作

光盘页码：6-211

共2张　第2张

1:1

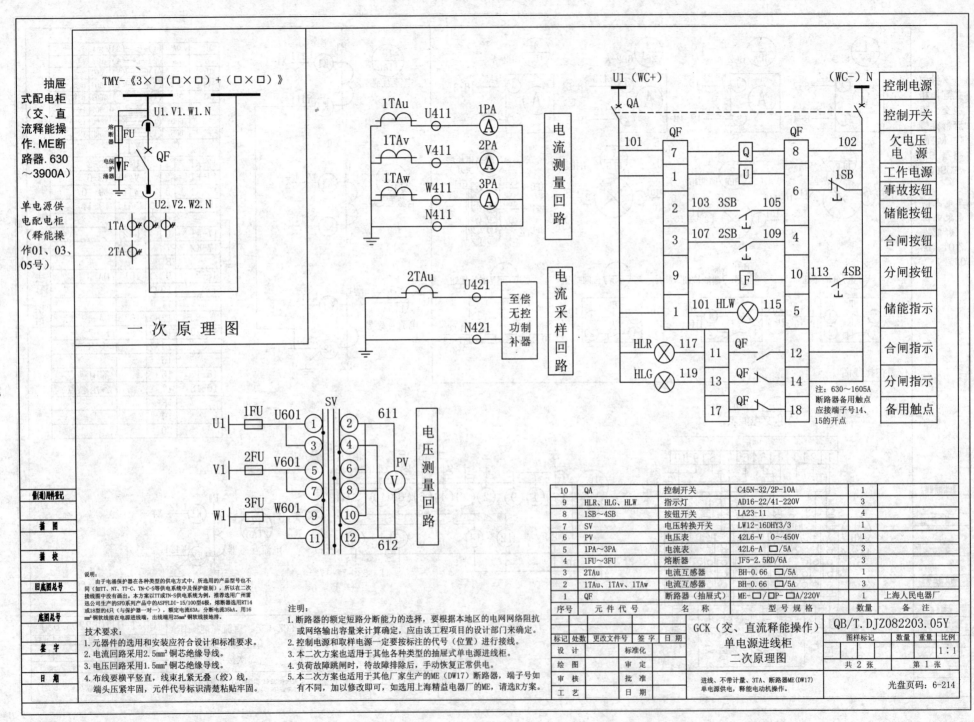

抽屉式配电柜（交、直流释能操作.ME断路器.630～3900A）

单电源供电配电柜（释能操作01、03、05号）

TMY-《3×□(□×□)+(□×□)》

U1.V1.W1.N

熔断器 FU

电保护涌器 F

QF

U2.V2.W2.N

1TA

2TA

一次原理图

1TAu U411 1PA Ⓐ
1TAv V411 2PA Ⓐ
1TAw W411 3PA Ⓐ
N411

电流测量回路

2TAu U421
N421 至偿无控功制补器

电流采样回路

U1 1FU U601 ① ② 611
V1 2FU V601 ⑤ ⑥
W1 3FU W601 ⑨ ⑩
③ ④ PV Ⓥ
⑦ ⑧
⑪ ⑫ 612
SV

电压测量回路

U1（WC+） （WC-）N

QA

101 QF ... QF 102
7 Q 8
1 U 6 1SB
2 103 3SB 105
3 107 2SB 109 4
9 F 10 113 4SB
1 101 HLW 115 5

HLR 117 11 QF 12
HLG 119 13 QF 14
17 QF 18

注：630～1605A断路器备用触点应接端子号14、15的开点

控制电源
控制开关
欠电压电源
工作电源
事故按钮
储能按钮
合闸按钮
分闸按钮
储能指示
合闸指示
分闸指示
备用触点

说明：
由于电涌保护器在各种类型的供电方式中，所选用的产品型号也不同（如TT、NT、TT-C、TN-C-S等供电系统中及保护级别），所以在二次接线图中没有画出。本方案以TT或TN-S供电系统为例，推荐选用广州雷迅公司生产的SPD系列产品中的ASPFLDI-15/100型4极，熔断器选用RT14或18型的4只（与保护器一对一），额定电流63A，分断电流35kA。用16 mm²铜软线接在电源进线端，出线端用25mm²铜软线接地排。

技术要求：
1. 元器件的选用和安装应符合设计和标准要求。
2. 电流回路采用2.5mm²铜芯绝缘导线。
3. 电压回路采用1.5mm²铜芯绝缘导线。
4. 布线要横平竖直，线束扎紧无叠（绞）线，端头压紧牢固，元件代号标识清楚粘贴牢固。

注明：
1. 断路器的额定短路分断能力的选择，要根据本地区的电网网络阻抗或网络输出容量来计算确定，应由该工程项目的设计部门来确定。
2. 控制电源和取样电源一定要按标注的代号（位置）进行接线。
3. 本二次方案也适用于其他各种类型的抽屉式单电源进线柜。
4. 负荷故障跳闸时，待故障排除后，手动恢复正常供电。
5. 本二次方案也适用于其他厂家生产的ME（DW17）断路器，端子号如有不同，加以修改即可，如选用上海精益电器厂的ME，请选R方案。

10	QA	控制开关	C45N-32/2P-10A	1	
9	HLR、HLG、HLW	指示灯	AD16-22/41-220V	3	
8	1SB～4SB	按钮开关	LA23-11	4	
7	SV	电压转换开关	LW12-16DHY3/3	1	
6	PV	电压表	42L6-V 0～450V	1	
5	1PA～3PA	电流表	42L6-A □/5A	3	
4	1FU～3FU	熔断器	JF5-2.5RD/6A	3	
3	2TAu	电流互感器	BH-0.66 □/5A	1	
2	1TAu、1TAv、1TAw	电流互感器	BH-0.66 □/5A	3	
1	QF	断路器（抽屉式）	ME-□/DP-□A/220V	1	上海人民电器厂
序号	元件代号	名 称	型 号 规 格	数量	备 注

标记	处数	更改文件号	签字	日期		
设 计			标准化		GCK（交、直流释能操作）单电源进线柜二次原理图	QB/T.DJZ082203.05Y
绘 图			审 定			图样标记 / 数量 / 重量 / 比例 1:1
审 核			批 准		进线、不带计量、3TA、断路器ME（DW17）单电源供电，释能电动机操作。	共 2 张 / 第 1 张
工 艺			日 期			光盘页码：6-214

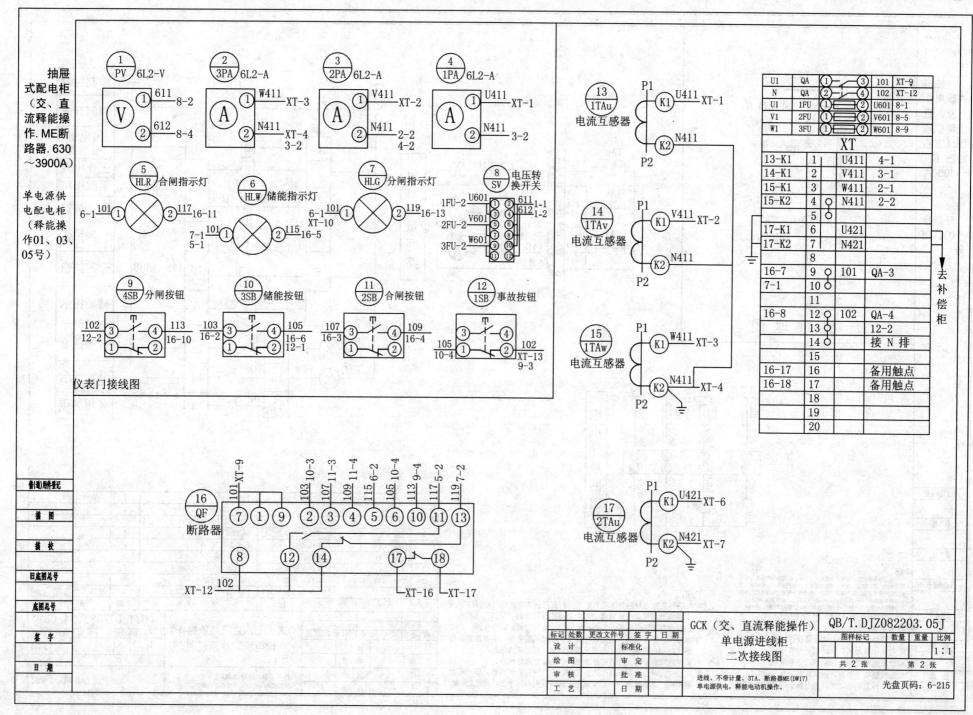

抽屉式配电柜（交、直流释能操作.ME断路器.630～3900A）

单电源供电配电柜（释能操作01、03、05号）

仪表门接线图

① PV	6L2-V
② 3PA	6L2-A
③ 2PA	6L2-A
④ 1PA	6L2-A

① V 611 8-2 / 612 8-4

② A W411 XT-3 / N411 XT-4 3-2

③ A V411 XT-2 / N411 2-2 4-2

④ A U411 XT-1 / N411 3-2

⑤ HLR 合闸指示灯　6-1 101 ①⊗② 117 16-11

⑥ HLW 储能指示灯　7-1 101 ①⊗② 115 16-5 5-1

⑦ HLG 分闸指示灯　6-1 101 XT-10 ①⊗② 119 16-13

⑧ SV 电压转换开关

1FU-2	U601	①	611	1-1
		②	612	1-2
2FU-2	V601	③		
		④		
		⑤		
		⑥		
3FU-2	W601	⑦		
		⑧		
		⑨		
		⑩		
		⑪		
		⑫		

⑨ 4SB 分闸按钮　102 12-2 ③④ 113 16-10 ①②

⑩ 3SB 储能按钮　103 16-2 ③④ 105 16-6 12-1 ①②

⑪ 2SB 合闸按钮　107 16-3 ③④ 109 16-4 ①②

⑫ 1SB 事故按钮　105 10-4 ③④ 102 XT-13 9-3 ①②

⑬ 1TAu 电流互感器　P1 K1 U411 XT-1 / K2 N411 P2

⑭ 1TAv 电流互感器　P1 K1 V411 XT-2 / K2 N411 P2

⑮ 1TAw 电流互感器　P1 K1 W411 XT-3 / K2 N411 XT-4 P2

⑰ 2TAu 电流互感器　P1 K1 U421 XT-6 / K2 N421 XT-7 P2

U1	QA	①─③	101	XT-9
N	QA	②─④	102	XT-12
U1	1FU	①	U601	8-1
V1	2FU	①	V601	8-5
W1	3FU	①	W601	8-9

XT

13-K1	1		U411	4-1
14-K1	2		V411	3-1
15-K1	3		W411	2-1
15-K2	4	○	N411	2-2
	5	○		
17-K1	6		U421	
17-K2	7		N421	
	8			
16-7	9	○	101	QA-3
7-1	10	○		
	11			
16-8	12	○	102	QA-4
	13	○		12-2
	14	○		接 N 排
	15			
16-17	16		备用触点	
16-18	17		备用触点	
	18			
	19			
	20			

去补偿柜

断路器

⑯ QF

101 XT-9　103 10-3　107 11-3　109 11-4　115 6-2　105 10-4　113 9-4　117 5-2　119 7-2

⑦ ① ⑨ ② ③ ④ ⑤ ⑥ ⑩ ⑪ ⑬

⑧ ⑫ ⑭ ⑰ ⑱

XT-12 102 　　XT-16　XT-17

帮(通)用件表		
描　图		
描　校		
旧底图总号		
底图总号		
签　字		
日　期		

标记	处数	更改文件号	签字	日期
设　计		标准化		
绘　图		审　定		
审　核		批　准		
工　艺		日　期		

GCK（交、直流释能操作）
单电源进线柜
二次接线图

进线、不带计量、3TA、断路器ME(DW17)
单电源供电、释能电动机操作。

QB/T.DJZ082203.05J

图样标记	数量	重量	比例
			1:1

共 2 张　　第 2 张

光盘页码：6-215

573

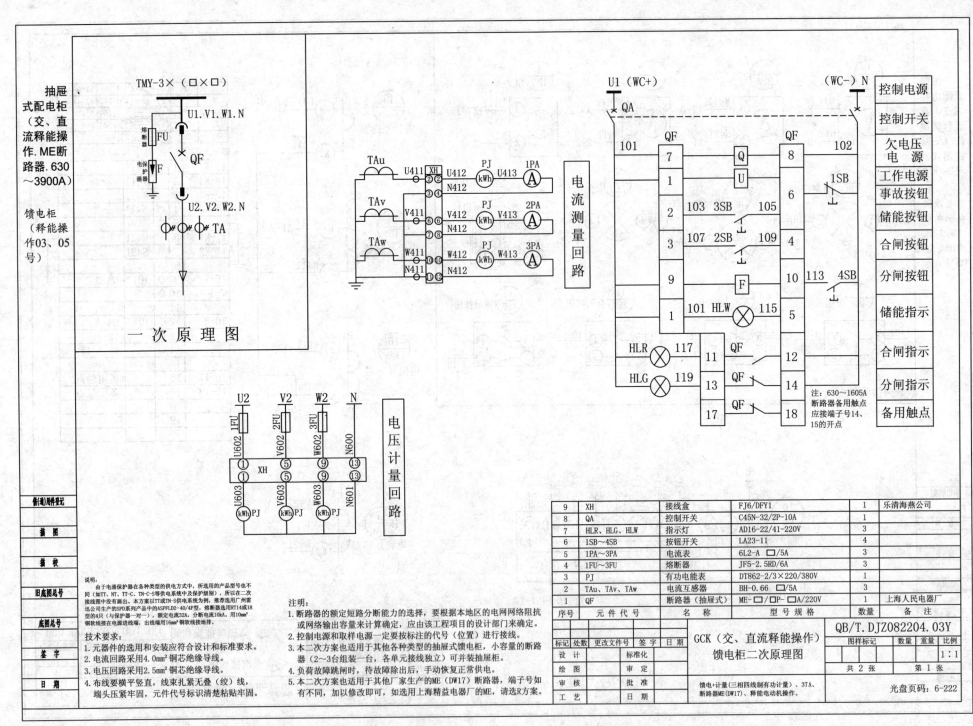

抽屉式配电柜（交、直流释能操作.ME断路器.630～3900A）

馈电柜（释能操作03、05号）

TMY-3×（□×□）

U1.V1.W1.N

熔断器 FU

电保护涌器 F

QF

U2.V2.W2.N

TA

一次原理图

TAu U411 XH U412 PJ kWh U413 1PA Ⓐ
TAv V411 V412 PJ kWh V413 2PA Ⓐ
TAw W411 W412 PJ kWh W413 3PA Ⓐ
N411 N412

电流测量回路

U2 V2 W2 N

1FU 2FU 3FU

U602 V602 W602 N600

XH

U603 V603 W603 N601

kWh PJ kWh PJ kWh PJ

电压计量回路

U1（WC+）

QA

101 QF 7 Q 8 QF 102

1 U 6 1SB

2 103 3SB 105

3 107 2SB 109 4

9 F 10 113 4SB

1 101 HLW 115 5

HLR 117 11 QF 12

HLG 119 13 QF 14

17 QF 18

（WC-）N

控制电源
控制开关
欠电压电源
工作电源
事故按钮
储能按钮
合闸按钮
分闸按钮
储能指示
合闸指示
分闸指示
备用触点

注：630～1605A断路器备用触点应接端子号14、15的开点

9	XH	接线盒	FJ6/DFY1	1	乐清海燕公司
8	QA	控制开关	C45N-32/2P-10A	1	
7	HLR、HLG、HLW	指示灯	AD16-22/41-220V	3	
6	1SB～4SB	按钮开关	LA23-11	4	
5	1PA～3PA	电流表	6L2-A /5A	3	
4	1FU～3FU	熔断器	JF5-2.5RD/6A	3	
3	PJ	有功电能表	DT862-2/3×220/380V	1	
2	TAu、TAv、TAw	电流互感器	BH-0.66 /5A	3	
1	QF	断路器（抽屉式）	ME-□/□P-□A/220V	1	上海人民电器厂
序号	元件代号	名称	型号规格	数量	备注

说明：由于电涌保护器在各种类型的供电方式中，所选用的产品型号也不同（如TT、NT、TT-C、TN-C-S等供电系统中及保护级别），所以在二次接线图中没有画出来。本方案以TT或TN-S供电系统为例，推荐选用广州雷迅公司生产的SPD系列产品中的ASPFLD2-40/4P型，熔断器选用RT14或18型的4只（与保护器一对一），额定电流32A，分断电流10kA，用10mm²铜软线接在电源进线端，出线端用16mm²铜软线接地排。

技术要求：
1. 元器件的选用和安装应符合设计和标准要求。
2. 电流回路采用4.0mm²铜芯绝缘导线。
3. 电压回路采用2.5mm²铜芯绝缘导线。
4. 布线要横平竖直，线束扎紧无叠（绞）线，端头压紧牢固，元件代号标识清楚粘贴牢固。

注明：
1. 断路器的额定短路分断能力的选择，要根据本地区的电网网络阻抗或网络输出容量来计算确定，应由该工程项目的设计部门来确定。
2. 控制电源和取样电源一定要按标注的代号（位置）进行接线。
3. 本二次方案也适用于其他各种类型的抽屉式馈电柜，小容量的断路器（2～3台组装一台，各单元接线独立）可并装抽屉柜。
4. 负荷故障跳闸时，待故障除出后，手动恢复正常供电。
5. 本二次方案也适用于其他厂家生产的ME（DW17）断路器，端子号如有不同，加以修改即可，如选用上海精益电器厂的ME，请选R方案。

备（改）附件笔记							
描图							
描校							
旧底图总号							
底图总号							
签字							
日期							

标记 处数 更改文件号 签字 日期

设计　标准化
绘图　审定
审核　批准
工艺　日期

馈电+计量（三相四线制有功计量）、3TA、断路器ME（DW17）、释能电动机操作。

QB/T.DJZ082204.03Y

GCK（交、直流释能操作）馈电柜二次原理图

图样标记　数量　重量　比例 1:1

共 2 张　第 1 张

光盘页码：6-222

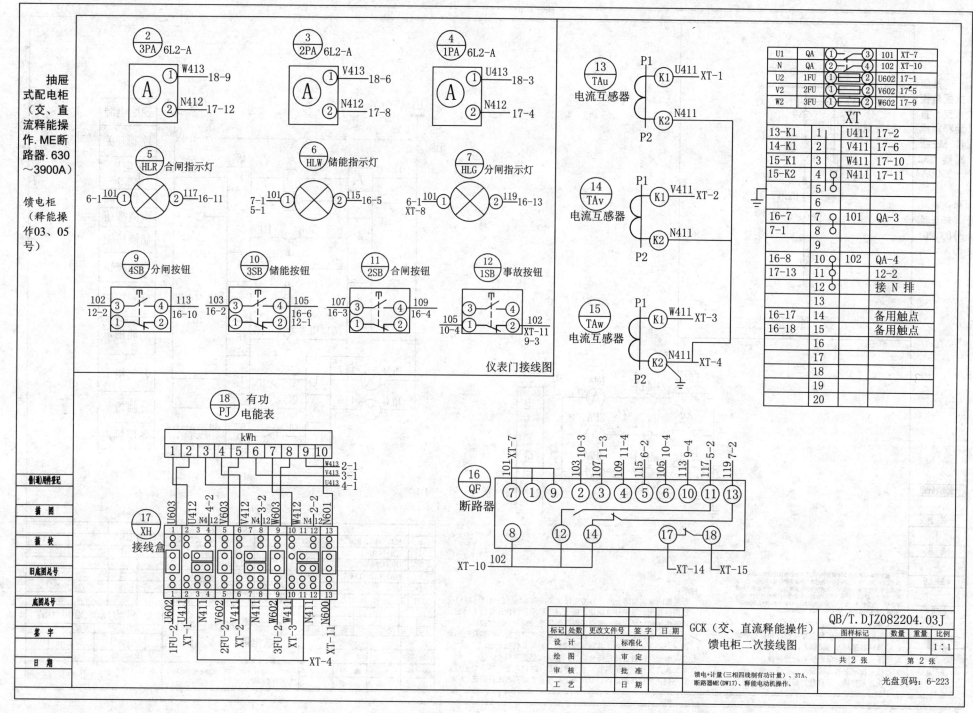

仪表门接线图

U1	QA	① ③	101	XT-7
N	QA	② ④	102	XT-10
U2	1FU	① ②	U602	17-1
V2	2FU	① ②	V602	17-5
W2	3FU	① ②	W602	17-9

XT

13-K1	1	U411	17-2
14-K1	2	V411	17-6
15-K1	3	W411	17-10
15-K2	4	N411	17-11
	5		
	6		
16-7	7	101	QA-3
7-1	8		
	9		
16-8	10	102	QA-4
17-13	11		12-2
	12		接 N 排
	13		
16-17	14		备用触点
16-18	15		备用触点
	16		
	17		
	18		
	19		
	20		

抽屉
式配电柜
（交、直
流释能操
作.ME断
路器.630
～3900A）

馈电柜
（释能操
作03、05
号）

GCK（交、直流释能操作）
馈电柜二次接线图

QB/T.DJZ082204.03J

标记	处数	更改文件号	签字	日期
设计			标准化	
绘图			审定	
审核			批准	
工艺			日期	

图样标记 | 数量 | 重量 | 比例
1:1

共 2 张　　第 2 张

馈电+计量(三相四线制有功计量)、3TA、
断路器ME(DW17)、释能电动机操作。

光盘页码：6-223

575

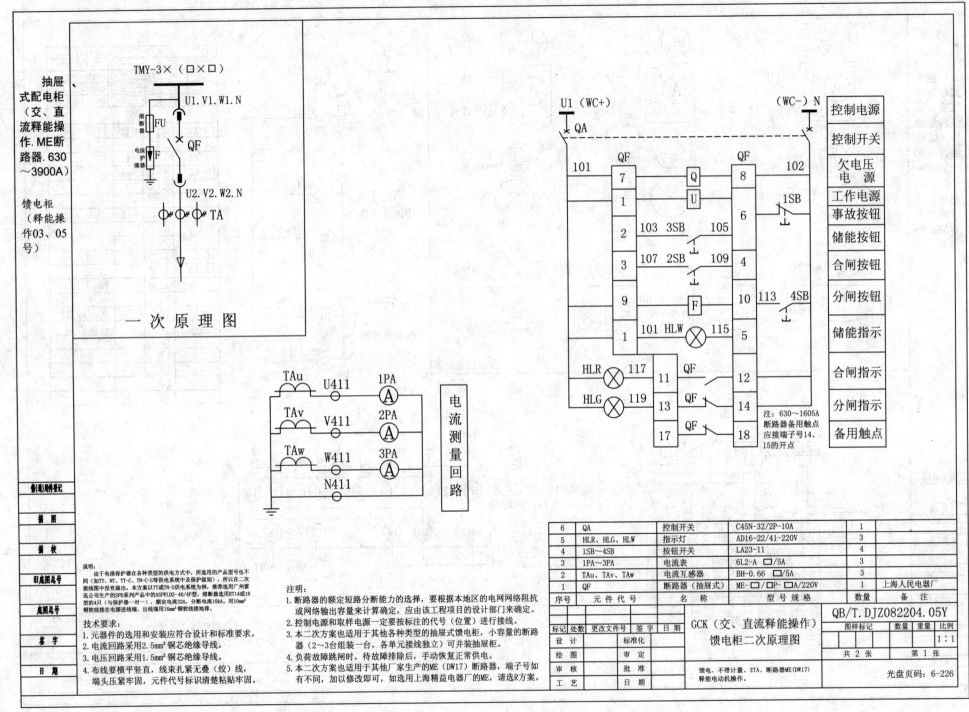

抽屉式配电柜（交、直流释能操作.ME断路器.630~3900A）

馈电柜（释能操作03、05号）

TMY-3×（□×□）

U1.V1.W1.N

熔断器 FU

电保护涌器 F

QF

U2.V2.W2.N

TA

一次原理图

TAu U411 1PA Ⓐ

TAv V411 2PA Ⓐ

TAw W411 3PA Ⓐ

N411

电流测量回路

U1（WC+）　　　　　　　　　　　（WC-）N

QA

101　QF　　　　　　　　　QF　102
　　7　　　Q　　　8
　　1　　　U　　　6　1SB
　　2　103 3SB 105　　　　事故按钮
　　3　107 2SB 109　4
　　9　　　F　　　10 113 4SB
　　1　101 HLW⊗ 115　5
HLR⊗ 117 11 QF　　12
HLG⊗ 119 13 QF　　14
　　　　17 QF　　18

控制电源
控制开关
欠电压电源
工作电源
事故按钮
储能按钮
合闸按钮
分闸按钮
储能指示
合闸指示
分闸指示
备用触点

注：630~1605A断路器备用触点应接端子号14、15的开点

说明：
　由于电涌保护器在各种类型的供电方式中，所选用的产品型号也不同（如TT、NT、TT-C、TN-C-S等供电系统中及保护级别），所以在二次接线图中没有画出。本方案以TT或TN-S供电系统为例，推荐选用广州雷迅公司生产的SPD系列产品中的ASPFLD2-40/4P型，熔断器选用RT14或18型的4只（与保护器一对一），额定电流32A，分断电流10kA，用10mm²铜软线接在电源进线端，出线端用16mm²铜软线接地排。

技术要求：
1. 元器件的选用和安装应符合设计和标准要求。
2. 电流回路采用2.5mm²铜芯绝缘导线。
3. 电压回路采用1.5mm²铜芯绝缘导线。
4. 布线要横平竖直，线束扎緊无叠（绞）线，端头压緊牢固，元件代号标识清楚粘贴牢固。

注明：
1. 断路器的额定短路分断能力的选择，要根据本地区的电网网络阻抗或网络输出容量来计算确定，应由该工程项目的设计部门来确定。
2. 控制电源和取样电源一定要按标注的代号（位置）进行接线。
3. 本二次方案也适用于其他各种类型的抽屉式馈电柜，小容量的断路器（2~3台组装一台，各单元接线独立）可并装抽屉柜。
4. 负荷故障跳闸时，待故障排除后，手动恢复正常供电。
5. 本二次方案也适用于其他厂家生产的ME（DW17）断路器，端子号如有不同，加以修改即可，如选用上海精益电器厂的ME，请选R方案。

6	QA	控制开关	C45N-32/2P-10A	1	
5	HLR、HLG、HLW	指示灯	AD16-22/41-220V	3	
4	1SB~4SB	按钮开关	LA23-11	4	
3	1PA~3PA	电流表	6L2-A □/5A	3	
2	TAu、TAv、TAw	电流互感器	BH-0.66 □/5A	3	
1	QF	断路器（抽屉式）	ME-□/□P-□A/220V	1	上海人民电器厂
序号	元件代号	名　称	型号规格	数量	备注

QB/T.DJZ082204.05Y

GCK（交、直流释能操作）馈电柜二次原理图

标记	处数	更改文件号	签字	日期		图样标记	数量	重量	比例
设计			标准化						1:1
绘图			审定						
审核			批准		共2张		第1张		
工艺			日期		馈电、不带计量、3TA、断路器ME（DW17）释能电动机操作。		光盘页码：6-226		

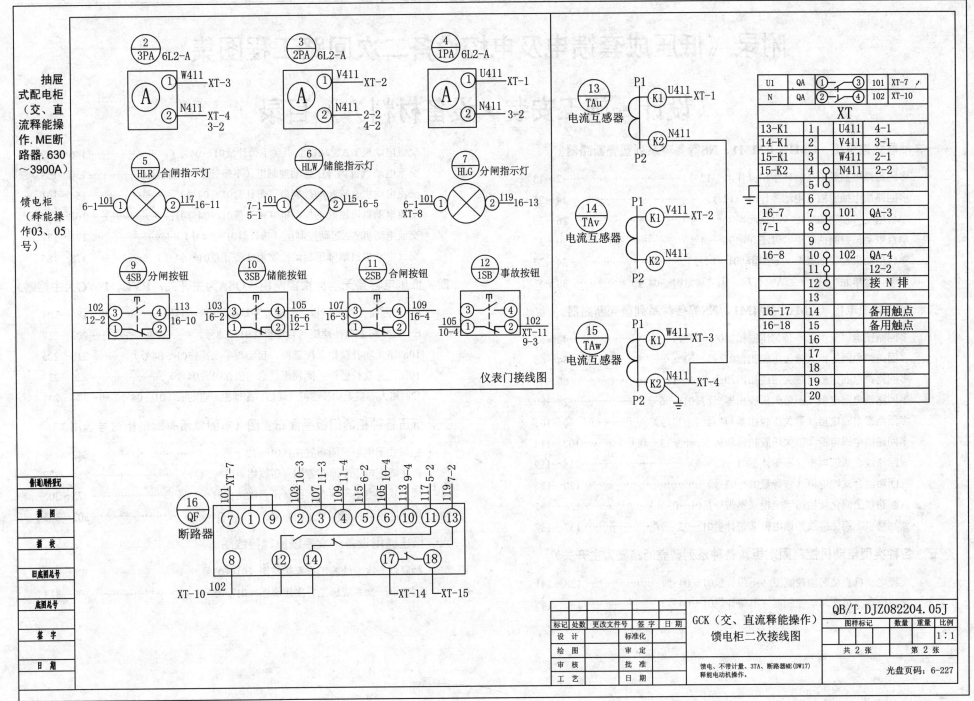

QB/T.DJZ082204.05J

GCK（交、直流释能操作）
馈电柜二次接线图

仪表门接线图

抽屉式配电柜（交、直流释能操作. ME断路器. 630～3900A）

馈电柜（释能操作03、05号）

标记	处数	更改文件号	签字	日期
设 计		标准化		
绘 图		审 定		
审 核		批 准		
工 艺		日 期		

馈电、不带计量、3TA、断路器ME（DW17）
释能电动机操作。

图样标记		数量	重量	比例
				1:1

共 2 张   第 2 张

光盘页码：6-227

附录《低压成套馈电及电控设备二次回路工程图集

（设计·施工安装·设备材料）》目录